「二重国籍」詩人 野口米次郎

Madoka Hori
堀まどか――著

名古屋大学出版会

三人の祖母と、娘の玄《しずか》に捧げる

「二重国籍」詩人　野口米次郎

目次

凡例

一、本文は原則として新字新仮名を用いるが、引用文は原書の表記にしたがい異体字・旧字体や英文を用いる場合がある。
一、日本語文献の場合、書籍名と新聞・雑誌名には『　』を用い、詩作品名・雑誌記事名には「　」を用いる。
一、外国語文献は原則として邦題を示し、本書にとって重要な文献は原題をそのあとに付す。ただし、野口米次郎の英文著作は原題どおりに表記し、野口による英詩・英文記事の場合は原題のあとに堀による訳を付す。
一、本文中の引用箇所は《　》、もしくは字下げで示す。堀が翻訳したものは、引用のあとに（邦訳、堀）と明記する。また、野口の日本語には不自然な箇所が多いが、特にママと明記せずに原文どおりに引用する。
一、本文中の強調語句や、「いわゆる」を示す語句には〈　〉を用いる場合がある。
一、引用文献や参考文献の書誌情報は各章の初出時の注に記載する。

序章

日本人が僕の日本語の詩を讀むと、
「日本語の詩はまづいね、だが英語の詩は上手だらうよ」とい
ふ。
西洋人が僕の英語の詩を讀むと、
「英語の詩は讀むに堪へない、然し日本語の詩は定めし立派だ
らう」といふ。

實際をいふと、
僕は日本語にも英語にも自信が無い。
云はば僕は二重國籍者だ・・・・
日本人にも西洋人にも立派になりきれない悲み・・・・・
不徹底の悲劇・・・・
馬鹿な、そんなことを云ふにはもう時既に遅しだ。
笑つてのけろ、笑つてのけろ！

（「自序」『二重国籍者の詩』(1)）

1　はじめに

二〇世紀前半期、国際的に名を知られた日本の詩人がいた。野口米次郎（1875-1947）、あるいはヨネ・ノグチと呼ばれた男である。野口は、日本文化の特質について英語で執筆したことで、ラフカディオ・ハーン（1850-1904）やラビンドラナート・タゴール（1861-1941）と比較され、戦前は〈世界的詩人〉として知られていた。英語とともに日本語においても多彩な言論活動を行い、戦前の日本では、国際的文化人の大御所として若い世代から尊敬を集めてもいた。しかし戦後は、〈知る人ぞ知る〉とはいえ、一般にはほぼ忘れられた存在となり、日本文学史の表舞台からも姿を消し、今日にいたるまで、その生涯や作品史を通観する研究は行われてこなかった。

近現代詩史では、野口が英詩を書いて英米文壇で好評を博し、帰国後に〈あやめ会〉を企画してすぐに解散したという話

までは知られているが、その後のことがほとんど何も知られていない。

文学事典類の〈野口米次郎〉に関する記述に共通するのは、日本帰国（一九〇四年）以後の経歴について具体的な説明がほとんどないということである。[2] 日本の伝統文化について数多くの随筆や評論を書いた国際的な人物、ユニークな日本詩人として紹介されるものの、大正期以降の日本詩壇での活動や詩史における位置については漠然としている。昭和期の戦争協力についてもまったく触れられていない。

なぜ、帰国後の活動が示されず、野口の日本文壇での存在が見過ごされてきたのか。これは、日本近代文学史を考察する上での大きな陥穽ではないだろうか。文学事典類は野口の中期以降について、言及を避けてきたのではないか。じつは野口は、戦後の多くの研究者の間では——一部にはそうではない研究者もいたものの——かなり低い評価を与えられてきた。それにはいくつかの理由が挙げられよう。

最大の理由としては、〈日本主義〉に走った〈ナショナリスト〉、〈戦争協力者〉といった負のレッテルが大きく作用したことが挙げられる。少なくとも野口の戦時期の活動に関して追究検証する研究者はあらわれておらず、この点に関して〈軽蔑〉〈嫌悪〉〈忘却〉以上の反応は起こらなかった。戦後に具体的検証のされぬまま曖昧に封印されてきた諸問題はあまりに多いが、野口についてもそれはあてはまり、問い直される必要があるのではないか。

図 0-1　野口米次郎（1904 年）

たとえば、戦時期の野口について比較的よく知られてきたエピソードは、タゴールとの間で日中戦争の是非をめぐって国際的論争を起こしたことであろう。人道主義者タゴールに対して、野口は、日本帝国主義を弁護した〈ナショナリスト〉として、国際的に愚かさを露呈した喜劇役者として記憶されてきた。特にインドでは、国民的に崇拝されている詩聖タゴールと論戦を交わした日本人として、野口の名前は思いのほか知られている。[3] しかし、この論争の内実が十分に検討されてきたとは言いがたい。

また〈戦争協力者〉としてのレッテルに加えて、野口を、未熟な英語によって日本を紹介して世界詩人の名を手にした二流詩人、二流の日本紹介者と軽視する傾向が根強く存在する。ほそぼそと続いてきた野口研究も、すべてがとは言わないが、この否定的見解からなお完全には脱却できていなかったように見える。野口が自らについて《日本語にも英語にも自信が無い》と詠った『二重国籍者の詩』（一九二一年一二月）の「自序」（本章冒頭参照）のイメージに引きずられ、また萩原朔太郎（1886–1942）が野口について、観念、詩語、情操などが《全体として完全な外國人である》[4]と評した点が強調される傾向が続いている。しかし、このしばしば引用されてきた朔太郎の〈野口観〉そのものを再検討する必要があるということは、かつて外山卯三郎も指摘していたことであった。[5] 実際のところ、朔太郎は《げに野口氏の情想ほど、私にとつて絶大の敬意を感じさせるものはない》[6]と述べて、日本語の未熟さはあるものの、詩人として傑出した情感と理想と哲学を持ち合わせていると野口を賞賛していたのである。

朔太郎がいかに詩人としての野口を尊敬していたかは、一九二六年五月一一日に起きた〈中央亭事件〉（後述第一〇章第3節（b））にも明らかである。その日、丸ノ内の中央亭で開かれた詩話会の席上、野口のスピーチ後に敬意を表して立ち上がった朔太郎に対して、プロレタリア派の詩人たちが反発し、それに朔太郎が憤怒して乱闘騒ぎになったのであった。

野口に対してはもちろん批判や反発もあったが、その一方で、朔太郎以外にも、日本の同時代詩人や後輩詩人たちが野口を評価し敬愛していた事実は、例証に事欠かない。野口は長きにわたって日本詩壇の中で存在感を示し、影響力を発揮し続けていた。そのような野口の実像がより正確に明らかにされたならば、大正、昭和戦前期の詩壇の光景は、ずいぶんと様子が違って見えてくるのではないだろうか。

さらに、野口米次郎がイサム・ノグチ（1904–1988）の実の父親であるということも、野口米次郎という人間に対する否定的評価と嫌悪感を強めてきた理由の一つに数えられる。イサム・ノグチは世界的に著名な彫刻家として死後も人気が高まっているが、そうであればあるほど、野口米次郎は母子を捨てた非道な男として嫌悪されるようになった。たとえばドウス昌代氏は、米次郎に対しては、《ブロークンな英語だけでなく、教養そのものにも限界がある日本青年》で、《英語で書く詩だけでなく、人間的にもどこかおぼつかないヨネ》といった評価を下す一方、イサムの母であるレオニー・ギルモアに対しては、高学歴で《鋭い感性》を持つ自立心の強い知的女性といった好意的な評価をしている。また、米次郎は《肉欲の捌け口の延長》で《仕事上の便宜》にもかなうレオニーと暮らし始め、《妊娠させただけではない》。身重のその彼女を見捨てた》男であり、その《いい加減さ》に彼の友人たち（スタッダードやパットナム）も見る目を変えた、と書いている。[7]

ようするに、戦争協力者、巧みに世界進出した二流詩人、アイデンティティも思想も定まらない〈二重国籍者〉、日本語の下手な〈外人〉の情操を持つ日本人、そして白人女性と子を捨てた身勝手な〈男〉といったイメージが一般的に定着してきたように思える。

もちろん、戦後日本の研究者の中にも、野口米次郎という多彩な活動をした人物を総体として研究する必要性を認識している人々はいた[8]。その重要性を認識しつつも、しかし、全生涯を研究対象とすることには、ためらいがあったと言えよう。

一つには、野口が全世界的に繰り広げた言論活動があまりに多岐にわたるため、一体、どこからどう取り掛かればよいか、手をこまねいてきたのが実情だったのではないか。言い換えるなら、野口の残した仕事は領域横断的・複合領域的な研究の構想なくしては捉えきれないのである。しかし、従来手が付けられてこなかった〈穴〉にあたる部分を解明すれば、野口米次郎という人物の活動全体の評価が大きく変わる可能性がある。そして、それは一人の詩人の再評価にとどまらず、もしかしたら、二〇世紀における国際文化交流の実態について、従来の認識を一新するほどの意味を持つかもしれない。

もう一つのためらいは、戦後思想の轍が強烈であったため、その外に安易に出てはならないという規制が働いていたことによるだろう。野口の戦時期の活動が、この詩人に対するネガティブな評価を決定的なものにしたと言ってよく、野口が戦争協力者であり愛国主義の主唱者だったことはよく知られ、戦後は一貫して批判と軽蔑の対象となってきた。そのため、朔太郎の評言なども吟味されることはなく、否定的な方向ばかりが強調されることになったのではないか。実際、戦時中にラジオから流れる野口の愛国唱歌や戦意昂揚詩を聴き、政治と強力に結びついた詩人としての姿を実見した世代にとっては、野口に〈帝国主義者〉の烙印を押し、彼を忘却の彼方に押しやることは、むしろ自然なことだっただろう。また、日本の近代文学研究自体が戦後に本格化したことを考えれば、近代文学の研究対象と方法が、戦後直後の評価枠をなかなか破れなかったのも当然だった。

では、その戦後直後の評価枠とは何だったのか。それが現在のわれわれの研究に影響を及ぼしている可能性について考えてみよう。

2　戦後直後の文学者批判と中世美学研究の否定

戦後の野口評価を決定する〈事件〉とも言うべき出来事は、敗戦直後の国内で〈文学者の戦争責任〉の追及が巻き起こったことである。そこで列挙された〈重要犯罪人〉の中に野口の名もあった。

戦後の〈文学者の戦争責任〉の追及には、GHQ主導による公職追放などの外発的なものと、新日本文学会や日本共産党などによる国内の自発的なものとがあった。このうちGHQに追放された文筆家は三〇〇人前後にのぼり、野口の三作品もGHQによって没収されている。ただし、GHQのマッカーサーは国際派詩人としての野口に好意的で敬意を持っており、敗戦後は野口と面会したがっていたが、野口自身が面会を拒んだという（後述第一五章第2節（c））。

じつは、戦後の野口評価に致命的なダメージを与えたのは、GHQの追及ではなく、それに先駆けて行われた国内の自発的な追及の方であった[9]。国内の追及とは、敗戦直後から始まる知識人や文化人の戦争責任追及であり、その論争はその後何十年も尾を引く多大な問題を孕んでいた。

まず一九四五年秋には、戦争犯罪人リストが公表され、名指しで徹底的な批判が行われた。特に若い世代による追及が激しく、小田切秀雄（1916–2000）らは『文学時標』[10]創刊に際して、《日本ファシズムが文學に加へた蠻行と陵辱》を思い出せと叫び、《ファシストたちと陰に陽に力をあはせた作家、評論家》を糾弾した。彼らは、《厚顔無恥な、文學の冒瀆者たる戦争責任者を最後の一人にいたるまで、追及し、彈劾し、讀者とともにその文學上の生命を葬らんとする》と宣言し、民主主義文学の再生の前提は、《戦争責任者》に断筆させることだと述べたのである[11]。これは反響を呼び、注目度も高かった[12]。

小田切の糾弾する対象作家の中には、野口米次郎の名が入っていた。小田切は、《特に文學及び文學者の反動的組織に直接の責任を有する者、また組織上さうでなくとも從來のその人物の文壇的な地位の重さ故に、その人物が侵略戰爭のメガフォンと化して恥じなかったことが廣範な文學者及び人民に深刻にして強力な影響を及ぼした者、この二種類の文學者に重点を置いて取上げた[13]》として、次の名前を挙げている。

菊池寛、久米正雄、中村武羅夫、高村光太郎、野口米次郎、西條八十、齋藤瀏、齋藤茂吉、岩田豊雄（獅子文六）、火野葦平、横光利一、河上徹太郎、小林秀雄、亀井勝一郎、保田與重郎、林房雄、淺野晃、中河與一、尾崎士郎、佐藤春夫、武者小路実篤、戸川貞雄、吉川英治、藤田徳太郎、山田孝雄

これら二五人の《戰時中の文學の愚劣と卑小とを實際上ふみにじって》いくことが、戦後文学の第一歩であると宣言されたのだった。

その後、この過激な追及姿勢そのものは、問題と視点が拡散して、次第に勢いは失われていったが[14]、論争勃発時の過激さと戦前の文化人に対する批判的姿勢は、その後も長く大きな影響を残した。戦前と戦後の思想の断絶、戦前思想の研究の否定がここで生じたのである。

野口は一九四七年、まだ徹底批判の熱の残る最中に病気になり、七月には死を迎えた。高村光太郎（1883–1956）らが戦後長い年月を生き、反省と悔恨を綴って再評価までの道のりをたどりえたのとは、決定的に運命を異にしている。〈戦争詩〉を書いて戦争協力した者たちの多くは、戦後は高村のごとく、文学者や詩人の戦争責任問題を経て、戦時期の自己批判そして戦中詩の書き換えなどによる自己の再構築を果たして文学者として復権していく。だが、敗戦後まもなく没した野口には、その機会は与えられなかった。

そして、ここであらためて注意を喚起しておきたいのは、文

学者の戦争責任の追及が起こったと同時に、戦前の国文学研究の否定、中世美学研究の否定が生じたことである。『文学時標』の創刊号に、左翼系国文学者の近藤忠義（1901-1976）が「戰爭責任の追及――國文學時評」と題して《甚だしく立遅れ恥づべき汚泥にまみれてゐた吾々の國文學》の様々な戰爭責任を摘發し断罪する必要を宣言している。(15) 国文学が《滔々たる痴呆性的な國策追隨》をし、あらゆる学派の学者たちが《超歴史的に理解せられた中世主義への轉落》という共通の犯罪を犯し、《かの惡權力に阿諛《あゆ》追從して、誣告《ふこく》密訴を事とし或は空疎な精神主義を押賣りして自ら眞理探求の道を閉塞した》というのである。これは戦前期から戦後まで一貫した近藤の史観であった。《家持或は西行、定家、後鳥羽院から宗祇芭蕉に至る中世的文人への新たなる思慕・辯護の盛況》や文献学派、文藝学派、浪漫派、民俗学派などがその思想的根拠として持っていた《中世的反動ロマンチシズム》こそが、戦時中の精神主義に加担して《眞理からの遁走》を促し、《戰爭末期の歴史的性格を見事に反映した》という事実を批判追及しなければならない、と近藤は主張したのである。つまり、戦時中の中世研究の潮流もここで同時に批判され、その後、この問題とそこにいたる過程についての論議や検証がうやむやのままに葬られたと言ってよい。

　じつは野口の歩んだ道のりも、この中世美学や中世的な文人への評価と敬慕の潮流に大いに関係する。なぜなら、次のような展開があったからである。アメリカそしてイギリスで見事なデビューを果たした野口は、欧米文壇の大御所から若手の詩人にいたるまで東洋への関心をかきたて、イギリスにおけるそれまでの俳諧評価の方向を変える役割を果たした。その際、芭蕉俳諧に深く傾倒していた野口は、芭蕉の精神性を英語で解説した。江戸時代元禄期に活躍した芭蕉の精神について、〈わび〉や〈さび〉といった中世の禅宗に発するものを尊重していた、と説明したのである。この野口の芭蕉評価が、イマジズム（imagism）と呼ばれる前衛詩運動やその前段階の英詩の革新の動きに働きかけた。そして、とりわけ野口が行った一九一四年の英国講演は、日本の若き知識人や象徴主義詩人たちに、芭蕉俳諧へ目を向けることを促したのである。こうして二〇世紀前期には、芭蕉俳諧を象徴主義芸術として捉える動きが国際的に生まれ、それが前衛詩運動にも刺激を与える光景が見られたのだった。

　このように日本における戦前の中世研究の潮流は、同時代の文学への展開という面を伴っている。つまり、この戦時下の中世美学への傾斜をいかに捉えるかは、日本の〈近代〉ひいては世界の〈近代〉や〈モダニズム〉をどう捉えるか、ということにも深く関わる問題なのである。

　本書は、野口米次郎の人生とその作品を一九世紀末から二〇世紀初頭の世界状況、国際的文化交流の中で問い直すものである。あらかじめ断言しておくが、その問い直しは、〈野口は戦争詩を書いたにせよ優れた詩人であった〉とか、〈戦時協力は差し引いても国際的文化交流の重要人物として忘却すべきでない〉とかいう類の野口個人の再評価を目的とするものではない。

戦時期を含めた野口米次郎の活動の全容について、国際的な観点から客観的に再検討を加えることは、既成の日本近現代文学史から、また二〇世紀の文化交流史や思想交流史から欠落したページを確実に埋める行為となるだろう。この試みは、それらの歴史の全容についてもかなり重要な再考を促し、新たな構想に導く可能性を秘めていると考える。野口米次郎の生涯と作品世界を再検討する目的は、まさにその可能性を拓くところにある。

3　従来の研究の評価軸

上述したような理由から、戦後、野口米次郎という詩人は一般の人々から急速に忘れられていったが、しかし、戦後に野口研究がまったく行われなかったわけではなく、その評価が否定的なものだけに終始したわけでもない。篤実にかつ国際関係や近代史を見渡しながら公正な評価を心がけてきた研究者も少なからず存在する。野口はマイナーな研究対象にとどまりながらも、様々な研究者が折りに触れては関心を寄せ、その重要性を指摘してきたこともまた確かなのである。

ただし、こうした野口に対する公正な評価は主流にはならなかった。一つには、英文学や比較文学の立場から野口の英文学世界への貢献度を問う場合には、そこにある限界が潜んでいたのではないかと考えられる。というのは、英文学を専門に研究する立場から野口の文学上の貢献度を測ろうとしても、なかなか公平に判断しにくいところがあったように見受けられるからである。それには、以下のような背景がある。

二〇世紀前半の日本紹介者として国内外で広く知られてきたバジル・ホール・チェンバレン（1850-1935）は、第五版以降の『日本事物誌』（一九〇五年（第五版）、一九二七年（第五改訂版）、一九三九年（第六版））の中で、日本人によって英語で書かれた日本関係書をいくつか紹介しているが、[16] 野口に対しては、ほとんど蛇足のように次の一文を挿入したのみであった。

> そして――日本とはほとんど関係がないが――野口の〈いわゆる〉詩が（カリフォルニアで）評判になった。（訳文、堀）[17]

つまり、チェンバレンは野口の詩を詩と認めておらず、文化的後進地域とみなされていた《カリフォルニアで》ようやく評判になったと軽んじているのである。しかし、この記述は、事実関係からして間違っている。一八九七年頃であれば、《カリフォルニアで》と限定しても間違いとは言えないが、一九〇三年には英国の文化人らの間でも野口の *From the Eastern Sea* が評判となっている。さらに野口は一九一〇年代から二〇年代にかけて、俳句をはじめとする日本文学や、浮世絵を中心とした日本美術を紹介する著作を多数出版し、英語圏のみならず、フランス、中国、インドでも日本紹介者としてよく知られていた。チェンバレンが一九三九年の第六版においても追記や改訂を行わず無視を通しているのは、何らかの意図があってのことではないだろうか。またさらにつけ加えておけば、このチェンバレンの評に対しては、一九一四年のロンドンですでに、《今日では、野口の才能を最初に見いだしたカリフォルニアの詩人たちの評価は、国際的に認められており、〈いわゆる〉などといった挿入や風刺は、まったく必要ではない》（訳文、堀）との批判が出ていた。[18]

チェンバレンが野口を軽視したのは、野口が、チェンバレンによって広められた誤った日本認識を是正するのが自らの使命だと、明言していたためであろう。[19] 一九二六年、同じ英国人で一九二一—二四年には東京帝国大学教授を務めたロバート・ニコルズ（1893-1944）は、野口についての評論の中で、チェンバレンの『日本事物誌』が《いかに矛盾に満ちたものであるかを注意して頂きたい！》と述べている。[20]

しかし、チェンバレンのように欧米で広く認知され、また東京帝国大学を中心とした日本のアカデミズムでも長く権威を保ってきた欧米の日本紹介者の態度が、以後の国内外の研究者に影響を与えてきたことは否めないだろう。

戦後の日本文学研究の権威であったアール・マイナー（1927-2004）も、『西洋文学の日本発見』（一九五八年）の中で、野口について次のように否定的に評価している。

日本の紹介者ハーンの後継者であり、ジョン・グールド・フレッチャーにも影響を与えたことで知られるヨネ・ノグチの著作に、一世代前の読者が興奮していたという驚くべき事実（marvelous fact）を理解するには、当時の時代精神をある程度受け入れなければなるまい。（中略）ノグチの人気が異常に高かった理由は、少なくとも二つある。まず第一に、ノグチが、たまたま英語で書いた真の日本詩人だと考えられていたこと。いかに彼が本物でなかったかということは、彼の『日本の発句』（一九二〇年）を読むと分かるのだが、その中で彼は、日本詩歌の音節形式を維持しようとしたり、単に〈俳句精神〉を再現しようと試みたりしている。（中略）ノグチの人気の第二の理由は、彼がその当時の英国詩人たちのスタイル、最悪のスタイルを用いたという皮肉な事実による。彼の〈発句〉は、英国人たちの発句同様にエキゾティックなものであり、彼の自由詩は明らかにホイットマンに感化されたものであった。また、彼の〈散文詩〉の実験は、エイミー・ローウェルの〈調べのある散文（cadenced prose）〉の技法とほとんど見分けがつかない。当時の英詩のセンチメンタルな型の流行を反映することに最善を尽くし、しかも日本人として、日本からまさに感化を受けた作品を書いたのである。（中略）当時は、ノグチのように、日本人の血統を持っているとか、あるいは日本を訪れたことがあるというだけの書き手がたくさんおり、日本的なものは何の疑いも持たれずに称賛された時代だった。[21]（訳文、堀）

金子光晴も述べていることだが、この時代、〈日本人〉という肩書きを使って国外を《紋付きに羽織り袴でのしあるいている》[22]似非日本人芸術家は多かったらしい。また国内にも、英語やフランス語で詩を書いた詩人たちもいるにはいた。しかし、そのような連中と野口米次郎はまったく異なっている、と戦後に金子が述べている。金子によれば、〈日本人〉を喧伝して闊歩する海外の〈日本人〉の多くが、《天下の士と交ったというだけで終わっている》のに対して、野口は《俳諧や、日本短詩の精神の沈黙の力の無限の広がりを紹介した功績》のある《特別》な人であった。[23]したがって、野口の活動を評価するには、野口が海外の著名人の誰々と交友があった、国外作家の誰々を日本に最初に紹介したという類の研究では不十分なのであり、野口が《沈黙の力の無限の広がりを紹介した》ことの意味を時代状況と突き合わせて問う必要があるだろう。

その上で述べるなら、先にも触れたように、英米詩における モダニズム思潮の中で野口がしばしば問題にされてきたのは、イマジズムの推進者エズラ・パウンドとの関係においてであった。マイナーがJ・G・フレッチャーやA・ローウェルに触れているのも、野口とイマジズム運動のつながりに関係する。二〇世紀の英詩、とりわけアメリカの現代詩は、パウンドの出現が出発点とされるからである。パウンドは現在も英米で絶大な評価を得ており、日本での人気も大変根強い。それゆえ、野口とパウンドらイマジストや他のモダニズム詩人たちとの関わりについてはしばしば論じられてきたのだが、アール・マイナーに代表されるように、野口の役割については概して否定的な見解が多く、野口の貢献は十分に明らかにされていない。

もっとも、野口によるパウンドやイマジズムへの貢献は、一九二〇年前後から内外で指摘されてきたことである。戦後にも、野口の弟子筋にあたる斎藤勇や尾島庄太郎ら英文学研究の権威者たちが、あまりおおっぴらではないにせよ言及している[24]し、一九七〇年代には外山卯三郎や渥美育子氏らによる積極的な考察があった。[25]また、アメリカでも一九八〇年代半ばより伯谷嘉信氏が指摘し論じてきた。[26]さらに近年ではエドワード・マークス氏が、英米近代詩人らにおけるタゴールや野口などの非西洋詩人からの影響を論じている。[27]

それでも、日本の英文学研究の中では、パウンドを高く評価し、パウンドと親しくした西脇順三郎はときに正統派の詩人として持ち上げられても、野口については〈二流〉とみなして言及を控えるという態度が未だに根強い。英文学研究の立場から野口にアプローチする場合には、このような限界につきまとわれてきたのである。

パウンドは、T・S・エリオットやJ・ジョイスなど多くの若い芸術家を発掘したことがよく知られているように、若者の才能を発見する能力に長けていた。ヨネ・ノグチ研究を長年行っている和田桂子氏は、そのパウンドが野口に対しては触手を働かせなかったが、西脇順三郎の詩を読むやいなや岩崎良三に手紙を書いてノーベル賞に推すべきだと主張したことを挙げている。[28]パウンドが評価していないことをもって、野口は一流ではないと示唆する論法である。しかし、パウンドが西脇を評価したのは一九五七年、野口の死後十年が経ってからのことである。それゆえ、この評価のみからパウンドが野口よりも西脇を評価していたとは言えないだろうし、しかもパウンド自身、第二次世界大戦中のファシスト党への参与を咎められ、西脇を見いだした頃にはすでに詩人としての権威を失っていた。

にもかかわらず、このような論法や考え方は、英文学の専門家の間では長く受け継がれてきた。小玉晃一氏（一九七五年）は、野口がパウンドと関係を持ちながらも《パウンドからほとんど影響を受けていない》と言い、《パウンドは、どの程度ヨネ・ノグチを評価していたのかよく分からない。少なくともあまり問題にしなかったことは確かである》と述べている。[29]また、アメリカ詩と日本文化の関係を論じる児玉実英氏（一九八四年）が野口に触れるのは、アデレイド・クラプシー（1878-1914）への感化の可能性が論じられたことがあった、という一点に過ぎない。[30]あるいは、パウンドと西脇順三郎を論じる新倉俊一氏（二〇〇三年）も、パウンドの野口に対する《評価は「二流の詩人」であった》と記すのみである。[31]

だが、そもそも〈パウンドが野口に触手を働かせたか否か〉という問題設定自体が倒錯したものなのである。なぜなら、野口の方がパウンドよりも先に英米の文化人らの間で評価を受けていたのだから。実態に即して言えば、むしろ野口の方がパウンドのことを、英米詩壇を代表する重要な詩人として捉えてはいなかったという方が正確だろう。野口はイェイツからパウンドを若き助手として紹介され、新世代の若者という程度には認識していたものの、この段階ではまだそれ以上の存在ではなかったのである。

このように欧米の日本研究者や日本の欧米研究者たちの間には、野口が当時の主要な欧米の文化人たちに影響を及ぼした事実を知ってはいても、それをまともに考えようとはしない奇妙な態度が続いていた。西洋崇拝の感情がそうさせたのかと疑われても仕方がないだろう。しかし、野口の欧米の文芸界への影響について判断を下す前になされねばならないのは、いったい野口がいつどのようにして欧米で活躍するようになり、どのように評価されていったのかについて事実を確認することである。また、従来考えられてきたように、本当に野口は大正から昭和初期の日本で〈二流詩人〉として扱われていたのかについても検証してみなければならない。その上で、たとえ野口が〈二流〉の英詩人として扱われていたのが実態だったとしても、その〈二流〉とは誰に決められるのかについても一考すべきだろう。

たとえば、欧米の比較文学研究やポストコロニアル研究の中で、タゴールは、一方で〈英詩人〉としては一流ではないとの評価を下されながらも、[32]他方ではその人間存在の偉大さと国際的影響力が今も繰り返し論じられている。もちろん、タゴールは近代インド社会が生んだ最高のベンガル語詩人・インド詩人として活躍したのであり、彼の英詩が優れたベンガル語詩の域にまで達していなかったとしても、詩人の価値に何ら重大な問題を及ぼしえない。しかし、筆者が注目したいのは、現在もなおタゴールが英語圏文学史の重要な旗印として論じられ、インドの〈サバルタン〉の代弁者として国際的な評価とシンパシーを得ているのに比べて、一時期はタゴールと並び称されたこともある野口米次郎はどう評価されるのか、という点である。すなわち、イギリス帝国の植民地であるインドの生まれではあるが富裕層で最上クラスの文化環境に育ち、独立した国家を代表する詩人として死後も名声を獲得しているタゴールと、アジアからの初期移民群に混じって渡米し貧しい生活の中から英詩を書くという〈声〉を獲得したものの、〈二重国籍者〉と言われつつ世界戦争の時代を生き、戦後は〈戦争協力者〉として非難を浴びて抹殺に近い扱いを受けている野口米次郎と、いったいどちらが〈サバルタン〉と呼ばれるにふさわしいのだろうか。

日本文学が、ベンガル語文学とは異なって、世界で〈主要な文学（major literature）〉の一つとみなされている[33]という点が、ここに関わるのだろうか。しかし、そうだとすると、日本文学が〈主要な文学〉だと認識されるようになった経緯に、野口米次郎は無関係ではなかったという事実を、現在、日本人はどれだけ認識しているだろうか。

4　研究史・評価史

さてここまで、野口に対する見方として一般的だと考えられる批判的な風潮を見てきたが、野口に対する戦後の言及は一方的なものばかりだったわけではない。各地に散在する野口の書簡を収集整理した渥美育子氏や、二〇世紀への転換期におけるアメリカ詩の系譜や明治の近代化の系譜の中で野口の立ち位置を探った亀井俊介氏による論考は、現在にいたる後進の研究に重要な指針を与え続けている。それらの基礎の上に、本書を含む現在の野口研究は成り立っていると言っておかねばならない。次にそうした研究を一瞥しておこう。

戦後の野口研究史において最も注目すべき出来事は、米次郎の娘婿の外山卯三郎を中心に論文集『詩人ヨネ・ノグチ研究』全三巻（一九六三年、六五年、七五年）が編纂され、野口再評価の気運を盛り上げようとしたことである。この論文集には、野口に関する同時代評が収録されるとともに、生前の野口を知る者や、当時、野口研究に尽力していた亀井俊介氏や渥美育子氏らの論考が寄稿された。

この三冊の論文集で中核となった視点も、やはり主として英文学との関連についてであった。英米で次々と発表された野口の英詩が、早い時期に俳句とその象徴性を紹介したものであり、それが世紀末の英米詩壇やイマジズム運動などを刺激するものであったということが、論究されたのである。

大正期に野口に教えを受けて育ち、戦後に英文学研究の権威となっていった面々——斎藤勇や尾島庄太郎ら——も、前述のように、言葉少なに感じられるものの、英文学史上の野口の貢献について論じている。斎藤は、野口が《英米における free verse運動に対する促進者》であり、俳句詩の実例を示したことは注目すべき彼の業績であると述べ[34]、尾島は、*Seen and Unseen*（1896）や*From the Eastern Sea*（1903）に、早くからイマジストの手法が示されていることを指摘し、野口が一九世紀末に英詩壇の先駆け的な役割を担っていたとした[35]。また山宮允《さんぐうまこと》も野口について次のように語っている。

> ホイットマン以後その衣鉢を亜《つ》ぐ者の無かった世紀末のアメリカ詩壇に自由詩の範を示し、日本詩歌の精神を、集中と暗示と沈黙の教を誨《をし》えて英米詩壇に新風をもたらし、今世紀十年代の新詩人クラプシイ、サンドバーク、フレチャー、ローウェルその他の自由詩作家の輩出を刺戟し、英米の詩界に生気を与えた異質血液注射の功労者であることを忘れてはなるまい[36]。

このように生前の野口に親しんだ英文学者たちは、戦後にも野口を回想し、英文学史上に一定の位置と評価を与えたのである。だが、このことは、野口に関心を持った者以外には、あまり知られてこなかったのではないか。いや、関心を持つ者でさえも、まともに検討しようとしてこなかったことは先に見たとおりである。

そして、野口を直接に知る詩人たちもまた、野口の人生についての共鳴と同情を戦後に記していたが、これらもよく知られてきたとは言い難い。南江《なんえ》治郎は、野口の英詩が《Imagists詩派の人々やfree verseを書く詩人達》に多大な影響を与えたことは《偶然の結果》に過ぎず、それゆえ、野口がその《結果に誇る事なく》常に努力したこと、《永久不変のその精進さ》をより尊敬する、と述べている[37]。野口が自分に厳しく人情に厚い性格であったことは、多くの者の回想に示されている。

のちに野口再評価のための基礎を作った研究者らも、主に野口の英詩と俳句の関係に注目してきた。外山卯三郎は、野口が俳諧詩論から独自の短詩型の抒情詩論に到達し、それが英米の詩に影響を与えたと説く[38]。野口が創作初期から芭蕉の俳諧の精神を詩作に取り入れていたことを論じ、その英米詩壇への波及効果について考察をめぐらせたのである。

渥美育子氏は、野口の英詩の散文体は定型になじんだ欧米の人々の注意を引き、決して巧いとは言えない英語表現が、俳句に初めて触れたような新鮮さを与えたのだと論じた。そして、野口の詩世界は東洋と西洋のイメージを対置し融合させたものであり、彼の英米詩壇への貢献は、《イマジズム運動に二〇年先立つ九〇年代に、自然発露的ではあるが自由詩体（free verse）で詩を書いたこと、俳句的なイメジの重置を使って凝縮した暗示に富む表現を用いたこと、東洋という異国情緒と彼らが教養ある人はすべてhaiku poetであると信じていた日本という国の精神を伝えたこと》の三つであると述べている[39]。

同様に、亀井俊介氏は《極端な低迷期》にあった当時のアメリカ詩壇に、野口は新風を吹き込む存在であったと論じ、野口の持ち込んだ日本の詩が、《言葉の技巧ばかりの詩に飽いていたアメリカ詩人たちの求めていたものに通じ》、それゆえ、古い詩風の革新を探っていた当時のアメリカ詩人たちの《仲間》あるいは《師》として、野口は歓迎されたと説いた。[40] 長年にわたって野口研究の道を照らしてきた亀井氏は、特に世紀末のアメリカ詩壇における野口の影響や、ホイットマンから野口への影響についても詳しく論じた。[41]

このような研究が英文学の立場からなされてきたにもかかわらず、日本研究や日本文学研究の分野においては、野口の存在は無視されてきた。ここに従来の野口研究の最も重大な欠陥があると言えよう。野口が日本語の詩歌や日本語による著作を数多く残しているにもかかわらず、それらに関する研究は皆無に近い。野口の詩作や詩論・芸術論・文化論などの評論類が膨大であるだけでなく、その同時代の詩人たちへの影響も少なくなかったにもかかわらず、野口の日本語文献の検討は敬遠されてきたのである。

野口の論述の視野が複数の文化圏に及び、また評論家としては詩的な独自性・独創性に満ち、懐疑的で屈曲した部分が多いことも一つの理由であろうか。あるいは日本の側から論じる場合、最終的には野口の関わった近代の日本がたどった道、つまりは戦争への論究を避けて通るわけにはいかず、それを回避したいという心理も働いていたのかもしれない。

確かに野口の〈日本〉にまったく言及がなかったわけではない。だが、野口が日本近代文学史でいかなる位置を占め、日本文化論者としてどのような国際的役割を果したのかについて、総体的な探究はほとんど行われてこなかった。そのことは、たとえば次のようなところに端的に示されていよう。

野口米次郎の遺族でもあり、岡崎義恵に師事した野口進は、野口米次郎の文芸観について《一言で蔽えば「東洋的」と言い得る》と述べたあとで、野口米次郎の主唱した自然礼讃や自然合一の思想が、《実に西行、芭蕉以来、我国芸術界の巨擘に共通するアナクロニズムであると非難する批評家もあったが、私(野口進)は彼(野口米次郎)の自然観が徒に奇を衒ったものではなくて、万人に認められた、広く深い伝統に根ざしたものたる事を喜ぶものである》(括弧内、堀)と結んでいる。[42] だが、ここには、そもそも自然合一の思想がアナクロニズムどころか、当時の国際的な思想潮流の先端にあったという歴史的な認識がすっぽりと抜け落ちている。また、自然合一の思想を言うときには、ホイットマンの思想の影響を考え、同時代的な象徴主義思想に触れる必要があったにもかかわらず、それを示唆するものもない。これはやはり、日本と英米の文学や哲学を切り分けて論じてきた点にそもそもの問題があったのではないだろうか。

こうした欠点に対して、亀井俊介氏は『ナショナリズムの文学——明治精神の探求』の中で、野口を次のように位置づけている。

ヨネ・ノグチの文学は、今日、西洋と日本のどちらにも属さない取扱いをうけている。ノグチ自身が生前からそのことを自覚し、自分が「二重国籍者」になってしまったことを自嘲しなければならなかった。だが、彼の生涯のドラマを「悲劇」であったとするなら、その悲劇は日本の独立と近代化を志向するナショナリストがふるわなければならなかった両刃の剣を、「徹底」してふるったことにあった。つまり「二重国籍者」性こそ、日本主義文学者ヨネ・ノグチの存在意義を、積極的に証明するものであったと私は思う。（中略）ヨネ・ノグチは、この後、日本が政治的にも文化的にも困難な国際関係の中に入っていくにつれて、さまざまな動揺を重ねながら、孤独の生き方を深めていった。しかし彼こそ日本のナショナリストの一つの悲壮な現実であったのではないかと思うのである。[43]

野口が《日本の独立と近代化を志向するナショナリストがふるわなければならなかった両刃の剣を、「徹底」してふるった》ということは、まさにそのとおりであろう。しかし、果たして野口は生前から《西洋と日本のどちらにも属さない取扱い》を受けていたのだろうか。あるいは〈二重国籍者〉であるという自己評価は、単なる《自嘲》にとどまるものだったのだろうか。筆者自身は、《日本が政治的にも文化的にも困難な国際関係の中》にあった時代の《日本のナショナリストの一つの悲壮な現実》を野口に見るという亀井氏の立場に共感できる。しかし、他方には野口を〈戦時期のメガフォン〉と見る立場があり、この立場からは、《動揺》や《孤独の生き方》や《悲壮な現実》といった評言には納得できないのではなかろうか。

このような問題意識から、本書はこの《日本のナショナリストの一つの悲壮な現実》が実際のところ何であったのか、ナショナリストとは何者なのか、また野口の〈二重国籍〉性とは何を指すのか、果たしてそれは《自嘲》にとどまるものであったのか、といった点について丁寧に検討していきたい。ここには、現代の多文化状況下を生きる人間が不断に突きつけられている普遍的な問題が満ち溢れていると考えるからである。

さて、亀井氏や渥美氏による研究以後も、多くの者が野口について大小様々に筆をとってきたが、[44]野口の人生の総体に迫る論は長く出ていなかった。一九七〇年前後の野口再評価の気運ほどの動きは、その後は生じていないと言える。

ただし特にここ数年、野口米次郎に対する関心は急激に高まってきている。とりわけ、亀井俊介氏、稲賀繁美氏の解説付きで二〇〇七年から『ヨネ・ノグチ英文著作集』（*Collected English Works of Yone Noguchi*）が刊行され、英文資料面で野口研究の門戸が開かれたことが、その潮流に拍車をかけているだろう。[45]稲賀氏はまた、〈一国文学研究科〉群に対抗して〈比較文学研究科〉の存続を正当化するために、〈世界文学〉を志向する必要性があると提案する中で、野口米次郎の名前を挙げている。[46]まさに今、野口の生涯と作品を見直し、様々な視点から研究に取り組むべき時期を迎えているのではないだろうか。

5　本書の目的と方法

本書は第一に、野口米次郎の活動の全容が生涯を通じて明らかにされてこなかったことの克服を目指す。そのために、各章の構成はほぼ年代記的な体裁をとる。野口の生涯は、明治から昭和の敗戦直後にまで及び、またその著作も、日本語・英語の二カ国語で書かれているばかりでなく、作品数が多く、執筆内容も多岐にわたる。本書では、野口の刊行書籍のみならず、様々な新聞雑誌に掲載された多数の記事・論説や新たに発掘した資料を用いて、野口の多様な活動とそれらに対する周囲の評価を整理していく。

第二に、野口の文学世界の本格的な探究の基盤を作るために、野口を取り巻き、変動を重ねた同時代の国際的、また国内的な諸文学の動向を明らかにし、それらの再考を試みる。

第三に、文芸にとどまることなく、浮世絵などの日本美術や、能・狂言の海外への紹介者として活躍した野口の仕事が、海外のジャポニスムにどのように働きかけ、どのような役割を担ったのかについて考察する。

これらの探究を行うためには、日本近代の思想潮流と並行して、二〇世紀前半の国際的な思想や文化交流の様相を鳥瞰することが必要になる。総じて言えば、野口米次郎という人物とその作品の再評価を課題の中心に据えるが、そのために、従来の日本文学・英文学という個々の領域を超えるだけでなく、文化全般、さらには思想全般の国際的、国内的な動向と関連づけて考察することを目指したい。

その再評価の立場は、日本〈近代〉の方向性と位置を再考することに向かわざるをえないだろう。従来の見解に即して野口を二流視する見方には二つの立場がある。その多くは西洋近代的な立場から、野口は異質で遅れたものとする見方である。それに対して日本の側は、〈外国人の情操〉を持つ異質さのゆえに野口を二流視したのである。しかし、野口のような作家については、西洋近代的なのか、日本的ないしは東洋的なのかという対立軸を立てて考える思考方法そのものが無効なのではなかろうか。いや、野口にとどまらず、日本近現代文学や文化についても、そう言えるのではないだろうか。それゆえ本書では、野口を通して、日本〈近代〉の方向性と位置の再考を試みたい。

これまでにも野口を研究対象とする際には必ず比較の視点が示されてきたのだが、かつての英文学研究で支配的であった個別の作家の比較検証を主とする方法論（たとえばホイットマン研究、パウンド研究などから導き出される野口像の検証）には限界があり、それによっては野口の総体は明らかにされてこなかった。そこで本書は作品論や伝記考証のみならず、特に従来の野口研究に希薄であった日本文学研究、文化研究の側からのアプローチに力を入れる。しかしその際、国際的同時性に着目することによって、一国文学史が陥りやすい欠点を克服し、国際的な動向、およびその中で野口が果たした役割を多角的に考察し評価していきたい。

6　本書の構成

本書は大きく分けて三部構成をとる。第Ⅰ部は、「出発期――様々な〈東と西〉、混沌からの出現」と題し、野口の初期評伝の役割を持たせるとともに、詩人野口米次郎がどのように形成されていったのかを明らかにする。

第一章ではまず、野口の生誕から渡米までの成長過程を確認する。当時の英語学習の様子や早くから芭蕉俳諧に親しんでいたこと、そして渡米の動機などを考察する。

第二章では、アメリカ西海岸で英詩人としてデビューするにいたる背景を探る。野口のアメリカ詩人らとの関わりと、アメリカ西海岸のボヘミアニズムの潮流の中での野口の存在意義については、従来も指摘されてきたが[47]、ここでは新たな視点から伝記的に時代状況と文化潮流を再確認していく。特に野口が詩人としてデビューした当時の状況を、その周辺の詩人たちの評価や当時の国際的な文化潮流を見据えながら解説する。

第三章は、西海岸を離れて東海岸に移った野口がジャポニスム小説の隆盛に便乗して執筆した日記風小説 *The American Diary of a Japanese Girl*（1901）に焦点を合わせる。どのような文化背景からこの作品が評価されたのかを考えながら、野口の特異な立場と視点の独自性を探る。当時流行していたジャポニスム小説や演劇への批判、あるいは欧米社会の誤った日本理解に対する憂慮、日本文化や詩歌の紹介など、後年まで続く野口の問題意識の原点をここに探ることができよう。

第四章では、英国の文化人らの間で詩集 *From the Eastern Sea*（1903）が一躍人気を博したことについて、どのような立場から、いかなる評価が行われたのかを、イギリスの文学状況とより大きな時代状況を合わせて考察する。象徴主義や東洋の詩歌形式への関心を背景に、野口の発表した英詩の方法や表現がいかに受け取られていたかを検討することになる。また、一九〇三年当時の野口が持っていた、翻訳や英詩の執筆に対する認識と意図についても考えていく。

第Ⅱ部は、「東西詩学の探究と融合――〈象徴主義〉という名のパンドラの箱」と題して、英米詩壇で華々しくデビューしたあとの野口の文筆活動を見ていく。

第五章は、一九〇四年の野口の帰国が、日本の詩人たちが象徴主義詩を移入した時期と重なっていたこと、欧米において象徴主義の文脈で評価を受けた野口が、象徴主義を芭蕉と比較して説明したことが、日本国内での芭蕉再評価の気運につながっていったことを明らかにする。

そして第六章では、日本帰国後の野口が、日本詩壇との関係を持つのみならず、積極的に英文執筆に取り組んで国外に原稿を書き送り、日本文化の解説に努めていたことを再構成して示す。野口が国外の様々な新聞雑誌に発信していた内容が、舞台芸術や美術から政治状況にいたるまで、じつに多彩であったことが明らかにされるだろう。また、帰国後に刊行した詩集 *The Pilgrimage*（1909）や評論集 *Through the Torii*（1914）が何を伝えようとしたものだったのかを検討する。さらにここで、野口の能・狂言に関する翻訳紹介の活動についても、同時代的な背景とともに検証する。

第七章では、日本文化の解説者として一つの重要な役割を演じた一九一四年の英国講演を取り上げ、そこで野口が何を語り、いかなる評価を受けたのかという点を整理し解明する。

第八章では、欧米モダニズム思潮の中での野口の位置と評価、その時代背景について再考する。また、野口とエズラ・パウンドとの関係もここで確認する。野口の英米の詩人たちとの関係については従来も言及されてきたが、英詩改革を試みた欧米の詩壇と野口との関係をあらためて検討してみたい。とりわけ、英米詩のモダニズム思潮が東洋への志向性を深めていく様子を、インドの詩人たちとの関係なども含めて明らかにする。

第九章では、野口が強く共感していたラフカディオ・ハーンについての著述とその内容を明確にし、日本主義の潮流に巻き込まれる〈境界人〉としての位置、アイデンティティについて考える。

第一〇章では、日本の文壇に視点を戻し、大正期詩壇の中で野口が果たした役割を解明したい。日英米の詩人たちの架け橋となることを目指した〈あやめ会〉が挫折して以後の、野口と日本の文壇との関係については、従来ほとんど研究がなされてこなかった。しかし〈あやめ会〉の挫折以後も、野口は大正詩壇の中で大きな存在感を維持し続けていた。その様子をいくつかの詩雑誌を検討することによって明らかにする。

第一一章では、大正から昭和への転換期、つまり様々な思潮が混沌として渦巻いていたこの時期に、野口が文壇でいかなる位置にあり、野口自身の志向性がどのようなものであったのかについて考究する。野口が文化相対主義的な観点から国内外に向けて語っていた伝統意識と前衛意識の重なりが、昭和初期に日本主義が立ち上がってくる兆しと、どのような関係にあったのかを浮き彫りにしたい。

野口の人生の後半を論じる第Ⅲ部「〈二重国籍〉性をめぐって」では、まず第一二章で、野口の〈境界〉性や不安定な〈二重国籍〉的立場と、帝国主義に対する認識について、従来指摘されてこなかった側面を示したい。野口は、人類の普遍主義に立つ文化相対主義の立場から、自国の文化を再建することを考えていた。その立場は時代とともに政治の諸問題や民族・国家の独立という問題と関わることを求め、かつ野口自身も〈詩人〉としての自覚からそれを当然のことだと考えていた。しかし、戦間期の国際情勢は、その立場に亀裂や動揺を生み出していく。

第一三章では、早くからインドとアイルランド文学の共通性を意識していた野口のアジア認識を、インドとの関わりを中心に論じていく。特に一九三〇年代には、周囲の要請によってインド各地で講演し大歓迎を受けた野口が、タゴールとの間で日中戦争の是非をめぐる国際的に注目を浴びた論争を起こす。野口は〈帝国主義〉のイデオローグとしてふるまったのだろうか。その真意と、二人の立場の相違についてあらためて考えてみたい。また、野口のインドに対する発言や論述は、日本の対インド政策を背景に、ラジオの国際放送などによって積極的に喧伝されていったことも示す。従来はタゴールとの論争ばかりが注目されてきたが、それは野口と〈インド〉との関わりのほんの一頁に過ぎないことを、インドで発掘した資料をもとに明らかにする。

第一四章は、従来知られていなかった厭戦的な作品群に照明を当て、〈戦争詩〉の作者やラジオ放送の協力者としての野口像を再考することによって、戦時期における野口の詩想の全容解明に努めたい。ここでは、野口が求めた〈日本〉が戦時下に何をもたらしたのかをあらためて考えることになるだろう。

第一五章は、敗戦後の野口と没後の評価を扱う。戦時下に書いた詩を戦後に再び掲載した意図は何だったのか。一九四七年に没したあと、彼が生前に示し続けた国際的視野と説き続けた芸術文化的理想は、顧みられることなく完全に消滅してしまったのだろうか。大手をふってまかり通る野口に対する非難の風潮の中で、野口の周辺にあった人々の回想記を探り、野口の遺志が没後もひそやかに受け継がれてきたことに触れたい。そして本書の最後には、彼に見捨てられたはずの遺児イサム・ノグチの中に生きていた米次郎の姿を浮かび上がらせることにしよう。

第Ⅰ部　出発期——様々な〈東と西〉、混沌からの出現

はじめに

　第I部では、一八七五年の生誕から一八九三年一一月の出国、そして一九〇四年の一〇月に帰国するまでの期間を考察する。この野口の人生における初期は、野口が詩人としての国際的な名声を獲得し、その後の人生を左右した重要な時期である。そもそも野口はなぜ渡米したのか、なぜ英語で書き始めたのか、どのような環境においてどのような内容のものを書いたのか、そしていかに評価されたのか。

　野口の生涯については、この一九〇四年の帰国までのサクセス・ストーリーはよく紹介されてきた。すなわち、少年期からの英語・英文学への関心や、米国詩人ミラーとの共同生活、英国文壇での成功の経緯や英米文壇人との交流が、稀な成功譚として物語的に語られてきた。しかし、この野口のよく知られている期間でさえも、同時代の近代日本と関連させて論じるということは、十分に行われてこなかったのではないか。

　従来は、野口の英語の詩集 *Seen and Unseen* や *From the Eastern Sea*、日記風小説 *The American Diary of a Japanese Girl* が、当時の欧米で〈華々しい〉評価を得た、ないしは〈ある一定の評価を受けた〉、と個々に紹介されて認識されてきたが、野口の作品全体を同時代文芸の潮流の中で相対化して評価するにはいたっていなかった。それゆえこの第I部では、個々の詩集や作品そのものが、アメリカ・イギリス、そして日本でいかなる意義と時代性を持ったのかを再検証したい。

　まず、幼少期からの日本社会の文化状況、時代状況に即して作家の形成過程を考察し、どのような経緯と環境の中で米国に渡り、また英語で書く詩人としての評価を受けていったのかを検討する。続いて、彼の書いた英詩が米国でどのような評価を受け、どのような位相にあったのか、そして英国の詩壇ではどうだったのかを見ていこう。

　第I部の副題を「様々な〈東と西〉、混沌からの出現」としているが、ここで言う〈東と西〉は、東洋と西洋のみを意味しているわけではない。日本の〈東〉とアメリカの〈西〉、アメリカ国内を主導する東部の〈東〉とフロンティアたる西部の〈西〉、そして、英文学の本拠地である英国の〈東〉と新興国アメリカの〈西〉、といった様々な〈東と西〉を意図している。若き野口米次郎は、この様々なレベルで立ち上がってくる〈東と西〉を漂流し、頭角を現していったのである。

第一章　渡米まで

どうか私の手を御覧下さい、
私の先祖が守って来た正直な生活の歴史が私の指と指との間に
書いて御座います。
（「私の手」[1]）

1　生い立ち

一八七五（明治八）年一二月八日[2]、野口米次郎は愛知県海東郡津島町[3]（現在の津島市）に、父伝兵衛と母久己《くわ》の第四子として生まれた。野口家の祖先は士族であったが[4]、代々農業に携わった家系であり、父は明治維新後、農地主をするかたわら下駄や雨傘を商っていた。父の伝兵衛はもともと士族の家系であることを誇りに生き、息子の米次郎は先祖が大地に根ざして生きてきた家系であることを誇りにしていた。本章冒頭に掲げた「私の手」はそれを表した一篇で、自らの手と指と皮膚を眺めて《四百年も地面を見詰めて畦に蒔いた色々の種に愛の呼気を吹きかけて來》た先祖の歴史を想う、という詩である。

野口が早くから詩歌への関心と文学への志を持っていたのは、家庭環境からの影響であろう。野口の母方の伯父は漢詩人の釈大俊和尚で、彼は幕末の英雄・雲井龍雄（1844-1870）の盟友であった[5]。二人はともに、薩長を中心とした明治新政府に背いて幕府の再建を目指して結社を作ろうとし、処罰されている。雲井の長詩「送釈俊師」は明治期、少なくとも一八九〇年代頃まで学生の間ではよく知られていた[6]。大俊は一八七八年一月に三三歳で逝去しているので、野口が物心ついた頃には故人であったが、米次郎は母親から伯父大俊の話をしばしば聞かされて育った。米次郎はこの伯父に似ているとも言われ[7]、伯父に対する尊敬と誇りを感じていた。この伯父と雲井龍雄について、野口はのちにラジオ放送のための詩吟物語「雲井龍雄と釋大俊」（一九三九年八月六日にＪＯＡＫで放送）を作っている。また野口家は熱心な仏教徒の家庭で、代々一人は出家させるしきたりがあり、米次郎の一つ上の三兄鶴次郎は幼くして仏門に入っている。[8] このような環境と文化的な意識が、その後の野口の精神の根幹となっていった。野口の宗教観や日本文化に対する意識の基盤は、幼いときから培われていたのである。

　では、彼はどのような教育を受けたのか。一八八五年一〇月に津島小学校中等科六級を終えると、翌年から海東・海南両郡共立の陶成学校（第二高等小学校）に学ぶ。一八八八年に名古屋に出て、当時、東本願寺別院から改称されたばかりの仏教学校であった大谷派普通学校[9]に一時通っていたが、翌八九年に愛知県立中学校（現在の愛知県立旭丘高等学校）に入学した。名古屋では叔父の家に世話になっていた。

　一八九〇年二月、立身出世や洋行に強い憧れを抱いていた野口少年は、英語の授業に不満を抱いて中学を中退し、親の許可を得ぬまま上京する。最初は京橋で測量会社をしていた磯長という人の世話になり、その後、伯父大俊和尚と関係のあった芝の増上寺の別院・通元院[10]に寄寓する。上京当初は、第一高等中学校（一八八六年までは大学予備門と呼ばれていた）[11]への入学を志望して、神田駿河台の英学塾・成立学舎に入ったが、官立学校に所属していた野口にとって、成立学舎の校風は自由を通り越して滅茶苦茶に感じられたらしい。[12]自ら数学が苦手だと感じていたことに加えて、福沢諭吉を間接的に《知つてゐた》ことが《主なる動機》となって、[13]一八九一年に慶應義塾に入学する。そして九三年の晩春には、自ら望んで志賀重昂（1863-1927）の家に寄寓している。

2　欧米の著作物の影響

　次に、英詩人となる野口が触れていた洋書はどのようなものだったのか、それは同時代的に見て特別な英語体験だったのかを、時代状況と合わせて検討してみよう。

　明治以前より日本では蘭学から英語研究への移行が見られたが、明治期に入るとさらに英学が盛んになる。一八七二年の学制発布と同時に、英語が中学校の一科目として課せられ、小学校でも国語（日本語）教授のための〈読本〉がアメリカの『ウィルソン・リーダー』の翻訳から編纂されるなど、[14]英語熱が醸成されていった。特に野口が小学校中等科を終える一八八五年は、初代文相・森有礼の主導した欧化主義の流行によって、全国的な〈英語奨励〉気運が大きく高まっていた時代である。一八八六年四月には学制の整備も行われ、高等小学校（一〇—一四歳）で英語科を設けることが奨励された。

　野口が高等小学校に上がるのが一八八六年。まさに国中で英語学習熱が高まっており、野口の述懐によると、一〇歳の時に初めて洋書特有の匂いがする『ウィルソン・スペリングブック』[15]を手に入れて興奮し、その本を枕元に置いて眠り、夜中に目が覚めるたびに練習を繰り返していた。[16]次に父に名古屋で購入してもらったのが『ウィルソン第一リーダー』[17]で、個人的に教師に就いて英語を学んだという。学校で公式にその教材を用いて英語が教えられるようになったのは、野口が一一歳の時からである。
本人の回想によれば、一一歳当時は漢学者のところに通って『四書』の素読を習っていたが、英語学習が大流行した時期でもあり、少年は《菓子や蜜柑を買う銭を溜めて七十銭かでビ子ヲの小文典を買つた》らしい。[18]《ビ子ヲの小文典》とはティモシー・ストーン・ピネオの文法書のことで、このような独学用の教材が当時は多数出回っていた。

この頃の野口少年は、叔父が購読していた『時事新報』を読み、その紙面上の英語の格言や、田中鶴吉（1855-1925）の実録に胸を躍らせていた。[19]当時人気を博していた田中の実録とは、慶応元年（一八六五年）に一一歳で横浜から出航した主人公が、米国サンフランシスコでボーイをするなどの貧しい生活の中から〈成功〉に至る、明治期の典型的な立身出世物語の一つである。このような物語が、当時の少年たちに米国への夢と関心を植えつけていた。野口はのちに、この鶴吉物語によって《漠然ながら自由の生活とか人生の解放とかいつたやうなものに觸れた》と述べ、四年後の無一文での渡米も《鶴吉に負ふ所がないとは云へない》と回想している。[20]

The Story of Yone Noguchi（1914）には、当時の野口がいかに悪戯好きの少年で、いかに英語学習に大きな関心と意欲を持っていたかを示すエピソードが綴られ、[21]同時に、明治二〇年代の名古屋の英語教育の状況も細かく描かれている。

たとえば、一八八八年に一時入学した大谷派の仏教学校では『ロングマン・リーダー』をテキストにして、初めて外国人の教師から英語を学んだこと、その外国人教師が体臭とタバコのにおいが強い人物で、じつは普通の船乗りであり、のちにレスリングの試合の審判をしているところを見つかって解雇されたこと、また洋行帰りの人物にサミュエル・スマイルズ（1812-1904）の『セルフヘルプ』（中村敬宇訳『西国立志編』の原著）を持って会いに出かけたりしたこと、[22]などが回想されている。ちなみに野口が英語学習を本格的に志したのは、この『セルフヘルプ』に接したことがきっかけであった。この著を通して、英国のシェイクスピア、ワーズワース、カーライル、米国のワシントン・アーヴィング、ベンジャミン・フランクリンの伝記逸話を読み、またゴールドスミス、テニスン、キーツ、スペンサーなどの作品にも関心を持つようになる。

この頃の野口は、すでに中級レベル以上の英語教材『ユニオン第四リーダー』（*Sander's Union Readers : No. 4* のこと）で英語を学んでいた。[23]それらの教材が少年に適していたかどうかは不明だが、《六ヶ敷本を學びたい》という少年の意向があり、敢えて先生に自主的に教えてもらっていたという。[24]

名古屋は尾張徳川藩の伝統もあり、周辺地域の中では英語教育の充実していた地方だったと考えてよい（二葉亭四迷（1864-1909）や坪内逍遙（1859-1935）も名古屋で学んで上京する）。一八七四（明治七）年に外国語学校から改称された官立の愛知英語学校は、一八七七年に県立中学校に改編されるものの、当時、青少年の修学の目標は、最終的な志望が何であってもまずは英学であった。

名古屋の県立中学校時代の野口には、学校で使用する『セカンド・ナショナル・リーダー』[25]の内容が簡単すぎて、英語の辞書を丸暗記しようとしたり、外国人を見つけると近寄っていって自らの英語力を試したりしたという。行動力溢れる少年は、《成功は前額に髪があるのみで、それを摑みそこねたらその後部はまる坊主だからもうお仕舞ひだ》という言葉に強く動かされ、とうとう中学を中退して上京した[26]。

上京後の成立学舎では、『シチズン・リーダー』第三巻[27]とパーレー（本名はサミュエル・グッドリッチ）の『万国史』のクラスに編入した。しかし、好きなクラスも聴講してよいと聞いて、マコーレーの『クライブ卿』（一八五一年）の組にも出席していた。この本は当時の中学上級から旧制高校の学生たちに広く読まれた英雄伝記もので、当時は大流行していた『国民の友』の中で徳富蘇峰がマコーレーを学んだと紹介して、多数の学生が熱心に読んだ[28]。日本語訳も多数出回っていたが、成立学舎の学生は原書のみを使っていたという。野口はこの作品の美しい文体に興奮して熱中し、《ロマンチックな傳記は私の萌え出んとするセンチメントに拍車をかけた》と回想している。しかし、当時の野口の英語力からすれば難しい課題であったのだろう、《分らないのを分つたと無理推しをした時代精神にあやかつて、私も年齢不相應なでつかい物に取組むことが好きであつた》とも述べている[29]。

当初、旧制高校入学を希望していた野口は、数学ができなかったのと福沢諭吉を《知つてゐた》ことが機縁で、慶應義塾に入学を決めた。ただし、《知つてゐた》といっても直接の面識があったわけではなく、野口が上京後すぐに居候した家が京橋の南鍋町二丁目で、狭い路地を隔てて福沢の出入りする時事新報社と隣り合っていたのである。いつも《一間も離れてゐな》い場所から《親しみを覚えながら恐れて》福沢を眺めていた野口は、《先生と呼んで近づかうと心に定めても、いよいよといふ場合になると》、《日頃の人を屁とも思はない圖々しさを失つて》しまい実行できなかったという[30]。

図1-1　野口米次郎（1892年頃）

言うまでもないが、福沢諭吉の慶應義塾は英学の総本山であり、当時すでに全国各地に英語教師を輩出していた学校である。同じ名古屋出身の永井久一郎（1852-1913，荷風の父）は、一八七〇年に慶應義塾に入塾し、翌年には米国に留学して、帰国後に大出世している。野口の頭の中に、この出世の典型がなかったとは言い難い。

慶應義塾で野口と仲の良かった同級生には、南部子爵家の子息・南部利克《としなり》（1872-1950）がおり、またのちに三越や三菱の重役となる者、大倉商事や高速鉄道に関係する人間がいた（野口の回想記「烏兎匆々」（一九三八年）には、それぞれ櫻井、三好、脇と名字のみ記されている）。仲間同士で作文の代筆や数学試験の不正をしたり、誤訳の多い教師にはストライキをしたりした。野口は当時、新設されたばかりの大学部の学生たちから、福沢諭吉が同族を重視して大学教育には情熱を失っているらしいことを聞かされている[31]。若き野口はこのような出来事を通じて、慶應義塾での教育に限界を感じたのかもしれない。

慶應義塾では経済と歴史、そしてスペンサーの『教育論』（一八六一年）[32]を学んだという（当時、スペンサーの書物は教科書として、東京帝国大学や慶應義塾など各地の学校で広く使用されていた）[33]。野口は《上京以來の不良的傾向と心の弛みを精算し、從つて文學熱を抑へる積りもあつて慶應に入學した》と述べている[34]。慶應の英語学習では、クワッケンボス（George Payn Quackenbos）の文典や米国史の比較的古い本、つまり成立学舎で読んだ新しく華やかな本と比べるとかなり地味な本を読んだらしい[35]。

この頃の野口は、独学でアーヴィングの『スケッチブック』[36]も読んでいる。これは、日本でも明治中期から大正期にかけて流行した作品で、当時の英学を志す者にとっては実学・教養を兼ねたテキストとして広く読まれ[37]、海外に期待を寄せる野口少年にも大いに影響を及ぼした。野口が渡米中に執筆する散文作品 *The American Diary of a Japanese Girl*（1901）の中にも、この作品からの影響が見うけられる[38]。当時の野口は、アーヴィングのほかにゴールドスミスの詩集『寒村集』やトマス・グレイの詩集を古本屋で手に入れては翻訳を試みたりしていた[39]。

入学翌年の一八九二（明治二五）年には、慶應義塾別科でカーライルの『英雄及び英雄崇拝』（一八四一年）についての講義を聴いて感動したという。このカーライルの英雄論は、神、預言者、詩人、聖職者、文学者、王の項目を立てて英雄について論じた著作であるが、神、預言者としての英雄は旧時代の産物で、近代に出るべき英雄は〈詩人〉である、と述べられていた。カーライルの英雄論に感動したということは、野口が近代の英雄としての〈詩人〉を目指した、ということと同義であったと言えよう。

当時の日本での英文学研究は、まだ研究と言える域には達していなかった。英学の中の詩歌ということで言えば、『国民英学新誌』（一八八八年一一月創刊）の第三巻（一八九〇年一一月）以降になって初めて「詩（Poetry）」の欄が設けられ、また私学校や高等中学校の生徒を対象とした雑誌『ミュージアム』（*The Museum*, 一八九〇年五月創刊）にも、号によっては「詩（Poetry）」の欄があったが、その内容の多くは和歌の英訳であった。一八九二年頃になると、『日本英学新誌』（一八九二年三月―九三年六月）のような英学雑誌に英詩が多く登場するようになり、この雑誌あたりから英文学が研究と呼べるような水準に進み始めたことが感じられる。[40] むろん、『新体詩抄』（一八八二年）の出現が英語の詩に対する関心を高めていたということはあるが、紹介される英詩の量や研究状況は十分なものではなかった。野口が英語を学んだ明治二〇年代前半は、まだまだ過渡期だったのである。

このような一〇代の英語学習歴は、海外の文化や洋行、立身出世に対する強い憧れを育んだと同時に、その後の野口の英文創作活動の下地となるものであったと言える。英語学習と読書体験をめぐる少年期のエピソードは、明治の地方都市の少年の志と憧れを生き生きと映し出している。

野口が受けた教育は、当時の多数の英学志向の少年たちが受けた教育や読書体験と比較して特別に優れているものではなかった。明治二〇年代当時は洋書も教科書類についても一定の種類の翻刻本は膨大な数が出回っていたが、多様性には欠けていた。つまり、これらによって野口の英文学の素養が一般よりも高く培われたということはない。当時の英語学習は、英米一流の作品を英米文学として読むというものではなく、特定の英雄伝記類や啓蒙的作品が流行したもので、教科書選定や読書体験に独自性や自主性を見いだすことは困難である。ようするに野口少年は、〈英学〉や〈修学〉そのものに強い熱意と積極性を示していた地方都市出身者の一人であった、と言うことができる。

3　伝統文化との関わり

さて、野口の英語学習や英文学への関心に注目してきたが、他方では、漢詩人でもあった伯父釈大俊の甥としての自覚を常に促されて育ったこともあって、野口は漢詩の素養や仏教哲学などの伝統的教養を身につけるのにも非常に恵まれた環境にあった。そして、特に上京後、時代潮流もあって、野口の中の伝統保存主義や俳句などへの関心が強まることになる。明治一〇年代後半から二〇年代後半にかけては、開化期の欧化主義と西洋文物の摂取吸収が一段落して、その反動として日本文化尊重の風潮が生まれていたのである。ここでは特に、野口の日本主義との関わりと俳句への関心について考察しよう。

一八九〇（明治二三）年二月に親の許可を得ぬまま上京した米次郎は、「烏兎匆々」によれば東京の享楽的生活に溺れかけそうになったこともあったようだ。京橋の南鍋町二丁目の家は、前述のように時事新報社の隣であったが、その裏手には鶴仙亭が路地を挟んで隣り合っており、二階の物干しから娘義太夫の横顔が手に取るように見えた。京橋の横町にあった金澤亭でも《圓朝の牡丹燈籠》を聞くことができた。普通の定席なら毎晩無料で聞けたという。また、成立学舎の友人に勧められて本郷座の市村家橘（のちの一五代目市村羽左衛門）の舞台を見てからは芝居に病みつきになり、東京中の劇場を歩いて回っていたという。さらに成立学舎からの帰りには、新橋の金春の芸者町を歩いて燈を眺めたり、大評判の〈ぽん太〉という半玉（半人前の芸者）に恋心を抱いたりした。本人いわく、《あぶなかしい》少年時代であり、《俄に都會風に觸れて急速度に不良の芽が出だしたに相違ないが、根が田舎者であるからどこかに手堅い所がある。最後の場合に身をかはして第三者の冷い批評を持することが出來たのである》と。[41] こういった回想は、のちに慶應義塾の教授を務めることになった野口が若者向けに面白おかしく脚色している部分もあるだろうが、若き日の遊び心や観劇などの経験は、その後の野口の著述活動に影響したと考えられる。

ゆるみかけた生活を立て直そうと慶應義塾に入ってからは、芝公園を抜けて塾に通い、能楽堂から聞こえてくる笛や鼓の音を聴いたり、初めて能を見たりした。

野口は英文学作品を乱読すると同時に、俳句に親しみ、また禅にも興味を持っていた。*Through the Torii* によればこの頃の野口は、芭蕉や蕪村の句集とスペンサーの『教育論』を同時に机の引き出しに入れて、ひそかに俳人になりたいと考えていたという。[42] また「鳥兎匆々」によれば、当時、同級生の数人と相談して回覧雑誌の発刊を計画し、西行や芭蕉の句集を読みあさっていた。[43]

この頃、野口は芝山内の老宗匠・其角堂永機、すなわち穂積永機[44]（1823-1904）を訪問している。当時、永機は能楽堂の近くに小さな庵を持っており、野口は《中秋名月の晩》にその庵を訪れた。[45]

永機は、絵画や茶道も極めた風流人として知られ、門人には財界人や歌舞伎役者、茶人などを多く含む旧派宗匠の雄であった。[46] 明治の元年から二〇年代、つまり明治前半の俳諧研究について論じた勝峯晋風（1887-1954）は、《明治時代に入つて研究的の態度で古俳人及び古俳句に關する著述をした者は永機を第一に推擧せねばならぬ》と述べている。[47] 勝峯は、永機の著作を《明治文學史上、劇作家の默阿彌に比較して新舊時代に交渉のある實際的力量》を備えたものとして評価した。[48] また永機は、俳諧師が持つ特殊な伝統様式をアピールするためか、すでに絶えていた俳諧千句の興行を主張した。一八八三（明治一六）年、俳諧千句が亀戸天神の社殿で催され、永機は道服の宗匠姿で会を成功に導いた。さらに永機は、利休などにも造詣が深かった一方で、キリスト教用語を季語に取り入れるなど、開明的な人物でもあった。

明治二〇年代は、明治二六年が芭蕉没後二百年にあたることもあって、各地で芭蕉句碑が建立され、芭蕉を神格化する動きがあった。宝井其角（1661-1707）を祖に持つ俳系にある永機も、芭蕉の二百年忌の興行や碑の建立などを行っている。[49]

明治前半の旧派俳諧の研究活動については、現在ではあまり知られていないが、昭和初期頃まではよく認識されていた。旧派俳句は、正岡子規（1867-1902）の出現や子規一派の台頭によって一掃されたかのように考えられがちであるが、特に地方においては宗匠俳諧が昭和初期にいたるまで人気を誇っていた。子規の立場から見れば、宗匠俳諧は〈月並〉〈旧派〉として否定されるべき存在だったが、実際には新旧混在して新時代の明治期俳諧が創出されていたのである。[50]

従来の野口への関心の中では見過ごされてきた部分であるが、少年時代の野口が永機に心酔して彼を訪問していることは注目すべきことである。その後の野口が俳句、特に芭蕉を中核とする詩論を展開していくからである。

のちに野口は、永機の座敷で満月の光と大きな松の黒々とした影を見て、初めて心と自然との《合一》を得、《詩の悟を開いた》と述べている。[51]一八歳の少年野口と七〇に近い宗匠は、《無言の對座》をしたというが、それを野口は《昔カーライルとエマーソンとが倫敦で沈黙の談話を交はしたやうに》と追想している。[52]事実は本人のみぞ知るところだが、少年野口にとって永機と対面して詩的交感を体験したことは、詩の道に分け入る重要な瞬間であったと言えよう。

またここで、芝という場所の意味についても考察しておくなら、芝は増上寺を中心とする多くの寺社が集まった場所であることに加え、同時に外国人の観光スポットの一つでもあった。つまり、一八八〇年代から九〇年代の大抵の日本紹介の出版物、観光案内の類には、日本的な寺社を見ることができる近場のスポットとして、芝、浅草、上野が挙げられている。特に、欧米化された彼らの居住地の横浜から、最も近くて簡単に行けるのが芝であった。野口が芝の通元院に寄寓していた頃も、この地域は外国人観光客の姿を多かれ少なかれ見かける場所だったと考えられる。

さて、前述のように、一八九三（明治二六）年春頃より、野口は自ら志望して芝区新濱町の志賀重昂の家に身を寄せる。当時三〇歳の志賀は、野口の寄宿と渡米までの様子を次のように記している。

> 明治二十六年春夏ノ交、一少年アリ、來リ訪フ、曰ク尾張海東郡の産、釈俊師ノ實甥、請フ先生ノ家ニ寄食セント、其ノ鬢髪蕭々而カモ英爽ノ氣眉宇ニ颯發スルヲ視、乃チ諾シテ居ラシム。居ル數月。米國ニ渡ラントシテ既ニ外務省ヨリ旅行券ヲ得。却テ征費ナキニ苦メリ。予。聊カ之レヲ餞シ。且ツ別宴ヲ芝浦ノ海樓ニ張ル。君乃チ欣然トシテ征途ニ上ル。[53]

尊敬する人物の門戸を臆せず叩いて寄食を願い、渡米などの希望を即座に行動に移していく若き野口の様子が見てとれる。また彼の活発ぶりは、志賀が《老母ヨリ亂暴を咤呵セラレシコト》[54]を追憶していることなどからも分かる。

野口の志賀への敬慕には、同郷の先輩への憧れ（志賀は愛知県岡崎市生まれ）とともに、志賀の〈国粋保存主義〉に共鳴するところもあったのだろう。[55]さらに、志賀のたくましい行動力と、国際的な見識から生み出される日本認識にも関心があったと思われる。[56]

志賀の家で書生をしていた野口は、志賀を訪問した米国帰りの菅原伝（1863-1937）が北米の事情を語っているのを隣室で偶然に聞いた。一七歳の野口は、それによって渡米の決心をする。菅原は、〈在米日本人愛国有志同盟会〉（通称〈愛国同盟〉、一八八八年一月八日結成）の中心人物で、帰国後は〈愛国同盟倶楽部〉などを組織していた。当時の私費留学生はアメリカ帰りの人々の言葉に動かされて渡米することが多かったが、野口はまさしくその一人だったのである。

また、野口の故郷・津島では、一八九一年以降、渡米ブームが起きていた[57]。米国への憧れは全国的に高まってはいたが、特に多くの同郷者がカリフォルニアに渡っている状況を、野口が知っていた可能性は高い。

加えて、野口が通っていた慶應義塾の福沢諭吉も、若者の渡米を奨励していた。野口は渡米の数日前に福沢の家を訪問し、直接に渡米の意志を伝えて福沢から激励を受けている。福沢は餞別のしるしにと言って大きな自身の写真を出して、裏に漢詩一篇を書いて野口少年に与えたという[58]。

4　明治二〇年代の芭蕉再評価の潮流

では次に、野口が渡米する前の日本国内において、伝統的な日本文芸や俳句、芭蕉などがどのように若者たちに評価され、関心を持たれていたかを概観しておこう。

よく知られているように、志賀は一八八八年、三宅雪嶺らと共に雑誌『日本人』を創刊し、翌八九年からは新聞『日本』を発刊している。その日本新聞社に一八九二年一二月に正岡子規が入社し、同紙に連載したのが「獺祭書屋俳話」[59]であった。志賀宅に寄寓していた野口はこれを読んでいた可能性がある。永機が明治前半の旧派俳諧の開明的人物であったのに対して、子規は明治後半に俳諧の新派としてあらわれたのだった。

子規ばかりでなく、短詩型や伝統詩歌を否定して始まった新体詩の分野においても、明治二〇年代になると俳諧を再評価する動きが明確になってくる。前田林外（1864–1946）は、一八九〇（明治二三）年に「漢詩和歌新体詩の相容れざる状況を叙して俳諧に及ぶ」の中で、漢詩、和歌、新体詩を改良し発展させようとする各組織がそれぞれ意見を異にしているのはよくないとして、次のように述べている。

> 今しも和漢洋文學折衷論盛に起り獨り詩賦折衷説起らず吾人初學者迷ふ所なからんや於是數十百年の昔風雅の為に於くの旅寝の梅雨にそぼちし芭蕉翁其人を再び地下より喚起さんことを思ふもまた偶然の感にあらず（以下略）[60]

つまり、俳諧、特に芭蕉を通して新しい詩歌の創造を説いているのである。また、発句と新体詩を対比してその価値について述べたものに、鈴木松江の「発句と新体詩」（『俳諧矯風雑誌』一八九〇年一一月）などがあった。さらに当時は、石橋忍月（1865–1926）が、詩歌の精神を《不朽、幽玄、及び形而上の意思性情《ガイストゼーレ》全篇に貫流し、布景點色の外に、宇宙の眞理を發揮するもの[61]》とした時代でもあった。

日本近代詩の開花の原点とも言える北村透谷（1868–1894）や島崎藤村（1872–1943）の芭蕉評価も、これに続いてくる。よく知られていることだが、キリスト教思想に触れ、西洋文学の教養を身につけ、旧来の人間観を否定しようとした『文学界』同人は、自分たちの主張を日本の中世美に託して展開した。つまり、明治二〇年代に、北村透谷をはじめ島崎藤村らの『文学界』同人たちは、西行や芭蕉に認められる風狂の文学精神を拠り所としていたのである。

一八九三（明治二六）年の『文学界』第二号を見ても、その傾向が顕著にあらわれている。透谷は「人生に相渉るとは何の謂ぞ」において、《来りて西行の姿を山家集に見よ、孰れか能く言ひ、孰れか能く言はざる》[62]、《無言勤行の芭蕉より其詞句の一を假《ママ》り來つて、わが論陣を固むるの非禮を行はざるを得ず》[63]と言い、西行・芭蕉の文学を高く評価する。藤村は「馬上、人世を懐ふ」の一文で、《流れ行く水も理想の姿なりとせば、西行芭蕉ダンテ、セクスピーアの徒これまた風流の姿にあらずや》[64]と、西行・芭蕉をダンテやシェイクスピアと並列して論じている。また星野天知（1862–1950）も、《東洋審美に特得なる風雅のさびは禪の幽味に發して芭蕉の俳道と成り利休の茶道と成りけん》と述べる[65]。

第三号では、平田禿木（1873–1943）が、《文學の極致、詩なり、宗教の極致、禪なり、詩の外に禪なく禪の外に詩なし、詩と禪と其悟入の境に到ては、倶に言語の得て及ぶべきにあらず》、《抑も我俳道に禪の幽玄をあるを知らば、誰か彼の揚々として俳諧宗教なしと斷ぜし文士が妄を笑はざらむ》と述べている[66]。その他ほとんどの『文学界』同人が、透谷の影響下にあって西行・芭蕉を称賛し、日本文学の誇るべき伝統として認める立場を示している。

雑誌『文学界』は小さな同人誌に過ぎず、キリスト教徒ではなかった野口がこれを読んでいた可能性は低い。したがって野口が『文学界』の影響を直接受けたとは考えにくいが、一八九三年の秋にアメリカに渡る船に乗るまで、この時代の空気を吸っていたことは事実である。

ちなみに透谷が格闘していたエマソンの思想も、野口は同時代の空気の中で受容していた可能性がある。少なくとも『ナショナル・リーダー』によってエマソンを知っていたことは間違いない。野口には、ホイットマンやポーなどのアメリカ文学からの影響があることが自他ともに語られ、よく知られてもいるが、それに加えて野口の思想形成にはエマソンのトランセンデンタリズム（Transcendentalism）や直観主義（Intuitionism）が多かれ少なかれ影響しているのである（野口が執筆したものの中には、二〇世紀初頭の英米文学界におけるエマソンへの関心の強さについて報告したものもある）[67]。

このように、西洋文化と日本の伝統文化が錯綜する状態の中で少年期を送った野口米次郎であるが、ここで確認しておきたいのは、野口は英語や欧米文化には強い関心を持っていたものの、キリスト教には入信していないということである。そして、これは世代の問題もあるかもしれないが、志賀らが中心となっていた社会運動や政治活動にも、強く入れ込んだ様子がない。野口少年にとっては、文学的な関心や海外への憧憬が遥かに勝っていたのであろう。

5　渡米直後――日本人コミュニティの中で

こうした中で、志賀の家で菅原伝が北米事情を語るのを偶然に聞いた野口は、即座に渡米の決心をした。出発前には、芝公園で何度か野宿をして心身を鍛錬したという。一八九三（明治二六）年一一月三日、横浜から汽船ベルジック号に乗りこんだとき、野口はまだ満一八歳になっていなかった。

のちに野口はその日のことを、《横浜の埠頭で私を見送つて呉れたのは幻の雲井龍雄でありました》と述べて、雲井が伯父釈大俊に送った漢詩が耳に聞こえたと回想している。その詩とは、《生當雄圖蓋四海。死當芳聲傳千祀。巧名非有遠出群。豈足喚做眞男子。（生きては當に雄圖四海を蓋ふべし／死しては當に芳聲千祀に傳ふべし／功名遠く群を超ゆる有るにあらずんば／豈に喚んで眞の男子となすに足らんや）》[68]である。この詩については志賀重昂も、幼少より特に愛唱して[69]、これを思っては日頃の鬱を晴らしていた、と述べている。明治の少年たちには、このようなロマンを感じて海の向こうを眺め自らの立身出世に想いを馳せた者も多かったのであるが、釈大俊の甥である野口には、とりわけこの想いが強かったのであろう。

一八九三年一二月初め、野口は憧れのサンフランシスコの地を踏んだ。渡米直後から、窓拭きや皿洗い、浮世絵の行商、次いで新聞社の翻訳や配達などの仕事をして小遣いを稼ぎ、古新聞や事典を机の上に敷き詰めて眠るような貧しい生活を送った。本人いわく、《桑港の天地で最も粗食してゐた》者であり、《意氣軒昂で英雄を以て自任してゐた》者であったという[70]。一八九〇年代はサンフランシスコ福音会の全盛期で[71]、またサンフランシスコやオークランドには社会主義の同胞らも数多く居住していたが、菅原伝や志賀重昂との関係から、野口が愛国同盟の活動と無関係だったとは考えにくい[72]。

渡米後の経緯は、のちに野口自身によって次のように語られている。

私は渡米後間も無くスタンホード大學の所在地で有名なハロ・アルトの次の村落で、メンロ・パークといふ所の田舎旅館で、お勝手の手傳人として皿を洗つて居つた。私の手は皿を洗ふ曹達のためにふやけた、脹れた、手の皮膚が青白くなつた。この不恰好になつた手をしみじみ眺めながら、スタンホード大學の一日本人學生からミラーのことを始めて私は聞いた。「詩人ミラーは偉い人だ……薔薇に水を遣るのが毎日の仕事だ、薔薇に水を遣りながら都會を罵つたり人間をくさすのだ……米國には稀れな仙人だ。」……かういふ談話を聞いて、若い私の血はどんなに感激したであらう。丁度その頃私は英詩を讀み始めて居つた。私にはその當時お勝手を離れて衣食する方法が無かつたので、毎日ふやけた青白い双方の手を眺め乍ら、曹達の場で四五箇月間も皿を洗つた。どういふ理由でメンロ・パーク旅館の奉公を止めたか今日私の記憶に無いが、私は再び桑港に出て來て、桑港新聞といふ高々二百位の購讀者しか持たない邦字新聞社の食客となつた。その時分は日清戰爭當時であつたから、私は戰爭の勅語や戰報を外字新聞から邦譯して新聞社を助けた。[73]

パロアルトで野口は、マンザニタ・ホール（Manzanita Hall）と呼ばれる予備校の学生になったが、[74] おそらく学費も時間もなくて辞めたのであろう。まさに、〈スクールボーイ〉と呼ばれた初期移民群の典型的なコースである。彼らのほとんどが、働きながら学校に通うという夢を持って渡米するものの、貧困生活のスパイラルに落ち込んで労働者となり、勉強も帰国もできない状態になるのである。

野口は皿洗いに嫌気がさして、結局、日系新聞社に潜り込んだわけだが、その『桑港新聞』は、愛国同盟の大和正夫や亘理篤治が一八九二（明治二五）年一二月に創刊した日刊紙で、日本人移民社会の邦字新聞の草分けであった。菅原伝や鷲頭尺魔[75]なども主要メンバーであり、一八九三年に『桑港新報』、日清戦争中に『桑港時事』と改名するが、ここに野口が関わっていたことは当時のサンフランシスコの日系社会を考える上でも重要である（野口は、この『桑港新聞』に関与する前には、鷲頭と共に『東洋』——一八九五年の夏に刊行されるが二号で廃刊——という雑誌を編集していた[76]）。

野口は、本人いわく『桑港新聞』（正確には『桑港時事』か）の食客であり、よく言えば記者だが、ようするに新聞配達係みたいなものだった。当時、日刊紙の経営基盤は非常に脆弱であり、発行人が石版職工や活版職工を兼ねていることもあった。発行部数わずか二〇〇足らずの新聞で五、六人の者が暮らしていかねばならなかったので、毎日の食事にも事欠く有様であり、給料などは話にものぼらなかった。[77]

つまり新聞社で働いていたといっても、出稼ぎ労働者とまったく変わりない、あるいはもっと過酷な生活状況だったと言ってよい。しかし、『桑港新聞』に居候していた野口は一九歳の《頗る生意気の小僧》であった、と鷲頭が述べている。[78]

ただし、この当時の日本人コミュニティの中では新聞社間の確執や政治的青年と教会派青年らの対立が激しかったものの、野口は愛国同盟の論客たちと関わりを持ちつつも、日本にいたときと同様、政治的関心や野心は膨らませずに、文学的な部分にのみ関心を持っていたようである。

このサンフランシスコ到着直後の野口の姿を正しく捉えるためには、小林千古（1870-1911）[79] や牧野義雄（1869-1956）[80] ら、芸術家としての成功を目指していた若き日本人画家たちとの交友についても触れておく必要があるだろう。

広島出身の小林千古は、野口が詩人としてデビューするのと同じ一八九六、七年頃に、アメリカで認められた日本人画家である。小林は、当時のカリフォルニア州で最も権威のあったコンクールで受賞して、日系人社会でも大きなニュースとなっていた（その後、野口とちょうど同じ頃に帰国し、一時は小石川で野口宅に寄寓していたが、満足な仕事を残す間もなく病気で夭折した）。一方、牧野義雄は、小林と共に一時サンフランシスコで美術を学んだが、ニューヨークへ出て英国に渡り、のちに英国で主としてロンドンの風景を描く挿絵画家として有名になった人物である（後述するが、野口が英国に渡ったとき、この牧野を頼っていくことになる）。夢だけを抱えて海を渡った初期移民の多くが、出稼ぎ移民の現実生活に疲弊し貧困に埋没していく中、互いに交わりを持つことになった野口と小林と牧野は、それぞれ独自の方法ではあるが、渡航先の白人社会で認められるにいたった稀有な成功者の部類に入ると言えよう。

サンフランシスコには大規模な日本人町があり、日本人が多く住んでいたが、それだけではなく、ジャポニスムに関心を持つアメリカの画家や芸術家も活動していた。つまり、東洋文化とアメリカ西部のフロンティアの雰囲気が入り混じり、相互の活発な芸術交流の拠点となっていたのがサンフランシスコであった。

渡米後の野口は、貧しく食うに困るような暮らしぶりでありながらも、〈生意気〉なまでの文学的野心に燃えていた。当時から特に詩歌に関心を寄せ、古本屋でキーツやポーに触れては、知的な餓えをわずかに満たしていた。野口が古本屋で、ある本がどうしても欲しくなって万引きしてしまい、その本屋と親しくなるエピソードは、野口の友人で一九二三年から五年間にわたって慶應義塾で教えた詩人シェラード・ヴァインズ（1890-1974）も書き記していることである。

野口は自らの生活の転機を次のように書いている。

新聞社のなかにミラーの山荘へ行つたことがあるといふ男が一人居つて、私に山荘へ行く道順を教へた。……金門湾を横斷するとヲークランドの町だ、その後の山腹で「高丘《ハイト》」と呼んで居る所がミラーの家だ。私は渡米後、ゆつくり眠つたことも無く又悠々として讀書したことも無いので、勿論給金はいらないから朝晩一時間位の勞働で置いて呉れる家がほしいと私が私の一友人に洩すと、「それではミラーの家へ出掛け給へ。彼は非常な日本人好きだ、それに仙人じみた不思議な生活だ……あそこなら君が寝たい放題寝れる、又讀みたい放題本も讀める、以前に日本人がゐたことがあるから、君が置いて呉れと頼めばきつとミラーは承知するに相違ない」と彼は私に語つた。「よし、それでは」と私は叫んで、四五冊の書物を賣つて僅少な旅費を拵へ、いよいよミラー山荘を襲撃することに決した。[81]

野口は引っ越しに備えてわずかに所有していた四、五冊の本を売ったのだが、ポーの詩集一冊だけは売らなかったという。そして、このポー一冊と日本から持参した二冊を抱えて、ミラーの山荘に向かった。

ミラーの山荘は、この裸一貫の一九歳の若者に何をもたらしたであろうか。

第二章　アメリカ西部で培われた詩人の精神

Hear the stars sing to the stars,
Hear the true hearts speak to the true hearts!
There's no south, there's no north,
When brave men meet together.
Let the East greet the West!,
There's a pledge of love,
When true men sing together.

（"postscript", *Japan and America*）[1]

1　〈ミラーの丘〉での生活と芭蕉

(a)　カリフォルニアの文化人コミュニティ

一八九五（明治二八）年四月のある晴れた日の正午間近、極貧生活をしていた若き野口は、サンフランシスコの対岸の町オークランドの郊外に住む老詩人ウォーキン・ミラー（1839-1913）[2]の門戸を叩いた。〈丘（The Hights）〉と呼ばれる山荘を徒歩で訪ねていき、自分を書生として置いてくれるよう頼みこんだのである。[3]

ミラーは当時、〈オレゴン州のバイロン〉と呼ばれていた詩人で、ウォルト・ホイットマン（1819-1892）やヘンリー・デイヴィッド・ソロー（1817-1862）を崇拝して自然に親しみ、自然の霊性を体感する中で詩作に励んでいた。

ミラーはアメリカ東部のシンシナティ近郊で生まれ育ったが、クエーカー教徒（霊感を重んじ質素な生活を行うプロテスタントの一派）の両親と共にアメリカ西部のオレゴンへ移住し、法律を学んで郵便配達や果実栽培などの職業を転々としたあと、サンフランシスコで文学者と交わるようになり、一八七〇年にロンドンに渡って『太平洋詩集』（一八七一年）を自費出版し一躍有名になった。『太平洋詩集』はすぐに増補されて『シエラ山脈の歌』としてロンドンとボストンで出版された。

ミラーを英国で最初に認めて後援したのは、ラファエル前派のダンテ・ゲイブリエル・ロセッティの弟ウィリアム・マイケル・ロセッティ（1829-1919）で、ウィリアム・ブレイクの作品の刊行やホイットマンの英国への紹介でも知られる人物である。ミラーはロセッティ弟をはじめとする一九世紀後半の英国のホイットマン愛好者たちから、アメリカ西部を代表する詩人として認められて、まもなくアメリカに帰国した（このミラーの英国での成功の仕方は、後述する野口の英国文壇への登場の仕方とも無関係ではない）。

一八八〇年代のアメリカでミラーは、英国で認められた詩人として一定の評価を受けながらも、〈奇妙な詩人〉として扱われた。ミラーは生活の独特さだけでなく、当時の読者や批評家から見ると詩の形式や方法についても異質だったようで、賛否両論があった。(4) この一八八〇年代、ミラーはホイットマンやブレット・ハート（1836-1902）(5)と並んで〈民衆派の詩人（the democratic Poet）〉と捉えられ、(6)《アメリカ人というよりも、境界人のように流浪する冒険好きな詩人》ともみなされていた。(7) そのミラーがカリフォルニアに戻り、オークランドの〈丘〉での隠遁生活を始めたのは一八九二年頃である。(8)

それから約三年後、野口が〈丘〉を初めて訪れたとき、ミラーは五八歳、白い髭をのばした仙人のような風貌であった。〈丘〉への道中、何をどう言おうかと考えていた野口だったが、山荘に着くと勇気がくじけ、《偉大な體格の詩人》を前に緊張と恐怖を感じたという。だが、ついには素直に思いのたけを話して寄寓を承諾してもらう。

その日、初めてミラーと食事を共にした野口は、《不思議な夢の國》に踏み込んだ心地を得、魂が《自由な發達を遂げる場所》に行き着いた自らの運命に感謝したという。特に野口が喜んだのは、渡米後初めて米国人からチャーリーやフランクなどではなく、〈野口君〉と日本名で紳士的に呼んでもらえたことであった。(9) つまり野口はここで初めて、芸術的な雰囲気を感じ、欧米人から対等な人格を認められる環境を得ることができたのである。前述のように、ミラーが、野口に出会う前から日本に関心を持っていたことが大きかったであろう。

この山荘は、カリフォルニアの文化人サークルの中心になっており、誰もが自由に出入りできる空間であった（図2-1）。ミラーは、〈丘〉は神様の所有地だから誰が遊びに来てもよいと言って、気に入らない客でも歓迎し、訪問客にワインや食事をふるまうこともあった。(10) 様々な訪問客の中にはアメリカ系インド人も含まれており、雨乞いの歌といって奇妙なパフォーマンスを披露したりした。(11)

当時のサンフランシスコはボヘミアニズムの中心地となっていた。このボヘミアニズムは、パリの一八三〇年代のボヘミアンや、英国の世紀末文学やラファエル前派からも影響を受けてはいただろうが、アメリカ西海岸ならではの風土的特質でもあった。つまり、英国の文学とは異なる文学作品を創出しようとしていたアメリカ独自の文学環境であると同時に、アメリカ西部としては東部への反発・対抗もあり、自由なフロンティアの雰囲気が作り出されていたのである。

アメリカの近現代詩や詩人を考察するにあたっては、文学的な関係性に加えて、地域的な生活文化圏を考慮する必要がある。詩人を含めた芸術家たちは、精神を同じくするコミュニティに属し、その空気はまた伝播する。たとえば、ミラーとも親しかった女性詩人イナ・クールブリス（1841-1928）が、若き日のイサドラ・ダンカン（1878-1927）に影響を与えたように、[12]詩人、ダンサー、舞台芸術家、アーツ・アンド・クラフツ運動の推進者など、様々な人物がミラーのコミュニティに出入りした。オークランドのミラーの〈丘〉は、まさにサンフランシスコ近辺の芸術コミュニティの中核になっていたのである。のちに野口がミラーの〈丘〉を去ったあとには、野口の成功を耳にして芸術家を目指す複数の日本人が〈丘〉に集まり、《一種の芸術解放区》ができる。[13]

〈丘〉での野口の主な仕事は、ミラーの原稿や新聞紙上に掲載されたものを集めてまとめるといったことだった。日夜、ミラーの作品を読み込んだことで、野口の英語力は格段に進展したという。[14]ただし、ミラーの家に行けば書物が満足に読めるだろうと思っていた点に関しては、野口の当ては外れた。野口自身の回想によれば、ミラーの家には本が一冊もなく、ミラー自身の詩集でさえも天井近くの柱に釘付けにされていた。ミラーは〈書物を読むな、すべて自然の中での実生活で体感しろ〉という主義であり、本もなければ蠟燭もランプもない、暗くなれば眠るという生活であった。若き野口はミラーに内緒で蠟燭を買ってきて、夜になると天井近くへ登っては、こっそり釘付けになっている本を読んだという。[15]

図 2-1　ミラーの山荘

ミラーの著作の中で野口が最も関心を持ったのは、ロンドンでマレー社ほか多くの出版社に拒絶されながらも小冊子として詩集を自費出版し、詩人としての評価を受けるにいたった経緯を書いた随想録であった。[16]つまり、野口はミラーの詩の内容やスタイルには、最初からそれほど大きな感化を受けず、むしろミラーの後ろ姿から詩人の姿勢を学び、ミラーの著作物からは詩人として評価を得るための実践的方法を学んだのである。極度に制限された自然的生活の中で詩的インスピレーションを感じながら、野口は自らの文学的成功へのイメージ・トレーニングをひたすら行う日々を送った。

ただし、野口に文化的刺激や読書環境を与えたのはミラーだけではなかった。ミラーを中心にして人脈を広げた野口は、ミラーを訪れるチャールズ・ウォーレン・スタッダード（1843-1909）やエドウィン・マーカム（1852-1940）とも親しく交流した。特にミラーと同年配のスタッダードとは、ある種の親密な交際を行っていたようで、東西の精神的な融合を互いの肉体の上に見ていたのではないかとも考えられる。(17)

他方のマーカムとは一八九七年頃に親しくなり、野口はときどきミラーの〈丘〉を降りてマーカムの家を訪問した。当時四二歳のマーカムは、オークランドの小学校の校長を務めていた。マーカムが第一詩集『鍬を持つ男』（一八九九年）で一躍有名になったのは、野口が二番目の詩集 *The Voice of the Valley*（1897）を刊行したあとのことである。(18)

蔵書家でもあったマーカムは、ウィリアム・モリス（1834-1896）やウィリアム・ワトソン（1858-1935）の詩集を書斎の棚から出してきては、野口に詩について語ったという。(19)また、野口に豪華なキーツの全集を貸したりもした。

マーカムと野口は、ペルシア詩人オマル・ハイヤーム（1048-1131）についても語り合った。ハイヤームの四行詩集『ルバイヤート』は、英国詩人エドワード・フィッツジェラルド（1809-1883）が一八五九年に翻訳出版した際にはまったく注目されなかったが、三年後にラファエル前派の詩人たちに見いだされて次第に人気が出、一九世紀末から二〇世紀初頭にかけて英米の詩人たちの間でブームとなっていた。ハイヤームを賛美していたマーカムに対して野口は、ハイヤームのような文学形式は日本人には別に珍しくない、中国にはそれ以上の李白などの詩人がいる、と返答していた。(20)ハイヤームを日本文学や中国文学と比較する野口の態度は、同時代的に見ても先端的であった。日本においても一八九六年頃から、ハイヤームの流行についての言及はあったものの、(21)野口のような比較の視点はなかった。

じつはマーカムは、独自の宗教的活動を行っていた神秘主義者トマス・レイク・ハリス（1823-1906）に傾倒していた人物(22)で、ハリスの秘書をしていた日本人・新井奥邃《おうすい》（1846-1922）の友人でもあった。マーカムは野口に、当時サンタローザにいた新井を訪問するよう強く薦めている。

このハリスとは、スウェーデンボルグ（1688-1772）に影響を受けてニューヨークで独自の活動を始めたアメリカの神秘主義者、詩人、宗教家であり、一八五九年頃に宗教共同体〈新生同胞教団（Brotherhood of New Life）〉を創立した。この教団には新井をはじめとして数名の日本人やインド人が参加していたという。

一八五〇年代のアメリカ思想界では、東洋の神秘主義に対する関心が濃厚で、ヒンドゥー教系の神秘思想が流行していた。エマソンもこの時代の影響が顕著な思想家である。ハリスの出現もその時代の思潮の中にあり、その教理はブラヴァツキー（1831-1891）やその組織である神智学協会にも影響を与えたとされる。神智学協会がカリフォルニア州サンディエゴのロマ岬に組織を置いたのも一八九六年、野口が渡米した年であった。[23]異文化やキリスト教以外の他宗教の影響を受けたハリス教団や神智学協会などの神秘主義やオカルト的要素をもったコミュニティ集団は、〈象徴詩〉と強い連関を持って、一九世紀末に勢力を伸ばしていた。

新井奥邃は、森有礼に伴って一八七一年にニューヨークに渡り、森に導かれてハリスに会い、以後〈新生同胞教団〉に加わっていた。[24]野口がマーカムの紹介でサンタローザの新井を訪ねていくのは、一八九七年頃、すでに詩人デビューを果たしていた二三歳頃のことである。野口はこのサンタローザでの一日と、帰国後に巣鴨の謙和舎を訪問したときの二回、新井と対面している。[25]

新井はサンタローザを訪れた野口を歓待はしたが、誰にも紹介せずに二人きりで一昼夜をぶどう園で語り合ったという。のちの野口の回想では、マーカムに関する話題で新井と歓談した様子だけが語られている。野口はハリスやその教団活動にはあまり関心を持っていなかったようである。というのも、野口は渡米直後より、世間をにぎわせたハリスの女性関係のスキャンダルや、文芸評論誌上のハリス批判などを知っていたから、あまり信用を置いていなかったのであろう。また、仏門と関係の深い家庭に育った野口は、新興宗教や教団活動には関心を持ちえなかったのだろう。

野口はハリスについて《その他百千の新宗教家の如く》、宗教を伝統形式から解放して《本來の真精神》に復帰させようとしていたのだろうが、次第に《宗教の方がおろそかになつて仕舞ひ、遂に新宗教家として失敗の歴史を殘すに至つた》と捉えている。[26]また、《ハリス讀書の跡はさう山間幽谷でも無ければ、通ふことの出來ないやうな小徑でもない》とも述べている。[27]ただし新井に対しては、生前は一線を引いた関係であったものの、没後の回想で《超凡の高士》[28]、《眞實の意味における洞学者》[29]と尊敬の念を示している。

この新井との対面は、しかし、当時のカリフォルニアの文化人サークルの持っていた志向性を表している。つまり、文化人や文学者たちが、神秘主義や東洋的思想の教団と近接関係にあった点である。またこのエピソードは、当時のアメリカの神秘主義ブームに対して、野口がどのような印象と認識を持っていたのかを示す一例にもなるだろう。

（b）ミラーとの生活と、芭蕉の解説

こうして野口は、ミラーの傍らで詩人的な森の生活を体感し、自然環境の美しさの中で哲学的思索にふけり、詩人としての素養を身につける大きなチャンスを得た。

野口はミラーからホイットマンやソローの名前を教えられ

て、関心を持つようになった。ソローは、東洋の思想や精神を貪欲に消化したエマソンの哲学を、とりわけ日常生活の面で継承し、自然と人間の関係を考え実践した思想家で、ホイットマンの方も、のちに詳しく述べるように、エマソンの思想に多大な影響を受け、エマソンから称賛された詩人である。この東洋思想を意識したエマソン、ソロー、ホイットマンの思想は、近現代の思潮や方法論に国際的な影響を及ぼすが、若き野口はそれを日本人の感性、いや野口独自の感性で受容したのである。

また、野口がミラーの山荘に住み始めたときに所持していたのは、前述のポーの詩集のほかには、芭蕉の句集と宏智《わんし》禅師の禅語録だけだった。[30] 宏智禅師（野口は Kochi Zenji と記述）とは、宋朝曹洞宗の代表的禅僧・宏智正覚（1091–1157）のことで、明治期にはその語録がいくつか出ていた。野口は日本を出発して以来、芭蕉の句集とこの禅語録の二冊だけは肌身離さず持っていたという。野口の中で、ポーのスピリチュアルな要素と禅とは結びついていた可能性が高い。

〈丘〉での日常とは、ミラーと共に山に登り、栗鼠を捕まえ、ときには石を集めて石垣を築いたりしながら暮らす日々であった。夕べには月の光の下で芭蕉の句集を眺めながら季節を過ごした。沈黙を愛するミラーとの会話は極度に限定されたものであり、野口は結局四年の長い月日をミラーの山荘で過ごすが、二人はあまり語り合うことはしなかったらしい。相互に沈黙のうちで談話した、と野口は述懐している。[31]

ミラーは詩に対する意見や詩作の方法について、一度も野口に語らなかったようだが、野口は時々談話の中で日本や日本人のことをミラーに語り、ミラーは喜んでその話を聞いたという。[32] 野口の日記によると、ある秋の日、野口はミラーから問われるままに、俳句や芭蕉の略伝などについて語って聞かせている。

> 晝食後雑談東西の事を語る、余に日本の詩形如何を問ふ。余十七字詩并に蕉翁の略傳を語る。詩仙「余は日本の詩人を大なりとなす。リツル、スピーチの詩人程大なるはなし。余是迄吟ぜし所、千頁に餘る、必竟するに、後世に傳へらるゝ所のもの幾章ぞ。止みぬる哉、言はざる詩人は則ち雄辯なる詩人なり」といへり。之れ詩人としての生活を重じて、所謂文學者（ブックの上の）としての詩人を輕んずるを意味するなり。[33]

《リツル、スピーチ（little speech）》の詩の重要性、つまり野口がその後に各地で語ることになる〈Unwritten〉の詩論、芭蕉認識や短詩型認識が、ミラーとの〈丘〉の生活で醸成されていったことが分かる。

このとき、野口はミラーの風貌について即興で一句作って、ミラーに呈した。そして夜には俳句風の英詩もいくつか作っている。またその後、中国の詩人・王維の五言絶句に模した英詩を作ったりもしている。

ミラーと野口は、沈黙の自然的な共同生活の中で、互いに刺激を与え合い詩的感性を交わらせるような関係を保ちえたと言えよう。野口自身、しばしばミラーを〈師〉であり〈友〉であると語っている。野口は、ミラーから《直接一字を教へられた恩がないとしても》、《ミラー丈けが創造し得る雰圍氣に包まれたといふこと自身が、所謂先生といふ以上の大きな恩でなくて何であらう》と、ミラーに大きな敬意と感謝を持っていた。[34]

以上のように、野口はミラーやその周辺の文化人たちと接触し、当時の文学状況を肌で味わうとともに、ミラーと自然的な共同生活を行う中で東洋の詩想や文学を振り返り、英詩を書くようになる。

2　詩人デビュー

(a)　詩の持ち込み

では、野口はどのように詩人としてのデビューを果たしたのだろうか。次にその経緯を見ていきたい。

一八九六(明治二九)年の春、野口は "The Midnight Winds"(「真夜中の嵐」)と題する詩を作り、翌朝シカゴの雑誌『チャップ・ブック』(*Chap Book*)の編集部に送った。次いでその数日後、"Lines" と題する詩を、今度はニューヨーク州の田舎町イースト・オーロラの『フィリスタイン』(*Philistine*)に送付。まもなく、両雑誌の編集者から《奇抜にして秀麗》との賛辞と掲載を約束する手紙を受け取った。[35]

『チャップ・ブック』は、一八九四年から九八年にかけて発行されていたアメリカン・アール・ヌーボーの重要な文化雑誌で、シカゴ版『イエロー・ブック』とでも言うべき世紀末的芸術志向を持っていた。編集記者ブリス・カーマン(1861-1929)[36]の作品や、ジョン・タッブ(1845-1909)ら当時のアメリカ詩人の詩が多数掲載されていたほか、W・B・イェイツの寄稿も見られる。[37]詩や文学が中心であるが、英仏の世紀末文化やビアズレーに影響を受けたブラッドリー(1868-1962)やヘイセンプラグ(1873-1931)が表紙デザインや挿絵を担い、音楽の楽譜や浮世絵の紹介も含む総合文化雑誌であった。

当時『放浪者の詩』(*Songs from Vagabondia*, 1894)、『アラス織の後ろに――幽界の本』(*Behind the Arras: A book of the Unseen*, 1895)などを出していたカーマンは、その頃野口が詩人として敬愛していた人物で、以後、野口の親友となる。[38]カーマンは、英国の詩人ル・ガリエンヌ(1866-1947)と共に野口の詩集 *The Summer Cloud*(1906)に野口評を寄せているが、そこでは野口の独自性と斬新さの虜になっていることを述べている。[39]

また、『フィリスタイン』の編集者エルバート・ハバート(1856-1915)は、ウィリアム・モリスに影響を受け、一八九五年にイースト・オーロラにロイクロフト社を作って、米国のアーツ・アンド・クラフツ運動の中心を担っていた人物である。アーツ・アンド・クラフツ運動は、ジョン・ラスキン(1819-1900)らの思想にもとづいて英国のモリスが先導し、国際的な広がりをみせた工芸運動で、この運動においても〈日本〉および〈東洋世界〉の存在が重要な源泉となっていた。この運動との関連で言えば、野口はギュスターヴ・スティックレイ（1858-1942）主幹の月刊誌『クラフツマン』（*The Craftsman*）[40]に一九一〇年二月に "Influence of the West on Modern Japanese Art"（「現代日本美術における西洋の影響」）を寄稿しており、後述（第八章第1節（c））するサダキチ・ハルトマンは一九〇七年頃、ロイクロフト社の常連執筆者であった。[41]

『フィリスタイン』の主宰のハバート宛に野口が自作原稿を送ったのは、おそらくミラーの助言であろう。ラファエル前派の芸術家たちと親しかったウィリアム・モリスとハバートの間には交流があったため、ラファエル前派の者たちに見いだされたミラーとハバートにもつながりがあったはずである。詩を書き始めたばかりの野口が第一にハバートに原稿を送っていることは、野口の文学的思想的出発と、その後の、詩を中心にしながらも美術や生活様式を含めた文化論を書くようになる展開を考える上で、極めて重要である。

初めて詩作を試みた野口は、これらアメリカ中東部の二人の著名な雑誌編集者カーマンとハバートから、掲載を約束する旨の手紙をもらった。しかし、三カ月が経過しても掲載はされず、不満に思った野口は、サンフランシスコの小雑誌『ラーク』（*The Lark*）[42]に自ら詩を持ち込んだ。

> 余は少年且つや性急なるもの、其遅々たるを面白からずとなし（嗚呼如何に余は、若し余の詩にして出版せられむには天下は直に余を見て驚嘆せるなる可しと思ひしぞ）乃ち已に作れる所の詩篇三十有餘章を携へて桑港に出で、月刊雑誌ラーク『Lark』の編輯局を訪へり。雑誌ラークは其當時米國の文學出版界の麒麟児なりき其頁數僅に二十五頁に満たざる零々たる一小冊子たりと雖も其出づるや天下は之を歡迎しき（後略）[43]

若き日の野口が、自らの詩に大きな自信を持っていたこと、そして機を逃さずに次々とチャレンジしていったことが分かる。一八九五年に発刊された『ラーク』は、九六年春の段階で全米に名を知られた雑誌となっている。西海岸のみならずニューヨーク、ボストン、シカゴ、またシンシナティやカンザスシティなどの小都市の新聞雑誌も、この小雑誌に注目する記事を書いている。[44]『ラーク』は、サンフランシスコの『イエロー・ブック』、サンフランシスコの『チャップ・ブック』といった位置づけで、ユーモアとオリジナリティを認められた文学雑誌であった。

『ラーク』の編集記者ジレット・バージェス（1866-1951）は、マサチューセッツ工科大学卒業後、ボヘミアンの空気を求めてサンフランシスコに移り、一時はカリフォルニア大学バークレー校で製図法を教えていたが、問題を起こして離職していた。バージェスはすぐさま野口の詩を読み、スティーブン・クレイン（1871-1900）よりも優れていると言ってテーブルを叩いて喜んだ。クレインとは東部でボヘミアン的生活を送っていた若者で、当時は詩集『黒い騎手』(*The Black Riders and Other Lines*, 1895)を出したばかりの新人であった。バージェスは、さっそく『ラーク』の共同編集者であるブルース・ポーター(1865–1953)[45]の仕事場に野口を連れて行き、ポーターも野口の詩を賞賛した。

(b)『ラーク』の新星の〈曖昧な形式〉

こうして『ラーク』の七月号の巻頭に、野口の英詩五篇がバージェスの次のような序文をつけて掲載された。

> 故国からの亡命者、新しい文明社会に流れ着いた異邦人――気質、人種、宗教という点では神秘家――これらは彼自身の言葉をより分かりやすいように私が書き直した言葉だが、それは孤独な夜々の漠然とした思いに声を与えようとする彼の試みであり、魂の記録とでも言うべきものである。未熟な習いかけの外国語の言葉で書きとめようとしたノクターンであり、彼の漠とした夢と同様、漠とした形式で記されている。[46]
> (訳文、堀)

野口の詩は、異邦人の所在ない孤独な想いを表現しているものとして受け止められた。これはジャポニスムやエキゾティシズムの異質さを面白がる意識から評価されたというよりは、より彼ら自身に近いものとして受容されたということである。つまり、サンフランシスコ(もしくはアメリカ西部)の風土性を意識する中で、野口が新風として取り込まれたのである。『ラーク』の編集者らは、ロンドンやパリの模倣や移入だけでは自国の歌や自分たち自身の詩が作れないという意識を強く持っており、独自の新しい文学を模索していたのだった[47](このような問題意識は、その後の野口自身の日本への思いにも影響を与えていくと考えられる)。

このように若き野口は自らの文学者としての成功を信じて原稿を持ち込み、果たして大反響をもって迎えられたのである。ボストンの新聞『トランスクリプト』(*The Transcript*)は、野口の英語に普遍性を見いだして褒め、ニューヨークの『トリビューン』(*The Tribune*)は《東洋のホイットマン》と言い、バッファローの新聞『コリーア』(*The Korea*)も、《スティーヴン・クレインよりも遥かに優れた詩想である》と賞賛している[48]。クレインとの比較は当初しばしば行われたようで[49]、一九二〇年代には、クレインが野口からヒントを得たのではないかという誤った認識も生まれていく[50]。ほかにも『エグザミナー』(*The Examiner*)や『サンフランシスコ・クロニクル』(*San Francisco Chronicle*)など、野口の詩に対する批評を載せた新聞雑誌は三〇以上にのぼった[51]。

『ラーク』の華々しい成功のあと、シカゴの『チャップ・ブック』もすぐに、野口が以前に送っていた詩 "The Midnight Winds" を掲載した。野口を即座に見いだした『ラーク』のバージェスの審美眼に《少し嫉妬する》と書き、野口を紹介して褒め、雑誌としての『ラーク』の独自性と価値を指摘して称賛した《ラークらしさ》を褒めるあまり、雑誌としての真価を維持するために短命に終わらせるべきだといった忠告までしており、『ラーク』はこのような意見に従うかのように一年足らずで終刊する)。『チャップ・ブック』の編集者は、野口については、バージェスの野口評を褒めて引用したのちに、《矛盾や不明瞭さはあるが、それでもやはり、大胆な創造力と詩想がある》と述べている。[52]『ラーク』に遅れをとった『チャップ・ブック』と同様、『フィリスタイン』も野口が以前に送っていた"Lines"を一一月号に掲載した。

ミラーの山荘には多くの新聞記者や訪問者が野口に会おうとして詰めかけ、一時、野口は混乱を避けて知人宅に身を隠したという。野口がミラーの〈丘〉の自分の部屋に戻ってみると、部屋の壁に貼っておいた数十篇の俳句風の英詩の原稿が紛失しており、それらが『サンフランシスコ・クロニクル』の日曜新聞紙上にヨネ・ノグチの新詩として掲載されるなどの出来事もあった。野口は、《余は是に於て米國レポーターの不道徳にして正義を無視せることを解せり》と述べている。[53]

少なくとも一時的にカリフォルニアの有名人となった野口は、多くの文化人から詩や手紙を受け取った。ポーター・ガーネット(1871-1951)からはオマル・ハイヤームの詩集を添えた手紙が送られてきた。[54]

ガーネットは野口がデビューを飾った一八九六年七月号の『ラーク』に、文学評論「スタイルについて」と、ハイヤームの詩に対する詩的な注釈文を掲載していた人物である。文学形式を論じたこの評論では、デカダンスの芸術性に触れながら、最先端の文学形式の特徴を《曖昧さと虚無(Vagueness and Vacuity)》としている。[55]この評論の直前に掲載されていたのが野口の詩であり、全体は"Seen and Unseen; Songs of Yone Noguchi"と題され、"What about my Songs?", "The Brave Upright Rains", "The Invisible Night", "The Garden of Truth", "Where is the Poet?"の五篇であった。まさにガーネットが現代的な新しい手法、次世代の文学指標として論じる《曖昧さと虚無》が、野口の詩作・実践の中で試されているかのような雑誌の構成になっていたのである。ガーネットの評論は十分に完成した理論にはなっていないが、象徴主義の方向性を模索している途上にあったと考えられる。

ただし、『ラーク』の仲間たちは野口の〈日本〉性やエキゾティシズムを強調せずに自分たちの文学志向との関連で評価してくれたが、そのような視線ばかりでもなかった。若き詩人・野口の出現を紹介する多数の記事の中には、野口の風貌や日本的な特徴をポートレート付きで紹介して、日本の美少年のエキゾティシズムを喜ぶものも見られる。[56]一八九〇年代は日本への関心と意識が高まっていた時代で、シカゴ万博に付随する日本紹介、フェノロサの活動の紹介、ラフカディオ・ハーンやパーシヴァル・ローウェルの著作の紹介がアメリカの新聞雑誌で散見された。野口のデビューには、若き日本人の持つエキゾティシズムが注目された面もないわけではなかったのである。

こうして野口はアメリカで詩人デビューを果たした。『ラーク』には一八九六年七月以後、九月、一一月、一二月と野口の詩が寄稿され、終刊間際の九七年四月には、野口の詩を配したフローレンス・ランドバーグのイラストレーションが掲載された。野口は『ラーク』の看板的な詩人となっていた。

（c）ポー剽窃の疑惑と反論

カリフォルニアの若きボヘミアン詩人らの中からデビューした野口の名前は、『ラーク』の評価とともに全国的に新聞雑誌に取り上げられた。年端もいかない外国人の英詩が一躍称賛される事態を、快く思わない者もいただろうことは容易に察しがつく。

一八九六年七月から八月頃、野口の詩にポーの詩からの剽窃があると攻撃する者があらわれて、その論をめぐって野口の擁護者たちが反論するという事件が起こっている。この剽窃疑惑については、野口自身も一九〇三年の雑誌『太陽』への寄稿の中で語っている[57]。この一件は、従来の研究においても言及されているが[58]、ここでは当時何が取り沙汰されたのかを新資料も加えつつ再検討しておこう。

野口を剽窃者として攻撃したのは、オークランドの牧師ジェイ・ウィリアム・ハドソン[59]（1874-1958）で、野口が『フィリスタイン』誌に投稿した英詩の一つがポーの詩からの剽窃であると、『サンフランシスコ・クロニクル』紙上で断定したのである[60]。

ハドソンが野口の盗用を指摘したのは、次の詩の太字部分である。

Mystic Spring of vapor:
Opiate odor of colors:
Alas — I'm not all of me!
Wanton fragrances, dewy dim,
Curl out from my drowsy soul;
Wrapping mists about its breast.
I dwelt alone,
Like one-eyed star,
In frightened, darksome, willow threads,
In world of moan,
My soul is stagnant dawn —
Dawn; alas, dawn my soul is!
Ah, dawn — close fringed curtain
Of night is stealing up; God —
Demon — light —
Darkness — oh!
Desert of no more I want;
World of silence, bodiless sadness tenanted;
Stillness.[61]

この詩が、ポーの『ユーラリ』（*Eulalie*, 1844）冒頭の、次の句と同じであるとハドソンは述べた。

I DWELT alone
In a world of moan,
And my soul was a stagnant tide,
(...)[62]

このように、語句選択の観点から野口の詩全体を批判したハドソンに対して、野口を評価していた詩人や文化人らが激怒して反論した。ミラーは自ら弁護文を書いて新聞に投稿し、バージェスやガーネットらも野口擁護を行った。ガーネットは、野口の豊富な語彙が幅広い読書経験から得られたものであるとし、辞書や類語辞典からではなくテニスンやホイットマンから語彙を学び取ると〈剽窃〉にあたるのか、と述べてハドソンを反批判した。さらに、まもなく *Seen and Unseen* という野口の第一詩集が刊行されれば、ハドソン自身の文学的資質が問われることになる、とやりこめた[63]。

野口本人も、サンフランシスコの新聞にハドソンの批判に対する公開状（抗議文）を載せ、次のように反論した。自分がポーの愛読者であることは事実だが、同一の字句を用いていたことにはまったく気がついていなかった。同一の文字があるという理由で芸術的価値を一切認めないというのは自由だが、その理由で《真正》かどうかを疑われては黙っていられない。そもそも詩とは、文字そのものではなく、作者の感情の上に価値が存在するのであり、ポーと同じ詩情を感じて同じ文字を自然に発したことは、むしろ嬉しいことだ。詩は自分の感情や経験の足跡なのであり、ポーと同じ詩的恍惚を受ける瞬間を与えられたことを感謝したい、と[64]。

このように、野口は冷静に自らの詩について語り、詩一般に対する考え方までもこの機に乗じて披露した。その後、ハドソンは二回目の野口への攻撃を行ったが、野口によれば《天下の物笑ひの種[65]》になってしまったという。

たとえば、サンフランシスコの『エグザミナー』紙ではC・S・エイケンが「受け売りの知識[66]」と題して、ハドソンの指摘は説得力がないばかりか、その論点によって逆に野口の深淵さと詩的魅力を表すことになったと書いた。例としてエイケンは、ハドソンが糾弾した次の詩を挙げて説明している。まずは、野口の "On the Heights : Two Moods"（「丘で――二つの気分」、『ラーク』第一七号の巻頭に掲載）である。

Sliding **through the window** of seagreen Heaven,
Innocent **misty vapors flit into the roomy hall of the Universe**,
Exhaling from the formless chimney called Spring, out of sight,
　where the god alone, transmutes his poetry of Beauty.
The **opiate vapors**, in foamless waves, rock about this dreaming
　shore of April —— Earth.
Ah, the mother-cow with matron eyes utters her bitter heart,
　kidnapped of her children by the curling gossamer mists!

Sabre-cornered Winds blow!

Close up thy mouth; thy thin-wreathed lips shiver in the Winds!
Already-coloured words are coloured more by thy gossip of
　others.
Chant Thyself in the snow-white melody of Muteness and
　Meditation.
Thy mouth is like a keyless door for thy myriad misfortunes, at
　least in this floating world.
Bold words be dead! For often the word's little more than
　nothing:
Timid words be dead! For often the word's little less than
　nothing:
Give the word to the Word; not less, not more than the Word
　itself!
Silence is the all of Silence: Stillness is the whole of Stillness.
Behold, the Heaven above is ever dumb! — Under its mute-
　ness, the Seasons change around; — the thousand trees
　grow up:
And lo, the never-broken **curtain-canopy** of heaven arches
　closely over the earth.
Alas, in this big cage of the universe, without an entrance, thy
　Word, once uttered, ever roams around the world with voice-
　less sound![67]

この詩の太字部分が、次に挙げるポーの「眠れる人」（"The Sleeper", 1831）の太字部分からの盗用だとハドソンは批判する。

At midnight, in the month of June,
I stand beneath the **mystic** moon.
An **opiate vapour**, dewy, dim,
Exhales from out her golden rim,
And, softly dripping, drop by drop,
Upon the quiet mountain top,
Steals drowsily and musically
Into the universal valley.
(...)
Oh, lady bright! can it be right —
This **window** open to the night?
The wanton airs, from the tree-top,
Laughingly **through the lattice** drop —
The bodiless airs, a wizard rout,
Flit through thy chamber in and out,
And wave the **curtain canopy**.[68]
(...)

ハドソンの非難に対してエイケンは、これは〈剽窃〉〈盗用〉とは言えない、類似した言葉を用いたにせよ、詩の中での用い方も順序も違うし、逆にポーよりも野口の方が優れた詩的世界を創出している、また文学作品において同一の語句を使用する例は、ポー以前にも誰においても指摘でき、ハドソンのような指摘は《文学の魔女狩り（the witch-finders of literature）》のようなもので、文学や詩というものを理解していない態度だ、と述べた[69]。確かにエイケンの主張するとおり、詩想の異なる二つの長詩の中からいくつかの同一語句を取り出して〈剽窃〉と言うのは無理があるだろう。

ちなみにエイケンは、ハドソンという田舎の批評家が《オードリー・ビアズレーに影響を受けたエキセントリックな日本人》がポーから詩句を盗用したと強硬に主張して有名になってしまった、とも書いているが[70]、ハドソンが野口の詩の中に、ビアズレー的な雰囲気を捉えていたとすれば非常に興味深い。

そのほか、ニューヨークの文学雑誌もハドソンを《一種の滑稽》とみなし、『ブックバイヤー』も、野口の著作のオリジナリティや美と繊細さ、東洋的な異国情緒を挙げており、彼のリズムはポーやほかの誰の盗作でもない、と断言している[71]。

一方、ニューヨークの『クリティック』は、野口とポーの詩句は《言葉は似ているが、剽窃ではありえない》と断定しながらも、《剽窃であろうとなかろうと、野口は詩人として大きな成功はしないだろう》と評し、野口の詩の《行と行は、面白いけれど、継続する関連性や整合性があまりない》と述べている[72]。この批評は、第一詩集 *Seen and Unseen* が発表される前ではあるが、野口の新しい詩の傾向に戸惑う見解があったことの証拠になるだろう。当時はミラーも詩句の連関や形式を批判されており、野口に対してだけでなく詩の新しい傾向全般に対して賛否両論があったことがうかがえる。

さて、〈剽窃〉の疑惑が生まれるほどポーからの影響が取り沙汰された野口の詩人デビューであったが、この騒動は、一八九六年一二月に第一詩集が出版されて野口の実力と独自性が一定程度示され、特にその詩的世界に日本の伝統詩人・芭蕉の影響が色濃いことが強調されることによって収束していった。それではその第一詩集とはどのようなものであったのか。それを検討をする前に、ポーの詩の理論面からの影響について確認しておこう。

(d) ポーと短詩理論

初期の野口が、ポーの詩句とその詩的情趣から多大な感化を受けていたことは事実である。前述したように、野口がミラーの〈丘〉に持参したのは、ポー、芭蕉、禅の三冊で、読書さえも制限された自然的生活の中で、それらを繰り返し読み耽ったことが大きい。ポーの大部分の詩を暗唱できたという野口は[73]、のちに次のように振り返っている。

> ポオの指導的靈示を受け始めて英詩界に入つたものである。私は彼の魔法使的な杖の動きを空中に見た、火のやうに燃える山上の罌粟の花瓣にも見た。私はポオの詩集を手に持つて三十年前の二年を過ごした。（中略）私は有意識の昏睡狀態に入つた時、自分がポオであるとさへ思つたこともある[74]。

野口はポーと自分とが重なるほどに心酔したのであった。

ここでポーという存在が持っていた時代性を簡単に見ておくなら、ポーは、アメリカや英国においてよりもまず先にフランスで高い評価を受けたアメリカ詩人である。ボードレールが、ポー没後三年目の一八五二年に『エドガー・ポー　その生涯と業績』で最初の紹介をし、その後もポー論や、詩作品のフランス語訳を続けた。このボードレールの紹介によってポーはフランス象徴主義者たちの間で揺るぎない名声を確立し、たとえばマラルメはポーの「構成の原理」（一八四六年）などの理論的著作に傾倒して大きな影響を受けた。そしてフランスの影響を受けて英国においても、ダンテ・ゲイブリエル・ロセッティをはじめとしてポーの評価が進んでいったのである。

アメリカに住む野口は、象徴主義者たちによるポー礼讃を肌で知ることのできる環境にあった。たとえば、野口はボストンのルイス・C・モールトン（1835-1908）の応接間で、マラルメが訳したポーの詩「大鴉」（"Raven"）にフランスのマネが挿絵を付けた書籍を見たと記している。モールトンは詩人であり、かつニューヨークの『トリビューン』紙やボストンの『ヘラルド』紙などに連載を持つ批評家でもあり、アメリカの文学界の実力者であった。彼女の応接間はボストンの俳優や美術家が集まるサロンになっており、絵画と書籍と美術品に満ちた空間であったという。[75]

ようするに野口は、象徴主義の時代を表すエポックメイカーとしてのポーを吸収しつつ、一方で、俳句に見られるような暗示芸術が抒情詩の真髄であると考え、独自にその融合を模索したのである。

ポーは「詩の原理」（一八五〇年）の中で《長い詩というものは存在しない》という立場を示し、《興奮と退屈とが交互に続くにすぎない》と長詩を否定した。[76] この詩論が野口の、俳句の伝統や芭蕉を追想する意識と親和的なのは明らかであろう。ただし、ポーはこの詩論の中で、《一篇の詩が不当に短い場合には、単なるエピグラム風に堕してしまう》と述べ、《極端な短詩》は《深遠な、あるいは持続的な効果を生むことはない》と述べている。[77]

のちのことになるが、野口は一九〇五年一二月の『太陽』に「英詩と發句」という論考を発表し、そこでポーの詩論を紹介している。ポーは《其詩論に叙情詩を外にしては眞の詩なるもの無しとし且つ長い叙情詩なるものは短詩的感觸の連鎖せる外ならず》と論じて、存命中は《異様の過激な説》として捉えられていたが、今日の英詩界ではその説が《眞に然り》とみなされているどころか、むしろ《詩的の短い感觸を連續せしむる必要は無い》とまで受け取られつつあり、一瞬の発露を長々と並列するのは《愚の極》で、《感觸其物は神聖である生きた靈魂》として尊重すべきとされつつある、[78] つまり、英詩の潮流はポーの短詩理論を超えつつある、と。そして次のように続けている。

瞬間の感觸を以て一の詩と為さしむる日本流の短詩形こそ眞

の詩といふものゝ眞義に適合するといふので俄に日本の詩殊に發句の研究を為すといふ機運に成つて來たのである。[79]

このように一九〇五年段階の野口は、英詩人らがポー評価を経て、日本の発句研究に向かっていることを解説したのである。野口はこの評論の中で、《英文界に於ける眞の詩なるものに對する最近の定義は則ち發句なるものゝ定義と一致する》[80]とも述べているが、ここで〈一致する〉と考えているのは野口自身であり、その概念を主唱していたのも野口自身であった。

ちなみに、この『太陽』に掲載された「英詩と發句」という野口の評論のあとには、長谷川天渓の「表象主義の文學」が載せられている。この象徴主義移入期の問題については第五章で再び論じるが、ようするに、象徴主義の文学思想が国内へ導入されるとき、同時に俳句や芭蕉の再評価が行われ、そこには野口の存在が大いに関連していた。また第七章で詳述するように、野口は一九一四年の英国講演では〈俳句＝エピグラム〉とする西洋人の認識を批判するが、そこで、俳句という極端に短い詩の中に深遠な哲学性・重層性があることを声高に主張して、確信犯的に文学革命を起こそうとする。そうした考えは詩作を始めた当初から、つまりポーに心酔し始めた当初から意識され、野口の詩の理論として醸成されていったのである。

ポーは、野口が少年であった一八八〇年代の日本では、すでに全国的にその名が知られており、散文の翻訳や少なくとも英語のリーダーには「大鴉」が載っていた。

しかし、ポーの「詩の原理」が日本で最初に紹介されるのは、野口が日本に帰国した翌年、一九〇五年の二月である。[81] 野口もしばしば寄稿していた雑誌『白百合』に、当時まだ学生であった相馬御風《ぎょふう》(1883-1950) が「ポーの詩論」と題する評論記事を書いて〈詩の長さ〉について論じたのである。

ポーの日本での受容を精査している宮永孝氏は、野口の『ポオ評伝』(一九二六年三月) が、日本における《学究的なポー研究書の第一号》であり、《一方的な移入移植・紹介の域を脱して、消化吸収の段階に入った》ことを示すものであったと論じ、[82] 野口の初期の英詩は、ポーから《特異な情趣や幽婉な詩境や美文的影響》を受けて《美的情調や詩想を心に焚つけ》られて形成されていったとする。[83] ただし、〈剽窃〉が取り沙汰されたことが影響しているのかもしれないが、野口は次第にポーの影響を離れて、独自の詩論と詩的想像力を身につけていく。野口の詩論では、芭蕉や俳句の世界観が強調され、ポーに対しては共感を持ちつつも距離をとっていったのであった。[84]

3　第一詩集 *Seen and Unseen* (1896) と芭蕉からの示唆

(a) 漂泊の詩人

一八九六年一二月、野口は第一詩集 *Seen and Unseen, or Monologues of a Homeless Snail*（『明界と幽界』、以下 *Seen and Un-*

seen）をサンフランシスコで刊行した。それは、ポー剽窃の疑惑をかけられた野口の〈詩人〉としての資格を世に問うことでもあり、出版者は前述のジレット・バージェスとポーター・ガーネットであった。

野口いわく、この詩集は《芭蕉の寂寞観をとつて、詩集の凡てを貫く基調とした》ものであった[85]。ポーとは異なる、独自の感性と詩想を強調する必要があったことも事実であろうが、実際にもこの詩集は芭蕉俳句から示唆を受けて作られている。

バージェスは*Seen and Unseen*の「序文」で、野口の作品の《曖昧さ（vague）》や《暗示（suggestive）》について指摘し、象徴主義の作品であると述べている。バージェスによる六頁に及ぶ「初版への序文」の最初の部分を引用してみたい。

> 読者の皆さんには、私の知るとおりの彼を知って欲しいと思う。彼は、二〇歳の若者、母親のもとから引き離された孤独な亡命者、故郷からも時間からも見捨てられた隠遁者であり、夢見る人。寂寞に恋し、母国の偉大な詩人や哲学者の古き栄光を呼びおこす事業に自分もまた加わるときを待っている。この新しい世界の作家たちを、穏やかな目で真剣に眺めている。祖国の古き言葉が西洋文明の中に生きることができるか、覆いをかけられてしまった過去の記憶が再び英語の中で受肉して具現化するか否かを知るために。（訳文、堀）[86]

バージェスは、孤独な漂流者であり故国喪失者であることの普遍性が一大テーマになっている詩集だと捉え、アメリカ西海岸で漂泊する野口が、自らの孤独な境遇を芭蕉の《寂寞》に重ねている点に注目している。そして野口の英詩には、〈発句（hokku）〉や芭蕉の《霊感（inspirations）》によって《名状しがたい繊細さ（Intangible Delicacy）》が表現されているとし、芭蕉の「この道や行く人なしに秋の暮」の野口訳 "Alas, Lonesome road, / Deserted by wayfarers, / This autumn evening!" を紹介している。

野口は『芭蕉礼讃』の中で、「この道や」の句を第一詩集に《題辭として使つた》[87]としているが、一九二〇年の再版（ニューヨーク、オリエンタリア社）からは、この句が題辞として使われていることは確認できない。しかし、「この道や（Alas, Lonesome road）」ではなく、"Ah, lonely, lonely, / Shall this Flower's Neighbors be / When To-morrow comes!" という三行詩が、題辞のような形でプロローグのあとに挿入されている。この詩は、芭蕉の「寂しさや華のあたりのあすならう」（『笈日記』）の英訳であり、〈あすなろう〉は、芭蕉の句では植物の翌檜（アスナロ）を掛けたものだが、野口は〈明日成ろう〉という意味だけをとっている。ただし、植物の意味を出さなかったことは、誤訳というよりは野口の翻訳者としての選択であろう[88]。野口の翻訳に対する姿勢については、後述する（第四章第9節）。

バージェスの「序文」から分かるのは、野口の英詩が初めから、象徴派に通じるものとして評価を受け、かつ野口の語る

〈芭蕉〉や〈発句〉を彷彿させるものとして捉えられていたということ、そして当時の野口が、すでに友人や周りの者に芭蕉やその句について多くを語り示していたことである。野口の俳句への関心が、渡米する以前より始まっていたことは前に述べたとおりだが、一九世紀末のアメリカ西海岸でも俳句や芭蕉について語り広めていたことは、注目すべきである。俳句に影響を受けて登場するイマジスト詩人たちに二〇年近く先駆けていると言える。

(b) 作品の内容

では、*Seen and Unseen* はどのような内容の詩集だったのだろうか。

「家のない蝸牛のモノローグ（Monologues of a Homeless Snail）」という副題のとおり、漂流者の孤独が〈ひとりごと〉や〈独白〉のような文体で詠われているのが特徴である。全体を通して、霧の中を手探りで言葉を探すかのような危うい人間存在とその〈居場所のなさ〉が表現されている。(89)

〈家のない蝸牛〉というのは、直接的にはこの詩集の一九番目の詩 "Like a Paper Lantern" に由来していると考えられる。

> *"Oh, my friend, thou wilt not come back to me this night!"*
> I am alone in this lonely cabin, alas, in the friendless Universe,
> and the snail at my door hides stealishly《ママ》 his horns.
> *"O for my sake, put forth thy honorable horns!"*
> To the Eastward, to the Westward? Alas, where is Truthful-
> ness? — Goodness? — Light?
> The world enveils me; my body itself this night enveils my
> soul.
> Alas, my soul is like a paper lantern, its pastes wetted off under
> the rainy night, in the rainy world.(90)

この詩は、芭蕉が《古來人はみな幻の中に夢を見てゐる、人間の榮花位はかないものはない》と前書きして詠んだ句「蝸牛角ふりわけよ須磨明石」に、示唆を受けて書かれた作品である。(91)

ただし、野口の詩では孤独がより複雑に重層的に表現されているように見える。〈東か西か〉というのは、行き先を問題にしているだけでなく、東西の文明間で何の拠り所もない貧しい少年が真や善や光、肉体と精神の在り処を求めてさまよう様を描き出している。〈雨の夜、世界の真ん中で、濡れて糊のはがれた提灯のようだ〉と自分のみじめな精神を詠っているところは、まさに心もとない幽寂な感覚を象徴的に表している。芭蕉の一句に示唆を受けたとはいえ、野口独自の詩世界になっていると言えるだろう。この一篇は、野口が晩年まで大切にした作品であり、息子イサムにも影響を残すことになるため、本書の終盤（第一五章第2節（a））でもう一度立ち戻りたい。

そしてこの詩集において、孤独と精神性を求める亡国者（エグザイル）というテーマは、宇宙の中を漂泊する個を通して、宇宙との一体性を志向していくように思われる。

たとえば "What about my Songs?" では、次のように詠われる。

(...)
The Universe, too, has somewhere its shadow; — but what about my songs?
An there be no shadow, no echoing to the end, — my broken-throated flute will never again be made whole![92]

バージェスは詩集の「序文」でこの詩に共感を示しつつ、次のように述べている。《彼はこう言っているのだろう。「僕の歌はどうなのか?」、それには永久に影がないのではないか、響きがないのではないか。ないとすれば、自分の発した言葉は声なき音とともに宇宙をずっと流浪し続けるに違いない。自分の詩を気に入ってくれるのはいったい誰なのだろう、と[93]》。

亀井俊介氏は、この詩について《東洋的、芭蕉的な自然観がある》としながらも、《この詩に芭蕉の枯れた味は全くない。代りにあるのは、Whitman に似た饒舌や誇張である》と述べ、《"The Universe" と "my songs" とを対比させるあたりも、Whitman 的なポーズに近い》と指摘している[94]。ここで念頭に置かれているのは、『草の葉』(一八五五年)の中の最も有名な長詩 "Song of Myself" であろう。

また、"To an Unknown Poet" は次のような三行詩である。

When I am lost in the deep body of the mist on the hill,
The world seems built with me as its pillar!
Am I the god upon the face of the deep, deepless deepness in the Beginning?

これはより直截的に宇宙と自己との一体性を詠ったものであり、その点においてはホイットマン的な哲学を備えていると言えるが、俳句のごとく三行でまとめていることも見逃せない。しかもこの詩は、一九〇三年にロンドンで自費出版する *From the Eastern Sea*(当初は全九篇の小冊子に過ぎなかった)に唯一再録される作品になる[95]。

次の一篇 "My Poetry" も、芭蕉の「風流のはじめや奥の田植うた」から示唆を受けて作られたものであることが、のちに回想されている[96]。

My poetry begins with the tireless songs of the cricket, on the lean gray haired hill, in sober-faced evening.
And the next page is Stillness —
And what then, about the next to that?
Alas, the god puts his universe-covering hand over its sheets!
"Master, take off your hand for the humble servant!"
Asked in vain: —
How long for my meditation?[97]

これは、のちに野口自身が「蟋蟀」と題して、《小山の麓で蟋蟀が鳴き始めると私の詩歌は始まる、／私の詩歌の第二章は靜止の章だ……／さてまた、第三章は何であらう。／ああ　神様は宇宙一杯の掌を私の本の上に載せ給ふ。／主よ　この憐れな僕《しもべ》の爲めその掌をのけ給へ。／私の願は無駄であった……／ああ　いつまで私は瞑想をつづけねばならないか。[98]》という日本語詩にしている。

　この詩について野口は次のように述べる。

> もう三十年にもなるが、私はこの「風流のはじめや」の言葉から、私の一生を支配するやうな尊い大教訓を得たことを忘れない。芭蕉は風流といつてゐるが私は詩歌《ポエトリー》の文字を使いたい……時々刻々、詩歌ここに始まるといふ秘密を教へられたのである。この教訓を芭蕉から學んで、私は如何に新鮮に自然と詩歌を感じ始めたであらう。芭蕉は奥州に来て田植歌を聞き風流といふことが始まるやうに思つた……（中略）芭蕉には田植歌であつたが、私には蟋蟀の歌で私の詩歌は始まり、蟋蟀の聲が誘き出す沈默に何といふ印象を感じたであらう。私は芭蕉に感謝するところが多いが、特に「風流のはじめや」の言葉に於て感謝せざるを得ない。芭蕉自身は偶然に吐いた輕い言葉であつたかも知れないが、私が寶玉のやうな尊い教訓を得たからとて、彼に何の異議も無いであらう。[99]

アメリカの雄大な自然の中で暮らしていた野口は、この芭蕉の一句に、自らの文学の方向性を決する哲学を見いだしたというのである。さらに、《新しい詩は私をもつて始まらねばならない》と詠った詩「存在の独立」も、「風流のはじめや」の一句から得た哲学を詠ったものだと述べている。[100]

　宇宙と自己が一体化する感覚、また小さな自然に感応して情趣を感じること、そして沈黙の中から時間と空間と自己の存在を行いながら、芭蕉を想起し、自分独自の体験としていく中で獲得されたものであった。

　前述の亀井氏は、野口の詠う《自然への陶酔は自己満足的な陶酔であり》、《時々見事な美的感覚があらわれているが、全般的にはどうも観念的である》と述べている。[101]そして野口の詩はホイットマン的な《現実感》に乏しく、ホイットマンの持っている《自己救済を含めた意志の力》や《追いつめられたものの必死さ》が見られないと論じた。[102]確かに、ホイットマンを中心に考えれば当時の野口の詩は〈現実感〉に乏しく見えるかもしれないが、この頃の野口が詩作において目指していたのは、ホイットマンの〈現実感〉よりも、より観念的で象徴的な感覚であったに違いない。

　また和田桂子氏は、野口の詩の〈-less〉の繰り返しを指摘して、英語の拙さと編集者バージェスらの推敲能力を疑問視する指摘をしている。[103]しかし、野口の〈-less〉の多用は、微妙なものを伝えようとする方法であり、わび、寂、儚さ、かそけさを表現しようとしていたのではないだろうか。平井正穂氏が“the mighty Nothing" や "the Voiceless-ness" といった《一連の否定的な言葉》の持つ《重層的な意味の深さ》に惹かれると書いているように[104]、野口は敢えて不明瞭な感覚をもたらす観念的な言葉を選んで書いているのである。つまり、ガーネットが述べていた、野口の《曖昧さと虚無[105]》である。

最後に、*Seen and Unseen* の末尾に置かれた詩 "My Universe" を挙げておこう。

We roam out, —
Selfless, will-less, virtueless, viceless, passionless, thoughtless,
as drunken in Dreamland of Dawn, or of Nothing, into visible
darkness — this world that seems like Being.
We go back again, —
Contentless; despairless, — a thing but of Nothing;
Into this unvisible world, or visible, nothing-formed world, as
storm-winged winds die stealishly away, in the open spiritless
face of the field.
What about Goodness?
Like the winds above, formless-formed, driving mystery-iced
clouds into a mountain-mouth.
What about Wisdom?
Like winds, matron-faced, scattering flower seeds around an
unexpecting land.
The world is round; no-headed, no-footed, having no left side,
no right side!
And to say Goodness is to say Badness:
And to say Badness is to say Goodness.
The world is so filled with names; often the necessity is forgot-
ten, often the difference is unnamed!
The Name is nothing!
East is West,
West is East:
South is North,
North is South:
The greatest robber seems like saint:
The cunning man seems like nothing-wanted beast!
Who is the real man in the face of God?
One who has fame not known,
One who has Wisdom not applauded,
One who has Goodness not respected:
One who has n't loved Wisdom dearly,
One who has n't hated Foolishness strongly!
The good man stands in the world like an unknown god in
Somewhere; where Goodness, Badness, Wisdom, Foolish-
ness meet face to face at the divisionless border between
them.

哲学的・思想的なものを、余韻で感じろと言わんばかりの強引さを持つ詩である。確かに〈-less〉が多用され、詳細な説明もなく大きな単語がキーワードとして並べられ、各連には密接な連関性が薄い。だが、これらの特徴こそが当時のアメリカ詩壇で先端的に受け取られた点でもある。この詩のテーマは、影、幽玄、沈黙、神秘であり、自己の存在や宇宙について、そして東洋と西洋、善と悪などの二項対立の一元化が問いかけられ、孤独と自分の居場所の不確実さが詠われる。"My Universe"は、この詩集における野口の渾沌とした思索のすべてが盛り込まれたような一篇である。

(c) ***Seen and Unseen*** の評価

Seen and Unseen というタイトルからも分かるように、見えないものの実在、幻像、精霊、魂が、この詩集の主題である。しかし、静寂、影、単純性、象徴性や余韻といった要素が、日本的なものとして、勝手に欧米の読者によって受け取られるということはあっただろう。すでに述べたように、当時は、心霊主義や神秘主義にまつわる東洋の宗教性が注目されている時代でもあった。

野口の詩には確かに、〈宇宙〉と自己が交感する瞬間を捉えようとしている部分がある。だが、野口が〈宇宙（Universe）〉や〈神（god）〉といった単語を用いるとき、キリスト教圏の読者が受け取る感覚と、日本人が日本語で考えるものとでは違いがあることに注意しなければならない。キリスト教圏の宇宙万物の創造主であり絶対的存在である〈god〉と、八百万の神々で自然の全生命と一体化している日本の〈神〉の感覚とでは、距離があるからである。

この点、平井正穂氏は、若き野口は《西欧的文化におけるコンテキストの深さ》を持つ〈Eternity〉という言葉を、日本人的な感覚で《比較的軽》く扱ったり、英語の〈Nothing〉と東洋的な〈無〉との本質的な乖離を《楽観視して》《無造作に》乗り越えようとした、と論じている。[106]

しかし、西洋の文化背景を持つ言葉に、日本的な感性で臨んだ野口の試みは、実際に当時の西洋人には新鮮な印象をもって受け取られたのであり、語感の差異や本質的な乖離を〈軽視〉したというよりは、むしろ巧みに利用したと言った方がよいのではないだろうか。むろん、のちに日本語詩も書くようになる野口は、この問題——つまり文化的背景からくる語感の違いが詩想においてどれだけの作用を及ぼすのかという問題——に表現者として苦労を強いられることになるのだが。

ところで従来の研究では、野口のこれらの作品が自由詩運動を刺激するものであったという評価がある。[107]英語における自由詩（Free-verse）とは、形式的な韻律（rhyme meter）や行の長さにとらわれずに、話し言葉のリズムをもとに内容にふさわしい音節の対立と共存によって、独自のリズムとメロディを生み出すことを狙ったものである。むろん、伝統的な詩法の枠にとらわれない書き方による詩と考えれば、野口以前の様々な英米の詩人たちが試みてきたことだが、[108]東洋（日本）の見知らぬ若者による英詩が、自己革新を狙った英米詩人らの詩とは違った革新性や斬新性を示したとも言えるだろう。

尾島庄太郎は、野口の詩を挙げて《イマジズムというべき清新な手法》と論じ、《英詩壇の先駆者的な役割をになう清新な詩が一九世紀末、早くもヨネ・ノグチによって生み出された》と書いているが、[109] その尾島は野口の英語について、次のように言う。

かれは、当時のイギリスの詩のもつ韻律を与えられ、やさしく書かれた詩にくらべて、はるかに活気があり、深みがあり、また集中的な文体をもって詩を書いたのである。時には重々しく、ときには粗野にみえるが、かれの詩は、詩型とよばれるものの幻束から離れ、伝習的なリズムの外におかれざるをえないという意味での、奔放な魅力あるものである。ノグチは、従来の常套的な風汐にたいして、トラウベルの語を借りれば、「悩みあたえるようユニークな偉力」をそなえるものとして、詩を書いたということができる。[110]

Seen and Unseen の出版は、野口一人に関わる以上の意味を持っていた。ニューヨークの批評雑誌『ブックマン』の一八九六年一二月号では、野口はシカゴ、ボストン、ニューヨークの詩人らと対抗しうる西海岸の大物新人であると紹介され、カリフォルニアの小さなグループ誌に過ぎなかった『ラーク』を全国的に評価される舞台に導いたとまで書かれた。野口を発見したことで、小雑誌『ラーク』やその編集者たちの評価も高まったという認識を示したのである。[111]

ちなみにその記事の中では、野口を帝国大学出身で、彼の兄たちはエンジニアや仏教の僧侶であると紹介して、新興国家かつ〈仏教〉の国である日本の典型的なエリート少年のイメージを野口にかぶせていた（繰り返すまでもなく野口は帝国大学出身者ではない）。当時のアメリカでは、仏教やヒンドゥイズムなどの東洋の精神哲学に強い関心が持たれていたことは前述したとおりだが、折しもシカゴで世界宗教会議（The World's Parliament of Religions）が開かれ世界の宗教指導者が一堂に集まったのは一八九三年九月のことで、[112] 日本から会議に出席した仏教者には釈宗演（1859-1919）[113] のほかに野口復堂（本名は善四郎：1865- 没年不詳）――同じ〈Noguchi〉の名を持つ――がいた。

この第一詩集の初版本（一八九七年）は、野口が生涯で最も大事な一冊として愛蔵した。この著作は一九二〇年にはニューヨークのオリエンタリア社から再版されたが、初版本の価値は当時から高かったらしい。野口がのちに『自叙伝断章』（一九四七年）の中で言うには、《實際に稀覯書として、本書の英米間に於ける古本價値はなかなか高く、一時は優に百弗代を突破したことがあつた。（中略）うぶな姿の初版本を持つてゐる所に、桑港紐育と暮斯敦の三圖書館があることを私は知つてゐるのみで、その他に個人として誰が私の處女詩集を愛撫して所有するかを知らない》。[114] 第二次世界大戦中、空襲で多くの蔵書や書簡類を失ったときも、野口はこの初版本だけは手離さなかった（後述第一五章）。アメリカの二人の友人が編集出版し、ミラーとの共同生活の想い出に溢れるこの初版本は、野口にとって特別な一冊だったのである。

(d) ポー、ホイットマン、芭蕉

野口が盗作を疑われるほどポーに心酔し、ホイットマン的な宇宙と自己との交感を詠いこんだこと、また、その二大アメリカ詩人と並んで芭蕉の俳句を想起し、独自の詩を生み出そうとしていたことを見てきた。それでは〈ポー〉〈ホイットマン〉〈芭蕉〉に共通項はあるのだろうか。まずポーとホイットマンについて見てみよう。推理小説や怪奇的な雰囲気を持つ作品の印象が強いエドガー・アラン・ポーと、民衆詩派から崇拝されたウォルト・ホイットマンでは、まったく作品の質が異なる印象があるかもしれないが、この二人はアメリカの詩人であることに加えて、一九世紀末には象徴主義を志向していた芸術家たちから愛好されていた。では象徴派の詩人にとっての、ポーとホイットマンの共通性とは何か。

ボードレールにとってのポーが〈コレスポンダンス(万物照応)〉の詩人であり、ホイットマンが多くの象徴派詩人にとって自然との合一の詩人であったように、鍵は宇宙と自然の重なりと象徴にある。西洋の詩人にとって〈宇宙〉と〈自然〉の観念は連続的なものであるが、逆に言えばそれは人間や人工的なものとの距離・断絶を示すものであり、宇宙=自然と合一・照応するためには何らかの方法が必要となる。そのために考えられたのが〈象徴〉であり、この点がポーとホイットマンの中に共通して見いだされていたのである。

そして、この西洋的な〈自然〉と〈宇宙〉の連続性の感覚は、日本的な自然の感覚とはかなり異なるものの、芭蕉の中に日本的自然のみならず宇宙的な広がりを見いだすのは決して不可能ではなく、アメリカでそれを見いだしたところに野口の野口たるところがあった。

これは、野口の〈荒々しさ〉〈激しさ〉とも対応しており、後述するように野口はグランド・キャニオンの大自然の中を放浪する過程で、芭蕉の旅との並行性・同一性を発見していくのである。おそらくこの野口の〈荒々しさ〉は、かつて野口が突如上京したり、アメリカに渡ったり、隠棲詩人を訪ねたり、詩を売り込んだりした点にも見られたものであり、根を同じくしているだろう。逆に言えば、その根は単なる名誉欲や立身出世欲だったのではなく、それより深いものであったことを示している。

ただし、芭蕉に宇宙的感覚を見いだす点は、野口であればこその先駆的なものであろうが、それはポーやホイットマンや俳句に認められる民衆性・庶民性と矛盾する部分もあったのではないか。

野口も認識していたことだが、裕福で教養や学歴に恵まれた詩人が一般的だった時代の中、ポーもホイットマンも豊かな家庭に生まれたわけでもなければ、高い学歴があるわけでもなかった。ポーは旅役者の子で孤児同然に育ち、貧困の中で執筆して生前はまともに評価されることもなく最期は野垂れ死ん

だ。ホイットマンも大工兼農民の子どもで、幼くして働き始め、職を転々とした。

また、のちに野口は『芭蕉論』の中で、西洋では一般に詩人は特殊な人間として扱われて、特殊な尊敬を受けるが、日本では《歌人でも俳人でも所謂漢人詩でも、特殊な人間でないといふ事實が、彼等を論ずるに當つて所論の中心點であらねばならない》と述べている[115]。

しかしながら、一方で野口は俳諧の〈座の文芸[116]〉としての楽しみやその価値を直接扱わなかったし、芭蕉についても次のように述べている。

> 彼の力強い詩魂は世俗的歡樂を絶對的に否定して、ここに清澄な雰圍氣の世界を築き、如何なる場合でも、其世界が錯雜の狀態に入ることを許さなかつた。(中略)一見芭蕉の態度は臆病である、消極的であるやうに思はれるが、實際は危險性を帶びた積極的な態度である。彼に積極的態度があつたればこそ、彼の世界は流動する、生氣で溢れる。さうして彼はこの世界の整理を、「清貧」の二字に賴つたのである[117]。

後年のこととはいえ、野口が芭蕉の《世俗的歡樂を絶對的に否定》する《清貧》を《積極的態度》として捉え、それを核心的なものと見ていたことが分かる。そして、この《積極的態度》こそが芭蕉の句に宇宙的次元をもたらしたと野口は考えていたのではないだろうか。

(e) 芭蕉と路通——ヨセミテ渓谷への徒歩旅行

第一詩集 *Seen and Unseen* を刊行したのち、野口はミラーの山荘を離れ、カリフォルニア州中央部のシエラネバダ山脈中央、ヨセミテ渓谷を歩く旅に出た。この無銭旅行では、農民たちやヒスパニック系の家族から食事を御馳走になり、日本についての質問に答えたり、乞われるままに日本の歌を歌ったりした[118]。この徒歩旅行の成果が第二詩集 *The Voice of the Valley* (1897) となり、ドキシー社から刊行される。

この第二詩集の「序文」を書いたスタッダードは、野口のことを《慣習にとらわれない自然児》、《その心と精神は真っ裸である》と言い、《驚くべきオリジナリティとパワー、無邪気な大胆さを持った詩人》であると評している[119]。

亀井俊介氏は、この詩集についてミルトンとホイットマンからの影響が強い作品群であると述べているが[120]、確かにホイットマンの自然合一になぞらえようとする意識は強く読み取れる。たとえば "I Hail Myself as I do Homer" では、《時間の中の声と沈黙——この神聖な兄弟の協和的な相違の中で、私は横になる／おおヨネ、森の自然に帰れ——汝の家であり、英知と笑いがその腕を絡ませる場所へ！》(訳文、堀)[121]と詠われ、"Adieu" という一篇の最後には《大地と天からなる宇宙の完全な法則(秩序)を、私は再び歌う！》(訳文、堀)[122]とある。

しかしホイットマンからの影響とともに、この旅においても、芭蕉の旅の精神が強く意識されていたことにも注目すべきであろう。常に芭蕉の句集を肌身離さず持っていた野口は、この徒歩旅行でも毛布二枚の中に芭蕉の句集とシェリーの詩集の二冊を入れ肩に担いで出発したという。後年、《此時代芭蕉の如くに私を樂ましめた好伴侶はなかつた》と述べている。[123]

そして、芭蕉の旅を思い描きながら歩くと同時に、特に斎部《いんべ》路通《ろつう》（1649–1738）の句を多く想起し味わったという。

> 私は二十二三歳の頃、乞食生活をして米國の太平洋岸をのたくり廻つたことがある。（中略）加州の櫻の山が山と細い河を狭んで燃える所で、旅行の疲勞を休めようとした時、路通の句「肌のよき石に眠らん花の山」を味つた（中略）私は今乞食をしながらヨセミテ瀑布の見物に上つて行く。日に幾里歩かねばならないといふ旅行でない、芭蕉の『自得の箴』の前書のやうに、貰つて喰ひ又乞ふて喰つて歩く乞食旅行だ、所謂行きあたりばつたりの安樂旅行だ。[124]

この路通とは、乞食放浪の生活をしていたところを、『野ざらし紀行』の途中の芭蕉に見いだされて蕉門に入った人物である。野口はまた次のように書いている。

> 天を屋根と、地を布團として、春の櫻を秋の紅葉を帳とする乞食生活は、日本の自然詩人の最高理想である。少くもそれに近い生活をして、彼等は自然と合一することが出來る。詩人となつてから乞食となつたものは、到底その乞食生活を完成することが出來ない。西行もさうであつた、又芭蕉もさうであつた。然し路通は詩人となつた以前に乞食であつた。乞食生活も他の生活狀態と等しく悲哀がある。人の慈善に生きるものの悲哀は弱者の悲哀であるが、人の弱點につけ込みそれを遊戲する點に快感がある。[125]

自然と合一する体験こそが詩人にとって最も重要だとし、そのためには乞食生活が最高の理想だと言うのである。[126]

野口は乞食について次のようにも語っている。乞食の値打ちとは、人に一椀の食を乞うて与えられても喜ばず、たとえ拒絶されても平気な気持ちでいるところにある、《いねいねと人に言はれつ年の暮》を詠んだ路通こそ、立派な詩人であり立派な乞食であったのだ、と。[127]

芭蕉や西行を尊敬していた野口だが、野口自身はある意味で、詩人である前に乞食であった路通に近く、路通の自在さに真に寄り添える感性を備えていた。そして、そのこと自体に大きな自負を持っていた詩人だったのである。

> 私はある晩谷川の側で横になつた、文字通り清流を枕にして眠らうとした。夜が更けるにつれて谷川の魂はいよいよ冴え、その水聲は物凄く響いて天にも届くであらう。天地は眞暗である。この眞暗闇に包まれて獨り横はつて居る。私は到底眠られない。私の兩眼はますます大きくなる。私は闇黒のなかをじつと見詰める……何物かそこにある。私は地上の樹木からだんだんと上へ眼をあげ、そして私は、斷岸絶壁でで

もあるかのやうな険しい雲の天邊に引掛かつてゐる一つの星を見出した。路通句あり曰く、

五月闇星をみつけて拝みけり

ああ、深夜に寂しい一つ星を見る時位荘厳の感に撃たれることない。その場合、私は眞暗な天地の殿堂に默禱するたつた獨りの僧侶である。[128]

野口の英詩のほとんどにおいて、この種の飛躍的な感慨が原点となっている。それは、瞬間的に鋭く体感される自然との合一の体験である。

野口はこの『蕉門俳人論』の中で、この路通の《五月闇……》とキーツの《輝く星よ》と詠んだソネット（一四行詩）"Bright Star" を比較する。路通や若き日の野口と同じように深夜の星の荘厳に撃たれた死の間際のキーツが、自分の人生に対する結論としての詩を詠み、最期を迎える精神苦を輝く一つの星で慰めようとしているのに対して、路通の句は、一椀の食さえ得られない乞食である自分を忘れて、ただ敬虔に自然に合一することを喜んでいるという。そして《詩の人生へ門出する「序詩」》となって、キーツより暗示的な魔力を持っているのが路通の句だ、と高く評価する。

自由奔放の路通は、他門の者と接したり還俗したりしたことで、芭蕉の門人たちから強い反感を買って蕉門を追われたが、臨終の芭蕉は門人たちに路通と和解するように遺言を残したという。帰国後の野口は、その経緯について論じ、乞食として自由を求めた路通に軍配を上げて同情する。もともと乞食であった路通にとって、芭蕉の倫理的な潔癖さや、芭蕉の周りの《徳行家》《謹直者を氣取る連中》に取り囲まれることは、いかに苦しかったか、いかに孤独であったか、と野口は考える。そして芭蕉にとっては、路通は最期まで忘れることができない者であり、《最後の思想を支配した者》であったが、乞食の詩人路通にとっては、芭蕉に出会ったこと、職業俳人の雰囲気に触れてしまったことが不幸であったと、野口は説く。《芭蕉路通を殺せり[129]》と。

路通のごとき、ある面では乞食、ある面では俗人、そして何ものにもとらわれない自由な精神を持った詩人に対する野口の見解は、野口の〈詩人〉としての原点や野口自身の本質を示しているだろう。少なくとも人生のある時点からは、路通は野口にとっては究極の理想に見えたであろう。野口は乞食としてスタートしたものの、やがて〈世界詩人〉と称されて国家を代表させられていき、その点で自由奔放さを許されない人生を送ることになった。後年の路通への共感は、野口の羨望であり、〈詩人野口は殺されつつある〉ということの自己表明であると同時に、本質はここにあるという自負でもあったはずである。自らの原点を思い、詩人としての真の生き方を折に触れて心に定めて生きようとしたのではないだろうか。

4　小雑誌『トワイライト』の編集

第二詩集 *The Voice of the Valley* 刊行後の一八九八年五月と六月、野口は自ら編集長となって『トワイライト』（*The Twilight*）という『イエロー・ブック』的な雰囲気のある小雑誌を作っている。《サンフランシスコ・エディ・ストリート三三一番地ヨネ・ノグチによる出版》とあり、一冊の値段は一〇セント（年間購読一ドル）で月刊の予定だったが、わずか二号で刊行が止まっている。かわら版のような、謄写印刷のわずか八頁ほどの小さな雑誌で、すべて手書きで構成され、おもて表紙のあと、本文が六頁あって裏表紙となる。表紙には、〈M・TAKAHASHI〉とサインがあり、すべての挿絵に、ひょうたんマークとともにM・Tの文字が縦にはめ込まれている。『トワイライト』は本文のほとんどが、〈Takahashi〉とサインのある挿絵に野口自身の詩が配置された構成となっているが、〈Kosen M. Takahashi〉という人物については不明点が多く[130]、いかなる理由からか〈Takahashi〉が九カ月間の入獄になったために二号で終刊となったようである。

さて、この小雑誌で注目できるのは、"W・A・R" と題された挿絵に、《ああ、アメリカ人とスペイン人、戦争をやめよ！　この雑誌『トワイライト』を買って、春の木陰のもとで読みなさい！　戦争放棄のなんと幸福なことか！　仲間よ、武器を置きなさい！》（訳文、堀）[131]という詩のようなメッセージが挿入されている点である。

図 2-2　野口米次郎（1899 年）

この雑誌が発刊された一八九八年は、アメリカがキューバの独立運動に介入して米西戦争が始まる年であり、これ以後アメリカはキューバ（およびフィリピン、グァム、プエルトリコを含む旧スペイン領）を〈保護国〉として支配下に置いた。こうした国家間の覇権の移動と、民族独立運動と共に新興国が植民地獲得に乗り出すという歴史的状況を、滞米中の野口はまさに実見していたことになる。

デビュー時より比較されていたスティーヴン・クレインが、この米西戦争の報道記者となったことを、野口は多少は意識していたのかもしれない。だが、アメリカとスペインという二国に対して、異邦人としての野口が〈戦争をやめよ〉と詩を通して主張していたことは、こののち日露戦争の報道記者として帰国を決める野口の心情を考える上においても、また日本の植民地経営に対する主義主張を考える上においても重要である。

二号までしか刊行されていない雑誌の傾向や編集のねらいを見定めるのは難しいが、『トワイライト』は、日系移民社会のコミュニティに向けて発刊された雑誌でもなければ、ジャポニスムへの関心を意識した雑誌でもなく、詩や美術の活動を現実社会の中からいっそう喚起しようとする試みであったように思われる。

5　アメリカ詩の新しい潮流

本章の最後に、野口がアメリカ詩の新しい潮流に関してどのように認識していたのかについて、確認しておこう。

日本に帰国したあとの一九〇五年になるが、野口は「米國の詩潮」と題して、アメリカ文学の興隆について執筆している。米国は文明なき後進国として〈文学がない〉と罵倒されてきたが、この二五年来、特にこの十年来、欧州各国の米国に対する態度が一変し、米国に対する研究が始まっている、と。[132]

野口の認識は次のようなものである。イギリスの詩人はみな学者肌でオックスフォード出身であり、ギリシア・ラテンを根底に持つ〈紳士〉であるが、アメリカの詩人は自由と平等を愛し、スノッブな紳士の態度を棄てている。また、静かに詩と自然に没頭していれば良いというのではなく、政治、商業、農業などの多方面に意識を向ける態度がアメリカでは求められる。

> 舊世界の形式は絶對的に破り終るのである、大なる意味に於ける自由平等主義を唱へるのである、文章の上に於ても、修辭學を見る古き下駄の如くに捨てゝ、自然に覺へたる直覺的描寫を振り廻はすのである、大陸の空氣を呼吸して居る故、自然大量で國が商業を以て成り立て居る故、常識には富むで居る、國が富むで綽々として餘裕がある故、其性質がヒユモーアに富むて居る、自由な國故英國などに於ては、新形式（詩の上に於て）を許さぬのに、米國に於ては之を迎へるのである、（後略）[133]

民主主義的なアメリカの気風が、英詩の旧形式を打ち破ろうとしている点、アメリカから文化の革新が始まろうとしている点を指摘している。これが、野口の捉えたアメリカの詩の最新潮流であり、野口が私淑したポーやホイットマンが示した道の延長であった。

> 自分の感じた其儘を書き、之を發表するに恐れないのは畫の方で云ふならインプレシヨンストであろふか、古人の糟粕を嘗めずに詩はアトモスフヰアであるといふ一派が出來て、今日大に其主義を主張して居るのである、其はカーマンとガグ

イネー嬢が張本人である、斯かるものが所謂米國風の詩なので――最も新らしき米國を代表する詩である、故に英國の尺度を以て米國の詩を評論するのは、酷であるのである、全然其成功と其進歩の方法が異なつて居るのである（後略）[134]

当時のアメリカにおける詩の潮流は、美術における印象派のようなもので、雰囲気を重んじているという認識を明確にしている。ブリス・カーマンは、前述のように、編集者として『チャップ・ブック』などの詩雑誌に影響力を持っていた詩人で野口と親交があった。またガグイネー嬢とは、野口が高く評価していたボストンの女性詩人ルイーズ・アイモジン・グイネー（1861-1920）[135]のことである。

野口は、一九〇七年に『慶應義塾学報』に寄稿した「ボストン詩人」の中でも、グイネーの詩について《スペースとタイムとに滿ち、米國の自由の如く、夫れ自由なり、嬢の詩は卽ち教育を受けて紳士然と成りたる米國を代表せる詩》と称賛している。グイネーの読書量を褒め、かつ必要なものを自分に取り込む様子を、《萬物の美を集めて自分の者とする米國式である》と述べ、グイネーは化学者のごとく《細心と研究心を以て宇宙の詩なるものを分類し、また結合せしめた、絶對的に米國的な詩人で《萬國的精神》の持ち主である、と野口は論じる。また、この「ボストン詩人」では、ジョセフィン・ピーボディ（1874-1922）を挙げて、《欧州の神秘主義の詩を米國暮斯敦で養育した》詩人で、ことさら《神秘主義など角張らずに神秘的詩を作す點は何處までも米國の詩人である》と述べている。[136]一九〇七年当時の野口が、どのような視点でアメリカの詩人たちを眺めていたかが分かる。カーマンやグイネー、ピーボディといった詩人たちは、現在のアメリカ詩史にはまず登場しないが、彼らの形成したアメリカ詩の諸傾向の上に、パウンドが出現しシカゴ詩派が生まれてくるのである。

野口がこのようなアメリカ詩の新しい動きを、一九〇五年頃から日本の雑誌で披露していたという先端性には、注目しておかねばならない。なぜなら当時の日本の詩人や文化人たちは、まだ完全にヨーロッパを向いていたからである。むろん野口は、アメリカこそが世界の最先端であると捉えていたわけではないし、おそらく当時のアメリカ文芸界の議論を受け売り的に紹介していた面もあろうが、自らが肌で体験した同時代の空気を臆せず言えようとしたとは言えるだろう。

一九〇五年の「英詩と發句」においては、前述のように、英米の詩人たちがポーを超えて日本の短詩、特に〈発句〉に関心を持っていることを指摘し、世界の文芸潮流の相互作用について考えている。野口はイギリスがアメリカの新しい動きに注目していることを述べたあとで、次のように書く。

日本の文化は甚だ進歩したるものである。歐米諸國が幾百千といふ詩人を出し今日に至つて初めて三百年計り以前なる日本の元禄時代に於て發達進歩したる芭蕉一派の詩に對する意見まで進むで來たのである。歐米の文學界は日本の文學を稱用し日本の文學は歐米の趣味を輸入せやうとして居る。是に於て果して何にが新らしのやら古のやら斷定が出來ぬのである、歐米諸國では日本を學ぶを以て最も新らしい事として居るのである。而して日本は歐米文學に熱中して居る。地球は圓いのである。詮し來れば物に古いの新しいのが無いのは猶東西南北の無いのと等しいのである。[137]

野口はここで英米日のいずれかの優位性を説こうとしているわけではなく、新旧にとらわれず、東西にとらわれず、インタラクティブに文化が興隆していく実態を、大きな興奮をもって論じているのである。

具体的には、《今發句の如き短詩形で英語の詩人は如何に多く語るかの例》として、米詩人ジョン・タッブ（1845–1909）の詩を二篇、英詩人ウィリアム・ワトソンを一篇、アーサー・シモンズを一篇、ラフカディオ・ハーンを一篇、各四行で挙げて、芭蕉の《七部集に顯はれた寂しみと細さ》を英語で翻訳したような様子が見られると述べている。またカナダ詩人のダンカン・スコット（1862–1947）の四行詩を二篇挙げて、《確に芭蕉の大なる所を其詩中に持つて居る》と述べる。[138] この、英語の短詩形の潮流に芭蕉の影響を見ようとする視点は、後の章にも関連してくることであるが、一九〇五年時点の日本人の視点として非常に重要であり、野口独自の認識であった。

しかし野口は、英詩が俳句のような短詩に近づく傾向にあることを指摘して、日本人として尊大な気分になっているわけではない。この評論の最後に野口が述べるのは、英詩は《大なる歴史と多大なる功》を背景に英詩らしい変遷をしていくべきで、かつ日本の俳句をも《變遷進化》させたい、[139] ということである。いわばモダニズムの先駆け的な潮流をいち早く察知して次世代を予感し、それを活かしてより良い詩の本質を追究しようとしていたのである。[140]

第三章 *The American Diary of a Japanese Girl* と、境界者としての原点

My dream was silly but splendid.
Dream is no dream without silliness which is akin to poetry.
If my dream ever comes true!
(*The American Diary of a Japanese Girl*)[1]

1 ニューヨークでの執筆

グランド・キャニオンを徒歩旅行して第二詩集を刊行した野口であったが、ミラーの〈丘〉での生活ははや四年が過ぎようとしていた。雑誌『ラーク』は一八九七年四月に終刊し、野口の仲間たちはアメリカ東海岸に移住したり、ヨーロッパ旅行へ出かけたりしていた。マーカムも詩集『鍬を持つ男』の出版後にニューヨークに出ていた。[2]《獨り取り残されて鬱々》とした〈丘〉での生活の中、ついに野口も西海岸を出ることを決意する。

詳細は不明だが、一八九九年夏にシカゴに移った野口は、『イブニング・ポスト』(*Evening Post*)紙に詩を寄稿して、自分の名がアメリカ中東部ではほとんど知られていないことに衝撃を受ける。そして、アメリカ中東部の詩人たちが文化的権威であると意識しているイギリスでこそ、認められる必要があることをあらためて感じ、渡英する準備を進めていくのである。

数カ月後、野口はシカゴからニューヨークへ移り、ある富豪の家のボーイとなり、その経験をもとに *The American Diary of a Japanese Girl* (1901) と題した、日本人少女の視点からする日記風小説を書き始める。一九〇一年初頭、野口は英文の添削者を募集し、そこに応募してきたのが、名門女子大ブリンマー大学出身のアイルランド系米国人、一九〇四年にはイサムを産むことになるレオニー・ギルモア(1873-1933)であった。[3]野口は一九〇一年二月頃からギルモアと共にこの日記風小説の執筆を進めたのである。

この小説は、エラリー・セジウィック(1872-1960)[4]主幹の

ニューヨークの月刊誌『レスリー』(*Leslie's Monthly Magazine*)に一九〇一年一一月から三回連載され、これが翌一九〇二年九月にフレデリック・A・ストークス社から〈朝顔嬢(Miss Morning Glory)〉の名で(ヨネ・ノグチの名は伏せられて)出版され、四版を売り尽くすほどの好評だったという。野口はこの執筆により資金を貯めて、同〇二年の秋には、以前からの夢であったロンドンに渡る。

このニューヨークで出版された *The American Diary of a Japanese Girl* は、野口が帰国した一九〇四年に、日本でも英語のまま冨山房から出版され、翌一九〇五年には再度、続編 *The American Letters of a Japanese-Parlor-maid*[5]との合本が同じ版元から出され、続いて日本語訳版『邦文日本少女の米國日記』(東亜堂)が刊行された。その後も日本では豪華版などが出版されている。

図 3-1 *The American Diary of a Japanese Girl* の表紙

この作品は近年、文化研究の文脈で見直され、特にアメリカのジャポニスム小説隆盛期の作品として注目されるようになった[6]。しかし、アメリカの視点から見ればジャポニスムやオリエンタリズム隆盛期の作品であるが、日本の同時代的な視点から見るなら、ちょうどこの作品が日本で再版された時期とは、渡米奨励論や海外殖民論、殖民政策の安定のための女子渡米奨励論が盛んになり、若者の渡米熱も全盛期を迎えていた時期である。そのような国内外の周辺の言論や風潮を比較した場合、この作品は時代風潮に準ずる面とそれを批判する面との両面を持っていることが分かる。つまり、中流以上の日本の子女が海外で働き学ぶという、国内の渡米奨励論とも合致した個々人の憧れを表象した作品でありながら、渡米後の現実や移民社会の過酷な現実をも示し、アメリカの日本認識を批判的に見てもいるのである。野口の描いた世界は、日本の渡米奨励者・殖民論者たちが吹聴した美辞麗句や国民意識を鼓舞する言説とは一線を画しており、主人公の渡米観や描写される移民社会の厳しい現実は、実態としてリアリティを持っていた。

本章では、この作品をジャポニスム小説群の一つとして捉える立場や、渡米奨励論の中で書かれた小説として捉える立場にも目配りしつつ、野口の生涯の中でどのような位置にあった作品かを考える。つまり、この作品の中から見えてくる野口の独自性や問題意識を、概略的にであれ浮き彫りにしてみたい。

野口の自伝的要素の濃いこの作品は、一八九九年九月二三日から一九〇〇年三月一九日までの日記の体裁をとり、一九歳の日本人少女が叔父と共に米国に渡航し、異文化体験をする物語である。朝顔嬢と呼ばれる主人公は上流階級出身の少女という設定であり、その彼女の視点から、渡米までの心境、長年の憧れであった米国での生活体験や、アメリカの友人やボーイフレンドとの交流、貧しい在米日本人たちとの関わりが描かれる。物語の途中には、栗鼠の視点で書かれた日記や、盗み見たという設定で叔父の日記などが挿入されており、少女の視点を超えた描写も試みられている。

少女という視点人物の設定のためであろうか、描写や認識がやや表層的になる面もあるが、世紀転換期の日米両社会の言論状況や社会問題を垣間見ることのできる作品である。また同時に、野口の作品群の中で考えてみても特異な視座を示す重要な著作であると言える。

なお、この章では、英語版の *The American Diary of a Japanese Girl* を、筆者（堀）による日本語訳で引用する。というのも、英語版は比較的分かりやすいが、『邦文日本少女の米國日記』の日本語は極めて分かりにくく、正確な翻訳にもなっていないためである。引用の出所（英・日の原著）は注に示す。

2　同時代批評と、米国ジャポニスムの隆盛

この作品は、発表当時、アメリカ各地の様々な新聞雑誌で七〇を超える批評や書評が掲載された。[7] 一九〇四年に日本の冨山房から翻刻刊行された際、それらのうちの一四の記事が付録として収録されている。この一四の批評記事は、本に掲載するために抜粋された書評であるため、批判的なものは少なく、好意的に評価したものがほとんどである。だが、選択された一四の記事内容を分析することで、野口本人がどのような点を評価されていると認識し、日本国内の読者に知らせたいと思っていたかが透けて見えてくるだろう。ここではそれらを中心に批評の内容を検討し、この作品の同時代的な意味を探ってみよう（以下、記事の訳文も、堀による）。

作品を評価する最大の観点は、作品が異国人の執筆になるということである。この作品が注目された理由として、当時の米国人の日本に対する関心や東洋趣味が挙げられるのであり、当時はまさに、ジャポニスム小説や異国情緒溢れる舞台芸術が隆盛を極めていた時代であった。

書評では何よりも、《オリエンタル》という言葉が頻繁に使われる。作品が《異国を眺める、風変わりで面白いオリエンタルな精神に満たされている》[8] 点に驚嘆していることが述べられ、《野蛮ではなく、洗練された日本人と日本文明からの視点》[9] が称賛される。見知らぬ異国の魅力に論者たちは強い関心

を示しているのであり、オリエンタル、つまり東洋的・非西洋的な視点が作品の核として強調されているのである。

一九世紀後半の欧米においては、日本趣味がブームとなっていた。その日本趣味、異国趣味の典型として知られるのが、ピエール・ロティ(1850-1923)の『お菊さん』(一八八七年)であるが、この前後にヨーロッパに多くの類似した作品例があり、また米国においても一八八〇年代より、日本文化や日本社会を描いた小説群が刊行されている。これらの作品群は日本に対する典型的認識、つまりサムライやゲイシャ、従順な儚い日本女性といったイメージを定着させていた。このアメリカにおけるジャポニスム小説群については、羽田美也子氏が綿密に検討しているように、ニューヨークで様々な執筆者が〈日本〉を扱う読み物を書いて一種のブームが起きていた。[10] また宗形賢二氏の研究が示すように、世紀転換期のニューヨーク・ブロードウェイにおいて、異国趣味とセクシュアルな舞台芸術が大衆的ブームになっており、日本女性やアラブ女性の女性性が商品化されて、オリエンタリズムが表象されていた。[11] このようなジャポニスム小説群の隆盛期、オリエンタルな表象と異国趣味ブームのただ中で、*The American Diary of a Japanese Girl* は書かれているのである。

しかし野口の作品は、他の多くのジャポニスム小説が描いた日本のステレオタイプとは一線を画したもの、つまり読者に日本文化や日本人に対する異なった視点を与える可能性を持っていたように思われる。少なくとも野口は、日本文化や日本人に対する軽薄な認識に〈否〉を唱えようとしていた。というのも、この作品の内容はジャポニスム小説群のパロディとしての側面を強く持っているからである。

羽田氏は、野口の同時代のジャポニスム小説への批判が見える場面として、次の、朝顔嬢が『蝶々夫人』の本を眺めてロティの『お菊さん』を想起する場面を挙げている。

『蝶々』という小説が私の横にあって、読んでもらいたそうにしていました。「嫌。私はけっして開かないわ。買ったのが間違いだったのよ」と私は言いました。私はその「夫人」というのが嫌いだったのです。「紳士」だとかいうロティが『お菊夫人』でその言葉を台無しにしてから、猥褻に聞こえるからです。『蝶々夫人』の名誉ある作者は「ロング君(間違い君)」と言いますが(日本人にはLとRの区別がないって知ってますか)、絶対に彼は間違っています。[12]

ここで野口はロティとジョン・ルーサー・ロング(1861-1927)を二人同時に批判している。羽田氏も論じるとおり、野口は《明らかに当時のジャポニズム文学をめぐる状況を皮肉》っているのである。[13]

野口のロティへの皮肉はこの作品を貫いている。たとえば、渡航準備の描写から始まる冒頭近くでは、朝顔嬢の渡米への強い志望と米国社会に対する期待が繰り返し強調される。朝顔嬢は《常に夢に見ていたアメリカという国》に渡ることは、自分の輝かしい未来の幕開けであると考えて、祖国を棄ててでも米国に行きたい、米国で生活したい、米国人になりたい、と米国に過度の期待と憧れを持っている。[14] 一方、ロティの『お菊さん』も、主人公が日本に向かう船上で《全く新らしい國》《氣まぐれな運命》[15]に心を膨らませ、日本に着いたらすぐに日本の少女と結婚することを語るところから始まる。ロティの主人公が、《猫のような目をした》《人形よりあまり大きくない》[16]日本少女と結婚することを願っているのに対して、日本の朝顔嬢は、アメリカは女性の権利が認められた国家であると繰り返し述べて、アメリカでの結婚に思いを馳せるのである。このように朝顔嬢の物語は、ロティの描くジャポニスム小説を批判し、パロディ化する要素を持っていると言える。

3 匿名性と女性性

さて、書評において〈オリエンタル〉という視点と同様に、多く取り上げられているのが、〈朝顔嬢（Miss Morning Glory）〉として書かれたその匿名性についてである。

ある評者は、作中の英語使用の不適切さから、作者は実在の日本人女性であろうと推論した。そして、これを執筆した《賢い日本人》は、《ゲイシャをはるかに超えた女性たちを生み出している日本の現実を、誤解している人々に伝える目的で書いている》と記している。[17]

また、作者はローウェルやロングフェローやフィッツジェラルドなどの英詩人に造詣が深いようだが東洋詩の形式を敢えて選んでいるようなので、米国で軽い遊戯を試みた英国人か米国人のペンネームなのではないかとするものや、作者がアメリカ人にせよ日本人にせよ巧みな筆だとお茶を濁すものもある。[18] 日本人が執筆していることは確かだが、本当に女性なのかどうかは疑わしいと評したものも見られる。[19]《匿名での文学はまさに最近の流行だが、この作品は在米詩人ヨネ・ノグチの作品スタイルや志向に近い》というものもあった。[20]

また、朝顔嬢がユーモアとウィットに富み、洗練された知性を持っているという評価もいくつかの書評に共通して見られる。中には《オリエンタルではないユーモアのセンスと鋭い評価眼》を指摘しているものもある。[21]

米国のイディオムやユーモアのセンスと、日本的な精神を備え持っているという評価が併立していることには注目しておきたい。たとえばユーモアの例としては、《メリケン》の食事の《重苦しいことといったら、ミルトンの高貴な詩みたい》と主人公が述べるところを挙げて、米国を滑稽に風刺しているとする。[22] 朝顔嬢はアメリカの出版業界を皮肉り、作家が販売業者に堕落してしまっていると述べたり、オマル・ハイヤームの『ルバイヤート』のブームは文明への脅威だと嘆いてみせたりするが、おそらくこういった部分が、朝顔嬢のユーモアや洗練された皮肉であると捉えられたのであり、実際にも風刺的であった。

また、朝顔嬢がマリー・バシュカートセフ（1858-1884）やマリー・マクレイン（1881-1929）のように率直に考えを書きつけている、とも論じられた。[23] ロシア貴族の生まれのバシュカートセフは、母親とヨーロッパを旅して育ち、欧米の女性たちが憧れていたフランスのアカデミー・ジュリアンで絵画を学ぶ一方、一三歳のときから雑誌への寄稿を始めて、女流芸術家やブルジョアたちの生活を衝撃的に暴露した日記作者として名を知られた。一方、カナダ生まれのマクレインは幼少期に家族でアメリカ西部（モンタナ州）の銅山に移住し、バシュカートセフに感化されて一八九八年頃より告白的な私小説を書き始めた。そして、一九〇二年に自らの生活を赤裸々に綴った『マリー・マクレインの物語』が爆発的に売れ、大きな話題となった（最初の一カ月で十万部が売れたという）。このようなセンセーショナルな暴露や赤裸々な告白を売り物とした少女たちの日記類との共通項を見る視点から、朝顔嬢の日記が取り上げられたのである。ジャポニスム小説群とはやや違ったニュアンスの中での取り上げられ方と言えよう。ただし、エキゾティシズムや女性のセクシュアリティを強調する意識を持っているという点では、ジャポニスム小説群と共通しているとも言える。つまり、ジャポニスム小説の隆盛は、単に日本や東洋への関心のみから起こっているのではなく、エキゾティシズムやエロティシズムと深くつながったブームなのであり、その点から言えば、ロシアやカナダの少女の綴った告白小説類の流行と通底しているのである。

さらに、羽田美也子氏が述べているように、ジャポニスム小説隆盛の素地には、印刷物の大量生産と読書の一般大衆化、そして女性文学の台頭があり、とりわけ女性読者層の拡大があった。[24] 女性作家たちが読者に訴えるのは、家庭内から抜け出し、伝統的な〈女性らしさ〉の規範を打ち破ることであった。制限された女性の領域を超えて、揺らぐ父権制度の上に、果敢に自らの新しい役割を打ち建てていくというテーマが根底にあったのである。[25]

野口のこの作品にも、この羽田氏の議論に重なるような部分が多く見られ、米国の女子教育や家庭問題、女子啓発や女権拡張の啓蒙活動と関わる内容が含まれている。たとえば、朝顔嬢は渡米を前にして次のように記す。

永年、私は結婚の申し込みなんかよりも、もっと何かまともなことが起こるようにと祈っていました。〈女性がまず第一〉の輝かしい国へ運ばれて行くという素晴らしい運命は、その〈何か〉ではないでしょうか。私は女性としてアメリカに渡ることを嬉しく思います。[26]

朝顔嬢にとってのアメリカは、女性の権利が〈第一〉に認められている国家であり、また、女性の労働力が求められた国である。彼女は自らの確固たる意志をもって米国に渡り、上流階級でありながらお見合い結婚を拒否し、働きたいと希望するのである。ここには新しい近代的な女性の姿が読み取れる。

日本の〈紳士〉は、古い野蛮風をお好みで、いまだに娘たちは取引の商品だという空想を主張しています。いつになったら、愛というものを理解するようになるのでしょうか。まったく！　私は知らない人から結婚を申し込まれたときには、侮辱だと思いました。東洋の男性は文明人の資格がないと私は断言します。男性を教育してください。しかし失礼ですが、女性は大丈夫です。啓蒙された明治生まれの現代女性は、かなり立派な心を与えられていますから。[27]

主人公は、日本の結婚制度を強く批判し、日本近代の女性の意識が啓蒙されていることを主張する。自分を含めた明治期の教育を受けた女性たちは、それ以前とは異なる、また同時代の男性たちとも異なる近代的な精神を持っているというのである。つまり、新時代の教育を受けた朝顔嬢は、渡米する以前から父権制度や〈家〉中心の日本の結婚制度に不満を感じており、女権を認められたアメリカに対する強い期待を抱いていた。そして海を渡り、米国社会を観察し、様々な人々と交際する中で、さらにこの日本の父権社会に対して反発を強めていく。

朝顔嬢は、《あらゆる仲人を入獄させてもらいたい》と言い、日本の〈仲人〉の習慣が日本人女性の自立を妨げているのだと述べる。[28] 米国人女性は自ら夫を探すという《大事業》があるため必然的に生活態度も《利口》になるが、それに比べて《時世に後れて》いる日本女性は仲人が適当な男を連れてくるのを受動的にただ待っているだけで主体性が育っていないと論じる。[29] 〈仲人〉の存在がなく、自由恋愛であれば、女性は自らの人生に対する責任感が高まり《利口》になっていくというのである。

「私、絶対に日本には帰りません。日本の娘たちの辞書には、〈ノー〉という言葉なんてないんですから。でも憶えておいてください、おじさん、私の頭には大文字の〈ノー〉があるのです。私は革命者なのです。（後略）」[30]

彼女は《ノー》という意志のある自分を《革命者》だと述べ、教育を受けた〈新しい女〉のイメージを与えている。このような朝顔嬢のイメージは、従来のゲイシャなどから作られていた日本女性像とは異なっており、他のジャポニスム小説群が描くオリエンタルでエキゾティックな、そしてエロティックなイメージを超えたものを提示していると言えるだろう。

ところで、なぜ主人公の名前は〈朝顔（The Morning Glory）〉とされたのだろうか。野口の尊敬していた伯父釈大俊の字《あざな》〈蕣〉に由来していると考えることもできるかもしれない。のちに野口は大俊について次のように語っている。

（大俊の）俊の字は俊傑の俊で大いに優れるといふ意味だから、坊さんにしては餘りにえらすぎるといふので、自作の漢詩には朝顔の蕣といふ字を使つて居ります。これも「朝顔は朝な朝なに咲きかへりて盛り久しき花にそありける」といふ古歌にも適ひ、また私が「朝顔」と題する詩に歌つた「朝日を禮讃し盡せば死んでも嬉しさうな顔」の意氣にも通じます(31)。

自分の誇りとする伯父に通じる、思い入れの強い花が〈朝顔〉だったのである。

ちなみに、野口米次郎は、海外ではヨネ・ノグチと名乗っていたが、〈ヨネ〉という名前は女性を想像させる可能性がある。少なくとも日本人から見た場合、フェミニンな名前であるということをつけ加えておきたい。

4　米国社会の日本認識に対する不満

この作品は、少女の一人称の日記形式を取っているためもあり、その描写には主観的で情緒的なものが多く、アメリカ社会で体験された現実が十分には表現されていない面もある。朝顔嬢は、辛辣に無邪気に何でも思ったままに語るふうを装う一方で、町で目にして批判したくなったことについての記述を削除し、嫌なことは考えないという態度を見え隠れさせる。批判するためにアメリカに来たのではないので、《桜の花が月明かりで柔かに笑っているような東洋の少女でいなければならない》と言うのである(32)。

では、アメリカ社会に対する批判的な主張は、この少女の視点の中に完全に埋没して見えないのかというと、そうではない。野口は様々な方法で自らの主張を表現しており、その方法の一つが朝顔嬢の叔父の日記である。

作品の後半、叔父の留守中に、朝顔嬢がその日記をこっそり盗み読みするという場面がある。叔父の日記には次のように書かれている。

> きわめて不幸である！　私はこの数年アメリカで日本の流行を見てきたが、まだまだ及第点に達しない。毎月、日本に関する書籍が出版されるが、頁を切るのでさえ悲しい。（中略）われわれの日本は、お辞儀をする芸者よりも価値があるのだ。もしアメリカ人の愛が、単に提灯が気に入ったというようなものだったら、そんな愛情は断固拒否する。アメリカ人はひどく気まぐれな国民だという結論に、私はしばしば行き着く。彼らが論理的思考力を欠いていると感じることは、時たまではない。イエロー・ジャーナルがその証拠だと決めつけるわけではないが(33)。

ここには、米国社会や米国人が日本について抱いているステレオタイプの認識に対する不満が述べられている。〈芸者〉〈御辞儀〉〈提燈〉ばかりではない日本の価値について認識を深めてほしい、と。

また、一、二年前の川上音二郎一座の米国公演(34)について、日本では評価されていない一座の海外巡業であり、金のために舞台で踊っているのだと嘆いている。[35] アメリカの一流の批評家たちが、破産寸前であった劇団の稚拙な芸に無理やり意味を見いだして救ってやっている、とも。[36] つまり野口は、米国巡業で成功していた川上一座について、金のため、一時的な人気のために、間違った日本のイメージを売っていると批判したのである。日本では認められないような浅薄な舞台が、日本の演劇の代表とみなされている実態に野口は同胞として不快感をあらわにした。

このような米国の日本認識に対する失意の見解は、朝顔嬢の記述によっても示される。たとえば、朝顔嬢に日本の着物を着せてもらった友人のエダが、『藝者』という芝居のまねだと言って《妙な歩き方》をすることに不服を言い、[37] また、《『藝者』の芝居をした役者の写真》を見る場面では、《その役者のバカバカしさ》《何というだらしない様子。この役者は着物の前さえ締めていない》《この役者の髪形といったら、見たこともない異様な結い方で、化け物式とでもいうのかしら》と、激しく批判する。また、アメリカ人は、日本の娘は始終《笑つてばかり居る人形》だと思っているようで納得がいかないと述べ、《訳もなく笑っている狂人》ではないと主張する。[38] この『藝者』という芝居の悪影響は、友人ドロシーが次のように歌うことでも描かれる。

> 「チョンキナ！　チョンキナ！」
> こういってドロシーは繰り返しました。これは『藝者』の芝居で芸者が歌った日本の歌だと言うのです。
> やめてドロシー！
> ほんとにそれは馬鹿げた歌のはじまりで、言葉ではないのですから。『藝者』という芝居は、大日本に対して多くの不法行為を働いていると思います。私は、あるアメリカ領事が、あるパーティでこの同じ歌を歌い出したのを思い出しました。そしてそれ以降、私は彼をもはや紳士だとは思えなくなりました。[39]

この『藝者』とは、一九世紀末の英国で大流行したコミック・オペラ『ゲイシャ』のことで、英語圏のみならず世界的な人気を博していた。これについては、橋本順光氏の研究に詳しいが、英国では一八九六年四月二五日の初演から九八年五月二八日まで計七六〇回もの公演が行われ、九七年にはインドでも演じられて、ロシアのアントン・チェーホフもこの作品に言及しているという。[40]

ミラーとの自然的生活を出て、ニューヨークというジャポニスム演劇の盛んな場所に到着した野口は、このように、アメリカ人が日本人や日本文化を誤った認識でしか捉えていないことを知って強い違和感を覚え、作品を通して英語で抗議した。

そしてその後の野口は、能や狂言の戯曲の翻訳や評論の執筆をするようになり、同時に当時の現代舞台芸術の動向を日本から英米の新聞雑誌に書き送り、キワモノではない日本の舞台芸術の情報を国際的に発信することに力を注ぐようになっていくのである。

5 〈丘〉での生活と日本詩歌のイメージ

ところでこの作品への書評が、〈オリエンタル〉な、〈日本〉的な部分として挙げているものには、さらに《ものに対する感謝の念》がある。[41] 当時のアメリカでは、ソローらの影響がすでに文化人らの間に浸透していたのであろうか、自然志向や反物質的・非合理主義的な感覚を東洋的なもの、日本的なものとして認知する態度が出来上がっており、読者はそれを野口の作品にも見ようとしていた。むろん、ソローに憧れたウォーキン・ミラーと共に暮らした野口が、〈丘〉での詩的な自然的生活を含めて書いている小説であるから、当然と言えば当然かもしれない。

野口はこの作品に、ミラーをハイネという名の詩人として登場させて、詩人の住む丘で見聞きし感じたことを少女の視点で書いている。ミラーとの〈丘〉の生活がどのように描写されたかについて、例を挙げておこう。ハイネが原稿をウイスキーに替えるために山を留守にしている間、朝顔嬢は『方丈記』のことなどを思い出しながら小屋を掃除し始める。押し入れも、本もない小屋に雨の柔らかな音が聞こえて、彼女は満ち足りた感覚を覚える。そして、最後の段落では、〈塵〉の持つ永劫の香りと古代の色彩に、思いをはせている。[42]

また、朝顔嬢はある日、詩を畑に埋めて、ハイネに向かって《詩を埋めてしまわないの？ 最高の詩って、出版されないもの、書き表されないものでしょ？》[43] と述べ、ダンテ・ゲイブリエル・ロセッティの逸話などを持ち出し、詩人が〈食べていく〉ために詩を売るかどうか、という話題をもちかけている。このときに朝顔嬢が語る、〈最上の詩とは〈unwritten〉〈unpublished〉なものである〉という議論は、野口がその後の人生で繰り返し述べていく詩論である（後述第七章）。

また、書評の中には、《短い自然描写や自然が導く雰囲気の中に、日本人が書く詩の詩的なイメージが導入されている》という指摘があった。[44] 日本の俳句のイメージが作品内に登場しているのである。

朝顔嬢は日本の伝統的な作法として、別れの際に詩（俳句）を残すことを試みている。

二七日。「さよなら」を詩に表すという古い日本のやり方をしようとしました。私たちは明日、ここを離れるのですから。優美で高尚な詩人の住まい！ 私の一七文字の別れの詩は、次のようなものでした。

サヨナラの　憂いや残れ　水の音に

"Remein, oh, remain,
My grief of sayonara,
There in water sound!"[45]

そして日本語の筆記体の文字（「左様ならの憂へ殘れ水の音に」）が、一頁を割いて挿入されている。つまり、ローマ字表記による音と漢字仮名交じりによる書とが、発句の英訳に添えて示されているのである。発句の様式と、別れに際して作る作法とを、日記風小説の中で分かりやすく説明しようとしていることが分かる。

6 日本表象への自覚と祖国の再認識

一九〇一年時点の野口がこの作品を通してアメリカ社会に何を発信しえたのかについてはさらなる検討が必要であろうが、最後にもう一点だけ、次のような評価があったことを紹介しておこう。それはこの作品が、《他の本にない独自性》として、《ケールヤード派（The Kailyard school）のような一種の流派を確立している》と捉えられていたことである。(46) ケールヤード派（菜園派）とは、一八八〇年代中盤から世紀末にかけて起こったスコットランド文学復興運動の一派である。〈正統的〉な英文学の影で二流視されてきたスコットランドやアイルランドの文学を復興させようとしたケールヤード派やイェイツらの動きが、日本の野口の叙述の中に想起されていた、ということになる。つまり、この作品は、民族意識にもとづいて支配的文化の文学伝統を相対化しようとする文学活動として注目されているのである。

異文化社会で生活する中で個人の内に表出してくるものについて考えたとき、当該社会を相対化するために自らの文化の表象を求める気持ちが起こること、自らの中の〈祖国〉を再認識することが挙げられよう。その意味で野口の *The American Diary of a Japanese Girl* は、まさに野口自身が〈日本〉を再認識する過程の記録ではなかっただろうか。しかし、それは決して単純なものではありえなかった。

野口の視点は、同時代の日本の文化人がアメリカを扱った諸作品とも異なり、またアメリカ社会の中で表象される〈日本〉についての作品群とも距離をとっている。この小説は、両社会を知る野口独自の言論が作り出される過渡期にあたる作品であり、ある意味で問題意識をあからさまに大づかみに記した作品なのである。のちに野口は次のように言う。

> 渡米したその瞬間から米國の物質的で富裕であることに驚いた……もし私共の戰闘が物質的に行はれるとしたならば到底私共に勝目がない。私共は精神的ないしは藝術的に西洋人と闘はねばならぬ。それが日本人を彼等の地位にまで持ちあげる唯一の名案であると信じた。私は西洋人の弱點に打込む撃劍の一手がある。そしてそれは精神生活の一語で盡きる。(47)

これに似た認識は、岡倉天心などにも見られるもので、日本の知識人の常套句的表現と言えるだろう。しかし、野口の創作の原点も実際、ここからそう遠くないところにある。つまり、在米日本人としてアメリカを理解し評価もしていた野口は、物質的文明の観点からは当時の日本にはまったく勝ち目がないことを知っていた一方で、アメリカ人の東洋文化への関心もよく見知っており、詩歌や芸術の面でならば日本が対等に扱われうると実感し、文化的独自性を発揮できると考えていたのである。

さらに野口は、海外に憧れる日本の若者たちの気持ちにも通じており、また渡米後の日本人たちの苦難の現実も知っていた。滞米生活の中で様々な経験をした野口は、米国社会と日本社会の両方の現実を多角的に観察し、認識不足から生じるすれ違いを問題視して違和感を述べた。

そして真正なる日本の姿を伝えたいという野心を抱き、そこに使命を感じたのである。*The American Diary of a Japanese Girl* は、その意味で、〈二重国籍者〉野口米次郎の原点となる作品だと言える。

なお、つけ加えておくならば、そもそもアメリカとは移民の国であり、野口のような立場や認識を持つ〈二重国籍〉性や〈越境者〉的な視点や志向性が、野口の周囲のアメリカの詩人たちや社会環境の中に普遍的なものとしてあったことも重要であろう。

第四章　*From the Eastern Sea* とロンドン

Do you not hear the sighing of a willow in Japan,
(In Japan beyond, in Japan beyond)
In the voice of a wind searching the Sun lost,
For the old faces with memory in eyes?

("In Japan Beyond"[1])

1　自費出版までの過程

日記風小説 *The American Diary of a Japanese Girl* の執筆で資金を貯めた野口は、一九〇二年一一月初め、ロンドンに到着した。日英同盟条約が同年一月三〇日に締結され、ちょうどイギリスの人々が日本に注目している最中であった。西洋世界には、日清戦争に対する三国干渉（一八九五年）で表面化したように反日感情や黄禍論が台頭し始めてもいたのだが、その一方で、日本の新しい国家体制や独自の文化面に関心を寄せる政治家や文化人たちも存在していた。そのような時期に野口はイギリスに飛び込んだのである。ここではまず、*From the Eastern Sea*（『東海より』）の自費出版までの過程を見ていく。

ロンドンの最初の印象については、『英米の十三年』（一九〇五年）[2]の中に記されている。英国人の厳粛な雰囲気にのまれて会話をすることさえ忘れそうだったことや、アメリカとは水の使い方一つとってみても異なっていたことなどが述べられ、《余は宿帳に記して曰く、「野口、日本及び米國よりの」と。然り余は米國人なりと言はんと欲するは、猶日本人たるを誇るがごときなり》と記している。[3]念願の英国の地を踏んだときの野口は、日本だけではなく、第二の故郷アメリカをも背負う気持ちがあったのである。

ロンドンの印象として、大英図書館を《世界第一の光景》と述べて羨む一方で、地下鉄は電車を待つ人が一人もおらず、《身の毛が彌立つ程の恐怖》を感じたと書き、現代詩人は様々な近代的問題を題材として扱うのに、ロンドンの地下鉄を詠わ

ないのは不思議である、という感想も述べている。(4)

ロンドン滞在二日目には、同郷の旧友である前述の牧野義雄を訪ね、ホテルから牧野の下宿（牧野の真下の部屋）に引っ越した。(5)そこで野口と牧野は、芸術について語り合い、散歩し、共に芸術活動に励んだ。

野口は最初から、ウォーキン・ミラーのようにロンドンで詩集を出版することを目標にしていた。牧野によると、野口は英国の出版社はのろますぎるから自分で出版すると言って、印刷屋を訪ねて回ったという。だが、最初はうまくいかなかった。のちに野口自身が語るところでは、冬の霧の深い《薄氣味悪い、地獄の幾丁目かとも思はれる倫敦の町中を、出版者から輕蔑された詩の原稿を後生大事に握り乍らうろつき廻つた》。(6)

しかし、渡英してまもなく、大英博物館に勤めていて東洋美術に造詣の深い詩人ローレンス・ビニョン（1869-1943）(7)を友人に得たことが、野口に転機をもたらした。(8)ある夜、野口はビニョンに誘われて、スタージ・ムーア（1870-1944）(9)の招待パーティーに出かけた。ムーアの家には大勢の客がいたが、暗鬱な気持ちの野口は談話する勇気もなく、また《私の詩を認めて呉れない英國に對し熱烈な反感》さえおぼえて自らを閉ざしていた。(10)そんなとき、日本の一枚の浮世絵が野口を変えたという。

無名の私は宛も鮠《はや》か諸子《もろこ》のやうに客と客との間を寂く獨り泳ぎ、われ乍ら勇氣が無く日東男児の沽券に關ると思つた時、私はふと部屋の壁の上に懸けてある北齋の富士を見た……「凱風快晴」の一枚だ。代赭色の圓錐形を堂堂と兀立せしめた木版繪だ。私は富士山が語るやうに感じた、「われを見て起て、西洋人を睥睨して東海詩人の面目を發揮せよ、恐れてはならない、慄へてはならない、われはお前に命令する、勇氣を出せ！」私は直に生氣が五體を震動させるやうに感じた。私は直に多辯になつた。私は直に快活になつた。その時から倫敦の澁面は笑ひ始めた……私の詩集も世に出るに至つた。(11)

つまり、意気消沈していた日本人が、英国人の家で北斎による富士山の浮世絵が飾られているのを見て、勇気を取り戻したというのである。この話はいささか出来すぎているようにも見え、おそらく野口の回想にはドラマチックな作為も働いているだろう。実際、野口の記述には時間的な前後関係に揺れが多く、ムーア邸を訪問したのは一九〇三年二月一一日、詩集を世に出したあとであると推測できる。(12)しかし、ビニョンとの出会いが野口の交際範囲を広げたことは間違いないだろう。

自費出版によって出来上がった *From the Eastern Sea* は、わずか一六頁の《見るに足らざる小冊子》であったが、野口が夢に見たロンドンでの初の出版であった。ケンジントン公園の前の印刷屋で二〇〇部余りを受け取り、月夜に心躍った様子を野口は記している。(13)

五〇部余りを新聞雑誌や英国の主要な著名人に送ったのが一

九〇三年一月一二日で、[14]その翌日から続々と反響があらわれた。まず、ダンテ・ゲイブリエル・ロセッティの弟で文芸批評家として活躍中のウィリアム・マイケル・ロセッティから、出版法を守らなくては罰せられると忠告されて、野口はあわてて出版の届けを出しに行った。次いでアーサー・シモンズ、トマス・ハーディ（1840–1928）、[15]ジョージ・メレディス（1828–1909）、マックス・ノルダウ（1849–1923）[16]といった当時の著名な詩人、文学者たちから次々と書簡が届き、また新聞雑誌に紹介文が掲載された。イエイツ、ビニョン、ムーア、ブリッジズら英国の《天才級》文化人を筆頭に多数の英国人からほぼ毎日招待を受けてその自宅を訪問し、また野口の名声を聴いた人々が下宿に訪ねてくる、という日々が続いた。[17]

のちに児童文学作家となるアーサー・ランサム（1884–1967）[18]は、初めて野口の下宿を訪ねたとき、自身まだ一九歳の貧しい若者で（野口は当時二九歳）、芸術的な雰囲気を求めてぶらぶらする生活を送っていた。彼は書評を読んで、野口の詩集を買いに直接ブリクストンの野口の下宿を訪ねたのである。牧野義雄がランサムに本の代金二シリングを要求すると、野口は〈嘘だ嘘だ〉と恥ずかしがって逃げ出したという。この後、ランサム、野口、牧野は意気投合し親交が始まった。ランサムにとっては、牧野と出かけたパーティーで初めてイェイツに出会うことになり、野口らとの出会いがその後の彼の文筆活動の扉を開いたのであった。[19]

自費出版した小冊子の反響を受けて、一九〇三年三月、ロンドンのユニコンプレス社から *From the Eastern Sea* の拡大版（初版に近作数篇と在米時代の詩集より数篇を加えたもの）が出版された。このときの本のカバーは、野口家の家紋（丸に二つ引）を日本の帆掛け船の帆に掲げた、牧野によるデザインだった（図4-1）。これは、同年一〇月に日本の冨山房から再版されている。ちなみに、帆掛け船の図は、前述の小雑誌『トワイライト』の中にも高橋によるデザインがあり（図4-2）、野口が好んだ図案だったと考えられる。

図4-1 *From the Eastern Sea* の表紙

こうしてこの小冊子を自費出版したことで、野口は当時一流の多数の英国文化人らと交流を持つことになったが、誰といつどのような関わりを持ったかということは、どのような評価を受けたのかということとともに、彼のその後の活動や交流を考

図 4-2 *The Twilight*（第 1 号，1898 年 5 月，7 頁）

える際に重要になる。また、野口が日本帰国後に創設する日英米詩人の会〈あやめ会〉のメンバーとも関わってくる（後述第五章第3節）。

2 *From the Eastern Sea*（1903）の評価

では、この *From the Eastern Sea* とは、どのような詩集だったのか。ニューヨークの雑誌『クリティック』では、*From the Eastern Sea* は第一詩集 *Seen and Unseen* よりも《しっかりした論理的形式を得て》《明確に進歩し》ており、これによって野口が《真に独創的な芸術家であることが証明された》と批評された（第二詩集についての言及はない）[20]。

その形式について言えば、*Seen and Unseen* に比べると *From the Eastern Sea* では長詩が増えて、〈-less〉の単語使用も減っている。

一方、俳句をイメージさせる短詩も多く見られ、"Lines" と題されたものが五篇収録されている。*Seen and Unseen* で "To an Unknown Poet" と題されていた三行詩は "Lines" と改題して再録され、また "Like a Paper Lantern" は短縮されて五行詩になっている。"Lines" と題されていない詩の中にも、"The Goddess: God" や "The Life Vessels" のように四—五行で俳句的な情趣を備えた詩がある。そして、長詩の場合も "Apparition" のように象徴性や幻想性をねらっているような作品が多い。

この詩集の中から、"Spring" という一篇を紹介してみよう。

Spring,
Winged Spring,
A laughing butterfly,
Flashes away,
Rosy-cheeked Spring,
Angel of a moment.
The little shadow of my lover perfumed,
Maiden Spring,
Now fades,
The shadow,

The golden shadow,
With all the charm.
Spring,
Naughty sweet Spring,
A proud coquette
Born to laugh but not to live,
Spring,
Flying Spring,
A beautiful runaway,
Leaves me in tears,
But my soul follows after,
Till I catch her
Next March,
Spring,
Spring![21]

〈spring〉という一つのイメージから、次々と新たなイメージが変奏されて、全体として複雑な印象をかもしだしている。

一九六三年に「英詩人としてのヨネ・ノグチの詩歌」を書いた尾島庄太郎は、この詩を取り上げて、《ただちに影像を浮かべさせるほどに強い印象をもたらす表現》で、《リズムのうえからも、急速度で軽快な調べのジッグ舞曲に似たものをこの詩から感じ取ることができる》と述べ、野口の詩が《純粋なイマジズムの手法を早くも示》す《清新な詩》であったと論じている。[22]確かに、そのように評することができよう。

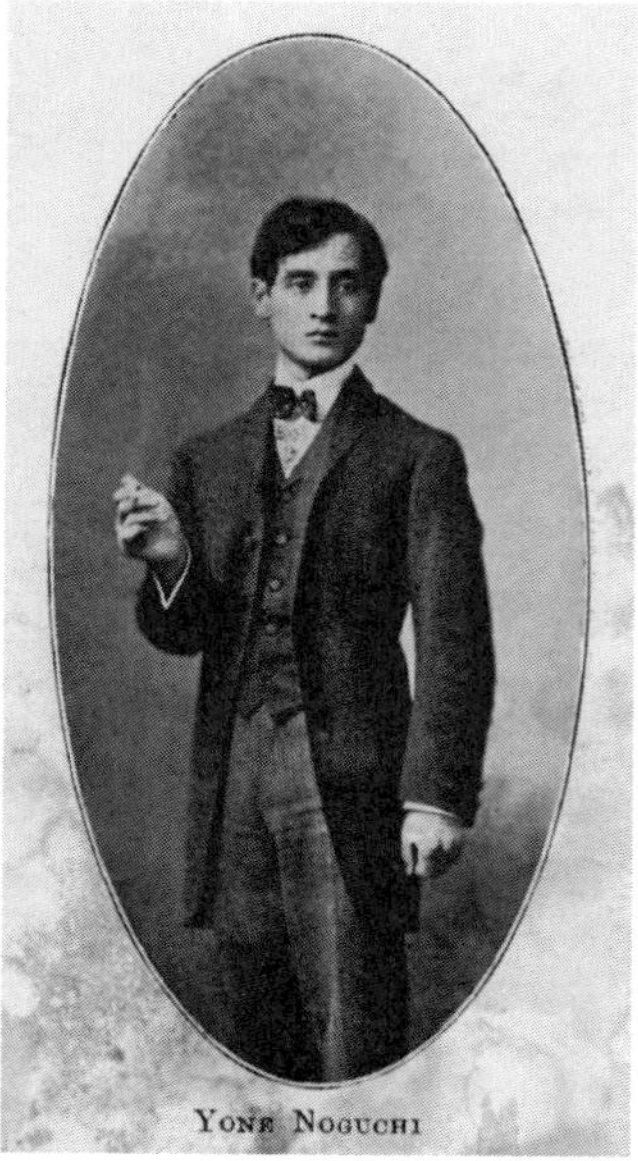

図 4-3 *From the Eastern Sea* の挿絵

では、この *From the Eastern Sea* に対する同時代の反応はどのようなものだったのか（以下、訳文、堀）。上述のように、当時のイギリスの文筆界を代表する著名人が、野口に書簡を書いている。W・M・ロセッティは、《これらは、美と理想的な情趣の感覚に満ちている。事実、彼の詩の本質的な秀逸さと卓越した独特の質に、私は驚かされている》と絶賛し、ヴィクトリア朝後期を代表する小説家・詩人のジョージ・メレディスは《これらの詩は、エネルギー、神秘、日本の詩的な感情の実例であり、ここから多くの教示を得られる》と書いている。また、すでに偉大な小説家として認められていた詩人トマス・ハーディは《私は斬新なメタファーと制限された言葉に強く魅了されている。これらは美しさ、月明かりの下の東洋の花々に溢れる花園のような言葉の豊かさに満ちている》と評し、詩人・小説家のアンドリュー・ラング（1844-1912）[23]は《多くの魅力があり、また驚くべき英語の運用能力がある》と褒めちぎっている。東洋的な香りを讃美する意見もあった。詩人で随筆家のオースティン・ドブソン（1840-1921）[24]は《見事な東洋のイメージに満ち溢れた作品》と書いており、ケンブリッジ大学で中国語・中国文学を講じていたハーバート・ジャイルズ（1845-1935）は、《野口のいくつかの表現からは、まさしく極東の素晴らしい芳香を得、それ以外の表現からは、真に詩的な英語の中に名状しがたい思想を表現していることに驚かされる》と、東洋的情調と詩的英語の両方を賞讃している。こうしてイギリス文壇ですでに名をなした人々から称賛をよせられた野口の心持ちはどれほどのものだったろうか。

反響はアメリカにも及んだ。アメリカの雑誌『リテラリー・レター』(*Literary Letter*, リチャード・ル・ガリエンヌ執筆)や、ニューヨークの雑誌『リーダー』(*The Reader*, ブリス・カーマン執筆)、『サタデー・レビュー』(*The Saturday Review*)、『デイリー・クロニクル』(*The Daily Chronicle*) などが批評記事を載せた[25]。

また、前述した『クリティック』の「最近の詩集」の中では、エディス・トマスが野口を《真の詩人》と紹介して高く評価し、*From the Eastern Sea* がドブソン、ラング、W・M・ロセッティといった英国の著名な詩人かつ批評家から称賛されたこと、野口が太鼓判を押された詩人であることを紹介している[26]。

このように、この詩集への当時の反応には好意的なものも多かったと思われる。そこで次に、この詩集を評価する立場がどのようなものであったのかを、より具体的に見ていくことにしたい。

3　東洋への視点、そして象徴主義からの視点

W・M・ロセッティは、一九〇三年に *From the Eastern Sea* を読んだとき以来、野口を《日本の視点から見ても、ヨーロッパの視点から見ても〈真実〉の詩人》だと思っている、と述べる。前述のように一八七一年にミラーの詩を評価した彼は、野口の詩集に接して即座に反応を示し、以後長く野口と交流を続けていくことになる[27]。ロセッティは、野口を評する中で次のように書いた。

詩とは〈一つの不可分なもの〉ではなく、中国からペルー、東京からロンドン、ニューヨークへと世界中にその網の目をはりめぐらして拡がるものであり、日本で書かれたものの核心に詩が存在するならば、その魅力はテムズ河岸でも通じる。本物の詩であるか否かを測る物差しは、単一で同じであると言ってよい。そのテストに対する答えは、その詩が由来する地方によって形作られるが、いかなる地方から来るにせ

よ、この答えは同じように純粋で同じように普遍性を持つ。(中略)そうした詩人たちの一人一人が彼自身のナショナリズムによって培われ、詩と化していることを望むのである。それが真実の詩であるならば、それはナショナルなものであると同時に、世界中のあらゆる他の詩との親和性を備えることになるであろう。(訳文、堀)[28]

このような、世界に共通しうる何か、浸潤しうる何か、世界中に波及しうる何かに、当時の芸術家たちは心を奪われていたのである。

ロセッティは次のようにも言う。様々なところで、翻訳を通して日本の詩をたまに見かけただけに過ぎないが、自分は野口の詩集 *From the Eastern Sea* に、次の三つの要素が組み合わされていることに目を見張った。すなわち、自然美に対する感覚、自然美を愛《め》で黙想する精神の糧に変える慣習、西洋人が理想主義として認識しているもの、である。[29] つまり、ロセッティが野口の詩を称賛している点とは、自然美を詠いながら同時に精神性を備えていること、その調和的な世界観なのであった。

当時、東洋の文学が注目され、フィッツジェラルドの訳したオマル・ハイヤームが人気を得ていたことはすでに述べたが、そのほかにもたとえば一九〇四年には、エセル・マンフォード(1878-1940)が訳した一三世紀の詩人カマル・アディンの詩集『カマル・アディン　愛の詩歌百篇』や『アブル゠アラの四行詩』が出版されていた。

しかし、カマル・アディンの詩を紹介したあとに野口を解説したリッジリー・トレンスは、次のように書いている。野口は東洋の詩のブームの中で東洋的だからという点でのみ評価されているのではない、彼の様式はハイヤームやアディンらがもたらすものとは異なっており、その執筆テーマは彼独自の個人的情調・個人的印象であり、内観的・内省的な経験の範囲に限定されている点に大きな作品的価値がある、野口が〈一句(single phrases)〉を作り出す真に独創的な詩人であることが証明された、と。[30] ようするに、野口は英詩人と同列の詩人として、正当に評価されているのである。

もう一点、野口の *From the Eastern Sea* に対する視点で注目しておきたいのは、象徴主義との関連である。アーサー・シモンズは野口の小冊子を手にしてすぐ野口に書簡を送って家に招待し、それ以後、親友イェイツも含めて野口との親交を深めた。

当時の英国では、象徴主義運動が全盛であったが、『象徴主義の文学運動』をシモンズが発表したのが一八九九年で、翌年にはイェイツが「詩の象徴主義」[31]を書いていた。カーライルの《〈象徴〉の内に、〈象徴〉をとおして、意識的にあるいは無意識的に、人間は生きており、はたらき、そして存在できるのである》という言葉が冒頭に引用されたシモンズの『象徴主義の文学運動』は、《象徴主義《サンボリスム》なくしては、〈文学〉どころか〈言語〉すらありえない》[32]という宣言で始まる。そして、このイギリスにおける象徴主義運動の出発を告げる第一声のあとにシモンズは、《沈黙（Silence）と言葉（Speech）が相連携することで二重の意味が現れる》というカーライルの認識を示し、《無限（Infinite）は有限（Finite）とともに、目に見えるかたちで存在し、あたかも手に届くかのように混淆される》という《無限の形象化と啓示》について論じた。[33] この著作は、イェイツのみならずエリオットやパウンドなど次世代の作家たちに、そして日本の文学者たちに多大な影響を与えていく。[34]

一九〇三年に野口の英詩に初めて触れた前述のボヘミアン青年アーサー・ランサムは、『フォートナイトリー・レビュー』で野口を論じる中で、野口の象徴主義的詩集 *Seen and Unseen* が、シモンズのこの著作よりも三年も早く出版されていることを評価したのだった。[35] シモンズがヴェルレーヌについて述べているような詩的情調を野口がそのまま備えている、とランサムは評価した。そして、野口の詩の中にはカーライルの言う〈沈黙〉と〈言葉〉の協調があると指摘し、フランス象徴主義の詩に通じるものがあることを述べている。[36] シモンズがカーライルを引いて論じた〈沈黙〉と〈言葉〉の連携、〈無限〉の〈有限〉との混淆と形象化といった象徴主義の理念が、野口の詩歌の中に見いだされていたのである。

ランサムのよく知られた評論「動的かつ潜在的な言葉」（"Kinetic and Potential Speech"）は、『オックスフォード・ケンブリッジ・レビュー』（*The Oxford and Cambridge Review*）に掲載され、ジョン・メイスフィールド（1878-1967）への献辞を持つ評論集『肖像と理論』（一九一三年）の中に再録されているが、この著作には野口についての上記の評論（"The Poetry of Yone Noguchi"）も収められ、ほかにウォルター・ペイター（1839-1894）やレミ・ドゥ・グールモン（1858-1915）などに関する評論が並んでいる。また、のちにランサムは、『エドガー・アラン・ポー　批判的研究』（一九一〇年）や『オスカー・ワイルド　批判的研究』（一九一二年）なども書くことになる。このような友人ランサムの見解が、のちの野口の英国講演にも影響していくのである（後述第七章第2節）。

さらに、もう一人の友人イェイツは一九〇〇年に書いた評論「詩の象徴主義」の中で、詩の形式と本質について次のように述べていた。

> 真の詩の形式とは、〈一般うけする詩〉の形式とは異なって、実際には曖昧であったり、ブレイクの『無垢と経験のうた』の優れた詩のいくつかに見られるように、文法的に正しくはないかもしれない。だがそれは、分析を許さない完璧さ、日々新しい意味を持つ微妙さを備えていなければならない。夢見心地の瞬間から生まれた小詩であろうと、一人の詩人の夢や戦争を繰り返してきた数世代の夢から生まれた大叙事詩であろうと、すべてこれを満たしていなければならないのである。[37]（訳文、堀）

このように、〈象徴主義の詩〉そして〈真の詩〉のあり方を求めていた当時のイギリス詩壇の論調は、従来の形式と異なってよい、曖昧で微妙で非文法的であってよい、分析や議論を待たない象徴的完璧さというものがありうる、という意見を共通項にしていた。同時代のこのような潮流の中で、象徴主義詩の理論を実践する存在として、野口の英詩が受け取られ評価されたと考えることができる。

4　野口の英語表現

では野口の使用する英語は、たとえ非文法的でよいとされたとしても、果たして英詩として十分な水準にあったのだろうか。

この点、ホイットマンの弟子であるホーレス・トラウベル（1858-1919）は、《第一級の文学は、ある粗野な未熟な面をもち、精神的な無頓着さの特徴をもつ》と述べた上で、野口の詩について次のように述べている。

> 野口の英語を野蛮とは呼べないだろう、いやまったく違う。むしろその風合いは極度な優美さと儚さを持つ。それでいて的確で妥協しないものとして五感に訴えてくる。それは決して弱くはない。私は、野口が嵐の海にどう対処できるかは分からないが、静寂の日に何ができるかは分かる。彼の感覚は内省的だ。彼の性格、スタイル、芸術は、内省的なものである。（訳文、堀）(38)

ホイットマンを考えてみても、アメリカらしい粗野とも言える口語英語での詩が評価を受け、英国人たちも従来の詩語や定型から離れて、印象的な効果や雰囲気や情調を残すような方法を模索していた。野口の英語の言葉遣いも、そういった観点から評価されたのだと言えよう。つまり、ホイットマンの詩が、芸術形式の粗さや不整正さや無定型さによって、より神聖な雰囲気をかもしだしえたという評価があるように、野口の英語も、問題や思想に対する感覚を刺激し、暗示を与えるものとみなされたのである。

またここで指摘されている、感覚の《reflective（内省的・反照的）》な特徴とは、野口がのちに書くようになる日本語詩にも色濃く出る特徴であった（野口の日本語詩についての分析は後述第一〇章）。

一方、ランサムは、野口の中に過去の詩人たち（ホイットマンやポー）の影響を発見しようとすればできるが、その《技巧は野口独自のもの》であり、野口の英語はアイルランド農夫の話し言葉に似た大胆さと迫力を持っている、と捉えた。(39) 野口の英語には《もっと斬新で不思議な、夜明けの新鮮みがある》とランサムは称賛したのである。(40)

また、編集者としても当時活躍中であった詩人ブリス・カーマン（1861-1928）は、野口の英語表現を次のように捉えている。

> 彼の英語の使用には、母国語の者には決して手に入れること

のできない大胆さがある。そして、この度胸によって、メタファーや言い回しが驚くほど適切に表現されていることを認めなければならない。ノグチ氏は英語表現法の伝統からの制限を一切感じていない。結果として、彼の言葉は極度の活力と新鮮味を持つ。そして日常の言葉の範囲を超えた上質の作品となっている。ときには、この特質がグロテスクなものに近づくこともあるが、たいていの場合、美の不思議な神秘に達しているのである。(訳文、堀)[41]

カーマンは、野口の英語に、英語ネイティブには出せない大胆な強さと暗示的な美を感じて新鮮さを認めているのである。

野口の詩における英語表現はこのように評価されたのだが、ここで加えて野口の散文英語についての評価も見ておこう。

ロバート・ニコルズは、野口の随筆集 *Through the Torii* の魅力は、日本人の心理を問うテーマとともに、英語の美しさにあることを強く訴えている。野口の散文は《非常に綿密で、適確で且つ美し》く、ヴェルレーヌが「詩論」で述べるような、何気なく選ばれたようでいて実は厳選された文体であると言う。《言葉、辭句の變化、全體の文章》が何気ないようで素晴らしい、《綿密にして奇怪なリヅムが全體を貫いている》と。[42]

或る人々が、野口氏は英語が自在でないと主張したことがあつた、そして私の記憶が平生の通りに正確であるなら、ロオベルト・ヤング氏もその一人であつた。この時には彼(ヤング氏)は甚しく過つて、この作家(野口氏)の藝術は何であるかその基礎となつているものを理解する何等の能力もないことを事實に示したのであつた。眞理より力があるものはない。野口氏の英語は流暢なものであつて、彼はかくの如き抑揚にはリヅムを如何に扱ふべきかを正確に知つてゐて、その結果は彼の書けるものにはアクセントの持つ暗示がある。(括弧内、堀)[43]

ニコルズはこのように述べて、フランス人の語る英語は、フランス思想を伝えるために厳選されて形作られたゆえの抑揚を持っているように、野口の散文英語も同様に、日本の思想文化を伝えるための豊かさと美があると評した。

野口の英文に対して、否定的な評価をする者が当時から存在したことも事実であるが、ニコルズのように、野口の英語に非難を加える者の芸術センスを逆に非難する者もいたということである。

W・M・ロセッティも、*The Pilgrimage* の英文が英国人やアメリカ人に劣らない英語であると述べている。[44] むろん、野口の英語がネイティブほど巧みではなかったからこそ、〈ネイティブに劣らない英語〉ということが言われるのだが、英語の巧拙にばかり気をとられて野口の文章の本質を捉えられない人は、芸術的センスがないと主張されている。

またシェラード・ヴァインズも、野口の英語は《不思議な力の所有者》であると述べ、《人の豫期しない手眞似身振をしてそれを楽む》点、さらにはネイティブの英国人が思いもよらない英語の使用法によって《感覚的効果をあげる》点をほめている。《ノグチの言葉の選擇と其配列鹽梅、彼の奇異な文章構成法と結果として生ずる特殊な音調、悉く私共に珍奇の感を與へないものは無い。然し珍奇は常に私共を喜ばせずには置かない》と。[45] ようするに、ネイティブにとっては不思議な感覚を味わわせてくれる英語の使用法を評価しているのである。

またヴァインズは、《構文上の駄目を出す衒學者はあるかも知れないが、文の意味は極めて明瞭である》、《この種の文章として精練されたもので、誰もピジョン・イングリッシュと呼ぶことが出來ない》と述べた上で、[46] 野口の散文をもし『ロンドン・タイムズ』の社説のような〈一流の英文〉に書き直してしまったら、《原文の精緻な感情は全く失》われ、その文体に満ちている《親密な雰圍氣》が想起できなくなるという。野口の英文は《全體として朦朧不鮮明でも、部分的には力が在り意味が有る》のであり、野口が《創造した文體の價値を考へると、其缺點は論ずるに足らない》とヴァインズは断言した。[47] ようするに、社説のような〈一流の〉英語の文体ではない点こそが、親密感をかもしだし、印象的で象徴的な部分として魅力を持つと考えられているのであった。

ヴァインズは野口論の「序」で、英語作家がイギリス領アジア諸国から――特にインドから、タゴールやチャトパジャ（モヒニ・モハン・チャタジーのことか）、[48] 科学者ボース（ジャディシュ・チャンドラ・ボース、後述一三章第4節（b））など――数多く輩出されている現状を述べたあと、次のように論じている。

> 然るに何等英王冠に對する義務無く、しかも英語の作品を產出して、其等の印度人に劣らない名聲を贏ち得たる亞細亞人が三人ある。彼等三人は日本人である。即ち『武士道』並に『日本國』の作者新渡戸博士には、完全な語風がある。其文體は平易でしかも華麗である。牧野義雄の名聲は、英語の雜文より寧ろ繪畫の上に置かれて居るが、雜文作家として彼は、英語の慣例を破つて所謂珍奇の一流を開拓したと云へる。最後に、ヨネ・ノグチ即ち野口米次郎は、新渡戸博士の如き完全な措辭語法を收《ママ》得してゐないが、東洋の畫家が英國の山水を取扱ふであらうやうに、英語を使用して、言葉に思ひもよらない新しい意味を與へて居る。[49]

この、東洋の芸術家が英国の山水を取り扱うような、思いもよらない新鮮さがあるという点こそが、同時代における野口の英詩の評価の基本であった。つまり、ヴァインズが言うのは、野口の英語の魅力は、新渡戸のような英語としての完全な語風ではなく、英語を用いながらも東洋的な情趣と感覚とを導入した芸術を試みている点にあるということなのである。

ちなみに、新渡戸、野口とともに挙げられた野口の親友・牧野義雄は、前述のようにロンドンの風景を描いた挿絵画家であり、ヴァインズが《東洋の畫家が英國の山水を取扱ふ》と言うのは実のところ牧野を指している。牧野は原撫松（1866–1912）（後述第六章第1節（c））とともにターナーに開眼し、夜の雨の街や、霧の街の光景を描いた。そして『霧のロンドン——日本人画家の滞英記』（*A Japanese Artist in London*, 1910）をはじめとしたいくつかの随筆によって、英国文壇でも名を知られるようになる。(50)

さらにヴァインズは、次のようにも書いている。

> 新しい天賦の日本人が英語の文章を構成するに至るといふことは、何の不思議でも無い。然し前記三人の作家は、決して英國心酔家で無い、外國習慣の盲目的な模倣者で無い。ノグチは實に、嚴密な、時に嚴正すぎる批評眼で全世界を眺めて居る。彼の西洋思想と風俗習慣の研究は、直に彼をして西洋の言語を借用させるに至つた。彼は異邦品《ママ》の批評と觀賞の形式に於てのみでなく、これまで私共を焦らし、しばしば私共の注意から逃れた日本思想を盛る文學的一形式を作つて、彼は債權者國に十分な利子まで附けて借金を返濟して居る。ノルデイク傳教師は、ムーデー並にサンケイの讃美歌を日本に傳へる必要上、日本語を學ぶであらう。私共のノグチ君は、日本藝術の高尚な宣傳を外國に説く目的で、永年の間努力して英語を學んだのである。(51)

一九世紀後半のアメリカの福音伝道者であるムーディ（1837–1899）とサンキー（1840–1908）の作った賛美歌を日本に広めるために、キリスト教宣教師が日本語を学ぶように、野口は日本文化の芸術性を海外に宣伝するために戦略的に英語を学び使用するというのである。

以上見てきたように、野口の英語についての評価とは、当時の文学の傾向にあって、決して二流と言って切り捨てられる質のものではなかったのである。

5　英国文壇での成功のあと

英語文学世界の本場である英国の文壇で *From the Eastern Sea* が評価されたということは、野口がアメリカでも詩人としての知名度を確立しえたということを意味した。野口はロンドンでの反応への興奮もまださめやらぬ中、一九〇三年五月にはロンドンを離れてアメリカ東海岸に戻った。

英国で同じ下宿に住んでいた牧野義雄の回想録によれば野口は英国での生活を十分すぎるほど楽しんでいたのに、なぜ急いで帰国したのだろうか。野口がアメリカに戻ったのは、そこが彼にとっての生活圏だったからであり、ミラーがそうであったように野口にとっても、英国詩壇での確固たる評価を得られれば、英国にとどまる必要がなかったということであろう。野口は牧野とは異なり、英国に住み続ける気持ちは最初からなかった。牧野の場合は、日本には帰る場所がないと強く意識しており、またアメリカ西海岸で日本人差別を受けたこともあって、紳士的に扱ってくれる英国に永住する意志が強かった。だが、野口はアメリカで詩人デビューを果たし、牧野とは異なるアメリカ体験をしていたので、英国へのこだわりはそれほど大きくなかったと思われる。

もう一つ考えられる理由は、『ワシントン・ポスト』の記者エセル・アームズ（1876-1945）との恋愛であろう。アームズとは一九〇二年の秋頃からの恋仲で、滞英中の野口は彼女をボストンに残してきたことが気がかりだった。野口がアームズと結婚したがっていたことは、スタッダードとの書簡などから分かる。スタッダードは、野口の性格は結婚には向かない、すぐ飽き飽きするから結婚などしない方がよい、と再三忠告している。[52]

ここで、本書の議論にとって必要な範囲で、野口の当時の女性関係を概観しておきたい。野口の女性たちとの親密な関わりが、彼の文学への情熱と無関係ではないと考えるからである。

野口は前述のレオニー・ギルモアと出会う前の一八九八年頃には、ブランシュ・パーティントン（1866-1951）との恋愛に熱中しており、またアームズと出会ったあとにも一九〇三年五月頃からは、当時まだ無名であった作家ゾナ・ゲール（1874-1938）と親密な関係にあった。[53] 彼女らは皆、野口の文学活動と大いに関わっている。

たとえば、従来あまり注目されてこなかったが、ゲールと野口は永年にわたって文学的に交感しあった仲である。出会った頃の二人は、樹の下を散歩しながらしばしば日本文学について語り合った。野口が俗謡〈日本俗曲〉と記載されている）について語りその一節を即興で英訳して、それをまたすぐさまゲールが韻を踏んだ詩にするといった二人の様子は、野口の『英米の十三年』の中にも記され、[54] また一九〇五年の『ナショナル・マガジン』（*National Magazine*）には、共訳の詩として“Hauta”（端唄）と題して発表されている。[55] 野口の日本帰国後もゲールとは親交が続き、一九一九年のアメリカ講演旅行のときには野口がゲールの自宅に泊まり、その後、ゲールが来日して、野口の中野の自宅で過ごした。ゲール宅に泊まった日のことを書いている詩「雪の日」は、歳月を経て再会した中年の恋人たちの感慨を詠ったものであり、野口がゲールの処女作 *Romance Island*（1906）を『幻島ロマンス』（一九二九年、図4-4）として翻訳したときの「序文」にも、《戀愛の四次元世界に東西南北の區別はない》[56] と述べられていて、野口とゲールの強い絆が示唆されている。

このように若き日の野口の女性関係は少なくなかった。人なつっこくかつ寂しげで独特の雰囲気を持った東洋の若者、しかも日本文化や文学について語れる稀少な英語詩人は、周囲の人々から愛されやすかったのであろう。野口としても自分の作品を読んでくれたり認めてくれたりする人物には、男女を問わず深く親しんだ。野口が情熱的で、ときに図々しいほどに無邪気で一途な性格だったからこそ、英米の文学界で成功しえたとも言えよう。

このように野口の女性関係は、アームズとギルモアだけではなかったが、少なくとも、英国から戻った野口はアームズと婚約し、二人で一緒に日本に帰国する計画を立てていた。しかし、ギルモアが野口の子（イサム）を妊娠し出産したことで計画が狂い、野口は一九〇四年八月三〇日に、日本に向けて一人でサンフランシスコを発つ[57]。ただし、帰国後の野口はまだアームズと別れたつもりはなかったと思われる。日本からスタッダードに宛てた一九〇五年一月一日付の絵葉書も、エセル・アームズとヨネの連名で出されている（図4-5）。最終的には身を引いたアームズは、その後もジャーナリスト・歴史家として執筆を続けた。

一方、ギルモアに対して野口が恋愛感情を持っていなかったことは、残された書簡からも明白で、これまでにも指摘されて

図 4-4　『幻島ロマンス』(1929 年)

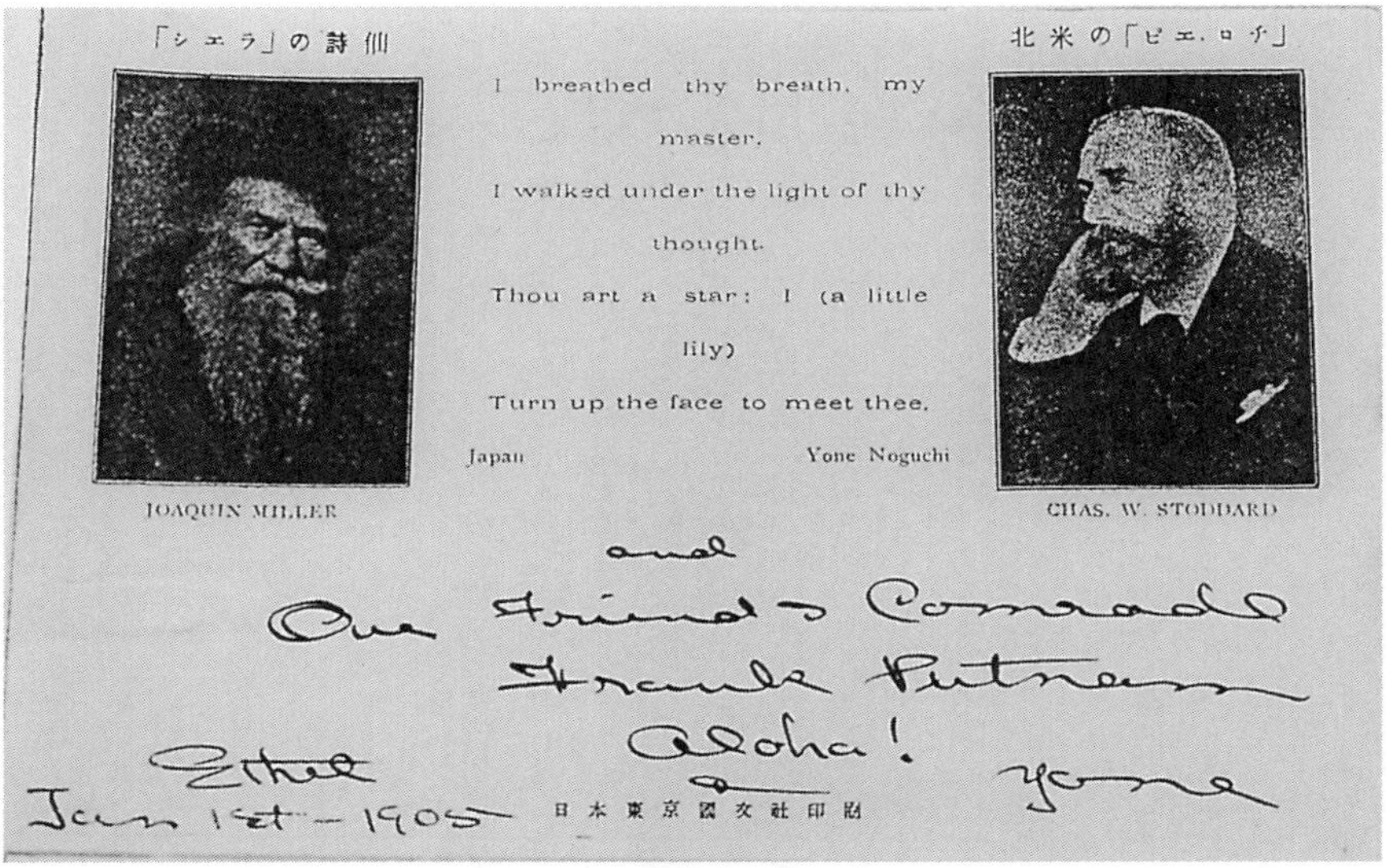

図 4-5　野口の絵葉書　左右にミラーとスタッダードの写真，中央に野口の詩が印刷されている。この絵葉書は野口が帰国後に作成し，使用していたもので、1905 年 1 月 1 日付スタッダード宛，Ethel & Yone と署名（野口筆）がある。

きた。にもかかわらず、一九〇三年一一月一八日の日付で野口が《レオニー・ギルモアが、私の法律上の妻であることをここに宣言します》と手書きで署名している紙片が存在していること[58]、当時のカリフォルニア州の法律では白人と有色人種の結婚は禁止されており、イサム誕生（一九〇四年一一月一七日）の際には新聞雑誌上で人種的偏見のまじった好奇の目が向けられたこと[59]、また野口がいかに女性たちを傷つけて、それにもかかわらず愛されたかということについては、ドウス昌代氏のイサム・ノグチ伝に詳しい。ギルモアは、野口が浮気者でもなければ弱い性格の人間でもない、まして女性の言いなりには決してならない、ということを熟知していた[60]（推測だが、野口がもしバイセクシャルな性的指向を持っていた人間だとすれば、ギルモアはそれを知っていたに違いない）。

〈子どもの父親になる〉との野口の言葉を信じたギルモアが、不安を感じながらも息子イサムを連れて来日したとき、米次郎は日本人女性・武田まつ子との交際を始めていた。当初ギルモアは米次郎の二重生活に気がつかなかったようだが、一九〇七年一二月には、まつ子との間に長女が誕生した[61]。米次郎は二つの家庭を行き来しながら、北鎌倉の円覚寺にこもって執筆を続けていく。

当時の新聞雑誌では、ギルモアを野口夫人と書いて紹介し、野口の親戚筋も聡明な白人女性であるギルモアのほうを気に入って面倒を見ていた[62]。野口にとっても、少なくとも一時は、英文執筆のパートナーとしてギルモアを必要としていたことは事実で、*The Pilgrimage*（1909）にはギルモアへの献辞が記されていることからも、野口が彼女に敬意と謝意を表していたことが分かる。しかし、帰国後の野口が強く求めた〈日本〉的な抒情や詩的な調和を与えてくれるのは、外国人のギルモアではなかったのかもしれない（ちなみにギルモアは一九一二年に別の日本人男性の子アイリスを出産した）。

ここで筆者は、従来から批判の矛先が向けられてきた野口米次郎の男女関係について裁断を下すつもりはないが、野口のこのような生活態度が、ギルモアやイサムを過酷な運命にさらしたこと、また、まつ子やまつ子の九人の子どもたちに、複雑で暗い影をもたらしたことは否定できない。

さて、話をもとに戻すと、英国からアメリカに戻った野口は、どのような生活を送ったのか。

野口はニューヨークに住みながら、エセル・アームズが暮らしていたボストンをしばしば訪れた。ボストンには、友人フランク・パットナム（1868–1949）の一家も住んでおり、パットナムの家族との一九〇三年冬のクリスマス休暇について、当時野口は日本に書き送っている[63]。パットナムの子どもたちに慕われていた野口は、彼らの叔父のような役割を果たそうという気持ちを持っていたことが分かる。パットナムは、ミラーと同じくシンシナティ生まれで、シカゴで『タイムズ』や『ヘラルド』のデスクを務めたあと、ボストンの月刊誌『ナショナル・マガジン』の編集記者をしており、自ら詩作も行っていたという。こうした交友関係を通じて、野口は帰国後も『ナショナル・マガジン』など多数の新聞雑誌に寄稿することになる。

またボストンでの野口は、スタッダートとハーヴァード大学のキャンパスを散歩したり、演劇を見たりもしている。たとえば彼らが観劇したのは、野口いわく、当時のアメリカで《尤も成功せる日本演劇 The Darling of the Gods》[64]で、この劇団は、野口のカリフォルニア時代からの友人・女優ブランチ・ベーツ（1873-1941）が座長を務めていた（彼女がミラーの〈丘〉で実演を行ったときには野口も手伝ったという）。

一九〇三年一二月二九日には、ホーレス・トラウベルを訪問している。当時ホイットマン研究雑誌『コンサヴェーター』（*The Conservator*）の主筆であったトラウベルは、野口に《ウヰルアム、シャープがウヰトマンに對する最近の詩を示》[65]した。この対面後のトラウベルからの野口への書簡は、ラブレターのように親密な書きぶりである。[66]トラウベルは、ホイットマンの弟子で、共に過ごしたホイットマン晩年の四年間を綴った『カムデンのホイットマン』（1906-1914）がよく知られている。野口はこれ以後もトラウベルとの交流を続け、雑誌『コンサヴェーター』にはその後七回ほど寄稿している。

トラウベルが話題にしたというウィリアム・シャープ（1855-1905）とは、ダンテ・ゲイブリエル・ロセッティやスウィンバーンらと交友のあったスコットランド出身の作家・文芸批評家で、オカルト的な神秘主義・心霊実験に傾倒していた人物である。同時にスコットランド系のケルト復興運動の中核を担っており、アイルランド系のケルト復興運動を主導していたイェイツとは反目する関係にあった。彼がケルト文学の作品を発表するときには、〈フィオナ・マクロード〉という女性名を用い、生前は同一人物であることは伏せられていた。野口は *From the Eastern Sea* を出版した際に、このフィオナ・マクロードの名で書簡をもらっている。一九〇三年一二月末に、トラウベルと野口が、神秘主義に傾倒する民族運動家ウィリアム・シャープのホイットマンへの関心について語り合ったということには注目しておこう。

なお、日本の文壇では一九一〇年代後半になってから民衆詩派の詩人たちによってトラウベル研究が行われるが、これは野口が手引きしたものである（第一〇章で詳述）。

一九〇四年八月、野口は、『ニューヨーク・イヴニング・グローブ』と日露戦争の報道を目的とした日本通信員としての契約を結び、またバーミンガムの『エイジ・ヘラルド』の日本通信などにも寄稿を約束して、ニューヨークを離れる。日本帰国までの様子は、「帰朝日記」などに詳細に示されている。

> 歸朝、嗚呼余は十年前故國を去り放々浪々英米を散遊し一事の世に誇る所のもの無きも、一點心に耻ずる所無く正道を活歩し來れるを以て聊か安意を得せしむるなり、十年永きが如きも一夢の如し、人間遂に故郷忘れ難し、余は歸朝を決しぬ……[67]

帰国を決心したのは出発の十日前だったと野口は言う。どれだけ日本に腰を落ち着けるかは別として、故郷に戻ってみたいという気持ちは常に持っていたはずである。

野口の帰国については、従来から言われているように、日露戦争開戦で愛国心が高揚して帰国を決めたという面もまったくないとは言えないだろうが[68]、国際的な中立者・特派員としての冷静な自覚も持っていたと思われる。『帰朝の記』（一九〇四年）で述べられていることだが、当時、日露戦争開戦に際して、日本への同情の風潮が強い中でも、友人エディス・トマス[69]などは、《ヨネよ余等は敢へて日本黨露國黨といはじ、唯其知る所に依りて人情を歌ひ、極力「戰爭」に反抗せしめよ》と野口に訴えていた。これに対して、野口も《嬢のいふ所眞に然り》と述べている[70]。戦争を賞讃する愛国心だけをたぎらせて帰国したわけではなかったのである。

6　野口の日本帰国と日本社会の反応

欧米での名声を獲得して帰国した野口について、日本のマスコミや文壇は大きな期待と好奇心をもって報道し、もてはやした。一九〇四年一〇月以降、野口の行動や旅行日程、歓迎会の模様が、新聞紙上でこと細かに報道される[71]。

すでに、イギリスで高い評価を受けた *From the Eastern Sea* は、日本の文壇にも大きな衝撃を与えていた。一九〇三年一〇月には、序文・新渡戸稲造、跋文・志賀重昂で冨山房より刊行されていたが、同年一二月の第三版では、序・和田垣謙三、英文序・新渡戸稲造、跋文・志賀重昂となっている。和田垣は、《野口氏終ニ現ハレタリ。ソノ着想ハ意アルガ如ク意ナキガ如ク（中略）正ニ我ガ母國ノ胎内ヨリ生レ出デタル麒麟兒ナリ》と記している[72]。ようするに、野口の詩歌には、意が有るような無いような曖昧で情緒的な雰囲気があるが、この余情をもった部分こそが日本的な感性であり、野口はまさにそこを捉えて出現した将来有望な若者である、と和田垣は評しているのである。

そして帰国後、野口の著作は *From the Eastern Sea* 以外にも、次々と出版された。一九〇四年一〇月には、米国で出版されていた *The American Diary of a Japanese Girl* が同じく冨山房から翻刻出版され、一九〇五年一月には、ウォーキン・ミラーとの共著 *Japan of Sword and Love* が新しく出版された。その後も、冨山房より *The American Diary of a Japanese Girl* と *The American Letters of a Japanese-Parlor-maid* の合本（四月）、東亜堂より翻訳版『邦文日本少女の米國日記』（一一月）、そして、新しい英詩集 *The Summer Cloud*（一二月）が志賀重昂への献辞つきで出版されている。

帰国当時二九歳だった野口は、文筆だけで生活していくことへの不安を感じたこともあったようである。一度だけ三井財閥の重役に何か適当な役職がないかと頼んだことがあるが、詩人の道が決まっているではないかと一蹴されてからは他社に頼んでみる勇気が出なかった、とのちに回想している[73]。

確かに野口の存在は、詩人として日本国内においても確立されていた。野口の海外での成功は、日本詩壇をはじめ若者たちに多大な影響を与えた。野口が帰国した一九〇四年頃は、前述のように一般に渡米熱の非常に高かった時期で、『日本少女の米國日記』は邦訳も出版され、立身出世を求める少年少女向けの書籍として紹介が続いた。野口の海外での活躍は、成功譚として日本国内において雑誌や新聞などで伝えられ、特に帰国当初はその成功までの経緯が注目されて、繰り返し語られた。

石川啄木（1886-1912）は、文学を志す青年として、また英語に強い関心を持っていた詩人として、野口米次郎を憧憬していた一人である。[74] 啄木は、野口の英国文壇での成功の契機となった *From the Eastern Sea* について、《幽妙の詩趣》に溢れていると述べ、《詩風想像の傾向を代表して、一又面に日本民族の詩的天職の根本的性質を渾円球上に標榜し出したる》と賞賛した。[75] また、野口をホイットマンと比較しても優れていると評し、[76]《英詩『東海より』の一巻こそ、實にいみじくも我近來の詩觀を誘ひたりしか》と述べている。[77] なお、啄木の有名な一篇「東海の小島の礒の白砂に／われ泣きぬれて／蟹とたはむる」は、野口への憧憬を詠じたものであるとの説がある。[78] 啄木は一九〇四年一月二一日、野口に宛てて、渡米の意思と敬愛の情をしたため、渡米費用の捻出について相談にのってほしいと書き送った。[79] 英語に惹かれ、口語体三行書きの詩（短歌）を書いたことで知られる啄木にとって、野口は重大な存在であったに違いない。その後、啄木は、帰国直後の野口に一度だけ対面を果たしたが、残念ながら野口はこの若者に素っ気ない態度で応じたらしい。[80]

また永井荷風（1879-1959）は、実業家の修行のために一九〇三年九月にアメリカに向けて横浜を発ったが、父・久一郎からは、もし実業の道に進まないのならば、野口のように国際的作家になることを求められたという。渡米中の荷風は、弟・永井威三郎宛の書簡に《余は如何に厭はしくとも矢張り日本の作家となるよりしかたあるまい。二十歳以前に米國へ来て英文を書き始めた野口氏とは自分は経験を異にしてゐるから、到底父が希望する様な米國文壇の成功者となることは出来ぬ》と書いている。[81] 荷風の父・久一郎が野口と同じ尾張の出身であったことも作用しているかもしれないが、野口の成功譚が、当時の日本社会で渡米の願望を持つ若者やその親たちに及ぼした影響力は、計り知れないものがあったと思われる。

また、欧米の文学・芸術に関心を持つ若い文化人や知識人らも、英国文壇の寵児となった野口とその言説を意識しないわけにはいかなかったはずである。たとえば厨川白村（1880-1923）は一九〇三年一一月と一二月の『読売新聞』に、野口の成功を喜ぶとの記事を書いている。[82] 白村は野口を、世界の思潮や《詩材》に対する関心の気運に乗じて現れた詩人とみなして、東洋や日本を称賛する欧米思潮の中で野口が評価されていることを指摘している。また、野口の詩形について論じる中で、ワーズワースを想い出すと書くと同時に、《東洋特有なる沈靜の詩趣をたゝえたるもの》と述べて、次のように結んでいる。

われの禿筆をとつてこゝに野口氏の詩集を紹介するハ、漚西の文界に氏が令聲たかきが故にハあらず。はた英語をもて歌へる最初の邦人をよろこぶ好奇のこゝろにもあらず。その才筆詩想まことに敬服するに足るものあるを認むれバなり。今や君が祖國の詩壇寂寞を極むるの時、きみ願はくバ自愛せよ。[83]

白村は、〈海外で評価されたこと〉や〈英語で詩を書いたこと〉ばかりを《好奇》の目で報道する風潮を批判し、野口の作品が優れているからこそ《敬服》している、と論じているのである。そして、野口の詩業が《寂寞を極むる》現在の日本詩壇を活性化させうる可能性を示唆して《きみ願はくバ自愛せよ》と呼びかけている。なお、白村はのちに渡米する際、野口に頼んでマーカムへの紹介状を書いてもらい、マーカムを訪問している。このときマーカムは白村に、野口宛の手紙とミラーの遺品の髪の毛を託したという。[84]

このように、野口が一一年に及ぶ海外生活を経て日本に帰国し、一世を風靡し始めたのは、一九〇四年の秋であった。象徴主義を宣言した蒲原有明（1875-1952）の『春鳥集』が出るのは翌一九〇五年七月、上田敏（1874-1916）の訳詩集『海潮音』が出るのは同年一〇月であるから、野口の帰国は、まさに象徴主義の移入が本格化する時期と重なっていたことに注目しておきたい（後述第五章）。

7　英米滞在中の日本との交信

ここで英米滞在中の野口が日本文壇でどのように認知されていたのかについても見ておこう。*From the Eastern Sea* が日本でも一九〇三年に刊行されたことは前述したとおりだが、それ以前にも在米中の野口は、日本との関わりを断っていたわけではなかった。

サンフランシスコにいた時期の野口は、一八九七（明治三〇）年に *Seen and Unseen* から二篇の短詩を『帝国文学』[85]と『早稲田文学』に寄稿している。[86] このときの『帝国文学』の雑報では、野口がポーとホイットマンに私淑した詩人であることが紹介され、ホイットマンのように《韻律の詩形を放棄して、散文詩の一種を刱《はじ》めむ》とした者であることが論じられた。上田敏らが中心の『帝国文学』においてホイットマンへの言及がなされたのは、実にこのときが最初である。[87] また『帝国文学』では野口が次のような言葉で評価されている。

吾等は野口氏が近業を讀むで頗る其快心の擧なるを思ふと共に、氏が韻律に則り、詩想を彫琢して、東西思潮の混入より産れたる新日本の精神を發揚せむことを熱望す。[88]

言うまでもなく、当時の日本はまだ口語体散文詩の出現にはいたっていない。日本における口語自由詩は、一九〇七年の川路柳虹らによるものまで待たなくてはならない。[89] 一八九七年当時は、《日本の精神的文明の上に著しき影響を與ふるものは今後必ず此詩躰なるべきを信ず》[90]と國木田独歩が宣言したように、ようやく若者の間に〈新体詩〉——多くは七五調の文語定形詩——が定着しつつあった頃である。《東洋的情想を胸底》に置きながら、学問としては《欧洲の洗禮》を受けた若者が、《遺傳と教育とに由りて激しく戰ひつゝ》[91]あった時代なのである。野口の寄稿した英詩は、時代に先駆けていたのみならず、同時代の若者の間でも究極の先端を行っていたのである。

このように、『帝国文学』に野口に対する関心を示す文が寄せられたためか、在米中の野口はこれ以降何度かこの雑誌に英詩を寄稿している。同じ時期に上田敏は、フランス文学の研究と同時に、シモンズやペイターなどの英国文壇の状況にも多く言及しており、また一八九八年には『帝国文学』の「海外騒壇」においてウォーキン・ミラーの紹介もしている。[92] 野口がアメリカから送った現地の情報が、海外の文壇状況として紹介されていたことは明らかである。

ところで野口が日本に書き送ったのは、英米の文学界の状況のみならず、「ボストンに於ける一週日」(『太陽』一九〇四年三月)や、「戦争に関する米国の同情」(『太陽』同年四月)など、幅広い情報であった。ニューヨークで好評を博している日本風の演劇の紹介として、〈和装〉のアメリカ人女優の写真を三点送ってもいる。[93]

『太陽』に寄稿された「ボストンに於ける一週日」は、友人パットナムの家族らとのクリスマスや、スタッダードと大学のキャンパスを散策したり、日本演劇の座長兼女優ブランチ・ベーツと語り合ったりする様子が日記のように紹介されたものである(前述第四章第5節)。この記事では、ハーヴァード大学の図書館に日本の雑誌『ホトヽギス』や土井晩翠の『天地有情』などの日本語著作があったことなども紹介されている。

また「戦争に関する米国の同情(二月二〇日報)」では、日露戦争に対する米国での評価と認識について書き送っている。一九〇四年二月、日本は日英同盟を背景にロシアとの戦争に踏み切るが、野口は《天下の同情は日本に集れり、一擧して露を伐つべしと語り合へき》、《當紐育に於ける新聞紙にして、日本に同情を寄せざるは莫し》などと、アメリカの世論も日本に味方していることを紹介している。また、日本が宣戦布告をしたのか否か、国際公法に適っているか否かが問題になっているが、アメリカの各紙は様々な例を挙げて日本の正当性を論証していると説明し、《吾人は初めて日本人と生れたる快を悟りぬ》と述べた。[94]

では、これら数少ない野口の米国からの便りが、日本の文壇に何らかの刺激を与えていたと言えるであろうか。

野口の英詩作品の寄稿として最も注目したいのは、一九〇三年八月一〇日に、〈HOKKU〉と題された六篇の〈英語俳句〉(三行詩)が『帝国文学』の「詞藻」に掲載されていることである。[95]

Fallen leaves! Nay, spirits?
Shall I go downward with thee
'Long a stream of Fate?

Speak not 'gain, O Voice!
The Silence washes off sins:
Come not 'gain, O Light!

Waking or sleeping?
O "No more" older than world!
Be 'way earthly care!

このような〈HOKKU〉がほかに三篇掲載されており、《發句を適用した》英文詩を《米國の詩人社會に》広めようとしているとのメッセージが付されている[96]。野口は、やがて〈発句〉を日本詩歌ひいては国際的にも普遍的な詩として推進していくことになるが、すでに一九〇三年八月の段階でその意図がある程度示されていたことになる。

これが掲載された当時、すでに野口は英国文壇で華々しい成功をおさめていた。「海外騒壇」では、愛天生が、野口の詩は《高遠幽玄の想に溢れ》、思想は《東洋的にして、隱約の程一脉の禪的趣味》を帯びていると述べ、《靜寂、孤獨、無象、幽想を愛好する》特質が十分に発揮されていると賞賛している[97]。野口の英国文壇における成功の経緯と内容を紹介し、その偉業を称える激励文であった。

そして『帝国文学』では一九〇四年頃から、俳諧についての論考が増えていく。野口の英国における成功や《發句を適用》した英詩が『帝国文学』内で認知されたことと、どの程度の関わりがあるか明確には言えないが、外国文学の紹介を主に行っていた『帝国文学』で、子規の用語〈俳句〉についての評論が書かれ始めた時期と野口の登場とが重なっていたことは事実である。

8 『帰朝の記』の意図と反応

さて、凱旋帰国を果たした野口は、『帰朝の記』（春陽堂、一九〇四年一二月）、『英米の十三年』（春陽堂、一九〇五年五月）[98]を出版している。そこには、帰国直後の野口が日本の読者に対してどのような意識を持っていたのか、野口がいかに受容されていたかが明らかにされている。

『帰朝の記』では、アメリカでの自らの詩的な思索の様相や、帰国にいたる経緯、また帰国直後の状況の詳細などが、漢文調の硬い文章で書かれている。最後には、一〇篇の近作の英詩も付されており、"Hauta"（端唄）と題されたゾナ・ゲールとの共作もここに再録されている。

ここで注目しておきたいのは、『帰朝の記』に唯一収録されているルイス・モリス（1833–1907）[99]の自筆書簡（一九〇〇年一月一六日頃）に見られる野口の評価である。モリスは野口の詩の中に、《自然物への東洋的観念》《沈思瞑想する精神》《宇宙天体の永遠なる沈黙》《循環する季節をもった地球の美》《誕生の神秘性と地球の神秘性》などを捉えていた。[100] ここには欧米人が求めていた〈東洋〉の見方が具体的に示されている。それは、同時代の西洋詩人たちが見いだそうと摸索していた普遍的なものであったとも言える。野口が数多くの書簡の中から、このモリスの書簡一つを選んで『帰朝の記』に掲載しているということは、野口が日本の読者に向かって伝えたいもの、知らせたいものが、ここに示されていたと言ってよい。野口は、〈東洋〉の観念として何が注目されているのかを発信する使命を感じ、意識していたに違いない。

　帰国した野口は、東京帝国大学の〈帝国文学会〉で講演会を開いている。しかし、長い国外生活のために、言葉遣いなど日本社会の文化的規範を喪失していた野口が疎まれた面もあったのであろう、帝国大学助教授の藤岡作太郎（1870-1910）は次のような傍聴記を残している。

> われ嘗て著者（野口）が帝國文學會における演説を聞く。或はその辭令に嫻はざるを惜むものあり。されど著者は幼時生國を去りて、十數年異郷に住みたる人、煩はしき御座ります詞を忘れたるは勿論のことなり。茫々たる沃野千里、頂天立地自由の氣を吸ひ、歴史の典型を斥けて、一切平等の福音を傳へんとするは、蓋し著者が文學上の抱負にあらずや。（括弧内、堀）[101]

敬語を使わない野口の演説ぶりを、無礼と非難する者もいたらしいことが、藤岡の筆からうかがわれる。しかし藤岡は、海外生活の長い野口が〈ござります〉などの言葉を使えなくても当然であると理解を示し、さらに形式ばった演説様式を突破する自由平等思想を伝える決意表明にもなっているのではないか、と受け取ったのであった。

　藤岡は、一九〇五年一月の『読売新聞』に寄稿して『帰朝の記』を次のように評している。

> この抱負ある人（野口）の口より出ずるを聞けば、著者が天眞爛漫の語氣は甚深の意味あるを覺ゆ。上下の階級は壞るべくしていまだ壞れず、日本の社会は「候ふべく候」に飽きたり。今、歸朝之記を讀むに及んで、文章の上にも同じ感なきを得ず。いはゆる日本の文章家より見れば、著者の文は錬磨したる日本文にはあらじ。されど摯實なる文章、少しも浮辭なく、一語一句筆に成らずして心に成り、胸中の詩を以て讀者の肺腑に推す。古來修辭の法、唐詩を拔き、古今を取り、先人の勢力の下に逡巡して、革新の實を擧ぐること能はず。明治の聖世なほ古文の典型を脱すること叶はずして、歐米文章の自在を思へども、直ちにわが國に應用しがたし。かゝる時、著者の如き人ありて、日本文を綴る、因襲の弊なく、典故の煩なく、筆のゆく所、直ちに意のある所なり。今の時、

われは在來の文章家が百練千磨の美文よりも、著者が直截の詩趣津々たる歸朝之記を歡迎す。著者が盡さんとする所は別に存すべしといへども、今より後また日本の國文學の爲に、一臂の勞を致すことを惜む勿れ。（括弧内、堀）[102]

日本社会は依然として上下の階級を突破できず、《候ふべく候》といった重々しく堅苦しい旧来の様式に縛られている、野口の『帰朝の記』を読んで、文学上においても、旧来の修辞法や伝統様式にいかに縛られていたのかに気づかされた、いわゆる日本の典型的な文体の〈美文〉ではない野口の文章は、修辞や因襲から抜けきって、自由で率直な意思や詩趣を直接的に伝える革新的な文章である、と藤岡は評価したのである。

藤岡の日記からは、一九〇五年一月八日に野口から『帰朝の記』と手紙が藤岡宛に送られて以降、数回の書簡のやりとりがあったことが確認できる。[103]当時、藤岡は気鋭の国文学者であったが、帰国直後の野口が、東京帝国大学系の主流と言える国文学研究者や日本研究者と接点を持ち交流をしていたという事実は重要である。のちに野口は、海外の日本紹介者（アストンやチェンバレン）らが編んだ日本文学史には対抗意識を感じるようになるのだが（後述第七章第1節）、それは藤岡の日本文学史観などに野口が影響を受けている面もあるだろう。また、藤岡の『国文学史講話』（一九〇八年）は、日本国内における芭蕉再評価に一つの画期をもたらしたのではないかと言われている[104]が、野口は日本文壇における芭蕉再評価の潮流に重要な役割を果たす人物なので（後述第五章）、藤岡が一九〇四年の時点で野口に関心を持ち評価していたことから、両者は相互に感化と影響を及ぼす関係にあったと考えられるだろう。

9　文化翻訳への志

本章では主として、*From the Eastern Sea* が英国文壇でどのように評価されたのか、何が問題とされたのかを見てきた。野口の出現は、突然変異でもなければ、英国文化人の過剰な迷走だったわけでもない。野口の英詩がまさに時代の潮流に合致したのであり、ネイティブからみれば英語表現に違和感があったにせよ、その部分が象徴性や斬新さとして肯定的に評価されたのだった。

一九〇三年、*From the Eastern Sea* を自費出版した野口は、英国公使としてロンドンに駐在中の林董《はやしただす》（1850–1913）[105]にもその一冊を送り、林から夕食に招待されている。林は低い声で〈しつぽりぬるる鶯の〉と江戸端唄の代表的曲目「春雨」を歌って、これが英訳できるならやってみろ、と野口に言い、《日本人の詩の心は外國に移植の出來るものでない》という持論を語ったという。それに対して、野口は次のように答えた。[106]

それは一を知つて二を知らない議論だ。何も日本の感情思想でも悉く外國で語られないとは限らない。私は世界的でしかも立派に日本的である詩の情緒だけを歌ふ事を目的としてゐるものだ。何も無理に飜譯の出來ないものを外國語に直してみる實務的飜譯者でない低級な文學勞働者でない。日本の詩歌は廣い……何も「春雨」だけが日本人の情緒ではない。[107]

ここには、野口の翻訳に対する態度と意図が明確に語られている。

野口も「春雨」を翻訳してみたところで、〈しっぽりぬるる鶯の〉の情感は伝わらないし、欧米圏の人に日本人が感じている情趣や美的雰囲気を体感させることはできないと考えた。しかし野口は、《世界的でしかも立派に日本的である詩の情緒》があると考え、それを《歌ふ》ことを、すなわち、普遍的に人間に感じることのできる情緒を海外の人に〈伝える〉ことを、行っていく決意を語ったのである。

念のために言えば、野口は決して、「端唄」が俗曲だから《立派に日本的である詩》ではない、と言っているのではない。あるいは、「端唄」が不道徳な要素のあるジャンルだから自分が翻訳する価値を見いださないといっているのでもない。実際に野口は、ゾナ・ゲールと共同で"Hauta"と題して「端唄」を英訳していた。野口は、《世界的でしかも立派に日本的である詩の情緒》、つまり、世界でも通用する情緒をこそ、翻訳の課題にしたのである。

野口の英訳は、原文を知っている日本人が満足できるかたちで、その日本語詩の持つすべての内容を盛り込んで英語に移し替えるというものではなかった。原文を知らない外国人が分かる言葉、分かる感性の範囲内で翻訳することを考えていたのである。たとえば、〈あすなろう〉という掛詞がある場合、アスナロという植物の名前までを無理に盛り込もうとはせずに、一篇の詩としての完成度を維持して〈When To-morrow comes!〉だけを英語にするという方法である（前述第二章第3節）。

象徴性・曖昧性を残して、独自の感受性や日本独特の文化的情趣については、それが理解されなくても開いたままにしておく、というのが、野口の詩作の基本姿勢となっていた。そのため、象徴主義思潮に浸っていた欧米の文壇人は、野口の作る英詩の曖昧な部分に立ち止まっても、それに文化的な違和感を感じるよりは、明示せずに暗示する象徴主義の詩的美学として、ある程度感応することができた。

野口の主張するのは文化の翻訳の一つの方法と言えよう。そして野口が目指した英語の詩のあり方とは、異文化間の相互理解の面から考えて、じつに合理的なものではなかろうか。野口のすべての英詩が、完成度の高い英詩、象徴主義詩として成功していたとは決して言えない。だが、その試みは完璧ではなかったにせよ、ある時代の英語圏の人々には程度の差はあれ体感され共感されうるものだったことは間違いない。

野口は、生涯を通じて〈詩一つに生きる〉ことを誓い続けた詩人であり、〈普遍性を持つ日本の情緒を表現することに生きる〉ことを目指し続けた詩人である。では、この〈普遍的な日本の情緒を表現する〉こととは何であったのか、そして、それを目指すことはどのような問題を抱え込むことになるのか、第II部以降ではこの点をさらに追及していきたい。

第Ⅰ部　まとめ

第Ⅰ部では、様々な〈東と西〉を体験した野口が、一九〇四年の一〇月に帰国した直後までを描いた。まず日本からアメリカ大陸へ渡ったときには〈東〉から〈西〉へ（もちろん地理的には西から東へである）、そして到着したアメリカ西海岸は東海岸から見れば辺境の地であり、西海岸のアウトロー的な空気を吸った野口は今度は〈西〉から〈東〉を目指した。アメリカ東海岸では、ジャポニスム演劇や〈東洋〉風の演劇の流行を横目に見ながらさらに〈東〉を眺めた。アメリカ東海岸は本家イギリスからみれば〈西〉であり、野口はさらに〈東〉のイギリスへと向かったのである。その英国詩壇はアメリカに注目するのみならず、〈東洋〉を摸索していた。そこで注目を浴びた野口は、来た道を逆にたどってアメリカへと戻り、日本に戻ったのだった。その漂泊の過程は、一九世紀末の神秘主義的傾向や象徴主義的傾向とも照応するものであった。

第一章では、伝統的な生活を送る宗教的要素の濃い家庭に育ちながら、英語教育が重視された時代の空気の中で海外への憧れをつのらせていった野口の少年期を見た。

第二章では、〈丘〉での自然的生活の中から詩人としてデビューする経緯について、当時のサンフランシスコ近郊に集う文化人らの傾向や野口に対する評価を含めて確認した。東洋思想に憧れるボヘミアンな文化人たちが集う芸術コミュニティの中核であった〈丘〉で、詩人ミラーの後ろ姿を見て暮らした野口は、持参した三冊の書、つまりポーの詩集、芭蕉の句集、禅語録を読み込んだ。ポーやホイットマンの詩に見られる宇宙と自然に合一する観念的世界が、野口の中では芭蕉俳諧の象徴的な感覚と形式に結びつけて考えられ、野口はそれを周辺の詩人たちにも語るとともに、自ら英詩を作るようになる。母国を離れて漂泊する孤独の境遇を芭蕉の寂寞感になぞらえた第一詩集 *Seen and Unseen* は、アメリカ西部独自の文学を模索していた詩人仲間たちから高く評価され、さらに野口を見いだした彼らの審美眼が全国レベルで評価されるにいたったのであった。

第三章では、日記風小説 *The American Diary of Japanese Girl* (1901) に焦点を合わせた。この作品が刊行された時期は、一九世紀末のアメリカのジャポニスム小説隆盛期とも、日本の渡米奨励論の隆盛期とも重なっていたのだが、野口の筆はそのどちらからも距離を置いていた。そこで描かれたアメリカ移民社会の現実と、アメリカ社会の浅薄な日本認識への批判は、野口のその後の言論活動の原点となるものであった。

第四章では、英国での交流の様子を整理した。野口がどのような人物と交流を持ったかについては従来も知られていたが、象徴主義文学や東洋の詩の形態への関心を背景にして、野口の詩の方法や表現がいかに受け取られていたかを明らかにしえたと思う。そして、野口の英詩が象徴主義移入の潮流の中で評価されたと同時に、一九〇三年当時の野口の自覚の中にも《世界的であり同時に日本的である詩の情緒》を詠い、また翻訳するという意志があったことを指摘した。

第II部　東西詩学の探究と融合——〈象徴主義〉という名のパンドラの箱

はじめに

アメリカで詩人としてデビューしイギリスで名声を確立した野口米次郎は、日本に帰国後、どのような活動を行い、国内外でいかに受容されたのか。第Ⅱ部では、野口の言論活動が、大正期から昭和期の日本におけるモダニズムの動きの中でどのような位置にあったのかを探る。

帰国後の野口は、たとえば〈モダニズム〉の頂点に立つ詩人のマラルメを日本の芭蕉に対比させて象徴主義の系譜や独自の文学論を語り、また、イェイツやパウンド、ジョイスなど同時代の詩人たちや作家、またシカゴで展開される新詩運動などを、先端的に日本に紹介していった。このような野口の活動は、海外の思想潮流の単なる受け売りや翻訳ではなく、また模倣や盲目的心酔に陥ったものでもなかった。じつは、野口自身が国外の詩人たちや改革者たちと同じ土俵に立とうとする立場から、国外へ向けての執筆や寄稿を続けており、日本の文壇が外国文学の傾向を追随する態度を嫌っていた。海外の文壇の動きを紹介する際には、野口は必ず比較対象を挙げて解説し、自分自身の考え方や独自の視点を追究する態度を保持した。彼は常に日本独自のあり方を意識した評論活動を行ったのである。

また従来、野口は〈あやめ会〉の挫折以降、日本の文壇から孤立して無視されたと捉えられてきたが、この認識は正しくない。流派意識の強い日本文壇の中で、野口は確かに自らの文筆活動に徹しようとした面が強く、流派や徒党に属することを嫌ったものの、それは野口が自ら望んだ立場だった。しかも、戦後の研究では無視されがちであったが、大正期のみならず昭和期に活躍する年少の詩人たちにとっても、野口はモダニスト詩人として一定の存在感を保っていた。野口に反発する権威主義的な文壇人が存在したのは事実であるが、野口に敬愛の念を抱き、その周囲を離れなかった若き詩人たちも少なくなかったのである。

ところで〈モダニズム〉そしてそれに連動する〈モダニズム文学〉の定義については、注意が必要である。それは、多種多様な傾向や潮流を持ち、思想・理論であるとともに方法・運動でもあり、各国・各地域・各言語によって意味や形が変容していったので、様々な定義が可能である。しかし敢えて言うなら、第一段階としての〈モダニズム〉は、近代の歴史批判を背景に、現代文化や異文化を組み込んで、キリスト教神学の教義を改革（modernize）しようとした試みであった。簡単に言うと、神の絶対性を、個人や人間存在の至上性へと転換させる思考こそが、〈モダニズム〉の基底となっていたと言える。つまり〈モダニズム〉を広義に考えれば、欧米の近代を特徴づけた精神的特性の総体を指すと言えよう。〈モダニズム〉をまずは、二〇世紀初頭の特定の方法論や運動に限らず、それ以前の動向を含む広い潮流として捉えておきたいのである。

本書では、日本の〈モダニズム〉についても昭和初期に限ることなく、広義のものとして捉えている。狭義の〈モダニズム文学〉は昭和初期の都市文化を背景に伝統を否定する前衛的な主義主張を持つ文学運動と言えるのだろうが、本書では二〇世紀の国際的潮流と対峙する中で、伝統や地域性とも向き合いながら新しい文学のあり方を模索した動きそのものを問題にしたい。つまり、野口の生きた時代そのものが、世界各地のモダニズムの期間であり、同時に日本のモダニズムの期間でもあったと捉え、その特徴をより地域横断的な視点から考えていく。

第Ⅱ部では、野口を軸にして、欧米と日本におけるモダニズムの時代について考え、また国際的な文芸思潮がどのような特質を持つものであったかを見ていく。「東西詩学の探究と融合――〈象徴主義〉というパンドラの箱」と題したように、二〇世紀初頭に〈象徴主義〉がどのように説明され展開されていくのか、その際、野口の詩論が欧米や日本の詩の新しい潮流にどのような貢献をしたのか、その融合の諸相に注目しながら検討していく。

第五章　日本の象徴主義移入期と芭蕉再評価

She is an art (let me call her so)
Hung, as a web, in the air of perfume,
Soft yet vivid, she sways in music:
(But what sadness in her saturation of life!)

("The New Art"(1))

そもそも藝術は、
蜘蛛の巣のやうに、香の空中にかかる、
柔かで生き生きと、音樂にゆれる。
(人生に浸潤する藝術は悲しい。)

(「芸術」(2))

1　一九〇五年、象徴主義隆盛期の前後

英米の文化人から象徴主義の文脈で評価された野口が日本に帰国したのは、まさに日本に象徴主義が移入されようとしていた時期だった。まずはその状況を見ておこう。

日本への象徴主義の移入において中心的役割を果たすのは、蒲原有明と上田敏である。一九〇三（明治三六）年に『明星』一月号に掲載された「仏蘭西近代の詩歌」において、上田が〈象徴〉という言葉を使い、同年『白百合』の挿絵解説で有明が〈象徴〉という語を用いている。一九〇四年一月の『明星』には上田がヴェルハーレン（1855-1916）の詩を「鷺の歌（象徴詩）」と題して翻訳する。そして一九〇五年頃になると、次々と象徴主義の作品が翻訳され、象徴主義について盛んに論じられるようになる。その中心となったのは『帝国文学』であった。特に一九〇六年頃になると、ヨーロッパの新思潮を追って、イプセン、ワイルド、ブレイク、ショーなどが多彩に論じられるようになり、片山孤村（1879-1933）の「自然主義脱却論」（『帝国文学』一九一〇年一月）や、石坂養平（1885-1969）の「現文壇当面の問題として観たる象徴主義」（『帝国文学』一九一一年一〇月）などが書かれている。

〈象徴主義の父〉とされるマラルメが『帝国文学』で初めて

紹介されたのは、一八九八年末、上田敏によってである。[3] その後、上田は一九〇五年六月の『明星』巻頭にマラルメの象徴詩論を紹介した。

　物象を静観して、之が喚起したる幻想の裡、自ら心象の飛揚する時は「歌」成る。（中略）それ物象を明示するは詩興四分の三を没却するものなり。讀詩の妙は漸々遅々たる推度の裡に存す。暗示は即ちこれ幻想に非らずや。幽玄の運用を象徴と名づく。一の心状を示さむが爲め徐々に物象を喚起し、或は之と逆まに、一の物象を探りて闡明數番の後、これより一の心状を脱離せしむる事これなり。[4]

つまり、ものごとを明示すると詩興が失われ、暗示は幻想ではなく、象徴とは幽玄の運用である、と上田は紹介した。『海潮音』（同年一〇月）にも再録されるこの論は、日本における象徴主義文学観の基礎になる。

　窪田般彌氏は、マラルメが現実の事象が再現される世界を指して〈夢〉〈神秘〉としていたところを、上田敏が日本的な〈幻想〉〈幽玄〉という語彙で訳した、と論じている。[5] 佐藤伸宏氏にも、マラルメから上田にいたる〈象徴〉の内実の認識に差違があったことについて詳細な研究がある。[6] つまりこれらの研究は、日本における〈象徴主義〉が、観念的、印象的に様々に拡大する可能性を最初から胚胎していたことを指摘しているのである。窪田氏も佐藤氏もマラルメの詩論が宇宙の〈ヴィジョン〉を開示するためのものであるという点は指摘していないが、鈴木貞美氏が述べるように、マラルメは、詩語を通常の言語とは別ものとして扱い、形而上の世界を開示するものと考えていた。[7] マラルメは、宇宙に刻まれている詩がこの世に君臨する時とは、人々の中で眠っているある瞬間を呼び起こす祭典の時であり、一つの宗教的な瞬間であって、その天のページに刻まれた寓話が地上の〈神秘劇（Mythère）〉として実現すると考えた。[8]《宇宙に言葉が記されている》というマラルメの詩論は、文の原理とは《宇宙の紋様を写す》ことであると記していた中国の最初の体系的文学理論書や、[9] これに影響を受けた『古今和歌集』の真名序・仮名序に共通するもので、また『古今和歌集』以降の日本の歌人たちが分かち持っていた詩論にも近似していた。[10] それゆえ、日本の詩人たちにとっては、上田の紹介によって日本の伝統詩学に置き換えられたマラルメの詩学は、それほど違和感なく受容することができたのだろう。

　ではこの象徴主義の移入期に、帰国したばかりの野口米次郎はどのような役割を果たしたのか。野口は早くから象徴主義に対する独自の認識を持っていた。一九〇五年九月の『中央公論』に書いた「世界の眼に映じたる松尾芭蕉」では芭蕉とマラルメを対比し、《芭蕉翁を思ふとマラミーを想起する》《マラミーを思ふと芭蕉翁を想起する》と繰り返し述べている[11]（マラミーとはマラルメのことである）。また、短詩を重視しない《世界の詩界》は、芭蕉の句に詩としての価値を認めないだろうが、芭蕉の人格や精神性があってこそ《芭蕉の句が光を發する[12]》ことを意識すべきであるという。〈詩に生きる〉ということや、文学作品は人格や精神の発現の一手段に過ぎないといった、その後も繰り返される野口の持論が、ここにはすでに示されている。さらに、象徴詩のあり方を示す際にマラルメと芭蕉を比較する観点を作り出したのは野口だった。この対比は、その後も多くの人々によって繰り返されていき、芭蕉とマラルメに共通性を見る見解は、一九一四年に行われた野口の英国講演でも語られることになる。

マラルメを単独に論じた点でも、野口は時代に先駆けている[13]。野口は一九〇六年四月に「ステフエン、マラルメを論ず」と題したマラルメ論を書いており[14]、これは英国におけるマラルメ受容の状況などにも触れてマラルメの詩論を紹介したものであった。そこでは《説明するは破壊さるなり暗示するは構造するを意味し暗示は詩の生命なり》とマラルメの理論が説明されている。《言語は不完全》なものであり《エクスタシーを適切に説明し得無い》が、言語の《選擇排列》によって《美を発揮する》詩ができるというものである。また、野口は日本とフランス両国の詩人にとって〈沈黙（silence）〉が大きな関心の的となり重要性を持っていることにも注目している[15]。

ところで上田敏の象徴詩観の要は、内面の〈一つの心状〉を暗示的に表現するということにあったが、「象徴詩釋義」（一九〇六年五月）以降は〈コレスポンダンス（万物の照応）〉に力点が置かれていく。〈コレスポンダンス（Correspondence）〉とは、ボードレールが、匂いと色と響きの無限の調和を歌った詩篇（『悪の華』所収）の題名であり、その後、宇宙の調和的一致の認識[16]が、マラルメを〈父〉とする一九世紀末のフランス象徴主義文学の特徴として論じられるようになった。それを、日本人が東洋思想の語彙の中から〈万物照応〉と訳したのであった（ただしマラルメの詩論は、ボードレールの〈コレスポンダンス〉の考え方とは差異があった）。佐藤伸宏氏は、上田の「象徴詩釋義」以前には、〈万物照応〉つまり〈コレスポンダンス〉が論述の対象となることはなかったが、野口の「ステフエン、マラルメを論ず」は《〈コレスポンダンス〉に関わる内容を含む発言であると言って良いだろう》と述べている[17]。つまり、もともと〈コレスポンダンス〉とは内容的に差異があったマラルメの詩論を、野口がマラルメを日本に紹介する中で〈コレスポンダンス〉の内容を含めて説明し、その後、日本では両者が渾然一体となって理解されていったのである。

上田敏は『海潮音』を書いた時点で、シモンズが『文学の象徴主義運動』（*The Symbolist Movement in Literature*）で示した〈眼に見える世界と見えない世界との間の永遠の照応関係（the eternal correspondences between the visible and the invisible universe）〉という象徴主義認識に触れていたとされる[18]。一方、ボードレールの詩「コレスポンダンス」は必ずしも、可視の世界と不可視の世界との照応を言っているわけではない。前述（第四章第3節）したように、野口は*Seen and Unseen*と題した詩集をシモンズの著作以前に出版して評価されており、《visible/seen》、《invisible/unseen》といった言葉の違いこそあれ、シモンズの象徴主義理解には、野口の詩からの影響があった可能性も否定できない。さらには、野口から上田敏に、シモンズの象徴主義認識の重要性が語られた可能性もある。野口は一九〇三年以降、実際にシモンズとの交流があったので、帰国当時はシモンズの詩論の重要性を強く意識していたはずである。

なおマラルメの詩の翻訳は、上田敏が一九〇五年九月に「嗟嘆」(Soupir) を訳して以降、岩野泡鳴（一九〇七年二月）や蒲原有明（一九〇九年四月）らが、シモンズの英訳からの重訳によって日本語にうつしている。[19] 有明と泡鳴は、野口が一九〇四年の帰国直後から深く交わり頻繁に行き来していた詩人仲間であった。特に有明と野口は小石川で近所に住んでいた。[20] 野口の有明、泡鳴との付き合いは、上田敏との関係とは少々異なって、[21] 気安い率直な関係だったのであろう。

2 〈象徴詩人芭蕉〉の出現——蒲原有明

今日ではあまり読まれることのない蒲原有明は、近代日本詩歌史においては象徴詩の完成者として位置づけられ、《最も完成した詩人》[22]とも、詩形の洗練によって〈定型詩〉を完成の域にまで高めた詩人とも言われてきた。この有明の象徴主義宣言と言われるのが、一九〇五年七月に出版された『春鳥集』の「自序」である。

> 元禄期には芭蕉出でて、隻句に玄致を寓せ、凡を錬りて靈を得たり。わが文學中最も象徴的なるもの。[23]

有明は芭蕉を《最も象徴的なるもの》、つまり象徴詩人であるとし、続けて次のように述べている。

> このごろ文壇に散文詩の目あり、その作るところのもの、多くは散漫なる美文に過ぎず。ボドレエル、マラルメ等の手に成りたるは果してかくの如きものか。思ふに俳文の上乗なるもののうちには、却てこの散文詩に値するものありて、かの素堂の「蓑蟲の説」の類、蓋しこれなるべし。[24]

つまり、有明はフランス象徴主義の詩人たちと比較しても、優れた日本の俳文はひけを取らないと述べている。加えて言えば、有明は《「自然」を識るは「我」を識るなり》と記しており、〈自然〉と〈自己〉を対応させる認識を示している。同年一〇月に、上田敏も『海潮音』の序で、《詩に象徴を用いること必ずしも近代の創意に非ず》と述べるが、上田の場合は欧米詩から学ぶという姿勢が強く、有明ほど明確に日本の伝統を評価する宣言ではなかった。

この『春鳥集』は、詩そのものとしては象徴詩の名に値する作品が少ないが、この自序が象徴詩をめぐる様々な議論を呼んだ。『帝国文学』誌上で桜井天壇（1879-1933)、片山孤村が有明の象徴詩を論じたのに続いて、様々な雑誌において盛んに象徴主義詩が議論された。[25]

特に、芭蕉を〈象徴詩人〉とみなす有明の主張に対して、芭蕉の象徴性と欧米の象徴主義とは別ものであるという議論が起こる。桜井天壇は、次のように有明の認識を否定した。

> 勿論象徴的といふ語の概念定義は必ずしも一定せざる故、汎義に用ふるも狭義に用ふるも人の勝手たるべしと雖も少くともかの歐西象徴詩の要領とする所の所謂感能的手段によりて神経をしてある情調を起さしめ、此の情調によりて神經をして自然に非感能的のものを把捉せしむる底の新象徴主義の詩歌は、沖澹を事とし閑雅を事としたる我邦文學に於て斷じて之れ無かりき。[26]

桜井は象徴主義の観点で日本の古典の再評価を行うことはできないと断じ、日本の文壇における象徴主義的傾向は、西洋のデカダンス文学と同様の《心理的徑路》の上に生じていると述べて、《此新傾向は傾向ともなり得ず、流行ともなり得ず、風潮ともなり得ずして暗より暗に葬らるべき也》と論じた。[27] つまり、彼は象徴主義思想そのものを否定的に捉えているのである。ここには、象徴主義を否定したマックス・ノルダウ(1849-1923)のデカダンス批判の影響が見える。

同じくノルダウの象徴主義批判を挙げて、反象徴詩を論じた中島孤島(1878-1946)は、しかし、《所謂象徴的手法實に古來詩歌の上に存する》、《今の詩人はたゞ古人の象徴的手段を見て、直ちに之れに學ばんとす》と述べている。[28] つまり、反象徴詩論の方にも、象徴主義移入の運動は伝統文学の手法の再現だと見る者もいたのである。

日本で象徴主義が移入され論議が繰り返された時代とは、英国の世紀末からは数年遅れて、退廃的な気分の漂う時代でもあった。一九〇四年二月には国家的緊張を強いた日露戦争が始まり、一九〇五年九月にはその講和条約が締結される。そして、一九一〇年五月には日露戦争以前の日本では考えられなかった事件である大逆事件が起こる。これらの出来事に示されるように、当時の日本社会は不安と緊張感が漂う大きな変動の渦の中にあった。このような中で、ノルダウの象徴主義批判を下敷きにして、蒲原有明の象徴主義に対する攻撃が繰り返されたのである。

有明の〈象徴詩人としての芭蕉〉という提言は、同時代的には斬新な主張であった。芭蕉を〈象徴詩人〉とみなすという捉え方は、国際的な文学状況を把握した上で、詩歌の革新を自国の伝統的な感性の中に見いだしたものと言える。

有明は野口の帰国以前からD・G・ロセッティに心酔し、一九〇二年一一月にはD・G・ロセッティの書簡や彼の弟であるW・M・ロセッティによる伝記などを熱心に読んでいた。[29] W・M・ロセッティに評価されて一九〇四年に帰国した野口から、彼が何の感化も受けなかったとは考えられない。有明の象徴詩の確立には上田敏の『海潮音』の影響が大きいと言われるが、[30] 有明は『海潮音』についてはほとんど言及していない。同様に、野口との交流において得たものについても、有明は語ってはいないが。

いずれにせよ象徴主義の移入は、様々な詩的試みの行われる詩壇の充実期への突破口を開いた。〈象徴主義〉は、いわばパンドラの箱であった。

3　日欧文芸交流への期待と挫折

(a)〈あやめ会〉の成立

野口の帰国は、日本の新体詩人たちに、世界の文学潮流の息吹を知らせるものであった。蒲原有明や岩野泡鳴は頻繁に野口の家を訪れ、とりわけ泡鳴は、帰国当時の野口をあちこちに紹介してまわったようである。当時は、しばしば文学者たちが自宅や馴染みの店に集まって、談義したり本の貸し借りをしたりすることが行われた。一九〇五年六月の『新小説』の「時報」欄には、《新躰詩人無名会　晩翠、有明、酔茗、米次郎、露葉、白星、御風、泡鳴、林外、紫紅、花外等の新躰詩界の諸氏は無名会なるものを組織し、毎月一二回会合会話を試むる事となせる由》との記事が載っている。一九〇五年頃は、自然主義系文学者グループの集会としばしば目されてきた〈龍土会〉[31]のような寄り合いも、会員増加にともなって会の方向性が曖昧になってきた頃であり[32]、この〈無名会〉のような小さな集まりが自然発生的に誕生していった。

このように帰国後の野口の周辺には、西洋の新しい潮流を求める若き文学者らが集まり、そして野口の側には、日本の詩を世界文学の中に位置づけて発展させていきたいという抱負があった。そこで、野口が代表となって、一九〇六年、日英米の詩人の積極的な交流を図る詩結社〈あやめ会〉が設立された。その際、野口が主に相談をしたのが泡鳴と有明の二人であり、積極的に計画に参加したのが上田敏と平木白星だった[33]。

第一詩集『あやめ草』(一九〇六年六月)に野口の名前で掲載された「発刊の辞」は、実際は泡鳴が書いたものである。

> 國民の内部生命は最も多く純文學に顯はるゝものなり。今やわが邦の勢力、長大の發展を爲せると共に、文藝界の氣運も亦、その產物に於て、吾人の特色を發揮し、外國のそれと相對抗せんとするに至れり。この時に當つて、小黨相結び、小團相鬩ぎ、徒らに紛々たる雜誌を亂發して、蝸牛角上の爭鬪を爲す、深遠なる生命に於て、何の益するところかあらん。かのギリシヤの群小國民が團結してペルシヤの大軍に當りし時の如く吾人は區々たる私心を遠ざけて、詩的熟誠と威嚴とを以つて、外國文學に對すべきにあらずや[34]。

つまり、日本国内での流派抗争や団体意識を批判し、日本の詩全体の国際的な発展を試みようと提唱したものである。その会員には、以下のように多数の詩人たちが名を連ねていた。掲載された順(いろは順)に列記しよう。

岩野泡鳴、ローレンス・ビニョン、ローレンス・ハウスマン、土井晩翠、トマス・ハーディ、チャールズ・W・スタッダード、ルイス・モリス、ルイーズ・アイモジン・グイネー、小山内薫、ウォーキン・ミラー、蒲原有明、河井酔茗、高安月郊、エレノラ・マリー・ダヌタン、上田敏、W・B・イェイツ、マリー・フェノロサ、前田林外、マディソン・コーエン、ブリス・カーマン、フランク・パットナム、児玉花外、エディス・マチルダ・トーマス、山本露葉、アルフレッド・オースチン、アーサー・シモンズ、ミリセント・サザーランド、ジョセフィン・プレストン・ピーポディ、ジョン・ビー・タッブ、アリス・メイネル、平木白星、薄田泣菫。[35]

海外のメンバーは、野口と交流のあった二〇名である。この第一詩集『あやめ草』は、日英米三国の詩人たちの作品を集めた日英言語混在のアンソロジーであった。そして同年一二月には、第二詩集『豊旗雲』が佐久良書房から出版される。これはクォータリー・マガジン、つまり年に四回刊行される予定の雑誌として、国外の雑誌でも紹介された。[36]

だが第二詩集を出版後、会員間に金銭トラブルを中心とした不和が生じ、あやめ会は解散した。《小黨相結び、小團相鬩ぎ、徒らに紛々たる雑誌を亂發》している詩壇の傾向を批判して団結を唱えたあやめ会の理念は、残念ながら、まさにこの詩人たちの軋轢の中で踏みにじられた。

(b) 詩人たちの抗争

あやめ会については、英学史の観点から《歴史上有意義な催し》と言及されたことはあったが、[37]一般的にはあまり評価されていない。主に、理想を持って帰国した野口の決定的な挫折という見方がなされてきた。日本の文壇は野口の《根をおろさない表面華やかな活動に嫉妬のいりまじった失望を感じ》、帰国当初、英詩しか書けなかった野口を奇妙な存在として扱った、また、野口という《アウトサイダー》に対する過剰な拒絶反応から、会計処理などの些末なことを大きく騒ぎ立てて詩壇の国際的な発展を損じた、と論じられてきたのである。[38]ようするに外国帰りの人間に対する批判に注目して、《あやめ会挫折の根本的な原因》は《いうまでもなく野口自身》[39]と結論づけてきたきらいがある。確かに、野口を中心とした活動を〈お祭り騒ぎ〉と批判する動きがあったことは事実だが、しかし、この一件については、当時の詩壇全体の状況をふまえて考える必要があるだろう。

結論から言えば、あやめ会挫折の原因は、当時の岩野泡鳴に対する批判が、野口にも及んだと見るのが自然である。そもそもこの会は、蒲原有明や泡鳴らが、野口を味方につけて、日本の詩壇を活性化させようとしたものであり、野口一人が企画したものではなかった。また当時の詩壇では、互いの手法や思想的態度を糾弾しあうことは稀ではなく、特に泡鳴という奔放で特異な個性の持ち主が、摩擦を起こし、激しい批判を浴びていた時期であった。最も注目すべきは、雑誌『白百合』をめぐる不和である。

『白百合』（一九〇三年一一月から〇七年四月）は、与謝野鉄幹の主催する新詩社（雑誌『明星』を発行）を脱退した前田林外、相馬御風、岩野泡鳴の三詩人と画家の岩田古保が東京純文社を起こして創刊した文学美術雑誌である。詩では蒲原有明、薄田泣菫、児玉花外らが寄稿し、野口も寄稿者の一人で、翻訳では上田敏も執筆していた。『白百合』の一九〇五年二月号には、当時まだ学生であった御風が「ポーの詩論」を書いているが、これはポーの『詩の原理』（一八五〇年）を国内で最初に紹介したものであった。御風がこの中で論じているのは、主として〈作品の長さ〉についてで、こういった議論にも、ポーに影響を受けて帰国した野口の影響がまったくないとは言えない。

さて『白百合』創刊者の一人であった泡鳴は、一九〇五年はじめに林外や御風と不和となり[40]、四、五、六月号に詩を掲載したのちに脱退する。当時の泡鳴は、『有潮』（〇四年）、『悲恋悲歌』（〇五年）と相次いで詩集を出しており、活躍の場と交友関係を拡げていた。『あやめ草』（〇六年六月）が刊行されたのは、ちょうど泡鳴が『神秘的半獣主義』（〇六年六月）で独自の哲学を明らかにしたときであった。あやめ会の設立は、派手に活躍する泡鳴が中心となって、『白百合』に集っていたそうそうたるメンバーを引き抜いた形になった。しかも、あやめ会は国際的に著名な英米詩人たちの集う華々しい連盟でもあったため、『白百合』に取り残された者たちが、あやめ会に対して激しい批判を繰り広げたのは自然のなりゆきであった。

最初に、あやめ会の会員ではない相馬御風が〈△×生〉の匿名を使って、『あやめ草』と会の理念を痛烈に非難し、《こんな調子で外國文藝と對抗しやうと云ふのなら一號でやめてもらひたい》、《お祭り騒ぎ》をやめよ[41]、と書いた。また、御風は前田林外を除く寄稿者の詩作品についても酷評した。さらに、《外國から歸つてから間もない米野口氏が、大膽にもかくの如き壯擧を企つた事に向つて大に其責任を問はねばならぬ。奈良で古今集を追想すると云ふ程に本國の事情に明るくない氏にして、如何なる見識を以てかくの如き大任に當つたか[42]》と野口を糾弾する言葉からは、帰国したばかりの者が日本詩壇で幅を利かすのを許さないといった姿勢が読み取れる。

野口は御風からの苛烈な批判に対して、《覆面の人が酔漢の放言にも似たる下馬評を爲すは無禮の極と云ふべし》、《紳士たるの態度無く醜惡不爲體に終れるを悲む》、《方今日本の評壇を見るに眞率の態度無く、人を罵倒するを以て任と思ふの人のあるを見る、余之を悲む》と穏やかに反論した。その上で、『あやめ草』の発刊を拒絶する態度は、《文藝の發達を望む人》とも思えず、文芸の神聖を求めているはずの『白百合』を汚すことになる、と書き、《△×生の行為を哀しみ其将來を戒め》た。そして、『白百合』編集部も《文壇に禮義あらしめよ》との自分の意見に同意しないはずがない、と呼びかけている。

しかし、英国帰りの野口に《紳士》や《禮》を求められた点が、林外や御風の怒りと反発をいっそう買ったようで、火に油を注ぐ結果となった[43]。林外が即座に野口の反論に対する罵倒を長々と書き、御風が再度追い討ちをかけるように感情的な罵倒の羅列を続けた。特に林外は、三頁に及ぶ伏せ字（空白）を使って、その異様なまでの怒りを表現している。

林外はあやめ会の会員であったが、会合で野口の除名を主張し、逆に謝罪文を出して退会するようにと、上田敏から命じられた。[44] 林外・御風側と、野口・泡鳴側との確執は、こうして容易ならぬものに発展していった。

このあやめ会紛争は、『読売新聞』紙上でも見ることができる。[45] こちらでも、泡鳴批判を中心に参加詩人たちへの酷評が数回に及び、特にそれに反論した泡鳴に対しては、さらに激しい攻撃が起こった。ただし、『読売新聞』紙上の攻撃は、『白百合』ほど感情的ではなく、詩歌を軸にした理論的な応酬であった。泡鳴は、自分に対する批評に対して、次のように反論している。

> 君（豹子頭＝角田浩々）は変梃《へんてこ》なことを云われた。「彼（泡鳴）は欧米の詩語を知る、その詩語が欧米人の頭からでて、欧米の詩調に妥貼して、初めて詩美を得て居る所由を覺らない」と。さういふ君こそまだ欧米の詩を最上の標準にする傾向があるのであつて、僕等の詩界は、既に詩人の一部に獨立の思想と生命とが出來て居るので、もう、昨今の畫界や洋楽界の様に、そのお手本を外國から取つて來る境遇は通り抜けてしまつたのである。（中略）今の邦詩よりも外國詩の方が理解出來ると澄まして居る人々の説に往々ありさうだが、君もそれと似たところがあるのは、僕の氣の毒に思ふところである。闇、夢、靈、毒等の言葉は、僕等に取つては、君の思ふ様に「譯語」でもなければ、譯語から出て來たのでもない。如何にも、これまでの短歌にはこんな言葉は、よしあっても、僕等の含めてあるだけの深意はあらはれて居るまいが、數千年又は數百年以前から、わが國には親密になつて居る易や、老荘の教へや、佛教や、耶蘇教を通じて、僕等の頭に深く這入り込んで居て、また僕等が良く味つて來た言葉である。（括弧内、堀）[46]

つまり、泡鳴たちは外国詩の受容の次の段階を目指しており、詩に使われている漢語は翻訳語ではなく、日本人が長年にわたって培ってきた内外の思想を内包する鍵語として使っているというのである。この泡鳴の反論は、《僕等》と書いていることからも明らかなように、野口の考えでもあり、あやめ会の姿勢でもあった。

これに対して『読売新聞』の〈豹子頭〉は、巧拙の問題として泡鳴の詩を《拙いものは拙い》と再び長々と批評した。しかし〈豹子頭〉は、あやめ会が行おうとしている詩の革新まで否定したわけではなく、次のように書いている。

> 時代の推移は詩の格調を變じ、大なる進歩を證明する。英詩に於ても、有韻の詩が顛理《へんりー》八世時代伯爵詩人ヘンリー、ホワードの十音無韻體に依りて詩律の自由になる端緒を開き、

獨に於ても、一七世紀の初にシンシア詩派の牛耳を執りしオービッツが、トロキー、アイアンバスの二格調を創作して、やがてダクテイル、アナペストの諸調をも起させた次第から考へ、今日のヨネ野口の散文詩といふやうな無韻詩體に照し合せれば、詩體格律の工風變化は進歩の一要素として結構なことである。されば、泡鳴の詩體格調の研究を、わが輩（豹子頭）既に「研究熱心敬服に堪えず」と言明したのも、詩体格調の進歩に貢献する所あるべきと思ふたからである。泡鳴の熱心或いはオービッツたり、ホワードたり得るかも知れない、故外山博士のやうに新體詩の創立者たる譽を博するかもしれない。（括弧内、堀）[47]

ヘンリー・ホワード（1517–1547）[48]は、のちにシェイクスピアも用いるようになるソネット形式の詩をイギリスで最初に書いた詩人で、かつ無韻詩（blank verse）を広めた人物でもある。また、トロキー（trochee＝強弱格）、アイアンバス（iambus＝弱強格）、アナペスト（anapest＝弱弱強格）やダクティル（dactyl＝強弱弱格）とは、英詩などに用いられる韻のことである。ようするに、〈豹子頭〉は詩歌の形式や韻の改革の歴史を挙げながら、泡鳴の行おうとしていることは日本の近代詩歌史において重要な転換かもしれないと述べているのである。西洋詩にならって新しい画期的な詩体（新体詩）を創始した外山正一（1848-1900）らにも匹敵するような、詩形の革新かもしれないとも言っている。無韻詩、自由詩によって新たに詩歌の改革を行おうとしていることを同時代的に捉え、泡鳴や野口の活動方針を評価する視点を、〈豹子頭〉は示していたのである。

このように『白百合』や新聞紙上において、あやめ会や泡鳴への批判が繰り広げられ、その他にもたとえば『明星』でも、晩翠、泡鳴に対する徹底的な批判が行われたが、野口については《外國語の詩人である》という理由から批判を免れている。[49]

（c）からまわりした野口の存在

あやめ会の動勢には、世間も好奇の目を向けていた。『読売新聞』では第二詩集『豊旗雲』の出版見合わせが報じられ[50]、『萬朝報』には「あやめ會の内幕」[51]という記事が掲載された。後者では、あやめ会は野口米次郎の個人機関で、〈日本詩人〉としての根拠を作るための売名行為であり、しかも第一詩集の原稿料は野口が横領して、第二詩集の上梓が中断されている、といった中傷がなされた。

野口はこの記事が自分の品性を損なう許し難いものであるとして、『読売新聞』紙上（九月一日）に抗議と事情説明の記事を書いている。この野口の寄稿記事から、当時の野口がどのように受け取られ、どのように自己答弁したかが分かる。

野口は次のように述べた。元来あやめ会は、泡鳴、有明、花外らが野口の自宅で行っていた会合の際に発案されたものである。日本の新体詩人らの間には《競争もあり又感情の通ぜぬ所もある》が、自分は《日本人で日本人でない――新體詩人外の新體詩人》といった存在なので、理事になるには好都合だと言われて引き受けたのであり、一個人の機関誌とみなされるのは論外である。

> 日本の新体詩なるものを英米の其れと同じレベルに置いて、相互に研究しようといふに外では無い、而して少く云へば、日本の新体詩人が――詰らぬ事で感情を害し合ひ、競争し合つて居るのを止めて同情を有し合ひ、平和の空氣を呼吸し合つて研究せしめたいといふ老婆心から出來た會合である、余は單に周旋役を勉めたのに過ぎぬ、詰らぬ事をいふ様ではあるが、日本の文學界で機關雜誌を有して居ると其人が見るに堪へぬ程機關であると見せかけ自分の廣告に餘念の無い醜体を見て居るのであるから、余は成る丈け之を避けて余は單に新体詩人のサーバントに過ぎぬといふ態度さへ取る程余をして怜悧ならしめたのである。[52]

つまり、野口は、誰それの機関誌だとあからさまに分かるような、編集人の作品ばかりを載せる雑誌（野口が暗に指しているのは『白百合』であろう）のような恥ずかしい真似はしていない、と言う。そして、売名行為だと思われたことに烈しく憤慨している。

> 英詩を以て立ち、失敬な言分ではあるけれども、日本の文壇には重きを置かず、又其文壇に入れられようとも思はぬ自分には機關を有する必要が無いのは常識ある人は認める所であらう、又島國的の言語で云ふと「之れに依つて根據を作る」といふ必要は所謂驅け出し文學者に對しての事である。余は其を必要とする程黄嘴では無いと自信して居る。[53]

日本の批判者の了見の狭さに憤慨しての言ではあるが、おそらくこのような野口の国際派としての《自信》に対して、さらに逆上した者もいたであろう。

あやめ会の第一詩集『あやめ草』はあまり売れなかったため、出版社が次号の出版を渋り、第二詩集は別の出版社から出すことになった。野口はその経費や出版条件などについても詳細を公表している。国外からの要求に応えて書籍を送付する自己負担こそ多いが、自分は周旋役としては何の利益も得ていないと明言した。そして《記せよ、此の失敗はヨネ・ノグチの失敗で無い、日本の新体詩人の失敗である。新体詩人の失敗で無い、日本の讀詩社界の冷淡な故であると云はねばならぬ》と述べた。[54]

(d)〈あやめ会〉の詩

では、英米詩壇の潮流の中に身を置いてきた野口を囲んで勉強会を行っていた泡鳴や有明や花外らは、この雑誌を通して、どのような日本の近代詩の方向を模索しようとしていたのだろうか。詩集『あやめ草』と『豊旗雲』にどのような作品が収録されていたかを見ておこう。

第一詩集の『あやめ草』では、泡鳴の「海音獨白」「闇の盃盤」、有明の「追憶」、林外の「印度哀歌」など、日本語詩は八名による一四篇が掲載されている。「闇の廃盤」は《斯くて、夢より／夢を浮び、／とこしなへにも／生に酔はん》と結ばれ、有明は《默の華、寂の妙香》を歌おうとした。英語詩は、シモンズの "In Ireland I–V"、ミラーの "The Hawaiians"、"Twilight at the Hights"、イェイツの "A Faery Song"、野口の "In the Inland Sea"、"Kyoto" など、六名による一五篇が掲載されている。シモンズは、黄昏どき（twilight）や雨の日の光のほのかで繊細な情趣を詠い、ミラーも黄昏どきや虹、野口も黄昏どき、風、夢、死を詠っている。これらの詩篇に共通しているのは印象的なものを詠う傾向である。また、地域性や文化的モチーフの中に象徴性を追求しようとしている点も共通しており、国際的な思潮を感じさせるものがある。イェイツの "A Fairy Song" についても同様のねらいから選択されたと言えよう。当時の野口は、目に見えない妖精や仙女を詠う点をイェイツの《天職》として紹介し、アイルランド文化や仙女伝説、またイェイツの象徴主義運動や戯曲や詩について論じていた[55]。さらに英語目次のあとの扉には、アラビア風の情景を漫画的に描いた挿絵があり（図 5-1）、その裏にはオマル・ハイヤームの四行詩（英語）が一篇挿入されている。

次の第二詩集『豊旗雲』では、日本語詩は、上田敏「踏絵」、泡鳴「夢なり魂なり」、有明「やまうど」など七名による一〇篇。英語詩は、シモンズの "Japan"、ハウスマンの "Failure"、フェノロサ夫人の "Yuki"、エディス・トマスの "Occident and Orient" など、一〇名による二四篇である。第一詩集の刊行時に、英語の詩作品が再録ではないかと批判されたこともあって、第二詩集ではすべてが初出作品で、数篇は直筆の写真版を掲載している。

『あやめ草』『豊旗雲』の二集のみの発行をもって終わったあやめ会の文学活動を評価することは困難である。異なる言語で書かれた詩を一冊にまとめたとしても、いったいどのような方法で異文化間の相互作用的な詩的交流ができるのか、その構想が未だ明確に示されていなかった。だが、文芸の国際交流に対する意欲を燃やしていた野口、泡鳴、有明にとっては、《外國の詩人までも仲間に入さすことはない[56]》といった内向きの拒絶反応とともに会が挫折に追い込まれたことは、はなはだ残念な結果であった。

図 5-1　『あやめ草』の口絵

(e)〈あやめ会〉の紛争後

あやめ会の紛争が起こっていた一九〇六年、慶應義塾大学文学部に英文科が新設されて、野口はその主任教授となり英文学や英米文学史を講じ始めた。野口は鎌倉の円覚寺蔵六庵に書斎を構え、週に一度、大学で詩の講義を行う以外は、鎌倉で執筆活動を続けた。(57)

野口は敢えて孤独な環境に身を置いて、世界に向けた英語での執筆活動に励んだ。一九〇九年には詩集 *The Pilgrimage* を鎌倉のヴァレイ・プレス社と横浜のケリー&ワルシュ社から出版している。

鎌倉のヴァレイ・プレス社とは、野口が自ら携わっていた、出版や書籍輸出などを行う経営組織の名称である。専用のレシートや、封筒・便箋なども、ヴァレイ・プレスの名を刻したものを作成している。自らの本を出版し宣伝して海外に輸出することを主な事業としつつも、同時に岩野泡鳴や永井荷風、ラフカディオ・ハーンなどの書籍も輸出していた。(58)

一九一一年二月一六日付のニューヨークの新聞『ネイション』には、円覚寺にこもる野口の生活の様子が報告されている。〈沈黙〉に浸った生活の中で人間の知力の限界を知り、《人生三度目の霊的な覚醒を得た》と友人への手紙の中に書いていることなどが紹介された。《三度目》というのは、ミラーの〈丘〉で自然との交感を得て覚醒したとき、ロンドンでブレイクやホイッスラーに接したときの覚醒に次いで、との意味であるという。(59)

あやめ会の挫折を経験した野口は、日本の文壇人をとりまとめて国際的な文芸交流を行うことこそ諦めたものの、個人としての国外向けの執筆活動は精力的に続けていった。むしろ、あやめ会の挫折による国内文壇に対する失望が、野口を国外への発信活動に専念させていった部分もあるだろう。

だが、野口の国外発信活動は国内文壇とまったく断絶した形で行われたわけではない。日本人作家の書籍を、ヴァレイ・プレス社を通して海外に売りこんでいた事実のほかにも、日本国内の現代詩人たちを海外に紹介する活動も自ら行っていた。たとえば「日本現代の詩人」と題して『ジャパン・タイムズ』に寄稿した記事の中で、島崎藤村、蒲原有明、前田林外、岩野泡鳴らを評論し、日本の新しい詩の潮流を国外に紹介しようとしている。このような野口の対外的活動を、同時代の日本詩人たちも認識していた。(60)

一九〇七年にあやめ会が挫折して以後の日本文壇における野口の活動は、従来はほとんど知られていないが、これ以後も上田敏や有明らの集う会の中には大抵その姿を見せている。あやめ会以後は野口がグループを主催することはなかったにせよ、文芸家仲間の社交的会合や夕食会には主要メンバーとして参加し、周辺の詩人らに様々な感化を与えたのである。

また、あやめ会では新聞紙上を大いに騒がせ派手に失敗した野口だったが、当時の日本の少年たちには憧れの存在であった。一例を挙げると、のちにホイットマン研究に従事することになる長沼重隆(1890-1982)は、野口が帰国してあやめ会の活動に奔走していた頃に中学四、五年生で、野口の紀行文「北米五百哩の予の無銭旅行」(『中学世界』一九〇六年八月)を読んで強い影響を受けた。長沼はサンフランシスコ時代の野口の友人・鷲頭尺魔(前述第一章第5節)の紹介状を持って自らも一九歳で渡米し、ミラーにも会い、野口が歩いた街路を何年も歩いたという。彼は一九一三年頃、サンフランシスコの書店で野口の *The Pilgrimage* を発見して数年間肌身離さず愛読するが、その中でトラウベルの名を初めて知ったのだった。長沼はトラウベル宛の手紙を書いて野口の名に言及し、その後ニューヨークに出てトラウベルと親交を結ぶことになる。[61] 長沼が野口に初めて会ったのは一九二〇年一月のニューヨークであった。長沼はブルックリン美術館の日本語助手を務めていた竹友藻風(1891-1954)[62]と偶然に会い、二人とも野口と面識はなかったものの、野口がどこに泊まっているかを知っていたので、電話して会いに行ったのであった。長沼の回想録には、突然の来訪にもかかわらず、野口がいかに親切で面倒見が良い人間だったかが綴られている。[63]

あやめ会の失敗は派手に取り沙汰されたが、当時の野口の存在が若者たちに与えた影響は従来知られている以上に大きかったと言えよう(若者たちの野口への眼差しについては、また後述する)。

4　象徴主義の展開

(a)　野口の有明・泡鳴に対する評価

さてその後、日本における象徴主義詩はどのように展開していったのだろうか。

〈象徴詩人〉として芭蕉を捉えた蒲原有明は、『春鳥集』(一九〇五年)に続いて、『有明集』(一九〇八年)を刊行し、〈我〉と〈自然〉との融合をさらに追求していく。彼はあらゆる〈情意〉〈相念の世界〉〈表現世界〉〈芸術〉が〈自然の一心〉に集約されると言い、また、仏教の《二偈を読誦する時、極めて近代的の詩篇と共通融合する情趣を感ずる》[64]と述べて、その世界を詩に表現していった。自己の内面世界を観念的に自然と照応させようとする有明の象徴主義は仏教哲学に結びついたのである。[65]

若い頃より仏教に造詣が深かった有明にとって、象徴主義の詩の理念は、仏教の世界観と重ねあわせて認識され実践された。マラルメの理論が東洋思想への近似性を持っていたように、[66] 宇宙万物の照応関係や連鎖関係を言うボードレールの〈コレスポンダンス〉の観念も東洋思想にとっては親近性が強く、ヨーロッパの象徴主義理論が、仏教的な世界観に重なるのは不自然ではなかった。

有明はのちに「象徴主義の文学に就て」(一九二四年)で、日本における象徴詩の由来と展開を次のように論じている。[67]

> 象徴といふ字面は、対訳語として用いられてきたがわたくしはその出典を詳かにしない。たぶん佛教の論部の術語に起源があるのではなからうか。華厳玄談に出てゐたやうに思つて後から捜索して見たこともあるが、それは遂に徒労に終つた。わたくしの記憶によれば、森鷗外博士が「目不酔草」に連載した「審美新説」（フォルケルト所説）に出てゐたのが、わが文芸界では始めであつたかとも思ふ。さうして見るとこの象徴の熟字も鷗外博士の手で、佛教語を参酌して造られたと称してもよいかも知れない。わたくしはここで先ずこの「審美新説」がわが邦の自然主義の勃興に冥々の感化を及ぼしたことを云つておきたいのであるが、それのみならず、その釈義に於て、自然主義が強ち象徴主義、神秘主義と齟齬扞格するものでなく、近代思想の及ぶところ相関連するところありと説いてあつたことを憶い起すのである。(68)

有明は、symbolを〈象徴〉と訳す語彙選択のレベルから仏教的認識が根底にあり、また自然主義は象徴主義や神秘主義と完全に対立せずに相互に連関すると言う。これは有明の象徴主義認識を考える際に重要な点である（ちなみに野口や泡鳴は、〈象徴〉ではなく〈表象〉という語句を終始用いた）。

今日の評価では、有明は《フランス象徴主義の理念を正統的に理解し実践した詩人》であり、『有明集』は《マラルメと深い類縁性を結びつつ進捗された詩的営為の成果》であったと捉えられているが、(69)同時代的には、内面世界を観念的に追究する有明の詩的営為はあまり評価されなかった。相馬御風は有明の象徴詩を、《知の細工で形を与えた情緒の表象》であり、現実感のない《遊戯詩》であるとみなした。そして、有明が《我が国の新体詩》を様々に工夫し《且その上に西欧の風格を力の限り取り入れて》《完成して、極致を示した》にせよ、それはもはや過去のものであると断じた。(70)しかし、前述したように御風は泡鳴や有明と対立していたので、有明を意図的に過去のものにしたかったに違いない。また、従来の研究では、『有明集』が自然主義的観点から激しい非難と攻撃にさらされた面が強調されて論じられ、自然主義の潮流ゆえに有明の意図が評価されなかったとみなされてきた。しかし、民衆詩派などの平易な口語自由詩の中で、有明の難解な詩が理解されにくかったということが言えたとしても、象徴主義が自然主義の勃興によって埋もれていったという理解は単純すぎるだろう。

では、野口は友人・有明のこうした理論の形成といかに関わり、また有明についてどのように評価していたのだろうか。

野口は一九〇七年の時点から、『ジャパン・タイムズ』や『新思潮』に泡鳴や有明の詩についての論考を英文で寄稿していた。(71)また、一九一四年の英国講演においては、日本の近代詩歌（つまり野口と同時代の詩人たち）の流れと問題点に関する見解を披露している。(72)そこでは、近代歌人たちの保守性や藤村以降の新体詩人たちが紹介されているが、特に大きく取り上げられているのが有明と泡鳴であった。

野口はその講演で有明の七五調の象徴詩二篇を、英語の口語自由詩に翻訳して紹介し、[73] 有明がD・G・ロセッティから影響を受けたことに触れて、《彼の精神はあまりに体系的すぎるが[74]》と述べながら次のように論じた。

> 象徴主義とは何か。他のものの中に自らの気質を確認すること、われわれと他の現象を結びつける不思議な糸をつむぐことである。蒲原はまさにこの象徴主義者である。[75] 彼独自の個性をもって万象を観る人である。（訳文、堀）

野口は、有明のロセッティやマラルメに対する理解と実作への反映には驚くべきものがあり、彼らから影響を受けたからといって有明の価値が減じるものではないと説く。マラルメが分かりにくいのは、他の詩人と書き方が異なっているためではなく、考え方が異なっているためだが、これと同様のことが有明にも言える、と野口は述べた。[76]

野口は、日本人はまだ文学上の厳密な意味での象徴主義や象徴性を確立できていないので、有明の将来には大きなチャンスがあると思う、とも述べている。有明の詩的情調が巧妙すぎて知的すぎる嫌いはあるが、もし自らが創造した古典主義を離脱し《元始のまゝの信仰の情調》を獲得できれば象徴詩人・有明の大勝利である、と。有明は《曖昧不確を以て批難》されているが、そのような批判は《唯一笑に附して》いればよい、と野口は述べて、有明を励ましたのだった。[77]

一方野口は、泡鳴について、《何處か素人臭の熱氣が燃え、然し圓熟の状態には達し得ない世にも有望な詩人》であると評し、《自己自身の情焔と思想の豊麗に多く惑はされて、不本意乍ら、自己の自覺を失ふのは悲しむ可きである》と述べている。そして、泡鳴は有明とは対照的で、《哲理とか反省とかの問題》を扱う体質ではない、と論じた。[78]

当時の泡鳴はすでに詩作をやめており、『神秘的半獣主義』（一九〇六年）に続いて、一九〇八年には『新自然主義』（象徴主義と自然主義をめぐる評論集）を刊行し、また一九一三年にはシモンズの翻訳書『表象主義の文学運動』を出版していた。泡鳴の〈新自然主義〉とは、自然が深まれば神秘になるという一種の象徴主義であった。前述のように、独自路線を奔放に進む泡鳴に対しては批判や反発も多く、彼は国内の文壇の中でも特異な位置にあった。しかし野口の泡鳴評価は、決して批判的ではなく、むしろ、その大きな可能性と未発達な部分を確かな形で結実させることに期待を寄せている。

> 彼は、あらゆる題材の中に思考をまき散らして情熱を浪費する、軽率な詩人として批判されてきた。実際は、彼は、いかなる題材にも造詣が深く、とっさの情熱と思想を一点に立ち上らせる。彼は現代の最も多才な詩人である。それゆえ彼は無意識のうちにあらゆる過剰さへと退廃していくのである。[79]
> （訳文、堀）

以上のように、野口は象徴詩を高踏的に極めようとする有明と、日本の文壇内で激しく批判されていた泡鳴の個性を把握して英文で紹介し、象徴主義の展開を眺めていたのである。

ちなみに、野口の立場は、欧米から移入した象徴主義理論と仏教的世界を結合させる有明とは異なっていた。たとえば『日本詩歌論』には、「輿論」として「信仰」と題された野口の一文が添付掲載されている。そこでは、あくまでも詩人としての精神性や詩的到達の方法論が、宗教的世界からも遠くないということが主張されてはいるが、象徴主義理論を仏教哲学に変換・融合させる立場は読み取れない。

(b) 象徴主義詩人たちの行方

明治四〇年代になると、有明の次の世代の象徴主義詩人たち、北原白秋（1885–1942）や三木露風（1889–1964）が、有明や上田敏らの影響のもとに登場した。

『有明集』の翌年、白秋が出した『邪宗門』（一九〇九年）は、世紀末的デカダンスの情調を漂わせ、強烈なエキゾティシズムによる幻想や陶酔を特徴としていた。白秋自らが「序」（「例言」）に述べているように、《情緒の諧樂と感覺の印象》を主とする白秋の象徴詩は、《内部生活の幽かなる振動のリズムを感じ》て、その《音樂的象徴》を《新しき自由詩の形式》で書いたものであった。[80]

そして、この『邪宗門』の象徴詩法が深化され自然に応用されて、白秋の第二詩集『思ひ出』（一九一一年）が作られ、《捉へがたい感覺の記憶》と、《自分の感覺に抵觸し得た現實の生そのもの[81]》が抒情的かつ官能的に、みずみずしい感覚で詠われた。これが白秋の出世作となる。この詩集に関して高村光太郎は、《現代の若いジェネレーションの内部生活の世界に新しい色彩と、未知の領域とを与へた事は近頃の文芸界に於ける偉観である》として、《現代の人の覚醒が、或る開放が、従つて或る寂寥が》《追憶の神秘の影に》リアルに存在していることを評価し、《近頃続出する追憶文学の中で最も鋭く現在を語る》と述べている。[82] 有明の象徴詩は、人間の現実を詠っていないと非難されたが、それに対して白秋は、人間の現実を詠う新しい象徴詩の方向を示したと言える。

そうした中、有明は次第に詩壇の中心から遠のいていく。その光景はマンダラ詩社の結成と消滅に端的にあらわれている。

一九一五（大正四）年三月、河井酔茗（1874–1965）と沢村胡夷（1884–1930）の主唱で、上田、有明、白秋、野口、露風は、マンダラ詩社を結成し、第一詩集『マンダラ』（東雲堂書店）を刊行した。装幀は富本憲吉（1886–1963）で、豪華な仕上がりであった。[83]

有明はその序文で、《光明意志の發動》によって《現證の法界が無限なる表現の言葉の供養を受ける》、《表現の生活が人生の曼陀羅を現證の法界に織り出す》と書いている。[84] 有明の認識は、もはや象徴主義理論を超えて、深淵な神秘的宗教の世界に入っていた。有明によれば、マンダラは、宇宙万物を秩序の中に包摂・合一し、個性がそこに一体化することをあらわす。そして修練を極める個人の表現芸術は〈人生の曼陀羅〉であり、宇宙と生命の一体化を示すものなのだという。のちに露風は、この頃の有明がインド思想に没頭していたことを回想している[85]。

この有明の序文のあと、『マンダラ』には露風、白秋、野口、胡夷、酔茗、有明、上田の順で、それぞれ五—七篇の詩が載せられた。野口は英詩を収録している[86]。

この共同詩集『マンダラ』は、野口が刊行したあやめ会の詩集『あやめ草』や『豊旗雲』を彷彿とさせる体裁であったと、川路柳虹（1888-1959）は述べている。柳虹によれば、マンダラ詩社の主義主張は明確ではないが、《現詩壇の中堅とも云ふべき三木、北原》、《嘗て詩界に一時期を劃し得た蒲原、河合兩氏も若がへつて一花咲かす意氣込を見せ》ており、上田や野口が加わって《一大政黨》の様相であるという。そして柳虹は、《兎角に引つ込み勝ちになる詩壇の先覺がこれから熾んに創作を發表しやうとする意氣の見える丈けでもこの刊行物の價値は可成り重大である》と、皮肉ともとれる論評をしている[87]。また、山宮允はマンダラ詩社について、《一貫した主義主張のある結社でもなく、その第一詩集は全體として活氣の乏しいものであつた》と言葉少なに評した[88]。ようするに、『マンダラ』は大きな反響を呼ばなかったのである。

結局、このマンダラ詩社は詩集一巻を刊行したのみで、その後、自然消滅してしまう。それは、象徴詩をきりひらいた有明が完全に旧派となり、世代交代が進んだことを示すものであった。

この先、象徴主義の系譜は、白秋と露風によってそれぞれ違う方向に導かれていく。そこで次に、露風に焦点を合わせてみることにしよう。

三木露風は象徴詩人として白秋と並び称されるが、大正期においては白秋よりもむしろ露風の方が正統的な象徴主義の系譜にあると見られていた。たとえば柳澤健（1889-1953）は、露風の暗示に満ちた作品は、白秋の《暗示性を缺き、表面光輝にのみ生き、陰影無く、含蓄なき》作品とは比較にならない、という見解を示している[89]。これは『マンダラ』の露風・白秋の詩を引用して、露風・白秋を並称する一般的な認識を批判したものであった。

露風は、『マンダラ』が刊行された一九一五年の七月には観念的象徴詩集と言われる『幻の田園』、九月には『露風詩話』（白日社）を刊行する。この『露風詩話』は、野口の『日本詩歌論』（*The Spirit of Japanese Poetry* の邦訳版）と同時期に出たものであり、ともに象徴主義と芭蕉を論じたものとして評価を受けることになった。

（c）露風の象徴主義理論に見る、野口の影響

野口、上田、有明、泡鳴らに比して一五歳ほど若い世代にあたる露風は、一九〇七年の一九歳の頃より詩壇で知られるようになり、一九一三年九月の第四詩集『白き手の猟人』で、神秘主義的象徴主義と呼ばれる独自の詩風を形成したと言われている。この露風の象徴主義理論には、有明や上田からの影響やシ

モンズを愛読した影響とともに、野口の詩や詩論などからの影響や感化があったと考えられる。[90]

もともと早稲田大学に入学していた露風は、一九一〇年一〇月に慶應義塾大学の文学部に転入したが、その露風が、一九〇六年に慶應に英文学科が創設されて以来の主任教授であった野口の存在を意識していないはずはない。

『白き手の猟人』の「言辞」にはまず、《沈黙は最上の礼拝なり　薄伽梵歌第一章》と記され、「序」には《二三年巡礼者のやうな暮しをして来た私は、今振返れば、今も同じ巡礼者の心地である》とある。[91] 露風の中には、野口が一九〇九年に出している *The Pilgrimage*（巡礼）からの影響があったのではないだろうか。この『白き手の猟人』には、《象徴は魂の窓である》[92]などの散文も挿入されて、感覚や官能における直感的な自然の把握が強く主張されているが、その中で《不可見の世界を離れて象徴なし》[93]と述べているところにも、野口の〈Unseen ＝不可見〉という語からの影響が感じられる。露風は野口の語句をヒントに、それを解説的な散文にしているように見える。また露風は、芭蕉についても俳人としてではなく近代的な詩人として評価すべきであると論じる。そして、「詩的なもの」と題した、『白き手の猟人』の最後に収められた随筆の末尾は、果たせるかな、次のように結ばれている。

> 野口米次郎氏の最近の詩集 Pilgrimage に "New art" と題する詩がある。「新しきアートは現実の黄昏の上に羽ばたく蛾なり。」といふ言葉がある。僕は非常に面白いと思ふ。たとへばその蛾のごときものである。僕等は薄ぐらい現実の上に立迷ふ蛾と雖、そこにかぎりなき美を充分に味はふことが出来るではないか。[94]

ここで露風が挙げた野口の詩 "New art" とは、本章の冒頭に一部を引用したものである。ここに、詩の全体を示しておきたい。

> She is an art (let me call her so)
> Hung, as a web, in the air of perfume,
> Soft yet vivid, she sways in music:
> (But what sadness in her saturation of life!)
> Her music lives in intensity of a moment and then dies;
> To her, suggestion is her life.
> She left behind the quest of beauty and dream;
> Is her own self not the song of dream and beauty itself?
> (I know she is tired of ideal and problem and talk.)
> She is the moth-light playing on reality's dusk,
> Soon to die as a savage prey of the moment;
> She is a creation of surprise (let me say so),
> Dancing gold on the wire of impulse.
> What an elf of light and shadow!
> What a flash of tragedy and beauty![95]

この英詩は、のちに野口自身が次のような日本語詩にしている。

そもそも藝術は、
蜘蛛の巣のやうに、香の空中にかかる、
柔かで生き生きと、音樂にゆれる。
（人生に浸潤する藝術は悲しい。）
その音樂は瞬間の緊張に死ぬる、生きる、
暗示がこの生命だ。
藝術に美と夢の「探求」はない、（なぜといふに、）
藝術は夢、美そのものに外ならない。
（私共は理想や問題や雑談やに疲れ切つた。）
現實の黄昏に光る蛾一疋だ……
殘忍な瞬間の餌食となつて死なねばならない。
藝術は創像の驚異（さう私はいふ、）
衝動の金線に踊る、
光と影の小鬼《エルフ》……
藝術の美と悲劇はきらめき渡る。[96]

ただし英語詩と日本語詩で異なっている点にも注意しておかねばならない。英語詩では、芸術が〈She〉と擬人化されて繰り返され、具体性をおびた象徴詩となっているのに対して、日本語詩の方は、芸術を人に擬しておらず、そのぶん観念性の強いものとなっている。しかし、それ以外の隠喩は英語詩を踏襲していると言える。

この“The New Art”という詩は、アーサー・ランサムが《詩集 *The Pilgrimage* の概要を伝えている一篇である》と評価した作品であった[97]。露風は、この“The New Art”の《She is the moth-light playing on reality's dusk》のフレーズに強い関心を寄せて、〈詩的なもの〉を想起させ美の陶酔を感じると記している。この言葉によって詩集『白き手の猟人』が閉じられていることは、実に示唆的であろう。

露風の詩の多くが〈蛾〉について詠っており、そこに野口米次郎によるポー受容の影響、特に野口の *The Pilgrimage* の影響があるとの指摘がなされたことがある[98]。だが、野口からの露風への影響は、特定の詩や詩のモチーフのみではなかろう。露風は主催する雑誌『未来』[99]（一九一五年二月号）の編集余録に、野口本人から *The Spirit of Japanese Poetry* を送ってもらったことを記している。

自分は久しき前から氏（野口）の詩集“Pilgrimage”によって象徴的な予感を受取ってゐた。それを今一層明らかにした心持がする。此書には必ずしも理論は説かれてゐない。氏は感覚的に、物の味から、次第に詩歌の精髄に及んでいる。日本の詩歌を考量するのに、氏は雅致であるところの暗示、そのものを以てする。（中略）夢と沈黙とを好む氏の暗示説は自分には興味が深い。（中略）教へられるところが多いのを感謝する。[100]（括弧内、堀）

The Pilgrimage 以来、野口の詩歌から《象徴的な予感を受取って》いた露風は *The Spirit of Japanese Poetry* を手にして、さらにその詩論に教えられたというのである。

実際、露風の『露風詩話』（一九一五年五月）は、露風の中で東洋的な汎神論的自然観と象徴詩観が次第に形成されつつあった時期に書かれたと言われているが、[101] その中で示されているのは、野口に非常に近い象徴主義詩観である。この『露風詩話』は、〈詩話〉と題されているとおり、随筆的な性質のもので〈詩論〉とまでは言えないだろう。しかし、野口の『日本詩歌論』（同じ一九一五年）が欧米の文学理論と比較して自らの詩論を展開したことや、当時はまだ英語の方が自在であった野口の堅い日本語文体に比べると、[102]『露風詩話』は文体も内容も柔らかく読みやすいため、より多くの読者を獲得しただろうと考えられる。

では、『露風詩話』で語られる内容は、野口の詩論とどのような共通性を持っているのだろうか。たとえば露風はその中で、モノの背景を重視すると言い、《事物に沈黙を混じたやうな観方が善い藝術にある》と述べる。[103] これは野口が述べた〈沈黙〉に非常に近い。また露風は、象徴主義ほど《透徹したものは無い》と言い、《自分は、古代の日本の作品などこそ、立派な象徴主義の作品であると信じてゐる》[104]と述べる。[105] そして、《西行や芭蕉は、以後益々、讀まれなければならぬ》[106]とし、芭蕉の胸にあったのは《立派な象徴文學》の精神であり、《詩の幽玄體は卽ち今日でいふ象徴體である》[107]と述べている。露風はさらに、《我國の能樂や、又は繪畫や、又は陶器なぞの藝術はこの象徴主義を發揮してゐるのである》[108]とか、《日本に於ける象徴の精神が芭蕉や雪舟や光琳になつてゐることは毫《すこ》しも怪むに足りないのである》[109]とも述べている。このように象徴主義の精神が、芭蕉を軸にしつつ、雪舟や光琳など文学以外の文化領域にまで拡大されていくという見解も、野口から示唆を得たものであろう。当時の野口は、自身の英文著作や英国での講演などにおいて、日本文学のみならず、光琳や浮世絵、能楽など幅広い日本文化についての認識を語っていた（後述第六章）。

この象徴主義の理念を簡潔にとりまとめたかのような『露風詩話』は、《凡てを象徴化しやうとする詩人》の《一種の unwritten poem》であると評され、《新ら《ママ》しいもの》を学びうるものでは決してない、と当時においても批評されているが、[110] 実際、野口がすでに語っていた内容の繰り返しに過ぎないと言える。少なくとも『露風詩話』が、野口の言葉〈sung in silence〉〈unwritten poetry〉などを同時代の読者に想起させるものであったことは間違いない。

では野口は、若き象徴詩人・露風を当時どのように見ていたのだろうか。『日本詩歌論』の中で野口は、白秋と露風については《詳細評論する》ための《充分な用意が無い》としながらも、非常に鋭い指摘をしている。白秋については、日本文壇で一般に《是認せられ且つ奨勵さられ》ながらも、《ある文藝傾向の埒外に自分の一境地を築いて》、《自分の満足に酔はんとする態度》を羨ましく感じると述べている。そして《所謂舊日本に新しい文藝上の王國を發見した》白秋の《不思議な努力》を評価している。一方、露風については、《有明を一轉化し得る幸運に迎えられ乍ら、彼の怜悧は徒らに彼を細心》にして自由を失っている、と論じる。[111]

彼(露風)は、有明が展開し初めた一種の詩境の窓を閉塞したとも思はれたのは、有明には西歐文藝の美に對する驚く可き敏捷な感受性があるのに對して、露風は日本在來の藝術の裡に彼の愛する西歐詩調の一種の姿を求めんとする所謂島國性《インシュラリティー》を基礎とするからである。(括弧内、堀)[112]

野口は、露風の〈内〉に向かう閉塞した感覚を鋭く捉えている。また、《一の方便として言葉を取扱》う白秋の作品に、《精神を露呈する不思議な結果》がもたらされているのに対して、露風の《靈的行爲の存在を詩の玄致とする》理想が、実は《修辭を重大視して居る》ように見える、とも述べている。[113]野口が、露風よりも白秋の方向を評価していたことが分かる部分である。

露風は、自らの『露風詩話』が野口の詩論の影響下にあると受け取られているので自分と野口の差異化を図る必要があったのだろうか、あるいは野口が『日本詩歌論』に書いた白秋・露風の評が面白くなかったのだろうか、『日本詩歌論』の英語版について、一九一五年二月には自分の雑誌『未來』で称賛の言葉を書いていたにもかかわらず、同年一二月二二日には『時事新報』紙上で《上つらなことが多い、根の無い言葉が多い、漚丈けをすゝつて中身の酒を飲まないやうなものだ》と批判し、野口が詩の精髄に及んでいないと述べた。野口はそれに対して、自分に対する二つの相反する批評のどちらが真実でどちらが虚偽なのか、一〇カ月の間の自分に対する態度の変化はどこからきたのか、《三木氏の云ふ所の信念、又自己の滲入とは如何なるものか》と疑問を呈した。[114]野口は、露風の修辞に認められる人間としての無責任さについて皮肉たっぷりに論究している。[115]

一九一〇年代の露風が、自己を確立する過程の中で揺れ動いていたのは事実であろう。しかし、露風が野口に影響を受け、野口の存在を無視できなかったことも動かぬ事実である。一九三七年、合同詩集『マンダラ』について回想する露風は、野口に対して最も筆を割き、《野口の詩は英詩人の作品に比することが能きる。それほど巧緻であり、熟達してゐる》と述べ、野口が英語で《日本の國民性》を歌いえた稀有な詩人であると評価している。[116]

(d)〈露風放追〉

象徴主義理論は、二〇世紀初頭に世界を席巻したモダニズム芸術諸派の序章であった。萩原朔太郎は、一九一六年一一月に《近代の詩が(日本では蒲原有明氏以來)その主張、流派、傾向の如何にかかはらず、その表現の根本精神に於ては、何れも等しくこの象徴主義の精神に立脚してゐる》と述べ、《最も極端な象徴主義の藝術》が未来派の芸術であるとしている。[117] また、象徴に関するあらゆる議論は、《物の概念（物質）をまるつきり描かないで物の生命（精神）ばかりを描く》ことに帰着するとも述べている。[118]

その朔太郎は一九一七年五月に、「三木露風一派の詩を放追せよ」と題して露風の観念的象徴主義を批判する。すなわち、白秋の詩集『思ひ出』が《蒲原有明氏以來日本象徴詩派の宿題であつた情調本位の叙情詩を完成した》ものであったと評価し、それに対して露風とその一派の観念風の象徴詩は、《一種のありきたりの型にはまつた所謂「詩人らしい神秘思想」といふべき類》に陥ったと述べた。[119] 朔太郎は、露風らの思想が《月並な類型的思想》であるのみならず《本質から言つても極めて朦朧たるもの》で、《「思想」といふ名稱をあたへることの出來ないほど心性のはつきりしないものである》と厳しく批判した。[120]

このように露風らがたどる象徴主義の傾向を非難した朔太郎は、一方で、『思ひ出』を高く評価していたことにも明らかなように、白秋を敬慕していた。一九一六年頃の白秋は田園の自然的生活を愛して、芭蕉の〈さび〉を近代化しようとしていた。野口が英国で芭蕉と象徴主義についての講演をした一九一四年以後は、芭蕉再評価の気運が高まる時期で、一九一八年頃から文学雑誌での芭蕉研究も目につくようになり、[121] 一九二〇年代には、太田水穂らの「芭蕉研究会」を発信源に芭蕉ブームが起こって、中世美学の探求に向かう動きのきっかけになった。[122]

ただし、音楽や民謡との融合的芸術を求めていた当時の白秋は、理論的な解釈に走る太田らの〈芭蕉研究会〉には批判的であった。[123] その白秋は一九三五年頃からは〈新幽玄〉〈新象徴〉を主張し、『新古今』を中心とする中世和歌から、新しい象徴主義〈新幽玄体〉を追求していくことになる。

それはともかく、朔太郎の〈露風一派放追〉の主張によって、象徴主義の詩人たちの活動は一つの区切りを迎えたと言ってよい。これ以降、白秋・露風が並び称された時代から、朔太郎ら新しい世代の詩人たちの時代へと転換していくのである。

5　野口の問題意識

ここまで象徴主義移入期から展開期にかけて、野口とその周辺の詩人たちとの関係を見てきたが、そこに野口が求めていたものは何だったのだろうか。

一九一四年に講演のために渡英した野口は、W・B・イェイツやパウンドに会った際、イェイツから《日本は西洋から何を学ぼうとしているのか》と尋ねられて次のように答えた。

> 私は日本の過渡期も追々其結末に近付いて來て今ぢや我々が嘗て西洋から學んだものを或は保存し、或は破壊する店卸際中で、近頃では西洋文學に對する反動を奬勵したいとまで自分は思つて居ると云ひ添へた。

我々が或西洋文學を喜ぶ譯は單に新しくて奇に見える點からぢや無くて、我我自身日本の情熱や想像が西洋文學の裡により美に、より精細に、表白され居る事實を發見するからです。我我が西洋のシムボリズムを受入れるのは其洗禮で我我の古いシムボリズム（寧ろアレゴリーと云つた方が適當でしやう）を強めるといふよりは純白ならしめたい希望からです。[124]

野口にとっては、西洋の文学の価値とはあくまでも、それに学んで日本の新しい文学を創造するところにあるということである。その問題意識の中で、野口は欧米の象徴主義理論を受容し、芭蕉再評価にあたっていたのである。そして、その実践としてあやめ会の設立があり、『あやめ草』の編集作業があったのだ。

一九〇六（明治三九）年一月の『中央公論』で野口が述べているのも、拡大する英国にキプリングがいたように、《日本を代表する國民詩人》の出現を強く期待する、ということであった。[125] また同月、アイルランド文学運動が国家独立運動と連携していることを述べ、文学や詩の重要性を〈国家〉の問題の中で捉える必要性をも指摘している。[126] このような野口の認識には、イェイツらと直接に親交を持っていたことによる影響が大きいと思われるが、イェイツが象徴主義を出発点として、国際的潮流の中で独自の活動を展開したように、野口もまたそのような詩人を目指していたと思われる。[127]

野口にとっての詩とは、有明のように内的世界を表すものというよりは、ある意味で〈国家〉の問題とつながっていくものだった。しかも野口が問題にする〈国家〉とは、一国内に閉じていく種類のものではなく、〈国際性〉つまり相互関係の中にある〈国家〉であった。言い換えれば、自国文化だけに価値があるのではなく、それぞれの民族には独自性や価値があるので、それを相対的に意識し尊重して、自国文化・自国独自の詩のあり方を自律的に創出していこうと、野口は考えていた。

この点で示唆に富むのが、少しのちのことになるが、『芭蕉論』（一九二五年）で語られている所見である。この論で野口は、〈不易流行〉を《眞實な詩歌の秘密である》として、《詩人は永劫の靜止の姿に、流動する瞬間の意味を發見せねばならない》と説き、[128]〈不易流行〉から《寂と栞》の了解は一歩であると述べる。一方、一国の文明の発展のためには《世界意識》と《世界心》が必要であるとし、《世界意識》とは《世界共通の新しい感性に生きようとする意識》であり、《世界心》とは《時と空間を超越する永遠的生命を摑んでゐる人間の心》であると言う。[129]

私は今文學上にも世界意識を論じて因襲的な一地方の感情を一掃したい。私は日本人である、故に當面の直接問題は日本の文學である。即ち日本文學の進歩は一に世界意識の有るか無いかで定る。日本文學は過去に於て、或は現在に於て宇宙を一貫して永劫に流れる不變の生命を摑んでゐるであらうか、則ち世界心に觸れてゐるであらうか。日本文學は現在に於て、或は過去に於て、世界共通の新しい感性に生きてゐるであらうか。日本文學は世界意識から批判して價値があるであらうか。(130)

野口が目指していたのは、日本国内だけでなく、海外でも同等に評価される普遍性を持った日本文学の創出だった。むろん、世界に通用する国民文学の創出といった議論は当時盛んに行われ、野口に限られたものではない。また、あやめ会の挫折に見てきたように、現実には詩人たち個々の意識をとりまとめた動きに導くことはできなかった。

だが、野口は野口独自の経験と、詩人としての感性を背景にして、世界に通用する国民文学の創出を語っていた。そしてそれは、野口の生涯を通じて一貫した主張であった。

新旧を問わず、数少ない《千古を貫く永遠性を抱合し、それと合一したものであると感ずる》作品を、野口は追求していた。(131) そして、真の人間性を把持した文学、《世界心》から生まれた文学は、古今東西を問わず、どの地方の文学であっても永遠性を保つと論じた。野口の発想が、日本文学の進歩を言いながら、日本国家の枠内に閉じていくような形ではなく、拡大していくもの、つまり詩歌や文学の世界的な普遍性をこそ重視した主張であったことを確認しておきたい。

6 英国詩壇に対する認識
——イェイツとブリッジズ

そうした野口の国際性を考えていくのに先立って、日本帰国後の野口が、英国詩壇の状況をどのように把握していたのかについても一瞥しておきたい。

イェイツと直接の交流を持っていた野口は、一九〇四年の帰国当初から、同時代的に最も注目すべき英詩人としてイェイツの名を喧伝していた。帰国直後に、「英文學の新潮流——愛蘭土詩人イーツ」(『英文新誌』第二二号、一九〇四年)を寄稿し、また『英米の十三年』(一九〇五年)を刊行して、イェイツについての論考を発表している。日本の文壇においてイェイツの紹介は、野口の帰国以前からもなされていたものの、(132) 一九〇四年当時の野口のイェイツ紹介は、戯曲、散文、詩を挙げて総合的な観点からその芸術を論じたもので、《世界的にみても画期的》な考察であった。(133) 野口はこの点でも同時代の日本文壇や演劇界、そして日本の英文学者の研究や文学観に、直接・間接に大きな影響を与えることになったのである。

一九〇七年、英国の詩壇について論じる中で平田禿木(134)は、イェイツとロバート・ブリッジズ(1844-1930)の二人こそが、存命の詩人として最重要であるとした。平田はイェイツについて、《根本の基礎をケルト民俗《ママ》の伝統に置いて、その一種異様の詩潮を伝へると云ふのが、この人の願である》(135)とし、《今の英の文壇、真に詩人らしい詩人[136]》と紹介している。ロンドンに住みながらも折に触れて故郷アイルランドの地に戻り、自然的生活を行うというイェイツの暮らし方も、極めて詩人的であると評価されている。

平田はブリッジズについては、《イェイツ氏と同じく、現英国下の詩壇一方の重鎮である[137]》として次のように評している。

> キーツに最も精緻の研究を試み、音韻の妙これを素養深き学殖に基礎をおいてあるので、音律のけはしきは細心の読者をもなやましむるものがある。無韻詩《ブランク・ヴァアス》においても、その精巧、豊富の技はテニソンの死後第一の人と称せられる。その『短詩《ショオタアポエムス》』のごとき、彼のギリシャ古瓶の詩人と同じく実にミルトンである、青春のミルトンである（以下略[138]）（ルビ、原文のママ）

ブリッジズが、〈無韻詩〉や〈短詩〉をリードする現代英国の詩界の中心人物であるという紹介が、この一九一二年において日本で語られていたことは、野口にとっても重要な意味を持っている。この、英国の桂冠詩人かつオックスフォード大学の教授であったブリッジズに招待され、野口は一九一三年末に再度渡英することになるからである。ブリッジズはイェイツと同様、一九〇三年初めより野口が直接に交流を持っていた詩人であった。

野口はブリッジズを《単純正直な眼で自然を見た》という点で、《東洋の藝術と接觸し》た詩人で、《「東西詩想の接觸の第二期」を開いた詩人》と評した[139]。そして、《西洋の文藝が東洋化した第三期》にあたるのが、自らの英国講演や著作で主張した《暗示》の理論に賛同してそれを実践した英詩人たちであると考えていた[140]。第三期のものとして野口が具体的に挙げたのは、フレッチャー（1886-1950）の詩集『浮世絵』（*Japanese Prints*, 1918）で、彼は野口の詩論に大きな反応を示した詩人であった。ちなみに、野口が第一期の詩人とみなしたのは、《先天的に東洋化した心の詩人》であるウィリアム・ワーズワース（1770-1850）である[141]。野口の英国講演の内容とその反響については、第七章で論じる。

第六章　帰国後の英文執筆　一九〇四―一九一四年

I stepped into the desolation of the Temple of Silence, Engakuji of famous Kamakura, that Completely-Awakened Temple, under the blessing of dusk; it is at evening that the temple tragically soars into the magnificence of loneliness under a chill air stirred up from the mountains and glades by the roll of the evening bell. I stepped in Engakuji at the right hour. I had journeyed from Tokyo, the hive of noise, here to read a page or two of the whole language of silence which, far from mocking you with all sorts of crazy-shaped interrogation marks, soothes you with the song of prayer. In truth, I came here to confess how little is our human intellect.

("The Temple of Silence"[1])

1　海外の新聞雑誌への多彩な執筆

(a)　新世代の日本紹介者

野口は一九〇四年に日本に帰国したあとも英語による執筆を続けた。英語の著作物としては、あやめ会の合同出版物『あやめ草』『豊旗雲』のほかに、*The Summer Cloud* (1906), *Ten Kiogen in English* (1907), *The Pilgrimage* (1909), *Kamakura* (1910), *Lafcadio Hearn in Japan* (1911), *Through the Tori* (1914) などが次々と出版された。また国内外の雑誌にも活発に寄稿し、上記の書籍の中には寄稿論文を中心に編んだものもあった。本章では、帰国後の野口がどのような執筆活動をして、いかなる評価を受け、国内外の日本文化紹介に貢献したのかを検証する。

一九〇四年以降、英文記事の執筆は、ロンドン、ニューヨークの各紙を中心に多数行われたが、野口はとりわけニューヨークの新聞雑誌事情に通じていたと言える。[2] ニューヨークの雑誌では、『ナショナル・マガジン』(*The National Magazine*)、『ブックマン』(*The Bookman*)、『クリティック』(*The Critic*)、『ランプ』(*The Lamp*)、『カレント・リテラチャー』(*The Current Literature*) など、ロンドンの雑誌では『ブックマン』(*The Book-*

man)、『グラフィック』(*The Graphic*)、『スペクテイター』(*The Spectator*)、『アカデミー』(*The Academy*)、『リズム』(*The Rhythm*)、『エゴイスト』(*The Egoist*)などとつながりを持っていた。またこれら以外にも、シカゴの『ポエトリ』(*The Poetry*)やニューオリンズの『ダブル・ディーラー』(*The Double Dealer*)など、様々な地域の雑誌にも寄稿している。

この節では、野口が海外に向けて発信した内容を〈日本の時事通信〉、〈日本美術の紹介〉、〈浮世絵の解説者〉、〈前衛雑誌『リズム』への寄稿例〉、〈日本批判の眼差し〉の五項目に分けて紹介し、最後に野口の執筆範囲について総括することによって、〈英語で書く〉ことの意味とその政治性について考察してみよう。

その前にまず、日本紹介者・現地記者としての野口が、国外でどのように紹介されていたのかを見ておこう。

一九〇四年九月号の『ランプ』では、浮世絵の専門家フランク・ウェイテンカンプ(1866-1962)[3]が「新しい日本文学——書誌学的論考」と題して、チェンバレンやフローレンツ、アストンらの日本紹介者とその記事を《現在の日本文学に重要な貢献をしているもの》[4]として紹介し、その中に唯一日本人として野口の名を挙げている[5]。ウェイテンカンプは次のように述べる。日本の現代文学は、過去二五年の間あまり進展がなく、西洋の影響を受けた日本の出版物は〈質より量〉の傾向が明らかだった。多数の出版物や新聞雑誌が日本には存在したが、西洋化した著作物や翻訳は、外国からの影響に支配され、オリジナリティよりも翻案や模倣が顕著な特徴で、様式は立派に現代文学に見せかけていても、表層的だった。西洋の批評家も日本の批評家も、この点は意見を同じくしている。これが転換期の日本の特徴であり、次の世代の精神的態度にも直接影響を及ぼすだろう、と[6]。

ウェイテンカンプは日本文学の現状や未来についてあまり高く評価していないが、自らを含めた国外の日本紹介者たちがそこに重要な役割を果たしていると意識しており、西洋の日本紹介者たちとともに野口を併記していることには注目すべきである。

またニューヨークの雑誌『ブックマン』では、多くの専属記者の中で唯一の〈日本人記者〉として野口が写真入りで紹介されており、正式な日本人特派員として広告塔的な役割も果たしていたことが分かる。さらに、雑誌『クリティック』では、野口が日本の床の間の前で足を投げ出して図録を眺めているポートレートが、野口の寄稿記事とともに大きく紹介されたこともある[7](図6-1)。写真の野口は、ジャケットにネクタイ、ストライプの靴下という、オスカー・ワイルド風の耽美主義的英国紳士のような出で立ちで、さながら日本家屋にたたずむ欧米化した〈若き美少年〉の図とも言えよう。英米の文壇では、野口の語る〈日本〉への関心とともに、若き日本詩人の存在自体が注目の対象となっていたとも考えられる。

図 6-1　帰国当時の野口米次郎（日本橋の実兄・高木藤太郎の自宅にて）

（b）日本の時事通信

では、野口はどのようなテーマの記事を国外に発信していたのか。

一九〇四年四月号の『ブックマン』（ニューヨーク）には、野口がニューヨークで発行していた「The Japanese-American Weekly News・日米週報」が紹介された。また同号に野口が寄稿した"Journalism in Japan"（「日本のジャーナリズム」）では、日本のジャーナリズムの歴史をジャワの『バタヴィア新聞』（翻訳された記事）にも触れながら紹介し、岸田吟香、福地桜痴らを挙げて日本の新聞の発展を解説している。『東京日日新聞』『時事新報』『萬朝報』の実際の紙面も掲げて、漫画やコミカルなイラストの様子を提示している。

野口が国外発信していた記事の内容は、主に当時の日本の文化状況の報告であった。二例挙げてみたい。

一つは、一九〇四年五月号の『クリティック』に"Modern Japanese Women Writers"（「現代日本の女性作家たち」[8]）と題して掲載された、女性作家の紹介記事である。野口は日本の女流文学について、平安時代には女流文学が隆盛を極めたが、江戸時代には中国文学や儒教の影響によって女性は男性の従属下に置かれ、それが明治になって西洋の影響で変化してきた、と説明している。そしてこのように歴史を概述したあと、具体的な現代作家を作品とともに紹介している。すなわち、樋口一葉（1872–1896）、中島湘烟（1863–1901）、巌本甲子（＝若松賤子：1864–1896）、田辺花圃（＝三宅花圃：1868–1943）らが写真入りで紹介され、小金井喜美子（1870–1956）なども言及された。特に樋口一葉については、当時有名だった墓の前の美人画が示され、明治の清少納言と呼ばれていることや、小説『十三夜』の内容が詳しく説明された。女性作家については、夫の職業や身分、誰の妻か妹か、といった紹介がなされており、当時の日本国内の雑誌で行われていた女性作家の表象の方法と重なる。

おそらく野口の英文記事は、日本の雑誌記事からの翻訳だったと考えられる。このような同時代の日本の女性作家の写真や美人画、そして手書き原稿（毛筆体）などを具体的に示して紹介することは、第四章で扱ったように、発表先のアメリカで日本の女性イメージの需要があったことや、女性作家への関心が高かったことと関連があり、野口がそれを意識していたと言えよう。

二つめの例は舞台芸術の紹介である。野口は一九〇五年三月号の『クリティック』に"Shakespeare in Japan"（「日本におけるシェイクスピア」）[9]と題して、現代日本の演劇界の状況を紹介している。これは、国外で大人気であった川上音二郎と貞奴のアメリカ・パリ公演以後の日本国内での動向を伝えたものであった。関連の写真も多数添えられ、劇場や観客の全体像も示されている。

音二郎や貞奴らの新派によって、『ハムレット』や『オセロ』といったシェイクスピア劇が日本で上演された事実、それらが従来の日本のシェイクスピア劇とは異なって、劇の内容が現代日本の文脈に置き換えられて、日本、シベリア、満洲を舞台としている点などを論じている。この日本版『オセロ』は、チェンバレンから酷評された舞台であった。[10]かつて野口は、*The American Diary of a Japanese Girl*（1901）の中で、音二郎・貞奴の日本文化表象に批判的であったが（前述第三章第4節）、この記事では特に批判していない。

このような、日本の同時代の演劇の状況を伝える野口の寄稿は、ほかにも多数見ることができる。ちなみに、野口の舞台芸術に関する論説文は海外向けのものだけではなく、日本向けにも、「演劇改良」（上・中・下）や、『時事新報文芸週報』などに近代演劇についての評論を書いている。野口は帰国当時から小山内薫（1881-1928）らと交友関係を持っており、[11]野口の中では、〈詩〉と〈劇〉を一つの芸術として捉え、同時に改良していこうとする思いが帰国当初からあったと考えられる。[12]

（c）日本美術の紹介

では、美術に関する国外へ向けての紹介はどうであろうか。まず『クリティック』の一九〇四年一二月号に"Modern Japanese Illustrators"（「現代日本の画家たち」）と題して寄稿されたものに注目してみよう。その文章は、土佐派や岩佐又兵衛など大和絵の説明から始まり、現代の版画作家つまり明治以降の浮世絵の新派にいたる系譜を紹介している。江戸時代が浮世絵の隆盛期であったが、ペリー来航以降は浮世絵画家たちが混乱し、現在はこの芸術ジャンルが勢力を盛り返すかどうかの瀬戸際であると論じている。同時代の作家に関しては、松本楓湖（1840-1923）、瀧和亭（1832-1901）、久保田米僊（1852-1906）などについて作家の経歴や背景が示されている。執筆記事のあとには、久保田米僊、渡辺省亭（1851-1918）、三島蕉窓（1856-1928）、水野年方（1866-1908）の作品の写真が、数頁を割いて大きく紹介されている。これらは、当時最も有名な、明治期の美術界を支えていた画家たちである。野口はこのような当時の浮世絵作家や日本画家の作品を国外に紹介する日本人として、次第に知名度を高めていった。

野口の浮世絵論は、フランス語でも多く出版されるが、たとえば *Utamaro* や *Hiroshige* の仏訳刊行に際して、パリの『ル・モンド』紙は、野口の浮世絵研究書が、西洋の芸術史家や批評家の視点とはまったく異なったもの——つまり、《藝術家の生活の外面の状況を報告する以前に、彼らの魂の内面の秘密》を見せる、精神的価値を伝えるもの——であると評価している。[13] また後述するように、野口は国内においても、展覧会を企画するなど、浮世絵を評論する詩人としてその活躍が知られていた。金子光晴もそれに言及しているし、[14] また、ひそかに春画に造詣を深くした宮沢賢治などにも野口の浮世絵論への言及や影響が見られる。[15]

野口の浮世絵との関わりで追記しておきたいのは、野口が〈畏友〉と呼び親しんだ夭折の洋画家・原撫松（1866–1912）のことである。原は一九〇四年から〇七年にロンドンで油絵を研究して英国で高く評価されたが、日本美術界とは一線を画した画家であった。[16] 野口は慶應義塾（三田）の講義の帰りに品川の原のアトリエをしばしば訪れては、英国と英国美術界について語り合っていた。野口によれば、原は浮世絵に詳しく、美術に対する批評眼が鋭敏で、ターナーに強い感銘を受けており、野口がターナーと雪舟を比較する意見を述べた際には、まったく異論を示さなかったという。原の病気が重症化してからは面会謝絶となったが、原は死ぬ直前まで野口と語りたいと願い、臨終を看取った者に、自分が芸術について語ったことは間違いだったと野口に伝えるように遺言を残した。野口は原が最期に感得したものが何であったのか、死に臨んで原は自分に何を語りたかったのだろうかと、長く彼の死をひきずったようである。[17] 野口の浮世絵に対する見解と言論は、夭折した原の多大な影響を受けていたと考えられよう。[18]

さて野口は、日本で発刊され海外向けに日本の立場を主張する役割を担っていた英字新聞『ジャパン・タイムズ』（*Japan Times*）[19] に、"From a Japanese Window"（「日本の窓から」）という連載欄を与えられていた。

この日本の国外向け新聞にも野口の日本美術に関する記事が多く掲載され、その連載の中には、雑誌『国華』についての紹介と批評がいくつか見られる。"Okyo and Musashi in the Kokka"（「『国華』の中の円山応挙と武蔵」一九一六年一二月二四日）、"The December Kokka"（「一二月の『国華』」一七年一月七日）、"Itcho and Ten Yueh-Shan"（「英一蝶と中国絵画」一七年三月一一日）、"A Monthly Review of the Art Magazines"（「美術雑誌の月評」一七年七月一五日）、"The Caves of Ajanta in India"（「インドのアジャンタ石窟」一七年七月二二日）、"A Survey of the Art Magazines"（「美術雑誌の概観」一七年九月二日）などである。

『国華』は、岡倉天心らが中心となって、日本と東洋の古美術の研究・紹介のための専門誌として創刊され、[20] 大正初期まで英語版も作られて諸外国への日本の美術の紹介に努めていた。今日にいたるまで国際的な知名度を持った日本美術の雑誌である。『ジャパン・タイムズ』など当時の国外向け新聞紙上で、野口が『国華』紹介の執筆を続けていたことは注目すべき事実である。[21]

岡倉天心は国外では、一九〇四年に没したハーンを継ぐ者として位置づけられていたが[22]、野口は一三年に没したその天心を継ぐ位置にあるとみなされていたと考えられる。天心が示した世界の枠組みの中でのアジア認識は、国際的にアジア主義のイデオロギーとして機能し、特にインドでは国民統合や民族独立の指針として作用した。天心は、美術に焦点を絞ってアジアの思想的系譜を語り、西洋文明に対抗しうる基軸を打ち出したのだったが、野口は、この天心の流れを包摂して、詩人としての観点から、様々な言論活動を国外に向けて行っていったのである。

野口は美術に関して『国華』の紹介だけをしていたわけではなく、当時の日本の現代美術事情や、近代以前の美術解説、浮世絵解説などを積極的に行っている。文部省の展覧会についての論考[23]や、日本の現代美術家団体・二科展の紹介[24]、狩野派や浮世絵についての多数の論考、ホイッスラーと浮世絵との比較など、幅広く執筆している。美術に関する野口の執筆については、その独自性を検証して同時代の中での位置を再構築する必要があるだろう。

浮世絵については、一九一一年にロンドンの雑誌『アカデミー』、一九一二年に同じくロンドンの雑誌『リズム』など国外の雑誌に早い時期から寄稿しており、野口の執筆が国内外の浮世絵研究者らに与えた影響は大きい。国内の浮世絵研究者への影響という点に関しては、戦後にまで及んでいる。

外山卯三郎は、野口の浮世絵論に関する論考の中で、野口の *Hiroshige and Japanese Landscape* を藤懸静也が一九五四年五月に勝手に自分の名前で改訂増補版として発行していることを、著作権侵害であり犯罪であると指摘し、法律的に訴えて承認された一件を記している。[25]

また、浮世絵研究者の高橋誠一郎（1884-1982）は、野口が《私の浮世絵蒐集のよき指導者》であり、《浮世絵を歌う詩人》であったと短い文章ながらも記している。[26] 同じく浮世絵研究の渋井清（1899-1992）は、野口は浮世絵を資料にして《本質にふれ》る《特異な文学》を書いたと述べている。[27]

従来、浮世絵研究者の間では、野口の浮世絵論は考証の誤りや内容の不正確さが批判されることが多く、十分に検討されてこなかったが[28]、野口の浮世絵論は、野口の詩学や文化論・芸術論と密接に関わる重要な課題であり、浮世絵研究や美術研究からのアプローチはもちろんのこと、領域横断的に再検討すべき対象である。

（d）広重の紹介者として

浮世絵の解説者としての野口について、広重の紹介を中心にもう少し詳しく見ておきたい。

一九一八年、京橋・高島屋で広重没後六〇年記念展覧会が開かれた際に、野口はこの企画に関与した。金子光晴は、このイベントを主催したのが野口米次郎だと回想している。[29] この展覧会の目録は海外向けに英語で刊行され、[30] その中に収録された二つの論文は、展覧会の会場で行われた講義の記録であった。一つが内田実による「広重の絵画と生涯についての考察と感想」("Thoughts and Feelings about Hiroshige's Pictures and His Biography")、もう一つが野口の「展覧会開催にあたってヨネ・ノグチが読み上げた賛辞」("Panegyric read by Mr. Yone Noguchi on the occasion of the exhibition")であった。この目録にはほかに、新聞雑誌に掲載された記事の英訳が収録されている。

野口のこの英語の文章は、その後、ニューヨークの雑誌『アーツ・アンド・デコレーション』(*Arts and Decoration*)にも再掲載され、一九二一年にニューヨークのオリエンタリア社から刊行された野口の著作 *Hiroshige; with 19 collotype illustrations and a coloured frontispiece* にも再録されている。[31]

当時、広重に関する英文著作としてはすでに、一九〇一年にマリー・フェノロサの『広重――霧、雪、雨の芸術家、その評論』がサンフランシスコで出版され、[32] 一九一二年にドーラ・アドゼンとJ・S・ハッパーによる『広重の遺産――日本風景画のグリンプス』がサンフランシスコで、[33] 一九一四年に小島烏水(1873-1948)の『浮世絵と風景画』が東京で刊行されていた。[34] だが、野口の広重紹介が同時代の欧米文化人たちの認識や関心に、いっそう拍車をかけたことは疑いえない。[35] 野口の *Hiroshige; with 19 collotype illustrations and a coloured frontispiece* (1921)は、七五〇部がアメリカとヨーロッパで販売されたあと、英語から仏訳されてフランスでも、豪華な大型本として刊行されている。フランス語のものは、M・E・メートルの翻訳でパリのジヴァネスト社から *Hiroshige* (1926)として出版されている。[36] ちなみに同社からは同じくメートルの仏訳で、野口の、*Hokusai* (1928),[37] *Utamaro* (1928),[38] *Kôrin* (1926)が続々と出版された。

その後一九三〇年代になると、野口の浮世絵論は日本政府の観光政策や対外文化政策とあいまって海外に流布することになるが(後述第一三章第4節(a))、広重論は、*Hiroshige and Japanese Landscapes* という国際観光局(財団法人国際観光協会)発行の書籍となり、一九三四年、三六年、三九年と版を重ねている。また、一九四〇年には *Hiroshige* が出ているが、これは二二〇〇部のうち販売用はわずか三〇〇部のみであった。

なお、一九二〇年代以降の野口の浮世絵関連の英語執筆物は、ほかに二〇年代後半のニューヨークの雑誌『ダイアル』などにも見られ、欧米モダニズムの中で注目されていたことが分かるし、さらに欧米のみならず、英国植民地政策下のインドにおいてもイギリスで出版された野口の書籍が流布していた。ボンベイ(ムンバイ)でも野口の書籍が刊行され、カルカッタ(コルカタ)で発行された『モダン・レビュー』(*The Modern Review*)などの現地の雑誌類にも野口の浮世絵関連の評論が多数の写真入りで掲載されている。

(e) 前衛雑誌『リズム』への寄稿

野口が寄稿していたのは、ニューヨークやロンドンの大新聞やすでに権威があった雑誌ばかりではない。英米の既存の文壇の革新を狙う若者たちやモダニズム芸術の先駆的な小雑誌からも、執筆の依頼がきていた。その例として、ここではロンドンの雑誌『リズム』(*Rhythm: art, music, literature*)に注目してみたい。

この雑誌は、ロンドンの出版人・文芸批評家としてのちに著名となるジョン・M・マレー(1889-1959)の編集により、評論、詩歌、戯曲、美術に関する記事を掲載した文芸総合雑誌で、一九一一年の夏に創刊されて一九一三年まで続いた。ロンドンで発刊されたが、パリ、ニューヨーク、ミュンヘン、ベルリン、ヘルシンキ、ワルシャワ、クラクフ(ポーランド)など、海外にエージェントを持っており、フランス語による寄稿や各地の芸術家の紹介が行われるなど、国際色豊かな雑誌であった。

『リズム』の執筆陣には、編集に携わるマレーやキャサリン・マンスフィールド(1888-1923)のほか、ギルバート・カナン(1884-1955)、ハロルド・モンロー(1879-1932)、ジョン・ドリンクウォーター(1882-1937)、ウォルター・デ・ラ・メア(1873-1956)がいた。イギリスの作家以外では、アンリ・ルソー(1844-1910)やフランシス・カルコ(1886-1958)、トリスタン・ドレエム(1889-1941)によるフランス語作品の掲載、ロシアの画家ナタリア・ゴンチャロフ(1881-1962)のロシア語作品の翻訳などが見られる。日本に関する記事は野口のみが執筆していた。

編集のマレーとマンスフィールドから『リズム』の永続的な通信記者となるように頼まれていた野口は、一頁一〇シリングの報酬で少なくとも二カ月に一回、日本の文学や美術についての記事を書くことになっていた(しかし『リズム』は、一九一二年一二月に印刷会社に資金を持ち逃げされて財政危機に陥ってしまい、記者たちへの報酬はないまま、しばらくの間、発刊が続いた[39])。

野口はこの雑誌に、一九一二年一一月と一二月に "Utamaro"(「歌麿」)、"Koyetsu"(「光悦」)といった日本美術に関する論考を寄稿し、一三年一月には自らの短詩や芭蕉の俳句を参照しながら随筆的に物語った "What is a Hokku Poems?"(「発句詩とは何か」)、さらに一三年二月と三月には、歴史上の人物や浮世絵を文学的要素とからめて論じた随筆 "From a Japanese Ink-Slab (1)(2)"(「日本の硯から」)を掲載している。これら五つの寄稿のうちの後半三篇が、一四年の *Through the Torii* に再録される。

『リズム』のようなロンドンの新しい雑誌に、野口の俳句論や浮世絵認識、日本についての論文が載せられているということは、これらが当時のロンドンの若い芸術家たちや前衛を狙う出版人らのモダニズム運動と関連していることを意味する。また、この雑誌が美術と文学とを切り分けない芸術雑誌であったように、野口も美術と文学を共に自分の執筆範囲とした。このような野口の活躍は、日本の若い世代にも同時代的に認識され[40]、特に日夏耿之介や西條八十らを中心に一九一二年一二月に創刊された雑誌『聖盃』(一九一三年に『仮面』と改題)は、この『リズム』の体裁を模倣していた[41]。

(f) 日本批判の眼差し

次に、野口が肯定的な日本像のみを海外に向けて紹介したのではなく、欧米批判と同時に日本批判の眼差しをも国外に向けて発信していたことを明らかにしよう。

早い段階から、現代日本に対して危機感を持っていた野口は、一九一二年のニューヨークの雑誌『ネイション』に "The Nervous Debility of Japanese Art" (「日本美術の神経衰弱」) と題した論考を寄せ、日本の現代美術が完全に西洋の模倣と追随に成り下がっていることを嘆いて、次のように述べた。

> われわれ日本人の生活は、大規模な西洋文化の侵入によって、実際、神経衰弱にかかっている。西洋文化の侵入の下で自らの家を喪った、精神的な難民(ジプシー)になってしまっている。(訳文、堀)[42]

エグザイルや故国喪失者の感性は、第一詩集 *Seen and Unseen* のときから若き野口が追求してきたものであったが、帰国後に彼が目のあたりにしたのは、日本全体が祖国を喪失しているという現実だった。むろん、このような発言は野口に限られたものではないが、〈日本〉や〈日本文化〉を期待して帰国した野口の中に、日本人の西洋化に対する大きな失望と危機感が生まれたことは確かである。これにより野口の日本主義や伝統回帰の主張は強まっていく。

また野口は、西洋文明の模倣に走る日本の文化傾向にだけ批判の目を向けていたのではなく、政治的な問題に対しても批判的に言及している。

一九一一年二月、野口はロンドンの『グラフィック』誌に寄せた "The Artistic Interchange of East and West" (「東洋と西洋の芸術交流」[43]) と題する記事で、アイルランドの劇作家バーナード・ショー (1856-1950)[44] の戯曲「ブランコ・ポスネットの暴露」("The Showing-Up of Blanco Posnet", 1909) が日本でドイツ語から日本語訳され「馬泥棒」(The Horse-Thief) として一五晩上演されたことを大きな写真付きで伝えている (図 6-2)[45]。この記事で野口は、日本政府 (桂内閣) が戯曲の中の文学思想を危険視して圧力をかけていることを報じた。文化人たちはみな、こうしたことをくだらないと考えているが、政府に従わざるをえず、修正を求められてしまう現実を述べている。このショーの戯曲の翻訳においても、翻訳者の森鷗外が語るところでは、後半の多くの部分を削除することによってようやく上演にこぎつけたのだという。この事態を重く見た野口は次のように書いている。日本政府は外国人作家の作品だから上演を許可するが、もし同じ内容の日本人作家の作品だったならば、もっと厳しく取り締まられる。日本人は自分たちの思想を表現するために外国人作家の作品を借りているのであり、上演された「馬泥棒」もその例である。ショーは、われわれが現実社会でわずらわされている古い理想主義や形式主義の実態を、残酷なまでに暴いてみせる劇作家であり、現在の日本には彼のような作家が必要なのだ、と。(46)

興味深いのは次の三点であろう。ショーの作品が日本人の作品より優れているから日本で上演されるのではなく、日本に生きる者の想いをよく表現しうるからこそ上演されていると述べていること。そして、日本では舞台上演も自由ではなく、国家の統制の対象となっているという現実。最後に、規制は外国の作品に対しては緩くなるので、日本の作家や文化人たちは不自由な自分たちの主張を、翻訳を借りて表現するという方法を採っていると言っていることである。

政府の統制を避けるために翻訳ものを上演するという方法は、自由民権運動以来の常套手段であったし、現在においても中国などでは翻訳ものならば試験的な例として政府に容認されやすいという。その意味では何も特殊な現象ではないが、重要なのは、野口がこのような国内事情を海外に向けて書き送っていたという事実であり、欧米文明の模倣や追随が目的のすべてではないと示唆していることである。

以上の例は、文化・芸術の紹介の中で政府の統制について言及したものだが、次に、一九一一年にボストンの雑誌『リヴィング・エイジ』(*The Living Age*)に発表された"The Japanese Government and the New Literature"(「日本政府と新文学」)を見

図 6-2 「馬泥棒」の公演風景(『グラフィック』1911 年 2 月 18 日)

てみよう。長くなるが、政府の統制に対する批判精神のみならず、西洋文明や個人主義、そして戦争について、一九一一年当時の野口の見解がはっきりとあらわれているので、引用しておきたい。

個人主義は、西洋製の憲法や自由と共に日本に持ち込まれた。日露戦争で、日本の愛国的な軍服だけを見ているのは、皮相な観察者の話である。確かに戦争のために見えにくくなってはいるが、ちょうど戦争が始まった頃に定着し始めた西洋の個人主義などを古い剣の光の下に見ないのは皮相的である。新しい日本人は、愛国心の意味を別の見地から見ようとしている。最近有名な大逆事件の首謀者として処刑された幸徳秋水や、その他多くの者が、反戦論を掲げた。公表されてはいないが、軍法会議にかけられた兵役拒否者の話が日本には数多くある。日本の何人かの批評家たちは、日本人の勇敢さという、西洋人が戦争に結びつけているものの価値すらも否定している（もしわれわれが日本の実情を語ることができたら、西洋の読者もきっと驚くに違いない）。

奇妙なことだが、われわれはロシアを呪い、野蛮と呼び、まるで自分たちが〈文明の防御者〉であるかのようにふるまう一方で、少なくとも日本の知識人たちはツルゲーネフやトルストイやゴーリキーまでをも尊敬している。最も愛国的な軍歌を大声で歌っている一方で、西洋の個人主義を取り込んでもいたのだ。この戦争は、日本とヨーロッパの間の距離を百倍も縮めてしまった。日本人は東洋の理想主義の眼を通してのみ西洋文明を理解してきたのだが、突然に現実主義的になった。西洋文明の正体が、欠点から見えてきたのであり、欠点なしではその興味深い部分は、決してわれわれ日本人には理解されなかっただろう。そしてこれらの欠点は、美しく、偉大にさえ見えたのである。戦争がわれわれの生活を赤裸々に見せたから、現実の残虐な暴露がわれわれの古い理想主義を破壊した。

政治的には社会主義が、文学的にはいわゆる自然主義が根を下ろした。もちろん、そこには日本風の変化は伴っていたが、それらは急速に成長した。日本の自然主義は、生の真実の意味を儀礼的な表現のもとに隠していた古い文学を追い出してしまった。だから日本の作家たちはほとんどみな、イプセンやモーパッサンに生徒のごとく従っている。

戦争以降、特に最近三年間、日本政府は〈社会主義〉と〈自然主義〉の二つを目の仇とし、それらを根絶しようとしている。二つとも、完全な個人主義を主張しているからである。日本政府は、警察法や出版法のあらゆる力を用いて、それに対処しているように見える。多くの作家は、道徳的に危険な人物、社会的にはアナーキストだとみなされている。政府は彼らに警官をつけて尾行させている。作家たちはそれをむしろ面白がっており、それを種に物語を書いている人もいる。正宗白鳥の書いた「危険人物」（"Dangerous man"）は、作家がいかに公然とあるいは非公然と尾行されているかが書かれた話である。昨年は、とても信じられないほど多くの物語や雑誌や本が法的に抑圧され、その数は六〇を越えた。文明国と言われるほかの国で、このような驚くべき現象を見ることができるだろうか。問題は、〈いったい政府が望むように、悪い文学というものを根こそぎにするということができるのか〉、そして〈悪い文学とはいったい何か〉ということである。いわゆる悪い文学とは、政府の反応が強まれば強まるほど、力を得る文学である。ある話や本が出版禁止になれば、それらは不思議なほど世間にますます知られるようになる。そして〈悪い文学〉とはどこにあるのか。われわれの文学は、政府の考える愛国主義や国民道徳にはそぐわないかもしれないけれど、ヨーロッパの文学に比べて〈悪い〉わけではない。もしバーナード・ショーが日本にいたならば、限りなく政府との間で問題を起こしたであろう。ヨーロッパの多くの作家は、罰をまぬがれないであろう。

（中略）新時代を代表する政府は、むしろ新しい文学に共鳴していかなければならない。私には信じられないのだが、日本政府は、物質的な西洋化を奨励しているのに、なぜ新しい思想に対してはそんなに専制的独裁的になるのか。時代は変化している。それなのに政府はそれを認識できないばかりか単純に否定しており、これが今後もたらす結果を、私は予想もできない。（訳文、堀）[47]

西洋的な個人主義が急速に日本に定着していること、とりわけ日露戦争の現実にさらされて東洋の理想主義が打ち砕かれ西洋化したということ、政府は個人主義に根ざした社会主義と自然主義とを危険視して、文筆家たちに政治的圧力をかけているが、禁止されると逆に力を得るのが文学であるということなどが、海外に向けて書かれていたのである。

日本が急速に国家の体制を整えて、西洋の帝国主義勢力に伍していく方向を模索していることは、西洋世界の脅威となりつつあった。日本の政策に関しては、国外の批評家からの様々な意見はあったが、日本からの発信は多くなかった。たとえば、日清戦争以後の日本の政策転換を説明するスタフォード・ランサム（1860–1931）の一八九九年の著書『過渡期の日本——日清戦争以後の日本の発展、政策、方法に関する比較研究』[48]に対して、日本の立場から批判した日本人は野口以外にも存在した[49]が、日露戦争とそれ以後の日本の社会状況について国外に発信したこの記事は、それでも注目に値しよう。

また野口は、一九一六年一二月三一日付『ジャパン・タイムズ』の自らの連載欄“From a Japanese Window”（「日本の窓から」）に、“The Future of the Anglo-Japanese Treaty”（「日英同盟の将来」）と題する記事を書いている。この記事は日英同盟の有効性を疑問視し、二国間の相互認識の差違や英国人の気質を憂えたものである。野口は、英国人の英国内における公明正大なジェントルマン気質を認めつつも、東洋（特に中国）で征服者としての権益を冷酷に要求していることや、白人中心主義の利己的な征服のやり方などを非難している。他方、日本の立場をドイツの愛国心や熱狂的愛国主義（Germanesque patriotism or chauvinistic energy）と比較し、ドイツと同様に日本も国家形成の上では英国文明に倣う必要がある、と指摘していることは注目される。

このように野口の政治に関する主張は、日本国家の政治的立場の代弁ではなく、日本政府の政策方針への批判や国際的文化人としての憂慮が含まれている。後述するように、野口は日本語でも日本社会への批判的意見を時々のぞかせるが、特に日本国内では発表できないような認識や、本心に近いと思われる主張が、一九一〇年代より英語で執筆され、英米の新聞雑誌に発表されていたという事実に注目しておきたい。

（g）〈英語で書く〉ということ

このように野口は、一九〇四年の帰国直後から、日本の文化事情や歴史についての状況説明などを、写真とともに次々と国外に書き送った。野口が国外の新聞雑誌へ寄稿したテーマは、自らの英詩、発句（俳句）についての解説、狂言や能の英訳と評論、浮世絵などの日本美術の紹介、政治に関わる現代時評など、じつに幅広いものであった。

伝統文化に対する評価や認識もまだ十分に議論されていない時代に、野口が日本文化の全般に及ぶ執筆活動を繰り広げたことは、一見不案内な話題を手当たり次第に書き散らしていたかのように見えるかもしれない。しかし、それらが支離滅裂でばらばらな話題かというと、決してそうではない。野口のテーマ設定の多様性も、象徴主義運動や一九世紀末から二〇世紀初頭の世界の文化潮流を考えていけば、自ずとつながりが見えてくる。象徴主義の理念とは、世界の〈モダニズム〉芸術運動の先鋒となった理念と考えてよいが、その〈モダニズム〉芸術運動は多様な要素に触手を伸ばし、吸収し、あらゆる分野に展開する。そのような〈モダニズム〉の性格こそが、野口に多岐にわたる執筆を促したと言えるのではないだろうか。

また野口の執筆は、国際的に影響力のあったニューヨークの週刊雑誌『ネイション』での連載にも見られたように、日本への批判的な眼差しを持ち、政治的な問題にも及んでいた。〈敢えて英語で書く〉ということは、国外への発信意図を問われる行為であり、それだけですでに政治的な役割を持った活動となりうる。野口の場合は、本人も各所で述べていたように、母国語よりも英語の方が特に帰国当初は自然に書くことができたので、経済的な理由も手伝って行っていたことだったかもしれないが、次第に英語で国外発信する意図と責任を自覚させられていったことは当然のなりゆきであろう。

2　日本詩歌の紹介——*The Pilgrimage*（1909）

（a）ホックとウタの紹介者

野口の英文での言論活動はこのように多岐にわたるものだったが、そのうち、最も重要なものが日本の詩歌の紹介であることは言うまでもない。

その点に入っていく前にまず、〈俳句〉という言葉の定義を確認しておきたい。現在、国内外では〈俳句〉〈ハイク〉という語が一般化しているが、〈俳句〉という呼称が、江戸時代の〈発句〉と同じ意味に限定されて広く用いられるようになるのは、明治二〇年代以降、正岡子規やそのグループを通してである。江戸時代に〈俳諧〉と呼ばれていたのは、連歌の一種として発展したものであり、その〈俳諧〉の最初の一句が〈発句〉であった。（ただし江戸時代にも〈俳句〉という言葉は存在した）。ところが子規は〈俳諧〉の中の発句を重視し、その通称を〈俳句〉に改めた。そして総合雑誌『太陽』が子規を起用して「俳諧」欄を「俳句」欄に改めたことによって〈俳句〉という呼称が一般化する。[50] ちなみに、雑誌『太陽』への寄稿文の題名に〈発句〉の文字が見えるのは、野口の「英詩と発句」（『太陽』一九〇五年一二月号）が最後の時期にあたる（それ以前には〈発句〉を題に含む文章が多く見られるが、それ以降は〈俳句〉に切り替わっている）。二〇世紀初頭、欧米では、〈ホック・ハイク・ハイカイ〉は同義語として紹介されたが、野口は海外に対しては一貫して〈ホック〉（ここでは以後〈発句〉と記す）という言葉を用いている。野口は、自然感応の詩的第一声という意味で、発せられた一句という語彙を好み、敢えて用いていたのだと考えられる[51]（ただし日本語訳においては〈俳句〉と直されていることが多い）。

これまでにも触れてきたように、野口は、国外の新聞雑誌に日本詩歌に関する論考を寄稿し、また刊行した詩集や著作物の中でも日本詩歌の紹介を行っているが、特に一九〇九年に鎌倉と横浜で刊行された詩集 *The Pilgrimage* は、*From the Eastern Sea* と並んで欧米の文壇で高い評価を受けた。[52] 前述のように、*The Pilgrimage* は野口が前年から鎌倉の円覚寺蔵六庵に居を移して執筆したものであった。

この *The Pilgrimage* には、"Hokku" と題して、野口の六篇の[53]三行詩が載せられており、発句について次のような注記が付けられている。

> 〈発句〉（一七音の詩）は、日本人にとって、大宇宙をまるごと背景に持つ小さな星に比較することができよう。それは、詩歌の領域にこっそりと入りこむことのできる、わずかに開いたドアのようなものである。あるいは道を照らすランプのようなものである。その価値は、どれだけ暗示できるかによって決まる。発句の詩人の主な目的は、自らの生きている崇高な雰囲気を伝えて読み手を感動させることである。私はこの独特の形式の日本の詩を英語に改作してここに紹介する。（訳文、堀[54]）

野口はここで、俳句の持つ空間性と詩想の次元の広さを示唆し、俳句が暗示性に富み、詩人の人生の高尚な趣を表現できる芸術であることを解説した。ここで野口が、translation（翻訳）ではなく、改作・適応を意味する adaptation という語を使っていたことにも注目しておきたい。
友人アーサー・ランサムは一九一〇年の『ブックマン』二月号に「ある日本の詩人」と題して、詩集 *The Pilgrimage* の批評を書いている[55]。ランサムは、〈発句〉の本質が英語の詩といかに違っているか、日本の詩が論理的な結論を導くということからどれだけ本質的にかけ離れているか、が野口の解説を通してよく分かると書いている。そして野口の三行詩を挙げて次のように評している。

"My Love's lengthened hair
Swings o'er me from Heaven's gate:
Lo, Evening's shadow."

（恋人の長い髪
天国の門から　私の上を揺れている
見たまえ、夕暮れの影を）

これですべてなのである。おそらく、この詩とほかのたいていの詩との明白な違いとは、読者の心の中の詩をより意識的に書いているか否かという点にあるだろう。この詩はまったく説明的ではない。説明するとだめになる。それは香り立つ空間を描写するものではなく、まさに香りの断片そのものであり、その高まる燻香がその空間を詩に変えるのである。

（訳文、堀[56]）

野口の詩は、読者の感性や想像力を意識しながらも、決してそれを引導するような説明的な描写ではなく、言葉の断片そのものによって詩的な雰囲気を醸し出している、というのである。〈すべてを語り尽くさずに、読者の感性を含めた作品を作る〉というのは、まさに野口が主張していたことであり、野口が英国で広めようとした俳句的精神であった。

ランサムは、同年九月の『フォートナイトリー・レビュー』(*The Fortnighly Review*) に寄稿した野口論でも、「発句」と題された野口の三行詩を挙げて、《これは、一つの絵画というよりも一つの不思議な力を持つ護符 (a talisman) として価値がある》（訳文、堀[57]）と述べている。

では野口は、自作の〈発句〉だけを通して日本の詩歌の本質を説明し紹介していたのかというと、そうではない。彼は、現代の詩人たちや歌論も含め、幅広い方法で日本の詩歌の特徴と価値を国外に伝えようとしていた。

たとえば、一九一二年の『ネイション』に掲載されている "The Death of Baron Takasaki"（「高崎男爵の死」[58]）と題された論考では、同時代の歌人・高崎正風 (1836–1912) とその歌論を紹介し、日本の詩歌（短詩型）のリズムとその〈自然〉な在りようについて次のように論じている。

野口は、高崎正風がよく引用したのが江戸時代の歌人・香川景樹 (1768–1843) の〈歌は姿、姿はしらべ〉であり、この理念は《字義的には極めて翻訳しにくいが》と言いつつ、《It is the true poetry when its graceful appearance becomes at once the life-movement or rhythm》と述べている[59]。直訳するなら、〈優雅な姿が同時に生の躍動ないしはリズムになるのが真正の詩である〉とでもなろう。

また日本の詩歌は、ものを在るがままに詠うということを秘訣にしており、非常に心地よく簡潔でありながら、それ以上の何かを目指すのだと説く。野口いわく、高崎正風が〈あるがままに〉というのは、〈生〉と自然の動きに人間の魂のリズムが反響し共振することだ、と。そして、日本の詩歌の本質は、芸術的な技術でもなければ創作でもない、自分自身の人格そのものであり人間らしさのあらわれなのだ、と。[60]

この高崎に関する評論の中で、野口は〈ホック（発句）〉については触れず、〈ウタ（和歌）〉について紹介しているのだが、最小限の言葉で表す日本の詩歌を紹介するために、俳句や和歌を特に区別せずに、その歌論を同時代の思潮に沿うような形で翻訳していると言える。

（b）日本的モチーフへの取り組み

The Pilgrimage は、〈発句〉などの日本の伝統詩歌の特質を説明する役割を果たし、その点でランサムの関心を引いたのだったが、さらに注目に値するのは、この詩集がそれ以前の野口の英詩集（たとえば第一詩集 *Seen and Unseen*）よりも遙かに日本的モチーフを多用しているということである。

The Pilgrimage に収録された詩のタイトルをいくつか挙げてみると、"Ghost"（「幽霊」）、"By the Engakuji Temple: Moon Night"（「円覚寺にて――月光」）、"Shadow"（「影」）、"The Lady of Utamaro's Art"（「歌麿絵画の女性」）、"The Buddha Priest in Meditation"（「瞑想する仏僧」）、"The Song of Songs, Which is the Mikado's"（「歌の歌、帝の歌」）、"The Fancy-Butterfly"（「幻想の蝶」）、"The Heike Singer"（「平家物語の語り手」）、"Songs of Insects"（「虫たちの歌」）などがある。

このような主題で詩作している背景には、長く祖国を離れていた野口が、日本の事物に触れてあらためて感動し、〈日本的情趣〉を再発見していたことがあろう。と同時に、同時代の日本紹介者の言論活動やジャポニスムを意識して、日本人として〈日本的情趣〉を再表象することを使命と考えたということもあったであろう。そこには、すでに東洋的・日本的として欧米読者に認識されているようなモチーフを敢えて用いて、従来の欧米人日本紹介者を超えようとする意図が芽生えているのではないだろうか。

たとえば、*The Pilgrimage* の中には、〈蓮〉をモチーフにした二篇の詩がある。

"The Lotus"（「蓮」）
The cry of wind in my heart,
My thought darkened by memory of night,
I walk on the phantom road
Towards the sea of silence.
(...)[61]

"The Lotus Worshipers"（「蓮花崇拝」）

(...)

The worshipers turn their silent steps towards their homes,
Learning the stars will fall in their truthful souls,
That the road of sunlight is the road of prayer,
And for Paradise.

(...)[62]

当時の欧米では、〈蓮〉は日本美術のモチーフとして〈富士山〉と同じくらい頻繁に用いられると紹介され、また、インドや中国からつながる女性美のシンボルであり、宗教的意味を持つと説明されていた[63]。さらに、〈蓮〉というモチーフは東洋的な要素を込めながらも国際的な審美感覚になりつつあった。たとえば、一八八七年にはニューヨークのセントラル・パークに蓮が移植されており[64]、フランスでは一八九〇年代から印象派の画家モネが自宅に睡蓮を植えて画題にする。〈蓮〉に対する人気、その象徴性に対する関心と審美感覚が、国際的なものであることを野口は意識していたのではないだろうか。

また、野口は一九〇七年に"The Lotos"（「蓮」）と題した英文のエッセイを書き[65]、東洋では蓮にまつわる文化の歴史が非常に古いことや、中国の伝説、仏教や寺院などについて記している。さらにこの文章では、〈魂の沈黙が蓮花の沈黙である〉とか、〈光の中で花が開くことは仏陀の悟りの象徴である〉とか、〈美は仏教徒の経典・阿弥陀経の中に歌われている〉といったことが、具体的な場所や仏教用語を参照しつつ解説されている[66]。

〈蓮〉を仏教と関連づける説明は、チェンバレンらによってもすでに行われていたが[67]、野口はさらに詳細に説明すると同時に、より神秘的な花の存在を示し、その文化的重要性とアジア圏における歴史の相関性を強調した[68]。ようするに、野口が〈蓮〉をテーマにして示そうとしたのは、日本に限定したイメージではなく、東洋全体のイメージであり、仏教や東洋思想に関連する象徴性や審美性であった。

野口の英詩について論じた伯谷嘉信氏は、ホイットマンとミラーの詩からの影響を指摘すると同時に、野口の詩の主題や題材が日本の詩学を土台としていることに注目した。日本の俳句が性や戦争や天災といった題材をあまり扱わないように、野口の詩もエロティシズムや醜悪さ、あるいは憎しみや虚偽といったモチーフを遠ざけている、と言うのである[69]。しかし野口の英詩は、伝統的な日本文学の主題に倣って詩作されたというよりも、二〇世紀の欧米の文化思潮の中で日本的なものと意識されていたモチーフを用いたと考えるべきではないだろうか。野口は、欧米の文化人たちが共通して関心を持っていた東洋的な美や宗教的神秘の源泉としてのモチーフをうまく用いて、象徴主義の詩作に取り組んだと考えた方が実態に近いと考えられる。

なお当時、蒲原有明ら日本詩人たちも、〈蓮〉をモチーフにして宗教的神秘を詠ったエキゾティックな詩を作っていたこと

をつけ加えておこう。(70)

3 不可解な日本の解明
——*Through the Torii*(1914)

(a) ***Through the Torii*** 出版の周辺

次に一九一四年の随筆集 *Through the Torii* を取り上げて、野口がそこで何を論じていたのかを検証しよう。これは、野口の英文著作の中でもとりわけ国際的な評価の高かった一冊である。野口の〈発句〉紹介や欧米圏の詩人たちとの交流の意義を否定的に捉えたアール・マイナーでさえも、次のように述べている。

> 野口は、その時代の人々に、彼ら自身のつくる作品が本当に日本から霊感を受けたものであるかのごとき確信を与えた。しかし、彼が *Through the Torii* (1922) の中で、単に暗示だけが日本の詩を理解する鍵のすべてではないと、不十分ながら抗議したのは立派だった。なぜなら、全体的に見て、あまりにも多くの詩人たちが、まやかしの三段論法——日本の詩や芸術は暗示的である、詩Xは日本の詩または芸術を取り扱っている、ゆえにXは暗示的であり、極めて現代的である——という論法にまどわされて、彼らの分別を失ってしまっていたからである。野口の評論は、今読み返してみると、彼の詩のどれよりも筋が通っている。(訳文、堀)(71)

マイナーは、ここでも野口という日本詩人の価値を否定的に捉え、当時の英米文壇の日本崇拝ブームに批判を加えているが、*Through the Torii* については《筋が通っている》と、一言とはいえ認めている。(72)

マイナーでさえ認めざるをえなかったこの随筆集は、英国への講演旅行に先駆けて完成されたもので、ロンドンのエルキン・マシュー社から一九一四年に出版された。一三年一二月初めには新刊見本ができあがっており、野口は日本から前もって国外の友人らに送り、渡英して直接意見などを求めている。たとえば一三年一二月一四日に、野口は写真家A・L・コバーン(1882-1966)のところで、*Through the Torii* について語り合い、写真(ポートレート)を撮ってもらっている。(73)

Through the Torii は、当時の英国文壇の重鎮であったエドモンド・ゴス(1849-1928)に献じられた。ゴスは、野口が一九〇三年に自費出版した *From the Eastern Sea* を送って以来、野口に強い関心を持ち、一九〇九年の *The Pilgrimage* 発刊時には、野口を賞讃する礼状を書き送っていた。その書簡には、《私が大変うれしく思うのは、君が西洋の思想や感覚を模倣しようとしないことだ。日本の詩人によってもたらされる最も価値あるものは、われわれ西洋人が理解できる言語を使って表現される、純粋な日本の想像力である》(訳文、堀)(74)とある。日本の詩人として純粋な日本の想像力を示して、西洋人の日本理

解に寄与して欲しい、と期待しているのである。ある意味で、このゴスの言葉に対応して野口が編纂した一冊が *Through the Torii* と言えるかもしれない。果たして、野口の著作はゴスの期待に応えることができたのであろうか。

この随筆集は、日本の事物（たとえば大仏、火鉢、花、根付など）や、場所、季節、生活、幸福や美、また死に対する美意識について記したものである。日本人と西洋人の思考パターンの差異や心理構造の両極性、感覚の違いからくる文化摩擦などが、具体的な例を挙げて示されている。ここで示された野口の日本文化論は、彼の文学観や日本文学の紹介の内容にも密接に関わり、また、野口のその後の人生を理解する上においても重要である。野口はこの著作で、日本文化の何をどのように説明しているのだろうか。

（b）〈鳥居〉の意味

まず最初に、タイトルにつけられた〈鳥居（torii）〉が欧米読者にとって何を意味するのかについて触れておきたい。

〈鳥居〉については、チェンバレンの『日本事物誌』の第一版（一八九〇年）からすでに鳥居の形態上や言語上の説明が行われ、神道の古代神話に触れる解説や明治政府の廃仏毀釈などの説明が加えられていた。[75] 第三版（一八九八年）以降には、仏教や中国・インドからの起源を含めた解説もなされている。[76] 当時は、チェンバレン以外にもアストンやチュークによって〈鳥居〉の紹介がなされていた。[77] またラフカディオ・ハーンも、「東洋の土を踏んだ日」の中で、鳥居について《凄いばかりの荘厳さ、なぞめいた美しさがある》とか《神道の象徴》と書き、《門としてのその神秘的な意味合い》を持つとし、《何か美しい感じの模型が空をついてそびえ立っている》と描写している。[78]

しかし野口のこの随筆集は、神道や日本古代を問題にしているわけではない。むしろ、同時代の日本の特色や人々の思考回路について、哲学的・情緒的に説明した文章である。タイトルの〈鳥居〉は、日本理解の入り口を示すといった象徴的な意味で使用されていると考えるのが妥当である。

ここで、野口の随筆がチェンバレンの解説とはどれほど異なるアプローチであったかを考え、*Through the Torii* と題された意味について考えてみよう。

『日本事物誌』の第三版には、次のように説明がなされていた。

> 鳥居とは、特殊な入口の名前で、二本の垂直な柱と二本の水平の梁からなり、あらゆる神社の前に立っている。正統派の解説によれば、もともとは神聖な生贄用の鶏の止まり木だった（〈トリ〉は〈鶏（fowl）〉、〈イル〉は〈居る（dwelling）〉）。（訳文、堀）[79]

注目したいのは〈鳥居〉の〈鳥〉が〈fowl〉つまり家禽や食用のニワトリと解釈されていることで、〈the sacred fowls〉で

〈(神霊などを祭るための）聖なる（生け贄の）家禽〉という意味になる。これは日本人の感覚や〈鳥居〉に対するイメージとかけ離れており、違和感をおぼえるのではないだろうか。

また、《正統派の解説》とは何を指すのか。じつはチェンバレンは『日本事物誌』の第一版（一八九〇年）では、〈鳥居〉の語源的な解説で揺れていた。アーネスト・サトウ（1843-1929）は〈鳥居〉が神に捧げられた〈fowls〉が〈(止まり木にとまるように）坐る（perch)〉という意味であるというが、日本語文法に詳しいアストンは〈a bird〉が坐っているのではなくて〈入る〉〈(門をくぐって）通る（*tōru*)（to pass through)〉という意味だと紹介していると述べたあと、チェンバレンは、二人の権威ある紹介者のうち、どちらの説明が正しいと判断できるだろうかと読者に問いを投げかけている[80]。つまり、第一版を書いた当時のチェンバレンは、自らの判断を留保していたのだが、第三版では、アーネスト・サトウの論だけを選び、一般的な見解として紹介したのであった。

野口が随筆集のタイトルを *Through the Torii* にした背景には、これら日本紹介者たちの〈鳥〉と〈居〉を分断して考えるような（本質を離れて瑣末な点で紆余曲折するような）日本紹介の歴史を、一言でパロディ化する意図があったのではないだろうか。つまり、彼らが日本文化や文化的情趣をまったく説明できていないという不満が、随筆本文に特に示されているわけではないものの、題名に集約されているのではないだろうか。

では野口の *Through the Torii* においては、たとえば〈私〉が"Nikko"（「日光」）の仁王門を前にした際、どのように描かれるのかを、英文そのままで見てみよう。

I looked down, when I stood by the gate tower of the Niwo gods, over that water-fountain below, where the spirits of poesy were soon floating on the sunlight; it was natural to become a passionate adorer of the Nature of May here like Basho, who wrote in his seventeen syllable *hokku*:

Ah, how sublime —
The green leaves, the young leaves,
In the light of the sun![81]

野口の筆は、チェンバレンらの説明や語義解説とはまったく文化紹介のアプローチを異にしていることが明らかであろう。野口独自の感性が捉えた日本の情景が、芭蕉の俳句を想起させるという想像力を用いる形で描写されていくのである。

（c）〈矛盾した日本人〉の本当の感性

Through the Torii が丹念に描いているのは、英米滞在の長かった野口が帰国後に日本の精神性や文化様式に敏感になり、一つ一つに驚きを感じて、その中で自分の内部にある〈日本的な感性〉を取り戻していく過程である。他の滞日中の西洋人の疑問に答えていく中で、日本文化の特質や欧米文化との差異を説明する方法も多く採られている。ここでは、*Through the*

Torii の中から二つの随筆を取り上げて、野口が何を伝えようとしていたかを検証する。

一つめは、二人の西洋人の対話から日本文化論が語られていく "The East : The West"（「東洋・西洋」）と題された随筆である。

この中で野口は、西洋の一友人に《日本では陽気なときに泣くのか？》という皮肉な質問をされる。つまり、日本人は概して西洋人とは逆の行動をとるし、逆説的で矛盾した性質の国民だと言われたのである。このような意見に対して、野口はいくつかの例を挙げることで日本国民の性質に関する持論を展開していく。[82]

その一つが音に関する感性の違いであり、野口が論説するのは、三味線の音に対する日本人の感じ方についてである。西洋では三味線音楽は野蛮な雑音以外の何ものでもないと捉えられており、良くても原始的だと言われるが、日本人にとってそれは示唆に富んだ音で、原始的というよりもかなり複雑だ、と説明している。[83]

また、《音を聴く感性のみならず、他の面でも西洋人との違いを感じる》と述べて、川上音次郎一座のサンフランシスコ公演での貞奴の泣き方が、日本人の感情表現としては非常に奇妙だと感じたことを例に挙げている。貞奴の哀しみの表現が、暴力的な怒りの表現になっていたことは、日本人としてはひどく違和感があった、と指摘したのである。[84]

もう一人の西洋の友人が、《では、そのような西洋と東洋の間の誤解は、文学や詩歌においても存在するのか？》と野口に質問する。野口は次のように書く。

敢えて言わせてもらうなら（これは私の東洋人としてのプライドだろうか？）、西洋人の心は、あるがままの日本人の想像力や思考を受け入れるほどには大きく開かれていない。思うに、英語や英文学的思考の弱点を正確に知りたければ、日本語から英語に翻訳された書物を読むのが最も簡単な方法である。（訳文、堀）[85]

《英語や英文学的思考の弱点》というのは、何であろうか。野口は、《明確性（Definiteness）》は英語の特徴であり、英語という言語体系の中では長所であるが、不思議なことに、日本人の思考や曖昧さを好む志向に当てはめようとすると途端に欠点になるのだ、と述べている。[86] ようするに、先の引用箇所で野口が言いたかったこととは、従来の日本紹介者による日本文学の英語訳では、英語表現の明確性や厳密性によって、日本人が好む情緒や曖昧さが壊されてしまっている、ということである。

野口は、日本の美の観念は、明確性とは異なるところにあると述べて、日本の美意識が曖昧性にあることや情緒的感覚が鋭敏であることを示そうとした。欧米の感覚とは異なる感性や想像力があることを論じたのである。

ここで、野口が日本の〈哀しみ〉について、どのように論じたかを見てみよう。これは、先に挙げたサンフランシスコ公演での貞奴の泣き方に日本人として異議を唱えたことにもつながってくるが、野口は次のように書いている。

> 英語の〈哀しみ〉という言葉は、〈喜び〉や〈美しさ〉とはまったく異なる言葉である。Sadness が joy や beauty を意味することは、めったにない。しかし、日本語の詩歌の中では、それらの言葉は、しばしば違った陰影を持つにせよ、同じものなのである。〈美しさや喜びの中の哀しみ〉というフレーズ（言い回し）が、比較的最近の西洋では見られるが、そのように一つのフレーズで使われているときでさえ、日本人の理解とは異なる。われわれ日本人にとっては、それらの言葉は、われわれの特性や意味から切り離しては存在しないのである。（訳文、堀）[87]

こう述べたあとに、近松門左衛門の道行きを例にして、愛を貫くために〈死〉におもむくことが〈悦〉と〈美〉であることを解説する。それこそが偉大な日本の戯曲家である近松の《詩の技法（the art of poetry）》であったと、野口は説明したのであった。野口は次のようにまとめている。

> われわれ日本人の慣用句に、〈顔で泣いて、心で笑う〉というものがある。これをうまく言い表せないので、今しばらくの間は〈矛盾した日本人（the paradoxical Japanese）〉という表現を受け入れなければならない。このような日本人の主要な特質は、西洋人の日本人理解を困難にしている。そして繰り返しになるが、これが、われわれ日本人の詩が西洋では未だに封印されたままである理由である。（訳文、堀）[88]

つまり野口は、日本人の特性や独自の美的価値観が説明不足のゆえに《封印（sealed）》された状態にあり、不可解な日本人と思われたままになっていることを指摘し、様々な角度から例を挙げて西洋とは異なる日本の感性を説明することを試みていたのである。

日本人の〈死〉に対する観念に関しては、当時すでに切腹や武士道について関心が持たれていた。野口が日本人の感性や情緒のあり方について解説したことは、それらの理解を補完し、またその後の日本人論や日本文化論に影響を与えたと考えられる。それはまた同時に野口自身の著作活動にも影響したことは言うまでもない。

（d）「ハンカチ」にみる境界者の悲哀

次に *Through the Tori* の中からもう一つ "A Handkerchief"[89]（「ハンカチ」）を取り上げてみたい。これは東京帝国大学の英文学教授であったロバート・ニコルズ（1893-1944）が《涙を流したことを告白して恥としない》[90] と絶賛した作品で、次のような随筆である。

ある夏の日、三田の大学に行くバスの中で野口は、外国人であるかのように周囲に視線を注ぐ。一七歳に満たないと思われる美しい娘が、胸の下で小さな木綿のハンカチを持っている。野口は、ロティの〈お菊さん〉を想起した。西洋人にとっては鼻をかむものに過ぎないハンカチを大切そうに持ち歩く少女の様子が、野口には馬鹿げていてみすぼらしいものに感じられたのであった。ハンカチは、西洋の恋人から貰ったものかもしれず、こんな取るに足らない贈り物で少女の心は奪われてしまったのかもしれない。しかし、ふと野口は、自分自身の現実に思いいたった。わずかな英文学の知識で教壇に立っている自分が、この少女と重なって見えたのである。[91] 心を売って手に入れたものは、取るに足らない知識やハンカチに過ぎないかもしれない、だがロティの〈お菊さん〉のように正直で忠実だったのだ、と。

言うまでもなく、ロティの『お菊さん』とは、西洋人の目から見た愚かで洗練されていない日本少女が表象された作品である。野口はその日本少女の視点から内面を吐露し、祖国からも、魅せられた西洋からも疎外される境界者の悲しみをハンカチに象徴させたのである。[92]

このように"A Handkerchief"は、境界に位置する野口の自己認識が綴られたものであった。それと同時に、西洋と東洋の間を行き来する野口の境界性が、当時の日本社会や日本人にとっての現実となりつつあることを示している作品でもある。そしてニコルズが《涙した》と書いたように、日本人のみならず欧米人にも体感しうる普遍的な近代人の悲哀を、野口は表現したのである。

(e) 外国人読者の反応

このThrough the Toriiは海外の読者にどのように受け取られたのだろうか。

上述のニコルズは当時、日本人の心理に対する欧米人の認識のステレオタイプを瓦解させる名著としてこの一冊を高く評価した。ニコルズは、チェンバレンの『日本事物誌』に列挙されている外国人らの日本認識が、いかに矛盾と偏見に満ちたものであるか、そして『日本事物誌』に示された日本認識を訪日する外国人がいかに紋切り型に繰り返して、日本人に対して憤慨し、弁解し、〈日本人は理解不能〉という結論を下しているかについて述べている。そして、野口の著作が《世にも珍しい謎》である日本人を理解するために《必ず間違いなく》重要だと評価し、*Through the Torii*が他の日本紹介の著作類とは比較にならない良書である、と断言した。[93]

じつは、このニコルズの意見は、野口自身が作品内で述べていることとまったく同じである。*Through the Torii*には、西洋化した日本の状況や、西洋文学に関する画一的な意見で頭がいっぱいの外国人の同僚などについて、面白おかしく描いた部分があり、そこにはチェンバレンに対する野口の認識が、次のようにちらりと示されている。

もう一度うかがいたい。真の日本は西洋の高級品とどんな関わりがありうるのだろうか。実際の日本は、チェンバレンの単眼鏡やトルコ製の高級煙草なしでも十分にやっていけるの

だ。（訳文、堀）[94]

チェンバレンのお高くとまった日本への眼差しが、単眼的で偏向気味で、真実の日本を表しえていないと皮肉っているのである。

野口がチェンバレンを〈single eyeglass〉と皮肉った点については、一九一四年二月のロンドンの雑誌『ブックマン』でも触れられている。[95] そこでは野口の文章を褒めて、次のように論じている。

> センチメンタリズムや誤った価値観のある時代には、外国人の片言英語が、時々あたかも積極的で称賛されるべき文学的特質であるかのように歓迎される。（中略）しかし、ヨネ・ノグチ氏の作品を、そうした根拠にもとづいて称賛するのは、ばかげているだけでなく彼を侮辱するものである。というのは、ノグチの功績は、彼の英語力の限界にもかかわらず成し遂げられたのだから。（訳文、堀）[96]

また『ブックマン』の論説の中では、野口が日本社会の急激な西洋化に危機意識を表明している部分を挙げて、[97]《野口は日本の特質を駄目にしているのは、日本人自身であると批判し、発明や創造をする意欲を失って模倣に終始する日本の現状を問題視している》とも論じられた。[98] つまり、野口はもっぱら日本文化や現実の日本を讃美するだけの人物と捉えられたわけではなかった。

しかし基本的に *Through the Torii* は、日本の風土と文化の特質を詩情豊かに論じた随筆集として受け取られた。野口が示した日本の情景は、現実を超越して詩人が観ようとした〈日本〉であり、表面的に批判の色彩をほどこしながら現状報告をするだけの雑誌や新聞の記事とは異なる文学作品であった。

野口論を書いたシェラード・ヴァインズは、《最早や眞實の日本は亡びて、其美は日本の詩人藝術家の心の中に隠れ、能劇に隠れ、禪堂に隠れて仕舞つたであらうか。眞實の日本は、少くもノグチの評論集『鳥居をくぐつて』の中に祀《ママ》込めて安置されて居る》と述べている。[99] ヴァインズが来日前にこの著作を読んで想像していた〈日本〉は、現実にはもう存在していない、と言うのである。野口が醜悪で不愉快な日本の現実を書いておらず、日本の近代的都会生活のだらしなさや混沌などを避けている、とヴァインズは述べる。ヴァインズが書いた一九二五年と、*Through the Torii* が編まれた一九一三年頃では、日本の生活状況も多少変化しているということはあるにせよ、ヴァインズの述べるように、野口が日本の美点や精神構造を意図的に選択して、また詩人の想像力で補完して執筆したことは事実であろう。

野口がこの随筆を書いた目的は、チェンバレンやロティなどの描いた奇妙な日本人・日本文化への眼差しに異を唱え、西洋人から〈謎〉や〈矛盾〉とだけ受け取られている日本人の精神構造と、価値観や美意識を伝えるということであった。次にその成否を、アーサー・ウェイリー（1889-1966）の批判を通じて検討してみよう。

（f）ウェイリーの批判

日中文学の翻訳者アーサー・ウェイリーは、自分の名前を明記せずに、一九二二年四月六日のロンドンの『タイムズ・リテラリー・サプルメント』（*Times Literary Supplement*）に「日本の随筆と詩――ヨネ・ノグチの『鳥居をくぐって』と『二重国籍者の詩』」と題して、野口に対する批判的記事を書いた[100]（この記事を当時の野口が見ていないはずはない）。

ウェイリーは《詩や、散文文学の純正な表現形式は、その言語の完璧な精通者にしか許されない》と述べて、野口の英語による執筆について批判的であった[101]。ウェイリーは次のように述べる。

> 明確な事実が片言の不適切な言葉で伝えられた場合、われわれは書き手の欠点を大目に見ようとする。だが、とりとめのない装飾的な考えを伝えようとするならば、優雅なスタイルで表現されなければならない。（訳文、堀）[102]

ウェイリーは自らの友人・牧野義雄が英語でしたためたロンドン印象記に対しては好意的な評価を示しているが、野口が挑戦している英詩や日本文化紹介の随筆については、野口の英語能力では不足があるとの評価を下した（前述したように牧野と野口は古くからの親友であった。また当時一般的にはシェラード・ヴァインズの評価のごとく、画家の牧野よりも野口の方が日本人の英語作家として評価され注目されていた）。

ウェイリーは《いくつかの言語上の困難がある野口は、不利な立場に立たされているようだ》と述べて、具体的な例を挙げている。たとえば、西行の有名な歌の中の〈かたじけなさ〉という言葉を野口は〈gratitude（感謝）〉と現代的感覚の言葉で訳出しているが、古語である〈awe（畏怖）〉を使うべきだ、とウェイリーは述べる[103]。これは野口が *Through the Torii* の中で、《何事のおはしますかは知らねどもかたじけなさに涙こぼるる》という西行の歌を、《Know I not at all who is within,/But from the heart of gratitude,/My tears fall,/Again my tears fall, ...》[104]と訳していたことを指す。ウェイリーは古語〈awe〉の方が、平安時代の和歌の雰囲気を伝えることができると考えたのかもしれない[105]。

しかし、〈awe（= reverential fear 敬虔な畏れ）〉には、威圧を受けるような強いニュアンスが含まれる。一神教的な立場からすれば〈畏怖〉が適していると感じられたのかもしれないが、日本人の感性からすれば〈gratitude〉の持つ〈ありがたさ〉、この宇宙を秩序だてるものへの無限の〈感謝の思い〉がこの和歌の主題であると考えた方が自然である。

同様に、ウェイリーが挙げた野口の《言語上の困難》の例として次のものがあった。野口が《Tis the Spring day/With lovely far-away light!/Why must the flowers fall/With heart unquiet?》[106]と

訳していた紀友則の《ひさかたの光のどけき春の日に静心なく花の散るらむ》（『古今和歌集』八四番）の歌を、ウェイリーは《On this Spring day/So lovely with the light/Of the far-spreading sky/With what rebellious thoughts/Must flower fall from Tree!》と訳出してみせ、野口の言った "Why must they fall?" は、"How many they must dislike falling!" であると述べた[107]。

しかし、この歌の核心である《静心なく》は、ウェイリーの言う《rebellious thoughts（叛逆的な思い）》ではなく〈心が乱れる〉といった意味の言葉であるし、自然の本質を詠嘆した《花が散るらむ》は、たとえ《Why ～?》が文法的におかしく不明瞭だとしても、《How many ～?》よりは本歌の精神を伝えている。つまり、野口の《Why must they fall?》が、〈なぜ花というものは散らねばならないのだろうか〉と哲学的な問いかけを試みているのに対して、ウェイリーの《How many they must dislike falling?》は、〈いくつの花が醜くも散るのか〉と説明的な質問の印象を与える。これこそが野口の言う英語表現の〈Definitness（明確さ）〉であり、厳密性や説明性によって日本の詩的情緒や思索に富んだ曖昧性が失われるということ、つまり詩が死んでしまうということではなかっただろうか。

ウェイリーのような厳密な表現を求める英語ネイティブの知識人からすれば、野口の英語は《不明瞭（unintelligible）》な点も目立ち、稚拙さや違和感を指摘しえただろう。

こうした文章の何行かは、その奇妙さによって何人かの読者を面白がらせるかもしれないが、その大半は、最も辛抱強い愛読者をもいらいらさせるに違いない。（訳文、堀）[108]

ウェイリーは自らが日本文学の紹介者として翻訳に精力を傾けていたため、中途半端な英語を駆使する日本人に不満があったのだろう。

一方、野口の日本語詩に対するウェイリーの批評には、日本語の〈口語〉や日本の近代詩歌の説明に対する本質的な誤解が著しい。たとえばウェイリーは、野口が融和しえない中国語と日本語を合成しているとか、中国語を侵入させているので日本語詩として台無しになっていると言って批判する。その例として、野口が一人称の〈僕〉という言葉を多用していることを挙げて、これは中国語の〈あなたの卑しい下僕〉という意味だと糾弾している。また野口の詩の中の、〈沈黙〉〈禅僧〉〈死〉〈世界〉〈意味〉〈恋歌〉〈一節〉〈日光〉〈樹木〉などの日本語の単語を、中国語であると指摘して、いかに野口の詩が日本語詩としておかしいかの例証としている[109]。しかし、言うまでもなく、〈僕〉とは近代日本語では単なる一人称であり、中国語を想起させるものではない。ほかの単語についても同じである。ウェイリーは、日本の古典文学や中国詩を限定的にしか学んでいなかったため、日本語の中で日常的に用いられる漢語と中国語の関係が理解できていなかったのだろうか。あるいは、日本語の性質を知っていながらも、国学的な〈やまとことば〉主義の立場に立とうとしているのか、それとも野口の奇妙さをあげつらうべく意図的に批判しているのであろうか。
　ウェイリーがどのように野口の詩を紹介したかも、具体的に見ておこう。ウェイリーは野口の『二重国籍者の詩』の中から「僕の園庭」という一篇を選び、ローマ字表記の日本語で《Chinmoku wa》というように示したあと、英訳してみせる。

Silence!
Between flowers and leaves
I walk, for all the world like some zen priest.
For the realms of Dust and Death
What should I care?
How many petals!
One verse of a love-song…
Oh, my garden!
Between sunlight and trees
Silence walks.
My garden!
Look! My garden!

これは、もともと次のような日本語詩である。

沈黙は
花と木の葉の間を歩く禪僧の如しだ。
塵と死の世界が僕に何の意味がある？
花瓣いくつ、戀歌の一節……
ああ、僕の園庭！
日光と樹木の間を沈黙が歩く……
僕の園庭！
見よ、僕の園庭！(110)

　なぜウェイリーは、思索的で秀逸な詩が多く収録された『二重国籍者の詩』の中から、敢えてこの作品を選んだのだろうか。短いので翻訳しやすいと考えたのだろうか。それともウェイリーの眼から見て、野口の詩が駄作であることを英語圏の読者に説明しやすいと考えたからであろうか。
　この日本語詩の評価はともかく、野口のために一点だけ述べておくとすれば、《塵と死の世界が僕に何の意味がある?》を、ウェイリーが《For the realms of Dust and Death/What should I care?》と訳しているのは、野口の詩情を明らかに無視している。野口の詩では、《塵と死の世界》が自らの生にもたらす意味について思索し、哲学的に問うている。しかしそれを《What should I care?》と訳すと、〈何を気にしなくてはいけないのだ？（何の意味もないのだ！）〉と《塵と死の世界》を突き放すようなニュアンスになってしまう。ようするにウェイリーは、野口の哲学的思考を無視して、愚かしくも《oh, my garden!》と《卑しい下僕》を繰り返している稚拙な詩として英訳したのである。
　ウェイリーはこの詩を挙げたあと、《野口は危険な進路

(dangerous course) に乗り出している。野口は詩作という〈魔法〉に着手し、その成功によって乱心の道に到達してしまったのだ》[111]と、嫌みたっぷりな物言いをしている。ウェイリーの解説を読めば、日本語を解さない『タイムズ』の読者は、野口の日本語詩が下手でつまらない作品であるだけでなく、日本語の使用法も奇妙なのだと思い込んでしまったことであろう。

　このように、チェンバレンが野口を詩人として認めなかったのと同様に、ウェイリーも無記名であからさまな反抗心を示した。それにしてもなぜ、ウェイリーは実名ではなく、匿名で野口を批判したのだろうか。ウェイリーは一九二〇年に、中国文学研究の権威でケンブリッジ大学教授であったハーバート・ジャイルズと中国詩の翻訳をめぐる激しい論争を起こし、その後は他人の批判に慎重になっていた。[112]ウェイリーは日本学の権威であるチェンバレンに対しても疑問を抱いていたが、あからさまな攻撃を控えていたと言われる。[113]おそらく、この一九二二年四月の『タイムズ』の記事も、論争を避けるために匿名にしたのであろう。確かに、もしウェイリーが実名を公表していたら、ウェイリーにとって再び辛い論争になったことであろう。

　すでに述べたように、野口はチェンバレンの日本文学の英訳や日本文化の解説が、日本の情緒を十分に伝えていないと批判して、それを正すことを自らの使命として公言していた。そしてウェイリーは、チェンバレンの日本紹介には疑問と批判の視点を持ちながらもそれを公には述べず（述べられず）、野口に対しては徹底的に批判的な見解を示した。ウェイリーが野口の英語に《いらいら》したのは、ネイティブとしてのプライドによるものであったとともに、不安感や嫉妬によるものではなかっただろうか。つまり、野口のように日本文化に精通して正統性を主張しながら積極的に英語で執筆する存在は、精神的にも実質的にも目障りだったのではなかろうか（また、ウェイリーがパウンドの親友であったということも、野口批判の態度と無関係ではないだろう）。

Through the Torii は高い評価を受けた随筆集であったものの、野口自身はその執筆を通して、自らの日本的な思想やセンスが欧米読者に十分に伝わらないこと、限界があることも感じたようである。一九二七年、『藝術の東洋主義』の中で野口は次のように書いている。

> 私が嘗て評論集『居居路《スルー、ゼ トリイ》』を出版した時、この一節の言葉はあつてもそのセンスが響かないと云はれた、『人々は人生を體験するといふ、然しそれは眞理でない、不思議な魔法で夢が經驗化する時人生が始まるのだ、體驗は事實でなく、眞理の事實といふのは想像以外にない。』然し今日でも私はこの私の言葉にセンスがないとは思つて居らない。又どうして英國人にこの言葉の意味が理解されないであらうかと不思議に思はざるを得ない。私はかういつたことがある、『太陽の下新しいものありや……大いにある。鳥のとぶのを見よ、花の笑ふのを見よ。』すると英國人はこれは無味平凡だと評した。然し私は暗示の言葉として語つたものである。かうい

ふ譯で私は十分巧く穿つた積りである點が彼等には了解されて居らない。[114]

野口が最初に引用している部分は、《People say that they get experiences from life; but that is hardly truth. When your dream turns to experiences by strange magic, it is there where your life begins. Experiences are not the fact, but imagination》[115]を指す。この部分が、英国人から、感覚として意味が分からないと批判されたというのである。

ここで野口が気にしている批判が、誰のどの批評であるかは現段階では特定できない。しかし、ウェイリーの野口批判を念頭におけば、ここで野口が吐露した不服の本質が推察できるだろう。

4　狂言と能の紹介

(a) 一九一四年以前の狂言と能の翻訳紹介

ウェイリーは一九二〇年代初めに謡曲の翻訳をしたことでも有名であるが、野口もまた一九〇〇年代から海外に向けて狂言と能の紹介を始めていた。

二〇世紀初頭の西洋の文化人たちは、〈発句（Hokku）〉と同様に〈能（No(h)）〉に対しても大きな関心を寄せたが、野口による紹介は、パウンドがフェノロサの遺稿を整理する以前、イェイツが「鷹の井戸」を書く以前になされたものである。

野口の能楽紹介については、従来、イェイツとの関係が主に論じられてきたが、野口の狂言の翻訳が能に先行したことはほとんど注目されてこなかった。また、より重大なことに、この点に関しても、欧米の日本紹介者を評価して日本側の活動を軽視する、西洋中心主義的な議論が続けられてきたように見える。たとえば、成恵卿氏は『西洋の夢幻能――イェイツとパウンド』（一九九九年）の中で、野口の能の解説は《パウンドやイェイツの能への関心》に触発されたもので、《パウンドに端を発する西洋における能への関心》を受けたあとの展開であったとしている。[116]

野口の能楽紹介そのものに注目した論考であっても、西洋人の真似をしたに過ぎない二番煎じの日本人といった、あくまでも野口の貢献を否定的に捉える見解が根強く続いてきた。たとえばエドワード・マークス氏は、一九〇七年の野口による能の紹介が、アメリカの画家ジョン・ラ・ファージ（1835–1910）の同年の文章の剽窃であり、語順を改変したものであると指摘している。[117]また野口の一九一八年の能の翻訳を、《パウンドのアドバイスやサポートによるものであろう》と推測し、《同時代の能に関心のある知識人は、野口のできそこないの翻訳に苛立っただろう》と述べている。[118]確かに、一九〇七年の野口の説明にラ・ファージの使った単語やフレーズが改変して使われている点は、マークス氏の指摘にも一理あるが、次の二点で反論せずにはおれない。まず一点目は、野口の能の紹介に関して、マークス氏が挙げる文献や視点では不十分だということである。能楽の一般的構造や劇の実質面の紹介に関しては、野口が従来の説明に倣った部分を挙げることができるだろうが、それが野口の能の紹介のすべてではない。野口が従来の欧米の能紹介に、新しく加えた認識があったことについて、より重視すべきである。つまり、能をギリシア演劇と比較する視点はアストンらによっても示されていたが、能における生と死の概念や、イエイツのアイルランド近代演劇との比較の視点などは、野口によって初めて語られた認識である。それゆえ、どのような芸術面や思想面の認識が新しく加えられたのか、たとえ同じ語彙を用いているとしても、より高次の紹介内容ではなかったのかを検証する必要がある。二点目は、マークス氏はラ・ファージを野口と比較したが、能の紹介に関して言うのならば、ラ・ファージのみならず、その他の多数の能の翻訳者を複層的に比較検証していく視座が必要である。以下、本節で明らかにするとおり、野口が謡曲や狂言の翻訳をするにあたって対抗意識を抱いていたのは、アストンとチェンバレンである。

順番としてまず、野口による能・狂言の海外への紹介の経緯と内容を見てみよう。前述のように野口は、能よりも先に狂言の翻訳を行っている。ボストンの雑誌『ポエト・ロア』(*The Poet Lore*) に寄稿した"Melon Thief. Kiogen, Japanese Comedy of the Middle Age"(「瓜盗人――狂言、中世の日本喜劇」一九〇四年三月) や"Demon's Shell"(「蝸牛」一九〇六年九月) が、それである (その後も野口は『ポエト・ロア』に一九一七年、一八年、二二年と能の翻訳を寄稿する)。

ちょうどこの時期、日本国内でも英語で能楽を紹介する動きが出始めており、池内信嘉 (1858-1934) が創刊した雑誌『能楽』では一九〇五年から〇七年にかけて英文欄が設けられた[119]が、野口の国外雑誌への執筆活動は、この動きにやや先駆けるものであった。

野口は一九〇七年五月七日には、狂言十作の対訳である *Ten Kiogen in English* (『狂言十番』)[120] を東京の東西社から出版して、その「序」で次のように解説している。

われわれの日本文学は (なんとまあ世界ではほとんど知られていないのだが!)、もし〈狂言 (笑劇、直訳すれば crazy language)〉がなかったならば、喜劇に関しては灰色の荒地だっただろう。狂言は、悲劇を土台とする〈能 (オペラ風演劇)〉[121]の成立と同時に中世に発展した。(訳文、堀)

悲劇を土台とした能に対して狂言が喜劇であることを説明し、日本文学に欠かせない劇として紹介している。また、多くの狂言作品の作者が不明であること、フォークロアや昔話が題材であること、名も知れぬ登場人物たちによる作品であることなどを説明している。また、狂言の目的が〈笑い〉であり、《日本人の国民的気質を滑稽に噴出させたもの (a comical outburst of the national temperament)》とした。ユーモアや〈笑い〉の要素の、モダニズム芸術上の価値を感じていた野口は、彼なりの意図や必然性をもって、能楽ではなく狂言を中心に戯曲の翻訳や紹介をしていたと言えるだろう。

では、能についてはどうであろうか。野口はより神秘的な要素の強い能楽の方が欧米人の興味を惹きつけやすいことを意識したのだろうか、次第に能の翻訳を手がけるようになる。

能に関する英語での執筆としては、“With Foreign Critic at a No Performance”（「外国人批評家と観る能の上演」*Japan Times*, 27 Oct. 1907）, “Mr. Yeats and the No”（「イェイツと能」*Japan Times*, 3 Nov. 1907）, “The Japanese Mask Play”（「日本の仮面劇」*The Taiyo*, Jul. 1910）, “The Japanese Mask Play”（「日本の仮面劇」*The Graphic*, 13 Aug. 1910）, “The No Plays”（「能劇」*The Taiyo*, Jan. 1912）を寄稿している。また、一九一二年九月一二日のニューヨークの『ネイション』紙には “The Japanese Mask Play” がもう一度掲載されている。

この “The Japanese Mask Play” は、日本に住む西洋の批評家と能を見に行ったときの対話を紹介しつつ、能の芸術的な説明や歴史を記述したものである。野口が説明するのは、次のような内容である。能は、舞台も狭く、演技も非常に単純で簡潔であるが、その簡潔さ（brevity）こそが偉大な芸術たるゆえんであり、制限はあらゆる芸術の秘訣である。そして、能は生と死をテーマにした舞台劇でもある。また野口が強調したのは、能の多くが幽霊や仏教思想を扱っていること、三人ほどの登場人物による極度に単純化された劇で詩的世界を作り出すことであった。[122]

さらに、《能は、簡潔な劇芸術の極致である。ギリシア劇やイェイツらのアイルランド現代劇に比較されるだろう[123]》と述べられ、イェイツの戯曲と比較して能を論じる視点が示されている。また、劇と観客が一体となる関係性や芸術観を説明したあとに、《ここにいたらイェイツはどれだけ喜ぶだろうかと思う[124]》とも述べていた。このような視点が、イェイツやパウンドがフェノロサの能の遺稿を手にする一九一三年以前に示されていたことは注目に価する。野口はまた、西洋演劇と対比して能の魅力を次のように述べた。

> たいていの西洋演劇はある種の混沌とした美を有しているのだが、われわれはそれに飽き飽きしている。能は、最初はそのモノトーンさが退屈に感じられるけれども、洗練された精神を持つ人々にとっては少なからぬ喜びの源になるだろう。
> （訳文、堀[125]）

この野口の “The Japanese Mask Play” は、アメリカのみならずイギリスでも注目された。一九一四年一月一日に野口がコバーンと共にジョン・メイスフィールドの自宅を訪問した際には、メイスフィールド夫人が『ネイション』紙の野口の論考について《多大の興味》を語ったという。[126]

以上のような野口の能や狂言についての説明は、彼が〈発句（Hokku）〉を例にして日本の文学や文化の簡素化された美意識と精神性を論じたこととも関連している。能の理解は〈発句〉

の理解を促し、またその逆にもなる。このようにいくつかのジャンルを横断して、日本の情緒や美学を論じていったことが、欧米の文化的モダニズムや文化人たちの関心にうったえたと言えよう。[127]

(b) 野口とイェイツの対話

すでに述べたように、野口は最初に英国文壇で評価を受けたときにイェイツに会った。その直後の一九〇三年初夏に野口はロンドンからニューヨークに戻ったが、イェイツが一一月からアメリカに初の講演旅行に出かけた際、二人はニューヨークで再会を果たしている。この再会時に、野口はイェイツと食事をしながら、近代演劇の改良運動についての話を聞き、影響を受けたのだった。[128]

イェイツは食事中に突然ナイフを下に置き、野口を見つめて、現在の劇場とは《一種の商店》に過ぎない、観客は《食後の消化》のために芝居を見ているのだ、と嘆じた。イェイツは、自分が劇場を建設したことや、劇場を文化人や知識人にとって学びや刺激を得られる場にしたいといったことを語ったという。野口は一九〇五年に次のような感想を書いている。

イーツは劇場をして詩化せしめむとするなり。其演ずる所のものは、神話或は古昔の傳説、即ち彼が所謂「dreams are truth and truth is a dream」の時代を以てし、人の想像力を惹起し、少くも詩神に接近せしめむとするなり。之を演ずる俳優は、純然たる美を目的とし、舞臺に於て用ひる言語は、單純麗雅にしてシンボリックならざる可からずとするなり。彼はその主張に由りて、幾多の劇詩を作りぬ。曰く"The Land of Heart's Desire"曰く"The Shadowy Waters"曰く"The Hour-Glass"と。是等を讀まば、其想像の優尚にして綢繆たる、また其悲凄なる神秘を知り得るなり。[129]

ここで野口も述べているように、当時のイェイツはすでに有名な劇作家で、神話や伝説に深い関心を持ち、一九〇二年にはアイルランド国民演劇協会を設立していた。このときのイェイツとの対話が野口に与えた影響は大きい。イェイツが近代日本の演劇状況や伝統芸能について質問をしていた可能性もあるだろう。また、野口自身もそれまでの経験から、アメリカで一世を風靡していたオリエンタリズム演劇の〈日本〉表象には憤りを感じていたので、日本の演劇の真髄を語る必要性をイェイツの前で強く自覚させられたのだろう。

ここで、一九〇四年の帰国後の野口が執筆したイェイツに関する論考のうち、次の三つの内容を概観しておきたい。①"Yeats and the Irish Revival"（「イェイツとアイルランド復興」*Japan Times*, 28 Apr. 1907）、②"Mr. Yeats and the No"（「イェイツと能」）(*Japan Times*, 3 Nov. 1907)、③"A Japanese Note on Yeats"（「イェイツに関する日本人のノート」*The Taiyo*, Dec. 1911）である。

①は、イェイツがアイルランド系ケルト民族を代表する存在

であることを述べた上で、イェイツの作品がメーテルリンクの作品群に近似しているという説を紹介する。[130] 野口は自らの意見として、イェイツの作品 "Innisfree" には中国の陶淵明（365-427）の抒情美と同じものがあると感じたと述べ、陶淵明の "Kikyorai no Fu"（「帰去来辞」）を英訳して批評を加えた。

イェイツの現代詩（「イニスフリーの湖島」"The Lake Isle of Innisfree"）が中国の陶淵明（「帰去来辞」"Homeward Return"）を想起させるという見解は、③でも詳しく述べられている。野口はそこで、アイルランドのケルト気質と古代中国（もしくは伝統的な東洋世界の詩歌）の詩的感性や自然観における共通項を詳細に比較して論じている。[131] 野口が一九〇七年の時点で、東洋とアイルランドの詩的な文学世界や伝統を比較して議論していることは、その後の国内外への影響の面からも重要である。

また②で野口は、イェイツの劇に関する実践や理論と比較しながら、日本の能の現代的価値を説いていく。たとえば、イェイツが『モサダ』(*Mosada: A Dramatic Poem*, 1886) の中で、近代劇の照明はランプに変わってしまったが蠟燭の炎の方が美しいと論じていることを挙げた上で、野口は、《宝生流や観世流の舞台は蠟燭のほのかな光の中で演じられており、電気のランプを使っている歌舞伎に劣ってはいない。むしろより強烈である》と述べる。[132] また、近代劇が退化していると論じるイェイツがアイルランドの伝説や歴史を背景に劇を改革しようとして独自の成功を収めていると説明し、イェイツが理想的なアイルランド演劇として論じる演劇の要素である地方性、リズム、音楽性、誇り高き生活などをすべて日本の能が備えていると述べて、次のように書いている。

イェイツの理想が日本の能の上演の中にあると思うと嬉しさにたえない。これはイェイツが能を観たり学んだりすれば分かることである。われわれの能は神聖なるものであり、詩そのものである。（訳文、堀）[133]

そして野口は、《能楽堂は、イェイツの詩的理想を確実に活気づけ自信を持たせるオアシスである》と言い、《能ほど叙事詩としてのすべての必要条件を満たすような、優れたものはない》と述べた。そして、日本の能は《最も優れた様式 (the most prosperous fashion)》であり、現代劇の理論にうまくあてはまる様式だと論じたのだった。[134]

少なくとも、以上のような野口のイェイツへの言及は、一九一二年頃のイェイツに東洋の詩への関心と好奇心をさらに強くさせたと考えられる。このあと、イェイツは能と並んで中国詩・漢詩に関するフェノロサの遺稿を、パウンドと共に発見していくことになるのである。

その後、野口はオックスフォード大学での講演のために渡英し、一九一三年一二月から翌年三月にかけて英国に滞在する（後述第七章）。野口がイェイツと再会を果たした際、イェイツは次のように語ったという。

私の意見では、所謂民族的分子のみが如何なる詩に於ても最も有価なので、眞實の文學は修養された分子で弱められたので無くて、強められた民族文學であらねばならぬ。さういふ譯から、私の友人エズラ、パウンドが目下編輯中である故フエノロサの飜譯して遺して置いた日本の能の飜譯を喜んで一讀したです。私は能に首つたけ感服したです。[135]

野口の日本語訳は巧くないが、ようするに、イェイツやパウンドがちょうどフェノロサの遺稿を手にして日本の能に熱中していることを聞かされたのである。このことは、イェイツの *Ideas of God and Evil*（1903）の邦訳『善悪の観念』（山宮允訳、東雲堂、一九一五年一月）の野口による「序」にも書かれている。[136][137]そこでは、野口のイェイツとの対話が紹介され、全体としてイェイツの作品や思想についての評論となっている。[138]その中で、イェイツは自分が能に心酔していることを述べてから、〈日本は一体全体西洋から何を学ぼうとしているのか〉と野口に質問し、野口は〈西洋文学のうちに、日本の情熱や想像がより美に、より精細に表白されているから〉と答える、という前述（第五章第5節）のイェイツとの対話が記されているのである。

このとき野口とイェイツは、日本とアイルランドにおける教育の問題を語り、英国化、米国化の弊害、政治と文学についても論じている。また興が乗ってくると対話は〈霊魂の不滅〉や祖先崇拝、英米の神秘主義思想といった話題にもいたった。このような対話をしているときに、イェイツの若き二人の書生、つまり、パウンドと彫刻家ブジェスカ（1891–1915）が部屋に入ってきた。野口によれば、《エズラは鳩でも巣を作りさうなぼうぼうとした頭髪》をしていたという。[139]

これ以後にも野口は、イェイツに関する "A Japanese Poet on W. B. Yeats"（「イェイツに接した日本詩人」*The Bookman*, Jun. 1916）や "Yeats and the Noh Play of Japan"（「イェイツと日本の能」*Japan Times*, 2 Dec. 1917）などを書いている。

（c）一九一四年の英国講演での能の紹介

では一九一四年の英国での講演時に、野口は能をどのように紹介していたのか。この講演における俳句や日本文学の紹介については次章で論じるので、ここでは能に関する点のみを述べておきたい。

滞英中の野口はロンドンの各地で講演をするが、能楽に関する講演は王立アジア協会（The Royal Asiatic Society）で行っている。この講演は、*The Spirit of Japanese Poetry*（1914）の第三章に "No : The Japanese Play of Silence"[140]として収められており、一九一六年に来日して能を観劇したタゴールは、この論考に賛意を述べたのであった。[141]

その講演の内容はじつに濃密である。能の厳粛性、観客と役者の関係性、演者の構成、舞台装置と設定・演出の簡素さ、〈生〉と〈死〉や〈永劫〉を表す装置、仮面の意味など、能という演劇の様式が丁寧に説明されている。また、〈面（Mask）〉

は表情を節約して情緒を蓄積させる、笑いにもなる沈黙の表現であると述べ、また、役者は詩と祈りの美的価値によって、リアリズムのわざとらしい感傷に陥らないように自らを律していると述べて、象徴主義演劇の作法を論じている。そして、西洋演劇は、日本の能の簡素性（simplicity）に注目するだろうし、能の古風な趣（archaism）に神聖な暗示を与えられることになるだろう、と野口は述べた。[142]

また野口は、《能とは、黄泉の国（Hades）にさまよえる幽霊（ghosts）や精霊（spirits）が、仏名や経典の功徳によって涅槃（Nirvana）に入ることができると考えられていた時代の創作物であるため、ほとんどの作品が幽霊や仏教を主題として扱っている。このような幽霊ものは、現代においても詩的思索や空想に訴えるものであり時代を限定しない。どれだけ空想的であろうとも、永遠に詩的精神を保ち続けることこそが仏教信仰の真髄である》（訳文、堀）[143]と述べている。このような野口の説明が、当時の神秘主義や東洋哲学に熱中していた英国文壇の知識人たちに刺激を与え、好奇心をそそるものであったことは間違いない。

さらに野口は、能のスタイルや抽象概念のみならず、具体的な作品の説明も行っている。例に挙げているのは、「高砂」（“Takasago”）やこのうち「羽衣」（“The Robe of Feathers”）、「山姥」（“The Mountain Elf”）である。「羽衣」は、ちょうどその時期にイェイツやパウンドが関心を示していた作品である。[144] また *The Pilgrimage*（1909）に収録されている野口の詩 “Little Fairy”[145] も、羽衣や天女のイメージから詩作されたものであった。

加えて注目すべきは、この早い時点で、野口が古典能の翻訳のみならず、自身による能の新作を披露していることである。英国での講演をまとめた *The Spirit of Japanese Poetry*（1914）には、“The Morning-Glory: A Dramatic Fragment”（「朝顔、ある戯曲の断章」）と題した、新しい能の戯曲が掲載され、また、同書日本語版の『日本詩歌論』（一九一五年）には、これに加えて、謡曲「隅田川」を土台にして野口が作った “The Willow Tree: A Dramatic Fragment”（「柳、ある戯曲の断章」）という能の戯曲も収録されている。つまり、能を意識した英語の戯曲を書くという行為に関して、野口はイェイツに先駆けていたと言えるのである。

一九一四年一月の時点で、野口が英国の文化人たちを前にして〈能〉の魅力やその芸術性について語っていたことは、これまで注目されてこなかったが、日本文化の国際的受容においては重大な出来事であった。パウンドによる謡曲の英訳「錦木」（“Nishikigi”）が最初に発表されたのは、一九一四年五月（ハリエット・モンロー主宰のシカゴの詩雑誌『ポエトリ』誌上）のことである。[146]

謡曲の英訳だけを考えれば、すでにチェンバレンが一八八〇年に『日本の古典詩歌』[147]の中で能を講じ、またアストンが能楽に造詣を深くして翻訳紹介を一八九九年に行っており、[148]そのことは日本の側からも意識されていた。[149]また一九一三年には、マリー・ストープス（1880-1958）が東京帝国大学理科教授・桜井錠二（1858-1939）との共訳で能の翻訳本『日本の「能」劇』（一九一三年）[150]を出版していた。このストープスの能紹介について野口は、文学に興味を持たないと自ら言っている加藤高明が序文を書いているのを《変に思う》とだけ意見を述べている[151]。英語訳以外では、フランスのノエル・ペリ（1865-1922）が緻密な能楽研究を行っていた。

しかし重要なのは、野口による狂言や能の翻訳紹介が誰より早かったのか遅かったのかといった問題ではなく、野口が能をモダニズム演劇や思想の先端として位置づけて紹介していたことの革新性である。

(d) フェノロサからパウンドへ

ここで、野口のこの分野における言論活動の位置を探るため、フェノロサ以降の能の受容の過程を概観しておきたい。能の海外での受容については、イェイツとパウンドの能との出会いがよく知られている。見方によって諸説があることも事実であるが、ここではイェイツとパウンドが能といかにして出会ったのかについて見ておこう。

アーネスト・フェノロサ（1853-1908）は、一八九〇年に一二年間のお雇い教師の任期を終えてアメリカに帰国し、ボストン美術館東洋美術部のキュレーターとなった。そこで滞日経験もある助手マリーと出会い、共に二度目の結婚にいたってスキャンダルとなり職を辞した。フェノロサは新夫人を伴い一八九六年七月に再度来日し、一九〇一年まで滞在した。夫妻は一八九八年より能楽にのめり込んで謡を習い始め[152]、また一八九九年一月からは森槐南のもとで中国詩を学んだ。これには平田禿木や有賀長雄（1860-1921）が協力している[153]。

フェノロサについては、一度目の来日時の一八八〇年代に岡倉天心を連れて日本の古美術調査を行ったなどの美術面での関心はよく知られているが、二度目の訪日時に示した文学面への関心はあまり研究が進んでいないと言える。フェノロサは、来日以前からスピリチュアリストで詩にも関心を持っていた人物である。一八九三年には『東と西、アメリカ発見、その他の詩』[154]を出版し、東洋の精神と歴史性や東西世界の融合を長詩の中に詠い込もうとしている。この詩集にはエマソンの思想的系譜も見られるが、富士などの日本的主題も扱われており、フェノロサは《ジャポニスム詩人の先駆者》[155]的存在とも言える。また妻のマリーによれば、フェノロサは一九〇〇年頃には《神秘的な象徴詩》[156]を書いていたという。

マリー・フェノロサは、前述（第五章第3節（a））したように〈あやめ会〉のメンバーで、野口が高く評価していた詩人、かつジャポニスム小説家であった[157]。野口は一九〇六年の『太陽』で「日本を歌へる米国の女詩人（フェノロサ夫人について）」と題して、マリーについて、エドウィン・アーノルドとハーンに並ぶ《感情的詩的人格を備えて居る文学者》[158]と賞賛している。

一九〇八年にフェノロサがロンドンで急死したあと、夫の遺稿整理を始めたマリーは一九一〇年春に来日して有賀長雄と狩野友信に校訂を依頼した。その後、大英博物館のローレンス・ビニョンらの協力も得て、フェノロサの東洋美術研究の成果を一九一二年に *Epochs of Chinese & Japanese art : an outline history of East Asiatic design*[159]（邦訳は『東亜美術史綱』有賀長雄訳、一九二二年）として出版した。そして、この著作で未使用だったノート（主に有賀長雄の通訳による森槐南の漢詩講義の記録と、平田禿木の通訳による梅若実の能講義の記録）をパウンドに託したのである。

パウンドが、いつマリーと出会ったのかについては諸説がある。長谷川年光氏は、一九八四年に公開されたパウンドとドロシー・シェイクスピア（1886-1973）[160]の書簡[161]を根拠に、パウンドがマリーに初めて会ったのは、一九一三年九月二九日、サロジニ・ナイドゥ（1879-1949）の家であったとしている。[162]インドの女性詩人ナイドゥを介していることは注目しておきたい。一方、二人はローレンス・ビニョンの紹介で知り合ったとも言われてきたが、[163]これもおそらく間違ってないだろう。パウンドは一九〇九年頃からビニョンと親しくしているからである。つまり、ナイドゥの家でビニョンの紹介によって知り合ったということであろう（ちなみに、ナイドゥもビニョンも一九〇三年から野口と親交を持っていた）。

マリーは、一九一三年九月二九日以降、一〇月六日と一一日にパウンドに会っており、当時の有力な出版者ハイネマン（1863-1920）をパウンドに引き合わせている。フェノロサ未亡人は、この少なくとも三回の面会のあと、パウンドに遺稿を託すことに決めて、夫の原稿を整理し番号付けを行ったあと、一一月二四日頃に送付した。パウンドの手元にフェノロサの原稿が届いたのは、一九一三年一一月二四日から一二月一六日までの間で、その直後にパウンドは原稿整理に着手した。[164]

当時のパウンドは、イェイツ宅の秘書ないしは書生のような立場にあった。前述したように、野口が一九一四年一月にイェイツの家でパウンドを紹介された時期は、まさにフェノロサの遺稿を受け取ったばかりのパウンドが整理に集中し、どこかの雑誌上で発表できないか検討していた頃であった。

パウンドの編纂の成果は、まず一九一五年の『キャセイ』[165]の出版で、これはフェノロサの中国詩についての遺稿であった。それから能に関する著作として、翌一六年七月に *Certain Noble Plays of Japan : From the Manuscripts of Ernest Fenollosa, Chosen and Finished by Ezra Pound, with Introduction by William Butler Yeats*[166]と題された三五〇部の限定本が出版され、続いて同年 *Noh ; or Accomplishment, a study of the classical stage of Japan by Ernest Fenollosa and Ezra Pound*[167]が出版された。

この後者の「序」でパウンドは、《能は疑いなく世界の最も素晴らしい芸術の一つであり、最も深遠な芸術の一つであろう》と記した。[168]

イェイツの下でフェノロサの能の遺稿を整理していたパウンドは、一九一五年の夏には伊藤道郎（1893-1961）に助力を求めている。ドイツのエミール・ジャック＝ダルクローズ（1865-1950）の学校で表現芸術を学んだ経験のある伊藤は、ロンドンのサロンで即興的な舞踊を披露して人気を集め、一九一五年五月にロンドンのコロシアム劇場でプロデビューを果たしていた。[169] 伊藤自身は能についての知識はほとんど持っていなかったが、[170] ロンドンにいた能に詳しい友人・久米民之助や萱野二十一（郡虎彦）を連れていって、パウンドとイェイツに謡を聞かせたりした。[171] パウンドやイェイツらと共にフェノロサの遺稿編集に携わったことは、《東洋と西洋の両方から学び、二つの理念を統合しようとして一つのスタイル[172]》を獲得した舞踊家として評価されることになる伊藤自身に、大きな影響を与えたという。

　イェイツは、フェノロサの謡曲にインスピレーションを受けて、戯曲「鷹の井戸」（"At the Hawk's Well"[173]）を書き、それを伊藤道郎が演じて絶賛された。初演は一九一六年四月二日、芸術家のパトロンであったキュナード夫人（1872-1948）の客間で行われた（前衛芸術であったモダン・ダンスの隆盛は、上流階級の客間でのアトラクションとしての流行に支えられていた）。[174] この上演がその後のモダニズム芸術に与えた影響は大きい。[175]

　イェイツの実験は、リアリズムを中心とする西洋近代演劇とは異なる潮流を生み出した。象徴主義者としてのイェイツの能への関心とは、二〇世紀初頭の芸術・思想・文化の総合的実験であった。それは、近代西洋のリアリズム演劇が失っていたもの、つまり日常生活を排除した人間存在の強い生命力、人間の声と肉体の動きの表現美を回復しようとした実験であり、この、声や身体表現への志向性こそが、文学、音楽、舞踊、舞台芸術などのモダニズムの諸芸術につながっていくのである。

　能への関心は、〈演劇〉あるいは〈文学〉という枠の中ではなく、芸術表現の可能性を探るものとして、諸芸術を貫くものとして示された。このことは、野口が一九一四年の英国講演で主張していたとおりになったと言えるかもしれない。

(e) 雑誌『謡曲界』の英文欄

　さて、野口の能楽紹介に話を戻そう。野口は一九一六年七月から一七年八月までの一年一カ月、丸岡桂（1878-1919）[176] が創刊した謡曲専門雑誌『謡曲界』に設けられた英文欄に毎号執筆している。まずその執筆経緯と概略を見ておきたい。

　野口が英文欄を担当して執筆を始めるにあたり、誌上では「世界的飛躍　英文欄新設」と題して次のような説明が行われている。

> 本誌は改巻と共に野口米次郎氏を煩はして英文の一欄を設ける事としました。同時に本誌は今よりして世界の各國に送られ各階級の人に依つて閲讀される事となりました。諸君の中には意外に思しめさるゝ方もありませう、併しよく考へると、別に意外でも、突飛でもありません。
> 「能を世界に紹介せよ」とか「斯道の趣味を外國に廣めよ」とかいふ聲は、從來折々耳にして居りましたし、又現に聞いても居りますが、其實行は聲の幾分の一も爲されて居りません。何故日本人は自國の藝術に冷淡なのでせう。（中略）日

> 本人が浮かくしてゐる間に、能は幾多の外國人に依つて熱心に研究せられ、紹介せられつゝあるではありませんか。例へばチエンバレンの如き、メートルの如き、近くは又ペリの如き、中にもペリは精細な調査を試みて、其結果を梓にまでも上せて居ります。今日の處《ところ》能は本邦人に依つてよりも、外國人に依つて、より多く紹介されてゐると言つても過言ではありません、寔《まこと》に器量の悪い話です。(後略)[177]

ようするに、現在のところ能の研究は外国人によって進められているが、日本の謡曲専門雑誌としては、今後は日本人によって国外発信を行いたいという趣旨である。つまり、日本人はイプセンやメーテルリンクやシェイクスピアを受容するだけでなく、自国の芸術を自ら海外に紹介すべきだというのが、英文欄の新設の意図であった。そして野口については《野口氏は歐米の騒壇《ママ》に知られた詩人であり、且観賞家であつて、能には多大の趣味を有つて居られますから、本欄の主任として最も適當な方である事を信じて疑ひませぬ》とある。[178]

なお、ここで言及されているペリとは、一八八九年にカトリック司祭として来日し、梅若実(二世)の弟子となって能楽の世界に精通したフランス人ノエル・ペリで、[179]当時、能についての研究を行い、能楽を日本文学の中で最も高く評価するとした論考を発表していた。[180]ペリは、一九〇四年から一九一三年にかけて雑誌『能楽』に四回寄稿し、一九一六年九月には『謡曲界』にも「卒都婆小町の能」を翻訳掲載している。『能楽』では、『古今集』からの題材や仏教教義の説明に始まり〈象徴〉や〈宇宙の本質〉などを論じて能楽を紹介している。これまでアストンやチェンバレン、またイェイツやパウンドなど英国人の能への関心がよく知られてきたが、ペリのようなフランス人による能楽への関心が、同時代の国内の専門雑誌で注目されていることには注意しておきたい。

野口による英文欄が設けられた一九一六年から翌一七年にかけて、おそらく野口の人的ネットワークを通じて、『謡曲界』は積極的に海外に送付された。一方、この期間には、ペリの「卒都婆小町の能」のほかにも、エズラ・パウンドの「葵上を評す」(一九一六年一〇月)、フランス人のガストン・ミジョンによる「能劇の印象」(一九一六年一一月)が、日本語訳で掲載されている。このときパウンドは、野口の友人として紹介されている。このような外国人による能楽研究を日本の専門雑誌に掲載するという傾向が短期間ながら存在したことは、野口の肝煎りと考えてよいだろう。

では、野口による謡曲の翻訳はどのようなものだったのか。翻訳の方法や工夫は野口自身が次のように「概略」の中で述べている。

> 謡曲の原文の措辭行文は一種特殊のもので、單に我々今人の耳に遠いものばかりで無く、如何にも煩多で、如何にも唐突なもので滿ちて居る。主觀的叙述と客觀的叙述とが互錯して、その兩者の境がまるで判然せぬ場合が多い。これを條理

整然とするのを尊ぶ英文に燒直すのは非常に難事である。アストンやチヤムバレーンの如きも其事を不可能として居たのである。私のこの試みも餘り怜悧な業でないかも知れぬが兎に角私今日の力としては可なり注意と熱心を込めたものであると手前味噌を此處で述べさせていたゞきます。[181]

野口がアストンやチェンバレンの能楽の翻訳を意識していることが分かる。野口の能の英訳は、原文を字義通りに訳すのではなく、独自の解釈をほどこした上での意訳であった。野口の考えによれば、能はワキやシテのセリフがあると同時に、地謡がその感情までも状況と共に説明していく劇であり、《主観的叙述と客観的叙述とが互錯》して境界が不明瞭なものが多い。日本の古典文学の多くは、この問題、つまり《主観的叙述と客観的叙述とが互錯》する曖昧さがあると野口は考えており、それゆえ能の英訳では彼なりの翻訳の方法を示そうとしたのである。[182]

たとえば、「殺生石」（野口は "The Perfect Jewel Maiden" =「玉藻の前」と題した）の訳の工夫は注目に値する。[183] 野口は原文のワキ謡の《心を誘ふ雲水の、心を誘ふ雲水の、浮き世の旅に出でうよ》を、その次の句の《我知識の床を立ち去らず、一大事を歎き一見所を開き、終に拂子を打ち振つて世上に眼をさらす》と合わせて、《What though the fleeting scenes / Mistify the road of pilgrims? / With heart intent on things unseen / I pursue my way through mists and woe.（迅速常なき景致が／遊行の道者の路を欺き誘ふとも何かある。／不見界の現象に心を専らにし、／浮世の霧と悲の間に進みゆく路を求めて追ふ）》[184] と訳出しようとした。このとき、そこに〈不即不離〉の意味、つまりつかず離れず幽界をさまよう雰囲気を込めようとしていたという。

また、道行の地謡の言葉である《雲水の、身はいづくとも定めなき、身はいづくとも定めなき、浮き世の旅に迷ひゆく心の奥の白河の、結びこめたる下野や、奈須野の原に着きにけり》を、野口は[185]《I left the Michinoku province for the capital, hoping there to pass / A winter in holy solitude; I wish for my delivered soul / To be as free as that of a cloud or water. / I crossed the river Shirakawa, and now arrive / At the moor of Nasu in the Shimotsuke province, where as far as I could see / Is nothing but the autumnal grasses; among the grasses I see / One lonely stone left to the whim of the winds.（……解脱せる心は／雲や水のやうに自由ならんを冀ふ。／白河を横切り、今は下野／奈須野の原に着く。見渡すかぎり／秋の野草生茂りつ、草のなかに、／狂ふ風の出來心に取りのこされたる一の寂しい石を見る）[186]》と訳した。つまり、野口の翻訳では地謡の文章が、玄翁の視点を主格として説明されていくのである。話の全体像を知らない国外の読者にとっても冒頭から〈石〉の不可思議さに引き込まれるような展開である。

玄翁が石の霊魂に焼香し仏事を行って成仏させる場面では、シテ謡が《石に精あり、水に音あり、風は太虚に渡る》[187] と言う部分を、野口は一括してコーラス（地謡）にしてしまい、《Behold, the stone split asunder in two, and from amidst red lustrous light,/ The evil fox makes her sudden appearance, saying: "In the water is a voice heard;/ The wind sings from sky to sky: Lo, stones too have their own souls." (The priest struck with amazement, gazes up at the mysterious sight of the world.)（見よ、石は二つに割け、中から赤いかゞやく光。／妖狐は急に顯はれて、いふ、／「水中に聞かれる聲。／風は空から空へと歌ふ。／見よ、石またその靈を持つ。／僧は驚駭してこの世にも不思議な光景を見る）[188]》とまとめている。

野口は自らの翻訳を《飜案》と呼んでおり、実際のところもそうなっている。それについて野口は、能の台本の《理知の明白を超絶した妙》が失われるのは確かだが、英文に直すには時間や人物の順序を理路整然とさせねばならないと述べる。《比較的無用の文字を捨て、又原文を俗譯したやうな箇所が多いのは、私の力の足らぬ所である》と自らの力不足があることは認めながらも、《然しかういふ風に英文にしたならば、外人にも分り又多少なりとも原文の妙を傳へることが出來るかと自惚れ》ているとも述べている[189]。

野口は自らの翻案作品が、日本の読者から見ても国外の読者から見ても、不十分とされる可能性を認めつつも、アストンやチェンバレンが不可能とみなすことに挑戦した。野口は次のように言う。

> 能劇の目的は（私は躊躇せずに申します）所謂美で無く、我々の夢想する美に對する希望憧憬を表現するにあります。故に其價は、取扱はれて居る眞理乃至人情で無く、美則ち詩の全然的効果に懸つて居る。論理とか事實の義務的羈束から解放されて、私が特種な感興で能劇を見て居ります時、私は屢々エドガー・アレン・ポーの詩論は異種的のもので無いと思ひます。（中略）一言で申しますると、物語其物は第二義的のものであります[190]。

能の第一の目的は、《夢想する美に對する希望憧憬を表現》することにあり、《無窮の自然の秩序》を《明瞭美麗》に表現して《人の心を刺戟し興奮》させることであると、野口は述べる[191]。つまり《詩的効果》が重要なのであり、物語やストーリー性は《第二義的》なのである。野口の能楽の英語翻案は、この点を最も意識して行われたのであった。

野口はポーの詩論を具体的に挙げて、能という舞台表現の詩的要素を説明した。たとえば、《美を遂行するために時代や物象の間をめぐって様々な努力を行う》、《真理に到達して初めてそれまで明瞭で無かった調和を知覚できるのだとすれば、真理の把握とは真の詩的効果を経験することである》といったポーの言葉を引いて、これがまさに能楽にあてはまるのだと論じている[192]。このような説明は、国外にも広く能という芸能様式の価値と意義の理解を促すことにつながり、また国内においてもその再評価や再認識を助けたに違いない。

この当時の野口の能楽界への関与について、人々はどう見ていたのだろうか。山崎楽堂は、一九一二、一三年頃から能楽界は盛況となって、一九一六年にはさらなる活況を呈していたという。山崎によれば、一九一六年の盛況の理由は、一つには、明治維新時の芸術破壊と旧技術の断絶が次第に修正され、後継者が段々と充実しつつあったこと、またもう一つには、外国思想や新劇などに対応して、旧日本趣味の芸術の位置と価値が再認識されるようになったことである。そして、一般の文芸家たちの観能や研究が進んでいることにも触れており、実例として、《岩野泡鳴君の一味が謡を始めた事。米野口君が毎月謡曲専門雑誌へ論文を書いている事》を挙げている。[193]

(f)『謡曲界』以外の能に関する執筆状況

なぜ『謡曲界』の英文欄が一年で終わったのかについて、詳しい事情は分からない。一九一七年九月の『謡曲界』の「編集局より」には、次のように一時休止の理由が述べられている。

> 回顧すれば、本誌が英文欄を新設して、歐米の騒壇に知られたる詩人であり、観賞家であり、且能に深大の趣味を有せらるゝ野口米次郎氏を煩はし、博く能樂の紹介に盡しましてから、既に一年有半となります。その間、號を重ぬるに從ひ、「能を世界に紹介せよ」「斯道の趣味を外國にまで廣めよ」といふ意味に於ては、前人未發の新大地を開拓し、亦實に東西を通じて其反響も少からず、本誌の微意は略達する事を得たと信じますので、茲に一先づ世界的飛躍の鵬翼を収め、來るべき第圖を期する二次の活動を俟つ事としました。[194]

毎月毎号一人で英文欄を執筆することは、野口にとっても負担が大きかったと考えられる。また野口には『ジャパン・タイムズ』の毎週の連載などもあったため、『謡曲界』に掲載した戯曲を『ジャパン・タイムズ』に再掲載する機会も増え、『謡曲界』で野口の英文を掲載する意義が薄れてきていたことも事実であろう。

野口は『ジャパン・タイムズ』に、能に関する評論として“Awoi no Uye, a “No” Play”（「葵の上」19 Nov. 1916）や“Fenollosa on the Noh”（「能に関するフェノロサ」18 Mar. 1917）, “Yeats and the Noh Play of Japan”（「イェイツと日本の能」2 Dec. 1917）を書いており、能の翻訳としては“The Tears of the Birds”（「鳥たちの涙（＝善知鳥）」1 Apr. 1917）や“The Mountain She-Devil”（「山の女魔神」20 May 1917）, “The Everlasting Sorrow”（「長恨歌」10 Jun. 1917）, “Love's Heavy Burden”（「恋の重荷」12 Aug. 1917）, “The Moon Night Bell”（「月夜の鐘」28 Oct. 1917）, “The Death Stone”（「死の石（＝殺生石）」9 Dec. 1917）と数多くが掲載されている。

また雑誌『ポエト・ロア』にも、“Perfect Jewel Maiden, Sorrow of Yuya”（「玉藻の前」「熊野」Mar. 1917）や“Three Translated Selections from the Noh Drama”（「能の戯曲の三つの翻訳」Sep. 1918）, “Delusion of a Human Cup!”（「人間の幻想（＝一角仙人）」Mar. 1922）などが寄稿された。

さらに雑誌『ポエトリー・レビュー』（*The Poetry Review*）[195] には、一九一七年七—八月号の巻頭に“The Shower : the moon. A

Japanese Noh Play"（「雨、月、日本の能の戯曲」）と題して西行法師の劇を翻訳し、一八年三—四月号に "The Tears of the Birds. A Japanese Noh Play"（「鳥の涙、日本の能の戯曲」）を寄稿している[196]。モダニズムを先導した雑誌として名高い『エゴイスト』（*The Egoist*）にも "The Everlasting Sorrow"（「長恨歌」Oct. 1917）の戯曲が掲載されている[197]。ちなみに、欧米のみならず中国の雑誌にも、野口の能に関する執筆記事が収録されたことがある[198]。

野口は外国人による能の研究について、外国人が謡曲の詩的世界を理解するのは難しい、と述べている[199]。『能楽の鑑賞』の中では、一九一三年のマリー・ストープスの謡曲の英訳に触れたあとで、フェノロサの遺稿整理をしたパウンドについて《獨斷的な青年詩人パウンドが、能劇の藝術價値を盛んに吹聴して居る》と記した[200]。またパウンドが、能はハムレットのような状況も問題もなく、独立した舞台芸術としては不完全だが、組み合わされる番組の一部としての役割がある、と論じたことを挙げて、パウンドの能楽論を批判している。さらに西洋人は、能の曲目の上品で優美な幽霊ものやゴースト・サイコロジーにしか興味を持っていない、霊魂の具現化について理解ができないようだと指摘している[201]。これもパウンドに対する批判である。パウンドが能の紹介をしたときに《These plays are full of ghosts, and the ghost psychology is amazing》と述べ、《最も高い秩序の劇や詩歌の興味とは結びつかない》としていたからである[202]。

パウンドと野口をめぐる当時の状況については後述（第八章）するが、野口はパウンドに対しては、基本的に好感を持っていなかったと言えるだろう。日本語の知識もなく本物の能の舞台を見たこともないパウンドが、フェノロサの遺稿を整理編集する過程で把握しえた範囲での能楽理解を、野口が手放しで賞讃するはずはなかった。

一九一九年の雑誌『能楽』には、野口による能の英文戯曲が、「海岸の恋の幽霊」というタイトルで日本語訳されて掲載されている。これは野口が、謡曲「松風」をまったく知らない欧米の読者に向けて書いたものを、日本読者が再受容するという形である。翻訳したXYZ氏は、原作を意識しないで、野口の一作品として読むことを勧めている。

> 日頃暗誦するまでに「松風」を讀んだり歌つたりなさつてゐられる方も、恐らく初めて思ひつくやうな事があるのを此の中に發見するでせう。それほど此の野口氏の英文はおもしろいものです。勿論、また同時に、日本語と外國語の對立の距離の恐るべき大きさをも暗示されて、外國語を日本語に、また日本語を外國語に直すことの、どれだけ困難であるかもお分かりになることと思ひます[203]。

当時の日本人読者には、野口の翻訳の方法や技法、また野口の英訳作品の持つ独特の雰囲気に関心を寄せる者もいたのである。

野口によって、一九〇〇年代の早い段階から海外向けに能や狂言の翻訳が行われていたことは、従来ほとんど注目されてこなかった。パウンド訳やアーサー・ウェイリー訳（*The No Plays of Japan*, 1921）については、英語訳の特徴と検証が行われてきたが、[204]野口の訳の特徴についても今後さらに精密な検証が行われるべきであろう。またポール・クローデルの能への関心などについても、野口とクローデルの交友の事実を含めて、再検証されなければならない。

一九二〇年前後には、野口は能の紹介者として、海外でも認識され、評価されていた。二一年八月のロンドンの雑誌『ブックマン』には次のように記されている。《野口が著述の中で示しているのは、日本の〈能〉がエイミー・ローウェルやその仲間たちが言うところの〈多韻律散文（Polyphonic Prose）〉（多声音楽的な自由な散文）を先取りしていたという考えである。これは、ストープスやエズラ・パウンドによる英語バージョンの能の戯曲に親しんでいる者には、思いつかなかった考えである[205]》。つまり、野口の能の紹介には、ストープスやパウンドらの外国人紹介者にはない要素と思想があると評価されているのであり、ローウェルら現代詩人の理論は、〈能〉の中にその実践を見ることができる、と野口が主張している点が注目されているのである。

また、つけ加えておくなら、この記事の中では、《ウェイリーの能の翻訳紹介の方法は明確ではない》と厳しい批評がなされている。ウェイリーの書き方では能がいかにして禅や〈幽玄の入り口（Gate of Yugen）〉であるのか、ほとんどの読者にとっては理解不可能である、と。[206]こうして見ると、ウェイリーが一九二二年の『タイムズ』で野口を匿名で激しく批判した背景には、やはり強い嫉妬と英語ネイティブとしてのプライドがあったと考えるのが自然であろう。

一九二五年、『能楽の鑑賞』が第一書房の野口米次郎ブックレットの第四号として刊行され、一九三二年一二月には、その一部が「能楽の鑑賞」と題されて『日本國民讀本』に再録された。また敗戦後の一九四七年にも『能楽の鑑賞』は再版されている。

このように野口の能楽論は、能を〈象徴的〉とする国際的な見方に大きな影響を与え、また同時代の日本の文化界においても影響力を持った。[207]野口の著述が国民読本シリーズ[208]などによって広く一般に読まれたということも、社会的波及力という点で重要であろう。

近代における能の再評価や発展において、野口の言論活動には確かな貢献があったと言えるのである。

第七章　一九一四年の英国講演とその反響

There are beauties and characteristics of poetry of any country which cannot be plainly seen by those who are born with them; it is often a foreigner's privilege to see them and use them, without a moment's hesitation, to his best advantage as he conceives it.

("Introduction", *The Spirit of Japanese Poetry*)[1]

1　日本詩歌についての英国での講演

(a)　講演と *The Spirit of Japanese Poetry* (1914) の出版

一九一三年末、英国を再訪した野口は、一四年の一月から二月にかけて、日本詩歌や日本美術などに関する講演を行った。講演の中核を占めたのは日本詩歌に関する議論であり、特にロンドン日本協会での講演「日本の詩歌」(一月一四日)と、オックスフォード大学モーダレン・カレッジでの講演「日本の俳句」(一月二九日)は、その聴衆の反応も含めて、その後の野口の著作において繰り返し言及されるものになる。

その他、王立アジア協会においては能楽の伝統美についての講演(前述第六章第4節(c))、クエスト協会[2]などにおいては古典から現代までの詩歌を評論的に概説する講演が行われた。当時のロンドンでは、すでに日本文化に対する関心が高まっていたが、日本の詩人の登場はそれに拍車をかけたと言えよう。一九一四年以前にもたとえば日本協会では、英国人によって日本の工芸・文化についての講演がいくつか行われていたが、日本人による講演は珍しかった。[3]

野口のこれらの講演は、『タイムズ』(*The Times*)紙などで紹介されたあと[4]、日本文学に関するものが一四年三月に *The Spirit of Japanese Poetry* として刊行され、芸術に関する講演が一五年五月に *The Spirit of Japanese Art* として刊行された。[5]ともに、世界各地の旅行ガイドブックによって英語圏で知られていた出版社であるロンドンのジョン・マレー社から、「東洋の英知シリーズ」の一環として出版された。当シリーズは、インド、中国、日本、ペルシア、アラビア、パレスチナ、エジプトなどの哲学、詩歌、理想といったジャンルの文学を通して、東洋と西洋に相互理解と共感と親善をもたらすことを目的としていた。

一九一四年当時は、すでに多くの欧米人の滞日経験者たちが日本の詩歌や俳句について英語で紹介していたが[6]、それらの中で、野口の日本詩歌論の独自性と意義とは、どのようなものだったのか。

野口の講演については、これまでにも一部で重要性を認められてはきたものの、矛盾を含んだ大失敗と受け取られたり、政治的要素を含んだ武器としての詩論と捉えられてきた[7]。しかし、野口の議論の内容や意義、それに対する反応について、日欧双方から具体的に検討されてきたとは言い難い。

この節では、一九一四年の英国講演で野口が俳句、特に芭蕉を象徴主義詩と比較して紹介したことの意義に注目する。なぜならこれこそが、その後に野口が展開する日本文化論の中核になったばかりでなく、同時代の国内外の文壇に与えた影響が大きかった論点だと考えられるからである。

最初に、一九一四年の英国講演で野口は何を話したのか、どのような展開の中で芭蕉を論じているのかを問い、次に、野口が象徴主義とともに芭蕉を語った背景を考えるために、英国詩壇の状況について考察する。加えて、一九一四年以前の欧米における俳句紹介の経緯を前提として、野口が芭蕉の「古池や」を絶賛する一方、荒木田守武(1473-1549)の作と伝えられる「落花枝に」を賛美する欧米の俳句認識を批判したことには、いかなる意義があったのか、さらに野口のこの講演に対する聴衆の評価がどのようなものであったのかについて検討する。それによって、野口の日本文化論がいかなる意義を担っていたのかも明確にすることができるだろう。

(b) 日本協会での講演――沈黙の美学とマラルメ

一九一四年一月一四日、ハノーヴァー・スクエアのロンドン日本協会では井上駐英大使夫妻も出席して、ウィンダム・マレー卿(1844-1928)の司会のもと、野口の講演“Japanese Poetry”(「日本の詩歌」)が次のように始まった[8]。

私はいつも次のような結論にたどりつく。英詩人は、〈言葉、言葉、言葉〉にあまりにも多くのエネルギーを費やしすぎて、もちろん作詩上の結構な意図はあってのことだろうが、〈言葉の内に隠れた意味〉を台無しにしている。少なくとも、詩としてのよさを損なっている。詩がありのままの裸体で表れる自由を否定しているからだ。(訳文、堀[9])

この発言の主旨は、英語圏の詩人が言葉の使用に労力を使いすぎており、詩の本質を損ねる傾向にある、すなわち、過剰な言葉や修辞法は詩の自由を否定する、ということである。では、いったい野口はどのような英詩を念頭に置いて、こういった議論を出してきたのだろうか。

野口は、アメリカの女性詩人リゼット・リース(1856-1935)[10]

を挙げて持論を展開する。リースの作品について、いかなる時代や民族にも通じる敏感さと女性らしい甘美さが、《真珠のような単純な言葉(in language of pearl-like simplicity)》で表現されていると褒め、アメリカ詩人の中では日本の詩人に似たものを感じたと述べる。しかしその上で、英詩の特徴をよく表す見本として、リースの詩集『静かな道』(*A Quiet Road*, 1896)の中から次の詩を示した。

Oh, gray and tender is the rain,
That drips, drips on the pane;
A hundred things come in at the door,
The scent of herbs, the thought of yore.

I see the pool out in the grass,
A bit of broken glass;
The red flags running wet and straight,
Down to the little flapping gate.

Lombardy poplars tall and three,
Across the road I see.
There is no loveliness so plain,
As a tall popular in the rain.

But oh, the hundred things and more
That come in at the door,
The smack of mint, old joy, old pain,
Caught in the gray and tender rain.[11]

この「白のライラック」("A White Lilac")について野口は、《おお、雨、蒼ざめて、やはらかに》[12]といった言い古された言葉で始めなければならないのだからアメリカ詩人はなんとも気の毒だ[13]、と述べ、次のように続ける。

短刀直入に言わせてもらうと、〈日本詩人〉である私なら、最初の三連を犠牲にすることによって、最後の一連を完璧なダイヤモンドのように存分にユニークなものとして輝かせるだろう。(訳文、堀)[14]

つまり、最後の一連(四行)だけで詩としては十分であり、自分ならばこの詩を《ダイヤモンド》に変えうると主張したのである[15]。ちなみに野口はこの説明のあと、リースの詩と同じ詩想を想起させるものとして、与謝蕪村の俳句を一つ英訳して紹介している[16]。

また、冗長な英詩の例として、野口は友人エドウィン・マーカムの詩を引き合いに出し、マーカムの詩集『鍬を持つ男』がアメリカでは評価されるという事実に呆れると述べている。マーカムの詩は、詩ではなく社会主義者の演説であり、日本人が悪趣味として軽蔑する〈誇張〉に満ちていると批判したのである。[17]

野口が講演の冒頭で《英詩人が〈言葉〉にあまりにも多くのエネルギーを費やしている》と述べた際に想定していたのは、このように長く説明の多い英詩であった。野口は次のように述べた。

> 私がいつも主張しているのは、書かれた詩というのは、たとえ良いと言われるものでも、二番目に良いに過ぎないということである。〈書き表されないもの〉や〈沈黙の中に詠われるもの〉こそがまさに最高の詩だからである。私の意見では、詩人であることの証明は、自らの発声したいという衝動や活字に残したいという願望をどれだけ抑制しうるかである。――つまり、どれだけ多く書いたかではなく、どれだけ多くを破棄したかである。〈詩を生きる〉ことが肝要なのであり、詩を書いたり出版したりすることは、実際のところ二次的な問題である。そのような理由から、私は、三五〇年前の日本の松尾芭蕉という一七文字の発句詩人を巨匠とみなしている。偉大な名声を得ている芭蕉の作品は、書籍にすれば一〇〇頁にも満たないだろう。また同じ理由から、私はいわゆるフランスの象徴主義者――この正確な定義は私にはよく分からないのだが――ステファヌ・マラルメに芭蕉と等しい尊敬の念を感じている。（訳文、堀）[18]

文字で書かれたものの背後にある明確に表現されないもの、沈黙の中に歌われる暗示性にこそ詩の本質があるという考えが、ここには示されている。そして詩人の価値とは、いかに衝動を抑制して表現を削りに削って一点を突き詰めるか、というところにあると説く。

この〈書き表されないもの（unwritten）〉や〈沈黙の中に詠われるもの（sung in silence）〉は、米国で作詩を始めた当初から野口が追究していた根源的な詩の理論であり、ウォーキン・ミラーとの生活の中で確立されたものである。ただし、後述するように野口がラフカディオ・ハーンの著作物から影響を受けて自論を深めた可能性もないわけではないし、さらに、特定の個人や著作からの影響を考えなくとも、日本文化や思想の中に浸透していたと言える〈色即是空、空即是色〉などの代表的な仏教理念、つまり空《くう》の中に実在を見るといった認識を詩歌に応用した可能性も考えられる。

いずれにせよ、野口はこの〈sung in silence〉の観点から、芭蕉が最も偉大な詩人であると主張し、そこにフランスの象徴主義詩人ステファヌ・マラルメを並べてみせた。野口は、芭蕉とマラルメは根本的に異なると前置きしながらも、次のような共通点があると論じる。

> 私には、芭蕉とマラルメが次の二点で、無条件に共通しているように見える。一つは、二人が、無制限になりすぎる心の活動を否定している点。その結果、単なる〈言葉、言葉、言葉〉の詩ではなく、詩を生きたもの・神聖なるものに作り上

げている。もう一点は、日本人の芭蕉とフランス人のマラルメの両詩人が、詩的な現実主義者であるという点。彼らの真の現実主義（リアリズム）は、単なる理想主義者かと誤解されるくらいの地点まで、自己否定の強さで高められている、あるいは〈謎めかされている〉。（訳文、堀）[19]

この二点の共通項のほか、芭蕉とマラルメの近似点は、その詩境や、完璧を求めて沈黙を重視したために作詩量が少ないことであるとも述べている。そして、多弁で散文的な時世において、わずか数行の詩を作った姿勢は英雄的であったと、二人の詩人を称賛した。

このように一九一四年の英国での講演では、芭蕉とマラルメに共通性を見ていた一九〇五年の論説の主張が（前述第五章第1節）、詩論としてより深められて語られたのである。

（c）オックスフォード大学での講演――ペイターと音楽性

では、日本協会での講演のあとに開催されたオックスフォード大学での講演会では、野口はどのような詩論を述べたのだろうか。この講演で野口は、ウォルター・ペイター（1839–1894）を挙げて俳句紹介へと展開することになるが、その内容と意義を考える前に、まずオックスフォード大学の主催者側の意識について見ておこう。

オックスフォード大学で野口を出迎えたのは、講演主催者であるロバート・ブリッジズ教授であった（前述第五章第6節）。当時イェイツと並んで現代詩人として注目を集めていたブリッジズは、到着したばかりの野口に大学の悪口をさんざん聞かせて、野口を戸惑わせた。[20] ここの聴衆には難しいことを言っても解らないので《成べく卑近なことを言つて呉れ給え》と忠告したという。[21]

野口自身はオックスフォードに着いたとき、かつてペイターが在籍したカレッジに真っ先に行ってみたいと思っていた。しかし、ブリッジズから講演ではペイターやオスカー・ワイルドについてあまり語らないようにと釘をさされ、その希望が言い出せなかったようである。[22]

ブリッジズはまた、野口に講演の中で俳句の一七音を日本語で朗読することを要求した。この要求には、ブリッジズの親友であり当時すでに没していたG・M・ホプキンズ（1844–1889）からの影響があったと考えられる。[23] ホプキンズはペイターから直接指導を受けたが、敬虔なイエズス会士であり司祭であったため、ペイターの歴史的相対主義、道徳的相対主義は受け入れずに独自の思索をした詩人である。ホプキンズは詩を、聴覚を通して精神を観照するための言語であると捉え、朗読重視を唱えていた。つまり、ブリッジズの野口への忠告は、友人ホプキンズの志向をふまえていた。また、ブリッジズ自身がペイターやワイルドばかりが語られる当時の状況に辟易してもいたのである。

しかし、ブリッジズからあまり語らないようにとは言われたものの、野口は会場の空気から、ペイターについて語ってもよいと判断したらしい。[24] 野口はのちに、ペイターの存在を重要視しないオックスフォードの思想や学問は《中世紀式》であり、その伝統主義や権威主義も《大改革》されるべき《時世後れの驕慢》であると批判している。[25] 桂冠詩人の称号を持つブリッジズは、韻律の技巧に優れており、言葉の音楽美に細心の注意を払っていたヴィクトリア朝風の詩人であったが、[26] おそらく野口には、ブリッジズが時代遅れに見えていたと考えられる。

　では野口は何を語ったのだろうか。オックスフォードの講演で野口が俳句紹介の導入としたのは、ペイターの『ルネサンス史の研究』（一八七三年、邦訳『文藝復興』一九一五年）の中の「ジョルジョーネ派」の一節であった。野口いわく、《ペイターは、音楽そのものを完全に具現化するために、音楽の法則や原理を常に苦心するものが〈芸術〉であると説明した[27]》。そしてペイターによれば、抒情詩の完成は、題材をある程度まで《suppression》（抑制・削除）し、《vagueness》（曖昧化・抽象化・象徴化）することから得られ、知的思考や理解力では明瞭には捉えられない部分を通してこそ、作品の意義や魅力が生まれるのである。[28]

　このペイターの文学理論をふまえた上で、野口は《Lao Tze's canon of spiritual anarchism》（老子の精神的無政府主義の規範）を用いてそれを発展させたいと述べた。さらに、老子の言として《"Assert non-assertion. Practise non-practice. Taste non-taste."》（「主張せずに主張し、実行せずに実行し、無味の中に味わいを感ぜよ」）という〈無味礼讃〉の教えがあるが、これに《Expression in non-expression》（表現せずに表現せよ）をつけ加えたいと言う。そして、西洋人は《suggestion》（暗示）ということをあまり重要視していないようだが、日本人にとっては暗示の芸術こそが芸術であり、暗示の芸術の最たるものが行間を読む日本の俳句であって、世界最小の詩形であると論じたのである。[29]

　野口は英国の聴衆がある程度理解し関心を持っているはずのペイターの理論や中国の老子の原理を説明した上で、俳句という極度に言葉を制限した詩の価値について述べ、〈沈黙〉の中に表される情調や詩的感興の重要性を説明したのである。野口は次のように続けている。

> 英国人の批評家の一人は、発句への熱狂から次のように主張する。《これは一つの絵画というよりも一つの、不思議な力を持つ護符（a talisman）として価値がある。（中略）》と。俳句の魔法とは、最上レベルの抒情詩の真髄である。鳥の鳴き声を音楽と呼ぶのに、なぜ俳句が音楽的とみなされないのか私には分からない。実際、俳句は、ペイターが言う〈ひとり音楽のみが実現する〉状況に到達している。というのも、俳句が目標とするところは、情調（ムード）や心理的緊張を呼び起こすことで、物質的な説明ではないからである。私がかつて書いたように、俳句とはいわば《驚嘆の創造であり、衝動の琴線の上で踊る黄金[30]》である。（訳文、堀）

野口によれば、俳句は一枚の絵画のようなものではなくて、不思議な喚起力に富み、音楽性を持った最高の抒情詩である。最初に述べたペイターの詩論や、音楽性が立ち上がってくるものとしての芸術という理論につながる形で、野口は俳句を説明したのだった。

この講演は、オックスフォード大学の中でも最も大きな会場で行われたが、多数の立ち見が出るほどの盛況だった。[31] この講演の翌日も、野口を歓迎するレセプションが催され、野口はオックスフォードの名士らとの晩餐を楽しんだ。[32]

野口はイギリスの文学界の傾向を把握し、自分に何が求められているのか、自分がどのような立場にあるのかを理解していたのではないだろうか。米国滞在中よりアメリカの文化人たちと関わり、英文学界の状況や関心の在りかを把握していた野口は、一九〇三年に *From the Eastern Sea* が評価されて英国の文化人らと直接の関係を持ち、その後も交流を続けたため、一九一四年初めにはその文学潮流を見据えて講演することができたのであろう。

マラルメやペイター評価などの英国の文学潮流をふまえ、象徴主義の流行を背景に英国の聴衆に芭蕉や俳句を説いた野口。これは同時代的な認識の中でどのような意義を持っていたのだろうか。また、野口はどのような形で〈日本文化の精神〉を解説していったのだろうか。

(d) 挑発的な提言の背景と目的

野口が展開した俳句論を検証する前に、英国の文壇状況を概観しておこう。

一八七〇年代に絶頂期を迎えた、文学におけるヴィクトリア朝風は、一八八〇年代には明らかに変化し、未来に対する不安と苛立ちの雰囲気が顕著となって、〈世紀末（fin-de-siècle）〉という言葉が盛んに用いられるようになった。それは、ノスタルジアやエキゾティシズムを含んだデカダンスの潮流であり、ボヘミアニズムの空気であった。この〈世紀末〉の英国の文壇は、一八八〇年代後半のフランスで起こった象徴主義（サンボリスム）に感応する。象徴主義は、感覚や情調を喚起する記号として言語を用い、内的精神を表現することを目的として、リアリズムに対立して起こったものである。それは伝統的価値観や美意識を根本的に見直そうという思想とも無関係ではなかった。

デカダンスについて、マックス・ノルダウは、後退的・破滅的反応であると否定的に論じて一斉を風靡したが、彼が《象徴派の首領》[33] として激しく弾劾したのがマラルメである。一方、デカダンスの風潮を芸術性や美と結びつけて肯定的に捉えた人物の一人に、アーサー・シモンズがいる。[34] シモンズは、〈世紀末〉英文学の前衛的役割を果たした文芸・美術雑誌『サヴォイ』（一八九六年）の文芸部門を担当編集したが、このとき『サヴォイ』の美術を担当したのが、ジャポニスムや浮世絵の影響を受けた画家ビアズレー（1872-1898）であった。このような英国の文化潮流が同時代的に米国にも伝播しており、それを野口が学んでいたことは第二章でも見たとおりである。

さて、ワイルドやシモンズなど〈世紀末〉の唯美主義的詩人や作家たちの間で崇拝されていたのが、前述のペイターであった。歴史相対主義者のペイターは、あらゆる固定した地位、原理、理論を懐疑的に捉え、人間の生は移ろいやすく不確かなものであるから、人間は究極の絶対的真理を探究するよりも、感覚と瞬間の印象を優美なものとして純化しようとすべきであると論じた。強烈だが移ろいやすい瞬間的体験を記録するのが芸術であるとみなすペイターの主張は、〈世紀末〉の作家たちのみならず、二〇世紀初期のモダニズムの世界にも引き続き影響し、パウンドやイマジズムの詩人たち、そしてジョイスらに脈々と受け継がれていくのである。[35] また第五章で触れたように、日本においても、上田敏がペイターから強い影響を受け、その後も多くの代表的な文学者がペイターやシモンズから影響を受けている。[36]

野口は日本の短詩、つまり俳句の特徴を次のように表している。

われわれの日本詩歌が最も優れているとき、それは言うなれば〈サーチライト〉、あるいは〈思考の閃光〉、もしくは〈人生と自然の一瞬間の上に投げかけられた情熱〉となる。その力強さによって、われわれを全体という観念に導くものである。それはすばやい不連続の、孤立した断片なのだ。（訳文、堀[37]）

日本の短詩は、人生と自然の瞬間を閃光のように照射したものであり、《全体（the whole）》、さらに言えば〈全宇宙〉的な観念を表象しうるというのである。このような認識は、西洋人日本紹介者による従来の俳句や短詩の認識とは大きく異なるものである。このような主張にはどのような目的があったのだろうか。

野口は《日本といえども、西洋詩の改革や発展に、精神面のみならず形式面で何らかのものをもたらしうる》（訳文、堀[38]）と述べている。つまり、俳句のように極度に制限された形態の中に、西洋詩の将来にも無関係ではない価値がある、という問題提起をしたのである。同様の問題意識は、*The Spirit of Japanese Poetry* の「序」にも記されている。

あらゆる国の詩歌の美や特質の中には、その文化圏に生まれ育った者には単純に分かりやすくは見えないものがある。その美や特質を、少しのためらいもなく、自分の都合のよいように見いだして用いることができるのは、外国人の特権である。（訳文、堀[39]）

他と比較する視点を持つ外国人だからこそ、ある国の文化の価値を見つけだすことができるというのである。野口は浮世絵を例に挙げ、日本で通俗とされ無価値とみなされていたものが、西洋人によって評価され印象派芸術の原動力となったように、詩においても同様のことが言えると説明した。すなわち、英国の詩は、古典主義から脱却して新しい力によって復活しなくてはならず、その新しい芸術は外国の詩から暗示を得て初めて発達するだろうと述べた。そしてその点で、日本の詩が英詩に貢献することができると宣言したのである。[40]

つまり、浮世絵を代表とする日本美術が《当時支配的であったアカデミーの美術観に還元され得ない、異質の美学》[41]としてフランスの若い画家達によって受け入れられた経緯を念頭に、英国の低迷する詩壇に俳句を代表とする日本の詩歌を紹介したのである。これは浮世絵と同様、俳句が民衆の文学であることも一つの背景としているだろう。

このように野口は、世界的に見て極度に短い詩形式である俳句を紹介しながら、英詩の伝統に対して挑発的とも言える大胆な指摘をした。野口は自ら挑発的であることを意識しつつ、二〇世紀の英国詩壇の変革に何らかの貢献ができるはずだという確信を持って英国の聴衆に向かったのである。

野口がこうした確信を抱いていた点については、この講演がタゴールのノーベル文学賞受賞から間もない時期に行われたという事実も考え合わせておかなくてはならないだろう。しかもタゴールが欧米で評価されるきっかけとなった『ギタンジャリ』(*Gitanjali*, 1912)の序文を書いたのは、野口と親交の深かったイェイツであった。イェイツは、タゴールの抒情詩が、《最高の文化》でありながら《雑草のように》見える点に興奮し、次のように述べた。[42]

詩と宗教とが同じものであるような伝統は、学問的・非学問的を問わず、比喩や感動を集めながら、何世紀にもわたって経過してきた。そしてその伝統は再び大衆に、学者や高貴な人々の思想を還元してきたのである。(訳文、堀)[43]

伝統そして詩とは、様々な階層からメタファーや感情を集めながら時を重ね、培われた知性を大衆に還元していくことであるという、このイェイツの認識を野口も強く意識していたはずである。

(e) 芭蕉「古池や」の評価と、読者による完成

では、芭蕉に重点を置いて日本の詩歌を論じた野口の講演の独自性は、どこに見られるのだろうか。ここでは、海外における俳句の受容史におけるそれまでの芭蕉の評価と、野口がそこにいかなる批判を加え、どのように芭蕉を論じたかについて検討し、講演の意義を考えたい。

欧米における俳句についての紹介・説明は、古くは一六〇三年に遡るが、[44]本格的な俳句紹介がなされたのは、アストンによる『日本文学史』(一八九八年)においてである。アストンの芭蕉紹介では、彼が窓のそばに《芭蕉(banana-tree)》を植え、それが大きくなったので《芭蕉=バナナ(Bashô (banana))》と名乗ったという、日本の風土には似つかわしくない南蛮趣味的な説明がなされている。そして芭蕉が、禅仏教や道教に通じ、《俳諧の修行のために巡礼(pilgrimage for the sake of practicing the art of Haikai)》の旅をしたことや、旅の道中の滑稽とも言えるエピソードが紹介される。[45]

アストンは、芭蕉のような名人の手によっても、《俳諧はその形式の範囲が狭すぎて文学としての価値がない（too narrow in its compass to have any value as literature)》と言う。そして、俳句は庶民のものであり、漢学者らは低い評価を与えてきたと説明する。つまりアストンは、俳諧に文学上の高い地位を与えよと真剣に主張するのは馬鹿げている、と論じていたのである。[46]

ただし、アストンは芭蕉が俳諧という形式に大いに貢献したことには言及し、俳諧にも、《真情ないし美しい幻想の本物の真珠（genuine pearls of true sentiment or pretty fancy)》や、《知恵と敬虔さ（wisdom and piety)》が認められることもあると述べていた。また、芭蕉の句は外国人の理解を超えるほどに《分かりにくく暗示的（obscurely allusive)》であると指摘しつつ、《暗示（suggestiveness)》の分かりやすい例として、「古池や」のほか六つの芭蕉の句を挙げている。[47] しかし、アストンはそれらの句を翻訳しただけで解説は行わなかった。

アストンは芭蕉を俳諧文学における貢献者として紹介したが、俳句そのものの文学的価値を高く評価してはいなかった。当時の日本人の常識においても、俳諧は高尚な文学ではなかったが、この傾向はチェンバレンらの日本紹介者たちに受け継がれていく。

チェンバレンは一九〇二年に「芭蕉と日本の詩的エピグラム」[48]という一文を書いて、芭蕉や蕉門十哲、蕪村などの句を数多く翻訳した。チェンバレンも芭蕉の意味が《バナナ》であるとし、[49] 芭蕉を《巡礼者（pilgrim (*angya*))》と捉えたいと述べた。[50] 芭蕉の旅の意識が宗教的な意味を持つというこの見解は、芭蕉および日本人の考え方に禅仏教の思想が浸透していることに言及するものである。

また、チェンバレンは俳句を〈エピグラム〉という概念を使って次のように定義した。

それは日本語ではホック（ハイク、ハイカイ）と言うが、いい英語がないので〈エピグラム〉と訳すことにする。ボワローの言う機知を光らせた短い詩句（*un bon mot de deux rimes orné*）という近代的な意味ではなく、繊細で巧妙な考えを表した小さな詩行という古来の意味である。[51]（訳文、堀）

チェンバレンが用いたこの〈エピグラム〉という俳句の呼称は、その後、クーシュー（1879-1959)、フローレンツ（1865-1939)、ルボン（1867-1947）によって継承されていく。

以上のようなアストンやチェンバレンの俳句理解や芭蕉の紹介は、内外に大きな影響を及ぼしたが、彼ら西洋人の〈literature〉の定義に〈俳句〉は合致せず、彼らの俳句の翻訳とその説明には限界があったと言える。俳句に限らず、個々の外国作品の評価が、翻訳の巧拙、または当地の文化研究や紹介の成熟度によって左右されることは否定できないのである。

では次に、個々の翻訳の微妙な差異から、野口がどのように従来の俳句認識を転換させようとしたのか、いかにして日本の詩歌の本質を翻訳の中で示そうとしたのかという点を掘り下げてみたい。

　ここで取り上げるのは、現在、国際的に最も知名度のある芭蕉の「古池や蛙飛び込む水の音」の句である。これは野口が一九一四年に英国講演で取り上げる以前に、すでに幾人かの西洋人日本滞在者によって紹介されていた。たとえばハーンは "Frogs"（1898）というエッセイの中で、《日本の蛙の歌声（the chanting of Japanese frogs）》には《エキゾティックな音調（exotic accent）》があるとして、[52] 蛙をテーマにした和歌や俳句を紹介し、「古池や」を、

Old pond — frogs jumped in — sound of water.

と訳出した。ハーンがこの句の〈蛙〉を複数形で訳しているのは、これが、〈蛙〉に《自然の諸々の声（Nature's voices）》、《虫たちの音楽（the music of insects）》に通じる情緒があることを説明するエッセイであったためであろう。一匹の蛙でなければ禅味が出ないという意見もあるだろうが、ハーンのように複数で捉えても決して間違いではない。日本でも、発表された当時は、この句は冬眠から覚めた蛙が池の中に飛び込む音が時折聞こえるという春の情景を詠んだものとされていた。[53] しかし、芭蕉が〈俳聖〉として位置づけられていく歴史過程において、この句が〈幽玄・さび〉の美を表した句、〈禅の悟りの境地〉を示した句として〈正典化《カノン》〉され、蛙は一匹であるとの認識が流布していった。[54] 現在では再び、この句の蛙は複数でもよいという捉え方が有力になってきている。[55]

　同じ句をアストンはほぼ同時期の『日本文学史』の中で次のように訳している。

An ancient pond!
With a sound from the water
Of the frog as it plunges in.

アストンをふまえたと推定されるチェンバレンは、「芭蕉と日本の詩的エピグラム」（一九〇二年）で次のように訳した。

The Old pond, aya! and the sound of a flog leaping into the water.

一方、野口は一九一四年の講演で、「古池や」の句を次のように訳して聴衆の前に示した。

The old pond!
A frog leapt into —
List, the water sound!

アストンやチェンバレンは蛙を単数で訳し、この点では野口の

訳に近い。しかし、野口の訳は、原句の叙述の順序に忠実に、しかもリズム感を作って原句を再現しようとしており、〈List,〉と注意を呼び覚まして緊張感を持たせたところが巧みである。〈list〉は一六世紀頃によく用いられた英語の〈詩語〉であるが、ここでは口語的な〈listen〉よりも〈list〉の方が韻律的にも空気の流れを止めるような、瞬間を強調する効果を出している。静寂に対して、小さな蛙の水音が精神にふれる一瞬集中した意識が表出されているのである。

この句を挙げて、野口は次のように論を始める。

> はじめに西洋読者諸君に、この「古池や」の一句を読んでどんな印象を持つのかについて聞いてみたい。ある者にとっては、単なる音楽家の記号（アルファベット）に聞こえるのかもしれない。さらに、一匹の蛙を詩的テーマとして考えていることが馬鹿馬鹿しいと思われているかもしれない。そんな風に思われていたとしても、私は驚かないだろう。（訳文、堀）[56]

ここで想定されている西洋人読者の印象とは、何を指すのだろうか。野口が、「古池や」が単なる〈アルファベット〉に思えるだけかもしれない、と述べているのは、アストンをふまえてのことであろう。アストンは、『日本文学史』の〈俳諧〉の項目で《Furu ike ya!》と日本語音をアルファベットで示して、俳句の韻律が五七五であることを説明していた。また他方、蛙をテーマにすることを馬鹿馬鹿しいと受け取られても驚かないと述べているのは、チェンバレンの蛙についての言及を想定しているだろう。チェンバレンは、「古池や」の句を挙げて、欧米人から見れば〈蛙〉は《サルや間抜けなロバの部類に入る馬鹿げた生き物》だと述べていたからである。[57] ただし、この説明のあとにチェンバレンは、「古池や」の句が日本人にとっては瞑想を促すもので、人生の哀愁を暗示し、仏教的悟りの境地を示している、と説明している。[58] アストンに比べると、チェンバレンは遥かに詳しく芭蕉の句の真意を解説しようと努力していたが、理解しにくいものを説明していると強調していた。

ハーンもまた、日本人が蛙の〈冷たさ〉や〈ぞっとする感じ〉を詠まないことに驚きを感じていた。[59] しかし、昆虫や石や蛙など、西洋人が醜悪として無視する自然のものに、日本人が美や情趣を発見している点に憧憬の念を示し、好意的に受けとめた。この点が当時の他の西洋人日本紹介者たちと決定的に異なるハーンの特性であろう。

野口は「古池や」の句を、哲学的傾向を持つ人ならば《禪佛教の神秘主義》から解釈すると述べて、次のように論じた。

> 芭蕉が、沈黙の中から突然現れる声を聞き、そして生と死とは単なる状況の変動であるとの考えが信念にまで深められたとき、彼は〈悟りの境地〉を開いたのだと考えられている。真実として言えることは、芭蕉本人以外には誰もこの句の真の意味を決して知ることはできないだろうということであ

る。だからこそ、個々の読者が、この句を自分で書いたかのように自らの力で理解し、詩の創造者になるのだ。（訳文、堀[60]）

野口は「古池や」の句の中に思想や哲学があることを述べ、この《List, the water sound》という緊張した一瞬から、禅の〈悟りの境地〉が開かれたことを説明したのである。そしてその〈悟りの境地〉は、読者が個々の解釈と理解を持って求めていくものであり、一句の詩の世界は読者によって様々に無限の解釈ができるという考えを示した。詩の持つ象徴性をその象徴のままに捉えて、読者の読みに委ねようとする態度を重要視したのである。

現在では、俳句の特徴として、絶えず複数の解釈を生み出す点、時代や地域を超えた様々な読者の〈読み〉によって完成される点が当然のように考えられているだろうが、この点がまさに一九一四年の野口の英国講演で解説されたのである。

前述したようにアストンは、芭蕉が庶民の人気を得ていると述べていたが、それを文学としての価値評価には結びつけなかった。西洋における詩人とは、特にロマン主義的な詩人観では、孤高の天才的存在とみなされることが多く、詩の読者と作者との間には明確な区分が存在していたからである。作者と読者の境界が曖昧で、各地に詩人が遍在しているという日本の詩歌の状況は、驚きをもって、ある意味で否定的に捉えられていた[61]。俳諧が滑稽で通俗的なものであり、かつ庶民に広く親しまれる〈popular literature〉であるという認識は、したがって俳句の文学的価値を軽んじる評価に結びついた。それに対して野口が、作者と読者の格差を設けず、日本の詩歌では《讀者が作家と等しく責任ある地位を占めている（the readers assume an equally responsible place）[62]》と述べたことは注目に値する。このような、詩人を聖域にまつりあげずに一般大衆読者と平等とみなす態度は、言うまでもなく俳句の〈座の文芸〉としての性格に対応しているとともに[63]、アメリカにおけるホイットマン人気とも通底しているかもしれない。

また野口は、読者の力による作品の完成を説明するために、ウィリアム・ブレイク（1757-1827）に言及している。

> 私たち日本の詩人たちは、その最も優れた場合には、ウィリアム・ブレイクのいくつかの作品がそうであるように、読者の賢明な共鳴・共感を十分に信頼する姿勢を持った詩人たちである。（訳文、堀[64]）

生前は無名であったブレイクは、一九世紀末のイギリスで再評価された詩人である。日本においても、一八九四年からブレイクの名前は紹介されていたが、その頃は具体的な解説は行われていなかった[65]。野口は一九〇七年に「愛蘭土文學の復活」[66]においてイェイツを論じ、イェイツがブレイクの専門家として認められていることを指摘していたが、ブレイクそのものに関する国内最初の評論は、一九一一年の和辻哲郎（1889-1960）による「象徴主義の先駆者ウィリアム・ブレエク」[67]を待たねばならず、それはイェイツやヒュネカー（1857-1921）によるブレイク論の紹介であった。『白樺』で柳宗悦（1889-1961）らによってブレイク特集が組まれるのは、野口の英国講演後の一九一四年四月である。柳らはブレイクからホイットマンの研究に進み、〈東洋的なるもの〉〈日本的なるもの〉への問題意識に突き動かされて、民衆芸術論を唱え民芸運動を展開していく。

野口は一九一四年初頭の英国での講演で、再評価されたブレイクと芭蕉とを重ね合わせ、またブレイクの作品がのちの読者によって命を吹き返した点と「古池や」が読者の様々な解釈によって詩的完成に到達するという点を比較して論じたのであった。

では、野口はブレイクをどのように評価していたのか。野口はブレイクを《素人臭い詩人》であるがゆえに《妖術》性、《単純》性を備えており、しかもその素人臭さ故に《凡俗》を脱却でき、《永遠に新らしく又珍奇たり得》る、と論じている[68]。野口のこの〈素人〉性に対する認識と詩論は、先に述べた《読者の賢明な共鳴・共感を十分に信頼する詩人》の姿勢や、詩を出版したりすることは二次的な問題であり《詩を生きる（to live poetry）》ことを重視する態度の延長線上にある。野口のこのブレイク認識が、その後の柳宗悦らのブレイク論に継承されていったという可能性もあるだろう。

読者による俳句芸術の完成という野口の議論には、岡倉天心の著作からの影響があった可能性も高い[69]。天心は一九〇六年の『茶の本』（*The Book of Tea*）において、芸術鑑賞には《共感による心の交流（the sympathetic communion of minds)》が必要であり、芸術家がいかに伝えるかを知らねばならないように、観客（the spectator）はメッセージを正しく受け取る態度を養わなくてはならないとした[70]。天心はこの点について、《琴ならし（Taming of the Harp)》という道教の物語を挙げ、交響曲を例にとって芸術作品と享受者との共鳴が傑作を生むことを説明している。例示の仕方や英語の語彙は異なるものの、天心と野口が共に読者や観賞者による芸術の完成を論じたことには、見過ごすことのできない共通性が見られるのである[71]。

野口の詩論への影響関係に関してはほかにも様々な可能性が考えられるが、それはともかく、野口は「古池や」の句を通して芭蕉を高く評価しようとし、俳句のテキストが多様な解釈を許容する力を持つことに価値を認め、読者の力によるその完成を説いたのである。それではこの見方は、当時のどのような俳句認識を念頭に置いた発言だったのだろうか。次にこの点を検証したい。

（f）「落花枝に」と〈エピグラム〉認識に対する批判

芭蕉は現在でこそ欧米で最も広く知られている日本詩人で、禅の流行とともに一種カリスマ的存在となったが、このような芭蕉の人気は第二次大戦後に強くなった傾向である。つまり、野口が講演を行った時代には、芭蕉は欧米で紹介されてはいたものの、その評価は未だ決して高かったわけではない。当時は

〈俳諧（haikai）〉と言えば、芭蕉の句よりも、荒木田守武の作と伝えられる「落花枝に歸ると見れば胡蝶かな」の句の方が名句として知られていた。しかし日本では「落花枝に」の句は、そこに機知を感じたとしても、芭蕉に匹敵する名句とは評価されていなかった。ここでは、この句の評価をめぐる日欧の対立を糸口として野口の詩論の本質について考察する。

この「落花枝に」の句の主眼は、花びらがはらはらと風に舞う姿と、胡蝶がひらひらと漂う二つのイメージの重なり、つまりのちにパウンドの言うところの〈重置（super-position）〉にある。欧米人には、〈蝶〉と〈花〉のどちらかが比喩になるわけでもなく、並列された両方が合わさって醸しだす艶やかなイメージが大変新鮮に感じられたようである。当時の欧米では、この句を東京帝国大学教授であったフローレンツ[72]が六行のドイツ語に訳して以来、英語、仏語と次々と重訳・改訳が行われた。[73]

この句のフローレンツによるドイツ語訳は、早くから日本国内でも議論を呼んだ。チェンバレンに国語学を学んだのち、ドイツに留学して言語学を学び一八九四年より帝大の教授となっていた上田萬年は、九五年の『帝国文学』誌上でフローレンツの訳を批判している。《かかる短句の飜譯は、二行位にてなにとか工夫のつかざるものか、敢て東西の識者に問ひ奉る》と書き、フローレンツのドイツ語訳を再び日本語に訳すと、《見まちがひ、なにたッた今散ッた花がもう一度木の枝に飛び歸ッたとか。ほんとにさうならまこと不思議だ。なんだ近くへ行つて眼を鋭くして見たら、ハヽア、たッた一疋の蝶々だッた》となり、これでは原作の句とかけ離れる、と嘆じた。[74]

フローレンツは上田に反論して、もし「落花枝に」を短い形で翻訳すると、日本人が原作から読み取るものとはまったく別種の、《敗壊滅裂又救ふべからざるもの》となると述べた。[75]フローレンツは、俳句のように短いものは《殆ど日本詩界を壟斷せる日本文學の一大災阨》であり、俳句のごとき《簡短に過ぐる詩形は、詩人をして其想を顯はすに充分なる餘地を與ふるものにあらず、却て之をして萎縮せしむるや必然なり》と考えていた。[76]そして、《世界列強の間に光榮ある地位を得た》日本の文学が、《世界文學の壇上に於て極めて微賤なる位地を保ちたるに過ぎ》[77]ないことは嘆かわしいと述べて、俳句は長文に翻訳しなければ世界文学として通用しないと主張したのである。

フローレンツの論はやや過激であるとはいえ、日本の短詩の伝統に対するこのような戸惑いや低い評価は、当時の西洋人日本紹介者たちに共通する見解であった。日本と西洋の詩歌観の違いによって、日本の詩歌における詩型の短さや韻律の単純さ、また扱われる主題は、彼らが〈詩的〉と感じているものの欠落・不足とみなされたのである。[78]

翌月の雑報には、再びフローレンツに反発する日本人側の意見が掲載された。その筆者は、外国人が《日本詩歌の皮相の妙を聞き噛りて忽ち之を飜譯》するのは《難有迷惑》であり、しかも、その皮相的見解を西洋諸国に向けて発表するのは許せないと述べる。また日本文学について、ヨハネス・シエル

(1817-1886)の『世界文學集覧』には一篇の戯曲が収められているのみで、人麻呂、紫式部、西鶴、近松（巣林）、芭蕉などが世界に知られていない最大の理由は、日本詩歌の《妙》が西洋の詩歌に移すことのできない性質のものであるためだと、この論者は述べる。[79] そして《短小の形は、詩想の乏しきが為に然るにあらず。活眼以て直に美の極粋を攫めばなり》[80]と短詩へのフローレンツの否定的見解に真っ向から反対した。

上田も再びフローレンツに反論して、「落花枝に」の句はフローレンツが言うような《眞正の抒情詩》などではありえないと述べ、《滑稽のうちに風流の趣をそなへたるを俳諧》と言った作者守武（上田は宗武としている）の言葉を挙げた。そして、作者の人生や理想、またその時代の文学のあり方などを知らない外国人から詩を判断されても、海外ではいざ知らず日本の一般人には賛成することはできず、『伊勢物語』や『論語』までとは言わないが、俳諧史だけでも一応研究すべきではないか、と批判した。[81]

以上のように、この「落花枝に」の一句は、翻訳された当初から日本内で強い批判を引き起こした問題作であったが、欧米においてはその後も俳句の代表作として広く流布していったのである。

野口もまた自らの詩論の中でこの「落花枝に」の句を取り上げている。野口は一九一四年の英国講演で、この句を次のように翻訳した。

I thought I saw the fallen leaves
Returning to their branches:
Alas, butterflies were they.

野口の訳の特徴はどこにあるだろうか。この訳を、前述のフローレンスの訳やアストン、チェンバレンの訳と比較してみたい。アストンの訳は次のようなものである。

Thought I, the fallen flowers
Are returning to their branch;
But lo! they were butterflies!

一方、チェンバレンの訳は次のとおりである。

What I saw as a fallen blossom
Returning to the branch, lo! It was a butterfly.

野口の訳では、〈落花〉が〈花〉ではなく〈葉〉と訳され、アストンの訳と同様に、複数形が使われている。これに対してフローレンツとチェンバレンは〈花／胡蝶〉を単数で訳している。野口が〈花〉ではなくて〈葉〉としたのが、単純な誤りか意図的なものかは定かではない。〈fallen flowers〉〈fallen blossom〉よりも柔らかく流暢な〈fallen leaves〉という言葉が、つい自然に出てしまったのかもしれない。一方、日本詩歌の伝統として桜の花が〈花〉を代表することが多いので、桜をイメージする場合には、一枚だけ散るという光景よりもいくつかの花が散る光景の方が自然に感じられる。そしてこの句が複数形で表される場合、この句の華やかさや装飾的イメージが増すと言える。

また野口の訳では、花かと思ったら蝶であったというくだりが、〈butterflies were they〉と主語倒置の強調表現になっている。これは緩慢な流れの中に動きをつける詩的効果をあげていると言えよう。

だが、野口の訳で最も注目すべき点は、〈unhappy so〉といった失望や不満のニュアンスを込めた〈Alas〉という感嘆詞である。これに対して、アストンやチェンバレンの使った〈lo〉は口語的に言えば〈look〉であり、落花が蝶であったことに驚き、そこにおかしさを見ており、どちらかと言えば喜びの念をもって捉えられている。つまり野口の〈Alas〉と、アストンやチェンバレンの〈lo〉とでは、句に表される情感の違いが大きく異なるのである。

言うまでもなく、桜が散るという現象は古くから日本文化では特別な意味を持つ。美しいものが時の移ろいとともに滅び失われていくという摂理に美学を見る点がその最も中心的な意味であろう。そうだとすれば、花が枝に帰るということは時が止まる、ないしは時の流れが逆転することを表し、いわば死への歩みが止まることを意味する。したがって、それが錯覚であったということは決して喜ばしいことではない。そうした文化的含意と飛び舞う〈胡蝶〉のイメージとのミスマッチ（また〈花〉と〈胡蝶〉という二つの美しいイメージの過剰さや、いわゆる〈つきすぎ〉）が、一つにはこの句を優れた作とは言えなくしているのだが、野口の〈Alas〉はそうした点にまで届いた訳語の選択だと言えるかもしれない。

野口は、このように「落花枝に」の原句の印象を巧みに翻訳しながら、それを次のように論じた。

> 「落花枝に」の、どこが真の詩なのか。綺麗ではあるが、それほど程度の高くない、小品作者の気まぐれな想像に過ぎない。もし俳句を、ある西洋人学者たちのように、〈エピグラム〉といった言葉で理解するのならば、こんな見本でも（俳句の実例として）まかり通るかもしれないが。私は〈エピグラム〉という言葉に対して、〈機知を光らせた語句〉という認識しか持っていないわけではない。しかし、私が〈エピグラム〉という言葉を、思想や想像力——あるいは水——が自ら変化も生産もしない〈死んだ池〉に喩えても、それほど間違っていないと思う。だが本物の俳句とは、少なくとも私の考えでは、〈詩〉が不断に流れ生きている泉水であり、そこは、〈自分とは何か〉を探るために、自分自身を映すことのできる場所なのである。（訳文、堀）[82]

ここで野口は四つのことを述べている。一つめは、西洋人が称賛する「落花枝に」では、詩としての俳句の本質が伝えられないということである。すなわち、日本人からは名句とは思われていない句、俳句の本質を表していないと考えられる句を、西洋人が賞賛していると野口は嘆じてみせた。[83] そして野口は、詩歌における東西の《詩的心意（poetical mind）》がいかに異なるかを示す例として「落花枝に」の句を挙げたのである。この句に見られる内外の評価の食い違いについて、川本皓嗣氏は、《隠喩そのものが「何かを語る」》イマジズムの詩に対して、発句は《提喩や換喩によって》詩的伝統や自然の推移などの既存認識のどこかにイメージを投影して意義を読むことで成り立つと論じている。[84] 野口は、この本質的な違いを《詩的心意》という言葉で表そうとしていたと言えるだろう。

二つめは、俳句をエピグラムという言葉で説明する欧米人たちの俳句認識への批判である。前述のようにチェンバレンの俳句紹介（一九〇二年）以降、俳句をエピグラムとする見解が流布していたが、野口は、俳句の持つ象徴性や文学的要素はエピグラムという定義では表せないと指摘している。このことは、*Through the Torii* (1914) にも、《The word 'epigram' is no right word (and there's no right word at all) for Hokku》[85] と述べられていたとおりである（つけ加えておくなら、*Through the Torii* にも外国人と日本人の詩歌に対する感覚的な違いを述べる箇所で、「落花枝に」への評価の違いが例として挙げられている）[86]。

三つめは、真の俳句とは、詩的な情趣が生き生きとあふれ流れる泉だということである。ここではそれが、「古池や」の芭蕉の句に引っかけて〈pond〉のイメージで説明されている。俳句は《死んだ池（dead pond）》のようなエピグラムではなく、生命に満ちあふれて流れ出し続ける《泉（pond）》のような《思想と想像力》に富んだ詩である、と説明したのである。これは「古池や」の句の〈池〉について、新しい読み方・新しい詩情を示したという側面もあっただろう。

四つめは、俳句が自己の存在を照射し沈思することのできる場所だと述べたことである。つまり、《you can reflect yourself to find your own identification》と説明し、俳句は単に説明的・描写的な表現をする短い詩ではなく、自らの人間存在を問うことのできる哲学的で深淵な抒情詩であることを主張したのである。ここで、ホイットマンの重要なテーマが〈アイデンティティ〉であり、宇宙の中にある自己存在とは何かを思索することであったことを思い起こす必要があるだろう。また野口自身の詩作のテーマもデビューのときから一貫して、この自己存在の探究にあった。野口が〈俳句〉という日本近世の詩が、自己存在を見つめるための詩形態であったと主張した背景にはそうしたこともふまえられていると考えられよう。

このように述べたあと野口は、余韻が生命である俳句の翻訳が、いかに困難かを語った。そしてもし西洋の詩壇で、真に価値ある俳句を、情緒的共感をもって取り入れることに成功すれば、西洋詩人たちは《いわゆる文学（the so-called literature）》の束縛から抜け出すことができるだろう、と述べた。[87] ここで野口は、アーサー・ランサムの "Kinetic and Potential Speech"[88] を挙げて、次のように論をつなげていく。

私はランサムが言う《詩は〈動的な言葉（kinetic）〉と〈潜在的な言葉（potential speech）〉の結合によって作られる。どちらかを省くと、もはや詩ではなくなる》との言葉に賛成する。しかし、俳句においては、この〈動的な言葉〉の一部は書かれないままになっていることを知らねばならない。そして、各自の心の中にある〈動的な言葉〉が、俳句の〈潜在的な言葉〉と結合して、完全なものを作るのだということを知らねばならない。実際のところ、読者こそが、俳句の不完全性を完成した芸術へと作り上げるのである。（訳文、堀）[89]

ここでも、ランサムの詩論につけ加えるような形で、俳句の象徴性や暗示性が述べられ、読者による芸術の完成が説かれている。

このように野口は、日本の詩歌における詩人と読者の近接した関係性を説くことで、詩歌の価値観や詩の享受形態の日欧における違いを明るみに出した。そこでは、俳句に対する従来の価値認識——一般庶民にまで親しまれている俳句は文学としての芸術性が低いと見る認識や、俳句はエピグラムであると捉える認識——とは異なった基準の導入が狙われていたと言える。野口の議論は、伝統的な価値観や美意識を根本的に見直そうとし象徴主義を取り込んで新しい文学の創出を模索していた英国文壇に、新しい文学の評価基準を提案したものだったのである。

（g）野口の講演に対する英米における評価

ではこうした野口の議論は、当時の英国そして日本において、どのように受け取られたのだろうか。ここではまず、野口の講演に対する聴衆の反応を考察し、次いで、英国講演を書籍化した *The Spirit of Japanese Poetry* に対する反応を検討してみよう。

ロンドン日本協会での講演後、数名の聴衆から野口の主張に関して発言がなされている。たとえばジョセフ・ロングフォード[90]は、野口の見解が英国人の詩についての価値観とは相容れないと批判的な感想を述べた。野口の主張のように、〈書かれない詩〉が書かれた詩よりも崇高であるならば、英国の最高傑作の詩のほとんどが認められないことになるし、詩人が書くことを制限すればするほど偉大であるとする意見も、英国人が熱狂的に支持しているほとんどの詩人を否定することになってしまう、と[91]。詩は人間のあらゆる感情を表現すべきであると論じるロングフォードは、野口の伝えようとした詩人のあるべき姿勢を否定し、日本の詩歌には人生の陰うつさや困難さを扱ったものがないと断じる。さらに、戦士の勇敢さを描写する詩やそれを鼓舞する詩、戦争や戦場を描いた詩がどこにもないという理由で、日本の詩を否定的に評価している[92]。

日本の詩歌が扱うテーマに詩としての価値が見られないという認識は、当時の西洋人日本紹介者らに共通した見解であり、ロングフォードの発言はそれを踏襲したものである。俳句や芭蕉についての評価の転換を図り、詩に対する価値認識や評価基準が日欧間で異なることを示そうとした野口の講演の主旨が、よく理解されなかったか、あるいは野口の主張への拒絶反応が示されたと言えよう。

講演の司会を務めたウィンダム・マレーもロングフォードに賛成する意見であった。《芭蕉は巧妙なエピグラムを作ったようだが》と言いながら、一七文字の俳句よりも三一文字の短歌の方が《発想をさらに膨らませることができる(the idea can be more expanded)》と述べたのである。[93]

同様に、日本紹介の著述活動を行っていたオスマン・エドワード(1864-1936)[94]も、野口の勇気と率直さを今後も期待すると述べて好意的な意見を示そうとしたものの、ロングフォードの意見から根本的には離れていない。エドワードは、たとえ日本文学のような《暗示性や繊細さ(suggestive and delicate characteristics)》は持ちえないとしても、英文学やほとんどすべてのヨーロッパ文学の方が日本文学に比べれば無限に豊かであると述べた。そして日本の詩歌は概して《警句的(epigramatic)》であり解説的な注釈を必要とするとして否定的に論じ、日本の若い詩人たち(新体詩人たちを念頭に置いている)が欧米の詩の影響を受けて長詩の形式を採用し始めたことを、期待できる発展と捉えている。[95]つまり、欧米文学が優れていて日本文学はそれに劣るという見解であり、俳句を〈エピグラム〉と捉えて文学より一段低く見る認識がいかに根強いものであったかが分かる。

日本協会での野口の講演は、英詩人が〈言葉〉の使用に集中しすぎるとした、英詩の形式と方法に対する根本的な批判が、かえって聴衆の間に拒絶反応を引き起こしたのだろう。野口が芭蕉とともにフランスの象徴主義者マラルメを挙げて、英詩の伝統に対して挑発的な意見を述べたことが、さらにこのような感情的拒絶を助長したとも考えられようか。しかし、ペイターに触れ、アーサー・ランサムを参照しつつ論じたオックスフォードでの講演に対しては、より柔軟な反応が見られた。

日刊紙『リヴァプール・クーリア』(*Liverpool Courier*)には、ディクソン・スコットによる野口の講演への批評が掲載された。そこには、「落花枝に」を俳句の失敗例とみなして「古池や」を傑作とする野口の見解には、英国人としては賛成できないと書かれている。野口は「落花枝に」の表現上の明瞭さは《詩趣を非常に破壊して》おり、比喩の技巧性が通俗的であるというが、英国人には「古池や」が単に感情的な文章としか響かない、とスコットは論じた。[96]

しかし、続けて、今まで日本人を《麗しい精靈的な花の國で、其國に住む人々は菊花のやうな蓮花のやうな無邪氣》なものと考えていたが、野口の講演を聴いて、日本人が《黙想的非俗者の人種》だと分かったとも述べている。スコットによれば、《孤獨の權威を説き黙想の藝術を尊重》する野口の説明が、日本を《菊花の國》のイメージから、西洋のキリスト教的な《灰色で装飾される祈禱禁慾》のイメージへと変換したという。[97]

「古池や」の句の深淵な哲学性を重視する日本人の文化志向

を説いた野口の主張が、多少なりとも理解されようとしていたと言える。野口の芭蕉紹介と日本の詩の持つ精神性についての解説が、英国における〈日本趣味〉に、たとえ部分的にせよ質的な転換をもたらしたといってよいかもしれない。

実際、英国での講演と*The Spirit of Japanese Poetry*に対する評価は、決して一時的な反応ではなかった。この著作は、それ以後の英米の詩人たちの間で日本文学を理解するための一冊として重要視され、英米の後輩詩人たちに大きな影響を及ぼしたと考えられる。たとえば、英詩革新運動（後述第八章）を牽引したシカゴの雑誌『ポエトリ』（*The Poetry*）の一九一五年一一月号には、雑誌編集者アリス・ヘンダーソン（1881-1949）が詳しい書評を書き、欧米人の《日本の詩に対する浅薄で瑣末（trivial）でさえあった認識》(98)が、野口によって深められ、認識に変化を生んだと論じた。

日本の詩はまったく説明的ではない。その方法は完全に暗示的である。連想を呼び起こし、想像力に訴える力を持つ点においては、些細なものではなく深遠なものである。簡潔さは、緊張感によってもたらされる。日本のホックはエピグラムと似ていると一般的に考えられているが、両者はまったく異なっている。エピグラムは、尾をくわえたヘビのように、閉ざされた環なのである。（訳文、堀）(99)

〈俳句はエピグラムとは異なる〉とする野口の説明の要点が、的確に受けとめられ、日本の詩に対する認識に転換が起きたことが指摘されたのである。また、《考えを表現するためにホックの例を多く示してくれており、その野口の表現には無駄がまったくない》とも述べられている。(100)ヘンダーソンは、野口の著述の一文を引いて次のように書く。

このおだやかな禅の教義は、人間と自然とを二つの平行する特徴的形式として把握する。そしてその両者の間には完全な共感がある。日本の詩は暗示的だと言われるが、その言葉は、かのフランス象徴主義詩人らの場合のように、曖昧さを意味するために使用されているのではないことが分かる。（訳文、堀）(101)

そしてヘンダーソンは、《比較詩学を研究する者にとって、野口の小さな本は、秘宝のつまった巨大な貯蔵庫への鍵になるだろう》(102)と、野口の著作を強く推薦した（ちなみにここで《little book（小さな本）》と呼ばれているのは、*The Spirit of Japanese Poetry*の判型が実際に小さかったためである）。

また、雑誌『ポエトリ』の一九一九年一一月号では、ユーニス・ティーチェンツが野口の本について論評し絶賛している。*The Spirit of Japanese Poetry*は、日本の精神や思想を理解するための《扉》であり、《手引き書》であるというのである。欧米の読者が、この著作から《愛情に満ち、鋭敏で、凝縮された、心がうずくほどの日本の伝統詩歌の美しさ》(103)を感じとったことは特筆すべきであろう。この著作が、同時代の英米の詩人たちの間で重要な位置を占めることになった様子がうかがえる。

なお、一九二六年に出版されたインド人プラン・シン(1881-1931)による『東洋詩の精神』(*The Spirit of Oriental Poetry*)では、野口が古今東西のアジアの偉大な詩人たちと対等に取り扱われ、とりわけ日本の詩歌に関しては、野口の詩論を用いて説明がなされている。[104]

2 『日本詩歌論』に対する日本国内の評価

The Spirit of Japanese Poetry の邦訳版として一九一五年一〇月に出版された『日本詩歌論』(白日社)は、日本語として不正確な部分も少なくなく、内容も分かりにくい。この邦訳版は《加藤朝鳥君の勧めに依って計畫され》たと記され[105]、加藤との共訳であった。当時の野口は、一九〇四年の帰国直後ほどではないにせよ、まだ日本語の文章の熟達した書き手ではなかったのだろう。一九一五年当時においてもなお、野口自らが《時には英文の方が的確に私の意味を傳える》と述べていた。[106]

にもかかわらず、この著作は日本においても非常に関心をもって読まれ、初版は直ちに売り切れて再版が発行された。[107] ただし、その評価は論者の立場によって分かれる。

当時、「本質美の表現としての象徴」[108]を書いていた山宮允(1890-1967)は、野口の日本詩歌の紹介が《歐米人の企て得ない透察あり、叡智に充ちた日本詩歌の本質的解明で、詩歌に現れた日本人の精神生活の美点をば初めて十分に外人の前に示顯した》とし[109]、アストンやチェンバレンらとは異なる精神的・哲学的な日本文学論を野口が論説している点を評価した。山宮の評は手放しの称賛に近く、野口の英語での主張が、英文学の研究を志向する日本の若者にいかに興奮と感動を与えるものであったかを物語っている。山宮はその後イェイツやブレイク研究の第一人者となる人物であり、野口との交流から多くの影響を受けていく。

山宮はさらに、『日本詩歌論』が一九一五年の詩壇で最も価値のある著作だとし、野口の作品および詩論が、《世界乃至藝術的信條》[110]であり《もっとも本質的な象徴主義の信條》であると述べて、次のように論評した。

> 解明せられてゐる象徴主義は啻に正氣精神を喪へる現時の文壇に對して最も剴切にして意味深き提唱となり得るのみならず、只管外面的事物に惑亂せられ、混沌として歸嚮するところを知らぬ現時の日本の精神界に對しても亦最も緊要なる提唱であり、助言でなければならぬ。今や吾々の精神は雜多なる刺戟のために惑亂せられて極度に外面的となり、受働的となつてゐる。世紀末的の倦怠と懷疑とが時代を支配して、そこに何等の熱烈な希求も憧憬も見出すことが出來ない。詩壇文壇の沈滞も確かにかゝる時代の精神に由因してゐるものゝ

如く思はれる。この精神的沈滞の時期に、主観を力説し、内面的生活の美を説く象徴主義より緊要剴切な提唱があり得ようか。[111]

内面的・精神的な美の表現について論じている象徴主義が、現在の日本で最も重視すべきものであり、野口が『日本詩歌論』で提唱することはまさに現代の日本で緊急に必要な議論である、と述べている。そして、従来の野口の詩作品に漠然と暗示されていた詩歌観や哲学が明確に表されたとし、《カーライル、マーテルリンク、ヴエルレーヌ等の象徴主義者と同一の思想系統に屬する》野口が、《歌はれざる歌、沈默》を重視して詩論を展開したことは、日本の現代人にとって《適用せらるゝ眞理》と《最も意味深き教訓》を含んでいると論じた。[112] 野口が象徴主義思潮の中で日本文学を捉えて詩歌全体の本質を追究しようとしたことを称賛し、現代の詩人すべてに対する提言たりえているとしている。

次に、タゴールの翻訳者として知られた詩人、増野三良(1889–1916)は、英国詩壇で野口が語った主張は、日本人にとっては新しいものではないかもしれないが、《その精神は革命の生潑溂たる新しい驚くべき鋭利を研ぎ澄してゐる》と述べている。[113] 増野は、野口の理論が詩人の視点から直観的に導かれたものと見ていたようで、〈express in non-expression〉のような主張は、黎明期の現代日本詩壇において意義を持つと評価した。

一九〇七年からいち早く口語自由詩を発表してきた詩人の川路柳虹もまた、「野口氏の詩論」(一九一六年一月)を書き、野口が〈unwritten in silence〉を詩の至上原理としたことに注目した。柳虹は、詩歌における沈黙や〈unwritten〉は十分に尊重されるべきだが、言葉をなくすことを主張するのではなく、言葉をどのように残して〈生かす〉かが強調されるべきだと説く。その点で野口の講演は、英国聴衆に誤解を与えたかもしれず、英国人が反論したことも理解できると論じている。

『日本詩歌論』を読んだ柳虹は、日本の詩歌と西洋の詩との二項対立を脱却して、新しい現代の詩歌が作られる必要を説き、《單に辭句の凝固、辭句の朦朧をのみ手段としない點に於て今日の詩歌はマラルメより更に一歩を出でる必要がある》として、一七文字の詩人の群に現代の芭蕉を求める必要はないと論じた。[114] つまり、俳人ではなく近代詩人が〈現代の芭蕉〉となるべきことを主張した。柳虹が述べているのは、日欧文学の垣根を超えて、芭蕉やマラルメも超えて、過渡期にある近代詩の発展を模索する必要性である。

同じく若き詩人であった福士幸次郎(1889–1946)も「野口米次郎氏の『日本詩歌論』」(一九一六年一月)と題した書評の中で、新時代に適応する詩を創出する必要性を主張した。当時、第一詩集『太陽の子』(一九一四年四月)を出して口語自由詩人としての名を確立しつつあった福士はこの書評の中で、野口が《懐古的》であるとし、それは野口や他の日本詩人のみならず世界全体に見られる潮流であると指摘する。福士は《野口氏や野口氏を取り巻く空氣（英國の詩人の空氣）》は《性質はノーブルでよく理解力があつて善い質の人々》であるが、《未來の藝術》がなく《人間の心から遠のいて別の國を拵へて楽しんでゐる》ように見えると述べる。そして、明治以降の《今の時代は詩人の災害時代》であると言い、歌や俳句は《今の僕等のリズム》にはそぐわないとして、『万葉集』や『古事記』はよいと褒めながらも、伝統的な日本文学は《今の吾々から見ると、性質が貧し過ぎ》、《不自然な所》があると論じた。[115]

『万葉集』や『古事記』は高く評価するが、それ以後の文学に対しては限界を感じるというこの福士の認識は、アストンやチェンバレンの文学観に影響を受けている面があるかもしれない。しかし福士の主張には、詩の本場は西洋にあるとしつつも、そこからは一定の距離を置いて自国の文学を創出していこうとする意志が感じられる。

福士を含めて、当時の若き英文学や欧米文学の研究者たちは、単なる学問的要求からではなく、新しい日本文学を培う方法や理論を探索しようとして研究を行っていた。またこの頃、フランス文学や象徴主義への傾倒に比べて、イギリス文学そのものの近代的な価値に対する疑惑や不信が多少とも生じていたという事情もあるかもしれない。

そうした中、岩野泡鳴は、英国文壇や英国聴衆に対するあからさまな批判と不信を表明する。[116] それは、英国文壇で評価された野口に対して相容れない感情を感じたこととも無関係ではないだろう。泡鳴は、《詩と詩の考察とに於ては、僕等は外国人よりも――少くとも英米人よりも――ずツと進歩してゐる》と述べ、アーサー・ランサムが野口をヴェルレーヌに比較して論じたことを糾弾した。[117]《野口氏に僕等の賞賛するヹルレンの如く微妙から強烈に入る素質が見えてゐないではない》が、文明国日本から世界を相手にする詩人としてヴェルレーヌに比較されるには、野口は《自国語を以つて歌つてゐない点》で問題があるという。[118] また、野口が英国講演で主張した《無言的発想》は《僕から見れば、パルナソス派の行き方では駄目だ、表象主義にならねば》ということで、ありふれたものであるが、[119]《思想的低級の英米人》に対する講演だから野口のために《斟酌》しよう、[120] と泡鳴は述べている。

野口の『日本詩歌論』について様々なことを述べている泡鳴だが、野口の象徴主義的傾向が *Seen and Unseen* や *From the Eastern Sea* の作詩の実践の中にすでに見られ、それが詩論としてまとめられたのが一九一四年の英国での講演であったということは認めていた。泡鳴は当時、すでに詩作をやめていたが、日本の近代詩に強烈な思い入れを持っていたので、野口に対して〈日本語の詩を書いてみろ〉と挑発していたとも言えるだろう。[121]

またそのほか、三井甲之（1883-1953）は歌人の立場から野口を厳しく批判して、野口と論争をしている。三井は一九一五年一一月に、野口の『日本詩歌論』を和辻哲郎の『ゼエレン・キルケゴオル』と共に挙げて、[122] 単なる翻訳紹介や輸入ではなく《世界的又は普遍的性質を帯びた》独創的研究として好意的に評価していたのだが、翌月には野口の理論を詳細にわたり批判的に論究したのであった。[123]

これに対して野口は、三井が《野口の論は詩學であり、又詩的形而上學であり、又同時に一種の詩であつて、本來の意味に於て研究ではない[124]》とした点に満足している旨を何度も述べつつ、その上で三井の誤解を訂正したいと応じている。[125]

野口はまず、三井が指摘するような〈俳句＝抒情詩〉といった定義を自分はしていないと断っている。俳句は西洋の抒情詩とは異なるものの、抒情詩的傾向を備えており《豊かな生命を守る[126]》ことができる、というのが自らの論点だったと主張する。また三井が、ペイターの抒情詩と老子の思想、芭蕉とブレイクらとを同一のように対比するのは主観的過ぎると批判した点に関して、野口は、同一視しているのではなく挿話的に参照したに過ぎないと反論した。野口は英文原著においては、これらの比較を注意深く扱っていたのだが、邦訳版『日本詩歌論』ではそれがほとんど伝わらなくなっているので、この点は三井が野口の詩論の意味内容を理解していない面が大きかったと言えよう。

三井はさらに、野口が扱った和歌や俳句の選択が、《日本詩歌に對する因襲的誤謬の悪影響を伴っている》証拠だとした。だが野口は、《文藝的価値を持つて居る》と賞賛するために引用したのではなく、従来の日本紹介によって英訳が知られているから使用した例に過ぎないと述べる。野口は、自分もまた日本の詩歌を《三井氏同様、因襲的誤謬から打破する必要を感じて》おり、《ユニバーサルな尺度に照らして整理して保守す可きものは須らく保守す可きである》と考えていることを述べた。[127]

野口は皮肉を交えながらも穏やかな調子で反論したが、対する三井は過激な攻撃的批判を野口に向けた。《評論の禮儀をも知らずに》、《今日の英詩人》と自らを誇っても《實際に世界文化の進運に遅れ》ており、《研究にも論にも》ならない、と野口に対する嫌悪を露わにしている。そして《親鸞や道元や聖徳太子を眼中に置くことなしにブレイクを論ずること自身にこそ缺點がある》として、野口の紹介するイェイツやブリッジズなどにも現代の日本人が学ぶべきものはないと極論した。[128]前述の山宮とは正反対の見解であるが、なぜ三井はここまで激烈な感情を露わにしたのだろうか。

親鸞などに造詣が深く、日本主義に傾倒しながら短歌の実験的革新を唱えていた三井にとっては、野口の詩論や歴史観が不十分なものだったという事情はあったかもしれない。だがそれにしても、三井は野口が日本文化に暗い英国の聴衆に語っているということをまったく考慮していない。当時、柳宗悦は三井について、《非難の目的の為に》執筆する《嘲弄的批評》の態度であると批判している。[129]攻撃的で過激な三井の批評態度は、いわば三井の特性であり、これに限られたものではないことは考慮しなくてはなるまい。

野口の日本理解をフローレンツと同様の《極めて因習的俗見に囚はれ[130]》たものと断じた三井の認識は、従来の日本紹介の基準を乗り越えようとした野口にとっては不幸な受け取られ方であった。しかし、三井のように野口に反発する者たちがいたのは確かな事実である。そしてそれは、野口が欧米文学の理論や文壇状況を紹介する者であったとしても、反対に日本主義に傾いて欧米を批判する者であったとしても、どちらにせよ野口の立場にやっかみと反感を覚える者たちであっただろう。

一方、同じ歌人であっても、佐佐木信綱（1872-1963）は「日本詩歌論をよみて」と題した書評の中で、野口の日本詩歌に対する見解は美点のみを強調し過ぎてはいるが《内在する價値と意義とを十分にとらへ得た》ものであると、好意的に評価した。《専門の俳家歌人にして、氏の言によつて、かへつて啓蒙せらるべき人は、決して尠くあるまい》と述べ、英語詩人として知られる野口が、日本の詩歌に対する理解と認識を示したことを喜んだ。[131]

国内における俳句芸術の位置づけや人気にも、野口の英国での日本詩歌紹介は大きく寄与した。一九一五年一〇月の『帝国文学』では、《静寂はやがて沈黙を意味する。つきつめていへば俳人は無言の詩人でなければならぬ。俳人が十七字といふ殆んど沈黙その者である最短詩形から成るのは、この心持を表はすに最も都合のよい事で、決して偶然ではない[132]》と、まさに野口の論点を口写しのように述べ、野口の「純日本の詩歌」（『三田文学』一九一五年三月号の寄稿論文）を読むように推薦している。そしてこれ以後、『帝国文学』では俳句への言及が増え（前述第五章）、日本文壇における芭蕉研究が盛んになっていくのである。

以上のように、野口の『日本詩歌論』の日本における評価は、英国における批評のように一元的に捉えることはできない。論者間の差異、各論内の揺れは、翻訳文が拙劣で難解な『日本詩歌論』を日本読者がいかに読んだかということとも無関係ではないが、同時に、日本国内における野口自身の存在や評価の危うさをも表しているだろう。

もう一点、野口の文体に対する評価も挙げておきたい。川路柳虹は、野口の文体は《吾々を恍惚とさ》せ、特にエッセイは《散文詩》であると述べる。《乾燥し切つた無味な詩壇一流の批評に嫌厭たる自分は泉に喉を濕す思ひでこれらを味つた》と記している[133]。山宮允は、訳文には《原文の魅力と光耀》は失われているが、《貴い詩的緊張、暗示性》があるという。新渡戸らの英文には見られないような野口の《原文の新鮮《フレッシュネス》》が、訳文にも残っていると述べている[134]。野口の文章を評して英語においても日本語においても二流であるとする意見は（野口自身が詩篇「二重国籍者の詩」を書いた大正後期には見られるようになるのだが）、管見のかぎり、まだこの時期にはない。

野口はこの講演の数年後には日本語での詩作を試みるようになり、象徴主義理論を自らの新しい詩歌の創造の中でさらに発展させようとする。また日本の古典文芸に関する著述も積極的に行っていく。時代潮流も関係しているが、『日本詩歌論』に対して受けた批判や指摘が、その後の野口の活動につながっていくのである。

3　日本詩歌の翻訳

（a）詩人の視点で捉えられた日本文化論

一九一四年の英国講演で野口が論じようとしたのは、日本の詩歌の本質であるが、それは芭蕉や俳句の読み方のみから論じられたわけではない。日本詩歌が演劇と結合した結果が能楽であること、利休や茶人たちは理想の詩人であることなど、日本詩歌の特質を様々な例を用いて説明している。

その際、野口は詩歌の翻訳の質や表現方法に細心の注意を払っている（この部分は、誤訳がなく比較的分かりやすいので、『日本詩歌論』から直接引用する）。

> 私は外國人の手になつた俳句英譯、否寧ろ翻案といふ可きものに一興味を感じている。何故ならば之を讀んで西欧人は如何なる題材を選擇し、又詩の上に於ける英國人の長所や短所は那邊に横つて居るかを學ぶからである。[135]

西洋の翻訳者が日本詩歌の何を選択し、それをどのような表現方法で翻訳し、それがいかなるニュアンスを持つかを、野口が強く意識していたことが分かる。このことは、「朝顔につるべとられてもらひ水」（加賀千代女）の翻訳の比較提示でも明らかである。野口は次の二つの例を挙げている。一つはエドウィン・アーノルド（1832-1904）による六行詩。

> The Morning-glory
> Her leaves and bess has bound
> My Bucket handle round.
> I could not break the bands
> Of these soft hands.
> The bucket and the well to her left,
> Let me some water, for I come bereft.

もう一つはクララ・ウォルシュ（生没年不詳）が翻訳した次の三行詩である。

> All round the rope a morning glory clings;
> How can I break its beauty's dainty spell?[136]
> I beg for water from a neighbour's well.

ウォルシュは鈴木大拙（1870-1966）の助けを受けて一九一〇年に日本詩歌の翻訳書を出した人物である。[137] 野口はこの二つを、韻律を整えようとするために説明的な翻訳になっている例として挙げ、最後に自らの短い翻訳を披露している。

> The Well-bucket taken away,
> By the morning-glory ―[138]
> Alas, water to beg!

野口は、西洋人はインクを使いすぎるが、日本人はこれだけで十分に情感を感じることができると述べた。また、唐紙に毛筆で一筆書きした日本画を、西洋の万年筆でぎこちなく模写しても本質が表れないように、詩歌の翻訳も本質を移し取るのは難しい、と論じた。[139] だからこそ、細心の注意を払って、詩歌の再翻訳にエネルギーを注いだのである。つまり野口は、一篇の詩の翻訳の巧拙によって、文化の本質が伝わらない危険性があることを十分に理解していた。それゆえ、野口は詩人としての感性と日英両言語に通じた感覚を集中させて、日本文化の紹介を行ったのである。

　ロンドン日本協会での講演の最後には、野口は定家の「見渡せば花も紅葉もなかりけり浦の苫屋の秋の夕暮れ」の歌を次のように英訳している。

I turned my face not to see
Flowers or leaves;
'Tis the autumn eve
With the falling light:
How solitary the cottage stands
By the sea![140]

この歌は、岡倉天心の『茶の本』（一九〇六年）の中で、次のような訳で紹介されていたものである。

I look beyond;
Flowers are not,
Nor tinted leaves.
On the sea beach
A solitary cottage stands
In the waning light
Of an autumn eve.[141]

野口の訳は、天心の訳をどのように改めているのだろうか。天心の直訳は、説明的でありながらもポイントが定まらず、詩歌としての余韻を感じにくい。行ごとに視点の対象がずれていくため、最後に話の落ちのような形で《秋の夕暮れ（an autumn eve）》という主題が示されるものの、元の歌を知らない者には何がテーマであるかが捉えにくい。一方、野口の英訳では、詠み人の視点の焦点が明確に与えられ、なおかつ動きと高揚感と映像的な美しさがある。一行目で《turned my face》と動きをつけ《not to see flowers or leaves》と訳したことで、見ている主体がより明確に捉えられる。その主体において《the autumn eve with the falling light》が見いだされたことが自然につながり、《How solitary...!》と感嘆する視点と呼応する。また、《the autumn eve With the falling light》と《How...!》をコロンでつないで、二つの光景を印象深く重ね合わせたところは巧みである。野口はこの歌について、《vastness of solitariness, blessing of silence!（孤獨に生くるの無遍！　沈默の祝福！）》と感想を述べて、さらに主題を明確に示している。

野口はこの定家の歌を翻訳したあとに、利休の《秘訣（secret）》[142]として、利休が茶室に通じる路地をいったん掃除したあとで、紅葉した葉を一面に散らしたという逸話について説明している。天心は『茶の本』の中で、この逸話が茶人たちの持つ《清潔の観念（the ideas of cleanliness）》を具体的に説明していると論じていた。そして利休が求めたものが《清潔（cleanliness）》だけではなく《美と自然（the beautiful and the natural）》であった、と天心はまとめている。[143]一方、野口は同じ逸話を用いて、次のように締めくくる。

> この小さな話に、私はいつも立ち止まって考えさせられる。実際、反対側からこの主題に近づくことは、より興味深く、多くの場合、最も真実に近い。真に生きるために〈死〉に学ばせてほしい、真に歌うために〈沈黙〉を追求させてほしい。（訳文、堀）[144]

野口は、天心が述べた〈清潔〉や〈美〉については触れずに、天心の用いた逸話をより深く沈思し、哲学的に解釈する方向に導いた。そして、自らが講演の当初に示した〈unwritten or sung in silence〉に対応する形で結論づけたと言える。野口は天心によって語られた日本文化論の系譜を受け継ぎながらも、それを詩歌の分野で深化させ、自らの文脈にはめ込みながら示したのである。

天心は『茶の本』において《言葉にならないことを聴き、見えないものを見る（We listen to the unspoken, we gaze upon the unseen）》[145]ことを論じ、さらには《暗示の価値（the value of suggestion）》[146]にも触れていた。一方、野口の講演は、野口自身が一八九六年の *Seen and Unseen* 以降、常に詩作の中で実践してきた哲学の集大成であったと言える。

一九一四年の英国講演は、日本文学あるいは日欧を含めた〈詩歌〉に対する野口の自説が、チェンバレンなどの西洋人日本紹介者への異論を際立たせつつ展開されたものであったと同時に、岡倉天心などの先行する日本紹介者の視点を利用しつつ、それを野口自身の文脈と、詩人としての感性とで詩情豊かに組み直したものでもあったのだ。

野口がどのように日本詩歌の本質を伝えようとしたのか、その立論のどこに独自性があったのかを鮮やかに示す例を、ここでもう一つだけ挙げておきたい。野口はロンドン日本協会の講演の中で、立花北枝の「焼けにけり花は静かに散りすまし」の句を次のような英訳によって引いている。

> It has burned down:
> How serene the flowers in their falling!

野口はこれを賞賛した芭蕉の手紙を紹介し[147]、芭蕉が、火災という悲惨な状況下で《serene（清澄な）》な心持ちを維持して狼狽せずにこの句を詠んだ北枝の態度に感動したことを説明する。

そして、これこそ絶対的境地に立つ真の詩歌、つまり《the real poetry of action（實行上の眞の詩歌）》であると述べた。そして詩人は《to soar out of Nature and still not ever to forget her（自然の外に翺翔しながら加之も自然を忘れ）》ず、自己自身を芸術にすることが重要であると説いた。[148]

実はこの句もまたチェンバレンが、『日本の詩歌』（*Japanese Poetry*, 1910）の「付録エピグラム選集」で、二〇五句のうちの一三二番目に紹介していたものであった。そこではこの句が次のように訳されている。

I am burnt out. Nevertheless,
The flow'rs have duly bloom'd and faded.[149]

二つの英訳を比較してみたい。チェンバレンの訳では、主語の《I》や《the flower》によって〈私が焼け出された〉ことと〈花が散る〉ことの描写が単純に確定される。一方、野口は主語を非人称で捉えて〈焼け落ちてゆく〉ものの主体に抽象性を残した訳を生み出している。そのため、俳句の持つ省略表現の可能性を十分に発揮させる効果を持つ。また《How serene...!》と感嘆的に続く構成は、重層的な、余韻のある詩的空間を作り出している。またチェンバレンのように《Nevertheless》という説明的な強い言葉を用いるのではなく、ここでも二つのセンテンスをコロンで続けることにより、《焼けにけり》と《花は散りすまし》が同質性を帯び、視覚の中に同時に重なりゆく詩情をもたらすことに成功している。野口はこの句を用いて、詩人が自らを滅却して、自然の中に自意識を形象化する美意識を説こうとしたわけだが、チェンバレンの訳ではとてもそうした思考に行き着かない。

チェンバレンはこの句の説明として、家を焼失した北枝は心配する友人たちに、《真のボヘミアンのようにただ笑ってこのエピグラムを送った（he, like a true Bohemian, only laughed, and sent them away with this epigram）》と記している。[150] だが、北枝やこの句を芭蕉がいかに讃美したのか、どのような見解を示したのかなどについては、チェンバレンは一切触れていない。また、ボヘミアンという言葉では、芭蕉が認めた北枝の態度を表現しえてはいないだろう。なぜなら、ボヘミアンという言葉は自由奔放な放浪的な生活をする者を意味するが、芭蕉が讃美したのは北枝の無我の境地であり、万物流転の普遍的現象の中に自己を滅却して句を詠んだその精神であったからである。野口は、芭蕉がこの句を詠った北枝をいかに評価したか、芭蕉は句の評価を通して何を言わんとしたのかについて念入りに論じた。先ほど、野口が俳句をエピグラムと捉えることを《思想や想像力のない死んだ池》みたいなものだと皮肉ったことを見たが、その意味も、このチェンバレンの訳文や解説との違いを見れば、あらためて納得できるのではないだろうか。

のちにシェラード・ヴァインズは、この野口の訳文と説明を例にして、野口が同時代の欧米人の詩的開眼に影響を及ぼし、東洋美学の体系を理解させるにいたらしめた、と述べることになる。[151] このヴァインズの評は、一九三五年のカルカッタの雑誌『モダン・レビュー』においても "The Literature of Yone Noguchi"（「ヨネ・ノグチの文学」）という論考で繰り返されている。この中でヴァインズは、野口の一九一四年の英国講演やその影響を述べ、野口の語った美学は現在ようやく深く理解されるようになったと説明した上で、〈簡潔さ〉〈節約〉〈沈黙〉といった美意識と詩的空間を論じて、野口を評価したのであった。[152]

（b）比較対照の視座

さて、野口の特質として、もう一点補足しておきたいのは、その比較文学的な手法である。ここでは、野口の立論において芭蕉とホイットマンに連想が広がっていく様子を取り上げたい。

野口は、芭蕉の旅が《pilgrimage（巡礼）》であり、《人生の利己的な満足を探究しているわけではない》と述べたあとに次のように言う。

> 旅とは、まるで静かな殿堂の下で行われる祈りのように、それ自体が聖なる奉仕（神へのおつとめ）である。自然のふところにまさる神聖な殿堂が、ほかに存在するだろうか。人生と自然との親和融合の実現のために、樹木や花と自分自身との聖なる一体化のために、芭蕉は東へ西へ、南へ北へと旅をしたのである。（訳文、堀）[153]

野口は芭蕉の旅の意味を、自然の中での祈りであると説き、自己の存在と自然との一体融合を求める精神哲学であると捉えたのであった。そして、芭蕉の有名な「旅に病んで夢は枯野をかけ廻る」を次のように英訳した。

> Lying ill on Journey,
> Ah, my dreams
> Run about the ruin of field.[154]

この句は、チェンバレンが次のように訳出していたものである。

> Ta'en ill while journeying, I dreamt
> I wandered o'er a withered moor.[155]

両者を比較して感じられるのは、チェンバレンの訳の暗さ、重さに対して、野口の訳がより明るく、軽快なことである。チェンバレンの訳では、〈withered（萎れた、みずみずしさを失った）〉〈moor（原野、沼地）〉を〈wander（さまよう）〉という重苦しい歩みの感覚が表されているのに対して、野口の訳では〈ruin of field（荒廃した、廃墟となった野原）〉を〈Run about（駆け回る、飛び回る）〉という、肉体や物理的存在から切り離された軽やかさが表現されている。チェンバレンは芭蕉を敢えてワーズワース流に翻訳しているのかもしれない。これを紹介したあとにチェンバレンは、芭蕉を日本のワーズワースだと考えようとする人がいるかもしれないが、スキドー山が日本の富士山に匹敵しないように、[156]芭蕉とワーズワースでは比べものにならないという認識を示しているからである。いずれにせよチェンバレンは、野口のように芭蕉の自然観や《人生と自然との親和融合》を突き詰めた形で解説するということはなかった。[157]

野口の方はこの「旅に病んで」の句を挙げたあとに、《芭蕉を偲ぶと常にウオルト・ホヰットマン Walt Whitman を想ふ》と述べ、芭蕉の「旅に病んで」の一句を、ホイットマンの晩年の詩、《I am an open-air man winged. I am an open-water man: aquatic. I want to get out, fly, swim —— I am eager for feet again, But my feet are eternally gone.（余に翅あり、自分は外空を翔る人だ。余に蹼あり、自分は水中の人だ。余は起ち飛び泳ぎ——再び歩行したきを切望す。然し余の両脚は永久に失はれた。）》[158]と対照した。野口はホイットマンと芭蕉が共に、文学のための文学を嫌い、人生と自然を融合するという目的のための一つの手段として文学の意義を考えていたことを論じている。

野口はこのようにホイットマンを招喚するとともに、ランドー（1775-1864）を俳句詩人と呼んで、ランドーの詩と蕪村の一句を比較してもいる。[159]また、テニスンやブラウニングの作品からも、日本の俳句の主旨を説明できるとし、さらにワーズワースの作品を直接翻訳して俳句にすることができるとも述べている。[160]

さらにまた、野口はラファエル前派の画家かつ詩人ダンテ・ゲイブリエル・ロセッティの詩「葉菊草」（"The Woodspurge", 1856）と芭蕉の「くたびれて宿かる頃や藤の花」を比較して論じている。ロセッティの「葉菊草」は、死の悲しみの経験を詠った四連からなる詩だが、その最終連は《From perfect grief there need not be / Wisdom or ever memory: / One thing then learnt remains to me, —— / The woodspurge has a cup of three.》と結ばれる。悲哀のまっただ中にあって、これまで意識しなかった一つの自然、つまり葉菊草の花冠が三つずつで一つの花のようになっている事実を知った、というのである。ロセッティが詠ったような一瞬の認識が、短い俳句の中に凝縮されて詠い込まれていることを、野口は具体的な作品を比較することによって指摘している。

野口の比較対照は、詩人に優劣をつけるためのものではなく、相互理解や共通認識を導くためのものである。日本と欧米の詩人たちの思想や文学観に、どのような共通性が見いだせるのか、俳句が詩としていかに高度な思想性を備えているかの指摘が中心を占めている。

野口は英国での一連の講演において、チェンバレンら日本紹介者を直接に批判するようなことはしていないが、明らかに彼らを意識して俳句を紹介した。また象徴主義思潮の中で注目されている英米詩人たちと比較しながら、日本文学の位置を英米文学に対等な形で示してみせるという、大きな転換を行ったと言える。

今日、芭蕉を〈象徴〉という言葉と対にして、あるいは象徴主義や西洋の象徴詩と比較して語る場面にしばしば出会う。また、芭蕉とワーズワースの比較などは、様々な形で論じられてきたテーマではないだろうか。さらに現在、芭蕉を《一粒の砂と一茎の花に宇宙を見るといったウィリアム・ブレイクのような幻視の詩人と考えている西洋人は多い》と言われ、英語圏では両者を比較した論文が書かれている。[161] 一九一四年に示された野口の比較の視点、つまり芭蕉や俳句の世界観を西洋の詩の潮流と共に評価し解説した論考が、現在にまで影響を及ぼしていると考えることもできるだろう。[162]

日本の文壇が近代詩歌の模範を西洋に求めながらも、伝統的な詩歌との融和と新しい表現法を考えていた時代において、野口は、俳句を中心として日本の詩歌の価値と特質を海外の聴衆に説明し、新しい〈見方〉と〈読み〉を提案した。野口は、当時の日本人が注目し始めていたマラルメ、ペイター、ホイットマン、ブレイクなどの欧米詩人たちと具体的に比較する中で芭蕉に光をあて、その位相を照らし出してみせたのであった。それは、同時代的な日本の動きを越え、その後の国際的潮流に影響を及ぼす重大な出来事であったと言えよう。

4　英国講演のその後

象徴主義評価の潮流の中で俳句の文化的価値をアピールした野口の著述・言論活動や、野口の言葉を通して欧米に新しく突きつけられた日本芸術は、欧米文壇に新しい息吹をもたらしたのみならず、日本国内にも影響を及ぼした。

一九二〇年代、太田水穂（1976-1955）を発信源として、短歌界・俳句界・小説界を遥かに超える広がりで芭蕉ブームが起こり、〈ワビ・サビ・幽玄〉に代表される中世美学に知的関心が向かうきっかけとなったことが知られている。[163] 水穂は一九一七年頃より芭蕉に傾倒していき、一九二〇年一〇月に幸田露伴、沼波瓊音、安倍能成、阿部次郎らと芭蕉俳句研究会を起こして成果を発表していく。野口も英国講演後、芭蕉についての論考を次々と発表し、また西行などについての論考の中でも芭蕉を取り上げている。

では、大正期の詩壇の象徴主義詩の展開、伝統回帰、古典主義運動の潮流の中で野口はいかなる位置にあったのか。一九二二年、野口の「純日本の詩歌」「俳句對英詩論」について、民衆詩派を代表する一人である福士幸次郎は《日本の後の時代にまで殘る、稀れな名篇である》ことを完全に認めると述べ、《世界のどういふ大詩人のものよりも、より深い共鳴をもつて耽讀したことは、明白に告白して置きたい》と記している。ただし福士は、野口が《在來の誰れよりも深い愛着と獨自的な鑑賞力とのもとに、この捕捉すべからざる精妙な、極髄の藝術を、こうまで開いたことは賞讃の情をとゞめがたい》と言いながらも、野口と自分たち現代日本の若い世代との間には、《生理的》な違いがあるという。野口が《滞りない圓であるに對して》、自分は《若い現代日本の野心を象徴してゐるかのやうに、多角形に歪んだ圓である》というのである。日本人として根幹が同じであっても、もはや現代日本は野口の求める理想的な形ではない、ということである。この感覚的な違い、福士の言う《現代のわれ等を産んだ生理的事情》は、大正期詩壇における野口の位置にもあらわれていたと考えられる[164]（大正期詩壇の中の野口の位置については、第一〇章で後述する）。

野口本人のその後の詩論との関係で見れば、一九二六年に彼は、詩を《人間共有の感情を通じて自然に發する言葉》であり、《絶對的》かつ《原始的》な精神を持つものであると論じていく[165]。そして詩とは《壓到的に人間に迫る一つの力》、《精緻ではあるが極めて力強い一の生命》であり、《本能的に持つて生れた原始的な力》であると考えるようになる[166]。このように自然発生性を尊重する態度が明確になっていくのだが、この詩論の原型は〈人生と自然との親和融合〉を解説した一九一四年の英国講演の中に認めることができよう。

さて、英国でのいくつもの講演を終えた野口は、一九一四年四月にパリに一時滞在した。霧の深い冬のロンドンから移動したためか、パリの方がより美しく感じられたと野口は述べている[167]。パリでは、モンパルナスの島崎藤村の隣の部屋に寄宿し[168]、日本人に馴染みのある界隈で過ごした[169]。野口によれば、ちょうどベルリンから来ていた生田葵山（1876-1945）と一緒にパリを観光したり、生田や山本鼎、藤村らと一晩パリ市街を歩き明かしたりしたこともあったという[170]。

当時は、フランス国内でも日本文学への関心が高まっていた[171]。外山卯三郎は、一九二二年にパリで出版されたラファエル・ロザノの詩集『ハイカイ』(*Haikais*)が、日本在住の野口に直接寄贈されていることを紹介して[172]、《パリにおけるハイカイ詩人たちがアメリカ詩界や詩人ヨネ・ノグチと無関係だと思われてきていたにもかかわらず、やはり芸術上のながれがあったということを立証するひとつの証拠》であると述べている[173]。一九二〇年代のハイカイ・ブームの前兆と言えよう。

パリ滞在のあと、野口はベルリンを経由してモスクワに入り、一九一四年六月にシベリア鉄道経由で日本に帰国する。第一次世界大戦の前夜であった。

第八章　欧米モダニズム思潮の中での野口

私といふ小さな存在は一の門に過ぎませんから、
この門をはいつて將來の詩人は、自分勝手の詩を建築してください。
私はただ暗示の表象として將來に記憶せられるなればそれで十分です……

（「私の所信」[1]）

1　イギリスのモダニズム詩の潮流

（a）野口と英詩革新運動の先鋒者たち

〈発句〉を日本文化論の中核に据えた野口の文筆活動は、英国講演以降も続けられ、第一次世界大戦をはさんで一九一九年一〇月からは、アメリカ各地を巡る講演旅行を行った。これはニューヨークの〈ポンド・ライセム・ビューロー〉――メーテルリンクやイェイツ、バーナード・ショーやメイスフィールド、そしてタゴールやアニー・ベザント（1847-1933）らの米国講演を企画した組織――に招聘されて実現した講演旅行であった。[2] 講演パンフレットも作成され（図8-1）、各地の友人らに宛てた書簡からも、比較的良いホテルに泊まって巡業していたことが分かる。[3] 野口自身の自作年譜によると、全米各地での講演は一週間に二、三回に及んだという。[4] 講演活動とともに米国の雑誌への執筆活動も行い、日本の同時代の詩人たちもこの野口の国外での活躍を認識し注目していた。[5]

こうした野口の英詩創作や〈発句〉を中心とする日本文化の紹介は、同時代の英米詩壇によって、どのように受け取られたのだろうか。野口の英詩が、欧米モダニズム詩人たち、特にイマジストらに新しい息吹をもたらすものであったということは従来も指摘されてきたが、それは実際のところ、どの程度のものであったのか。

ここではまずイマジズム運動の潮流を概観したのち、モダニズム詩を胎動させた雑誌『ポエトリ』（*The Poetry : A Magazine of Verse*）を中心に、野口の周辺を見てみる。この雑誌は、パウンドらのイマジズム運動などによってシカゴ詩派を牽引した詩誌で、その主催者ハリエット・モンロー（1860-1936）は、〈新しい詩〉の運動における野口の先導的な役割を高く評価していた。本章ではこの点について、英詩における〈東洋詩〉受容の全体像を視野に入れて検討したい。一九一〇年代の英米の詩人たちが『ポエトリ』のような革新をねらった詩雑誌の中で〈東洋〉の詩歌をどのように紹介し評価して、英詩の近代化につなげようとしていたのかについて、少なくとも従来の日本の英文学研究の中では十分に検討されてこなかったように思われるからである。

さて、一九二〇年にボストンやロンドンで出版された野口の著作 *Japanese Hokku*（『日本の発句』）は、イェイツに献じられ、*Through the Torii* に収録されていた俳句の論考や *The Spirit of Japanese Poetry* に示されていた俳句論が収められた。そして同年、第一詩集 *Seen and Unseen* がニューヨークで再版された際、その序文に野口は次のように書いている。

図 8-1　アメリカ講演のパンフレット

今日の西洋の自由詩人たちや所謂イマジストたちは、敢えて言わせてもらえば、このような詩を、とある日本人が二四年ほど前に書いていたという事実を知ればきっと驚くだろう。[6]（訳文、堀）

一九世紀末に出した自らの詩集 *Seen and Unseen* は、イマジズム詩や口語自由詩の動きに先駆けていた、と示唆しているのである。野口のこの認識は正しいのだろうか。

少し話を戻してみよう。一九一三年一二月、英国講演に向かう野口が乗った船がマルセイユに到着すると、数年来の文通友達であったハロルド・モンローから電報が届いていた。野口はロンドンの最初の講演を彼の主催で行うことを約束した。

ロンドン到着後すぐに、野口はモンローに連れられてセント・ジェームズ・シアターでイプセンの劇『野鴨』[7]を観て、その後ソーホーでT・E・ヒューム（1883-1917）をはじめ、ロンドンの画家や文学者たちに紹介された。[8]

ハロルド・モンローは、当時、ロンドンで影響力を持っていた詩雑誌『ポエトリー・レビュー』（*The Poetry Review*, 一九一二年一月創刊）の初代編集長で、ホルボーン・サーカス近くのデヴォンシャー街（ブルームズベリーの一画）で書店〈ポエトリー・ブックショップ〉を経営していた。[9] のちに野口は『海外の交友』（一九二六年）の中で、英国の近代詩はこの書店から生まれ、モンローは《詩の更生と革命を叫ぶ青年英國詩人に適當な舞臺を與えた》人物である、と説明している。[10]

このハロルド・モンロー自身が、ジョージ王朝的な伝統趣味と、ヒュームやF・S・フリント（1885-1960）らの実験との融合を、自らの詩の中で実現しようと努力していた詩人であった。[11] つまり、一九一三年末にロンドンに到着した野口は、早々にモンローやヒュームら詩歌の革新を企てるグループに接したのである。一九一六年に野口は彼らのことを《新ジョージ王朝の英詩界》と呼んでいる。[12]

一九一三年一二月二九日の夜、モンローの書店に設けられた講演室で行われた野口の初のロンドン講演は、聴衆でいっぱいであったという。野口の回想によれば、会場は、クエーカー教徒の会議室か禅堂のようで、講演者が原稿を読むための蠟燭の灯りだけがともされ、その蠟燭の火も黒い布で聴衆から遮られており、神秘的な暗さに包まれた沈黙の穴のような空間であった。[13] ここからは、野口の講演がどのように捉えられ演出されようとしていたのかが、ある程度推し測れるだろう。

（b）イマジズム運動とパウンドの位置

ところで、もともと英詩の革新運動はヒュームのグループによって一九〇八年頃から始められていた。一九〇九年早々に、ヒュームはフリントに会い、三月二五日にはこの二人に加えてエドワード・ストーラー（1880-1944）、ジョセフ・キャンベル（1879-1944）、フローレンス・ファー（1860-1917）を含む新しいグループが作られた。そして四月二二日に、イェイツの秘書をしていたアメリカ人青年パウンドが彼らに紹介されたのだった。[14]

ヒュームらは当時、フランス象徴主義派の詩人たちから大きな影響を受けて、〈イメージ〉について議論し、実践的な試みを行っていた。彼らはフランスの象徴主義について論じていたイェイツやシモンズの影響、そしてマラルメの理論から大きな恩恵をこうむっていた。当時のパウンドは、まだ象徴主義についてはあまり知識がなく、フリントやフレッチャーから教わるばかりで、研究会に貢献できる存在ではなかったと言われる。

まだ無名で若かったパウンドは、しかし、英国人らが模索していたこの英詩の改革運動から多くを学び取り、アメリカの友人H・D（1886-1961）とその夫となるイギリス人のリチャード・オールディントン（1892-1962）と共にそれを理論化して、一九一二年に「イマジズム綱領」[15] を作った。そして〈イマジズム詩〉[16]、〈イマジスト詩人〉という名前の下、H・Dや自らの詩を文学運動の先端を行くものとしてシカゴの新鋭雑誌『ポエトリ』に売り込んだのである。つまり、英国で興っていた英詩革新のムーブメントを米国の若者がいち早く理論化し、モダニズムの急先鋒であることを印象づけるのに成功したのだった。しかも、運動そのものがまるで自らの発案であるかのようにパウンドは語った。[17]

パウンドはロンドンからシカゴの『ポエトリ』に数多くの論考や詩篇を送り、自分が英国での詩の改革の中核にいることをアピールした。またパウンドは英国で、一九一四年から雑誌『エゴイスト』(*The Egoist*)を刊行してイマジズムの機関誌とし、アンソロジー『デ・ジマジスト』(*Des Imagistes*, 1914)をポエトリー・ブックショップから出版した。後述するように、野口は『ポエトリ』にも『エゴイスト』にも寄稿している。

パウンドは若い詩人たちの発掘やデビューの支援にも力を入れて、D・H・ロレンス(1885-1930)、ジェイムズ・ジョイス(1882-1941)、ウィリアム・カーロス・ウィリアムズ(1883-1963)、エイミー・ローウェル(1874-1925)などを自らが推進する文学運動に参加させ、文字通り英語現代詩運動に発展させていった。もっとも、パウンドは短期間でイマジズムの前線から退いており、[18] パウンドが先陣をきったイマジズム運動は、一九一〇年代の数年間でごく短命に終わったようにも見える。しかし、その影響は以後の英米詩界に深く及ぶものであった。

イマジズム運動とは、このように象徴主義の影響を受けた英詩の改革運動であるが、論理的・抽象的な表現をできる限り省略して、言語的イメージにすべての詩的生命をかける、一枚の絵画のような短詩を作ること、[19] 端的に言えば、日本の俳句のごとく詩作することを目指していた。実際にも、これは日本の俳句から大きな影響を受けていた。俳句は彼らにとってはイメージ詩であり、一枚の絵画のような詩であり、極度に簡潔で即物的な表現として受け取られたのである。

そのイマジズムの詩として最も有名なものが、パウンドが日本の俳句に感動して書いた「あるメトロの駅で」("In a station of the Metro", 1913)という詩である。イマジストの綱領そのものがこの詩に体現されていると言われるが、パウンドは、この詩に前置きして《I made the following *hokku*-like sentence》[20] と書いている。[21]

パウンドは、前章で扱った「落花枝に」の俳句に強い印象を受け、その影響からイマジズム運動を先導する自らの詩論〈ヴォーティシズム〉を形成していったとされる。ではパウンドは、いったいいつ「落花枝に」の句に関心を持ち始めたのだろうか。

「落花枝に」は、カール・フローレンツのドイツ語訳からアーサー・ロイド(1852-1911)が英訳したものが『東洋からの詩の贈り物』(一八九六年)に収録されており、この英訳をフリントが一九〇八年に雑誌『ニュー・エイジ』[22] で取り上げて称賛し、マラルメの詩との類似性を論じていた。現在のところ、パウンドはこのフリント経由でこの句を知ったのではないかという説が有力であるが、別の説としては、一九〇四年にアメリカで刊行されたラフカディオ・ハーンの『怪談』に収録されている「虫の研究」の中で「落花枝に」に触れたのではないかとも言われている。[23] しかし、パウンドが一九一四年の野口の英国での講演内容に反応して、「落花枝に」に注目した可能性もあるだろう。パウンドが『フォートナイトリー・レビュー』に掲載された論考「ヴォーティシズム」（"Vorticism"）で「落花枝に」を取り上げたのは、野口の講演のあとの一九一四年九月一日である。そしてその中でパウンドは、この句を次のように一行で訳してみせた。

The fallen blossom flies back to its branch: A butterfly.

前章で論じたように野口は、英詩人たちが過剰に言葉を連ねることを例示して、日本の詩人ならば三行で優れた詩を作れると挑発した。また、西洋人が「落花枝に」をとりわけ称賛していることを批判的に述べた上で、西洋人は俳句の精神をまだよく理解していないと諭した。このような講演を英国で行った野口に対する反発心や、西洋人・英詩人としての意地と誇りが、パウンドのこの一行の訳を生んだのではないだろうか。

（c）パウンドと〈日本〉

パウンドが俳句と出会ったのは、いつ、誰を通してだったのか。従来は、一九〇八年に没したフェノロサの能研究の遺稿整理を頼まれたことがきっかけであるとも言われてきたが、前述（第六章第4節（d））のようにフェノロサ夫人が能の遺稿をパウンドに託すのは一三年秋であり、これを契機と考えるには遅すぎる。「落花枝に」の翻訳が掲載された上述のフリントの〇八年の論考を読んだ可能性もしばしば指摘される。おそらくパウンドは、フリントらの勉強会に出ているうちに、またイェイツの秘書をするうちに、そして当時のロンドンの空気を吸っているうちに、俳句や日本に関心を持つようになり、そんな中で"hokku"（「発句」）を含んだ野口の詩集 *The Pilgrimage*（1909）を手にしたと考えられる。

パウンドと俳句との出会いを、サダキチ・ハルトマン（1869-1944）からの影響ではないかとする説も少数ながら存在するのだが[24]、それには論拠の不明瞭な点が多い。晩年のパウンドがハルトマンに敬意を示していたことは事実だが、だからといってハルトマンが二〇世紀初頭の英米の文壇で影響力のある日本紹介者であったということにはならない。

ドイツ人の父と日本人の母を持つサダキチ・ハルトマンは、幼くして母との縁を失いドイツで育つが、父の愛にも恵まれず、若くしてアメリカに渡った。彼は、一九〇〇年から一九一〇年代にかけて、東洋やジャポニスムに関心を持つアメリカ文壇の一角で〈日本人〉として注目を集めるようになった。ホイットマンと対話し、フェノロサや、マラルメらフランス象徴派とも接触を持ったが、ボヘミアン的な奇行やスキャンダルが多かったようである[25]。野口が英米の文壇で得ていたような評価とは異なっている。

太田三郎氏はハルトマンについての評伝の中で、ハルトマンが一九〇四年一月に発表した「日本の詩観」という論文が、世界の文学が緊縮された表現に向かっていることを指摘し日本の短詩型を国際的に紹介した最初の論文であると述べている。野口が翌月に寄稿した「アメリカの詩人への提言」は提言に過ぎないが、ハルトマンの解説は論文であった、とも。[26]

太田氏が指している文献は、ハルトマンが一九〇四年一月の雑誌『リーダー』（*The Reader*）に寄稿した「詩の日本的概念」[27]（"The Japanese Conception of Poetry"）のことで、同じ号には野口が詩篇"Lines"[28]を発表していた。この野口の詩は、*From the Eastern Sea* 出版後の一九〇三年一月二一日の夜にロンドンで作られた詩のうちの一篇で[29]、野口は『リーダー』の主筆ミッチェル・ケナレイ（1878-1950）に、自著 *From the Eastern Sea* と"Lines"の原稿を送っていたのだった。[30]『リーダー』ではその半年前の一九〇三年七月号に、ブリス・カーマンが野口の *From the Eastern Sea* を紹介していた。[31]

一九〇四年一月号に掲載されたハルトマンの七頁に及ぶ解説文は、日本の詩の特徴が〈簡潔さ（brevity）〉にあることを主張し、中国詩からの影響や『万葉集』などについて説明したものである。俳句は短い詩形態であるために《用語選択に限界がある（less choice in diction）》といった、チェンバレンやアストンらの日本詩歌紹介に近似した、俳句に対する否定的な認識も見え隠れしている。一方、その翌月号に野口が寄稿した「アメリカの詩人への提言」（"A Proposal to American Poets"）は、わずか一頁の詩論ではあるが、〈発句〉という方法と詩形態についての哲学的理論を、革新を模索する米国詩人に提示したいという野口独自の明確なヴィジョンにもとづいた論考であった。[32]こうした状況から見て、野口がハルトマンに遅れたとか、ハルトマンは充実した論文を書いたが野口の文章は提言に過ぎなかった[33]、といった評言は正しくないだろう。

野口とハルトマンが異なっているのは、ハルトマンが〈ハイカイ〉という言葉を使うのに対して、野口が〈ホック〉を一貫して使ったということである。ハルトマンは、『タンカとハイカイ――日本のリズム』（一九一四年）を出版しているが、〈俳句〉はアメリカでは〈ホック〉という名称で広がっていく。

著述家としてのハルトマンは、パウンドが述べたように、本来であれば文壇へのさらなる貢献ができる人物だったかもしれない。[34]だが、ハルトマンには、野口のように腰を落ち着けて執筆に専念する故郷や家がなく、その才能を活かしきれなかったとみえる。

では、パウンドと野口の文学的交流は、いつから始まっているのか。野口がパウンドに及ぼした影響を最も重視している伯谷嘉信氏が指摘していることだが、野口は *The Pilgrimage* をパウンドに送り、パウンドから手紙をもらっている。パウンドの野口宛の書簡（一九一一年九月二日）には、《あなたの国について私はほとんど何も知らないのですが――確かに、東洋と西洋の相互理解は、芸術を通してゆっくりと、しかし優先的に行われなければなりません》（訳文、堀）[35]とある。イェイツやフリントらの傍らで東洋の文学について関心を高めていた当時のパウンドは、《野口はニューヨークをも知っている詩人》とみなしていた。[36]一方、野口はニューヨークの文壇ひいてはアメリカ文壇との強いつながりを持っており、すでに有名人であって、当時は無名のパウンドとは立場が異なっていた。

野口の側からはパウンドについてはあまり多くを語っておらず、エイミー・ローウェルやその兄パーシヴァル・ローウェル(1855–1916)[37]への言及の方が多い。野口は英国の文化人らとのつながりもさることながら、同時代のアメリカの詩人たちとの関係も深かったので、アメリカの詩界からは浮いた立場のパウンドに対して、一線を引いていたのかもしれない。

(d) ロンドンの詩人クラブ

オックスフォード大学などで講演するために渡英した一九一三年末から一四年にかけて、野口はハロルド・モンローやコバーンに会い、イェイツと再会してパウンドにもこのとき初めて対面したことはすでに述べたが、野口が接したのは彼らだけではなかった。野口は英国のいくつかの文学グループと接触し、様々な変革の動きを垣間見ている。

先に述べた当時の英国の英詩革新の研究会については、次のような訪問印象記を書いている。

> ブリッツ街の家には入口を這入ると直ぐ二階三階へ登る大理石で出來た螺旋形の階段丈けを見ても、此家が嘗ては伊太利亜の公使に属して居たといふに充分な證據に成ると思ひました。然れどこの邊の羅甸系の人種の無責任な手に放棄されて居て、古昔は文學者ヘーヅリットが住居して居た場所であるといふ懐しい記憶を破壊して居ます。だが飜つて考へて見ると、かういふ羅甸化した外國的空氣は、倫敦に於ける青年文士或は藝術家で所謂謀反人が夜遅くまで無秩序に自分の藝術的信條を語り合ふ会合には興味ある背景を提供するでは有るまいか。私が新派の彫刻家エプスタインに初めて會つたのも此處で、又立體派画家リユヰスやベルグソンの飜譯家を以て知れて居るヒユームや、米國人であつて米國を蛇蝎のやうに嫌う詩人パウンドに會つたのも此處でした。[38]

このように、野口は当時の英国の新鋭詩人たちとも交流を持ち、《ゴス先生の周囲に集つて組織されて居る文藝的空氣と全然異つた空気》[39]に触れていた。すなわち、この《ブリッツ街》[40]の一派の空気はエドモンド・ゴスの一派のそれとはまったく違っていたと言うのである。

ラファエル前派やスウィンバーン(1837–1909)と親しかったゴスの自宅は、当時、様々な文学者たちが招待され、いわゆるヴィクトリア朝的な文学者サロンになっていた。野口もリージェント・パーク近くのハノーヴァー・テラスにあったゴスの自宅に招待され、その夜のことを《夜の接見(ナイト・レセプション)》と述べている。野口によると、ゴスは出版されたばかりの *Through the Torii* (1914) を中央のテーブルに載せて野口のことを皆に紹介したという。前述のように、この著作はゴスに献じられていた。野口はゴスについて、《全體年を取つて所謂ヴヰクトリア朝の臭氣のある老人連は、不思議に人を都合好く吹聴する呼吸を知つて居る、先生もそういふ『ヴヰクトリア朝の遺物』を以て任じて居ると自ら語つて自ら嘲つて居る一人》と冷静に観察している。[41]

このサロンで、野口はデンマークの文学史家・批評家ゲーオア・ブランデス（1842-1927）[42]とも会い、また、ラファエル前派やウィリアム・モリスから影響を受けた詩人ゴードン・ボトムリー（1874-1948）や詩人ロバート・トレヴェリアン（1872-1951）と親しくなった。[43]

つまり一九一四年の野口は、ロンドンの大御所の詩人達が企画するサロン的な会合にも、また、それを拒否して革新を探る若い世代の詩人達の勉強会的な会合にも招待され、新旧二つの潮流を同時に体験していたわけである。

さらにこの二派以外にも、野口は当時の英国のいくつかの詩人クラブを見知っていたようである。女性作家がたくさん集まる《ロンドンの「詩人クラブ」》[44]からも二、三度招待を受けて、ちょうどロンドンに来ていた友人サロジニ・ナイドゥ（1879-1949）と出かけている。英国の女性詩人たちが流行の先端を気取り、騒々しいほど多弁であるのに対して、絹のサリーを身にまとったナイドゥは、《額の上に、赤い階級の記號を附け》、インドの婦人として《意味のある保守主義を誇つてゐた》と野口は回想している。《空虚な理知の劍を振り翳す英國の女に向つて、花の一枝を武器として闘ふ眞實の勇者》として、野口はサロジニを眺め、同じ〈東洋人〉の一人として彼女を誇りに感じていた。[45]

このような詩人たちの集まるクラブからの招待を受けることも、《外國からの訪問者が支拂はされる通行税みたやうなもの》と野口は書いている。[46]その他、野口はいくつかの英国のグループを見知っていたが、特に禅や日本への関心を持つグループとしてサヴェージ・クラブを重要視しており、[47]その会員には、野口の *Lafcadio Hearn in Japan*（1910）をいち早く称賛した雑誌『ブックマン』の編集者ジョン・アドコックがいた。

なお一九一四年の英国再訪時、アーサー・シモンズは病気で入院していた。野口はサロジニ・ナイドゥとハイド・パークの前のパーク・レーンの病院に見舞い、アーサー・シモンズとの再会を果たした。当時のナイドゥは何らかの手術を終えて静養していた時期で、一方シモンズも発狂したのではないかと言われるほどの神経衰弱に陥って入院していた。三人は、穏やかに語り合ったという。

野口いわく、シモンズを狂人と言うのは、ブレイクを狂人と言うのと同じである。野口はシモンズとの会話を丁寧に回想したエッセイの中で、シモンズにジョセフ・コンラッド（1857-1924）を読むことを勧められたとも書いている。[48]シモンズは、野口に次のように語った。

コンラッドを是非讀み給へ、コンラッドは英國人ではない。彼の語る英語は下手だが書く英語には、色彩の高い幻想の大きな自由があるといふことが出來る。彼の用ゐる文字は強健な衝動の響を發する。彼が英語の世界に持ちきたした一種偉大の獨白文學は彼に大文學者の名前を許すに足つてゐる。かゝる散文家はどこの國でも誇るに十分であると思ふ。[49]

シモンズが、同時代の英文学界を、そして将来の英語文学をどのように見ていたのか、また野口やナイドゥに何を求めていたかが、ここからも窺い知ることができるだろう。

シモンズは、詩集『心のならず者』(一九一三年)を野口に一冊与えた。その詩集の遊び紙に、古代ローマの詩人カトゥッルスの一節がシモンズの自筆で書いてあったことに、野口は感激している。[50] この詩集の中には、「日本――野口へ捧げる」と、「蛇――サロジニ・ナイドゥに捧げる」と題した詩が収録されていた。

(e) インドの詩歌への関心

当時の英国の文化人たちが強い関心を持っていたのは、東アジアの日本の俳句、能楽、日本美術、あるいは中国詩や中国美術だけではなかった。明らかに植民地インド(南アジア)が、イギリス帝国の人々にとってはより身近な存在で必然的な研究対象であったが、西洋世界の神秘主義ブームと相まって、とりわけインド哲学やインド古代の神秘思想に注目が集まっていた。そして二〇世紀初頭、社会変革と詩歌革新を求めて行動していたイェイツら英詩人たちが大きな関心を寄せたのは、まさにインドの詩歌や詩人たちであった。

タゴールが、ノーベル賞初の非西洋人受賞者となって世界に衝撃を与えたのは一九一三年一一月のことである。しかしじつはそれ以前から、英語で詩を作るインド詩人は英国文学界にあらわれていた。最初に英語で詩集を出版したインドの詩人としては、一九世紀半ばのマイケル・M・ダッタ(1824-1873)が挙げられる。彼はインド、ヨーロッパ、イスラム圏の三つの文明の文学を背負って詩や戯曲を書いた。[51]

そして一九世紀末から二〇世紀初頭にかけて、三人のインドの英語詩人が英国で登場している。まず一人はマンモハン・ゴーシュ(1869-1924)。彼は一八九〇年に詩集『早春』を、ローレンス・ビニョン、アーサー・クリップス(1869-1952)、スティーヴン・フィリップ(1864-1915)と共同で出版している。日本や中国の美術研究で有名なビニョンが、[52] この詩集に名を連ねていたことに注目しておきたい。

マンモハン・ゴーシュの末弟オーロビンド・ゴーシュ(1872-1950)も、一八九〇年頃から英語詩の出版を始めていた。彼は英国で高い教育を受けたインド人エリートで、一九〇五年にベンガル分割が起こって以降、インドのナショナリストのリーダー格となり、独立を訴える急進派となる。英語での著作も、インドの哲学やヨガなどの実践から、社会・政治の発展について、またインドの古い経典の翻訳や批評までと幅広い。のちに彼は、リシャール夫妻を通して野口とも関わりを持つ(後述第一三章)。

そしてもちろん、前述のインドの女性詩人サロジニ・ナイドゥがいる。彼女もインドのバラモン階層の中でコスモポリタン的な教育を受けて育ち、若くして渡英して英国で教育を受けた。英国の一流の文壇人たちとつながりを深くしたナイドゥは、最初は模倣的な英語抒情詩を作っていたが、エドモンド・ゴスの文学的な助言を受けて、音楽的なインド詩歌を作るようになっていく。[53] また、アーサー・シモンズからは英語のフレーズやリズムについて指導を受けた。一九〇五年にナイドゥの第一詩集『黄金の敷居』がロンドンで出版された際に「序」を書いたのはシモンズであった。この詩集は当時〈脆弱なロマン主義〉と酷評されたが、ナイドゥは英国のロマン主義詩に倣っていたというよりは、ペルシアやウルドゥ詩の様式を吸収し、インドの特徴を明確に打ち出した詩作を英語で行っていた。[54] 以後、ナイドゥは英語詩人としての人気を得たものの、次第に政治活動に転換していき、一九一七年以後は詩作をしていない。ナイドゥは野口の親しい友人であり、戦前の日本ではナイドゥの名前や詩集がタゴールに勝るとも劣らず取り上げられていた。野口は、ナイドゥの英語詩が《東洋に対する英國人の藝術觀を修正》したと述べている。《一見物質的傾向に見えるけれどもそれは東洋的の表象である》こと、《官能的表現》に見えるものが東洋では実は《遙かに精神的》に考えられることを西洋人に示した、と。[55]

このように、タゴールが自分の詩を英語に翻訳する以前の時点で、英語で執筆するインド人が英国文壇にはあらわれていたのである。

またパウンドが、タゴールとも親しいカリモハン・ゴーシュ(1884–1940)と連名で、インド中世の宗教詩人カビール(1440–1518)[56] の翻訳をしていたことにも注目しておかねばならない。カビールは、ラムモホン・ライ(1774–1833)[57] をはじめ近代インドの多くの知識人や社会改革者たちが深く愛した詩人であった。

パウンドがカリモハン・ゴーシュと訳したカビールの詩は、一九一三年六月、カルカッタの雑誌『モダン・レビュー』に掲載されており、[58] パウンドがゴーシュと共訳を行っていたのは、一九一二年頃のようである。[59] 同じ頃パウンドは、ダンテと並称されるイタリアの詩人グイド・カヴァルカンティ(1250–1300)の作品も翻訳しているから、[60] おそらく当時、様々な地域の詩の伝統に対して幅広い関心を持っており、カビールの翻訳もその一環であったのだろう。

そして翌一九一四年には、タゴールがイヴリン・アンダーヒル(1875–1941)の助けを得て、英訳の『カビール詩百篇』を出版している。[61] 野口が英国で日本詩歌の真髄を表すものとして発句を紹介し芭蕉を解説したように、タゴールもインド詩のエッセンスとしてこの中世詩人の翻訳紹介を行ったと考えてよい。ちなみに、日本においてカビールの詩が紹介されるのは、タゴール来日時の一九一六年である。[62]

さて、ノーベル賞受賞を導いたタゴールの詩集『ギタンジャリ』の英訳原稿は、まずタゴールから友人の画家ローゼンシュタイン(1872–1945)に送られた。それをローゼンシュタインが友人W・B・イェイツに見せて、感銘を受けたイェイツが一九一二年九月初めにそれに序文を書いた。そのイェイツの序が付された『ギタンジャリ』は、一九一二年一一月一日にロンドンのインド協会から出版され、その後一三年三月にマクミラン社から再版されて、ノーベル賞受賞までに一〇版を重ねたのであった。ノーベル賞の選考委員会のメンバーの中にはタゴールに批判的な意見もあったというが、スタージ・ムーア（1870-1944）らの強い推薦も効を奏して、一九一三年一一月一三日に授賞が決定した。

ノーベル賞受賞を知らせるニュースの中で、タゴールは《ベンガルの〈預言者〉》や《英国領インドの詩人》として紹介されている。[63] またタゴールへの授賞は、東洋思想が西洋に与えている深い影響を認識させる証であるとも述べられ、ラフカディオ・ハーンの執筆活動と比較する記事も書かれている。[64]

さらにアメリカのシカゴの新聞では、シカゴ市民はすでにタゴールをよく知っていること、タゴールがハリエット・モンローに会いに一九一二年冬にシカゴを訪れていたこと、『ギタンジャリ』の出版時にパウンドがモンローにタゴールの詩数篇を送っており雑誌『ポエトリ』（一二年一二月）に掲載されていたことなどが記されている。[65] ノーベル賞受賞の前から、シカゴ市民はタゴールを見いだしていたということを強調しているのである。

そこで次に、このハリエット・モンローとシカゴの文壇についても見てみよう。野口も、そこにおける新しい詩の潮流と無関係ではないのである。

2　アメリカの〈新しい詩〉の潮流

(a) ハリエット・モンローと雑誌『ポエトリ』

まず、ハリエット・モンローと雑誌『ポエトリ』の英米文学史における位置づけを述べておこう。そこにおける英詩の革新がどのような枠組みの中で起こったかという点は、英語詩人としての野口を考える上でも重要だからである。

一九一一年にハーヴァード大学で〈ジェンティール・トラディション（Genteel Tradition）〉つまり〈上品ぶった伝統〉という言葉が使われ、[66] アメリカに現実的な力と現代的な文化を求める意識改革の契機をもたらした。〈ジェンティール・トラディション〉に反発する若い世代が、ニューヨークやシカゴやサンフランシスコなどの都市に集まり、またロンドンやパリに移住していった。〈ジェンティール〉なニューイングランド文学の保守性を突き崩し、新しいアメリカ文学を生み出そうとする勢力があらわれ始めたのである。それが〈新しい詩（New Poetry）〉の運動であり、その母胎となったのが、シカゴのハリエット・モンロー主催の小雑誌『ポエトリ――詩の雑誌』（*The Poetry: A Magazine of Verse*）である。

『ポエトリ』は、モンローが一九一二年一〇月に創刊し、一九一〇年代のアメリカで〈詩のルネサンス（poetic renaissance）〉と呼ばれる文学潮流を先導することになった雑誌である。もちろん、モンロー一人が新しい潮流を導いたわけではないが、彼女が最も効果的で冷静な思考を持った、〈新しい詩〉の主唱者であった。

モンローは一九一二年八月から九月初めにかけて、英米の五〇人以上の詩人たちに新しい雑誌を創刊する趣意を書いて、支持と参加を呼びかけた。[67] 多くの詩人が賛同し、当時はまだ無名だったパウンドもモンローに熱烈な手紙を書いて自作の詩を多数書き送った。

『ポエトリ』の創刊の辞には、ホイットマンの《偉大な詩人たちには、偉大な読者聴衆もまた必要なのである（To have great poets, There must be great audiences too）》という言葉が掲げられた。パウンドはこの雑誌の海外特派員、つまりロンドンの詩壇状況を発信する窓口となり、自分自身の詩や自分の推奨するイマジストたちの詩をモンローに次々と送って『ポエトリ』への掲載を求めた。革新を遂げつつある英国の状況をパウンドが紹介したことは、〈新しい詩〉の動きを躍動させ、雑誌『ポエトリ』の活性化に大いに貢献した。この一九一二年から一七、一八年頃までが、シカゴの〈詩のルネサンス〉の時期だったと考えてよいだろう。

だが一九一七年頃には、パウンドと編集側との不協和音が表面化する。パウンドは自らが推進するイマジズム運動の活躍の場を『ポエトリ』に求めていた。すでにアメリカを離脱していたコスモポリタンのパウンドにとって、アメリカ詩壇の動向やアメリカの地方性には関心がなく、アメリカ中西部の若い詩人のために紙面が奪われることに不満を示し、モンローらの編集に抗議し始めるのである。

しかし、モンローの編集方針は、派閥に束縛されず良い詩に〈門戸を開放〉するということで、しかも運営にはバランスが求められていた。『ポエトリ』は、〈ジェンティール・トラディション〉を擁護したいシカゴの資産家たちや実業界をパトロンにしており、また同時に、〈ジェンティール〉を乗り越えたい中西部に根ざす若い詩人たちや女性詩人を紹介する意図もあった。

パウンドは一九一七年七月に『ポエトリ』の海外特派員を退き、[68] 別のアメリカの小雑誌『リトル・レビュー』の海外特派員となって『ポエトリ』を攻撃し始める。[69] 具体的には、ロンドンの『イングリッシュ・レビュー』（一九一八年五月）に掲載された『ポエトリ』批判の文章を、[70]『リトル・マガジン』（一九一八年九月）の巻頭に長い注釈をつけて再掲載した。モンローはこれに反論して、『ポエトリ』はロンドンに故国離脱したエリート集団（パウンドら）の専属機関誌の方向は採らず、アメリカの自立した詩雑誌を目指していることを表明した。そして『リトル・レビュー』の編集者もモンローに同調する意見を示し、パウンドの誹謗中傷を批判する立場をとった。[71]

ようするに、地域性を無視して国際的な前衛をひた走ろうとするパウンドと、アメリカで新しい文芸運動を盛り立てていこうとする雑誌の編集者たちとの間には、確執が生まれていたのである。もちろん、モンローら編集者たちもアメリカの地方性のみを重視していたわけではなく、英詩全体の〈新しい詩〉の方向性を求めていたのであり、パウンドとは異なるモダニズムの路線を模索していたと言える。[72]

そして、モンローが支援した〈地方性〉を担う中西部詩人たち――マスターズ(1869-1950)、リンゼイ(1879-1931)、サンドバーグ(1878-1967)ら――のいわゆる〈シカゴ詩派〉やシカゴの〈新しい詩〉の運動を、日本で重視し評価していた筆頭が野口米次郎である。野口がシカゴ詩派をどう捉えていたかを確認する前に、モンローが野口をどう認識していたか、また野口とともに東洋の詩歌やアジアの詩人たちが、同時代の英米詩壇の中でどのような視線で捉えられていたのかについて、次に確認しておきたい。

(b) 雑誌『ポエトリ』の混淆性と〈東洋〉詩

『ポエトリ』には地域的な多様性・混淆性が見られ、一九一二年一〇月の創刊当初から〈東洋〉の息吹も導入されていた。すでに一二年の段階からタゴールなどアジアの詩人や、中国古典詩、日本詩歌、能楽などの紹介や言及がある。一方、イマジスト詩人のみならず次第に様々な英国詩壇の面々が登場し、サンドバーグやリンゼイなどシカゴ詩派の顔ぶれも一三年末から一四年頃の早い段階であらわれている。さらに、イェイツやシモンズ、カーマンら、野口のデビュー当時の友人ばかりでなく、ウィッター・ビンナー(1881-1968)やアーサー・フィッケ(1883-1945)といった、一七年には野口を頼って来日し、その後アメリカ(特に西海岸)と東洋(日本や中国)との架け橋になろうとした詩人たちも姿を見せている。[73]

前述のように、創刊して間もない一二月号には、タゴールの詩が『ギタンジャリ』(一二年一一月刊行)から六篇紹介され、[74]ノーベル賞受賞の前にいち早くパウンドがモンローにタゴールを推薦していたことが分かる。そこにはパウンドの「タゴールの詩」と題した批評も掲載され、パウンドは、タゴールの英語詩の出現は、詩芸術にとって非常に重大であり、《英語詩のみならず世界の詩の歴史において注目すべき出来事である》と記している。[75]そのあとパウンドは、ギリシア語と対照させながら、ベンガル語やサンスクリットについて紹介し、次のように述べた。

> そのベンガル人がもたらしてくれるものは、鋼と機械の時代に生きるわれわれが極度に必要としている静かさを尊ぶ誓いである。人間と神々、人間と自然の共生の静かな宣言である。(中略)この東洋の表現の中には、これまでわれわれが得てきたものよりも、遥かに深遠な静かさと、遥かに深遠な信念があるのである。(訳文、堀)[76]

タゴールの《東洋の表現》の中に、西洋詩に見られない《静かさ》と《信念》を捉えているのである。その後も、タゴールの作品は、『ポエトリ』の一三年六月、一二月、一六年九月号に掲載されている。[77]

ハリエット・モンロー自身も一八年二月号に「中国への回

帰[78]」と題した評論を書いており、そこでは、ロンドンの『タイムズ』が「中国詩が我々に教えるもの」と題して中国文学への関心を論じていることや、同じく『タイムズ』が、『リトル・レビュー』や『ポエトリ』に掲載されたアーサー・ウェイリーの中国詩の翻訳を称賛していることが紹介されている。また、パウンドやユーニス・ティーチェンス（1884-1944）による中国詩の紹介が評価されていることも述べられている。なお、ウェイリーの翻訳については、一九年二月号の『ポエトリ』でJ・G・フレッチャーがホイットマンやギリシアに触れた論評を出してもいる[79]。

上述のように『ポエトリ』は野口とも無関係ではなかった。一五年一一月号には、前章でも触れたように「日本の詩歌」と題して野口の *The Spirit of Japanese Poetry* とラフカディオ・ハーンの『日本の抒情詩』の書評が掲載されている[80]。これは『ポエトリ』の編集者アリス・ヘンダーソン（1881-1949）による批評であった。野口自身の詩の『ポエトリ』への寄稿が見られるのは、第一次世界大戦終結後に米国各地での講演旅行を始めた時期の一九年一一月号以降であるもの[81]の、『ポエトリ』では、野口の日本詩歌に関する著作が早くから注目されていたことが分かる。

その一九年一一月号には、W・B・イェイツ、ロバート・ニコルズの詩に続いて、野口の「ホックⅠ～Ⅳ」が掲載され、続いてジュン・フジタ（1888-1963）による四行詩「タンカⅠ～Ⅷ」が掲載されている（ジュン・フジタについては後述）。また同号には、「ヨネ・ノグチ」と題したユーニス・ティーチェンスの次のような評論が掲載されている[82]（ティーチェンス夫人は、野口を直接知っている人物であった[83]）。

> 今、野口の『ラーク』時代の詩を振り返れば、それらがいかに直接的に現代詩の動きを予見したものであったかが分かる。一八九〇年代にありながら、それらはすでに自由詩として書かれており、凝縮され、暗示的で、律動的な変化に満ちていた。それらは手法の点では今日書かれたものであるかのようであり、当時それを理解していた者はほとんどいなかったが、時が野口氏が先駆者であったことを証明した。（訳文、堀[84]）

一八九〇年代の『ラーク』時代の野口の詩の作風が、一九一〇年代の英詩に先駆けていたと断言しているのである。そしてティーチェンスの筆は、《これ以降、野口はアメリカの詩と日本の詩を結びつける最重要人物になって、東洋を西洋に、西洋を東洋に解説して両言語で執筆している[85]》と続き、また、野口の作品は《複雑で繊細な抒情詩で、伝統的日本と現代的西洋を不思議に融合しており、現代日本の詩を非常に面白くしている[86]》とも論じられた。野口の作品が、日本語詩でも英語詩でもない、東西の要素が融合された野口独自の芸術として評価されていたことは十分に注目されてよい。

(c) ハリエット・モンローの野口に対する評価

では、ハリエット・モンローは、野口をどのように評価し、位置づけていたのだろうか。『ポエトリ』を共に編集するモンローとヘンダーソンが編纂し、一九一七年二月に刊行されたアンソロジー『新しい詩——二〇世紀英語詩集成』[87]を見てみよう。この本は、〈新しい詩〉の方向性を示すものとして版を伸ばし、二三年には増補版が出され、二四年、三二年にも再版されている。ここでは、一七年版と二三年版を検討する。

当時、〈詩(Poetry)〉は芸術上でどう位置づけられ、また〈詩〉の革新はどのように受けとめられていたのか。二三年版の序の冒頭には、一九一三—一四年の英米が〈詩のめざましいルネサンス期〉を迎えており、芸術に対する一般大衆の関心も並外れて復興している、と書かれている。そして、〈新しい詩〉についての説明がなされ、その経緯について次のように記されている。

〈新しい詩〉は、一九九〇年代のフランス象徴主義やその後のパリの自由詩作者(vers-libristes)に学んだものである。さらに、そのいくつかはプロヴァンスの吟遊詩人の抒情に学んだものであり、また初期イタリアのソネットやカンツォーネの構造をより精緻化したものであり、新しい視角からギリシアの詩を読み直したものである。しかし何にもまして最も重要なのが、〈新しい詩〉が東洋からの風に影響を受けているということである。(訳文、堀)[88]ルや野口が存在した。

そしてモンローは、一九世紀の西洋世界における東洋の発見の影響、特に日本からの影響について頁を費やし、日本美術からの影響のあとに詩歌からの影響があったことについて、次のように書いている。同時代的に東洋の詩がどのように受け取られていたかの証言でもあるので、少し長くなるが引用したい。

詩は、言語という障害にさまたげられて、グラフィック・アートに比べて東洋の影響を感じることが遅かった。しかし、ヨーロッパの学識者たちは、インド、ペルシア、サンスクリットの文学に長らく触れてきた。フィッツジェラルドはそんな東洋の詩に美などあるのかという一般人の疑念を、オマル・ハイヤームの詩を進んで取り込むことで解消した。フィッツジェラルドは、二つの精神のみならず二つの文学の伝統を融合して、偉大な詩を作り出した。それから日本から吹き込んだいくつかの風——俳句やその他の形式の詩の翻訳——は、日本の詩人たちの芸術の純然たる簡素さと水晶のような透明性を示していた。その後、われわれの探究はより進んで、千年ないしはそれ以上長く続く中国の壮麗な詩の系譜を発見し始め、今もその優美で美しい芸術の極意を探ろうとしている。西洋の詩人は中国語に無知であり、学者たちの直訳を介してこれら中国の大詩人たちに近づかねばならないため、その課題は難しい。しかし、そのような迂回を通してでも、アレン・アップワード、エズラ・パウンド、ヘレン・ワデルやその他の詩人たちは、原詩の、絶妙な香りの幾分かをわれわれにもたらすのである。そしてその後、ベンガルの偉大な詩人であり賢者であるラビンドラナート・タゴールによって、インドの影響が強調されることとなった。彼は英語に精通したことにより二つの言語を使う詩人となったのである。（訳文、堀）[89]

本書で野口に即して論じてきた時代の潮流を、まさに要約した文章と言える。西洋世界の東洋への関心と研究が進む中で、オマル・ハイヤームのブームがあり、そのあとに〈発句（hokku）〉の紹介によって日本の息吹が持ち込まれ、それをさらに進める形で中国古典詩が中国語を解さないパウンドら（ハリエットは、パウンドだけではなく、アレン・アップワード（1863–1926）やヘレン・ワデル（1889–1965）の中国研究を評価した）[90]によって探究された、と述べられている。〈ホック（俳句）〉の翻訳紹介や日本詩人のもたらした刺激が、パウンドらの活動に先駆けるものとして捉えられていることにも注目しておきたい。

このアンソロジーの一九一七年版には、次の二つの野口の作品が掲載されている。従来の研究では、二四年版に米英両国以外の詩人としてタゴールと野口の詩が収録されていることが指摘されていたが[91]、野口の詩は一七年版から収録されていたのだった。その作品は次の二篇である。

"THE POET"

Out of the deep and the dark,
A sparkling mystery, a shape,
Something perfect,
Comes like the stir of the day:
One whose breath is an odor,
Whose eyes show the road to stars,
The breeze in his face,
The glory of heaven on his back.
He steps like a vision hung in air,
Diffusing the passion of eternity;
His abode is the sunlight of morn,
The music of eve his speech:
In his sight,
One shall turn from the dust of the grave,
And move upward to the woodland.[92]

"I HAVE CAST THE WORLD"

I have cast the world, and think me as nothing.
Yet I feel cold on snow-falling day,
And happy on flower day.[93]

"I HAVE CAST THE WORLD" は、三行詩で俳句をイメージさせるような作品であり、初出の *From the Eastern Sea*（1903）で

は"LINES : from the Japanese"と題されていた。[94] じつはこの詩は、芭蕉の西行上人像讃の歌「すてはてて身はなきものと思へども雪ふる日はさぶくこそあれ花のふる日はうかれこそすれ」を英詩にしたものであり、[95] "LINES : from the Japanese" という題は、芭蕉の歌からイメージされた一篇という意味であった。[96] しかし誰の意向かは解らないが、モンローのアンソロジーに収録される際にタイトルが変えられている。

芭蕉の俳句に因んでいるからということではなく、野口の英詩作品として、この詩は多くの英語圏読者が注目し感銘を受けた作品であったに違いない。これは、アーサー・ランサムが、一九一〇年九月一〇日付の『フォートナイトリー・レビュー』（ロンドン）の中でも取り上げていた一篇であり、野口の作品として当時有名だったものと言えよう。またアメリカの女性詩人アデレイド・クラプシーの手帳の中に、この詩が書き写されていたことも知られている。[97]

さらに、このアンソロジーの一九二三年版、二四年版には、上記の二篇に、次に挙げる"HOKKU"と"LINES"の二篇が追加されて、全部で四篇が編入されている。

"HOKKU"
Bits of song — what else?
I, a rider of the stream,
Lone between the clouds.[98]

"LINES"
When I am lost in the deep body of the mist on a hill,
The universe seems built with me as its pillar.
Am I the god upon the face of the deep — nay, deepless
deepness in the beginning?[99]

これら野口の英詩が、このアンソロジーに含まれている事実は、野口が俳句の紹介者としてだけ重要視されていたのではなく、詩の改革者、前衛詩人、すなわち現代を生きる詩人として評価を受けていたことを示しているだろう。このアンソロジーの序には次のように書かれている。

スティーヴン・クレインの現代的な雰囲気は、おそらくより戦闘的だった。彼はおそらくヨネ・ノグチからヒントを得て、一八九〇年代の後半に二冊の自由詩の詩集を刊行した。これは、従来の韻律に挑戦したもので、新しい流行の初期に影響を与えた。[100]（訳文、堀）

モンローは、〈新しい詩〉の前衛であったクレインが、野口の詩からヒントを得たのではないかと説明しているのである。前述（第二章）のとおり、これは順序として正しくない認識ではあるが、モンローが、野口のアメリカ詩壇に与えた前衛的な方向での影響について、一定の評価をしていたことを示している。

現在、モンローから野口への書簡で確認できるのは、関東大震災後の一通（一九二三年一二月一三日付）[101]だけだが、それを見ても、いかに野口とモンローが頻繁に手紙のやりとりをしていたかが分かる。またモンローは、野口のシカゴ訪問時のことをよく思い出すとか、シカゴを再訪して欲しいと書いている。この書簡には、野口がシカゴを訪問したときに彫刻家アルフェオ・ファッギ（1885-1966）によって野口の彫像が制作されたことや、『ポエトリ』（一九二二年七月号）に、ジュン・フジタが *Seen and Unseen* と *The Selected Poems* の書評を掲載したことなどが書かれている。このジュン・フジタという人物についてモンローは書簡内で、『短歌・異郷の詩』（*Tanka: Poems in Exile*）という第一詩集を出したばかりの人物である、と野口に説明している。おそらくフジタは、野口とは面識のない新人だったのだろう。

このジュン・フジタについて述べておくなら、彼は広島県出身の移民の藤田準之介であろうと言われ、一九二〇年代の大都市の衝撃的な事件を次々と写真にとらえて活躍していた、『シカゴ・イブニング・ポスト』紙の報道写真家である。初期の日系アメリカ人だが、日系人社会とはほとんど交わらなかったという。この日本人が、一九二〇年代に"Haiku"や"Tanka"と名づけた短詩を『ポエトリ』に寄稿し、一九二三年には詩集『短歌・異郷の詩』を出版していたのである（ただし、フジタの詩は一九二八年以降には確認されていない[102]）。

彼が一九二二年に『ポエトリ』に書いた野口評には、*Seen and Unseen* が米国文学に東洋の新潮流をもたらすものであったこと、感じたままに書く野口の態度が英詩人らに大きな影響を与えたことなどが論じられている。他方でフジタは、野口のホック作品は、西洋的手段を用いて日本の詩の雰囲気をある程度は表現しえたが、それらはもはや日本の詩ではなかった、とも言う。野口のホック作品は俳句の真髄を表現できておらず、ほとんどエイミー・ローウェルの作風のようで、ローウェルならば日本人を無視してもかまわないだろうが、野口にはそんな言い訳はできまい、と野口の〈日本の英詩人〉としての問題性を批判的に指摘した。フジタの批評の最後は、次のようにしめくくられている。

> 今日の自由詩は、ヨネが一八九〇年代に示した手本からは遥か彼方に移りかわった。しかし、それがヨネに負うところは多少ある。[103]今日の自由詩は東洋からの影響を率直に認めている。（訳文、堀）

つまり、野口の英詩への貢献を評価しながらも、それは大きく見れば東洋詩からの影響であったと述べ、野口は一八九〇年代という過去の詩人になろうとしていると評したとも言えよう。アメリカに残って〈タンカ〉を作ろうとしていたフジタには、先輩詩人の野口に対抗意識があったのかもしれない。

3　雑誌『エゴイスト』への寄稿

以上のように、パウンドらのイマジズム運動をいち早く世界的に有名にし〈新しい詩〉の運動を下支えしたハリエット・モンロー主宰の雑誌『ポエトリ』の中で、野口は評価されていた。一方、従来の研究では指摘されてこなかったが、イギリスに住むパウンドら前衛詩人がロンドンで刊行したイマジズムの機関誌『エゴイスト』(*The Egoist : An Individualist Review*, 1914-1919) にも、野口はいくつかの寄稿をしているので、ここで簡単に紹介しておきたい。

一九一六年一一月号の『エゴイスト』には、"Seventeen-Syllable Hokku Poems"(「一七音のホック詩」) と題して、九篇の三行詩と日本の〈発句 (Hokku)〉についての短い説明が掲載されている。野口の説明によれば、《一七音のホック詩の価値とは、率直な表現形式ではなくて、精神的な婉曲表現にある》[104]。つまり直接的な描写ではなく、心理を間接的に表現するところに価値があると言うのである。そして、野口はこの一文のあとに次のように続けている。

> 直喩を使うなら、それは緑の蓮の葉の上の露、赤いもみじにしたたる露のようなもの。取るに足らない水の滴ではあるが、一日の時間や状況に応じて白い真珠、アメジストの青、またルビーの赤のようにキラキラと光かがやく。この〈発句〉というのは、白い夏の露をたくさんのせた蜘蛛の糸のように、完璧なバランスを保ちながら木々の間で目に見えぬ精霊たちのように揺れている。糸それ自体ではなく、その揺らぎそのものが、われわれの一七音詩の美である。(訳文、堀[105])

感覚的、印象的にうったえながら《一七音詩》の価値を説明したこの俳句の解説は、のちに一九二〇年刊行のイェイツに献じられた *Japanese Hokkus* にも再録された。

また、このほかに、評論 "The Future of American Humour"(「アメリカのユーモアの将来」)(*The Egoist*, Feb. 1917)、二篇の詩 "On Nocturne, blue and gold, old Battersea Bridge"(「夜想曲、青と金、古いバタシー橋」) と "To Turner : at the Tate Gallery"(「ターナーへ——テート・ギャラリーにて」)(*The Egoist*, Apr. 1917)、そして能の戯曲 "The Everlasting Sorrow : A Japanese Noh Play"(「永遠なる悲嘆——日本の能楽劇」)(*The Egoist*, Oct. 1917) が寄稿されている。

『ポエトリ』にせよ『エゴイスト』にせよ、モダニズム思潮の生成の場であった英米の革新的な雑誌に、日本に住む野口が詩や評論や謡曲の英訳を発表していたということは、日本文学史にとっても、国際的な文芸の交流と相互作用の歴史にとっても、たいへん重要な事実である。

4　アメリカ文学に対する認識

さて、日本の詩壇においても、大正中期にはイマジズムを取り上げた紹介・論評が行われるが、野口自身はその紹介にはあまり関心を示していなかった。野口は、イマジストの形容詞の使い方の変容やエイミー・ローウェルの詩などを論じる中でさえも、《私はこのイマジストの運動についてはあまり深い事は知らぬ》と素っ気ない。[106]野口は、周辺から牽制されながらも独自路線を邁進するパウンドの文学傾向よりも、地域性とのバランスを取ろうとしたシカゴの〈新しい詩〉運動の動向により強い関心を示していた。

評論「米國文學論」（『中央公論』一九二五年四月初出[107]）で野口は、シカゴの詩の新潮流の重要性を述べ、ニューヨーク以上に重要な文学上の拠点都市がシカゴであると論じた。《市俄古と新しい詩、いな「中西部と米國の新詩」位興味のある文學問題はない》とした上で、ボストンに端を発するアメリカ文学の中心がシカゴに移っていく経緯を論じている。[108]

特に注目すべきは、シカゴの〈新しい詩〉が、《詩の根底は徹頭徹尾郷土に置かねばならない》と《宣言》し、その地域における《眞實な生活狀態》を作って《抱合合一》し、そこに住む者にのみに適する《新句法と新慣用語を作り》、《流動的文學の生命を表現》する必要を説く点である。ようするに、シカゴの〈新しい詩〉は地域性（ローカル）の重要性をうったえていると、野口は理解しているのである。言い換えれば、グローバルとローカルの両輪によってこそ詩が発展できると考えているのであった。[109]

野口は、ローカルとグローバルが対立しないということ、《眞實に世界的といふことは眞實に國家的》であり《實際に於て眞實に國家的であつて、始めて世界的となることが出來る》と述べる。[110]国家的であること（ナショナル）や地域性（ローカル）を極めることで、世界的（グローバル）になることができる、と野口は言うのである。

そして、おそらく『ポエトリ』の提言を訳したかは解釈したものだと思われるが、次のようにシカゴの〈新しい詩〉の方向性について紹介している。

「我々の新しい詩は、所謂土着的音調を實現して、鐵道、新聞、活動寫眞、通俗小説、流行歌、地方的祭禮或は博覽會、或は騷々しい我々の都會、有りとあらゆる實際的狀態を悉く我々新詩人の題材と取入れるであらう。」「我々は西へ西へと進んで、歐羅巴を全然見捨てねばならない、そして始めて我々は新文學を完成することが出來る」「（中略）我々は公衆と共に歩き、何處までも公衆の必要を滿たさねばならない。それは決して公衆に服從する意味で無く、公衆の心を以て我々の詩的心とする新解釋の上から來た結論であるに過ぎない。」この有力な宣言が、何處まで文学上に實證されたかを私は知らない。古い感傷的態度と信仰とを離れ始めて、新文學ここに起るといふ主張は、世界を通じて同じであるが、何處の國が確實に完全に文學の新時代に入ってゐるかは明言されない。[111]

アメリカの詩が進んでいるとか遅れているとかいう観点を野口は持っていない。詩の新時代に、現在の日本の詩も同じ土俵に立っていると考えて、日本にいる自分との同時代性、相互影響性を感じる中でシカゴの〈新しい詩〉の動きを見ているのである。

また、《公衆と共に歩き、何處までも公衆の必要を滿たさねばならない》という詩人としての自覚は、この時点では民主主義的な視点によるシカゴの新詩の方向性を説明したものであるが、これは〈地域性〉の強調とともに戦時期の野口の歩みにつながっていく伏線のように感じられる。

ちなみに、シカゴの〈新しい詩〉の宣言について、野口はこれを、ホイットマンから生み出されたものであるとも説いて、《世界を通じて、新しい詩はホヰトマンから出發して居る又ホヰトマンへ歸るとも見ることが出來る》と言う。そして《ホヰトマンの一大特長は、完全に自分を宇宙心に結付け、個人格を全世界の流動的精神に融和させた点にある》と主張したのである。[112]

5　雑誌『ダイアル』への寄稿

野口の英米のモダニズム思潮への関与について、さらに述べておかねばならないのは、雑誌『ダイアル』(*The Dial*)への寄稿である。

フィラデルフィアで、エマソンらのトランセンデンタリスト(超絶主義者)を中心として一八四〇年から四四年にかけて刊行された雑誌『ダイアル』は、その後、シンシナティで一年間(一八六〇年)発行されたあと、一八八〇年からはシカゴで政治的な雑誌として再刊されていた。

野口はカリフォルニア時代の一八九八年、ダイアル社に自作の詩を送っていた。『ダイアル』の編集者から野口に宛てた書簡(一八九八年一二月二日付)が残っており、その内容は、〈もし送付いただいたものが未発表のものならば、"Sea"という詩を喜んで掲載する。『ダイアル』は既発表のものは掲載しないので、未発表かどうかをすぐに連絡するように〉という主旨であった。[113]

この『ダイアル』は、一九二〇年にはシカゴからニューヨークに拠点を移してスコフィールド・テイヤー(1889-1982)のプロデュースで美術と文学の非政治的な月刊誌として再創刊され、一九二九年までモダニズムに大きな影響力を持った。実験的かつ伝統的な欧米の芸術の最上のものを提供することを目的とし、アメリカのみならずヨーロッパをも含めた各国の文学・

美術の最新鋭の執筆者が名を連ねていた。初年度だけ見ても、イェイツ、パウンド、エイミー・ローウェル、E・E・カミングズ（1894-1962）、バートランド・ラッセル（1872-1970）、サンドバーグなどが名を連ねている。T・S・エリオット（1888-1965）が『荒地』を掲載して脚光を浴び始めるのも、この『ダイアル』であった。美術では、ゴッホやルノワール、マティス、ルドンのほかに、ココシュカ、ブランクーシなどの作品が掲載された。

野口は、この雑誌の初年度の一九二〇年七月号より計四回寄稿している。これは、野口が欧米のモダニズム芸術の先端性を持つ人物としての名前を維持していたことを意味する。

まず一九二〇年七月に、詩 "Joaquin Miller's Heights after Twenty Years"（「二〇年前のミラーの丘」）[114]を執筆している。同じ号にはジョイスの詩も掲載され、翌八月号にはロマン・ロラン（1866-1944）の英訳、一一月号にはT・S・エリオットの詩劇についての評論やイェイツの詩が掲載されていた。

野口の浮世絵の評論 "Harunobu"（「鈴木春信」）は、『ダイアル』一九二九年五月号の巻頭を飾った。また同年六月には "Koyetsu, A Japanese Aesthete"（「光悦・日本の美の探究者」）を、そしてこの雑誌の最終号となった七月号には "Insect Musicians and Others"（「虫の音楽家たち、その他」）を寄稿している。

『ダイアル』にはタゴールも詩篇 "Fireflies"（「蛍」）を寄稿しており、そのことはカルカッタの雑誌『モダン・レビュー』にも紹介文が出ている。[115] これ一つとっても、雑誌『ダイアル』が国際的に注目された芸術文芸雑誌であったことがうかがわれるが、タゴールの『ダイアル』掲載に対するインド文壇の反応と比べて、野口の数回にわたった『ダイアル』掲載に対する日本文壇の関心や反応は、冷淡だったのではないだろうか。日本国内で野口の『ダイアル』への寄稿について言及した記事を管見の限り知らない。[116]

6　アイルランド文学に対する認識

ところで、前述のように野口はW・B・イェイツらアイルランド人の文学者とも関わりを持っていたが、アイルランド文学についてどのような認識を持っていたのだろうか。

一九一七年八月七日の『ジャパン・タイムズ』に、野口はアイルランド文学と日本について次のように書いている。

私が現代アイルランド文学に共鳴するのは、イェイツら二、三人の、〈見えないもの（Unseen）〉や〈情熱的な夢〉を歌う詩人らを通して、私の日本人の精神の中にあるケルト的気質が突然呼び覚まされるからである。（訳文、堀）[117]

日本人の感性の中にケルト的な気質があるため、アイルランド文学に共感できるというのである。この一文に続けて、野口はこう記している。《日本人の詩的特徴とアイルランド人のそれとを比較研究するのは興味深い。それを研究すれば、真の日本人の心情や想像力の自然発生性が――これが非常にケルト的なのだが――唐代・宋代の中国文学によって歪められ、時には破壊されてしまったことがはっきりするだろう。唐・宋の中国文学は倫理的な狭隘さと仏教の感化で、残念なことに硬化してしまっていた》と。[118] さらに野口は次のように述べる。

あらゆる日本の詩人は、過去から現代にいたるまで、独り自然の悲しい旋律を聞き、人間の運命に感じ入ったとき、〈ケルト的な霊感を祈る言葉〉に行き着く。中国の古典や仏教が、たいていの場合、われわれ日本人の詩的感性を弱めてしまったのだ。今日のように西洋文学に向き合ってみると、われわれが根本的に失ってきたものを見てとりやすい。(訳文、堀)[119]

《ケルト的な霊感を祈る言葉(a Celtic invocation)》とは、詩や言葉に霊力が宿ると考えて《祈り》として発する言葉、一種の《言霊(ことだま)》であろう。ようするに、野口がここで考える日本人の精神の底にある〈ケルト的な気質〉というのは、アニミズム的な感覚を指していることになる。そして中国文明や仏教の影響以前のこうした感覚こそが、より日本らしい感性であり、日本詩歌の本質をなしていると野口は考えていることになろう。現代アイルランド文学への共感が、国学的な言霊思想と重ね合わされて論じられているのである。

しかし重要なのは、野口が認識するアイルランド文学は、以上のような日本との共通面でのみ捉えられていたわけではない、ということである。野口は次のように述べる。

私は愛蘭と印度を分けて考へる事が出來ない。何れも英國の鐵槌的な支配を受けてその下で動きが取れない國だ。彼等兩國人は所謂亡國の民で、極端な樂天家となるか乃至は悲觀論者となるかの外はない。[120]

そして、楽天家の代表がエー・イー(AE:1867–1935)で、悲観論者の代表がイェイツだとしている。アイルランドとインドに共通性を見いだす野口の認識は、イェイツやタゴールを〈脱植民地主義〉の詩人と呼ぶテリー・イーグルトン(1943–)やエドワード・サイード(1935–2003)の視座とも通じる部分があるだろう。[121]

では野口は、アイルランド文学運動について、どのような認識を持っていたのだろうか。野口はまず、歴史的な文学運動の先駆者としてサミュエル・ファーガスン(1810–1886)を挙げ、《今日の所謂文學運動以前に文學運動に目覺めた最初の詩人》だと述べて、その後《愛蘭文學を開き、且つそれを育てた詩人》がイェイツだと紹介した。[122]

一八八五年頃から詩を発表し始めたイェイツは、アイルランド文芸復興の先頭に立ち、一八九九年にアイルランド文芸劇場を設立してアイルランドのみならず、イギリス、ヨーロッパの演劇界にも大きな影響を及ぼす。一九一〇年代の混乱期（自治権獲得闘争、第一次世界大戦、ダブリンでのイースター武装蜂起、対英独立戦争、北アイルランド分離後の内乱）を経て、二二年にアイルランド自由国が発足しイギリスの自治領になると、翌二三年にイェイツはノーベル文学賞を受賞して、国際的にも実質的にも二〇世紀を代表する詩人となる。

野口は一九二六年当時、二三年にイェイツがノーベル賞を受賞したことは、《彼一派の文學運動を弔ふ悲痛な挽歌》と考えていた[123]。つまり、アイルランドの文学運動に携わっていたイェイツが〈中心〉に取り込まれた、あるいは〈中心〉が評価を示すことにより〈懐柔〉された、という認識を持っていたようである。おそらく野口の意識の中では、タゴールのノーベル賞受賞も、同様の意味を持っていたと思われる。よく言われることだが、ノーベル賞の授与は、政治性から完全に離れて存在できるわけではない。

ところで野口はアイルランド文学運動と英国の新文学運動については、次のように把握していた。

> 愛蘭文學運動はアッタックの文學である。國内では文學的新教の力で傳統的に國民の心を支配して來た正教派的文化を破壊することで、又國外では愛蘭の存在を認めさせるといふ愛國的行爲となつたのである。世の輕卒な人は、この愛蘭文學運動をそれと前後して起つた英國の新詩運動と並べて論ずるが、この二つのものはそもそも出發點が相違して居る。決して混同すべきものでない。ただ時代を同じうして顯れた運動であるといふこと以外に何等の關係がない、英國の新詩運動は新しい詩の音律に覺醒して、前詩人未發見の詩境を自覺の力で發見し、そして自己を制限し時には腐敗させて來たヴヰクトリア女皇朝文學の惡影響から自分を救助することであつた。一言で蔽ふと英國の新詩運動は凡俗主義に對する自己防禦がその主點であつた。（中略）それを愛蘭文學運動に比較すると、その依つて起るに至つた精神が全然異つてゐる[124]。

野口が、新詩運動やモダニズム文学の創成と、アイルランド文芸復興運動とを明確に区別していたことには注目しておきたい。

さて、アイルランド文学運動について語る文章の中で、野口は、イェイツとエー・イーの次に論じなければならない人物として、ジェームズ・カズンズ（1873-1956）を挙げている[125]。野口の友人カズンズは、一九一九年に来日して約八カ月滞在し、慶應義塾で詩について講義した詩人で、その後インドに移って、アニー・ベザントと一緒に神智学協会で活動し、また自ら教育機関を設立してもいる（後述第一三章）。当時のカズンズが、イェイツを中心とする英国やアイルランドの仲間からは敬遠されていた様子が、野口の著述からもうかがえる。彼の詩形式は、アイルランド人としてのケルト民族的な感性からは離れているが、それゆえにインドでは高く評価されるのであろう、と野口は述べている。《ドクラス・ハイドが彼（カズンズ）を評して、「北方の體に宿る南方の魂である」といつてゐるが、これ以上の適評は有るまい》(括弧内、堀)[126]と野口は評した。ダグラス・ハイド(1860-1949)とは、アイルランド自由国の初代大統領(一九三八—四五年)を務めた人物である。

このカズンズが関わる神智学とは、いったいどのようなものだったのか、そして当時の西洋の知識人たちが心酔した神秘主義とは何を意味するのだろうか。

7　神秘主義、オカルティズム、神智学協会

一九世紀末から二〇世紀初頭にかけての時期は、象徴主義ブームと平行するように、ヨーロッパやアメリカでオカルティズムへの関心が高まり、科学的合理主義に飽き足らない人々を惹きつけていたことはすでに述べた。特にロンドンには神秘主義の会合やクラブ、秘密結社が数多く存在し、イェイツをはじめパウンド、エリオットらの作品にもオカルトとの関連が指摘されている。イェイツのオカルティズムへの心酔は特に有名で、彼は一八八八年一一月には神智学協会に[127]、一八九〇年三月には黄金の夜明け教団に入会し、〈神秘〉の研究に打ち込んだことが知られている。

オカルトへの心酔とは、一言で言えば、人間精神の内部に潜む〈宇宙の根元と同質のもの〉を掘り起こそうとすることである。そのあらわれ方や方法や組織形態は多様であり、オカルトへの関心は、神智学協会など特定の組織に限られるものではなく、むしろ二〇世紀初頭の時代の空気であり文化思想潮流の大きな源泉であったと言えるだろう。さらにそれは二〇世紀のモダニズムとも深い関連を持っていた。

カリフォルニア時代の野口がスウェーデンボルグに影響を受けた神秘主義者らと接触していたことは先に述べたが(第二章)、神智学協会とも、遅くとも一九一四年の英国講演の際に接触している。野口は、ロンドンの神智主義者が主催するクエスト協会(前述第七章第1節(a))で能楽に関する講演を行って、一九一四年以降、雑誌『クエスト』(*The Quest: A Quarterly Review*)に少なくとも二度寄稿している。この雑誌には、同時期、イェイツ、パウンド、ビニョン、タゴール、アーナンダ・クーマラスワミらも寄稿していた。『クエスト』の一九一四年七月号には、日本やペルシアについての著作を書いていたハドランド・デイヴィス(生没年不詳)による野口の詩についての評論も掲載されており、そこでは、序章で見たチェンバレンの野口軽視(『日本事物誌』)が批判されている。またタゴールと野口の貢献を並べて評価し、《ちょうどタゴールが多くの英国人にインド詩の素晴らしさを突如明らかにしたのと同じように、野口は神の国の魔力と魅惑を詩の中で知らしめた》(訳文、堀)と論じたのであった[128]。

野口と神智学協会とのつながりについてさらに言えば、野口は一九二四年にはインドの神智学協会の本部(マドラス)から、*Some Japanese Artists* を出版しているし、インド講演旅行

中の一九三六年一月一四日には、マドラスのアディヤールにある神智学協会本部を訪れる。一九三六年当時の野口の協会への認識は、次のとおりである。

> セオソフヰーは譯して神智學とか接神學とか云ひ、自然の秘密を發見して神を認識せんとすることを意味する。この協會はもと露西亞のマダム・ブラバツキーの發起したものだが、それを世界に普及さしたのは故ベッサント夫人の力に依るとされてゐる。普及されたといつた所で他の宗教に比するとたいしたものであるまいが、その支部を世界各地に持ち印度では南部に勢力範圍を据ゑてゐる。宗教といふよりは寧ろ哲學に近い協會で、人類愛と平和を以て一定不動の主義とし社會運動に宗教を加味したものだと思ふ。[129]

このように、野口は神智学協会を特に神秘主義やオカルティズムを信奉する組織であるというよりも、哲学をもって社会運動を行う団体と捉えていたのである。ここで野口の言う《故ベッサント夫人》とは、前述のカズンズがある時期に活動を共にしたアニー・ベザントのことである。後述（第一三章）するように、ベザントは、インド民族独立運動の指導者として活躍していたアイルランド人女性で、サロジニ・ナイドゥやラーマスワミ・アイヤル（1879-1966）と共に一九一五年から一八年にかけてインド各地をまわり、青少年の福祉事業や労働の尊厳、女性解放やナショナリズムについて講演していた。[130]

このような、インドで社会革命を目指す神秘主義者らを見知っていたためであろうが、野口は日本の神秘主義者にも少なからず関心を持っていたようである。たとえば一九二九年九月、野口は大本教[131]の出口王仁三郎《おにさぶろう》（1871-1948）に自ら進んで接触している。松江の小泉八雲の旧居を訪問した際に、野口は途中で京都に立ち寄り、亀岡に帰郷していた後輩詩人の南江治郎（1902-1982）を訪ね、出口と会うことを希望した。野口と出口との会見を仲介した南江は、《怪物のような行儀のわるい王仁三郎と、冷たい哲人のような風格を持つ野口氏》の会見は《實に見もの》であったと回想している。[132]

では、オカルトや神秘主義と、二〇世紀のモダニズム諸芸術との関連をどう考えるべきだろうか。

上で触れたように、オカルトや神秘主義とは、人間精神の内部に宇宙との一体性を探るものであるが、そのために神ないしは絶対的なものと自己とが、体験的に接触し融合することに最高の価値を見いだし、その境地を目指して行為や思想の体系を展開しようとする。そして個々人の〈魂（spirit）〉は、自らと同質の全宇宙的な霊の存在へ共時的に包括されうると考え、五感を超えた超感覚によって世界の本質を把握し説明できるとの確信を持つ。これは見方を変えれば、あらゆる社会的、文化的、人種的、さらには宗教的な境界を越えるユニヴァーサルな超感覚への心酔とも言えるだろう。そしてこうした志向性を、文学や芸術の諸表現に反映させようとしたのが、二〇世紀前半の知識人らが浸ったオカルトブームの本質だったと考えられるのである。

これを当時のヨーロッパ物理学会をおおったエネルギー一元論と関連する〈国際的な生命主義の思潮〉という観点から考えてもよいだろう。鈴木貞美氏が述べるように、神秘主義的要素を内包するボードレールやマラルメ、ブレイクの芸術・詩学が発端となった象徴主義は、一九世紀後半から二〇世紀前半の芸術運動の展開を導く。つまり、象徴主義運動とは、《特定の宗教にこだわることのない、神秘的な宇宙観や自然観を象徴や暗示、それも感覚に直接うったえかけるようにして開示する芸術の方法》[133]であり、オカルトや神秘主義への心酔とまさに連続する中で生まれ、二〇世紀モダニズムの諸芸術の源泉となったのであった。

ここでも重要なのは、この神秘主義的傾向がモダニズム諸芸術と結びつけられるのみならず、同時代の社会思想の創出・再編とも密接に関わっていたことである。神智学協会が第二代会長アニー・ベザントの就任と共にインドに拠点を移し、インドのナショナリズムの展開に無関係でなかったこと、少なくとも英印両知識人たちの活動拠点として時代の動向に関与したという事実がある。またこの協会は、人種や民族を超える思想の形成と流布にも関わった。さらに、最初は神智学協会に所属し、のちに独自の人智学（Anthroposophie）の組織を作ったルドルフ・シュタイナー（1861-1925）の哲学思想は、国際的な社会思想の潮流に影響を及ぼしていた。シュタイナーの〈社会有機体三層化論〉の理念は、資本主義、共産主義を越える第三のヴィジョンとして第一次世界大戦後に波及し、ヘルマン・ヘッセらの多数の著名人の賛同を得るのである。[134]さらにまた、昭和初期の日本の若い芸術家たちの神智学への関心も知られるが、[135]これが、一九三〇年代末の三木清の東亜協同体論や四〇年代における京都学派の総力戦の思想を生んだという指摘もなされている。[136]

この問題にこれ以上深入りすることは避けるが、これを、とりわけ野口米次郎を軸に考えるときには、少なくともアイルランド、インド、日本という三点観測が必要であることは指摘しておきたい。また、それらは、イギリス、アメリカの文学潮流と強く連関することももう一度確認しておきたい。

8　世界的同時性と野口の日本

本章では、俳句を中心とした日本文学に関する野口の言論活動が、欧米のモダニズム文学思潮にどのように関与したのかについて、具体的に明らかにした。モダニズムは文学に限らず広い芸術活動、さらには芸術をも超えた範囲にもたらされた思潮であり、世界的な同時代性を持っていたため、野口を対象にする場合にも、幅広い範囲の運動に注目していく必要があり、かつその中で彼の果たした役割を検討していかねばならない。

また、〈日本近代〉はヨーロッパ的なものと伝統的なものの融合の上に、つまり〈和魂洋才〉の系譜の上に成立してきたという考え方があるが、〈和魂洋才〉という日本国内に限定された定義、しかも根本的精神性を〈和〉に置く考えは、二〇世紀の思想や文学の動きを表すのに十分ではないだろう。近代の特質としての新旧、東西の〈融合〉は、日本や非ヨーロッパ世界にのみ強いられたものではなく、ヨーロッパを含めた全世界に共通する近代の潮流だったと考えられるからである。

本章では、詩人であることにこだわり、詩歌を核にして諸芸術を思索し、国際的観点から日本を構想していた野口が、英米の詩におけるモダニズムに果たした役割を考察した。

中でも、英米詩のモダニズムを牽引した雑誌『ポエトリ』に野口が寄稿し、またその編集者らから高い評価を受けていたことを、初めて具体的に明らかにした。このことは、当時からほとんど注目されてこなかったように見える。たとえば一九三二年九月一六日の『読売新聞』に、世界的な経済恐慌のためハリエット・モンローの詩雑誌『ポエトリ』が廃刊の危機に瀕していることを伝える記事があるが、その記事には、この雑誌がアメリカの純文学雑誌の中核であり、現代一流の詩人たちがこの雑誌から輩出したことが書かれ、多数の英米詩人たちの名前がタゴールを含めて記されているものの、野口の名前にはまったく触れられていないのである。[137]

本章ではさらに、『エゴイスト』や『ダイアル』への野口の寄稿についても触れたが、これらもまた、英米のモダニズム詩の展開を考える際に、重大な意味を持っていることは言うまでもない。

野口自身は自らの英詩界への貢献について、次のように認識し評価していた。

私は大正八年の末から翌年に渡つて米國各地を巡回講演したが、その節私は私の詩論が私の想像以上に讀まれてゐて、延いて私自身の詩に對する米國人の理解も、近年に至つて私の期待にそつて來たことを非常に喜んだ。私の詩の愛讀者中には、新時代の英詩は『野口をもつて始まる』とさへ公言するものがあるが、この言葉は單に私一個の文學的功業に對する承認ではなく、私が持つて生まれた先天的特質、詰り日本人全體に對する認識と日本人全體の文學的勝利の一であると思つてゐる。[138]

ここで野口が言う《先天的特質》とは、〈日本人〉であること、日本詩歌を継ぐ者であることである。野口自身も述べているように、欧米文壇における野口に対する賞讃は、西洋知識人の〈日本〉や〈東洋〉への関心を背景にしていた。野口の語る日本文化や日本人像——しかも〈東洋〉の一部としての——が称賛を受けたのであり、野口自身もその自覚を持って日本の〈顔〉を務めた部分がある。そしてそうした場に働く力は、容易に〈和魂〉を実体化し日本主義を出現させる危険性があることは、あらためて指摘するまでもないだろう。実際、野口がそうした方向に足を踏み入れかけている場面も本章では垣間見られたのであった。

しかし、だからといって、実際に野口の声を通して果たされた功績を軽視すべきではないだろう。それは、ある意味で野口の自己認識や自己評価以上のものだと言えるかもしれない。境界に身を置いた野口の活動は、グローバルとローカルをめぐる近代の普遍的なあり方を表現するものであり、野口はその認識にも手が届いていたからである。金子光晴も述べていたように、[139] ジャポニスム隆盛を利用して和装で闊歩する三流四流の（偽の）〈日本詩人〉も当時の西洋社会には見られたが、野口はそのような者たちと同日に語られる存在ではおよそなく、またもちろん、単なるナショナリストでもなかったのだ。

第九章　ラフカディオ・ハーン評価

ヘルンは日本語を知らなかつた、少くも彼は片言の日本語しか語ることが出來なかつた……この日本語を知らず直接日本人に日本語で接觸しなかつたといふことが、軈ては彼を日本近代の瑣細主義から超然たらしめたのではあるまいか。彼は直に日本の眞精神に入りこんだ。或は彼はそれを理想的に作つて、その中に自分の隱遁所を見出すことが出來た。そして彼は常に新鮮な眼で、彼の想像の日本を眺め、批評的にいふと、豫想以上の作品を創造することが出來た。

（『小泉八雲』[1]）

1　野口とハーン

野口の、日本文化の海外への発信者としての立場、また〈二重国籍〉的な立場を考える際に鍵になるのが、小泉八雲ことラフカディオ・ハーンに対する野口の評価である。野口自身が常日頃からハーンを意識していた。この章では、野口の二つの著作 *Lafcadio Hearn in Japan*（1910）と『小泉八雲』（一九二六年）を中心に、野口のハーン認識と評価について検証し、野口の〈境界者〉としての自己認識と立場について考えたい。

野口はハーン没後、ハーンと並び称される日本文化紹介者、現地発信者として、欧米で注目された。たとえば一九一一年にホーレス・トラウベルは、野口を《二つの文明を背負った子（a child of two civilizations）》と評し、ハーンと比較して次のように論じている。

ハーンは境界に立っていた。そして〈東〉と〈西〉をつないだ。野口も同じことをしている。野口は非常に長く〈西〉に暮らしていたので、もはやわれわれ西洋を彼自身から取り去ることはできない。彼も完全な意味で故国に立ち返ることもできない。野口がものを書くとき、そこには地球の〈東〉〈西〉の両面が響いている。（訳文、堀）[2]

このトラウベルの論を、野口自身は強く意識していただろう。[3]

また前章で述べたように、一九一五年の『ポエトリ』には、編集者アリス・ヘンダーソンが「日本の詩歌」と題して、野口の *The Spirit of Japanese Poetry* (1915) とハーンの『日本の抒情詩』(*Japanese Lyrics*, 1915)[4] の批評を書いていた。[5] ヘンダーソンは野口の著作を高く評価したが、ハーンの『日本の抒情詩』については、それほど推奨していない。[6]

このように、実際にハーンと比較されていたためもあるだろうが、野口自身ハーンを強く意識し、敬慕の念を示していた。ハーン没後、日本人としては最も目立つ形で、国外に向けて英語でハーンを解説したのが野口であった。彼は自らの活動が国際的なハーンの人気に貢献し、同時に日本国内のハーン理解に一役買ったと自負していた。

野口が英米の新聞雑誌に寄稿したハーン関連記事には、“Lafcadio Hearn's “Kwaidan”” (「ハーンの怪談」)(*The Bookman*, Oct. 1904)、“Lafcadio Hearn, A Dreamer” (「ハーン、夢見る人」)(*The National Magazine*, Apr. 1905/ *The Current Literature*, Jun. 1905)、“Japanese Appreciation of Lafcadio Hearn” (「日本人のハーン評価」)(*The Atlantic Monthly*, Apr. 1910)、“Lafcadio Hearn at Yaidzu” (「ハーンと焼津」)(*The Pacific Monthly*, Apr. 1910)、“Ugliness, Lafcadio Hearn in Japan” (「醜さ、日本におけるハーン」)(*The Conservator*, Nov. 1911) などがある。[7] 一九一〇年にはこれらの論考が整理されて *Lafcadio Hearn in Japan* (London: Elkin Mathews, Tokyo: Kelly & Welsh) として刊行された。これは一九一八年と二三年に国内の二つの出版社から日本語の注付きで再版されている。[8] その後一九二六年三月には、日本語の著作『小泉八雲』(第一書房) が出版された。[9]

従来、野口のハーン論に関しては、*Lafcadio Hearn in Japan* がジョージ・グールド (1848-1922) によるハーン評への批判を目的とした本であることは知られてきたものの、ジャーナリスティックな気質の野口が他の者に先んじて抜け駆け的に英文でハーン論を執筆したもの、という見方がなされてきた。この見解は、ハーンの息子の小泉一雄が戦後直後に書いた回想録『父小泉八雲』[10] に、野口が無理やりセツ夫人から書簡や日記を借り受けたと記していることに依拠したものである。

しかし、当時一〇歳の子どもだった小泉一雄が、果たして野口の態度を判断しうるだろうか。むしろセツ夫人が暗に野口に翻訳・執筆を要請していた可能性の方が高い。[11] 小泉一雄の著書が、戦後、野口に対して戦争協力者という批判が高まっていた時期の執筆であることも考慮しなくてはなるまい。

また従来、野口の言論はハーンの二番煎じに過ぎないという否定的な見解もあったが、[12] 本当にそうだろうか、もしそうであったならば、どの面がどのように共通していたのかを検討する必要がある。

ここでは、まず第一に、野口がいかにハーンを弁護し評価したのか、ハーンと自らの立場の共通性をどのように理解していたのかを検討し、次いで、野口のハーン論が内外におけるハーン認識にいかなる影響を及ぼしたのかを見る。従来なおざりにされてきた野口のハーン評について、その内容を検討し、同時代的な意義を明らかにしたい。

2　ハーンとの接点

野口が詩壇にデビューした一八九六年当時のアメリカの新聞雑誌には、パーシヴァル・ローウェル（1855-1916）やアーネスト・フェノロサによる日本関連の記事などとともに、ハーンの著作紹介も頻繁に掲載されていた。前述のように、当時のアメリカでは、日本人の考え方や生活スタイルにかなりの関心が寄せられており、日本に住むハーンにはその解説者としての役割が期待されていた。ただ、当時の英米でのハーン評価は不安定であり、知名度はあったものの《かなり風変わりで微妙な存在》と捉えられていた。[13]

野口は一九〇四年に凱旋帰国する際、アメリカで《一種のミステリー》になっているハーンについて報告するよう、ニューヨークの新聞雑誌から依頼を受けていた。野口はもともとハーンに関心を寄せ、また敬愛の念を抱いていたので、帰国してすぐに、内ヶ崎作三郎（1876-1947）に仲介を頼んだ。[14] しかし、野口はハーンの米国時代の友人を数名知っていたし趣味や境遇も近いので、ハーンが当然、面会に応じてくれるものと思っており、面会日を急ぐ必要はないと考えていた。[15] ところが、ハーンは野口が直接面会する機会を得る前に急死してしまう。[16]

野口がハーンの死を聞いたのは、《八雲が嫌つた西洋館》帝国ホテルの食堂で、ある友人と《血の滴るやうな》ステーキを食べている最中であった。その驚きは、その後何十年も忘れられないほどのものとなった。《自分の餘り西洋化し過ぎてゐるのを、彼の死が罵つたかのやうにも思つて、心に深い恥辱さへ感じた》と、野口は述べている。

私はその時確に、「軍艦の一艘や二艘はなくしてもよいからヘルンを生かして置きたかつた」と叫んだ。その頃は日露戦争の眞際中であつた。私のこの言葉がビスラントのヘルン傳に引用されてゐることを知つてゐる人が日本にもあるであらう。[17]

〈軍艦よりもハーンを〉と野口が叫んだということは、一九〇六年のビスランドの著作に実際に記述されている。[18] この言葉は、日本人による最大の敬意の表現として、海外にも広く伝えられた。海外で変人と見られがちであったハーンが、日本でいかに深く敬愛され重要視されているかを示す、一つの証拠であった。

この叫びは、思わず発せられたものだろうが、野口自身も気に入っていたらしい。軍艦などはすぐに忘れられるがハーン文学は将来何十年も読み継がれる、という野口の認識は、その後も繰り返し述べられた。

3　ハーンに関する著作

（a）ハーンに関する著述

ハーンは生前から、英米を中心にフランスやドイツでも注目されていたので、野口を含めた日本人による英文のハーン評は国外の新聞雑誌に散見される。[19] ハーン没後には、回想記事や批評が各紙に掲載され、海外各地の友人らがまるでハーンを奪い合うかのように書簡を公開した。まさにその渦中で執筆された野口の *Lafcadio Hearn in Japan* は、どんな立場に立つものだったのだろうか。[20]

ハーン没後に出版された伝記類としては、まず一九〇六年、ハーンのニューオリンズ時代の新聞社での同僚で詩人でもあったエリザベス・ビスランド（1861–1929）[21]の『ラフカディオ・ハーンの生涯と書簡』[22]が刊行された。だがビスランドが公開したハーンの書簡はごく一部で、翌〇七年にオスマン・エドワード（1864–1901）が「ラフカディオ・ハーンの未発表書簡」[23]を発表し、また同年にはヘンリー・ワトキン（1824–1910）の『大鴉からの手紙』[24]が公刊された。そして〇八年、フィラデルフィアの眼科医G・M・グールド（1848–1922）による『ラフカディオ・ハーンについて』[25]が上梓された。グールドは一時ハーンの友人であったが、あるときから二人の仲は険悪なものに転じていた。グールドは、ビスランドらが公開した書簡や回想によって自らが不利な立場に置かれていると感じ、自己弁護のため、ハーンの《病的性格》を攻撃する伝記を書いたのであった。グールドの筆は、ハーンに対する偏見と悪意に満ちていた。

このグールドのハーン伝を猛烈に批判して、ハーン弁護の先鋒に立ったのが野口である。野口はまずニューヨークの新聞『サン』（*The Sun*）や『ジャパン・タイムズ』（*The Japan Times*）に“A Japanese Defence of Lafcadio Hearn”（「ある日本人のハーン弁護」）を寄稿し、[26] それを *Lafcadio Hearn in Japan* に再録した。野口は、日本人の立場から見たハーン像を示してグールドの偏見や歪曲を正し、またビスランドが公開した書簡の問題点も指摘して、日本人の資料提供者がいた事実が隠蔽されている部分を補正し、客観的なハーン像を示そうとしたのであった。

Lafcadio Hearn in Japan は、ハーンの周辺の者たちの協力や情報提供を受けた野口が、代表して総意を英文でまとめたものと言ってよい。[27] 実際この著作が出版された当時、英国では、野口の単独の著作というよりは、セツ夫人との共同著作として新刊紹介が行われた。[28]

（b）作品の内容、ハーン弁護の必要性

では、全六章と付録からなる *Lafcadio Hearn in Japan* の内容は、どのようなものだったのだろうか。

第一章の「ある日本人のハーン評価」では、ハーンを上田秋成と比較し、霊感（inspiration）を備えた文学としての類似性を指摘するところから始めている。また小山内薫が受けた帝国大

学でのハーン講義の内容や、大谷正信が松江で受けた授業の内容などを紹介して、ハーンの芸術思想や宗教観について論じている。

第二章の「ある日本人のハーン弁護」は、前述のグールドのハーン論に対する徹底的な批判である。野口は、ハーンに対するグールドの見解の具体的な問題点を挙げて、グールドの著述が《ハーンに対するだけでなく、文学に対する冒瀆である》と述べる。そしてハーンへの告発が、《日本に対する弾劾であり、日本人として黙って見過ごすわけにはいかない》と憤慨してみせた。(29) 野口はすでに英米文壇で、国際的観点から見た日本の文化や文学の価値について主張していたから、グールドを徹底批判するのに最も相応しい立場にあった。

また、グールドのセツ夫人に対する熾烈な攻撃に対しても、夫人の代わりに弁護している。グールドは、セツ夫人や子どもたちが自分（グールド）から金や援助を受け取っているかのように書いているが、野口は、そんなことは絶対にありえないと憤然とやり返した。(30) グールドは自著の「序文」に《もし自著で余分な金が入ったら、日本領事やその他の手段を通じてハーン夫人に余りを送ってやる》(31)と侮蔑的なことを書いていたのだった。

野口は一貫して、哀れにもグールドは自らの品位と知性のなさを示しただけだと主張し、グールドの理性と人間性に疑問を呈した。(32) グールドに対するこの疑問は、翌年にはジョゼフ・ドゥ・スメ（1843-1913）にも踏襲される。そして野口は、ハーンが感じていた日本の精神哲学について説明を加えて、想像力の乏しいグールドには、ハーンの人間性や日本の美学が理解できないのだと切り捨てた。

日本の作家や詩人の考え方は、精神的な〈空《くう》（voidness）〉の境地に到達することを哲学的に渇望することにある。それは〈消極的な空《くう》〉ではなくて〈積極的な空《くう》〉であり、その〈空《くう》〉の力によって物事の真の美や味わいを誠実に摑むことができる。自己を完全に物事に同化させることができるのはそのおかげである。（中略）グールドには、想像力というものがまったくないという話だが、このような深い想像力のかけらもない男が、いったいどうやってハーンのような人の物語や夢を理解することができようか。（訳文、堀）(33)

このように、野口は徹底的にグールドの想像力を否定したが、唯一、非公開を前提に書かれたハーンの手紙類をビスランドが公開したことに対するグールドの批判には同調している。(34) 野口は、部分的に開示された手紙類が恣意的に選別されていることや、手紙から読み取れるハーンの性格は彼の一面でしかないことを指摘する。ハーンが手紙を書くときには感情的になりやすく、ハーン自身いつも手紙の内容について後悔していたことなども、夫人の言として紹介している。(35) このあとも、ハーンの友人らによる書簡の公開合戦は続くが、野口は同じ文学者として、作品と書簡の当然の違いを明確にしたのであった。

第三章「ハーン夫人の回想」、第四章「焼津のハーン」は、野口と夫人の対話やハーンのセツ宛書簡から、ハーンの日本時代の様子を詳細に綴ったものである。海外の友人らが知らないハーンの日本での生活や、周辺の者たちとの交流の実態を説明している。ハーンがセツへ宛てたカタカナの手紙や、息子のために描いた絵、ハーンの過ごした部屋の図なども紹介されている。奇異な人物に思われているハーンが、日本の中で家族や友人に囲まれて極めて安定した生活をしていたことを事実として示したのである。

また、第五章の「ハーンの協力者としての大谷氏」は、大谷正信が『明星』(一九〇四年一一月・ハーン追悼号)[36]に書いた追悼文を部分的に翻訳してまとめたものである。大谷がハーンの執筆のために必要な資料や文献を調査し提供していたことが分かる内容である。

ビスランドの著作では、ハーンが大谷から資料提供を受けていたことを示す書簡は省略されていた。野口は、日本人の援助者が存在していたことを認めようとしない態度や、引用や転載を曖昧にする姿勢は、たとえハーンを擁護するためであったとしても、問題であると感じていた[37]。また、グールドはハーンの著作内容に自らの貢献があることを主張していたので、ハーンの資料提供者が日本に実在することを明示することには意味があった。野口は、ハーンを理想化し伝説化する行為は、かえってハーンの実像を混乱させ批判を生むことになると考え、具体的な事実を示してこそハーンの仕事の文学的な意義が明確になると考えていた[38]。

野口は「序」で、ハーンの著作の信頼性を疑う者があるが、日本語の綴りの間違いは一つも見あたらず、じつに賞賛すべきであることを述べている。また、大谷ら日本人の資料提供やセツ夫人の協力を受けて、ハーンが些末な事柄から離れて執筆に専念できたことは幸運だった、とも述べている[39]。

第六章の「教壇のハーン」は、ハーンが帝国大学の教壇でどのような授業をし、いかに学生たちから慕われていたのかを示したものである。特に後半には、ハーンの学生であった劇作家・小山内薫の記録を直接翻訳して、ハーン留任を願った学生たちとハーンのやりとりを詳細に紹介している。

そして第六章のあとに「付録」として、"On Romantic and Classic Literature, in Relation to Style", "Farewell Address"(「ロマン主義文学と古典文学について。その関係から文体まで」「辞任の言葉」)を載せている。これは、帝国大学でのハーンの英文学講義の内容を記した内ヶ崎作三郎のノートをそのまま翻訳したものである。ハーンの言葉の明瞭さと意見の正当性は学生たちから強く敬われていた、と注を付している。

この付録部分で野口は、ハーンの帝国大学解雇・辞職の件[40]で海外の友人らが誤解している点を訂正しようとした。確かに同僚の数名はハーンに同情的ではなかったものの、辞職は契約年限の問題であり、ハーンが友人に手紙で書き送ったような同僚らによる陰謀事件ではなかった[41]、と野口は書いている。そしてまた、ハーンが学生たちの心を強くとらえており、留任を強く希望されていたことも明らかにした。帝国大学での講義内容の正当性や鋭敏な文学観などを挿入したことは、ハーンの文学者、学者、教育者としての優秀さを示すためであった。さらに、ハーンのことを学者としての資格がまったくない《無教養》な人物であると強調するグールドは、ハーンを論ずるに値しない者であると野口は一蹴した。(42)

以上のように野口の *Lafcadio Hearn in Japan* は、グールド批判を中心に、ハーンの文学者、教育者としての正当性を明確に証明したもので、国外で奇異に捉えられがちであったハーンが、日本でいかに受け入れられていたのかを日本人の眼から論じた最初の作品であった。内外で混迷に陥っていたハーン評価に、いち早く訂正を迫ったのが、野口米次郎だったのである。

では次に、この著作が同時代にどのような影響を与えたか、野口がどのような貢献をしたと受け取られたのかを見ていきたい。

(c) 国内外の反応

野口の *Lafcadio Hearn in Japan* 刊行以後も、欧米においては次々とハーンに関する著作が出版された。(43) 野口が著した日本国内の視点が、その後の海外の論者に影響を及ぼしたことは紛れもない事実である。特にハーンの伝記的部分に関しては、ビスランドの著作と共に、野口の著作がその後のハーンの評伝類に踏襲されていく。(44)

また、この著作に対しては、野口の執筆や表現そのものを称賛する声も高かった。詩人ジョン・アドコック(1864–1930)は『ブックマン』(ロンドン)で、野口の華麗でシンプルな表現が《日本的な異国情趣を醸し出している》と激賞した。(45) また、『デイリー・ニュース』の文芸批評家スコット=ジェームス(1878–1959)は、野口が《日本の気質にロマンティシズムを重ね合わせることに成功している》と書き、『モーニング・ポスト』では《あらゆるページで、野口の精巧で的確な洞察力と英語運用力に感動する》と論じられている。(46)

翌一九一一年にフランスでハーン伝を出版したジョゼフ・ドゥ・スメは、野口の著作から次の部分を直接引用している。

> われわれ日本人が、彼の作品の魔術によって再生され、彼の超絶的な熱意のもとで再び洗礼を受けた。何世代ものあいだ忘れられていた古い物語が鼓動を取り戻し、塵の中に埋もれていた古代の美が不思議でかつ新しい輝きをもってその姿を現した。(訳文、堀)(47)

スメはこの野口の論述を参照しながら、理想主義者で幻想家のハーンは、日本を際立たせ自らの名声を勝ちえたと同時に、日本の美徳を甦らせることにも貢献したであろう、と述べている。

当時の野口は、英米の一部の文化人らの間で日本詩人として一定の評価を受けていたが、このハーンに関する著述によってさらに知名度を上げ読者層を拡げた面もある。たとえば写真家

コバーンは、ハーン論で初めて野口を知って共感し、野口と親しく交流するようになった。(48)

一九一〇年当時の日本では、この英文著作の反響がすぐさま起こったとは言えず、小さな新刊紹介類がわずかに見られるのみである。野口は著作の中で、帝国大学のハーン解雇問題とハーンの日本への貢献に対する認識不足を批判していたため、帝国大学を中心とした日本の文壇では言及がはばかられたのかもしれない。『帝国文学』の「最近文藝概観」では、英米でハーン評価が高まる時節柄《斯かる珍書は彼地文壇にも歓迎されるに相違ない》といった距離を置いた紹介文が記されている。(49)日本であまり話題にならない理由には、もちろん、これが海外向けの豪華な書籍であったため、日本国内の一般読者が入手しにくかったという事情も一因としてあっただろう。(50)

しかし、一九一八年に緑葉社から日本語注記を付けた形で再版される頃には、この著作に対する批評もあらわれ、国内での評価が高まってくる。詩人の小川未明（1882-1961）は、《野口の筆に言ふに言はれぬ詩的な處があつて、此人でなければ、斯様に面白くハーンのことを書くことが出來なからうと感じた》と書き、フランス文学者の吉江孤雁（1880-1940）は、《野口氏の軽快なメロディアスな文章は最も好く此主観的な哲人詩人の平常を叙するに適してゐる。日本文のハーン傳が出るについても恐らくこれ以上に精細明快に表はすことは出來ないと思つた》と述べている。(51)若宮卯之助（1872-1938）は、この著が《野口の散文の中で、最も長く傳はる》作品だろうと言い、《日本が世界の文學に提供した新しき貢献の一である》、《野口の書が、ハーンに對する西洋人の見解を變化し、若くは確定する》影響力を持ったと述べ、《苟もハーンを研究する者は何人にても不問に付してはならぬ》と論じた。(52)また、野口の著作を読んで、ハーンのことが《懐かしくなつた》、《お宅が見たくなった》といった意見がいくつも見られ、(53)野口の著作を通して学生らの間にハーン再考の気運が高まっていった状況が確認できる。この頃には、野口のお膝元の『三田文学』のみならず『帝国大学』においても野口の著作を称賛する見解が示されている。(54)

この本が一九二三年にアルス社から再々版される頃には、野口の貢献とハーン評価はさらに高まっていた。その広告にも《本書の價値に就いては敢て贅言を要せず、筆者は野口氏の論ずる、題目はヘルンなりと云へば足れり》と大々的に両者が称賛されている。社会運動家の土田杏村は、《ノグチ氏の筆には同情と詩的理解の靈氣が漂つてゐる》、《ヘルンの生きた精神は確かにこの一書に収められてゐる》とし、この著作が英国内でも高く評価されていることを論じている。また土田は、ハーンの《人格とその文献を詳にし、反省と整理を遂行して》日本人は日本人としての意識を高めるべきであるとした野口の論に賛同し、日本人を保守主義者とするのではなく、《眞實の日本人たる事によつて始めて全世界を感動せしめ得る》ことを、野口が証明しようとしていると論じた。(55)

このように *Lafcadio Hearn in Japan* は、まず国外で評価され、それを受けて国内でも徐々に評価が高まっていった。日本におけるハーン評価を確立していく契機となったこの一冊は、一九一〇年代後半には《ハアンの面影を傳ふる書中の権威》[56]と評されるまでになっていた。

(d) 書き下ろされた『小泉八雲』の内容

Lafcadio Hearn in Japan の日本語訳は出版されなかったが、一六年後の一九二六年に、書き下ろしの『小泉八雲』が出版されている。それはどのような目的で書かれ、何が記されているのだろうか。まず、一九二六年当時の野口がかつての自らのハーン弁護の言論についてどう考えていたのか、ということから考察してみよう。

野口は一九二六年の『小泉八雲』の中で、一九一〇年の自著 *Lafcadio Hearn in Japan* について、《今日から見ると、この本は餘りに感激的であつて遺憾な點が多い》と断りつつも、ハーンに関する《日本人の唯一無二の英文著作である》と述べ、《當時日本がヘルンに拂ふべき敬意の幾部を私は私の微力で獨り遺つて來たことを喜ぶ》[57]との自負を示している。確かに、当時国外に向けて公式にハーンを弁護したのは野口のみで、近親者からのハーンの日記・書簡公開なども一九二〇年を待たねばならなかった[58]。

日本社会のハーン認識の低さを指摘する野口の姿勢は、森鷗外を追悼する詩の中にも示されている。野口は、鷗外の死に大騒ぎする日本文壇の様子に、《さうぱたぱた騒がないで》《「時」の実験室》で彼の文学作品がどんな影響を及ぼすのかをじっくり眺めよ、と穏やかに語る。そして、英国には文学者に対して年月を経ても関心を失わない堅実な姿勢があることを述べ、イギリスと日本におけるハーンに関する出版を比較して次のように書いている。

> 死んでから彼此二十年になる小泉八雲にしても、毎年一冊位は彼の遺作といつたやうなものが出版されて居ります。
> 日本では彼の死んだ當時の「八雲號」一冊だけが、故文豪に對する敬意とは心細いぢやありませんか[59]。

《人が死んだ、香奠を出し、葬式にたち、それで義務を解除するといったような工合で》文学者を取り扱うべきではない、《長い年月の上で故先生に感謝》する方が重要だと諭す詩である。

この『小泉八雲』で野口は、市河三喜が編集したハーン書簡集[60]の出版(一九二五年)を喜び、《帝大が始めて小泉八雲に拂つた尊敬の印》であり《私が待つて居つた敬意の一表現である》と述べている[61]。また野口は、帝大のハーン関連の蔵書が過去二年間に充実してきた状況を《日本最高學府の仕事として當然の事であるが、兎に角喜ばしい》とした[62]。

一九二六年の野口にとって、グールドへの批判意識は薄らいでいた。むしろ、グールドのハーン伝は国際的なハーン理解に

《有益な一書》で、グールドはハーンの《「歓迎する敵」に外ならなかつた》とさえ述べている。(63)

> 實際今日から見ると、ヘルンはグールドの爲め何等の傷を負はされて居らない。グールドは彼の無個性を力説して、彼の心の空虚なことを詳説したが、私の所見を以ってすると、この心の空虚な點が、ヘルンのヘルンたる眞實の特徴だとも思はれる。青ずんだ鏡のやうな空虚な心位、文學者に取って尊いものはない。（中略）私は「ヘルンの無個性」に對して敬意の脱帽をするものである。彼にあつたやうな無個性ならば、私も喜んでその所有者となるであらう。眞實なる意味で無個性なるものは、普通の俗物が想像したり理解するやうな弱い物でない詰らないものでない。（中略）無個性で受入れた對象物を、内面に匿れてゐる個性の力で生長せしめるといふことが眞實なる文學者の仕事だ。そしてそれが小泉八雲の仕事であつた。(64)

野口はハーンと自分にいくつかの共通性を見いだしている。その一つはハーンが〈詩人〉であった点である。《彼位、自然の脈搏と呼吸に直に感應する敏感性を賦與された文學者は無い》と述べ、表現形式からすれば散文家の範疇だが、精神上から見れば《極めて柔軟微妙の詩人であつた》と評している。(65)もう一つの共通性とは〈孤独の住者〉であった点である。ハーンが社交界やそこでの名声は作家の霊感や創作力を破壊すると述べ、《無意味に甘い追従の言葉で堕落させる友人から離れて孤獨の境地を建設(66)》しようとした点を称賛し、自らも共通の理想を持っているとする。野口は、協会や団体を作って徒党を組むことの無用さを、ハーンの書簡を引用して語る。党派意識や抗争が激しかった当時の日本詩壇に対して、孤立を守って個々人が自らの芸術を黙々と追求する重要性を説いたのであった。

この著作の最後は日本に対する批判で結ばれている。野口は、エルウッド・ヘンドリック（1861-1930）宛のハーンの晩年の書簡を引用して、次のように述べる。

> 「將來の見込は――沒落だ。僕は誠實な希望と熱烈な豫言の幾多を抱いてゐたが、その多くが誤つて居つたと殘念ながら云はざるを得ない。東京は大日本の未來を希望する一切の力を僕から奪つた。かかる狀態の社會は、如何に容易に、利口な外來勢力の爲め操縦せられるかを君はよく知つてゐる。（中略）今は、僕は眞實にかう言へると思ふ、あらゆる諸官省が急激に病弱になりつつある、即ち風紀紊亂に進みつつある。（中略）そして僕は――洗盤の中の蚤のやうだ。僕の最善の機會はじつとしてゐて事件の出來を待つことだ。（中略）」
> 私共日本人はこの手紙を讀んで、だれもその弱點を刺されたの感なきを得ない。如何にも痛烈骨を嚙むの言である。(67)

ハーンの言葉に代弁させて、日本の状況に対する痛烈な批判と失望を表したのである。この《痛烈骨を噛む》の一行に、日本が進みつつある方向に対する野口の深い苦悩が示されている。『小泉八雲』の最後の文章は次のように終わる。

お湯が沸いたさうだ。さあ、一浴び飛び込まう、しとしと降る雨よ、遠慮なくいくらでも降り續けろ。そして私はヘルンのやうに泥まみれの日本を罵倒するであらう。[68]

ここには、大正から昭和に向かう時代の渦の中で、どのように立脚点を見いだすべきか苦悩する作家の叫びが刻み込まれている。

野口にとってのハーンは、自らと多くの共通項を持ち、日本国内における自己の存在の意義に客観性を与えるものであり、野口はハーンの言葉に仮託しながら自らの立場を表明したのであった。

4 ハーン、ケーベル、野口の共通項

ところで、大正末から昭和初期にブームになった改造社の〈円本〉と呼ばれる『現代日本文学全集』の第五七巻（一九三一年一二月）には、小泉八雲、ラーファエル・ケーベル(1848-1923)、野口米次郎の三人がセットで収録された。当時、ハーンとケーベルはすでに故人であった。

なぜ野口は、外国人であるハーンやケーベルと同じ巻に入れられているのだろうか。

ケーベルは、ドイツ系ロシア人だった父と、ロシア人とスウェーデン人の血縁を持つドイツ人の母の間に、ロシアで生まれた。ドイツ人としてのアイデンティティのもとに、ロシアで育ち、ロシアの国籍を持った。ケーベルはモスクワの音楽学校でピアノを専修したのち、哲学を志してドイツに移り、ハイデルベルク大学で博士号を取得する。一八九三年六月に東京帝国大学の招聘に応じて来日し[69]、東京帝国大学の文科で西洋哲学やドイツ文学、ギリシア語・ラテン語を教え、東京音楽学校ではピアノを教授した。三年ごとの契約更新を繰り返して七期勤め、一九一四年七月に東京帝国大学を退いた。その後は《歸欧の日の來るを待ちつゝ》、日本で読書と執筆の日々を送り、一九二三年に《遺言に從ひ》て東京雑司ヶ谷に葬られている。[70]

ようするにケーベルも〈二重国籍者〉であり、境界を生きた者であった。高橋英夫氏は、ケーベルの《偏屈、頑固、隠棲への強い傾斜》[71]が、彼を日本社会から際立たせていたと述べ、また漱石がケーベルの内面に〈偉大なる暗闇〉を見ていたと論じて、次のように書いている。

ケーベルは日本人にギリシア古典への眼を開かせた最良の教師だった。しかしその内部には不思議な鳥が巣喰っていた。現にケーベルはポーやホフマンをその隠栖の孤独の中で読み

耽る人だった。美少年を愛するという傾向も明らかだった。[72]

ハーン、ケーベル、そして野口を結んでいる共通項は、二重国籍性、隠棲への傾き、内面に持つ〈暗闇〉という点であろう。野口をハーンとケーベルに組み合わせる形で『現代日本文学全集』が編集されていたということからは、日本社会における野口の位置と評価がうかがわれよう。

5　日本主義と国内のハーン評価

昭和の時代になって、ハーンは日本主義の潮流が高まる中で再評価されていく。たとえば萩原朔太郎は、評論『日本への回帰』（白水社、一九三八年三月）で次のように述べている。

聰明にも日本人は、敵の武器を以て敵と戰う術を學んだ。（支那人や印度人は、その東洋的自尊心に禍され、夷狄を學ばなかつたことで侵略された。）それ故に日本人は、未來もし西洋文明を自家に取得し、軍備や產業のすべてに亙つて、白人の諸强國と對抗し得るやうになつた時には、忽然としてその西洋崇拜の迷夢から醒め、自家の民族的自覺にかへるであらうと、ヘルンの小泉八雲が今から三十年も前に豫言してゐる。そしてこの詩人の豫言が、昭和の日本に於て、漸く現實されて來たのである。[73]

朔太郎のこのハーン理解は、一九二六年に野口が示したものとは本質を異にする。一九二六年の野口はハーンの言葉に仮託して、日本社会の《その流れの方向は陰謀の力》によって不安定になっており、《空氣のやうに彈性》を持った《破ることの出來ぬ網》にかかっているようなものだと憂慮していた。[74] また、野口はそもそも日本の精神文化をもって西洋文明に挑戦しうることを述べていたので、朔太郎が述べている《軍備や產業》によって西洋列強に対抗することとは本質的に異なっている。しかし、野口を尊敬していた朔太郎が、野口の『小泉八雲』や野口のハーン評価に感化を受けていたことは明らかである。

本書ではこれ以上深追いしないが、日本主義の高まりの中でのハーン評価のありようについては、朔太郎のハーン理解のみならず、高須芳次郎や西田幾多郎らのハーン認識に即しても検討すべきであろう。[75] 野口自身、一九二六年の『小泉八雲』刊行後も、多数のハーン論を執筆している。[76] いかなる文化的あるいは政治的な観点から、ハーンと日本主義が結びつけられたのかについての経緯と個々の内容の再検討は、現在のハーン評価を考えるために必要な作業となるであろう。

ハーンは英米においては戦中戦後で評価がいちじるしく低下し、ハーンを近代日本が生んだ攻撃的な国家主義者と捉えるような見方も強くなった。もともと西洋文明批判の姿勢が強く、日本への同化傾向が濃厚だったハーンが、客観的な評価を受けてこなかったということもあるだろうが、野口が国外に向けてハーンを擁護し日本においてハーン評価を高めていたという歴史的な経緯が、野口に対する評価とからんで現在までの国内外のハーン評価に影響したことも否定できまい。野口とハーンを結びつけた論究がほとんど行われてこなかった背景には、野口を介在させるとハーンの日本崇拝の言説が政治的な観点に覆われてしまうという危惧があったのかもしれない。

第一〇章　大正期詩壇における野口の位置

お前は何を考へてゐますか、
重さうな瞼の下から何を眺めてゐますか？
（中略）
お前の額を見ると
恰も噴火しさうな火山のやうだ……
なんだか危險でたまらない、
その下で何等の思索が感情と争つてゐるであらうか？
（「自分の假面に向つて」[1]）

1　象徴主義から民衆派への系譜

（a）象徴主義のその後

本章では再び日本における野口の詩人としての活動に視点を戻すことにする。大正から昭和初頭の詩壇では、象徴主義の移入以降、様々な主義・思潮・学説、つまり多彩なイズムが勃興し、次々と世代交代が起こっていったが、その中で野口はどのような位置にあったのだろうか。

この時期の多くの詩人や文化人は、海外の芸術思潮を学び倣おうとしたが、その海外で認められた野口は彼らを圧倒する存在であった。たとえば、それは次のような表現にあらわれている。

ヨネ・ノグチに對する智識なくして外遊する邦人が、教育ある日本人としての一資格を缺くの批評を受くる事實を知らば、氏の詩を知る事は日本人の義務なりと云はざるべからず。これ必ずしも誇張の言を弄するものにあらず。[2]

野口の著作を読むことは日本人の教養であり、国外で恥をかかないためには必須である、というのである。これほどの扱いに、野口を煙たがる同業者があらわれたとしても不思議ではない。ましてや流派間の激しい攻防や論争合戦が繰り返された大正詩壇である。野口が、誰かから何かしらの反発を受けたり、敬遠されたりすることは避けられなかったであろう。しかし、繰り返しになるが、〈あやめ会〉の挫折以降の野口が日本詩壇の中で居場所を失っていたわけでは決してなく、むしろ彼は、詩壇の内部争いをうまくくぐりぬけて、独特の位置を確保していた。特に一九二一、二二年頃からは、野口は日本語詩の創作を旺盛に発表するようになり、その活動が日本詩壇においてもあらためて注目されていた。(3)

では、第五章で述べた象徴主義の仕掛け人たちは、大正期にはどうなっていたのか。上田敏は一九一六年に没し、一時は象徴詩派の中心的存在であった蒲原有明は口語詩に着手したとたんに詩を書かなくなってしまった。岩野泡鳴は新日本主義など独自の言論活動を行っていたが、相変わらず奔放な言動や恋愛スキャンダルによってバッシングを受けながら、一九二〇年に亡くなった。(4)

そして詩壇は、小さな集団に分かれて派閥対立の様相を呈していた。一九一六年六月に萩原朔太郎と室生犀星の同人詩雑誌『感情』が、一二月には川路柳虹の『伴奏』、一二月には山宮允らの詩雑誌『詩人』が創刊されるものの、この時代は基本的には民衆詩派の流れが強くなっていた。

一九一七年五月に、萩原朔太郎は三木露風の観念的象徴主義を批判し(前述第五章)、同年九月に川路柳虹は「三木・萩原両氏の詩作態度を論ず」の中で、詩壇の問題は《神秘主義象徴主義に対する一種の反抗的氣勢》が高まり、これに代わって《現實的民主的人道的とも名付くべき傾向》が顕著になったことだと論じた。(5) そしてこの朔太郎の露風批判を契機に詩壇全体を巻き込んだ論争が始まり、全詩壇的な交流の場が必要だということになって、一九一七年一一月に〈詩話会〉が結成された。(6)

この年は、萩原朔太郎が『月に吠える』(二月)を出版し、日夏耿之介が『転身の頌』(一二月)を刊行した年である。野口は『三田文学』(五月号)で、朔太郎の『月に吠える』を絶賛した。朔太郎は当時、北原白秋らの集団の中で認められていた存在であったが、野口の評価が、朔太郎が詩壇全体の中でいっそう注目されていく契機となったとも言える。たとえば蔵原伸二郎は、朔太郎を《いちはやく詩壇に推奨したのは野口米次郎》だと述べている。(7)

岡崎義惠は、この二つの詩集『月に吠える』と『転身の頌』の刊行をもって象徴詩の《爛熟の極》とみなし、以後日本の象徴詩は《退潮の途を辿る》と捉えている。岡崎は、萩原朔太郎と日夏耿之介を象徴詩派の代表者として人道派・民衆派に対立させて捉え、朔太郎が象徴派の傾向を強く持っていたにもかかわらず露風派に対する党派的感情から反象徴詩を主張していき、象徴主義が退潮していく、という見解を示している。(8)

しかし、別の見方もできる。野口の帰国とほぼ時を同じくして移入された象徴主義の延長線上に、民衆詩派の系譜、モダニズム詩人たちの系譜、そして〈日本的なるもの〉の模索や日本回帰が、連続的に連なっていったという見方である。

一九一七年はロマン・ロランの『民衆芸術論』が大杉栄に

よって翻訳された年でもあり、デモクラシーの潮流の中、民衆芸術論が盛んに論じられた。アメリカのホイットマンやトラウベル、英国のカーペンターなどが、民衆派の詩人に影響を与えて日本詩壇でも隆盛となった。大正詩壇は象徴主義詩から、口語自由詩形とともにこの庶民的傾向の詩へと移っていく。しかし、ホイットマンやトラウベルらを崇拝するいわゆる民衆詩派の潮流は、同じくホイットマンを崇拝していた野口を介在させてみれば、象徴主義の一つの展開であったと見ることも可能である。前述のとおり野口は、ホイットマンを評価するヨーロッパの象徴主義者たちから見いだされ、その象徴主義思潮の系譜と内実を日本文壇に伝えようとした立役者だったからである。(9)

以下では、ホイットマンやトラウベルの紹介に果たした野口の役割についても触れることにするが、その前にここでもう少し、象徴主義の隆盛から民衆詩的傾向にいたった大正詩壇の中での、一九一七年以降の象徴主義詩人らの活動を見ておこう。

一九一九年五月に象徴主義詩人たちの合同詩集『日本象徴詩集』が出たとき、その顔ぶれは三木露風、柳澤健、西條八十、上田敏、北原白秋、日夏耿之介、河井酔茗、蒲原有明らのほかに、若い世代の詩人たちを加えた三二名であった。だが、ここに野口や岩野泡鳴、そして萩原朔太郎らは参加していなかった。

一方、海外の象徴詩の翻訳として、菱山修三のヴァレリー訳、鈴木信太郎のマラルメ訳、多数のボードレールやヴェルレーヌの訳、そして山宮允の「イェイツ詩抄」などアイルランド象徴詩が訳出されて、日本文壇の象徴詩の展開と連なった。

また、岡崎義恵は、古典の評価にドイツ感情移入美学に立つ象徴詩論を転用して、「日本詩歌に現はれたる気分象徴」(『帝国文学』一九一九年六月―一九二〇年一月)を発表した。川路柳虹も「日本詩壇の象徴主義を論ず」(『文章世界』一九二〇年五月)の中で、ドイツ感情移入美学の代表的哲学者ヨハネス・フォルケルト(1848-1930)の翻訳時に〈象徴〉の語が使われるようになったことを述べて日本の象徴詩史を論じ、詩壇の一部では象徴主義を狭義の技巧的な概念と誤解しているのではないかと指摘した。(10)

そして注目すべきことは、三木露風には批判の矛先を向けていた萩原朔太郎が、西洋の象徴主義を日本の伝統に結びつけて論究していったことである。朔太郎は「日本詩歌の象徴主義」(一九二六年)で、『万葉集』『古今集』『新古今集』の和歌の歴史を述べ、『万葉集』を世界的に見て至上最高の象徴主義詩で、複雑なデリカシーを備えた近代性は持たないものの素朴で原始的な象徴表現であったとし、『古今集』以後には、マラルメらの詩的哲学に通じる複雑で近代的な感覚と情緒をそなえた象徴詩があらわれていたと論じている。(11)また「象徴詩について」(一九二六年)の中では、象徴主義に、表現上の形而上主義と、形而上学的な実在性を暗示したものとの、二種類があることを説いた。前者の例としては、〈自由〉〈率直〉〈簡潔〉の特徴を持つ『万葉集』や西行があてはまり、後者の例には、芭蕉やマラルメ、イェイツらが属すると論じたのであった。(12)

このように象徴主義の詩人たちも決して停滞していたわけではなく、特に翻訳や理論において大きな展開を見せていたのである。

(b) 民衆詩派・野口・トラウベル

さて、民衆詩派も、象徴主義詩派がそうであったように、一つの組織やグループを指すわけではない。それは、デモクラシーの気運の中、英米の民主主義的な思想傾向を持ち、視野やモチーフを社会的・庶民的に拡大して、労働者や農民の労働、小市民的生活などを詠った詩壇の一潮流のことである。そして上述のように、彼らと白樺派の人道主義の詩人たちに大きな影響を与えたのが、ホイットマンやトラウベルらアメリカの民主主義的詩人たちであった。

第四章で見たようにホイットマンの弟子・トラウベルは野口の友人で、野口を高く評価していた人物の一人であった。このトラウベルの日本への受容にも野口が関わっており、早くから「ホーレス・トラウベル」(『読売新聞』一九一五年七月)、「民主主義の人トラウベル」(『文章世界』一七年一一月)などを執筆して紹介していた。

また、長沼重隆の回想によれば、野口の所蔵していたミルドレッド・ベーンの著作『ホーレス・トラウベル』(一九一三年)を富田砕花、白鳥省吾、福田正夫が《拝読》して、ここから日本のトラウベル受容が始まったという。[13] 白鳥もほぼ同様の回想を残している。[14] したがって、トラウベルと親交のあった野口からこの民衆派の若者たちに、直接的な助言や影響があったと考えられる。一九一八年四月頃、当時はまだ無名の福田がトラウベル宛に何度も手紙を出していたことが、長沼によって回想されている。[15] 同じ頃、野口に憧れて滞米した長沼もトラウベルに直接手紙を書き(前述第五章第3節(d))、ニューヨークで一時期はトラウベルと生活をともにしていた。[16]

一九一八年一月、福田の企画によって雑誌『民衆』が創刊され、以前から民主的、庶民的傾向を示していた白鳥や富田、百田宗治などがそこに加わって、〈民衆詩派〉と呼ばれるようになる。『民衆』の創刊号は、《われらは郷土から生まれる。われらは大地から生まれる。われらは民衆の一人である。世界の民である》という宣言で始まっていた。

同年一一月には前述のように大正詩壇の大同団結の機関として〈詩話会〉[17]が誕生するが、そこには、これらの民衆詩派の詩人たちも多く加わっていた。しかし、民衆詩派と象徴主義系の詩人たちが対立し、新人推挙の方法についての意見の相違などから内紛が起きて、象徴主義系の詩人たち(北原白秋、三木露風、日夏耿之介、西條八十、堀口大学、竹友藻風、茅野《ちの》蕭々《しょうしょう》、山宮允ら)は一九二一年三月に〈詩話会〉を脱退して〈新詩会〉を結成する。ただし、萩原朔太郎や室生犀星は〈詩話会〉に残った。その後、〈詩話会〉は川路柳虹や民衆詩派の詩人たち(福士幸次郎、百田、白鳥、福田ら)が中心となって再出発を図り、二一年一〇月から二六年一一月まで月刊誌『日本詩人』(新潮社)を刊行した。[18]

この『日本詩人』の一九二四年九月号では、トラウベルの五周年忌にあたって〈追悼特集〉が組まれた。長沼重隆の依頼によって、トラウベルの妻アンネ・トラウベル、フランスのホイットマン研究者レオン・バザルジェット（1873-1928）、トラウベルの親友であったフローラ・マクドナルド・デニソン（1867-1921）やJ・W・ウォレス（生没年不詳）[19]が海外から追悼文を寄せている。

トラウベルについては、アメリカ本国においてよりも、日本の詩人たちからの注目度の方が高かった。白鳥は、トラウベルがホイットマンの熱愛者であることや、トラウベルの詩が《珍らしいほど社會的要素》を持っていることが、民衆詩派の詩人たちの注意を引いたと書いている。また、トラウベルは〈私は最初のトラウベルたらんより第二のホイットマンでありたい〉と言ったが、これは謙遜で、彼は《立派な獨創の世界を持つてゐる》と評価した。白鳥はトラウベルの第一詩集『共産の歌』が一九〇四年に出されていたことや、その深い社会的要素が当時のアメリカでは理解されなかったことにも言及している。[20]

つまり、民主詩派の詩人たちにとってのトラウベルとは、単なるホイットマンの弟子としてではなく、《金銭と人間を支配する資本家に對する問題と挑戰》をした社会派詩人として、また、《ホイットマンの行かなかつた未踏の領域を開拓》した人物として、[21]受容され評価されたのであった。その評価自体に野口の影響があったとは考えにくいが、いずれにせよ野口が大きく関わったトラウベルの受容は、大正期から昭和期にかけて、民衆詩派の詩人たちが社会主義的な傾向へと向かう経緯を考える際に重要な鍵となる。

2　一九一八年の野口
——雑誌『現代詩歌』の特集号より

(a)　ホイットマンの見方

次に、一九一八年二月に創刊された雑誌『現代詩歌』の特集号にあらわれる野口の意見を中心に、大正期前半の詩壇の傾向についてさらに追究してみよう。

川路柳虹が主催する詩誌『現代詩歌』（曙光詩社）に野口が寄稿したのは、〈ホイットマン〉特集、〈イマジズム〉特集、そして〈戦争詩歌〉特集である。これらはいずれも、一九一八年の日本詩壇の関心と方向性、また第一次世界大戦を迎えた国際情勢、そしてその後の大正詩壇の傾向を如実に表しているテーマであった。

創刊号は「ホイットマンの研究」号（一九一八年二月）であった。編者の川路柳虹の序文によれば、当時すでに詩壇の一部には民主主義的傾向があらわれており、ホイットマンの人気が高まっていた。[22]そのためもあってか、この創刊号はたいへん好評で、即日売り切れとなり、問い合わせや注文が殺到したという。[23]

この号は、岩野泡鳴「ホイットマンの思想と形式（評論）」、野口米次郎「米文壇におけるホイットマニズムの失敗（評論）」、高村光太郎「自選日記の一節（飜訳）」、白鳥省吾「民衆詩人としてのホイットマン（評論）」、川路柳虹「『草の葉』より（飜訳）」、山崎泰雄「ホイットマンの性格（ヘーヴロック・エリス）（飜訳）」から構成されている。

野口の論考は、アメリカの雑誌に掲載しようとしていた文章を自ら日本語に翻訳したもので、その英文の原稿は、一九一九年三月にニューヨークの『ブックマン』に "Whitmanism and its Failure"（「ホイットマニズムとその失敗」）と題して掲載された。野口のホイットマン認識と批評は、大正詩壇にあって遙かに抜きん出ており、野口独自の思想によるものであった。野口は次のように述べている。

私がいつもウイツトマンに對して考へてる意見は彼の豫言者的正論者たる點にはなくて彼が樂天的理想を追憶的に追究してゐたといふ點に於いてゞす。勿論私は彼の特殊な文學的地位と云ふものを認めてゐる。併し、尠くとも私の心の中では平和や自由に對する彼の詩の世界は實現さるべき未來に就いての生産的な暗示を持つてゐなかつたやうに思へる。換言すれば彼はむしろ亞米利加の精神的過去を復活ささうと試みた一個の詩人だと云へる。(24)

ホイットマンの主張は、楽天的な理想を過去に求めるものであり、将来実現できる具体性を持った形での〈平和〉や〈自由〉を捉えてはいない、というのである。ホイットマンは、文学的な理想を単純に叫び、《所謂「野蛮な怒號」"Berbaric Yawp" をやつてゐる》けれども、現実的な実行力は持っておらず、現実社会に反映させうる思想背景に欠けており、《形式的な命令的詞句》を書いていたとしか思われない、というのが野口の見解なのであった。また、ヨーロッパのホイットマン批評家や讃美者は、自由や平等の原始的要求の実証としてホイットマンを認めていないのではないか、と野口は論じている。(25)

私の最重要な意見の一つは米國文壇は今日謂ふ所のホイットマニズム Whitmanism を如何にして忘却すべきか、また古い理想主義の縄縛から解放されて現代の亞米利加の性狀と希望とに適合する實際的な自由と平等とを如何にして建設すべきかといふ問題にある。私は斷言する、一個の詩的復活としてのウイツトマン、若しくは一個の文學的圖式《フォームユラ》としてのウイツトマンを認めよ、そして彼自身を最も強く實證せよ、斯様な條件の下に於てのみ私は特殊の尊敬を彼に拂ひ得ると思ふのです。(26)

野口は、ホイットマンを軸にして現代のアメリカの文学界が革新を目指していることを論じながらも、事実は《今日は無數の小ホイットマンが輩出してゐるだけである》と厳しく批評し、《現代亞米利加の文學は徒らに荒唐無稽なものや又餘りに野蠻な樂天主義を謳歌すべきではなくて、思慮ある教養と生産的な文化とに依つて確實に建設的に生み出さるべき》であると述べる。では、野口はホイットマンのどのような詩について《危險である》と述べているのか。

I will make the continent indissoluble,
I will make the most splendid race the sun ever shone upon,
I will make divine magnetic lands,
　with the love of comrades,
　with the life-long love of comrades.
（私は破ることの出來ぬ大陸をつくらう、
私は日の照る下に於ける最も偉大な種族をつくらう、
私は神聖なマグネットの如き國をつくらう、
　人々の愛をもつて
　人々の生き永らふ愛をもつて[27]）

このような単純な精神について、《亞米利加に警告して民人の心を奮い立たしめたこのホイツトマニズムは今考へるとあまりに抽象的で且つ夢幻的で些しも實行力を伴はぬのみか單なる回想的な樂天主義といふより他なく、また屢〻無責任であつた》と野口は述べる[28]。ホイットマンがその当時の詩壇に対する《莫大な反抗》であったことは認めるが、現代においても同じ単純さと無責任さで詩作することは問題である、と。

　もしホイットマン主義が現代の吾々と共棲することを强要するならば歐羅巴や、亞細亞から滔々と侵入してくる混亂した文明や教化と如何にして一致するであらうか[29]。

グローバル化する現代の国際状況は《世界的に解決されなければならぬ問題》であり、《大問題》であると野口は考えていた。《童幼のごとく》安穏とした旧式のホイットマン文学に心酔している場合ではない、ホイットマンの語る国家認識に満足している場合ではない、と野口は指摘し、ホイットマンの理想の無責任さや実行力を伴わない点を、現代社会に合わせてもっと広い視点から克服しなければならない、と論じたのであった[30]。

　野口の「米文壇におけるホイツトマニズムの失敗」は、英文で国外の雑誌に発表された際にはアメリカの詩人たちに対する注告であったが、日本の『現代詩歌』に発表された際には、日本の詩人たちに対する予言的な意味を持ったと言えよう。このような野口の主張は、ホイットマンやトラウベルを受容し始めたばかりでホイットマンの思想に心酔していた日本詩壇にとっては、時期尚早とも言えるものであった。

（b）イマジズムへの言及

『現代詩歌』の一九一八年三月号は「イマジズム（寫象主義）の研究」号である。特集は、山宮允「イマジズムとは何ぞや（評論）」、野口米次郎「寫象主義《イマジズム》私見（評論）」、川路柳虹「寫《イマ》象派《ジスト》の態度（評論）」、平戸廉吉「イマジストの心境（評論）」が掲載され、その後、「イマジストの詩集（飜訳）」として、フレッチャー、フリント、ロレンス、オールディントン、エイミー・ローウェル、ロバート・フロストの作品が山宮と川路の共訳によって紹介された。

これは、日本の文壇においては最も早いイマジズムの紹介だった。編集後記に川路が、《本號巻頭に掲げた「イマジズムの研究」は眞に本誌獨特のものでまだ日本の文壇にこの運動の紹介は一つも出てゐない。どうかその氣で讀んで頂きたい》と書いている。[31]

巻頭の山宮の評論は、イマジストたちの名前の紹介、イマジズムの主張、イマジスト綱領の紹介など英米の理論を翻訳し紹介しているに過ぎず、特に独自の見解はない。山宮はシカゴの詩雑誌『ポエトリ』についても触れている。

一方、野口の寄稿論文は、イマジスト運動についてであるが、紹介の域を超えて独自の見解を述べたものである。野口は象徴主義詩のあとに生まれ出たイマジズムや〈新しい詩〉の運動を、美術界において印象派のあとに派生した後期印象派やキュビスムのような反応であると捉えている。[32]イマジズムに関する野口の主張とは、端的に言えば、読者があってこそ詩が完成される、ということであった。

> 詩と讀者との一致融合 Corporation といふ點を開拓してきた運動の一つ——とも云へまいがまづその主張の要素としてきたと云つても良い點で英米詩壇近來の運動たる Imagist の態度は確かに詩界に新領域を提供するものと思ふ。[33]

従来の詩は、読者というものを眼中においていなかったが、読者が、詩人の取り扱うイメージ（写象）と一体になる、詩と一体になるという点を意識し始めた、この点がイマジズムの主眼であったと言うのである。つまり、芸術の存在に鑑賞者の視点を見いだす点では感情移入美学に近いが、詩と読者が一体となるということは、読者にそのイメージ（写象）を想像し補足させることを意味する。

> それ故その寫象は固定したものぢやなくて動的に流動してゆく寫象である。詩人の捉へた寫象《イメージ》が讀者の中にも注ぎ込まれるといふためには詩人が自分の個我を極端に發輝するといふことは出來ぬ。そのためには詩人は自己の捉へた寫象は縱し漠然としたものであつても讀者と協和する丈けの暗示性を持つておらなければならぬ。[34]

これはまさに、英国で俳句について講演した内容と同じことを述べていると言えよう。野口は象徴主義からイマジズムへの流れを次のように捉える。

> 傾向上から云へば寫象派《イマジスト》はやはり象徴派《シンボリズム》から更に轉化したものでせう。即ち一定の表徴《シンボル》といふものに拘捉しないで詩人の感じる寫象《イメージ》そのものを讀者の心の上に投げつけ、讀者と共鳴をえてその詩を完成すると云つた風な——私の解釋は多少氣儘《アービトラリー》であるか知らんがさう云つた點が大分在來の詩の行

き方と異つてゐるんぢやないかと思ふです。(35)

つまり、象徴主義の系譜の中で評価された野口自身が英国人たちに語っていた〈鑑賞者の共感を経て詩や芸術が完成する〉という視点が、まさにイマジズムの本質や方法につながっていると捉えられている。そしてそれは従来の西洋の詩に対する考え方とは異質なものであり、新しい認識であったと述べられているのである。

イマジズムについては、これ以後、日本の詩壇で盛んに紹介され、論じられていく。大正期詩壇の中核にあった『日本詩人』にも、また昭和初期のモダニズム雑誌『詩と詩論』などにも、イマジストやイマジズム詩の紹介が多数見られるようになる。

(c) 戦争詩について

『現代詩歌』の一九一八年七月号は、「戦争詩歌」号であった。この特集の筆頭をかざったのは、野口の評論「戦争と英國詩壇」である（野口の次に山宮允の「詩歌と戦争」が続く）。第一次世界大戦の終盤を迎えていた一九一八年夏当時の、戦争詩に対する野口の意識はどのようなものだったのだろうか。

野口が述べるのは、次のようなことである。日露戦争当時、日本には真実の戦争詩がなかったように、今日の英国にも《眞の詩と誇られうる戦争詩》は一篇もない。《國家危急の場合には詩で人心を統一する責任（?）を持つてゐる役と解釋されて居る所謂桂冠詩宗《ポエトローリエート》の榮職を占めてゐるロバート・ブリッヂス》も、ビニョンらの若い詩人たちに比べると《劣つた結果》を示している。(36) しかし、と野口は言う。田園の自然や恋愛を詠う詩人として桂冠詩人になったブリッジズが優れた戦争詩を書く必要はないのであり、ブリッジズは《賢明な人である》。(37) 一方、《かういふ國家の大事件の場合に出なくてならぬ帝國主義の文學者ラドヤード・キップリング》にも《立派な戰爭詩》がなく、ノーエスにもアバクロンビーにも、彼らの名声を辱めない戦争詩がない。(38) 野口は、《英国の詩人は戦争を問題として捕へる力を欠いて居るのか》と問いかけたあと、次のように論じた。

> だが今回の大戰爭は英國の詩界に大な變動を與へてゐる。之れは何であるかといふに、この大戰爭を一時期としての詩の定義が異つて來て戰爭前に詩と受取れたものが戰爭開始後には詩と了解されなくなつた。これは英詩界に於て大問題といはねばならぬ事件である。明瞭に戰爭前の詩と戰爭開始後の詩とを比較すると内容と外形共に一大變化を呈してゐる。(39)

野口は、戦争によって有望な青年詩人たち――ルパート・ブルック、J・E・フレッカー、スティーヴン・フィリップ、アイルランド詩人のトマス・マクドナフらを挙げている――が戦死し、詩壇の雰囲気が変化したということを指摘する。(40) そして《英詩壇は随分緊張して來て、戦争前に於ける「社會上の自覺」

を尚ほ一層痛切にして遊戯的文字は全く詩からその影を匿して仕舞つた》と述べる。[41] また、一九一四年以前の英詩は一定の韻律を重要視するばかりで、言葉の独立やその価値を十分に重んじていなかったが、一九一四年以降の英詩界は、内容にふさわしい新しい韻律を創造しようとしていると言う。[42]

以上のように英国詩壇の変化を説明したあと、野口は日本の詩壇の現状を振り返る。野口によれば、日本の詩壇は、物質面のみならず精神面の上でも貧弱で不毛である。

> 詩が社會上にさほど重要な位置を占めてゐないといふことは甚だ慨嘆すべきことである。詩の生氣に乏しい國と云つたら現今日本を以てその最なるものとせねばならぬ。隣國の米國を見よ。如何に今日の米國が詩を鼓舞奬勵して居るかを思へ。新しい國の勃興は詩の上に顯はれる。詩の出版される量ばかし見て眞の詩が存在すると思ふほど私は近視眼者流ではないが詩が盛んである米國は國に見込のある證據であり、又詩を尊重する英國はまだ〲青春の氣分に富んで老朽の形容詞を拒絶し得る國であると思ふ。[43]

この時期の野口は、日本の社会において重要な意義と価値を持つ詩歌のあり方を求め、国外を意識しつつ日本詩壇に警鐘を鳴らしていた。英詩における戦争詩の不作と戦争による詩の変化を報告しながら、国家に関わる文学の意味と、詩人としての責務を考えようとしていたと言える。

以上、川路柳虹の主催した『現代詩歌』に見られる一九一八年の野口の詩論について見てきたが、次は大正期最大の詩誌『日本詩人』を取り上げてみよう。

3　大正末期の野口——雑誌『日本詩人』

(a)　野口米次郎記念号

雑誌『日本詩人』で、野口の五〇歳を記念した「ヨネ・ノグチ特集」号が組まれたのは、一九二六年五月である。[44]

この特集号には、内田露庵「世界的に承認された亜細亜の詩人」、若宮卯之助「野口米次郎論」、生田長江「野口米次郎氏に就いて」、土田杏村「日本の精神的大使野口米次郎」、川路柳虹「逆説の詩人」、井汲清治「詩人野口米次郎」、広瀬哲士「観照の詩人」、幡谷正雄「世界的詩人ヨネ・ノグチ」、長沼重隆「野口さんのこと」、南江治郎「詩父・野口先生」、ロバート・ニコルズ「文明批評家野口米次郎」が寄稿されており、みな野口についての称賛と敬意の言葉を綴っていた。順に見ていこう。

まず内田露庵は、日本の文芸家からノーベル賞受賞者が出るとすれば野口以外にはないという持論を述べる。野口米次郎は野口英世以上に世界的に認められており、日本の過去および現在の文化を世界に紹介した功績は、ハーンに並称されるかハーン以上である、と。そして、西洋社会ならば叙勲され叙爵されるに値するだろうに、野口は《日本の國家及び公衆》から何も報われていないと、内田は強く憂えてみせた(45)。

生田長江は、野口が大正期の日本詩人の中で孤立する状況について、次のように書いている。

> 野口氏がナイイヴな傳統主義をすててから餘りにも久しくなる。盲目的な西洋崇拜家と調子が合はなくなつてからもかなりの月日はたつた。しかも、批判の態度を持ち乍ら、新しい日本的なもの、東洋的なものへ歸つて行こうとしてゐる氏の現在の根本傾向は、殘念ながら西洋崇拜の曹蘭なる日本の所謂新しい文壇人や詩人達から、甚だ共鳴されにくいのである(46)。

国際的な文化潮流を肌で知る野口の、いわば文化相対主義的な視点をふまえた《日本的なもの、東洋的なもの》の尊重が、日本国内で西洋文化を一方的に眺めて憧憬し模倣・追随しようとする者たちからは共感されにくい、というのである。

土田杏村は、野口が《日本の父であり、また米の飯》のような存在であり、《尊敬》があるのみで《印象を正しく叙》すことはできないと書いた(47)。また、若者のグループの中には、想像していた以上に野口の賞讃者・崇拝者が多数いると知ったときの驚きの体験を記している(48)。

川路柳虹は次のように述べる。

> 吾々は氏が今日の日本に於てはむしろ保守主義に立つ思想家であることを是認する。彼は智性の豊かな詩人である。彼は一個の現實批評家であつて所謂夢想を追ふ人ではない、と同時にこの現實人はまた決して「今在るものゝ」の一切に屈從する現實人ではない。彼は星のやうな手のとゞかない理想をもたないが、彼の理想は現實を正しく觀ることからやがては到達しうる可能な世界を想像することにある(49)。

この川路の認識、つまり野口は夢想家ではなく現実を把握した中で〈到達可能な〉理想世界を追求する人間であるという評価は、野口の一九三〇年代、四〇年代を考えるときに、実に彼の性格の本質を突いていたように思う。また川路は野口について、《この逆説の詩人はむしろサタイアを捨てゝむき出しの好意を人に示さうとする抒情詩人である》とも述べている。サタイア、つまり風刺やアイロニーにかたどられた詩人ではなく、好意や人情にあふれた詩人であるという意味である。また川路は、野口の《散文的な詩體》は《律語に拙であるといふより》もむしろ《詩の生きた赤裸々な姿を表出》するために巧みな韻律を否定するものだと評していた(50)。

このように同世代の大御所的な文壇人らが高く評価しているのに並んで、若者たちも野口を称賛している。南江治郎は「詩父・野口先生」と題した文を寄稿し、人生においても詩業においても《山上に立つ詩人ヨネ・ノグチ／その衣は三角形の頂點集中《コンセンツレーション》である。／ヨネ・ノグチの衣は裾長く四方の下界にまでひかれ、／自らの手で織られた其模様はダンテの地獄、煉獄の圖で滿ちてゐる》と礼讃した詩を挿入している。野口に対して、《君は地上のダンテを導ひた詩聖ギルギリウスであり／直観の聖ベルナルトとなるであらう》と称するほどの崇拝ぶりである。[51] 幼少時より野口に憧れて影響を受け、上京して野口の門戸を叩いた南江は、大正末には野口の美術評論『北斎』を邦訳しようとしていた。[52]

『日本詩人』でこの野口特集が組まれた時期は、萩原朔太郎が編集を務めていた。そのためか、朔太郎自身は『日本詩人』の特集号には野口についての文章を寄せていないが、同じ一九二六年五月の『詩歌時代』の創刊号に「野口米次郎論」を書いている。[53]『詩歌時代』（二六年五月―一〇月）は、若山牧水の主催した詩・歌・俳句を併せ掲げた雑誌であり、その創刊号の巻頭論文が朔太郎による野口論だった。

朔太郎は野口の『表象叙情詩集』から詩「沈黙の鳥」を挙げて、《野口氏の詩風は、どうみても西洋流の詩であって日本人の作る詩でない。すくなくとも和歌や俳句の傳統に育った民族の、自ら作ろうとして作り得る詩ではない。詩語の使用法ばかりでなく、観念の運び方それ自体が外國語の文法的で、根本から西洋詩人の情操である》と述べた。[54] しかし同時に、詩人としては傑出した情感と理想を持ち合わせた人物であると、崇拝の念を示している。[55] 朔太郎は『表象叙情詩集』を高く評価して、その詩の一つ一つが《獨自な哲学を語》り、《思想》を有しているとも論じた。

また野口の境界性については、次のように述べている。

> 西洋人が、もし野口氏のこの詩集をみたならば、彼等は直ちに「神秘的な暗示にみちた純粋に東洋的な象徴詩」と呼ぶだろう。しかるに僕等は正に反對であり、それからして西洋詩の珍らしい新様式を學ばうと考へてゐる。僕等にとつて、それは「東洋的な象徴詩」ではなくして、逆に「西洋的な観念詩」である。これほどにも、實に我々と西洋との間には驚くべき間隙がある。いつ、どうして、だれがこの眞空を埋めるだろうか？ 思ふに印度は東西兩洋をつなぐ橋であり、そして我が野口氏が、丁度日本のタゴールに比喩される。實際の所を言へば、彼の詩境は日本的でなく、また純の西洋的でもない。彼はこの中間に居る「印度人としての東洋人」だ。[56]

西洋人の側からは《東洋的》に見え、日本人の側からは《西洋的》に見える野口を、タゴールとも重ねて《東西兩洋をつなぐ橋》、東西文明の境界に位置する《印度人としての東洋人》と捉えているのである。

ちなみに、同じ一九二六年の五月一五日には、野口の詩生活三〇年を記念した「紀年文芸大講演会」が慶應義塾の大講堂で催されている。『日本詩人』と『三田文学』の合同主催であった。千名を超える聴衆を集めた会の司会は島崎藤村が務め、講演は、野口に加えて川路柳虹、佐藤春夫、井汲清治、長谷川如是閑が登壇し、朗読を福田正夫、中谷悟堂が行った。[57]

（b）野口をめぐる争い――中央亭騒動事件

このように野口は大正詩壇で敬意をもって扱われていたが、しかし一方で、野口が引き金となって、大正末期の詩壇の混迷を顕著に表す事件も起こった。〈中央亭騒動事件〉（一九二六年五月一一日）と呼ばれる、萩原朔太郎と岡本潤の乱闘騒ぎである。

事の発端は野口のスピーチであった。宴会の半ばに指名によるテーブルスピーチが始まり、朔太郎の隣席にいた野口が指名されて演説した。その演説と感想について、朔太郎は「中央亭騒動事件」（『日本詩人』一九二六年六月）で次のように書いている。

その演説の意味はかうであつた。雜誌「日本詩人」が自分（野口米次郎）のために評傳號を出してくれたことを感謝する。しかしあの雜誌をよんで甚だ不滿に耐えなかつた。何となれば執筆者の米次郎論が、すべて皆退屈らしく、いかにも義務的の態度で書いてあつたからと。それから氏（野口）は言葉をつづけて、若山牧水氏の雜誌に書いた私（朔太郎）の米次郎論にも、大に不滿の點があることを述べられた。

野口氏のこの演説は、私を非常に感動させた。野口氏が孤獨な人であり、世に理解されない心情の所有者であることを、私は前から深い興味と愛敬とで眺めてゐた。野口氏の本質的心境たる熱情を、世間の人は殆んど知らず、皮相なる氏の表皮からして、いたずらに氏をクラシックの詩匠として所謂「世界的詩人」の無意味な神殿に祭りあげてる。日本の詩壇一般、及び淺薄なる世間の俗見が見る野口米次郎氏は、正に世界的詩人の無意味な空語で「神殿に奉られている道化者」の觀がある。

詩人的敏感性の著しい野口氏がいかにしてこの孤獨を感じないことがあるだらう。思ふに故國における野口氏の不滿と寂しさが此所にある。他のことはともあれ、野口氏の性格にみるこの不可解の孤獨性、それから生ずる人生的熱情を氏に感ずるとき、僕はこの先輩に對して純一の愛慕を感ぜずには居られない。（括弧内、堀）[58]

朔太郎は《興奮して立ちあが》り、《幹事の指命も待たずに勝手の演説を始め》て、野口に対して《詩人としての深き愛慕を感ずる》という会衆の感情を代弁した。しかし、朔太郎の発言の最中に、誰かが《「先生とは何だ！」「先生という必要がない！」》と野次を飛ばした。[59]

私は直覺的に野口氏への評しがたき侮辱を感じた。野口氏も明らかに間の惡い思ひを感じたらしく、直ちに私にあいさつして會場を退席された。（中略）私は自分の演説からして、野口氏に二重の惡い思ひをさせたことを氣の毒にも心苦しくも考へた。折角宴會に出席して、周圍の空氣と容れられず寂しく歸つて行く老詩人のことを考へ、言ひやうもなく寂しく口惜しい思ひを感じた。[60]

そのとき、朔太郎の前席に向き合っていた尾崎喜八が突然、何か別のことで自分が侮辱されたと言って憤慨し始め、急に卓を叩いて立ち上がった。すると、先ほど野次を飛ばした人物が、再び〈先生とは何だ——先生という必要はない〉と、《既に空席となつてる野口氏の椅子を指して言》い、とうとう朔太郎の鬱積が爆発して《逆上して立上り、怒りにふるえる聲で「默れ！」と怒張りつけた》のだった。怒なりつけた相手は、岡本潤であった。朔太郎は、《カツとして岡本君の無禮を叱罵した》という。その後、岡本が朔太郎の傍にやってきて問答となると、遠くから見ていた室生犀星が《凄まじい見幕で》《野猪のように椅子を振りまはして、一直線に岡本潤へうちかゝってきた》。人々はふだん《謹嚴》な犀星の《意表外》の行動に驚き、犀星を抱き止めて乱闘は終わった。[61]

これが、朔太郎が語った事件の詳細である。朔太郎は〈野口先生〉という敬称を使ったことに関して、次のように書いている。

私としては、師であると否とを問はず、すべて人格的に謙遜を感ずる年長者には、必然に「先生」の稱呼を用ゐるが至當であると考へてる。人間の自由平等といふことは、社會的や制度的には眞理であるか知らないが、人格上には決して有り得ない。人格が人格に對する禮儀の上で階級意識を立てるのは當然である。[62]

ようするに、野口を人格的に尊敬しているから〈先生〉と呼んだと言うのである。それに対して、既存の文学と伝統を否定しようとしていたアナーキズム詩人の岡本潤が「先生と呼ぶな！」と叫んだことは、彼の立場からすれば自然な発言であったとも言える。[63] ちなみに、野口に反発した岡本は、次章で述べるように、一九三八年になると野口を《見直した》と言い、野口の詩を褒めることになる。

このように、朔太郎はこの事件で野口への敬愛を強調したが、しかし、朔太郎の野口への思いは単純なものではなかったはずである。前述したように、朔太郎が親しくしていた北原白秋らが〈詩話会〉から脱退した際、朔太郎は白秋にはついていかずに〈詩話会〉に残った。朔太郎が白秋の主催する雑誌『詩と音楽』に唯一寄稿したのは、評論「假名と漢字」(一九二三年四月号)であるが、朔太郎はその中でも野口に触れている。

朔太郎は、漢字を多用するのは《觀念的象徴詩派の詩壇》で旧派であり、仮名を多く使うのが現代的な詩風であると述べる。そして前者(旧派)の代表的な詩人は、日夏耿之介、野口米次郎、三木露風等で、概してみな叡智的、印象的、古典的、観念的な詩であり、一方、後者の仮名を多く用いる詩人には、室生犀星、大手拓二、そして朔太郎自身がおり、現代的で、その詩想が情緒的・感情的である、と自讃した。[64] 朔太郎が、日夏や露風らに対して敵対心を燃やしていたことは事実であるが、その中に野口を置いていたことには注目せねばならない。

一九二三年当時の朔太郎にとって、野口は旧派の詩人、あるいは旧派に追いやりたい詩人であった。しかし、にもかかわらず、自分よりも若い世代のアナーキスト詩人らが野口に敬意を示さない状況は、断じて許せなかったのである。

大正期の詩壇は、このように派閥や詩人同士の激しい対立があり、野口への批評や批判についても、それらをふまえて考えねばならない。野口は、民衆詩派の勢いの強かった『日本詩人』にも寄稿していたが、それと対立する芸術派系の『詩と音楽』にもしばしば執筆し、また同じく『日本詩人』に対抗する『詩聖』にも多数の稿を寄せた。野口は詩壇の重鎮として様々な場に〈顔〉を出す、いわば超派閥的な存在であった。

4　一九二〇年代の野口——雑誌『詩聖』より

(a)　若い詩人たちと野口の関係

次に、〈中央亭騒動事件〉から少し時間を遡って、雑誌『詩聖』に注目してみよう。この詩雑誌は、『日本詩人』と同じ一九二一年一〇月に創刊された。編集兼発行人は、長谷川巳之吉（1893-1973）になっているが、実際上の主宰者・編集者は大藤《だいとう》治郎（1895-1926）であった。大藤が『詩聖』創刊について玄文社にいた長谷川に相談し、自らが若い世代の中心となって雑誌を牽引していったのである。この大藤が深く敬愛して親しく行き来していたのが、野口であった。大藤が何かと野口に相談を持ちかけていた様子が、『詩聖』の編集後記などから読み取れる。また、野口自身も『詩聖』創刊号から詩を寄稿していた。なお、第一書房を設立した編集者・長谷川巳之吉も野口と親しく行き来して[65]、出版人として野口の知見から多大な影響を受けていた[66]。

野口が〈詩聖〉という雑誌名の決定に関与したかどうかは分からないが、その影響はうかがえるだろう。野口は同じ一九二一年に刊行された『二重国籍者の詩』の中で、西洋の考え方とは異なる日本の〈詩聖〉〈歌聖〉のあり方を説いているからである。

野口の主張は次のとおりである。西洋では、詩人は高い階級の別人種であるが、日本の詩人（歌人・俳人）は一般人と同一階級であり、かつ《花や鳥の存在と一様に自然の現象》として扱われる点が重要である。また、《詩人を普通の人間と神との中間に立つ特別な人間》と見るギリシア思想に似た感覚は、《昔の『歌聖』を神様に崇めこんだ日本にも流れて居る》。しかし、日本の場合はギリシア人のように《荘厳の表象》として詩人が扱われるのではなく、《ポエトリーは天地と共に生れたもの》で、人間を含めた生命体の存在の《眞意味を表現して宇宙の共和的大音樂に參加する有力な部員》として捉えられている。《鳥や蛙とも共通する自然から等しく生れた》日本の詩人は、山や川や森や虫や鳥などの《百萬》の自然現象と同一である[67]。

つまり、〈詩人＝一般人＝自然現象〉という図式が、野口の考える日本独自の価値ある〈詩聖〉の意味であった。もちろん、芭蕉をそのような詩人と考えてのことである。おそらく、このような野口の認識が、『詩聖』という雑誌名の背景にあったと考えられる。

『詩聖』は、詩壇の中核にある『日本詩人』に対抗しうる雑誌として企画・創刊された。当時の詩壇は、《實力よりも同志の勢力によって評判を得ようとする》事例ばかりであるから、《溌剌とした緊張した心》に帰って《空虚なだらけた氣運》を排除し、詩の普及に尽力しようという意図が、創刊号に示されている。また彼らは、国内の詩の普及のみならず、中国の口語自由詩の勢力にも注目しており、詩の相互理解を通して日中親善をはかろうとも考えていたようである。[68]

『詩聖』創刊号が世に出た翌日、執筆者が集まって会合が開かれた。大藤が『詩聖』創刊の感謝の挨拶を行ったあと、野口が約四〇分にわたって談話したという。そのときの野口の話について、大藤は次のように書いている。

> 私は此の晩位、先輩の優れて、どれ程我々を考へさしめたか、かつて味つたことがない。勿論、野口さんは人々が感心するだらうなぞと考へたり、ひとつ頂門の一針をきめてやれとは少しも思はれず、微笑しながら三十年以前を寂しく一人で懐想されてゐたのであつた。けれど何故か私は考えしめられた。
>
> 長谷川君などは眼に一杯涙をためてゐた。
>
> 私は當夜がまだありありとし過ぎてゐて、迚も其話の筋さへ書く氣になれない。唯、時々に、野口さんが米國で此節再版された英詩集の"The Seen and Unseen"の序文を出してきては讀んでゐる。「人間は再び自然に對して、同じ氣持で居られるものでない」、といふ當夜の野口さんの言葉を、今夜特に借りてきて、これだけを書く。[69]

野口の発言内容がどのようなものであったのかを詳細に知ることはできないが、『詩聖』を創刊したばかりの若い詩人たちの心を揺さぶり、詩壇を覚醒させる意欲を掻き立てる《いましめ》であったという。[70]

大正期の野口が、若い詩人たちと親しく交流して、新世代と語り合っていた様子は、『詩聖』の編集後記にあたる「雑感」などに野口の名が頻出することからも分かる。とりわけ野口は大藤――貿易に携ってヨーロッパ・インドを廻り一九一九年に帰国した――と親しくした。おそらく二人は、経歴を含めて性向や詩についての感覚が似ていたのであろう。大藤の第一詩集『忘れられた顔』(一九二二年五月)の「序」は野口が書いている。大藤は随筆『西欧を行く』(一九二五年六月)なども出すが、一九二六年に三二歳の若さで病没してしまう。

野口はその逝去をひどく惜しんだ。野口が大藤に対してどれほど親しく愛情を感じていたのかについては、その追悼文を見れば明らかである。[71]野口は《私は夜も更けて門の戸に錠を下さうとして空を見上げ、骨に滲みるやうに青白い星が滑つたのを見たことがある……治郎の死が私に與えた感じは正にそれであつた》と書き、《惜しい青年を死なして仕舞った》と、彼についての評論を書いてやると言ったのに約束を果たせないまま逝かせてしまった《遺憾》さを綴っている。大藤の《ざっくばらん》で、《直感的な》性格を非常に愛し、《一地方的田舎気質を調節した都會人》であったと褒め、《彼は倫敦にも紐育にも巴里にも乃至はモスコウにも當嵌つた。彼は世界的態度の男であつた》と述べている。

野口の追悼文から感じられるのは、野口がいかに若い詩人に対等な気持ちで、誠実に付き合っていたかということである。大藤は、野口のことを〈先生〉と呼び（雑誌『詩聖』の中では必ず〈野口さん〉と記述しているが、実際には〈先生〉と呼んでいたらしい）、野口は大藤を〈治郎〉と呼んでいたが、友人のようにお互いに親しんでいたことが分かる。野口は、若い大藤の持つ高慢さや生意気な態度が見えたときには愉快に思い、ときに不愉快に感じる場合には《自分の老年を苦笑し罵倒した》と述べている。おそらく昔の自分や息子を見るように接していたのであろう。

この大藤のように、野口を慕った新しい世代の詩人たちは、決して少数派であったわけではない[72]。野口自身も、若い世代と隔てなく親しく付き合うことを喜んでいた。

ホイットマンを翻訳した長沼重隆は、一九二〇年一月にアメリカで竹友藻風と二人で、面識のない野口のホテルに押しかけた日のことを、次のように書いている。

> その時私が野口さんにひどく感心したことは、詳しいことは玆で云ふ必要もないか、とにかく大變深切な、そして人の面倒を見たり、世話することを、さして重大なことと思はず、どん〱する人だといふ印象をうけたことであつた。これも野口さんの苦勞人なところで、氏を知る少數の人が心から尊敬し推服する所因だと思ふ。私などもその後いろんなことで、野口さんには御世話になつてゐるので、一層さういふ風に感ぜざるを得ない[73]。

このときに初めて野口の知遇を得た長沼は、自分の「トラウベル論集」と題した原稿を帰国する野口に託している。野口の尽力もあってか、この原稿は新潮社から出版されることになったが、実現しなかった[74]。

また、若い詩人の南江治郎[75]は、一三歳の頃から《深い憧憬《あこがれ》の的であつた》野口を《偶像化》せずにはいられなかったと告白しているが、《最近になつて親しく先生に接するに及んで、折にふれ襖越しに子供をあやされる善良なおぢいさんとしての野口先生を知り、貧しい私の書齋へも一度ならず二度までも平氣で訪れて下さる人間としての野口先生を知るに及んで、故なき偶像化は破壊されて、それが眞の尊敬と變つた》と書いている[76]。

裸一貫から国際的詩人となった野口に対して少年たちが抱いていた憧憬、そして後輩に親切な野口に対して周辺の詩人たちが感じていた敬愛の念には、並々ならぬものがあった。従来の研究では、このような野口の人間的な魅力、性格や態度や日常生活については、ほとんど忘れられていたのではなかろうか。

(b)『詩聖』における野口評

では雑誌『詩聖』の中では、野口はどのように論じられているのだろうか。

大正詩壇の大御所、川路柳虹は、「生活批評の詩」の中で、野口の詩には《吾々の現實の生活に對する手厳しい批判》が含まれているものが多くあると述べて、《詩壇が眠ぼけた文壇に率先して端的に吾々の現代感情に肉迫し、吾々の生活全體を批判する文藝を提唱する日を待つ》と書いている。(77)

土田杏村は、《羨望す可き生活の享受者としての最近の野口米次郎》には、《言葉によつて生活を虐殺するセンチメンタリズム》がないと褒める。また野口の詩篇「節約」を挙げて、《私の生活を牽きずる》、《私達と甚だ近い特質の詩》と述べ、時代を超えて《本當に我々の持つて居る「日本的」のもの》だと共感を示した。(78) 土田は、当時刊行された野口の詩集『二重国籍者の詩』についても、《甘いセンチメンタルなどは、爪の垢ほども無い、確かりした歩みを歩く大人の》詩であり、《一見散文詩のやう》だが、《言葉の選擇は非常に適確で少しも動かせない》本物の詩である、と賞讃している。(79)

佐々木指月(1882-1944)は、野口の詩集『林檎一つ落つ』(玄文社)を論じて次のように書いている。

> 彼は宇宙の家から出て來て、途中に立ちどまつて、人と語つてゐる詩人である。人に横顔をむけたり、前をむけたり、踊つたり、狂つたり、かけまはつたり、たまには、びつくりさしたりして、人と語るのを愛する詩人である。だが、また、彼は時折は、しんみり語る。さうしてまた或る時には、人々にその淋しい後ろ姿を見せて、宇宙の家へ歸つてゆく詩人である。入つてさうして出て來た詩人。詩人はいつもさうなければならないし、野口氏が、さうした詩人であつたと思ふと、私は悦びの微笑を禁じ得なかつた。(80)

佐々木はこの詩集から数篇の作品を個別に挙げて解説し、絶賛した。

野口の『林檎一つ落つ』は、『二重国籍者の詩』の第二集として刊行されたもので、両書ともに、ロシアの特別な紺色の皮を用いて金泥を入れた豪華な装幀であった。『林檎一つ落つ』の広告では、《東洋の三大詩人として、タゴール及びナイズと共に世界的であることは今更云ふまでもない》と紹介され、野口の《詩集は我詩界に未だ嘗て見ない情熱と哲学的深奥とを歌つてゐる》と謳われていた。

また、若い詩人の松原至大《みちとも》(1893-1971)は次のように述べている。

> 野口氏の作を讀むと私の頭脳の中には必然的に野口氏その人がきらめく。多くの人の作をよんでも、私はきつとその人の

生活と云ふことを考へさせられるけれど、野口氏の場合はそれよりもずつと深く、詩と共に氏の生活が必然的にうつッてくるのである。だから氏のよい作品に出合ふと氏の全體が私の心にせまつてきて、敬虔な念にうたれる。それに反して、よいと思はれない詩に出合ふと、その詩の背景になつて居る生活、もしくは作の感興とかモチブとかに對して端的に突きすゝんで行つて、一種の反感を持つやうになる。かうしたことは或は批評する者の言葉としてあるまじきことであるかもしれない。しかし今の私としては全く不可抗的の氣分である。それほどに氏の作は私にとつて大きな意味をもつてゐるのである。[81]

松原が《良いと思われない詩》、あまりに《端的にすゝんで行つて、一種の反感》を感じてしまう詩の作例として挙げたのは、『早稲田文学』（一九二三年四月）に掲載された「私の手」である。

どうか私の手を御覧下さい、
不細工に太い骨は冬を恐れない寒竹の節のやうでせう、
木目の粗い強張つた皮膚は先祖が長い間肥を摑んで來た證
　據で御座います、[82]
（後略）

この詩に《同感と親しみを持つ》ものの、《表現のしかたが粗雑すぎて、しつとりとした大きな感情がうかんでこない。もつと〱深く掘り下げて行くべきではないかと思ふ》と松原は批判した。しかし、「私の手」と同じ号に掲載された「旗竿賣」は、「私の手」とは《比べものにならないほど光つてゐる》と褒めている。[83] それは次のような詩である。

「旗竿や旗竿」と國旗の旗竿賣が通る、
明日は紀元節で十四日は國葬*の日だといふことに氣附く、
旗竿よお前は、喜びの日にも悲みの日にも同じ姿で出て來
る、
お前は生と死とを同じ言葉で語る永劫の表象だ、
僕も旗竿賣のやうに自分の詩を賣つて歩かうかと思つてみ
る、
僕の詩は光とも見え影とも見える時間から生れる、
虚と實を自由に織りだす空間の廻燈籠だ、
讀者銘銘の心に答へる焙り出しだ、
讀者を得て初めて箇性を確立させる白い紙の一片だ。[84]
（＊伏見元帥宮國葬）

松原はこれを《全くちがつた二つのことをとらへながら、驚くべきほどの美しい一つの心が、いかにも自然にいかにも眞摯になげ出されてゐる》と評している。[85] 現在この詩を肯定する者は少ないと思われるが、それはともかく、ここに詠われている詩が虚と実を自由に表し、読者によって初めて完成するものだと

いう考えは、まさに野口がこれまで語ってきた詩論であろう。その他、松原が褒める野口の詩には「火葬場」「花」などがあった。

このように若い世代の詩人たちは、野口の詩すべてを無闇に褒めていたわけではなく、むしろ全面的には《共鳴》できないと感じていた者も多かったようだが、[86]それでも野口の作品と対話を重ねていたのである。良くも悪くも、野口が詩人たちの参照項になっていたと言ってよいだろう。

あらためて確認しておくなら、当時野口は次々と日本語詩を発表していたのであり、それを島津謙太郎は一九二三年に、高村光太郎を論じる文脈の中で《野口米次郎氏、川路柳虹氏等の活躍されてゐる詩壇に、もしも同じ程元氣な高村氏の姿を常に見ることが出來たならば、それは詩壇にもう一本の幅広な運河の現はれたことにはならないだろうか》と述べている。[87]

(c)《雄辯な詩》への批判

ところで大藤治郎は、野口に『詩聖』に評論を書いてくれるよう《執拗》に頼んでいたが、野口は《極めて冷静に》《鸚鵡返しに》駄目だと返事をしたという。大藤は次のように書いている。

最近、彼（野口）は評論らしいものを些しも書かない。默つてゐる。默つてゐて「恐ろしく雄辯な詩」許りを物してゐる。「讀んでゐる僻に、時々石膏のやうに動かなくなつて何か考へてゐる僻に、彼奴め……」と、私は考へざるを得ないのだが、時によると私自身「評論なんか剛らそうに書いてないからいゝんだな」と彼の態度を肯定する。それが近頃になつて、「誰に頼まれたつて書かない方がいゝ」[88]とまで、私は善意に解釋したい氣になつてきた。（括弧内、堀）

大藤は、野口が評論を書かないことを残念がり、しかし、野口の詩に《雄辯》に込められている思想や批評を読み取っていた。そして野口が簡単に評論を書かない理由を、文学に対する真剣すぎる姿勢によると理解していた。大藤はこの野口評の中で評論集『敵を愛せ』を論じ、野口の批評の方法には他の批評家のような誤魔化しがなく、批評する対象に対等に立って勇敢に《断定》する評論であり、《人生批判に則した創造的評論》であると、その特徴を説明した。[89]野口はいったん詩壇や詩人たちを批評し評論するとなれば、人生を示すようなやり方で、真剣な、勇敢な、断定的評価を下すというのである。

大藤が、《默つてゐて「恐ろしく雄辯な詩」》というのは、おそらく次のような詩を指すのであろう。

彼の詩の色は黒であつた、
人が彼に問ふた、「なぜ先生は詩を赤や青や紫でお書きにならない、」
彼は答へた、「くだらない事を言ふ人だ、赤も青も紫も黒になりたいと煩悶してゐる色ぢやないか」

彼の詩は黒色であつた、それには相違はなかつたが、
彼には各行が赤にも見え、青にも見え又紫にも見えた、
そして彼は書き終つて、それを眼鏡越しに讀み正した時、
黒色に變つてゐる全篇の色に滿足して微笑した。[90]

『詩聖』の一九二三年四月号に発表されたこの詩「墓銘」は、萩原朔太郎の前月の評論「詩聖一月號の月旦千に寄す」に対応していると考えられる。[91]

朔太郎がこの評論で論争を仕掛けていたのは、中野秀人（1898-1966）に対してであった。中野の一月号の批評を朔太郎が三月号で批判し、それに応答する形で中野が「萩原朔太郎君に答ふ」（『詩聖』第一九号、一九二三年四月）を書くが、この萩原・中野の論争に、野口が詩一篇で割って入ったようなものである。

朔太郎は、次のように述べていた。《作者が「青」の詩想を表現すべく書いたつもりのものを、讀者が「赤」の詩想として受けとるといふやうな矛盾》は、《芸術上の著しい缺陥か無理解》であり、その原因は、作者の《表現の失敗》に起因するか、《讀者の鑑賞的準備の不足、もしくは鑑賞的素養の不完全》に起因するのだが、中野は後者である。ようするに朔太郎は『詩聖』誌上で、中野が正しく詩想を鑑賞できていないといって喧嘩を売り、野口はその朔太郎の発言に対して、「墓銘」を以て、静かに、しかし〈雄弁〉に戒めたと言える。

このように、注意して見れば、野口は詩作を通して示唆を与えるような形で批評を伝えていたが、明確に論争を仕掛けたり、詩人個人を個別に批評したりすることはなかった。しかし、こういった野口の態度は、若い詩人たちを苛立たせたかもしれない。自分たちが長々と書いて論を説明しているところを、野口がさっと《くだらない》で終わらせている点などはさぞや気に入らなかったであろう。批評として書いて論争に加わってくれればよいものを、一篇の詩に込めて見せつける野口の態度を不愉快に感じたに違いない。

論争の当事者であった中野は、野口の「墓銘」について次のように批判した。

この詩が含むでゐる寓意は、直感に愬へるものではなく、單なる表象である。それだけお説教的嫌味も伴つてゐる。宗教詩や、様々の記號や、商標などは主にこんな風にして發明される。この詩を哲學的商標詩と言つたら酷に過ぎるだらうか。[92]

中野は、野口の傍観的で諭すような態度を高踏的で嫌みなものと感じた。そして、「墓銘」の次の「馬」[93]という詩についても批判している。「馬」という詩は次のようなものである。

（前略）
ああ、彼は幻の豫言者だ、
その聲は叫ぶ、「世界の外に希望は溢れる、

憧憬は岸の無い海に擴がる、
お前達は幻の波に耳を傾けよ、
體を屈めてお前達をさし招く星に導かれて一飛躍せよ、
地上の追放《エグザイル》から逃れる時が來た、
肉はお前達永久の栖處でない。
地上はお前達に何の慰籍も興へない、
お前達は眼前の神を見ねばならない、
恐れずに神に挑戰せよ、
岸の無い海を渡り、
希望と憧憬の珠玉を摑め、
目覺めよ、早く目覺めよ、目覺めよ。」

これについて中野は、《判らない》[94]と言いつつ、次のように述べた。

徒らに人生論や哲學論を闘はすのなら評論に行く可きである。評論を詩の形でするのは、怠惰なる思索である。それからまた新時代の詩に於て重大な事は、宇宙の本體である永遠の方が差別相の流轉の現世よりも尊いなどといふ階級的價値觀を捨てなければならぬことである。[95]

中野がプロレタリア文学理論の先駆的存在であることを考えれば、このような批評の仕方をするのも自然に見える。中野は、《宇宙の本體である永遠》を重視するのは階級的価値観であり高踏的な態度であると考えている。[96] 他人に理解できないような形で思索をせずに、もっと下界に降りてきて闘争せよ、評論し説明せよ、と彼は言っているのである。

野口を徹底的に否定した橋爪健（1900-1964）も、野口の「墓銘」を認めなかった一人である。彼は「野口米次郎論」の中でこの詩を挙げて、《その無自覚な争闘のみか、或は皮相な調和のみかに溺れる人は狂人か俗人だ。野口米次郎はこの両者を併行せしめうる人だ》、《枯死した観念の軌道》を走っている詩人だ、と酷評した。[97]

批評や思想をすべて詩の中に込めてしまう野口の書き方には、大藤や中野といった若い詩人ばかりが反応していたわけではない。一九二三年の『詩と音楽』の詩評ではあるが、同年輩の河井酔茗は、野口の詩は《概念や才氣が閃いて》《不自由》になっているものが《相当に眼に着く》と言っている。[98] また同年、尾崎喜八は、野口の詩の特徴を《途方もない若返り》と《獨斷的な主張》であると述べて、次のように評している。

實際、氏（野口）ほどその哲學を縱横無殘に、顧慮なく、懸念なく、實に遠慮會釋もなく、その詩の中にぶち込んでゐる詩人は少ない。氏はづかづか物を云ふ。反面の眞理が、一篇の詩の中で全體の眞理の顔をしてゐても構はない。云ふだけの事はさつさと云つて、ぴたりと默する。屈托もなければ無駄な表情もなく、極めて自信に滿ちて云ひたい事を云ひのめし殆んど胸中の殘滓までも吐露して置いて、さて不意に沈默

する。（括弧内、堀）[99]

ただし尾崎は、野口の「一提案」という詩を次のように引いて、野口の《忠告そのものに對しては、藝術のあらゆる場合に同感である》と述べた。[100]

> 諸君が感動の實在と經驗の效果を類型的外面に見るといふことも、
> 碎いていふと、ざらにある現象に詩の焦點を据えるといふことも、
> そりや無意味ではありますまいが、
> それは詩の歸着點ではなくて、ほんの出發點に過ぎますまい。
> 失禮ではあるが、諸君の詩が寫生の混亂たるに終つて、
> 眞實の想像を摑み得ないのも、百尺竿頭一歩を進めないからです。[101]

ともあれ、この「一提案」に見られるような訓戒めいた調子や、「墓銘」のような哲学的独断を盛り込んだ点は、それを野口らしさと見る向きもあったものの[102]、同時代の詩人たちの反発や不満を誘っていたのだった。

5　雑誌『詩と音楽』との関係

次に、大正期以降の詩壇の行方と、野口の志向性を示すものとして、雑誌『詩と音楽』を見ておきたい。これは一九二二年にアルス社の企画で発刊された前衛的な芸術雑誌で、北原白秋と山田耕筰（1886-1965）の二人を主幹とした。毎号に詩や和歌と音楽が統合された楽譜が紙面を飾り、詩、音楽、美術のジャンルを主体に、舞台芸術、舞踊などの芸術の総合化に関する理論や実践についての記事が掲載された。つまり、北原白秋の捉える大正期の口語自由詩の創作や民謡研究と、山田耕筰の模索する日本の近代音楽を結合していく中から一つの日本芸術の体系を作ろうとしていたのである。このような豪華で高踏的な芸術雑誌が実現したことは、同時代的な反響も大きかったが、実際に近代日本の文壇において前にも後にも例がなかったと言われている[103]。

雑誌創刊時には、《單なる結合或は和合に終らんとする詩と音樂の兩者を、完全に、有機的に融合せしめる》という目的が述べられている。また山田耕筰は、オペラやワーグナーの築き上げた境地を《綜合藝術》と捉え、自らが推し進めていきたいのは《色彩と香氣》を表現する《舞踊詩》の《新しい「神秘」の融合藝術》であると論じている[104]。《形式上の壯美》はあるが《知と意との所產》にとどまっているドイツ音楽とは異なる、《美しい夢幻的陶酔や、力強い全心的な感激や、清純な乙女の

祈りにも似た靈感》が湧き出てくる音楽、そして《科學の力を絶した高空に浮遊する藝術のこころ》を求めている、と。[105]

野口も創刊号からこの雑誌に詩を寄稿した常連で、この雑誌内には月報などを含めて野口の紹介や著作の広告がしばしば見られる。[106]また、この雑誌には、芭蕉俳句に関する詩論や象徴主義の詩論なども散見され、創刊号には、山宮允が「英詩新調《ママ》」と題して、エイミー・ローウェルの"Hokku"四篇、イーヴリン・スコット、カール・サンドバーグの翻訳を寄稿していた。

文学の方から言えば、象徴詩の追求の延長線上に、音楽や身体芸術との越境的融合の模索があり、音楽や舞踊と一体となった芸術の近代的革新が試みられているのである。大正期には詩の朗読運動も盛んとなっており、音楽や舞踊と関わりながら感覚の諸領域が組織化されたことが坪井秀人氏の研究に詳しいが、[107]まさにそうした時代の動向がこの『詩と音楽』にも透けて見える。

音楽の方面においては、一九二〇年代には、日本の伝統音楽と西洋音楽を融合させる動きが始まっており、〈新日本音楽〉と呼ばれた。ベルリン留学（一九一〇―一三年）から帰国した山田耕作[108]は、日本人の伝統的音楽観や幻想性を強調して、日本語と音楽の融合を考えていた。具体的には、能や歌舞伎のような日本の伝統的音楽劇と詩学の融合を考え、日本語の響きを研究しようとしていたのである。[109]実は山田は、ベルリン留学中に、声楽を学ぼうとしていた伊藤道郎と出会っており、舞踊の道へ転向することを考えていた伊藤の背中を押した友人である。一九一七年末に渡米した際には、ロンドンで「鷹の井戸」が評価を受けたのちに渡米した伊藤（前述第六章）と再会し、伊藤のニューヨーク講演における舞踊劇の作曲を行っている。山田は、一九一三年のベルリンでイサドラ・ダンカンの舞踊を見て感銘を受け、その頃より音楽と身体表現を融合させた〈舞踊詩〉を研究し始めていた。『詩と音楽』が創刊された一九二二年当時、『近代舞踊の烽火』という著作の中でダンカンを論じている山田は、その舞踊を日本の能と比較する視点を示している。[110]

山田らはまた、日本の伝統音楽を西洋楽器用に編曲したり、伝統楽器と西洋楽器を組み合わせる工夫も行っていたが、伝統音楽の側からも、作曲家の宮城道雄（1894-1956）を筆頭に、西洋音楽の形式や西洋楽器を研究して、伝統音楽の作曲様式や演奏法を革新しようとする動きがあった。

こうした方向性に野口も賛同していたのであり、雑誌『詩と音楽』への参与はその最初の段階であると考えられる。一九三〇年代には野口と山田は詩と音楽を融合させる取り組みを行い、たとえば、野口米次郎作詩・山田耕筰作曲で、「梵音響流」（一九三〇年作。初演時の題名は「巴里仏国寺に捧げる曲」）という仏教声明の要素を取り入れたカンタータが残されている（なお、一九六五年没の山田耕筰の戒名は響流院釋耕筰であり、この作品名と関係している）。[111]また、野口は宮城道雄とも詩と音楽を融合する作品を共同制作している。[112]

では、野口自身は詩と音楽の融合に関して、どのような問題意識を持っていたのだろうか。野口は『詩の本質』の中で、タゴールの『美の実現』という評論を挙げて、《音律は自分の眞生命から流れ出て、外部から集めて來た原質でない。思想と表現は兄弟姉妹の關係で、しばしば雙子として生れる》[113]と述べ、詩と音楽について次のように論じている。

> 今日の詩界では詩と音樂との關係が一般に薄らいて、作曲家が音楽に當嵌めるやうな感情と自然の優美とを兼ね備へてゐる作品は容易に發見されないことと成つた。詰り近代の詩人はかかる詩歌を欲しなくなつた。歌調に連れて詩を作ることは過去に屬して、今日では頭で理解するやうな詩を喜び出した。束縛されない自由な神秘の姿と幽玄の美を行と行との間に見出さうとする。從つて、多くの場合に複雜といふよりは混亂である、優美といふよりは曖昧な詩の潮流を作るに至つた。だから古い時代の單順と無技巧に歸つて、一般民衆の感情を歌ひ特別な文學上の驚異を歌はなければならないと主張する人々もある。かういふ連中はタゴールを讀んで、どんなに意中の詩人を得たかの感に打たれたことであらう。イエーツの言葉を借ると、「よく整頓された詩の心」をタゴールに發見してどんなに賞讃の辭を惜しまなかつたであらう[114]。

つまり、近代になって軽視される傾向にあった詩の音楽性が見直されていることを述べ、特に音楽と一体化したタゴールの詩に注目し、前近代的な音楽詩歌の系譜を継ぐタゴール詩の魅力が、音楽性とは切り離された近代詩の《混亂》を前に立ち上がってきている、と捉えているのである。このような野口の観点は、山田耕筰らの観点とは異なる入り方のようにも見えるが、象徴主義の潮流の中で俳句や能・狂言を翻訳紹介してきた野口の活動と、山田が語る〈舞踊詩〉という主張には通底するところが大きい。

　このように野口やその周辺の人々は一九二〇年代より、詩と音楽や舞踊などの融合を考え、諸芸術ジャンルの統合を推進しようとしていた。この志向性はしかし、詩を音楽や歌劇などと結びつけることでラジオ放送という時代の潮流に乗り、戦争詩のラジオ放送や朗読・合唱運動への協力といった戦時下の芸術政策へと野口らを導いていくのである[115]。

6　渾身の日本語詩

(a) 詩集『沈黙の血汐』——独立の威厳と切実な内省

本章ではここまで、当時の雑誌にあらわれた大正詩壇の傾向とその中での野口の位置について見てきたが、以下では、この時期に野口が刊行した日本語の詩集について検討していくことにしたい。

　まず、野口本人が渾身の力を込めて創作し、日本語の詩に対する自信を持つにいたった『沈黙の血汐』(一九二二年五月)を見てみよう。これは新潮社の「現代詩人叢書」シリーズの第一号として刊行されたもので、[116]『二重国籍者の詩』『林檎一つ落つ』のあとに刊行されているが、その二つよりもさらに《内面的飛躍の、これ程にも激しくなつた》、《創作的熱情が著しく旺盛になつた》[117]と評された詩集であった。

『沈黙の血汐』には、六〇篇の新作の詩がまとめられており、「附言」には、二、三を除いて直接日本語で書いたものであることが述べられている。そして佐藤一英によれば、野口は次のように語っていたという。

> 私のこれまでの邦語詩は自分の書いた英詩の翻訳であったり又はその延長であったが、本詩集に於て私が真実な意味で、所謂百尺竿頭一歩を進めたというならば、私が表象詩の象牙の塔を出でて人生の街頭詩に立つに至ったからである。（中略）草稿紙へぶっ附けに邦語で書いたのは本詩集で始っている。[118]

初めて最初から日本語で詩作したことと、象徴主義という芸術至上主義的な立場から一歩踏み出したという自覚が述べられている。

現在、野口の代表的な詩集といえば、まず『二重国籍者の詩』が挙げられるが、実は『沈黙の血汐』は同時代的に評価が高かった詩集で、よく売れた。[119]雑誌『詩聖』では、この詩集が、川路柳虹の『歩む人』と共に一九二二年有数の収穫である[120]と位置づけられている。

尾崎喜八は、この『沈黙の血汐』を〈能面〉にたとえて《幽寂簡雅の藝術》であるとし、読者に感銘と瞑想を与えると述べ、特に野口の詩の本質は《「節約」を尊重する》点にあるとして、《ヴイジョンの焦點に向つて動く感情を、意識的に、また本能的に制約する意味での節約》である、と論じた。[121]

野口はまさに「節約」と題した次のような詩を書いている。

> 私位の年配になると何うして感情の浪費が出來ませう、
> 言葉の淫蕩も最早や過去のことです。
> 今日私の信條は「節約」の二字の外何物でもありません。
> 諸君が私の謹直と臆病を笑ひたければ、
> 私は中年者の代表として喜んでそれを受けませう。
> 私にも諸君のやうな春の時代がありました……
> その時代には私の感情は風に飛ぶ花瓣のやうに
> 青毛氈の雑草の上に亂れました。
> どんなに高價な浪費でも、私は決して辭しなかつたもので
> す、
> また私は感情に對する報酬なども打算したものでは無かつ
> たのです。
> その時代にはどんなに私は多辯であつたでせう、
> （中略）
> 若し諸君が浪費と淫蕩の歴史を持たなかつたとしたなら
> ば、
> 私位の年配になつて諸君はどんなに寂寞を感ずるでせう。

（中略）
諸君は恐れてはいけない、諸君の心に畏縮があつてはいけない、
私位の年配になると、謹直と臆病は求めずとも得られます。
諸君は青春時代を完全に生きねばなりません、
さうでないと、諸君はどんなにあとで後悔するでせう。
私は今浪費と淫蕩を恐れるのでないが、
それに堪へることの出來ない年配です……
手に持つて居る種も殘りすくなになつたので、
それを一一丁寧に地中に落して、
青い芽の吹くのを身動きもせずぢつと見詰めてゐます。[122]

生命力あふれる青春時代に言葉と感情の浪費を重ね合わせることで、《中年者》である現在の静謐で抑制された詩作態度を述べ、それが日本の短詩型文学における言葉の節約と、そこにたたみこまれた豊かな世界を示唆するものとなっている。尾崎は、野口の感情にはその時々に消長・盛衰がありながら、《それが極めて微妙な内心の衝動から、知らず知らず次第に高く噴き上げてゆく噴井を見る》と述べている[123]。

この詩は、野口自らが英訳して国外の雑誌に発表されている[124]。この詩については、尾崎のほかに土田杏村も『詩聖』の中で論じており、さらに多くの詩人たちが言及している。野口本人にとっても特に自らの精神の在りようを示した重要な一篇であったことは間違いない。〈節約〉という言葉は、野口がタゴールと自分の詩人としての性質を比較するときにも使っている言葉である（後述第一三章）。

この「節約」に見られる内省的な態度は、野口の詩に多く見られる特徴である。たとえば「恥ぢよ」という詩では、《ああ徹底を缺いた私、／ぽつと生きて來た私、／「時」をつかむ力を持たない私、／恥ぢよ、恥ぢよ！[125]》と自身を徹底的に内省する。前述（第四章第4節）したように、ホーレス・トラウベルは野口の英文を評して《He is sensuously reflective[126]》と述べていたが、まさに日本語詩においても同様の特徴を備えていたのである。

また「東洋的想像よ」という詩も、野口らしい作品の例として挙げておきたい。

降る雪を花と見立てる東洋の想像に對し私は感謝する。
冬の霜や風に春の音信を聞く東洋の想像に對し私は感謝する。
四季から冬を奪つて、室内に春を創造する東洋的態度は、
必ずしも冬を恐れるからで無い、
一日も早く春の法悦に浴したい希望からであると信じます。
ああ、東洋的想像よ、
あなたは決して卑怯者で無い、
あなたは無を有とする勇者です。

あなたのお陰で私達は此小さい島を大きな世界として數千
　年間生きて來ました、
この貧しい生活を喜ばしい幻像で包んで生きて來ました。
ああ、東洋的想像よ、
あなたは私達の眼界から實在を奪つたのでない、
あなたは私達に第四次《フオス・ダイメンシヨン》の世界を與へました。
少くも私はあなたを失つたならば、
その時こそは、日本という故國に告別して、
紐育か倫敦の郊外に移住するでありませう。
ああ、東洋的想像よ、
なんだか私はあなたに離れさうに思はれます。
どうか私をしつかりと捉へて居てください――
私の二つの手はここにあります、
その手をぢつと握つてください。
（後略）[127]

野口の言う《東洋的想像》とは、冬に春の悦びを想像し、《眼界》に《第四次の世界》を開示するものだった。野口にとっては自らの日本語詩を支える根底の力と言ってもよいものであろう。だが、引用部分の最後の方では、それが失われていきそうな感覚が詠われている。《どうか私をしつかりと捉へて居てください》という声に、野口の名づけがたい不安が表現されている。

　このような不安は、「椿の小舟」という詩篇にも表れているように思われる。

生に疲れた椿の花が
お仕置になつた首のやうに
ぽとんと……ああら、私の胸の小池に落ちて
綺麗な小舟となりました。
夢を追ふ東の風は
目に見えない靈を落葉のやうに
散らして……御覧なさい、椿の小舟に乘つて、
右や左へと漕ぎました。
名の無い草や花が
胸の小池の岸から聲立てて
『舟に乘せてよ、舟に乘せてよ』と呼んでも、
小舟の靈は啞で聾でありました。[128]

この詩は、芭蕉の「鶯の笠落としたる椿かな」[129]の椿の花が落ちたイメージから作ったと本人が語っているが、野口の詩では、《生に疲れた》《お仕置になった首》と明示することから始まって、生と死の境を漂う感覚を前面に出すものとなっている。

　一九二三年当時、尾崎喜八は、野口の詩について《何かしら親しみにくく又非人間じみて、時には反撥的な氣持をさへ起させる。手法と云ひ用語と云ひ、また想像の發展しかたと云ひ、凡そストレンジヤアの感じを讀む者に與へる》と述べている。しかし、野口の作品を次々に読むうちに、この固有の雰囲気に

慣れていき、《滋味が嚙むに従つて出て來る》、そして《人は、この何となく變な、上目づかひな、又少し意地惡く皮肉で、常に核を持つ詩風の印象の實體をつかむやうになる》という。[130]

さらに尾崎は、読者が《頑固》でなく《意地つぱり》でなく《進取的な開放的な人ならば》、野口の特異な魅力を感じ、《かなり滋養あるものとして其れを攝取》することができると述べる。

實にその基調に於て東洋的であり、その態度に於て超民族的であり、その縦横に飛散する咳唾の中に多分に珍貴な珠に含《ママ》む此の詩人のその人格の根から咲き出た不思議に美しい、眞實の花を愛することになるであらう。[131]

野口の詩のイメージや言語感覚に違和感を感じるという点は、確かに多くの評者に共通するが、しかし独特の魅力を感じるという点もまた彼らに共通する。

この詩集『沈黙の血汐』は、じつは英訳した原稿も用意され、その序文としてポール・クローデル（1868-1955）が短文を寄せていた。英訳原稿は一九二四年頃には出来上がっていたらしいが、一九四五年四月一九日の空襲で東中野の自宅とともに焼失した。[132]なぜ刊行されなかったかは不明である。

ただし、クローデルのフランス語の序文とその邦訳（山内義雄訳）は、一九二四年五月の『日本詩人』に掲載されている。[133]

この序文は、《La philosophie Zen a pour doctrine que les vérités suprêmes ne s'enseignent pas, elles se communiquent》と始められており、これを山内義雄（1894-1973）は《禪はその本義に曰く、玄妙なる真理は説かるべきものにあらずして、悟らるゝものである、と》と翻訳した。クローデルは、日本文化を〈空《くう》（空虚）の王国（le Royaume du Vide）〉と捉え、詩とは〈空《くう》〉〈音楽〉〈霊魂の発現〉〈香り〉〈響き〉の中に〈伝わる（悟られる）〉ものであると述べて、野口の詩にもこれらがあてはまると論じたのである。

『沈黙の血汐』の英訳版とクローデルの序文については、シェラード・ヴァインズも自著で触れており、[134]《この英譯は、野口研究者に取り最も重要なる詩集で、ノグチの實質的進歩を語る詩人生活の記録である》と書いた。[135]また、ヴァインズは野口を、醜悪な題材をも扱って表現を追求している詩人であるとみなしていた。[136]

（b）詩集『山上に立つ』——富士山への讃美と幻滅

次に、野口が一九二三年に刊行した詩集『山上に立つ』から、富士山に関する作品を取り上げてみたい。

野口は少年のとき、名古屋から上京する際に初めて富士山を見て感動した。[137]そして、ロンドンに渡って萎縮していた野口は、富士の浮世絵が壁に掛かっているのを見て、日本人としての誇りと勇気を取り戻したのであった（前述第四章第1節）。

野口が実際の富士山に登ったのは一九〇六年、野口が三〇歳の夏である。《富士は單純なる山とは思え無くて崇高秀麗の靈である、百千の詩人は其靈の秘奥を傳へんとて失敗した而して余も其一人である、小泉八雲も登岳の一章に遠く富士が幻の如く顯出する景は世界の大美觀の一なりと云つて居る》(138)と述べて、富士登山に向かった。

　このとき、野口は富士が黒赤の噴火岩に覆われ、《醜形》であることに驚嘆している。しかし、《美なる富士山に接する快樂を得るには失望したが、思へば余は更に大なる態度――大なる寂寞を有する高山に接して崇拝の念が増すのを覺へた》と述べ、遠くから見るときの美しい形状と、登山してみて分かる富士のごつごつした《醜形》のリアリティが異なることに触れつつ、あらためて霊山への尊敬と崇拝の念を次のように吐露した。

> 物質界の尺度は完全なるものにあらず、少くとも靈山にあつては特殊の尺度有る可しで、余は仙たるの易々たると富士に上つて感じたのは自然の美を見て自然たるの易々たるを思ふと等しであつた、外界の名譽黄白何物ぞ、死生別無きの感を此處に於て得たのは余の幸福とする所である、年に一度は此の靈山に上つて宇宙を達觀せしめよ、天下の事を判ずるにプロポーションを吾人に與へるのは神聖なる山の靈である、余は確に精神上百尺竿頭一歩を進めたのである。(139)

だが、『山上に立つ』に収められた、富士山をテーマにした詩では、この畏敬の念が変容している。野口が四七歳の年に刊行されたこの詩集には「富士山に登つて」という五篇の連作が収められており、その四番目が次の詩「富士山の實體」である。

あなたの實體が赤黒く汚い溶岩《ラバ》の堆積のみであることを知つて、
私が嘗てあなたを遠方から神神しい驚異の姿と褒めたたへ、
人間に對する永劫の象徴として、我我があなたの呼吸に觸れ、
我我が失つた靈性を取返したいと願つたことを恥づる。
もとより罪はあなたに無い、
またあなたを神聖化して人間に示す空間《スペース》の魔法に對してもあなたは感謝すまい、
寧ろ噴火の悲劇を經て得たあなたの男性的な醜さと、
魂を殺して握り得た沈默に對してあなたは誇る所があらう。
ああ、私はあなたの實體に接して恐ろしい幻滅を經驗した、
冷水を浴たやうに身震いをした、
私の恐怖は理知の開明に對する恐怖であつた。
飜つて思ふ、私自身は汚い溶岩のやうな肉の小さい一塊に過ぎないが、
私の死後百年たち二百年たつた時、
悪戯な「時《タイム》」の妖術は私を靈化し、壯麗な姿として人に

示さないとも限らない、
（私は即刻只今將來に向つていつて置く、）
だが私はそれに對して無責任である、
私は人生の苦痛と涙で歪められた私の姿を誇る、
私を爛れた肉の一塊として愛し又憎んでもらひたい。[140]

この詩について、田中清光氏は、《富士山の「実体」が率直な目で見つめられ、それが乾燥した散文的な文体で表現》されているとし、《わが国の詩歌の伝統》にはない自然描写であり、〈霊山〉〈霊峰〉としての山に対する価値観を変えた、自然に対する新しい概念による詩作であったとしている。そして、西洋流の近代登山の考え方をもたらし、山岳の風景が近代の視点で発見されたとも述べている。[141]

しかし、この詩の本質は、富士山の現実の姿を率直に描写して自然に対する新たな認識を示した、という点だけにあるのではない。この詩には、近代日本に対する痛烈な批判が込められていたのではないだろうか。

志賀重昂は『日本風景論』（一八九四年）の末尾で、日本各地や外地各地の山に〈富士〉と名づけるように説いていた。[142] 以降、富士山は国威伸張のシンボルとなり、侵略的な膨張志向が富士山に重ねられることになった。[143] シンボルとしての富士山は、日清戦争前後より国民意識の高揚を反映し、その後も富士を〈神格化〉する枠組みの中で機能していく。つまり富士山は、古典的な枠組みにおける〈霊山〉としてのシンボルであるのみならず、志賀の『日本風景論』以降、近代日本社会においてナショナルなものの象徴となっていた。言い換えれば、富士山は景観的ナショナリズムの中核にあったのである。[144]

その景観的ナショナリズムの総本山に対して、《男性的な醜さ》を見、《恐ろしい幻滅》と《身震い》と《恐怖》を感じたというのが、野口の詩の本質なのではないだろうか。野口は、日本的なイメージの代名詞であった〈富士〉、侵略的膨張志向のシンボルとなっていた〈富士〉の、《實體》に気がついたと言い、それまで〈驚異の姿〉〈霊性〉を見て〈神格化〉していた自らを〈恥じる〉と言っているのである。

むろん、詩の後半は、逆に富士山に自らを重ね合わせて、同様に自らの実体をこそ見つめてほしいと読者にうったえる形になっている以上、野口がどこまでこの点に自覚的であったかは分からないが、少なくとも野口のこの詩が富士山の〈実体〉を上のように描いたとき、〈霊山〉のみならず、ナショナルなものの象徴としての価値も解体するものとなっていたと言えるだろう。

(c) 詩集『表象抒情詩集』――「私は太陽を崇拝する」

本章の最後に、野口の象徴主義詩は、『表象叙情詩集』全四巻（一九二五―二七年）に、一つの到達点があることを述べておかなくてはならない。この詩集は、四巻本という大著であることからも分かるように、野口が心血を注いだ日本語詩集であり、萩原朔太郎からは《格段に出色した詩集》で《藝術的境地の高調に達した観》があると評された。朔太郎は、伝統的に《観念を持たぬ》《無内容》な日本詩人たちの中において、野口の『表象叙情詩集』は、《ボドレエルでもイエーツでも》西洋の詩が必ず有している《思想、即ち「冥想風に観念されたもの」》《哲學らしきもの》を備えているとして、高い評価を与えているのである。[145]

ここでは、この『表象叙情詩集』の中から、特に国外で翻訳紹介されていた「私は太陽を崇拝する」という作品を取り上げてみたい。

私は太陽を崇拝する……
その光線《ひかり》のためでなく、太陽が地上に描く樹陰《こかげ》のために。
ああ、喜ばしい影よ、まるで仙女の散歩場のやうだ、
其處で私は、夏の日の夢を築くであらう。

私は女を禮拜する……
戀愛のためでなく、戀愛の追憶のために。
戀愛は枯れるであらうが、追憶は永遠《とこしへ》に青い、
私は追憶の泉から、春の歡喜を汲むであらう。

私は鳥の歌を謹聽する……
その聲のためでなく、聲につづく沈默のために。
ああ、聲から生れる新鮮な沈默よ、「死」の諧音よ、
私はいつも喜んでそれを聞くであらう。[146]

この詩は、〈満洲国〉で古丁（1914-1964）[147]が中心になって刊行していた雑誌『明明《みんみん》』（月刊満洲社、第二巻第三期・一九三七年一二月号）の中で、百霊という詩人の翻訳によって紹介されている。百霊はこのとき「近代日本詩選譯」と題して、野口の「我崇拝太陽」を筆頭に、北原白秋「八月的幽會」、室生犀星「我回憶」、堀口大学「肺病院夜曲」の四篇を中国語訳している。[148]

この「私は太陽を崇拝する」はまた、フランス語にも翻訳されている。フランスの雑誌『カイエ・デュ・スュド』（*Cahiers du Sud*）の一九三五年一二月号には、随筆家・評論家・フランス美術史家であったマルセル・ブリオン（1895-1984）が野口についての評論を書き、野口の作品を翻訳・紹介している。翻訳されているのは詩「Apparition（幽霊）」「Je suis comme une feuille（葉のように）」「J'adore le soleil（私は太陽を崇拝する）」「Poeme en prose（散文詩）」「Hokku（ホック）」、随筆「Insectes musiciens et autres（虫の音楽家、その他）」である。[149]そして、ブリオンが《現代日本文学の中で最も慕われている》詩人として野口を紹介したことは、一九三六年二月一日号の雑誌『メルキュール・ドゥ・フランス』（*Mercure de France*）[150]の中でも、作家シャルル＝アンリ・ヒッチ（1870-1948）によって取り上げられ、ヒッチは、野口の作品に優美さと知性が満ちあふれていると称賛し、《興味深いことに、野口の作品は、現代日本の社会的・道徳的な著しい変化から、少しも影響も受けていない》と述べた。[151]ヒッチがここで再び紹介したのは、「私は太陽を崇拝する（J'adore le soleil）」と、虫の音と秋の情趣に関する随筆

であった[152]。

さて、「私は太陽を崇拝する」は、もともと *The Pilgrimage* の中の "Lines" という詩であり、その後、*Selected Poems* や『英詩選集』『林檎一つ落つ』などにも再録された。英語の原文は次のとおり。

The sun I worship,
Not for the light, but for the shadows of the trees he draws:
O shadows welcome like an angel's bower,
Where I build Summer-day dreams!
Not for her love, but for the love's memory,
The woman I adore:
Love may die, but not the memory eternally green —
The well where I drink Spring ecstasy.
To a bird's song I listen,
Not for the voice, but for the silence following after the song:
O Silence fresh from the bosom of voice! —
Melody from the Death-Land whither my face does ever turn![153]

英語詩と日本語詩とでは、連の構成のみならず、当然のことながらそれぞれの語のニュアンスなども異なっている。それぞれの言語の性質に合わせて詩が組み立てられており、それぞれに詩としての雰囲気、面白さがある。二つを並べて読める視点からは、単なる翻訳という関係を超えて、ズレを含んだ二つのテクストから成る一つの重層的な作品と捉えることも、現在ならばできるかもしれない。そうだとすれば、これがフランス語、中国語にも訳されていたということは、さらに作品を重層化させる（重層的に捉える可能性を開く）ということになるだろう。

それはともかく、一九〇九年に野口がこの作品を英語で書いたときに彼の中にあった個人的な感覚は、一九二五年の『表象抒情詩集』で日本語に書き直されたときには、さらに強く明確な〈思想〉となっていたのではないだろうか。〈太陽崇拝〉は、言うまでもなく日本においては記紀神話のアマテラスオオミカミに対する崇拝を連想させるが、野口が最初に英語でこの詩を書いたときには、それは意識していなかっただろう。そのことは《angel》という語を用いていることからも推し測られる。しかし、日本語で書くとなると事情は変わり、野口は、日本の読者になじみのある《仙女》という語を選んだとき、それを否応なしに感じていたことだろう。だが、それでも野口はこの詩での太陽崇拝を特定の神話的世界に限定してしまいたくはなかったと思われる。あるいは、日本語詩としては日本人になじみのある（英語詩の場合は西洋人になじみのある）一語をもって（それぞれの）神話に橋わたしをしながらも、しかしそれ以外はまったく一般的な語を用いることによって、全世界的に共感されうるものとしての太陽崇拝を詠おうとしたのではないだろうか。少なくとも、日本語化する際にそのことをいっそう強く自覚したと思われるのである。それが、この日本語詩が《仙女》という語を使いながらも、地中海的とも言いうる明るさをそなえたまま存在する大きな理由になっていると考えられる。
野口の詩的活動をまさに象徴する詩だと言えるだろう。[154]

第一一章　昭和戦前期詩壇における野口の位置

……人生へ　戸外へ
火の進軍あるのみだ。
風雨に晒されることを恐れるな、
君の眞價はそこにある。
一時的流行や敵に追ひかへされるな、
自分の場所を斷じて明け渡すな、
抗辯の一表象となつて存在せよ。
若返りと謀反とを歌ひ、
（平和な進化の歌は無用にし給へ）
力づくで王國を奪ひ、
禮儀をぶち破れ。
君よ　喇叭を吹け、喇叭を吹け、喇叭を吹け、
眞生命を得るために信仰を無くし、
戰利品に君自身の歌を書かせることだ。

（「進軍」[1]）

1　雑誌『詩神』に見られる野口評

本章では昭和初期の一九二〇年代後半から四〇年代初めにおける詩人としての野口の位置を検討する。特に『日本詩人』の廃刊後の一九二五年九月に創刊された詩誌『詩神』、二八年に創刊された『詩と詩論』、二一年に創刊された『國本』、さらには西條八十が三〇年に創刊した詩誌『蠟人形』などを取り上げ、野口と時代との相関性を考えたい。

まずはじめにこの時代の詩壇を概観しておこう。一九二〇年代後半の日本は、近代都市の成立やモダニズム前衛文化、そして革命的思想運動などとともに、近代から現代への変革の時期を迎えていたが、詩においても、モダニズムの影響と前衛・革新の意識は強くあらわれ、民衆詩派が内包していた社会意識が、無政府主義や社会主義思想の台頭によって刺激を受け変化していく[2]。民衆詩には明確に見られなかった社会体制に対する

反抗や否定、破壊や革命の精神が声高に詠われ、アナーキズム詩、プロレタリア詩の運動が起こる。こうしたイデオロギーとしての革命文学に対して、芸術としての前衛性・革命性を主眼に置く者たちが雑誌『詩と詩論』に集った。そこでは主に、超現実派（シュールレアリスム）などの二〇世紀初期の西洋詩の理論や方法を手本として、詩のあらゆる伝統的要素を排除し、新たな詩と詩学を確立することが目指された。次いで、『詩と詩論』の詩人たちがそれぞれに持つ理論や詩作方法のベクトルが分岐していくと、西洋現代詩と伝統詩、知性と感性の調和を目指す『四季』（一九三四年一〇月―四四年六月）が三好達治、丸山薫、堀辰雄の編集で創刊される。

ここではまず詩誌『詩神』から検討していくことにしたい。これは当時「《詩壇的》な雑誌として唯一」のものと評され[3]、民衆詩派から次第に社会主義の傾向を強めていた福田正夫が編集を務めた。この雑誌には、若手を中心に様々な立場の詩人たちが寄稿しており、野口も詩を多く寄せていた。また、雑誌内には野口についての言及も散見され[4]、野口の称賛者でイギリス詩の研究を行っていた若き清水暉吉[5]が、野口の周辺雑事の世話などを懇意に行っていた様子も窺える。

『詩神』の編集方針は、基本的に野口に好意的で敬意を払っており、称賛が多く見られるが、『詩神』に掲載される野口の詩論や古典文学評価に対して、次第に詩の社会的効用や生産性の観点から批判する動きも出てきていた[6]。つまり、社会主義が台頭した時代に、プロレタリア文学を標榜する若者が、大正詩壇の大御所であった野口に反発している例も見られるのである。ここでは、その野口批判の一点に注目しよう。

一九二八年、野口の評論「詩歌の地方主義（米國詩壇を論じて）」（一月）に対して、小野十三郎が「詩歌に於けるブルジョア自由主義――野口の小論に答ふ」（三月）を書いて猛烈に反発した。野口の評論は、ホイットマンや野口自身が経験したサンフランシスコとシカゴにおける詩の革新運動の状況を解説して、《地方的文化》を保持する必要性を主張したものであった。その中で野口は《實證論で硬化されてゐる今日の社會主義》に、かつての日本詩壇は荒らされていなかったと述べて現在を憂えた[7]。これに対して、若き社会主義者は《嫌悪》と憤りを感じたのであろう、《詩人としての野口米次郎氏には大きな愛着を感ずる》が、《後先も考へないで使用せられる「自由平等」だとか「物質主義」だとか「勞働文化」だとか「世界主義」》といった《氏自身の概念が皮相極まる》、《今日既に氏の思想はゆきづまった》と激しく批判した[8]。

> 古典への逆行、そこには氏の一つの世界、極東風な「禪的大乘」が待ち構えてゐる。（中略）ブルジョワ自由主義《リベラリズム》！　ブルジョワ自由主義こそ、人生五十にして詩人ヨネ・ノグチが極め得た最高の山頂である。（中略）氏はこゝまではやつ來《ママ》た。だがもう駄目だ！　これ以上歩けない。しかるに時代は驅足で進む。遂に氏は完全に取殘された[9]。

小野は、彼らが最も軽蔑していた〈ブルジョワ・リベラリズム〉という言葉で野口を呼んで、野口は過去の詩人であると宣告した。血気盛んなプロレタリア詩人の主張は、次のとおりである。

資本主義の暴虐なる魔の手の延びざる國とてなきこの世界の何處に眞の地方文化があり得やう。いかなる狀態の下に於いて地方文化が發展するか、この問題を解決せざる限り詩歌の地方主義云々もおこがましい話である。それは無政府主義の意企するところのコンミユンの型體を取らない限り到底實現されざるものである。この大きな前提、當面の目的を考慮に入れないで、地方文化を口にするものは當然懷古的たらざるを得ず、遂には反動への經路を辿るのである。しかしながら野口氏の如き典型的なブルジョア自由主義者にとつてはそんなことは一向どうでもいゝことらしい。(10)

つまり、資本主義の蔓延した状況では個別の地方主義は発展しないので、コミューン運動で国際的に協同し団結して社会改革を行わねばならないというのである。様々な詩人たちが集った『詩神』の中には、大正期から昭和期への展開、つまり民衆詩派からプロレタリア派までの幅があり、その渾沌とした空間において〈詩〉の意義が様々に論じられているが、その一端が野口への批判を通してここに顕れている。

2 雑誌『詩と詩論』の野口評価

次に、小野のような立場とは対極にある『詩と詩論』に集う詩人たちの意見を見ておこう。『詩と詩論』は、第一次世界大戦後のフランスで起こった前衛芸術運動〈エスプリ・ヌーボー〉の刺激を受けた春山行夫らを中心とした詩誌で、西洋の新しい前衛文学を摂取・紹介して〈新しい詩学〉を確立しようとした実験的空間であった。特にシュールレアリスムの運動を推進して、新詩学の方向を探り、昭和初期の詩の出発点を示したことで知られている。

『詩と詩論』の創刊当初の同人は、春山に加えて安西冬衛、神原泰、北川冬彦、飯嶋正、三好達治、上田敏雄、近藤東、瀧口武士、竹中郁、そして野口の娘婿である外山卯三郎の一一名で、のちには西脇順三郎、北園克衛、村野四郎らが加わり、プロレタリア詩人たちとは一線を画した形で〈詩の革新〉への意欲を示した。創刊後には、同人らのほかに梶井基次郎、阿部知二、堀辰雄、伊藤整らも寄稿して、海外の新しい文学理論や芸術理論を紹介している。(11)

雑誌『詩と詩論』の創刊号の巻頭論文は、神原泰「未来派の自由語を論ず(一)——僚友 Marinetti におくる」(12)であり、象徴詩から出発した自由詩の様相について未来派を中心に論説したものであった。マリネッティがボードレールの熱愛者で、イタリアにおけるフランス象徴派の紹介者であったことにも触れられている。

この創刊号で、雑誌の中核的存在である春山行夫が書いたのは「日本近代象徴主義詩の終焉——萩原朔太郎・佐藤一英両氏の象徴主義詩を検討す」であった。そこではまず、春山の見たフランス象徴主義から日本の象徴主義にいたる系譜が論じられ、日本詩壇は、反動的現象もあったにせよ象徴詩の系統の上にあるとされ、春山自身も象徴主義に心酔していたことが書かれている。[13]

春山によれば、日本の象徴主義は四期に分けられ、第一期が明治末期の蒲原有明、第二期が明治末から大正初期の北原白秋と三木露風、第三期が大正期の三富朽葉・佐藤一英のキュビ・サンボリスム派と、日夏耿之介・萩原朔太郎のエゴ・サンボリスム派、そして第四期が現在の転換期であり、自らが目指しているキュビ派（立体派）の時代である、と整理された。

春山は、朔太郎の詩観がいかに《ポエジイの本質に理解がないか》を論じている。たとえば春山は、佐藤一英の詩「静御前」「羽衣」を《近代の象徴主義詩が到達すべき完璧を示した象徴詩》であると評価して、朔太郎がこれをまったく理解しなかったことは完全な《見当違い》であると批判した。[14]春山のこの朔太郎批判は、以後十年にわたる朔太郎との論争を誘発した。[15]朔太郎・春山の論争内容はどうであれ、これによって春山は新旧交代を印象づけることに成功し、《レスプリ・ヌーボー運動の組織》化をした後続世代の詩人として朔太郎に対峙しえた。[16]春山は『詩と詩論』創刊号の後記でも、《旧詩壇の無詩学的独裁を打破》することを宣言し、大正期の詩壇（特に朔太郎）からの脱却を明確に打ち出したのであった。

じつは、若き春山と野口は同郷であり、当時も同じ中野に住んでいた。一九二四年頃からは、春山は野口から海外の文献を貸してもらうなどの近所づきあいをしていた。[17]春山の象徴主義の展開についての認識に、野口との交流がまったく無関係であったとは考えられない。

同じ『詩と詩論』創刊号には、外山卯三郎が「詩學の基本的問題」と題して詩論を展開し、優れた詩の例として野口の作品（『沈黙の血汐』序詩）を挙げている。外山は野口の詩句を引いて、《時の言葉》の使い方の巧さ、優れた動詞表現について書き、詩的文章構造を論じ、特に言葉の表意性、《感情の非論理化的言葉》といった点を説明した。外山が西洋の詩論に影響を受けていることは明らかであるが、フローベール（1821–1880）、アンリ・ドゥ・レニエ（1864–1936）、レミ・ドゥ・グールモン（1858–1915）などを引用しながらも、杜甫の漢詩や芭蕉の俳句、野口の詩篇を参照して、東洋の詩の《優れた「詩的文章構造」》や《内的構造》を論じようとしたのだった。

もちろん、外山の〈詩学〉理論や評価が、『詩と詩論』に共通する認識であったとは言えまい。『詩と詩論』に集う各々の同人たちの問題意識や方向性は、時を経るにつれて多様化していくので、なおさら雑誌全体を一つの傾向で捉えることはできない。[18]しかし、昭和のモダニズム詩の出発点とも言える『詩と詩論』の創刊号で、野口の詩が旧態としてではなく取り上げられていることは、身びいきは割り引かねばならないとしても、おさえておくべき点だろう。

ではこの頃の野口自身は、どのような雑誌に寄稿していたのだろうか。上に『詩神』への寄稿に触れたが、より興味深いのは、昭和を代表する文化雑誌『セルパン』に創刊時よりしばしば寄稿していることである。一九三一年五月に創刊された『セルパン』は、長谷川巳之吉が率いる第一書房の代表的な雑誌であった[19]。この年は満洲事変勃発の年であり、この困難な時代に、権威主義に立ち向かうことが『セルパン』の目指したものであった。この雑誌が、野口の寄稿していた海外の雑誌『ニュー・エイジ』(*The New Age*) や『ネイション』(*The Nation*) を意識して編集されていたことも注目される[20]。また『セルパン』には、野口が珍しく怪奇小説を寄稿している。

このほかに当時野口が寄稿しているのは、当時の言論の中枢を占めた『中央公論』や、左翼系の総合雑誌『改造』などをはじめとして、『太陽』『文章倶楽部』『面白倶楽部』『現代』『若草』など、たいへん幅広い。マイナーなところでは、右翼系の総合雑誌『國本』にも原稿を書いている。『國本』への野口の寄稿は、野口の執筆活動の全体あるいは中核を表しているわけではないものの、重要な問題をはらんでいるため、次節で少し詳しく検討してみよう。

3　雑誌『國本』と野口の志向性

(a)〈国本〉とは何か

一九二一年一月に創刊され三六年まで続いた雑誌『國本』(國本社)は、特に三〇年代になると、日本主義による国民教育を目指す内容となり、〈世界に挑戦する〉〈反共・反ファシズム〉などといった主張が強く見られるようになる。

一九二七年から二九年にかけて、野口はここに「剣と詩の我建国」(二七年一月、二月)、「利休の秘訣」(二七年一〇月)、「真日本主義」(二八年一月)、「英雄崇拝の真意義」(二八年四月)、「曙光時代の感激」(二八年八月)、「モダニズム氾濫時代」(二九年一〇月)の六本のエッセイを寄稿している。前半の四本はそれぞれ六、七頁に及ぶ評論であるが、後半の二本はコラムに近い見開き二頁の文章である。彼のエッセイが、この雑誌の傾向に完全に合致したものだったのかどうかは微妙で、次第に掲載頁が減り、ついには寄稿しなくなる。本人の意向か編集者の意向かは不明である。ここでは、この雑誌の中で、野口の主張していた〈詩歌〉〈国家〉〈日本の現状と将来性〉が、同時代的にどのような位置にあるのかを検討してみたい。

まず〈国本〉の意味から考えることにする。〈国本〉という言葉の形からすれば、〈民本主義〉に対する〈国本(国権)主義〉という意味になるが、じつはそう単純明快に区分できるわけではない。

雑誌『國本』の全体を貫く柱として、民本主義を唱える人々は欧米の真似をしているがそれでよいのか、モダニズムを謳歌するばかりで日本の独自性を追求しないでよいのか、という問題意識があり、彼らは西洋の新しい思想の無自覚な導入を憂慮し、《日本の国体擁護》を訴えていた。

しかし実際には、〈民本〉を主張する人々の間でも、日本の制度に合致した、天皇制を基軸にした政体でよしとする者が多かった。早くは、井上哲次郎が一九一三年の段階で、立憲君主政体であっても君子（天皇）が臣民の福利のために存在しているので〈民本主義〉なのだ、という議論をしている。[21] ようするに、民本主義もまた西洋流の民主主義とは距離を持っていたのである。

確かに吉野作造は、〈民本主義＝デモクラシー〉としたが、それでもそれが天皇による統治と矛盾するとは考えていなかったし、デモクラシーが〈国体〉に反しないという主張は、吉野以外にも多数の論者によって議論されていた。[22] そして、昭和期に入って〈国体〉の観念がより意識的に主張される中でも、《立憲君主國たる我が國體そのものが、最も正しい意味に於ける民主主義的國體》[23]であるとする認識、つまり民主主義と対立させないような〈国体〉の論理が示されていくのである。

しかし、それを前提としても、一九二〇年代後半の『國本』の国家主義は際立っている。たとえば帝国大学助教授の今井時郎《ときお》は、「國本とは……」[24]の中で家族国家論を説き、皇室は一つしかない本家で、国民とはその無数の分家であり、この本家（皇室）を中心とした分家（国民）は《眞に自然な血縁的愛着関係に根ざ》すがゆえ、この構造を〈国本〉と定義している。そしてこの〈国本〉によって、理想的な社会組織（横の関係）が生まれ、また歴史的な継続性（縦の関係）が確立されて、《萬世一系、天壌無窮の事理》が発生すると論じる。これは、かつての帝国大学総長・加藤弘之が唱え、穂積八束ら帝国大学法学部の教授陣によって展開された思想の系譜にある議論である。[25]

また、国学院大学教授の河野省三は「國本と神道」[26]の中で、日本人にとっての最大の急務は国家に対する信念を強固にすることであると述べ、国本培養の力となるのが〈神道〉であると論じている。

> 神道とは、國民が同心一體となつて、天皇によつて統一せられ、明淨正直の生活を營みつゝ、日本民族永遠の生命を展開し行くところの傳統的信念である、と云ふことが出來る。億兆一身となつて忠實奉公の力を效し赤子の如くに我が天皇陛下に治しめされる。そこに我が國體の基礎が在る。明く淨く正しく直き心を以て勤勞し修養して、民族の發展の中に、現實の生活の中に永遠の生命を見出さうとする。そこに日本人の眞面目が存する。此の國體の基礎と日本人の眞面目とが卽ち我が神道の力の表現なのである。而して此の力に目醒めることが、正しく國本に永久に培う途なのである。[27]

意味を捉えにくい論であるが、一言で言えば、精神主義的な神国イデオロギーの主張である。

〈国体〉に関する論考や著作はすでに幕末から書かれていたが[28]、特に一九二〇年前後から盛んとなり、野口が寄稿した一九二〇年代の終わりの時期は、〈国体〉の観念が定着しつつある時代だった[29]。そして〈日本は神国であり天皇を中心とする一つの家族である〉といった〈国体〉観念を教育的に普及させることが、この頃の『國本』の目的であった。一九二七年の『國本』には、帝国大学法学部教授である筧克彦が「信仰は教育の中心なり」を書き、〈信じる心〉が教養の基礎で、〈敬神尊皇〉が教育の根本であると説いている[30]。

(b)〈自然礼讃〉の主張

では、このような議論を掲載する雑誌に、野口はどのような文章を寄稿したのだろうか。「剣と詩の我建国」を見てみよう。

このエッセイは《私は第一に富士山と萬世一系の國體に感謝せねばならぬ》との一文から始まる。そして、富士山を《日本の自然の守護塔》とし、《雲と光の金字塔で時を超越して永劫そのものに挑戰する無比の城郭》であると述べ、《私共は仰いで千古不滅の富士山を眺め、頭を垂れて永遠の國體が私共に與へる平和と慈愛とを感謝せねばならない》と書かれる[31]。これだけを見れば、富士山の霊山信仰に国家主義を重ねた、言わば〈注文通りの〉言説であり、前章で見た富士山の詩からは大きな後退と言わねばならないだろう。

しかしよく読むと、この《萬世一系の國體》という言葉を記したすぐあとに、野口は《私は日本國の年齢が果して幾歳であるかを知らない。又如何なる研究家でも確かにそれに答へることは出來ないであらう》と述べてもいる。〈国体〉観念を定着させようとする側からすれば、〈日本國の年齢〉の不明確さに言及するのはじつはおかしい。神武天皇の即位を紀元とする紀年法で日本国の〈年齢〉は特定されていたからである。

私は、「萬葉時代に歸れ」或は「太古の原始性に遡れ」と主張した。私共は眞實の詩歌を古代の生活精神に發見しなければならぬと信じて居る。古代に歸れといふことは私共日本人に必要であるばかりでなく、何處の國の文學でも古代人民の文化とジニアスが近代の時代精神を如何に强壮にし爽快にし、如何に激勵興奮させ、如何に活氣づけて呉れるかを知つて、その點から詩歌の眞生命に養はねばならぬ[32]。

このあと野口の筆は、『古事記』にも触れ、その国際的な普遍性を主張し、世界的に価値ある文学と位置づける。それはどういうことだろうか。

私共の祖先は決して人間を靈魂を文學から救はうとしたものではない。如何に他外國人の詩人が宗教に無關係の態度をとつても、彼等はどこかにそれに捉はれた點がある。私共の祖先は無邪氣に又宿命的に自然美を禮讃した。又それを愛國心に結び付けて禮讃した。然るに他外國人が愛國心を歌ふといふ場合になると、彼等は常に不自然である論理的である。私共日本人の詩歌は長い。この長い詩歌の歴史に宗教的疑惑と闘つた作品がない。中には宗教の影響から生れた作品は多いけれども、それは宗教的疑惑の叫びでなく、肯定的禮讃に過ぎない。實際に世界に國多しと雖も私共日本人位、宗教に無頓着な國民はあるまい、（中略）佛教渡來以前に私共の祖先に宗教なるものがあつたとすると、それは自然禮讃である。[33]

日本の詩歌は、『古事記』や『万葉集』などの古代の詩歌に遡っても、欧米文化におけるキリスト教にあたるような宗教性を持っておらず、ただ自然礼讃を主にしていると論じ、それゆえ、自然礼讃を謳う日本の詩歌には普遍的価値があり、特定の宗教や文化に制限されない普遍性があると主張するのである。これは、この評論に限らず野口の一貫した主張であった。

たとえば第八章で見たように、一九一七年の『ジャパン・タイムズ』で野口はアイルランド文学と日本文学の共通性を論じる中で、中国文学や仏教の影響を受ける以前のアニミズム的な感覚に日本詩歌の本質を見ており、それは国学的な言霊思想に近いものであったが、同時にその感覚を《ケルト的》と呼ぶことによって、日本に限定されない広がりを持ったものであることを示唆してもいた。ここでの議論はその展開であると言えるだろう。[34]

野口はこのように自然礼讃の心性を強調するが、神道やそれにつながる天皇制や〈国体〉思想については、それほど明確に言及していない。[35] むしろそれらを自然礼讃の思想の中に解消してしまっているとも言えるのである。

（c）古代への関心と古代回帰の不可能性

野口は日本国内で行われていた古代研究や民族研究についても早くから強い関心を持っていた。たとえば、同じ一九一七年の『ジャパン・タイムズ』に「日本の古代船の研究」[36]と題して、西村真次（1879-1943）の日本神話を含めた日本古代の研究を英文で紹介している。

西村は民族起源論や古代船の研究で知られる歴史学者・人類学者で、一九一七年当時は「日本古代の船」「原始時代の交通」などの論文を書いていた。野口の紹介によれば、西村は海軍建築協会と東京人類学協会の学会誌の編集委員であり、雑誌『学生』の編集者としても活躍していた。[37] 野口が記事を書いたすぐあとの一九一八年からは早稲田大学の教壇に立っている。

野口は、西村が『古事記』や『日本書紀』に見られる〈熊野諸手船〉を中心に古代の朝鮮半島と日本の親密な関係を説き、日本の原住民は朝鮮人であると論及していることを紹介する。また、西村のアイヌ民族への認識、ロシアや蒙古の認識についても詳しく論じている。つまり当時の西村は、日本の古代文化や神話について近隣アジアとの類似性・共通性を説こうとしており、このあたりに野口の関心と通底する部分があったのだろう。その考えはやがてアジア主義を経て〈大東亜共栄圏〉や

〈八紘一宇〉の思想に導かれていくことになるが、それは一九一七年時点の野口や西村が意図していなかったことである。

しかし、あらためて強調しておくなら、野口は単純な〈古代回帰〉を述べているのではない。古代は最初から現代人が立ち返れないもの、そっくり立ち返るべきではないものと考えていた[38]。『國本』の文章と同じ頃に書かれた『萬葉論』（一九二六年刊）で野口は《傳統にして眞實であらば、感情にして眞實であるならば、新しい古いの問題はあるまい》と述べ、古典研究はあくまでも《宇宙の法則に柔順》になって《自分自身の詩歌を發見》するための方法であると考えていた[39]。刻々と変遷し消滅していく現象には《一定不動の眞理》が流れており、それを掴むのが《詩人の仕事》であって、それを掴んだ詩歌は、自分自身のみならず世界に対しても忠実な詩歌となり、全人類の詩歌となると野口は言う[40]。つまり野口にとっての〈古代〉は、自然ないしは《宇宙の法則》にしたがって自分自身の詩を見いだし、世界とつながるために存在していたのである。

野口はこの『萬葉論』に、「人生の第三章」と題した次のような詩を載せている。これは、大伴家持の人生を論じる中で、野口自らの境地を詠った詩として紹介されている。

私は單に時代の肯定者《アフアメント》で無い、
單に自然の嘆美者で無い。
若し私が眞夜中に東雲《デーブレーク》の聲がある事を知らなかつたとし
　たならば、
私の耳は聾である、
若し私が太陽に輝く正午に薄明の憂愁があることを知らな
　かつたとしたならば、
私の眼は盲である。
私は一地方的感情《プロビンシアリズム》から自分を救ひたいために、
汎神論者となつた、
私は自分の永遠性を所有したいために、
天と地とを橋掛ける悲哀を歌つた。
人は私が「革命」を唱へないから私を卑怯と呼んだ。
だが、私の沈默は革命を叫んだ後の沈默である。
人は私の歌に「突貫」が無いから私を無氣力と呼んだ。
だが、私の疲勞は突貫をした後の疲勞である。
私は花を見て泣くことがある、
それは花を機縁として他のことに泣くのである、
私は鳥の歌に私の歌を合はせることがある、
それは私が鳥のやうに單純な理由からでない、
鳥を機縁として他のことを歌つてゐるのである。
聲高く歌ふ人よ、
表現に對する君の飢渇はさう大きくないから君は歌へるの
　だ、
活動に人生の解放を呼ぶ人よ、
結果に對する君の期待はさう大きくないから君は動けるの
　だ。
私は一地方的感情《プロビンシアリズム》を脱したいために、

孤獨の靜止に入つたのである。
私は今頁と頁の間の餘白にたつて居る、
それは何物も書くことを知らないからでない、
「人生の第三章」を始める前の暫時の休息を樂しみたいからだ。
ああ、この第三章を書き始めねばならない時が刻刻に迫つて來る……
私の體は震へる、
私の心はいつの間にやら緊密になつて來る。[41]

ここには、野口の詩人としての切実なる想いと、彼が置かれている状況が、端的に表現されていると考えられる。『萬葉論』は論理を行きつ戻りつして言葉を重ねた評論だが、究極的にはこの一篇の詩に書かれていることが主題のすべてであろう。

それにしても、《人生の第三章》が刻一刻と自分自身に迫っていることを自覚し、おののき震える野口。いったい彼はなぜそこまで追い詰められているのかという問いは、現代を生きるわれわれの感覚でしかないだろう。ここでは彼が恐れる《第三章》が、まさに野口の最終期、戦時期を暗示するということだけを記しておきたい。

(d) メレディスと〈ペガニズム〉

ところでもう一点、野口の『國本』寄稿の中で注目しておきたいのは、ジョージ・メレディスに対する言及である。前述の「剣と詩の我建国」で野口は、『古事記』の価値をメレディスの史詩や進化哲学と比較して説いている。《世界は精神や身體の虚弱なものゝ爲に存在しない》、《自分の實力を疑ひ始めたが最後、彼は既に人間生活の優越者としての權利を棄てたものである》、《人生の悲慘な破滅は奮闘や苦痛から來るものでなく、寧ろ放縱な生活の結果であるといふ信仰は、古事記の隨處に發見される》[42]というように、メレディスの社会進化論的な思想を、『古事記』の中に読み込もうとしている。野口の主張は一九二〇年代から欧米で台頭してくる優生学の論理による民族論などとは異なるが、文明社会の中で淘汰されないために強固な信念を確立する必要性を訴えていた。ちなみに一九四三年には、メレディスの詩篇を挙げて、国家の独立維持のための〈聖戦〉を説くことになる。[43]野口のメレディスへの傾倒は、彼の日本主義やその後のウルトラナショナリズムへの展開を考える上で、重要な示唆を与えるものである。

メレディスは、スウィンバーンやダンテ・ゲイブリエル・ロセッティなどのラファエル前派と親しくしていた英国の小説家・詩人で、象徴主義文学の系譜に連なるところに位置していた。そして、日本の思想と民族にも強い関心を持ち、岡倉天心の弟・岡倉由三郎の『日本精神』(一九〇五年)の序文も書いている。[44]

From the Eastern Sea 刊行時、メレディスは野口に短い手紙を送り、その中で野口の詩について《力、神秘、詩的情感(energy, mysteriousness, and poetical feeling)》と短く表現していたとい

う。野口はこのメレディスの手紙によって強く励まされたが、手紙をアメリカのある友人に貸して以後、紛失してしまったと言い、この手紙紛失の件を非常に残念がっていた。(45)

現在の日本の文学研究において、メレディスは夏目漱石に影響を与えたこと以外ではあまり注目されていない。だが、この当時の日本の知識人たちからは、ドイツのヘーゲルに比較される英文学の最も難解かつ重要な思想家として捉えられていた。(46)帰国後の野口は、メレディスの価値を主張していた中心人物の一人であり、日本におけるメレディス評価の先駆者であった。

野口のメレディス論としては、早くは「メレディスの詩を論ず」(『洋と洲』一九一五年一一月一日)、「私の歌をメレデスに與ふ」(『現代詩人選集』二一年二月一七日)、「メレデスへ行け」(『報知新聞』二四年一二月一五日―二一日)がある。

また、野口米華という名で刊行されている『メリディス』(裳華房、一九二三年一月)も、従来の研究では等閑視されてきたが、野口米次郎の著作に間違いないだろう。これはメレディスの人生と作品を解説したもので、「付録」には野口の編集したメレディス作品の抜粋が六篇ほど載せられている。「序」には、《保守、自由》二派が壮絶に争う時代に、メレディスが理想と現実を《渾融》した優れた作品を書いていること、世界的に評価されているメレディスに対して日本文壇では認識が薄いことなどが述べられている。(47)この「序」にはまた、《素より淺學菲才殊に繁忙な業務の餘暇を偸んで片手業にやつたものであるから粗漏も誤謬もあらう》(48)と書かれており、この控えめな意識が〈野口米華〉という名を使った理由であろう。この著作は、《難解中の難解》とされるメレディスの《簡明な評傳》、かつ風刺や事跡の解説書として、《英文學研究者の福音》とも称された一冊であった。(49)

野口のメレディス観の根幹を表しているとも言える詩篇「メレデスに與ふ」(一九二一年)は、次のようなものである。

> そこで感傷主義は異教信奉になつた。
> 汎神論が人生の解放だと想像してはならない。
>
> メレデスよ、僕は知つて居る、君の腦髓が疲勞した時、
> 君は論理といふ野蠻な遊戯をして遊ぶ。
>
> 君の傲慢な推論學や馬鹿げた道徳やあらゆるものを忘れ給へ。
> メレデスよ、僕と一所に禪堂へ來給へ。(50)
> (後略)

メレディスの《異教信奉》を指摘して彼を禅堂へ誘うなど、野口が日本文化や禅の価値を説く内容の詩である。東洋に関心を持つメレディスの内なる観念の限界を指摘し諭すようでもあり、精神的な意味でメレディスと対等の立場に立っていることが強調されている。

さらに、野口の娘婿・外山卯三郎が翻訳したメレディス『喜

劇の研究並びに喜劇的精神の使用』（一九二八年）[51]には、野口が「序」を寄せて次のように記している。

> 私が「メレデスへ往け」と叫んだのは一度や二度ではなかつた。近代の文學者で彼位思想と感情を彫刻的に取り扱つた人はない。私共の思想が徒に平面的に成り、私共の感情が意見なく斷片的に分裂し終る時彼は私共を救つて呉れる一種の劇劑である（中略）今日正に私共は彼を必要としてゐる。[52]

これが書かれた一九二八年当時の、思想が《平面》化し《分裂》しかかった日本で、メレディスが必要とされる思想だと強調されていることが注目される。しかも野口は、メレディスが英国では〈日本の禅僧のようだ〉とみなされていることを述べて、《私は彼をペガニズムの信者で、あな恐るべく敬すべき文豪であると思つてゐる》と書いている。[53]

ペガニズム、つまり〈Paganism＝異教信奉〉者として、野口はメレディスを論じているのである。この野口の〈メレディス＝ペガニズム〉認識は、上の詩にも見られたものだが、『國本』に寄稿した「真日本主義」にも示されている。

> 今日の日本としては、デモクラシーを唱道するよりか、ペカニズムを宣傳した方が賢明だと私は信じてゐる。ペカニズムは卽ち異教奉信だ。西洋文明の否定だ。近代思想の不承認だ。西洋文明の嘆美者の一人である私が、何故にこれを主張するかといふに、それは西洋の物質主義を拒絶したいからだ。[54]

つまり野口は、日本国内が西洋流の〈デモクラシー〉一辺倒になるよりも、西洋文明の否定である〈ペガニズム〉を宣伝すべきではないか、と提案をしているのである。

メレディスの〈ペガニズム〉〈異教〉は、当然キリスト教以外を指す。これまでにも見たように、一九世紀後半から二〇世紀初頭、革新を求めモダニズムを追求する知識人や文壇人は、神秘主義や〈東洋〉に関心を寄せ、伝統的なキリスト教や既存の社会システムを懐疑・批判し相対化していった。彼らは、オリエントやそのエキゾティシズムに憧れ、神秘主義としての仏教や他の宗教に関心を持ち、また同時に古代ギリシア・ローマへの回帰を謳った。これこそが、当時の野口が経験した国際的な思想潮流であった。

野口の微妙な立ち位置、つまり野口のつまずきの根源は、じつはこの点に関わる。野口が吸収した英米の思想家たちや、彼が親しくしていたイェイツに代表されるような象徴主義者かつ〈脱植民地主義〉の詩人たち、異端に憧れて新しいものを創出しようとする者たちは、いわば欧米の反体制派に属することになるが、彼らが持っている対抗的なオリエンタリズムを日本人が無防備に主張する場合、日本では反体制派ではなくなるという、ねじれた構造がある。欧米人が自らのヨーロッパ中心主義に対抗するために、日本やアジア主義を持ち出す場合は反体制の主張となるが、日本人が同じことを同じ枠組みの論理で主張すると、そのまま国家体制（国家神道やそれにつながる皇国史観、〈国体〉に近いものになるのである。つまり、同じ内容の主張でも、日本と欧米では意味がずれてしまうのだ。アジア主義はイギリスではイギリス帝国主義に対抗する意味を持つが、日本では日本帝国主義に対抗する思想とはならない。それぞれが属している文化によって、同じ標語も意味や価値が転換してしまうのである。

野口の場合、多くは反体制的な英詩人たちに評価されて詩人として出立したのであり、彼らの影響を受けてアジア主義・日本主義の方向をとっていくのは自然な経緯であって、またそれを欧米の知識人・友人たちからも求められていた。だが野口のそのスタンスでは、日本では反体制派にはならず、体制派と差違を持ってはいても、大きな文脈ではそのまま体制派に組み込まれてしまうのである。ここに野口米次郎の思想がその裏に〈国体〉を孕むものとなる理由があった。[55]

4 戦時下のモダニズム詩人と詩誌『蠟人形』

(a) 日中戦争と文学の困難

一九三七年七月七日、盧溝橋事件が起こり、七月一一日に近衛文麿内閣が対中方針を発表すると、文学者の役割が盛んに議論されるようになる。

それと同時に一九三七年後半には、文学の困難な状況について触れたものが目につくようになる。治安維持法で逮捕される前年の岡邦雄は、文学は戦争との関連で《初めて異常な困難を經驗》しているが、プロレタリア文学は潰滅したのではなくくすぶっており、《現在のプロレタリア階級の實際に適應したものが創作されつつある》と述べた。[56] また、同じく社会主義的傾向を持つ上司《かみつかさ》小剣は、《こんな事態が無くとも、文學者の生活といふものは、可なり窮迫に陥り、または陥りかかつてゐた》と述べつつも、《文學者の大多数は、平和を望むことに疑ひはない》が、そのために生活を破滅する事態になっているとして、[57] さらに次のように書いている。

> 生方敏郎君の近詠に曰く、「心にもなきこと言ひて禍を免かるる人の多き世ぞ今は。」徳富蘇峰先生は、「日日だより」中に、「……我等はなんとなく暗夜に山径を引きずり廻はされつつある心地がする……」と言つて居られる。[58]

文学者の立場として、国家の非常時という時代の情勢に影響されずにいることが難しくなっていたことが分かる。

もちろん、一九三七年末の段階では、文学者らは直接、国家に指導されていたわけではない。しかし、新聞記者出身のアナーキズム的傾向を持った評論家の新居格《にいいたる》は、《國論は厳重に統一を要求されてゐる。新聞と、主要雑誌と、映畫レコードの政策と、ラヂオ放送のプログラムが、國論に協力すべく誓約してゐる》と述べ、文学活動の上には具体的な呼びかけや法的な制約があるわけではないものの《ジャーナリズムの動向が文學の動向を決定するに至》っている、と指摘している。[59]《現下文壇の推進力とは、いふまでもなく社會情勢であり、それに拍車をかけるのはヂヤーナリズム》であった。[60]

日中戦争（支那事変）が始まってからほぼ一年半後の一九三八年一二月、伊藤整は「支那事變と文學者」と題した文章の中でその頃の文壇の状況について次のように述べている。

> 所謂日本主義的な意見を吐く人々に対して文壇人はあからさまに批判は加へないやうであるが、これはその人々の言ふ處が無視されてゐる証拠ではない。かへつて重々しさを加へて来てゐるが、文壇的な常識がかなり離れすぎたものになつたので共通な思索の土臺が兩者の間に無くなつたことを語つてゐるともとれる。[61]

ここで伊藤が《所謂日本主義的な意見を吐く人々》というのは、《論壇においての杉山平助氏、文藝批評においての保田與重郎氏、創作壇においての林房雄氏など》を指す。《自由主義者》と呼ばれている一般文壇人が、もう少し冷静な批判を彼らに対して加えるようになれば、現在の文壇にある取り繕ったような沈黙が消えるのではないか、と伊藤は論じたのであった。[62]

このような中で、春山行夫と親しいモダニズム詩人の近藤東は、日中戦争を契機として《日本的》なる言葉が流行していることを述べ、その使用法の矛盾と混乱について論じたあと、現下で用いられている《日本的なるもの》や《日本主義》は《一種の傳統主義でしかな》く、《傳統主義》は《既に我國獨特の議論でも何でもなく、それは依然世界に蔓延してゐる一つの思想體系に過ぎない》と述べた。[63]

その上で近藤は、依然として《「日本的」の概念は、「世界的」の概念になり得ない》とか《日本の原理が世界の原理として存在し得るだらうか、といふような疑問》を持つ者が《世間》には多いが、[64]個々人が「《日本的》なるもの」を、単に《一つの集團（現在では國家）に結びつけ》て掲げることは、《過去數十年種々なる形態を通じて威信して來た個人主義的なるものゝ敗退を意味する》と述べ、《日本的》なるものは汎世界的・國際的で一集団の芸術を超越しうると説いたのである。

これは、野口が大正期から論じてきたこと、つまり〈日本的〉や〈日本主義〉を意識しながらも、単純な地域性や地方主義に還元せずに汎世界的・国際的な芸術を構築するということと重なるであろう。

以下では、この近藤の論説が掲載された詩誌『蠟人形』に即して、主としてモダニズム詩人たちが戦時下に何を考え、そこに野口がどのように位置づけられるのかを見ていきたい。

（b）詩誌『蠟人形』と、野口への眼差し

モダニズム詩人の安藤一郎（1901-1972）は『蠟人形』の一九三八年三月号で、イギリスで〈戦争詩人〉と呼ばれているグ

ループとして、ロバート・グレイヴス、リチャード・オールディントン、ロバート・ニコルズ、W・W・ギブスン、ジークフリート・サスーン、ウィルフレッド・オウエンなどを挙げて、《戰爭に對する古い漠然たる態度を捨てゝ、みづから骨の底まで味つた戰爭を現實的な冷静さをもつて顧みた》詩人たちであると紹介した（言うまでもなく、ここで扱われているのは第一次世界大戦下の戦争詩人らである）。

かういつた人々の作品は、近代英詩の傳統に脈打つてゐた微温的ロマンテイシズムへ、彼等に魁けてそれを革新したところのハーディとメイスフィールドの跡を繼いで、濃厚なリアリズムの色彩を確然と投じたのだ。その意味で、戰爭詩人は一つの功績を遺したのである。[65]

ただし安藤は、これらの詩が時代を超える《優れた詩文學》かどうかは疑問である、とも述べている。

安藤に続き同誌の一九三八年五月号では、前述（第一〇章第3節（b））のアナーキスト詩人・岡本潤が、詩人たちの現状を二つに分けて次のように論じた。《戰爭といふやうな大きな震撼的事實にぶつつかつて、詩人は時勢に雷同して聲高らかに歌ふ者と、ひつそりと鳴を沈めてしまう者とに別たれる》が、どちらも《あまりにも政治的なものの影響で詩精神を抹殺されてゐる感がある》。[66]

鳴りを沈めてゐる詩人の場合には、いろろ《ママ》の事情が考へられる。然し、單に外部的なものに壓倒されて、やゝもすれば「默つてゐるに越したことはない」といふやうな態度は、詩人としては自殺的な態度であるといはねばならぬ。聲高らかに歌ふばかりが詩人ではない。淡々とした風景描寫のなかにでも詩人の内實の聲はこめられてゐる筈だ。そこに今日の詩の技術の問題が考へられる。どういふ時代にでも、詩人には詩人としての發聲がある筈だ。[67]

《淡々とした風景描寫》の中にさえ、詩人の《内實の聲》を歌い込める、という点に注意したい。そして、このように述べていた岡本が、〈詩の新体制創造〉を論じる中で、野口の詩「壁」を取り上げて、高く評価したのだった。それは次のような詩である。

確に私の詩は終つた、
疲れてゐるのでない……
私の書いた詩が何だつたかを辿ることが出來ない。
私は床の間を眺めて坐つてゐる、
床の間には錆色の壁だけで何物もない、
開いた部屋の障子から庭の樹木が見える、その間から青空
　が見える、
私はもう幾時間坐つて、壁を見詰めたかを知らない。
恐らくこの部屋は人生の避難場であらう、

だが私は神の譴責《けんせき》を忘れるのでない、
私は思ひきり罪を犯すことが出來なかつた。
血と後悔で自らの價値を高めることが出來なかつた。
私は今から床の間を見詰めてゐると、
壁が、この壁が、私の心の壁であるのを知つた。
私が經驗した過去の場面が、壁の上に顯はれて來る……
太陽が山を登り海に沒するのを見た、
野原に亂れる花の上に眠つた、
私は澤山の人を愛した、
最も愛したものに眞實を語ることが出來なかつた、
私は詩を書いたが、本當の詩は書けなかつた、
私は今人生の結論を與へねばならない場合にある、
心の壁に映つた影の場面は一つ一つ消えてゆく。
私は壁の彼方に、もつと廣くもつと深い人生があるやうに
　感ずる、
私は壁に秘密の門があるやうに感ずる、
私は立つて床の間に上り、これに觸れようとする、
門がない、ただ平たく擴つてゐるのみだ。(68)

この野口の詩について、岡本はこう述べている。

野口米次郎氏の「壁」といふ詩を讀んで、野口といふ詩人を改めて見直したい氣持になつた。この詩は何をおいても、こんにちの意味での素朴な詩だと思ふ。こんにちの意味で素朴だといふのは、この詩人が歴史的な渾沌のなかに身をさらし、精神の危機の如きものを通過しつつあるやうに感じられるからだ。それをそれなりに動きのある言葉で表現してゐるからだ。それだけに密度があり、陰影があり、脈動がある。それだけで確かにヨネ・ノグチの舊概念を打破してゐる。詩の新體制の創造といふことは、やはりかういふ意味での渾沌のなかの素朴にあると思ふ。(69)

岡本がここで言う《素朴》とは、抵抗や批判的傾向を意味する。岡本は、金子光晴が《今日、何かに、抵抗を感じないで生きてゐる人間はあるまい。今日の作家の途はあるまい。その抵抗を機會にして制作をするより他に、今日の作家の途はあるまい。その抵抗に對して率直に十對十の力を出しうることが、今日の素朴である》（一九三八年一月）(70)と述べていたことを挙げて、《今日の詩のむづかしさは、金子の云ふ意味での素朴であることのむづかしさだ》と述べているからである。(71) つまり岡本が、野口の詩が《素朴》だと述べた言葉は最上級の讃辞だったのである。

（c）ナチス・ドイツ下の詩人たちの紹介

岡本が野口の詩を評価する文脈で《詩の新體制》という言葉が使われていたが、この岡本の論説と同じ号の『蠟人形』にはナチス体制下のドイツ詩人たちが紹介されているので、これについても触れておきたい。

すなわち、この号では、「ナチス詩抄」と題して四篇の現代

ドイツ詩（シュテファン・ゲオルゲ「他日この血族汚辱を去り」、ハンス・バウマン「國を築かう」、ゲルハルト・シューマン「戰士のうたへる」、ハンス・カロッサ「快樂の果」）が高橋義孝によって翻訳紹介され[72]、そのあとに、詩人でドイツ文学者の阪本越郎が「ナチスの詩人について」と題した評論を書いている。

阪本の評論では、ナチス・ドイツでは《「血と土の藝術」Kunst der Blut und Erde》がモットーになっており、詩壇的に見て、ナチスの革命的政策は、《祖國愛に生き、全體主義思想を體現すべき詩人》を育成することが中心課題になっている、と紹介されている。また、コスモポリタンで国家を超えた存在であるユダヤ系文学者たちは、ナチスの国民主義的な傾向とは相容れなかったこと、ドイツ文学を頽廃的傾向に導いたとみなされてナチス革命後に文壇の〈清掃〉が行われたことなども述べられている。

「ナチス詩抄」で第一に翻訳紹介されたゲオルゲについては、《國民主義詩人の父》、《民族意識の自覺のために歌ひ、ドイツ國内の聯邦的境界を解消して全ドイツを包含する最も完全な統一國家——第三帝國の出現を豫言した先覺者》と紹介された[73]。また、リルケが、このナチスの《渇仰》するゲオルゲを師として成長し、《ナチス詩の内容と形式》に多くの恩恵を与えたと述べられている。リルケは《素朴な民謡から出發し、ゲオルゲの高踏的なるに對して、技巧的にも平易な抒情詩を始めただけに、ナチス詩壇に實際的の大きな影響を與へた》とされた[74]。ゲオルゲやリルケは大正期にも象徴主義・芸術主義の詩人として紹介されていたが[75]、一九三八年の日本では、あらためてナチス体制との関係で捉え直されたのである。

また、阪本は次のように述べている。

> 表現主義時代の流行兒でベルリンの醫師ゴットフリート・ベンもナチスに轉向したし、超現實主義者として嘖々の名をはせたイヴァン・ゴオルも今は新しい現實に更正した[76]。

ゴットフリート・ベンは、表現主義から出発し、現代的ニヒリズムを芸術至上主義の立場で克服しようとした作家で、『詩と詩論』などを中心に日本の詩人たちの間でも知られていた。その彼は国民社会主義革命の推奨者となり、ナチスに共鳴したのである。またフランスとドイツの前衛詩運動に加わったイヴァン・ゴルは、第一次世界大戦時には多数の戦争詩を書き、その後、ドイツの表現主義とフランスのシュールレアリスムを結合させた詩人として知られる。ドイツの表現主義は俳句の模倣から始まったと書いていたゴルに対しては、日本の詩人たちの注目度も高かった[77]。阪本はこのようなドイツの詩人たちが皆ナチスに転向したと説明して、次のような文学史観を述べた。

> 第一次世界大戰に際して表現主義が病的神經の昂奮、狂的な叫喚に走つた時、それと並んで新興階級の人間らしい率直さをもつて祖國愛から戰争詩を書いた數人のすぐれた勞働詩人があつた。（中略）彼等は勞働者出身で、已に戰前から人間

的なプロレタリアの詩を書いてゐたが、戰爭と共に力強い愛國詩人となつた。（中略）ナチス・ドイツは貨幣ではなくて勞働を價値の標準としてゐる位であるから、勞働の神聖、勞働の喜びを歌ふ詩人が勞働階級の中から現はれることを歡迎した。しかも彼等の詩を第四階級の藝術といふ特別の眼でみないで、國民全體の文化を高めるものとして、寧ろ現代ドイツ文學の誇りと考へてゐる。彼等は傾向的な政治詩人としてでなく、工場や路傍から勞働者自身の生活感情を直接的に歌ひ出した。その歌のリズムには、從來のブルジヨア的生活や書齋の中で書かれた詩と異つた、新しい階級の人の全く新しい生命の溌剌さが躍動してゐる。[78]

プロレタリア文学が戦争とともに愛国文学となり、ナチスの文化政策に共鳴したと説明している点は見過ごせまい。また、ナチスの文化政策に従って労働者階級出身の詩人が重用されて隆盛を極めているという認識も無視できない。ようするに、表現主義や未来主義に対しては、ブルジョア文化・高踏文化の末期の芸術であるといった認識があったが、その先に展開し勃興してきた社会主義思想が、ナチスの求める主義に重なったというのが阪本の文学史観なのである。[79]

(c) 決別の一九四二年

『蠟人形』では一九四二年の一月号から、雑誌の雰囲気が変わる。編集者の西條八十は戦争協力の色合いを強く出すようになり、岡本潤からも詩人の抵抗意識を評価するような発言は消える。

その理由は、言うまでもなく、一九四一年一二月八日以降、国家が国民の士気昂揚や国威宣揚のために詩人の協力を要請し、すべての詩人が〈詩報国〉の決意を迫られた、という時代状況にある。

詩人でドイツ文学者の神保光太郎は、《昭和十六年十二月八日は、日本の朝であり、世界史の黎明であると同じく、日本詩歌の力強き暁でもあった》と言い、《詩はこの日、この數年、到るべくして、到り得なかつた地點に到達した》、《詩が詩本來の翼を持つた》と述べた。[80]

岡本は神保のように単純ではないが、一二月八日の《國民的感激》が《深く精神の奥底を揺すぶりかへし》、《あの日の歴史の飛躍はめざましく、壓倒的であつた》としている。ただ、自分はそれに即応するだけの《「言葉」を見出し得なかつた》、《精神の充溢にくらべて「言葉」の貧しさ空しさが痛感された》とも述べている。[81] 岡本は、内部に相剋を持つ精神の重要性を述べながらも、あくまでも国民としての感激と歓喜、昂奮と決意を、現実的な言葉で詩にする必要があると述べた。もちろん、これが岡本の本音ではないという見方もあるかもしれないが、少なくともこの岡本の一九四二年時点の発言からは、国家の要請により戦時体制に組み込まれていく状況に対する〈相剋〉、思想的・精神的な抵抗という要素は読み取りにくい。

このように、全国民が同じ歓喜に湧いたように見えた一九四二年初頭、『蠟人形』（一月号）に寄稿された野口の詩には、他とは明らかに異質な思想が込められているように思われる。

この号の巻頭には、西條八十の詩「戦勝のラジオの前で」が配されていた。これは、《「あなたは天皇陛下のお爲めなら死にますか」わたしは肯いた》という一文から始められ、《誰人もが果しえない世紀の奇蹟を演じてゐるのだ、／さうして、おなじ血であるがゆゑに／はつきり理解し得る心と心とが、／電波を通じて、かくもかたく結びつき／ラジオの前でわたしに／とめどもない涙を、子供のやうに／いつまでも、いつまでも、流させてゐるのだ》と結ばれる、あからさまな戦争体制への同調を詠った時局詩であった。[82] これは、放送局の委託により朗読用として作られた詩で、戦争宣伝を目的としていたため、当然と言えば当然であるが、〈国民的感激〉に一体化する様が詠われている。

また同号には蔵原伸二郎が「文化宣戦」という論考を書き、《わが國は今や英米に對して宣戰し、これを覆滅せんとしてゐる。これは直ちに歐米理念への宣戰でなければならない》、《われらの詩や言葉や、則ち藝術は民族國家の恒久的なる武器でなければならぬ。軍艦や飛行機が消的《ママ》耗な武器であるのに對して、藝術は民族國家と共に愈々その光輝を發する永遠の消耗せざる武器である。それはあらゆる敵性に對して常に頑強なる意志と美をもつて、自國民族の國土と傳統と光榮を護るところの美しく、しかも强靭なる武器である》と述べている。[83] この戦争が英米ないし欧米に対する理念における戦争でもあることと、自国の国土と伝統を守るために芸術を武器として用いることが説かれたのである。〈詩〉や〈言葉〉の力をもって武器とすることに対して、詩人たち自身も非常に昂揚した意識の中で陶酔していたことが、ここからも浮かび上がる。

そのような中、野口が寄稿している詩「出発前の數分間」は、次のとおりである。

私は見詰める‥‥天國か、地獄か、私は知らない。
私は今出發の用意をしてゐる。
その前、部屋を片附け整頓しなければならない。
出發後、誰がそれに當つて呉れよう。
カーテンをしめよ、蠟燭をともして呉れ、
私は靜かに考へたい、出發前の數分間を味いたい。
人は私が夢のなかを歩いたと云ふかも知れない、
人は私が無駄な仕事に疲れたと云ふかも知れない、
私は人を罵り、人を悲しませる何物もしなかつた、
私は人が私の言葉を聞き、私を理解しなかつたのを怒つて
ゐない、
私は今更何を歎かんやである。
私は今出發の用意をしてゐる、
私は現實的なものを離れて、
もう一つの現實を追求するため出發の用意をしてゐる、
私は今心靜かに‥‥
出發前の數分前を味つてゐる、

私が左様ならをいふのも、もう直きだ。[84]

この作品を、一二月八日の真珠湾攻撃前の戦士としての緊張を詠ったものと捉えることはできるかもしれない。しかし、この詩の中心テーマは、七行目から以降にこそあるのではないだろうか。自分のこれまでの仕事が《夢》であり《無駄》であった、なぜ人々は私の言葉を理解しないのか、という想いが吐露されている部分である。諦念を漂わせつつ、次なる望まぬ《現實》に向かう精神的準備をするというのである。ここには岡本潤が賞讃した「壁」（一九四〇年）における敗北感や、さらにはそれ以前の「人生の第三章」（一九二六年）における出発前のおののきと共通する詩想が込められている。もしこのように解釈できるなら、この野口の詩を、自らの国威昂揚詩「戦勝のラジオの前で」のすぐあとに掲載することを許可した『蠟人形』主宰・西條八十の勇気にも、一言触れておくべきかもしれない。西條は自分の詩と野口の詩を並べることでバランスをとったのだと言うこともできよう。

しかし、一九四一年一二月八日の真珠湾攻撃に始まる対米英戦争の開始に、野口は、それまでとは異質の決意を迫られ、それまでとは異なる思想的挫折をかみしめたのではなかっただろうか。少なくとも、一九四二年に野口が寄稿した詩篇は、周囲の詩人たちに見られる皇国日本への忠誠を誓うような高揚感とは異なり、すでに暗い内省を漂わせるものであった。

野口の戦争詩については、第一四章でさらに丁寧に検討する。

5　東西文化の媒介者としての挫折

本章の最後に、この時期にいたる野口の時代認識を伝える逸話に触れておきたい。

一九二〇年から二一年にかけては、野口のアメリカ全土をめぐった講演旅行の余波もあって、海外で野口の著作が多数刊行あるいは再版されている。二〇年には *Seen and Unseen* や *Japanese Hokkus*、二一年には *Japan and America* や *Selected Poems of Yone Noguchi* や *Through the Tori, New Edition*、および *Hiroshige* などが出版された。

野口の自選詩集 *Selected Poems of Yone Noguchi, Selected by Himself* も二一年にロンドンとボストンで出版され、その「序文」の中で野口は日本文学の本質を論じ、英米の文壇状況や詩人たちの傾向などを様々な角度から語っている。その最後のパラグラフは次のようなものである。

> The time is coming when, as with international politics where the understanding of the East with the West is already an unmistakable fact, the poetries of these two different worlds will approach of one another and exchange their cordial greetings. If I am not mistaken, the writers of free verse of the West will be

ambassadors to us.[85]

翌一九二二年一一月に日本国内のアルス社から同題名で邦訳とともに出版された際に、これは次のように訳されていた。

時代は變わりつつある、國際政治の上で東西の理解が已に疑もない事實となつて居るやうに、二つの異つた世界の詩も、當然相接近して相互に心からの挨拶を交換するであらう。若し私が誤つてゐないならば、西洋の詩壇で所謂自然詩の作家は、我我日本人に對して送られた使節であるであろう。[86]

この「序」の邦訳は、一九四三年の『詩歌殿』に再録されている。ところが、そこではこの最後のパラグラフに続いて、一九二一年、二二年版にはなかった次のような内容が一段落ほど付け足されているのである。

然し今日國家が英米打倒を叫んで戰爭してゐる時に當つても、日本國人誰一人も、私を目して親米主義者とも親英主義ともしないことを私は喜ばざるを得ない。もとよりその筈だ、私は年若い時代から外國生活に於ても、純然たる日本主義者として立つて一歩も讓つた所が無かつたからである。私の文學的仕事は終始一貫して何の變化も無かつたことを、私は今どんなに喜んでゐるか知れない。[87]

国内の読者向けに、自分は親米とも親英とも言われないのでありがたいと加筆したのである。この当時、自らが親米・親英と言われるのではないかという不安を常に持っていたことの表れであろう。

さらに、この「序」に対する「註」として、『詩歌殿』には次のように付記されている。

その頃の世界情勢は序文の最後に書いてあるやうに、東西の政治關係に於て協調の路を進め、從つて文化の點より見ても歐米は東洋より多くを習ばんとする趨勢にあつた。然る所二十年後、日支事變勃發して今日大東亞戰爭にまで發展して、ここに東西の關係すべてが切斷されるに至つた。私の如き長い間に亙つて英米から與へられたもの多くまた與へたものも多く、和協親睦の關係にあつたものとして感慨無量である。私は英語によつて英米に日本の美を說き、故國の同胞に對しては地方的感情と思想を離脱して世界的に進むの要を語つて來たが、今私の仕事の一半は用のないことになつた感がある。[88]

ここで野口は、西洋と東洋の媒介者としての自分の活動が挫折したことを述べている。東西の相互理解と融合を進めて国際的な文化の革新を拓こうと説いていた自分の活動の《一半》が、《用のないこと》になったと、野口は書かずにはいられなかったのである。

第II部　まとめ

第II部では、帰国後の野口が、日本の詩壇でどのような位置にあったのか、日本に腰を下ろしつつ、国内外に向けて何を発信したのかについて検討してきた。

まず第五章で、帰国後の野口と日本の詩人たちとの交友関係について、象徴主義受容の問題を軸にして論じた。従来の研究では、日英米の詩人組織〈あやめ会〉の挫折によって、野口と日本詩壇との関わりが断絶し終了してしまったように受け取られてきたが、野口はそれ以後も、日本と海外の新潮流をつなぐ架け橋として若い世代に強い印象を与えており、また日本への象徴主義の移入期に芭蕉や日本の伝統的美学と重ね合わせて海外の新思潮を解説した点は、日本文壇の同時代とその後に影響を与えるものであった。

第六章では、帰国後の野口が、国外の新聞や雑誌に向けて、いかに多彩な執筆活動をしていたかを概観するために、野口のいくつかの執筆ジャンルに光をあてた。野口が執筆を求められたのは、大手の新聞や雑誌から、前衛的な文化雑誌まで幅広く、また執筆内容も日本の演劇界、美術界、文学界、そして政治状況にまで及んでおり、それらは決してばらばらな活動だったわけではなかった。

またこの章で、詩集 *The Pilgrimage* の中には、それ以前の *Seen and Unseen* や *From the Eastern Sea* にもまして、詩に日本的モチーフが用いられていることに触れた。これらについては、同時代の欧米人日本紹介者の著述や言説と比較しつつ、今後さらに各作品の分析や検証を行うことで、野口独自の日本文化論の総体的意義が見えてくるであろうと考える。本書では〈蓮〉の例を簡単に紹介するにとどめているが、野口の英詩のモチーフや個別作品の検証からは、なお多くの読解の可能性が拡がるだろう。

野口の能・狂言の紹介については、従来ほとんど知られてこなかった野口の英文による翻訳や紹介について事実を検証した。本書では、他の西洋人による能の翻訳と、野口の訳したテキストとの精密な比較考証は行っていないが、野口の執筆が一九一〇年代以降の能楽発見とモダニズムの国際的潮流とに棹さした執筆活動であったことを示唆した。

次の第七章では、野口が表現しようとした〈日本詩歌の精神〉の内容と、それが同時代的にいかに捉えられるかを論究しようと試みた。それ以前の西洋人日本紹介者がそれぞれ、日本の文化的な特質を自らの時代の文脈の中で語り、その後の日本研究に影響を残したことは明らかである。だがその中で野口は、日本人として自説を英語で語りえる機会と才能を与えられ、同時代的に注目されるに値する仕事をしていた。野口の俳句紹介が、野口の文学の経験値や文化の相対的認識を豊かに含んでおり、日欧両文壇に様々な刺激を与えるものであったことも立証した。

日本の詩歌には詩人と読者の間に隣接的関係があることを説き、詩の価値観や享受形態の日欧における違いを明らかにした野口の議論は、詩のジャンルに限らず、舞台芸術を含むモダニズム芸術の全般に刺激を与えうる貢献であった。さらに野口の論述は、伝統的価値観や美意識を根本的に見直す潮流の中、象徴主義を取り込んで新しい文学の創出を模索していた英米文壇に、俳句という日本文芸の意義を示し、詩歌そのものの評価基準の再考を促すものであった。

第八章では、一九一〇年代から二〇年代のアメリカ詩壇で新しい文学を牽引したシカゴの詩雑誌『ポエトリ』が、東洋からの風の窓口となった雑誌であり、その編集者ハリエット・モンローが野口をいかに評価していたかを確認した。当時の英米におけるホイットマン崇拝、東洋の詩歌（タゴールや野口など東洋の現代詩人、中国の古典詩、日本の詩歌や能楽）への関心、地域性と国際性をめぐる問題などは、すべてが相互に関連し合って一つの大きな潮流をなしていたのだった。

また、野口は一九一〇年代に『ポエトリ』以外にも、パウンドらが刊行していたロンドンの前衛雑誌『エゴイスト』などに寄稿するとともに、一九二〇年代にも、モダニズム文学の代表的雑誌として大きな影響力を持ったニューヨークの『ダイヤル』をはじめ、様々な新聞雑誌に寄稿していた。英詩の改革運動や〈新しい詩〉の潮流の中で、東洋の詩は注目されていたが、野口の英詩や日本文学の解説はまさに新風を持ち込むものとして評価されていたのである。

第九章では、野口のラフカディオ・ハーン論について検討し、野口の持っていたハーンへの共感について論じた。没後、誤解を受けていたハーンに対して、野口は一九一〇年刊行の *Lafcadio Hearn in Japan* の中で日本人の立場からハーンを弁護し、国内外で注目され、ハーン評価の気運を先導した。一九一〇年代に国外では、野口とハーンは並び称される立場となっており、野口も自ら〈境界者〉としての立場をハーンになぞらえて共感を示す著述を行った。

第一〇章では、野口がじつは一九二〇年代の日本詩壇でも、詩壇の中核をなす雑誌『日本詩人』で敬意をもって扱われ、同時に『日本詩人』と対抗した『詩聖』などの若い詩人勢力からも親しく迎えられて、超派閥的な重鎮詩人としての位置を占めていたことを明らかにした。

野口は——彼の大正詩壇での位置については従来あまり注目されてこなかったが——新しい世代の中で、世界の文芸や芸術一般のモダニズムの潮流を論説する国際派の大家として、また芭蕉や西行などを論じて〈伝統〉芸術の再考を唱道する日本主義者として、多種多彩な言論活動を行っていた。野口の著作は多岐にわたり、また詩作に関して言えば英語から日本語での創作に移って、若い詩人たちから注目と敬意を集めていた。第一〇章ではこの事実を紹介し、野口の日本語での詩作とその同時代性について検証した。

第一一章では、第一に、雑誌『詩神』における野口の位置を検討し、第二に、〈新しい詩学〉の確立を目指して昭和詩の基点となっていた雑誌『詩と詩論』の中での野口の扱われ方を見たのち、第三に、野口の一九二〇年代後半の志向性を、雑誌『國本』への寄稿に注目して捉えようとした。右派政治思想系の総合雑誌『國本』への寄稿は、野口にとっては、いわば詩人としての活動をはみだすものであったとはいえ、彼の戦時期の活動につながる重要な問題を孕んでいた。この時期の野口が内包する問題が、『國本』にのみ露呈しているというわけではないが、特に『國本』を媒介にすると、野口の志向性を捉えやすい部分があった。第四には、一九三〇年代後半のモダニズム詩人たちによる詩についての議論や野口評価について、雑誌『蠟人形』を中心に論じた。そこには当時の詩人たちの置かれた困難な立場が映し出されていた。

第III部　〈二重国籍〉性をめぐって——境界者としての立場と祖国日本への忠誠

はじめに

〈二重国籍〉性をテーマにする第Ⅲ部では、野口米次郎の戦時期における活動とアジア認識について考察する中から、野口の境界者としての立場と祖国日本への思いや葛藤について検証する。序章で述べたように、野口が戦争協力者であり愛国主義の主唱者であったことは一般的にもよく知られており、戦後の野口評価に決定的な影響を及ぼしたのは、まさにこの戦時期における活動であった。しかし、従来まったくと言ってよいほど整理されてこなかった野口の後半生については、戦時期の時代状況と合わせて総体的に、かつ世代意識や一国的感情を越えた客観的な視野から論じられる必要がある。これは日本文学史の再検証にとって不可欠であると同時に、文学の問題を越えて、〈近代〉や〈日本〉の再検証にも大きく寄与するだろう。

ここであらためて強調しておきたいのは、本書は、積極的に戦時協力をしていく野口を正当化するものでもなければ、彼にセンチメンタルな同情を寄せようというものでもない。一方、個々人がそれぞれに理解していた〈大東亜共栄圏〉の理想やアジア認識に対して判決を下すことも目的ではない。国際詩人として活躍してきた野口米次郎の活動が、いかにして戦争詩に帰結していったか、それを〈日本〉の枠組みを越えて同時代の国際的な潮流と合わせて捉え直すとき、何が見えてくるか、そこに関心がある。

野口の人生には確かにこの時期、覆いがたい精神的な挫折と矛盾とが濃厚に窺える。世界各地を見聞し、海外に多数の友人を持った人間が、何を考え、どのように政治と個人を摺り合わせようとし、自らの抱えた矛盾をどのように表現したのか。どこに彼の思想的つまずきがあり、その思いと痛みはどのように昇華されようとしたのか、あるいは、されなかったのか。

その際、これらの問題と、当時の日本で野口がどのように人々から評価されていたのかということとは、区別して考えなくてはならない。丁寧な分析をほどこしていけば、野口米次郎が〈二重国籍者〉というよりもさらに複雑な〈三重〉、〈四重〉の境界に立たされていた姿が見えてくるかもしれない。また、野口の〈二重国籍〉性は、果たして野口特有の経験だったのかという問いも問われることになるだろう。

第一二章　境界に生きる——野口の複雑さ

私は一八九歳の頃から十數年間、英米兩國に於てエトランゼとして生活した。エトランゼには、いかなる國に彼が滯在しても、その國の人々に許されない自由が許される。獨立が許される。エトランゼはその國の歴史を知らないであろう。傳統を知らないであらう。又これを知らないことを喜ぶであらう。彼は精神的放浪人である。精神的治外法權の特別地帶の住人である彼の世界では、（中略）國の政體が帝國主義であらうと、又民主主義であらうと、彼には全然無關係である。彼の對象とする所のものは、彼自身である。エトランゼはエゴイストである。精神的虚無主義者である。即ちヨネ・ノグチはエゴイストである。精神的虚無主義者である。

（『人生読本　春夏秋冬』[1]）

1　〈二重国籍者〉の悲劇

(a)　〈二重国籍〉性と言語感覚

この章では、野口が自らの〈二重国籍〉性と〈詩人〉としての役割をどのように意識していたか、また日本の帝国主義政策をどう捉えていたのかについて検討する。

最初に、野口の〈二重国籍〉意識の問題について考えてみたい。すでに触れたように（第九章）、ホーレス・トラウベルはハーンと野口を《二つの文明を背負った子》、《〈東〉と〈西〉をつないだ》と評したが[2]、野口はその評価を積極的に受けとめて利用した。このトラウベルの野口評は、詩集『二重国籍者の詩』（一九二一年一二月）の「序」にも日本語訳で掲げられている[3]。そしてこの『二重国籍者の詩』の「自序」として掲載されているのが、本書冒頭にも掲げた次の詩である。

日本人が僕の日本語の詩を讀むと、

「日本語の詩はまづいね、だが英語の詩は上手だらうよ」

といふ。

西洋人が僕の英語の詩を讀むと、

「英語の詩は讀むに堪へない、然し日本語の詩は定めし立派だらう」といふ。


實際をいふと、僕は日本語にも英語にも自信が無い。

云はば僕は二重國籍者だ‥‥

日本人にも西洋人にも立派になりきれない悲み‥‥

不徹底の悲劇‥‥

馬鹿な、そんなことを云ふにはもう時既に遲しだ。

笑つてのけろ、笑つてのけろ！(4)

この一篇から、萩原朔太郎は野口の詞藻を〈外国人の情操〉だと述べたのであった。何よりも、ほかならぬ野口自身が、自分の《日本語の詩はまづい》と言っているわけだが、確かに野口の詩に、翻訳調のような違和を感じる人は少なくないかもしれない。たとえば、『表象抒情詩集』第三巻「小曲集」の「1」を挙げてみよう。

落ちる木の葉、いな魂よ、
私は君と共に
運命の流を降るであらう。(5)

「小曲集」は、このような三行（稀に四行）の短詩四六篇で構成されており、野口自身は俳句を意識していると思われるが、現代俳句や自由律俳句に近く、その内容はアフォリズムとも言えるような哲学的・警句的なものが多い。伝統的な日本の抒情詩では、木の葉をあからさまに自己の《魂》に重ねるような認識を言葉の上に表すことはほとんどないし、また《私は君と共に》とは明言しなくても読者はそれを理解した。いや、このように人称性を際立たせることを、抽象語の使用とともに避けようとするだろう。しかし野口の詩はその逆であり、にもかかわらずそれが俳句と通有する自然の形象などと組み合わされているのである。実際、ある意味で英語に翻訳しやすい日本語詩ではあろうが、これを〈翻訳調〉とか〈日本語の固さ〉といった解釈にとどめるのではなく、詩人野口の個性として考えてもよいのではないだろうか。詩集『二重国籍者の詩』の「小曲五十八篇」からもう一篇挙げてみよう。


雲に添つた大伽藍――

したを時と悲みが進軍する。(6)

聞く所の聲は果して何？


ここでも、《雲に添つた大伽藍》という、俳句に詠まれてもおかしくない形象と、《時》や《悲み》といった抽象的・観念的な語が結び合わされて、独特の感覚を作り出している。しかも最後の一行は、日本語の詩歌の伝統からすると省かれるべきなのだろうが、まさしく《聲》を獲得している。やはりこれも、野口が英詩の中で培ってきた独自性と言えるのではないだろうか。

むろん、これを否定的に捉える者もいた。たとえば土方久功(1900-1977)は、野口の小曲を《ホイム(whim)》(気まぐれな思いつき)に過ぎないと述べて、次の詩を例に挙げて《氣持が悪くなる》と批判した。

生とは何か。一つの声。
一つの思想、暗さの上の光明……
見よ、空に鳥一羽。

土方は、こんなものにとんでもなく高尚な意味があるかのように見せかけているが《世間を、周囲を、やがては自分自身をあまり馬鹿にしない方がいい》と厳しく野口を批判したのであった。(7)

また、若き詩人の橋爪健は、一九二四年一〇月の『日本詩人』の中で次のように書いている。

ヨネ・ノグチは英語詩に於て過當に成功し、日本語詩に於て過當に失敗してゐる。そこに彼が斷然二重國籍者でない原因と結果がある。彼がもし眞に二重國籍者であつたなら、英語によつた彼の詩作は大した好奇をさへ惹き起こさなかつたらうし、反對に、母國語を用ひたそれは現代のやうな過渡期の日本にあつては思ひがけないセンセイションを捲き起こしたかもしれぬ。それほど彼の思想も情熱も感覺も日本的東洋的の單味であつて、バタ臭いところは少しもない。世界主義的という點は勿論あるが、しかし現今の青年者派に彌蔓する生半可なコスモポリタニズムには較べがたい程國家的民族的郷土的傳統的だ。米國育ちの放浪者、英國風の紳士、あらゆる異國的な教養も境遇も彼の浴衣から尾張の土を拂ひえない。たとひ彼自身がその語學と記憶とから二重國籍者の假面をかつぐとしても、日本人が絽の着物を引つかけたやうに彼の本體は越中までも透いて見える。(8)

つまり、そもそも野口は二重国籍者などではなく《國家的民族的郷土的傳統的》な人間であり、東洋的な性質を利用することによって西洋で持て囃されたに過ぎない、というのである。

いずれも〈二重国籍〉性の気持ちの悪さ、似せ物臭さをネガティブに捉えたものであるが、おそらく野口はそれを否定しなかったであろう。そしてこうした点を十分ふまえた上でなお〈二重国籍〉性は、野口の自他ともに認める重要なアイデンティティであったのである。言い換えれば、*Through the Torii* の中の"A Handkerchief"(「ハンカチ」)に見たように(前述第六章第3節(d))、たかが〈外国製ハンカチ一枚〉のために自分は魂を売りわたしているのではないかといった自己懐疑や、境界的立場からくる苦悩こそが、彼の重要な立脚点であったのだ。

(b) 詩人の役割認識――『藝術の東洋主義』

『二重国籍者の詩』の「自序」に示された《日本人にも西洋人にも立派になりきれない悲み‥‥/不徹底の悲劇‥‥》の一節は、野口の英詩がアメリカやイギリスで讃辞を受け、また日本でも詩人として成功したことを知っているわれわれには、自嘲であり、セルフ・パロディーの調子を持っていたことがよく分かる。野口はその悲哀を訴えながらも、同時に《笑つてのけろ》と居直るふてぶてしさも示していた。

野口が自らを〈二重国籍者〉であると規定し、それを自分の利点として喧伝したことは、彼の評論の中にも明らかである。『藝術の東洋主義』(一九二七年)には、次のようにある。

> 若し私が日本人であるか又外國人だけであつたならば、どんなに私の藝術が徹底するであらう。これは私の眞實な心の叫びに相違ないが、私が東西兩洋に屬することを、詰り日本人でしかも西洋人であることを、更に言ひ換へると保守主義者でしかも進歩主義者であることを私は非常に喜ぶ場合が多い。私が一人で兩國人であるが為め、兩國のいづれだけかに屬する人間が開拓することの出來ない獨自の境地に立つことが出來る。外國人として日本人の感情と思想を眺め整理し批判する時、私はその世界的價値のある半面が何處にあるかを知る。又日本人として外國を理解した時、私はどの點や部分が私共と共通し又移し以て私共の滋養とすることが出來るかを知る。[9]

〈二重国籍〉性を備え、外からの客観的な視野を持つことができてこそ、自国の文化や国家や自己存在に対して距離をもった正当な判断や理解ができると述べている。これは《人間は、自分の文化的故郷を離れれば離れるだけ、真のヴィジョンに必要な精神的超然性と寛容性とを同時に得、その故郷と、そして全世界とを、いっそう容易に判断することができるようになる》というエドワード・サイードの言葉と重なるものである。[10]

また野口は自分自身を、保守主義者でかつ進歩主義者であると述べて、その両義性ゆえに《獨自の境地に立つことが出來る》と言う。《容易に一地方的感情と思想を離脱して流動する》独自の保守主義である、と。[11]

> 若し私の同胞諸君が私を以て所謂舊式の保守主義者とするならばその位間違つたことはあるまい。私は日本主義の宣傳者であると同時に世界主義の宣傳者である。私は日本主義を説いて世界主義の何物であるかを教へるのである。そこで私の保守主義は進歩主義と合一し日本人と西洋人とが接觸し一致する。[12]

楯には両面があるように、自分にも両面があるが、《個性はただ一つ》であると野口は述べる。『二重国籍者の詩』に示されたセルフ・パロディーとふてぶてしさの裏には、自らの両義的なあり方を見つめ、二〇世紀の国際状況の中で、それを活かす道を探る真摯な姿勢が隠されていたのだった。

この点で興味深いのは、文学者の政治への関与と、詩人としての〈理想〉に関する野口の考えである。

野口は日本の政治が《西洋諸國の政治に比較して必ずしも惡政治でないかもしれない》[13]と述べた上で、しかし日本の政治は《事務的政治》で理想がないと批判する。そして《立憲政體そのものを有機體的行動の結果を顯させるには生氣潑剌たる英雄の理想と感情に待たねばならない》[14]と述べている。

私は詩人に實際政治に關係して貰ひたい……勿論私はこのことを日本に於ける當面の問題からいふのでない。「乃公自ら始めよ」と云はれては閉口するが、詩人の價値は一時代の現實に束縛されずに永遠の眞理を守る點にあるとすると少くも今日の低級政治を警告するであらう。英雄的理想と感情は必ずしも詩人だけの所有でないが、眞實の詩人で豫言者でないものは一人も居らない。[15]

野口はこのように述べて、大使公使でありながら詩人の顔を持つ者や、詩人を大使として任命した例などを挙げている。野口の意識には、国際的な舞台での詩人の役割があった。

また、ここで野口が主張する詩人の政治への関与とは、国家の政治を補佐するという意味だけではなく、それ以上に政治理念と理想を持つということであった。《永遠の眞理を守る》ために、一時期の政策に束縛されることなく、詩人は発言していくべきであるというのである。これは少年の頃に影響を受けたカーライルの英雄論に因を発している可能性も大きいだろう。一国の政治が英雄の理想と感情に表象されるという考えは、野口が帰国後に親交した岩野泡鳴が『神秘的半獣主義』の中で〈国家論〉として述べていたことにも似ている。

ようするに、野口が詩人の政治関与を訴えるとき、それは国内外の世界政治に対する理想を詩人として訴えていくという信念にもとづいたものであり、かつ、古今東西、詩人とはそのようなものであるという理解にもとづいた主張であった。それは決して、単純なヒロイズムや自己顕示欲によるものではなく、また帝国主義や日本の政治の現状に準じた形での政治関与でもなかった。

しかしこの意識こそが、昭和期に入って日本の宣伝者となって政治に関与していく基盤ともなる。その過程には幾重にも襞が折りたたまれているに違いない。

(c) 二重生活の一元化

ここで『藝術の東洋主義』が刊行されたのと同じ一九二七年に、野口が日本人の特質について驚きを感じた体験について見ておきたい。それは「大正から昭和へ移るに當つて」(『改造』一九二七年二月)と題された記事に表現されている。

天皇崩御に際し、日本国民がこぞって捧げた《敬愛と憂慮の感情》に触れた野口は、《感激》すると同時に《反省的思想》に誘われた、と書いている。日本人は祖先崇拝もしくは皇室崇拝の問題になると《平日の主義主張をけろりと忘れて類型的の一日本人と成つて仕舞》う、という《矛盾》に驚き、この国民感情が国際的にいったいどう見えるだろうか、と野口は考える[16]。一九一六年頃の彼は、天皇を中心とした日本の祖先崇拝や神道に対して懐疑的で、現代日本人にとって皇室の影響力はなくなっていると考えていたのだが（前述第一一章注（35））、その自分のかつての考えは誤っていたと述べる。

> 私共日本人は相互に「これは日本人獨特の矛盾性だ、又この不思議な矛盾を常識化し融和合一せしめて行く點に我等の特異な價値がある」といつて濟まさるであらうか、研究好きな外國人がこの問題に觸れるとさう簡單に濟して置かない。彼等はいふであらう‥‥日本人の近代思想と帝室崇拜乃至は祖先崇拜との關係はどうか。日本人の近代思想といつても中途半端なものでまだまだ世界的に變化したものでないが、彼等が言葉通りに世界的になつて世界共通の思想と感情を信ずる場合になつた時、日本人はどうして前記の思想や感情を始末するであらうか。一言でいふと何時まで日本人の祖先崇拜又帝室崇拜が維持繼續されるであらうか[17]。

近代思想を否定しない日本人が、祖先崇拝や天皇崇拝では一致した感情を持つという点は《外國人のいふ如く不思議》である、と野口自身が感じているのであった。そして、《世界の一國として極めて窮屈な立場に置かれ事々物々に誤解され易いことになるであらう》と述べ、外国人にとって日本人の《精神的二重生活》は永遠に謎で興味の対象となり、日本人は将来も対外的に始終説明を求められて苦労するだろうと予測している。先見性があったと言えよう。しかし野口は、日本的《矛盾》が国際社会では理解されにくく誤解を受ける可能性があるとしながらも、次のように述べた。

> 然し考へるに私共日本人がその思想にその感情に全然西洋化して、遂には西洋の精神的屬國みたやうな國となつた所で何の價値があらう。私共に西洋と異つた特殊の文化が花を咲けばこそ西洋は私共に感謝するであらう‥‥如何となればそれに依つて彼等の生活も豊富になるからである。實際、外國人でも所謂西洋文明の沒落を語りその平面的な物質美を極力否定してゐる人がある。かういふ主張の人は、若し日本が西洋流の三等國になつて仕舞つたならばどんなにそれを歎くであらう[18]。

日本は《東洋の日本》であることに価値があり、西洋人もそれを望んでいるというのである。そして、古典研究の復活について、西洋文明を理解吸収することに専念する時代から、文化を整理する時代に差し掛かっているという見解を示し、その上で次のように述べる。

> 日本人は日本人であらねばならぬ。又諸外國人も私共が日本人でないことを希望しては居ない。私共は「不思議な國民」

で澤山である、謎の國民で結構だ。不思議な國民として又謎の國民として最善を盡し特殊の文化を創造することが私共がこの昭和時代に於ける一大仕事でなくて何であらう。事實物質的にも精神的にも所謂二重生活は浪費である無駄である。私共は昭和時代にその二重生活を一つの生活として渾然たる日本文明を作ることが、私の將に來りつつある新時代に對する希望である、私にこれ以上大きな希望はないと信ずる。[19]

物質面と精神面、つまり明治大正期にかけて吸収摂取に専念してきた西洋近代文明と、日本人の精神的な根幹にとって（野口も驚くほどに）支配的であった伝統的文明との二重生活を一元化して、《渾然たる日本文明を作る》ことを述べている。海外から見れば不思議な国民の、独自の《渾然》たる文明を《創造》することが新時代の《希望》であるというのである。つまり、ここにおいては、〈二重国籍〉者の両義的な立場をもって批判的・反省的に見るという立場を一旦括弧に括って、二重生活を離れて自ら一元化する必要性と可能性を将来の《希望》として《信じる》と述べたのである。ただし、《私にこれ以上大きな希望はない》と言い切らずに、《……と信ずる》と述べたところに、これが野口らしい誠実な宣言であったことを感じざるをえない。

（d）「東洋主義の高唱」の裏の〈真実の告白〉

この宣言と同様のことは、一九三一年七月四日の『時事新報』にも「東洋主義の高唱」と題して記されている。

私は日露戰爭終結の年に、永年の西洋生活を一先づ打切つて故國の日本へ歸り、その頃最高潮に達した愛國熱と世界に冠たる自然美との洗禮を受けたことをどんなに喜んだであらう。私の長い外國生活は日本を見るに、單に日本人としてのみでなく實際に世界人としてこれを批判するの一長所を与えて呉れた。その點が私の最大な「存在の理由」であると信じてゐる。[20]

だからこそ、エドウィン・アーノルドやラフカディオ・ハーンに続いて〈日本主義〉〈東洋主義〉を〈高唱〉せざるをえなかったと、野口は自己分析している。そして注目すべきは、これに続いて次のような告白をしていることである。

私自身にしても七年前までは讀者を惱まさずに置かないやうな英文を紐育や倫敦の文壇に發表して所謂東洋主義を鼓吹したものだ、然し今日眼前に上記のやうに變化（惡化の言葉を使つてもいゝ）した日本をながめ、その影響を受けずに生活して行けない實狀にはさまつては、如何にしても以前のやうに勇氣が出て來ない‥‥之れでも私は自然に東洋主義宣傳の英文から遠ざかることにならざるを得なかつた。之れが私の眞實な告白である。[21]

野口が英文から遠ざかった理由は、日本国内に住んで、国外向けに東洋主義を説き、現実の実態に合わない主張をすることに矛盾と困難を感じ始めていたからであったという。この〈告白〉は、おそらく本心であったと思われる。そして、野口が誠実に自分自身の執筆活動を考え、社会の理想や大義を意識する人間であったことを表してもいるだろう。一方、野口は次のようにも書いている。

然し東洋主義を死滅するまゝに捨て置いていゝか、之を放擲してしまつていゝか。(中略)今日のやうに日本が外交の上にまた經濟の上に、たゞ歐米諸國に追隨してその鼻息のみをうかゞつてゐては、將來に於ける世界戰爭にどうして勝どきをあげることが出來よう。須らく精神文化の東洋主義を高唱して、日本が世界無比の獨立國であるの實を示すべきである。[22]

野口は一九三一年の段階で、日本が列強諸国の一員として、世界戦争に突入するであろうことを予想していた。そして独立国家を維持していくために、精神の東洋主義をみすみす死滅させるわけにはいかないという危機意識を持っていたのである。

(e) 傍観者の暴力と、〈詩の金堂〉の崩壊

日本で暮らしつつ国際的な文化人ネットワークの中にいた野口は、境界者の特権をもって、つまり一国の枠組みを越えて日英両言語で発言していたが、じつはそのことによって逆に、他の日本人よりも早くから、自らが国家を代表する立場に置かれていることを自覚していたのではないだろうか。中央権力から離れた完全な傍観者として存在することは許されないことに気がついていたのではないだろうか。

というのは、一九二三年に書かれた「傍観者の暴力」と題する詩がそれを暗示しているように見えるからである。その詩の中では、〈見知らぬ人〉が、〈私〉の《背負つてゐる詩の袋》を渡すように要求してくる。袋は尊いものなどではなくて《追憶の紙屑》だから、触らないでほしいと懇願する〈私〉に向かって、〈見知らぬ人〉は、《傍観者の残忍な火で》袋を焼き《夜陰の天を焦す》ことが目的なのだと答える。〈私〉は、《袋は僕の財産だ》、《君にはそれが讀めない》のだから許してくれと懇願する。そして、この詩は次のように結ばれる。

聲は私の後から叫ぶ、「斯う聞く上は尚更君の袋を貰ひたい、僕は傍観者の暴力で君からそれを奪つて見せるからさう思へ、僕には君の袋を一一検査する「見知らぬ人」の特権が與へられて居る、さあ愚圖愚圖言はずに、さつさと袋を僕に渡して仕舞え!」[23]

ここに表現されているのは、詩をまったく解さない何者かによって脅迫され、詩の神聖さと自らの精神を奪われようとしていることの悲しみと苦痛である。理解できるような目的も理屈

もないままに、大切にしてきた〈詩の袋〉を奪われようとして震撼する〈私〉が描かれている。ここで野口は、芸術活動を理解せずに抑圧・制限しようとする者を〈傍観者〉と捉えて、恐怖におののいている心境を表現したのである。

　これはあるいは、左翼側からの圧迫の暴力性について述べた詩なのかもしれない。また逆に、まるで二年後の治安維持法の公布を予言するかのような詩にもなっている。

　かつて日本の政治や政策に対して〈傍観者〉的立場をとろうとしていた野口は、芸術の世界、つまり関心のない人から見れば〈追憶の紙屑〉の中に生きようとしていた。ところが、左側からにせよ、権力の側からにせよ、もはやそのような理想的・夢想的な立場を野口に許さない現実が刻一刻と迫っていることを、野口は感じ始めていたのではないか。そしてこの詩には、〈傍観〉する立場にいたいと思った人間が、逆に〈傍観者〉から有無を言わさず〈暴力的圧力〉で虐げられる立場になっていた、ということが示されているのではないか。

　この詩と近似しているのは、次の詩篇「私の苦痛」である。

お互に考へることを止めませう。
お前を考へることは私の苦痛、
私を考へることはお前の戰慄でありませう。
お互に笑ふことは止めませう、
また泣くことも止めませう。
さもないと、
お互に乞食となつて鉛筆を行商することが出來なくなります。
お互に平凡な顔をつくつて、
蝸牛のやうに
空間を這ひずりませう。
これがお互の最善ぢやありますまいか。[24]

それを考えることは《苦痛》であり《戰慄》であり、平凡な無知な顔を作って沈黙していかねば、普通の生活を営むことさえできなくなるというのである。この詩には社会体制に対する風刺の精神も垣間見えるが、それよりも、*Seen and Unseen* で《東か西か》とさまよい、真実や善や光を求めていた〈蝸牛〉が（前述第二章第3節）、ここでは、無駄に無思考的に這いずり回る愚鈍な生き物として表現されていることが注目される。

　以上のように、暴力的な圧力から脅迫されていることを詠う一方で、いや、そうであればあるほど、詩の力を詠う営みもなされた。野口は「詩の金堂」（一九二九年）の名の下に、詩の形で詩歌の力を宣言している。

いや増しの暑さに榮える百日紅あり、
その幹、その枝は、高野山の坂道にならぶ癩病《かったい》の擦粉子の
　手に似たれど、
太陽《ひ》にあこがれる赤き心に法身の喜びあり。
蟬は驟雨の祈禱《いのり》を地上に降らせど、

百日紅は獨り默然として生死寂静の道に生きる。
ああ、この猫額大の庭は化佛の浄土となり、
法城を守る周圍の生垣を見るに、
各自に遍照我にあるの自信あり、
庭には松、杉、楓、或は伽羅の木、八ツ手、
一生花を知らざるアスナロウ、龍の髯、一つ葉、
悉く默禱のうちに普賢の叡智を練る。
ここは東京を去る僅か電車で七八分、
經途の登るべきなく又山嶽の高きなけれど、
觀ずるに尊き大日如來の靈地なり。
われここに詩の金堂《こんどう》を建てて永劫を記念し、
恭しく無詩世界の衆生を加持して、
能ふべくんば曼陀羅の海會《かいえ》に引き入れんとするなり。
われに美妙の言葉なけれど、心に鐵を鎔かす情調あり。
人若しわが靈地に入らば、必ずや、
煩惱卽菩提の純理に目覺めるなるべし、
ゆめわれを疑ひ給ふな、あなかしこ。[25]

〈金堂〉とは、言うまでもなく、本尊を安置する寺院の中心にある御堂のことである。つまり〈詩の金堂を建てる〉とは、本尊の代わりに〈詩〉をすべての中心に据えて信心するということを意味する。自分の小さな庭、家庭、個人的な空間を〈詩〉の聖域とみなし、〈詩〉に全身全霊を捧げるとの宣言であった。詩一篇としての秀逸さはともかく、これは詩に対する野口の強い自覚と意志と理想の宣誓であった。

この詩は、一九三五年頃もしくは一九三七年から三八年頃に、野口本人が朗読したものがレコーディングされて、コロムビアからSPレコードとして発売されている。[26]

だが、この詩の核心である《ゆめわれを疑い給ふな》と宣言した強い自覚と志は、一九三八年に挫折した。同年七月号の『日本評論』に、「詩の金堂は破れたり」という随筆がある。これは、老いた自らの生活や家族の話や中野の自宅でのマンネリ化した暮らしぶり、変化する時代と庭の変わらぬ様子など、ささいなことを淡々と書いた随筆で、特に当時の政治状況下の困難や批判を述べるようなものではない。しかし、「詩の金堂は破れたり」というタイトルそのものが、野口の一九二九年の詩「詩の金堂」の宣言に対応していることは明らかである。この随筆は、一見したところ老境の無気力感しか語られていないように見えるとしても、一九三八年の野口が抱えざるをえなかった幻滅と挫折感と理想の崩壊が表されているのではなかろうか。

野口にとって重大な意味を持っていたはずの詩篇「詩の金堂」は、戦後の随筆『芭蕉禮讃』（一九四七年）にも引用されているが、その最後の部分は次のように改稿されている（傍線部分が、大きく改稿された言葉である）。

我今金堂を建てて萬代を記念し、
恭しく無詩界の民衆暗を加持して、

能ふ可くんば彼等を情調の福祉に入れんとするなり。
われに美妙の言葉なけれど、心に鐵を鎔かす感激なり、
人若し我が靈地に入らば、必ずや
詩即國土禮讃の一義に目覚めるならん、
ゆめ我を疑ひ給ふな、あなかしこ。（傍線、堀）[27]

その際、この詩は、芭蕉の「発句ありはせを桃青庵の春」に暗示を受けて作られた一篇であり、《自分を詩の明鏡に求め、永劫の扉を叩いて自然の神秘に參禪》する思いを宣言したものであったとも、詩に命を賭ける強い意志を《非難を恐れ》ず示したものであったとも述べられている。[28]

一九二九年の時点では《煩悩即菩提の純裡に目覺めるなるべし》であった部分を、《詩即國土禮讃の一義に目覚めるならん》と改稿して一九四七年に再掲したことで、戦時期の自らの言論活動を読者により強く想起させるものになっている。つまり《詩即國土禮讃の一義に目覚めるならん、ゆめ我を疑ひ給ふな》と自分は詩人として大上段に構えてきたが、それは芭蕉を参照して貫いてきた志だったのだ、と自らの死を前に回想しているのである。

もう一つ、野口の遺稿となった詩「背嚢」（『蠟人形』一九四七年九月）を紹介しておきたい。

重荷を背負った
女性よ、
お前の袋は何か。
「時の砂袋、
砂の一粒一粒が悲哀だ、
悲哀は數へきれない。」

女性よ、
お前の髪は亂れる、
腰に渦巻く雲は何か。
「明日の魂、
魂は希望に呼びかけ、
魂は平和の頌を口吟む。」

濱邊は荒涼だ、
私は幻を嵐に見る、
ああ、何もの幻か。
「この世鎮めの人柱、
彼等は皆を決して、
皆部署についてゐる。」

女性よ、
お前の背嚢は重い、
お前は何を背負つてゆく。
「將來の種子、
人生はその一粒一粒に、

明日の豊華を待ち設ける。[29]」

野口にとっての〈袋〉が非常に大切なものを表象することが分かると同時に、袋を奪われそうになって脅迫されていた戦前と比べて、重い《悲哀》の〈袋〉を背負いながらもその〈袋〉に最終的には《將來の種子》を見る希望のある詩を、戦後の野口は書き遺して逝ったのであった。

（f）『われ日本人なり』

さて話を戦前に戻すが、「詩の金堂は破れたり」と綴った一九三八年七月の二カ月前、『われ日本人なり』と題された、随筆と詩の作品集が刊行されている。その冒頭には《日本主義を徒に一地方的感情と傲慢な自己防衛に終らしてはいけない[30]》と記され、自分が《日本主義を説く時、いつも世界主義を背景としてゐる》と書かれたあとに、《「我はヨネ・ノグチなり」と叫ぶ機会を得たい、少くとも「われ日本人なり」と叫びたい》と続く[31]。

その叫びとは、いったいどのようなものだったのか。『われ日本人なり』には「蟬」という詩が収録されており、《鳴くだけ鳴かねば死ぬことが出來ない》と詠われている。ここで、この「蟬」という作品を、それ以前の〈蝉〉をモチーフにした詩と比較しながら見てみたい。

野口は蝉の鳴き声を、早くからテーマとして詠いこんできた。かつて野口は芭蕉の句「閑さや岩にしみ入る蝉の声」に暗示を受けて、"To the Cicada" という英詩を作っていた。

What a sudden pain of ancient soul, —
A tear that is a voice, the voice that is a tear!
What unforgotten tragedy thou tellest in thy break of heart!
Min, min, min, min, minminminmin...!
(…)[32]

ここでは蝉の声に〈太古の魂〉と〈忘れえぬ悲劇〉を聴いている。蝉の声に歴史性を読み、その虫の存在感を発見することが、この英詩の新鮮さであった。この詩はその後、次のように日本語訳されて、『林檎一つ落つ』と『表象抒情詩集』に収録された。

老いた魂の何といふ苦悶であらう、
その聲は涙で、その涙は卽ち聲だ。
お前は胸を張裂き、何といふ忘れ難い悲劇を語るであらう。（後略）[33]

《老いた魂》という個の悲劇にテーマの中心を置き、より人間的な現実感を蝉の声の中に聴いている。

また「一日の午後[34]」が改稿・解題されてできた詩篇「同盟罷工」も、芭蕉の「閑さや」から暗示を受けた作品だと思われるが、より複雑な想像力をかきたてる現代的な社会性の色濃い一篇となっている。

午後、
三時。
蟬の震動、
（誇りある存在の音、）
岩にしみ入る。
樹木の影、
あらゆる夏の暑さを感じて、
もの靜か。
（後略）[35]

この詩では、《午後三時》という瞬間の中で、様々なイメージが連鎖していく。そして最後には、《同盟罷工《ひこう》》、つまり労働者による争議が起こったという号外の声が聞こえて、現実社会に引き戻される。《三時》という瞬間の様々な幻像と音声が、一瞬にして現実とすり替わる斬新な詩篇である。大正末期という時代を背景に、瞬間の感覚と緊迫した社会感覚を表現した作品だと言える。

このように〈蟬〉をモチーフにして様々な詩作を行ってきた野口は、一九三八年の『われ日本人なり』収録の「蟬」で、鳴き立てざるをえない〈生〉の在りようを距離感をもって詠うにいたった。

蟬の鳴き聲を詩に書かねばならない時が來た……
私はこれまで幾度それを書いたか知れない。
今年は雨ばかりで、蟬はおくれて鳴き出した、
そして今やつとその鳴き聲のまつ盛りだ
考へると、蟬も好きで鳴いてゐるのでないかも知れない、
それにしても、鳴くだけ鳴かねば死ぬことが出來ないであらう、
だが、蟬よ、お前ばかりでない……
お互さまだ。[36]

ここで野口は、好きで鳴いているのではないが鳴かねば死ぬことができないのだ、自分も蝉も同じなのだと詠っている。この一篇には、「詩の金堂は破れたり」に似た詩人自身の幻滅がいささか自嘲的に表現されているのだが、そればかりでなく、日本人すべてに共通しうる〈生〉の感覚とその悲哀も裏側にひそめて代弁されている。さらに言えば、〈世界主義〉を背景に〈日本主義〉を説く者として野口が自らを捉えている以上、その日本人には世界的普遍性へと開かれたあり方も託されているであろう。

『われ日本人なり』についての書評の中で西脇順三郎は、《先生の考え方には相當馴れてゐるつもりであつた》があらためて《面白い》と感じたと述べ、これを《現代の「徒然草」》と評した。そして、《野口ほど文筆によつて日本人の精神を世界に紹介し主張することに努められた人は他に多くゐないと思ふ。こ

の随筆の名が「われ日本人なり」とあるが、今更の如く寧ろ變に聞こえる程である》と書いている。[37]

2　植民地経営に対する認識

(a) 日露戦争と国家間の覇権移譲

次に、〈二重国籍〉性を自らのアイデンティティしていた野口が、国家の膨張政策や植民地経営について、どう考えていたのかについて検討していきたい。

野口が一〇年を超す海外生活を終えて帰国した一九〇四年初秋には、すでに日露戦争が始まっていた。それ以後の日本は、対外膨張をさらに押し進める方向に大きく歩みだしていく。野口は、少なくとも日本に帰国するまでは、日本の勢力が国際的に伸長することを喜んでおり、日露戦争の勝利に興奮し、日本の向かっている方向に対して積極的な賛意を感じていた。それには、欧米の各新聞の論調が日本の国力増強を歓迎していたという事情も関係しているだろう（欧米の新聞の論調は、日清戦争以降、日英同盟などを背景にして日本礼讃の傾向が濃厚であったが、日露戦争以後は、満洲問題もからまり、次第に批判的なものや黄禍論が多くなる）。

一九〇四年六月に、野口は米国から "Let Us March Toward Manturia!"（「満洲に向かって行進しよう」）と題した詩を『明星』に寄稿している。[38]

The steadfastness of Japan, the glory of Asia,
A god born out of the vastness of the Eastern Seas.
(...)
Let us drive the nation invading a neighbour's domain!
Let us teach them to respect another's right!
Let from this day righteousness return again!

この戦争詩には満洲への進軍を肯定する言葉が並び、ロシアという対象しか見えておらず、満洲に住む現地の人々に対する隣人意識はまったく存在していない。この詩は、帰国前の野口の無邪気な高揚感を伝えている。

また同年七月の『ナショナル・マガジン』には、"The Character of the Coreans《ママ》, A Study of the Inhabitants of the Far East's Fighting Ground"（「朝鮮民族の特徴——極東の戦場地域の住民に関する研究」）を寄稿して、極東情勢における日本の立場を擁護している。

さらに、ミラーと野口の共著の詩集 *Japan of Sword and Love* (1905) は、日露戦争擁護がテーマの一つになっている。〈ロシアに宣戦布告した明治の精神へ〉と献じられたこの詩集は、野口が日本に帰国して半年後の一九〇五年三月一五日に出版されるが、これはまさに日露戦争の最中の刊行であった。

この共著の英詩集の中には、日露問題に関係するものとして、ミラーには "The Fisher of Nippon"（「日本の漁師」）や "The Bravest Battle"（「最も勇敢な戦闘」）、"To Russia"（「ロシアへ」）

があり、野口には、前述の"Let Us March Toward Manchuria!"や"Fight, Fight, Fight"(「戦え、戦え、戦え」)がある。この詩集にはまた、野口とミラーの短い散文も収められており、野口のエッセイは"The Outcome of the War for Japan"(「日本にとっての戦争の成果」)と題されている。その中で野口は、日露戦争はロシアの帝国主義的な膨張政策から満洲や韓国を守るための戦争であると述べて日本を擁護する。そして興味深いことに、満洲はアメリカのものになるだろうと、まるで他人事のように書いている。その上、《英国かアメリカか、どちらがこの最大の利益を得るだろうか》と述べ、満洲への覇権が、イギリスよりもアメリカに利すると主張している[39]。

なぜ一九〇五年初めの時点の野口は、《満洲がアメリカの覇権下となる[40]》などと述べているのか。おそらく当時の野口は、アメリカで論じられていたアメリカ側の見方だけを持っていたのだろう。対スペイン戦争の結果、アメリカは一九〇一年にフィリピンを領有したものの、長年にわたって領土不可侵を国際的に主張していた。ミラーと野口がどこまで意識していたかは分からないが、一九〇五年に出版された時点での二人の共著は、ロシアに対抗する日米の共同路線という枠組みで編纂されていた。帰国当時の野口の国際政治に関する認識は、ごく単純なものでしかなかったと考えられる[41]。

日露戦争に勝利したのち、満洲経営をいかに達成するのか、満洲の機構と経営方式をどうするのかという問題が、日本にとって大きな課題となる。日露戦争終結後、イギリスとアメリカは一九〇六年三月に相次いで満洲の門戸開放を日本に迫る。英仏露は、植民地経営の利権や経済勢力を日本と相互に承認・擁護する必要もあり、日英同盟、日仏協約、日露協約を結んでいくのだが、日米間には次第に対立が生じていく。日米の関係悪化の理由には、カリフォルニアの日本移民排斥問題とともに、満洲問題も大きく関わっていた。アメリカは一九〇五年九月にハリマンによる満鉄の日米共同経営案を提出し、一九〇九年にはノックスによる満洲鉄道中立化案などを示したが、日露は提携(第二回日露協約)してアメリカの干渉・侵入を阻止した。このように日露戦争後の日米間に確執が生まれることなど、*Japan of Sword and Love* を出版した当時のミラーや野口には知るよしもなかった。

しかし、野口の認識は、日露戦争終結から韓国併合にいたる数年間に、次第に複雑化し深まりを見せていく。実際に日本に住み、戦争の終結からその後の国際政治状況を観察するに従って、日本側から見た国際認識が自ずと培われていった結果であろう。

日露戦争から真珠湾攻撃まで、日本は対外膨張と国際協調との間を揺れ続け、紆余曲折の過程をたどる。日本の対外膨張路線と政治方針は、長期的なシナリオにもとづいていたわけではなく、様々な抗争を重ねつつ混迷の中で形作られ選択されていった。野口は、日本に帰国して、うまく使えなくなっていた母国語・日本語を再習得しつつ、また日本側と国外の両方の視点から国際政治の動向を見ながら、まさにその日本の混迷の中で詩作と思索を続け、日本文化を海外に発信していこうとするのである。

(b) 一九一〇年時点の韓国認識

では、日露戦争時にアメリカによる満洲覇権を語っていた野口は、一九〇五年から段階を経て進む日本の韓国併合への道のりをどのように捉えていたのか(なおここでは、野口が使用する〈Korea〉〈Korean〉を〈韓国〉〈韓国人〉と訳しているが、これは李氏朝鮮が一八九七年から一九一〇年の間に使用していた国号〈大韓帝国〉、およびそこに住む朝鮮民族を指す)。

野口は一九一〇年、『太陽』の英文欄に"Japan's Failure in Korea"(「韓国における日本の失敗」)と題した英文を寄稿している[42]。各有力紙、有力雑誌で、〈併合〉を正当化する論がこぞって展開されていた時期である。英語で国外向けに発信されたものである点を考慮したとしても、日本の韓国併合に反対し異論を唱えた論考は、野口ならではの観点を示している。

野口は日本の韓国併合を失敗とみなしており、併合後の日本の行く末を悲観している。野口は政治状況を演劇にたとえて、「韓国と韓国人」という演目は演者にとっても観客にとっても悲しい作品で、それがたった今開幕してしまったと述べる。野口によれば、一九一〇年の併合にいたる伊藤博文(1841-1909)の統制下の五年間がこの失敗のプレリュードであった。

また、野口は次のように述べる。日本が韓国を保護するという立場をとったのは偽善的な演技だったのだ、と誤解してはいけない。保護政策の失敗が明らかになったので、日本は〈併合〉という名のもとに演じる以外に方法がなくなった、というのが日本の実情に合った考えである。韓国の併合は日本の外交政策の勝利などではなくて、大失敗が最も率直に露呈しただけなのである、と。

野口の論理について考察する前に、韓国併合までの歴史状況を簡単に見ておきたい。日露戦争中の一九〇四年に第一次日韓協約を締結して以降、日本は韓国の財政・外交に関与する立場となっていたが、一九〇五年一一月の第二次日韓協約により、韓国は日本の事実上の〈保護国〉となる(独立国でありながら他国に外交権を委任する〈保護国〉〈保護領〉は、欧米列強がよく用いていた方法である)。一九〇六年二月に韓国統監府の初代統監となった伊藤博文は、一八七〇年代の征韓論争が起こったときにも反・征韓派だった人物で、統監に就任してからも韓国人による自国経営を理想として主張していた[43]。互いに独立した文明国として日韓が提携すべきであるというのが伊藤の主張であった[44]。そして、韓国の自治能力を開発し、世界の中の文明国として自国経営していけるよう導くことが彼の韓国統治の論理であった[45]。しかし、韓国併合に慎重であった伊藤の保護国経営は、日本人の側からは韓国本位と酷評され、韓国人の側からも妨害されることとなる[46]。そのような経緯を経て、伊藤は一九〇九年四月に韓国併合を承認し、その承認直後の一〇月にハルビン駅で安重根によって暗殺される。一九一〇年八月、英・米・清・露・伊・仏・独などからの承認を得て、日本は韓国併合に踏み切った。
伊藤の本心や政治的理想がどのようなものであったのか、対露・対満蒙政策などを含めた伊藤の国際政治をどう見るのか、ということに関しては様々な議論があるだろうが、ここでは、野口が韓国併合をどう捉えていたのかに集中したい。野口は併合について何を語り、その発言は、日本内の論調の中でどのような位置にあったのだろうか。

前述のように当時は、『太陽』も含めて大多数の新聞雑誌が韓国併合を正当化する論調を示しており、批判や異論の声は極めて少なかった。姜東鎮氏の研究が示すとおり、併合は古代への復帰だとする復古論、同祖同根論にもとづく自然的趨勢だとする論、旧朝鮮王朝の悪政強調と朝鮮独立不能論にもとづく併合不回避論、朝鮮大衆の併合支持風潮を見る植民地肯定論、といった併合正当化の論調が大半であった(47)。

野口が寄稿したのと同じ号の『太陽』の英文欄には、野口のもの以外にも韓国併合についての論考がある。韓国併合を極東地域の安定のための平和的解決であったと評価するものや(48)、米英の植民地主義問題を挙げて、植民地政策に賛成の立場から日本政府の行動は短絡的すぎると批判する論である(49)。これらの論は、野口の主張とは異なっている。

野口は、朝鮮半島と日本の人々は本来同じ人種で、言語上も非常に近い存在であると説く。そして、紀元前からの韓国・中国・日本の関係の歴史的経緯を説明している。野口の論述の概略は次のとおりである。

多くの日本人が言うのは、このたびの〈併合〉は厳密な意味での変化ではなくて、同じ民族の二つの領土の〈統合（Reunion）〉であり、歴史の初期への回帰だ、ということである。だが、それが〈統合〉なのかどうかは非常に疑問である。なぜなら、そもそも日本人はごく最近まで韓国や韓国人についての理解がなかったではないか。歴史的にも地理的にも韓国には非常に近いので、われわれは互いに海峡を越えて手を結び話し合うことができるにもかかわらず。日本の恥は、たった一冊も日本語で書かれた権威ある韓国史の著作がないということだ。日本人がきちんとした情報を必要とするときには、われわれは西洋の韓国研究者のところに赴かなくてはならない。われわれは韓国と関係が深いと言うが、驚くほど何も知らないのだ。

さらに、韓国に対する認識不足のため伊藤博文は統監体制のごく初期段階から失敗をおかした、と野口は述べる。しかし、野口は伊藤の政策を批判しているわけではない。野口の意見はこうである。韓国の〈保護〉政策に踏み切るときに日本の韓国返還の時期を念頭に置いていた伊藤は、韓国人自身が母国の置かれた現状を認識していないと知って失望する。伊藤のエネルギーと情熱は、たびたび無駄に費やされた。韓国人は、伊藤が実行できる最高の構想が帝国議会にかけられるのを見たとき、協力しなかったばかりか、伊藤を疑ったのだ、と。

野口は、再び韓国の李王朝について歴史的な説明をしたあと、韓国人はしばしば日本を支持するが、状況によって反日になると述べる。野口は次のように書いている。

「適切な先導と良好な発展」という美しい言葉にもとづいて行われた伊藤公爵の政策には、批判の余地はまずなかった。もしそれが対韓国政策でなかったならば。（訳文、堀）[50]

つまり野口は、伊藤の政策の志は高かったが、〈文明化を十分に遂げていない韓国（a country half-civilized like Korea）〉では通用しなかった、と考えていたのである。野口は、伊藤の理想が挫折したことに衝撃と悲しみを感じており、それが伊藤の韓国に関する認識不足から起こったと捉えている。そして、韓国は日本とは違うのであり、新しく素晴らしい法や理念を雨のように上から降らせたところで、それを十分に吸収できる段階にないのではないか、という疑問を呈している。

　さらに、野口は次のように述べた。

私が思うに、ほかの誰でもない、韓国人自身が韓国を駄目にしているのだ。私はためらいなく主張したい、そんな人々に興味はないし、われわれの兄弟として迎えいれることはない。この失敗ほど高くつくものはない。韓国を保護国化するという大失敗のために、われわれは並外れた高い代償を支払おうとしている。（訳文、堀）[51]

ここで野口は、韓国を安易に〈同胞〉とすることに躊躇し、併合によってとてつもなく大きな対価を払うことになるだろうと憂慮している。さらに《社会的・財政的な困難を抱えることになる》[52]とも述べ、併合が日本にとって負担を増やすことになる点を懸念している。このような野口の韓国に対する考えは、現実的な保守の視点であり、人道的な観点から韓国併合・植民地支配を批判しているのではないと言える。

　韓国を〈同胞〉とみなさない野口の見解の中に、帝国主義的な優越意識がまったくないとは言い切れないが、野口の真意は、伊藤の理念や理想に対する大きな敬意と期待であった。〈保護〉から〈併合〉ではなく〈自主独立〉にいたらせようとしていた伊藤による日本の政策路線は、決して偽善ではなかったと、野口は何度も述べる。また、その挫折に深い悲しみを表して、《悲しい》《無念だ》という語を何度も繰り返し使っている。

　伊藤が凶弾に倒れた際、日本国中が大きな衝撃を受け、新聞や雑誌には伊藤への哀悼の辞があふれた。しかし、それらは伊藤の韓国統監時の政策や理想そのものを評価・賞賛するものではなかった。しかもその中には、伊藤に対する皮肉や突き放し、批判の見解も見られたのである。[53]

　野口は韓国併合を批判し、それ以前の〈保護〉政策を失敗と断じ、これは不幸の幕開けに過ぎないと未来を予見する。その上で、野口は次のように書いている。

まるで日本人としての責任が微塵もないかのように、私は言おう、「続きの上演を見てから批判するとしよう」と。（訳文、堀）[54]

このように、観客としての傍観的な立場を表明しながらも、そこにアイロニーを漂わせずにはいられなかった野口。《まるで日本人としての責任が微塵もないかのように》という表現には、〈日本人としての責任〉をじつは感じており（読者にもそう促し）、完全にそこから逃れることはできないという野口の自覚（と読者への示唆）が読み取れる。

すでに第六章で触れたことだが、一九一〇年の大逆事件によって、言論者たちは政府の強い圧力を感じていた。そのような状況の中で、韓国併合と伊藤暗殺事件に対する野口の一見傍観者的で悲喜劇的な物言いには、哀切ささえ感じられる。

ただし野口の政情認識には、同時代の知識人の中で共感する者がいなかったわけではない。たとえば一九一一年当時、内田魯庵は野口が英文で発表した"The Hans against the Mancus"（「満洲族に対抗する漢族」）の中国認識を褒めていた。[55] また野口は中国に長期滞在して、その歴史や風物、日中親善について綴った『趣味の支那漫談』（支那時報社、一九三〇年一〇月）を刊行している。しかし、一九三五年に魯迅と対話したときの野口の中国認識は、支配を受ける側に対して同情的なものではなくなっており、日本国内においても波紋を呼んだ。

そこで次に、野口の中国認識と外国統治に対する意識を、新聞に掲載された野口と魯迅の対話の様子から見てみよう。

（c）魯迅との対話にみる、野口の中国認識

インド講演旅行（後述第一三章第4節）へ向かう船旅の途中の一九三五年一〇月二一日、野口は上海で魯迅（1881–1936）に会っている。仲介者は、朝日新聞社の上海通信局長・木下猛と内山書店の主人・内山完造（1885–1959）で、[56] 二人の同席のもと、両者は上海郊外の六三園の二階で会食した。[57]

じつは魯迅は、この対談の前から、野口米次郎の執筆活動に関心と敬意を寄せていた。魯迅は、野口の英詩集 *From the Eastern Sea* が日本の読書界でセンセーションを起こした頃、仙台で医学の勉強をしていた、と野口に自ら語っている。[58] 魯迅が医学から文学へ志望を転換する時期に、野口の国際的な文学的成功があり、それは魯迅に深い印象を残していたのである。また中国に帰国したあとの魯迅は、一九二七年一一月二二日の

図 12-1 野口米次郎（1935 年春）

午後に内山書店（上海）で、野口の『愛蘭情調』（一九二六年）を『最近思潮批判』、『ヴィクトル・ユゴオ』とともに購入している。[59] この頃の魯迅は、大学での講義に興味を失っており、静かに翻訳などの仕事をしたいと考えていた。[60]

魯迅は雑誌『奔流』の一九二九年六月号に、野口の「愛蘭文学の回顧」[61] の翻訳を発表している。『奔流』の編集後記では、《拙訳はもとより貂に犬の尾を接ぐていのもので、つりあわない》[62] と野口に対して自分を謙遜している。当時の中国ではイェイツなどの紹介が行われていたが、野口の著作は分かりやすくアイルランド文学についての理解を深めるもので、かつ詩的であると魯迅は紹介した。そして次のように書いている。

翻訳を終えて、一つだけ触れておきたいことがある。それは著者（野口）の言う、「どの国の文学であれ、古代の文化と才能、それらと近代の時代精神とがどのように関係しているのかを知らねばならない。ここから真の生命が培われるのだ」という主張である。（括弧内、堀）[63]

魯迅は、こういった主張が野口一人に限ったものではないと述べつつも、野口の文章を挙げて中国近代文学の課題を考えようとしたのであった。

中国文学界においては、一九二〇年代から三〇年代にかけて象徴主義が流行し、日本経由でその紹介や翻訳がなされた。[64] 魯迅や謝六逸らを中心に、中国における象徴主義は、象徴詩そのものについての関心からではなく、他の個々の文学流派を超越する普遍的な文学概念として摂取された。つまり、魯迅らにとって〈象徴主義〉とは、最初から流派や国家を超越する理念・思想としての期待を担った上位概念であった。

魯迅はまた、野口が『改造』一九三三年四月号に寄稿した「人のために生まれたバーナード・ショー」を読んで共感したことを書簡に書いている。[65] これらのアイルランド文学運動の潮流やショーの文芸が、単純な外国趣味ではなく、民族独立や反体制につながる国際的な文化運動の摂取を意味していることは、あらためて言うまでもない。

このように魯迅は、一九三五年に野口と対談するまでに、野口への関心と共感の気持ちを深めていた。魯迅は野口を自らの境界者的立場を理解しうる人物とみなして、会談に期待を寄せていたのではなかろうか。

しかし、一九三〇年代に上海で魯迅に面会した日本人は、野口を含めてみな一様に、魯迅の疲弊した様子を伝えている。[66] 結論から言えば、野口も、他の多くの日本人たちと同様に、魯迅と理解しあうことなく表面的な会談を終えたのであった。では、その一九三五年の対談はどのようなものだったのか。

このときの会食の様子は、野口が「渡印第一信・魯迅と語る」[67] として、『東京朝日新聞』に書き送っている。野口によると、魯迅は〈日本人は支那を理解していない〉と《斷案を下して》、次のようないくつかの国情に対する憂いを語った。まず、日本人は孔子を支那道徳の本山だと思っているが、孔子は一般民衆とは無関係であり、いつも政治に利用されており、現在も国民党が孔子宣伝に力を入れているのは革命が不成功に終わったからだ。また、昔から支那では文学者も学者も主権者から自由ではなく、自分（魯迅）に対する政府の圧迫も大きい。自分（魯迅）は国の将来を考えて、同胞を少しでも啓蒙したいと思うが、政府の役人はそうは考えていない、と。

野口は、《私は君を虚無思想家だと思つてゐたが、君は愛國者ですね》と魯迅に言った。魯迅は、《支那での成功者は、強盗か强盗に類したものゝみ》であると述べ、一般民衆はひどく搾取されていると憤慨して語った。さらに、一般民衆は蟻や蜂のように働き、政治とは無関係に存在しており、《もし支那が亡びる時が來ても、支那人といふ民族は永劫に亡びない》と述べた。魯迅は、中国政府の腐敗と圧政、搾取される人民について語り、人民は政府や政治とは無関係の存在で、誰が主権者でも構わないのだ、と述べたのだった。それをうけて野口は、次のように返答したという。

私（野口）は魯迅にいつた。「インドにおけるイギリス人のやうに、どこかの國を家政婦のやうに雇つて國を治めてもらつたら、一般民衆はもつと幸福かも知れない。」すると彼（魯迅）は答へた、「どうせ搾取されるなら外國人より自國人にされたい、詰り他人に財産を取られるより自分の倅に使はれた方がいゝやうに……詰り感情問題になつて來ます」私の魯迅との会談はこゝで打切つた。（括弧内、堀）[68]

野口の記事はここで終わり、魯迅の発言に対する感想や意見は何も書かれていない。

新聞に書かれたものから実際のやりとりを正確に知ることは不可能だが、魯迅は、中国の一般民衆の無知と政治的無関心を憂慮し、国家と民衆の間で孤立する知識人としての不満と不安をぶちまけ、一方の野口は、境界者的な立場にあった魯迅の困難な立場を無視して、日本の帝国主義的な立場から皮肉な調子で対応した、ということになろう。少なくともそういった報道が新聞紙上で行われた。そして、この抄訳が上海の『晨報』にも掲載された。[69]

野口と魯迅の対談の背景には、蔣介石政権下にある中国と、それに向かい立つ日本の政治的関係があった。そして野口には、魯迅が〈愛国者〉ではあっても人民の側に立つ者とは見えなかったのであろう。

このような野口の魯迅に向けた発言に対しては、プロレタリア作家として出発し（のちに転向し）た林房雄（1903-1975）[70]が、《これは、いつたい、詩人と自稱する人の質問であらうか？　このやうな問ひを平氣で口にすることの出來る人を、僕は詩人だと思ふことはできない》と批判した。[71]林は、ロマン・ロランに評価されて世界中で翻訳されている魯迅の作品を、野口はほとんど読んでいないようだと糾弾している。[72]林もロマン・ロランも当時は人民戦線的立場にあり、林は、魯迅も人民戦線の立場であり反体制派に属する作家なのに、野口がそれを理解していない、と批判したのである。

当時の中国人作家たちも、野口の魯迅観——つまり、革命家である魯迅を国家主義者のように取り違えて記していること——が中国国民に与えた影響を大いに問題視して『改造』の座談会（一九三六年一〇月五日）で語っている。[73]

ようするに、野口と魯迅は、この対談で共通点や思想的接点を見いだすことができず互いに共感を得られなかった。少なくとも、『朝日新聞』に野口が報告した記事からは、野口が魯迅に対して距離を置いた態度をとっていた印象を受ける。魯迅はこの対談後、日本の文化人との対話に完全に失望して、書簡に次のように書いている。

> 名人との面会もやめる方が良い。野口様の文章は僕のいうた全体をかい《ママ》ていない、書いた部分も発表のためか、そのまま書いて居ない。長与様の文章はもう一層だ。僕は日本の作者と支那の作者との意思は当分の内通ずることは難しいだろうと思う。先ず境遇と生活とは皆な違います。[74]

野口や日本の読者に伝えたかった魯迅の主張は、『朝日新聞』の記事では十分に伝えられなかった。魯迅は、野口に同情や共感を期待していたのかもしれないが、政治的かつ公的な要請を背景にようやくインド講演旅行への重い腰をあげた一九三五年当時の野口は、もはや魯迅と意気投合できる詩人ではなかったのだろう。

この魯迅との対話は、野口にとっては逆の意味で印象深いものだったと思われる。野口は一九三八年一月一日の『満洲日日新聞』に随筆「支那の心理」を寄稿しているが、その中で魯迅との対話について、《支那事變勃發以来彼の言葉のかずかずに思ひ當るものがある》と書き、《やつと支那といふ國が諒解されて來たやうな氣がする》と記している。[75]

ちなみに、この随筆の中で野口は、中国人が日本人とは比較にならないほど言語能力が高く、英語の名文家が多いと書いており、特に、上海で刊行されていた英文の月刊雑誌『天下』（*T'ien Hsia monthly*, 一九三五年から一九四一年まで刊行）の編集長の呉経熊（1899-1986）や林語堂（1895-1976）が《見事な筆を持つてゐる》と記している。この蔣介石政権下で刊行されていた『天下』には、野口も日本人として唯一、一九三六年一二月に "Prose Adventures"（「散文の冒険」）、一九三七年一二月には "This and That"（「あれこれ」）を寄稿している。

また「支那の心理」には、一九三五年に上海を訪れた際に野口が〈国際芸術協会〉での講演を依頼され、そのときの司会者が英語の流暢な温源寧であったことも記されている。蔣介石政権下の中国の国際的文化人らと野口との間に交流の実態があったことは注目しておきたい。

3　野口の《世界意識》の行方

(a)　キプリング、そしてホイットマン

さて、自ら意識して、精神的アンビバレンスを内包する〈境界者〉としての立場に立とうとした野口は、〈境界者〉だからこそ捉えられる国家観や世界史観を背負っていた。それが野口の考え方や言論活動の根源にあり、彼のアイデンティティにもなっていた。

しかし彼の〈境界者〉性を、現代のディアスポラ概念のような理論的範疇のみから考えていたのでは、野口の言論の本質をつかみ損ねることになる。結論から先に述べてしまうと、野口の〈境界者〉としての意識は彼の考える《世界意識》と重なるものであり、それは〈帝国主義〉と限りなく近づいていく可能性を持っていた。つまり、野口の認識の中では、諸民族の共存共栄を支える平和的世界が《世界意識》を持った理想的な世界であり、それは大日本帝国が戦時下で主張していく〈大東亜共栄圏〉や〈八紘一宇〉の精神と矛盾していなかったのかもしれないのである。

このことを、ジョセフ・ラドヤード・キプリングと対照させて考えてみたい。野口のキプリングに対する言論や、昨今のキプリング評価のあり方を含めて両者を比較すると、野口の思想体系が見えやすいと考えるからである。実際、野口自身もキプリングを自らの同時代詩人として意識していたに違いない。というのは、たとえば、一九〇九年当時のニューヨークの雑誌『カレント・リテラチャー』の記事では、野口はキプリングと並べて紹介されていたからである。[76] またラフカディオ・ハーンがキプリングを崇拝していたことも、野口は意識していたかもしれない。[77]

さらに野口は一九〇六年に、日本にはキプリングのような国家を代表する《国民詩人》がいないと述べて、[78] 日本文学の現状を憂えていた（前述第五章第5節）。一方、国家に寄与すべき帝国主義者であるキプリングにも未だ良い戦争詩は書けていない、といった発言もしていた。こういった認識は、野口が戦時期に戦争詩を書くようになることにつながっていると考えてよい。

インドで生まれ育ったイギリス人・キプリングは、インドでの経験をもとに書かれた『ジャングル・ブック』や『キム』などの小説のほか、その詩が高く評価されて、タゴールやイェイツよりも早い一九〇七年にノーベル賞を受賞している。アジア諸国を遊歴したキプリングは、一八八九年と九二年の二回訪日し、日本でも一八九七年にはすでにその名が紹介されていた。[79] 野口はキプリング訪日記の抄訳を、『藝術の東洋主義』に収めている。[80]

キプリングはどのような評価を受けてきた作家だったのか。一時はノーベル賞作家かつ国民詩人として広く大衆に愛されていたキプリングは、次第に「白人の重荷」（"The White Man's Burden", 1899）や「東と西のバラード」（"The Ballad of East and

West", 1889）などの詩が、帝国主義の讃美、有色人種差別の典型例として捉えられるようになる。つまり、東西の相互理解が不可能であることを述べた詩人として取り上げられるようになるのである。大澤吉博が論じているように、タゴールも「ナショナリズム」（一九一七年）の中で、キプリングのこの二篇の詩「白人の重荷」と「東と西のバラード」を用いて西洋批判、西洋人批判を行った。[81] こうしてキプリングは時代の潮流から孤立した存在となり、[82] 一九三六年に生涯を閉じた後も長く激しい批判の的となった。

だが近年、インド育ちのキプリングが、じつは英国帰国後も植民地インドへの共感を持ち続け、アンビバレントな位置から著作活動をしていたのではないかと再評価する機運がある。実際、インドを題材にした多くの作品群を読むと、それらが〈単純な帝国主義讃美〉から書かれたものとして片付けられないことは明白である。

大澤が述べたように、[83] 二〇世紀初頭にキプリングが〈帝国主義者〉と呼ばれたとき、その言葉は、宗主国の利益のために他国の民族を搾取した帝国の賞賛者といった意味をもっていたわけではなかった。キプリングが一九〇七年にノーベル文学賞を受けたとき、スウェーデン王立科学アカデミーは、《『七つの海』と題された詩集の中で、キプリングは帝国主義者、すなわち世界にまたがる帝国の市民としての姿を見せている》と評価した。[84] ようするに、この当時の〈帝国主義者〉という語は必ずしも非難の対象ではなく、一国原理を超えて国際的視野で社会の利益を考える現代人といった意味だった。

野口が一九〇六年一月に《キプリングのような国民詩人が日本に出ていない[85]》と嘆息したとき、野口の意識では、キプリングのような世界観をもって文化混淆の時代に棹さす詩人の出現を待つ、というものだったはずである。

キプリングの視野の広い詩は、二〇世紀の文化混淆とその課題を具現化しており、強烈に世界の人々の心に突き刺さったのであろう。一九一三年六月一九日の『ネイション』で野口は、日本人の米国での市民権取得について論じているが、そこでキプリングの詩「東と西のバラード」を挙げて次のように述べた。

> ああ、東は東、西は西。その二つが交わることはない、大地と空が神の裁きの場に立つ時までは。
> だがたとえ地の果てから来ようとも、二人の強者が面と向かい合って立つときには、
> 東も西も消えるだろう、国境も、育ちも生れも消えるだろう。

東と西は、独立して存在させるのが良いだろう、少なくとも現在は。しかし、正真正銘のアメリカ人と正真正銘の日本人は、東であれ西であれどこから来たかなどと問うことなく、同じ地で面と面を向かい合わせるようにしたいものだ。われわれ日本人は、アメリカで他の西洋からの移民と同じ扱いを

要求しようとしているのだ。（訳文、堀）[86]

アメリカでは排日運動が起こり、日系移民たちの市民権取得の問題も生じていた。東洋と西洋は、互いに文化的憧憬を持ちつつも、摩擦や衝突が現実に起こっている。東西文明の混淆は表層的な理想論では解決できなくなっていた。野口は、アメリカの排日案に対して、《世界の文明に対する横車である、ヒュマニチーに對する犯罪である。世界意識に對する侮辱である》と述べることになる。[87]

野口が引用するキプリングの詩では、民族の移動、東西の混交が進んだ二〇世紀の問題を表象する、理想としての〈東〉と〈西〉の出会いが詠われている。キプリングを白人至上主義の帝国主義者とのみ規定することは、やはり誤った認識と言わねばならない。《交わることはない》と述べたキプリングは、むしろ、〈東〉と〈西〉の単純な形での融合論や無邪気な理想論に陥ることなく、現実を洞察していた人物と評価すべきではないだろうか。両者が《交わる》のではなく、《面と向かい合って立つ》というのが、キプリングが語っている東西のあり方であった。そして、この部分を野口は引用したのである。

キプリングがインドで育ちインドの文化や文明の魅力を知り、かつイギリスの文化・文明にも誇りを持つ〈二重国籍〉的な英国人であったのと同様に、野口もアメリカで長く過ごし、二つの文明の魅力を体感して両者に誇りを持っていた。キプリングがイギリス帝国の現実や弱点を知り、また非西洋人の姿や長所も理解していたように、野口もアメリカの現実や長所を知りつつ、そこに暮らす日系移民の実情や生活苦も身をもって知っていた。

野口にとってのキプリングは、他民族支配や膨張政策を推進する〈帝国主義〉の詩人という意味では決してなく、むしろ広い視野と理想を持って世界と自国との関係について考えることができる国民詩人の代表であった。キプリングは、民謡的・庶民的な詩や戦争詩を書いて大衆からの人気も得ていた。野口が戦時体制下でラジオ向けの戦争詩を量産していくのも、この志向性に導かれた部分があったかもしれない。

野口の《世界意識》（前述第五章第5節も参照）と戦時下の言動につながるものとしては、さらに野口のホイットマン認識にも注目しておく必要がある。野口は『詩の本質』（一九二六年）において、《世界意識》は《眞實の意味に於て虚無思想である》[88]と述べるなど、様々な角度から論述する中で、ホイットマンを挙げて次のように書いている。

> 愛の宣傳者といふ事は決して平和の前に降伏する人といふ意味でない。彼（ホイットマン）は奮闘を是認して何處までも努力で目的を達せなければならないと信じた。愛や平等や自由を彼は單に靜的に眺めた男でなかつた。彼は「自分の叫びは戰爭の叫びである、自分は活動的叛逆を養育する、自分と共に行く所のものはよく武裝せねばならない」とも書いてゐる。即ち世界心の所有者は愛の人であると共に、戰爭を辭し

ない努力の人間でなければならない。屈辱的平和を希望するより戰争で男子らしく失敗した方が世界の文化を進める。
（括弧内、堀）[89]

ここで野口は、理想的な《世界意識》を追及するためには戦争も辞さないという主張をしている。上に触れたように、野口の認識の中では、アメリカの排日案などは《世界意識》に逆行するものであった。ようするに、各民族が《世界意識》を持って国際的に共存共生していくためには、強硬な態度をとることもやむをえないと言っているのである。〈戦争〉という言葉を使ってはいるが、これは世界の古いシステムに闘争を仕掛けて《愛や平等や自由》を勝ち取ろうという認識にほかならない。この姿勢と方向性が、戦時体制下にそのまま引き継がれていくことになる。

（b）〈大東亜共栄圏〉の思想

さて、いよいよ一九四〇年代の野口の《世界意識》に踏み込んでいきたい。一九四〇年代の言論統制の厳しい時期にも、野口は自分の《帝国主義》観を広い認識と国際的感覚から著述している。『伝統について』（一九四三年）には、次のようにある。

私は一徹な帝國主義者である、實際をいふに一徹な平和的帝國主義者である。私は眞實な平和は戰争以上に有力であることを知つてゐる。また平和論者が始めて眞實な愛國者たることが出來ることを信じてゐる。更にまた眞實の愛國者が始めて新しい人生の生活たることが出來ることを知つてゐる。己が國家を力強くすることは、取りも直さず世界の諸國を力強くする所以であることだ。私の帝國主義は破壞でない……破壞であつてもそれは建設のための破壞でなければならない。私共は決して正當な理由なしに襲撃も挑戰もしない。それは私が破壞と建設を同一に見てゐるからである。そして私が日本的と世界的といふことの二つが決して爭ふものでなく、それ等が相調和する不思議な一致の上に將來の日本が成長することを疑はない。今回の大戰争がただ生存のためのみであらば、それは恥ずべき戰争である筈だ。如何となれば勝利者は

図 12–2　野口米次郎（1943 年）

専制主義となつて堕落し、敗戰國の方は奴隷状態に押込まれるであらうからである[90]

《平和的帝國主義者》という言葉を使い、《戰爭》よりも《平和》が有力であることを強調するこの戦時体制下の著作は、〈大東亜共栄圏〉の理想、アジアの諸民族の共存共栄の理念を述べたものであり、確かに時局に即している。ただしその内容は、他民族の搾取の枠組みである《帝国主義》やそのための《戦争》を批判しており、あくまでも、他国との共存共栄のための《戦争》を、《平和》と表裏一体のものとして選択する立場である。

こういった議論は野口のみに限られたものではない。当時の〈八紘一宇〉の思想や〈大東亜共栄圏〉の理想についていては、同様の立場から発言をする人々が多かった。たとえば、『伝統について』の刊行と同時期の京都学派の座談会集『世界史的立場と日本』（一九四三年）でも、類似の論理が示されている。よく知られているように、この著作は、座談会「東亜共栄圏の倫理性と歴史性」（一九四二年三月四日）と座談会「総力戦の哲学」（一九四二年一一月二四日）を収録しており、八紘を〈宇〉となすときの、その〈いえ〉とは、どういう構造のものか、〈大東亜共栄圏〉の国際的な意義とは何かということを同時代的に論じている。日本が他民族を支配するのではなく、逆に日本が指導的立場を一切持たずに《表面的な意味での共存共栄》をはかるのでもなく、日本の求めるべき姿として、世界史的な営為や歴史性を認知して、親と子のような歴史的順序があって成り立つ〈家〉を、〈大東亜共栄圏〉の思想に仮託するものであった[91]。つまり、空間的な場所としての〈宇〉があり、そこでいくつかの民族が親子関係や兄弟関係のような指導的・被指導的な関係性を保ちつつ共存共栄することが意識されていた。そしてその中で、宗主国と植民地の関係性とは異なるものとして〈共栄圏〉が主張されたのである。

これは必ずしも一方的に日本がただ擴がつてゆくといふやうなものでもないし、さうかといつて逆にすべてがただ平面的に並んでゐるといふやうな意味での一つの宇といふやうなものでもない。そこに或る秩序なり組織なりをもつたものが、東亜の全體として可能になつてくる。さういつたやうな新しい理念の下に、非常に多くの民族を一つに統合した共榮圏といふやうな形のものは、過去の世界の歴史の中で恐らく考へられたこともないだらう。單なる個人々々の平等を考へるといふやうな意味の理想は過去に於て抱かれたことはあるけれども、いろいろな民族をして所を得しめてくる、といふやうな理想は、從來西洋に於てはなかつたんぢやないか[92]。

〈世界新秩序〉を建設し、従来抱かれたことのない理想を実現するという意識があったことは、現在の時点で十分に再認識しておく必要があるだろう。またこの座談会では、民族の概念を狭義に固定化すべきではないこと、民族を不動の観念のように考えることは不十分・不適切であることが論じられている。[93] 〈大東亜共栄圏〉においては、それぞれの民族性が無視されるわけではもちろんないが、民族性は歴史的な過程のうちに〈浮動〉すると考えられているのである。また《國家といふものはヨーロッパ流の孤立した國家でなく、どこまでも根源的に媒介され合つてゐる國家でなくてはならない》とも述べられている。[94] つまり、〈国境〉を持つヨーロッパ近代国家にならった国家形態ではなく、国境を超越する概念が、八紘をまとめる〈宇〉であるという感覚である。そして、そのような国家意欲は東洋に古くから潜んでいたものであり、歴史的必然性がある、と主張されている。ようするに京都学派の人々もまた、国家や民族の〈境界〉を超越する〈世界意識〉の実現を、〈大東亜共栄圏〉構想や〈八紘一宇〉思想に反映させようとしていたのである。

それはしかし、反面では、実際に起こっていることを理想化し合理化して語ることにもなってしまうという二面性を免れられない。

野口が国家間の〈親子関係〉というものを認めていたかどうかは分からないが、野口の主張もこの議論に共通する面を多分に持っていた。では、野口の議論に現実の理想化が見られるだろうか。

前述の『伝統について』の中で野口は次のように述べている。

> 私は國民の少數が享樂主義となり、大多數が現實に對し盲目にして無關心であることを恐れるのである。（中略）私共の共存共榮はその文字通りに、日本が他の亞細亞民族と苦樂を共にすることで、日本だけが甘い羊羹にありつくことでない。[95]

野口に現実の理想化や合理化がなかったとは言えないが、少なくとも、一部の上層部が現実の矛盾を無視して《享楽主義》に陥ったり、また大多数が現実に無関心になったりする事態に大きな危惧を抱いていたのである。厳しい検閲が行われていた状況を考慮すれば、野口は国民に自省を迫り、限界まで現状を批判する主張をしていたとは考えられないだろうか。

(c) 共感を生む〈境界性〉

日露戦争後の日本人の精神には、欧米列強に肩を並べたという思いや近代国家としての自負があったと同時に、日本的な感性を取り戻さねばならないという危機感もあった。そこには日本の〈伝統〉的な倫理道徳や生活習慣が崩壊しつつあるという意識に加えて、欧米の思想潮流が〈東洋〉文明に対して期待と関心をもって新しい路線を模索するという方向にあったことも作用していただろう。日本の〈伝統〉を回復していくという方向性は、単純な保守主義でもなければ、ましてや性急な〈右翼化〉とも言えない、複雑な思想の混線状態の中にあった。

野口の持つ〈境界性〉や、国外の先端的思想潮流を吸収・咀嚼した上で求められる〈日本回帰〉の精神とは、決して野口にしか体感しえないものではなかっただろう。〈二重国籍〉詩人である野口は確かにそのフラッグシップの位置にあったとはいえ、これらは多くの近代日本人が、少なくとも共感はしうる精神性だったのではないか。

　一九三七年当時、野口は他の日本人にどのように受けとめられていたのだろうか。百田宗治は、子どもの頃、野口の名を聞くと、何か近寄りがたい高襟の貴公子を想像したが、直接行き来するようになって、蛮カラが野口の本当の姿だと分かった、と書いている。また、野口は筋肉質な骨太な肉体の持ち主であったという。少し長くなるが百田の文章を引用したい。

> 今日の私位の年齢で、多少とも文學に興味を持つてゐる人の腦裡には、必ずその若い時代に印象された詩人ヨネ・ノグチのさきにも述べたやうな當時のいはゆる高襟《ハイカラ》で、全身心を擧げて一種の氣取りに似た身振《ゼスチユア》に充たされた姿を思ひ泛べる人があるに相違ない。氏自身にとつてはさうではなかつたとしても、ある時期の氏がさういふ印象を吾々に與へられたことは事實である。が吾々は記憶しなければならない、さういふ時期の野口氏こそはさういふ自分の外面的な姿を一々見返つてゐられない、その人生克服の鬪ひの最中に居られた野口氏であつたことを。（中略）嘗ての野口氏の與へたそれらの素振《ゼスチユア》にこそ、氏の宿命的な人生出發の最初の姿があつたのである。西洋の「精神」が、東洋の「肉體」に向つての挑戦があつたのである。しかし現在の氏の姿はどうであらうか。最近の印度紀行などを通して吾々の窺知し得るものは、すでに完全にその逆を行つてゐるものと云へぬであらうか。ここでは物を言つてゐるのは、あくまでも「内なる」東洋人の精神であり、その批判の對象となつてゐるものは肉體の西洋ではないであらうか。（中略）氏の作品や言説を通して吾々の學ぶものは、さういふ一人の人生克服者の永い苦闘がもたらした尊い經驗の姿であり、同時に吾々の直接の先覺者としてのその世界人的覺醒が吾々の傳統文化に與へた豊かな批判や鑑賞を通してのそれへの甚大な寄與にあるのではないかと思ふ。[96]

ここには野口を自らと近いものとして見る視点があるだろう。百田は野口個人の経験に言及しながら、《吾々の直接の先覺者》として共通性と親しみを覚えているのである。

　戦後の一九六三年五月、河井酔茗は、野口の著作が、詩、感想文、評論、研究などの多方面にわたり、《インテリの愛読者も多かった》と回想している。[97] そして、野口を《苦悩の多かった詩人》であると述べて、次のように語っている。

> 君（野口）の詩心に一抹の煩いとなっているだろうと推察するのは、君の詩集の題名にもある通り、二重国籍者だからだ。平穏無事な時と違い二つの國が戦端を開いている際、孰れに見方すべきか、本心から敵と断言するのは苦しいに違い

ない、形勢を観望して沈黙しているのが先ず無事で賢明な態度であろうが、日本に住んで居て日本人と共に生活している以上それは許されない。たとえ表面的かもしれないが敵愾心を表現した二、三の詩集もあったように追想する（括弧内、堀）[98]。

戦時下の日本で暮らした野口にとって、沈黙や傍観者を貫くことは不可能であっただろうと想像しているのである。

また翁久允《きゅういん》（1888–1973）は、戦時中、講演に際して《国民服に帽子》をかぶっている野口を見たとき《私の胸は悲痛だった》と述べている。アメリカをよく知っている野口も自分も、最初から《勝てない戦争》だという思いでいっぱいだったが、公衆の前でそれを言うことはできなかったという。また、一九三〇年の時点で野口が、《アメリカにとって日本は子供に過ぎず、戦争なんて無謀である》と笑っていたことを、翁は回想している[99]。ただし翁は次のようにも述べている。

しかし、若かりし頃の詩人ヨネ・ノグチは日本を一旦捨てたのだ。一旦捨ててそして再び日本を拾ったのだった。その気持ちは私によくわかっていた[100]。

つまり翁は、一度捨てて拾った祖国をもはや捨てられない野口の思いを知っており、また、《「日本のよさ」を追及し》熱弁してきた野口が《無謀な戦争ではあったが、何か奇蹟的に発顕出来たら》と熱望せざるをえない立場にあったことに理解を示している。野口より少し若く、米国での経験も異なる翁が、戦時下に野口とまったく同じ理解と思考をしていたとは思えないが、しかし、少なくとも戦後の翁は、野口の戦時協力にいたる必然を理解し共感し、それを悲痛であったと表現したのである。

さて、この翁久允は、野口にインド旅行をするよう強く説得した人物であり、野口は実際に一九三五年から三六年に印度を訪問している。次章では、〈境界者〉野口の国際的な立場について、インドとの関係を中心に検証していこう。

第一三章　インドへ——国際文化交流と国際政治の狭間で

盡きない天福のガンジス河よ、
われ等あなたの寶玉を舐めて、死の唇を清める。
ああ、大悲大慈のガンジス河よ、
あなたの尊い賦與を受けて、われ等はとこしへに凱歌の生命を唄ふ。
あなたは千變流轉すれども、永劫不死の表徴となつて岸邊をうるほし、
われ等あなたに觸れて光明の世界を創造する。

（「ガンジス河」[1]）

1　日本とインドの相互関係

(a)　野口とインド

野口とインドの関係には、複数の側面がある。一方にはナイドゥやタゴールといったインドを代表する文化人らとの直接的な人的交流があり、他方にはイギリスやアイルランドの文化人たちからの影響があり、そしてそれらの背景には、中国や英米が関与する国際政治があった。本章では、戦前の日本とインドの関係が二国間のみの考察では決して説明できないように、野口とインドの関係も複雑な多文化交流の中から生じていたことを明らかにしていく。

さて、宗主国イギリスで評価を受けている野口に、インド社会も無関心ではいられなかった。まず注目すべきは、一九一二年頃に *From the Eastern Sea* がサティエンドラナート・ダッタ（1882–1922）によってベンガル語に翻訳されていたということである。[2]ダッタは、スワデシ運動の開始とともに詩作を始め、愛国心やナショナリズムを扇動する政治活動も行った詩人で、当時はタゴールに勝るとも劣らぬ影響力を持っていた。このダッタによって、野口の詩がインドの諸言語の中でも特に文化・社会・政治の中心にあるベンガル語に翻訳されていたということは重要である。また、野口は一九一〇年代よりいくつかのインドの主要な新聞雑誌に執筆している。たとえば、当時の

インド文化界をリードしたカルカッタの総合文化雑誌『モダン・レビュー』[3]には一九一六年から寄稿が見られ、また、インドで最も古いカルカッタ大学の、国際的な水準を誇った機関紙『カルカッタ・レビュー』（*Calcutta Review*）にも寄稿し、この雑誌の注目する人物として野口の名前がハーンと共に列挙されている。[4]一九二〇年代には、タゴール大学の紀要『ビッショ・バロティ・クォータリー』（*Visva-Bharati Quartely*）[5]や、サロジニ・ナイドゥの妹が刊行する雑誌『シャマ』（*Shyama*）[6]にも野口は多数寄稿していた。書籍としては、アディヤールの神智学協会出版から*Some Japanese Artist*（1924）が出版されている。

日本国内での野口のインドに関する書籍には、『印度の詩人』（第一書房、一九二六年）、『印度は語る』（第一書房、一九三六年）、『印度文化の大観（野口米次郎講演）』（東京啓明会、一九三六年）[7]、*The Ganges Calls Me*（教文館、一九三八年）、『聖雄ガンジー』（潮文閣、一九四三年）、『起てよ印度』（小学館、一九四三年）がある。そして国内の雑誌や新聞紙上においても、インドに関連する野口の記事が散見される。

ここではまず、背景となる日本とインドを含む国際関係と文化交流の実態から概観していくことにしよう。

なお、ここでの〈インド〉および〈印度〉はイギリス帝国の植民地であった〈インド〉地域全体を指す。これは現在、学術的には〈南アジア〉と呼ばれるのが一般的だが、当時の〈インド〉という言葉で表される範囲はかなり漠然としており、英領インド、仏領インド、蘭領インドなどのように〈南アジア〉に収まりきらない。ここでは野口や同時代の用語に合わせて独立以前の表記〈インド〉〈印度〉を使用する。

（b）日本とインド

一八七七年に正式にイギリスの植民地となったインドは、近代国家の道を独自に歩んでいた日本に注目していた。貿易などの経済面のみならず、日本の近代化過程や文化に対しても高い関心が示された。ダルマパーラ（1864-1933）は一八八八年の初来日以降、多くの日本人や仏教関係者との連携を強くし、[8]一九世紀末にはスワミ・ヴィヴェカーナンダ（1863-1902）がインドの若者に日本留学を呼びかけ、[9]日印の直接的な文化交流が始まっていった。日本側でも一九〇一年には岡倉天心がインドを訪れ、[10]一九〇三年には国民間の交流やアジアの連帯を意識した日印協会が設立されている。

一九〇五年の日露戦争における日本の勝利は、世界各地の革命運動や民族運動を強く刺激したが、[11]インドもその例にもれなかった。同年、ベンガル分割が行われたインドでは、国民会議年次大会でスワラージ・スワデーシ（自治独立・国産品愛用）が宣言され、翌〇六年頃からはインド人活動家や亡命者たちが東京に拠点を構え始めた。岡倉天心の〈アジアは一つ〉に表象される論理や理想は、インド民族主義者に影響を及ぼし、独立解放運動を大きく刺激した。[12]

インド側の日本に対する考え方には、日本の帝国主義がイギリス帝国主義などと同じ性格の列強中心主義であると批判する考え方と、欧米と対決している日本と組んで、イギリス帝国から独立すべきであるという考え方の二つがあった。後者の考え方から、インドの革命家たちが日本に亡命し、ついに一九四二年にはインド国民軍が創設されて日本軍と協力してインド解放を目論む行動が起こるのである。

この二つの考え方はともに、単純に日印二国間の関係に終始するような性質のものではない。前者は、日本の中国進出などに抗議して蔣介石や英米などのプロパガンダに乗る形となり、ゆえにインド国内の独立運動のあり方にも複雑なねじれを生むことになる。というのは、日本のアジア連帯・アジア解放のスローガンが、日本と西洋帝国主義との単純な同一視を許さない面があったからである。また、後者は、単にインド独立運動の勢力が日本軍と共同する行動を生んだというだけではない。それは、ドイツに亡命してドイツの思想を受容したインド知識人たちが、帝国主義でもなく共産主義でもない新しい秩序を志向するところから生まれてきた考え方でもあった。

では、日本側からのインドへの眼差しはどのようなものだったのか。

東京帝国大学では、明治一〇年代以降〈東洋哲学〉の科目が、西洋哲学中心の哲学科の中に増設されていった。つまり、西洋哲学の概念が範囲を拡大して、あるいは哲学研究の一環として、インド哲学が研究科目に組み入れられ近代的な視点から研究されることになったのである。

帝国大学で初めてサンスクリット語を教えた南條文雄(1849-1927)は、オックスフォード大学時代に、サンスクリット学の世界的権威であったドイツ人のマックス・ミューラー(1823-1900)に師事した人物であった。ちなみに野口が幼少期に仏教系の学校である大谷学校に通ったのは、南條が野口の郷里を遊説して歩いたためであったという。[13]その後、帝国大学ではカール・フローレンツがドイツ語やドイツ文学の授業と併行してサンスクリット語を教えた時期もあったが、一九〇一(明治三四)年に正式にサンスクリット学講座が新設されて高楠順次郎(1866-1945)が専任教授として着任した。高楠はオックスフォード大学でミューラーに師事したのち、ドイツのライプツィヒ大学で文学博士の学位をとって帰国した人物であった。帝国大学でインド哲学が学科に昇格した一九〇四年には、高楠が初めてインド哲学史を開講した。[14]

つまり、近代日本のインド哲学やサンスクリットの研究は、仏教伝来以来の伝統的な仏典研究や中国経由の梵語学とは流れを異にして、一九世紀のドイツや英国のインド哲学研究の隆盛に強い影響を受けて設立されたのである。そして南條や高楠ら自身が、ミューラーらの近代的な東洋哲学研究の系統に立って、日本人として国際的な貢献を果たすという自負を持っていた。[15]

また、前述のように日印協会は一九〇三年に発足するが、この組織は、日印の親善、インドの社会事情の調査、日印間の経済事情の紹介などを目的としており、アジアの解放という政治面では、日中印が関係を強固にしていく必要性が早くから意識されていた。[16] インド人メンバーにはのちの急進的な革命運動家たちが名を連ねる一方、インドの大財閥R・D・タタからの寄付も行われた。すでに日英同盟を締結していた日本は、インドとどのような関係を築くのかについて国際社会から厳しい目を向けられており、日印協会の活動目的がインドの民衆を煽動するものではないかとの疑惑は、早い段階から列強諸国の中に出ていた。

海外発信を意識した日印協会の会報は、英文号にも力を入れていた。[17] 政治や経済に関する話題が多くを占める会報に、野口は政治色のない記事を三回寄稿し、[18] タゴールも一九二九年に日印協会で講演を行っている。[19]

インドの急進的な活動家たちと日本との関わりを考える際には、この日印協会の動きのみならず、アジア主義者・内田良平（1874–1937）の組織した黒龍会にも注目して、在米・在日の亡命インド人たちと日本人との交流を探る必要があるが、ここではその重要性を指摘するにとどめて、話を次に進めよう。

2　タゴールへの視線

(a) 国際詩人タゴールと野口

前述のように一九世紀以降の欧米では、植民地研究と連動する形で東洋文明や東洋思想への関心と評価が高まっていたが、日露戦争以後、とりわけ第一次世界大戦の前後には、従来の西洋中心主義の世界観が大きく揺り動かされた。一九一三年一一月のタゴールのノーベル文学賞受賞は、まさにその象徴であった。同年のノーベル賞候補としては、トマス・ハーディ（1840–1928）やアンリ・ベルクソン（1859–1941）らの名前が挙がっていたが、ヨーロッパを覆った革新への待望が、タゴールを非ヨーロッパの持つ可能性として押し出したのである。[20]

タゴールにノーベル賞を授与させた直接的な契機は、英詩集『ギタンジャリ』（一九一二年）の刊行だが、同時代的な思想潮流の相互影響関係を考える場合には、一九一二年にアメリカのハーヴァード大学などで行った連続講演――宇宙生命論、宇宙と個人の調和、魂の意識、万物照応の理念、そして自我の滅却と自己実現を説いた――をまとめた『サーダナ――人生の実現』（一九一三年）に示された思想がより重要であろう。[21] タゴールは、二〇世紀初頭の象徴主義理論や生命主義思想、東洋的な宗教哲学、また民主主義や人道主義的哲学を代表する存在として受けとめられたのである。日本では一九一五年にこの著作が翻訳されている。[22]

全世界に向けて発信されたタゴールの西洋近代文明への批判は、時代の要請に沿い、時代風潮に合致したものであった。そしてノーベル賞を授与されたことで、タゴールの批判的視点は西洋に取り込まれて西洋側の視点となったとも言える。実際、タゴールがインドのシャンティニケトンに学校を創設して自然的環境の中で全人教育を行ったことや、ベンガル農村の改革運動を主導したことも、欧米の教育法や哲学思想、アーツ・アンド・クラフツ運動などの同時代の思想潮流に影響を受けたタゴールの実践であり、西洋の文化人らの注目と援助を受けてこそ可能となったものであった。[23]

野口は同じ国際派詩人として、《内氣な》[24]タゴールと長く親交を保った唯一の日本の詩人であった。タゴールは、岡倉天心の渡印（一九〇一年）の頃から日本に関心を持っており、一九〇五年には日本の短歌を紹介する文章を書き、短歌を真似たベンガル語の詩も作っていた。[25]通訳では、タゴールの初来日は一九一六年である。[26]だが、英文雑誌『Nippon』[27]（一九四一年）に掲載された野口によるタゴール追悼記事には、タゴールの紹介として《He visited Japan in 1913, 1916, 1924, and again in 1929》と記されており、また、《Rabindranath Tagore as he appeared in Japan in 1913》とメモ書きのある二人の写真が掲載されている（図13-1、同じ写真は『想思殿』（一九四三年）の中にも《一九一三年東京》と記されて掲載されている）。もちろん、タゴールは一九一六年の来日時の紀行文に〈初めて〉日本の地を踏む喜びを書き記しており、これは野口側の誤記の可能性が高い。ただしタゴールは、『ギタンジャリ』出版以前の一九一二年一〇月にロンドンからアメリカにわたり、六カ月ほど過ごして一九一三年四月にまたニューヨークからロンドンに戻っている。もしかすると、このノーベル賞を受賞する前の滞米中のどこかで、お忍びで東京を訪れて野口と面会した可能性を疑ってみることもできるかもしれない。[28]少なくともタゴールが、一九一二年から一三年にロンドンやアメリカで野口の名前を聞いて、関心を持っていた可能性は極めて高い。

シャンティニケトンに保存されている野口のタゴール宛の書簡は、次の一九一五年二月五日付のものが最初である。

Dear Mr. Tagore

I was so often told of you while I was in London some months ago; how often I thought of you, and ［...］ to know your personality. Now I am at house again, and still more think of you. Herewith I send you some books of my poems; will you read them? I had seen so many of your English friend in London. ...Yeats, Ezra

図 13-1　タゴールと野口（1913 年）

Pounds and others.（[…] 部分、解読不可[29]）

従来の研究では、この書簡を根拠に、野口は一九一四年にロンドンに滞在した時期に、英国の友人たちからタゴールの名前を頻繁に聞いてタゴールに興味を持ち、初めての手紙を書いたとみなしてきた。だが、これを、すでに交流のある者に対して、英国訪問時の報告をした書簡とみなすこともできなくはない。少なくとも、まったく交流のなかった者に宛てたものと考えるには、野口の書簡としては短すぎるように感じられる。

さて、タゴールが初めて〈堂々と〉日本の地を踏んだのは、一九一六年五月二九日であった。[30]〈タゴール氏歓迎委員〉[31]の一人であった野口は、来日したタゴールを文壇人の中でも先陣を切って歓迎し、神戸港に着いたタゴールが関西から東京へ向かう際には、国府津で出迎えて東京までの道中を語り合った。タゴールが東京に到着した翌日の一九一六年六月七日の午後には、上野の横山大観邸の一室に宿泊するタゴールを姉崎正治(1873-1949)と共に訪問し、[32]また翌日には、タゴールの宿泊する帝国ホテルを訪ねて、教育論をはじめとして様々なことを語り合い、西洋物質文明の模倣を批判する点で意気投合した。[33]

タゴールは、一九一六年六月一一日に東京帝国大学で「日本へ寄せるインドのメッセージ」、野口の勧める慶應義塾大学では七月二日に「日本の精神」の講演を行った。[34]日本社会は初の東洋人のノーベル賞受賞者に対して熱狂していたが、しかし、タゴールの講演はそれを急激に冷却させることとなった。日本の近代化に警告を発したタゴールに対し、《科学を呪ふ》《亡国の聖人》ではないかと批判する論調が急速に広まり、その是非を問う批評や論戦が起こったのである。[35]

（b）一九一六年前後の日本のタゴール評価

このタゴールへの熱狂とそれへの反発については、従来、タゴールの近代批判に対して、一等国になったと自任する日本の知識人が反発したという点[36]と、日本の文壇人がタゴールの取り巻き連（政治家や経済人ら）に反発したという点が指摘されてきたが、[37]理由はそれだけではない。また、加藤朝鳥らの翻訳の問題もあったが、[38]タゴール批判を引き起こしたのは、翻訳から起こるタゴールとの意思疎通の難しさや誤解だけでもなかった。

これらに加えて、日本の宗教学者やインド研究者たちが、前述のようにドイツやイギリスのインド哲学研究に学んで、独特のプライドと独自のインド近代史観を持っていたことも原因の一つと考えられる。彼らは多くの場合、タゴールを当代の国際思潮とインド近代とが生んだ人物の一人と捉えた上で、失望を述べるにいたった。

タゴール・ブームの十数年前に、ヴィヴェカーナンダが訪日した際の講演開催に尽力した高楠順次郎は、一九一五年の『読売新聞』紙上に、ヴィヴェカーナンダは日本社会の清潔さと近代的インフラや陸海軍の整備、寺院の盛大ぶりにのみ感激していたことを回想したのち、タゴールの来たるべき訪日について次のように記している。

日本人の腦底には今尚印度を見るに理想國を以てし The Dream-land of everything high and good とせることを述べ、印度の青年は相率ゐて東遊し島帝國の反映を目擊すべきを勧告せり、しかも、一言の我國の自然界を讃美したるの言なし、是れ實に印度人の心底を告白したるものなりと謂ひ得べし、日本がタゴール氏をして失望せしむる所以のものは亦日本人がタゴール氏に失望する所以にして、多くの人は詞宗を解する能はずして失望し、解し得る人は佛教を何の異なるなきに失望せん、(後略)[39]

つまり高楠はタゴールが来日する前から、タゴールも日本社会も相互に失望しあうだろうと予見していたのである。大多数の日本人は、タゴールの文学や思想を理解できずに失望するだろうし、タゴールの文学を理解する人はその思想が仏教哲学とあまり変わらないので失望するだろう、と。[40]

その上で、一九世紀のインドの近代化と思想改革の歴史を専門にする高楠は、インド近代化を牽引したラムモホン・ライ(1772-1833)[41]やタゴールの父デベンドラナト・タゴールについて解説し、その思想の系譜の上にこそ詩人タゴールの出現があることを論じた。[42]つまり、近代インド人としてのタゴールは、インド哲学や伝統的宗教観を内部に持ちながらも、同時に欧米の文化思想を吸収した環境の上に出現している、と。インド学や宗教哲学に造詣の深い日本の知識人たちは、タゴールの思想を、国際的なサンスクリット研究やインド哲学研究の視点から相対的に見て、タゴールへの熱狂から一歩も二歩も退いていたのであった。

また、前述のように当時すでに、インド独立や革命を目指す亡命インド人と日本の知識人が、日印協会を通じて関わりを持っていた。タゴール来日半年前の一九一五年一一月には、ラシュビハリ・ボースや大川周明の協力で、来日したララ・ラージパト・ラーイ(1865-1928)を発起人とした日印交流の政治集会も開かれていた。ラーイはのちにヒンドゥー・マハー・サバーの指導者となる人物で、その日の上野精養軒の会場には、日本人四四名とインド人四六名が参集したという。[43]

帝国大学哲学科教授・姉崎正治(1873-1949)も、その会場でテーブルスピーチを行った一人であるが、彼は、タゴール来日時には「タゴール翁の思想につきて」と題して、インドと日本における近代の宗教哲学の近似性を次のように説いている。ラムモホン・ライがユニテリアン派——一八世紀以降に英国や米国で発展したキリスト教プロテスタントの一派で、三位一体説に反対して神の単一性を主張し、キリストの神性を否定した——の感化を受けてインドの宗教改革を行おうとし、それを受けてタゴールの父デベンドラナトが中核となった団体ブラフモ・サマージが生まれたが、次第にインド思想の復活と霊感を重視するようになった。同様に、日本では、明治期に井上円了(1858-1919)がキリスト教に刺激を受けて明治の仏教を改革しようとしたが、その後の人々は仏教そのものの中に真理を発見して、独自の哲学を進化させた、と。[44]姉崎は、近代の東洋哲学を相対的に論じた上で、日本でタゴールに熱狂しているのは、英訳された作品を日本の新進気鋭の若者たちが翻訳しているから斬新に感じられたのではないかと指摘した。タゴールの思想には新しい独自のものがあるわけではないが、《近代思想の勝利のシンボル》であり、《翁の思想感情及印度固有の思想を中心として東西古今の善美なる思想と情緒》が融合したものだ、と姉崎は評価したのである。[45]

高楠や姉崎の帝国大学での師匠格にあたる井上哲次郎（1855–1944）は、ドイツ観念論哲学を紹介して近代日本の哲学体系を確立した第一人者であったが、タゴールの近代日本批判に激しく反発した一人である。

科学萬能はもとより不可、科學者以外に智者を要することは云ふを俟たない。而しそれは科學者をして悟らしめると云ふことが必要なのであつて、唯無闇と科學を退けると云ふことは有害無益のことである。或はそれ程では無かつたかもしれないけれども、氏（タゴール）の全體の態度よりして極端にそこに赴いて、科學を呪ふものである様に思はれる。（中略）氏は概して亡國印度の哀調を帯びてゐると云ふことは斷言して憚らない。印度の宗教哲學全て此調子をまぬかれない。印度の積極的方面に慈悲があるとタゴール氏は云つた相だけれども、それだけでは女性的であつて、十分積極的と云ふことは出來ない。（中略）世界人類をして不正をなさしめず、同義に反くことを不可能ならしめるには、それを十分に懲しめて慈悲に赴かしめる威力がなくてはならない。男性的の實力がなくてはならない。それが印度に缺けてゐる。殊にタゴール氏の精神には其積極的の方面が缺乏してゐると思ふ。（括弧内、堀）[46]

科学技術がすべてではないが、むやみに科学の進歩を否定する傾向が蔓延するのは良くないと述べる井上のタゴール批判は、インド哲学の弱点の追及にまで及んでいる。これは、西洋文明を取り入れて富国強兵を実現しつつ独自の国家のあり方を求めている日本人としての堅固な主張であった。

もう一人、タゴールの日本批判に反発した岩野泡鳴の発言に注目してみよう。泡鳴は「タゴール氏に直言す」の中で、次のようにタゴールを批判している。

君（タゴール）の頭では物質文明と精神生活とが全く別々に見られて、君の所謂「詩」的でないものはみな物質の「詰らぬもの」になつてるやうだ。（中略）僕等は肉靈合致の文明と生活とを提供してゐるのである。偏靈一元に見える君と、肉靈一元主義の僕等との間にはなほ詩人ボドレルの所謂「物心照應」の二元的態度がある。そして君の思想はまだそれへさへもすすんでゐないのである。（括弧内、堀）[47]

タゴールの認識は、霊肉一元主義どころか、ボードレールの万物照応の二元論にさえ進んでいないない、と言っているのである。また、泡鳴は次のように書いている。

君が「力の國は興亡こもごも到るが、靈の國に至つては永遠に亡びぬ」などゝ呑氣なことを云つたのは、矢張り、この貧弱な涅槃思想に過ぎないのであつて、僕等の「人間神」的な刹那的な現世充實主義とは頗る距離が遠い。（中略）僕等の發達した軍備、航海業等は僕等には「人間神」の征服的宗教の精神的發現であつて、決して單に物質的文明と見るべきものでない。僕等には國家は特別な一現實宗教の傳導體である。かゝる國に來たつて、君は印度の特色を説き、「人類は精神的に一つだと云ふ人道的信念のみその一致と結合とを見出して來た」と云つても、僕等に云ひ返さしめれば、それだから國が亡んで立てないのではないかと注意したくなる。國なくて人類若くは個人の幸福若くは進歩を説くのは僕等には變則である。（中略）そして君のやうな時代後れの考へでは「詩人の琴は生存競争の邪魔者」であるのも尤もである。わが日本は君の云ふやうな「詩の國」ではない。僕等は物心不二、肉靈合致、現世充實の征服的宗教を国民の表象詩として歌つてゐるのである。[48]

引用が長くなったが、これらの文章からは、泡鳴の象徴主義理論や象徴詩と富国強兵イデオロギーとの重なり、また現世的な人間宗教とでも言うべきものを通じた国家主義とのつながりが垣間見える。当時、泡鳴は独自路線を行く詩人であり、また国家主義を激しく批判してもいたが、このような論理が、その後の日本主義と戦争の時代を導いていったとも言えるだろう。いずれにせよ、タゴールを〈亡国の詩人〉と呼ぶ風潮が、科学批判を嫌った知識人のみならず、泡鳴のような詩人たちからも湧き起こっていたのである。

では野口は、こうした国内のタゴール評価をどのように見ていたのだろうか。野口は一九一五年七月に、《The vulgarization of Tagore はその底止する所を知らぬ様です。タ氏に關して書かれた書物の大部分は、印刷屋の工場から直接紙屑籠に投げ入れられると云つても敢て過言ではありますまい》[49]と述べて、タゴールを貶価する風潮を憂えた。大正期はブームの盛衰が著しく、思想流行の一過性はタゴールに限った現象ではなかった[50]が、タゴールへの批判と冷淡な反応が加速度的に広がる中、野口はタゴールを擁護する姿勢を示していたのであった。《疾風一陣吹き來つてまた直に何処へ吹き去つて仕つたやうな日本のタゴール熱に對して私は遺憾に思つて居る》とし、《私一箇はタ氏の嘆美者の一人》であると野口は述べた。[51]

さらに野口は、タゴールの英詩の形式こそが国際的なタゴール人気をもたらしたという認識を示していた。[52]かつ野口は、日本では詩集数巻だけがタゴールの業績とされて、短編小説などがまったく知られていない現状を嘆いている。野口は、当時の日本ではまったく紹介されていなかったタゴールの小説をいち早く具体的に取り上げて説明した人物であった。野口によれば、信頼のおける批評家が最も尊重すべきタゴール作品は短編小説の中にあるという。

また野口はタゴール一人を称賛するのではなく、タゴール以前のインドの近代思想家たちに目配りしつつ国際思潮を考えようとする姿勢も見せている。[53] 野口がタゴールの思想を陽明学との関連で論じたものを、加藤朝鳥は《面白く》読んだとして褒めている。[54] しかし全体として野口はタゴールを、思想の斬新性ではなく、詩人としての態度が優れている点、《文学者の域を超絶した其人格の點》から称賛した。[55] そして、タゴールを《眞實の人間》と呼び、《眞實の人間となることは最も平凡のことで、最も非凡のこと》だと述べたのであった。[56]

(c) 一九二〇年代の野口のタゴールへの共感

ところで、近代文明を批判するタゴールへの反発は、日本だけで起こったわけではない。タゴールは一九二四年には、梁啓超（1873-1929）に招かれて中国を訪れたが、タゴールの訪中は中国国内でも熱狂と批判を巻き起こした。ボストンの雑誌『リヴィング・エイジ』七月一二日号には、中国におけるタゴールの発言が取り上げられ、八月二日号にはその反応について次のような記事が掲載された。

> 西洋の科学的な物質主義は東洋にとっては価値がなく、平和的で精神的な東洋の理想で対抗されるべきであるとするタゴールの主張に、東洋人が皆共感したわけではない。インドの哲学者の北京訪問は、おびただしいほどの思想的混乱を浮き彫りにし、いくつかの激しい批判を呼び起こした。タゴールが批判されているのは、彼が東洋文化の「使い古された」要素を持ち上げる点、アジアが近代文明の恩恵をこうむることを妨げる訓戒をしている点、アジア国家の民族自決意識の成長を妨げ、抑圧された階級や民族の前進を妨害する点、である。
>
> 批判の背後にある真意は様々である。偉大なベンガル人の中国訪問を後援した組織は、政治的指導者によって率いられており、それに敵対する者は、タゴールの信用を落とそうとする。また、タゴールによる西洋の物質文明への批判や科学への攻撃は、西洋経験のある学生たちや、欧米で学んだ中国の科学者たちの反感を買っている。
>
> しかし、どんな批判をもってしても、多くの中国人研究者や学生たちのタゴールに対する熱狂的な反応を覆い隠すことはできない。タゴールは、上海を経由して中国から日本に渡る。（訳文、堀）[57]

この、国際的な観点から各国の文化や生活、政治思想を扱っていた『リヴィング・エイジ』誌には、野口も一九一〇年以来、時々寄稿し（前述第六章第1節（f））、後述する一九三八年のタゴールと野口の論争についても、二人の書簡での対立の様相が「東洋のパノラマ」と題して報じられた。[58]

一九二〇年代当時のタゴールは、さらに世界各地を講演してまわった。一九二六年にはムッソリーニから招かれて、ファシズム全盛期のイタリア・ミラノで『ヒューマニティーの声』と題した講演を行っており、またソビエト・ロシア、ペルシアなど各地で講演旅行をしている。日本には、一九一六年に訪れたあと、一七年、二四年と二九年に再来日している。

さて、この頃の野口はタゴールについて、どのように考えていたのか。まずは『詩の本質』（一九二六年）から見てみよう。

> 詩人には節約を重んじて内包的生命に生きるものもあれば、又浪費を恐れずに精神の廣潤を喜ぶものもある。前者は綿密な個性の保存者で、後者は具體から離れて物を抽象化しようとする瞑想家である。前者の詩は間口は狭いが奥に深く、後者の詩は外部に廣がつて行く。前者の悲觀に傾くに反して後者は熟慮の結果樂天的態度を樂しむ。タゴールは詩人として前者に屬せず、後者の人である。彼の詩は所謂ヂスエンボディド・バースで、彼は詩人であると同時に洞察者である。彼は人を導いて廣い新しい世界を見させる力を持つた豫言者である。將來に向つて發言する人、人生の動かすことの出來ない避けることの出來ない根柢を説明しようとする人である。彼の信ずる人生の根はスピリットに置かれなければならぬ。そして靈から生れた人生の花や葉を時と空間との上に散らす詩人である。故に彼の詩句は抽象的な深さに振へる眞理の火焔で讀者の眞黒な脳中を照らさずには止まない。[59]

《ヂスエンボディド・バース（disembodied verse）》とは〈現実を遊離した詩〉という意味である。野口はこの評論で、タゴールの詩の価値と哲学性を称賛しているのだが、このはじめの部分にある《節約を重んじて内包的生命に生きるもの》《綿密な個性の保存者》というのは、自らを指しているのではないだろうか。野口はタゴールを、自分とはいわば対極的な性向を持つ詩人として捉えて、敬意を表している。野口のタゴール評価には、嫉妬や僻みの意識は見えず、それはまた単純な礼讃や崇拝でもない。同じ詩人として、客観的に冷静にライバルの詩の良さを書き、《無限の智識と不滅の美》が《微妙な音律で振へて動いて》いること、《美麗な想像と純な精神的靈氣が音樂の上で均齊を保つてゐる》ことを述べている。[60] この野口の見解は、まさしくタゴールの本質を突いているだろう。

同じ一九二六年に刊行されている『印度の詩人』（一九二六年）の中でも、野口は次のようにタゴールを擁護し称賛した。

> ある批評家はかういつてゐる、「タゴール抜きにしては今日の英文學を考へることが出來ない、丁度テニソンやポープやチヨウサー抜きで考へることが出來ないやうに。彼は生前既にクラシツクになつた詩人で、英文學の重大な一部分となつた。我々の祖先が電氣を知らずにどうして生きて來たらうと同様に、タゴールを知らずにどうして英文學が存在して來たらうとさへ思はれる。」タゴールは東洋人である。東洋人である我々日本人も彼を誇り彼を尊敬せねばならない。東洋人

である彼の文學的功績は如何に我々の地位を高めたか知れない。[61]

ここで野口は、別の批評家の言を引いて、《東洋人》タゴールを英文学史の中に位置づけている。別の箇所では《英文學史中特筆すべきプラトニスト》であるとも述べ、[62]西洋哲学の系譜上に置いてみせている。

一方、《タゴールの詩には理知以上のものがある》のだから、《理知的に走つて獨斷》するような態度はやめるように、と野口は日本の批評家や読者を戒めてもいる。[63]

> タゴールは所謂豫言者である洞察者である。彼はまたミスチックである。詩人としての彼の本領は何處にあるかといふに、彼は人間性と宇宙との關係を適確に見ることが出來た點にある。彼は宇宙の現象いかなるものでも根本的に完全であると信ずる點にある、彼は人間の生命は有らゆる現象を通じて流れ人間を通じて神の靈が動いてゐると信ずる點にある。彼はこの人間と宇宙との關係といふ基調的精神を沈默と自己忘却（セルフ・サレンダー）の二つの上から説いてゐる。[64]

タゴールを、宇宙と人間の関係を洞察した思想家として評価し解説しているのである。その上で、世界中の人々の精神が、《自己本然の良心を忘却して人間性の眞實の發達を阻害してゐる》不安定な状況下にあって、タゴールのような《友人として、教師として指導者として如何にも喜ばしい詩人》が重要なのだ、と野口は説く。[65]つまり、社会に必要な詩人という存在の理想をタゴールに見ているのである。自分自身は詩人としてタゴールと同じ道を歩むことができないし、《將來に於ける文學的努力も彼と同様でない》けれども、タゴールの《本領を認めることの上で決して人後に落ちるものでない》と野口は述べたのであった。[66]

さらに野口は、《日本には豫言者がゐない、超絶哲學者の態度で解放の道を開いて呉れる詩人がない》と述べ、だからこそ日本には、タゴールのような《眞實な人生を示顯して呉れる人》、《物質文明の價値を正當に價つけ精神文明を忘れるなと切言する人》が最も必要なのだ、と繰り返している。[67]野口はタゴールを称賛しながら、同時に、タゴールと同様、近代国家日本に警告を発しているのである。野口は次のように書く。

> 「根本的基調へ歸るといふことは物質的斷片への破滅から自分を救ふ」ことであると、私は彼と共に極言したいと思つてゐるものである。東洋の精神的危險は必ずしも西洋のそれ以上でないかも知れないが、インドや支那はいざ知らず日本の今日位恐ろしい時代に立つてゐる國はない。日本自身からいふと興味のある日本でなくて、危險な日本である。今日の日本は日露戰争以来の危險時代に立つてゐる。日露戰争は兎に角武器で解決することが出來たけれども、日本が今面前に控へてゐる問題は精神的に解決せねばならない。西洋模造で始

めた國は模造でどこまでも進まねばならないか。西洋模造を打切つて、一度忘れて居つた自分の精神的境地へ歸ることが出來るであらうか。我々は誤つた人生を紡いではならない。私は必ずしもタゴールの理想を以て理想とするものでないが、彼の理想の持つてゐる單純性には威嚴がある、暗示がある。我々は今や生きた人間の宗教を忘れようとしてゐる、我々の祖先は非常な犠牲を拂つて自分の文明を作つたが、我々はなるだけ安い價で他人の文明を買入れようとしてゐる。かかる態度には自分に對して自分を偽る、自分の弱點を是認するといふ倫理的罪惡があることを知らねばならない。この危險から自分を救濟するに當つて、タゴールの主張は極めて有力な暗示でなくて何であらう。私はタゴールの全部を承認するものでなくとも、彼の大部分は現代の日本を救助する力であるだらうと信ずるのである。(68)

日本の近代人が、精神倫理を失って西洋を模倣した物質主義や軍国主義に陥っていることがいかに危険かという点に関して、野口はタゴールと同意見なのであった。野口の言う近代人が失った〈宗教〉とは、仏教や神道といった特定の宗教のことではなく、もっと広い〈宗教心〉〈倫理観〉である。すなわち、自然や宇宙や超絶した存在への畏敬から生じる敬虔な気持ちと、自己への理解、人間存在への理解ということである。野口は、タゴールが訴える〈理想〉や宗教心の回復が、近代日本への重要な警告であることを強調している。この頃の野口は、あらためてタゴールの主張を日本社会に再考させる必要性を強く感じていたのであろう。

3　インドとアイルランドに対する理解

さて一九二三年、友人ジェームズ・カズンズ経由でタゴール大学の紀要『ビッショ・バロティ・クォータリー』を読んだ野口は、六月に直接タゴールに書簡と詩を送っており、この紀要の一〇月号には野口の三篇の詩が掲載されている。(69) 次に、タゴールと野口の関係が、たとえばカズンズが介在していることが指し示すように、単純に二者間の関係性ではないという点について見ていこう。

このカズンズとは、一九一九年から二〇年にかけて野口が慶應義塾大学に招聘したアイルランド詩人である。(70) 彼は神智学協会にとっても重要なキーパーソンになった人物であるのみならず、先に触れた黒龍会とも関係を持っていた。彼は、後述するポール・リシャール（1874-1967）と共に、黒龍会が発行した英文雑誌『アジアン・レビュー』(*The Asian Review*) の特派員を務めていたのである。境界を生きて埋もれていくこの詩人も、野口と同様に、この時代の精神と文化交流史を考える際に非常に重要である。(71)

では、野口はアイルランドとインドについてどのような見解を持っていたのだろうか。

『愛蘭情調』の中で《愛蘭と印度を分けて考へる事が出來ない》[72]と述べていた野口は（前述第八章）、『印度の詩人』の中でも、インドの同時代文学について同様のことを言う。

> 私はインド人を思ふと同時に、アイルランド人を考へさせられる。サロヂニ同様、詩人のイエーツも、またエー・イ（ジヨウヂ・ラッセル）も、實際政治に觸れ始めたのである。近頃の通信によると、前記の兩詩人は「アイルランド自由國」の最高議員になつたとある。（中略）アイルランドにしてもインドにしても、政治上に壓迫されて居つた結果として、優秀な血の所有者は悉く文學に傾いて居つたのであるが、政治上に自由が許されて來ると或はこれまで壓へつけられて居つた血が政治の上で復活するであらう。私は非常な興味を感じて、インドとアイルランドを眺める、また引いてイエーツやサロヂニ・ナイズウの將來を眺める。[73]

インドとアイルランドの文学と政治にある種の共通性を見る野口の見解は、現在から見れば珍しいものではないが、大正期の日本人の中でこれを実感として意識し、歴史的に把握できた者がどれだけいただろうか。

アイルランドとインドは、イギリス帝国の植民地における独立運動という点で確かに共通する意識を持っており、イェイツらがタゴールの英詩人としてのデビューを図ったのもこうした点とまったく無関係とは言えない。またアイルランド系英国人のインド研究者やインド崇拝者たちが、インドの独立運動に直接関わっていく例もある。岡倉天心の『東洋の理想』を校閲して序文を書いたシスター・ニヴェーディタ（1867-1911）や、神智学協会二代目会長のアニー・ベザントもアイルランド人女性である。ニヴェーディタは師のスワミ・ヴィヴェカーナンダの没後、オーロビンド・ゴーシュ（1872-1950）に接近して、インド民族運動の活動家となった女性で、ベザントは、ブラヴァツキーから神智学協会の後継者として選ばれた当時すでに政治扇動家として有名であった。こういったイギリスの上位中産階級に属するアイルランド系女性が、インドの民族運動に関わったこと自体が、植民地インドの様相を複雑にした。そして前述のカズンズも神智学協会の過激な活動家として、そしてその後は独自の教育家として、インドの改革に尽力した人物であった。

神智学協会やユニテリアン協会の国際的な展開は、インド近代史・近代思想史とも関わる重要かつ複雑なテーマであり、二〇世紀の国際的な文化潮流や文芸交流は、このような国際組織に出入りしながら政治・文化・宗教を横断して活動した個々人のつながりの解明から実態を明らかにしていく必要がある。捉えがたい課題のようだが、その糸口は国家と国家の間で活躍して埋もれている〈境界人〉たちの多角的な検証と追跡の中にあるだろう。

たとえば、神智学協会や日本仏教、黒龍会とも関係があり、大川周明や田中智学と親交を持ち、またロマン・ロランやガンディーとも接触していたフランス人のポール・リシャールのような人物も、そうした〈境界人〉の一人だろう。ポールとその妻ミラ（1878-1973）は、第一次世界大戦が勃発するとインドのポンディシェリに住む師オーロビンド・ゴーシュのもとを離れ、一九一六年から翌年までは東京に、その後三年間は京都に住んでいた。タゴールは一九一七年一月に日本滞在中のリシャールと知り合い、リシャールの著書『萬国民に告ぐ』（*To the Nation*, 1917）の序文を書いている。リシャールの『告日本國』（一九一七年）は、《獨り自由を保全したる亞細亞の唯一國よ、獨り自由を保全したる世界の唯一國よ。貴國は自由を萬國に與へんがために出現したることを覺れ》と宣告したもので、アジアを結び、アジアを中心として世界を結ぶことのできる世界の唯一の国であると、日本を扇動している。[74]

リシャール夫妻は、一九一〇年代に野口の自宅を何度か訪問しているが、[75] 野口の遺族の話によれば、野口の自宅には在日インド人もしばしば訪れていたという。また、野口とカズンズとの間で、リシャール夫妻が敬服するオーロビンド・ゴーシュを話題にしたこともあったという。直接ゴーシュから野口に本が贈呈されたこともあり、野口はゴーシュについて、〈瑜迦（ヨガ）〉の達人として今日のインドで最も尊敬を集めている人物ではあるが、詩人としてはタゴールの方が上であると捉えていた。[76] 野口は訪印した際にはポンディシェリに立ち寄らず、ゴーシュには《どうしても會わなければならないと思はなかつたので面會の機會を作らなかつた》と書いているが、イギリス側から見て政治犯罪者であったゴーシュに会いにフランス領ポンディシェリを訪れることは、当時の政治状況を考えれば決して容易ではなかっただろうと想像がつく。

4　一九三五―三六年のインド講演旅行

(a)　インド旅行までの経緯と目的

一九三三年に日印通商条約廃棄問題が生じて、植民地を持つイギリスやフランスのブロック経済体制が強化され、日本は国際的に孤立しつつあった。また三一年の満洲事変以降に積極的になった中国政府の対外発信に対抗する意識もあり、[77] 外務省では三四年頃から対外文化政策が重視されるようになった。三五年一一月には、外務省の文化事業部（国際文化）の課長職にあった象徴派詩人・柳澤健らの尽力により日本ペンクラブ（初代会長は島崎藤村）が誕生し、[78] この頃より外務省や国際文化振興会は、野口らの欧文の刊行書籍や「ツーリスト・ライブラリー」シリーズ（国際観光局）に対して、国外販売や広告への補助を行い始めた。[79]

文化外交には、政治色のうすい文化人が有効だったに違いない。高浜虚子（1874-1959）は、一九三六年に草履でフランスに渡り、ヨーロッパ各地のペンクラブや日本人会で俳句について講演をしている。[80] 野口の渡印もこれらの一連の動きの中で行われた対外文化政策の一環であった。

もともと一九二〇年代以来、タゴール大学やカルカッタ大学から招待を受けていた野口だが、三五年のインド行きを決断するには、様々な外的要因が作用していた。何度勧められても《いつも「しかし」と言って何か決しかねないものを胸に抱いているよう》[81]な野口だったが、前述した翁久允など[82]の友人や新聞社からの強い要請と後押しの末、とうとう重い腰を上げたのだった。

立役者の一人である翁久允は一九三三年にカルカッタを訪れた際[83]、タゴールの野口への称賛の言葉と野口招聘の希望を聴き、また、多くのインド知識人が英国のプロパガンダどおりに反日的な言論を繰り返すのを目の当たりにして、野口を訪印させる必要性を感じたという。《英人は政治的に思想的に、もしも、日本人が渡印して何かの行動を始めたら神経過敏になるが、宗教的、文化的方面だと大した騒ぎもしないようだから》、野口が日印親善に最適な日本人だと考え、《各方面に亘つて》野口を推薦してまわった[84]。そして野口の訪印は、結果として《十人の有名な日本の政治家や外交家が印度に行ったよりも日印親善のために効果的だった》と述べている[85]。

しかし、野口渡印の契機となったのは、翁一人の努力だったわけではなく、もっと国際的な大きな力が働いていた。野口自身は、カリダス・ナーグ（1892-1966）が自分の渡印の《機運を作つた主導者の一人》であると書いている[86]。ナーグはロマン・ロランとの親交が深く、タゴールやガンディーのフランス語訳を行っており、卓越した外交的手腕を持つ人物であった。一九二四年にタゴールに伴って中国を訪問したあと来日した際、野口の家を訪問していた《野口ファンの一人》[87]でもある。ナーグは当時、同じくフランスとの関係の深い柳澤健を通じて、日本の外務省や国際文化振興会に協力し、またペンクラブ組織を通じて国際的な文化人交流を実現しようと尽力していた[88]。この人物こそが、野口のインド滞在中もインド側と日本側の仲介者として奔走し、長期にわたる講演旅行を成功に導いたのであった。

では、野口本人はインド旅行に対してどのような目的意識を持っていたのか。『印度は語る』（一九三六年）の「凡例」には、次のように記されている。

> 私の渡印講演に對し、わが同胞諸君が私に與へられた激勵と鞭撻の甚大であつたことを深く感謝する。對外的仕事は國民的後押しなしに何事も仕遂げられない。
>
> 私はカルカッタ大學その他十大學の招聘により渡印したのであるが、御承知の如くわが外務省文化事業部並に國際文化振興會の援助を得て實際化したものである。私は岡田部長と柳澤課長の好意に謝したい。また印度諸大學との交渉は三宅公使がカルカッタ総領事時代に當つて下すつたことを附記しなければならない。
>
> 在印官吏諸君は國際的見地から、よく私のために勤勞して下すつた。私の大旅行が豫想外の成功を生んだのは、野々村石川乙津諸領事に負ふ所が非常に多い。また印度各地にゐる

わが同胞諸君も自分のことのやうに喜び、いろいろと私の便宜を計つて下すつたことを感謝したい。特に日印商品館主事西氏ボンベイ東棉支店長齊藤氏在マドラスの岩見氏に敬意を表する。（中略）最後に私の渡印に対し好意を寄せられた東西両朝日新聞に御禮を申上げる。[89]

この渡印が、外務省文化事業部と国際文化振興会の主導した文化宣伝事業の一環であったことがよく分かる。しかし、対外文化政策のために渡印することを、野口自身が最初から望んでいたわけではないことが、雑誌『セルパン』に寄稿した次のような一文から知ることができる。

私が今回印度行に旅立つに當つて、新聞紙は文化使節の言葉を亂用してゐるが、もち論それは深い意味があるのでなく一般的に通りがいいからであらうが、實際をいふと、それは私を不愉快ならしめるに過ぎない。私は一國を代表して使節の途に立つのでなく、私一個の文學的世界に於ける諸相を披攊しに行くのである。若し文化宣傳なるものがあらば、冀くは私から十歩も離れ、謙譲な態度で私の後からくつ附いて來るべきである。私はただ日本にノグチといふ詩人があつてかういふ文學的經驗を持ち、かういふ詩境に立つてゐるといふことを私のまだ知らない國の人々に語りに行くのである。[90]

野口は自分の著作や講演が、日本文化の宣伝の役割を果たすものであることは自覚していたが、《恐らく私位奉仕といふ観念を嫌ふ人間はゐないであらう。若し私に奉仕なるものがあらば、それは私自身に対してのみであつて、私はどこまでも個人主義の孤城に籠居する》[91]と述べて、《國家や同胞に奉仕する》ことに関心を持っていないと明言している。自分にとって重要なのは《「自分とは何か」「日本人とは何か」の問題》[92]のみである、と。先の『印度は語る』の序文によれば、《ヒンヅウ大學で講演する前にベナレス（ヴァナーラス）を訪れ、朝ガンジス河を遡つて無数の修行者が如何に久遠の淋しい自己内観に精進するかを眺めることになつてゐる》（括弧内、堀）[93]ことに期待を膨らませ、渡印前から社会活動よりもむしろインドの哲学や修行者たちとの邂逅を楽しみにしていたという。

渡印前の野口は、自分の個人的問題でインドに行くのだと、敢えて強調せずにはいられなかったのだろう。しかし実際には、このインドへの旅は、野口の〈自分探しの旅〉などという意味には収まるはずのない、国家を背負ったプロジェクトだった。後述するように、この旅行を通して、野口にとっての《「自分とは何か」「日本人とは何か」の問題》が、《個人主義の孤城に籠居する》方向ではなく、日本人としての誇りや使命の問題に転換していく。インドの人々の並々ならぬ歓待の熱情に驚いた野口は、その歓待ぶりが個人に対するものではなく、《私を通じ印度人が日本國全體に捧げる敬意であらう》[94]と考えて、次第に日印両国の親善の役割を強く意識していった。つまり、〈二重国籍〉的で傍観者的な立場と感情の中にあった野口にとっての〈自分探し〉が、公的使命に重なっていく過程が、インド旅行だったと言えるのである。

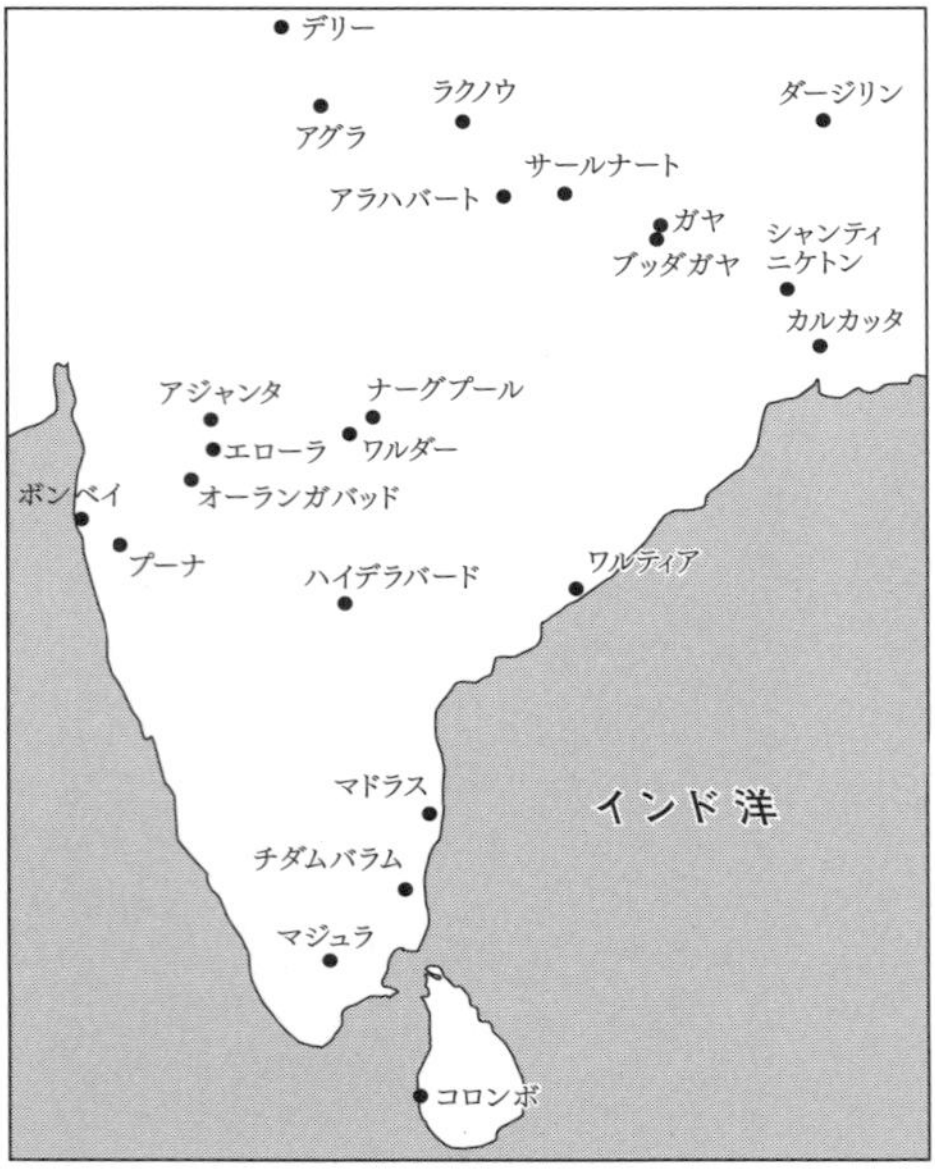

図 13–2　インドにおける野口の訪問地

(b) 独立運動の中核地、カルカッタ

野口は一九三五年一〇月に日本を離れ、上海で魯迅に面会したあと（前述第一二章第2節（c））、台湾、香港、シンガポール、ラングーンを経て、インドへ向かう。シンガポールでは、野口が《シンガポールに芸術なし》と叫んで波紋を呼び、その後、シンガポールの新聞上で賛否両論の騒ぎとなっている。[95] 一一月一〇日、インドの都市カルカッタに到着し、二月四日にコロンボを離れるまでの間、野口は三カ月近くインド各地を過密なスケジュールで講演して回り、インドを代表する著名な人物と面会していく。

カルカッタに到着すると、その直後から《前代未聞》と言われるほどの熱烈な歓迎を受け、《經験したことのない》多忙な旅程が始まった。[96] カルカッタに上陸した翌日の午前中、第一に野口が再会を果たしたのは、カリダス・ナーグとムクル・ディである。当時、ナーグは、インド・ペンクラブのベンガル支部の代表を務め、小さな月刊雑誌『世界と印度』を出して、インドにおける文化運動に尽力していた。[97] ムクル・ディの方は、タゴールが初来日した際に同行した芸術家で、当時はカルカッタ

図 13–3　カルカッタに上陸した野口

の官立美術学校の校長となっていた。

カルカッタは、当時のインドの文化・行政・経済の中心地で、民族独立の中核地でもあった。[98] この地で野口はほかにも様々な組織の重要人物たちと面会している。

野口がインドで第一に行った講演は、多くの民族運動家たちを輩出したカルカッタ大学においてであった。カルカッタ大学教授でもあったナーグは、一九三四年に学長〈副総長〉と呼ばれる）[99] に選出されたばかりの若きシャマプラシャド・ムカジー（1901-1953）と企画して、野口をカルカッタ大学に招待したのであった。シャマプラシャドは、一九二〇年代に野口の招聘を願いながら二四年に逝去したかつての学長アシュトシュ・ムカジー（1864-1924）の息子である。[100]

野口は、アシュトシュについて《印度切つての教育界の大立物であつて、實際彼の善良なしかも勇氣の充溢した指導の下で、カルカツタ大學は世界有數の教育機關となつた》と書いている。[101] カルカッタ最高裁判所の判事で、かつロンドンのロイヤル・アジア協会やパリ数学協会の一員でもあったアシュトシュは、当時のインドの学界では最高峰に位置する存在であった。常にベンガルの民族衣装で過ごし、ヒンドゥーの伝統を重んじる保守主義者でもあった。[102] アシュトシュは世界各地から著名な知識人をカルカッタ大学に招聘して講演させ、野口もその一人として期待されていたわけだが、野口いわく《私が彼の招待を受けた時家の事情で渡印が出來ず、この話はそのまゝになつてゐるうちに彼は他界して仕舞つた》という。[103]

カルカッタ大学の第一回目の講演では、聴衆は二千人を超えた。司会のシャマプラシャドは、亡き父が強く望んでいた野口の訪印がついに叶ったと壇上で語り、《學問に國境なく眞實の自由がここに吹くと云ひ、進んで日印両國の親善はノグチ訪問を機として増進せられるであらう》と歓迎の辞を結んだ。野口はこれに続いて五回、カルカッタ大学で講演したが、講演後には、毎回必ず百人以上の聴衆からサインを求められたという。その講演内容（実録）は前述の大学機関雑誌『カルカッタ・レビュー』に連載された。[104]

カルカッタでの野口の公的活動は、大学での講演だけではなかった。それ以外にも、新聞社によるインタビューやラジオ講演のほか、アーナンダ・バザール・パトリカー（新聞社）の歓迎会やカルカッタ婦人連盟の大会、全インド歓迎大会、ベンガル・ペンクラブの歓迎茶話会など、様々な団体の会合に出席している。

特に注目されるのは、一一月二一日にジャイナ教寺院において、《印度切つての最大團體で、會員の數驚く勿れ二億萬に及ぶ》《ヒンヅウ教徒全聯盟（ヒンヅウ・マハサバ）》の歓迎会に出席したと野口が記していることである。このヒンドゥー・マハー・サバー（ヒンドゥー大協会）は、ガンディーや会議派とは異なる方針で民族運動を担った右翼的な傾向の団体であり、日本軍部の対インド政策との協調性が高かった組織である。[105] そのヒンドゥー・マハー・サバーから《選り抜いた卓越人のみ》が三、四百名集まって歓迎会が行われたというのである（図

13-4）。

その歓迎会の司会者は、タゴールの姪にあたるサララデビ・チャウドゥラニ（1872-1954）であった[106]。彼女はカルカッタのジョラサンコにあったタゴール邸に住み、文芸と教育者としての活動で当時すでに著名で、特に女子教育の普及に大きな功績をあげた女傑である。一九〇〇年代には体育や武芸を重視した挑戦的な民族運動を興すことに努め、ベンガルにおけるテロ活動の推進者としても知られる[107]。

このヒンドゥー・マハー・サバーの歓迎会では、有名な人々が次々とベンガル語、ヒンディー語、英語で野口を歓迎する辞を述べたというが、野口は《誰が誰だかわからなかった》と書いている。この日の野口の講演は、「精神の独立」と題したもので、《聴衆の感應的共鳴を得たことは喜ばしい》と記されている[108]。この夜、ホテルへの帰路に着こうとした野口は、《今回あなたに對する印度人の尊敬は天に達してゐる。あなたのやうに歓迎されたものは日本人にこれまで一人もなかつた……將來もないかも知れない》と言われたのであった[109]。

ヒンドゥー・マハー・サバーの茶話会には、その後も、一二月一二日のラクノウや、一二月一四日のアグラなど、カルカッタ以外の地域で数回招待された。

ところで、カルカッタで野口が興味深かったと記しているのは、ジャガディシュ・チャンドラ・ボース（1858-1937）の研究所の訪問である。訪印中《印度人は宗教なくて生きられない顕著な實例》を数多く視察した野口だが、それらの中でも、《印度切つての世界的科學者で植物心理の研究によつて輝かしい業績を讃へられてゐる》ボースの研究所が、仏像を飾ったりお経を読んだりしている点に驚いたのだった。ボース博士は、野口にいくつかの実験を見せ、《萬物に靈性を見るコスミック・マンとして同情を植物に寄せ、その微妙鋭敏な行動を科學的に實證し》てみせた。《科學を宗教にまで高めた所に彼の誇

図 13-4　ヒンドゥー・マハー・サバーの歓迎会場（ジャイナ教寺院）

りが輝いてゐる》と野口は感服している。[110]

私（野口）は彼（ボース）に「私はあなたの仕事を耳にしてから庭の草木を以前のやうな無邪氣な眼で眺めることが出來なかつた。人間と同じやうにそれ等が生死の苦悶を體してゐることを考へ、これまで單に麗はしとのみ思つてゐた植物界がどんなに悲痛な世界に見えて來たか知れない」といつた。彼は無言で私に頷いた。（括弧内、堀）[111]

インドで、科学と宗教が一体化している点を様々なところで目の当たりにした野口は、宗教哲学を科学的に実証してみせたインド人科学者のボースに敬服の念を隠さなかった。

また、野口のカルカッタ滞在でもう一点特記しておくべきは、実業界のビルラー（1894-1983）との対面であろう。ビルラーは広く海外を旅行して幅広い視野を持っていた人物で、英国人との交友関係も多かった。ガンディーの支援者としても有名で、一九三〇年代から四〇年代初めにかけては、自ら英国でガンディーの哲学と実践を説明して歩いていた。ビルラー財閥はタタ財閥と並ぶインド実業界きっての大財閥で、日本の宗教界とのつながりも持っていた。[112]

カリダス・ナーグが代表を務めるベンガル・ペンクラブの歓迎茶話会に出席した夜、野口はこのビルラーの訪問を受け、翌日にはビルラー邸に招待された。野口はその数日前に、日蓮宗僧侶の藤井日達（1885-1985）がビルラーの援助を受けて建立した寺院サダルマ・ビハーラを訪問していた。じつは野口は、カルカッタに到着してからビルラーの存在を知ったのであったが、彼について《魂の据ゑ所を宗教に持つてゐる尊敬すべき人》と評して、次のように述べている。

ビルラといつた實業家で、彼の事業と宗教との關係がどうあるかを詳かにしないが、少くも生活の完成を宗教に期してゐる眞摯な印度の大富豪である。彼は巨額の淨財を宗教のため撒いて惜まないことは勿論であつて、特に私は彼を印度に於ける親日家の尤なる存在として諸君に紹介したい。藤井といふ日蓮宗の僧侶が現にカルカッタに一寺を建設してゐるが、その入費の九分通りを自分で引受けたさうだ。

彼はヒンヅウ教徒であるが、佛教の最高教義は自らの信念を裏書すると共に、日印兩國は宗教を通じて結び付くべきものだといふ信念は磐石の如く堅牢である。[113]

宗教を介して日印関係を考えているという点は注目すべきであろう。ビルラーは秘書の英語通訳を通して、《釋尊の教理と印度教とは根本的に同じ、外的儀式や習慣を宗教の本性と混同してはいけない。今日私共の念とすべきはそれ等の氣高い教訓に生きることで、日本と印度は宗教的結合に依り世界の物質的侵入に備へなければならない》と野口に伝えたという。[114] 一九三〇年代以降のインドにおける日本の宗教家たちの活動と目的、そしてビルラーらインド側の期待と意図は、この時代の日印の政治外交史や文化交流史を考える際に重要である。ちなみにその後、野口はベナレスでビルラーの父親の自宅も訪れている。

(c) タゴール、ガンディー、ナイドゥとの対話

カルカッタ滞在中、野口はカリダス・ナーグに伴われて永年の夢であったシャンティニケトンを訪問し、一一年ぶりにタゴールと再会して、学園中から大歓迎を受けた[115](図13-5)。タゴールのゲストハウスに宿泊する野口のもとには、画家ナンダラル・ボース(1883-1966)[116]と思想史家クシュティモーハン・セン(1880-1960)[117]も訪れた。ボースもセンも、一九二四年にナーグと共にタゴールに同行して日本を訪れた野口の知己であった。野口は二人について《ボースは日本の筆で繪を描く、印度切つての一流畫家で、セン教授は紀州の高野山に印度魂を見たといふ男である》と書いている[118]。

野口が到着した夜には、西洋館の四、五〇畳もの大広間で、電燈が消されて多数の蠟燭がゆらめく中で花を散らす幻想的な踊りが行われた。翌日はタゴール大学で講演を行い、キャンパスや美術館を見学してシャンティニケトンでの時間を過ごした。タゴールを中心として学園の学生たちや教授陣らがみな野口を歓迎し、ちょうど還暦を迎えた野口を祝った。野口は《タゴールに會ひその歡迎を受けたことは、私の印度旅行中最も特筆に價することは疑はれない。そしてそれは恐らく私一生中の大きな出來ごとの一であらうと思つてゐる》と心から感動していた[119]。その後の野口からのタゴール宛の書簡にも、野口のタゴールへの感謝の思いとシャンティニケトンでのくつろいだ時間を懐かしむ気持ちが表れている。シャンティニケトン滞在中の、沈黙と平和の中の甘美な雰囲気は、"A Mango Tree" と「マンゴウの木」という日英両言語の詩に詠われている[120]。

シャンティニケトン訪問の際に、野口はタゴールに頼んで、ポール・クローデル(1868-1955)の日本語の訳書『東邦の所観』(長谷川善雄訳、一九三六年四月)に付すためのベンガル語詩を一篇、書いてもらっている[121]。文化人らの国際的な交流は、様々な人脈を介して行われていたことが分かる。

じつは、インドを訪れる日本人には、インドの治安を乱す恐れがあるということで、イギリスによる監視体制が厳しくしかれていた。タゴールとの再会時にも、完全に何の制約もなく二

図 13-5 タゴールと野口(1935 年)

人の日印の詩人が語り合えたとは思えないが、ガンディーとの面会も、当時誰にでも許された行動ではなかった。日本人がガンディーの周辺に行こうとすると、スパイ扱いされて逮捕されてしまうという状況だったのである。[122] そのような中、野口はガンディーをワルダーの道場《アーシュラム》に訪問して、初の対面が実現した。ガンディーは、建物の屋上庭園にテントを吊って横臥していた[123]（図13-6）。痩せた右腕を伸ばして力強く野口の手を握った[124]ガンディーは、野口の来訪を心待ちにしており、野口のインド国内での行動をずっと新聞で見て講演内容も貪るように読んだと語った。野口が、ガンディーは病気だと聞いていたので面会ができないのではないかと心配していたと言うと、ガンディーは《病氣だらうがなからうが、君に會はない譯がない》と述べたという。[125] ガンディーは、ロンドンの学生時代に、『テレグラフ』（*The Telegraph*）紙に連載されたエドウィン・アーノルドの日本通信を読んで以来、日本に興味を覚えて敬意を払ってきたと語り、また当時、カルカッタの友人から賀川豊彦（1888-1960）の書物を寄贈されて有益であったとも語った。

当時、イギリスの官憲の許可がおりずインドに入国できなかった賀川豊彦は、インドに出発する前の野口に〈イギリスの探偵が煩いから用心せよ〉と忠告していたという。野口がガンディーらに、自分はイギリスの探偵らしい者をまだ見ていないと語ると、ガンディーの側近の主治医が、あなたにすぐに悟られるようでは探偵は務まりません、どこに何がいるか分かりませんよと語って、皆で笑ったという。[126] ガンディーは野口に、数日後にアーメダバッドへ行って一緒に講演をしようと言い、秘書に野口が講演することを当地に電報せよと命じたという。野口は、その場では断りきれなかったようで、《やむを得ずカンヂイの希望を入れなければならなかつた》と書いている。そして別れのときにも、ガンディーは《左様ならでないですよ……アーメダバッドでまたお目にかかる》と叫んだという。[127] 結局、

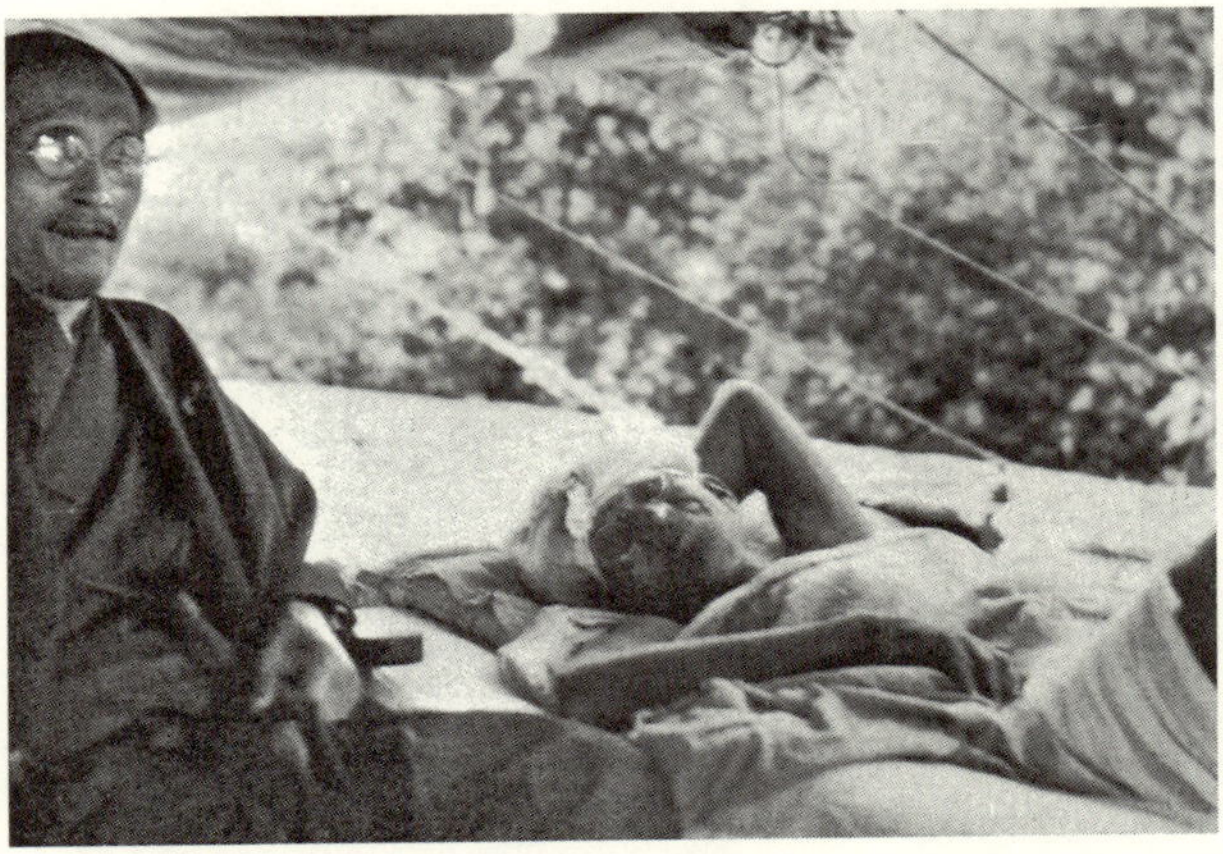

図 13-6　ガンディーと野口

公的役割を果たすべく過密スケジュールが課せられていた野口には、アーメダバッドへガンディーと同伴することはかなわなかった。

野口はガンディーと直接に対面して、実際の政治的社会的運動の弱点を、個人の精神面や宗教哲学の強さが《補つて餘りある》のだという感想を抱いた(128)。また、ガンディーを神秘的存在と見て、《彼の同胞に對してのみでなく世界の人類凡てに對し、將來への暗示として顯れる》伝説の人であると評している。野口は、持てる人間と持たざる人間、飾りのある人間と飾りのない人間を対比させ、前者がタゴール、後者がガンディーだと論じたのだった。《前者は自己防禦に急にして後者のやうに捨身になれない》と、タゴールに対してやや批判的な評を書いている(129)。

> 人間の大小を定める尺度は、他に對する磁力の強弱如何の外にない。私共がガンヂーの磁力に觸れて吸收され、その人格のなかに自分の或物を發見するに至る時、彼は現代稀れに見る神秘的人間であることを私共は知るのである。（中略）私共外國人で印度の盛衰を第二次的に考へるものに取つて、彼は眞理の守護者でなくて何であらう(130)。

野口の言葉は、一九三〇年代後半から四〇年代の日本国内でガンディー称賛の声が高かったことと共鳴しているとはいえ(131)、野口自身がガンディーの人格に強く魅せられたことが率直に表されている。

その後、野口はボンベイで、旧友のサロジニ・ナイドゥと二三年ぶりに再会を果たした（図13-7）。ナイドゥは当時、女性運動家として、ガンディーと共に民族独立運動の先鋒に立っていた。野口は彼女に、《日本の新聞にガンヂイが日蓮宗になつて題目を唱へ太鼓を叩いてゐると出てゐる》と言うと、彼女は《馬鹿な》と言って、《私も玩具のやうな太鼓を藤井といふ僧侶から貰つてハイデラバッドの家に持つてゐる》と述べた(132)。

二人は、タゴール、ガンディー、英米の詩の状況、イェイツ、インドの社会改良などの話題を語り合った。野口は、《私に對する彼女は政治家でも社會改良家でもなく、依然として女詩人であつた》、《彼女は矢張り二十三年前のサロジニ・ナイヅウに相違ないのを知つて、どんなに彼女は私を喜ばしたであら

図 13-7　サロジニ・ナイドゥと野口

う》と述べている。[133]

野口はインド旅行中に、サロジニ・ナイドゥの一族から各地で親しくもてなされている。サロジニの妹の経営する学校を訪問したときには、サロジニの弟である詩人ハリンドラナート・チャットーパッダーエ（1898-1990）[134]にも会い、彼の歌声と楽器の演奏で歓待を受けた。野口いわく、ハリンドラナートは野口ファンの《優なるもの》で、自分の詩集に野口への献辞を掲げていた。[135]野口は彼について、一九二九年九月の詩雑誌『詩神』で、インドで《最も有望な青年詩人》と書き、《彼も印度式に漏れず宇宙観を云々し過ぎる感があるが、流石は老年の詩人と違つて近代的意義が鋭敏に動いてゐる》と評していた。[136]

マドラスでは、ハリンドラナートの妻のカマラデヴィ夫人（1903-1988）にも数回会っている。カラマデヴィは社会活動家として活躍し、インド独立運動に貢献した女性で、一九四〇年には日本も訪れて、『日印協会会報』にも寄稿している。一九四一年六月の訪日時には、華族会館で講演会（日印協会主催）を行っているが、鹿子木員信からスパイ容疑をかけられて講演を中断させられた。[137]

野口がハイデラバードのサロジニの自宅を訪れたときには、彼女は留守であったが、夫やナイドゥ家の人々から手厚い歓待を受けたのであった。

（d）インド各地の教育関係者と文化人たち

さて、野口はタゴール、ガンディー、ナイドゥのほかにも、インド各地で大学の関係者やインドを代表する文化人たちと次々と面会しているのだが、それはどのような意味を持つ出来事だったのだろうか。ここではとりわけ注目すべき人物のみ概説しておきたい。また、野口は大学構内での講演活動のみならず、インド国内のラジオ放送などでも講演していたが、それらに対する反応がどのようなものだったかについても、あわせて言及しておこう。

まず重要なのは、国際的な哲学者サルヴパッリー・ラーダークリシュナン（1888-1975）から招待を受けて、ワルティア（現在のヴィシャカパトナム）を訪れたことであろう。じつは野口は訪印当初、ラーダークリシュナンについて知らなかったのだが、様々なインド人からその名を聞き、サロジニ・ナイドゥからも強く推薦されてワルティア行きを決めた。

ラーダークリシュナンは、一九二〇年代にはハーヴァード大学やオックスフォード大学で比較宗教学を講義し、一九三一年から三六年にかけては新しく創設されたアンドラ大学の学長を務めていた。彼がインドの知識人代表としてジェノヴァに派遣されたということは、ラーダークリシュナン自身が野口に語ったことである。彼はインド独立後には、インドの第二代大統領（一九六二―六七年）を務めることになる。

野口のアンドラ大学講演の際、司会を務めたラーダークリシュナンは、《日本の商人や外交官や商船や軍艦》は《日本の外貌》で《日本の生命そのもの》ではないと説き、《日本の文化即ち日本の魂を代表する詩人》として野口を紹介した。[138]野口は「日本の詩歌」という題で二日間の講演を行い、二日目の講演後、ラーダークリシュナンは次のようにまとめたという。

ノグチの自然禮讃は亞細亞合一を啓示する、私共東洋人は如何に自然をより氣高い思想に入るの門として取扱つて來たかを指示する。彼は孤獨の美を說いたが、實に孤獨こそ自己を救濟し、またそれに依らずして永劫の認識は不可能である。彼の說いた所は卽ち私共印度人の思想である。私共は自己救濟を群集に求めない。ノグチの孤獨尊重は全亞細亞の合一への善良な暗示でなくて何であらう。詩歌は人類に對する最も眞實な教育である、それは人間良心の發露である。ノグチは今日の時代心に觸れるばかりでなく、更により良き時代に關係を持つ。外的からいふと人生の諸相は私共を分離する、しかし外的の如何なるものも人生のより深い本質に觸れることが出來ない。人生の本質はユニバサリチーを根本にする。[139]

国際的に評価の高いインドを代表する知識人が、野口への賛辞を示し、自然礼讃と孤独尊重がアジアの合一を示唆すると説いたのであった。そして、詩歌が人類に対する真の教育である、と。この数年後、野口はラーダークリシュナンの編纂したガンディー七〇歳記念の本に、寄稿を依頼されている。

もう一つ注目すべきは、ベナレス・ヒンドゥー大学の学長マダン・モーハン・マーラヴィーアとの対面である。野口はマーラヴィーアについて、《嘗て國民運動の大闘士として獄に投ぜられたさうで、言葉が明快率直、印度人稀れに見る剛骨漢だ》、《力強い印度人を見た》と評している。[140] 画家の野生《のうす》司香雪（1885-1973）は、野口にマーラヴィーアについて、《日本流にいふとマラビアは前科者に外ならない。それを平氣で總長に据ゑて置く所に英國の偉大性が瞭然としてゐるではないか》と述べたという。[141] このマーラヴィーアを中心としたベナレス・ヒンドゥー大学は、神智学協会のアニー・ベザントが創設に関わった教育機関で、[142] ヒンドゥー民族主義を扇動しているとして非難されればされるほど、寄付が集まったと言われる。

この大学で野口が〈自然礼讃〉について講演したときには、広い講堂に三千人もの聴衆が集まったという。司会をしたマーラヴィーアは、野口の講演が沈黙の美徳を説いた点と、日本人の誇りに言及したところを挙げて、聴衆に自民族への誇りを持つことを促したのであった。[143]

このほか、ナーグプールで全インド教育大会へ出席した際には、ナーグプール大学学長ニヨギ（1886-没年不詳）と語り合っている。彼は、一九二一年にはガンディーと主義主張を異にし、二三年に国民会議を離れて、独自の政治活動を行ったインド独立運動家の一人であった。当時はナーグプール高等法院の裁判官かつ大学学長であり、日本で開かれた万国医学大会のインド代表として来日したこともあり親日家として知られていた。ニヨギは昼食の席で野口に次のように語った。

私（ニヨギ）は早稲田大學で講演したことがある。講演後一青年が立ちあがつて、「印度が英國の屬領たること位不自然であり有害なことはない。なぜ劍を提げて英國と戰はないのだ」とまくし立てた。印度に於ける諸新聞は日々支那に於ける日本の好戰態度を重大視して報道し、日本は東洋の平和を破壞し延いて世界文化の敵であるやうに論ずるものさへある。實際を知らずして問題の眞相を摑むことは出來ない。（括弧内、堀）[144]

ニヨギは国際社会で孤立しつつある日本を擁護する立場を、野口に向かって述べたのである。ニヨギの家では、二〇名ほどの客が招待されて野口を歓迎するパーティーが開かれ、東京音頭や宮城道雄の琴などが蓄音機で次々と流されたという。

ニヨギのように、野口に友好的な親日感情をもっていることを強調するインド知識人もいたが、インド社会では日本の軍国主義に対する批判や、野口の講演旅行に対する批判も確かに出てきていた。野口は自らの講演を取り扱った『インディアン・エクスプレス』（*The Indian Express*）の社説（一月一一日）が次のように結論づけていることを『印度は語る』の中に記している。

印度の公衆が切に教授（野口）から聞きたいことは、日本に於ける軍國主義反對運動の現狀はどうあるかである。私共は教授の如き文化的愛國者が支那に於ける日本の××をどう見られるかを知らない。日本は倫理的理想と宗教的靈感の力で文化的勝利を獲得した國だ。然るに日本が西洋文明を鵜呑みにしてその無遠慮な帝國主義の奴隷となるに於ては、この位いたましい悲劇はない。印度の思想家學者は擧つて支那に組みして日本に反對してゐる。願くは教授たるもの須らく日本の本當の使命が何たるかを明かし、若し日本が政治的にも道德的にも經濟的にも支那に於ける××を中止したならば、全世界有色人種の指揮者たる榮冠は要求なきも必ずや日本に與へられるであらう。（括弧内、堀。×は日本での出版時の伏字）[145]

このようなインド社会からの批判の風潮を受けてであろうが、野口はマドラスでは「日本の平和的理想」と題する講演を行い、次のように述べている。

戰爭が單に註文で出來ないやうに平和も註文では作られない。日本は過去に於て幾囘も他國と戰つたが、それは決して征服のためでない。戰後に期待し得る大きな自由と平和のためであつた。人間は犧牲の聖火で自らを燒かなければ眞實の力は出ない。自らを空しくして國に奉じ自分を忘れて隣人を思ふ所が國民として日本の强味だ。破壞は自然の大法であるが、それと立派に爭つて自己保存の道を求めなければ本當の人間でない。戰爭を徒に恐れてゐるやうでは立派な國家は築かれない。（中略）諸君は新聞の報道を過信してはならない、新聞は誇張的表現で色彩附けるに急であつて事の眞相から離れがちだ。私自身も支那に於ける日本の行動を詳かにしないが、要するに日本は東洋最後の平和を目的として動くことを疑はない。[146]

司会のS・A・クリシュナスワミ・アイヤル卿（1883–1953）は野口の講演に感謝の意を表し、《私はノグチ教授の所論に依つて、今なほ日本に過去の精神と理想とが生きることを知り、進んで東洋諸國が一つとなつて國家存立を計る必要を痛感する。今日印度に於て西洋科學の壓力は強い。物質主義をどう征服するかが大問題であるが、それは佛教の精神に依るかキリスト教に依るか私共の惑ふ所である》と述べたという。[147]

日本の中国進出に対する批判がインド社会で強まっていたことも窺えるが、一方で親日家や知日家が存在していることも、野口は各地で実感していたのだろう。野口がナーグプールでインド国民議会五〇周年祝賀式典へ出席したとき、隣には〈銀舌のサストリー〉[148]と呼ばれるV・S・S・シャーストリー（1869–1946）が座っていた。シャーストリーは、G・K・ゴーカレー（1866–1915）の日本支持などについて野口に説明しているが、これはガンディーの日本認識とは大きく異なっていた。ちなみにその後、野口はチダムバラムへ行き、当地の大学で三回講演しており、その際の司会が学長を務めていたシャーストリーであった。

(e) 文化と政策、舞台と映画

国際派文化人として日本を代表する野口がインドで出会った人々は、教育者や社会運動家ばかりではない。詩人はもとより、舞踊・美術・映画などの文化に携わる者たちとも数多く接触を持ったのであった。

その一人に、国際的なインド舞踊家ウダイ・シャンカール（1900–1977）が挙げられる。ボンベイ滞在中の野口は、ボンベイ領事の石川や齋藤と共にシャンカールのカルケチャの舞踊を二晩連続で観劇した。

シャンカールは、もともとアンナ・パブロワ（1881–1931）に見いだされて共演し、一躍著名になったインドの舞踊家で、パブロワの劇団を離れたのちはインドに戻って、廃れかけていた伝統的な民族舞踊を独学で再構築し、自らの劇団を率いて世界各地で公演して人気を博した。[149]

イギリス帝国支配下ではインド舞踊は軽視されていたが、二〇世紀前半にヨーロッパやアメリカで関心が高まり、とりわけシャンカールが世界的に人気を博したことでインド舞踊再興の機運が訪れたのであった。モダニズム演劇の開拓者としての欧米の芸術家たちによる、シャンカールやインド舞踊への関心には、貞奴や伊藤道郎らの日本の舞踊家への眼差しと共通したものがある。またタゴールがシャンティニケトンで行ったインド舞踊や伝統音楽の再興・改良運動も、これらの潮流の系譜にあった。

シャンティニケトンのタゴール邸やアラハバードでも民族舞

踊を見ていた野口だが、シャンカールの舞踊はそれらとは比べものにならないと明言し、シャンカールの舞踊に対する《興味は普通のものでなかつたことを想像してほしい》と述べている。野口はシャンカールについての詩"Indian Dancer"の中で、《破滅をも死をも否定する肉体の神秘／時空を超えてむせび泣く精神の神秘》（邦訳、堀）と、彼の舞踊の美を詠った[150]。ホテルで野口と対面した当時三六歳のシャンカールは、インド人には芸術的理解を求められないと憂い、《世界第一》の芸術の理解者である日本の舞台に立ちたいとの希望を述べたという[151]（図13-8）。

図 13-8　ウダイ・シャンカールと野口

　また美術の面では、渡印中の野口には野生司香雪がしばしば同伴し、行動を共にしている。野生司は文化振興会やインドのダルマパーラの援助を受けてサールナートで障壁画に取り組んでいた画家である。野口はまた、旧くからの知人である官立美術学校の校長ムクル・ディやナンダラル・ボースに再会し、その紹介もあって新しい世代の美術家やその芸術にも触れ、たとえば、デリーではウキル兄弟に会ってインドの現代美術を見ている。ウキル兄弟は、デリーにウキル芸術学校（Ukil School of Art）を設立し、雑誌『ルーパ・レッカ』（*Roopa-Lekha : All India Fine Arts and Crafts Society*）を刊行しており、この雑誌には、ジェームズ・カズンズやアーナンダ・クーマラスワミが編集陣に入っていた。これらインドの芸術家たちと、その国際的な交流とヴィジョンが、インドの芸術革新やひいては民族運動を動かしていたのであり、野口はそういった様々な芸術潮流と接触していたということが垣間見られるのである。

　ちなみに、野口がチャウドゥラニ夫人に歓迎茶話会に招待された際、応接間に飾られた横山大観の人物画を目にしていることも注目される。これは、チャウドゥラニ夫人の注文を受けて一九〇〇年代に描かれた横山大観のカーリー女神と、菱田春草の弁財天（ショロショッティ）であったと考えられる[152]。

　さらに、野口はカルカッタの映画関係者にも接している。野口は当時インドで大評判になっていた映画[153]『バギヤ・チャクラ（運命の轍）』（ベンガル語で Bhagya Chakra）を鑑賞したあと、カルカッタで最大の映画プロダクションの映画製作の現場を見学している（図13-9）。特に、映画監督オウサルや女優モリナに面会したことは印象的だったようで、《新しき印度を見るモダンな映画製作》と書いて、《若しカルカッタが印度を代表するならば、印度は極點までどん底の國であり、また世界文化の最高位に到達した國である》と述べている[154]。このような映画に関する現地視察は、単純な文化芸術面の視察とばかりは言い切れず、政治的な文脈とも関わっていたかもしれない[155]。

図 13-9　女優モリナ（右端），映画監督オウサル（左端）と野口

（f）国を亡ったものの悲哀と、日本人であること

さて、様々なインドを代表する知識人に会い、大学関係者や学生たちの前で講演を行った野口だが、旅の中では一般大衆の実情を垣間見て、そこからも大きな影響を受けている。

カルカッタ到着の第一日目、野口は、ホテルに荷物を置いたらすぐにインドの貧しい民衆たちに接したいと思い[156]、カーリー寺院の見学に出かけている。そして、寺院に集まる異形の物乞いたちの様相、臭気、子羊の首を切るヒンドゥー教の儀式に、強い衝撃を受けた。野口は《見渡した所カルカッタに二つの世界がある。一はカリ・ガット（カーリー女神）の乞食が代表し、他は大理石造の女皇ヴヰクトリア記念館で年に幾萬ルピーも給金を取る印度總督府役人の生活である》[157]（括弧内、堀）と書いている。

イギリス人支配者層の豪奢な生活とインド人の貧困層のギャップについては、野口はインド各地で目にして、その感慨を記している。たとえばデリーでは、十万人の貧しい信者が寺院に集まる様子やその寺院の周辺に隙間なく張り巡らされた《蓙《ござ》一枚の乞食店》を見て歩き、一方で英国人の住む、広々とした芝生の庭と白亜をふんだんに使った豪華な建築を見て、その英国人たちの生活が《如何に贅澤で如何に悠長であるか》を目の当たりにした。野口は《男子生れて英國人であり官を印度に奉ずる位幸福なことはないと思つた》と述べている。さらに《私は「かういふ有様を見て基隆の經營の如きは貧乏生活に過ぎない」と思はされた》と書き、基隆（日本の植民地となっていた台湾北部の都市）の状況と比較している。[158] 野口は、インドの上層階級の富裕ぶりとその他の《食うに食えない》一般大衆の貧困に対して、《國家の中樞たるべき中産階級のないことが卽ち印度の弱點だ》と考えるようになる。[159]

インド各地の実業家・富豪たちの社会改良の活動に関して野口は、ボンベイで教育活動を行うボダー親子にも会い、その社会理念に感銘を受けている。ビルラーが宗教を通して社会改良を目指すのに対して、ボダーはインドを救うのは教育だと考えているとして、野口は強く共感している。

野口がインドで目撃したものとは、植民地支配の実態に加えて、カースト制、極端に隔絶した貧富の格差、教育の不在や宗教対立の問題などで、これらはインド独立に際して実際に大きな障害になり、現在においてもインドを複雑化し多様化させている問題である。野口はこの旅行において、インドの上流社会——英語で教育を受け、大多数の貧困飢餓に苦しむ人民とは明確に断絶して優遇される特権階級——のあり方から、インド解放の根本的な困難を感じたのであった。[160] この民衆への同情とインド社会への憂慮は、帰国後も新聞やラジオを通して語っていくことになる。[161]

そしてインド各地の社会の実情を見ていくに従って、《「自分とは何か」「日本人とは何か」の問題》が野口の中で変化していった。それが端的にあらわれたのが、一カ月近い多忙な講演旅行生活の中、ボンベイで迎えた元旦であった。野口は次のように書いている。

> 正裝の石川領事夫妻を始め在留邦人達が互に「新年お目出たう」をかはしてゐるが、どうしても背景にそぐはない所がある。しかし暫くして「君が代」で式が始まり、蕭然として起立し、面を兩陛下の御寫眞に對し奉る時、私共の元旦氣分と祖國愛とが一時にどつと心の土手を切つて溢れる……當ボンベイに於ける日本人小學校校長が嚴そかな聲で、「我が臣民克く忠に克く孝に億兆心を一にして世々厥の美を濟せるは此れ我が國體の精華にして」と讀みゆく時、私は流涕滂沱たるを覺える。私は今印度を旅行し、つぶさに國を亡つたものの悲哀を知つて生を日本に受けたことの歡喜が身に沁みるを感ぜざるを得ない。私は渡印の途についた前に、本阿彌光悦の墓を京都郊外鷹峰に訪れ、心から光悦の鞭撻と保護を祈つた。そして私は彼にいつた、「私はあなたに比して年が若い、どうか十年の歳月を私に與へ、その間私の氣儘な行為をやらして下さい。私は自分の流儀で「自分は何か」「日本人とは何か」を解決してみたい。十年後、私が七十歳になつた時、再びあなたを訪れます、どうかその時私の報告を聞いて下さい。」私は今光悦に報告し得る時がこんなに早く來るとは思

ってゐなかつたのである。印度に於ける元旦の遙拝式が私に取つて開眼式であつた。[162]

野口はこのとき、日本人として生まれたことに歓喜し、《「自分は何か」「日本人とは何か」》に突如《開眼》し、亡国の悲哀をつくづく感じたと言うのであった。[163] 前述のとおり、インドに旅立つ時点での野口は、旅行先の実情や現地の重要人物やその活動にそれほど詳しかったわけでもなく、国家の代表としての自らの役割にあまり積極的ではなかった。しかし、過密スケジュールの中で迎えた元旦、自然と涙があふれてきた野口には、何らかの変化と自覚の瞬間があったに違いない。

野口は、《大小二十有餘の町を訪れ、五千五百哩を旅行した》インドの印象を次のように書く。

> 自然の驚異としては指を第一に、夜の帳を破り朝日に挨拶するキンチンヂヤンガやエヴェレストに屈し、人物としてはタゴールに會ひまたガンヂイとも話した。マラビヤ、サストリー、ラダクリシュナンと數へると多士濟々たるものがある。暗夜蟋蟀に挽歌を奏でさせる佛院の廢址は物凄く、エロラやアジヤンタの洞窟藝術に至つてはその價値を物語るに言葉はまるきり力無しだ。これ等のものただ一つだけでも世界に提出して國の誇りとすることが出來る。かういふ偉い印度が國家として力無く他國の支配を受けなければならないことぐらゐ悲慘な事實はないであらう。[164]

インドの大自然・文化の深さ、歴史、そして人間といった様々な魅力に圧倒された野口は、[165] しかし同時に、その国が帝国主義の支配を受けていることに、大きな悲惨と将来への困難を実感したのであった。

帰国後には、眠っていた詩作欲を猛然と呼び覚まされて英語での詩作を行い、詩集 *The Ganges Calls Me* と評論集『印度は語る』を刊行している。[166] 前者は《東洋と西洋の混血的な創造》を実現した野口の《詩人としての大成》であると評価された。[167]

野口は印度を離れる数日前、ワルティアのホテルで英詩 "By the Bay of Bengal"[168] を作っている。*The Ganges Calls Me* の最後に収録された作品がそれである。この一篇は、日本語詩「ベンガル灣の聲」として自ら翻訳して『起てよ印度』(一九四三年)に収録された際には、次のような作品となった。

> 私は印度を離れる數日前の一夜を、ベンガル灣のホテルで過した、
> 私は時に水底より響いて來る聲を耳にした、
> 「起てみな共、喇叭がわれ等を呼ぶ、聞け聞け!」
> もう一つの聲は私にかういつた、
> 「家畜の安逸を樂め、神の與へる火に横たはつて滿足しろ、
> 劍や爭鬪は他に委ねて置け、自然の命ずる安眠に耽れ!」
> 血みどろに悶え這ひまはる、
> 世界が嘗て見たことのない痛ましい光景から、

私の心は、その時、解放されて、
水邊の靜謐をしばし樂しんだのである‥‥
ああ、香はしい夕べを迎へる平和の嬉しさ！
私はその時叫んだ、
「二つの聲よ、己が主張に苛立つな、
靜かに、靜かに、解決されない問題を出して私を苦しめるな、
私には私の問題がある、
それを今にも考へねばならない、
だが、今しばらくの靜謐がほしい。」
この時、私の部屋に花環が椅子にかけられ、
紅や白の花瓣が床の上に落ちた、
二三疋の栗鼠が部屋のなかを走り廻り、その花瓣に戯れた。
私は海に面するベランダに出て、頭をあげた‥‥
銀の星が砂のやうに空に撒きちらされ、
椰子の木は葉の箒でそれを掃いた。
私は今日本に歸つて、この小さい書齋に坐つてゐる。
夕べが忍び足にやつて來て、いつも私にベンガルの一夜を思ひ出させる、
だが私は、この時の聲二つを拂ひのけることが出來ない。[169]

（傍線、堀）

傍線部分は英詩にはなかった箇所を示している。英文の最後の二行が削除され、帰国後の様子を述べる三行が追加されている。インドの二つの相反する声を聴きながら、《私には私の問題がある》という日本人としての現実こそが、帰国後の野口が自覚的に背負うことになった困難であった。

5　タゴールとの論争

(a) 国際的な政治論争

一九三七年の日中戦争（当時は〈支那事変〉と呼ばれた）の勃発とともに、満洲問題をめぐって、日英印の関係はさらに複雑化した。国際連盟で日本と中国の紛争の処理にあたった英国の代表は、レディング、サー・ジョン・サイモン、リットンなど、インドの植民地政策に深く関わり、インドの国民運動の敵にあたる面々だった。

『文藝春秋』では、満洲問題と日英印の三角関係が論じられ、イギリス側は満洲事変を利用してインド人の対日感情を悪化させようと力を注いでいるが、逆にインド人は親日感情を持ちつつあり、《カルカッタ總領事の言に從えば敬日的感情は經濟の指數の上にも如實に現はれて、日本品採用の傾向頓に著し》い、と説明されている。しかし、インド国内の親日感情というのは一部には存在したものの、インド側の一般的な姿勢だったとは言えない。実際には、日本の帝国主義的な野心に対するインドからの疑惑と国際的な圧力を受けて、日本は返答を迫られ

る形となっていたのである。

そのような中で一九三八年、野口とタゴールとの間で論争が起きる。この論争は、序章にも述べたように、日中戦争の理解をめぐってタゴールと野口の友情が決裂した出来事として捉えられてきた。タゴールの人道的見地からの帝国主義批判に対する野口の帝国主義擁護といった構図が従来の見方であり、主に二詩人の応酬だけが注目されてきた[170]。この論争以前の野口とインドの関係や、当時の国際政治状況下における二詩人の立場の差異についてはほとんど考慮されてこなかったのである。しかし、この二詩人の論争は、従来考えられているよりももっと複雑な国際政治的な背景と長期的な要因を水面下に宿している[171]。

では、野口はどのようにタゴールとの論争にいたるのか。戦間期に二人のアジアの詩人が背負ったもの、生き方の違い、また共通点とは何だったのだろうか。野口の〈対インド〉〈対タゴール〉は、二〇世紀前半の時代状況や文化状況の中でどのような意味を持っていたのか。

二人の往復書簡の内容とその意義を検討していく前に、野口とタゴールを取り巻く国際状況を確認しておこう。一九三七年七月の盧溝橋事件から戦火が上海に飛んで騒乱が拡大し、日中戦争が起こる。日中戦争の発生は多くのインド国民の対日感情を悪化させ、国民会議派のネルーや、タゴール、ガンディーを含めて全インド的に、日本を人道の敵とする反日運動が起こり、その姿勢は強硬だった。それに対して、ドイツ亡命中のチャンドラ・ボースら急進的革命家や在日インド人たちは、国際政治的な背景を理解しようとし、日本の立場に同情的な意見を示していた。日印協会でも、日中戦争に対する立場を説明するために、一九三八年一月二三日に兒玉謙次（1871-1954）副会頭がインドへ向けた国際ラジオ放送を実施し、副島八十六（1875-1950）理事が英文の論考をインドや周辺諸国へ頒布するなどした[172]。

こうした中で始まった野口とタゴールの論争は、おのずからそれぞれの国家を背負ったプロジェクトとなっていった。実際、二人の論争は、中国やアメリカなど、日印以外の雑誌などでも取り沙汰され、二人の論争を掲載したパンフレットが国際的に配布された。

ここでは、この問題に関して、日本国内でとりわけ熱心に報じていた『読売新聞』を中心に引用しながら、論争の中身と意義、そして野口の内面を検証し、さらにインド社会や国際社会での反応を確認していきたい[173]（論争や書簡のやりとりの経緯については、表1を参照。従来はこの経緯が整理されていなかったため、どこでいつどのような媒体でそれぞれの発言が公開されたか、どこが翻訳されずに、どこが過剰に強調されたかという問題にほとんど注意が払われずに論じられてきた）。

一九三八年九月二七日付の『読売新聞』には、《聖戦砲火にうち砕く友情》などのセンセーショナルな見出しが付けられている。その記事によれば、八月初めに、野口が自宅に配達されたインドの新聞雑誌に目を通していると、野口もときどき寄稿していたインドの英文雑誌『モダン・レビュー』に、タゴールが署名入りで執筆した「日本および日本の友へ」と題する一文があり、そこに日本の中国進出に対する批判が述べられていたという。実際には、『モダン・レビュー』に掲載されたタゴールの原文は蒋介石に宛てた公開書簡「タゴールの中国へのメッセージ」（"Rabindranath Tagore's Message to China"）であり、その中で日本に対する批判が述べられていたのである。ともかく、《全文が認識不足も甚だしい事変を中心とした日本誹謗の記事で、おまけに「支那製」のインチキ宣伝写眞まで添へてあるので憤慨し》て、野口は反論を企てた。

具体的には、野口がタゴールの〈日本＝侵略国〉の認識に反論して日本を擁護するために、タゴールとガンディーに宛てて手紙を書き[174]、インドの有力新聞『アムリタ・バザール・パトリカー』（*Amrita Bazar Patrica*）や『フォーワード』（*The Forward*）など一三の新聞にも写しを送った。

これに対して、タゴールもインドの新聞各社に野口に返答する公開書簡を送付した。タゴールは、野口の言う《アジア人のためのアジア（Asia for Asia）》は、政治的な恐喝の道具であり西洋帝国主義の特徴であると批判し、岡倉天心が生きていたならば自分と同じ意見であったはずだと述べている。

野口の第二回目の公開状（一〇月四日以降に発送）は、一〇月四日付の『読売新聞』にも掲載された。野口がそこで主張したのは、次のようなことである。日本国民は皆、中国人の偉大さ、その哲学、文学、芸術の偉大さを知っているし、長く多大な感化を受けて日本文化を築いてきた。しかし、だからといって蒋介石政権に反対していけない理由はない。日本国民は誰も中国侵略の夢を見ておらず、前の手紙でも述べたように、日本の現在の行動は、蒋介石の誤った思想と行動（つまり蒋介石が日本を侵略者と見て親米英露の思想をもって国際的な喧伝活動をしている点）を是正するためである。天心が生きていれば、私と同じ意見を持ち、同じ態度をとったはずである。

野口はこのように日本の方針を代弁し、タゴールが蒋介石に同情と共感を寄せていることに強い憤りを示した。『読売新聞』に掲載された野口からタゴールへの三度目の公開書簡（一二月一三日）では、蒋介石について次のように書かれている。

彼（蒋介石）は手段を選ばないマキヤヴエリ主義者で、千九百二十七年には、自らの強力を信じて露國の支持を拂ひのけたが、今日わが國と戰ふに至り、厚顔無恥にも平然として露西亞と握手をしてゐる。もとより彼は自國を他の西洋諸国に賣却して、支那傳統的の依夷制夷（夷を以て夷を制する）を金科玉條としてゐるのである。彼は世界少數の最も嫌ふべき專制主義者であつて、國家を私有財産のやうに心得、民衆には有らゆる悲慘と困窮をのみ與へてゐる。彼は辯舌たくみに、支那は立派な文化的法治國だと海外に宣傳したが、いづこに自分の女房に重大な權力を與へて政治に關與させるやうな國があらうや。支那を自由主義の見地から眺めようとするなどは、全く抱腹絶倒の至りだ。蒋介石を人道主義に關係させて論ずることぐらゐ、天下にまたと不合理で馬鹿らしいこ

表13-1　タゴールと野口の論争の経緯

タゴール→野口	野口→タゴール	インドや国外の紙誌	日本の紙誌
下記の日付の野口宛書簡（下書き）が現存 ・一九三六年九月一五日 ・日付不明	下記の日付のタゴール宛書簡が現存 ・一九一五年二月五日 ・一九二三年六月四日 ・一九三五年一一月一三日 ・一九三六年一月三一日 ・一九三六年八月一三日 ・一九三七年二月二八日 ・一九三八年三月一〇日		
①**"To the People of China" 一九三八年七月（蒋介石に宛てた公開書簡）** ・日本に対する強い批判。 ②**書簡（野口宛一九三八年八月一六日）** ・詩集 *The Ganges Calls Me* のお礼。 ④**書簡（野口宛一九三八年九月一日、有力紙誌への公開）** ・野口の言う《Asia for Asia》は政治的な恐喝の道具であり、西洋帝国主義の特徴であるとして批判。 ・岡倉天心が生きていたら、自分と同意見のはず。	③**書簡（ガンディー宛一九三八年七月二〇日、タゴール宛七月二三日、インドの一三の有力紙誌に公開書簡として送付）** ・蒋介石は自国を西洋に売り払って崩壊の道に進んでいる。 ・〈日本＝侵略国〉認識に反論。 ・《Asia for Asia》を強調。 ・日本側が強いられている莫大な戦争対価の説明。 ⑧**書簡（タゴール宛一九三八年一〇月二日、公開）** ・蒋介石（親米英露）批判。蒋の巧みなプロパガンダばかりを信じるべきではない。	①**"Rabindranath Tagore's Message to China", *Modern Review* (Calcutta), 一九三八年七月号** ⑥**"Noguchi's letters to Tagore and Gandhi and Tagore's Reply", *Modern Review*, 一九三八年一〇月号** ⑦**"Poet to Poet (Full text of correspondence between Yone Noguchi and Rabindranath Tagore on Sino-Japanese Conflict)", *Visva-Bharati Quarterly* (IV-3, no. 5), 一九三八年九月（南京とシャンテニケトン**	⑤**「背くタゴールへ公開状／聖戰砲火にうち砕く友情」『読売新聞』一九三八年九月二七日** ⑤**「老詩人・愛國の論陣——タゴール翁に聖戰を説く」『朝日新聞』一九三八年九月二七日** ⑨**「タ翁へ第二彈」『読売新聞』一九三八年九月三〇日** ⑨**「タゴールへの公開状／支那事變と日本の立場」『読売新聞』一九三八**

⑩**書簡（野口宛一九三八年一〇月二七日、公開）** ・野口は中国のプロパガンダを危険視するが、〈崇高な〉プロパガンダなどありえない。 ・蒋介石を〈エンジェル〉と期待。	・蒋の国民党政府＝中国の人民ではない。日本寄りの中国人民兵の存在。 ・インドの破壊の神（カーリーとシヴァ）に触れて、〈建設〉を説く。 ・天心も自分と同意見のはず。	**でパンフレット配布）** ⑪**“Yone Noguchi Criticizes The Modern Review”, *Modern Review*, 一九三八年一一月号** ⑫**“Rabindranath Tagore’s Reply to Yone Noguchi”, *Modern Review*, 一九三八年一一月号**	**年一〇月四日** ⑬**「機会と自由あらば日本訪問も考慮／タゴール翁の返事」『朝日新聞』一九三八年一一月一〇日**
日付不明 ・日本訪問を回想。	⑮**書簡（タゴール宛一九三八年一二月一三日）** ・〈東亜〉建設の主張。 ・蒋介石の徹底批判。 ・中国人民側に味方し、民主独立を擁護する立場を説く。 ・インドの破壊の神について。 ・ガンディーの徹底的な意見と態度に敬意を表した上で、タゴールの人道主義は現実問題を処理できないと批判。		⑭**「三度びタゴールに與ふ」『文藝春秋』一九三八年一一月号** ⑯**「三たび公開状／野口氏のタゴール爆撃」『読売新聞』一九三八年一二月八日** ⑯**「三度タゴールに與ふ——公開状の論戰は續く」『読売新聞』一九三八年一二月一三日**
		⑱**“Oriental Panorama”, *The Living Age* (Boston), 一九三九年四月号（⑦より再録の旨）**	⑰**「印度の新聞界は沸騰す」『日本評論』一九三九年一月号** ⑲**「論争に美しき終止符——インド詩聖が真心の贈物」『読売新聞』一九三九年四月一一日** ・野口に〈バターナ〉の称号。
㉑**書簡（野口宛一九四〇年一二月一三日、タゴールの秘書S・K・ゴーシュの代筆。領事館経由）** ・野口の著書 *Hiroshige* の御礼。	⑳**書簡（タゴール宛一九四〇年三月二日）**		

とはないのである。（括弧内、堀）[175]

蔣介石の巧みな弁論を信じて、彼を人道主義的な存在と捉えるのは完全に間違いであるというのである。野口は、日本の方針は中国の民衆の立場に近づくためのものであると説く。

今回の戰爭は、わが日本が支那の民衆に接近せんとする聖戰であつて、彼等により善良な生活の道を教へることで東亞に新しい世界を建設し、實際的問題として支那の原料をわが製造品と交換してやがては「持てる國」にならうとする一大計畫に外ならないのである。[176]

野口はこのように、中国の民衆を解放して、生活向上を導き、独立した国家を築き上げることが日本の計画であると述べて、蔣介石を中国の〈代表〉のように考えることはおかしいと主張した。そして、実際に今日《日本軍が占領してゐる支那全土半分の民衆が既に友情的になり、着々完全な平和を回復しつつある》事実があるのに、タゴールや多くのインド人たちが《蔣をエンジェルでもあるかのやうに取扱い、故意に日本を墨に塗りつぶ》していることは、《どう考へても常識的とは思はれない》とタゴールを批判したのであった。ようするに野口は、蔣介石に対して徹底的に批判的で、中国の民衆側に与し民主独立を擁護するという立場から、戦争の意義を説いたのである。[177]

なお、シャンティニケトンのタゴール大学には蔣介石やその関係者がたびたび訪問して多大な寄付をしており、タゴールは以前から蔣介石に同調する姿勢を国際的に示していた。野口はそのこともよく知っており不満を持っていた。

一方、ガンディーは、助言を求める蔣介石の使者（野口の手紙には〈国民党委員の陶〉とある）[178]の訪問に対して、〈無抵抗主義〉か〈暴力〉しかないと述べて、蔣介石の方策には賛意を示さなかった。野口はこのガンディーの意見と態度に敬意を表している。《現實を正視する預言者の態度が明瞭》なガンディーは、タゴールのように《「支那は負けない」などといつて遠方から応援歌》を唱うような態度ではないからこそ立派である、と。[179]野口は、ガンディーと比してタゴールの人道主義は、現実問題を処理できない無益の人道主義であると言って批判したのだった。

（b）野口の恐れ――〈裏切り者〉と呼ばれないために

以上のように野口は、タゴールの蔣介石への単純な同調を非難し日本の方針を代弁したが、それと同時に野口自身の困難な立場も吐露している。

君（タゴール）が僕に與へた返答のなかに、ある偉大な佛國の文學者が「理智人の裏切り」を叫んだといつてゐるが、その文學者は恐らくロマン・ローランのことであらうと想像してゐる。彼は國を追出されても、身の安全をジエネバの湖畔に保證されるといふ地位にあつた事を考へ、心中羨望の感さへなきにあらずである。然し僕が國から捨てられた場合、世界のいづこへ往けると思ふ？　故意に同胞に反對した結果、罪のない女房子供を餓ゑしめるに至つたとしたら、僕には彼等をひき連れて往くべきジエネバは全然無いのである。これ以外に、僕の野口一族からは、二人の甥を戰爭に送り出し、場合によつては僕自身の子供も出征しなければならないと用意してゐる。僕が彼等の愛國的感情に正しく答へることは、當然すぎるほど當然なのである。…恐らく印度人たる君には、この氣持が理解されないであらう。人が實際の事情を無視して、日本人が不適當な貪慾のため、他國を土足に踏み躙ると非難しても、僕には最早や彼に、日本人の愛国心はどんなものかを説くだけの勇氣もなく、またそれは全然無駄の仕事なのだ。（括弧内、堀）[180]

この部分は、雑誌『文藝春秋』に掲載されたときには、次のようになっている。

僕の恐れる所は、わが同胞から、「お前は日本人の裏切り」だと云はれることだ。僕は君と違つて、詩人たる前に眞實なる人間となることを念としてゐる、卽ち立派に獨立した日本といふ國に屬してゐる人間となることが、重要な問題なのだ。……彼（ロマン・ロラン）は非愛國的態度を取つても、樂な生活をジエネバ湖畔で暮してゆける幸運兒だ。今假りに若し僕がロランと同じ態度を取り、國が直面してゐる問題に何の附與する所のない夢を説いた結果、生れ故郷を逃げ出さなければならない破目になつたら、僕は何處へ往けると君は思ふ？　僕に往くべきジエネバ湖畔はないのだ。（括弧内、堀）[181]

つまり、同胞から裏切り者と言われることへの恐れを、より明確に述べて、《「文化人の裏切り」[182]》と繰り返す。〈国家を裏切れない〉状況と立場に置かれているというのが、日本に生きる野口の本音に近いところであった。その際、彼が〈独立した国家〉を重視している点には注目しなければならない。〈立派に独立した日本に属する人間〉となること、その責務を果たすことが、インドから帰国したあとの野口の考えの根幹にあった。国家の独立を守るためには、日中戦争も仕方のないことと是認しているのである。このように日中戦争を〈仕方のないこと〉として認める心情は当時、一般にも広がっていた。

(c) インド側からの反応

この二大詩人の論争については、インド側でも少なからぬ反応があった。第二回目の論争については、一九三八年一〇月二五日にインドの各新聞が一斉に、野口とタゴールの書簡を並べて掲載した。野口自身も、インド人やインド在留の日本人からの手紙によって、論争についての論評を掲載している新聞が十社以上あることを知った。

『アムリタ・バザール・パトリカー』は、野口の書簡に対して〈横柄な書簡（Insolent Letter）〉という見出しを付け、また、ナショナリストの新聞と称するマドラスの週刊新聞『サンデー・ヘラルド』(*Sunday Herald, Madras*)も、野口の手紙を第一面に掲載して、〈野口のヒステリックな爆裂〉と見出しを付け、罵倒の言葉を並べた。[183]

論争は一一月になっても続いた。一一月六日の『サンデー・ヘラルド』の第一面に、タゴールから野口への反駁文が掲載され、〈タゴールは野口を撃ちかえす〉との見出しが付けられた。論説面には、《国際的専門家》という匿名で、野口に関する小文が載っており、野口が日本の宣伝のために身売りしたという認識を示した。[184]

一一月一〇日の『アムリタ・バザール・パトリカー』に、文学士プラサードの名前で掲載された「ノグチ・タゴール論争」と題する文章中には、《政府が野口に懇願して、これらの書簡を書いて貰った》とあり、野口の立場を忖度する態度が見える。そして《ノグチの発言は、すべて愛国心から起こっている行動で、どこの国の詩人でも文学者でも、ノグチと同じ立場に置かれたならば同じ行動を取る》といった考えを示した。野口はこのあと、政府に頼まれて書いているわけではない、と宣言するが、[185]後述するように（第一三章第5節（e））、これは事実に反する。

インドでは、野口を酷評する新聞が多くを占めたが、野口に対して同情的、好意的な態度をとる記事もあった。一つは、カルカッタ大学で社会学の教鞭をとっていたビノイ・クマール・サルカール（1887-1949）[186]による「日本とラビンドラナート」（一九三八年一一月四日）[187]で、彼は、中国が憐れな衰退国家の状態になったのはヨーロッパ諸国とアメリカのせいであり、日本が直接の罪人ではないことをタゴールはよく考えるべきである、と主張した。[188]もう一つは、ビショウイ・チャンドラ・センによる「タゴールとノグチ」（一九三八年一一月三日）[189]で、センは日本の帝国主義と〈大東亜〉建設の理念に理解を示し、人道と正義と無抵抗を信じるインドのタゴールも、帝国に属する野口も、どちらも正しいと述べた。[190]

野口のもとには、その他多くの手紙がインドから届き、その数は四〇通にも及んだという。中にはインドの言語で書かれたものも数通あったらしい。野口の意見を肯定するものと否定するものが半々で、特に第二公開状の発表後は、野口に賛意を表しているものが多かったという。

とりわけ、インドの知識人が野口の意見に理解を示したのは、野口がインドのシヴァ神やカーリー女神を引き合いに出して、破壊の現実性を認めなければ、価値ある人道主義も活力を持ち得ないと述べた点である。インド旅行中にシヴァやカーリーに強い印象を受けた野口は（図13-10）、《愛あればこそ一番大事なものを破壊する、／そして汝は所有の完全を説明する》と始まる詩「シバの三面」[191]や《破壊の門出に、滴る血潮をすすり給へ、われ等御前にひれ伏す。》と詠う詩「カリー女神」[192]を書いている。

さて、第二回目の公開状が出てすぐに、デリーの眼科医のアガルワールという人物から航空便で、野口に賛同を示す書簡が届いた。彼は、《カーリー女神の剣に服従しなければならない》と書き、次のように書いていたという。

図 13-10　シヴァ神の三面と野口

> 私如き普通人が、あなたを通じて一般の日本人に傳へたいことは、タゴールの意見は決してわが國を代表したものでなく、ガンヂーの無抵抗主義にしても印度人全部の賛同を得たものでないことである。本當の印度はラマヤナやマハラバラタなどといふ古い書物に代表され、戰爭行爲を恐怖の一面からのみ見てゐない。アリヤ・リキシが設定した戰闘の聖典は、今日私共が尊敬し實行しつつある論理を多分に含んでゐる、私はあなたがカリー女神に言及された點に、深大な印象を受けた。女神は神の善良な方則と人生の向上に邪魔立てするものに、呪詛を叫んでゐる。女神は、惡魔と闘つて將來を約束する。(193)

また、マハーバーラタに関する著作を出しているバスーという人物が(194)、次のように野口に書き送ってきたという。

> アソカ王は祖父チャンドラ・グプタが編成した軍隊の援護があつて、始めて佛陀の平和を安全に説教することが出來たのである。今日ガンヂーにても實際に、皮肉ではあるが、英兵の保護があればこそ安心して、無抵抗の理論を説いて居れるのである。彼は西北方の國境地方へ赴いた時、頑丈な七人の義務兵に守られて安眠が出來たのである。かれの夢想的教理は平和な時代に於ては、歡迎すべきものだが、大砲や爆裂彈の前には、屠殺場にひきづられた動物のやうに、臆病者の無力をさらすのみである。（中略）破壞なくして創造のある筈がない。(195)

ようするに、ガンディーの非暴力運動さえも、イギリス帝国主義の容認があって可能となっているという矛盾を抱えており、理想論だけでは前に進めない、やむなき戦いがあってしかるべき、という意見だった。

野口自身、《私の公開状の目的が、日本の立場をはっ切り提供して印度人をこつちへ引つぱるにあつたとすると、私は相當に効果をあげたと思つてゐる[196]》と書いているように、野口の主張に対するインド人側からの反応は批判ばかりではなかったのである。ただし、野口の公開状がインド人を日本の側に引き寄せただけとは限らない。たとえば、ガンディーの無抵抗主義に反発し、のちにはガンディーを暗殺するにいたったヒンドゥー主義者などの急進勢力を助長する役割も果たした可能性がある。インド国内で野口を支持する意見が存在したということが、実際のところ何を意味していたのか、どこに向かっていったのかについては、さらに慎重に考える必要があろう。

このタゴールと野口の論争は、アメリカなどの国外の雑誌でも取り上げられる。またタゴール大学の『ビッショ・バロティ・ニュース』は、二人の論争部分だけを取り上げた小冊子を作り、中国やその他の国々に広く配布した。

以上のように、この論争は日印関係にとどまらない、国際的に広く知られた論争になったのであるが、大きく見て、日本の軍事的拡大を批判する連合国側の論理にかなうタゴールに対して、日本の立場を擁護する野口にはじめから〈分〉はなかった。

(d)〈日本を背負うものの苦悩〉と論争後

さて、タゴールと野口の主張、そしてそれに対する反応を見てきたが、野口は雑誌『日本評論』(一九三九年一月号)の「インドの新聞界は沸騰す」と題した評論の冒頭で、自らの〈苦悩〉を明確に説明している。すでに野口が論争の中で〈裏切り者〉と呼ばれたくない思いを記していたことを示したが、まさにこの苦悩の内心がここで語られている。長くなるが引用しておきたい。

> 私の胸中に長いながい間、國際文化的立場と國家的立場の爭闘が續いた。誰が一身に西洋と日本を背負ふものの苦惱を知つたであらうか。もちろん私にこの對立的相違が別に煩悶の種にならない時もあつた。また異つた二つの世界に屬するがため、その長所と短所がはつきりして、批判の正鵠を失はないと心に誇つたこともあつた。更にまた、西洋でも日本でもない特殊な心理的境地を作り、淸い薄暮の世界と呼んで、自己滿足に陶醉したこともあつた。然しそれは平和の時のことで、今日のやうに國家が生死の大問題に立會つた場合には、當然のこととて、私は胸中の異つた荷物の一つを捨てて魂を單純化し、單純化することは強くする所以で、自らの部署をはつきり聲明して生得權に忠實たるべき立場に置かれた。
>
> 私は白狀するが、今回の日支事變が起つて以來しばらくの間、私は前記の爭鬪に煩はされて苦惱の日をすごした。それで外國の友人から、事變の眞相を問合はされても、私の返答は堂々たる主張を缺き、說服するのでなく寧ろ辯解しようとした。感情の上で戰爭を肯定し乍らも、理性の上では時に否定しようとさへした。然し私は西洋の理不盡な我儘な反對論

の多くを讀んだ、そしてそれ等が既得權擁護から出た策動であることを知つた。私は無數の若い同胞が、歡呼の聲に送られて微笑みながら戰場へ旅立つ雄々しい場面を見た。そして彼等の身を鴻毛の輕きとする姿に、悲痛の涙なきを得なかつた。私は自分の住んでゐる東中野からも、元氣な青年いくたりかを送り出した、また野口一族からも二人を送つた。彼等は百年の大計を目指し、ただ國を攻められたから之れを守護するといつた小乘的なものでなく、その愛國心は東亞の再建設といふ理想に高められたことを思ひ、戰爭は形の上で野蠻でも、彼等の仕事は靈的冒險であることを知つた。私は私かに家の歴史を回想して、昔の先祖から私の代に至るまで、長い年月の間身の幸福と安全を守つて與れた國の自然と厚い皇恩に感謝した。私は心のなかから、現在の輕蔑と利己主義の西洋を捨てて、將來のために犧牲を捧げる同胞に答へることが、最も自然でありまた自らを本當に生かす唯一の道だと信じた。直接に關係を持たない世界の三者に褒められるより、眼前の同胞と苦痛を分けることが、人間の道だと信じた。西洋の諸國に於て私を知つてゐるものは、恐らく私を一地方的感情に亡ぼされたといふかも知れないが、眞實に日本人であるといふことが、いつか世界の進歩に寄與する所以だと思はれる時が來ると信じた。(197)

野口がタゴールとの論争をどのような気持ちで戦ったのか、何をもって国家を擁護しようとしたのかが、ここにあらわれている。野口は自分が何を主張しているのか、それが国際的にどのように受け取られるのかをかなりはっきりと自覚していた。

そして、野口がタゴールと論争したことは、野口自身の《生得権に忠実》に日本の立場を国際的に主張したというだけでなく、インドに生きる人々の複雑な感情と独立への希望をあらためて窺い知る機会にもなった。野口は次のように書く。

印度に於ける言論の機關は、ガンヂーとタゴールの支配下にあるやうであるが、それにも拘らず、諸新聞が擧つて私の公開狀を重要視して優遇して與れた點に、公平な態度と人心の動き工合が暗示されるやうに思ふ。もとよりタゴールに正面から突擊したこと故に、彼やその一黨の連中にショックを與へたに相違ないが、彼等が應酬に激すれば激するほど、私は彼等の祕密に觸れるやうに思つた。私はタゴールを大詩人と信ずるに、決して人後に落ちない。(198)

胸中に二つの声を聞いて苦悩を感じていた野口は、この論争において意を決して自らの立ち位置を決め、それを国際的に語り、少なくともこの公開論争に関して言えば、さっぱりした心持ちになっていたと言えよう。そして、野口自身にとっても思いがけないことに、論争を通じて相手の〈秘密〉だけでなく、インド社会の〈秘密〉をも垣間見たのである。つまり、ガンディーやタゴール——インドをリードする指導者的立場の知識人だと国際社会が見ている人物たち——とは異なる立場の言論がインド社会に渦巻いていること、野口自身さえも自信がなかった日本の立場に共感を示すインド人たちが少なくないことを知ったのである。野口は論争後、あらためて自らの立ち位置を確認し、自覚したのであった。

さて、この論争が日印の二人の国際派詩人の関係を断絶させたのでなかったことは、一九三九年四月に野口がシャンティニケトンの〈バターナ（長老もしくは名誉顧問）〉の称号――任期三年でタゴール大学でただ一人、国際的に有名な哲学者や詩人に与えられる――を受けたことからも分かる。これを伝えた『読売新聞』には、タゴールが《野口さんと氣まづいことになつてゐるが、これはお互の立場といふものがあり、個人的には昔と少しも變はらぬ友情を感じてゐる》と周囲に語ったことが紹介されている。[199] シャンティニケトンに残る資料からも、一九四〇年代にもタゴールと野口は、領事館を通して書簡のやりとりをしていたことが分かる。

野口とタゴールという、それぞれの国を代表する立場にあった日印の詩人は、どの点ですれ違ったのだろうか。たとえイギリス帝国の支配下に置かれていても、他国への暴力的な侵略には反対する立場を貫くか、〈国家の独立〉を最も重視して暴力的な侵略や一時的な破壊行動を仕方ないと是認するか。もちろんこの場合、本当に、侵攻が仕方ないことだったのかは問題となるだろう。しかし野口は、親米英露方針を採る蔣介石を批判し、中国の民衆を段階的に解放して国家の独立を援助するという日本のタテマエを強調したのである。また野口は、もし〈国家の独立〉を失うという現実を前にしても、戦争や暴力による方法がたとえ短期間や段階的にでさえも人道的に許されないというのであれば、蔣介石を支援するタゴールよりも、完全な〈非暴力〉〈無抵抗〉によって意思を貫徹させようとするガンディーに、より大きな敬意を感じる、と明言したのであった。

野口はこの論争後も、インド独立、アジア独立を支持する立場を取り続けた。この点で、一九三九年のタゴールにも野口の立場は評価できたのであろう。

(e) 日本側の反応――日印協会の会合で

このタゴールとの国際論争について、日本国内の日印外交に詳しい関係者たちはどのように見ていたのか。一九三九年七月に、日印協会が主催した〈印度研究初會合〉の座談会を見てみよう。この研究会の目的は、ますます複雑化していた日印両国の交渉を通商関係や文化面において再調整するため、日印問題を研究することであった。座談会には、野口のほか、当時の外務省調査部長で元カルカッタ在勤の総領事であった米澤菊治、通商関係でインドに五年滞在した経験のある衆議院議員・高岡大輔、僧侶で学者のカルカッタ大学名誉教授・木村日紀、弁護士の井手諦一郎など一五名、日印協会側として副島八十六など五名が参加した。

座談会の内容として記録されている話題の中心は、主に野口とタゴールの論争に関するものである。まず日印協会の副島が、《此間のタゴールとの喧嘩、ありや遠慮無く言つたら君の負だ。タゴールなんかとやるのに、詩人離れでやるのは君の柄じゃ無いのだから、宜しく我々俗物に任すべきだつた》といって口火を切った。[200] 言い訳をしようとした野口に、副島は《君は餘に日本人になり過ぎた傾きが有ると思ふ》、《君の長所は外に有るんだから、俗な喧嘩は我々俗物に任して置けば良い。一寸商賣違ひだ。菓子屋が酒を取り扱つたやうなものだと俺は解釋する。君の心事は俺は察するが、君は損な役を引受けたよ》と述べた。[201] 高岡が、タゴールの側に蔣介石の使者が昼夜はりついているところに野口の手紙が届くという条件が悪い、と野口を弁護したが、副島は《繪描きが刀を持つた》と言って譲らなかった。また、タゴールから野口にシャンティニケトンの名誉顧問の肩書が来たのだから、野口の負けだとも限らないと高岡が弁護すると、副島は《野口よりもタゴールの方が役者が上手》だったと笑っている。副島は次のように言う。

「あれ（タゴール）は口と筆の職人だと思つて居るよ。人物としては僕はさう認めて居ない。夫れをだ、野口君が餘りに所謂オーヴァ・バリュー、買被つて眞面目に取上げ過ぎると、其處は野口の日本人の短所でもあり長所でもあるが、或意味から言ふと、外國人に對する場合には、何とかもう少し智慧をなあ……」（括弧内、堀）[202]

これに対して外務省の米澤が、《僕が一體野口さんにあの時やつてくださいと言つて頼んだのだ》と告白した。タゴールを直接の相手とはしているが、《印度の民衆に対して日本の聖戰の意義を徹底させ》る目的で、《人間野口、日本人野口としてやつて貰つた》と。ようするに、外務省によるプロパガンダに野口の協力を仰いだというのである。それを聞いた副島は、少し意見をやわらげて《いや、併し能くやつて呉れた》と口にしたが、《米澤老の立場がむづかしいから此以上責めんが》と言い、やはり野口のタゴール攻撃が失敗だったという意見を変えていない。

野口はそれらのやり取りを受けて、《僕自身としては、やらなかつた方が良かつたとも思はないでも無いが、日本人としてやつたと云ふことは大に良かつたと思ふ》と述べた。[203] そのあと、永年にわたってインドに滞在した木村が、次のような論理を述べて、野口を含めて出席者を感心させた。

（インド人は）歐洲戰爭當時は盛にドイツの肩を持つたのだ。さうして表面は何うかと言ふと、各教會、寺院、各ヒンヅー教寺院に行つて英國の戰勝を祈つた。此矛盾が有る。夫れを見たら判る。だから寧ろタゴールはさう云ふことを言ひつゝも、ヨネ・ノグチの手紙を待つとつたに違ひ無い。さう云ふ一つのデリケートな心理が——慥に印度人にある。（中略）新聞で書くから其人がさうだと思つたら大きな間違だ。彼等は英國の屬國で、英國に保護されなければならん人間だ。寧ろ野口さんの言つたことを、本當に印度人は喜んでるか知らん。（括弧内、堀）[204]

イギリス帝国の植民地となっているインドに居住するタゴールやインド人らが、必ずしも本音を新聞に書けるとは思われない、非常に繊細な心理状況と複雑な立場に置かれているはずだ、というのである。

　それを聞いて野口は、ナーグプールのある青年から、《國家に非常な問題が起きて、（中略）東洋に附くか西洋に附くかと云ふやうな大問題が起つた折には、我々は西洋に附くと云ふことを君覺悟して置いて貰ひたい》と言われたことがあると話した。


印度人は日本から助け船を待つてるやうに誤解してる日本人もあるが、そんなことはあるまい。新聞の三面記事なんか當てになるものぢあ無い。何か向ふが日本に手を差し延べてると云ふことを能く書き立てるが、あゝ云ふことは餘り書かん方が宜いんだ。印度人の性質は複雑で、日本と云ふものをてんで知らない。[205]

野口は、インド側が本当には日本の援助を求めていないとして、日本の新聞の記事が信用できないことを述べているのである。相互に理解していない状況であることを強調し、《印度は日本を何の位信じて居るかが問題だ》と述べて、日本はインドからの信頼を得ていないことを示唆した。じつは、このインドとの協同をどう見るかについて、この会合の参加者たちは各々異なった意見を持っていた。インド人が日本と協同するという意見もあれば、協同しえないという意見、最終的に寝返るという意見など、皆が様々に語り、ゆえにインドをさらに研究する必要があると結論づけていくのである。高岡は、《日支事變に惡口を言つてるが、木村さんの仰しゃつたやうに、惡口を言ひながらも反面には日本に憧れてると云ふことは事實ですね》と言い、日印協会がもっと文化工作に乗り出すべきだと主張した。副島は、《要するに日本人の短所でもあり長所でもあるが、餘り理想に走ると云ふか、兎に角もつと狡く、ずるく、横著にならなければ國際的に》外交はできない、と述べている。

　この座談会の記録から明らかなように、インドに詳しい日印協会のトップにいた副島は、野口がタゴールと論争したことを肯定的に感じていなかった。外務省によるプロパガンダの意向は別にして、副島のように、詩人の野口が国際政治問題に関して発言したことを評価していない関係者も少なからずいたことが分かる。

6　日本の戦争とインド独立

(a)　野口のアジア主義とインド

タゴールとの論争における野口の発言の政治的背景をもう少し探るために、ここで日中戦争勃発の時期にさかのぼって、日本におけるインド亡命者たちの動きを一瞥しておきたい。

　一九三七年の日中戦争の勃発は、日本に亡命して相馬家に匿われていたラシュビハリ・ボース（1886-1944）らの革命運動にとっては好機であった。一〇月四日、ボースはインド独立連盟の名において、在日同志三十数名を集めて会合し、事変に対する連盟の態度を明確にして、決議文を近衛首相、駐日支那公使の許世英、インド国民会議議長のジャワハルラル・ネルー（1889-1964）に送付している。この決議文でボースが述べたのは、事変発生の原因は、英・ソ両国が日中の不和を策動している点にあり、アジア諸国は、イギリス帝国主義とソ連共産主義の支配勢力から解放される必要がある、ということであった。ボースは、中国が抗日をやめて日本と共同してイギリス帝国主義とソ連共産主義を排撃するよう、また他のアジア諸国は、事変を悪用して日本の国際的立場を傷つけようとする英・ソの《奸計》を排撃するよう、訴えた[206]。

この決議後、ボースのインド独立連盟の活動は拡大し、イスラム教徒、インド、シャム（＝現タイ）、インドネシア、蒙古民族、〈満洲国〉、アラブ民族らを含めた青年亜細亜会議を結成して、横の連帯を目指した運動が進む。ボースはアジア各地で精力的に講演活動を行った。

一方でボースは、反日運動の廃止とアジア解放戦としての日中戦争の意義をインドに向けて説明して理解を求め、タゴールを再度日本に招請しようとも計画している[207]。タゴールも、機会と自由があれば日本訪問も考慮するとの返事をしている[208]。

野口がタゴールと論争を行い、インドに向けて政治的な発言をしたのは、このような在日インド革命家たちのアジア主義に棹さすものでもあった。野口はタゴールと論争したあとも、また一九四一年八月のタゴール逝去ののちも、インドの独立を願う言葉を次々と発表していく。

一九四三年、日本文学報国会の〈大東亜文学者大会〉の第二回目が八月二五日から三日間、帝国劇場で開かれ、大会二日目の八月二六日には、〈決戦の精神の高揚、米英文化撃滅、共栄圏文化確立、その理念の実践方法〉という議題のもと、野口も発言をしている。午後一時三〇分、野口は講話を終えて、〈印度独立への声援〉を提案した。来賓として傍聴していた印度独立連盟横浜支部長メタニーは、議長の菊池寛（1888-1948）に発言を求め、野口の提案への謝辞を述べて、〈印度の独立近し〉と絶叫したという。

以後、野口はラジオでインドに関する言論活動（詩を含む）を繰り返すようになる。彼のインドをめぐる発言は、当初は多くが抒情的なものや地域について説明するものが多かったが、一九四〇年代になると政治的な色彩が強くなる。一九四二年に刊行された『起てよ印度』は、タイトルからも明らかなように、政治的主張が濃厚な著作である。これにはインド旅行中に作られた詩も多く掲載されて、それらは主に、『インドは語る』と共通した〈東洋〉の神秘や自然を詠ったものであるが、その後に作られた詩やエッセイなどは時代の状況や政治と密接に結びついている。

『起てよ印度』の「自序」で野口は次のように記す。

本書の表題『起てよ印度』は東條宣言の政事的蹶起を促すと共に、上記の文化的協同戰線を期待して命名したものである。實質に於て本書は私の印度旅行から得たる詩的收穫であつて、各詩に附加してある註は、實際に印度を見ざる讀者に必要な手引きとして役立つであらう。最後の一章「亞細亞は一つ」は日本古代に於ける日印支三國の文化的協同事業を明らかにしたもので、筆者は同じ偉大なる努力と結果を將來に期待するものである。[209]

また、『起てよ印度』の最後に収録された「亜細亜はひとつ」と題された文章には、次のように述べられている。

今度の日支事變が新しい世界を亞細亞に作る意味から聖戰と稱し得るならば、更に印度も入れる場合、聖德太子や聖武天皇の理想への復歸運動と見做すことは餘りに詭辯に近いだらうか。もとより私は千年以前に於てのやうに學ぶべき藝術と宗教が支那と印度にあると思ふものでない。然し彼等にわれわれと共通の理解がないと、どんなに日本だけ亞細亞の新體制を唱へた所で役に立たない。古い昔に日本が彼等から精神的賦與を得て立派な國に自らを仕立あげたやうに、彼等も今度は日本から多くを學んで立派にならなければならない。彼等が進んで立派な國家になる決意と熱がないと、日本だけで彼等の西洋からの解放を叫んだ所で、それは政治演説以上の價値がない。[210]

印・中・日の関係を歴史的にさかのぼりつつ、インドや中国の人々が、自ら熱意をもって新体制に臨まなければまったく意味がないと述べているのである。

この野口の著作『起てよ印度』について、荒木重雄氏はかつて次のように批評している。

昭和一七年の野口の、インドへの呼びかけが、英米勢力にかわってアジアの新しい帝国主義支配者たらんとする日本の野心を「解放」で欺く、「大東亜共栄圏」政略スローガンの口うつしでしかなかったことは、いかんとも否定しがたいのである。（中略）ガンディーやタゴールの思想に近づき、なによりも、インド民衆の生きざま、その理想のありように共感したはずのかれが、なにゆえに、出来合いの国策スローガン——それは本質的にインド民衆の意思に敵対する——をもってしか、「連帯」を表明しえなかったのか。（中略）日中戦争をめぐるタゴールの指摘は、野口を正当な歴史認識と真実の連帯に向かわせる契機となるはずのものであったが、野口はそれを拒絶して、自らの国と、歴史を問うことを回避した、その結果である。[211]

しかし、ここまで見てきて分かるように、野口にしてみれば、《自らの国と、歴史を問うことを回避した》わけではなかった。むしろ、《歴史を問》い、また《インドの生きざま》《に共感》したがゆえにアジア主義の轍に踏み入ったと言うべきかもしれない。しかし、そのことによって野口の国際性・〈境界性〉は、〈アジア〉という理念の枠内に閉じ込められたのであり、その理念は日本の外務省なども期待したように、日本を中心とした構造を無意識のうちに持っていたのである。

実際、前述した一九四三年夏の第二回〈大東亜文学者大会〉は、アジア各地に侵略した日本の軍部の横暴ぶりを〈一時的なもの〉として目をつぶりながら、〈大東亜共栄圏〉の〈文化共同体〉の実を作り出していくという理想に賭けるしかなかったアジア各地の文学者たちによる決起集会のようなものであった。しかし、そのときすでに太平洋では日本海軍の敗北が決定的になろうとしていたのである。(212)

(b) 国際放送への協力

ところで、戦時体制下のメディアは、近年とりわけ注目され、研究が進んできている分野である。この時期のメディアにおける野口の活動に関しては次章で総合的に扱うことにして、ここでは、ラジオを中心に国家のメディア戦略に組み込まれた野口の対インド言論に関してのみ考察しておきたい。ラジオの政治利用の経緯については多くの詳細な研究があるので、まずそれらを参考にしながら、議論に必要な事柄をごく簡単に概説しておこう。

普通選挙法が可決され、治安維持法が公布された一九二五年、国内向けにラジオ放送を開始した東京放送局は、満洲事変が勃発した一九三一年頃から宣伝色を強め、国策への協力をあらわにし始めた。そして三二年には、《日本の正しき輿論と立場を、英語によって放送することが、急務中の急務である》(213)とされて、英語ニュース放送「カレント・トピックス」が開始される。

より一般的な日本の海外放送は、一九三五年六月一日に開始され、〈ラジオ東京〉(以下、JOAK)として知られるようになる。(214)さらに、いくつかの段階を経て、満洲、朝鮮、台湾などの植民地、さらにアジア各地の占領地からも、海外放送が行われるようになった。海外向けの放送は、重要な戦時戦略の一つである。一九三七年からはJOAKは世界各地に向けて、英語以外にも、フランス語、ドイツ語、スペイン語などで情報宣伝とニュースを発信し始める。(215)一九三八年一一月三日に近衛内閣が〈東亜新秩序〉宣言をして以降は、海外放送の主要な講演のテーマは〈東亜新秩序建設〉となった。一九四〇年、日本は〈紀元二千六百年〉を迎え、六月一日には、国際放送の発信言語は、ビルマ語、タイ語、ヒンディー語を加えて計一一言語となる。一九四一年一二月八日に太平洋戦争が始まると、海外放送も拡充され、東亜の〈解放〉、〈大東亜共栄圏の建設〉が強調されて、ラジオによる対外活動がさらに活発化した(発信言語には、インドネシアでマレー語、フィリピンでタガログ語などが追加された)。

一九四二年のマニラ陥落前後からは、アジアの植民地解放のスローガンや戦況報告を、戦争詩、軍歌、音楽から構成されたバラエティ番組を通じて放送するのが特徴となる。(216)二月一五日夜のシンガポール陥落の発表直後も、スタジオに待機していた軍楽隊が華々しい行進曲を演奏し、翌一六日の国内放送では、朝から高村光太郎と野口の「シンガポール陥落」と題する愛国詩が山村聡によって朗読され、その夜には谷崎潤一郎の「シンガポール陥落に際して」を和田信賢アナウンサーが朗読している[217]。それから数日間、ラジオでは豪華な祝勝番組が続くことになった[218]。

日本の海外放送の拡充は、日本軍が侵略した地域を反映している。一九四二年に入って、シンガポールに続き、ビルマ（三月八日ラングーン陥落）、蘭印（三月二二日アンダマーン諸島陥落）と次々に攻略を果たした日本は、さらに海外向け宣伝活動、特にインドや西南アジア向け放送（第七送信）を活発化させた。この地域への従来の放送言語である日、英、仏、ヒンディー語、アラビア語に加えて、ウルドゥー語、ベンガル語、タミール語、パンジャブ語での放送も始められた。その目的は《英の後方基地たるインド住民に対し独立運動を扇動》することであった。東南アジアに進攻した日本軍が徐々にイギリス帝国の覇権を駆逐してインドに近づくに従って、日本と連合国の間で、特にインドをめぐる激しい放送合戦が行われたのである。当時、東京から対インド放送を行った人々は、インドの人々に剣を取って立つよう訴えたのであった[219]。

（c）インド独立の呼びかけ

野口は、対外宣伝のためのラジオ放送にとって有用性の高い〈名士〉で、特に一九四〇年代には、対インドの扇動活動の〈メガフォン〉的役割を果たしていた。もちろん、インドに向けた宣伝活動は日本人に限られたものではなく、イギリスはもちろん、海外亡命中のインド人革命家たちも[220]、日本やナチス・ドイツのラジオ放送を通してインド向けに発信を行っていた。一九四二年三月一一日、ドイツに亡命中だったインド独立運動の指導者の一人チャンドラ・ボース（1897-1945）が、ナチスのラジオを通じて、インド国民に向けて、《インド解放はイギリスの完全敗北によって実現する》と呼びかけ[221]、一三日には、日本亡命中のラシュビハリ・ボースが〈印度国民大東亜代表〉を名乗り、ＪＯＡＫを通してインド民衆に向かって、各宗派を超えてイギリスを撃退し《アジアのインド、インド人のインド》を実現させようと呼びかけた[222]。

一九四二年三月二八日から三日間、東京では〈印度独立連盟大会〉が行われ、《世界戦争に際し印度の独立を達成する絶好の機会となると確信し、帝国政府の政策に協調》することを決議した。同じ頃イギリスは、インド支配を守るため対印融和路線のクリップス（1889-1952）使節を派遣して、国民会議派と会談していた。しかし、即時独立を拒否しつつも戦後の自治権付与に言及したクリップスの妥協案はイギリス側から差し止められ、交渉に前向きだったネルーは、交渉に冷淡だった会議派指導部から孤立した。たとえばガンディーは最初から交渉に無関心で、大衆的不服従の方針を明らかにしていた。ガンディーは、日本の支援がインドの独立に味方するものではないことも強く警告していた[223]。

日本がインド向けに拡充した放送では、〈日本の友情〉を次のような議論をもって呼びかけた。すなわち、アジアの建設に邁進しつつある日本は、インド人によるインド独立に対して全面的に協力する。老獪なイギリスによる懐柔と恫喝の両刀使いに対して、インド国民は自己の主張を貫徹する勇気と断行力をもつべきである。イギリスは、インド国民に対して、日本がインドを侵略し、イギリスに代わってインドを支配するかのごとく宣伝しつつ、インド人を徴兵している。結局、イギリスはインドを軍地基地として用い、最後は焦土作戦をもってインドを破壊に巻き込んでも、何ら恥じるところはないだろう。宣伝に踊らされず、冷静にインドの現状をインド人の立場から正視判断すべきである、云々[224]。

また、日本による敵国批判も、英訳されて放送されている。インドに向けられた放送のタイトルを挙げてみると、「印度は何を為すべきか、先ず英人を叩き出せ」「英は印度兵の最後の一兵まで戦ふ」「印度人の血を吸つた英国は印度人を戦争で火葬にせんとす」「英国の為に印度人の血を流すな。そは印度の為にのみ流さるべきものなれば」「即時自由を獲得せよ、戦後の自治に迷はされるな」「印度の敵は誰か、長き歴史を見よ」「貧窮と飢、そは英国の齎せるものだ」「印度の参戦は印度の荒廃」「印度の独立は先ず離英から」「印度の独立は印度人の手で」「完全なる独立のみ印度を救ふ道」など[225]、イギリス帝国とその政策への批判が並ぶ。

(d) ガンディーへの無視と称賛

もちろん、インド独立運動と帝国日本の関係も一筋縄ではいかないものであった。ガンディーは一九四二年三月のクリップス使節団の訪印前後からイギリス帝国に対する不満を強め、同時に日本のインド不干渉説を撤回している。ガンディーは、日本人を友人や解放者として歓迎するという考えが間違いであると繰り返し警告し、抵抗を宣言した。一九四二年七月一八日、「すべての日本人に」と題して発表されたガンディーの対日公開書簡は、日本人に切々と反省を促すものであり、そこでガンディーは日本による中国侵略を批判した。

しかし日本国内では、ガンディーの対日公開書簡は半ば意図的に無視された[226]。アジア解放の使命を主唱していた日本側は、独立運動に身を挺してイギリス帝国主義に抵抗していたガンディーを、志を同じくする者として積極的に評価しようとする姿勢を変えていない。野口も一〇月六日の国際放送では、次のように語っている。

> 日本は既に英國の東亞に於ける暴戻と搾取の根據地を奪つてビルマに達した今日、印度が宿年の恨を晴らす秋は今だと彼（ガンディー）は蹶起したに相違ない。ガンジーの神も嘉し給ふ正義の聲は、英國に奴隷國の人間に許されない不平と響いた。ガンジーは印度の運命を双肩に擔つた決死の戰士であつた。（括弧内、堀）[227]

ガンディーが対日公開書簡を発表したあとの八月八日、インド国民会議派全国委員会はイギリスからの即時独立を要求し、拒否されれば大衆的非暴力不服従運動を展開するという〈クイット・インディア決議（Quit India）〉を採択した。翌日早朝、ガンディー、ネルーなど会議派の多数の指導者がイギリスによって逮捕された。そして、ガンディーら指導者の逮捕に抗議するストライキとデモが全国的に起こるのだが、この〈八月闘争〉には、日本のインド向けラジオ放送の影響もあったかもしれない。八月八日の国民会議派指導者の逮捕以来、ＪＯＡＫのインド向け放送は、総力をあげて宣伝攻勢をしかけており、毎日一二本以上の番組を組み、放送時間は一日一六時間に及んでいた。また、多言語放送を行い、複雑な構造を持つインドの社会のあらゆる階層、職業、宗教、民族の中に浸透するよう計画していた。これらを通じてインド大衆に、暴力に屈することなく闘争せよ、と呼びかけたのである。[228]

この時期、インド向けにＪＯＡＫから多くの放送がなされたが、[229]野口も五月三一日に、《印度人諸君》という呼びかけで始まる「印度人に愬ふ」と題した講演を行っている。[230]

また野口は一〇月二日に「ガンジー翁七十三回誕辰に際して」と題して在日インド人を聴衆に講演し、一〇月六日にはその講演が国際放送でインドに向けて発信された。そこで野口が《親愛なる印度人諸君》と呼びかけた内容とはどのようなものだったのか。

野口は、一九三六年にインドのナーグプールを訪問しシャーストリーと語り合ったときの話から講演を始めた。シャーストリーは、日本礼讃者として印度の独立運動に強い影響を与えたゴーカレーについて野口に語ったという。野口は、ガンディーもゴーカレーの日本観を認識しているはずだと考えていたが、同時にガンディーは日本の近代国家としての繁栄はインドの手本にならないとして、批判的な眼差しを持っていると感じていた。野口はワルダーの道場《アーシュラム》でガンディーと別れる際、日本に向けたメッセージがあるかと尋ね、ガンディーは、タゴールが日本に向けて語ったこと以外にない、と答えたという。それについて野口は次のように説明している。

> タゴールは日本に於ての講演で、西洋の排外的な物資文明を論難して日本の西洋化を打擲した。彼はいつた、「歐米人は機會ごとに他國を窮地に追ひ込み、またはこれを根絶しようとするのである。彼等の殘忍な食人々種的性向が、他の深源に自分を養ひその全將來を呑んで仕舞はんとするのである。」我々日本人はタゴールを待つまでもなく逸早くそれを知つてゐたなればこそ、我々は御維新以來、孜々として西洋文明を學んで、その長短を糺明し來つたもので、斷じて單に西洋化したのではなかつたのである。タゴールの皮相的觀察は、遂に我々の内心にまで到達し得なかつた。今回の大東亞の戰爭に於て、日本は英米の武器を使つて彼等を粉碎したが、これは決して彈丸や兵士の多寡で勝つたのでない。我々は精神力即ち日本魂の威力で英米に打勝つたのである……印度人諸君

> よ、この點を正解しなければ、諸君は日本を知つたとは云へない。西洋文明がガンジーの言つたやうに、機關に過ぎなくてもこれを日本精神で立派に使ひこなした時、この西洋文明が更に百歩を進めた本當の驚異となることを御了解願ひたい。ガンジー翁は、果してこの點を喝破されたであらうか、どうか。[231]

つまり、野口はガンディーが日本の進軍について批判的であることは承知しながらも、それはガンディーの日本認識が不充分であるためとみなし、日本が英米の弱肉強食の帝国主義支配とは異なるということをインドの大衆に向けて説明しようとする。

　その一方で野口はガンディーを《バガバッド・ギタに於けるクリシュナの如くに、正義の聖戰に身命を賭し[232]》たと称賛しているのだが、これは、日本に亡命中の革命家ラシュビハリ・ボースがインドの同胞に向けて《同胞よ。スリー・クリシュナより受けし無執着の努力と、仏陀より受けし無我の精神と、イスラム教のアッラーの真理およびグル・コビンダ・シングの教、さらに聖雄ガンジーが示しつつある真理の把握とに、一丸となつて奮起せよ[233]》と呼びかけていたことに合わせたものであろう。当局の〈要請〉もあってのことだろうが、野口はあくまでも、インド独立を目指す在日インド人革命家たちの立場に重なる部分をもたせながら、自らの言論を展開しようとしていたのである。[234]野口はさらにガンディーへの〈称賛〉の言葉とともに次のように述べている。

> 彼（ガンディー）の從容とした態度のしたに、彼が雄々しい爆裂彈を藏してゐたことを、英國人の誰か豫め知つたであらうか、卽ち彼は民衆に「自由か死かその一つを取れ」の言葉を殘した。我々日本人はこの一あつて二のない悲壯な言葉に、我々日本人が血の叫と同じ叫を聞いたのである。我々日本人は印度人諸君と同じ血が流れ、同じ脈搏がうつてゐることを知つたのである。印度民衆は起ち上つて暴動についた……英國から見て暴動の蜂起であつても、印度人には正義の進軍であつた。
>
> 　印度人諸君よ、我々日本人は同情と熱意に溢れた隣人としてビルマに居ることを、重大な考慮に入れて行動なければならない。私は今これ以上を語る必要がないと信ずるものである。[235]（括弧内、堀）

では一九四三年以降、インド人革命家たちの動きはどうなったのか。一九四三年五月下旬には、連合艦隊司令長官で海軍大将の山本五十六（1884-1943）が戦死し、アッツ島玉砕が報じられ、国民の間にも戦局への不安が次第に濃厚になりつつあった。[236]七月二五日にはイタリアでムッソリーニが失脚し、バドリオ政府は九月八日に降伏する。[237]そのような情勢の中、五月一六日に、日本と協力して印度の独立を目指すチャンドラ・ボースがドイツから来日する。ボースは《解放を欲するものは、すべからく戦ひ、自らの血を以て贖はねばならぬ》とラジオ放送を行い、ドイツ語とイタリア語でも各国民に呼びかけたのだった。JOAKがベンガル語の放送を開始したのは、二人の革命家チャンドラ・ボースとラシュビハリ・ボースがシンガポールへ向かった直後の七月二日であった。野口は文学報国会でボースの来日を喜び、声援を送る演説をしているが、[238]それが報じられた『文学報国』紙の脇には、漫画家の中村篤九（1909-1947）による漫画風イラストとともに野口の〈目〉を表す文章が載っている。

默つて居る時は佛さまのやうにやさしい。さて喋舌り出すと、だんだん目が大きくなつて來る。「インドは東洋の母である、その母を英國の暴虐の手から救い出すのは全東洋人のつとめである」この近邊になると先生の目玉は最大限に開く。暫くするとまたやさしい顔になる。そしてまた目がだんだんと開いて來る。「インドは……」チャーチルをつれて來たら、あいつはビックリして先生の前で尻もちをつくだろう。それくらひ先生の眼は鋭い。[239]

同年七月二五日に刊行された野口の『聖雄ガンジー』は、チャンドラ・ボースらの活動と歩調を合わせて刊行されたものである。「序」（五月一日付）には次のようにある。《私は盟友ガンジーに印度精神の全的遺産を見、印度の獨立に對する希望と光明の行進曲を聞くのである。全世界が今日罪悪と砲煙の巷に彷徨する時に當り、彼が反英抗争に東洋的道義の一つを提げて一大決戦に臨んでゐることは悲痛とも壮嚴とも云ひ様のない事實である。私は全身の奥に隠れる微細な神經をも震はして本書を作つた[240]》。この二六五頁に及ぶ著作は、初版五千部で発刊されている。

(e) ボースに捧げられた「デリー行進」

一九四三年五月末にアッツ島守備隊が壊滅したのち、現実の戦局は極めて厳しい状況になっていたが、八月二二日一二時、大本営発表では《「キスカ」島守備の帝国陸軍部隊は何等敵の妨害を受くることなく七月下旬全兵旅軍撤収を完了し既に新任務に就きあり》とラジオ放送され、ラジオも新聞も国民に向けて戦勝を発表した。[241]ラジオでは、二八日から作曲・山田耕筰、朝日新聞選定の「アッツ島血戦勇士顕彰国民歌」が繰り返し歌われ、さらに、武者小路実篤、尾崎喜八、野口の〈愛国詩〉が、海野放送員によって朗読されている。[242]

フィリピンでは、日本軍の命令によって独立準備委員会が結成され、一〇月一四日、ホセ・ラウレル（1891-1959）を大統領とするフィリピン共和国の〈独立〉が宣言された。それから一週間後の二一日、チャンドラ・ボースが〈自由インド仮政府（アーザード・ヒンド＝Azad Hind）〉を樹立して、主席・軍事部長・外務部長に就任し、さらに〈インド国民軍（INA）〉の最高統帥となった。チャンドラ・ボースは、ラシュビハリ・ボースに仮政府の最高顧問の地位を与えて、それまで活躍してきた在日インド人革命運動家たちとの連携を強調した。

日本放送協会では、仮政府樹立を祝ってインド国民軍の士気昂揚に役立つ行進歌を贈ることになり、《各方面の権威より成る委員会を設け慎重に審議した結果、作詞を野口米次郎氏に委嘱することになつた》[243]。この行進曲の意訳に接したチャンドラ・ボースは大変感激し、全歌詞の英訳を熱望したという。ボースの希望は、軍、情報局、日本文学報国会へと連絡されて、文学報国会が当時早稲田大学教授であった尾島庄太郎——イェイツ研究を専門にしていた英文学者で、野口の弟子（前述序章ほか）——に英訳を依頼した。尾島が野口と共に英訳した[244]「マーチング・ツウ・デリー」は、山田耕筰による曲がつけられて完成した。日本放送協会はこの一曲に特に力を入れており、これは当時の新聞紙上でも広く紹介された。『東京朝日新聞』に紹介された日本語詩「デリー進軍」は次のとおりである。

反英神旗羽を打つ
戰車は唸る喇叭《ラッパ》鳴る
自由奪取の鉄火軍
天にみなぎる虹の意氣
インドは歴史今ぞ書く
あゝ獨立の破邪の劍、嵐作つて敵屠る
いざ往けデリー
デリーデーリー

雄叫び招く彈の雨
恐れを断つて屍を
祖國の山に眠らせよ
手に一握の土塊に
神の賞讃住むを知れ
あゝ百年の屈辱を
捨てよの神意天降る
いざ往けデリー
デリーデーリー
ヒマラヤの山のシーバ神
惡蹴散らして指揮に立て
つゞけつゞけの神護兵
一心四億の殉國の
義に二つなし血を啜る
あゝ見よ鳶は大空に
凱歌を舞つて國興る
いざ往けデリー
デリーデーリー[245]

では、ボースが感激して英訳されたという“Marching to Delhi”は、どのようなものだったのか。チャンドラ・ボースの側近が一九四七年に書き残した資料によれば、それは次のようなものであった。

I

"Delhi, Delhi, to Delhi!"
The war-cry replies to a storm of cannon-balls,
And praises the might of powder and smoke.
Leap over the terror that trenches command,
And entrust your bones to a hill of the mother-land!
In a blazing sand your palm grasps,
You will find all the rewards that Death bestows,
And the hunger you suffered from the hundreds of years
Can't be filled till an Independence-feast is spread.

II

"Delhi, Delhi, to Delhi"
The fighting array beats its wings;
The bugles begin to cry.
The war-wagons groan wild;
The cannons send up their sacrifice-fire, —
Oh, the heroes the crusaders to win liberty, they go to the front!
They know a night-feast of victory is waiting behind,
And their hunger will be filled at last;
They know their own history have now to begin.

III

"Delhi, Delhi, to Delhi"
Krishna bids them to burn in lore of the mother-land,
Putting a holy fire on their own souls.
The glory of many thousand years comes to life again,
And will create over the Ganges a rainbow-bridge.
Lo, the snowy citadels of Himalayan peaks
Drive back law-breakers, forbids them not to invade again.
The depthless water of the Bengal gulf
Gets graves ready and waits for their coming.

IV

"Delhi, Delhi, to Delhi!"
The war-cry rings through India's whole land;
People's blood boils and seethes,
Making an arched squall of anger,
That will never fail to ruin the enemy's camp.
Lo, the anti-British war-men go in majestic line, —
The crusaders to take liberty by force are they!(246)
Ah, what enemy can defy Heaven's will?

両者を比べてみると、この日本語詩と英語詩では、内容的に異なる部分がかなり多い。英訳の過程でおのずと新しく英語で書き下ろす形になったのか、日英の各詩を受容する対象に合わせて意図的に構成も内容も変更したのか、あるいは、同じタイトルのいくつかの作品があったのかもしれない。

また、次に挙げる歌謡曲「起てよ印度」は、帝国蓄音機会社の委託により作詩されたもので、同社所属の作曲家や歌手の協力により録音されて、レコードが一般販売されていた。かなり

起てよ印度、若き印度、戰へ印度、印度、印度！[247]

もともと同一のものだったのか否かはともかく、公共の電波放送に流されていた野口のインドを詠う詩曲が、いくつか存在していたことは間違いない。

一九四三年一一月一四日、野口作詞のインド国民軍行進曲の贈献演奏が行われた。日本放送協会会長は、大東亜会議（アジア諸国の首脳を東京に召集して大東亜共同宣言を採択した会議）に出席した際、チャンドラ・ボースに《願はくは閣下が、この行進曲の雄叫びの先頭に立つて、日本刀を振りかざして、祖国印度より英軍を撃退する日の一日も近からんことを》[248]と挨拶した。一五日の東亜放送では、前日の〈スバス・チャンドラ・ボース大講演会〉の録音が放送され、大川周明の「印度進軍激励の辞」に続いて、合唱と吹奏楽による「印度国民軍行進曲」の「贈献楽曲発表演奏」が流されたのであった。

一般に普及した一篇であったと考えられる。

一　ガンジス河に、影浮ぶ、
カイラサ山の、シバ神、
獨立呼んで、暴れ給ふ、
奴隷の鐵鎖、蹴つ散らし、
起てよ印度、若き印度、戰へ印度、印度、印度！

二　綠色濃き、大空下、
翔る飛行機、鳶千羽、
起てよの神意、降りくだる、
自由の讃歌、地に高し、
起てよ印度、若き印度、戰へ印度、印度、印度！

三　忍苦從順、四百年、
誇りの歴史、よみがへる、
眠れる巨象、屈辱の、
夢より覺めて、劍を執る、
起てよ印度、若き印度、戰へ印度、印度、印度！

四　正義は勝てり、國興る、
獨立の旗、風に鳴り、
亞細亞魂、燃えあがる、
叫ぶパンデー、マータラム、

第一四章　ラジオと刊行書籍に見る〈戦争詩〉

ああ憂国の花、ハイビスカスよ、私はお前の深夜の祈禱を聞いて、
健気な心中を察したい……勇み立ちどよめく墓は、ああ誰の墓か。[1]
（「血を捧げるハイビスカス」）

1　〈戦争詩〉というジャンル

(a)〈拙劣な詩人〉の刻印

一般的に〈戦争詩〉と言えば、ラジオに結びついた公的な〈声〉において捉えられ、そこに犯罪性やプロパガンダとしての有用性を問う論評が近年有力である。[2] 野口の戦争詩に対してもその例外ではない。しかし、〈戦争詩〉にも戦時期の思想や哲学と同様に、それ以前からの文学の系譜があり、モダニズム思想・モダニズム文学との連携がある。そうした背景に目配りをしない限り、日本近代文学史における〈戦争詩〉の全体像を解明することにはならないだろう。

序章で述べたように、野口は、敗戦後に吹き荒れた〈文学者の戦争責任〉の糾弾によって、〈侵略戦争のメガフォン〉として文学者としての生命を葬られ、現在においても、その戦時期の言論活動に対する嫌悪と軽蔑の評価軸から完全には解放されていない。ラジオに結びついた公的な〈声〉としての戦争詩を精査してその近代詩歌史における位置づけを行った坪井秀人氏の『声の祝祭』（一九九七年）の中では、野口は《戦争屑詩を量産した拙劣な詩人》と呼ばれ、[3] 次のように評されている。

高村光太郎とともに重要な戦争詩人に数えられる一人に野口米次郎がいる。重要、というのは彼がすぐれた戦争詩を書いたからではもちろんない。英語で詩を書き始め日本人としては恐らく最初に欧米の文壇からお墨付きを貰ったヨネ・ノグチの詩は、日本語で書かれた物について見るかぎり読むにたえるものは少ない。彼が戦争詩の文脈の中で重要なのは、

《二重国籍者》という過剰な選良意識が〈大東亜〉建設の選良意識にスライドしている点（彼には『起てよ印度』なる著作がある）、第二に翻訳調の妙なポーズが全き日本語に豹変して熱烈な愛国詩を書き、その多くが朗読されている点からである。（括弧内、坪井氏）[4]

そして、《〈彼は戦争詩を書いたがそれによって彼の詩業の価値は些かも損なわれるものではない〉式の評言》[5]は、《見苦しい弁明》どころか《罪深い》と述べられている。確かに〈公〉の声や朗読運動に注目した場合、このような結論が導かれるだろう。だが本書では、〈戦争詩＝戦意昂揚詩〉という図式から〈犯罪性〉〈暴力性〉を見るといった従来の戦争詩評価の認識をいったん離れ、むしろ〈戦争詩＝戦意昂揚詩〉のレッテルで顧みられなかった詩人の多面性を解明したい。というのは、戦争詩への道のりは、詩人たちにとってモダニズムの模索の一面でもあったし、また戦争が深まるにつれて制限されていった〈声〉の中身を見落とすべきではないと考えるからである。無論、〈公〉の声とはならなかった知られざる一篇の詩によって、戦時期のプロパガンダについての公的責任が解消されるなどと考えているわけではない。それでもなお、日本の近代文学の歴史にとっても、また同時代の文化の総体を捉えるためにも、これが必要な検証であると考えるからである。

この章では、野口の詩の〈公〉の側面（ラジオ放送への関与）と従来の研究で等閑視されてきた側面（雑誌に掲載された作品や刊行された書籍）を紹介しながら、詩人の精神構造と表現の分析を試みる。

（b）〈戦争詩〉の概説

まずは〈戦争詩〉のジャンルとその定義について、批判的に確認しておこう。戦争をテーマとする詩は、古今東西、叙事詩をはじめとして幅広く存在する。ホメーロスしかり、また〈物語〉のカテゴリーで捉えられることが多いが『平家物語』などもある意味ではそうであろう。近代の日本では、戦争を題材とする詩歌は、日露戦争の頃に多くの作例があり[6]、野口も第一次世界大戦時の英詩人らによる戦争詩に注目した論考を書いているし（前述第一〇章第2節（c））、昭和初期の詩人たちも欧米の戦争詩について関心を寄せモダニズム的な文学と関連づけようと試行錯誤していた[7]。

しかし、現在の日本で〈戦争詩〉という言葉から連想されるのは、主に第二次世界大戦中の詩歌である。この〈戦争詩〉というタームは、戦時期に〈愛国詩〉〈国民詩〉と呼ばれていたものを、戦場体験や戦闘を素材とする〈戦争詩〉に含めて言う呼称である。つまり戦後に、戦時中に作られた詩の多くが、〈戦後詩〉に対比させる形で〈戦争詩〉と一括して扱われ、現在にいたっているのである。〈愛国詩〉〈国民詩〉〈戦意昂揚詩〉といったカテゴリーの境界線は確かに曖昧ではあるが、〈戦争詩〉のすべてが直接〈戦意昂揚〉を目的としているわけではないということは、まず理解しておきたい。

「國民詩について」（一九四二年四月）の中で三好達治は、〈国民詩〉の目標を、《國民の堅實なる生活を謳ひ、農耕を讃美し、工場生活を讃美し、貯蓄や勤勞を讃美し、質實素朴を讃美し、また海洋や山岳や鳥獸魚介等の明媚可憐な自然や造物を讃美し、祖國の歴史や古典を讃美し、勿論皇軍勇士の奮戰や武勳や日々に傳達されるその輝かしき戰果を讃美謳歌し、元氣のよい言葉を千篇一律につらねて、さうして自ら醉ひ、或は醉ひたるが如くに身振りして放歌》する一切のものであると説く。[8] その上で三好は次のように述べていた。

> 詩人として立派な業績に富み、思索力や反省力の異常な天分を示しつづけて來られた人々、いはばモラリストとも稱すべき傾向の人々、例へば野口米次郎氏や高村光太郎氏や尾崎喜八氏のやうな人々によつて、今日我々の國民詩はその最も有意義な成果を收めてゐる[9]

このような詩を敢えて一言で言えば、ナショナリズム詩とでも呼べるだろう。

一九三〇年代から四五年にかけて、日本の近代詩は、こうしたナショナリズム詩量産の時代を迎え、それはラジオが全国に普及した時期と重なっている。そこから〈戦時期の新メディアと戦時期詩歌の相関関係〉といった問題を考えれば、戦意昂揚と直接・間接に結びついた政治性・犯罪性や〈声の暴力性〉といった結論が導かれることには、それなりの説得力がある。第二次世界大戦時に文化的なものが政治的に配置され、詩歌が朗読と連動して戦争遂行を鼓舞する力となりえていたのは、実際、広く見られた現象である。

しかし、ラジオを通して〈愛国〉や〈国民〉を詠った詩の背後にあったはずのもの、すなわち当代に生きる人々が〈戦意昂揚〉にすら託した理念や、〈戦争と文学〉に関する様々な議論、個々の詩人がそこにいたる必然と葛藤などはしばしば無視されてきた。その結果、いわゆる〈戦争詩〉が戦時期の詩歌のすべてであるかのような認識が生まれてしまったのではないだろうか。

(c) 当時の〈戦争詩〉認識

次に戦時期を生きた、当代の詩人たちの〈戦争詩〉についての意識や認識を、再吟味しておきたい。

一九三七年七月の日中戦争の開始以降、文学者の位置が頻繁に議論されるようになっていた。一〇月頃になると、文芸雑誌には〈戦争と文学〉というタイトルでの寄稿が多く見られる。[10] 戦争に詩人がどのように対峙していくべきなのか、困難な状況にどのように対処すべきなのか、といった議論や座談会が次々と行われているのである。[11] しかしこれらは、主に詩雑誌などで繰り広げられた議論であり、新聞やラジオなどの〈大衆メディア〉の表面には浮上してこなかった。

モダニスト詩人・安藤一郎は一九三八年、雑誌『蠟人形』への寄稿文の中で、〈戦争詩〉は《野蛮とも言えるほど荒々しいリアリズム》で書かれており、詩歌として堪えうるものではないが、次の三つの性格のものがあると述べた。①愛国的なリリシズムによって大衆を鼓舞するもの、②直面した悲劇と惨禍を冷静かつ克明に写実するもの、③思想の観点に立って皮肉や風刺に近づくもの、である。[12]

〈大衆メディア〉に登場する〈戦争詩〉は、安藤の言う①の性格のものが圧倒的に多く、③や、②と③が混合した詩は、公にはほとんど発表されなかった。したがって、ラジオなどのメディアの表に出ない深部で、どの段階で何が言われ何が抑圧されたのかという、時代状況と戦況に即した検証が必要である。さらに、個々の詩人の人生を通した変化を含めて考えるなら、①としか見えなかったものが①と③の混合物であったり、個人の思想が当面の戦争とは別次元で貫かれた上での①であったりすることが見えてくる場合もあるだろう。

安藤はまた、《戰争詩は、戰争そのものゝ反映に終らず、戰争の後に殘つていかに處すべきか、を暗示するところまでの意義があつて欲しいと思ふ》とも述べていた。[13] 詩人たちは、戦争詩に期待できないと言いながら、戦後にまで展望を持ち、時局を相対化しようとする視点も持っていたのである。

さらに、同じ一九三八年の『蠟人形』で岡本潤は、当時の詩人たちが被っている《外部の壓倒的な力》には、《露骨な政治的なもの》と《文化現象一般のかもしだす雰圍氣》との二つがあることを述べている。そして岡本が言うのは、ここでもまた、詩人の《批判的精神》と《抵抗》である。戦争という震撼的事実の前で、詩人は《時勢に雷同して聲高らかに歌ふ者》と沈黙する者とに分けられるが、両者ともに政治的なものの影響で詩精神を抹殺されている、と。[14]

その岡本が高く評価していたのが、野口であった。岡本は一九三八年に、詩人の《抵抗》《批判的精神》を論じる中で、高村光太郎については時代に迎合していると批判し、一方、野口の詩を《見直した》と評した（前述第一一章第6節（a））。戦時下のラジオ放送や新聞などでの活躍からすれば、高村と野口は同じ立ち位置に見え、また実際にも並べて批判されてきたのだが、岡本の目には、随分と違って見えていたのである。それはどういうことだろうか。

戦後に金子光晴は、自らの詩「落下傘」（『中央公論』一九三八年六月）を例に当時《抵抗の態勢》をとっていた詩の方法を解説し、表面上は反対のことが書いてあるように読めるが《ただ一つ、どこかに鍵をつけて》《わかる人たちにだけ、はっきりとわかるように》したものであったことを論じている。《反戦詩であるにもかかわらず、当局の目を抜けて、公器に発表されたのは、詩の表面のイミが、うら返しにしてあるからである》と。[15] じつは野口の詩には、まさにこの金子が解説する《鍵》やきわどい《表面のイミ》が読み取れる作品があるように思われる。

その詩の中身を見ていく前に、次に〈戦争詩〉とラジオ、モダニズムの関係について、もう一歩踏み込んで考えておきたい。

2　〈戦争詩〉とモダニズム

日本近代における詩の〈朗読〉についての研究から〈戦争詩〉をとらえた坪井秀人氏は、かつて次のように述べていた。

> 戦争詩は折からの国語醇化運動や反モダニズム（＝反西欧・反近代）的な言説と手を携えて朗読運動、さらには普及し始めていたラジオ放送と緊密に結びついていく。大政翼賛会は文化部長の岸田国士の提唱によって〈朗読研究会〉を発足させ、それが日米開戦を契機として〈愛国詩献納運動〉によるテクストの整備を経て、さらに愛国詩の朗読放送のレギュラー化へと発展していくわけである。ナチス・ドイツに倣ってラジオ放送は〈国体明徴〉の方便・プロパガンダの道具に利用され、詩人たちもまたそれに利用されたのだ、と言えば言える。しかし実情は詩人たちも放送メディアを利用したのである。（中略）放送ネットワークによる国民管理に便乗して、詩人たちが〈読者〉ならぬ〈聴取者〉との強い絆を獲得し、それまでの象徴主義―モダニズム時代の現実遊離や読者大衆からの孤立感から一挙に脱却する陶酔をひととき味わったであろうことは推測するに難くないのである。（括弧内、坪井氏）[16]

この流れは精査されており、国語醇化運動・伝統回帰運動[17]や朗読運動とあいまって〈戦争詩〉がラジオ放送と結びついていくとの認識には筆者も異論はない。〈音声〉から読み解く〈戦争詩〉の系譜は、〈戦争詩〉の時代の最も重要な側面を表している。大正期に活性化する音楽・美術・演劇・文学などの芸術の総合化への志向性が、朗読運動を通じてラジオ放送に結びついていき、対米英戦争を契機にして愛国詩献納運動へ、〈戦争詩〉朗読のレギュラー放送の時代へと進むその系譜に、野口もまたつらなっている。本書で見てきたように野口は、美術や演劇に関するものから文学まで幅広い著作を持ち、他の詩人たちと比較しても、特に領域横断的な存在であった。この野口が備えていた性質は、坪井氏も指摘するような一九二〇年代からの朗読会への参加にもあらわれており[18]、三〇年代から四〇年代にかけてのラジオ放送への関与にもつながっていく。ちなみに、一九四四年に伊藤道郎らが企画し野口も参画した〈大東亜舞台芸術研究所〉（後述第一五章第2節（d））も、この領域横断的な志向性の一つのあらわれである。

〈戦争詩〉はまた、音楽とも結びついてラジオ放送にのっていく。ラジオ放送のための作詞・訳詞は、詩人たちにとって確実な収入（著作権料）の源ともなった[19]。野口の詩にも多くの曲がつけられており、日本放送協会（放送局）が一九三六年からラジオテキストとして発行した『国民歌謡』[20]には、第三七集に「國に誓ふ――國民精神作興歌」（作詞・野口米次郎、作曲・信時潔[21]、図14-1）、第五〇集に「興亜奉公の歌」（作詞・野口米次郎、作曲・信時潔）が収められている。これらはピアノ伴奏付の合唱用楽譜であった。

このうち、「國に誓ふ——國民精神作興歌」（一九三八年一一月五日）の最終連は、《たてはらからよ言葉あり／ゆるがぬ富士に墓場をゆだね／永久の譽に生命をかへよ》となっている。浅薄な使い回された語句の羅列であるが、それが音楽の力を借りて楽譜として頒布され、教育現場で〈合唱〉の形で反復されたのである。一方、「興亜奉公の歌」（『宣戦布告』に収録されている詩）は、内閣の命で〈興亜奉公日〉[22]が選定された際に、日本放送協会から委託を受けて書かれたものであった。《天に二つの、太陽《ひ》は照らず、／理想の道は、一つなり、／築け東亜の、新天地、／勇者の歴史、君を待つ。》といったステレオタイプが四番まで続く。実際にも、〈興亜奉公日〉の一九三九年一〇月一日に、〈北米西部向け〉の国際放送の中で「興亜建設国民歌謡集」が放送されたとき、その内容は、「朝」（作詞・島崎藤村、作曲・小田進吾）、「海ゆかば」（作曲・信時潔）、「國に誓ふ」（作詞・野口米次郎、作曲・信時潔）などと続き、最後に流されたのがこの「興亜奉公の歌」であった。放送にあたっては、《銃後国民の意気を歌曲にお伝へしたいと思ひます》とアナウンスされたという。[23]

図 14-1　ラジオ・テキスト『国民歌謡』第 37 集

一九四五年の敗戦直前には、「米英撃滅の歌」（作詞・野口米次郎、作曲・山田耕筰、伊藤久男・波平暁男による歌唱）がコロムビア・レコードから出ている。[24]この詩は、『八紘頌一百篇』に収録されているものである。野口の詩に音曲がつけられて流行歌になったものの数は、西條八十らに比べれば少ないが、国際的知名度のある野口の詩の役割は大きかっただろう。

こうした当初は朗読運動や芸術の総合化の路線上にあったラジオ放送への関与は、戦局とともに、国内外の情報戦略への全面協力につながっていった。

このような動きの総体を、坪井氏は、《〈声への回帰〉は反モダニズム的な文脈を形成してそのまま京都学派の〈近代の超克〉に接続する反動性を包含》していたと評し、モダニズムそのものに内在する表現意識の脆弱さを論じていた。[25]《不毛な戦争詩の時代に転落していく一九二〇～一九四〇年代の近代詩の過程ほどモダニズム運動の崩壊の過程を典型的にあらわしているものはない》と。[26] しかし、国際的な文化思潮から考えた場合、〈声への回帰〉は、必ずしも反モダニズム的な系譜とつながっていたわけではなく、[27] また京都学派の〈近代の超克〉についても〈反動〉の一言で片付けられるような一面的なものではなかった。

日本のモダニストたちが日本主義へとたどった道筋は、モダニズム崩壊ではなくてモダニズムの追求、モダニズムに内在する一側面の帰結でもあったはずである。これに関しては、たとえば二〇〇六年に出版された瀬尾育生氏の『戦争詩論』に次のような視点が示されている。

モダニズムが敗北してナショナルなものが露出してきたのではない。モダニズムは、帝国主義時代に獲得した方法の機能的な普遍性、かつては国民批判として機能したそのイデオロギーとフォルマリズムによってこそ、戦争詩のウルトラナショナリズムに合流する。戦争詩は、抒情を敵とし地方性・風土性を排除して、テクノロジーの「世界」性に加担してきたモダニズムの方法の、挫折ではなくて、完成なのである。[28]

国際的な思想や文化の潮流から考える場合、この認識の方がより妥当である。ただし、ここで言われる、《抒情を敵とし地方性・風土性を排除して、テクノロジーの「世界」性に加担してきたモダニズム》といった認識は狭義のモダニズム認識であり、モダニズムの中には、もともと《地方性・風土性》や伝統回帰を内包するものがあった。ちなみに瀬尾氏は、モダニズムやマルクス主義がインターナショナルであるように、《帝国主義国家が繰り出すさまざまな理念も、ナショナルな語彙によって彩られながら、本質的にインターナショナルである》と述べており、日本の〈大東亜共栄圏〉構想や〈八紘一宇〉の理念も、ドイツの地政学やドイツ史学、マルクス主義インターナショナリズムの影響を受けて立ち上がっていることを述べている。[29]

さらに野口のラジオ協力の政治性を考えるときには、対インド政策と〈大東亜共栄圏〉の理念とを合わせ見る視点が不可欠になる。前章で明らかにしたように、野口の戦時期の政治的発言は、インドに関する言論が中核を占めていた。ラジオの国際放送と対インド政策が、野口の言論活動と国際平和の理想にどう重なっていたのか。またその野口の言論は、日本の思想家やインドの急進独立派、あるいはタゴールやガンディーらの思想家とどのような関係にあったのか。ヨーロッパ中心の資本主義や社会主義を超える新しいヴィジョンを求める運動は、どうモダニズムにつながっていたのか。これらの点を抜きにしては、野口のメディア協力の総体を把握することはできないのである。

3 『宣戦布告』の両義性

(a) ラジオの〈御用詩人〉

さて、ラジオ放送や新聞での活躍が目立つ戦時期の野口だが、その傍らで彼は、一九四〇年代に入っても九冊の書籍を刊行している。[30] 詩集としては『宣戦布告』(一九四二年三月)、『八紘頌一百篇』(一九四四年六月)の二冊があり、これらの作品からはラジオ放送や新聞紙上では見られないような、詩人の別の側面を垣間見ることができる。

まず、『宣戦布告』は、タイトルからも明らかなように戦時色の強い作品集であり、戦後にはGHQによって没収扱いとなる一冊である。

《人生は永劫の宣戰布告なり》で始まる「自序」では、《戰争と平和は二にして一なり。われ一生を詩歌に捧げ來れど、今日國家の重大時局に際會して戰爭を支持謳歌する所以自ら明かなり。生を日本に得て壯嚴無比の今日をまのあたりに見る嬉しさ、涙なくして感謝すること能はず。昭和十七年一月五日》と記されている。この、〈戦争〉と〈平和〉が二つにして一つであるという認識は、『伝統について』(一九四三年五月)でも語られているものである。

『近代戦争文学事典』(一九九五年)では、この『宣戦布告』について次のように解説されている。

その大部分は時局に乗じた翼賛の詩であり、国民詩、朗読詩などと称してJOAKにより放送され、あるいは新聞などに掲載されたものが多い。一巻さながら御用詩人の叫びである。(中略)しかし、著者に牢固たる国体の観念があるでもなく、大東亜経綸の方策があるわけでもない。その時において耳障りのよい観念語の跳踉にまかせた喧騒詩にすぎない。

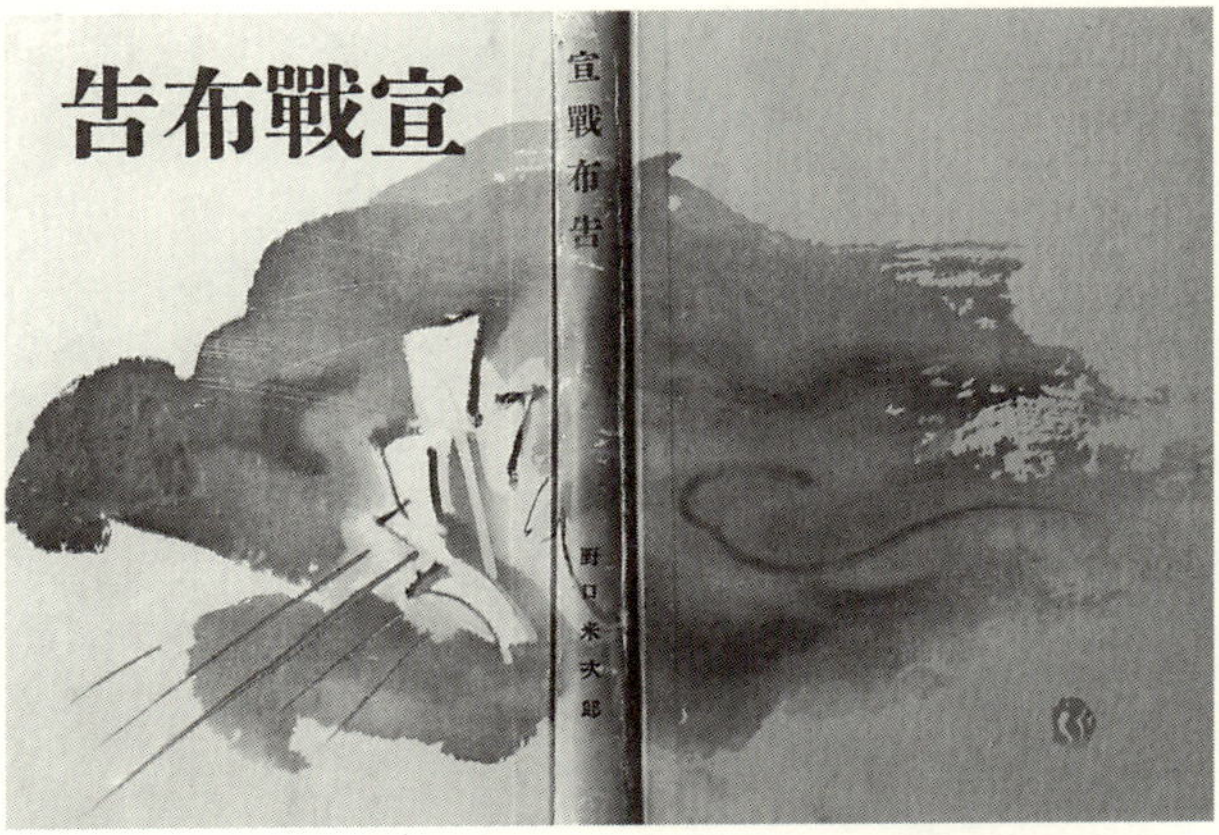

図 14-2 『宣戦布告』(装幀・川端龍子)

かような詩人をお抱えにした放送局も、責任の一半を負うべきであろう。[31]

野口に国体の観念がなく、〈大東亜〉経営の方策があるわけでもないというのは、そのとおりであろう。海外生活の長かった野口に国体の観念が希薄であることは、野口本人も述べていたことである（前述第一一章第3節）。したがって、むしろここで明らかになるのは、国際的に知名度が高い野口をお抱えの《御用詩人》にすること自体が、放送局や国家当局によって有益と考えられていたということであり、野口個人の国体の観念や〈大東亜〉経営の方策の有無などは問う必要がなかったということだろう。

それでは、『宣戦布告』が《一巻さながら御用詩人の叫びである》という認識は、正確なのだろうか。この詩集に収められた全五四篇の詩のうち二二篇がJOAKなどの放送向けに作られたものである。

たとえば、詩篇「宣戰布告」は《われ聲を大にして殉國の秋を叫ぶ……／ああ、來る可きもの遂に來れり。[32]》と始められ、また「一億の決死隊」では《國難ここに、天暗し、／往く一億の、決死隊、／國に捧げし、熱血の、／杯あげて、命を待つ、／誓やかたし、護國軍、／己を捨てて、身は輕し。[33]》とあって、いずれも没個性の言葉が羅列され、絶叫調の朗読を前提とした大衆操作のプロパガンダ詩になっている。

この二二篇のほかにも『宣戦布告』には、使用目的が明確ではないものの明らかに戦争プロパガンダとして作られている詩も見られる。「時事述懐」（《本詩も日・米英戰以前、日支事變収拾の道明かなわず國民の意氣暗澹たるの時の作》との本人の注あり）、「還らぬ荒鷲（布哇襲撃の飛行勇士を弔ふ）」、「神風」、「召集令」、「幻（新体制準備会終了の日作）」（『読売新聞』一九四〇年九月二〇日に掲載）などである。

ここではその中の「召集令」に注目してみよう。

召集令が伜に下つた……
粗末な紙の一片、卓上に燃える赤の炎！
書齋の夜は嚴かに沈默は深まりゆく、
私は聲を聞く、
「國のお召しだ、伜の體を捧げよ、伜の魂を捧げよ！」
私は外國に聖戰を説いた、
東亞の新建設を説いた、
どんな犠牲も辭しないと説いた、
最後の肋骨一つも、最後の血一滴もいらないと説いた。
人は私の言葉に文學を見た、
雄辯の連鎖を見た。
だが、今、伜は私を恥辱から救つて呉れた、
彼は私の文に、魂で體で、
連帶責任の判をぺたつと捺した。[34]
（後略）

これは、息子の正雄が召集令を受けたときに作られた一篇である。一九三八年一二月下旬の作で、『読売新聞』（一九三九年一月六日）紙上に発表され、三九年春には曲（作曲・呉泰次郎）がつけられて東京中央放送局から放送された[35]。また、大政翼賛会文化部編の朗読詩集『詩歌翼賛第二輯』（一九四二年三月）や、その修正再版である『常磐樹』（一九四二年一〇月）[36]にも掲載されて、当時よく知られた詩になっていたと見てよい。『常磐樹』の「解説」には、《飾り氣なく素朴に然し堂堂と幅廣な發聲法をもつて讀む時に、この詩の美と滋味とは流れ出るやうに思はれる》[37]といった〈指導〉も付されている。さらにこの詩は、『戦争詩集』（一九三九年八月）に野口が自選した一篇でもあった[38]。

現在の倫理から見た場合、この詩は明らかに戦争を肯定しており、たとえば、坪井秀人氏は『声の祝祭』の中で次のように批判している。

> 無力な言葉の代わりに息子に来た赤紙が彼のやましさを救出する。もちろん《伜》の価値はおカミへの供出品以外には何もない。彼はそれを《捧げる》ことによって、まるで免罪符を手に入れたように一篇の詩を書くことが出来るようになる。（中略）息子の人身御供で手にしたこの詩は活字の公開だけでは済まされず、作曲されて東京中央放送局から放送までされている。それは詩の中の《伜》当人の声を抹殺することと引換えに手にされた権力の〈声〉以外の何物でもない[39]。

息子の応召を自らの国家帰属の証しにしているという坪井氏の指摘はそのとおりである。そこに描かれているのは、親の自分本位な観点であり、息子の命を楯にして自己の正当化を行う酷い姿である。

しかし、見方を変えれば、ここには矛盾と自己嫌悪に悩まされる詩人の孤立した姿が見えるだろう。野口がどれだけ時局に合わせた戦意昂揚詩を書き、また〈聖戦〉の論理を主唱し、後世の文学研究者からは〈声の権力者〉と糾弾されたにせよ、じつは自らの言論にまったく責任を持てず、それを《恥辱》として自己嫌悪に悩まされ続けていたことが、この詩には臆面もなく示唆されている。《聖戦》を説く自分の言葉の空虚さに、詩人はさいなまれていたと言うのである。その上で詩人が、愛する息子の召集に応じることで、自分を〈日本人〉の一員という国家への帰属意識に還元し、自分のこれまでの空虚な言葉を自分自身に無理やり納得させようとしている姿が一瞬のアイロニーとともに描かれている。それが、《連帯責任の判をぺたつ》なのである。

では、詩人が完全な国家への帰属意識に達したかというと、そうではないだろう。息子の召集を前にした親としての野口が、アイロニーの分だけ、自己欺瞞をにじみ出させているからである。しかし、夜、他人の目のない部屋の中で大事な息子の赤紙を見つめるほとんどの両親は、戸惑い、自己弁明し、内心に見苦しさを残したのではなかっただろうか。野口が示す自己欺瞞は、確かに〈声の権力者〉へと変身を遂げる刹那の欺瞞とも言えようが、同時にそれは、強迫的な国民共同体に言葉を奪われて為す術を持たない多くの者が、家族への召集令状を前にして味わった欺瞞（意識的であれ無意識的であれ）を代弁したものではなかっただろうか。

音声メディアに表れる野口の活躍をとらえれば、確かに坪井氏の論じた以上のものではないだろう。詩「召集令」を耳にするラジオ聴衆には、〈往け、往け〉の愛国ムードと絶叫しか伝わらなかったかもしれない。だが、詩集『宣戦布告』にただようムードが戦意昂揚の一色に還元できるような単純なものではないことは、この一篇からも見えてくる。そして、特にこの詩集の後半には戦意昂揚からはかけ離れた詩が多く収録されているのである。次にはそれらの作品を見ていこう。今まで等閑視されてきたこれらの詩篇に目を注げば、まったく別の顔の詩人野口米次郎がいたことに気づくはずである。

（b） 削除処分

じつは『宣戦布告』刊行の一カ月後（四月一六日）に、第三二番の「倫敦炎上」は削除処分――次版からは削除せよとの命令――を受けている。[40] 一九四二年は、もはや多くの作家たちが検閲に萎縮し、時局に迎合していた時期である。出版規制の状況を知りすぎるほど知っていたはずの野口であるから、このことは敢えて削除処分になるような作品を発表したとも考えられる。では、そこにはいかなる思いが託されていたのだろうか。「倫敦炎上」とは次のような詩である。

私は庭にすだく虫の音を聞いてゐる、
古い昔倫敦で、これを聞き、自然の聲はいづこも一つだと
　感じた、
歳月流れて四十年になるが、今なほ倫敦の虫は、同じ聲で
　鳴いてゐるだらうか？
鳴いてるだらう……炸裂する爆彈を餘所に、
我關せずコロコロと、
あるはまた、傷つき倒れた人間の着物の下で。
私は今、連夜の空襲を想像する……おお、物凄い倫敦炎
　上、
雨とふる油入燒夷彈、恐ろしい時計仕掛爆彈、
天地も裂けよとばかりの强爆發性爆彈、
何たる生活機能の破壞よ、
何たる戰鬪力の脅迫よ、驀進よ！
おお、青赤黄の稻妻が亂舞する、
天は八裂けになりて火の海になる！
地上の闇黒をかけ廻る消防隊、
警護團、あるは警察吏、
市民は防空の洞穴に潛り込み、
耳を抑へ、目をつぶり、
急に思ひ出した神樣へ祈禱する、
彼等は從來の誇りを捨てた穴居人だ、
彼等は世界支配者たりし夢の精算を強ひられた敗北者だ、
私は今庭の虫を聞き乍ら、この光景を想像して悲痛に打た

れてゐる。
昔ネロは妻を殺した、都會を焼いた、
秦の始皇帝は學者無數を穴埋めにした、
その時私のやうに悲痛を抱いて、秋虫を聞いた詩人がゐた
　であらうか？
彼等も新秩序を夢見る當然の行爲であつたかは知れない
が、
今日ではその暴威と無慈悲だけが人に記憶されてゐる、
そしてヒトラーも千年後には、倫敦を焼いたことだけしか
　殘らないかも知れない。
おお悠悠たる自然よ、
變轉定らない人生よ！
人間は今日處理だけすればよろしいか？
曰くよろし、
私共は現實に生きるもの、
明日のことなど、神様か犬か猿に、食はせておけ！

戦争を賛美するどころか、むしろ逆にかなりストレートに戦争を呪い、破壊と焼尽を批判した詩というほかない。どのような大義名分があるにせよ暴力は暴力でしかないと訴えているのである。この作品が〈削除処分〉扱いになったという事実は、〈声の権力者〉であるはずの野口の詩に、反戦詩・時局批判の一篇として断罪されたものがあったことを意味する。

　ちなみにこの詩は、生死を超越し損得を否定して永劫の生命をつかもうとする英雄的行為を讃えたブラウニングの長詩「ある文法学者の葬儀」（"A Grammarian's Funeral"）に影響を受けて書かれていると考えられる。最後の二行は、ブラウニングの《神曰く、「時間とは何か？　現実は犬か猿にくれてやれ」／「人間は永劫をもつ」（He said, "What's time? Leave now for dogs and apes!"/"Man has Forever."）》（訳文、堀）を踏まえているだろう。[41]

　さて、この「倫敦炎上」のほかにも、詩集『宣戦布告』の、とりわけ後半には、タテマエの目的とはそぐわない、逸脱を辞さない内容を詠った詩篇が多く見られる。

　一九四一年春に作られたとされる第五〇番「畝火山の鶯」[42]もそうした一篇である。この詩にも、〈大東亜戦争〉を直接批判しているのではないことを示唆するためであろうか、《大東亜戦争前の作》という本人の注が付けられている。

　この詩は三つのパートで構成されている。はじめは、庭の鶯の〈もの静か〉な〈純潔〉な声に耳を傾け、《鶯は何か私に告げんとしてゐる、／齎《もた》らした消息はもつと豊かな世界のことかも知れない》と、鶯の声に対する描写が続く。次のパートでは、鶯の声に集中しているうちに《眼前がぱつと》開けて、《昔の世界が詩の扉を開け》、《失つた人間に崇高がもどつて來るやうに感ずる、／魂の混亂が淨化されるやうに感ずる》と、過去の世界、野口の理想とする世界に意識が飛んでゆく。野口が鶯の声とともに空想する昔の平安な世界とは、畝傍山、橿原の宮である。言うまでもなく『日本書紀』には神武天皇が畝傍山東南の橿原宮で即位したと記されており、野口の庭へ来た鶯

はそこから来た一羽で《私は昔橿原の宮を稱えた聲に耳をそばたててゐるのだ、／建國の初め國の將來を稱へた聲を聞いてゐるのだ》と認識される。そして、最後のパートには次のようにある。

物的爭奪に心が顚倒して仕舞つた、
世界は血の池地獄を描いてゐる、
昔豫言者だつた爲政者は大衆の奴僕となつて仕舞つた、
創造者だつた彼等は模倣者となつて仕舞つた、
なるほど、彼等の意志に根強いものがあるか知れない、
外的通俗性に若干の價値もあるだらう、
だが私はもつと偉大なものを期待して來た、
恐らく彼等の耳に、鶯の聲が通じないであらう。
庭の鶯は鳴き止んで仕舞つた、
どこかへ行つて仕舞つた、
ああ、二度と私の庭へ來ないかも知れない、
鶯は警告が無駄だと思つたかも知れない、
痺れたものに神秘の音信は分らないと思つたかも知れない。
ああ、誰が今朝私と等しくこの聲に、
崇高な暗示を聞いたであらうか、
だが心のなかにそれを秘めねばならないもの、私獨りであらうか。[43]

現在と過去の時空をさまよいながら、痛烈に為政者を批判している。鶯の声は、初代天皇の建国理念と偉大な理想が、現在ではまったく異なる方向に向かっていることを警告する声である。この一篇は、その鶯の《音信》を理解しながらも、どうすることもできない詩人の悲哀を詠ったものとなっており、心の中に伝えたい認識がありながらも、それを人にも語らず無言で生きる詩人の苦悩が表出されている。最後の行では、苦悩を《秘め》ているのは《私獨りであらうか》と共感を誘い、多数の覚醒を促しているとも言えるだろう。

つけ加えておけば、野口は「タゴール追悼の辭」(一九四一年一二月)に、うぐいすが神に代わる神秘の音信であると感じたときに、遠いインドのタゴールを思ったと記している。[44]つまり、この詩にはタゴールへの共感の思いも込められていたと考えられるのである。

次に、第五二番「海」を見てみたい。

血に塗られる、生臭い、
嵐に苛まれる、凄絶また凄絶、
陸はまるで屠殺場だ、
神はこれを豫期し給ひしや、
神心あらば、陸を海に返し給ふの時だ。
死骸山を築く、
花咲く春を培ふ役に立たない、
飛行機空を走る、

鳥に進路を教へるのでない、
ああ、世は刈菰《かりこも》と亂れる、暗い、
人間はまさに血迷ふ羊だ、
我等に責任あれど、是正の路を知らない、
聲小さくて、眞理を語るに無力だ、
ああ、天地創世の神様こそ誤り給ふた、
陸に渾沌へ返れと叫び給ふの時だ。
（後略）[45]

戦争に対する疑問と嫌悪感を濃厚に感じさせるこの詩に戦争賛美を見るのは無理な相談だろう。これは、雑誌『文藝』（一九四一年四月）に初出掲載された詩であった。

この詩に対しては、《昭和十五年冬から翌年春にかけ英獨死の戰を心に思つて作れるもの》との注記が付けられている。ここでも野口は、注によって文脈を限定することにより、あらかじめ想定される批判を牽制しているのではないだろうか。つまり、日本ではなく、英独の戦争の状況をテーマにしているのだと言って、検閲をくぐり抜けているのだろう。

（c）最後の二篇――詩人の間での評価

次に『宣戦布告』の最後の二篇「青いお椀」と「壁」を検討しよう。まず「青いお椀」は、雑誌『蠟人形』（一九四一年三月）に発表された詩である。

私は見たり、完全な空の形、
青いお椀、大地をふせたり、
大地に一本の木なく、草なく、
ただ赤い土、大海の如くに、
空の音律に答へたるのみ。
今日本に歸りて、私は見る、
山嶽高く空に迫りて、その髷をつき、
樹木背のびして、その乳房をいぢる。
ああ汝、何故に空の形を損はんとするや、
われ故國の自然を禮讃し來れど、
今汝の無禮を罵る。
山よ、ひれ伏して平面の土にかへれ、
樹木よ、自らを無にして薪になれ。
私は願ふ、再び印度にかへり、
ハイドラバットの海の岡、
赤き砂塵に身を埋め、
全き形の空をかぶつて、
その朗朗たる音律に和し、
赤き砂塵の一粒たらんことを。[46]

独立運動家としてガンディーと共に歩みを進めていたこともある友人サロジニ・ナイドゥの自宅があったのが、ハイドラバッド（ハイデラバード）である。野口はかねてから、その地の風物に想いをめぐらせて随筆を書いていたが、[47]一九三六年のインド旅行中に現地訪問を果たしたのだった[48]（前述第一三章）。《ハイドラバッド》には、言葉のリズムの良さだけでなく、思想的な意味を込めた場所への追慕の意図が含まれているだろう。《ああ汝、何故に空の形を損なはんとするや、／われ故國の自然を禮讃し來れど、／今汝の無體を罵る》と詠っている点は、〈大東亜共栄圏〉の宣伝を担う詩人なればこそ発表が許された、と言えるのかもしれない。

この作品について、小野十三郎が雑誌『文化組織』（一九四一年五月）の中で《日本を大きくするものは、野口の詩のこの憤懣だと思ふ》と述べて、それを受けて岡本潤も同感を示していた[49]。

《詩は理屈なしに政治に對する抵抗素を持つものである[50]》と主張していた岡本は、「青いお椀」に《抵抗》を読み取り、野口の「壁」という作品についても、《歴史的な混沌のなかに身をさらし、精神の危機の如きもの[51]》を表現している、と高く評価した（前述第一一章第6節（a））。そこで岡本は、《高村の作品に飽き足らないのは、ちやうど野口の場合と反對の現象が高村にあらはれてゐるからだ》とも述べている。高村の詩は《大向うをねらふ政治家の雄辯術に近い》《トリック》であり、《國民詩人らしいゼスチユア》であり、《われわれの期待するものとはまるで反對のものである》と言うのである[52]。詩歌による政治への抵抗を主張する岡本が、野口を高村とはまったく異なる方向の詩人と見ていたのである。

「壁」という作品を、ここでもう一度検討してみよう。それは、〈壁〉を前にして、大きな挫折と閉塞感に打ちひしがれた詩であった。

確に私の詩は終つた、
疲れてゐるのでない……
私の書いた詩が何だつたかを辿ることが出來ない。
私は床の間を眺めて坐つてゐる、
床の間には錆色の壁だけで何物もない、
開いた部屋の障子から庭の樹木が見える、その間から青空
　が見える、
私はもう幾時間坐つて、壁を見詰めたかを知らない。
恐らくこの部屋は人生の避難場であらう、
だが私は神の譴責《けんせき》を忘れるのでない、
私は思ひきり罪を犯すことが出來なかつた、
血と後悔で自らの價値を高めることが出來なかつた。
私は今から床の間を見詰めてゐると、
壁が、この壁が、私の心の壁であるのを知つた。
私が經驗した過去の場面が、壁の上に顯はれて來る……
太陽が山を登り海に沒するのを見た、
野原に亂れる花の上に眠つた、
私は澤山の人を愛した、
最も愛したものに眞實を語ることが出來なかつた、
私は詩を書いたが、本當の詩は書けなかつた、
私は今人生の結論を與へねばならない場合にある、

心の壁に映つた影の場面は一つ一つ消えてゆく。
私は壁の彼方に、もつと廣くもつと深い人生があるやうに
　感ずる、
私は壁に秘密の門があるやうに感ずる、
私は立つて床の間に上り、これに觸れようとする、
門がない、ただ平たく擴つてゐるのみだ。[53]

この一篇を『宣戦布告』の最後の詩として収録した野口。詩人は何時間も座って床の間の壁を見つめている。障子の向こうには庭の樹木があり、青空が存在しているにもかかわらず、《錆色の壁》を、自分の《心の壁》を見つめ続けているのである。

ここでは、世俗への反抗心も政治的抵抗も大きく表出しないが、かえってそれを自己内部の問題に収束させて内省する。覚醒している自分を、自己規制の中で処理していく。《壁に秘密の門》を探すが見つからない、といったところに、運命を憂える敗北感を漂わせている。これを醜い自己憐憫と見ることもできようが、同じ〈壁〉をモチーフとした次の詩と比べてみると、野口の表現したものがはっきりするかもしれない。

同じ一九四二年、プロレタリア詩人の壺井繁治は、《壁いっぱいに張られたる世界地図／地図は私に部屋の狭さを忘れさせる／まんまんと潮を湛えたる太平洋／おお、壁の中から浪音がきこえて来る》[54]と、アジア各地の侵略に《こころ躍らせる高揚感を詠っている。もちろん壺井は岡本潤や金子光晴などと同様に《抵抗の態勢》をとった詩人であったはずだが[55]、それでも野口は、壺井とはまったく違う感情を表現しえたのである。

野口は政治に対して激しい反逆を起こすような強さを示してはいない。だが、いったい誰がそれをこの時局に示しえただろうか。厳しい検閲下で、これは精一杯の反逆と評しうるのではないか。

(d)〈大東亜建設の失敗〉の先にあるもの

最後に、この詩集『宣戦布告』の末尾に配置された「跋にかへて」に触れておきたい。この「跋にかへて」は、一九四二年一月一九日の夜、ＪＯＡＫで放送された野口の話の全文を収録したものである。〈大東亜文化〉建設の意義について述べたラジオ用プロパガンダだが、従来の指摘で疎かにされてきた側面も見えてくるはずである。

野口は、一九四一年一二月八日の「御詔勅」[56]が、決死を呼びかけた《宣戦布告》であったのは事実だが、最も重要な意味は《八紘爲宇の大義を開陳》した点と《東亞永遠の平和》を期した点だと述べている[57]。

神は成功をのみ稱讃し給はず失敗を深く愛しみ給ふといふ言葉があるが、この意味は失敗のなかに成功以上の教訓がある、失敗は更に成功へと進む重要な一階段であるといふことに相違ない。人間は成功だけを撰ぶ權利がない、私共は不成功のなかに人生擴大の榮養を拾つて、眞實の經驗を積まねばならない、(中略) 私共の大事業、大東亞建設に於て失敗を

見る場合、私共は失敗に感謝して更に勇往邁進の道を切り開かねばならぬと信じます。要するに理想の有無が先決問題である……（後略）[58]

《この大理想完成のため》に《百難を排除して道を求めてゆく》ことほど《日本人の名誉はないと信ずる》と野口は述べた。実際、対米英開戦によって〈大東亜共栄圏〉という世界観が明示されたことによって、多くの国民が重い憂鬱から抜け出して、興奮状態にあった。しかし注目すべきは、野口がこの時点ですでに《大東亜建設》の《失敗》という言葉をはばかりなく用いて、失敗するにしても《理想》を優先させよと説いていたことである。

長い滞米生活の経験を持つ野口は、アメリカの合理性と産業能力の高さを見知っていたし、英米の友人もたくさん持っており、対米英開戦に対しては、内心複雑な心境だったことは容易に想像できる。興奮した大多数の国民のようには、単純に勝利を考えられなかったはずである。その野口がラジオ放送の中で、《成功》しなくても《理想の有無》が重要であると、失敗の可能性を含めて聴衆に説いたのである。

国際的な知見を持つ野口は、日本の掲げた〈大東亜建設〉事業に矛盾や限界が潜んでいることを認識しており、肯定できない面もあったに違いない。その表向きの顔の裏にひそむ憂いが、「跋にかへて」にはかなり素直に披瀝されているのではないだろうか。野口は自らが日本の理想や役割について説明する立場に置かれていることを重々理解していた。戦争や国家事業の《失敗》と《理想》を述べる野口の心の奥底には、相反した感情が渾然と渦巻いていたに違いない。

4　『八紘頌一百篇』の両義性

(a)　体制迎合からの逸脱

『宣戦布告』の出版のあとも、野口の〈戦時メガフォン〉的役割は続き、ますます拡大していった。しかし、そこへ〈抵抗〉を書きつけることも断念したわけではない。

〈大東亜文学者大会〉では、初日の〈發会式〉（一九四二年一一月三日）の久米正雄の開会挨拶後に、情報局、陸軍省、海軍省、翼賛会からの祝辞が述べられ、引き続いて詩歌の朗読が行われている。[59] その朗読を行ったのは野口、佐佐木信綱、高浜虚子の三名である。つまり、野口は近代詩の代表者として選ばれている。また野口は、日本文学報国会の名誉会員でもあった。[60] しかし、彼はこのような活動を素直に喜んでいたわけではない。

一九四三年に刊行された随筆集『伝統について』の中で、野口はカーライルの言として《僕は不愉快にも筆を握らねばならない。（中略）政府は人を使ふ道を知らない》[61] を挙げて、次のように書いた。

今わが日本に於ては大政翼賛會が若干の文化人を入れてゐる。また政府の肝煎りで文學報國會が出來て、私共文筆の連中も實際の仕事に參加して忠節を誓つてゐる。然し私や私とほぼ同年配の友人達がカーライルであつたならば、恐らく名譽會員の光榮を蹴つたであらう。また文學報國會の全會員が三千名もあつては、歌舞伎芝居の顔見世狂言に見る並び大名などの騒ぎでない。[62]

ようするに、政府のやり方をくだらないと批判しているのである。『伝統について』は、戦時下において、体制迎合や国策宣撫とは著しく異質な言論を含んだ著作物であった。とはいえ、この著作も、戦後には『宣戦布告』や『八紘頌一百篇』とともにGHQによって没収されており、そのためか、今まで十分な注意が払われてきたとは言い難い。

では次に、一九四四年六月に刊行された詩集『八紘頌一百篇』を検討してみよう。〈八紘一宇〉をタイトルにする書籍は、当時珍しいものではなかった。一九四〇年に、近衛内閣が〈八紘一宇〉の精神を掲げて〈大東亜新秩序〉の建設を宣言する以前より、この理念は書籍のタイトルに多く挙げられており、一九四四年六月という時期は、むしろこの種のタイトルの書物があらわれる最後の時期と言ってよい。〈頌〉の字は、〈褒め称える〉の意味であり、〈八紘一宇〉の思想を褒め称える、あるいはそのイデオロギーを再確認するという意味になる。

一九四四年には、事情に通じた識者たち、特にラジオに関わる者は日本の敗戦をすでに実感していた。最初から〈失敗〉を暗示していた野口であれば、なおさらそうだったであろう。ラジオの放送指導や放送番組編成が戦局の推移と密接に関わる様を子細に分析した竹山昭子氏は、この推移を四段階に分けたが[63]、これに対応させてみると、野口の『宣戦布告』は開戦後の勝利の続いた第一段階、『八紘頌一百篇』は南方で玉砕が続く第三段階にあたる。とすれば、野口はなぜ敢えてこの時期にこの題名をつけたのだろうか。この詩集のタイトルには、敗色濃い時期に、〈八紘一宇〉の理想をあらためて褒め称えようとする屈曲したメッセージが込められているのではなかろうか。

では、この詩集にはどのような作品が収録されているのか、その内容を次に見てみよう。

(b)『八紘頌一百篇』の内容

扉に藤田嗣治の「嵐」(図14-3)が飾られている詩集『八紘頌一百篇』は、三部構成である。

第一部はすべて戦意昂揚詩であり、松竹大船撮影所のために作ったものや、ラジオ放送や新聞向けの戦争プロパガンダとしての役割を担っている詩が含まれている[64]。たとえば、収録作品「マニラ陥落」は、JOAKの委託により書かれたもので(前述第一三章第6節(b))、一九四二年一月三日夜にマニラ陥落の報道後、丸山定夫の朗読で全国に放送された[65]。「シンガポール陥落(一)」と題した詩は『読売新聞』(同年一月一六日)に掲載され、「シンガポール陥落(二)」は、二月一六日にJOA

図 14-3　『八紘頌一百篇』の口絵（藤田嗣治）

Kから全国放送された陥落祝賀のもの[66]（前述第一三章第6節（b））、詩篇「蟬丸」や「明治神宮參拜」は、二月六日に野口自らがJOAKで朗読放送したものである。

またラジオ放送のために日英両言語で詩作されたものもある。たとえば、「死地に乘入る二千數百」は英訳も行われており、「TWO THOUSAND IN THE VALLEY OF DEATH」が掲載されている。この詩の注には、《昭和十八年五月三十日、アッツ島守備隊山崎部隊長以下二千有餘の殉國勇士、無念にも玉碎せりと大本營より發表さる。本詩は同盟通信社の依囑を受けて筆者自ら英譯し、南方諸國印度その他歐米にも、電送された》とある。ようするに、海外でも著名な日本詩人である野口は、この段階でも日本の国際放送戦略の主軸として活躍を求められていたのである。

この詩の冒頭は《最後の命下った、／彼等は死地に乘入った、》と始まり、《我等が米英撃滅の決、／天地も如何ぞそれを奪はんや。》と結ばれる。この部分は英訳では《The last order was bidden, / In the valley of death they charged,》、《Oh, our resolve to crush and conquer the enemy of the west, / Powerless would be heaven and earth to bid us to break it.》となっている。[67] 日本語詩の《米英撃滅》という過激な調子が、英詩になると失われており、《the enemy of the west》と東洋対西洋の対立構造に抽象化されている。また英詩の最後の行が《Powerless》で始まっていることも、日本語詩とは異なる雰囲気を全体に醸し出している所以と言えよう。[68]

このように『八紘頌一百篇』第一部は、英訳との差異の問題はあるとしても、ラジオ放送向けの戦況伝達を兼ねた戦意昂揚詩がほとんどを占めている。だが、第二部になると趣が変わってくる。詩篇「心境」では、《表現を禮讃にのみ限つた》ことに対するジレンマが表出され、《誰が理知の中止は蠻的行爲だといふ、／誰が想像の羽を斷ち切るは殺人犯だといふ。（中略）私は今三であり五である豊富な言葉の資産を捨てて、／ああとおおの貧しい歎聲しか出せない啞の子になつたかも知れない》と詠っている。(69) 前述した「壁」と同様の主題である。

このような野口の自己の言葉に対する弁解と悔恨は、〈一宇〉の下にあるはずの諸民族すべてに向けて発信されている詩にも見え隠れする。「諧律」では、《共榮圏内の諸民族よ》と呼びかけて、老齢の松や桜の樹木を燃料のために伐採したことなどを描写しながら、共存共栄の道を哀切な調子で説いている。(70) また詩篇「破壞」は、燃料のための樹木伐採、自然破壊を深く後悔し罪悪・譴責を感じていたが、春に伐採した樹木に新しい小枝が芽を吹き復活していることに《意外の神祕を見た》、《魔法》を見た、と感動する内容である。そして《破壞》されても《復活》する自然の攝理を示すことで、国家も破壞なくしては《新體》がありえないと結論づけている。《破壞によって靈的脱皮を遂げるであらう。／國家は受難に身を洗つて鏤骨の路を求めるであらう。》と。(71) 自然の攝理と戦争を同一視することで、読者の共感を導こうとした詩であり、再生のための破壊、民族共生の理想のための戦争を正当化している、と解釈するならば、戦争遂行目的と合致する一篇とも受けとれる。だが、自らの《啞》ぶりと非力さを詠う詩「心境」の直後に置かれていると、これを単純な宣撫とばかり受けとるわけにはいかないだろう。

(c) 最後の三篇——自らの消滅

『八紘頌一百篇』第三部になると、さらにこの傾向が顕著となり、戦意昂揚詩ではない詩の比率も高まる。ここでは第三部に収録された最後の三篇を見てみよう。まず「花」という作品である。

花よ、
お前は梅でも牡丹でもない、
私に永劫を暗示する神祕の門だ……
お前は二つの世界が分れる所、
目標となつて、
虚實の境に立つてゐる。
耳あるものはお前の音譜を聞いて、
自然の母胎に歸るであらう、
目あるものはお前の色に醉つて、
夢の微笑に觸れるであらう、
私はお前の香氣を嗅いで、
人語の賤しい分散を恥ぢる。
花よ、
私はお前を眺めて、

人性を寸斷し、
土壤に捨てて、
風と共に、胡蝶と共に、
お前の隱れた門を潛つて、
永劫の旅に上るであらう。
最早や私に知性の遊戲はない、
感情の起伏はない、
私は默々として、
無限の召喚に答へるであらう。(72)

かつて《秘密の門》を見つけられず《壁》の前に絶望し疲弊していた詩人が、ここでは《花》に《隠れた門》を見つけている。死と生、虚と実、理想と現実の〈境界〉にある《花》を前にして、人間性を捨て、感情を捨て、知性を捨てて、無言で《永劫の旅》に出よ、と喚起している詩である。この悲劇的な詩は、〈死〉と〈破壊〉への悲劇的讃美の傾向を色濃く宿しており、それは一種の〈玉砕〉讃美であって、戦争協力の一形態ともみなしうる。では、この〈死〉と〈破壊〉の衝動は、最後の二篇ではどう表現されているのだろうか。「笛の音」と題されたのが次の詩である。

笛の音は私を呼んでゐる、
更けゆく夜の書齋は寂しい、
私は讀みかけの本を閉ぢ耳を欹てる。

笛は何を私に叫んでゐるだらうか、
暴風雨來を警告してゐるのか、
津波だ津波だと叫號してゐるのか、
それとも人性の破產を豫言してゐるのか、
信念の缺乏を嘲つてゐるのか、
本能の墜落を嘆いてゐるのか、
青春の頽廢を悼んでゐるのか。
笛の音は私を呼んでゐる、
私は默々と机の前に坐つて耳を欹てる。
笛は何を私に叫んでゐるだらうか、
肉體の老を悲しんでゐるのか、
靈の涸渴を戒めてゐるのか、
それとも世界の滅亡を宣言してゐるのか。
ああ、笛の音は恐怖か脅迫か、
それとも歡喜か禮讃か。
私は立つて書齋の窓を開けて外を眺める、
闇い空に無數の星が煌いてゐる、
闇い庭に櫻の花瓣が散つて雪のやうだ。(73)

笛の音に、自らを嘲笑し糾弾する声を聞き、自らの《信念の缺乏》、《本能の墮落》、《青春の頽廢》を悔やむという内容である。しかし、《世界の滅亡》を告げているかもしれない《笛の音》を《恐怖か脅迫か、／それとも歡喜か禮讃か》という部分においては、ファナティシズム礼讃とも見まがう狂気すら垣間見せている。特に最後の二行で、それまで切々と訴えてきた悔恨と恐怖がすべて、日本浪漫派的な〈滅びの美学〉によって、華麗なほどに印象的に昇華されている。

最後の詩「虹」はどうか。

私は手足を崖に横たへる、
人は私の恰好のいいのを褒める、
そしていふ、
「何といふ見事な曲線だ、新月と雖も争ふことが出來ない。」
私は影を海上に流れさす、
これが棚引く、箒星のやうな動きを見せる、
人は私の體により添つて、
私の閃めく胸に觸れる、いい氣持で心を天に上らせる。
だが、おおだが「空中の美觀」だなどと褒めることは止めて下さい。
誰が精神を盡したものの悲しい犠牲を知つてゐよう？
みぢめなもの、これが私だ、大空に最善を蕩盡して、
人々の餓が滿たされたが最期、
私は無言に消えなければならない。(74)

野口は、《崖》のような際どい地点に体を横たえて詩を書いてきた自分に対する社会的な評価を批判し、それへの嫌疑をつのらせる。さらに、《見事》に見える自分の詩歌の、裏の《犠牲》と〈欺瞞〉をにがにがしく告白し、美しくなどない、ただ《みぢめ》だと自供する。《人々の餓》に屠られて、つまり社会的要求を満たすための詩を書いたに過ぎない自分は、もはや《無言》のうちに自然消滅する。その自覚の表明が、この詩篇の主題と言ってよいだろう。《虹》のように儚い虚像のために、自らが《みぢめ》に《最善を蕩盡》し、また自分を眺める読者も《蕩盡》されてしまったことを、詩人は知っている。その幾重もの人間の精神と欺瞞に、自らを奪い尽くされ消滅させられていくことを知りつつ、それを是と受け入れていることを痛切に告白した内容である。

しかし、詩の内容がそのようなものであったとしても、刊行許可を与えた権力や媒体が、それを戦争遂行目的に合致したものとして許容した瞬間に、詩人の良心の有無や作品の是非などは無意味となる。この詩篇では、自らの無言の消滅を確かに述べており、《崖》《海上》《箒星》《空中》といった単語だけを拾い集めれば、破滅の美学を詠ったもの、〈玉砕〉讃美や自殺幇助を助長するイメージにつながる詩とも言える。いくら個人的なものであったとしても〈死〉や〈破壊〉の悲劇的な感情を詠うことは、破壊の衝動を肯定することであり、戦争という蛮行に対する美化へと転じうるのである。詩が、〈死の象徴的暗示〉や〈滅びの美学〉を詠うことで発揮しうる暝い威力を無視するわけにはいかないだろう。野口の詩魂が生み出したヴィジョンが、かなりの振幅をもって拡がっていったことの、その功罪をも問うていくべきなのである。

しかし、その上で言えば、この詩集の後半、特に最後の三篇には、〈大衆メディア〉の中での野口には見られない、使い回された語句の羅列に過ぎない戦意昂揚詩とは完全に異質な野口の詩世界がぽっかりと空洞のように空いている。現実世界を眼前にしながらも、異次元空間をさまよう詩人の心の暗闇があらわれている。それは日本浪漫派的な〈滅びの美学〉と重なり合いながらも、野口が若き日から求めてきた象徴芸術が、野口自身にとって切実な、現実的な形で、ここに追求されているのではないだろうか。少なくとも《戦争屑詩》と一括して捨て去るわけにはいかない戦時下の詩と文化が、ここには蔵されているように思われる。

ラジオや新聞といった〈大衆メディア〉にあらわれない詩雑誌や書籍の出版が、戦争下の時代と国民大衆にどのくらいの影響を与えたのか、過大に評価することはできないが、刊行された詩集を手にした国民や詩人たちの中には、ラジオによって表象される〈声の権力者〉としての野口とは異なる、詩人の別の側面を知りえた者もあったであろう。〈戦争詩〉をめぐる課題は尽きないのである。

5　葛藤の近代詩史

以上のように、内部に両面性を持たざるをえなかった近代日本の知識人の複雑さと困難と沈痛が、戦時期に書かれた野口の詩篇にはあらわれている。

図 14–4　NHK「海の詩と音楽」放送時（1943 年 5 月 25 日）左から，高村光太郎，尾崎喜八，西條八十，佐藤惣之助，野口米次郎。

かつて吉本隆明氏は、高村光太郎論の中で、《高村が反抗をうしなって、日本の庶民的な意識へと屈服していったとき、おそらく日本における近代的自我のもっともすぐれた典型がくずれさったのであり、おなじ内部のメカニズムによって日本における人道主義も、共産主義も、崩壊の端緒にたった》と述べた。[75] また高村の詩を挙げて、《現実社会におこるすべての矛盾や混乱と対決することをやめて、いわば伝統の花鳥風月的な「自然」の讃美にまで退化した悲惨な事実》と述べた。[76] しかし、〈伝統の花鳥風月的な「自然」の讃美〉への接近を〈退化〉とか〈悲惨〉とする文学史観は、後世からの一方的な糾弾でしかない。また、《庶民的な意識》への接近を《屈服》と捉えたり、《日本における近代的自我》の確立をあるべき基準にしたのでは、少なくとも日本におけるモダニズム詩を評価することはできないし、モダニズムの先に模索された〈日本〉独自の詩のあり方を捉えることもできない。このような理解では、詩人たちが命を賭して発表した詩の裏側も〈鍵〉のありかも無視していることになる。

国際的な文芸思潮やモダニズムとの連携の中で日本の文壇や詩壇が求めてきた〈伝統〉と〈日本主義〉は、少なくとも当事者たちにとっては、革新を意識したものでこそあれ、〈退化〉ではなかった。そのことは、近年、次第に明らかにされてきているることだが、野口を通して見るなら、いよいよ明らかになったと言える。国際的なラジオの時代の到来とともに、モダニズムの方法を国際的な方法に普遍化しようとする時代が訪れ、それが世界戦争の時代に重なっていったのである。日本の詩人たちも、その流れの中で実験し模索し、そして翻弄されていった。しかし、そこには、時局の制限を自覚しながらも、戦後までを見据える営みを促す声も発せられていた。

現在も、戦時下の詩歌に対しては、協力か抵抗かという評価基準を無意識のうちに前提にしてしまい、犯罪性や暴力性あるいはファッショ的公共性といった面を抽出することに終始する傾向が、なお大勢を占めている。戦争とラジオ、また戦争と朗読運動といった観点は重要なものではあるが、個々の詩人のたどった葛藤の歴史を検証し、近代詩歌のたどった国際的な文明史的背景への目配りがなされてこそ、それは、初めて意義のあるものになるだろう。

一九四二年、四四年という厳しい出版制限の中で刊行された『宣戦布告』『八紘頌一百篇』には、確かに多くのラジオ放送・新聞用に作られた戦意昂揚詩が収録されている。しかし、〈帝国のメガフォン〉と呼ばれる野口の戦争詩は、〈熱烈な戦争賛美詩〉や〈戦意昂揚詩〉ばかりだったわけでは決してなく、ラジオなどの〈大衆メディア〉に載せた詩や論説には見られない特異な表現が、詩雑誌や刊行著作には明らかに露呈しており、それらはより精緻な理論的見地に立った再検討に値するものであった。その中には、挫折感や抵抗感、疑問や矛盾の心境を詠った声も間違いなく混じっていた。あるいは敗戦を見通しながらも、なお帝国主義の野望とは一線を画した理想を詠う詩、また人類の歴史に還元させて魂の鎮魂を詠う詩が見られた。それらは、あるときには注記などの手段を用いて時局下の検閲や批判の矛先をかわそうとする痕跡を残し、また詩の配置や編集によって詩人の〈肉声〉を低音で響かせている。時局迎合や愛国的狂信といった解釈だけではとても収まりきらない、屈曲し、複雑で、奥深い力を持った作品群がそこには身をひそめている。

第一五章　父から子へ――子によって開示された野口の普遍性

Alas, where is Truthfulness? —Goodness? —Lights?
The world enveils me; my body itself this night enveils my soul.
Alas, my soul is like a paper lantern, its pastes wetted off under the rainy night, in the rainy world.
("Like a Paper Lantern"[1])

1　野口の戦後

(a) 敗戦から死へ

これまで、激動の時代を背景に、野口米次郎がどのように〈日本詩人〉として境界を生きてきたのかを見てきた。本章では敗戦から死にいたるまでの数年間とその後をたどる。本書の序章で、敗戦直後の激しい戦争責任追及の風潮の中で野口が病没したことを述べたが、彼の生涯の意義と芸術家としての普遍性は、敗戦と死によって完全に断絶し消滅したのであろうか。

じつは野口にとっての一九四六年から四七年は、日本の再出発を詠う詩を創作し始めた時期でもあった。まず、それを見ていこう。

東京（中野区）の自宅が空襲で焼けたのは四五年四月であるが[2]、野口一家は空襲が始まる前に茨城県結城郡豊岡村（のちの水海道市豊岡町、現在の常総市）の飯田別荘に疎開していた。飯田家とその別邸は、野口が若き日に過ごした芝の増上寺の別院にあたる寿亀山弘経寺のすぐ隣に位置する。疎開中の野口は、近所にある天台宗の安楽寺の住職[3]とも親しく交際して、安楽寺の山門から続く長い参道をよく散歩したという。江戸と会津方面を結ぶ水運の中継地であったこの地の豊かな川のある風景は、どこか故郷・津島を思わせるところがあったに違いない。野口がこの地をどのように愛していたのかは、次の詩「小舎賦」（『蠟人形』一九四六年一二月）にあらわれている。

私は今、

戰災の傷をこの小舍に慰める。
（中略）
四月十九日拂曉
家を失ひ、
襤褸一つの身になつたが、
今一年の好季節に當つて自然の扉を叩き、
私は心から感激に咽ばざるを得ない。
諸君は水海道の町端れに
長蛇の橋が虹を作るを知つてゐるか。
諸君はこの上に立つて右を仰ぎ、
遥か筑波山の靜相を臨んだことがあるか。
また左に俯して水の明鏡に、
浮動の忘失あるを眺めたことがあるか、……
この紫紺の絖こそ畫家の流涎に價するであらう。
諸君は戰災者と共に、
灰燼と憂想を橋上よりさらりと捨てて、
川添ひに田舎道を右へ、
緩やかな歩みを運び、
今を盛りの麥や菜種を眺めるであらう。
農夫の頰のやうに黒光りした畑の土よ、
諸君は竹藪や雜木林に贈る挨拶の用意があるだらうか。
諸君は間もなく川の土手にさしかかる、
そしてそこに居並ぶ老櫻の亀裂した膚を撫でる時、
諸君は人生の行路難を思ふや如何に。

橋を後にしてから二十町餘、
道は左に曲つて、
舊幕時代に榮えた大寺の参道にさしかかる、
（中略）
五丈餘の銀杏七本、
滿身の綠を流し、
背延びして私の歸家、
否な、諸君の來訪を待つであらう。(4)

野口が水海道に一種の桃源郷を見いだし、そこでいかに自然を眺めて暮らしていたか、どのような経路で散歩していたかが、手にとるように分かる一篇である。

敗戦後もこの地になじんでいた野口は、(5) 一九四七年三月以降、闘病生活に入り、七月一三日、家族に見守られながら没する。胃がんであった。流動食しか食べられなくなった六月二六日、息子の十三次（1924-）に口述筆記させ、かつての同志・翁久允に最後の書簡を書いている（これは翁の主催する雑誌『高志人』の七月号に掲載された）。自ら、すでに胃から肝臓への管が機能しなくなっていることを告げながらも、《本當にこのまゝくたばつてはどうにもならない、神は僕を必ずや見捨はしないであらう》と、野口の口調は暗くない。

翁君、いま、ぼくは罹災を語つて自分の不幸を嘆じようとは思はない。悠久なる自然に頼つて一日も長く生きたいと思つて居る。今日は珍らしい好天氣で廊下の障子は開けつ放し、樹木の緑を大海原の繪の様に部屋の中に迎え入れ、僭《おこそ》かに我が祖先がはるぐ〳〵海を越してやつて來た勇氣を考へ、僕もその勇氣に肖りたいと思ふ。床の間には誰が書いたかは知らないが、義經の峠越えを掛けて居る。武者繪として實に立派であるが、僕は繪を語ろうとは思はない。たゞ空中にかゝる夏雲の様に、むぐ〳〵と湧き上つた岩山を一氣に乗り越えんとする義經の勇氣に肖りたいとも思ふ。(6)

野口の遺体は豊岡村で密葬され、七月二七日に東京東中野の自宅跡にテントを張って告別式が行われ、二八日には藤沢市常光寺で納骨式となった。法名は、天籟院澄誉奎文無窮居士。『読売新聞』の野口の死亡記事は、ごく小さなものであった。(7)

敗戦後から逝去するまでの二年間にも、野口は『蠟人形』や『文華』などの雑誌に詩を寄稿し、著作の出版も少なくない。いわゆる〈野口米次郎ブックレット〉（一九二五年から二七年までの間に、東京の第一書房から三五巻ほど刊行された叢書）とは別に、戦後の一九四六年から四七年にかけて、京都の富書房から野口米次郎ブックレットが出ている。この富書房からの刊行内容を見てみると、『西行論』（第一巻）、『小泉八雲傳』（第二巻）、『光悦と乾山』（第三巻）、『上代の彫刻』（第四巻）、『正倉院御宝物』（第五巻）、『光琳と抱一論』（第六巻）、『芳崖・雅邦・暁斎・芳年論』（第七巻）、『喜多川歌麿』（第八巻）(8)、『芭蕉礼讃』（第九巻）がある。このほか、『自叙伝断章（野口米次郎随筆叢書第一編）』（二葉書店、一九四七年）、『表象抒情詩集』（地平社、一九四七年）、『春信（浮世絵研究叢書）』（京都印書館、一九四七年）、『美の饗宴』（早川書房、一九四八年）など、想像以上に出版数は多い。

このうち、野口の最後の著書となった『自叙伝断章（野口米次郎随筆叢書第一編）』(9)の表紙と内扉を飾っているのは、タゴールのドローイングであった（図15-1）。

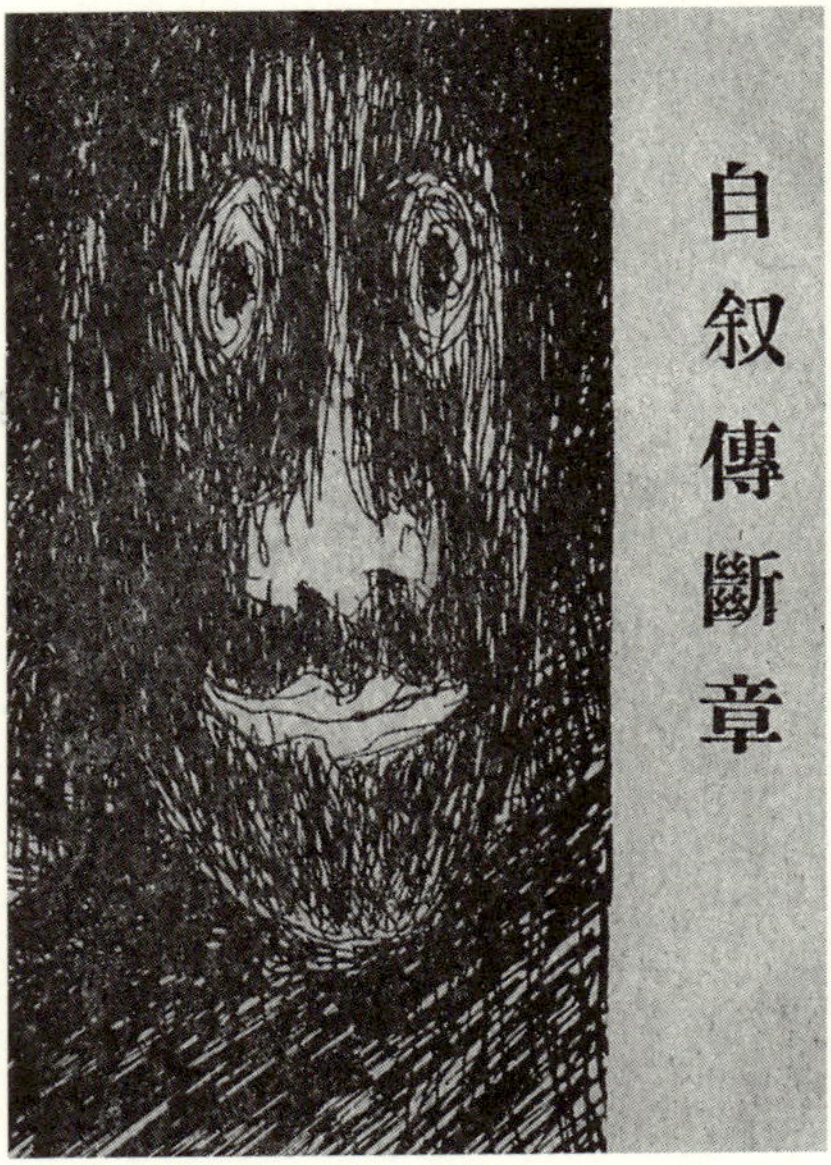

図 15-1　『自叙伝断章』の表紙

ところで、野口は戦後も一貫して、芸術上・精神上における〈アジアは一つ〉を訴え続けた。たとえば、一九四七年刊行の『上代の彫刻』では次のように記されている。

私共の祖先が創造した佛教藝術、即ち「亞細亞は一つ」の崇高な美的表現は、今日なほ燦然と輝いてゐる。今私共が平和と文化の新時代に入り、共通の倫理的基礎を確立して更正の途につかんとするに當り、私共祖先の藝術的業績に大なるインスピレーションを求めんとすること位、當然にして且つ眞實なことはないであらう。(10)

野口は、上代の仏像彫刻の中に、アジアに共通する美学的表現を見て、《時代を同じくした藝術家は同じ感情と計畫を持ち、同じ技巧をも案出する。藝術の世界に於てのみ、不可能が可能となる》と言う。(11) そして敗戦後の新しい世界秩序を考える上で、《共通の倫理的基礎を確立》することの重要性を述べたのであった。

この中に、戦時中のインド、中国、日本の三位一体を主張した〈アジアは一つ〉の政治プロパガンダに対する弁解や謝罪の言葉はない。これは戦時中の自らの言論を反省するという観点から書かれたのではなく、むしろ野口は戦後も持論を変えずに一貫した姿勢を保っていると言ってよい。

(b) 敗戦後の詩作

一九四六年、野口は『ニッポン・タイムズ』(*The Nippon Times, Japan Times* の当時の名称)に英詩 "Lying on a Death Bed" "Life in Full Bloom"(二月三日)と "Praised Be the Land of Song"(四月二七日)を寄稿している。このうち "Lying on a Death Bed" は次のような詩である。

To a tree there's no right of selection towards sunlight, wind and
rain.
On the way of completing the whole reaches of life,
You are a coward to take flight from disaster.
Call at a pine tree upon the hill,
And listen to its talk how to right yourself under a storm!
You have to follow a stream widing《ママ》 by the field,(12)
And learn how to seek your own place, good or bad.

いったい何を言っている詩だろうか。実はこれは、『八紘頌一百篇』(一九四四年)収録の「死の褥に横たはる時」の英訳である。日本語原文のこの部分は次のように書かれていた。

樹木に日光風雨を選擇する權利はない。
私共は人生の凡てを完了するに當つて、
罪惡を逃げ廻ることは卑怯だ、
君は山上の松を叩いて、
自然の暴威下に身を正すの訓言を聞け、
君は田野を彷徨ふ河水へ行つて、
如何に自處を求めるかの道を體認せよ。(13)

自然に生きる樹木が太陽の光や風雨を選ぶことができないように、人間も環境や時代を選んで生きることはできないが、むしろその中でこそ正しく身を処さねばならない、という内容である。英詩の六行目には〈widing〉という綴りがあるが、これは、〈winding＝曲がりくねった、とりとめのない〉という語の誤りであろう。ひょっとするとそこに、〈widening＝拡大政策〉も掛けられているのかもしれない。そうだとすると、英詩の最後の二行は、日本の国家が追い求めた拡大政策の紆余曲折に従わざるをえなかったが、その中にあっても自らの身を正しく持さねばならなかった、と言っていることになろう。一九四四年の日本語詩は戦時下の、四六年の英詩は敗戦後の苦悩の中で、生きる道しるべとして書かれたのであろう。

　戦時下の制限された環境の中で苦渋とともに絞り出された硬い日本語詩と、戦後に、自責の念を強く意識しながら書かれた英詩。日本語詩の持つ自己批判の迫力と深刻さは、英詩には十分には出ていないかもしれない。この英詩一篇を戦後に新聞紙上で読んだ読者に、野口の言わんとするところが読み取れたかどうかも分からない。さらに言えば、英詩も日本語詩も、いずれも秀逸な作品とは言えないかもしれない。しかし、そこには野口自身の肉声が感じられるのではなかろうか。少なくとも野口にとっては、自らの〈生〉を考え抜いた大切な一篇であっただろう。

　野口の逝去の一カ月後に刊行された最後の著書『自叙伝断章』には、次のようにある。

> 四月十四日の払暁のB29は物凄かつた。私の三十年間も住みなれた東中野の家は火焔を浴びて、僅か三四時間に焼け落ちた、だが莫大な冊數に上つた書物や思出の記念物は、二日二晩も爐りつづけた。無くなつたもののなかに、私と同時代に活躍した英米の文學者が私に寄せた自筆の手紙數百通や、彼等から貰つた殆ど全部の署名入り本が含まれて居つて、今日のやうにしとしと降る細雨が庭内の梅花を濡らし、魯鈍な聲の山鳩が遠くから聞えて、疎開地の憂愁を盛りあがらせる日には、それを思ひだしては何とも云へない氣持ちにならざるを得ない。[14]

野口の著作物は、故郷（愛知県）と疎開先（茨城県）に一部運ばれていたが、家屋や庭や多数の想い出の品――なかんずく国際的な文学上の交流の証の文字――が失われたことに対する喪失感は深かったと思われる。しかし、野口は、*Seen and Unseen* の初版本が手元に残ったことを喜んでいる。《本當に私は他の自著全部を失つても、この詩集だけは無くしたくない。今生ばかりでなく死後までも、しつかりと胸に詩の總領むすめを抱いて、天國へでも地獄へでも行くであらう》と書いている。[15]

　この第一詩集を見て野口は、《ミラー山荘の生活なしに私の詩は生れなかつた》と言い、昔を懐かしみ尊んで次のように述べる。

> 時の米國人は驚きの眼を開いて私を眺めた、そして私を神秘の存在とした。だが私は魔法師でも夢遊病者でもなかつた。私はただ山荘の夜、麓の村落にばらまかれた燦然たる無

数の燈火を天上の星と同一に眺め、霧の深い冬の日には、ミラーと共に山を登つて言葉を埋め、そして神の沈黙を掘つて歩いたにすぎない。
　ミラーもさうだつたが、私は普通の人間であつた。私共は一般米國人と違つた點があつたならば、それは私共が詩の生活者として、三歩側に退いて詩のない彼等を非難し方丈記の長明を嬉しがらせるやうな小舎に安居して、天下を睥睨したことである。(16)

また、この『自叙伝断章』には *Seen and Unseen* から "Seas of Loneliness"(17) が「寂寞の海」と題した日本語詩の形で引用されている。

　樹木の影に虚空の色がある、
　その下を私の「自己」が倦怠の雲のやうに「どこか」へふ
　　はりふはりと動ひて往く。
　ああ、寂寞の海だ！
　私はこの深さ、否な深さのない深さの顔、否な顔のない大
　　きな顔の上を浮んでゐるやうに覺える。
　永久に海岸のない、底のない、空のない、色のない、沈默
　　が波うつ靜かな水に、わが過ぎ行く魂の影など有る筈が
　　ない。
　ああ、私に知なく愚なく、善も無ければ惡もない。
　沈默を破る鶉一聲……
　鶉が後の山から寂寞の海へ飛込んだ。
　ああ、何たる聲の反響、何たる色の歸還、底も空も再び顯
　　はる！
　何處にも永劫の沈默はない、この瞬間に私の極樂は亡び
　　た。
　私は喜びも悲みも、愛も嫌惡も、成功も、不成功も美も醜
　　も要らない。
　ただ冀ふ所は、
　「最早やなし」に於ける偉大な「冥」の一つ。(18)

晩年の野口は、若き日に第一詩集で詠った "Seas of Loneliness" を、さらに深い感慨を込めて詠い直したと言えるのではないだろうか。戦争の開始から敗戦までを大日本帝国の真ん中から見て、長い波乱の人生を終えようとしていた野口がたどりついた感慨は、若き日の希望に燃えた少年のロマンティシズムに重なって、立ちのぼる。〈Nothing〉を〈冥〉と訳出したこの日本語詩は、おそらく英詩よりも深淵な〈寂寞〉を表現しえているのではなかろうか。

2　イサムへの系譜

(a) "Like a Paper Lantern" と〈あかり〉シリーズ

一九四七年刊行の『自叙伝断章』に、第一詩集 *Seen and Un-*

seen から日本語訳されて挙げられているもう一篇の詩は、前述（第二章第3節（b））した "Like a Paper Lantern" である。これは、一九二一年にボストンやロンドンで出版された自選集 *Selected Poems of Yone Noguchi : Selected by Himself* にも再録された作品で、野口自身が非常に気に入っていた詩に違いない。[19]日本語詩としては「蝸牛」と題して、『二重国籍者の詩』や『表象抒情詩集』第二巻に収録しているが、そのたびに改稿を繰り返している。

この詩を、晩年の『自叙伝断章』の中で、野口は次のように訳出している（つまり、これが最終稿である）。

「ああ、友よ、なぜ君は今宵歸つて來ては呉れないのか？」
私はこの小屋、いな、この寂しい世界で只管に寂しい。
見ると戸口に、這つてゐる蝸牛は角をかくした！
蝸牛よ、お前の角を出して呉れ！
東へ出せ、西へ出せ！
嗚呼眞理はどこにあるか、善はどこに光明はどこか。
夜の闇、いな、世界の闇は私の魂をひと飲みにのみ乾した。
私はこの雨降る世界の雨降る夜、雨に濡れて糊のはなれた提灯の如しだ。[20]

世界の中での孤独を詠い、夜の闇に自らの魂が呑み込まれた苦痛を詠った詩である。そして、日本の文化を象徴する〈提灯〉ではあっても、雨に濡れて脆く壊れかけ光を失った〈提灯〉に、自らを投影したのである。《糊のはなれた提灯の如し》と表現するこの感慨に、野口は最晩年までこだわっていたと言える。

ところで、この《東の方か、西の方か？　ああ、何処に真実が？——善が？——あかりが？（To the Eastward, to the Westward? Alas, where is Truthfulness? — Goodness? — Lights?）》[21]と詠われた父・米次郎の原点には、息子イサム・ノグチもこだわり続けたと言えるかもしれない。

イサム・ノグチのインテリア・デザイン作品の一つに、和紙と竹を使った日常の生活用品としての光の彫刻、〈あかり〉シリーズがある。イサムが〈あかり〉の制作に取り組むことになった契機は、一九五一年に平和記念公園を訪れるために広島に向かう途中、長良川の鵜飼いを観に立ち寄った岐阜で、伝統産業の提灯と出会ったこととされる。[22]長良川は米次郎の故郷である愛知県津島市のすぐ近くを流れている川である。[23]

イサムはこれ以後、三五年間にわたって二〇〇種類以上の様々な形と大きさの〈あかり〉を制作した。[24]イサムの〈あかり〉シリーズは《Paper lantern チョウチン》とも、《太陽と月の表現》[25]とも呼ばれ、世界中で評価された。イサム自身も、〈あかり〉シリーズを自らが最も自慢できる仕事だと語っていたという。[26]

〈提灯〉〈行燈〉という日本的な装置は、ゲイシャ、フジヤマと並ぶ典型的な日本モチーフとしてすでに有名だったが、イサムは、その奇妙なステレオタイプとしてのチョウチンに、世界各地の生活様式と調和する新たな次元をきりひらいていったのである。しかしその核心に秘められていたのは、《my soul is like a paper lantern, its pastes wetted off under the rainy night, in the rainy world》という言葉だったのではないだろうか。イサムの、父に対する愛憎を、そしてそれを超えて光明を求めながらも《糊のはなれた》提灯のように拠り所のない〈人間存在〉に対する共感を、〈あかり〉シリーズの光と影の中に見ることができるように思うのである。

父の一篇の詩と息子のシリーズ作品の対比は、ロマンティックな仮定に過ぎないかもしれないが、二人の観念を結びつけるものはほかにもある。それを次に見ていくことにしよう。

(b)〈親譲りの仕事〉

自らの立場を〈二重国籍者〉にたとえた米次郎であったが、息子イサムは比喩にとどまらず、実際に血の二重性、国籍の二重性を余儀なくされて生まれた。国籍に関して正確に言えば、イサムは法律的には〈無国籍〉であった。[27]

アメリカで生まれながらも、アメリカ人の母から〈日本において日本人として〉育つことを望まれたイサムは、二歳から一二年間を母と共に日本で過ごした。イサムが母の意向で単身アメリカに戻るのは、一九一八年、一三歳のときである。このとき、父・米次郎は、イサムの帰米は時期尚早だと言って反対し、日本にとどまるならばイサムを〈養子〉として入籍すると言った。ギルモアと米次郎は横浜港で押し問答になり、船のタラップに足をかけたイサムに向かって、米次郎は《You are to stay in Japan!(日本に残れ!)》と叫び、ギルモアが《No!》と叫んだという。[28]イサムにとって、永遠に忘れられない父と母の声であっただろう。イサムの故国喪失の瞬間であった。ちなみに、日本を離れ家族とも別れたイサム少年は、アメリカではスウェーデンボルグ派の牧師の家に下宿した。[29]

ある意味で家族から捨てられたような形でアメリカで孤独に暮らすイサムは、母の苦労を知りつつも、父への思いも深かったはずである。ロンドンで刊行された米次郎の一九一四年の著作 *The Story of Yone Noguchi : Told by himself*[30] の中には、"Isamu's Arrival in Japan"(「イサムの来日」、『ネイション』に初出)が収録されている。そこには、イサムと初めて対面したときの米次郎の父親としての感動と、それ以降の愛情が刻まれている。《かつてレオニーが書いてきたように、まさしく、イサムの寝顔は小さな仏像のようだった。どんな子どもも父にとっては素晴らしく思えるものだが、イサムもまさにそうだった》(訳文、堀)。[31]こういう父の述懐を嬉しく思わない子どもはいないだろう。第一次世界大戦中には、母との連絡も途絶え、入学していた学校も閉鎖されて、孤立無縁状態に陥ったイサムにとって、この父の文章が救いにならなかったとは思われない。

しかし、一九一九年にアメリカ各地を講演旅行した父が自分に会いに来なかったことで、イサム少年は傷つき、父を憎悪したという。[32]

ただ、日本詩人ヨネ・ノグチの息子という肩書きが、若き日のイサムにとって大きな意味を持ったことは間違いない。芸術家としてのイサムの前には、常に父・米次郎の影があった。ニューヨークに出たイサムは、父の名声のおかげで多くの有名人・芸術家たちの知遇を得る。医学者・野口英世や舞踊家・伊藤道郎のところに出入りし、父の友人たちからは、医者になるよりも芸術家になるように勧められた。彫刻家の道を目指したとき、イサムは〈ノグチ〉姓を名乗り、ブランクーシやその他多くの芸術家たちと親交を深めていくのである。

グッゲンハイム奨学金の申請書においても、イサムは次のように書いた。

私は創作活動のための場所として東洋を選びました。半生を過ごしてきた東洋に大いなる愛着を感じているからです。私の父ヨネ・ノグチは日本人であり、詩を通じて西洋に対して東洋を解説した人物として長く知られてきました。私はこの父からの文化的遺産を相続し、それを果たしたいと願っているのです。(訳文、堀)[33]

イサムはこの申請書を一九二六年に書き、翌二七年四月から奨学金を受け取った。父の詩を、〈彫刻〉という別の芸術表現で継ぐという意識を、イサムは最初から持っていたことになる。

同じ頃、父・米次郎は、『詩の本質』(一九二六年)の中で次のように述べている。

言葉は表現の媒介として必要なものであるが、これ位危険なものはない。如何となれば言葉は妥協的で、眞實の自由を持たないが爲め、その媒介の結果として思想感情をもる時自然に建設的力を弱める事になる。この點から見ると、文學者より彫刻家の方が遙か幸福な地位に立つてゐる。表現上の危険が少い。彫刻家が媒介物として使用する大理石にしても土塊にしても、文學者に對する言語のやうに、建設的力を薄弱ならしめるやうな惡戯をなさない。[34]

この詩論の中で米次郎は、文学者の困難を説明する際に、文学よりも彫刻の方が芸術表現として自由であり、強い《建設的力》を持つと述べている。同じ芸術であっても、〈言語〉よりも〈石〉や〈土〉の方が芸術表現の媒体として強く直接的で、媒介する際に屈折が起こりにくいというのである。

これが刊行されたのは、イサムがちょうど彫刻家を目指し始めていた頃である。米次郎がそのことを知っていたとすれば、父からのイサムへの間接的な激励のメッセージとも読める。

また米次郎の詩の中には、「殺人鬼」と題した次のような詩がある。

「石は生きてゐる、御覧なさい……」石切場の老人夫は語る。
「動物のやうな皮膚に血管……
この筋肉の均齊美は何に譬へることが出來ない。

はい、人間は盲目だ、石の汚い臓腑を見ずに濟むが、
私はかうざくりと石を切つてゆくと、
恐らく血管から血潮が瀧のやうに流れるであらう。
ああ、夜叉だ殺人鬼だ……かう思つてぎよつとすることがある。
外科醫の解剖に比較するのは僭越だが、
私は生きた節をばらして石を豆腐のやうに切る、かうざくりざくりと……
だが、私は都會に出て石屋の前を通る、
累々たる石の死骸を眺めて、いやはやその臭氣に鼻を蔽ふことがある。
はい、澄みきつた天の高い秋、獨り石山にたて籠り、
にやりと笑ふ殺人鬼の仕事も、考へると壮快なものだ。[35]」

石の中にほとばしる生命を見つめ、それを殺人鬼のような緊迫感と激しい執念をもって切り出していく意識を詠った詩である。《石切場の老人》を視点にしてはいるが、芸術家としての一種凄まじい仕事意識と恍惚を描いた作品であり、米次郎自身の精神を詠ったものと言える。石を扱う彫刻家イサムが知っていたならば、意識せざるをえない一篇であったに違いない。

なお、イサムは一九三一年一月、アメリカで彫刻を学ぶに際して、どのような先生につけばよいかを父に相談するため、来日している。[36]

イサムは、ジャパニーズ・アメリカン、〈日系二世〉の芸術家とみなされて、評価を受けた。自らのアイデンティティの所在を求めていたイサムは、一九四一年の真珠湾攻撃以降、日系人のための運動を起こすべく、自ら志願して強制収容所に収容されている。しかし、収容所内で他の日系人と隔絶する事態となり、その想いは挫折した。[37]その後イサムは、ニューヨークのマクドゥガル・アレーで《亡命者》のような、《殻にこもったかたつむりのような生活》を選んで行ったというが、[38]この〈かたつむり〉という表現にも、父・米次郎の最初の詩集 *Seen and Unseen: or Monologues of Homeless Snail* が想起される。

イサムは現実問題として二重国籍者であり故国喪失者であったが、彼の評価者たちや彼自身が求めていた故国とは、父の祖国である日本であった。また日本においても、イサムの芸術家としての国外での活躍が新聞で取り上げられる際には、常に〈ヨネ・ノグチの息子〉として紹介された。[39]

戦後のイサムはボーリンゲン基金を得て、ギリシア、インド、日本を旅する。一九四九年九月、五カ月にわたるヨーロッパとエジプトを巡る旅のあと、イサムはボンベイに向かい、一九五〇年一月までインド、スリランカを旅しているが、その際《インドに来ることは、二〇年前からの運命であった》と述べている。つまり、イサムは二〇代の頃から〈インド〉行きを意識していたのであった。母レオニーから、《インドに行くとしたら、あらかじめ、あなたの父親の友人タゴール氏とナイドゥ夫人に連絡することを忘れないように》（一九三〇年六月一七日）[40]という便りを受け取ってもいた。

イサムがインドと直接の関わりを持つのは、ニューヨークで〈在米インド同盟会〉に出入りし始めた一九四三年頃からである。ここでイサムは、〈ヨネ・ノグチの息子〉として、〈タゴールの友人の息子〉として好意的に迎えられた。[41] 日系人ならば強制収容所に入所させられる戦時期に、米次郎は、ファシストの日本人ではなく、タゴールの友人とみなされていたのである。

さて、戦後のイサムは、ボーリンゲン基金からの助成を受けるにあたって、以下のような提案をした。

二度の世界大戦の悲劇的な結果は、精神の救済がないという道徳的危機をもたらしたことである。（中略）個人やその精神の活動分野である創造性という極めて大切な分野が軽視され、そのために人間の生存そのものが危ぶまれるほどになった。（中略）社会的な目的のための芸術ジャンルの再統合がここには示されている。〈建築家〉〈画家〉〈彫刻家〉〈環境設計者〉といった限定的な分類のせいで、無味乾燥になっている現状を変えるために。（中略）〈協働（コーポレーション）〉というのは、社会的に、芸術的に、そして国際的に、人類がこれから先も学ばなければならない課題なのだ。（訳文、堀）[42]

国家間の紛争・戦争を憂えたイサムは、東洋と西洋の二つの世界を融合したい、両世界を超越する存在でありたいと願って、地球規模の自然を考えた彫刻や環境としての景観を作ろうとした。〈二重国籍〉詩人として米次郎が貫こうとした生き方を、第二次世界大戦の勃発によって阻まれたその理想を、息子イサムが自らの使命として掲げていたと言えるのではないだろうか。

(c) イサムが所持した父・米次郎の著作

敗戦後、米次郎の著作を愛読していたGHQのマッカーサーは、米次郎にしきりに会いたがったといわれるが、米次郎は会おうとしなかった。[43] 米次郎は戦時期にマッカーサーを非難するラジオ放送を行ったことがあったので、会いたくなかったのだろう。

しかし、米次郎はアメリカに住む息子イサムと交信が取れたことは、非常に喜んだ。イサムは一九四七年三月二七日の『ニッポン・タイムズ』に、日本人への激励と文化・芸術の国際性についての文章を寄稿し、UP通信社の記者に、父の安否を確かめるよう頼んだ。茨城県の米次郎は通信社からイサムが自分を探しているとの連絡を受け、四七年五月六日付で英文の手紙をイサムに書いた。父の生存を知ったイサムは五月一五日付で返信する。すでに病魔に冒されていた米次郎は、その後は直筆の手紙は書けず、三男の十三次の代筆で、六月二四日にハガキ二枚、七月二日にはイサムがアメリカから送った物資に対するお礼をしたためたハガキを出している。

米次郎は死に際し、家族に向かって、イサムのことを援助し家族として扱うことを強く遺言したという。[44] 死を迎える米次郎は、すでに母親を失っていた私生児イサムを心配していたのだろう。

戦後は、イサムも日米を行き来するようになるが、その際には米次郎の子どもたちや親族が親身に世話をした。そして米次郎逝去の直後は、イサムへの連絡を十三次が何度か英語で書き送っている。十三次はイサムの助けも借りて父・野口の遺稿をまとめ、*The Blood Silence* と題した英詩集をアメリカで出版しようとしており、「序文（Acknowledgement）」を一九四八年三月九日付で執筆して、出版の段取りを整えていたが、結局それは刊行までこぎつけなかった[45]。また、米次郎の末息子で写真家であった道夫（1931–1999）は、来日するイサムの通訳をしたり手伝いをしたりして、異母兄を支援した。

ところでイサムは、米次郎の『日本とアメリカ』（一九二一年）を所有しており、文章のいくつかに下線を引いていたという。特に次の一節の余白に、鉛筆で《重要》と記していた。

From somewhat cynical attitude, they even looked back longingly toward the period of spiritual insularity or many hundred years ago, when our ruling class observed the old homogeneous ethics to their advantage. The Western civilization, generally speaking, intoxicated our Japanese mind like strong drink; and as a matter of course we often found ourselves, when we awoke from that intoxication, sadder and inclined even to despise ourselves.[46]

（多少皮肉な態度で、彼らは数百年前の精神的な孤立の時代をなつかしく振り返りさえした。その当時の支配階級は昔ながらの均質な道徳を自分たちに都合よく維持していた。西洋文明は、一般的に言って、強い酒のようにわれわれ日本人の心を酔わせた。そして当然のことながら、酔いから醒めると、われわれはしばしば、自分が前より一層みじめに思われて、自分自身を軽蔑したくさえなってしまうのである。）（訳文、堀[47]）

イサムが米次郎の息子としての使命を強く感じていたことは明らかである。ドーレ・アシュトンは、イサムが自らの使命について、失われた遺産と誇りを日本人に取り戻させることにあると明確に感じていた、と書いている[48]。当時のイサムは、敗戦後の日本の極端な西洋化は明治期のそれより深刻であると認識していた。イサムと画家・長谷川三郎（1906–1957）との議論や草稿の推敲過程から明らかなのは、長谷川が《警戒》するほど、イサムは日本人による日本文化の再評価を主張していたということである。イサムは、《「自分は、オセッカイかも知れないが、フェノロサや岡倉がしたように叫びたい」と述べて》いたというが、この言葉の裏には、父ヨネ・ノグチのようにという意識があったであろう。アシュトンは、イサムの立場を《日本の過去を余りに激しく擁護》する《過激な、いささか無謀な》ものと考えているが、むしろ《過去と現在とのバランスを保つ》立場を主張した者こそがイサムであった[49]。戦後のイサムが、時間の連続性、歴史の連続性をいかに意識していたかが示されていると言えるだろう。

また、アシュトンによると、イサムは芭蕉を現代的として注目しており、さらにスウェーデンボルグの理論に始まって、エマソン、ブレイク、そして禅や千利休へと関心が広がっていったという。[50] イサムが様々な人物との交流や様々な地域での経験を経て、自らの芸術と哲学を導いていったことは間違いないが、その根底には、父と、父がこだわり続けた祖国〈日本〉の文化があったのである。

（d）瀬戸内海のアトリエと〈太陽の劇場〉構想

晩年のイサムは、香川県牟礼町にアトリエを構えて、ニューヨークのアトリエとの間を行き来して過ごしたが、なぜ瀬戸内の牟礼だったのだろうか。

少し話を戻すことになるが、欧米で若きイサムを父親代わりになって世話したのは、父・米次郎の友人であった伊藤道郎と藤田嗣治であった。[51] 伊藤と藤田の境遇は、まず海外で高い評価を受けた日本人として米次郎と共通し、また戦時期の日本で政治的に利用されて戦後に批判を受けたという点でも似通っている。[52]

特にアメリカを拠点としていた伊藤は、アジア主義と平和理念と自らの国際的使命に強い意欲を燃やして、戦時期の政治活動に尽力した。野口米次郎ほど発言の国際的波及力や日本社会への影響力はなかったものの、日米相互の理解不足に危機感を持ち、一九二〇年代頃から政治状況を積極的に語っている。[53] 伊藤は〈ユナイテッド・アジア（United Asia）論〉を主張し、〈ユナイテッド・ヨーロッパ（United Europe）〉、〈ユナイテッド・アメリカ（United America）〉との三ブロックでの世界の均衡を説いた上で、《さういふ高い理想と希望とを将來の人類の平和の爲に、日本とアメリカは結ばれなければならない》と主張していた。[54] しかし伊藤は、アメリカで日米関係を向上させる宣伝活動をしようとして、真珠湾攻撃の当日にスパイとして逮捕され、強制収容所に二年間抑留されたあと、一九四三年一一月に第二次捕虜交換船で日本に帰国する。[55]

帰国した伊藤が、政府や軍幹部との話し合いの末に立案したのが、〈大東亜舞台芸術研究所〉である。これは伊藤が、ドイツのダルクローズの学校で学んで以来、一九一七年頃から抱き続けてきた〈太陽の劇場〉構想で、瀬戸内海の島を一つ買い取り、そこに日本のダルクローズ学院と言えるような芸術の国際的学校を作るという計画であった。つまり、彼はアジア諸民族の舞台芸術を一つに束ねる東洋の芸術学校を建設する夢を抱いていたのであった。

この〈大東亜舞台芸術研究所〉の顧問には、野口も名を連ねている。顧問のメンバーは、野上豊一郎（能楽）、辻直四郎（印度文学）、倉石武四郎（中国文学）、野口米次郎（印哲詩）、青木正兒《まさる》（中国文学）、久保田万太郎（演劇）、岸田國士（演劇）、青山杉作（演芸）、山田耕筰（音楽）、田辺尚雄（音楽）、藤田嗣治（美術）、中川一政（美術）、藤間勘十郎（舞踊）、多《おおの》忠雅（雅楽）、原田治郎（美術）、武者小路実篤（文学）であった。[56] これらの人々の下に若者たちが集い、一九四四年初頭から企画が進んで、九月には正式に設立を果たした。この研究所では厳しい戦況下でも地道な活動が行われ、戦後の〈俳優座〉につながっていく[57]。

〈太陽の劇場〉という名称の〈太陽〉には、日本が〈日出づる処〉と言われることや国旗が日の丸であることだけが意識されているわけではなく、世界各国に共通する理念としての意味が込められていただろう。当時は、日本民族の研究とともに世界各国に共通する太陽神話の存在についての認識も深められていた[58]。《皇室の祖であり、文化の創造主宰者》にして《眞善美の象徴であり、善政の實現者[59]》である日本の太陽神アマテラスと同時に、詩歌や音楽の神であるギリシアの太陽神アポロンなども、伊藤らの芸術構想の名称に影響していたと思われる。

ところで〈太陽の劇場〉構想が企画した瀬戸内海の島というのは、どこにあったのだろうか。それはイサム・ノグチの牟礼のアトリエと近かったのだろうか。

イサムが牟礼にアトリエを構えたことについては、むろん、猪熊弦一郎やその他の友人らとの関係もあるし、石場という条件が最大の理由であろうが、もしかしたら、彼は父や伊藤道郎や藤田嗣治が夢見た芸術構想が瀬戸内に企画されていたことを知っていたのかもしれない。

また、米次郎の *The Pilgrimage*（1909）に収められた一篇“In the Inland Sea”がイサムの胸中に浮かぶこともあったかもしれない。この詩は、『表象抒情詩集』（一九二五年）では、「瀬戸内海」と題されて日本語詩となっている作品である。英詩と日本語詩を並べて引いてみよう。

(…)
Oh, here the twilight of the Inland Sea,
Here I hear a song without a word,
(Is it the song of my flying soul?)
That's the song of my dream I dreamed a thousand years ago,
Oh, my dream of the fairy world, oh, the beauty of the Inland
Sea!
(…)
O birds with white souls, steer my soul with white love,
Here the sea of my dream, Oh, the beauty of the Inland Sea![60]

瀬戸内海の薄明界《トワイライト》に觸れ給へ……
私は無聲の歌を聞く、
飛躍する私の魂《たましひ》の歌を聞く、
千年も以前に夢見た私の夢の歌を聞く、
仙女の世界の夢を聞く……ああ、瀬戸内海の美はしさよ。
（中略）
白い魂の鳥よ、白い戀愛の力で私の心を舵取れ、
ここは私の夢の海だ、ああ、美はしい瀬戸内海が流れる。[61]

一九〇九年の英詩では抽象的で茫漠としている〈Inland Sea（内海）〉が、日本語詩では〈瀬戸内海〉という固有名詞によっ

て特定の場所に定められている。その瀬戸内の風景を見つめながら、その中で、飛躍する自らの魂の声を聞き、時空を超えた《夢》を《聞く》。この一篇に関しては、英詩よりも日本語詩の方が遥かに象徴性と抒情性を持っており、詩としての成功を収めている。イサムがニューヨークに生活拠点を持ちながら、もう一つの拠点として香川県牟礼町にアトリエを構えたのは、父が《ここは私の夢の海だ》と詠った〈瀬戸内海〉を愛したからでもあったのではなかろうか。つけ加えておけば、ニューヨークも〈Inland Sea（内海）〉である。

いずれにせよ、戦後、米次郎を最も深く理解しようとし、米次郎の孤独と芸術世界を世界的な普遍性を持つ形で体現しえた者こそが、息子イサムだったと思えるのである。

3　後輩詩人たちの戦後評価
――蔵原伸二郎と金子光晴

野口の詩人としての遺伝子は、息子イサムにだけ受け継がれていったのではない。第一〇、一一章でも、野口が若い詩人たちと忌憚のない交流を行い様々な示唆を与える存在であった事情について触れたが、詩人のみならず、野口が英文学をはじめとする諸研究に与えた影響も、戦前から戦後に継承されていく。[62]野口が大学での講義などを通して若者たちに与えた影響も小さくなかったのである。慶應義塾での弟子による野口の回想には、前述した人形劇史研究家の小沢愛圀（1887-1978）[63]や、小説家・松本泰（1887-1939）[64]の妻で自らも翻訳家であった松本恵子（1891-1976）などのものがある。

ここでは最後に、野口の講義を聞いていた二人の詩人、蔵原伸二郎と金子光晴の戦後の野口評を見ておきたい。

蔵原伸二郎は、一九三九年の第一詩集『東洋の満月』が萩原朔太郎らに評価された詩人で、雑誌『四季』の同人であったが、野口や高村光太郎と並んで好戦的な戦争詩を書いた一人として記憶されている。

その蔵原が敗戦後に書いた詩論「東洋の詩魂」（一九五六年）[65]の中で、野口について、《日本詩壇から超然としていたように見える。いや孤独でさえあった。あれだけ立派な仕事をしている大家でありながら、一人のよき弟子もいなかった》と述べている。[66]

私達年輩以後の詩人たちの間であまり多くの事が語られなかったのは事実である。その詩よりもむしろ氏の古美術に関する讃美と研究の書の方が一般に重要視されているように見える。それは何故か。色々な事情があるだろうが、あの詩の日本語の味気なさからきているのではないだろうか。このような表情の固さが、官能的な甘さを好む一般詩愛好者から敬遠されたのであろう。[67]

一九一九年に慶應義塾大学文学部仏文科に入学した蔵原は、学生時代に野口の英詩の講義を三年間聴いたが、当時は野口の詩が面白くなく、《年齢の上から古臭いような気がしていた》という。だが、《今日読み返して見ると、古くさいどころか、朔太郎や犀星よりも新しいものさえ含まれている》。また蔵原は、《朔太郎の処女詩集「月に吠える」をいちはやく詩壇に推奨したのは野口米次郎であった》とも述べている。そして《わがヨネ・ノグチの価値も本当はこれから真面目に研究されねばならない》と、戦後の蔵原は主張したのであった。[68]

蔵原は野口を二〇世紀の世界的な詩の動向の中で検討しようと試み、ポール・クローデルによる野口論（『米次郎定本詩集』一九四七年版の序文）や、タゴールの『人生論』を挙げながら、野口の追求したものの本質を論究しようとした。結論として蔵原が言うのは、次のことである。

> 廿世紀の東洋と西洋の新しい精神的な結合は第三世界像の生成へ向っている。それはむしろ西洋人によって、より熱心に探究されているように見える。
>
> 大乗仏教の特に禅の所謂「悟道」による宇宙観は――廿世紀の科学と哲学の進歩によって今日科学的に実証されつつあるところのものである。東洋の哲人や芸術家が瞑想と直観によって感応した四次元の宇宙像は、今日西洋人によって数学的に証明されつつあるし、クローデルやリルケやヴァレリー等の智能はすでに発想の根拠を深遠な四次元においていることは明らかである。
>
> ヨネ・ノグチの方向もまた廿世紀的立体像の探求にあることは彼の詩が明らかに示しているのである。この場合、真の悟道者であるか否かということよりも、かかる不可見へ向っての精進によって、我らの属する可見界が如何に解釈され表現されたかに問題があるし、又この苦悩にみちた道程にこそ、彼（野口）の人間的位置を発見したいと思う。（括弧内、堀）[69]

二〇世紀の国際的な詩人たちは、《空間的には虚無であり、時間的には永劫》という観念的な、《空の王国》[70]とも言える新しい宇宙像を求めており、クローデルらと同様に野口もその探求者であったと、蔵原は評価したのである。

蔵原は、野口の日本語詩の特質について、《暗喩による象徴主義であり、イメージが感覚にうったえるよりも、観念にうったえるように書かれている》と捉え、ゆえに《言葉そのもののニュアンスや生理的イメージに乏し》いと見られたり、《観念的》で翻訳されたような《もどかしげ》な感覚が伴うのではないかと論じる。[71]また、野口の能を詠った詩篇「橋掛」を挙げて、《形而上学的な概念であり、彼の世界観であり、また彼の信ずる詩法、詩論の原理》が詠われていると分析している。そして、《西洋一流の詩人たち》が《東洋の表現》や《完全なる立体》を求めていた二〇世紀的な大きな流れの中にあって、《ヨネ・ノグチもたしかにすぐれた廿世紀の先駆的詩人の一人であった》と高く評価したのである。[72]

一方の金子光晴は、おそらく一般には蔵原と対極的に捉えられているが、それは金子が戦時中に息子を兵役から逃れさせて家族ともども富士山麓に隠れ、反戦の意志を通したからであろう。しかし、これまでにも触れる機会があったように、金子は戦後も野口について好意的な批評を残している。[73]

金子は、野口と同じ愛知県津島市の生まれで、一九一六年のタゴール来日時には《かぶりつきで講演をきき、『ギタンジャリ』の詩のやさしさに魂を奪はれ》、やがて《ウォルト・ホイットマンで夢中に》なって〈平等思想〉を友人の間に吹聴してまわったという。[74] 大正初期、慶應の学生であった金子は、*The Pilgrimage* を英語テキストとした野口の講義を一年間聴いており、《編者（金子）がおぼろげながら詩のなにものであるかにふれたそれが最初で、ながくこころの糧になったことをここに感謝する》（括弧内、堀）と書いている。そして大正の末頃には、金子は野口の東中野の邸宅をしばしば訪れて、《温容に接した》という。[75]

金子は *The Pilgrimage* などの野口の英詩についてどのような見解を持っていたのだろうか。少し長くなるが、本書を振り返る意味で金子の言葉を挙げておきたい。

「蓮花崇拝」「影」などの詩篇は東洋精神を根源としながら、どこかハイカラで、イエーツやエーイーのイギリスのシンボリズムの作品の神秘的な香りをふくよかにたたえ、そのうえ、アメリカの清教徒的で、自由なムードを底にかよわせていることを、誰しも容易に感じ取ることができるだろう。若い日の作者のこうした作品は、生来詩人となる鋭い感性と天分に恵まれた一日本人が、十八歳の若さで彼地にわたり、本国ではまだ新しい詩歌の歴史ははじまらず、殆んど用意のなかった作者の心に、清潔で且つ繚乱とした西詩の世界が、どんなおどろきで受けとられたかは、想像にあまるが、それにも拘らず、ひたすら眩惑されるがままには止まらず、かえってそこに、東洋の美を対比させ、西洋の方法によって独自な世界をうちたてようとしたものであろう。西欧の詩精神を、より澄んだ東洋の静寂の心境で裏付けした若いヨネ・ノグチの詩は、米英の詩壇の人たちをおどろかせ、彼の名は喧伝され、彼の本はうりつくされたが、そうした成功についてはもはや書くまでもないこととして、彼が終始、西欧人をあいてにして、東洋のこころを語りつづけて倦まなかった、その見識と、その努力は、敬服に価する。彼が「蓮花崇拝」をつくった当時の日本人は、蓮のひらくのを見にあつまり、敬虔な気持ちで心をあらわれることは知っていても、その単一で純粋な心境を、短歌や俳句で素朴にあらわす以外に、これほどロジカルに、探究的に、一つのそよぎ、一つの息づかいを逃さずとらえながら、全体的に表現する西詩の方法のあることなどは、夢にも知らなかった。そのような意味で、この詩は、英語で書かれたものであっても、日本人によってつくられた、あまりに時期の早すぎた、最初の近代詩ということが言えるとおもう。[76]

金子は野口の日本語詩についても論じており、野口の西洋人的な眼によってとらえられた《特別な魅力》を指摘し、ポール・クローデルの感性との近似を述べる。《詩句はいずれも金石のような奥ふかい光輝にみち、底が森閑としたしずかさと、大小の谺で沸返っているといった印象をうける》と。また、《作者が駆使した日本語が、明治以来の実用語であるために、ある種の雑駁さ》があるものの、《時代尚早と、日本語自体の未熟さを割引いて、真髄を鑑賞してほしい》とも述べている。[77]

金子は、野口が《時代遅れであったために、日本人が取りつかなかったのではなく、日本人の理解がむしろ単一で、感傷主義しか詩と考えていないところから取りつけなかったというのが事実だった》と述べ、《藤田嗣治がフランスでシュクセ（成功）したために、日本の画家たちからボイコットされたように、野口米次郎の詩も、名声ほどに日本人のあいだで親しまれなかったのは、日本人の偏狭さの故があったとしたら、大いに反省しなければならない》と述べている。[78] 本書で見てきたように、野口は従来考えられているよりは遥かに、日本文壇内で活躍し尊敬もされていたが、それでも同時代を生きた者から見れば、日本文壇の中で野口が距離を置かれ一線を画されていたことも事実だったのだろう。

また金子は、野口の戦時期についても同情的かつ共感的である。

昭和十七年に「宣戦布告」、ついで「立て《ママ》よインド」のような熱烈な戦争協力の方向にすすんだのも、彼としては、豹変でも、オポチュニストでもなく、その芸術が外国に触発されて日本の美の優越をいよいよ認めるところから出発した彼が、その後も一貫してその信条を押しすすめ、誠実にその所信を貫いたということにすぎない。在米当時から、詩以外に、日本の精神美や、オリジナルな日本の芸術の紹介につとめ、とりわけ広重、北斎などの浮世絵師の真価について、著作に、講演に、開眼の労をとったことは、同邦人として労をねぎらう感謝の念があってもいいし、また日本人じしん《ママ》も、彼によって、自国の芸術の世界的声価を知らされ、再認識するといったことが、どれだけ日本人の精神内容をゆたかにすることに役立ったかを、ふりかえってみていいことだとおもう。[79]

さらに、次のようにも述べている。

> 広重を通してみた日本の自然のにじみこむようなうつくしさを、早く海外に紹介し、その美のありどころを理解させることにつとめたのは、彼（野口）の大きな功績である。広重への傾倒は、日本に永住するようになってから、いよいよ本格的になり、寺島村の百花園で、広重の会を主宰したりして、編者（金子）も、末席につらなったこともある。広重ばかりでなく、歌麿、春信から芳年にいたるまでの浮世絵師と、乾山、光琳から遡って日本の美の巨匠たちと、その真価につい

て、広く、且つ深く、美の核心をつかんで、それが彼の詩と、哲学と、三位一体のかたちで解明されたものが、彼の外国での講演の内容であり、彼の散文詩というべき三部の散文集、『芸術殿』『想思殿』『文芸殿』（このシリーズに詩集『詩歌殿』がある）に収められている。太平洋戦争がはじまったとき、彼は、生涯を通じて彼が熱愛しつづけた日本の美をまもるため「宣戦布告」を、「八紘一《ママ》百篇」を書いて祖国日本の立場を強調し、また、旧友タゴールとそのことについて応答を重ねたことも周知のことだが、それによって彼の人間と芸術を裁断するような早計な態度は、ふかくつつしまねばならない。彼の場合、それらの言動は、まちがっていたとは思えない。（括弧内、堀）[80]

金子がこのような言葉で野口を擁護していたことは、注目されるべきであろう。〈戦争責任〉の有無によって野口の人間と芸術が《裁断》されるべきではないという金子の弁護の方法は、戦後の読者に〈戦争責任を不問に付す弁明〉との誤解を与えるかもしれない。だが、金子が〈彼の場合、間違っていなかった〉と考えていたこと、戦後に敢えてそのことを述べていた意味について、よく考えてみるべきだろう。

なぜ、同時代を生きた若い世代の金子が、類を見ないほどの反骨の芸術家として評価されている金子が、《彼の場合、まちがっていたとは思えない》という一言を残したのか、時代の変転の中で野口の足跡を検討してきた私たちには十分理解できるのではないだろうか。金子もまた、国際的なモダニズム詩運動の荒波と屈曲の中にあってそれを熟知した詩人であった。

野口は、一九四三年に発刊された『詩歌殿』の「後記」に、次のように書いている。

私は諸君の批判を恐れるものでない。私は諸君が如何に嚴しくしても、諸君は必ずや私の詩一つを守つて來たことに同情し、私の運命を憐れむであらうことを知つてゐる。然し私が諸君の期待を裏切つたかも知れないが、私としては、自分が詩ばかりを考へて一生を暮らしたことに何の後悔する所がない。[81]

この野口の宣言は、後輩詩人の金子には確かに届いていたことになる。

むろん、《詩ばかりを考へて》いれば、戦争プロパガンダ詩を書いてよいということにはならない。そのことは、野口自身も金子も痛いほど知っていたはずである。そのような行為をしてでもなおかつ、詩を書き続けることを選んだところに野口の苦しみがあり、金子はその苦しみの中で《自處》を求めようとした野口の文学に共感しえたのであろう。

第III部　まとめ

第III部では、〈境界〉的な立場に生きる詩人が直面した自己矛盾の内実を検証し、国際派詩人であったがゆえに祖国日本の掲げる理念への忠誠を誓うことになっていく逆説的な構造を見てきた。野口がタゴールに向かって、〈文化人〉ではなく〈日本人〉でありたい、と述べたことの意味は大きい。

第一二章では、〈境界〉に生きる野口の複雑さについて、いくつかの側面から考察し、以降の章で論じる野口の立場と認識を理解するための手がかりとした。〈二重国籍者〉を自称する自己認識の揺れを探り、日本の植民地政策についての野口の見解と、詩人の政治関与に関する意識を見た。キプリングへの言及から照射される野口の〈帝国主義者〉としての認識を探り、そしてそのような〈世界意識〉への理解が、戦時期に入ったとき〈大東亜共栄圏〉の肯定につながりうる可能性について考えた。

第一三章では、野口の長きにわたるインドとの関係について検証した。野口が一九一〇年代よりインド文壇で注目される存在であったことを解明し、また三〇年代のインド旅行に関する新資料を発掘して同時代の著名な文化人らとの交流の実態の復元を試みた。二〇世紀インドを代表する知識人や教育家、芸術家、経済人らと野口との接点は、アイルランドやイギリス、そしてドイツなどの西洋側の東洋研究者や東洋代弁者らの動きを無視しては解明できないものであった。東洋の〈知恵〉による変革を求め理想主義を持つ西洋側の知識人たちと、西洋的学識を備え発言の舞台を求める東洋側の知識人たちは、もはや単純な〈西〉と〈東〉といった二項対立の枠組みでは説明しえない混淆の中に生きていた。そして、東洋の思想や芸術を持って西洋的な近代化への挑戦を試みる動きは、民族運動の政治性とつながり、一部は日本側の説く〈大東亜共栄〉理念の擁護に結びついていった。野口が多数のインドの重要人物や運動家たちと面会している事実、タゴールと国際論争を起こしたこと、アジア解放や民族独立に関する発言をしてメディア向けの詩を書いたことは、戦時期の日本の対外政策と密接に関わる行動でもあった。「印度獨立へ聲援」と題した講演（文学報国会議、一九四三年九月一〇日）で〈文武両道〉を説いたことにも表れているように、彼の中の文化と政治性の境界線は曖昧であった。本書では個別の政治活動や組織との関係については示唆にとどめている部分が多いが、野口の周辺の日印関係や人物交流の中には、忘れられたままの鉱脈がまだまだ潜んでいる。

第一四章では、野口の戦時期の詩の中には、ラジオ放送のために依頼されて書いた戦意高揚のためのプロパガンダ詩ももちろんあるが、それとは別の側面を持った詩もあったことを示した。刊行書籍には厭戦的・反戦的な詩も収録されており削除処分にもなっていた。また敗戦が近づくにつれ、〈死〉への悲劇的讃美や破滅の美学を言祝ぐ詩が見られ、日本浪漫派の思想に近接する。そうした中で、野口が検閲の眼を逃れて詩に織り込んだ切実な声に光をあてた。

第一五章では、敗戦後から病死までの野口の生活をたどり、この詩人の存在が敗戦や死によって完全に断たれてしまったのか、父から子への〈伝承〉をどのように捉えられるのかを考えた。従来のイサムの研究者や愛好者たちには、戦争協力者として批判されている米次郎とイサムとを結びつけたくない意識が働いていただろうが、事実として〈二重国籍者〉であるイサムにとって父の存在は大きかったはずである。父の詩や執筆活動が、イサムにとっての魂の救済地となり、芸術的なインスピレーションの源になりえていた可能性が高いことを示唆した。

〈境界〉的な立場に立たされた野口が直面した苦悩と挫折、そして困難な環境の中でも常に追求を怠らなかった芸術の完成を目指す強靭な心は、イサムや後輩詩人たちには暗黙のうちに理解され共感されていたのではないか。野口米次郎の残した〈遺伝子〉は、戦後にも〈沈黙〉のうちにつながっていたのである。

終章

罪を恐れて眞實の人間になつた例はない。
濁ることを知らない川は眞に清い川でない、
罪を知り罪を洗つた人間こそ實に清淨の人だといへる……
自分はよごれ、自分を洗ふ、これが人間の眞實の生活だ。
幾回も洗濯に耐へるかで私共の價値は定まる。
私の友人は兩親を失つた人であつてほしい、
子供をなくした人であつてほしい、
若い時罪を作つた人であつてほしい。
私は罪の人間を眺めて、
獨り靜かに神様を想像したい。
すべての滓まで飲みほした人間が、
始めて人生の酒杯を語ることが出來る。

(「洗濯」『われ日本人なり』[1])

本書では、明治・大正から昭和の敗戦後に及ぶ野口米次郎の生涯を、二〇世紀における国際的な思想の動きと文化交流の実態に重ね合わせて描き出すことを目指してきた。

野口の初期の伝記的事実については従来から比較的知られてきたが、第I部では、国際的な文化思潮の中で野口が詩人として活躍するにいたる経緯とその理由を明らかにした。第II部、第III部では、資料を掘り起こしながら、中期・後期の活躍とその意義について解明し、戦後に〈日本主義者〉〈ナショナリスト〉〈戦争協力者〉という負のレッテルが貼られたまま封印されてきた、野口の思想の内実に迫った。

野口の生涯の各時期についてはそれぞれの部においてまとめを行っているので、ここでは全一五章を通した論点ごとの結論をまとめておきたい。

国際詩人の登場

野口は、日本の詩歌の〈情緒〉を自らの詩作の根本に据え、それを海外に〈翻訳〉紹介することを自らの使命と考えていた。

十代で渡米した彼は、物質的に先行する欧米文明には、日本文化や東洋文明の精神性をもって対峙するより方法がないと考えるようになった。どこか夢幻的で秘教性を感じさせるポーや、敢えて洗練されない言葉で無限の自由を詠うホイットマンを尊敬するアメリカ西海岸の詩人たちと交際した野口は、彼らの志向する象徴主義詩の傾向とアメリカ西部独自のボヘミアン的傾向を、幼少時より慣れ親しんでいた芭蕉俳諧の世界に重ねて理解した。そして、自然的生活の暮らしの中から英詩を書き始め、その個性を認められるようになる。

さらに野口は、英語圏の中心であったロンドンを目指す。折しもそこでは、象徴主義が息づき、またアイルランドなど地域に生きる精神世界を糧にした詩の革新運動が胎動していた。インドを筆頭にした東洋の神秘性に対する関心も育っていた。野口はそこに、日本の〈沈黙の美学〉を持ち込むことに成功する。文法的な破格さを多分に持ちながら、その行間に不思議な魅力を漂わせる詩として野口の英詩は歓迎されたのである。俳句を意識した野口の詩と詩論は、英米の詩人たちに独特の新奇さを感じさせ、その後のイマジズム運動や、国際的なハイカイ・ブームの呼び水ともなった。

不可視の境域を詩の言葉で開示することを理念として持っていた象徴主義は、〈機械文明〉という言葉に象徴される科学技術の急速な発達に対して、逆に自然の神秘性への憧れを強める形で文学や思想の世界に浸透し、宇宙の生命という観念と結びついた新たな普遍的な世界観となって、一九世紀末から二〇世紀前期にかけて国際的に拡がったものであった。それはまた、近代の物質文明に圧迫され、ヨーロッパ帝国主義の支配下に置かれた周縁地域の秘教的スピリチュアリズムと結びつき、支配に対する反逆や抵抗の精神となってあらわれた。たとえばアイルランドの詩人たちは、イギリス帝国の支配やキリスト教神学への抵抗心から、象徴主義を地域ナショナリズムと結びつけて表現の源とした。

つまり象徴主義はロマン主義の展開として、近代物質文明に対する反逆精神を本質的に持っており、しかも各地域の神秘主義や原始自然主義への傾きを統合しうる概念装置として働いたと考えてよい。それゆえ被支配地域のローカルカラーを尊重するナショナリズムとも強く結びつき、いわゆる伝統回帰運動としても発展した。詩人野口米次郎は、そのような象徴主義運動の日本代表として、国際的な詩人たちのサークルに迎えられ、そして自らもその役割を演じていったのである。

英米文学研究においては、従来、一部では野口のイマジズム運動への貢献が指摘されてきたものの、野口を二流視する見方も多かった。本書では野口が英米の詩誌で、いつ何をどのように語っていたのかについて精査することにより、英米の詩人たちとの交渉の内実を明らかにし、東西の詩学を融合した野口が英米のモダニズム詩運動に果たした役割をあらためて確認した。

帰国後の活躍

日露戦争を機に日本に帰国した野口は、詩壇に象徴主義が勃興する機運を助け、それと芭蕉を結びつける議論を先導した。後者について言えば、大正期、象徴詩人たちのみならず短歌界においても芭蕉を評価する傾向が強くなり、やがては小説家にも及んでいくが、野口はその流れに大きく寄与したのである。本書ではまた、同時代の象徴主義詩人や次世代の詩人たちとの交流や、〈あやめ会〉企画の意図、そして野口の国内外に向けた執筆内容について検証し、これまで疎かにされてきた大正期における野口米次郎の詩人としての存在の大きさを明らかにした。

なお、野口が日本の詩歌の〈情緒〉を問題にするようになるのは、一九〇三年頃からであるが、象徴主義を〈情調〉の文芸として語るのは、ドイツ感情移入美学であり、本書ではそれを受容していた口語詩のリーダー格だった川路柳虹や、詩の情調と音楽性を追求した北原白秋らと野口との交渉も示している。このような問題を含め、さらに象徴詩の展開の中に分け入って、野口とその周辺の詩人たちの一つ一つの作品の比較考察を行うことは、今後の課題である。

また野口は、一九〇〇年代から海外に向けて狂言や能を翻訳・紹介しており、謡曲については、ポーの詩論を借り、〈夢想の美に対する憧憬〉の表現と論じた。これらの英語による執筆は、他の日本紹介者——たとえばチェンバレンやハーンや岡倉天心ら——を意識して行われた。そして、このような舞台芸術論や、浮世絵を含めた美術論、音楽やリズムに関する議論など、多彩な分野にわたる著作全体が、野口の詩学の実践であり、モダニズム芸術の志向性と密接に関連している。

さらに一九一〇年代の野口が、日本におけるバーナード・ショーの戯曲上演の例や大逆事件直後の文学統制など、言論や表現の自由が圧迫されている日本国内の政治情勢についても海外に発信していたことは、従来の野口像にまったく新しい観点をもたらすだろう。同時に、このような野口の国外発信が、当時の、そして戦中戦後の日本理解にどのような影響を与えたのかを考えるという課題も生まれるかもしれない。

〈二重国籍者〉の意味

国際的な象徴詩運動の隆盛が様々なモダニズムへと分化していく中で、野口は、前衛性と庶民性、国際性と地方性、そして諸民族の融合を目指す二〇世紀の詩精神を守り育てることに腐心し、海外に向けて自分なりに日本文化の本質的特徴を解説することに努め、国際的に活躍の場を拡げていった。象徴性、暗示性、幽玄の世界、精神性を表現することが、野口の〈詩を生きる〉ことであり、〈神聖な日本〉という新たな〈伝統〉を広めることを自らの使命と考えたのである。しかし、そのことが、野口の中に自分自身では処理しきれないような問題をもたらすことにもなった。

その萌芽は、国際象徴詩運動の持つ普遍性と地域性を野口がそのまま実践しようとした点に認められる。イギリス帝国の植民地支配のもとにあったアイルランドやインドの詩人たちは、前述のように、普遍的な精神世界を描くことを理念とする象徴詩を、地域や民族独立運動と結びつけて考えた。それらの人々と交流していた野口もまた、その普遍性とナショナリズムの結びつきになんら疑問を抱くことなく、むしろそれを自分自身の信念としていたと思われる。それゆえ彼は、日本の精神文化のうちに普遍性を見いだし、それを国際的に広めることを使命と考えたのであった。

だが、野口がこれを日本に置き換えて具体化しようとしたとき、そこに矛盾が起きる。なぜなら日本はアイルランドやインドのような被植民地ではなく、独立国家を維持しており、それどころか周辺地域を圧迫し支配下に置こうとしていたからである。西欧諸国による植民地獲得戦争が一段落し、それに対する批判も吹き出していた時期に、ドイツや日本は遅れて植民地再分割に乗り出していった。

日本の精神美学が国際的に敷衍できると考えていた詩人の野口は、日本が帝国主義の側に回って戦争を起こしたらどうなるかという問題を想定しきれていなかったに違いない。日本が大国ロシアを相手にした日露戦争に際して、野口はそれに反対する友人の意見を聞きながらも、日本の側に立っていた。ただし野口が、表向きは対等の合併を謳った〈日韓併合〉を、宗主国日本の植民地政策の失敗の結果と論じていたことは注目してよい。領土に編入するやり方は得策ではないという主張は、当時、皆無とは言えなくとも珍しいもので、イギリス式の間接支配をモデルにした〈帝国〉のあり方を、野口がそれなりに考えていた証であろう。当時の文学者の中で、野口は政治に対する現実的な認識を持っていた一人と言えるだろう。野口の海外経験が、現実を眼の前にして活かされた結果であるとも考えられる。

確かに詩集『二重国籍者の詩』(一九二一年)の「自序」には、《日本人にも西洋人にも立派になりきれない悲しみ・・・・/不徹底の悲劇・・・・》と書かれる(この一節を引いて萩原朔太郎が、野口の詩想を《外国人の情操》だと述べたことが繰り返し紹介されてきたが、実のところ、朔太郎は、野口に畏敬の念を示す中でこれに触れたのであった)。〈二重国籍者〉とは自嘲、自己卑下の表現である。精神の形成期とも言える少年期から青春期をアメリカで過ごし、たとえ上等な英語で詩を書くことはおぼつかなくとも、日常会話も立ち居ふるまいもアメリカ流をすっかり身につけたような者は、日本社会では奇異な目で見られる。考え方の違いも、会話のはしばしに出る。より日本人らしくありたいという気持ちはつのるが、ままならない。それを悲劇と嘆いているのである。すでに国際的に名の通った詩人が自己戯画化している面もあっただろう。

しかし、それだけだろうか。野口は、計算して自分の弱みを他人に見せるようなタイプではない。悲哀を訴えながらも、結局は、そんなことは《笑つてのけろ》と居直る。自分の身についたものを今さら悲しんでも何にもならないと言い、次のように書くのである。《私が東西両洋に属することを、詰り日本人でしかも西洋人であることを、更に言ひ換えると保守主義者でしかも進歩主義者であることを私は非常に喜ぶ場合が多い。私が一人で兩國人であるが為め、兩國のいづれだけかに屬する人間が開拓することの出來ない獨自の境地に立つことが出來る[2]》。

　このように独自の複眼的な視点を駆使できるようになるまでには時を要したかもしれないが、野口が「二重国籍者の詩」を書いた一九二〇年前後は、第一次大戦が終わって国際連盟が結成され、世界に平和の希望が満ちていた。《笑つてのけろ》と言ったときの野口には、すでに〈二重国籍者〉として胸を張って生きていく覚悟が固まっていたのではないだろうか。野口の言う〈二重国籍者〉の悲劇は、精神的複合性を持った詩人としての、憂いを込めた自覚だったのであり、新しい視野を持つ国際人としての自負そのものだったのである。

　しかし、その自負から、野口は次第に〈日本主義〉に接近していく。国粋主義を掲げる雑誌『国本』に寄稿しているのも、その一例である。

　文化人も国家を支える国民の一人であり、国民としての義務を果たさなくてはならない、国際的な活動に従事する者は、当然のこととして自国文化のよさをよく知り、喧伝する役割を担うべきである、という思いを、野口は人一倍強く持っていたと思われる。これは、自国文化に誇りを持つ海外の知識人たちとのつきあいを通して培われた部分もあっただろう。それが、彼の考える〈国際性〉であり、国家の預言者たるべき〈詩人〉のあり方でもあった。

　野口の『国本』への寄稿では、日本の自然に心を寄せることを中心テーマにしており、そこには、自然一般の普遍性と日本の自然の独自性とを重ねて論じる傾向が見られる。これはちょうど、象徴主義において精神的普遍性と地域性の主張が矛盾しないのと同じ構造になっている。それは、象徴詩運動に関わることで育まれた、ローカルな精神を重んじる〈国粋主義〉の立場だった。

　しかし、普遍主義と地域主義が一致するような立場は、精神文化においては成り立ちうるとしても、国際政治の舞台でナショナリズムの高波が再びぶつかり合い始めると、激しくゆさぶられることになる。野口自身、文化主義の立場にふみとどまろうとせず、それと相容れないような局面に立つことを承知で国際的な日本代表としてふるまった。あるいは、そうふるまうことを求められた。野口は日本国家の対外膨張的な政治戦略に加担していることに気づきながら、そこから撤退することなく、相変わらず日本文化を国際的に喧伝する役割を果たし続けていくのである。

引き裂かれ

　かくして野口は、日中戦争が起こると、自らの中の《ふたつの声》に引き裂かれることになる。戦争は、野口に〈普遍〉と〈地域〉の精神的両立を許さない。野口が〈生得権〉を得るか得ないかの決断を迫られて、引き裂かれている様をあからさまにしたのが、タゴールとの国際論争であった。野口はタゴールとの論争の中で、〈独立した国家〉を背負うことが最重要だと述べて、〈文化人〉になるよりも〈日本人〉に属することを選び、家族と自らの〈生得権〉を得ると宣言したのであった。

従来、〈人道主義のインドの詩人〉タゴール対〈帝国主義国家の詩人〉野口米次郎という評価軸が見られたが、しかし本書では、論争以前の問題として、日本国内でのタゴールに関する様々な評価を整理し、それに対して野口が一貫してタゴールを擁護していたことを明確にした。野口は自らの立場をタゴールと完全に一致するものではないと表明しながらも、一方で、物質文明に蹂躙されることに対して精神世界の重要性を説き続けるタゴールの警告をもっと尊重すべきであると再三訴えていた。タゴールもまた、野口を日本人の中で最も尊重すべき人物とみなしていた。

野口は一九三八年夏から冬にかけてのタゴールとの論争において、タゴールが米英の支援を受ける蔣介石を支持していることを批判し、〈インドの独立〉〈アジア人のためのアジア〉を訴えた。もちろん、実際に中国に日本軍が侵攻し〈南京大虐殺〉によって国際的に非難を浴びていたことを考えると、これは通りにくい主張である。

しかも、家族と自らの〈生得権〉を守るという野口の主張は、自分の立場の苦しさを訴える自己弁護であり、歯切れの悪いものになっていた。ここには、普遍主義と民族独立が矛盾しないという立場を信じる野口が、日本の国家的立場を代表してしまうことの無理があらわれている。実際、野口自身、一九三九年一月には《私の胸中に長いながい間、國際文化的立場と國家的立場の争闘が続いた》と書いている。(3)

当時は、野口以外にも、普遍主義と日本ナショナリズムとの間で引き裂かれた知識人は多かった。野口の〈二重国籍〉性と苦悩を理解しえた人も、少なくなかったに違いない。反戦的な立場を貫いたとされる金子光晴が戦後、野口の〈戦争協力〉について理解を示しているのも、単に国際的詩人として尊敬していたとか、慶應義塾大学で学んだとか、同郷であったとかいう理由ではなく、その立場の困難性をよく理解していたからであろう。

また当時、日本に亡命していたチャンドラ・ボースの一派が反英・反ソの立場を謳い、〈アジアのインド、インド人のインド〉を唱えていたことを考えると、野口のアジアへの連帯意識とプロパガンダ的な言論活動のよりどころが見えてくる。タゴールとの論争で困難な立場を告白した野口が、一九四〇年代に入って、ラジオを通じた〈声の権力者〉として活躍し続けたのは、アジア主義者として〈大東亜共栄圏〉の理想に賛同したためだと考えると納得がいく点が多い。野口は〈大東亜文学者大会〉で演説をし、ラジオや新聞を通じてアジア解放の理念を語り、聖戦を説いたのである。〈文学報国会〉にも、リベラルな立場から積極的に参加した人々が少なからずいたことが明らかにされているが、野口の立場もそれに似ているのではないだろうか。ただし、野口の場合、軍部の横暴を少しでも抑えるために自ら参加したのではなく、あくまでも〈大東亜共栄圏〉の理想にかけるところが大きく、その分、積極的な〈声〉となったと考えられる。しかしそれは、戦争の現実をそのまま肯定する立場ではなかった。

野口は一九四三年に、自らを《一徹な平和的帝國主義者》であるといい、《建設のための破壊》を説いて《今回の大戰がただ生存のためのみであらば、それは恥ずべき戰争である筈だ》と述べている。[4] いったい、〈一徹な平和的帝国主義者〉とはどういう立場なのか。〈平和的〉理想がある戦争、国家の〈生存〉目的ではない〈正しい戦争〉ならば肯定するということだろうか。真意を推し量りがたいが、これが戦争に反対する言論が一切封じられた中で記されたものだということを考慮に入れねばなるまい。野口は〈帝国主義〉そのものやそのための〈戦争〉に反対している胸中を覗かせながらも、世界新秩序を建設するという〈大東亜共栄圏〉の理想をあくまでも信じ掲げるという立場をとった。また、《建設のための破壊》は、一九三八年のタゴールとの国際論争の際に、シヴァ神やカーリー女神に因んで語ったことでもあり、これにはインド国内からも賛同の意見が届いていた。

野口の〈戦争詩〉をまとめた『宣戦布告』(一九四二年)には、どのような大義名分があるにせよ暴力は暴力でしかないと訴える詩「倫敦炎上」が収録され、〈削除処分〉を受けることになる。そして、同詩集の巻末の詩「壁」の最終行には、《私は詩を書いたが、本當の詩は書けなかつた》とあり、まるで、この詩集全体について、自分の書きたい詩ではないと叫んでいるかのように読める。

一九四二年は、もはや多くの作家たちが検閲に萎縮し、時局に迎合していた時期と言ってよい。出版統制の状況を知りすぎるほど知っていた野口は、様々な手段を用いて、内なる声を発信し続けたのである。

野口が公共放送上の〈声の権力者〉としての側面を持ちつつも、独自の詩世界を究めることに精力を傾けた詩人であったことは、『八紘頌一百篇』(一九四四年)の中にも見える。厳しい制限の中で想像力のあふれた表現を模索しており、その言葉の裏には様々な可能性が孕まれている。日本の敗戦が色濃くなるとともに、野口の挫折感は、戦争詩の悲劇的・破滅的な情調や退廃的な美的情調に収斂していったかに見える。野口が戦争詩に詠いこんだ象徴的・暗示的な世界と、彼が普遍性を持ちうると考えた日本の美意識とはいかに接近したのか。これについては、日本浪漫派の〈滅びの美学〉などとの類縁性を測りながら、今後さらに分析を深めていかねばならない。

インドとの関わり

本書ではまた、一九世紀末から二〇世紀前半の国際思潮に顕著な〈象徴主義〉や、インドの〈神秘主義〉の流れに注目して、その経糸と緯糸の交差の上に野口の足跡をたどろうとした。これは二〇世紀の文化思潮や文化交流を考える際の一つの核となると言ってよい。

二〇世紀の欧米圏を軸にする国際的文化交流や思想潮流を考える際に、イギリス帝国の植民地インド（南アジア）への視点なくしては、欧米近代文学の本質さえ十分に捉えられず、そこに深く連関する〈アジア〉認識と日本帝国主義の志向性を解明することもできない。近代日本のアジア主義や、〈大東亜共栄圏〉の〈八紘一宇〉思想の実態は、東アジアの先にあるインドや、〈アジア〉世界に対する欧米圏の眼差しと帝国主義政策との関連を考慮した認識を持たない限り、解明されえないのである。

南アジア研究においては、文明論や精神史的な観点から日本近代への反省と批判を展開した〈先覚者〉としてタゴールや岡倉天心を扱うことが多い。しかし日印関係は、特に一九三〇年代以降のそれは、文明論や精神史の視点からのみでは決して捉えられないだろう。

〈日本人〉としてインド文壇に向かって語った野口の言論活動は、一九三〇年代の渡印前に野口自身が自覚していたように、芸術家個人を超えて、国際戦略の一翼を担う事業への加担とならざるをえなかった。その実態が詳しく検証されることなくしては、日本がインドに向けて何を発信しようとしたかをめぐる考察も一面的なものにとどまるだろう。

それゆえ本書では、野口のインド旅行がいかに近代の日印関係史において重要な一頁であるかを論じるとともに、野口がインド近代史上の重要人物や国際的文化人らと面会した記録や、彼の対談や講演が当時のインドの新聞紙上で頻繁に紹介された事実をできるかぎり紹介するよう努めた。

従来、近代における日本とインドの交流についての研究では、タゴールを除いて〈文学〉が取り上げられることは少なく、野口の存在は長い間忘れられていた。野口の詩がインドで翻訳され、ファンも少なからず存在したという基本的な事実すら、まったく視野に入れられてこなかったのである。

一九二〇年代のインドで、野口がシェラード・ヴァインズによってどのような観点で紹介されていたのか、ジェームズ・カズンズが日本とインド知識人をどう結びあわせたかを検証するだけでも、日印の〈文学〉を中心とした交流の実相が見えてくることを本書では示唆した。

レオニー・ギルモア、そしてイサム・ノグチ

野口米次郎は、現在では、彫刻家イサム・ノグチの実父といった方が一般的に通りが良いのが現実である。息子イサムの側から野口米次郎を見た場合、米次郎に対する嫌悪と否定的な印象は強まるだろう。従来、イサムのアメリカ人の母を、高学歴で自立した女性として捉える一方、米次郎については、学歴も教養もなく、とんでもなく行き当たりばったりな性格で母子を棄てた非情な男として語られることが多かった。しかし本書では、同時代人の野口評を調査し、近しい人々ほど、人間・野口に対する敬愛の念をもらしているということを示した。それによって、レオニー・ギルモアが彼を愛した理由も、よく理解できたのではないだろうか。またイサムにとっても、父・米次

郎は、様々な面で大きな影響力のある存在であった。

父子のつながりが見えてくる一例として、本書では、生活に息づく芸術作品として国際的に広く愛されているイサムの〈あかり〉シリーズと、米次郎の詩篇 "Like a paper Lantern" について考えた。世界の中で生きる孤独を詠い、夜の闇に自らの魂が呑み込まれそうになった苦痛を、《雨に濡れて糊のはがれた提灯》に仮託して詠った米次郎のこの一篇は、デビュー以来、最晩年にいたるまで、詩人がこだわり抜いた作品であった。ゲイシャやチョウチンばかりが日本文化ではないと言って、アメリカ社会に蔓延する誤った日本認識に批判の眼差しを向けていた米次郎は、発想を逆転させ、日本の典型的モチーフである〈提灯(チョウチン)〉の上に、普遍性を持った独自の詩世界を表してみせたのだった。一方、戦後に父の故郷近辺を訪れたイサムは、その地で室町時代から続く伝統工芸としての提灯に出会い、〈あかり〉シリーズを生み出していくことになる。イサムは、米次郎という人間の芸術家精神と、国際人としての強さと、孤独な魂を、確かに受け継いだ一人だったと考えられる。

息子イサムについての評論や研究は、今後も盛んになるだろう。その際、イサムの生涯と芸術世界を、父・米次郎の生涯や詩世界を念頭に置いて振り返ると、イサムの人生と芸術により深遠な歴史性と陰影があらわれてくるのではないだろうか。

注

序章

（1）野口米次郎「自序」『二重国籍者の詩』玄文社、一九二一年一二月、一―二頁。

（2）『日本文学大辞典』には、英米でのデビューや日本帰国後の〈あやめ会〉の設立と解散、そして一九一四年に英国講演が行われた事実までが記され（川路柳虹執筆、新潮社、一九五一年、四五四頁）、『日本近代文学大事典』には、日本語の著作が数多く存在することは紹介されているが、野口の経歴としては一九一四年の英国講演のあとに一九一九年から二〇年にかけてアメリカ各地で講演を行ったことまでが紹介されるにとどまっている（古川清彦執筆、講談社、一九七七年、第三巻、三二―三三頁）。『増補改訂・新潮日本文学辞典』も、英米でのデビューの経緯の解説が中心で、一九一四年の英国講演までが記されているのみである（外山卯三郎執筆、新潮社、一九八八年、九七九―九八〇頁）。

（3）インドやバングラデシュでは、タゴールと論争した日本の詩人として、野口の名は日本国内以上に知られている。

（4）萩原朔太郎「野口米次郎論」『詩歌時代』一九二六年五月、五頁。

（5）外山卯三郎「萩原朔太郎の見た詩人野口米次郎」『詩人ヨネ・ノグチ研究』第二集、造形美術協会出版局、一九六五年、八九―一〇三頁。

（6）萩原朔太郎「詩壇時評」『日本詩人』一九二二年六月、八一頁。ここで朔太郎は、野口の詩想を《幽玄な詩想》と言い、《底知れぬ哲学的の深刻性》や《東洋哲学の情感深き嘆息》を感じ、《ショーペンハウエルの憂鬱性》を見るとも述べている。

（7）ドウス昌代『イサム・ノグチ――宿命の越境者（上）』講談社、二〇〇〇年、四二、五七、八〇頁。ちなみにこの著作と、その英語版 *The Life of Isamu Noguchi* (Translated by Peter Duus, Princeton, N.J.: Princeton University Press, 2004) とでは、内容が一部削除されてニュアンスが異なることを稲賀繁美氏が指摘している（Shigemi Inaga, "What the Son Inherited from His Father? Preceded by a Brief Introduction to the Noguchi Legacy as a Working Hypothesis", *Artistic Vagabondage and New Utopian Projects*, International Research Center for Japanese Studies, 2011, pp. 57-77）。

（8）戦後の比較文学研究をきりひらいた島田謹二氏は、野口の国際的な文化活動が《比較文學史上劃期的な出來事であった》と述べていた（『現代日本文学全集』第七三巻、筑摩書房、一九五六年、四〇三頁）。

（9）GHQ主導の文化・言論界の公職追放が始まるのは一九四七年からで、内発的な公職追放が先行していた。

（10）『文学時標』（一九四六年一月一日―一一月一〇日）は、荒正人、小田切秀雄、佐々木甚一らの若い世代を中心にして創刊された小新聞。大正生まれの彼らは、プロレタリア文学運動や共産党の運動が壊滅する頃に運動の一端に触れただけであったため、戦時期の運動経験も転向体験も希薄で、自身や自己陣営の責任については追及意識を持っていなかった。このため創刊直後から、若き小田切らの責任意識のなさや、他人を徹底的に批判追及する資格が誰にあるのかといった点が問題とされ、早々に終刊した。

（11）荒正人、小田切秀雄、佐々木甚一「発刊のことば」『文学時標』創刊号、一九四六年一月一日、一頁。

（12）創刊号は一万部発行で最初から反響を呼び、広告もよく集まった（小田切進「その頃のこと――『文学時標』とわたし」『文学時標・復刻版』不二出版、一九八六年、六―八頁）。

(13) 小田切秀雄「文學における戦争責任の追及」『新日本文学』一九四六年六月。

(14) 次第に糾弾する側の資格や糾弾の基準の曖昧さが問題となって、自己批判や内部批判が起き、勢いが失われていく。たとえば本多秋五は、戦時中に無名の文学者であれば戦争責任から《無疵の立場》なのかと述べて、小田切らの責任意識のなさを批判した（座談会「文学者の責務」（一九四六年二月）『人間』一九四六年四月）。

(15) 近藤忠義「戰爭責任の追及——國文學時評」『文学時標』創刊号、一九四六年一月一日、四頁。

(16) チェンバレンが挙げたのは、新渡戸稲造の『武士道』（一九〇〇年）と『日米関係史』（一八九一年）、田村直臣の『日本の花嫁』（一八九三年）、内村鑑三の『余はいかにしてキリスト信徒となりしか』（一八九五年）、岡倉覚三の『東洋の理想』（一九〇三年）、稲垣満次郎（1861-1908）の『日本と太平洋』（一八九〇年）、南条文雄（1849-1927）の『大明三蔵聖教目録』（一八八三年）など（B. H. Chamberlain, *Things Japanese*, London : John Murray, 1905, p. 73, London : Kegan Paul, 1927, p. 73, 1939, p. 72）。

(17)《And — though they have little relation to Japan — the so-called poems of Y. Noguchi, which have made a sensation（in California）》（B. H. Chamberlain, *Things Japanese*, 1905, 1927, 1939）。

(18) 日本関連の著作を行っていたハドランド・デイヴィスが、野口について書く中で、チェンバレンを次のように批判している。《Ten years ago Professor B. H. Chamberlain wrote: The So-called poems of Y. Noguchi, which have made sensation（in California）. Today there is no need for a parenthesis or a satirical reference to 'so-called poems.' To-day the literary world generally has seen it to endorse the opinion of the Californians, who were among the first to recognise this poet's genius》（Hadland Davis, "The Poetry of Yone Noguchi", *The Quest*, July 1914, p. 737）。

(19) 本書の第六、七章で述べるが、野口はチェンバレンの〈俳句＝エピグラム〉認識を批判し、また謡曲の翻訳を行う際にも、アストンやチェンバレンの翻訳を批判して、自らの訳出の意図と必要性を明示している。ただし例外的に、チェンバレンが『古事記』を英訳し日本の美点と独自性を発見したことについては《彼の慧眼に感服せざるを得ない》と述べていた（野口米次郎『放たれた西行』春秋社、一九二八年六月、二二九頁）。

(20) ロバート・ニコルズ「文明批評家野口米次郎」『日本詩人』第六巻五号、一九二六年五月、五二頁。

(21) Earl Miner, *The Japanese Tradition in British and American Literature*, Princeton, N. J. : Princeton University Press, 1958, pp. 186-187. 邦訳に、深瀬基寛・村上至孝・大浦幸男訳（『西洋文学の日本発見』筑摩書房、一九五九年、二一二—二一三頁）があるが、野口に対する否定的なニュアンスが含まれた訳であるため、ここでは筆者による訳を示した。

(22) 金子光晴『人よ、寛かなれ』青娥書房、一九七四年（『金子光晴全集』第九巻、中央公論社、一九七六年、一八八頁）。

(23) 同前。

(24) 二人はそれぞれ野口への敬意と若き日の学恩を記している（齋藤勇「詩人ヨネ・ノグチ」、尾島庄太郎「英詩人としてのヨネ・ノグチの詩歌」『詩人ヨネ・ノグチ研究』造形美術協会出版局、一九六三年、二五—四九頁）。

(25) Ikuko Atsumi, "Introduction", *Yone Noguchi Collected English Letters*, Tokyo : Yone Noguchi Society, 1975, pp. 6-16.

(26) 伯谷嘉信氏の論文には、"Yone Noguchi's Poetry : From Whitman to Zen"（*Comparative Literature Studies*, vol. 22, no. 1, Spring 1985, pp. 67-79）, "Father and Son : A Conversation with Isamu Noguchi"（*Journal of Modern Literature*, vol. 17, no. 1, Summer 1990, pp. 13-33）, "Ezra Pound, Yone Noguchi and Imagism"（*Modern Philology*, vol. 90, no. 1, August 1992, pp. 46-69）などがある。また選集の序文（"Introduction", *Selected English Writings of Yone Noguchi : Poetry*, edited by Yoshinobu Hakutani, Rutherford : Fairleigh Dickinson University Press, 1990）もある。

(27) Edward Marx, *The Idea of A Colony : Cross-Culturalism in Modern Poet-*

ry, Toronto : University of Toronto Press, 2004.

(28) 和田桂子「野口米次郎のロンドン（一三）」『大阪学院大学外国語論集』第四六号、二〇〇二年九月、九八頁。パウンドが西脇の詩を読んで書いた一九五七年の書簡（"Letter from Ezra Pound to Ryoso Iwasaki (21 August 1957)", *Ezra Pound and Japan : Letters and Essays*, edited by Sanehide Kodama, Connecticut : Black Swan Books, 1987, p. 141）を引用して論じている。

(29) 小玉晃一「エズラ・パウンド」『欧米作家と日本近代文学』第五巻英米篇、教育出版センター、一九七五年、二九八頁。

(30) 一九一一年以降、数多くの短詩を書いたクラプシーが百人一首の翻訳本（一九一〇年）を所持すると同時に、ノートに野口の英詩を書きつけていたことを論じている（Sanehide Kodama, *American Poetry and Japanese Culture*, Conneciticut : Archon Books, 1984, pp. 51–53）。この件については後述（第八章第2節（c））。

(31) 新倉俊一『詩人たちの世紀——西脇順三郎とエズラ・パウンド』みすず書房、二〇〇三年、二六頁。

(32) たとえば、Mahasweta Sengupta, "Translation as Manipulation : The Power of Images and Images of Power" (*Between Languages and Cultures : Translation and Cross-Cultural Texts*, Pittsburgh : University of Pittsburgh Press, 1995, pp. 159–174) や "Translation, Colonialism and Poetics : Rabindranath Tagore in Two Worlds" (*Translation, History and Culture*, edited by S. Bassnett and A. Lefevere, London : Pinter, 1990, pp. 56–63) は、タゴールの英詩は明らかに西洋のヘゲモニーの中にあるインドのイメージを表象していると論じる。また、Buddhadeva Bose, "Tagore in Translation" (*Yearbook of Comparative and General Literature*, vol. 12, 1963, pp. 15–26) や Nibaneeta Sen, "The "Foreign Reincarnation" of Rabindranath Tagore" (*The Journal of Asian Studies*, vol. 25, 1966, pp. 275–286), Edward C. Dimock, Jr., "Rabindranath Tagore : "The Greatest of The Bāuls of Bengal"" (*The Journal of Asian Studies*, vol. 19, 1959, pp. 33–51) では、タゴールの英詩がいかにベンガル語の秀逸な詩とは異なっているかが論じられている。

(33) 水村美苗氏は、日本文学が世界の読書人の中で〈主要な文学（une littérature majeure）〉とみなされ、『ニュー・エンサイクロペディア・ブリタニカ』にも〈主要な文学〉の一つと記されていると論じている（水村美苗『日本語が亡びるとき——英語の世紀の中で』筑摩書房、二〇〇八年）。

(34) 齋藤勇「詩人ヨネ・ノグチ」『詩人ヨネ・ノグチ研究』、前掲、三一頁。

(35) 尾島庄太郎「英詩人としてのヨネ・ノグチの詩歌」『詩人ヨネ・ノグチ研究』、前掲、四九頁。

(36) 山宮允「野口米次郎論」『詩人ヨネ・ノグチ研究』、前掲、一三三—一三四頁。

(37) 南江治郎「詩父・野口先生」『詩人ヨネ・ノグチ研究』第二集、前掲、一六八頁。

(38) 外山卯三郎「ヨネ・ノグチの十七字詩とその波紋」『詩人ヨネ・ノグチ研究』第三集、造形美術協会出版局、一九七五年、一五—九二頁。外山の野口に関する単独著作には、『詩人ヨネ・ノグチの詩——その〈日本語詩〉の成立に関する芸術学的研究』（造形美術協会出版局、一九六七年）がある。

(39) 渥美育子「文化交流と境界人の役割——野口米次郎の場合」『現代英語教育』第七巻一二号、一九七一年、四七頁。

(40) 亀井俊介「ヨネ・ノグチとアメリカ詩壇」『詩人ヨネ・ノグチ研究』第二集、前掲、六八—六九頁。

(41) さらに、野口とイェイツとの親交もよく言及されることであり、英国を中心とした欧米の文壇で、野口の詩論が日本の詩論、東洋の詩論として新鮮味をもって扱われ、関心を持たれていたことは事実である。しかし、実際にそこで何が語られたのか、象徴主義から〈世紀末〉を経てイマジズムに続く欧米文壇の精神的風土とジャポニスムの風潮の中で、野口がどのように自分の論点を展開したのかについては、十分に検討されてこなかった。特に野口が芭蕉を中心に語った詩論の意義とその影響に関心をよせる研究はほとんどなされていない。

(42) 野口進「詩人野口米次郎の思想について」『日本文芸論考――古代日本文芸に於ける自然観照』右文書院、一九八三年、三〇九頁。

(43) 亀井俊介『新版ナショナリズムの文学――明治精神の探求』講談社学術文庫、一九八八年、二五五―二六〇頁。

(44) 特に注目すべき近年の野口研究としては、橋本順光氏の「茶屋の天使――英国世紀末のオペレッタ『ゲイシャ』(1896) とその歴史的文脈」(『ジャポニスム研究』第二三号、二〇〇三年) や「『偉大な人種の消滅』 北欧人種と優生学」(『アメリカ一九二〇年代――ローリング・トウェンティーズの光と影』金星堂、二〇〇四年)、また、和田桂子氏の一連の野口研究(「野口米次郎のロンドン」『大阪学院大学外国語論集』三三号～、一九九六年三月～)、アメリカ在住の伯谷嘉信氏(前述、注(26))の研究、また日本在住のエドワード・マークス(Edward Marks) 氏の "What about My songs: Yone Noguchi in the West" (*Modernity in East-West Literary Criticism: New Readings*, edited by Yoshinobu Hakutani, Madison: Fairleigh Dickinson University Press, 2001) や "Yone Noguchi in W. B. Yeats's Japan (1-2)" (『愛媛大学法文学部論集・人文学科編』第一八・一九号、二〇〇五年二月、九月) がある。

(45) このシリーズでは、詩集・小説・評論版全六巻(二〇〇七年)、美術論版全三巻(二〇〇八年)、アメリカ西海岸の詩雑誌版全三巻(二〇〇九年) が刊行されている。それ以前には、アメリカの伯谷嘉信氏が *Selected English Writing of Yone Noguchi* (2 vols., 1990, 1992) を出版し、国内では『野口米次郎選集』(クレス出版、一九九八年) が出版されていた。

(46) 稲賀繁美「いま〈世界文学〉は可能か?――「全球化」のなかで二一世紀の比較文学の現在を問う」『比較文学研究』第九二号、二〇〇八年、一一三頁。

(47) 亀井俊介「ヨネ・ノグチとアメリカ詩壇」(『詩人ヨネ・ノグチ研究』第二集、前掲、四四―七一頁)、渥美育子「世紀末アメリカ文学とヨネ・ノグチ」(『青山学院大学一般教育部会論集』第一四号、一九七四年二月、九五―一〇二頁) など。

第一章　渡米まで

(1) 野口米次郎「私の手」『早稲田文学』(一九二三年四月) 初出、詩集『我が手を見よ』(アルス、一九二三年五月、四―五頁) 再録。

(2) 野口の生誕年については一八七五(明治八)年として定着している。しかし『文学研究叢書』(第六一巻、昭和女子大学近代文化研究所、一九八八年) の野口の項目を執筆した平井法は、《一八七四年一二月八日(戸籍には一八七五年と記載)》とする。じつは野口自身が記した年譜(「年譜」『現代日本文学全集』第五七巻(小泉八雲・ケーベル・野口米次郎) 改造社、一九三一年一二月) には、《明治八年(戌年)》とあり、この《戌年》を信じるならば一八七四年生まれになる。つまり、一八七五年生まれと戸籍に記帳され、野口自身もそれに従って自らの年譜を作っているが、実際には戌年の一八七四年生まれである可能性もある。米次郎は師走生まれの第四子で、当時は〈数え年〉の制度もあったため、一年ずれて戸籍登録されたのではないだろうか。ただしこの自筆年譜は、大正年間も一年ずれているところが多いため、ここでは、一般に定着している一八七五年としておく。

(3) 濃尾平野は関東と関西の中間に位置する東西文化の接触地で、中世・近世の津島は、伊勢と尾張をつなぐ湊町・商業都市として発展していた。また、牛頭天王信仰の聖地であった津島神社の門前町でもある。野口の生家は本町筋にあった。

(4) 野口家の祖先には、織田信長の家老・平手政秀がいたとされる。政秀の嗣子が戦乱の世を嫌って百姓となり、濃尾平野の入り口に居住したことから、姓を野口と改めたという。

(5) 大俊と雲井龍雄が親しく交際したのは一八六九(明治二)年秋からで、翌七〇年一二月には雲井は打首になり、大俊は佃島に流罪となる。

(6) 野口米次郎『想思殿』春陽堂、一九四三年、四四四頁、野口米次郎「雲井龍雄と釈大俊」(一九三九年八月六日ＪＯＡＫ放送、『自叙伝断章』二葉書店、一九四七年八月に収録) など。

(7) 釈大俊が三三歳で逝去したときに死に水をとった人物（武田芳淳という鎌倉の光明寺の住職）が、生前しばしば、野口が大俊上人によく似ていると言っていたという（ラジオ放送「雲井龍雄と釈大俊」『自叙伝断章』、前掲、八一頁）。

(8) この兄は一九〇四年より浄土宗常光寺（現在の藤沢市にある）の住職となり、ここが野口家の墓所となっている。

(9) 一八七二年に東本願寺名古屋別院閲蔵長屋として開設された講研所が、一八八七年に大谷派普通学校と改称、一九〇八年には文部省認可の旧制尾張中学校となり、現在は名古屋大谷高等学校。野口いわく、《私の田舎は中々佛教の盛大な所で其當時名古屋の東本願寺に大谷學校といふが成立せられて南條博士が私共の田舎を遊説して歩かれたが為め誰も彼れもと大谷學校へ入つたので私も其一人で》あった（『余は如何にして英語を學びしか』英學界編輯局編、有楽社、一九〇七年一二月、二九頁）。

(10) 本人の年譜によると〈週元院〉とあるが、〈通元院〉の誤りであろう（『現代日本文学全集』第五七巻、前掲、四一二頁）。通元院は、浄土宗増上寺にある清揚院殿霊屋の別当職寺院である。この院のほかに、徳川家との関連が深い増上寺の領地には、当時、学寮が多数あった。

(11) 新渡戸稲造や夏目漱石も成立学舎で学んでいる。

(12) 野口米次郎「烏兎匆々」『日本評論』一九三八年九月、三四八頁。

(13) 同前、三五一頁。

(14) 『日本の英学一〇〇年　明治編』研究社、一九六八年、三四五、四九七頁。

(15) 野口が言う *Wilson's Spelling-book* とは、Marcius Willson, *Willson's primary speller: a simple and progressive course of lessons in spelling, with reading and dictation exercises, and the elements of oral and written compositions* (New York: Harper & Brothers, 1863) であろう。この版は、東京の出版社によって複製されている。

(16) Yone Noguchi, *The Story of Yone Noguchi*, London: Chatto & Windus, 1914, p. 1.

(17) *Willson's First Reader* のこと。これは当時の人気教材で、明治期の小学読本の底本ともなっていた（豊田実『日本英学史の研究』岩波書店、一九三九年、三三九―三五三頁）。

(18) 野口米次郎『余は如何にして英語を學びしか』、前掲、二八頁。

(19) これは、「東洋の小ロビンソンクルーソー」と題して、前後二〇章に分けて掲載され（『時事新報』一八八六年一月一五日―二月一二日）、同年六月には『出世の鏡　忍耐起業　田中鶴吉伝』という題名で出版された。その後、わずか二年足らずのうちに合計八つの出版社から再版が出ており、人気の高さがうかがえる（野口はのちに、塩田事業に失敗して再渡米し掃除夫となっている田中鶴吉の姿を目撃している）。この頃の様子は、「烏兎匆々」（前掲、三三四―三三六頁）に詳しい。

(20) 野口米次郎「烏兎匆々」、前掲、三四六頁。

(21) Yone Noguchi, *The Story of Yone Noguchi*, pp. 3-4.

(22) 中村敬宇訳の『西国立志編』を友人の父から土産として貰っていた野口は、その後スマイルズの原本を洋書屋で見つけて、《飛び立つほどの喜びで》買った。だが、よく読めなかったので、ある寺に住む米国帰りの人物を訪ねていったという（「烏兎匆々」、前掲、三四七頁）。

(23) 「年譜」『現代日本文学全集』第五七巻、前掲、四一二頁。

(24) 野口米次郎『余は如何にして英語を學びしか』、前掲、三〇頁。

(25) *Second National Reader* とは、チャールズ・バーンズ著の *New National Reader 2* (New York, Cincinnati, Chicago: American Book Company, 1883) のこと。

(26) 野口米次郎「烏兎匆々」、前掲、三四七頁。

(27) *Local Government, The English Citizen: his right and responsibility vol. 3* (London: Macmillan, 1883) のこと。シャルマー編著のシリーズで、教科書としてよく使用された。

(28) 野口米次郎『余は如何にして英語を學びしか』、前掲、三一頁。

(29) 野口米次郎「烏兎匆々」、前掲、三四八頁。

(30) 同前、三四七、三五一頁。また、野口は名古屋で在学中、福沢諭吉の『学問のすすめ』と中村敬宇訳の『西国立志編』のどちらかを貰えるという機会があり、そのときは後者を選んだが、上京後《今ここに住むといふことは、何かしら福澤先生と因縁があつたであらうと思つた》(三五一頁)とも書いている。

(31)野口が入塾したのは、まさに一八九〇(明治二三)年一月に新たに大学部(文学、法律、理財の三科)が設置された時期である。彼自身は大学部ではなかったが、福沢諭吉の息子一太郎の講義に大学部の学生がストライキをしたことで、福沢諭吉の大学教育に対する熱情が薄らいだと聞かされていた。これに関して後年の野口は、《学校は公的なもの、それで問題が自分の伜に關係があつても、私情を働かすべき》ではないが、福沢諭吉が《子煩惱の感情家》であったことの証明であると述べている(「鳥兎匆々」、前掲、三五三頁)。

(32)当時、この著作は、『斯氏教育論』(尺振八訳、一八八〇年)、『斯辺瑣氏教育論義』(小田貴雄訳、一八八五年)、『標註斯氏教育論』(有賀長雄訳註、一八八六年)と、三つの邦訳書が出版されている。

(33)スペンサーは自然淘汰の概念を適用して、教育学、心理学、社会学、倫理学の基礎を進化理論の観点から独自に体系的に確立しようとした。スペンサーの社会哲学は明治期に流行し、自由民権運動の理論的武器として受容されたのみならず、広く日本の思想形成において多大な影響を及ぼした。

(34)野口米次郎「鳥兎匆々」、前掲、三五三頁。

(35)野口米次郎『余は如何にして英語を學びしか』、前掲、三一頁。

(36)『紳士ジェフリーのスケッチブック』(*The Sketch Book of Geoffrey Crayon, Gent.*, 1819-1820)のこと。アーヴィングは、読むに値するアメリカ文学作品がまだ育っていないと言われていた時期に、イギリスやヨーロッパにおいて名声を確立した初のアメリカ人作家である。

(37)成立学舎をはじめ、各英語塾でこの作品が教科書などに採用されていた。野口や牧野義雄は、この本に心酔して英国に憧れたという。

(38)野口の日記風小説 *The American Diary of a Japanese Girl* の語り手・朝顔嬢にとってのアメリカのごとく、『スケッチブック』の語り手クレイヨンにとって、イギリスは、《子ども時代に聞かされていた、長年ずっと思い描いてきたあらゆるものに満ちた約束の地》であった。またアーヴィングの描く世界では、結婚、死などの重大な出来事が傍観的に扱われ、困難に巻き込まれたり直面したりすることを避ける傾向がある。このような主人公の傍観的逃避的な姿勢も、*The American Diary of a Japanese Girl* と共通していると言えるかもしれない。

(39)ゴールドスミスもグレイも、当時の日本では、とりわけ『文学界』同人の若者たちの間で人気が高かった。グレイの詩は、『新体詩抄』(一八八二年)に矢田部良吉が訳出したものが名訳として知られており、詩歌に関心のある明治期の若者が避けて通るわけにはいかない種類のものであった。ゴールドスミスは、アイルランド生まれの英国詩人、劇作家、小説家、随筆家で、『世界の市民』などの随筆や、詩集『寒村集』(*The Deserted Village*)が評価されている(『世界の市民』に見られるような、外国人の旅行者が各国の風変わりな風俗や習慣について本国宛の書簡の中で述べるという形式は、一八世紀の英国で流行したものだと言われるが、この形式が野口の *The American Diary of A Japanese Girl* に影響を与えたとも考えられる)。

(40)豊田実『日本英学史の研究』、前掲、四一一頁。

(41)野口米次郎「鳥兎匆々」、前掲、三五〇頁。

(42)Yone Noguchi, *Through the Torii*, London: Elkin Mathews, 1914, p. 130.

(43)野口米次郎「鳥兎匆々」、前掲、三五四頁。

(44)翁姓を穂積、名を美之。幼くして画家・依田竹谷の門下となり、俳道は父・老鼠肝の教えを受け、茶事は石洲流の谷村可随に付いて奥義を極め、二二歳のときに永機と称して、宝晋齋と号する。野口が訪れた頃には、永機は現在の芝公園地内楓山に居を構えていた(図録『子規から虚子へ——近代俳句の夜明け』虚子記念文学館、二〇〇九年、一一頁)。

(45)野口米次郎「鳥兎匆々」、前掲、三五四頁。

(46)旧派と称される宗匠は、大きく三つのグループに分けられる。教林盟社(老大家派)の一派、地方庶民を門人に多く持った三森幹雄(1829-1910)の明倫講社(新進派)の一派、そして幹雄と勢力を二分した永機の一派である（図録『子規から虚子へ』、前掲、八—一一頁）。

(47) 勝峯晋風『明治俳諧史話』大誠堂、一九三四年、二四二頁。

(48) 同前、三三五頁。

(49) 永機は一八八七（明治二〇）年一〇月に七日七夜に及ぶ芭蕉二百回忌の興行を行い、一八九三年には〈奥の細道〉勧進行脚を行って碑を建立した。〈新進派〉と呼ばれた宗匠・三森幹雄は全国の門人に勧進を呼びかけて、一八九三年九月に芭蕉神社を建立し、芭蕉を祖霊神と崇めた。一方、正岡子規はこのような芭蕉を神格化する旧派宗匠たちを糾弾した（図録『子規から虚子へ』、前掲、一〇—一一頁）。

(50) 一八九五（明治二八）年一〇月に結成された新派俳句結社・秋声会（尾崎紅葉ら硯友社・紫吟社が母体となって発起）には、新派のみならず、永機らの旧派も参加している（図録『子規から虚子へ』、前掲、二〇頁）。

(51) 野口米次郎『松の木の日本』第一書房、一九二五年、二一一—二一三頁。

(52) 同前、二一三頁。

(53) 志賀重昂「跋」（一九〇三年九月）、Yone Noguchi, *From the Eastern Sea*, Tokyo : Fuzanbo, 1903, pp. 83-84.

(54) 同前。

(55) 亀井俊介『新版ナショナリズムの文学——明治精神の探求』（講談社学術文庫、一九八八年、二一二頁）でも触れられている。

(56) 志賀は、一八八六年に海軍遠洋航海練習艦〈筑波〉に便乗して各国を周航した体験から、西洋列強による南洋諸地域の植民地化の現状や、日本の置かれた国際的地位についての見聞を、『時事新報』に連載し『南洋時事』（一八八七年）にまとめている（一八八六年頃の野口は名古屋の叔父の家で、『時事新報』に掲載された志賀の巡航日記を読んでいたはずである）。また、一八八八年には三宅雪嶺（1860-1945）らと共に政教社を起こして雑誌『日本人』を創刊し、明治政府の欧米模倣による文明開化政策を批判し、日本の伝統を保存しながら技術文明を導入することを主張した。政教社は、陸羯南（1857-1907）を中心とした新聞『日本』（一八八九年創刊）と歩調を合わせ、一八八九年から約二年間は『日本』新聞社内に事務所を置いていた。一八九一年には、第一次『日本人』の発行が停止され、志賀は『亜細亜』（一八九一年六月）を創刊している。また、志賀はおそらく明治二〇年代に、"Arise! Ye Sons of Yamato's Land" と題した一篇の英詩を書いている（『志賀重昂全集』第三巻、志賀重昂全集刊行会、一九二七年、扉頁）。

(57) これについては、愛知県愛西市教育委員会学芸員の石田泰弘氏の研究がある。明治二〇年代から大正期にかけて、海部津島、特に佐織地区（現在の愛知県愛西市）では渡米ブームが起き、中流家庭の戸主や長男が家の再生のために渡米する例が多く見られた。渡米先はカリフォルニアのオークランドやサクラメントがほとんどで、同郷意識も強く一九一二年には訪米愛知県人会が結成された（特別展パンフレット『海部・津島のアメリカ移民』愛西市教育委員会、二〇〇五年）。

(58) この大切な写真を、野口は渡米後しばらくして、スタンフォード大学の学生だった安部という男に貸すが、その後、安部の死によって写真は紛失してしまう。野口米次郎「鳥兎匆々」、前掲、三五六頁。

(59) 正岡子規「獺祭書屋俳話」『日本』一八九二年六月二六日—一〇月二〇日連載。子規の第一著作『獺祭書屋俳話』は一八九三年五月に刊行された（なお、子規の「芭蕉雑談」が連載され始めたのは、野口の渡米後の一八九三年一一月からである）。

(60) 鵜鶘子（前田林外）「漢詩和歌新体詩の相容れざる状況を叙して俳諧に及ぶ」『読売新聞』一八九〇年八月七、九、一四、一七日。

(61) 石橋友吉（忍月）「詩歌の精神及び餘情」『国民之友』一八九〇年一月、一二頁。

(62) 北村透谷「人生に相渉るとは何の謂ぞ」『文学界』第二号、一八九三年二月、四頁。

(63) 同前、六頁。

(64) 島崎藤村「馬上、人世を懐ふ」『文学界』第二号、前掲、一一頁。

(65) 星野天知「茶祖利休居士」『文学界』第二号、前掲、一頁。

(66) 平田禿木「鬱孤洞漫言」『文学界』第三号、一八九三年三月、三頁。

(67) 野口米次郎「千九百〇三年英米文學界概觀」『帝国文学』一九〇五年

二月。

(68) この冒頭の四連のあと、二〇連が続く。これに対して、大俊が一一連の漢詩を作って、雲井龍雄に応えている（書き下し文は、野口米次郎のラジオ放送「雲井龍雄と釈大俊」『自叙伝断章』、前掲、八八頁より）。

(69) 志賀重昂「跋」、Yone Noguchi, *From the Eastern Sea*, pp. 83-84.

(70) 野口米次郎『自然禮讃』第一書房、一九二六年七月、一〇頁。

(71) サンフランシスコ福音会は、一八七七年から一九一五年頃まで存在した日本人渡米者のための組織で、渡米青年の多くがここを頼った。福音会は、英語学校の斡旋、クリーニング業やレストランの開業、日本語日刊新聞の発行など、渡米者の日常生活の全般に関わった。一八八〇年代後期から九〇年代が福音会の全盛期とされる（久富節子「文化伝承のエネルギー――『福音会沿革資料』誕生の背景」『東海学園大学紀要』第一二号、二〇〇四年三月、七五―八三頁）。また、一八九八年にはサンフランシスコ仏教青年会が設立された（吉田亮『アメリカ日本人移民とキリスト教社会――カリフォルニア日本移民の排斥・同化とE・A・ストージ』日本図書センター、一九九五年）。

(72) 野口は愛国同盟に関する文章をほとんど残していないが、従来から、渡米当初の野口と愛国同盟との関係については、外地で形成されるナショナリズムの一典型であるとして注目されてきた（亀井俊介「ヨネ・ノグチの日本主義」『新版ナショナリズムの文学』、前掲、二一三―二一九頁）。

(73) 野口米次郎『米國文學論』第一書房、一九二五年一二月、四三―四四頁（『人生讀本　春夏秋冬』第一書房、一九三七年九月、六四―六五頁に再録）。

(74) 本人による「年譜」『現代日本文学全集』第五七巻、前掲、四一二―四一五頁。

(75) 鷲頭尺魔（本名・鷲津文三）は一九六五年新潟県生まれで、『在米日本人史観』（ロサンゼルス・羅府新報社、一九三〇年）を出版し、一九三二年に帰国して茅ヶ崎市に住んだ。没年不詳。

(76) 伊藤一男『桑港日本人列伝』PMC出版、一九九〇年、一七五頁。

(77) Yone Noguchi, "Some Stories of My Western Life," *The Fortnighly Review*, London, 2 February 1914.

(78) 鷲頭尺魔は『日米大鑑』の中で、一八九四年の冬に『桑港新報』の居候をしていた野口について、《一九歳の青年で頗る生意気の小僧であったが、私は彼の生意気が気に入って、こやつ後に面白い男になると思うた》と書いている（伊藤一男『桑港日本人列伝』、前述、一七六頁）。

(79) 広島県佐伯郡地御前村（現廿日市市地御前）生まれの小林は、一八八六年から八八年秋まで広島市の私塾・清輝舎に在籍したのち、八八年一一月に出稼ぎ労働者と共に渡米した。サンフランシスコでハウスキーパーとして働きながら夜学に通って語学を学ぶうちに画家を志し、九一年に友人の通うカリフォルニア・デザイン学校に入学（九五年から万古の号を使用）。一八九六年、同校のコンクールの裸体木炭デッサンの部で優等ブラウン金牌を受賞した。同年ラーキン街にアトリエを設けて個展を開催し、サンフランシスコ在住の邦人に呼びかけて美術協会を結成。九七年にはカリフォルニア州立マーク・ホプキンズ美術学校（旧カリフォルニア・デザイン学校）コンクールの裸体油絵の部で最優秀エブリー金牌を受賞し、日系人社会で話題となった。同年学校を卒業し、一八九八年に五カ月間の一時帰国後、ヨーロッパ遊学の費用を作るためにハワイに渡って翌年に画塾を開いた。一九〇〇年にサンフランシスコ経由でニューヨークに入り、東部各州を巡遊後、ロンドンを経てパリに渡って、アカデミー・デルクルースに学び、黒田清輝、岡田三郎助、中村不折らと交友。一九〇一年、イタリア各地を巡ってからロンドンに滞在、一九〇二年にニューヨーク、サンフランシスコ経由でハワイに到着して一年滞在後、一九〇三年に帰国した。一九〇五年に広島から上京し、同年第一〇回白馬会展に油彩一八点を出品して、雅号を千古と改め日本画壇にデビューする。一九〇六年に黒田清輝の尽力で学習院女子部講師となり、翌年に助教授となったが、〇八年に発病して学習院を辞職、一一年一〇月一〇日に死去した。野口は小林千古の一枚の絵画からインスピレーションを受けて一篇の詩を書くほか、『読売新聞』に千古の追悼記も書いている。

(80) 愛知県挙母町（現豊田市）に生まれた牧野は、一八八六年頃から名古屋で英語、漢学、西洋画を学び、一八九二年に名古屋英和学校を卒業して上京する。一八九三年六月に、志賀重昂の紹介状（珍田捨己総領事宛）を持ってサンフランシスコに到着し、働いて学資を得たのち、一一月にマーク・ホプキンズ美術学校に入学（同校には小林千古がいた）。スクールボーイとして働きながら学び、この頃野口を知る。一八九七年にサンフランシスコを離れ、ニューヨーク、パリを経由して、ロンドンに行き、日本海軍の造船監督事務所で働きながらサウス・ケンジントン技芸学校、ゴールドスミス美術学校、ロンドン中央美術工芸学校に学んだ。その後、職を失い窮乏生活を送った時期もある。一九〇三年初めに野口が渡英してきたときには、牧野と同じ下宿に住んでいる。野口が *From the Eastern Sea* を自費出版して好評を受けたときには、牧野も野口に伴って著名人宅を訪問して回り、野口の帰国後の同一九〇三年、美術評論家スピールマンが主幹を務める美術雑誌『マガジン・オブ・アート』(*Magazine of Art*) に作品が掲載されたのをきっかけに画家として認められるようになる。一九〇七年にスピールマンの推薦で、水彩画六〇点を収めた *Color of London* が出版され、その後、自伝 *A Japanese Artist in London* (1910) も評判になり、ロンドンで知られるようになる。一九三四年には野口の尽力で、作品展（東京資生堂）が開催されている。一九三七年の日中戦争で排日熱が高まり、翌年第二次世界大戦が勃発すると、外交官の重光葵を頼って大使館内で生活するが、日英開戦に及んで、ついに一九四二年九月、五〇年ぶりに帰国する。麹町の重光邸に身を寄せ、終戦後は鎌倉で生活し、一九五六年に脳内出血で死去した。

(81) 野口米次郎『米國文學論』、前掲、四四―四五頁。

第二章　アメリカ西部で培われた詩人の精神

(1) Yone Noguchi, "postscript", *Japan and America*, N.Y.: Orientalia, Tokyo: Keio University Press, 1921, pp. 108-109. これに対応する日本語詩は『外人の心理』（第一書房、一九二六年一二月、三五―三六頁）に収録されている。

(2) 本名は生誕地（オハイオ州シンシナティ近郊のインディアナ州リバティ）に由来し、シンシナタス・ハイナー・ミラーという。ウォーキン・ミラーとは、メキシコの無法者にちなんでつけた筆名で、友人の女性詩人イナ・クールブリスの提案に従ったもの（Ed Herny, Shelley Rideout, and Katie Wadell, *Berkeley Bohemia: Artist and Visionaries of the Early 20th Century*, Layton: Gibbs Smith, 2008, p. 23)。ワイルドウエストの荒々しい社会とフロンティア精神のイメージを意識して名づけたという。なお、シンシナティは若き日のハーンが暮らした土地であり、また野口の親友パットナムもシンシナティ出身である。

(3) この当時、ミラーの〈丘〉には、女中として《墨國人と黒人との雑種》の娘アリスがおり、野口とは《極めて親密な交際をするに至つた》というが、彼女は《気の毒にも若死をした》。当時、ミラー夫人と娘は別居していた（野口米次郎『米國文學論』第一書房、一九二五年一二月、四八頁）。

(4)《高く評価されている詩人（the esteemed poet）》と言われながら、文学的に見て言葉の使い方や形式が許しがたいとか、厄介な立場の詩人であるといった評価があり（"Current Criticism", *The Critic*, N.Y., 10 January 1885)、また、ミラーの詩は異常に大げさで、デコボコなスタイルなので、真剣に批評する価値がない、といった批評も書かれている（"Recent Verse", *The Critic*, N.Y., 24 December 1887)。

(5) ミラーと同様、一八歳で東部から西部に移住して、サンフランシスコで文学の世界に入った詩人・作家。一八六〇年代後半から七〇年代に、アメリカ西部のゴールドラッシュやパイオニア精神などを題材にした小説で人気を博し、アメリカ的アイロニーの表現者として当時評価されていた。福田光治氏によると、若き日の饗庭篁村が一八八七年八月に『読売新聞』に連載した小説「深山木」は、このブレット・ハートの小説『山の娘ムリス』(*M'liss*, 1863-1864) を翻案したものである（福田光治「ポー」『欧米作家と日本近代文学』第五巻英米篇、教育出版センター、一九七五年、七二頁）。

（6）"Poets and Poetry in America", *The Critic*, N.Y., 29 Januaty 1887, p. 56.

（7）《Joaquin Miller is not essentially American. He is the poet of the roving adventurous life of a borderer》（"Poets and Poetry in America", *The Critic*, N.Y., 29 January 1887, p. 57）.

（8）ミラーは隠遁生活のためにサンディエゴに山荘を構えたという情報も流れたが（"Notes", *The Critic*, N.Y., 27 February 1892）、オークランドの間違いではないかと思われる。ミラーは *Songs of the Mexican Sea* (Boston : Robert Bros., 1887) などを発表しているので、メキシコ国境近くの町サンディエゴにも居住したことがあるかもしれないが、山荘を構えたのはオークランドである。

（9）野口米次郎『米國文學論』、前掲、四九―五〇頁。

（10）野口米次郎『先驅者の言葉』改造社、一九二四年一〇月、三〇六頁。

（11）《米國印度人が雨乞ひの歌だといつて、奇體な身振面白く叫んで内證に自分の手を屋根に伸ばし、其邊の水管の螺旋をひねつて水を吹出させ、「祈禱は答へられた」といつて客の顔をぢろりと眺めなどして愉快がることもあつた》（同前、三〇六―三〇七頁）。

（12）イナ・クールブリスは、〈丘〉の常連の一人で、野口の日記によれば、一八九七年五月二八日に〈丘〉に宿泊し《雑談快を盡せり》（野口米次郎「詩仙ミラーと山居の日記」『英米の一三年』春陽堂、一九〇五年五月、一三〇頁）。当時オークランドの図書館に勤めていたクールブリスは、一八九五年までカリフォルニアにいたイサドラ・ダンカンとも交友し、のちにダンカンはヨーロッパに渡ってモダンダンスの創始者となる。

（13）詩人として成功した野口がミラーや〈丘〉の存在を紹介したので、菅野衣川（1878- 没年不詳）ら多数の日本人がミラーを慕って〈丘〉に出入りした（篠田佐多江「ウォーキン・ミラーの弟子　菅野衣川の生涯」『日本英学史学会・英学史研究』第二七号、一九九四年一〇月、一五一―一六三頁）。この菅野衣川の妻となるのが、ミラーの〈丘〉に住んでいた野口の旧友の彫刻家ガートルード・ボイル（1879- 没年不詳）である。菅野とボイルは一九三五年春に日本に帰り、ボイルは野口の斡旋で九月二四日から高島屋の八階で彫刻素描の展覧会を開いた。しかし、その作品が検閲にひっかかったため、ボイルは憤慨して個展を閉じようとしたが、野口らになだめられて思いとどまったという事件が起こっている（「個展に撤回命令――ボイル女史旋毛を曲ぐ」『朝日新聞』一九三五年九月二六日、朝刊一一面）。

（14）一人の人の作品群を深く読み込んだことこそが、様々なものをむやみに読み流すよりも英語力向上のためには上策だった、と帰国後の野口は述べている（野口米次郎『余は如何にして英語を學びしか』英学界編輯局編、有楽社、一九〇七年一二月、三二頁）。

（15）野口米次郎『米國文學論』、前掲、五六―五七頁。

（16）同前、五七―五九頁。

（17）スタッダードは当時カリフォルニアの有名詩人で、野口の *From the Eastern Sea* にはスタッダードへの献辞がある。野口がスタッダードを詠った英詩では、孤独の夜に《駆け落ちする（We eloping）》スタッダードと野口が、《東と西の二つの内気な星（Thou and I, Charles, sit alone like two shy stars, west and east）》に喩えられている（"To Charles Warren Stoddard", *From the Eastern Sea*, Tokyo : Fuzanbo, 1903, p. 17）。また日本語の詩にも、燃える聖火の下の一つの寝台で《全野蠻人》の《力の靈符》を約束しあったカリフォルニア時代の二詩人の関係が詠い込まれた一篇があり、《聖火の黄金の焔》《異教徒》《口笛》《呪詛《スウェア》》《鸚鵡》《神聖な幽居《テブスキュリチー》》といった異端的な言葉は、奇妙な雰囲気を漂わせている（「老スタダードに與へる」『表象抒情詩集』第二巻、第一書房、一九二六年九月、七四―七六頁）。ほかにも「友人スタダードに與へる」（『林檎一つ落つ』玄文社、一九二二年四月、三六―三九頁）がある。これらの詩からは、一八九九年当時の野口とスタッダードの肉体的かつ精神的な関係が透けて見える。

（18）マーカムは、ミレーの絵に触発されて書いた詩集『鍬を持つ男』で一躍有名になり、ニューヨークに移って、一九〇一年にスタテン島に居を構える。その後は、労働運動などの活動も行う進歩的な文芸人として知られるようになり、一九一〇年にはアメリカ詩協会を設立している。

（19）野口米次郎『米國文學論』、前掲、一〇一頁。

（20）同前、一〇二頁。

（21）早くは姉崎正治が一八九六年に言及し、その後、上田敏やラフカディオ・ハーンが紹介している。詩作品の紹介としては、上田が『ヴィクトリア朝の竪琴』（一八九九年）でフィッツジェラルド訳（第四版）の翻刻を出し、それに感化された蒲原有明が、『藝苑』（一九〇七年四月）に文語体の四行詩に翻訳して五篇を発表し、もう一篇追加して『有明集』（易風社、一九〇八年一月）に六篇を再録している。全訳は大住舜（嘯風）が『新佛教』（第九巻二、四号、一九〇八年）に発表したものが最初である（藤井守男・杉田英明「解説」『ルバイヤート』竹本藻風訳、マール社、二〇〇五年）。

（22）新井奥邃は、一九七一年にトマス・レイク・ハリスの組織する〈新生同胞教団〉に入団して秘書として活躍していた人物で、一八七五年にハリスに伴ってニューヨーク州からカリフォルニア州サンタローザに移住していた。その後、一八九九年に五四歳で帰国し、巣鴨に謙和舎を創設して独自の信仰生活を送った。

（23）神智学協会については、後述（第八章、第一三章）。神智学協会の実態については、吉永進一氏の研究が詳しい（吉永進一「明治期日本の知識人と神智学」『憑依の近代とポリティクス』青弓社、二〇〇七年、一一五―一四五頁）。

（24）一八六五年、一八歳でイギリスに留学した森有礼は、当時スコットランドを訪問していたトマス・レイク・ハリスに出会い、ハリスの宗教性にもとづく社会改良活動に魅せられて、一八六七年に渡米して教団に加わり指導を受けた。一八六八年に帰国し、一八七〇年に外交官としてアメリカに赴任したときに、新井奥邃を伴いハリスに引き合わせた（瀬上正仁『スウェーデンボルグを読み解く』春風社、二〇〇七年、四九―五三、六三―六八頁）。

（25）野口米次郎「奥邃先生について（上・中・下）」『東京日日新聞』一九二九年四月七、一〇、一一日（『新井奥邃著作集』第八巻、春風社、二〇〇三年、五五三―五六二頁）。

（26）野口米次郎「奥邃先生について（中）」、前掲、五五八―五五九頁。

（27）野口米次郎「奥邃先生について（下）」、前掲、五六〇頁。

（28）野口米次郎「奥邃先生について（上）」、前掲、五五六頁。

（29）野口米次郎「奥邃先生について（下）」、前掲、五六一頁。《洞学者》とは、物事をよく知りぬいた深い見識のある学者のこと。

（30）Yone Noguchi, *The Story of Yone Noguchi*, London : Chatto & Windus, 1914, p. 42.

（31）野口米次郎『米國文學論』、前掲、六九頁。

（32）同前、七四頁。

（33）野口米次郎『英米の十三年』春陽堂、一九〇五年五月、一一四―一一五頁。

（34）野口米次郎『先驅者の言葉』、前掲、三一二―三一三頁。また《ミラー時代に流行した詩の外面的色彩は、近代の詩人が餘り重大視しない所である。詩人としてのミラーも、米國文學史の一二ページを塞くに止つてゐるであらうが、彼の人格を思ふと、私は「あゝ、彼は偉大な人傑であつた」と思はざるを得ない》（一三一頁）とも書いている。

（35）野口米次郎「余が英文界に於ける初陣」『太陽』一九〇四年七月、一三九―一四〇頁。

（36）カナダ人の詩人・随筆家で、『インディペンデント』『コスモポリタン』『アトランティック・マンスリー』『カレント・リテラチャー』そして『チャップ・ブック』などの文学ジャーナルで編集者かつ執筆者として活躍した。自然崇拝の詩風で知られ、一九二八年にはカナダの桂冠詩人となる。

（37）『チャップ・ブック』の一八九六年五月一五日号にはイェイツの寄稿がある。

（38）野口米次郎「余が英文界に於ける初陣」、前掲、一四〇頁。

（39）Bliss Carman, "Appendix", Yone Noguchi, *The Summer Cloud*, Tokyo :

Shunyodo, 1906, pp. iii-iv.

（40）アーツ・アンド・クラフツ運動の哲学、およびアメリカの民芸や自然美を解説・紹介した雑誌『クラフツマン』は、アメリカのクラフツ運動の成熟を導いた雑誌で、フランク・ロイド・ライト（1867–1959）などにも影響を与えたとされる。

（41）太田三郎『叛逆の芸術家——世界のボヘミアン＝サダキチの生涯』東京美術、一九七二年。

（42）『ラーク』の出版者ウィリアム・ドキシー（1844-1916）は、サンフランシスコの書店のショーウィンドウでの革新的な展示方法で一八九六年頃には全国的に有名になっていた出版人。この書店は一九〇〇年に廃業している（"Chronicle and Comment", *The Bookman*, N.Y., December 1896, p. 287）。

（43）野口米次郎「余が文学界に於ける初陣」、前掲、一四〇頁。

（44）全米の三四誌が『ラーク』について記述したものの抜粋が、『ラーク』本誌に掲載されている（"A Transcontinental Criticism" *The Lark*, no. 13, May 1896）。また、一八九七年五月の最終号（*The Epilark*）には、多くの文学者が廃刊を惜しむ文章を寄稿した。

（45）画家、彫刻家、芸術批評家で、野口は《ポーター氏は加州有数の青年畫家にして『ラーク』編輯員の一名なり》と書いている（「余が英文界に於ける初陣」、前掲、一四〇頁）。当時はバージェズやドキシーと共に『ラーク』（*The Lark*）の編纂をしていた。

（46）《An exile from his native land, a stranger in a new civilization, — a mystic by temperament, race, and religion, — these lines which I have rephrased, setting his own words in a more intelligible order, are his attempts to voice the indefinable thoughts that came to him on many lonely nights; the journal of his soul, — nocturnes set to words of a half-learned, foreign tongue: in form vague as his vague dreams》(Gelett Burgess, *The Lark*, no. 15, July 1896, p. 1).

（47）たとえばブルース・ポーターの "The comment of an outsider"（*The Lark*, no. 17, September 1896）に、その問題意識が示されている。

（48）野口米次郎「余が文学界に於ける初陣」、前掲、一四〇—一四一頁。

（49）野口によると、パーシヴァル・ポラードの "A Rival to the Black Riders" (*The Echo*, 29 July 1896) なども野口とクレインを比較した批評であった。雑誌『エコー』は一八八三年にインディアナで創刊され一九〇一年にシカゴで終刊している。

（50）序章でも触れたが、亀井俊介氏がハリエット・モンローの *The New Poetry*（1924）の論評を挙げて説明している（「ヨネ・ノグチとアメリカの詩壇」『詩人ヨネ・ノグチ研究』第二集、造形美術協会出版局、一九六五年、六八頁）。これに関しては、一九一七年版の *The New Poetry* を含めて後述（第八章）する。

（51）野口米次郎「余が文学界に於ける初陣」、前掲、一四一頁。

（52）《incoherent and almost inarticulate, but still boldly imaginative and poetic》("Notes", *The Chap Book*, 15 July 1894, pp. 234-237).

（53）野口米次郎「余が文学界に於ける初陣」、前掲、一四一頁。

（54）同前。

（55）Poter Garnett, "An Essay on Style", *The Lark*, no. 15, July 1896, p. 4-5.

（56）たとえば、《Yonejiro Noguchi is a slender lad of twenty years, with a fine expressive face, large dark eyes and sensitive mouth; his only distinguishing Japanese characteristics being the scant eyelids, the olive skin and the thatch of coarse black hair which typify the race》といった野口の容姿に関する説明のあとに、野口へのインタビューや詩についての批評が掲載されている（Carolyn Wells, "The Latest Things in Poets", *The Critic*, N.Y., 14 Nobember 1896, p. 302）。

（57）野口米次郎「余が英文界に於ける初陣」、前掲。事件の詳細を自ら書くという態度そのものが自己弁護と言えようが、米国の状況を知らない日本の読者に対して客観的な視点で事の顛末を報告しようとしたものと言える。この剽窃疑惑に関しては、その後『ポオ評伝』（第一書房、一九二六年三月、九三—九四頁）においてもわずかに触れられている。

（58）亀井俊介氏の *Yone Noguchi, An English Poet of Japan* (The Yone

Noguchi Society, 1965, p. 13) や、宮永孝氏の『ポーと日本――その受容の歴史』（彩流社、二〇〇〇年）に論究がある。

（59）ハドソンは、のちに *Abbe Pierre's People* (1928) を書くことになる牧師で、剽窃事件のあと、詩人マーカムの家で野口と対面したときには、無礼を謝罪して、野口を真正な詩人であると認めたという。

（60）Jay William Hudson, "Newest Thing in Poets, A borrower From Poe", *San Francisco Chronicle*, 22 November 1896.

（61）野口自身によって、《神秘的な煙霧の春、／色彩の阿片的な香氣／南無三、私は私自身でない。／朦朧と霧を帯びた奇怪な香が、／私の眠い魂から立ちのぼる。／私は胸に霧を捲きつけ、／たつた一つの眼の星の如く、／暗く慄く柳の緑の中で、／私は獨り住んで居る。／（以下一〇行略）》と日本語訳されている（野口米次郎「エドガー・アラン・ポー」『改造』一九二五年四月、六五―六六頁。再録『ポオ評伝』、前掲、九三―九四頁）。

（62）Edgar Allan Poe, "Eulalie ― A Song", *Edgar Allan Poe: Poetry and Tales*, New York: The Library of America, 1984, pp. 80-81. この "Eulalie ― A Song" の初出は『アメリカン・レビュー』(*The American Review*) の一八四五年七月号である。

（63）Porter Garnett, "Yone Noguchi, the Japanese Poet, is Defended from a Charge of Plagiarism", *San Francisco Call*, 29 November 1896.

（64）野口米次郎「余が英文界に於ける初陣」、前掲、一四三頁。

（65）同前、一四三頁。

（66）C. S. Aiken, "In Borrowed Plums", *The Examiner*, 1896.

（67）Yone Noguchi, "On the Heights: Two Moods", *The Lark*, September 1896, p. 1.

（68）Edgar Allan Poe, "The Sleeper", *Edgar Allan Poe: Poetry and Tales*, pp. 64-65. この "The Sleeper" の初出は『ポー詩集』(*Poems of Edgar A. Poe*, 1831) である。

（69）C. S. Aiken, "In Borrowed Plums".

（70）《A local critic is attaining celebrity in the columns of a contemporary by a solemn if not convincing effort to show that an eccentric Japanese who is affected with Aubrey Beardslitis in the way of poetry has been stealing his material from Poe》(C. S. Aiken, "In Borrowed Plumes"「余が英文界に於ける初陣」、前掲、一四三頁).

（71）《he did not steal his cadences from Poe, or from any body else》（同前、一四四頁）。"Seen & Unseen Review" の記事は、*The Book Buyer* (N.Y.), *The Bookman* (N.Y.), *The Tribune* (N.Y.), *The Dial* (Chicago), *The Nation* (N.Y.) などで見られる。

（72）"The Lounger", *The Critic*, N.Y., 28 November 1896, p. 347.

（73）野口米次郎「エドガー・アラン・ポー」、前掲、六五頁。

（74）野口米次郎『ポオ評伝』、前掲、五頁。

（75）野口米次郎「ボストン詩人」『慶應義塾学報』第一一五号、一九〇七年三月、三一頁。

（76）エドガー・アラン・ポー「詩の原理」（篠田一士訳）『ポオ全集』第三巻、東京創元新社、一九六三年、五四九―五五〇頁。

（77）同前、五五一―五五二頁。

（78）野口米次郎「英詩と發句」『太陽』一九〇五年一二月一日、一四一頁。

（79）同前。

（80）同前。

（81）宮永孝『ポーと日本』、前掲、三二〇―三二一頁。

（82）同前、三六頁。

（83）同前、三二〇頁。

（84）剽窃の疑いをかけられた衝撃もあってか、野口はポーから距離を置いて、独自の詩論と詩的情操を身につけていった。その後、久しぶりにポーを論じた『ポオ評伝』（一九二五年）は、当時の野口がどのようにポーに対して共感を持ちつつ距離を保っているかということが、様々な形で語られたものである。野口はその後もポーの詩の翻訳などを行っている（「ポーの詩譯二つ（「幽霊宮」「眠るもの」）」『詩神』第五巻八号、一九二九年八月、二二―二五頁）。

(85) 野口米次郎『芭蕉禮讃』第一書房、一九四七年、二〇頁。

(86)《I would have you think of him as I know him, a youth of twenty years, exiled and alone, separated from the mother, far away, abandoned by his native land and Time, a recluse and a dreamer, in love with sadness, waiting for the time to come to do his part in recalling the ancient glory of the great poets and philosophers of his land: watching, calm-eyed and serious, the writers of this new world to see if the old words can live in the Western civilization; and if the sheeted memories of the Past may be re-embodied in our English tongue》(Gelett Burgess, "Introduction to the first edition", *Seen and Unseen*, San Francisco : Gelett Burgess & Porter Garnet San Francisco Press, 1896, p. 10).

(87) 野口米次郎『芭蕉禮讃』、前掲、二〇頁。

(88) *From the Eastern Sea*（冨山房版）の「序」を書いた和田垣謙三は『兎糞録』（至誠堂、一九一三年）の中で誤訳とみなしている。

(89) この詩集の第一篇は"I come back to me"という詩だが、これは《The space of land I passed along hides stealishly away, the dusty manners, the dusty souls, the dusty bodies, — what the city is, (...) Such city, unvisible now in my spiritless eyes, might be seen as holy rout in unknown land》といった具合につながる。雑踏と喧騒の〈都市〉に生きて精神性を失いかけている〈個人〉の問題がテーマにされている。ほかにも、詩篇"Where would I go", "Alone", "Is this World the solid Being?", "Sliding through the Window"なども同様のテーマを持つ。

(90) Yone Noguchi, "Like a Paper Lantern", *Seen and Unseen*, p. 19.

(91) 野口米次郎『芭蕉俳句選評』第一書房、一九二六年二月、五八頁。

(92) Yone Noguchi, "What about my Songs!", *Seen and Unseen*, p. 15.

(93) Gelett Burgess, "Introduction to the first edition", *Seen and Unseen*, p. 15.

(94) 亀井俊介『近代文学におけるホイットマンの運命』研究社、一九七〇年、三五六―三五七頁。

(95) ただし再録の際に、〈The world〉を〈The Universe〉にするなどの修正が行われている。

(96) 野口米次郎『芭蕉俳句選評』、前掲、一二―一三頁。

(97) Yone Noguchi, "My Poetry", *Seen and Unseen*, p. 22.

(98) 野口米次郎「蟋蟀」『表象抒情詩集』第二巻、前掲、九〇―九一頁（この一篇は、最初は「眞面目なる夕」と題されて『二重国籍者の詩』（玄文社、一九二一年一二月、二〇頁）に収録されたが、改稿されて「蟋蟀」として『表象抒情詩集』に収録されている）。

(99) 野口米次郎『芭蕉俳句選評』、前掲、一二―一四頁。

(100) 野口米次郎「存在の独立」『ヨネ・ノグチ代表詩』新詩壇社、一九二四年、六二―六四頁。

(101) 亀井俊介『近代文学におけるホイットマンの運命』、前掲、三六〇頁。

(102) 同前。

(103) 和田桂子「野口米次郎のロンドン（二）」『大阪学院大学外国語論集』第三四号、一九九六年九月、一一六―一一八頁。

(104) 平井正穂「ヨネ・ノグチ」『詩人ヨネ・ノグチ研究』、前掲、七七頁。

(105) Porter Garnett "An Essay on Style", p. 5.

(106) 平井正穂「ヨネ・ノグチ」『詩人ヨネ・ノグチ研究』、前掲、七八―八〇頁。

(107) 渥美育子「ヨネノグチ『Seen & Unseen』」『本の手帖』第七九号、一九六八年一二月、九三〇―九三四頁。

(108) たとえばミルトンの「リシダス」("Lycidas")や、ワーズワースの「霊魂不滅の頌」("Ode on Intimations of Immorality")、マシュー・アーノルドの「ドーヴァー・ビーチ」("Dover Beach")などがあり、またG・M・ホプキンズの「スプラング・リズム」("Sprung Rhythm")や変型ソネットの使用も革新的な〈自由詩〉の実験の一つであった。そして、言うまでもなくホイットマンの『草の葉』（一八五五年）が自由詩の発展に最大の貢献をし、その後の詩人に多大な影響を与えた。

(109) 尾島庄太郎「英詩人としてのヨネ・ノグチの詩歌」『詩人ヨネ・ノグチ研究』、前掲、四八―四九頁。

(110) 同前、四五頁。

(111) "Chronicle and Comment", *The Bookman*, N.Y., December 1896, pp. 287-288.

(112) スワミ・ヴィヴェカーナンダやダルマパーラ、神智学協会のアニー・ベサントらが集結した会議である。最も注目されたのが、ヒンドゥー教改革指導者のヴィヴェカーナンダであった。

(113) 鎌倉円覚寺の管長であった。若き日には慶應義塾に通い、福澤諭吉の激励を受けてセイロンで修行をした。鈴木大拙の師にあたる。野口米次郎は帰国後に鎌倉円覚寺に寄寓するので、釈宗演と何らかの関係を持っていたと考えられる。

(114) 野口米次郎「米国物語」『自叙伝断章』二葉書店、一九四七年八月、九八頁。

(115) 野口米次郎『芭蕉論』第一書房、一九二五年一一月、四四―四五頁。

(116) 〈座の文芸〉については、尾形仂氏が《芭蕉にとって座とは、その詩情を誘発し、増幅し、普遍化する、いわばかれの詩の成立にとっての不可欠の媒体であった》とし、《直接俳席をともにして連衆心を通わせ合った一座的座、もしくは所を隔てて共感を寄せ合った二次的座を含めての横の共時的共同体と、時代を隔てて詩心の交響を奏でた縦の歴史的共同体》の、二つの精神共同体に支えられて芭蕉の詩の世界が成立していると論じている(尾形仂『座の文学――連衆心と俳諧の成立』講談社学術文庫、一九九七年、二二、四四頁)。野口は合作文芸としての俳諧の側面を説明していないが、読者の理解によって完成される文芸であることは強調していた(後述第七章)。尾形氏の定義からすれば、二次的な座の共同体や、歴史的共同体の側面については、野口も解説していたと言えるだろう。

(117) 野口米次郎『芭蕉論』、前掲、四五―四六頁。

(118) 野口米次郎「三つの場面」『文藝春秋』一九四〇年三月、八―九頁。

(119) C. W. Stoddard, "Introduction", Yone Noguchi, *The Voice of the Valley*, San Francisco: Wiliam Doxey, 1897, p. ii.

(120) Shunsuke Kamei, *Yone Noguchi, An English Poet of Japan*, p. 16.

(121) 《I repose in the harmonious difference of the divine Sister and Brother, ―― Voice and Silence in Time. / O Yone, return to Nature in the woodland, ―― thy home, where Wisdom and Laughter entwine their arms!》(Yone Noguchi, "I Hail Myself as I do Homer", *The Voice of the Valley*, p. 21).

(122) 《I chant again of the complete order of the universe with the earth, with the heaven above!》(Yone Noguchi, "Adieu", *The Voice of the Valley*, p. 29).

(123) 野口米次郎『自然禮讃』第一書房、一九二六年七月、一九頁。

(124) 野口米次郎『蕉門俳人論』第一書房、一九二六年六月、二一―二二頁。

(125) 同前、一九―二〇頁。

(126) 《遊戯する》快感やユーモアや精神的な〈遊び〉の感覚を重視する点も、〈ナンセンス〉やユーモア感覚について紹介する評論を書いている野口の本質として見逃せない(「雑録「ノンセンス文学」」『帝国文学』一九〇六年四月や、「英語國の滑稽」『三田評論』一九一五年九月―一〇月など)。この志向には、雑誌『ラーク』からの影響やホイットマンらのアメリカ文学からの影響があったと考えられるが、同時にまたそこには、俳諧の持つユーモア感覚も意識されていたのではないだろうか。

(127) 野口米次郎『蕉門俳人論』、前掲、二〇―二一頁。

(128) 同前、二三―二四頁。

(129) 同前、三七頁。

(130) 一八九八年から九九年にかけて野口と親密に交際していた人物。当時の野口と親密な関係にあった女性ブランシュ・パーティントンを含めて、野口の親友であったことが、残された書簡から分かる。野口はのちに挿絵解説の中で、《高橋といふ私とほぼ同じ年配の青年、彼は友人間に畫才を惜まれ若くして死んだ》と書いている(『詩歌殿』春陽堂、一九四三年四月、二〇頁)。野口とサンフランシスコ時代より親交のあった画家・小林千古が、生前に整理していた資料ファイル(遺品)の中に、この第一号が存在する(この件は、はつかいち美術ギャラリーの山田博規氏から資料のご教示を受けた)。小林千古の資料ファイルは、千古に関係がある新聞記事を千古自身が切り抜いて作っていたものであるため、なぜ自分の名前がない『トワイライト』を保管していたかは不明である。

(131)《Stop thy battling, O Americans and Spaniards! Buy the twilight, this magazinlet, and read it under the spring shade of tree! What happy resignation! Lay thy weapons aside, o my comrades!》("W. A. R.," *The Twilight*, vol. 1, May 1898).

(132) 野口米次郎「米國の詩潮」『太陽』一九〇五年七月、一二二—一二七頁。

(133) 同前、一二四頁。

(134) 同前、一二四—一二五頁。

(135) 当時、ボストンの詩人たちの間で評価されていたアメリカの女性詩人で、彼女は一八九〇年代に英国を訪れた際にエドモンド・ゴスやイェイツに会っている。

(136) 野口米次郎「ボストン詩人」『慶應義塾学報』第一一五号、一九〇七年三月、二八—三三頁。

(137) 野口米次郎「英詩と發句」、前掲、一四一頁。

(138) 同前、一四三—一四四頁。

(139) 同前、一四四頁。

(140) 短詩へと向かう傾向にある英詩壇について触れた野口は、英米の詩が完全に俳句のような短詩になって欲しくはないと論じる。その上で、英米の詩人たちが、簡略で意味深長の《東洋的》詩歌や発句的短詩に注目したとしても、《多情多恨》な英詩界は飽きるだろうし、永久的な変遷ではないだろう、とまとめている(「英詩と發句」、前掲、一四四頁)。イマジストの突発的出現やその衰退をも予感しているような論である。

第三章　*The American Diary of a Japanese Girl* と、境界者としての原点

(1) Miss Morning Glory (Yone Noguchi), *The American Diary of a Japanese Girl*, New York : Frederick A. Stokes, 1902, p. 3.

(2) 西海岸の文学者仲間の間では、東に移ったマーカムが急に尊大ぶっていると噂されたが、友人の野口やミラーはそれを信じていなかった。しかし、一八九九年にニューヨークに出てマーカムを訪問した野口は、フロックコートを着て綺麗にひげを生やしいかにも詩人らしく威張ったマーカムの姿に失望したらしい。だが野口は、英国から戻った一九〇三年以降、再びマーカムと交流するようになった(野口米次郎『米國文學論』第一書房、一九二五年、一〇八—一〇九頁)。マーカムの詩集『鍬を持つ男』の話題はヨーロッパにも広がっており、一九一四年の英国講演の際には、野口はこの作品を誇張の多い英詩の悪しき例として挙げているが(後述第七章)、一九二五年には、抒情的な時代に社会問題の切迫を詠って労働問題の火ぶたを切った作品として捉え、《表現の文字に誇張があり修辭癖があるが、反抗の詩として極めて力強い》と述べている(『米國文學論』、前掲、一〇三—一〇五頁)。

(3) 野口が、新聞『ヘラルド』(*The Herald*)に英文添削者の募集広告を出し、それに応募してきたギルモアに確認の返事を書いているのが一九〇一年二月四日である(Yone Noguchi to Leonie Gilmore (4 February 1901), *Yone Noguchi Collected English Letters*, Tokyo : Yone Noguchi Society, 1975, p. 50)。

(4) セジウィックは、一九〇〇年までボストンで少年誌『ユース・コンパニオン』(*The Youth's Companion*)の編集をしていたが、ニューヨークに移って、一九〇〇年から〇五年まで『レスリー』(*Leslie's Monthly Magazine*)の編集者となっていた。一九〇六—〇七年、および一九〇九年以後は、『アトランティック・マンスリー』(*Atlantic Monthly*)の編集者となり、野口との交友関係が続いた。

(5) 続編 *The American Letters of a Japanese Parlor-maid* がフレデリック・A・ストーク社から一九〇二年に出版されたことが、外山卯三郎が編纂した年譜や近代文学研究叢書などに記されている。亀井俊介氏の「解説『ヨネ・ノグチの英文著作』」では、一九〇五年の冨山房からの再版にのみ触れられている(『ヨネ・ノグチ英文著作集』別冊日本語解説、エディション・シナプス、二〇〇七年、二四頁)。

(6) 主な研究に、アメリカで流行したジャポニスム小説の一連の問題として本作品を扱ったもの（羽田美也子『ジャポニズム小説の世界――アメリカ編』彩流社、二〇〇五年）、ジャポニスム小説の挿絵・装幀の問題を論じたもの（宇沢美子「朝顔の描き方――ヨネ・ノグチとエトウ・ゲンジロウのジャポニズム遊戯」『AALA Journal』第一〇号、二〇〇四年）、作品の成立過程を野口の書簡から探ったもの（和田桂子「野口米次郎のロンドン（二〇）――『日本少女の米国日記』」『大阪学院大学外国語論集』第五四・五五号、二〇〇七年三月）がある。また拙稿として「野口米次郎『日本少女の米國日記』――奨励される女子の渡米と移民社会の現実」『日本研究』第二九号、二〇〇四年一二月がある。なお、この作品はアメリカで二〇〇七年に再版されている（*The American Diary of a Japanese Girl : An Annotated Edition*, edited by Edward Marx & Laura E. Franey, Philadelphia : Temple University Press, 2007）。

（7）一九〇二年八月一七日から一九〇三年一月九日までに、七二の新聞雑誌でこの著作の批評が掲載されている（『近代文学研究叢書』第六一巻、昭和女子大学近代文化研究所、一九八八年、三三三―三三七頁）。

（8）“American Diary, Review”, *The Journal*, Chicago, December 1902.

（9）“American Diary, Review”, *The Post*, Pittsburg, Pennsylvania, 3 November 1902.

（10）羽田美也子『ジャポニズム小説の世界』、前掲。

（11）宗形賢二「〈リトル・エジプト〉の一九世紀末のエキゾティシズム」『国際文化表現学会会報』第一八巻二号、二〇〇四年ほか。

（12）Miss Morning Glory (Yone Noguchi), *The American Diary of a Japanese Girl*, p. 238. 野口米次郎『邦文日本少女の米國日記』東亜堂、一九〇五年、三月三日、二四七頁。

（13）羽田美也子『ジャポニズム小説の世界』、前掲、二三六頁。

（14）野口米次郎『邦文日本少女の米國日記』、前掲、九月二三日、一―二頁。

（15）ピエル・ロチ『お菊さん』野上豊一郎訳、岩波書店、一九二九年、七頁。

（16）同前。

（17）“A Japanese Fantasia”, *The New York Tribune*, 17 December 1902.

（18）“American Diary, Review”, *The Record Herald*, Philadelphia, 5 January 1903. “American Diary, Review”, *The Times*, N.Y., 13 December 1902.

（19）“American Diary, Review”, *The Inter Ocean*, Chicago, 22 December 1902. “Is this Another of Noguchi's Pranks?”, *The National Magazine*, Boston, December 1902.

（20）“American Diary, Review”, *The Inter Ocean*, Chicago, 22 December 1902.

（21）“A Japanese Fantasia”, *The New York Tribune*, 17 December 1902.

（22）“American Diary, Review”, *The Times*, N.Y., 13 December 1902.

（23）“American Diary, Review”, *The Post*, Pittsburg, Pennsylvania, 3 November 1902.

（24）羽田美也子『ジャポニズム小説の世界』、前掲、六三―六四頁。

（25）同前、七六―八三頁。

（26）Miss Morning Glory (Yone Noguchi), *The American Diary of a Japanese Girl*, p. 10. 野口米次郎『邦文日本少女の米國日記』、前掲、九月三〇日渡航前、八頁。

（27）Ibid., pp. 10-11. 同前、九月三〇日渡航前、九頁。

（28）Ibid., pp. 160-161. 同前、一月一八日、一六四頁。

（29）Ibid., p. 160. 同前、一六三―一六四頁。このような結婚観が、この小説を添削したギルモアと野口の間には、共有されていたと見てよい。

（30）Ibid., p. 169. 同前、一月二三日、一七三頁。

（31）野口米次郎「雲井龍雄と釈大俊」『自叙伝断章』二葉書店、一九四七年、八〇頁。

（32）Miss Morning Glory (Yone Noguchi), *The American Diary of a Japanese Girl*, p. 69. 野口米次郎『邦文日本少女の米國日記』、前掲、一一月一〇日、六二頁。

（33）Ibid., p. 229. 同前、一月二三日、二三七―二三八頁。

（34）一八九九年、川上音二郎は妻・貞奴を含む一座を引き連れて渡米した。サンフランシスコ公演で日本的な演出として上演された『娘道成寺』は、日本橋の芸者であった貞奴の初舞台であった。これが評判を呼び、アメリカ各地で成功をおさめ、翌一九〇〇年の二月から四月まではニューヨーク、六月にはロンドン、七月にはパリ万国博覧会で公演をしている。一九〇一年に帰国して以降も、再び四月に渡欧し、スペインからロシアまで一四カ国を巡業している。

(35) Miss Morning Glory (Yone Noguchi), *The American Diary of a Japanese Girl*, p. 229. 野口米次郎『邦文日本少女の米國日記』、前掲、二月二三日、二三八頁。

(36) Ibid., p. 230. 同前。

(37) Ibid., p. 60. 同前、一八九八年一一月一日、五二頁。

(38) Ibid., pp. 76-77. 同前、一一月一七日、六九—七〇頁。

(39) Ibid., p. 80. 同前、一一月二一日、七三—七四頁。

(40) 橋本順光「茶屋の天使——英国世紀末のオペレッタ『ゲイシャ』(1896)とその歴史的文脈」『ジャポニスム研究』第二三号、二〇〇三年、三〇—五〇頁。

(41) "A Japanese Fantasia", *The New York Tribune*, 17 December 1902.

(42) Miss Morning Glory (Yone Noguchi), *The American Diary of a Japanese Girl*, pp. 203-204. この最後の段落は、一九〇五年の日本語訳では、《塵を御覧な。掃き出しました。だがね後で萬事是塵埃であるのに何故人は塵を大騒ぎするのだらうと思つたのよ、塵といふのは何だか遠方の香といふのがあるのね、色といつたら古い色でね》(『邦文日本少女の米國日記』、前掲、二一一頁)と訳されている。その後一九二五年には、この部分がミラーとの想い出として抽出されて、次のように再度訳出されている。《塵を御覧なさい。掃きだしました。だが、宇宙萬事是塵埃であるに過ぎないと後で思つて、何故に人は大騒ぎするだらうとも考えた。塵といふものは何だか永劫の香氣がして、色と行ったら如何にも古めかしい色です》(『米國文學論』、前掲、八五頁)。

(43) Miss Morning Glory (Yone Noguchi), *The American Diary of a Japanese Girl*, p. 198.

(44) "American Diary, Review", *The Times*, N.Y., 13 December 1902.

(45) Miss Morning Glory (Yone Noguchi), *The American Diary of a Japanese Girl*, p. 236. 野口米次郎『邦文日本少女の米國日記』、前掲、二四四—二四五頁。

(46) 《This book is written by a poet and is full of poetic fancies. It is unlike any other book, it can be compared to no other work. It establishes a school of its own as distinct as the "Kail yard" school but not in any way related to it. It has the charm of the unexpected, its humour is light, its sarcasm delicate, its poesy fairy like and its power undoubted》(Miss Morning Glory (Yone Noguchi), *The American Diary of a Japanese Girl*, p. 1).

(47) 野口米次郎「芸術の日本主義」『人生讀本　春夏秋冬』第一書房、一九三七年、三五〇—三五三頁。

第四章　*From the Eastern Sea* とロンドン

(1) Yone Noguchi, "In Japan Beyond", *The Taiyo*, 1 February 1904, p. 147. この詩は、詩集 *The Pilgrimage* に収録され、その後 *Selected Poems of Yone Noguchi* に再録された。日本語詩では「無題」とされた一篇。

(2) 野口米次郎「倫敦に於ける初週間」『英米の十三年』春陽堂、一九〇五年五月、八六—九九頁(八六頁に一月二〇日とあるが、一一月二〇日の誤植であろう)。

(3) 同前、八七頁。

(4) 野口米次郎「倫敦の色彩」『三田評論』第二三七号、一九一七年四月、三〇頁。野口は、地下鉄の恐怖について、《近年の詩人は種々様々な問題を提供して來たが、此處に一好題目があるのを注意せぬ——倫敦チユーブの歌は何故に彼等の歌はざる所であるかを疑つたのである》(三〇頁)と述べている。この指摘は、パウンドが俳句に影響を受けて作った有名なイマジズム詩"In a Station of the Metro"を想起させる。

(5)『英米の十三年』には、レスター・スクエアのクイーンズ・ホテルとあるが、「倫敦の色彩」には、ロンドン初日は《ブリキストン》の安宿に泊まったと書いている。野口は一九〇三年一一月から〇四年四月までの期間、牧野と同じ下宿屋で生活した。

(6) 野口米次郎『ヨネ・ノグチ代表詩』新詩壇社、一九二四年、五頁。

（7）詩人かつ劇作家でもあった美術研究者。オックスフォード大学トリニティ・カレッジの出身で、一八九三年の卒業後、大英博物館の書籍部門に就職した。一九〇九年に東洋美術の版画・絵画部門に移り、日本やペルシアの美術に造詣を深くして、*Painting in the Far East* (1908) や *Japanese Art* (1909), *Japanese Colour Prints* (1923) などの著作がある。W・B・イェイツ、エズラ・パウンド、アーサー・ウェイリーなどと交友し、野口とは一九〇三年以来の交友関係を持つ。挿絵画家としても活動し、ジョージ・メレディスやクリスティーナ・ロセッティの作品などにアール・ヌーボー様式の挿絵を描いた。匿名で *English-woman's Love-letters* (1900) を出版して一躍有名になり、*Bethlehem* (1902) などの劇作も行った。

（8）渡英して十日ばかりでローレンス・ビニョンとゴードン・ボトムリー (1874-1948) の二人と友人になり、その後、『東海より』を出版したと回想している（野口米次郎「英詩壇の動き」『詩神』第四巻三号、一九二八年三月、四一頁）。ボトムリーとは、一九一四年にエドモンド・ゴスのサロンでも親しく語り合う（後述第八章第1節（d））。

（9）英国の詩人かつ画家。W・B・イェイツとは長年の友人で、のちにはイェイツの劇や日本の能に影響を受けた作品を残している。

（10）野口米次郎『ヨネ・ノグチ代表詩』、前掲、五頁。

（11）同前、六頁。このロンドンで浮世絵の富士を見たときの興奮は、その後も *Hokusai* ほか、何度も言及される。

（12）一九二四年の著述からすると、野口は自費出版の前にビニョンと知り合い、ムーアの家に連れて行かれて、東洋に関心を持つ文化人と触れ合う機会を得ていたことになる（同前、五一―六頁）が、『英米の十三年』所収の「小冊子『東海より』の歴史」では、野口がビニョンと一緒にムーアを訪問したのは一九〇三年二月一一日と記されている。

（13）野口米次郎『英米の十三年』、前掲、二六頁。

（14）牧野は、《一九〇三年の二月一三日だったと思うが》と書いている（牧野義雄『霧のロンドン――日本人画家滞英記』恒松郁生訳、サイマル出版会、一九九一年、六一頁）。牧野は、詩集の半数以上を関係者に送ったと回想しているが、ここでは野口の記述に従った。

（15）野口にアイザ・ドゥフス・ハーディ (Iza Duffus Hardy) とのやりとりがあったことから、このトマス・ハーディが、スタッダードやミラーの知人でアイザの父のトマス・ドゥフス・ハーディ (Sir Thomas Duffus Hardy, 1804-1878) なのではないかという説もあるが（和田桂子「野口米次郎のロンドン（二）」『大阪学院大学外国語論集』第三四号、一九九六年九月、同「野口米次郎のロンドン（八）」『大阪学院大学外国語論集』第四一号、二〇〇〇年三月）、ドゥフス・ハーディは当時すでに没しており、『英米の十三年』に添付された自筆の書簡や、その他の同時代新聞記事からして、この人物は当時詩人として活動していた、小説『テス』で有名なトマス・ハーディである。

（16）ノルダウは、野口の英詩集は日本人を騙った英国人の著作ではないのかという手紙を送り、それを受け取った野口は歓喜している（『英米の十三年』、前掲、四三頁）。また、野口はノルダウに関して『ポオ評伝』の中でも言及している（『ポオ評伝』第一書房、一九二六年三月、四三頁）。

（17）『英米の十三年』（春陽堂、一九〇五年五月）の中には「小冊子『東海より』の歴史」と題した項目の中で書簡のやりとりや訪問記が綴られ、詩集の反響の大きさと交友関係が拡大していく様子が読み取れる。著名人たちからの反応は、渥美育子氏が編集した書簡集（*Yone Noguchi Collected English Letters*, Tokyo: Yone Noguchi Society, 1975）にも明らかである。この書簡集以外にも書簡は多数現存している。

（18）英国のジャーナリストかつ児童文学作家。一九三〇年代からは『ツバメ号とアマゾン号』などの児童文学作品を書いて知られるようになり、戦後の日本でも広く読まれた。

（19）野口・牧野・ランサムの親交に関するエピソードは、牧野の自伝やランサムの自伝の中に書かれている。ランサムによると、牧野がランサムを、俳優や芸術家が出入りする芸術家ミス・パミラ・コールマン・スミスの家へ連れて行き、ランサムはそこの常連になって、イェイツに初めて対面する機会を得た（Yoshio Makino, *A Japanese Artist in*

London, London : Chatto & Windus, 1910. Arthur Ransom, *The Autobiography of Arthur Ransom*, London : Jonathan Cape, 1976. アーサー・ランサム『アーサー・ランサム自伝』神宮輝夫訳、白水社、一九八四年)。

(20)《His latest volume, "From the Eastern Sea," shows a distinct advance over his earlier work. The poems have more fibre and logical form. He proved himself even at first a truly original artist in the making of single phrases, ── cherry-stone carving》(Ridgely Torrence, "Verse ── Recent and Old", *The Critic*, August 1904, p. 154).

(21) Yone Noguchi, "Spring", *From the Eastern Sea*, Tokyo : Fuzanbo, 1903, pp. 51-52.

(22) 尾島庄太郎「英詩人としてのヨネ・ノグチの詩歌」『詩人ヨネ・ノグチ研究』、前掲、四九頁(ここで尾島氏が述べているジッグ舞曲とは、英国やアイルランドの踊りで用いられた軽快な八分の六拍子の音楽のことである)。

(23) 詩人、小説家、文芸批評家。文化人類学に貢献し、フォークロア、神話、宗教に関する著作がよく知られるが、多方面にわたる数多くの著作を残している。

(24) 詩人、随筆家。詩の様々な形式や韻律に関して著作を書き、詩作も行った。

(25) これら海外の新聞雑誌に掲載された批評文は、冨山房から出版された第四版(一九〇五年)の付録に掲載されている。

(26) Edith M. Thomas, "Recent Books of Poetry", *The Critic*, vol. 63, no. 1, July 1903, p. 82.

(27) 書簡集にはW・M・ロセッティとの一〇通の書簡が収録されている。

(28)《Poetry is, I will not say "one and indivisible," but extending its ramifications all over the globe, "from China to Peru," from Tokyo to London or New York. If there is poetry at the heart of the verses written in Nippon, its appeal holds good on the banks of the Thames. The standard for testing it is practically uniform and the same: the response which it yields to the test is modified according to the region from which it comes, but, from one or other region, this response is equally genuine and equally universal. (...) We want each of them to be a poet nurtured by his own nationalism into poetry. If it is true poetry, it is at once national and in affinity with all other poetry the world over》(W. M. Rossetti, "Appendix", Yone Noguchi, *The Pilgrimage*, Kamakura : The Valley Press, Yokohama, Shanghai, Hongkong, Singapore : Kelly & Walsh, 1909, p. 143).

(29)《Having barely any acquaintance with Japanese poetry through the medium of a few translations here and there, I was surprised to find in Noguchi's former volume (From the Eastern Sea) so striking a combination of three constituents: a feeling for the beauties of Nature, a convention of these into the aliment of the loving and contemplative soul, and what Europeans recognize as idealism》(Ibid.).

(30)《Out of the Orient comes also still another book, but in a very different manner from that in which the Persian and the Arabian poets have reached us. The theme of Mr. Yone Noguchi's writings is first of all himself, his individual moods, his impressions. And in just so far as he does confine himself to introspective experience his work is most valuable. (...) He is then not to be judged as an Oriental, but as a poet. (...) His latest volume, "From the Eastern Sea", shows a distinct advance over his earlier work. The Poems have more fibre and logical form. He proved himself even at first a truly original artist in the making of single phrases》(Ridgely Torrence, "Verse── Recent and Old", *The Critic*, N.Y., August 1904, p. 154).

(31) "The Symbolism of Poetry" は、雑誌『ドーム』(*The Dome*)に初出し、一九〇三年に *Ideas of Good and Evil* に収録された評論である。この *Ideas of Good and Evil* の邦訳(『善悪の観念』一九一五年)は、第六章で触れるが、野口の弟子とも言える山宮允が訳出し、野口がその「序」を書いた。

(32) Arthur Symons, *The Symbolist Movement in Literature*, London : William Heinemann, 1899 (*Selected Works of Arthur Symons*, vol. 3, 復刻版・本の友社, 1997, p. 1).

(33) Ibid., p. 4.

(34) 日本においては一九〇三年頃に長谷川天渓や蒲原有明、田山花袋らに読まれ、一九一三年には野口と親しい岩野泡鳴が『象徴派の文学運動』として翻訳する。

(35)《Noguchi wrote his first book in 1896, and so had not read Mr. Arthur Symons' *The Symbolist Movement in Literature*, which was issued three years later》(A. Ransome, "The Poetry of Yone Noguchi", *The Fortnightly Review*, September 1910, p. 529).

(36) Ibid., p. 527-533. この野口評はランサムの評論集 *Portraits and Speclations* (London : Macmillan, 1913) の中に再録されている。また、野口の詩集 *The Pilgrimage* (1909) の再版 (一九一二年) の際にも付録として収録され、そのことは *Portraits and Speclations* に注記された。

(37)《The form of sincere poetry, unlike the form of the popular poetry, may indeed be sometimes obscure, or ungrammatical as in some of the best of the *Songs of Innocence and Experience*, but it must have the perfections that escape analysis, the subtleties that have a new meaning every day, and it must have all this whether it be but a little song made out of a moment of dreamy indolence, or some great epic made out of the dreams of one poet and of a hundred generations whose hands were never weary of the sword》(W. B. Yeats, "The Symbolism of Poetry", *Ideas of Good and Evil*, London : A. H. Bullen, 1903, pp. 255-256).

(38)《Noguchi's English would not be called brutal; not at all. It rather displays extreme delicacy, almost fragility, of texture. Yet it feels and sounds and looks competent and uncompromising. It is never weak. I don't know what Noguchi could do with a storm at sea, but I understand what he can do with a quiet day. He is sensuously reflective. His temperament, his style, his art, are reflective》(Holace Traubel, "Yone Noguchi", *The Conservator*, July 1911, p. 93).

(39)《Noguchi's technique is his own, though it would be possible to find in reminiscent phrases suggestion of influence. A man using English words with something of the surprising daring of the Irish peasants on whose talk Mr. Synge modeled his prose, using them》(A. Ransome, "The Poetry of Yone Noguchi", *The Fortnightly Review*, September 1910, p. 532).

(40) Ibid.

(41)《For his use of English has all the daring which a man born to the tongue could never attain; and often, it must be admitted, this courage leads to startling felicity of metaphor or phrase. Mr. Noguchi feels none of the restraints of traditional usage in English diction; and as a consequence his words have an extreme vigor and freshness, and his work a quality quite beyond the compass of our daily speech. Sometimes, of necessity, this quality verges on the grotesque; quite as often, however, it approaches the strange mysteriousness of beauty》(Bliss Carman, "Appendix", Yone Noguchi, *The Summer Cloud*, Tokyo : Shunyodo, 1906, p. iv).

(42) ロバート・ニコルズ「日本の心理に關する或考察」神近市子訳、『明星』第二巻一号、一九二二年六月、四五頁。

(43) 同前、五一頁。

(44)《I have now Noguchi's forthcoming volume, The Pilgrimage; I find that he has progressed very considerably in the use of the English language, approximately as an Englishman or an American would use it. He is more English, without failing to be equally Japanese》(W. M. Rosetti, "Appendix", Yone Noguchi, *The Pilgrimage*, pp. 143-144).

(45) シェラード・ヴァインズ『詩人野口米次郎論』第一書房、一九二五年、二三九頁。

(46) 同前、二四〇頁。

(47) 同前、二四一頁。

(48) ヴァインズが指すのは、ヴァインズ自身も寄稿していたインドの雑誌『カルカッタ・レビュー』に頻出する詩人モヒニ・モハン・チャタジー (Mohini Mohoan Chatterji, 1851-1936) であろう。その他、考えられるのは、Bankim Chandra Chattopadhyay (1838-1894, 一九世紀末に英語で小説や詩を書いたカルカッタ生まれのベンガル人)、Sharat Chan-

dra Chattopadhyay（1876-1938, 一九一〇年代に人気を博したベンガル語作家）、Suniti Kumar Chattopadhyay（1890-1977, 英国で教育を受けてタゴールと東南アジアを講演旅行した言語学者）などである（Sisir Kumar Das, 1991, *A History of Indian Literature: 1800–1910*, New Delhi: Sahitya Akademi などを参照）。

（49）シェラード・ヴァインズ『詩人野口米次郎論』、前掲、九―一〇頁。

（50）その他、牧野の随筆には *My Idealed John Bullesses*（1912）や *My recollections and reflections*（1913）などがある。牧野の随筆は、独特の柔らかな感性と優しい人間性を持ち、自らの英国での生活体験を語る中から、英国の美徳を外国人の眼で捉えながら、かつ日本人の友愛のあり方や道徳観を英国読者に紹介するというものである。新渡戸の『武士道』とは異なる方法で、自分に対する律し方や他人に対する細やかさを持つ日本の美徳を伝える著作である。

（51）シェラード・ヴァインズ『詩人野口米次郎論』、前掲、一五―一六頁。

（52）Charles W. Stoddard to Yone Noguchi (28 January 1903), *Yone Noguchi Collected English Letters*, p. 94.

（53）一九〇三年五月一九日の直前に、野口がゾナ・ゲールとの関係を急速に親密なものにしようとした可能性が高く、その後にはゲールの母親から自宅へ招待を受け、ゲールからも頻繁に手紙が届いている（*Yone Noguchi Collected English Letters*, pp. 118, 138）。エドワード・マークス氏のご教示によれば、ゾナ・ゲールの野口宛の書簡は一九三八年のものまでが現存しているという。

（54）野口米次郎『英米の十三年』、前掲、一七三―一七四頁。

（55）Yone Noguchi & Zona, "Hauta", *The National Magazine*, N.Y., March 1905.

（56）この「序文」で、野口は愛人を初めて見たときの《魔法》を語り、二人の間の《魔法》について述べている。ゾナ・ゲールの小説 *Romance Island*（1906）は、野口に贈呈された際、《見返しの余白に「亜米利加のゾナ・ゲールより亜細亜のヨネ・ノグチに……しかし道は一筋だ、東もなければ西もない、君はこのことを知つてゐる」と書いてあつた》という。野口は《實に恋愛の四次元世界に東西南北の区別はない》と書いており、二人の精神的絆の深さを暗示している。『幻島ロマンス』は、ゾナ・ゲールの原作を、野口が舞台をすべてアジアに置き換えて《飜案》したものであり、《ゾナ・ゲール嬢とヨネ・ノグチの合作である》と野口自身が述べている（野口米次郎「序文」『幻島ロマンス』改造社、一九二九年九月、一―二頁）。ゾナ・ゲールは、一九三七年に来日したが、三八年一二月に肺炎で死去した。

（57）帰国の前日にケネディ氏（Mr. Kennedy）に《I will leave here (San Francisco) tomorrow morning》との手紙を書き送っている（カリフォルニア大学バークレー校バンクロフト図書館蔵）。

（58）ドウス昌代『イサム・ノグチ――宿命の越境者（上）』講談社、二〇〇〇年、五九頁。

（59）同前、六六―六七頁。

（60）同前、八八頁。

（61）多くの米次郎の年譜では、一九〇六年正月に武田まつ子と結婚、一九〇六年二月に小石川久堅町八一番地に移転、三月にギルモア親子が来日、一九〇八年一月に長女誕生とされている。だが、ドウス昌代氏は、長女出産の前に結婚したのは事実ではなく、年譜が〈作為〉されたのではないかと述べ、イサムが来日したのも一九〇七年ではないかと推察している。ドウス氏は、長女一二三が誕生したのは一九〇七年一二月としているが、一二三の夫である外山卯三郎の年譜では、一九〇八年一月一日誕生（届け出は一月三〇日）となっている（「年譜」『詩人ヨネ・ノグチ研究』造形美術協会出版局、一九六三年、三二六頁。ドウス昌代『イサム・ノグチ（上）』、前掲、一一〇頁）。当時、戸籍上の届け出は、日柄の良い日を選んでなされたため、妻妾問題も抱えた野口家が、長女の出産をあとにずらそうとしても不思議ではない。

（62）米次郎の次兄・藤太郎が婿養子入りしていた高木家の人々は、若い日本人女性まつ子よりも、アメリカ人女性レオニーに好感を抱いていたという。まつ子は、外山卯三郎によれば、久堅町の米次郎の家で身辺の世話をしていた女中であり、高木家の孫によれば、高木藤太郎の友人画家らのモデルであった。まつ子は長女一二三を出産した際には、満一八歳になったばかりであったらしい。このあたりの妻妾をめぐる家庭事情については、ドウス氏の記述に詳しい（ドウス昌代『イサム・ノグチ——宿命の越境者（上）』、前掲、一一一—一一二頁）。

(63) 野口米次郎「ボストンに於ける一週日」『太陽』一九〇四年三月。

(64) 同前、一二五頁。

(65) 同前、一二六頁。

(66) トラウベルから野口へ宛てた書簡は、一九〇三年九月二九日のものと、時期不明（おそらく一九〇九年から一九一一年頃までの間）のものが書簡集に収録されている。前者は、もしホイットマンについて何か執筆したいのなら、是非遊びに来い、資料もあるので語り合おう、といった主旨の書簡である（Horace Traubel to Yone Noguchi (29 September 1903), *Yone Noguchi Collected English Letters*, p. 138）。時期不明の後者は、一二月二九日の対面以後の書簡で、《Dear brother》と呼びかけられ、《I love you. I send my love to you on the other side of the world. The earth will carry my love》と始まり、《I can reach out & take you in my arms》と締めくくられている（Horace Traubel to Yone Noguchi (時期不明), *Yone Noguchi Collected English Letters*, p. 210）。トラウベルが誰に対する書簡でも、〈love〉〈take you in my arms〉といった親密な表現を使うのかどうかは不明だが、二人は親しい関係だったのだろう（野口とトラウベルの書簡は、この二通のほかに多数存在したはずである）。

(67) 野口米次郎「帰朝日記」『新小説』一九〇四年一一月、一八五—一九三頁（こういった雑誌への寄稿記事は『帰朝の記』（一九〇四年）に収録される）。

(68) 一九〇四年九月の野口の帰国については、様々な理由の中で最も重要なのが、日露の開戦で《愛国心がわき立ったこと》とされる（亀井俊介『新版ナショナリズムの文学——明治精神の探求』講談社学術文庫、一九八八年、二三九頁）。ただしドウス昌代氏は、妊娠しているレオニーから逃げ出す目的が何よりも強かったと述べている。

(69) ニューヨークの雑誌『クリティック』の記者で、野口を高く評価した記事を書いていた（前述第四章第2節）。野口は『帰朝の記』の中で、エディス・トマスについて《長く交友関係にあった人物》と記している。

(70) 野口米次郎『帰朝の記』春陽堂、一九〇四年、二七頁。

(71) 一九〇四（明治三七）年後半の『読売新聞』には、その様子が明らかである。そのいくつかを例示してみると、一九〇四年一〇月六日「よみうり抄」（第一面）《野口米次郎氏ハ昨日出發郷里尾張に赴き十數日間滞在する由》、同年一〇月一八日「よみうり抄」（第一面）《野口米次郎氏ハ目下郷里尾張に在りて病床に臥せりと》、同年一一月四日「よみうり抄」（第一面）《大坂に於ける野口氏歡迎會　大坂の有志ハ去二十日當時來坂の野口米次郎氏を同地江畔築地の多景色楼に招き小宴會を催せり　來會者ハ須藤南翠角田浩々菊池幽芳等》。それ以後も一一月六日、一一月七日、一一月一三日、一一月一七日などに、野口の行動に関する記事が掲載されている。

(72) 和田垣謙三「序」、Yone Noguchi, *From the Eastern Sea*, Tokyo: Fuzanbo, 1903, p. i.

(73) 野口米次郎『印度は語る』第一書房、一九三六年、一八頁。

(74) 啄木に *From the Eastern Sea* を送ったのは、のちに妻になる堀合節子であった。節子も《渡米して、英詩を発表することに人生を賭ける》夢を見た一人であったと言われる（澤地久枝『石川啄木』講談社、一九八〇年、一五頁）。

(75) 石川啄木「詩談一則（『東海より』を読みて）」『岩手日報』一九〇四年一月一日。

(76) 石川啄木が「詩談一則（『東海より』を読みて）」（前掲）の中で、野口がホイットマンよりも《突如として起り來る猛烈の情感を、大膽なる詩句に表現》していると高く評価していたことについては、亀井俊介氏が論じている（亀井俊介『近代文学におけるホイットマンの運命』研究社、一九七〇年、三六三頁）。

(77) 石川啄木「詩談一則（『東海より』を読みて）」、前掲。

(78) 木村毅『比較文学新視界』八木書店、一九七五年、二〇—二四頁。一九〇四年当時、高等小学校一年生であった木村毅氏も小学校の先生から野口米次郎の名前を聞いて、子ども心にも胸を躍らせたという。

(79) 石川啄木・書簡（野口米次郎宛）一九〇四年一月二一日。病気がちであった啄木は、《私の胸にはまた新しい病が起こりました。外でもない、それは渡米熱と申す、前のよりも思い強い、呵責の様な希望です。（中略）げに大兄（野口）の撞き出した氏の巨鐘の、哀れむべき一青年に及ぼした余響きは、単に詩興一面の感化ではなくて、私が幼少より心がけて居た、米国行の志望に、強く制すべからざる可燃力を与へたのであります》と野口宛の書簡で訴えた。野口の回想によれば、啄木はこれ以外にも、頻繁に滞欧中の野口に書簡を書いてきたという（西谷勢之介「野口米次郎氏の貌」（『週刊朝日』一九二七年六月一二日初出）『詩人ヨネ・ノグチ研究』第三集、造形美術協会出版局、一九七五年、一五三—一六一頁）。

(80) 野口が対面した当時の啄木は、《日本一の詩人》だと自任して《むやみやたらに喋りつづける》《きざ》な態度であったらしく、野口はあまり好感を持てなかったらしい。啄木は野口の《そっけない態度》に不満だったようだ、と野口がのちに西谷勢之介に語っている（西谷勢之介「野口米次郎氏の貌」、前掲）。

(81) 永井荷風・書簡三七〇（永井威三郎宛）一九〇四年一一月一二日、於セントルイス。

(82) 厨川白村「野口氏の英詩集（上・下）」『読売新聞』一九〇三年一一月二九日、一二月六日。

(83) 厨川白村「野口氏の英詩集（上）」、前掲。

(84) 野口米次郎『米國文學論』第一書房、一九二五年一二月、九四頁。

(85) 帝国文学会の機関誌『帝国文学』（一八九五年に創刊され、一九二〇年に廃刊となる）は、東京帝国大学文科大学の井上哲次郎、上田万年、高山樗牛、上田敏らが組織した学術文芸雑誌。評論や外国文学の紹介に貢献した。

(86) 野口米次郎による二篇 "The Song of Songs, Which is the Mikado's" と "The Song of Songs, which is Noguchi's" が、『帝国文学』（一八九七年五月一〇日）、『早稲田文学』（一八九七年七月一日）に掲載された。

(87) 他の雑誌では、夏目金之助「文壇における平等主義の代表者『ウオルト・ホイットマン』Walt Whitman の詩について」（『哲学雑誌』一八九二年一〇月）や金子馬治「新文豪ヲルト、ホイットマン」（『早稲田文学』一八九四年七月）などがホイットマンの紹介をしていた（佐渡谷重信『近代日本とホイットマン』竹村出版、一九六九年）。

(88) 雑報「野口米次郎氏の英詩」『帝国文学』一八九八年五月、一〇四—一〇五頁。

(89) 川路柳虹が一九〇七年九月の雑誌『詩人』に発表した「塵溜（はきだめ）」ほか三篇が口語自由詩の最初の実作とされ、その後の口語自由詩運動の道を開いたとされる。むろん川路だけが口語自由詩の方向を摸索していたわけではなく、当時の潮流の中に川路の試みがあった。

(90) 國木田哲夫「獨歩吟・序」『抒情詩』民友社、一八九八年四月、六—七頁。

(91) 同前。

(92) 「海外騒壇」に「ホアキン、ミラアの詩集」と題して上田敏が無署名で掲載した（『帝国文学』一八九一年六月）。

(93) 『文芸倶楽部』（一九〇四年三月）には、「米嬢の日装」と題して、ニューヨークで大好評であった日本演劇の状況を伝えるものとして米国女優の写真が三枚紹介されている。《在紐育　野口米次郎氏寄贈》とあり、《見よ日本風の如何に西漸るかを》と注記されている。三枚の写真は、〈Ada Lewis "The Darling of the Gods"〉、〈Vlanche《ママ》 Bates "The Leading Actress"〉〈Franche Hamilton "The Darling of the Gods"〉であった。

(94) 野口米次郎「〈海外通信〉戦争に関する米国の同情」『太陽』一九〇四年四月、九二—九四頁。当号の〈海外通信〉では、野口のこの記事のほかに、旅順在住の川久保鉄三による「満州の現勢」が掲載されている。

(95) 野口米次郎「HOKKU」『帝国文学』一九〇三年八月、二九—三〇

頁。この六篇は、順序が整理され、"HOKKU"という題に注記が付けられて、*The Pilgrimage* に再録されている。

(96)《帝國文學記者へ申す此れは拙者の英文にて日本の發句を適用したるものにて米國の詩人社會に廣めむとしつゝあるものに御座候是等は未だエキスペリエンス中に御座候御掲載被下ば幸甚　野口米二《ママ》郎》と記されている（『帝国文学』一九〇三年八月、三〇頁）。

(97)愛天生「海外騒壇、英詩人野口米二《ママ》郎氏」『帝国文学』一九〇三年八月、一一九頁。

(98)『英米の十三年』の扉には《十有餘年前初めて桑港に於て識れるより常に敬愛する日向輝武君に呈す》とある。つまり、この作品はサンフランシスコで共に日系新聞に携わっていた日向輝武に献げられている。

(99)ルイス・モリスは、*Songs of Two Worlds* (3 vols, 1872, 1873, 1875) や *Songs Unsung* (1883) などを出版していた英国ウェールズの詩人かつ弁護士で、著名な詩人ルイス・モリス（1700-1765）の孫にあたる。ウェールズにおける高等教育の発展のためにも尽力した人物で、ウェールズの歴史や神話を投影した詩や劇作を執筆した。野口はサンフランシスコ時代に彼に自作の詩を送っており、彼から一八九九年一月九日に書簡をもらっている（Lewis Morris to Yone Noguchi (9 January 1899), *Yone Noguchi Collected English Letters*, pp. 32-33）。

(100)ルイス・モリス書簡（野口米次郎『帰朝の記』、前掲、付録）。

(101)藤岡作太郎「野口米二《ママ》郎氏の帰朝之記を読む」『東圃遺稿二巻』大倉書店、一九一二年、四二七頁。

(102)同前、四二七—四二八頁。

(103)一九〇五年一月八日に、野口から『帰朝の記』と手紙が藤岡宛に送られ、藤岡はお礼のハガキを書いている。一月一二日には、藤岡が「帰朝之記を読む」の一文を野口に送り、野口は一八日にお礼の書簡を書いた（『市民大学院論文集・第三号別冊　藤岡朔太郎日記（明治三八年一月—一一月）』金沢大学市民大学院、二〇〇八年、九—一一頁。これについては金沢大学教授の木越治氏からご教示を受けた）。

(104)鈴木貞美「芭蕉再評価と歌壇」『わび・さび・幽玄——「日本的なるもの」への道程』水声社、二〇〇六年、二六二頁。

(105)幕医林洞海の養子で、幕府留学生として渡欧、一八七二年には岩倉使節団に従って英国に赴任。駐英公使在任中には日英同盟締結に尽力し、文学や仏教にも造詣が深かった。

(106)一九〇三年当時の若き野口が林董に対して、この台詞とまったく同じように弁論したのかどうかは、当事者以外には知る由もないが、野口は自分の弁を後年まで回想しているので、おそらく忘れがたい会見だったのだろう。

(107)野口米次郎『藝術の東洋主義』、前掲、四七頁。

第五章　日本の象徴主義移入期と芭蕉再評価

(1)この詩は *The Spirit of Japanese Art* (London: John Murray, New York: E. P. Dutton, 1915, p. 36) の評論の中にも引用され、*Selected Poems of Yone Noguchi* (Tokyo: The Art Bookshop, 1922, p. 83) にも再録されている。

(2)野口米次郎「芸術」『表象抒情詩集』第一書房、一九二五年一二月、四二—四三頁。

(3)上田敏「仏蘭西詩壇の新聲」『帝国文学』一八九八年一二月。この論考が『文芸論集』（春陽堂、一九〇一年）に収録された際、《サムボリストの新派はステフアン・マラルメを父とす》と付記されている。

(4)『明星』一九〇五年六月巻頭（無記名だが、上田敏の執筆であることが知られている）。

(5)窪田般彌『日本の象徴詩人』紀伊国屋書店、一九七九年、二九頁。

(6)佐藤伸宏『日本近代象徴詩の研究』翰林書房、二〇〇五年、五五—五八頁。

(7)鈴木貞美『生命観の探究』作品社、二〇〇七年、二〇四頁。

(8)鈴木貞美氏は、マラルメの「リヒアルト・ワーグナー——一フランス詩人の夢想」（一八八五年）や「音楽と文芸」（一八九四年）を挙げてこれを指摘している（同前、二〇四頁）。

(9)六朝時代の梁の文人、劉勰による『文心雕龍』原道篇。

(10) 鈴木貞美『生命観の探究』、前掲、二〇四頁。
(11) 野口米次郎「世界の眼に映じたる松尾芭蕉」『中央公論』一九〇五年九月、四一—四五頁。
(12) 同前、四五頁。
(13) 一九〇五年に長谷川天渓が「表象主義の文学(上・中・下)」(『太陽』一九〇五年一〇—一二月)を書いているが、マラルメに特化したものではない。野口のマラルメ論の翌月、上田敏が「象徴詩釋義」(『藝苑』一九〇六年五月)でマラルメとその詩一篇を紹介している。その後、岩野泡鳴「日本の古代思想より近代の表象主義を論ず」(『早稲田文学』一九〇七年四—六月)、泡鳴「仏蘭西の表象詩派」(『新小説』一九〇七年七—一〇月)、栗原古城「ステファンヌ゠マラルメ論」(『新潮』一九一〇年二—三月)がある。
(14) 野口米次郎「ステフエン、マラルメを論ず」『太陽』一九〇六年四月、一〇八—一一六頁。
(15) 同前、一一〇頁。
(16) この「宇宙の調和的な一致(Les concordances harmonieuses de l'univers)」について論じたのは、ヴィジェ゠ルコック(Vigié-Lecocq, *La Poésie contemporaine, 1884-1896*, Paris : Soc. du Mercure de France, 1897)である。
(17) 佐藤伸宏『日本近代象徴詩の研究』、前掲、九四頁。
(18) 同前、九一頁。
(19) 原山重信「マラルメ翻訳文献書誌(I)——戦前編 1876-1938」『昭和大学教養学部紀要』第二一号、一九九〇年、五七—七一頁。
(20) 娘婿の外山卯三郎によれば、野口は一九〇五年一一月から小石川区久堅町二八番地、一九〇六年二月から小石川区久堅町八一番地(三月下旬からギルモアとイサムが同居、翌年四月からはギルモアとイサムは芝区二本榎に移る)、一九〇七年八月頃に久堅町から茗荷谷に移転、一九〇八年七月頃に牛込区西五軒町、一九一〇年に下谷区根岸に移転、一九一三年九月に中野区桜山町四一番地に新築して移転している(外山卯三郎「年譜」『詩人ヨネ・ノグチ研究』造形美術協会出版局、一九六三年、三二五—三二六頁)。
(21) 野口、有明、泡鳴の共通点の一つは、純粋なエリートとしての学歴がない、つまり帝国大学出身者ではないということである。一九一六年七月に上田敏が逝去したとき、与謝野鉄幹は上田の追悼文の中で、《君を衒學家だと云ひ、または野口米次郎君の謂ゆる「煙草の煙を間に置いて話す人」で、他人と打ち解け難い人のやうに云ふ人のあるのは、確かに君と久しく交らない人の誤解であると自分は断言する》と述べている(与謝野鉄幹「故上田敏博士」『三田文学』第七巻九号、『近代作家追悼文集成』第一九巻、ゆまに書房、一九九二年、一一〇—一一六頁)。
(22) 日本近代詩史の中で《最も獨創的な詩人が萩原朔太郎であり、最も豊富な詩人が北原白秋であるとすれば、蒲原有明は最も完成した詩人であろう》と中村真一郎が述べている(「有明の宇宙」『文藝』一九四七年一一月、四六頁。『文学の魅力』東京大学出版会、一九五三年に再録)。
(23) 蒲原有明「自序」『春鳥集』本郷書院、一九〇五年七月、七—八頁。
(24) 同前、八—九頁。
(25) 桜井天壇「有明の詩論」〈詩壇漫言〉(『帝国文学』一九〇五年七月)、「象徴詩を論じて有明の春鳥集に及ぶ」(『帝国文学』一九〇五年八月)、片山正雄(孤村)「神経質の文学」(『帝国文学』一九〇五年六—九月)、中島孤島「乙巳文學(暗黒なる文壇)」(『読売新聞』一九〇五年九月一七日—一一月一二日)、長谷川天渓「表象主義の文學」(『太陽』一九〇五年一〇—一二月)、蘆谷蘆村「象徴を論ず」(『新声』一九〇五年一二月)など、有明の『春鳥集』出版後に次々と象徴についての論議が行われた。
(26) 桜井天壇「象徴詩を論じて有明の春鳥集に及ぶ」『帝国文学』一九〇五年八月、二四頁。
(27) 同前、二四—二五頁。
(28) 中島孤島「暗黒なる文壇・四」『読売新聞』一九〇五年一一月五日。
(29) 有明は藤村の『一葉舟』(一八九八年)によってD・G・ロセッティ

の存在を知り、上田敏のロセッティ紹介を読み、一八九九年にはラフカディオ・ハーンが東京帝大で行ったロセッティについての講義のノートを友人の千秋季隆から借りている。その後一九〇二年一一月に、海外留学から帰国した岩村透の書斎に数週間通い詰めて、D・G・ロセッティやW・M・ロセッティの書物を読みあさったという（矢野峰人『蒲原有明研究』國立書院、一九四八年、七六―八一、一二八頁）。

(30) 佐藤伸宏「蒲原有明に於ける『海潮音』――日本近代象徴詩の成立」『比較文学』第四一号、一九九九年、七―二〇頁。

(31) 初期（一九〇一年前後）のメンバーには柳田国男、川上眉山、小栗風葉、田山花袋、蒲原有明、国木田独歩らがおり、その後一九〇七年三月の『文章世界』の会合の項によれば、島崎藤村、岩野泡鳴、徳田秋声、中沢臨川、野口米次郎、小山内薫、正宗白鳥、近松秋江らが加わっている。

(32)〈龍土会〉については、従来、自然主義運動の展開の機運を作ったとされてきたのだが、その加入メンバーの顔ぶれを見ると、《自然主義文学運動の母胎のグループをそのままの形で掬い上げる》（和田謹吾『自然主義文学』至文堂、一九六六年、三〇頁）という評価には疑問符がつく。特に、野口や有明、泡鳴などを〈自然主義文学運動〉の枠内に収めるには無理がある。ようするに、日本の近代文学史の主流を〈自然主義〉の系譜を中心に論じる方法は、見直す必要がある。

(33) 野口米次郎「故岩野泡鳴君」『岩野泡鳴全集』別巻、臨川書店、一九九七年、四六三頁（「故岩野泡鳴君」（岩野泡鳴追悼文）は、岩野泡鳴『女の執着』付録、日本評論社、一九二〇年九月が初出）。

(34) 野口米次郎の署名（実は岩野泡鳴の筆）「發刊の辭」『あやめ草』如月堂書房、一九〇六年六月、一頁。

(35) 同前、二―三頁。

(36) *The Bookman*, London, April 1914, p. 36.

(37) 豊田實『日本英學史の研究』岩波書店、一九三九年、四四五頁。

(38) 渥美育子「文化交流と境界人の役割」『現代英語教育』第七巻一二号、一九七一年。和田桂子「野口米次郎のロンドン（八）――あやめ会の内紛」『大阪学院大学外国語論集』第四一号、二〇〇〇年三月）。

(39) 和田桂子「野口米次郎のロンドン（八）――あやめ会の内紛」、前掲、二八頁。

(40) 泡鳴は『白百合』が林外、御風、自分の三人による共同経営であったにもかかわらず、年長の前田林外を主体とする雑誌とみなされていることに不満を持っていた。

(41) △×生（相馬御風）「『あやめ草』を讀む」『白百合』一九〇六年八月、五二三―五二六頁。

(42) 同前、五二五―五二六頁。

(43) 林外は《作物の批評には果して「紳士たるの態度」を必要視するや。一の作物を批評するに於て米國の紳士禮法若くは英國の男女禮法、或は日本の小笠原流禮法等の諸禮書を繙いてかゝらねばなるまいか。けれども僕は信ず、作物の批評をするにあたり、紳士たるの一部の資格は必要と認めるが、足下の云ふ如き、全然紳士の資格を具備せざるべからざるものとは認めない》と書いている（前田林外「野口米次郎君に答ふ」『白百合』一九〇六年九月、五二八―五三三頁）。

(44) 林外はあやめ会の会員であったにもかかわらず「あやめ会の内情について」（『文庫』第三二巻五号、一九〇六年）を密告的に書いた。『白百合』（一九〇六年九月）には、林外の「野口米次郎君に答ふ」が掲載され、通信欄に《前田林外氏は「あやめ會」を脱せり》（五七〇頁）と報告された。『読売新聞』の「よみうり抄」では、九月一日の会合（上野精養軒）で、野口と林外がお互いの除名を主張し、上田敏の忠告によって林外があやめ会に宛てて謝罪状を出して退会することを承諾させられた、と報じられている。しかし結局、林外は謝罪状を出さなかった（「よみうり抄」『読売新聞』一九〇六年九月三日）。

(45) 豹子頭「没羽箭」（一―四）『読売新聞』（「日曜付録」一面）一九〇六年六月二四日、七月一日、七月八日、七月一五日。岩野泡鳴「『あやめ草』評を讀みて　豹子頭君に答ふ」『読売新聞』一九〇六年七月一日。

(46) 岩野泡鳴「『あやめ草』評を讀みて――豹子頭君に答ふ」、前掲。豹子頭が角田浩々であることは、正富汪洋「明治大正詩壇の思ひ出」(『詩神』一九二九年八月、一四一―一五〇頁)に記されている。

(47) 豹子頭「没羽箭」(四)、前掲。

(48) テューダー朝のヘンリー八世の時代の英国貴族で、友人のトマス・ワイアット卿と共にルネサンス詩を創始した詩人として知られている。

(49) 「土井晩翠に與ふる書」『明星』一九〇五年三月(『明星』には、野口も一九〇四年二月から〇五年四月にかけて五回寄稿している)。

(50) 「よみうり抄」『読売新聞』一九〇六年八月二六日。

(51) 「あやめ會の内幕」『萬朝報』一九〇六年八月二六日。

(52) 野口米次郎「あやめ會對如山堂紛擾」『読売新聞』一九〇六年九月一日。

(53) 同前。

(54) 野口米次郎「あやめ會對如山堂紛擾(続)」『読売新聞』一九〇六年九月三日。

(55) 野口米次郎「英文學の新潮流」『英米の十三年』春陽堂、一九〇五年、一七五―一八五頁。

(56) △×生(相馬御風)「あやめ草を読む」『白百合』、前掲、五二三頁。

(57) S. Tsushima, "Yone Noguchi at Enkakuji", *The Nation*, 16 February 1911, p. 164.

(58) アメリカの書籍コレクター(書籍ディーラーか本屋のようなことをしていた可能性も高い)ジェームズ・カールトン・ヤング宛に、《Valley Press Publishing》と刻印された専用レシートで、四枚の請求書(一九〇九年一〇月一二日付)が送られている。レシートによれば輸出された書物は、岩野泡鳴の『闇の盃盤』『耽溺』(paeues とあるが、これは paeans = 耽溺の誤りであろう)『新自然主義』『新体詩の作法』『A Fiantory of Fev's Japan』『The Risen Sun』や、永井荷風の『荷風集』『アメリカ物語』『冷笑』、そして野口本人の *Lafcadio Hearn in Japan*, *Pilgrimage*, *From the Eastern Sea* (English Edition), *From the Eastern Sea* (Japanese Edition), *The American Diary of a Japanese Girl*, *The American Letters of a Japanese-Parlor-maid*, *My Thirteen Years in England and America*, *The Summer Cloud* などである(カリフォルニア大学バークレー校バンクロフト図書館蔵)。

(59) S. Tsushima, "Yone Noguchi at Enkakuji", pp. 163-164.

(60) あやめ会による野口の活動を攻撃することになる『白百合』の社告でも、『ジャパン・タイムズ』寄稿の「日本現代の詩人」と題する野口の評論を一読するように推薦している(社告『白百合』第二巻八号、一九〇五年)。

(61) 長沼重隆『トラウベルを語る』東興社、一九三一年。

(62) 東京帝国大学英文科で上田敏に学び、英米に留学し、帰国後の一九二一年には北原白秋らと新詩会を結成した。詩集に『祈禱』(一九一三年)、翻訳に『ルバイヤット』(一九二一年)、『新曲』(一九二三年)などがある。

(63) 長沼重隆「野口さんのこと」『日本詩人』(野口米次郎記念号)一九二六年五月、四〇―四三頁。

(64) 蒲原有明「自序」『有明詩集』アルス、一九二二年、三頁。『有明集』(易風社、一九〇八年)には「自序」はついていない。

(65) この有明の志向は、《自然法爾に交徹する象徴的殿堂の闡明《せんめい》讃嘆があり、自在なる言語の音楽的色調》があり、《これはまた無量壽經の佛々相念の世界であり、大寂定、普等三昧である》と述べていることからも分かる(蒲原有明「象徴主義の文学に就て」『飛雲抄』書物展望社、一九三八年、一二三頁)。

(66) マラルメが仏教の解脱の観念を知っていたことや、仏教徒の友人から東洋的観念の影響を受けていたことが知られている(鈴木貞美『生命観の探究』、前掲、五三四、五三六頁)。

(67) 蒲原有明「象徴主義の文学に就て」、前掲、一二〇頁。

(68) 同前、一二三頁。

(69) 佐藤伸宏『日本近代象徴詩の研究』、前掲、二〇四頁。

(70) 相馬御風「『有明集』を読む」『早稲田文学』一九〇八年三月、一九―二一頁。

(71) 岩野泡鳴については "Through for the Japanese Screen" (*Japan Times*,

19 January 1907）、蒲原有明については "The Poetry of Ariake Kanbara" (*Japan Times*, 20 October 1907) や "Twenty Four Paragraphs on Mr. Ariake Kanbara"（『新思潮』一九〇七年一一月）。

（72）英国で行われた講演の内容は *The Spirit of Japanese Poetry*（1914）とその邦訳『日本詩歌論』（白日社、一九一五年）の第五章「The Poets of Present Japan（日本現代詩歌論）」に収録されている。これは、野口が日本詩歌とその潮流について、どのような認識を持っていたかを知る手がかりとなる。

（73）Yone Noguchi, *The Spirit of Japanese Poetry*, pp. 188, 191–192.

（74）Ibid., p. 104.

（75）《What is symbolism if not "the affirmation of your own temperament in other things, the spinning of a strange thread which will bind you and the other phenomena together"? Kanbara is that symbolist, he looks upon everything with his own special personality》(Yone Noguchi, *The Spirit of Japanese Poetry*, p. 104). この部分は、『日本詩歌論』（一九三頁）の邦訳が分かりにくいため、堀による訳を示した。

（76）Yone Noguchi, *The Spirit of Japanese Poetry*, p. 106.『日本詩歌論』、前掲、一九五—一九六頁。

（77）Ibid., pp. 104–105. 同前、一八九—一九五頁。

（78）Ibid., pp. 106–107. 同前、一九六—一九八頁。

（79）《He has been accused of being an unthinking singer, who scatters his thoughts and wastes his passion on any subject; in fact, he is at home on any subject, his sudden fire and thought rising up on the spot. He is the most versatile poet of the present day; and, naturally, he has unconsciously degenerated into every excess》(Yone Noguchi, *The Spirit of Japanese Poetry*, pp. 107–108). この部分は、『日本詩歌論』（一九九頁）の邦訳が分かりにくいため、堀による訳を示した。

（80）北原白秋「序（例言）」『邪宗門』易風社、一九〇九年、二頁。

（81）北原白秋「わが生ひたち」『思ひで』東雲堂、一九一一年、一〇—一一頁。

（82）高村光太郎「北原白秋の『思ひ出』」『文章世界』一九一一年九月、二八—二九頁。

（83）三木露風「詞華集マンダラ」『蠟人形』一九三七年九月、二—三頁。

（84）蒲原有明「マンダラ序文」（一九一五年三月）『飛雲抄』、前掲、五七頁。

（85）三木露風「詞華集マンダラ」、前掲、二頁。

（86）三木露風は、野口が収録した英詩の意義を高く評価し、とりわけ浮世絵画家の広重について詠った一篇について考察した（三木露風「詞華集マンダラ」、前掲、四頁）。

（86）川路柳虹「『マンダラ』を讀む」『詩歌』一九一五年六月、一二頁。

（87）山宮允「大正四年の詩壇」『詩歌』一九一六年一月、六頁。

（88）ただし、のちに三木露風は、『マンダラ』において自由詩体が成功し、《マンダラ以後、漸次自由詩體が多くなつた》という認識を示している（三木露風「詞華集マンダラ」、前掲、五頁）。

（89）柳澤健「輓近の詩壇を論ず」『文章世界』一九一五年七月、六七頁。

（90）三木露風「象徴詩より口語詩時代」『表象』創刊号、一九五八年九月五日（『三木露風全集』第三巻、三木露風全集刊行会、一九七四年、九九五頁）。

（91）三木露風「白き手の猟人・序」『三木露風全集』第一巻、三木露風全集刊行会、一九七二年、九六頁。

（92）三木露風「冬夜手記」（『白き手の猟人』）『三木露風全集』第一巻、前掲、一〇七頁。

（93）同前。

（94）同前、一三一頁。

（95）Yone Noguchi, "The New Art", *The Pilgrimage*, Kamakura: The Valley Press, 1909, p. 3.

（96）野口米次郎「芸術」『表象抒情詩集』第一書房、一九二五年、四二—四三頁。

（97）Arthur Ransome, "A Japanese Poet", *The Bookman*, London, February 1910, pp. 235–236.

(98) 森田実歳『三木露風研究――象徴と宗教』明治書院、一九九九年、九二―九七頁。

(99) 三木露風が、川路柳虹、柳澤健、西條八十らと共に〈未来社〉を結成したのが一九一三年である。

(100) 三木露風「余録」『未来』第二巻二号、一九一五年二月（『三木露風全集』第三巻、前掲、九一一―九一二頁）。

(101) 三浦仁「『露風詩話』解説」『露風詩話』（近代作家研究叢書）日本図書センター、一九九三年、四頁。

(102) 一九〇四年の帰国直後ほどではないにせよ、一九一五年当時においても、野口自身《時には英文の方が私の意味を傳える》（「私の懺悔録」『三田文学』一九一五年七月、八一頁）と述べていたように、野口の日本語は巧みではなかった。

(103) 三木露風「沈默の背景」『露風詩話』第一書房、一九一六年、二五頁。

(104) 三木露風「思想の井」『露風詩話』、前掲、三二頁。

(105) 露風の次の詩集『幻の田園』（一九一五年七月）の「序」でも、《詩の道を行ふといふ点》では、象徴の精神に胚胎して生まれている《古き日本の芸術》は、ヴェルレーヌやマラルメよりも一歩勝っていると述べている。《詩の道を行う》という表現も、野口がよく用いる表現である（三木露風「序」『幻の田園』（一九一五年七月）、『三木露風全集』第一巻、前掲、一三五頁）。

(106) 三木露風「詩歌の鑑賞」『露風詩話』、前掲、五八頁。

(107) 三木露風「詩體（長詩及短詩）」『露風詩話』、前掲、一一三頁。

(108) 同前、一一四頁。

(109) 同前、一一五頁。

(110) 無記名「新刊紹介」『三田文学』一九一五年一一月、一六七頁。

(111) 野口米次郎『日本詩歌論』、前掲、二〇五―二〇六頁。

(112) 同前、二〇六―二〇七頁。

(113) 同前、二〇七頁。

(114) 野口米次郎「三木露風君に一言を呈す」（上・下）『時事新報』一九一五年一二月二七日、二八日。

(115) 露風が、マラルメのロンドンにおける講演が野口よりも日本的であったと信じる、と書いていることに対して、野口は《初耳であるから、私は博識な氏から一層明瞭に其事を承りたい》と書いている（野口米次郎「三木露風君に一言を呈す」、前掲）。慇懃なほどの低姿勢で書いている皮肉な態度が、野口らしい。しかし、露風がこのような発言をしているということは、露風が野口ではなくマラルメ経由で象徴主義を確立したという可能性をも検討してみる必要があるだろう。

(116) 三木露風『詞華集マンダラ』、前掲、四頁。

(117) 萩原朔太郎「日本に於ける未來派の詩とその解説」『感情』一九一六年一一月、二五―二六頁。

(118) 同前、二六頁。

(119) 萩原朔太郎「三木露風一派の詩を放追せよ」『文章世界』一九一七年五月。

(120) 同前。

(121) 『石楠』（一九一八年三号、芭蕉研究号）、『潮音』（一九二一年八月、芭蕉号）、『にひはり』（一九二四年一一月、芭蕉特集号）、『早稲田文学』（一九二五年九月、一〇月）、『コギト』（一九三五年一一月号、芭蕉特集号）、『俳句研究』（一九三六年一月）、と次第に増えて昭和期には多くの芭蕉特集が組まれるようになる（『芭蕉研究論稿集成』第一―三巻、クレス出版、一九九九年一二月を参照）。

(122) 鈴木貞美「「日本文学」という観念および古典評価の変遷――万葉、源氏、芭蕉をめぐって」『文学における近代――転換期の諸相』国際日本文化研究センター、二〇〇一年。

(123) 北原白秋「赤い瓦の家より（芭蕉俳句研究）」『詩と詩論』創刊号、一九二一年九月、一一〇―一一三頁。

(124) 野口米次郎『欧州文壇印象期』白日社、一九一六年一月、三二一―三二三頁。ここに対応する英文論述が、《Then I dwelt on the conditions in which our age of transition, happy to say, is approaching well night to its end, and I told him that we are busy at present in rearranging or rather destroying

what we once learned from the West; I added that we had been lately encouraging even a reaction against the Western literature. I continued: "We should keep some Western literature, not because it is new and strange for us, but because we can find our own Japanese passion and imagination more beautifully, more precisely, expressed in it. When we keep your Western symbolism, it is from our desire to strengthen and purify our own old symbolism (or is it to be called allegory?) by its baptism》("A Japanese poet on W. B. Yeats", *The Bookman*, N.Y., June 1916, p. 431) である。野口は英文を先に書いてから日本語文に翻訳したと思われる。

(125) 野口米次郎「日本を代表する国民詩人出でよ」『中央公論』一九〇六年一月。

(126) 野口米次郎「愛蘭土文學の復活」『慶應義塾学報』一九〇六年一月一五日。

(127) ただし野口はキプリングとイェイツを同質の作家とみなしていたわけではない。《There could be no more striking contrast than Kipling and Yeats, the former being the celebrater of imperialism, too often hard, flashy, materialistic, the lover of the tumult of war and the din of labour, who sings of these with a rough and gusty energy, in the slang of the camp and in accordance with the standards of the music-hall, while the latter is full of thought, spirituality, and lyrical plantasy《ママ》, subtle, sweet and beguiling in his music. Yeats stands opposed to the encroachments of a uniform civilization that is destructive. National and provincial variations of every kind; he shuns the distractions of the workaday world and courts the solitary delights of the spirit; his work is the product of an exacting artistic conscience, and everywhere wrought with the utmost care, chiefly addressing himself to a cult, that understands the contents of his art and speaks in language》(Yone Noguchi, "Yeats and the Irish Revival", *The Japan Times*, 28 April 1907).

(128) 野口米次郎『芭蕉論』第一書房、一九二五年、三四、三九頁。

(129) 野口米次郎『放たれた西行』春秋社、一九二八年、二一二頁。

(130) 同前、二一三頁。

(131) 同前、二一四頁。

(132) イェイツの名前を日本で初めて紹介したのは上田敏（『帝国文学』一八九五年）で、厨川白村や、一八九六年から一九〇三年にかけて帝国大学の英文学科で講師を務めたラフカディオ・ハーンが、早くからイェイツに言及していた。

(133) 鈴木弘「〈特別講演〉イェイツを日本に導入した先覚者たちとイェイツの日本文化への憧憬」『イェイツ研究』（日本イェイツ協会）第三八号、二〇〇七年、二五頁。

(134) 禿木は、新詩社の社友大会に招かれて「英国詩界の現状」と題する講演を行い、その内容が五月の『明星』に掲載されている（『平田禿木選集』では「英国詩界の近状」と改題されている）。

(135) 平田禿木「英国詩界の近状」『平田禿木選集』第二巻、南雲堂、一九八一年、三六四頁。

(136)《今は主にロンドンに住んで居るが、始終その祖国を忘れない、閑を得れば必ず故郷に走つて、野のほとり、山のかげに民の声を聴き、野趣の身を去らん事をこれ恐れて居る。さういふ工合で、その人物や、その生活がすでに詩人的である。今の英の文壇、真に詩人らしい詩人を求むれば、ウィリアム・バトラア・イェイツをおいて他に無いのである》（同前、三六四頁）。

(137) 同前、三六八頁。

(138) 同前。

(139) 野口米次郎『先駆者の言葉』改造社、一九二四年一〇月、一七九―一八〇頁。

(140) 前掲、一八一―一八三頁。

(141) 前掲、一七七頁。

第六章　帰国後の英文執筆　一九〇四―一九一四年

(1) Yone Noguchi, "The Temple of Silence", *Kamakura*, Yokohama: Kelly & Walsh, Kamakura: The Valley Press, 1910, p. 3.

(2) 野口はニューヨークの新聞界の実情を解説し、『タイムズ』を頂点として、『サン』『ポスト』『トリビューン』『ヘラルド』などの傾向や編集方式や問題点などを論評している（野口米次郎「紐育の新聞界」『慶應義塾学報』一九〇九年五月）。

（3）彼は浮世絵に関する著作のほか、日本文学に関する論文 "The Literature of New Japan" (*The Independent*, 21 May 1895) も執筆している。

（4）F. Weitenkampf, "The Literature of New Japan : A Bibliographical Essay", *The Lamp*, September 1904, p. 137.

（5）挙げられたのは、バジル・ホール・チェンバレン、ウォルター・デニング、カール・フローレンツ、ウェイテンカンプ、クレメント、アストン、スタンホープ・サムス、オットー・ハウザーの著作で、これに並んで野口の "Evolution of Modern Japanese Literature" (1904) や "Modern Japanese Women Writers" (1904), "Japanese Humour and Caricature" (1904) が紹介された (F. Weitenkampf, "The Literature of New Japan : A Bibliographical Essay", pp. 137-139)。

（6）Ibid., p. 137.

（7）*The Critic*, December 1904.

（8）Yone Noguchi, "Modern Japanese Women Writers", *The Critic*, May 1904, pp. 429-432.

（9）Yone Noguchi, "Shakespeare in Japan", *The Critic*, March 1905, pp. 230-237.

（10）この日本版『オセロ』について、チェンバレンは〈Theatre〉の項目で酷評している (B. H. Champerlain, *Things Japanese*, 6th ed., London : Kegan Paul, 1939, pp. 501-502)。

（11）たとえば野口は、小山内薫が主宰した雑誌『七人』の一九〇五年四月号と五月号に詩篇を寄稿している。

（12）一九〇四—〇五年当時の野口が〈詩〉と〈劇〉を切り離さない認識を持っていた背景には、西洋の〈劇詩 (poetic drama)〉というジャンルについての認識や、イェイツなどからの影響が背景にあるだろう。これは一九二〇年代の日本の詩人たちや演劇人たちにとっては当然の認識となり、複数のジャンルを融合した総合的な芸術活動がきりひらかれていく。野口の愛弟子の大藤治郎は《劇は詩から創められねばならないとは私など淺學末輩の、今更らしく言ひたてるまでもなく、獨逸の劇的効果の其一端なりとも窺ふ者にとつては、當然に頷かねばならないところのものである》と書いている（大藤治郎「詩から劇へ」『日本詩人』一九二二年二月、九八頁）。

（13）小記事『現代詩評』第一巻六号、一九二九年九月。

（14）金子光晴「野口米次郎・人と作品」（一九六八年一〇月二〇日）『日本詩人全集』第一二巻、新潮社、一九六九年（『金子光晴全集』第一五巻、中央公論社、一九七七年、三八六—三八九頁）。

（15）宮沢賢治の「浮世絵版画の話」の中には、《浮世絵人物の評所に関しては海外の多数の評論みなこれを不可解とし神秘とする。日本では野口米次郎氏の如きこの表情は浮世絵の秘戯画を検した後初めて理解さるるといったりしてゐる》と言及するなど、野口の浮世絵論や英文随筆の影響が色濃く見られる（拙稿『宮沢賢治イーハトヴ学事典』弘文堂、二〇一〇年、三七八頁）。

（16）岡山生まれの原撫松（本名・熊太郎）は、一九〇四年七月から一九〇七年一一月にかけてロンドンで美術を研究し、美術評論家スピールマンに絶賛されていた（雑誌『グラフィック』の一九〇六年九月一日号、〇七年一月一二日号に原の批評が掲載された）。活躍が期待されていた原だが、帰国後は病気のため満足のいく仕事が残せないまま、一二年一〇月二七日に病没した。野口は一九〇九年五月三一日に、若宮卯三郎に同伴して原を訪問して以来、親しく付き合った。野口が没後七年目に書いた「原撫松の追憶」（『三田文学』一九一八年七月、九七—一一二頁）には、二人の交友関係と原の死に対する野口の悲嘆の様子が詳しく語られている。原は、野口の著作のほか、牧野義雄の著作にもしばしば登場する。ロンドンで認められて日本美術界とは一線を画した存在だった原は、没後長く忘れられていたが、一九九七年に回顧展が開催されている。

（17）野口米次郎「原撫松の追憶」、前掲、九七—一一二頁。

（18）野口の美術認識に、原撫松との交友関係が影響していることは、野

口の著作 *The Spirit of Japanese Art* (1915) の中に "Busho Hara" と "The Memorial Exhibition of the Late Hara" が収録されていることからも明らかである。

(19) 一八九七年に創刊された初の日本人経営の英字新聞。創刊以降、頭本元貞、武信由太郎が中心となっていたが、経営難に陥り、一九一四年に国際通信社総支配人ケネディに経営が委ねられ、頭本は『ジャパン・タイムズ』社を去る。その後、一九二二年にはケネディに代わり芝染太郎が経営者になっている。社説その他の重要記事は、創立当初時から関係していた高橋一知が書き、最上梅雄、芝均平、相良佐、野口米次郎や城谷黙 (Mock Jaya) などが執筆した (堀内克明「新聞雑誌」『日本の英学一〇〇年――大正編』研究社、一九六八年、三六八―三六九頁)。

(20) 伝統美術の宣揚のために九鬼隆一、高橋健三、岡倉天心らが国華社を設立した。

(21) もともと高橋健三と岡倉天心が編集・経営の中心であったが、高橋が逝去し、岡倉が放置して、一九〇一年二月からは滝精一（瀧和亭の息子）が編集出版を行う。一九〇五年、東京朝日新聞社が引き継いで刊行が続けられた。野口はこの引き継ぎ以降に『国華』との関連を持ったと考えられる。

(22) R. B, "A Powerful and Progressive Nation", *The Critic*, March 1905, pp. 282-283.

(23) 文部省の展覧会についての論考 "The Mombusho Fine Art Exhibition" (*Japan Times*, 12 November 1916) の中では、リケッツが歌麿の芸術を土佐派と関連づけて書いているところを引用して、古い土佐派の方法は仏教伝播とともに中国経由でインドからもたらされた細密画からの影響であると述べている。そして、この方法はインドの方法に遡れるが、中国の書道 (calligraphy) の影響とは対極的であることなどを論証している。つまり、この頃の野口は、インド、中国、日本の芸術的連関性や歴史系譜についての岡倉天心らの言説をふまえた美術認識を持っており、それを日本の現代美術の紹介と合わせて、新聞紙上の時事問題として英文発表している。

(24) "The "Nika" Exhibition", *Japan Times*, 30 September 1917.

(25) 外山卯三郎「ヨネ・ノグチの浮世絵論」『詩人ヨネ・ノグチ研究』造形美術協会出版局、一九六三年、三〇一―三〇四頁。一九三〇年代より観光局主導の講演活動の一環として出版された野口の浮世絵論『Hiroshige and Japanese Landscape』(鉄道省観光局ブックレット) が、戦後も野口に承諾を得ないまま再三にわたって増刷を重ねていたが、一九五四年五月には藤懸静也（帝国大学）の名で増補改訂版が作られて、問題となった。つまり、従来あまり知られていないが、戦後の浮世絵論や浮世絵研究も野口の影響を受けている可能性が高い。

(26) 高橋誠一郎「浮世絵礼讃の詩人」『詩人ヨネ・ノグチ研究』、前掲、二〇一―二〇二頁。

(27) 渋井清「忌憚ない印象」『詩人ヨネ・ノグチ研究』、前掲、二〇八頁。

(28) 外山卯三郎は次のように述べている。《ヴァインズがかつていったように、ヨネ・ノグチの浮世絵論が世の美術研究者たちや博物館助手たちから、参考書として何の役にも立たないと排斥されたからといって、ヨネ・ノグチの浮世絵論の文学的な価値がちっとも損じられたとは思はない。フランス語が解からないからといって、マラルメの詩集やボドレールの散文詩集を屑屋に売っても、マラルメやボドレールの文学的価値に何の変化もないのと同じことです。むしろ、さまざまな誤解がとけ、かいかぶりがなくなって初めて、ヨネ・ノグチの浮世絵論はもはや何人もの追従をゆるさない独自な散文詩として、その文学的な位置を固め、本当に価値をたかめる日がくることだろうと信じて疑はないものです》(外山卯三郎「ヨネ・ノグチの浮世絵論」、前掲、二九八頁)。

(29) 金子光晴「野口米次郎・人と作品」(一九六八年一〇月二〇日付『日本詩人全集』第一二巻、一九六九年一月 (『金子光晴全集』第一五巻、前掲、三八九頁)。

(30) *Catalogue of the Memorial Exhibition of Hiroshige's Works: On the 60th Anniversary of His Death*, Tokyo: S Watanabe (Ukiyoe Association), 1918

（著作権発行・渡邊庄三郎、発行所・浮世絵研究会、一九一八年六月三〇日）.

（31）Yone Noguchi, *Hiroshige ; with 19 collotype illustrations and a coloured frontispiece* (N.Y. : Orientalia, 1921) の "Acknowledgement" に、一九一八年の広重没後六〇年記念の式典で読まれた論文であることが記されている。

（32）Mary Fenollosa, *Hiroshige, the artist of mist, snow and rain : an essay*, San Francisco : Vickery, Atkins & Torrey, 1901.

（33）Dora Adsden & J. S. Happer, *The Heritage of Hiroshige ; a glimpse at Japanese landscape art*, San Francisco : P Elder, 1912.

（34）それ以後、広重に関しては、Edward F. Strange, *Colour Prints of Hiroshige* (London, 1925), Kimura Shohachi, *Hiroshige* (Tokyo, 1927), Minoru Uchida, *Hiroshige* (Tokyo, 1930), Yone Noguchi, *Hiroshige*, (Tokyo : kyobunkan, 1934) などが出ている。

（35）フランスのエドモン・ドゥ・ゴンクールが、日本の浮世絵を研究して『歌麿』（一八九一年）、『北斎』（一八九六年）を書き、それらがフランスをはじめ国際的な浮世絵ブームを起こした。ゴンクールの浮世絵の研究書は画壇に影響を与えたばかりでなく、詩人たちにも影響を与え、時代を俳句への関心へと導いていく。そして、当時の欧米人による浮世絵研究や日本の芸術感覚への関心を、日本人の感覚から説明して、俳句への関心につなげていく橋わたし的な役割を果たしたのが野口だと言えよう。一九一〇年代の俳句への関心や、第一次大戦後から一九二〇年代にかけての俳句ブーム（フランスでは、クーシューやジュリアン・ヴォカンスやジャン・ポーランの活動など）につながっていく時代に野口米次郎が存在したのである。

（36）*Hiroshige, par Yone Noguchi avec gravures sur bois, heliotypies et vignettes ; traduit de l'anglais par M. E. Maitre*, Paris : G. van Oest, 1926.

（37）*Hokusai per Yone Noguchi ; traduit de l'anglais par M. E. Maitre*, Paris : G. van Oest, 1928.

（38）*Utamaro, per Yone Noguchi ; traduit de l'anglais par M. E. Maitre*, Paris : G. van Oest, 1928.

（39）Yone Noguchi, *The Collected English Letters*, Tokyo : Yone Noguchi Society, 1975, pp. 212-213.

（40）斎藤勇は、野口が《文芸雑誌「リヅム」に特に国外寄稿者として毎号執筆を依頼されて、歌麿や光悦を紹介し、また俳句を説き、かつ随想を寄せた》ことに触れている（斎藤勇「ヨネ・ノグチ」『詩人ヨネ・ノグチ研究』、前掲、一二七頁）。

（41）「『仮面』に集まった人々」『読売新聞』一九一八年一〇日。

（42）《Our Japanese life, indeed, suffers from nervous debility as a result of the wholesale Western invasion, under which we have become spiritual gypsies, losing our own homes》(Yone Noguchi, "The Nervous Debility of Japanese Art", *The Nation*, vol. 94, mp. 2439, 28 March 1912, p. 313).

（43）Yone Noguchi, "The Artistic Interchange of East and West", *The Graphic*, 18 February 1911.

（44）アイルランドのダブリン生まれの劇作家・批評家で、フェビアン協会の発起人の一人。一九二五年（イェイツが受賞した二年後）にノーベル文学賞を受賞している。野口とも直接の面識があった。

（45）これは一九一〇年一〇月から一二月号の雑誌『歌舞伎』に三回連載され、一九一三年三月三〇日に単行本『新一幕物』に収録された。収録の際、《本篇罪人の演説中に、作者の主義を暴露したる一句ありしを削除す。是れ譯者の注意に出づるものにして、誤脱にあらず》と付記されている。この作品は、同年一一月二三日から一五日間、井上正夫の新時代劇協会の第一回公演として有楽座で上演され、さらに一九一四年一月二日から八日間、新劇社の第二回講演として有楽座で上演された（『森鷗外全集』第七巻、岩波書店、一九七二年、三七九、六二〇—六二一頁）。

（46）《The Government would not permit the play to be acted if Shaw were a Japanese; But it cannot be so strict with an established English author. I have seen many instances when we only borrowed from foreign writers to express our thought. "The Horse-Thief" is one of them》(Yone Noguchi, "The Artistic interchange of East and West", *The Graphic*, London, 18 February 1911, p. 248).

(47) "The Japanese Government and the New Literature", *The Living Age*, vol. 52, July 1911, pp. 315-316.

(48) Stafford Ransome, *Japan in Transition : a comperative study of the progress, a policy, and methods of the Japanese since their war with China*, 1899.

(49) Adachi Kinnosuke, "A Japanese View of Ransome's "Japan in Transition"" (*The Critic*, May 1900, pp. 454-459) など、岡倉天心や新渡戸稲造や野口以外にも、国外の雑誌に寄稿して日本の立場を説いた人物は稀少ながら存在する。

(50)『太陽』の選者に起用された正岡子規は、一八九八（明治三一）年、「文苑欄」に〈俳句〉という呼称を用いたのち、一旦それまでの呼称〈俳諧〉に戻したが、一八九九年から再び〈俳句〉とした。次第に〈俳句〉の呼称が定着していったのには、雑誌『太陽』の影響力が大きかったと考えられている（鈴木貞美『日本の「文学」概念』作品社、一九九九年、三八七頁。同「明治期『太陽』の沿革、および位置」、前掲、二〇頁）。

(51) 一九一四年の英国講演をもとにした論集 *The Spirit of Japanese Poetry* (1914) においては〈Hokku〉が用いられているが、その日本語版『日本詩歌論』（一九一五年）においては〈俳句〉と直されている。

(52) 同書は、一九一二年には、ニューヨークのミッチェル・ケナレイ（Mitchell Kennerley）社やロンドンのエルキン・マシュー（Elkin Mathew）社からも再版されている。この詩集には、W・M・ロセッティの「あとがき」が収録され、再版時にはランサムやトラウベルの批評も付録として付けられた。後述するシカゴの詩雑誌『ポエトリ』は *From the Eastern Sea* と *The Pilgrimage* を高く評価しており、《They are books of subtle, delicate lyrics, full of that strange blend of old Japan and the West of today which makes the poetry of contemporary Japan so intriguing》と推奨した。特に *The Pilgrimage* の中の詩篇 "Ghost of Abyss" の論評を行っている（Eunice Tietjens, "Yone Noguchi", *The Poetry*, vol. 15, November 1919, p. 97)。

(53) この六篇の三行詩は、一九〇三年の『帝国文学』に発表していたものである（前述第四章）。

(54)《"Hokku" (Seventeen-syllable poem) in the Japanese mind might be compared with a tiny star, I dare say, carrying the whole sky at its back. It is like a slightly-open door, where you may steal into the realm of poesy. It is simply a guiding lamp. Its value depends on how much it suggests. The Hoku poet's chief aim is to impress the reader with the high atmosphere in which he is living. Herewith I present you some of my English adaptations of this peculiar form of Japanese poetry》(Yone Noguchi, "Footnote" of "Hokku", *The Pilgrimage*, Kamakura : The Valley Press, 1909, p. 137).

(55) Arthur Ransome, "A Japanese Poet", *The Bookman*, February 1910, pp. 235-236.

(56)《"My Love's lengthened hair/ Swings o'er me from Heaven's gate:/ Lo, Evening's shadow." That is all. Perhaps the difference between this poetry and most poetry may be clearly put in saying that it more consciously writes its poem in its reader's mind. It is never explicit. For it, to be explicit is to be dead. It does not describe a scented room; but is itself the fragment of incense whose mounting smoke will turn the room to poetry》(Ibid., p. 235).

(57)《This is valuable as a talisman rather than as a picture》(Arthur Ransome, "The Poetry of Yone Noguchi", *The Fortnightly Review*, 10 September 1910).

(58) Yone Noguchi, "The Death of Baron Takasaki", *The Nation*, 4 July 1912.

(59) Ibid.

(60)《When he said, "Be natural," I believe that he put a great value on the moment when one's rhythm of soul responds and vibrates most truly to the life and motion of nature》(Ibid.). そして野口は、人格が高揚したときの感覚について、次のような詩的表現をしている。《And the time when your personality rises to be high and strange is when it is righteously led by humanity and arm-in-arm will dance with that humanity on life's highway;

therefore, the question of the Japanese *uta* poetry is the question of humanity》(Ibid.).

(61) Yone Noguchi, "The Lotus", *The Pilgrimage*, pp. 18–19.

(62) Yone Noguchi, "The Lotus Worshipers", *The Pilgrimage*, pp. 77–78.

(63) Henry T. Finck, *Lotos-Time In Japan*, New York : Charles Scribner's Sons, London : Lawrence and Bullen, 1895, pp. 270–271.

(64) Ibid., p. 271.

(65) Yone Noguchi, "The Lotos (Miscellaneous)", *Taiyo*, 1 September 1907, pp. 17–20.

(66) Ibid., p. 17.

(67) B. H. Chamberlain, *Things Japanese*, 3rd ed., 1898, p. 267.

(68) 野口は、中国や日本において、蓮が詩人たちに愛された花であると述べ、陶淵明（365–427）や藤原道真や森川許六など多数の東洋の詩人を紹介した。また、マリー・フェノロサの詩 "Legend of the Lotos" を、蓮を題材とした優れた詩と称賛している（Yone Noguchi, "The Lotos (Miscellaneous)"）。

(69) Yoshinobu Hakutani, "Introduction", *Selected English Writings of Yone Noguchi*, p. 23.

(70) たとえば、蒲原有明の「蓮華幻境」『獨絃哀歌』白鳩社、一九〇三年（『蒲原有明全詩集』創元社、一九五二年、三二一―三三頁）などがある。

(71) Earl Miner, *The Japanese Tradition in British and American Literature*, p. 187. 日本語訳には、深瀬基寛、村上至孝、大浦幸男による訳（マイナー『西洋文学の日本発見』筑摩書房、一九五九年、二一三頁）がある。なお、*Through the Torii* は一九一四年の作で、二二年が初版ではない。

(72) マイナーがここで言う、日本詩歌が単純な《暗示的》芸術とは違うといった理解を、同時代の欧米の読者が野口の著作を通して得ていたことは、『ポエトリ』誌上でも明記されている（後述第八章）。

(73) Alvin Langdon Coburn, "Yone Noguchi", *The Bookman*, London, April 1914, p. 36.

(74) Edmund Gosse to Yone Noguchi (6 March 1910), *Yone Noguchi Collected English Letters*, p. 209.

(75) B. H. Chamberlain, "Torii", *Things Japanese*, 1890, p. 356.

(76) B. H. Chamberlain, "Torii", *Things Japanese*, 1898, pp. 407–408.

(77) W. G. Aston, "Toriwi and its Derivation", *The Asiatic Transaction*, vol. 27, part 4. S. Tuke, "Notes on the Japanese Torii", *The Transactions of the Japan Society of London*, vol. 4.

(78) ハーン「東洋の土を踏んだ日」『小泉八雲作品集（一）日本の印象』河出書房新社、一九七七年、二七―二八頁。

(79)《Torii is the name of the peculiar gateway, formed of two upright and two horizontal beams, which stands in front of every Shinto temple. According to the orthodox account, it was originally a perch for the sacred fowls (tori = "fowl" : i, from iru, = "dwelling")》(B. H. Chamberlain, *Things Japanese*, 1898, p. 407).

(80)《"The Torii", writes Mr Satow, "was originally a perch for the fowls offered up to the gods, not as food, but to give warning of daybreak." (...) Mr Aston in his Japanese Grammar, derives *torii*, not from *tori*, "a bird," and *iru*, "to dwell," "to perch," but from *tōru* "to pass through," and the same *iru*. Who would undertake to judge between two such authorities?》(B. H. Chamberlain", 1890, p. 356).

(81) Yone Noguchi, "Nikko", *Through the Torii*, p. 11.

(82) Yone Noguchi, "The East : The West", *Through the Torii*, pp. 45–52.

(83) Ibid., pp. 48–49.

(84) Ibid., pp. 49–50.

(85)《I dare say (is it my Oriental pride?) that the Western minds are not yet wide open to accept our Japanese imagination and thoughts as they are. It is a short cut, I have often thought, to look in a book of English translations from the Japanese, when we want to know the exact weakness of the English language and literary mind》(Ibid., pp. 50–51).

(86) Ibid., p. 51.

(87)《Sadness in English is quite another word from joy or beauty; it is very seldom that it express the other; but more often in our Japanese poetry they are the same thing; but with a different shade. 'Sadness in beauty or joy' is a phrase created comparatively recently in the West; even when sadness is used with the other in one breath, it is not from our Japanese understanding; for us Japanese the words never exist apart from our colour and meaning》(Ibid., pp. 51–52).

(88)《We have a phrase: 'We cry with our eyes, and smile in heart'. As we have no right expression, let us admit for a little while the phrase 'the paradoxical Japanese'; such a main trait of the Japanese makes it difficult for the Western mind to understand us; and again it is why our poetry is a sealed book in the West》(Ibid., p. 52).

(89) Yone Noguchi, "A Handkerchief", *Through the Torii*, pp. 74–77.

(90) ロバート・ニコルズ「日本の心理に關する或考察」(神近市子訳)『明星』一九二二年六月、五五頁。

(91)《It is, indeed, the little knowledge, almost valueless, like a handkerchief with which a foreigner, especially an English-speaking one, might blow his nose; but I got it by selling my whole soul and heart. I am honest and true, like that Madam Chrysanthemum in my dream; do you dare laugh at me?》(Yone Noguchi, "A Handkerchief", *Through the Torii*, p. 77).

(92) また、野口の意識の中には、西洋の文学的文脈におけるハンカチの持つ暗喩、たとえばシェイクスピアの『オセロ』のハンカチが想起されていたかもしれない。『オセロ』は、夫からプレゼントされたハンカチが引き金となって、妻が不貞の疑惑をかけられて殺されるという悲劇である。その悲劇の物語を、野口はハンカチを持つ少女と英文学を講じる自らに重ねているのかもしれない。

(93) ロバート・ニコルズ「日本の心理に關する或考察」、前掲、四五—四七頁。

(94)《I questioned again how true Japan could be related with the Western luxuries; I am sure that real Japan would do very well without Chamberlain's single eyeglass and Turkish cigarette》(Yone Noguchi, "The fourteenth of December", *Through the Torii*, p. 68).

(95)《Mr. Noguchi is himself "naturally fastidious," He shudders at the "single eyeglass straight from London," and the "sack-coat perhaps made in Chicago"》(Francis Bickley, "Yone Noguchi's Essays", *The Bookman*, London, February 1914, p. 275).

(96)《In an age of sentimentalism and false values, the broken English of the foreigner is sometimes hailed as though it were a positive and admirable literary quality; (...) To praise the work of Mr. Yone Noguchi on such grounds would be not only stupid but insulting, for his achievement is in spite of the limitations of his command of the language in which he writes》(Ibid.).

(97)『ブックマン』で引用されているのは、*Through the Torii* に収められた随筆 "Tokyo" の中の次の部分である。《I think that "New Japan" (what a skeptic shallow sound it has!) has little to do with the real Japan of human beauty, because it was created largely by the advertisement, for which we paid the most exorbitant price to get the mere name of that, in short, we bought it with ready crash. (...) We discovered profitably Shakespeare and even Ibsen lately; and it seems to me that a copy, doubtless, of the American edition of "How to Build a City" fell one day in the hands of the Mayor of Tokyo, who proclaimed in the voice of a prophet that the city should be rebuilt in the very fashion nobody, at least in the Orient, ever dreamed》(Ibid., p. 275).

(98) Ibid., p. 275.

(99) シェラード・ヴァインズ『詩人野口米次郎論』第一書房、一九二五年、一四五—一四六頁。

(100) これは従来、ウェイリーの執筆であることは知られていなかったが、『タイムズ』がデータベース化されたことによって判明した。

(101)《For the writer who decides to use a language which he has not perfectly mastered, the first essential is absolute simplicity. So long as he avoids any attempt at "fine writing" he has on his side a great natural asset, the reader's hospitable indulgence and chivalry. Provided he has anything to say which is worth hearing he need only strive to say it intelligibly. Obviously neither poetry nor the purer forms of prose literature can be produced in such circumstances》(Arthur Waley, "Japanese Essays and Poems. *Through the Torii* and *Nijyu Kokusekisya no shi* by Yone Noguchi", *The Times*, 6 April 1922, p. 227).

(102)《When definite facts are communicated in broken or inappropriate language, we are willing to overlook the writer's shortcomings. But desultory and ornamental reflections require to be clothed in a certain elegance of style》(Ibid.).

(103) Ibid.

(104) Yone Noguchi, *Through the Torii*, p. 114.

(105) ウェイリー自身も、『源氏物語』などの日本の文学作品や『詩経』を英訳するに際して、精確な翻訳をしたわけではなく、意訳し、現代の英国社会の感覚に合うように創作していた（平川祐弘「きぬぎぬの別れ――奇人アーサー・ウェイリーが開いた「源氏物語」の魔法の世界」『文学界』二〇〇四年八月、一九〇―二五六頁）。

(106) Yone Noguchi, *Through the Torii*, p. 58.

(107) Arthur Waley, "Japanese Essays and Poems. *Through the Torii* and *Nijyu Kokusekisya no shi* by Yone Noguchi", p. 227.

(108)《A few lines of such writing might divert some readers by its quaintness; but much of it must surely irritate the most patient admirer》(Ibid., p. 227).

(109) Ibid., p. 227.

(110) 野口米次郎「僕の園庭」『二重国籍者の詩』玄文社、一九二二年一二月、五八頁。

(111)《Mr. Noguchi embarks upon a dangerous course. He sets out to "charm," and has even achieved in that direction a degree of success which disquiets him》(Arthur Waley, "Japanese Essays and Poems. *Through the Torii* and *Nijyu Kokusekisya no shi* by Yone Noguchi", p. 227).

(112) 平川祐弘『アーサー・ウェイリー――『源氏物語』の翻訳者』白水社、二〇〇八年、六〇―七九頁。

(113) 同前、七七頁。

(114) 野口米次郎『藝術の東洋主義』第一書房、一九二七年六月、五二頁。この部分に続けて野口は次のように書いた。《私の英文の効果も案外詰らないと思つては、時には私は悲観せざるを得ない。然し私は悲観してならない……時代は動いていく、彼等外国人も五十年後百年後に私共のやうな心理状態に立たないとも限らない。彼等も私共のやうな舌足らずの表現を表現の極致だと思つて来るとも限らない》（五三頁）。つまり、自分のことを《舌足らずの表現》などと批判的に述べているが、未来においては表現の芸術的な最先端になるかもしれない、と理解されない自らの憂いを制しているのである。

(115) Yone Noguchi, "Netsukes", *Through the Torii*, p. 186.

(116) 成恵卿『西洋の夢幻能――イェイツとパウンド』河出書房新社、一九九九年、一九八頁。

(117) Edward Marx, "Yone Noguchi in W. B. Yeats's Japan (1): The Nō"『愛媛大学法文学部論集人文学科編』第一八号、二〇〇五年二月、一一三―一一四頁。

(118) 同前、一一九頁。

(119) 池内信嘉は《明治末から大正初期、衰微した能楽の将来を憂い、私財を投げうって、能楽の啓蒙と普及、囃子方の養成、そして一九〇二（明治三五）年に雑誌『能楽』を創刊するなどの事業を進め、能楽復興に半生を捧げた。『能楽』に英文欄を設けたのが、一九〇五年から一九〇七年にかけてのことである》（西野春雄「序」『外国人の能楽研究（二一世紀COE国際日本学研究叢書一）』法政大学国際日本学研究センター、二〇〇五年、八頁）。

(120) 内容は、"The Melon-Thief"（「瓜盗人」）、"The Demon's Shell"（「蝸牛」）、"The Ink Woman"（「墨塗女」）、"The Two Blind Men"（「丼礑《どぶかっちり》」）、"The Demon's Mallet"（「鬼の槌」）、"The Fox Hill"（「狐塚」）、"Aunty's Sake"（「伯母酒」）、"The Gift Mirror"（「土産の鏡」）、"Niwo"（「仁王」）、"The Demon Tile"（「鬼瓦」）である。

(121)《Our literature (how little it is known to the world!) would be a grey waste as far as comedy is concerned, if the 'Kiogen,' (farce, the word meaning crazy language) did not rescue us. It developed fully in the Middle Age simultaneously with the growth of 'No' (operatic performance) which was based invariably on Tragedy》(Yone Noguchi, "Preface", *Ten Kiogen in English*, Tokyo : Tozaisha, 7 May 1907).

(122) Yone Noguchi, "The Japanese Mask Play"『太陽』一九一〇年七月、八―九頁。

(123) 同前、五頁。"The Japanese Mask Play", *The Nation*, 12 September 1912, p. 231.

(124) 同前。

(125) 同前。

(126) 野口米次郎「最近文藝思潮――今日の英詩潮」『三田文学』一九一六年一月、二七〇頁。

(127) 一九一二年当時、野口はイギリスの著名なモダニスト演劇家ゴードン・クレイグ（1872-1966）とも親交を持っていた。クレイグもイェイツの友人であり、象徴主義に影響を受けた演劇人で、当時、人形劇や仮面に魅せられていた。このクレイグ主宰の季刊誌『マスク』（*The Mask*）の一九一二年四月号を、野口は小沢愛圀（1887-1978）に与え、それを機に小沢は世界人形劇史の研究を志すことになる。野口は、欧米の文壇や演劇界やモダニズム芸術運動のみならず、日本社会での演劇研究の促進にも寄与したと言えよう。

(128) 野口米次郎『英米の十三年』春陽堂、一九〇五年五月、一七五頁。

(129) 同前、一七五―一七六頁。

(130) スコットランドの劇作家ウィリアム・アーチャーが、イェイツの "Countess Cathleen" とメーテルリンクの "La Princess Maleive" や "L'Intruse", "Les Avengles" が似ていると指摘し、メーテルリンクをチュートン民族のフランドル人、イェイツをケルト民族のアイルランド人と論じていることを、野口が解説している（Yone Noguchi, "Yeats and the Irish Revival", *The Japan Times*, 28 April 1907）。

(131) Yone Noguchi, "A Japanese Note on Yeats", *The Taiyo*, 1 December 1911, pp. 17-20. この論考は *Through the Torii* に収録される（Yone Noguchi, *Through the Torii*, pp. 110-117）。

(132)《I firmly believe that the small candlelight of art at the Hosho or Kanze's stage is no weaker than the electric lamp of the Kabuki theatre; on the contrary, it is far stronger》(Yone Noguchi, "Mr. Yeats and the No", *The Japan Times*, 3 November 1907).

(133)《I feel happy to think that he would find his own ideal in our no performance, if he should see and study it. Our no is sacred and it is poetry itself》(Ibid.).

(134) Ibid.

(135) 野口米次郎「序」、イェイツ『善悪の観念』山宮允訳、東雲堂書店、一九一五年、x頁。

(136) この *Ideas of God and Evil* は、イェイツが象徴主義や詩想について語った評論で、タイトルは、ウィリアム・ブレイクの詩集の名前からとられた。

(137)「訳者の序」（一九一五年）によると、山宮は五、六年前に初めてイェイツの詩を手にし、野口米次郎の好意と便宜によって、訳書の刊行にいたった（山宮允「訳者の序」『善悪の観念』、前掲、xxvii頁）。

(138) 野口米次郎「序」『善悪の観念』、前掲、ix-xxii頁。

(139) 同前。

(140) 日本語訳された『日本詩歌論』（一九一五年）では、「「黙劇」能の審美上の価値」にあたる。

(141) タゴールは一九一六年に来日した際に、野口と能を観劇している（二人が観たのは、宝生流による二番で、「羽衣」と「山姥」である）。二人は一九一六年九月三日午前、慶應義塾大学図書館の応接間にて能について対話した。その際、図書館前の広場では《数千名の学生》が拍手して、タゴールが建物のバルコニーに顔を出すのを期待したという。タゴールは、能を観劇する前に野口が一九一四年にロンドンの王立アジア協会で講演した「能――黙劇」（*The Spirit of Japanese Litera-*

ture 所収）を一読していたと言い、野口の主張に賛成であると述べた。タゴールは、能を観た感想として《日本文藝の内に流れて居る印度文藝の脈を發見する心持ち》がしたと述べ、野口は、能の中に印度の話を題材とするものがあることを述べて、一例として「一角仙人」などの概略を話している。タゴールと野口は、同じ説話が、変化している点などを比較して語り合った。タゴールは《日本を正當に了解するには深い哲学的考察を必要とします》と述べ、野口も能の観念についての詳細をタゴールに伝えたいと願っている（野口米次郎「タゴール氏と能」『謡曲界』一九一六年七月、五〇—五二頁）。

(142) Yone Noguchi, *The Spirit of Japanese Poetry*, London : John Murray, 1914, pp. 59–60.

(143)《The No is the creation of the age when, by virtue of sutra or the Buddha's holy name, any straying ghosts or spirits in Hadas were enabled to enter Nirvana; it is no wonder that most of the plays have to deal with those ghosts or Buddhism. That ghostliness appeals to the poetical thought and fancy even of the modern age, because it has no age. It is the essence of the Buddhistic belief, however fantastic, to stay poetical for ever》(Yone Noguchi, *The Spirit of Japanese Poetry*, p. 66).

(144) 一九一四年一〇月の『クォータリー・レビュー』誌に、日本の〈古典演劇〉として「羽衣」「砧」「フェノロサの能論」が掲載された。パウンドはイェイツの別荘ストーン・コテージで一九一四年一月頃にはこれらの原稿の用意をしていたとされる（長谷川年光『イェイツと能とモダニズム』ユー・シー・プランニング、一九九五年、一〇—一一頁）。

(145) Yone Noguchi, *The Pilgrimage*, pp. 49–50.

(146) "Nishikigi, A Play : Translated from the Japanese of Motokiyo", *The Poetry*, May 1914, pp. 35-48. パウンドは能について、主人公が旅に出て守護神や精霊に出会うといった劇の全行程が一つの舞台装置の中で、執り行われる点に、関心を示している。

(147) B. H. Chamberlain, *The Classical Poetry of the Japanese*, Boston : J. R. Osgood, 1880. チェンバレンはこの著作の第三部を能にあて、謡曲四曲（「羽衣」「殺生石」「邯鄲」「仲光」）を英訳している。

(148) アストンは、*A History of Japanese Literature*（1899）の中で能を紹介し、「高砂」の抄訳を行っている。

(149) 一九〇八年三月に梅澤和軒は、アストンが能を詩歌かつ抒情的戯曲（リリカル・ドラマ）と海外で紹介していることを述べ、アストンが謡曲に造詣が深く研鑽を積んでいることや、「高砂」に興味を覚えたことを記している（梅澤和軒「アストン氏の日本文学観」『太陽』一九〇八年三月、一一六頁）。

(150) Marie C. Stopes and Joji Sakurai, *Plays of old Japan the "no"*, London : William Heinemann, 1913. 英訳されたのは、「三井寺」「草紙洗小町」「求塚」「景清」「田村」「隅田川」である。

(151) 野口米次郎『能楽の鑑賞』富書房、一九四七年三月、一二九—一三〇頁。

(152) フェノロサは、一回目の日本滞在時の一八八三年に、エドワード・モースと初代梅若実に入門したが、すぐに稽古を中断している。一八九八年一一月に再度入門してからは、熱心に稽古に通い、謡曲の英訳と研究ノートを作った。

(153) 村形明子「フェノロサ夫妻とラフカディオ・ハーン——メアリー夫人の日記を中心に」『アーネスト・F・フェノロサ資料』第三巻、ミュージアム出版、一九八七年、二〇七—二〇八頁（『尾形・森本両教授退官記念論文集』山口書店、一九八五年初出）。

(154) Fenollosa, *East and West, Discovery of America, and Other Poems*, N.Y. & Boston : T. Y. Crowell, 1893.

(155) 村形明子「第三巻序文」『アーネスト・F・フェノロサ資料』第三巻、前掲、二一頁。

(156) 村形明子「フェノロサ夫妻とラフカディオ・ハーン——メアリー夫人の日記を中心に」『アーネスト・F・フェノロサ資料』第三巻、前掲、二〇八頁。

(157) マリー・フェノロサは、当時すでに、詩集 *Out of the Nest*（1899）や、

小説 *Truth Dexter* (1901), *The Breath of the Gods* (1905), *The Dragon Painter* (1906) などを出版していた。

(158) 野口米次郎「日本を歌へる米国の女詩人（フェノロサ夫人について）」『太陽』一九〇六年二月、一一五頁。

(159) Fenollosa, *Epochs of Chinese & Japanese art : an outline history of East Asiatic design*, London : Heinemann, 1912.

(160) ドロシーは、イェイツの恋人オリヴィア・シェイクスピアの娘で、パウンドと一九一四年四月に結婚した。

(161) Omar Pound & A. Walton Lits (ed.), *Ezra Pound and Dorothy Shakespear : Their Letters, 1909-1914*, New York : New Directions, 1984.

(162) 長谷川年光『イェイツと能とモダニズム』、前掲、九頁。

(163) 加納孝代「英訳『景清』――ウェイリーとパウンド」『比較文学研究』第二七号、一九七五年六月、四〇頁など。

(164) 長谷川年光『イェイツと能とモダニズム』、前掲、一一一―一一二頁。

(165) *The Cathay : For the most part from the Chinise of Rihaku, from the notes of the late Earnest Fenollosa, and the decipherings of the Professors Mori and Ariga.*

(166) Ezra Pound, *Certain Noble Plays of Japan : From the Manuscripts of Ernest Fenollosa, Chosen and Finished by Ezra Pound, with Introduction by William Butler Yeats*, Dublin : Cuala Press, 1916.

(167) 出版年は一九一六年と記載されているが、実際には一九一七年一月頃らしい（長谷川年光『イェイツと能とモダニズム』、前掲、三六頁）。

(168) Ezra Pound, "Introduction", *Noh ; or Accomplishment, a study of the classical stage of Japan by Ernest Fenollosa and Ezra Pound*, London : Macmillan, 1916, p. 4.

(169) 伊藤はパリで声楽の勉強をするために一九一二年に一九歳で渡欧したが、オペラに失望して義兄のいるベルリンへ行き、偶然にイサドラ・ダンカンの舞踊を見て、舞踏への関心が高まり、ドレスデン郊外にあるヘラウのダルクローズの学校に入った（ベルリンでは山田耕筰や小山内薫と一緒になっている）。ダルクローズの表現芸術は、胎内のリズムをもとに、音楽をメディアとして、舞踊、演芸などへ独特の形で応用する教育システムであった。第一次世界大戦の勃発のためにロンドンに逃れたのち、英語が話せなかった伊藤は、ヨーロッパの芸術家が集まることで有名な〈カフェ・ロワイヤル〉（オスカー・ワイルドの頃から芸術家が集まったカフェ）を毎日訪れて、英国の画家オーガスター・ジョンや彫刻家ジャコブ・エプスタイン、エズラ・パウンド、藤田嗣治、山本鼎らと出会う。ある日、文化人や政治家が集まったサロンで即興的な舞踊を披露して人気を集め、ロンドンのコロシアム劇場でデビューすることになった（ヘレン・コールドウェル『伊藤道郎――人と芸術』早川書房、一九八五年などを参照）。

(170) 当初、伊藤は能には価値などないと思っていたが、フェノロサの文章を通して能の真価を知ったという。伊藤はのちの回想で、《私はこの「お能」を讀んで、ほんたうに洗練された舞臺藝術は矢張りお能に還らなくてはならない、と感じた》と述べている（伊藤道郎『アメリカ』羽田書店、一九四〇年、一五四頁）。

(171) ヘレン・コールドウェル『伊藤道郎――人と人生』、前掲、四九頁。

(172) *The Times*, London, 11 May 1915, p. 6. ヘレン・ゴールドウェル『伊藤道郎――人と人生』、前掲、四三頁。

(173) 戯曲「鷹の井戸」は、『四つの舞踊家のための戯曲集』（*Four Plays for Dancers*, 1921）に収録されている。

(174) 長谷川年光『イェイツと能とモダニズム』、前掲、二三四―二三五頁。

(175) たとえば、この観客の中には若き日のT・S・エリオットがおり、彼は能に興味を持つようになる。エリオットはパウンドの *Noh ; or Accomplishment* (1916) の書評「能とイメージ」を同人誌に発表している（長谷川年光『イェイツと能とモダニズム』、前掲、三六頁）。

(176) 丸岡桂は、《幾多の妨害にもめげずに観世流謡本の改訂に取り組むとともに『謡曲界』を創刊して能楽界に清新な風を送り続けた》人物である（西野春雄「序」『外国人の能楽研究』、前掲、九頁）。

(177)「世界的飛躍　英文欄新設」『謡曲界』一九一六年七月、八二―八三頁。

(178) 同前、八三頁。

(179) ミシェル・ルヴォンの主催するフランス語雑誌 *Revue Francaise du Japon* の一八九七年号に「船弁慶」の仏訳を依頼されたことが、ノエル・ペリの能楽研究の端緒となった。次の号には、狂言「伯母酒」の仏訳が掲載された（『外国人の能楽研究』、前掲、一八四頁）。

(180) ノエル・ペリ「能楽は日本文学の最大なるものなり」『能楽』一九〇四年、二五―二七頁、「能楽についての所感」『能楽』第三巻一号、一九〇五年、一一―一七頁。

(181) 野口米次郎「英文欄の概略・殺生石」『謡曲界』一九一六年九月、一〇三―一〇四頁。

(182) このような、地の文を会話体にしたり、会話体を地の文にはめ込んだりする翻訳の方法は、一九二〇年代に『源氏物語』を英訳するアーサー・ウェイリーなどにも見られる手法である。

(183) 野口米次郎「英文欄の概略・殺生石」、前掲、一〇三―一〇五頁。

(184) Yone Noguchi, "The Perfect Jewel maiden"『歌謡界』（英文編）、一九一六年九月、一頁。

(185) Ibid.

(186) 野口米次郎「英文欄の概略・殺生石」、前掲、一〇四頁。

(187) Yone Noguchi "The Perfect Jewel maiden", 前掲、五頁。

(188) 野口米次郎「英文欄の概略・殺生石」、前掲、一〇五頁。

(189) 野口米次郎「英文欄の概略・殺生石」、前掲、一〇五頁。

(190) 野口米次郎「英文欄の概略・梅若万三郎氏」『謡曲界』一九一六年一一月、九五頁。

(191) 同前。

(192) 同前、九五―九六頁。

(193) 山崎樂堂「能楽界」『趣味の友』一九一六年、四一頁。

(194) 「編輯局より」『謡曲界』一九一七年九月、七八頁。

(195) この雑誌 *The Poetry Review* への野口の寄稿は、新たに発見した資料である。

(196) この後も *The Poetry Review* には一九二五（大正一四）年頃に能を三、四篇、英訳して寄稿している。一九二五年の英訳については、『能楽の鑑賞』（前掲、一二七頁）に記述がある。

(197) 野口の "The Everlasting Sorrow" は、野口が敬愛していたメイスフィールドの物語詩 "The Everlasting Mercy" (1911) との比較検証が必要であろう。野口は一九一六年当時、メイスフィールドのこの作品が《清浄教《ピュリタニズム》の道徳的素質から出る藝術的純一誠意》を拒否できていないという意見を持っていた（野口米次郎「最近文藝思潮――今日の英詩潮」『三田文学』一九一六年一月、二七九頁）。

(198) Yone Noguchi, "The No or Mask Play of Japan", A Pamphlet Reprinted from *The China Journal*, March 1929 など。

(199) 野口米次郎『能楽の鑑賞』、前掲、一二九頁。

(200) 同前、一三〇頁。

(201) 同前、一三二―一三七頁。

(202) パウンドは序の中で、《the lover of the stage and the lover of drama and of poetry will find his chief interest in the psychological pieces, or the Plays of Spirits; the plays that are, I think, more Shinto than Buddhist. These plays are full of ghosts, and the ghost psychology is amazing. The parallels with Western spirits doctrines are very curious. This is, however, an irrelevant or extraneous interest, and one might set it aside if it were not bound up with a dramatic and poetic interest of the very highest order》(Ezra Pound, "Introduction", *Noh or Accomplishment : A Study of the Classical Stage*, London : Macmillan, 1916, pp. 18-19) と述べている。ここで、能が〈仏教〉よりも〈神道〉に結びつけられている点は興味深い。この点については、平川祐弘氏がアーサー・ウェイリー研究の中で指摘している（平川祐弘『アーサー・ウェイリー――『源氏物語』の翻訳者』白水社、二〇〇八年、八三―八四頁）。

(203) 「海岸の戀の幽霊」（ヨネ・ノグチ原作、XYZ翻訳）の訳者による「はしがき」（『能楽』第一七巻一号、一九一九年一月、七一頁）。

(204) 加納孝代「英訳『景清』――ウェーリーとパウンド」『比較文学研

究』第二七号、一九七五年六月、三九—七二頁などがある。

(205)《Mr. Noguchi remarks, by the way, in his essay that in the "Noh" plays Japan had anticipated the polyphonic prose of Miss Amy Lowell and her companions. It is not a thought that would occur to anyone familiar with the Noh plays in the English versions of Mrs. Stopes or Mr. Ezra Pound》(R. Ellis Roberts, "Things Japanese", *The Bookman*, London, August 1921, p. 219).

(206)《His style in definition is not so clear as in translation, and I am afraid that most readers will find it impossible to get properly acquainted with the mysteries of Zen or of the different "Gate of Yugen"》(Ibid.).

(207) 岩井茂樹氏は、高須芳次郎（梅渓：1880-1948）の野口評価を紹介し、日本の文化界における影響力について指摘している（岩井茂樹「能はいつから「幽玄」になったのか?」『わび・さび・幽玄——「日本的なるもの」の道程』水声社、二〇〇六年、前掲、三五六—三五七頁）。

(208) 昭和期には、金星堂から野口の読本シリーズ（『日本國民讀本』『近代生活讀本』『自然礼讃讀本』『微笑の人生讀本』など）が多数刊行された。『日本國民讀本』（一九三二年）の扉には、レイモンド・ラドクリフィー（ロンドンの『ニュー・ウィットネス』紙上）の次のような言が掲げられている。《然し人若し眞實の日本人を知らんと欲せば、ヨネ・ノグチに赴かねばならない。彼に藝術的衝動の凡てと、思想の清澄と表現の大膽とがある。私はこの文豪の新著を手にして、いつも完全に向上を高からしめられる。それは私に取つて、一生の赤字日である》。

第七章　一九一四年の英国講演とその反響

(1) Yone Noguchi, *The Spirit of Japanese Poetry*, London: John Murray, 1914, p. 9.

(2) クエスト協会は神智主義者のG・R・S・ミード（1863-1933）が主催しており、イェイツ、ウィンダム・ルイス、ヒューム、パウンドらが参加していた。

(3) 日本協会では、野口が講演する以前に、浮世絵については、アルフレッド・イーストやハート夫人、E・F・ストレンジが講演し、日本の工芸技術については、チャールズ・ホルム、シャルロット・サルウェイが講演している。日本人による講演は、岡倉由三郎のロンドン大学での講演録が『日本精神』（一九〇五年）として刊行されていたが、全体として数が少なかった。

(4) 詩に関する講演内容は『タイムズ』一九一四年一月一五日、二二日、三〇日に、能に関するものが『タイムズ』三月一一日に掲載されている。また、オックスフォード大学の講演に対するロバード・ブリッジズの評が一月三〇日の同紙に掲載されている。

(5) この論文集は、サウスケンジントン博物館のエドワード・F・ストレンジに献じられている。*The Spirit of Japanese Art* は美術をテーマにしているが、野口の主張の中で詩歌と日本の諸芸術は切り分けて考えられているわけではない。古今を問わず、順序を問わず論じられ、光悦、乾山、歌麿、広重、橋本雅邦（近代）、河鍋暁斎、月岡芳年、原撫松といったように、浮世絵や日本における西洋絵画などがテーマになっている。

(6) 日本人による英文の著述としては、たとえば新渡戸稲造が『武士道』（一八九九年）、岡倉天心が『東洋の理想』（一九〇三年）や『日本の覚醒』（一九〇四年）、『茶の本』（一九〇六年）、天心の弟・岡倉由三郎が『日本精神』（一九〇五年）を著していた。

(7) 島田謹二氏は、《英米文壇に認められた一人の日本詩人が、暗示と象徴を主張する東洋藝術の精神をひっさげて Intellectual Beauty を根幹とする英詩に挑戦し、英詩と對決した、比較文學史上劃期的な出來事であった》（『現代日本文学全集』第七三巻、一九五六年、四〇三頁）と述べ、亀井俊介氏は、《いちじるしい矛盾と混乱を呈し》ているが《二重国籍者》としての《真剣な内部葛藤》が表れていると論じた（『新版ナショナリズムの文学——明治精神の探求』講談社学術文庫、一九八八年、二五四—二五五頁）。また最近の研究では、野口の著作言論活動を自己宣伝に傾くものとして否定的に捉えて、日本の軍国主義精神に共通する《饒舌な「武器」》が俳句であり詩論であったと論じた和田桂子氏（「野口米次郎のロンドン（七）・（九）」『大阪学院大学外国語論集』第四〇・四二号、一九九九年、二〇〇〇年）や、野口の言語的劣等感と世界戦争時代に行われた〈翻訳〉の政治性をみる中山弘明氏（「野口米次郎の翻訳言語――第一次大戦期の日本文化論」『日本近代文学』第六六号、二〇〇二年）などが挙げられる。

（8）"Japanese Poetry" (Lecture), *The Times*, 15 January 1914.

（9）《I come always to the conclusion that the English poets waste too much energy in "words, words, words," and make, doubtless with all good intentions, their inner meaning frustrate, at least less distinguished, simply from the reason that its full liberty to appear naked is denied》(Yone Noguchi, *The Spirit of Japanese Poetry*, p. 15). この部分は『日本詩歌論』（白日社、一九一五年）では、《私の達する結論はいつでも斯うである。英詩人は「言葉」に、餘り多くの精力を浪費す。「言葉」！「言葉」！　唯言葉にばかり苦心する。詞華言葉にのみ囚はれて居る。それが為――もとよりその作詩上の動機に疑ひを置くのではないが――歌はうとする中心の意味を破壊してしまふ。すくなくともそれを顕著なる作品たらしめ難い理由は單純である。詩は裸體になり了せてこそ其處に全き無礎の自由があるが、其の自由が否定されたからである》（三頁）と訳されており、意味が分かりにくい。この部分は、のちの『蕉門俳人論』（一九二六年）では、《詞華言葉》が《詩的言語》と変えられ、また《歌はうとする中心の意味》は《詩の眞生命》、《裸體》は《赤裸》という言葉に置き換えられた（六九頁）。これらは〈白樺〉派が頻繁に用いていた用語である。時代の推移によって翻訳の用語が変化しているとともに、なによりも野口の日本語がこなれて、意味の通る表現となっていく。

（10）緊張感と簡潔さを特徴とする詩人で、著作には *A Branch of May* (1887), *A Handful of Lavender* (1891), *A Quiet Road* (1896), *Spicewood* (1920) などがある。野口は Miss Lizette Wordworth Reese と誤記している（Yone Noguchi, *The Spirit of Japanese Poetry*, p. 20.『日本詩歌論』、前掲、一〇頁）。

（11）Yone Noguchi, *The Spirit of Japanese Poetry*, p. 21.

（12）この日本語訳は、野口自身の訳（『日本詩歌論』、前掲、一二―一三頁）である。

（13）Yone Noguchi, *The Spirit of Japanese Poetry*, p. 21.

（14）《I declared bluntly that I, "as a Japanese poet", would sacrifice the first three stanzas to make the last sparkle fully and unique like a perfect diamond》(Ibid.).

（15）なお、後述するG・M・ホプキンズが〈不滅のダイヤモンド（immortal diamond）〉という言葉で、光、洞察力、永遠を表現していた。

（16）蕪村の「五月雨のうつぼ柱や老が耳」を、《Of the samidare rain, / List to the Usubo Bashira pipe! / These ears of my old age!》と訳している（Yone Noguchi, *The Spirit of Japanese Poetry*, p. 22）。

（17）Ibid., p. 23.

（18）《I always insist that the written poems, even when they are said to be good, are only the second best, as the very best poems are left unwritten or sung in silence. It is my opinion that the real test for poets is how far they resist their impulse to utterance, or, in another word, to the publication of their own work — not how much they have written, but how much they have destroyed. To live poetry is the main thing, and the question of the poems written or published is indeed secondary; from such a reason I regard our Basho Matsuwo, the seventeen-syllable *Hokku* poet of three hundred and fifty years ago, as great, while the work credited to his wonderful name could be printed in less than one hundred pages of any ordinary size. And it is from the same reason that I pay an equal reverence to Stéphane Mallarmé, the so-called French symbolist, though I do not know the exact meaning of that term》(Ibid., p. 16). この部分は『日本詩歌論』では、《私は不斷に主張する書かれた詩 Written Poems は假令上乘と云はれる場合でも要するに第二の最善に過ぎない。眞に最上な詩は不文 Unwritten である。書かれないで貽つて居る。沈默のなかに歌はれて居る。私の意見では、詩

人を鑑別する眞實の法は、その詩人は自己の發想的衝動をどの程度まで防止したかを験するにある。言葉を換へて云へば、自分の詩の出版慾に何の程度まで抵抗し得たかにある。如何に澤山の詩を書いたかでは無い。如何に多くの詩を破却したかである。詩歌に生きるといふこと自身が最大主眼である。詩句を綴る事や出版する事やはほんとうに第二意義である。此の故に私はわが十七字詩人松尾芭蕉を大なりとする。この二百五十年前の俳句詩人が、その奇蹟的名聲を贏ち得たものとせらる可き十七字詩は、これを印刷すれば、普通大の書籍で百頁に滿たない。又等しき尊敬をかの佛蘭西の所謂象徴主義者――かく謂はれて居る正確な意義は私は知らないが――なるステフエン・マラルメ Stephane Mallarme に拂ふのも同じ理由からである》（四―五頁）と訳されている。

（19）《it seems to me that they join hands unconditionally in the point of denying their hearts too free play, with the result of making poetry living and divine, not making merely "words, words, and words," the Japanese and the Frenchman, are poetical realists whose true realism is heightened or "enigmatised" by the strength of their own self-denial, to the very point that they have often been mistaken for mere idealists》(Yone Noguchi, *The Spirit of Japanese Poetry*, pp. 16-17).

（20）野口は、英国でオックスフォード大学の悪口を言おうものなら《排斥される》と考えていたので、ブリッジズが大学や大学人の悪口を言い立てることに驚き、戸惑った（野口米次郎「オックスフォード大學（上・下）」『慶應義塾学報』一九一四年八月・九月）。

（21）野口米次郎「オックスフォード大學（上）」、前掲。

（22）野口米次郎『欧州文壇印象記』白日社、一九一六年一月、七一―七二頁。また『霧の倫敦』（一九二六年一〇月、五四―五五頁）に再録されている。

（23）ホプキンズは、生前には著作が出版されることもなく、ダブリンのギリシア語教師として、無名のまま世を去った。ブリッジズが彼の書いた原稿を大切に保存して、一九一八年に初めて詩集を出版した。

（24）野口米次郎『欧州文壇印象記』、前掲、八一頁。

（25）野口米次郎「牛津思想の將來」『三田文学』一九一六年四月、一一九―一二三頁。

（26）一九一三年に〈桂冠詩人〉の称号を与えられたイギリスの詩人・批評家で、詩集 *Shorter Poems*（1890-1894）や評論 *Milton's Prosody*（1893）などがある。英語の改良を目指した〈純粋英語協会〉を創設したことや、賛美歌を多く作ったことでも知られる。

（27）《Walter Pater, in one of his much-admired studies, *The School of Giorgione*, represents art as continually struggling after the law or principle of music, toward a condition which music alone completely realizes》(Yone Noguchi, *The Sprit of Japanese Poetry*, p. 33).

（28）《"Lyrical poetry," he thinks, "approaches nearest to that condition, hence is the highest and most complete form of poetry; and," he adds, "the very perfection of such poetry often appears to depend, in part, on a certain suppression or vagueness of mere subjects, so that the meaning reaches us through ways not distinctly traceable by the understanding..."》(Ibid., p. 33).

（29）Ibid., p. 34.

（30）《One of the English critics exclaims from his enthusiasm over *Hokku*; "That is valuable as a talisman rather than as a picture. (...)" That magic of the Hokku poems is the real essence of lyrical poetry even of the highest order. I do not see why we cannot call them musical when we call the single note of a bird musical; indeed, they attain to a condition, as Pater remarked, which music alone completely realizes, because what they aim at and practise is the evocation of mood or psychological intensity, not the physical explanation, and they are, as I once wrote: "A creation of surprise (let me say so) /Dancing gold on the wire of impulse"》(Ibid., pp. 34-35)．なお、この最後の二行の詩篇は、"The New Art"（前述第五章第4節）の一部である。

（31）野口米次郎「オックスフォード大學（上）」、前掲、三六頁。

（32）オックスフォードに到着した日の夕食時には、ヘーゲリアンのブラドレー教授、プラグマティストのシラー教授などがブリッジズと共に野口を歓迎する晩餐を催した。野口はブリッジズの家に宿泊している。講演のあとのレセプションでは、モーダレン・カレッジの学長ウォーレン博士（T. H. Warren）やブリッジズのほか、テニスンの孫であるミス・ウェルズと呼ばれるオールドミスや、マックス・ミュラーの家に同居していたという老女、トリニティ・カレッジのレバー老博士らが招かれていた（野口米次郎「オックスフォード大學（上・下）」『慶應義塾学報』一九一四年八月・九月）。

（33）マックス・ノルダウ『現代の堕落』中島茂一（孤島）訳、大日本文明協会叢書、一九〇三年、第三章。

（34）シモンズは、*The Decadent Movement of Literature*（1893）の中で、デカダンスを〈新しい、美しい、興味深い病〉と肯定的に捉えていた。

（35）これは一般的に言われていることだが、たとえば伊藤勲氏は、《ペイタア独特の審美主義の根本的考えは、二〇世紀の詩歌にも息づいている。彼の視覚的想像力から生まれた「視覚的象徴主義」（visible symbolism）とペイタアの呼ぶ表現技法は、パウンド、エリオットらに引き継がれたのである》と述べ、《ジョイスの言うエピファニ（epiphany）の観念》もペイターの理論と通じたものであると述べている（伊藤勲『ペイタア　美の探求』永田書房、一九八六年、一八三、二三五―二三六頁）。

（36）衣笠正晃氏は、ペイターの文芸批評のあり方が大正期の帝国大学の文学専攻の学生にとっての常識になっており、ペイターのルネサンス概念への理解が国文学者らの中世文学観に影響したことを論じている（衣笠正晃「国文学者・久松潜一の出発点をめぐって」『言語と文化（法政大学言語文化センター）』第五号、二〇〇八年、一八六―二〇二頁）。

（37）《When our Japanese poetry is best, it is, let me say, a searchlight or flash of thought or passion cast on a moment of Life and Nature, which, by virtue of its intensity, leads us to the conception of the whole; it is swift, discontinuous, an isolated piece》（Yone Noguchi, *The Spirit of Japanese Poetry*, p. 19）. この部分は『日本詩歌論』では、《私をして云はしむれば、日本詩歌の最大高潮は、人生自然の一瞬間の上に投射された思想乃至情熱の探海燈であり或は閃光である。その緊張の力の徳によつて、我々は人生自然の全圓裡に導かれるのである。それは誠に倏忽な刹那的な不連絡な遊離した一斷片である》（『日本詩歌論』、前掲、九頁）と訳されている。

（38）《even Japan can do something towards the reformation or advancement of the Western poetry, not only spiritually, but also physically》（Yone Noguchi, *The Spirit of Japanese Poetry*, pp. 17–18）.

（39）《There are beauties and characteristics of poetry of any country which cannot be plainly seen by those who are born with them; it is often a foreigner's privilege to see them and use them, without a moment's hesitation, to his best advantage as he conceives it》（Ibid., p. 9）.

（40）Ibid.

（41）稲賀繁美「日本美術像の変遷――印象主義日本観から「東洋美学」論争まで」『環』第六巻、藤原書店、二〇〇一年、一九五頁。

（42）W. B. Yeats, "Introduction" (September 1912), *Gitanjali*, Santiniketan : UBS publishing, 2003, p. 263.

（43）《A tradition, where poetry and religion are the same thing, has passed through the centuries, gathering from learned and unlearned metaphor and emotion, and carried back again to the multitude the thought of the scholar and of the noble》（Ibid.）. タゴール「ギタンジャリ序文」『ギタンジャリ』森本達雄訳、第三文明社、一九九四年、一九―二〇頁。

（44）前島志保「西洋俳句紹介前史――一九世紀西洋の日本文学関連文献における詩歌観」『比較文学研究』第七五号、二〇〇〇年、三五頁。

（45）W. G. Aston, *A History of Japanese Literature*, London : William Heinemann, 1898, pp. 291–293.

（46）Ibid., pp. 293–294.

（47）Ibid.

（48）"Basho and the Japanese poetical epigram" (*Transactions of the Asiatic*

Society of Japan, vol. 30, part 2, 1902) に初出。この論文は *Japanese Poetry* (London, 1910) に収録された。この *Japanese Poetry* は *The Classical Poetry of the Japanese* (London, 1880) に、part 2: Poems from the "Kokin-shu", part 3: Lyric Drama, part 4: Basho and the Japanese poetical epigram, Additional select epigrams が加えられて出版されたものである。

（49）B. H. Chamberlain, "Basho and the Japanese poetical epigram", *Japanese Poetry*, 1910, p. 180.

（50）Ibid., p. 183.

（51）《Their native name is Hokku (also Haiku and Haikai), which in default of a better equivalent, I venture to translate by "Epigram," using that term, not in the modern sense of a pointed saying, — *un bon mot de deux rimes orné*, as Boileau has it, — but in its earlier acceptation, as denoting any little piece of verse that expresses a delicate or ingenious thought》(Ibid., p. 147).

（52）"Exotics and Retrospectives", *The Writings of Lafcadio Hearn*, vol. 9, Boston & New York : Houghton Mifflin Company, 1898, p. 115.

（53）白石悌三「蛙――滑稽と新しみ」『俳句のすすめ』有斐閣、一九七六年。

（54）堀切実「俳聖芭蕉像の誕生とその推移」『創造された古典――カノン形成・国民国家・日本文学』新曜社、一九九九年、三六六―三九二頁。

（55）伝統的な和歌の世界で自然の営みを象徴するものとして詠われてきた〈蛙の声〉を〈飛び込む水の音〉に転じたところに、《意外性によるおかしみ》と《閑寂の気配》があり、その二つの味わいこそがこの句の本質なので、その数は関係ないというのが、現在の見解と言えよう（鈴木貞美「言語と文化の差が生む「あいまいさ」について、もしくは、「あいまいな日本」を超えるために」『「あいまい」の知』岩波書店、二〇〇三年、一五四―一五五頁）。

（56）《I should like, to begin with, to ask the Western readers what impression they would ever have from their reading of the above: I will never be surprised if it may sound to them to be merely a musician's alphabet; besides, the thought of a frog is even absurd for a poetical subject》(Yone Noguchi, *The Spirit of Japanese Poetry*, pp. 45-46). この部分は『日本詩歌論』では、《私は先ず以て西洋人は此の發句を讀んで如何なる印象を得るであらうかを質して見たいと思ふ。私は或るものゝ耳には單に音樂家の字母と響くのみで、又蛙などは詩題としては馬鹿〱しいと語られても、決して之を無條理とは思わない》と邦訳されている。

（57）《From European point of view, the mention of the frog spoils these lines completely; for we tacitly include frogs in the same category as monkeys and donkeys, — absurd creatures scarcely to be named without turning verse into caricature》(B. H. Chamberlain, "Basho and the Japanese poetical epigram", *Japanese Poetry*, p. 181).

（58）Ibid., p. 182.

（59）"Exotics and Retrospectives" (1898), *The Writings of Lafcadio Hearn*, vol. 9, p. 125.

（60）《Basho is supposed to awaken into enlightenment now when he heard the voice bursting out of voiceless-ness, and the conception that life and death were mere change of condition was deepened into faith. It is true to say that nobody but the author himself will ever know the real meaning of the poem; which is the reason I say that each reader can become a creator of the poem by his own understanding as if he had written it himself》(Yone Noguchi, *The Spirit of Japanese Poetry*, p. 46). ここは、『日本詩歌論』では、《作家芭蕉は無言の寂寞の裡に一聲起つて、僅な一微動にも天地の靜と動は轉換する、生と云い死と云いこれ唯境遇の一轉に過ぎぬという觀念に覺醒して人生の深き信仰を得るに至つたと想像されて居る。此の俳句の眞意味は要するに作家自身の外誰も知るまいと云うのが正當であろう、地下から芭蕉を再生せしむる外にはあるまい。讀者によりて種々無限の解釋が出來るといふことができればこそ、私が日本の詩歌に於ては、讀者も宛も自ら之を作つたが如く、各自の解譯でその詩の創造者たることが出來ると私の云ふ所以である》（六二―六三頁、波線、堀）と訳されている。波線部分は、英文にはなかった部分である。

（61）前島志保氏は、当時の日本紹介者たちが、日本詩歌そのものの価値をロマン主義的な西洋の詩観でもって判断して、天才的詩人の欠如を否定的に捉えていたことを論じている（前島志保「西洋俳句紹介前史」、前掲、四〇—四一頁）。

（62）野口米次郎『日本詩歌論』、前掲、六一頁。Yone Noguchi, *The Spirit of Japanese Poetry*, p. 45.

（63）野口は十代の頃より俳諧連歌の旧派宗匠・穂積永機に心酔していたため（前述第一章第3節）、俳諧の基本的な知識は持っていたと考えてよい。

（64）《our Japanese poets at their best, as in the case of some work of William Blake, are the poets of attitude who depend so much on the intelligent sympathy of their readers》（Yone Noguchi, *The Spirit of Japanese Poetry*, pp. 44-45）. この部分は『日本詩歌論』では、《我が日本俳句詩人が第一義とする所は、恰もウヰリアム・ブレークの或る作に於ける場合の如く、態度の詩人となる事であつて、その詩は讀者の聰明なる同情の力で、その生命を發揮せんとするのである》（六〇頁）と訳されている。

（65）ブレイクについては、一八九四年に大和田建樹が『欧米名家詩集』にブレイクを挙げ、一八九五年五月の『帝国文学』で上田敏（無記名）が「故ペイタアの遺稿」の中でブレイクに言及し、一九〇八年に宮森桃潭（麻太郎）と小林潜龍が『英米百家詩選』に"Tiger"の詩を紹介している。

（66）野口米次郎「愛蘭土文學の復活」『慶應義塾學報』一九〇七年七月一五日。

（67）和辻哲郎「象徴主義の先駆者ウィリアム・ブレエク」『帝国文学』一九一一年二月。

（68）野口米次郎『日本詩歌論』、前掲、二二六—二二七頁。

（69）野口は一九〇七年に、岡倉天心の『茶の本』についての論考を発表しており、茶道の中に見られる道教や禅についても触れている（Yone Noguchi, "On Okakura's Book of Tea", *The Japan Times*, 2 June 1907）。

（70）Okakura Kakuzo, *The Book of Tea*, New York : Fox Duffield & Company, 1906, p. 106.

（71）稲賀繁美氏は、芸術作品と鑑賞者の想像力との共鳴といった岡倉天心の芸術認識は、芸術至上・芸術家至上の欧米において〈東洋美学の奥義〉として注目を集め、その後この認識が日本へ回帰することになった点を論じている（稲賀繁美「日本美術像の変遷——印象主義日本観から「東洋美学」論争まで」、前述、二〇三頁）。

（72）《Wie? Schwebt die Blüte, die eben fiel, / Schon wieder zum Zweig am Baum zurück?/ Das wäre fürwahr ein seltsam Ding!/ Ich näherte mich und schärfte den Blick —— / Da fand ich-es war nur ein Schmetterling》（Florenz, K, "Augentäuschung", *Dichtergrüsse aus dem Osten : Japanische Dichtungen (übertrangen)*, Leipzig : C. F. Amelags, 1895）.

（73）一八九五年にフローレンツがドイツ語に翻訳し、一八九六年にアーサー・ロイドがドイツ語から英訳した。一八九九年にアストンが三行に英訳、一九〇四年にハーンがダッシュを効果的に使って英訳し、一九〇五年にチェンバレンが二行に英訳した。フローレンツは、一九〇六年にアストンやハーンの翻訳の成果を摂取して三行にドイツ語改訳し、一九〇七年にはクーシューがやはり三行に仏訳、その後も、一九〇八年にフリントが英訳、一九一〇年にチェンバレンが改訳、同年にルボンが仏訳した。

（74）上田萬年「雑報・批評 Dichtergrüsse aus dem Osten. ドクトル、フローレンツ譯」『帝国文学』一八九五年二月、九八頁。

（75）フローレンツ「日本詩歌の精神と欧州詩歌の精神との比較考」『帝国文学』一八九五年三月、八頁。

（76）同前、六頁。

（77）同前、一頁。

（78）前島志保氏は、アストンやチェンバレンによる、日本の短詩の発達に対する低い評価が、その後も続いたことを論じている（前島志保「西洋俳句紹介前史」、前掲、三六—四〇頁）。

（79）無名氏「雑報　日本詩歌の眞相」『帝国文学』一八九五年四月、九一頁。

（80）同前、九二頁。

(81) 上田萬年「フローレンツ先生の和歐詩歌比較考を讀む」『帝国文学』一八九五年五月、五一―五三頁。

(82)《What real poetry is in the above, I wonder, except a pretty, certainly not high ordered, fancy of a vignettist; it might pass as fitting specimen if we understand *Hokku* poems, as some Western students delight to understand *Hokku* poems, by the word "epigram." Although my understanding of that word is not necessarily limited to the thought of pointed saying, I may not be much mistaken to compare the word with a still almost dead pond where thought or fancy, nay the water, hardly changes or procreates itself; the real *Hokkus*, at least in my mind, are a running living water of poetry where you can reflect yourself to find your own identification》(Yone Noguchi, *The Spirit of Japanese Poetry*, pp. 50–51). この部分は『日本詩歌論』では、《私はこの詩中那邊に眞實の詩があるかを疑ふ。之れは一種の模様繪と云つても餘り高級なものではなくて唯一寸綺麗な唐草模様繪に過ぎない。だが之れでも一部の西洋人がかの俳句を解して、直に警句《エピグラム》(Epigram) となすが如き程度の鑑賞力を以つて批判したらば、立派な詩句の適例と云ふことが出来やう。私のエピグラムの解釋は必ずしも警句の一點張りで終始しやうとするのではないが、私は此のエピグラムなる語をかの思想の流動の秋毫もない古池の腐水に比較してもさまで誤つて居まいと思ふ。古池の腐水は變化をしない、產生的生命を持つて居らぬ。しかるに眞の俳句は、すくなくとも私の解釋では、詩の不斷に流れて止まぬ流動でなくてはならぬ。我々自身の認識の姿を其裡に發見し得るやうな水の流でなくてはならぬ》(七〇―七一頁) と訳されている。のちの野口はこれと同じ部分を、真の俳句は《流れて止まぬ流動的詩趣の潮水》であり、《思想の流動しない古池の腐水》ではない、という言葉で訳出した (『蕉門俳人論』、八七頁)。

(83) 野口米次郎『日本詩歌論』、前掲、七〇頁。Yone Noguchi, *The Spirit of Japanese Poetry*, p. 50.

(84) 川本皓嗣「伝統のなかの短詩形」『歌と詩の系譜』中央公論社、一九九四年、二五〇―二五二頁。

(85) Yone Noguchi, "Again on Hokku", *Through the Torii*, p. 140.

(86) Yone Noguchi, "The East : The West", *Through the Torii*, pp. 50–51.

(87) Yone Noguchi, *The Spirit of Japanese Poetry*, p. 51. 野口米次郎『日本詩歌論』、前掲、七二―七三頁。

(88) 野口が引用しているランサムの言葉は、*Portraits and Speculations* (Macmillan, 1913) に所収されている "Kinetic and Potential Speece" (pp. 209–225) という評論にある。また、この著作には、ランサムが一九〇九年に書いたヨネ・ノグチ論も収録されている ("The Poetry of Yone Noguchi", *Portraits and Speculations*, pp. 189–205)。

(89)《I agree with Ransome in saying: "Poetry is made by a combination of kinetic with potential speech. Eliminate either, and the result is no longer poetry." But you must know that the part of kinetic speech is left quite unwritten in the *Hokku* poems, and that kinetic language in your mind should combine its force with the potential speech of the poem itself, and make the whole thing at once complete. Indeed, it is the readers who make the *Hokku's* imperfection a perfection of art》(Yone Noguchi, *The Spirit of Japanese Poetry*, p. 53). この部分は『日本詩歌論』の中では、《ランソム氏が、「詩歌は動的に加ふに伏能的な言語を以つてして結合せしめたもので、その何れかを缺げば最早詩歌は無い。」と云つた言葉に私は贊成する。だが諸君は發句詩に於ては此の動的の一面が書かれないで保留してあることを知らねばならぬ。即ち諸君は俳句自身が示す伏能的言語に諸君の心のなかにある動的言語を結合して初めてその完成せる作品を獲るのである。まことに俳句の讀者は俳句の半面に自己の有する半面を加へて一個の両面完璧な藝術を創成するものである》(七五頁) と訳されている。

(90) ロングフォード教授は、日本協会で "England's Record in Japan" (Joseph Henri Longfold, "England's Record in Japan", *Transactions and Proceedings*, vol. 7, 1905–1907, p. 82) などの講演を行っていた。

(91) *Transactions and Proceedings of Japanese Society*, vol. 12, 1913–1914, pp. 99–100.

(92)《It is not, as he has said, the poetry of action, but it is a poetry which in all its productions, in all its lines, conveys material for thought, the more so in that it is never explanatory, and also encourages all the best emotions of human life. There is nothing in Japanese poetry of what I would call the dourness of life. There is no such thing, as far as I know, in all its range, as a war poem. There is no description of the prowess of a warrior. There is no incitement of warriors to future prowess. There is nowhere a description of a battle or a battlefield》(Ibid., pp. 100–101).

(93) Ibid., p. 107.

(94) *Residential rhymes : sympathetically dedicated to foreigners in Japan* (1899) や *Japanese Plays and Playfellows* (1901) などの日本関連の著作を書いていた人物。

(95) *Transactions and Proceedings of Japanese Society*, vol. 12, pp. 104–106.

(96) Dixson Scott, "On the Japanese Hokku Poetry of Yone Noguchi", *The Liverpool Courier*, 19 February 1914. これは、『日本詩歌論』(前掲、七六―八二頁) に掲載されているが、*The Spirit of Japanese Poetry* には掲載されていない。

(97) 同前。

(98)《Japanese poetry, because of its brevity, is sometimes considered ephemeral and slight, even trivial —— like those little Japanese gardens which the westerner appreciates as a toy, but whose deeper significance as a small mirror or reflection of nature is concealed from him》(A. C. H, "Reviews : Japanese poetry ; *The Spirit of Japanese Poetry* by Yone Noguchi, and *Japanese Lyrics* translated by Lafcadio Hearn", *The Poetry*, November 1915, p. 89).

(99)《Japanese poetry is never explanatory, its method is wholly suggestive; yet in its power to evoke associations, or to appeal to the imagination, it is profound rather than trivial. Brevity is occasioned by intensity. Nor is the effect of the Japanese *hokku* at all similar to that of the epigram as commonly conceived, which, like the serpent with its tail in its mouth, is a closed circle》(Ibid.).

(100)《Mr. Noguchi gives us many unintentional examples of the *hokku* in his way of expressing his thought ; there is no dead phrasing》(Ibid., p. 90).

(101)《"this gentle Zen doctrine, which holds man and nature to be two parallel sets of characteristic forms between which perfect sympathy prevails." We can then understand why, although we speak of Japanese poetry as suggestive, the word is not used, as in connection with certain French symbolist poets, to denote vagueness》(Ibid., pp. 90–91).

(102)《For the student of comparative poetry, Yone Noguchi's little book will serve as a key to a vast store-house of treasure》(Ibid., p. 95).

(103) Eunice Tietjens, "Yone Noguchi", *The Poetry*, vol. 15, November 1919, p. 98.

(104) Puran Singh, *The Spirit of Oriental Poetry*, London : Kegan Paul, pp. 6–7, 30–34. これについては、一九二八年に清水暉吉が言及している (「詩人ヨネ・ノグチ」『詩神』一九二八年二月、五七頁)。

(105) 野口米次郎「日本譯上梓に際して」『日本詩歌論』、前掲、一四頁。このことは、刊行に先駆けて発表された「純日本の詩歌 (評論)」(『三田文学』一九一五年九月、九一―一一七頁) の中でも記されている。

(106) 野口米次郎「私の懺悔録」『三田文学』一九一五年七月、八一頁。

(107)「白日社出版消息」『詩歌』一九一五年一二月、一三〇頁。

(108) 山宮允「本質美の表現としての象徴」『新思潮』一九一四年二月。

(109) 山宮允「『日本詩歌論』を評す」『帝国文学』一九一五年一二月、九六頁。

(110) 山宮充「大正四年の詩壇」『詩歌』一九一六年一月、二―三頁。

(111) 同前、三頁。

(112) 同前、四頁。

(113) 増野三良「『日本詩歌論』を評す」『三田文学』一九一五年一二月、一三六―一五一頁。

(114) 川路柳虹「野口氏の詩論」『詩歌』一九一六年一月、五八―六六頁。

(115) 福士幸次郎「野口米次郎氏の『日本詩歌論』」『詩歌』一九一六年一

月、五一—五七頁。
(116)「野口米二《ママ》郎（一—四）」『時事新報』一九一五年八月一三日、一四日、一七日、一八日。
(117)「野口米二《ママ》郎（一）」『時事新報』一九一五年八月一三日。
(118)同前。
(119)「野口米次郎（二）」『時事新報』一九一五年八月一四日。
(120)「野口米次郎（三）」『時事新報』一九一五年八月一七日。
(121)泡鳴と野口は、前述のとおり親しい友人関係で、お互い影響を与え合った仲である。一九一四年当時、泡鳴は野口が自らの〈日本主義〉や思想に影響を受けたと主張していたが、増野三良はそれを《空氣の所有権を主張するやうなもの》であると断じている（増野三良「『日本詩歌論』を評す」、前掲、一三八頁）。つまり、野口が持っている〈日本主義〉などの思想傾向は、泡鳴からの影響というだけではなく、時代潮流であり同時代的に共通する思想傾向であると増野は捉えていた。
(122)三井甲之「出版界の傾向」『日本及日本人』一九一五年一一月一五日、九二頁。
(123)三井甲之「俳句和歌研究」『日本及日本人』一九一五年一二月一日、八六—九六頁。
(124)同前、八六頁。
(125)野口米次郎「三井甲之氏に答ふ」『日本及日本人』一九一六年一月一五日、九二頁。
(126)同前、九四頁。
(127)同前、九三頁。
(128)同前、七一—七九頁。
(129)柳宗悦「三井甲之氏の嘲弄的批評を讀んで」『白樺』一九一五年五月、一一二—一一三頁。
(130)三井甲之「現代文明と迷信」『日本及日本人』一九一六年二月一日、九五頁。
(131)佐佐木信綱「日本詩歌論をよみて」『心の花』一九一五年一二月、九一頁。
(132)青木健作「當今の俳句と現代生活」『帝国文学』一九一五年一〇月、四—五頁。
(133)川路柳虹「野口氏の詩論」、前掲、六六頁。
(134)山宮允「『日本詩歌論』を評す」、前掲、九七頁。
(135)《I have quite an interest in the pages of English translation or free rendering of our Japanese poetry, because I learn from them the point of the Western choice of the subjects, and where the strength or weakness of the English mind lies in poetical writing》（Yone Noguchi, *The Spirit of Japanese Poetry*, p. 49）. 野口米次郎『日本詩歌論』、前掲、六七頁。
(136)Clara A. Walsh, *The Master-singer of Japan : Being verse translation from the Japanese Poets*, London : John Murray, 1910.
(137)「序」には、鈴木大拙が日本語をローマ字にして、ウォルシュの翻訳に批判を加え、彼を手助けしたことが書かれている（Clara A. Walsh, *The Master-singers of Japan : Being verse translations from the Japanese poets*, p. 19）。
(138)Yone Noguchi, *The Spirit of Japanese Poetry*, pp. 49–50.
(139)野口米次郎『日本詩歌論』、前掲、六八—六九頁。
(140)Yone Noguchi, *The Spirit of Japanese Poetry*, p. 31.
(141)Kakuzo Okakura, *The Book of Tea*, p. 83. なお、ウォルシュもこれを九行に英訳していた（Clara A. Walsh, *The Master-singers of Japan*, p. 99）。
(142)天心が〈秘訣（secret）〉という言葉を使い、野口も同じ言葉を使っている（Kakuzo Okakura, *The Book of Tea*, p. 83. Yone Noguchi, *The Spirit of Japanese Literature*, p. 31）。
(143)Kakuzo Okakura, *The Book of Tea*, pp. 87–88.
(144)《This little story always makes me pause and think. Indeed, to approach the subject through the reverse side is more interesting, often the truest. Let me learn of death to truly live; let me be silent to truly sing》（*Transactions and proceedings of the Japan Society*, p. 99, *The Spirit of Japanese Literature*, p. 32）. この部分は、『日本詩歌論』では、《此の小さな話に私は何時も考へさせられる。まことに一つの主眼にとゞくには反對の側から

接近するが更に更に興味深く又屡々此の方が眞理である。眞に生くべく死に味到せよ。眞に歌ふべく口を緘ぜよ。沈默たらしめよ》（前掲、三一頁）と訳されている。

(145) Kakuzo Okakura, *The Book of Tea*, p. 164.

(146) Ibid., p. 162.

(147) Yone Noguchi, *The Spirit of Japanese Literature*, pp. 27-28.『日本詩歌論』、前掲、二二―二三頁。

(148) Ibid., p. 28. 同前、二四頁。

(149) B. H. Chamberlain, *Japanese Poetry*, p. 236.

(150) Ibid.

(151) Sherard Vines, "The Literature of Yone Noguchi", *The Calcutta Review*, November 1935, p. 126. この部分は、日本で刊行されていた『詩人野口米次郎』（第一書房、一九二五年）の一六一―一六三頁にあたる。

(152)《Moreover it must be remembered that he visited England as a missionary, with the evangelist's license to colour his case; and very probably the English poets of 1914 (in fact, certainly, if their works are any guide,) appreciated too little the charms of passivity and silence; for one thing, *Georgian Poetry* had been recently inaugurated, and the first volume included such garrulous contributors as Mr. Abercrombie, Mr. Masefield, and Mr. Drinkwater. And Europe was sorely in need of 'counsels of silence' though by this time it was too late for her to take them to heart, committed as she was to the direst commotion that history has ever had the misfortune to record. To-day it is clear that, thanks in no small measure to Mr. Noguchi, the West more fully comprehends an aesthetic code that has in the past moved poets to practice, like Basho, the almost monastic rule of Seishin or pure poverty; or to write with a noble laconism while their goods perish in a burning house. It has burned down: How serene the flowers in their falling》(Sherard Vines, "The Literature of Yone Noguchi", p. 126). このヴァインズの文章は、『詩人野口米次郎』にも日本語で収録されているので、『モダン・レビュー』での掲載以前に、英語圏のいずれかの雑誌に掲載された可能性が高い。

(153)《... it was a holy service itself, as if a prayer-making under the silence of a temple; is there a more holy temple than the bosom of Nature? He traveled East and West, again South and North, for the true realization of the affinity of life and Nature, the sacred identification of himself with the trees and flowers...》(Yone Noguchi, *The Spirit of Japanese Poetry*, p. 38). この部分は『日本詩歌論』では、《旅枕の生涯それ自身が既に一箇聖なる貢棒である。恰も殿堂の静默の裡になす祈禱である。世に自然の胸にまさる聖なる殿堂が他にありませうか。彼は東に西に、また南に北に旅行して、人生と自然との親和融合の眞なる實現、神聖なる彼自身の認識を樹木草花の裡に求めたのである》（前掲、四八―四九頁）と訳されている。

(154) Yone Noguchi, *The Spirit of Japanese Poetry*, p. 38.『日本詩歌論』、前掲、四八―四九頁。

(155) B. H. Chamberlain, *Japanese Poetry*, p. 191. 詩の中の Ta'en は Taken、o'er は over の意味。

(156) スキドー山（標高九三一メートル）は、英国の湖水地方の山々（丘陵地帯）の一つであるが、その高さは富士山にまったく及ばない。

(157) Ibid., p. 192.

(158) Yone Noguchi, *The Spirit of Japanese Poetry*, p. 38.『日本詩歌論』、前掲、四九―五〇頁。

(159) Ibid., p. 40. 同前、五二―五三頁。

(160) Ibid., p. 41. 同前、五三頁。

(161) 佐藤和夫『俳句からHAIKUへ』南雲堂、一九八七年、三四頁。

(162) 芭蕉作品の特徴を直接論究することも重要だが、その概念化や対照の視角がいつから起こったのかということにも注目すべきだろう。

(163) 鈴木貞美「『日本文学』という観念および古典評価の変遷——万葉、源氏、芭蕉をめぐって」『文学における近代——転換期の諸相』国際日本文化研究センター、二〇〇一年。

(164) 福士幸次郎「新詩歌評論（その一）」『日本詩人』一九二二年八月、一〇〇―一〇八頁。

(165) 野口米次郎『ポオ評伝』第一書房、一九二六年三月、六八頁。

(166) 同前、六九頁。

(167) 野口米次郎「オックスフォード大學（下）」『慶應義塾学報』第二〇六号、一九一四年九月。

(168) 藤村の好意でモンパルナスの藤村の下宿屋の隣り合った部屋に住み（野口米次郎「戦争前の巴里」『三田評論』第二一一号、一九一五年二月、三八—四一頁）、その下宿に一〇日間滞在した（「年譜（自記）」『現代日本文学全集』第五七巻、改造社、一九三一年、四一四頁）。

(169) 和田博文ほか『パリ・日本人の心象地図　一八六七—一九四五』藤原書店、二〇〇四年、三〇五頁。

(170) 野口米次郎「戦争前の巴里」、前掲。「年譜（自記）」『現代日本文学全集』第五七巻、前掲、四一四頁。

(171) ポール＝ルイ・クーシューが一九〇六年に"LES HAÏKAÏ (Épigrammes Poétiques du Japon) I-IV" (*Les Lettres*, 1906, No. 3-7) を連載して俳句の翻訳紹介の先駆けとなり、その後一九一六年には *Sages et Poètes d'Asie*（『アジアの賢人と詩人』）を出版する。一九二〇年代になると、雑誌『N・R・F』(September 1920, no. 84) でハイカイ特集が組まれたのを契機として、俳句のブームが起きる（柴田依子「詩歌のジャポニスムの開花——クーシューと『N・R・F』誌（一九二〇）「ハイカイ」アンソロジー掲載の経緯」『日本研究』第二九号、二〇〇四年一二月、三七—七八頁）。

(172) この詩集は六〇〇部限定で、野口に寄贈されてきたのは一五一番、扉頁に《With best wishes, Lozano》と記されていたという。外山卯三郎は、ロザノが野口の *Japanese Hokku* (1920) を読んでいたに違いないと述べている（外山卯三郎「ヨネ・ノグチの一七字詩とその波紋」『詩人ヨネ・ノグチ研究』第三集、造形美術協会出版局、一九七五年、八七—八八頁）。

(173) 同前、八八頁。

第八章　欧米モダニズム思潮の中での野口

(1) 野口米次郎「私の所信」『日本詩人』一九二二年八月、五一頁。『山上に立つ』新潮社、一九二三年一月、八〇頁。

(2) この講演案内文は、*Japan and America* (New York: Orientalia, Tokyo: Keio University Press, 1921) の冒頭に付されている。ポンド・ライセム・ビューローに招聘された講演旅行であったことは、清水暉吉も言及していた（清水暉吉「詩人ヨネ・ノグチ（2）」『詩神』一九二八年四月、五七頁）。

(3) カリフォルニア大学バークレー校バンクロフト図書館蔵の直筆書簡の便箋や封筒から、旅程や各地で泊まったホテルの情報が読み取れる。

(4) 《講演地の範囲は全米國に亙り、一週間の講演約二三回に及べり。紐育に於て詩人イエーツに再會す》（「年譜（自記）」『現代日本文学全集』第五七巻、改造社、一九三一年、四一五頁）。

(5) たとえば "Hokku"（「発句」）と題された野口の寄稿が、アメリカの代表的な詩雑誌『ポエト・ロア』の一九一九年一一月号に見られ、この寄稿について川路柳虹が『詩聖』で言及している。『ポエト・ロア』のみならず、国外の詩雑誌や文化雑誌は、日本国内においても関心をもって読まれていたので、そのような雑誌に野口が〈ホック〉や日本文化に関して寄稿する様子は日本の文壇でも意識されていた。

(6) 《And the writers of the free verses and the so-called imagists in the present West, let me dare say, will be interested perhaps to know that a Japanese had written such verses like these some twenty four years ago》(Yone Noguchi, "Introduction", *Seen and Unseen*, New York: Orientalia, 1920, p. 9).

(7) ヒュームは、フランスでアンリ・ベルグソンに師事した哲学青年。英国の同時代の文化人らに影響力を持ったヒュームの芸術理論は、ファシズム理論に近接していた（石田圭子「T・E・ヒュームの芸術論と原ファシズム理論・イデオロギー」『美学』第五九巻二号、二〇〇八年、二—一五頁）。

(8) Harold Monro to Yone Noguchi (16 December 1913), *Yone Noguchi Collected English Letters*, Tokyo: Yone Noguchi Society, 1975, p. 214.

(9) 野口米次郎「最近文藝思潮——今日の英詩潮」『三田文学』一九一六年一月、二七〇頁。

(10) 野口米次郎『海外の交友』第一書房、一九二六年、九頁。

(11) アール・マイナー『西洋文学の日本発見』筑摩書房、一九五九年、一〇一頁。

(12) 野口米次郎「最近文藝思潮——今日の英詩潮」、前掲、二七二頁。

(13) 同前、二七〇—二七一頁。

(14) 一九〇八年にロンドンに渡ったパウンドは、一九〇九年四月一六日に詩集『ペルソナ』(*Personae*)を出版したばかりで、尊敬していたイェイツの秘書となって、当時の詩人や小説家、画家や彫刻家などと知り合い、交流を始めていた。

(15) 一九一二年、パウンド、H・D、リチャード・オールディントンの三人で集まって書いたグループの綱領が、〈主観的な表現であれ、客観的な表現であれ、モノを直接的に取り扱う(つまり即物的表現をする)〉、〈表現は簡潔に〉、〈リズムは定型韻律《メトロノーム》ではなく音楽性をもつ文節《ミュージカル・フレーズ》の流れに従う〉といったもので、これがイマジズム運動の基礎となる。パウンドは、イメージとは知的情緒的複合体を一瞬のうちに提示するものであると主張した(Ezra Pound, "A Retrospect", *Pavannes and Divagations*, New York: Alfred A. Knopf, 1918)。

(16) 英語では〈イマジズム(Imagism)〉、フランス語では〈イマジスム(Imagisme)〉と呼ばれる。この運動はフランス象徴詩派からの影響を受けており、それを敢えて強調するために当初はフランス綴りが用いられた(パウンドはImagismeを使っていたが、エイミー・ローウェルの主導となってからはImagismとなる)。

(17) 英米文学における〈現代詩〉の出発については、一九一〇年代にロンドンで起こった〈イマジズム〉運動を基準点とし、その創始者として第一にパウンドの名前を挙げるのが定説だが、それ以前からの英国詩人たちの詩の革新運動も見落とされるべきではない(これは、当時の英国で注目されていたフランス象徴詩や唐代の漢詩、そして日本の俳句から決定的な影響を受けた動きであった)。パウンドの詩的感性の卓越した鋭敏さや、パウンドに世界の文学様式の様々な要素を取り込む優れた才覚があったこと、また後進の発展に多大な役割を果たしたことは事実として認められるが、序章(第3節)でも触れたように、パウンドの影響力の背後には、英米の多くの詩人たちの活動や思索の系譜があったのである。

(18) 一九一四年の『デ・ジマジスト』出版後、パウンドはエイミー・ローウェルに主導的な立場を譲り渡す。年刊『イマジスト詩人』(一九一五—一七年)がローウェルを主導者として発表され、この中にはH・D、リチャード・オールディントン、F・S・フリント、J・G・フレッチャー、ジェイムズ・ジョイス、D・H・ロレンスなどが含まれている。運動の主導権を失ったパウンドは、イマジズム運動に興味を失って、中国の長詩や能楽の戯曲に関心を移していく。

(19) 象徴主義が音楽性だけに頼るような曖昧なものに落ち込んでいくのに対抗して、イメージを重視し明確な表現を使うために、言葉を簡潔にするというところに新しさがある。イマジズムは象徴主義からの前進、あるいは一つの反動とも言える。

(20) この一文は、*Gaudier-Brzeska* (1916) において "In a Station of the Metro" に触れる中で書かれた(*Anthology of Modern American Poetry*, edited by Cary Nelson, New York: Oxford University Press, 2000, p. 204)。

(21) さらに渥美育子氏は、この詩篇は書簡の中で "To Yone Noguchi" と題されていたことを指摘している(*Yone Noguchi Collected English Letters*, p. 15)。ただし、どこでパウンドが「あるメトロの駅で」の詩に "To Yone Noguchi" と題したのか、典拠が明確ではない。

(22) Flint, "The Book of the week. Recent verse", *The New Age*, 11 July 1908.

(23) 新倉俊一「エズラ・パウンド小論」(『エズラ・パウンド詩集』角川書店、一九七六年、三八五—三八六頁)や城戸朱理「解説」(『パウンド詩集』思潮社、一九九八年、一四五頁)を参照。

(24) サダキチ・ハルトマンの遺文集『白菊』の序(ケニス・レックスロース(1905-1982)の執筆)に、パウンドを見いだしたのはサダキチであるという見解があることを紹介し、ハルトマンからパウンドへの影響説が論じられている(星野慎一『俳句の国際性——なぜ俳句は世界的に愛されるようになったのか』博文館新社、一九九五年、一八一頁）。この説は、ザビーネ・ゾンマーカンプ氏の博士論文、Sabine Sommerkamp, *Der Einfluss des Haiku auf Imagismus und Jüngere Moderne: Studien zur englischen und amerikanischen Lyrik*（『イマジズム及びモダン派に与えた俳句の影響——英米叙情詩の研究』、一九八四年ハンブルク大学提出）に依拠したもの（星野慎一「世界的視野からみた俳句（二九—三一）」『暖流』一九八五年七—九月）。

（25）サダキチ・ハルトマンについては、太田三郎『叛逆の芸術家——世界のボヘミアン＝サダキチの生涯』（東京美術、一九七二年）や、越智道雄氏の連載「サダキチ・ハートマン伝」（『三省堂ぶっくれっと』一九九八—二〇〇二年所収）がある。ハルトマンの著作には、象徴的傾向の戯曲『仏陀』（*Buddha*, 1897）や『芸術にみるシェイクスピア』（*Shakespeare in Art*, 1901）、『日本の美術』（*Japanese Art*, 1904）、『ホイッスラー研究』（*The Whistler Book. A Monograph of the Life and Position in Art of Japanese McNeill Whistler, Together with a Careful Study of his more Important Works*, 1910）、『タンカとハイカイ』（*Tanka and Haikai. Japanese Rhythm*, 1914）がある。

（26）太田三郎『叛逆の芸術家——世界のボヘミアン＝サダキチの生涯』、前掲、二一六—二一七頁。

（27）Sadakichi Hartmann, "The Japanese Conception of Poetry", *The Reader*, vol. 3, no. 2, pp. 185-191.

（28）Yone Noguchi, "Lines", *The Reader*, vol. 3, no. 2, January 1904.

（29）野口米次郎「小冊子「東海より」の歴史」『英米の一三年』、前掲、三四頁。

（30）Mitchell Kennerley to Yone Noguchi (14 December 1903), *Yone Noguchi Collected English Letters*, p. 146. また一九〇四年二月頃にも、野口はケナレイに自作の詩を送って掲載を希望していたようだが、『リーダー』には詩を掲載するスペースをほとんど設けていないとして返却されている（Mitchell Kennerley to Yone Noguchi, *Yone Noguchi Collected English Letters*, p. 152）。ミッチェル・ケナレイは英国生まれのアメリカの出版人で野口の著作刊行も手掛けている。ほかにも多数の書簡のやりとりがあったと考えられる。

（31）B. Carman, "Poetry of the Month", *The Reader*, July 1903.

（32）Yone Noguchi, "A Proposal to American Poets", *The Reader*, vol. 3, no. 3, February 1904, p. 248.

（33）太田三郎『叛逆の芸術家——世界のボヘミアン＝サダキチの生涯』、前掲、二一六—二一七頁。

（34）パウンドは、『キャントーズ』（*The Cantos*）の中で、ハルトマンはアメリカ文学を豊かにしうるはずの人物であったと書いた。

（35）Pound to Noguchi (2 September 1911), *Yone Noguchi Collected English Letters*, pp. 210-211.

（36）Ibid.

（37）パーシヴァル・ローウェルは、『極東の魂』（一八八八年）など日本についての書物を多く書いた人物で、アストンの『神道』などにも引用されている。野口もローウェルの『オカルト・ジャパン』について言及している。

（38）野口米次郎「文學的英國」『三田評論』一九一六年六月、二三—二四頁。

（39）野口米次郎「文學的英國」、前掲、二三頁。

（40）《ブリツ街》とは、イェイツやシモンズらが一九世紀末文学運動を展開したライマーズクラブのあったフリート・ストリートのことであろう。ウィリアム・ヘズリット（1778-1830）は生前、フリート・ストリートの外れに住んでいた。

（41）野口米次郎「文學的英國」、前掲、二二—二三頁。

（42）主著『一九世紀文学主潮史』でヨーロッパを代表する文学史家と目されていたブランデスのスノッブな様子を、野口は丁寧に記述している。

（43）ゴスの自宅での出来事は、「文學的英國」のほか、"Literary England Before the War" (*Japan Times*, 7 August 1917) でも記述されている。

（44）これはブルームズベリーの一派であろう。野口は次のように書いている。《會合の場所はロンドンの盛り場の随一ピカデリ附近で、野暮くさく大袈裟に飾りたてた料理やの大広間。電氣は皎々と輝き、椅子は赤色の天鵞絨で張つてある。集つている女の大部分は、大きな配合の悪い着物で蔽つてをります。（中略）當夜集つた女の中に、相當年を取つた女であつたが、髪の毛を青く染めて居るものがあつた。青い髪の女といふ言葉がその當時流行し始めた流行語の一でありました。かういふやうに、随分走りを争ふといふ女も「詩人クラブ」へ來て自作の詩を讀むのであります》（野口米次郎『先驅者の言葉』改造社、一九二四年、二二〇―二二一頁）。

（45）同前、二二一―二二二頁。

（46）野口米次郎『印度の詩人』第一書房、一九二六年八月、七五―七六頁。

（47）Yone Noguchi, "A Few English Clubs", *Japan Times*, 19 August 1917.

（48）野口米次郎『海外の交友』、前掲、六一、六八頁など。

（49）野口米次郎『先驅者の言葉』、前掲、二三〇頁。

（50）野口米次郎『印度の詩人』、前掲、八四頁。

（51）臼田雅之氏は、ベンガル近代詩の成立を論じる中でこの詩人を挙げて、ベンガルの近代詩が最初から強烈な《異種混交のせめぎ合いやゆれ》の中で始まったことを論じている（臼田雅之「ベンガルにおける近代抒情詩の成立とナショナリズム」『多言語社会における文学の歴史的展開と現在――インド文学を事例として』科学研究費研究成果報告書、二〇〇八年）。

（52）ローレンス・ビニョンは一九一三年からは大英博物館の東洋版画部門の管理者として知られるが、東アジア文化のみならず、ウィリアム・ブレイク研究やペルシア美術研究、晩年にはダンテの『神曲』を訳出するなど幅広く活動していた。一九一三年からビニョンの助手となったアーサー・ウェイリーは、日本語・中国語を独学で学んで能や詩経の翻訳をする。前述のとおり、野口は一九〇三年よりビニョンと交友がある。また、後述（第一三章）するが、ビニョンは一九三〇年代には野口と共にインド文壇との関係も深かった。

（53）S. P. Sen (ed), *Dictionary of National Biography*, vol. 3, Calcutta : South Asia Books, 1974, p. 194.

（54）Sisir Kumar Das, *A History of Indian Literature : 1800–1910*, vol. 8, Calcutta : South Asia Books, 1991, p. 223.

（55）野口米次郎「戰爭と英國詩界」『現代詩歌』一九一八年七月、五頁。

（56）カビールは、中世のバクティ信仰の創生期にラーマ崇拝を継承しながらイスラム思想の影響を受けた宗教改革者。カーストや種族の区別は虚構であると主張し、偶像崇拝や宗教儀礼を否定して、諸宗教間の区別をなくそうとした。カビールは、ヒンディー語の多くの詩文を残し、広く民衆の間に普及した。カビールの思想は、その後の多くのインドの思想家や知識人に影響を与えている。

（57）〈近代インド〉の父と呼ばれるラムモホン・ライは、中世詩人のカビールやナーナクから、思想的な影響を受けた。ライは、東洋と西洋の架橋を目指したブランモ協会の創立者であり、一九世紀末から二〇世紀初頭にかけてインドの社会宗教改革や民族運動の先駆け的な役割を果たした人物である。タゴールやスワミ・ヴィヴェカーナンダがライを称賛し、重要視していた。

（58）"Certain Poems of Kabir", Translated by Kali Mohan Ghose and Ezra Pound from edition of Mr. Kshiti Mohan Sen, *The Modern Review*, vol. 13, 6 June 1913, pp. 611-613. パウンドらによって英訳されたカビールの詩は散文的な長い英詩であり、一九一三年に『モダン・レビュー』に寄稿されたのは短篇を含めた十篇である。

（59）Donald Gallup, *Ezra Pound : A Bibliography* (Charlottesville : University of Virginia, 1983) による。

（60）パウンドは一九一二年に *The Sonnets and Ballate of Guido Cavalcanti* (London : S. Swift, 1912) を書いている。カヴァルカンティについては、D・G・ロセッティが *The Early Italian Poets. From Ciullo d'Alcamo to Dante Alighieri 1100-1200-1300* (London : Smith, Elder, 1861) を出していた（谷口勇「パウンドとカヴァルカンティ――ロセッティを軸にして」『エズラ・パウンド研究』山口書店、一九八六年、二二三―二五一頁）。

（61）*One Hundred Poems of Kabir*, London：Macmillan, 1914. これはタゴールと親しいクシュティモーハン・センの編集によるカビールの詩の翻訳であった。

（62）鈴木龍司訳「カビールの詩」『六合雑誌』一九一六年七月、五二—五七頁。

（63）"Bengal "Prophet""（*Daily Chronicle*, London, 13 November 1913）や "British Indian Poet"（*Evening Post*, New York, 13 November 1913）など。

（64）"A Hindoo Prophet", *Times Star*（November 1913）, *Gitanjali：Song Offerings*, Kolkata：UBS Publishers' Distributors with Visva-Bharati, 2003.

（65）*Chicago Tribune*, Chicago, 14 November 1913.

（66）ハーヴァード大学の教授サンタヤナ（1863-1952）が、一九一一年に "The Genteel Tradition in American Philosophy" という講演を行い、〈ジェンティール・トラディション〉という言葉を使った。そこでサンタヤナは、アメリカの中上流階級の志向する文化意識が、イギリスの模倣でマンネリに陥り、価値体系や生活様式が形骸化し保守化していることを指摘した。〈ジェンティール・トラディション〉以後のアメリカの文学に関しては、Malcolm Cowley (ed.), *After the Genteel Tradition：American Writers 1910-1930*（Carbondale：Southern Illinois University Press, 1964）や児玉実英『アメリカの詩』（英宝社、二〇〇五年）などが詳しい。

（67）雑誌創刊の主旨は、大衆雑誌の制限に縛られることなく、詩人が自らの位置を確認する場所を提供したいということであった。既存の雑誌は、詩に深い関心のない公衆（読者）が対象であるが、本雑誌は、詩を芸術として最も崇高なものと捉え、詩を、完成した人間の真と美の表現の最たるものとして考えている読者を対象にする、とした（Harriet Monroe, *A Poet's Life：Seventy Years in a Changing World*, New York：Macmillan, 1938, p. 251）。

（68）雑誌『リトル・レビュー』（*The Little Review*）は多数の著明な文学者を輩出した前衛のリトルマガジンで、一九一四年三月にシカゴで創刊されたが、一九一七年からはニューヨークに拠点を移してパウンドの助力を得るようになる。創刊者のマーガレット・アンダーソン（1886-1973）は、雑誌『ダイアル』（*The Dial*）に関与し、一九一三年までは『シカゴ・イブニング・ポスト』（*Chicago Evening Post*）の書評を書いていた人物でもある。

（69）『イングリッシュ・レビュー』（一九〇八年創刊）は、トマス・ハーディやジョゼフ・コンラッドなどの当時すでに著名だった作家をはじめ、D・H・ロレンスやパウンドなどの若手作家の作品も掲載した雑誌で、野口は一九一七年一二月と一九二四年八月に寄稿している。なお、一九一七年一二月にバーナード・ショー、アーサー・シモンズに並んで野口が寄稿した "The Skin Painter (From the Japanese)" は、谷崎潤一郎の「刺青」（『新思潮』一九一〇年一一月号に発表）の翻訳であった。

（70）これは "The Western School" と題されたエドガー・ジェプソン（1863-1938）の文章で、リンゼイ、マスターズ、フロストなどのシカゴ詩人たちを批判したもの。

（71）このあたりの経緯については、ハリエット・モンロー自身の自伝 *A Poet's Life：Seventy Years in a Changing World*（New York：Macmillan, 1938）や、勝方恵子「リトル・マガジンとモダニズム文学II——『ポエトリ』誌とハリエット・モンロー」（『早稲田大学法学会人文論集』第三三号、一九九五年、六一—八八頁）、伊達直之「『ポエトリー』誌の編集理念と詩論——パウンドとモンローの二つのアメリカ現代詩観」（『英文学（早稲田大学英文学会）』第七五号、一九九八年三月、八八—一〇三頁）に詳しい。特に伊達氏の論考では、パウンドとモンローの確執ではなく、類似性に注目しており、パウンドとモンローが〈アメリカ〉〈ホイットマン〉という共通する問題意識によって共闘していたことが論じられている。

（72）勝方恵子「リトル・マガジンとモダニズム文学II」、前掲、八三頁。

（73）ビンナーとフィッケが野口を頼って来日した際には、新聞や文芸雑誌などにその動向が載せられている。『新潮』（一九一七年五月）に掲載された写真では、野口の自宅で野口夫妻とビンナーやフィッケ夫妻らを囲んで、岩野泡鳴、高安月郊、生田葵山、川路柳虹、佐佐木信綱、戸川秋骨、加藤朝鳥、中田勝之助、柴田柴庵、片岡弥太郎が集まっている。

（74）Rabindranath Tagore, “Poems”, *The Poetry*, vol. 1, no. 3, December 1912, pp. 84–86.

（75）《The Appearance of the poems of Rabindranath Tagore, translated by himself from Bengali into English, is an event in the history of English poetry and of world poetry. I do not use these terms with the looseness of contemporary journalism. Questions of poetic art are serious, not to be touched upon lightly or in a spirit of bravura》（Ezra Pound, “Tagore's Poems”, *The Poetry*, vol. 1, no. 3, December 1912, p. 92）.

（76）《The Bengali brings to us the pledge of a calm which we need overmuch in an age of steel and mechanics. It brings a quiet proclamation of the fellowship between man and the gods; between man and nature. (...) There is a deeper calm and a deeper conviction in this eastern expression than we have yet attained》（Ibid., pp. 93–94）.

（77）一九一三年には、一四篇の詩が掲載された “Poems”（June 1913, pp. 81–91）や、散文 “Narratives”（December 1913, pp. 75–81）が寄稿されている。またパウンドの英詩一篇とフランス語詩一篇のあとに、タゴールの格言集 “Epigrams”（September 1916, pp. 283–285）も掲載されている。

（78）Harriey Monroe, “Back to China”, *The Poetry*, February 1918, pp. 271–274.

（79）John Gould Fletcher, “Review : Perfume of Cathay”, *The Poetry*, February 1919, pp. 273–281.

（80）Alice Corbin Henderson, “Review : Japanese Poetry”, *The Poetry*, vol. 7, no. 2, November 1915, pp. 89–97. これは野口の *The Spirit of Japanese Poetry* とハーンによって翻訳された *Japanese Lyrics* についての記事である。フェノロサの *Epochs of Chinese and Japanese Art* で言及される禅詩人の思想にも、一部触れている。

（81）一九一九年一一月に “Hokku”、一九二六年八月に詩 “Keepsake” の寄稿がある。

（82）Eunice Tietjens, “Yone Noguchi”, *The Poetry*, vol. 15, November 1919, pp. 96–98.

（83）ハリエット・モンローが同号の紹介をしており、その末尾に《For a word about the Japanese poet, Yone Noguchi, we yield to Mrs. Tietjens, who knew him personally in Japan》と、野口評の執筆をユーニス・ティーチェンスに依頼したことを記している（H. M., “Visitors from other side”, *The Poetry*, November 1919, p. 96）。

（84）《Looking back on them now one can see how directly they forecast the modern movement. They were in free verse —— in the nineties —— they were condensed, suggestive, full of rhythmical variations. In matters of technic they might have been written today, and, though few people understood them then, time has proven Mr. Noguchi a forerunner》（Eunice Tietjens, “Yone Noguchi”, *The Poetry*, vol. 15, November 1919, p. 97）.

（85）Ibid.

（86）《They are books of subtle, delicate lyrics, full of that strange blend of old Japan and the West of today which makes the poetry of contemporary Japan so intriguing》（Ibid.）.

（87）*The New Poetry : An Anthology of Twentieth-Century Verse in English*, New York : Macmillan, 1917.

（88）《They have studied the French *symbolistes* of the 'nineties, and the most recent Parisian *vers-libristes*. Moreover, some of them have listened to the pure lyricism of the Provençal troubadours, have examined the more elaborate mechanism of early Italian sonneteers and canzonists, have read Greek poetry from a new angle of vision; and last, but perhaps most important of all, have bowed to winds from the East》（Harriet Monroe & Alice C. Henderson (eds.), “Introduction”, *The New Poetry : An Anthology of Twentieth-Century Verse in English*, New York : Macmillan, 1923, p. xl）.

（89）《Poetry was slower than the graphic arts to feel the oriental influence, because of the barrier of language. But European scholarship had long dabbled with Indian, Persian, and Sanskrit literatures, and Fitzgerald even won over the crowd to some remote suspicion of their beauty by meeting Omar half-way, and making a great poem out of the marriage, not only of two mind, but of two literature traditions. Then a few airs from Japan blew in — a few translations of *hokku* and other forms — which showed the stark simplicity and crystal clarity of the art among Japanese poets. And of late the search has gone further: we begin to discover a whole royal line of Chinese poets of a thousand or more years ago; and we are trying to search out the secrets of their delicate and beautiful art. The task is difficult, because our poets, ignorant of Chinese, have to get at these masters through the literal translations of scholars. But even by this round-about way, poets like Allen Upward, Ezra Pound, Helen Waddell and a few others, give us something of the rare flavor, the special exquisite perfume, of the original. And of late the Indian influence has been emphasized by the great Bengali poet and sage, Rabindranath Tagore, whose mastery of English makes him a poet in two languages》(Ibid., p. xl-xli).

(90)アップワードには孔子の格言の訳本があり、またワデルには*Lyrics from the Chinese* (1913)がある。

(91)亀井俊介「ヨネ・ノグチとアメリカ詩壇」『詩人ヨネ・ノグチ著作集』第二集、造形美術協会出版局、一九六五年、六八頁。亀井氏は、一九二四年版のハリエット・モンローのアンソロジー*The New Poetry: An Anthology of Twentieth-Century Verse in English*に、米英両国以外の詩人ではタゴールと野口の詩が収録されており、野口の詩の前衛的意味は当時大きく捉えられていたことを指摘している。

(92)*The New Poetry: An Anthology of Twentieth-Century Verse in English*, 1917, p. 245.

(93)Ibid., p. 246.

(94)Yone Noguchi, *From the Eastern Sea*, Tokyo: Fuzanbo, 1903, p. 67.

(95)この西行上人像讃「すてはてて」の歌について、野口は『芭蕉俳句選評』(一九二六年)や『西行論』(一九四六年)の中で言及している。『芭蕉俳句選評』の中では、《東洋詩歌特に日本詩歌の最善のもの》を持ったものとは、《狂気の芸術心が自制的沈着に触れて平凡化したもの》、《芸術的勇気が卒然静まって倦怠気分の仙境に入った表現》、《わだかまりがない、放縦の言葉さへ使うことが出来る位に赤裸》なものであると論じている。そして、「すてはてて」が《これ正に人間を赤裸にした場合の真実な告白である。あらゆる人間的装飾と化粧を洗い落して、赤裸な原始性の上で生きた》芭蕉の静寂が歌われたものである、と論じた(野口米次郎『芭蕉俳句選評』第一書房、一九二六年一二月、六七—七〇頁)。

(96)外山卯三郎の注記によれば、一九一〇年刊の詩集*From the Eastern Sea*では、"LINES: From Basho"というタイトルに書き換えられた(外山卯三郎「ヨネ・ノグチの一七字詩とその波紋」『ヨネ・ノグチ研究』第三集、造形美術協会出版局、一九七五年、七五頁)。

(97)クラプシーのメモについては、川並秀雄氏が「アデレイド・クラプシィとミシェル・ルボン——日本文学と関連して」(『大阪商業大学論集』第一九・二〇号、一九六三年一一月、二二三—二二五頁)の中で紹介している。ただし、川並氏が《クラプシィが野口の数々の詩から、特に芭蕉の西行上人像讃を選んだのは、「日本の真芸術」を理解したかどうかは、わからないが、静寂な境地を汲みとって、西行上人の心像に共鳴したからであろう》と論じていることには反論しておきたい。クラプシーは野口の〈英詩〉に共鳴したのであり、〈from the Japanese〉が芭蕉を意味することや、まして西行を称賛する歌であったことを知っていたとは到底思えない。クラプシーの手帳への抜き書きは、野口の俳句的な英詩が、英詩壇や英詩人らに影響を与えたということの証明に過ぎない。また川並氏は、クラプシーはミシェル・ルボンによる和歌のフランス語訳から影響を受けて《五行詩を創案した》とか、《クラプシィくらい日本の短歌から影響を受けた東洋的な詩人はすくないとおもう》と論じているが、これらの見解も限りなく論拠が薄い。

(98)*The New Poetry: An Anthology of Twentieth-Century Verse in English*,

1923, p. 372. ここに掲載された "HOKKU" は『ポエトリ』（一九一九年一一月号）に掲載されていた四篇のうちの一篇である。一九一九年の『ポエトリ』には、この一篇のほかに、《Full of Faults, you say. / What beauty in repentance! / Tears, songs — thus life flows.》《But the march to life — / Break song to sing the new song! / Clouds leap, flowers bloom.》《Song of sea in rain, / Voice of the sky, earth and men! / List, song of my heart.》の三篇が掲載された（Yone Noguchi, "HOKKU", *The Poetry*, November 1919, p. 67）。

（99）Ibid., p. 373. この一篇は *From the Eastern Sea* に初出のもの（"Lines" というタイトルの作品はほかにも存在するので注意が必要である）。

（100）《The modern mood of Stephen Crane was perhaps more militant. Taking a hint possibly from Yone Noguchi, he printed during the later 'nineties two books of free-verse poems which challenged the established metrical order and were not without influence in beginning a new fashion》（Harriet Monroe & Alice C. Henderson（eds.）, "Introduction", *The New Poetry : An Anthology of Twentieth-Century Verse in English*, 1923, p. xlviii）.

（101）Harriet Monroe to Yone Noguchi（13 December 1923）, *Yone Noguchi Collected English Letters*, pp. 223-224.

（102）田原直樹「ジュン・フジタ　異郷の詩（①〜⑫）」『中國新聞』（文化欄）二〇〇八年一〇月一一日—一二月二七日毎週土曜日。

（103）《The free verse of today has moved far away from the example which Yone set during the nineties; but it owes something to him; it acknowledges frankly enough the oriental influence》（Jun Fujita, "A Japanese Cosmopolite", *The Poetry*, June 1922, p. 164）.

（104）《The value of the seventeen-syllable Hokku poem of Japan is not in its physical directness, but in its psychological indirectness》（Yone Noguchi, "Seventeen-Syllable Hokku Poems", *The Egoist*, November 1916, p. 175）.

（105）《To use a simile, it is like a dew upon lotus leaves of green, or under maple leaves of red, which, although it is nothing but a trifling drop of water, shines, glitters, and sparkles now pearl-white, then amethyst-blue, again ruby-red, according to the time of day and situation; better still to say, this Hokku is like a spider-thread laden with the white summer dews, swaying among the branches of a tree like an often invisible ghost in air, on the perfect balance; that sway indeed, not the thread itself, is the beauty of our seventeen-syllable poem》（Ibid.）.

（106）野口米次郎「写象主義《イマジズム》私見」『現代詩歌』一九一八年三月、六頁。

（107）のちに『米國文學論』（一九二五年一二月）に収録される。

（108）野口米次郎『米國文學論』第一書房、一九二五年一二月、二—三頁。

（109）同前、三頁。

（110）同前、一七頁。

（111）同前、三—四頁。

（112）同前、五、三八—三八、一二八頁。

（113）*The Dial* to Noguchi（2 December 1898）, *Yone Noguchi Collected English Letters*, p. 30.

（114）Yone Noguchi, "Joaquin Miller's Heights after Twenty Years", *The Dial*, July 1920, pp. 33-34. 書かれた日付は一九一九年一一月となっている。

（115）"*The Dial* on Tagore's *Fireflies*", *The Modern Review*, November 1928, p. 609.

（116）春山行夫は一九二九年五月の段階で、《もし諸君が今日『ダイアル』や『ブックマン』や『ポエトリ』などを嫌々見てゐられる様であつたら、『トランジ《ママ》ション』とか『ブルーム』とかと換え給へ》と書き、パリの『トランジション』（*The Transition*）や、アメリカの『ブルーム』（*The Broom*）、また『リトル・レビュー』（*The Little Review*）、『セセシオン』（*The Secession*）、『エステイト』（*The Esthete*）といった詩雑誌を、シュールレアリスムやダダの運動を知るために欠かせないとしている（春山行夫「海外詩壇消息」『詩神』一九二九年五月、三九頁）。

（117）《My responsiveness to the modern Irish literature, chiefly through Yeats and two or three others, the singers of the Unseen and Passionate Dreams, is from the sudden awakening of Celtic temperament in my Japanese mind》（Yone Noguchi, "Literary England Before the War", *The Japan Times*, 7

August 1917).

(118)《The comparative study of the Japanese poetical characteristics with those of the Irish people would be interesting, because it will make clear how the spontaneity of the real Japanese hearts and imaginations — indeed quite Celtic — has been crooked and even ruined by the Chinese literature of the Toang and Sung Dynasties sadly hardened by the moral finiteness, and also by Buddhism whose despotic counsel often discouraged imagination》(Ibid.).

(119)《I know that all the Japanese poets, ancient and modern, went to a Celtic invocation when they were alone with the sad melody of Nature and felt the intimacy of human destiny. It was the Chinese classic and Buddhism that weakened our Japanese poetry in most cases; it is not difficult to see what we shall lose fundamentally from coming, as we have come to-day, face to face with Western literature》(Ibid.).

(120) 野口米次郎『愛蘭情調』第一書房、一九二六年、二八頁。

(121) テリー・イーグルトンは *Heathcliff and the Great Hunger: Studies in Irish Culture* (London: Verso, 1995)（邦訳『表象のアイルランド』鈴木聡訳、紀伊國屋書店、一九九七年）の中で、〈脱植民地主義の詩人〉という言葉を使い、エドワード・サイードは "Yeats and Decolonization" (*Nationalism, Colonialism, and Literature*, Minneapolis: University of Minnesota Press, 1990) の中で、〈脱植民地化〉の詩人という言葉を使っている。

(122) 野口米次郎『愛蘭情調』、前掲、三九頁。

(123) 同前、二七頁。

(124) 同前、二九―三〇頁。

(125) 同前、四三頁。

(126) 同前、四三―四四頁。

(127) H・P・ブラヴァツキーがキリスト教、仏教、ヒンドゥー教をはじめ、様々な宗派を折衷して創始した神智学協会は、二〇世紀最大の国際的なオカルト組織である。一八七五年にニューヨークで組織され、一八八二年にはマドラスの近郊アディヤールに本部が設立された。ブラヴァツキーは一八八五年にロンドンに移住して多数の知識人や文化人に布教し、この協会は同時代的に最も大きな影響力を持ったオカルト集団となった。

(128) F. Hadland Davis, "The Poetry of Yone Noguchi", *The Quest*, July 1914, p. 727.

(129) 野口米次郎『印度は語る』第一書房、一九三六年五月、二七三頁。

(130) アニー・ベザントはロンドン生まれの社会改革家。一八八九年に神智学協会に関係するようになる前には、ファビアン協会員であった。インド独立の指導者となり、一九一六年の全インド自治同盟（All India Home Rule League）の設立に尽力した。一九一七年、ベザントはインド国民会議の女性初の議長になった（サロジニが議長に選出されるのは一九二五年）。

(131) よく知られているように大本教は、神道を基本に仏教や陰陽道などを取り入れた神秘主義的な側面を持つ新興宗教で、神（＝宇宙）と人の合一を謳っていた。大正から昭和初期にかけての生命主義の潮流の中で、かなり大きな勢力を持ち、知識人や軍人にも大本教の入信者がいた。鈴木貞美『生命観の探究』作品社、二〇〇七年、四七四―四七五頁。

(132) 南江治郎「ヨネ・ノグチ氏の人と芸術」『詩人ヨネ・ノグチ研究』、前掲、二二二―二二三頁。

(133) 鈴木貞美『生命観の探究』、前掲、二〇四頁。

(134) シュタイナーは、資本主義や社会主義を越える新しい道を模索する時代の要請に応えて、一九一九年三月に、ヘルマン・ヘッセら多数の著名人の賛同を得て「ドイツ国民とその文化界へ」という社会有機体三層化のためのアピールを発表した。このアピールは大きな反響を呼び、著書『現代と将来の生活にとって急務の社会問題の核心』(*Die Kernpunkte der sozialen Frage*, 1919) や『社会有機体三層化のための論文集』(*Aufsätze über die Dreigliederung des sozialen Organismus*, 1919) がベストセラーになって各国で翻訳された。シュタイナーの三層化の基本的な考え方とは、レーニン型でもローザ・ルクセンブルク型でもなく、既存の社会の中に未来への萌芽となる形態を模範的に創出して、社会全体の成熟を促すというものであった（河西善治『京都学派の誕生とシュタイナー——「純粋経験」から大東亜戦争』論創社、二〇〇四年、二一六頁）。

(135) 一九二七年、諸井三郎（1903-1977）が大学の音楽仲間の河上徹太郎らと作った音楽団体〈スルヤ〉（サンスクリット語で太陽神）の名前は、神智学と関係があり、当時は神智学の徒スクリャービンへの注目が高まっていたという（片山杜秀「解説」『日本作曲家選輯・諸井三郎』NAXOS、二〇〇四年、四頁）。

(136) 河西善治『京都学派の誕生とシュタイナー』、前掲。

(137)「アメリカの詩誌『ポエトリ』の危機」『読売新聞』一九三二年九月一六日、朝刊。

(138) 野口米次郎『詩の本質』第一書房、一九二六年、四五頁。

(139) 金子光晴『人よ、寛かなれ』青娥書房、一九七四年（『金子光晴全集』第九巻、一八八頁）。

第九章　ラフカディオ・ハーン評価

(1) 野口米次郎『小泉八雲』第一書房、一九二六年三月、九四頁。

(2)《He stood between. He connected East and West. Noguchi is doing the same thing. He was here too long to ever get us out of himself again. He can never absolutely recede into his nativity. When he writes he sounds both sides of the globe》(Holace Traubel, "Yone Noguchi", *The Conservator*, July 1911, p. 92).

(3) トラウベルの野口論は、*The Pilgrimage* の再版（一九一二年版）の付録にも収録され、『二重国籍者の詩』（一九二一年）の「序」としても野口自身の翻訳で紹介されている。

(4) *Japanese Lyrics ; translated by Lafcadio Hearn* (Boston : Constable, New York : Houghton Mifflin, 1915) は、ハーンの没後に原稿を集めて編纂されたもの。内容は、"Insect Poems", "Lullabies and Children's Verse", "Love Songs and Lyrics", "Goblin Poetry", "The River of Heaven" の各項目で集められた俳句と歌の翻訳である。左頁にローマ字の日本語詩、右頁にその翻訳が、並列して掲げられている（ただし、その原詩が誰の作品かは分からない。"The River of Heaven" に関しては、『万葉集』からの歌を集めたとの解説があるが、それ以外の項目には解説も説明もない）。

(5) A. C. Henderson, "Review : Japanese Poetry", *The Poetry*, November 1915, pp. 89-95.

(6) Ibid., p. 95.

(7) このほか、日本の新聞雑誌には「ラフカデオ・ハーンに就て」（『趣味』一九〇七年五月）、"Mrs. Hearn's Reminiscences"（『太陽』一九〇九年二月）、"A Japanese Appreciation of Lafcadio Hearn"（『太陽』一九〇九年五月）、「故小泉氏の詩」（『慶應義塾学報』一九〇九年七月二一日）、「ハアンの講演集」（『読売新聞』一九一六年一〇月二九日）などが寄稿されている。

(8) 一九一八年に *Lafcadio Hearn in Japan ; with Mrs. Lafcadio Hearn's reminiscences / frontispiece and many sketches by Mr. Hearn himself*（東京・緑葉社）、一九二三年に *Lafcadio Hearn in Japan ; with Japanese foot-notes*（東京・アルス出版）が出版されている。両者とも一九一〇年版に日本語の注を付けて刊行された。

(9)『小泉八雲』は、英文著作 *Lafcadio Hearn in Japan* の翻訳ではなく、一九二六年当時の視点で書き下ろされたもので、戦後の一九四六年八月に『小泉八雲伝』（富書店）として再版されている。

(10) 一雄の回想記では、落合貞三郎の英訳でビスランドの次の著作に掲載予定であったものを、野口がセツ夫人から回想記の草稿を直接借りて翻訳し、《鳶に油揚げ式となり、野口氏の抜駈の功名となった》と批判的である。だが一方で、野口の《英訳は流石に軽妙》と褒めてもいる（小泉一雄『父小泉八雲』小山書店、一九五〇年、一〇六、一〇八、一四〇頁）。

(11) セツ夫人には自分の意見をはっきり言わずに他人にものを勧めて、のちに人のせいにする性格があった、と一雄が回想している（小泉一

雄『父小泉八雲』、前掲、二三八—二三九頁参照）。

（12）関田かをる、速川和男「野口米次郎」『小泉八雲事典』（恒文社、二〇〇〇年、四七二—四七四頁）、鏡味国彦・速川和男・齋藤昇編『Yone Noguchi の研究』（文化書房博文社、二〇〇一年）など。ただし、遠田勝「想い出の記」（『小泉八雲事典』、前掲、一〇六頁）の項目は、野口の執筆状況に対して肯定的である。

（13）たとえば、『カレント・リテラチャー』では、《The name of Lafcadio Hearn has long been a familiar one to the general public, for the larger part of whom it stood, however, only in a vague way as the name of a rather erratic literary light》と評されている（"An Interpreter of Japanese Thought and Life", *The Current Literature*, July 1904, p. 29）。

（14）一九〇四年八月二六日の午後、内ヶ崎作三郎が野口を訪ねてきた際に、野口はハーンへの手紙と詩集 *From the Eastern Sea* をことづけた。ハーンが人との面会を嫌うことを知っていた野口は、直接押しかけずに内ヶ崎を仲介者にして面会の都合を聞こうとした。その後、二八日に友人に連れられて早稲田の大隈重信を訪問した折に、野口はハーンに会えないかと大学事務を訪ねたが、そこで〈急病〉の事実を聞かされてひどく驚くことになった。

（15）この共通の友人が誰であるのかは特定できていないが、ハーンが文筆活動を始めたシンシナティはウォーキン・ミラーの出生地であり、また当時の米国の詩人や文化人たちは皆アメリカ国内を転々と遍歴しているので、野口の友人たちの中にハーンの直接の知人が存在したのだろう。少なくとも、『ニューヨーク・トリビューン』（*The New York Tribune*）や『タイムズ』（*The Times*）の記者が、ハーンと野口の共通の知人として挙げられる。

（16）ハーンは、一九〇四年九月一九日に一度目の心臓発作、二六日に二度目の心臓発作を起こして死去した。野口は、九月三〇日の市ヶ谷富久町の円融寺（瘤寺）で仏式で営まれた葬儀に参列した。その葬儀のことについても詳しく書かれている。

（17）野口米次郎『小泉八雲』、前掲、一五—一六頁。

（18）《Yone Noguchi wrote: "Surely we could lose two or three battleships at Port Arthur rather than Lafcadio Hearn"》（Elizabeth Bisland, *The Life and Letters of Lafcadio Hearn*, 1906, vol. 1, p. 159）。

（19）一九〇四年一〇月、野口米次郎は『ブックマン』に "Lafcadio Hearn's *Kwaidan*" を寄稿している。これはハーンが没する前に執筆していた評論である。その他、ハーン存命中には、Takayanagi Tozo, "A review of "Kokoro"" (*The Book Buyer*, vol. 13, May 1896, p. 229), Inouye Jukichi, "A review of "In Ghostly Japan"" (*The Atlantic Monthly*, vol. 86, September 1900, p. 399), Kinnosuke Adachi, "Mr. Hearn's Japanese Shadow-ings" (*The Critic*, vol. 38, January 1901, p. 29) といった日本人によるハーン評が出ていた。

（20）ハーン没後には、野口とセツ夫人の対話が『ジャパン・タイムズ』（一九〇四年一二月二一日）に掲載され、本章の最初に示したとおり "Lafcadio Hearn: a Dreamer" など、様々な英米の新聞雑誌類に野口のハーンに対する論評が掲載される。その他、日本人としては雨森信成（1858-1906）が、一九〇五年一〇月にハーンの人格について弁護する記事 "Lafcadio Hearn, the Man" (*The Atlantic Monthly*, vol. 96, October 1905) を書いている。

（21）ビスランドの詩と野口の詩はしばしば同じ雑誌に掲載された。

（22）Elizabeth Bisland, *The Life and Letters of Lafcadio Hearn*, 2 vols., London: Archibald Constable, Boston and New York: Houghton Mifflin, 1906.

（23）Osman Edward, "Some Unpublished Letters of Lafcadio Hearn", *The Albany Review*, October & November 1907.

（24）Henry Watkins, *Letters from the Raven, being the correspondence of Lafcadio Hearn with Henry Watkins*, London: Constable, 1907.

（25）G. M. Gould, *Concerning Lafcadio Hearn*, Philadelphia: G. W. Jacobs, London: Fisher Unwin, 1908.

（26）*Lafcadio Hearn in Japan* の「序」にハーン弁護の章が *The Sun* と *The Japan Times* に寄稿したものの再録であることが記されている（p. vii）。

（27）ハーンの文学関係の遺産管理を任されていたミッチェル・マクドナ

ルド（1853–1923）への献辞が記され、マクドナルドの承認を得ていることが示されている。また「序」には、セツ夫人の協力、大谷正信、小山内薫、内ヶ崎作三郎の支援を受けたことが述べられている。内扉には *Lafcadio Hearn in Japan; with Mrs. Lafcadio Hearn's Reminiscences; Frontispiece by Shoshu Saito with sketches by Genjiro Kataoka and Mr. Hearn himself* と記されている。

（28）A. St. John Adcock, "Lafcadio Hearn," *The Bookman*, London, December 1910, p. 156)。

（29）Yone Noguchi, *Lafcadio Hearn in Japan*, p. 20.

（30）Ibid., p. 25.

（31）G. M. Gould, *Concerning Lafcadio Hearn*, p. 9.

（32）Yone Noguchi, *Lafcadio Hearn in Japan*, p. 24.

（33）《The Japanese writer and poet whose turn of thought is philosophical craves to attain the state of voidness of mind, not the passive voidness, but the active voidness by whose power you can grasp the true beauty and color of things honestly; it is its virtue to make you perfectly assimilate with them. (...) I am told that he (Gould) had no imagination whatever. How can one who has no deeper touch of imagination see such a story and dream like Hearn's?》(Ibid., p. 29).

（34）Ibid., p. 23.

（35）Ibid., pp. 23–24.

（36）『帝国文学』でのハーン追悼号については、野口も《日本の文学史においても賞賛すべき異例であった》と強調している（Yone Noguchi, *Lafcadio Hearn in Japan*, p. 128)。

（37）野口米次郎『小泉八雲』、前掲、一九―二〇頁。

（38）《ヘルン信者は餘りに神經過敏で、彼等のヘルン理想化は却て其眞實を覆ふといふ結果になるではなからうか。ヘルンは赤裸々に取扱はれることを恐れるやうな人でない》(同前、二〇頁)。

（39）Yone Noguchi, "Preface", *Lafcadio Hearn in Japan*, pp. v–vi.

（40）ハーンは帝国大学文科大学長の外山正一から招聘されて、一八九六年から帝大の教授となったが、一九〇〇年に外山が死去し、次第に大学内で孤立するようになる。一九〇三年に文科大学長の井上哲次郎の名で解雇通知を受け取る。学生たちによる留任運動が起こるが、結局、帝国大学を辞職することになる。その後、早稲田大学でハーンの招聘運動が起きて、一九〇四年二月に早稲田大学による招聘とその受諾が決定する。

（41）Yone Noguchi, *Lafcadio Hearn in Japan*, pp. 127–128.

（42）Ibid., p. 27.

（43）Joseph de Smet, *Lafcadio Hearn, L'homme et l'œuvre* (1911), Nina H. Kennard, *Lafcadio Hearn* (1912), Edward L. Tinker, *Lafcadio Hearn's American Days* (1924), Ellwood Hendric, *Lafcadio Hearn* (1929), Leona Q. Barel, *The idyl: my personal reminiscences of Lafcadio Hearn* (1933), P. D. & Lone Perkins, *Lafcadio Hearn: a bibliography of his writings* (1934), William Targ, *Lafcadio Hearn: First edition and values, a checklist for collectors* (1935), Kenneth P. Kirkwood, *Unfamiliar Lafcadio Hearn* (1936) などがある。

（44）たとえば、一九一一年に出版されたスメの著作の伝記的叙述は、ビスランドと野口の著述をなぞった程度であった（西村六郎「訳者あとがき」、ジョゼフ・ド・スメ『ラフカディオ・ハーン――その人と作品』(Joseph de Smet, *Lafcadio Hearn, L'homme et l'œuvre* の翻訳）西村六郎訳、恒文社、一九九〇年、二三三―二三四頁)。

（45）A. St. John Adcock, "Lafcadio Hearn", *The Bookman*, London, December 1910, p. 156.

（46）*Lafcadio Hearn in Japan* の一九一八年版には「本書（一九一〇年版）に対する世評」として、*The Bookman* (London), *The Daily News* (London), *The Morning Post*, *The Spectator* に掲載された批評記事の抜粋が付けられている（Yone Noguchi, *Lafcadio Hearn in Japan*, 東京・緑葉社、一九一八年、付録・一頁)。

（47）《We Japanese have been regenerated by his sudden magic, and baptized afresh under his transcendental rapture; in fact, the old romances which we had forgotten ages ago were brought again to quiver in the air, and the ancient beauty which we buried under the dust rose again with a strange yet new splendor》(Yone Noguchi, *Lafcadio Hearn in Japan*, p. 17). この部分を邦訳したものにジョゼフ・ド・スメ『ラフカディオ・ハーン——その人と作品』(前掲、一八七頁) がある。

(48) もともとハーンを愛読していたコバーンは、*Lafcadio Hearn in Japan* で初めて野口の著述に接して共感し、野口に関心を持つようになった。以後、直接交流するようになり、一九一三年一二月中旬に野口がロンドンを訪れた際には、昼夜親しく語り合い、多数のポートレートを撮っている (Coburn A, "Yone Noguchi", *The Bookman*, London, April 1914, pp. 33-36)。

(49)「最近文藝概観・出版 Lafcadio Hearn in Japan」『帝国文学』一九一〇年一〇月、一〇二―一〇三頁。

(50)《本書は西洋人向きの贅澤本なれば普通の學生には容易に購読するを得ず、須らくStudent edition を別に出版し、広く邦人に讀ましむべし》とある(「新刊紹介・Lafcadio Hearn in Japan」『中外英字新聞』一九一〇年九月一五日、二八五―二八六頁)。

(51)「本書に対する世評」*Lafcadio Hearn in Japan*, 前掲、付録・二―三頁。

(52) 同前、付録・四頁。

(53) 小川未明は、《一層ハーン氏が懐かしくなつた》と述べ、吉江孤雁は、野口の本を贈られて《急に小泉先生のお宅が見たくなった》と述べている (同前、付録・二―三頁)。

(54)「新刊紹介　英文小泉八雲傳」『三田文学』一九一八年八月、「新刊紹介 *Lafcadio Hearn in Japan*」『帝国文学』一九一八年一〇月。

(55) 土田杏村「世界的文豪ヘルン」『詩と音楽』(アルス出版月報) 一九二三年二月、三頁。

(56)「新刊紹介　英文小泉八雲傳」、前掲、一四二頁。

(57) 野口米次郎『小泉八雲』、前掲、一九頁。

(58) 一九一八年に、小泉セツの『思い出の記』(Setsuko Koizumi, *Reminiscences of Lafcadio Hearn*, tr. by Paul Kiyoshi Hisada and Frederick Johnson, Boston and New York: Houghton Mifflin, 1918) が出版されており、日本人が英訳に関わっているが、これは遺族の回顧録を翻訳したもので、野口が書いたような評論著作ではない。またその他、近親者による日記・書簡公開としては、一九二〇年に *Diaries and letters, ed. by R. Tanabe, Letters from Tokyo, translated and annotated by M. Otani* が北星堂から刊行されている。

(59) 野口米次郎「森鷗外」『山上に立つ』新潮社、一九二三年一月、六九―七一頁。

(60) *Some New Letters and Writings of Lafcadio Hearn, collected and edited by Sanki Ichikawa*, Tokyo：Kenkyusha, 1925.

(61) 野口米次郎『小泉八雲』、前掲、一六、一八頁。

(62) 同前、一六―一七頁。

(63) 同前、四〇頁。

(64) 同前、四〇―四一頁。

(65) 同前、二四頁。

(66) 同前、四五頁。

(67) 同前、七四―七五頁。

(68) 同前、九三頁。

(69) 友人エドゥアルト・フォン・ハルトマンの推薦と、井上哲次郎の勧誘によって、帝国大学の招聘に応じることになった(『東京帝國大學學術大観』東京帝国大学、一九四二年、三二九頁)。

(70)「ケーベル年譜」『現代日本文学全集』第五七巻、改造社、一九三一年、三〇六頁。『東京帝國大學學術大観』、前掲、三三〇頁。平川祐弘「ハーンとケーベルの奇妙な関係」『諸君』一九八七年一〇月、二三一頁。

(71) 高橋英夫『洋燈の孤影——漱石を読む』幻戯書房、二〇〇六年、二七〇頁。

(72) 同前、二七一頁。

(73) 萩原朔太郎「日本への回帰」『萩原朔太郎全集』第一〇巻、筑摩書房、一九七五年、四八六頁。

(74) 野口米次郎『小泉八雲』、前掲、七三―七四頁。

(75) 澤田牛麿「小泉八雲の眼に映じた日本国民性批判」(『日本に還れ』一九二八年一二月)、高須芳次郎「小泉八雲の日本主義」(『日本時代』第一巻二号、一九二八年一二月)、高安月郊「小泉八雲の日本観」(『東西文藝評伝』)、高須芳次郎「小泉八雲の士道観」(『武士道の新研究(日本精神文化講座・六)』一九三〇年九月)、西田幾多郎「小泉八雲氏の思想」(『学生版小泉八雲全集』一九三〇年一〇月)、土井晩翠「アジアに叫ぶ」(『小泉八雲先生(逝去満二十五年を記念して)』)など。

(76) 以後の野口のハーン論には、「ラフカディオ・ハーン」(『毎日新聞』一九二九年一月一七―一八日)、「小泉八雲の価値」(『学生版小泉八雲全集』付録、一九三〇年一〇月)、「旧日本を復活させた八雲」(『学生版小泉八雲全集』付録、一九三〇年一一月)、「家庭教師小泉八雲」(『時事新報』一九三一年一月二五―三〇日)、「誤れる理想化」『学生版小泉八雲全集』月報付録、一九三一年二月)、「『父八雲を憶ふ』の読後感」(『国民新聞』一九三一年七月)がある。

第一〇章　大正期詩壇における野口の位置

(1) 野口米次郎「自分の假面に向つて」『沈黙の血汐』新潮社、一九二二年五月、七―八頁。この詩の英訳版は "Looking At My Own Mask" (*The Double Dealer*, August-September 1924, p. 182)。

(2) 「世界的名著『野口米次郎英詩選集』」『詩と音楽』(アルス出版月報)一九二二年一一月、三頁。

(3) 福士幸次郎が、《昨年あたりからのことであるが、近年殊に創作を發表されるヨネ野口さんの活動振りも、見免し難いひとつである》と評している(福士幸次郎「一月詩壇月評」『日本詩人』一九二二年二月、九五頁)。

(4) 泡鳴の葬式は、僧侶も神主も牧師も頼まずに、野口米次郎の司会のもとに告別式だけが挙げられた(加藤朝鳥「逸話に現はれた泡鳴氏」(岩野泡鳴追悼文)『新小説』第二五巻六号、一九二〇年六月)。

(5) 川路柳虹「三木・萩原両氏の詩作態度を論ず」『文章世界』一九一七年九月、八四頁。

(6) 詩雑誌『感情』(第一五号、一九一七年一一月)の「消息」欄に《一九一七年十月二十一日の夜に萬世橋駅樓上のみかどで『詩人』『伴奏』『感情』発起の詩談会が開かれた》とある。これが〈詩話会〉の出発点となる。〈詩話会〉の第一回目の会合は翌一一月二一日で、以後毎月一回・二一日に会合が開かれた。

(7) 蔵原伸二郎「東洋の詩魂」『蔵原伸二郎選集』大和書房、一九六八年、三五三頁。

(8) 岡崎義恵『日本詩歌の象徴精神――現代篇――』宝文館、一九五九年、八四―九八頁。

(9) また、民衆詩派の詩人の中には、アイルランド文学への関心を深くする富田砕花(1890-1084)のような詩人たちも現れている。

(10) 日本の象徴主義と新自然主義の理論が、フォルケルトらのドイツ感情移入美学を取り込みながら、〈主客〉の融合という理論的見地で重なり合う形で展開していったことは、最近の研究で明らかにされてきている(権藤愛順「明治期における感情移入美学の受容と展開――「新自然主義」から象徴主義まで」『日本研究』第四三号、二〇一一年三月、一四三―一九〇頁。吉本弥生「伊藤尚と阿部次郎の感情移入美学――リップス受容をめぐって」『日本研究』第四三号、二〇一一年三月、一九一―二三六頁)。

(11) 萩原朔太郎「日本詩歌の象徴主義」『日本詩人』一九二六年一一月。

(12) 萩原朔太郎「象徴詩について」『日本詩人』一九二六年。

(13) 長沼重隆『トラウベルを語る』東興社、一九三一年、一〇頁。大正期日本の民衆派によるトラウベル受容が野口経由であったことは、村椿四朗氏の「雑誌『民衆』論」(『日本の詩雑誌』有精堂、一九九五年、二九頁)にも記されている。

(14) 白鳥は、トラウベルが初めて日本に紹介されたのは一九一四年で、ミルドレッド・ベーンの書いた評伝によること、一九一五年七月に野口が『読売新聞』でトラウベルを論じたことなどを記している(白鳥省吾「トラウベルの詩に就いて」『日本詩人』第四巻九号、一九二四年九月、二一頁)。

(15) 長沼重隆「福田正夫とトラウベル」『福田正夫——追憶と資料』小田原市立図書館、一九七二年、一六—一七頁。

(16) 長沼本人によると、トラウベルの知遇を受けたのは文通時代の一年余りと、頻繁に会っていた五カ月間と、その後、彼の死にいたるまでの二カ月間の計一年半余りであった(長沼重隆『トラウベルを語る』東興社、一九三一年)。

(17) 川路柳虹の呼びかけで結成されたのが、大正期最大の詩人団体〈詩話会〉であった。当時の詩壇は小集団の派閥争いや論争に煩わされていたので、あらゆる詩派が公平に参加して意思疎通を図る場を作ろうという目的で、一九一七年一一月に設立された。野口も設立当初からのメンバーの一人である(結成の経緯や動機については、川路柳虹「詩話会の成立ごろ」『日本詩人』一九二二年一一月号)が記している)。〈詩話会〉の機関誌として、一九一八年四月から年刊『日本詩集』が刊行され、さらに月刊『日本詩人』が一九二一年一〇月から発行された。

(18) 雑誌『日本詩人』には、白鳥省吾ら民衆詩派の、北原白秋に対する対立意識と批判精神が刊行当初から見られる。雑誌『詩と音楽』(一九二二年一〇月)では、白秋が白鳥と福田正夫の詩を批判し、一方、同月の『日本詩人』で白鳥が白秋の民謡を批判して、大論争が起きた。その後、福田が「現代日本詩の本領を論じて時代錯誤の詩論を排す」(『日本詩人』一九二二年一一月)の中で、言葉の韻律や音楽性に固執する白秋の姿勢を、安価なブルジョワ趣味の時代錯誤と糾弾した。芸術派・象徴派としての白秋と民衆詩派との対立論争とは、〈詩〉が何であるかという根源的な問題であり、その後のプロレタリア詩とモダニズムの詩、そして戦後にまで引き継がれていく問題であった。

(19) トラウベルらと共に、ホイットマンの回想記(J. Johnston, J. W. Wallace, William F. Gable, H. Traubel, and William J. Lloyd, *Visit To Walt Whitman in 1890–1891*, London: G. Allen & Unwin, 1918)を出版している人物。

(20) 白鳥省吾「トラウベルの詩に就いて」、前掲、二一—二五頁。

(21) 同前、二二—二三頁。

(22) 川路柳虹は、《近時詩壇の一部に民主主義的傾向あらはれ、ホヰットマンを謳歌する人が甚尠くない。現詩壇にとつてホヰットマンが如何なる價値あるか、如何なる影響を及ぼすか。それらの事は最重要な研究を要すると共にこの近代の偉大な詩人がいかに人々に見らるゝかもまた興味ある問題である》と特集号の初めに書いている(川路柳虹「ホヰットマンの研究」『現代詩歌』一九一八年二月、九頁)。

(23) 柳虹生(川路柳虹)「餘録」『現代詩歌』一九一八年三月、六四頁。

(24) 野口米次郎「米文壇に於けるホイットマニスムの失敗」『現代詩人』創刊号、一九一八年二月、一二頁。

(25) 同前。

(26) 同前。

(27) 同前、一五頁。

(28) 同前、一四頁。

(29) 同前。

(30) 同前、一五頁。

(31) 柳虹生(川路柳虹)「餘録」、前掲、六四頁。

(32) 《僅かこの二三年來この名稱〔イマジスト〕の下に所謂新詩《ニウポエトリー》の一派は昂然と勢力を張つてきたといふ丈けで英詩の領域が從來の根城を根元から斷たれて終つたといふほどの運動とも云へまいと思はれる。しかし一面言つて見れば英米の詩は確かに行き詰つた。この血路をいづこにか求めなければならぬといふ事は繪畫界の印象派《インプレシヨニスム》が行き詰つたのと同じわけである。後期印象派《ポストインプレツシヨニスム》、立體派《キユビズム》、分離派《ボルチシズム》と云つた風な名稱の下に新しい運動が一種の反動として興つたやうに、やゝ後れ走せではあるが一種の反抗が在來の詩に企てられてこゝにイマジストの出現を見たといふことは當然な經路である》(野口米次郎「寫象主義私見(評論)」『現代詩歌』一九一八年三月、六頁、〔 〕内、堀)。

(33) 同前、六頁。

(34)同前、七頁。
(35)同前、八頁。
(36)野口米次郎「戦争と英國詩壇」『現代詩歌』一九一八年七月、二頁。
(37)野口はブリッジズについて、《畢竟戰爭が氏の藝術観に相應しい問題でないので桂冠詩宗の職に居るからとて無理に遣つてこれまでの文學上の功績に泥を塗らぬ所が氏の大きな價であると私は思つている。眞に氏は自分の眞實の値打を知つてゐる賢明な人である》と述べている(同前、二頁)。
(38)同前。
(39)同前、二―三頁。
(40)草光俊夫氏が論じているように、これら第一次世界大戦に志願出征した若き詩人たちは、ペイターやシモンズなどを経由して象徴主義詩人らの影響を受け、伝統回帰の方向性と旧世代を乗り越える革新の方向性の両方を追求していた(草光俊夫『明け方のホルン――西部戦線と英国詩人』小沢書店、一九九七年)。
(41)同前、三頁。
(42)《新詩人は言葉を昔からの韻律の束縛から打ち切つてその解放した言葉にまたもや新しい整調を與へねばならぬ。彼ら新詩人の歌ふ詩の生命は以前のそれとは異つて更に複雑である、云い替へると單純の基調を忘れない複雑の生命である。その生命は自由であり、流動的である。この自由な流動的な生命に相當する韻律の形式を創造しようとするのである》(野口米次郎「戦争と英國詩壇」、前掲、四頁)。
(43)同前、四頁。
(44)雑誌『日本詩人』の特集号としては、〈ポオル・クロオデル号〉(一九二三年五月)、〈回想のイェーツ号〉(一九二四年一月)、〈バイロン記念号(バイロン没後百年記念)〉(一九二四年四月)、〈トラウベル追憶号〉(一九二四年九月)、〈河井酔茗五十年誕辰記念号〉(一九二五年一月)、そして〈野口米次郎記念号〉(一九二六年五月)がある。
(45)内田露庵「世界的に承認される亜細亜の詩人」『日本詩人』一九二六年五月、二頁。
(46)生田長江「野口米次郎氏に就いて」『日本詩人』一九二六年五月、一二頁。
(47)土田杏村「日本の精神的大使野口米次郎」『日本詩人』一九二六年五月、一六頁。
(48)野口の詩を最も尊敬するという青年がおり、生田が、野口の詩に打ち込んでいる若者に初めて会ったと言うと、その若者が《いや、随分ありますぜ、僕達のグループは皆好いて居ますよ》と言ったという(同前、一七―一八頁)。
(49)川路柳虹「逆説の詩人」『日本詩人』一九二六年五月、三〇頁。
(50)同前、三一頁。
(51)南江治郎「詩父野口先生」『日本詩人』一九二六年五月、五〇頁。
(52)南江治郎「ヨネ・ノグチ氏の人と芸術」『詩人ヨネ・ノグチ研究』造形美術協会出版局、一九六三年、二二七―二二八頁。
(53)萩原朔太郎「野口米次郎論」『詩歌時代』一九二六年五月、二―一〇頁。
(54)同前、四頁。
(55)朔太郎は一九二二年には野口の情想に《絶大の敬意を感じ》ると述べてもいた(萩原朔太郎「詩壇時評」『日本詩人』一九二二年六月、八一頁)。
(56)萩原朔太郎「野口米次郎論」、前掲、九頁。
(57)「編集後記」『日本詩人』一九二六年六月、一一二頁。
(58)萩原朔太郎「青椅子/中央亭騒動事件(實録)」『日本詩人』一九二六年六月、一〇八頁。
(59)同前、一〇八―一〇九頁。
(60)同前、一〇九頁。
(61)同前、一一〇頁。
(62)同前、一〇九頁。
(63)アナーキズム詩人である萩原恭次郎と岡本潤らが、『赤と黒』を創刊したのは一九二三年一月のことである。その創刊号の表紙には、《我々は過去の一切の概念を放棄して、大胆に断言する! 「詩とは爆弾である！　詩人とは牢獄の固き壁と扉とに爆弾を投ずる黒き犯人である！」》という宣言が掲げられていた。また五月号では《新体詩人の弱腰を蹴飛ばした自由詩人を今日は葬る時が来た。自由詩人を破壊せよ！》と言挙げされ、口語自由詩人や民衆詩派の詩人たちが批判の対象となった。

(64) 萩原朔太郎「假名と漢字」『詩と音楽』一九二三年四月、一〇一頁。

(65) 編集者・長谷川巳之吉は、一九一八年から二二年一〇月まで玄文社に勤め、一九二三年には出版社〈第一書房〉を設立する。長谷川は、玄文社時代に野口の著作『二重国籍者の詩』『林檎一つ落つ』『野口米次郎詩論』『敵を愛せ』を手がけ、第一書房からは三五冊に及ぶシリーズ『野口米次郎ブックレット』（一九二五―二七年）や、豪華な装幀の『表象抒情詩集』全四巻を出版した。野口は長谷川巳之吉について、《書物に巨眼を備へてゐる點、良いと信じた書物ならば商売氣離れてそれを美装させて公にする點、一言でいふと書物の出版で自叙傳を書く》人物である、と書いている（野口米次郎「第一書房の長谷川君を評す(上)」『読売新聞』一九二七年四月二六日）。

(66) 《「新演藝」の劇評家であり「詩聖」の編集者だった巳之吉に、造本の思想をうえつけ、創業趣意書を書かせ、第一書房の方向を定めたのは野口米次郎の影響だったのではないか》と言われ、特に巳之吉の高踏的な趣味は野口の影響が強かったという。英米の出版事情に通じており多くの蔵書を持つ野口は、当時の出版者の相談役だった。なお巳之吉の次男が野口の娘と一九四九年に結婚している（長谷川郁夫『美酒と革嚢――第一書房・長谷川巳之吉』河出書房新社、二〇〇六年、一〇二―一〇三、一二八頁）。

(67) 野口米次郎『二重国籍者の詩』玄文社、一九二一年一二月、二二五―二二七頁。

(68) 大藤治郎や若宮卯之助や野口が、当時の中国の文学にも詳しかったこと、特に中国の口語自由詩の動きに注目していたこと、『日華公論』をはじめとして北京や上海で創刊されている複数の雑誌を読んで関心を持っていたことが、『編集後記』などに記されている（大藤治郎「詩聖』一九二二年一一月、九二―九三頁）。

(69) 大藤治郎「雑感」『詩聖』一九二一年一一月、九四頁。

(70) 同前。『詩聖』の出版前夜のいきさつについては、長谷川郁夫『美酒と革嚢――第一書房・長谷川巳之吉』（前掲）にも描かれている。

(71) 野口米次郎「大藤治郎の事」『文芸公論』一九二六年。この号には野口のほか、高村光太郎、井汲清治、金子洋文、尾崎喜八、井上康文などが追悼文を書いている。

(72) たとえば、野口は大藤治郎『忘れられた顔』（一九二二年）や、木村勇次『幽棲美学』（一九二四年）の序を書いている。

(73) 長沼重隆「野口さんのこと」『日本詩人』一九二六年五月、四三頁。

(74) 長沼重隆『トラウベルを語る』東興社、一九三一年、四頁。

(75) 南江は、野口米次郎の生誕五〇年記念に、イェイツの舞踏詩劇『鷹の泉』を訳出している。

(76) 南江治郎「詩父・野口先生」『日本詩人』一九二六年五月、五一頁。

(77) 川路柳虹「生活批評の詩」『詩聖』一九二二年一一月、一六頁。

(78) 土田杏村「詩に就いての雑感」『詩聖』一九二二年六月、八八頁。

(79) 土田杏村「二重国籍者の詩」『文化』一九二六年五月、五八頁。

(80) 佐々木指月「野口米次郎氏の林檎一つ落つ」『詩聖』一九二二年六月、九〇頁。

(81) 松原至大「先月の詩の感想」『詩聖』一九二三年五月、八七頁。

(82) 野口米次郎「私の手」『早稲田文学』一九二三年四月、一二六頁。

(83) 松原至大「先月の詩の感想」、前掲、八七―八八頁。

(84) 野口米次郎「旗竿賣」『早稲田文学』一九二三年四月、一二七頁。『ヨネ・ノグチ代表詩』（新詩壇社、一九二四年五月、七九―八〇頁）に再録。

(85) 松原至大「先月の詩の感想」、前掲、八八頁。

(86) 伊藤専一は、野口について《日本の持つて居る詩人中の一異彩》と記し、次のように評している。《吾れ吾れ若い者には、いくら努力しても、氏の深い内律に立ち入ると云ふことは出來ない。つまり氏の詩的環境は解らないために、心から双手を上げてピツタリと飛びつくと云ふ様な事は出來ない。恐らく是れは氏の詩に對して割り合に若い者の共鳴しない原因ではあるまいか。その表現上の事についても、随分手厳しい非難をきく事がある。そして自分も氏の日本語の詩の外形については幾多の不滿を持つ。而し氏の詩に對しては外形の云々を超越して、依然フイロツフイツクなポエトリーが、砂地の様に底の方に光つて居ると思ふ》（伊藤専一「二月の詩評」『詩聖』一九二三年三月、一一六―一一七頁）。

(87) 島津謙太郎「高村光太郎論」『詩聖』一九二三年五月、一一頁。

(88) 大藤治郎「評論家としてのヨネ・ノグチ――感想録『敵を愛せ』の評論的態度」『詩聖』一九二三年四月、三頁。

(89) 同前、五頁。

(90) 野口米次郎「墓銘」『詩聖』一九二三年四月、四〇頁。

(91) 萩原朔太郎「詩聖一月號の月旦千に寄す」『詩聖』一九二三年三月。

(92) 中野秀人「象徴主義の迷路」『詩聖』一九二三年五月、九八頁。

(93) 野口米次郎「馬」『詩聖』一九二三年四月、四一―四二頁。

(94) 中野秀人「象徴主義の迷路」、前掲、九八頁。

(95) 同前。

(96)『中央公論』（一九二二年八月）に掲載された野口の詩「早川雪洲」と「レーニン」は、レーニンに心酔する側の人々からは酷評されている。野口の「レーニン」（『中央公論』一九二二年八月、八三頁）は次のようなものである。

　レーニンの名前だつて、日々新聞に出て來る澤山の名前の一といふことの外
　なんの響きも私に與へません、又與へる筈がないぢやありませんか、いつそ質問されるなら、日本の將來とでもいつた方が増だと思ひます。
　（中略）
　つい近頃産れた赤ン坊の泣き聲の方が、
　露西亜の滅亡よりどんなに重大問題だか知れやしません。

つまり、レーニンや共産主義に浮かされている者には、いったい足下が見えているのか、と野口は詩の中で批判しているのである。レーニンにのぼせあがるよりも市井の人として生きるべきではないか、イズムに流されずに自国の将来を考え、身近な人々に思いを馳せるほうが重要ではないか、と。

これに対して、プロレタリア文学の同人誌『種蒔く人』の一九二二年九月号では、同人の松本弘二が《「野口は下手い」といふよりも、何を感じて生きてゐるかといひ度くなつて來る》と痛烈に批判している。松本は、《遙かに詩の材料となり得る》レーニンは、世界の人々の思想を動かして、《世界中の誰よりも一番興味ある存在物である》のに、野口のレーニン観は《愚劣》であると述べ、《僕等は天《ママ》井の人野口と言ふべきか、搭上の紳士といふてよいか》と書いている（松本弘二「ヨネ・ノグチの天井」『種蒔く人』一九二二年九月、一二〇―一二二頁）。

野口の主張は、プロレタリア文学運動の若者たちから見れば、途方もない《愚劣》と思え、許し難いものに感じられたであろう。そして彼らには、野口の姿勢が共産主義とは対極の高踏的な態度に見えているのである。

(97) 橋爪健「野口米次郎論」『日本詩人』一九二四年一〇月、二五頁。

(98) 河井酔茗「詩評」『詩と音楽』一九二三年五月、九八―九九頁。

(99) 尾崎喜八「詩集『我が手を見よ』を讀んで」『詩と音楽』（アルス出版月報）一九二三年七月、六―七頁。

(100) 同前、六―七頁。

(101) 野口米次郎「一提案」『我が手を見よ』アルス、一九二三年、四四頁。

(102) たとえば、水谷三郎は、『詩聖』の一九二三年七月号に「野口米次郎論」を執筆し、野口を《愛の滿《ママ》ち滿ちた詩人》であると述べる。そして、野口の思想は《大いなる思索のもとに生れる想像、想像より哲學となり、そして氏獨特の人生觀、社会觀を樹立してゐる》として次のように論じた。《氏の社會觀は一種の諷刺で表現されてゐる。諷刺された社會は、説諭や論駁を受けるよりどんなにか強く抉らるるのである。故に氏は詩によつて社會を矯訂する卽ち社會批評の實を揚げ得てゐる

と云へる》。野口が詩に詠いこんだ諷刺や批判精神に理解し共鳴する者たちも少なくなかったのである（水谷三郎「野口米次郎論」『詩聖』一九二三年七月、二一—二六頁）。

(103) 安川定男「北原白秋と『詩と音楽』」『復刻版『詩と音楽』別巻「大正の光と影」』日本近代音楽館編、久山社、一九九三年、七—三六頁。

(104) 山田耕筰「綜合藝術より融合藝術へ」『詩と音楽』一九二三年一月一日、六四頁。

(105) 山田耕筰「作曲者の言葉」『詩と音楽』一九二二年九月一日、五七頁。

(106) ある広告には、《太陽風雨に眞實の友を見出し、聖なる大道を歩む詩人である。自然禮讃の一義を遵奉して詩人としての精進を怠らなかつた人である》とある（「野口米次郎氏の新書　詩集『我が手を見よ』に就いて」『詩と音楽』（アルス社月報）一九二三年、七頁）。

(107) 坪井秀人『感覚の近代——声・身体・表象』名古屋大学出版会、二〇〇六年。

(108) 当時はまだ〈耕作〉だったが、のちに〈耕筰〉の字が使われる。

(109) 山田耕筰は、日本人の音楽観は《短く詩的・即興的・無形式的な器楽曲や、テキストに従って物語の言葉の力で進行する、歌曲、カンタータ、オペラの類い》に合うと考え、《能や歌舞伎のような音楽劇》や《琵琶、三味線、箏などに伴奏される声楽物》を中心に改革を進めようとした（片山杜秀「解説」『CD・日本作曲家選集・山田耕筰』NAXOS、二〇〇六年、五頁）。

(110) 山田耕筰「近代舞踊の烽火」（アルス出版、一九二二年七月一〇日）『山田耕筰著作集』第一巻、岩波書店、二〇〇一年、二九頁。

(111) 片山杜秀「解説」『CD・日本作曲家選集・山田耕筰』、前掲。

(112) 一九三九年九月には、新日本音楽・詩曲「日本創造」（朗読・野口米次郎、曲・宮城道雄、演奏・宮城社中）がラジオ放送されている。

(113) 野口米次郎『詩の本質』、前掲、七五—七六頁。

(114) 同前、七七—七八頁。

(115) 戦時期の野口については後述するが、たとえば山田耕筰も、戦時中に楽団の指導者として目立った活躍をし、〈皇紀二六〇〇年奉祝〉のための交響曲「神風」（一九四〇年）、カンタータ「聖戦賛歌〈大陸の泰明〉」（一九四一年）、映画主題歌「米英撃滅の歌」（一九四三年）、放送用の歌謡曲「サイパン殉国の歌」（一九四四年）などを作曲して、戦後には音楽界の戦争犯罪者として非難を浴びている。

(116) 新潮社の「現代詩人叢書」（一九二一—二六年刊行）は、野口を筆頭にして二〇巻まで刊行された。

(117) 尾崎喜八「新しき詩集二つ」『日本詩人』一九二二年八月、九三頁。

(118) 佐藤一英「人間回復の呼び声」『詩人ヨネ・ノグチ研究』、前掲、八七頁。

(119) 著者が入手している版は、『沈黙の血汐』（新潮社、一九二二年五月二四日発行）の廉価版一七版（一九二五年一二月二五日）である。三年のうちに一七版を刊行しているため、一般によく売れた詩集と言えるだろう。

(120) 「編輯のあと」『詩聖』第一五巻、一九二二年一二月、一〇七頁。

(121) 尾崎喜八「新しき詩集二つ」、前掲、九二頁。

(122) 野口米次郎「節約」『沈黙の血汐』、前掲、九—一二頁。この詩について、野口はのちに、《誰も五十頃に感ずる気弱さを語つたものだ。然し十幾年も立つた今日になつて見ると、年齢などに掛り合ふのは馬鹿な沙汰だといつた反撥氣分も手傳つて、前より今はずつと氣樂な氣持になつてゐる》と書いている（野口米次郎「烏兎匆々」、『日本評論』、一九三八年九月、三四四頁）。

(123) 尾崎喜八「新らしき詩集二つ」、前掲、九四頁。

(124) Yone Noguchi, "Economy", *The Double Dealer*, July 1924, p. 164.

(125) 野口米次郎「恥ぢよ」『沈黙の血汐』、前掲、三三頁。

(126) Holace Traubel, "Yone Noguchi", *The Conservator*, July 1911, p. 92.

(127) 野口米次郎「東洋的想像よ」『沈黙の血汐』、前掲、一六—二〇頁。

(128) 野口米次郎「椿の小舟」『沈黙の血汐』、前掲、二一—二二頁。

(129) 野口米次郎『芭蕉俳句選評』第一書房、一九二六年二月、三九—四一頁。

(130) 尾崎喜八「詩集「我が手を見よ」を讀んで――ヨネ野口氏の藝術の一特色」『詩と音楽』(アルス出版月報) 一九二三年七月、七頁。

(131) 同前。

(132) シェラード・ヴァインズの「詩人ヨネ・ノグチの詩」に付された外山卯三郎による注(『詩人ヨネ・ノグチ研究』、前掲、七三頁)にその焼失について触れられている。関東大震災時にフランス大使館が焼失し、クローデル自身も多くの貴重な原稿や作品を失ったと言われる(石進「ポール・クローデルと関東大震災」『独仏文学研究』第一九号、一九六九年三月、一〇七―一二二頁)。

(133)《La philosophie Zen a pour doctrine que les vérités suprêmes ne s'enseignent pas, elles se communiquent. Et cette idée se retrouve partout dans la peinture et dans la poésie Japonaises. Ce qui est plein chez nous ici est le Royaume du Vide. La poésie n'est pas la poussée d'un monde fictif qui essaye de se faire place, d'interrompre de sa ride propre la marche continue de la musique de Dieu, elle est l'émanation sacrée d'une âme saturée de paix, de béatitude et d'amertume. Une seule respiration en a épuisé le parfum. Ainsi ces poëmes de Yoné Noguchi pareils à une touffe d'azalées toutes ruisselantes des pleurs de la nuit et le bruit en silence de quelques syllabes qui se désagrègent》(Paul Claudel, "L'Introduction Des Poemes de Yone Noguchi"『日本詩人』一九二四年五月、四四頁)。この序文を山内義雄は次のように翻訳している《禪はその本義に曰く、玄妙なる眞理は説かるべきものにあらずして、悟らるゝものである、と。この思想は日本の詩歌繪畫の中に随所に見出される。われらは只盈《みた》すことのみ索むるに反して、この國にあるものは正にこれ「空《くう》の王國」である。すなわち詩とは自らを主張し、或は自らのつくる皺だみをもつてして神の奏づる音樂の斷えざる節奏を妨げんとする、一個假構の世界の試みではない。詩とはこれ正《まさ》しく平安、至福、悲痛に飽き足りた靈魂の、神聖なる發顯であるのだ。息吹ひとつ、よくその香氣を盡しをはる。こゝにあるヨネ・ノグチの詩亦斯くの如し。夜の泪に濡れぬれて一叢の躑躅の花が、また滴《こぼ》れ散る言の葉の、その數々の音を立てぬ響ともいひたい》(山内義雄訳「沈默の血汐の序――ポオル・クロオデル」『日本詩人』一九二四年五月、四五頁)。

(134) ヴァインズは、《『沈默の血汐』といふ題で集められた詩篇は已に英訳されて》、クローデルが序文を書いたことに言及している(シェラード・ヴァインズ『野口米次郎論』第一書房、一九二五年、九九―一〇二頁)。

(135) 同前、九九頁。

(136)《彼(野口)は所謂感覺美的題材に深い意味を發見するのみでなく、野卑な醜惡なものの中からも詩歌の落穂を拾はんとするのである。嘗てポール・クロオデルは『マリイへの告示』の中で癩病を取扱つて英國の羅馬教詩人に嫌忌の感を興へたことがあつたが、少くとも其點でノグチはクロウデルの態度に接近して居る》(同前、一〇一―一〇二頁、括弧内、堀)。

(137) この少年期の富士山体験については、『自然礼拝讀本』(一九三二年)や『詩歌殿』などにも記されている。

(138) 野口米次郎「富士登山」『慶應義塾学報』一九〇六年九月、三六頁。

(139) 同前、三九頁。

(140) 野口米次郎「富士山の實體」『山上に立つ』一九二三年、二七―二八頁。

(141) 田中清光『大正詩展望』筑摩書房、一九九六年。田中清光『山と詩人――明治・大正・昭和の詩と自然』文京書房、一九八六年、一二九―一三五頁。

(142) 志賀は、千島国後島チャノチャノボリを〈千島富士〉、薩摩開聞岳を〈薩摩富士〉などと呼び、《台湾島に拡張せば》台湾の最高峰玉山は〈台湾富士〉、中国の山東省の泰山は〈山東富士〉と変称して、《斉しく我皇の版図中に在りて富士山の名称を冒さしめんことを》と論じていた(志賀重昂「日本風景論」「眼前萬里」『志賀重昂全集』第四巻、志賀重昂全集刊行会、一九二八年、一一七、二二二頁)。

(143) 前田愛「明治国権思想とナショナリズム――志賀重昂と日露戦争」(『伝統と現代』一九七三年三月)、猪瀬直樹『日本風景論解題』(飯塚書房、一九七九年）など。

（144）志賀の『日本風景論』を発火点とする景観的ナショナリズムの動きを言わずとも、国外でも富士山は神道の霊山として日本国の象徴とされるモチーフであった。日本人が主張しなくとも、外国人は富士山が日本人にとって最も重要な宗教的意義を持つと認識していた（平川祐弘「西洋人の神道発見――富士山におぼえる畏敬の念について」『明治聖徳記念学会紀要』第四四号、二〇〇七年一一月、二八七―三〇〇頁）。

（145）萩原朔太郎「野口米次郎論」『詩歌時代』創刊号、一九二六年五月。

（146）野口米次郎「私は太陽を崇拝する」『表象抒情詩集』第一巻、前掲、一〇〇―一〇一頁。

（147）満洲国で活躍した作家であり出版人であった古丁については、梅定娥氏の研究に詳しい（梅定娥「古丁における翻訳――その思想的変遷をさぐる」『日本研究』第三八号、二〇〇八年九月、一二一―一八五頁、および梅定娥「古丁と大東亜戦争――大東亜文学者大会と三つの作品をめぐって」『日本研究』第三二号、二〇〇六年三月、一一九―一四八頁など）。

（148）これについては、梅定娥氏から御教示を受けた。百霊は、古丁と同じく満鉄の学校で学び日本語を教えていた詩人であった。〈満洲国〉の雑誌にはしばしば寄稿が見られる。戦時中は北京の傀儡政権下で働いていたが、戦後直後に一時は車引きになり、その後消息不明となった。梅定娥氏によれば、このほかにも〈満洲国〉で発刊されたいくつかの雑誌の中で野口の名は散見されるという。また、百霊は、同じく〈満洲国〉で発刊されていた『藝文志』の〈日本紀元二千六百年記念特輯〉号（一九四〇年）に「芭蕉俳句選譯」を翻訳しており、これは野口の『芭蕉俳句選評』（一九二六年二月）と重なる可能性が高い。

（149）マルセル・ブリヨンによる評論 "Yonre Noguchi" (*Cahiers du Sud*, Décembre 1935, pp. 823-824) と、翻訳六点 (pp. 824-830) に分かれる。

（150）この雑誌には、一九二三年にはアルベール・メーボンにより、北原白秋のインタビュー記事が掲載され、『詩と音楽』にも杉田資義の訳でその内容の一部が掲載されている（アルベール・メーボン「木兎の家訪問期」『詩と音楽』震災記念号、一九二三年八月二八日、八〇―八三頁）。

（151）《Il est curieux qu'elles ne nous apportent aucun reflet de la metamorphose sociale et morale du Nippon actuel, politiquement si nouveau dans l'univers》 (*Mercure de France*, février 1936, p. 610).

（152）野口の詩や随筆は、フランスで数多く翻訳されており、満鉄を後ろ盾にした日印交流誌『フランス・ジャポン』にも一九三五年に野口の日本文学史に関する評論が掲載されていた（Yone Noguchi, "Préface Pour une Histoire dela Littérature Japonaise", *France-Japon*, avril 1935, pp. 80-81）。

（153）Yone Noguchi, *The Pilgrimage*, Kamakura: The Valley Press, 1909, p. 79. *Selected Poems*, Boston: The Four Seas, and London: Elkin Mathews, 1921, p. 112. "Lines" というタイトルの野口の作品は複数ある。

（154）大正末年の野口に関わる文学状況として一つつけ加えておくと、一九二六年一月、〈ロマン・ロラン友の会〉が小山内薫、吉江喬松、高村光太郎、武者小路実篤、野口、倉田百三の六人を発起人として設立されている。このとき高村は、《ロマン・ロランは欧羅巴の良心となつた。今では世界の良心にならうとしてゐる》と言い、《時代の道徳を超えた道》であると期待を込めた（高村光太郎「ロマン・ロラン六十回の誕辰に」『時事新報』一九二六年一月二九日）。そして一九三〇年になると『詩と詩論』で、この《ロマン・ロランはわれわれがわれわれの新しいインスピレイションの為めにアジアに向ふがよいと考へた》と紹介されることになる（F・V・カルヴァートン（佐々木訳）「人本主義――文学的ファシズム」『詩と詩論』一九三〇年、一五〇頁）。

第一一章　昭和戦前期詩壇における野口の位置

（1）野口米次郎「進軍」『二重国籍者の詩』玄文社、一九二一年一二月、五九―六〇頁。『表象抒情詩集』第二巻、第一書房、一九二六年九月、二六―二七頁。引用は後者。

（2）たとえば、平戸廉吉の〈日本未来派〉宣言、高橋新吉のダダイズムの詩、萩原恭次郎の詩集『死刑宣告』の「序」など、アナーキズム系の思想運動が投影された詩の登場が挙げられる。このような実験的試みや革命的運動精神も国際潮流からの移入であり、次第に独創性や新鮮さを失っていく。

（3）白鳥省吾「昭和四年の詩壇、詩人、詩集に就て」『地上楽園』一九二九年一二月号、二頁。

（4）手塚武「ヨネ・ノグチ論」（一九二七年一月）や清水暉吉「詩人ヨネ・ノグチ」（一九二八年二月、四月）など、野口に関する批評が散見される。

（5）清水は、一九二六年一〇月から白鳥省吾主催の『地上楽園』誌上で「現代英詩講話」と題して、ハロルド・モンローの著作の翻訳を連載していた詩人である。

（6）たとえば野口の「小詩論」（『詩神』一九二九年一月号）が、《社會的効用》があるのか、《生産社会に必要》なのか、といった視点から批判されている（千石喜久「詩人の認識不足（野口米次郎氏の「小詩論」を駁す）」『地上楽園』一九二九年二月、一七―一九頁）。

（7）野口米次郎「詩歌の地方主義（米國詩壇を論じて）」『詩神』一九二八年一月、二―五頁。

（8）小野十三郎「詩歌に於けるブルジョア自由主義――野口の小論に答ふ」『詩神』一九二八年三月、六二―六五頁。

（9）同前、六四頁。

（10）同前、六五頁。

（11）『詩と詩論』の傾向としては、フランス文壇を中心としたシュールレアリスムへの傾斜が知られるが、実際には各国文壇の紹介がなされ、アメリカ文壇に関する論説も多く、雑誌『ポエトリ』に関する論説やシカゴ詩派やイマジズムの紹介が散見される。

（12）神原泰「未来派の自由語を論ず（一）――僚友 Marinetti におくる」『詩と詩論』創刊号、一九二八年九月、一―二〇頁。象徴主義者として出発し、マラルメの詩学を研究したマリネッティが、「未来派宣言」を出してテクノロジーを称揚し、伝統破壊を主張したのは一九〇九年のことである。彼は戦争を唯一の〈清掃機関〉と讃美して、芸術革命を要求した。その後、未来派、シュールレアリスム、ダダといった前衛集団が次々と現れては消え、時代は一九三〇年代に向かっていく。「未来派宣言」は、国内では、森鷗外によって翻訳され（「椋鳥通信」『スバル』一九一〇年五月）、高村光太郎（「未来派の絶叫」一九一二年三月）や木村荘八（『芸術之革命』一九一四年五月）などが言及していた。

（13）春山行夫「日本近代象徴主義詩の終焉――萩原朔太郎・佐藤一英両氏の象徴主義詩を検討す」『詩と詩論』創刊号、一九二八年九月、六六―八四頁。

（14）同前、八一―八二頁。春山と佐藤は同郷で、ともに名古屋モダニズムの拠点になった詩雑誌『青騎士』（一九二二年九月―二四年六月）の同人であり、春山は佐藤を高く評価していた。

（15）これについては、嶋岡晨「《ポエジイ》の挑戦――朔太郎・行夫論争の経緯とその意味」（『立正大学教養部紀要』第二七号、一九九三年、二三―三八頁）に詳しい。

（16）和田博文「『詩と詩論』レスプリ・ヌーボーの領土」『日本の詩雑誌』（日本現代詩研究者国際ネットワーク）有精堂、一九九五年、八七頁。

（17）春山行夫「野口米次郎氏の印象」『現代日本文学全集』（月報）筑摩書房、一九五六年、一頁。

（18）『詩と詩論』の編集を務める春山行夫は、形式的なところや詩の構成に関心を集中させてフォルマリスムに偏っていき、社会問題や歴史への関心を持つ同人たちの意識から外れていく。本書では扱わないが、昭和のモダニズムや前衛運動は、社会主義と乖離して進んでいくわけではなく、相互に連関して進んだ。『詩と詩論』の先には、雑誌『コギト』などに見られる保田與重郎らの〈伝統〉や〈国家〉の方向性があり、雑誌『四季』に見られる西洋的知性と伝統的美意識の融合による抒情詩の方向があった。

(19) 雑誌『伴侶』（一九三〇年一月―三一年三月）のあとを継いで一九三一年五月に創刊された『セルパン』は、一九三四年からは春山行夫らの編集になり、モダニズム感覚が反映された雑誌として知られる。海外の週刊誌をモデルにして、世界の情勢を広く読者に伝える雑誌を目指していた。一九四〇年頃から編集が大島豊に変わり、新体制に合致した路線となった（一九四一年四月から四四年三月までは、『新文化』と改題されている）。

(20) 上海、新京、パリ、ロンドンなどに海外通信部を置く計画もあった（「社告」『セルパン』一九三四年八月）。

(21) 井上哲次郎「国民思想の矛盾」『東亜之光』一九一三年二月。

(22) 吉野作造「民本主義と国体問題」（『大学評論』一九一七年一〇月）や、柏木義円「君主国体と民主主義」（『上毛教育日報』一九一九年一月二〇日）、福田徳三「国本は動かず」（『黎明会講演集』一九一九年三月）などの議論に見られる。

(23) 深作安文『我國體観念の發達』東洋図書、一九三一年八月、二〇九頁（なお、この著作は一九三一年から三四年半ばにかけて一八刷されている）。

(24) 今井時郎「國本とは……」『國本』一九二八年六月、五〇頁。

(25) 当時、家族国家論は加藤弘之、血統国家論は穂積八束によってほぼ完成されていた。筧克彦は神道を強調し、この思想の系譜からは外れている。

(26) 河野省三「國本と神道」『國本』一九二九年三月　二頁。

(27) 同前、六―七頁。

(28) 〈国体〉に関する著作は、一八七四年に小早川惟克『國體略附政體』、太田秀敬『國體訓蒙』、田中知邦『建國之體略記』、一八七五年には、石村貞一『國體大意』、加藤弘之『國體新論』が出ていたが、その後はしばらく沈静化し、明治二〇年代から再び穂積八束らの言説が出てきて、特に中盤以降になると活発になってくる。

(29) 船口萬壽『国体思想変遷史』（国体科学社、一九三〇年）など、国体の歴史変遷をたどって思想概念の体系化を探る動きが出ていた。

(30) 筧克彦「信仰は教育の中心なり」『國本』一九二八年八月、二―六頁。筧は『古神道大義』や『神ながらの道』を著した東京帝国大学の法学者で、『國家の研究』（一九一三年）で〈国体〉について論じている。

(31) 野口米次郎「剣と詩の我建国」『國本』一九二七年二月、七〇頁。

(32) 同前、七一頁。

(33) 野口米次郎「剣と詩の我建国」、同前、七一―七二頁。

(34) 野口の〈古代への回帰〉の訴えは、文化相対主義的な観点から主張されており、近代の新文学創造の動きへの問題意識から起こっている。たとえば『愛蘭情調』（一九二六年）では、《數年前には日本に於て「萬葉へ歸れ」といふ言葉が有意味の宣言と受取られた。果して幾人の歌人が眞實のインスピレーションを古代の詩歌精神に發見することが出來たであらうか。古代へ歸れといふことが日本人に必要なばかりでなく、何處の國の新文學でも古代に於ける人民の文化とジニアスが近代の時代精神とどんな關係にあるかを知つて、其處から眞生命を培養せねばならない》（三一頁）と論じている。

(35) 野口は基本的に、天皇を万世一系とする思想や皇国に結合させた祖先崇拝の思想に疑問を持っていた。天皇を中心とした日本の祖先崇拝や家系・系譜、神道に対する現代人の意識はもはや変化しており簡単には修復できず、人々の意識変化に対して皇室は影響力を失ってしまっている、と考えていたのである（Yone Noguchi, "Future of Japanese Shintoism", *The Nation*, N.Y., 11 May 1916）。

(36) Yone Noguchi, "A Study on the Ancient Ships of Japan", *Japan Times*, 11 September 1917.

(37) Ibid.

(38) たとえば、詩「萬葉時代」の中では、《君は萬葉時代にたち歸れといふ、歸られるものなら結構だが、／さう行かない所に、近代人の悲みと喜びがあるぢやないか》と詠っている（野口米次郎『萬葉論』第一書房、一九二六年、三五頁）。

(39) 同前、三〇―三一頁。

(40) 同前、三一頁。
(41) 同前、一〇一―一〇三頁。
(42) 野口米次郎「剣と詩の我建国」『國本』一九二七年二月、七三頁。
(43)《魔法の森に入りなさい／思い切って》と詠ったメレディスの詩「ウェスターメンの森林」（"The Woods of Westermain"）を挙げて、《人間が敗北者となるのは、この恐怖といふ悪魔のためであるといふのがメレデスの教訓であつて、自分の意思を疑ひ、人生の希望を捨ててはならないと教えるのである》と説いている（野口米次郎『伝統について』牧書房、一九四三年五月、三〇頁）。
(44) メレディス思想の研究には、早川正信による「ジョージ・メレディスの日本観」（『比較文学』第二九号、一九八六年、二三―三六頁）や「ジョージ・メレディスの民族観（一）――その日本人観とG・マッツィーニの思想」（『山形大学紀要（人文科学）』第一三号、一九九六年、一九三―二一二頁）などがある。
(45) Yone Noguchi, "Literary England Before the War", *Japan Times*, 7 August 1917.
(46) 外山卯三郎による訳書の「あとがき」（『喜劇の研究並びに喜劇的精神の使用』原始社、一九二八年）には、メレディスがヘーゲルに対照される思想家として有名であると書かれ、夏目漱石が《メレディスは一生かゝつて、百度程もよめば全部解るだらう》と小山内薫に述べたことが書かれている。なお、ラフカディオ・ハーンも東京帝国大学での講義でメレディスに言及していた。
(47) 野口米華「序」『メリディス』裳華房、一九二三年一月、一―三頁。
(48) 同前。
(49) 広告文『メレディス』「中外英語」一九二三年三月一五日、三六頁。
(50) 野口米次郎「メレデスに與ふ」『二重国籍者の詩』玄文社、一九二一年一二月、五六―五七頁。この日本語詩の英語版 "To Meredith" は、一九二三年にニューオリンズで発刊されていた雑誌『ダブル・ディーラー』（*The Double Dealer*）に発表されている（Yone Noguchi, "To Meredith", *The Double Dealer*, 1923, p. 200）。
(51) この翻訳書は、野口からの教示を受けて訳され、メレディスの肖像や文献を野口から貸与されて出版されたもので、野口と小山内薫に献じられている。
(52) 野口米次郎「序」、ジョウジ・メレディス『喜劇の研究並びに喜劇的精神の使用』外山卯三郎訳、原始社、一九二八年一月、一頁。
(53) 同前。メレディスを禅僧のようだと野口に語ったのはローレンス・ビニョンである（野口米次郎「沈黙から溢れる喜悦」『われ日本人なり』竹村書房、一九三八年五月、二九七頁）。
(54) 野口米次郎「眞日本主義」『國本』一九二八年一月、五三頁。
(55) ヨーロッパの知識人にとってファシズムが政治と文化を融合する最善のイズムであるかのように見えた時期があった。ヒューイットはなぜ広範囲の世代や諸階層の文学者たちがファシズムに魅了されたのかについて、《〈進歩的〉な芸術美の実践（"progressive" aesthetic practice）》と、《〈反動的〉政治思想（"reactionary" political ideology）》の近接地点を検証することから論じている（Andreu Hewitt, *Fascist Modernism: Aesthetics, Politics, and the Avant-Garde*, Stanford: Stanford University Press, 1993）。この問題が、日本の文学者たちにどのように影響し、日本独自の体制として思考されていったかについては、本書で丁寧に論究する余裕がないが、ただ、日本の問題――帝国主義、日独伊の連携としてのファシズム的要素、古典回帰と芸術的モダニズムの追究の問題――は、ヨーロッパ知識人のファシズムへの好感とは単純に同列には扱えず、別の構造を持っていたとだけ述べておきたい。
(56) 岡邦雄「文学は後退するか」『月刊文章』一九三七年一〇月、一―二頁。
(57) 上司小剣「戦争と文学者の生活」『月刊文章』一九三七年一〇月、二一―二三頁。
(58) 同前、二頁。
(59) 新居格「國論と文藝の方向」『月刊文章』一九三七年一二月、三―四頁。
(60) 新居格「戦時文壇推進力」『月刊文章』一九三八年一月、一〇―一一頁。

(61)伊藤整「支那事變と文學者――事變下の文壇一年」『月刊文章』一九三八年一二月、一一―一四頁。

(62)同前。

(63)近藤東「〈日本的〉について」『蠟人形』一九三九年一月、二四―二六頁。

(64)たとえばこの傾向について、中河與一が《世間》の閉鎖的な認識を述べて違和感を表明している(中河與一「文學とその世界觀」『月刊文章』一九三八年一月、三―五頁)。

(65)安藤一郎「戦争詩といふもの」『蠟人形』一九三八年三月、一七頁。

(66)岡本潤「今日の詩感――聲高く歌ふ詩人と鳴りを沈める詩人とについて」『蠟人形』一九三八年五月、二四頁。

(67)同前。

(68)この詩篇「壁」は雑誌『文化組織』(一九四〇年一一月号)に掲載され、『宣戦布告』(一九四二年)の最後に収録された。

(69)岡本潤「渾沌のなかの素朴」『蠟人形』一九四一年一月、一〇頁。

(70)金子光晴「小感」『詩生活』第五巻一号、一九三八年一月(『金子光晴全集』第一一巻、一九七六年、二六〇頁)。

(71)岡本潤「今日の詩感――聲高く歌ふ詩人と鳴りを沈める詩人とについて」、前掲、二二頁。

(72)高橋義孝「ナチス詩抄」『蠟人形』一九四一年一月、二二―二八頁。

(73)阪本越郎「ナチスの詩人について」『蠟人形』一九四一年一月、三〇頁。なお、阪本越郎の父親・金之助は永井荷風の叔父にあたる。

(74)同前、三一頁。阪本はさらに、『現代形而上学の要素』という著作の中で《超個人的哲学を樹立した》コンベルハイヤーは、ナチスの最も活動的な作家であり、表現主義の代表的劇作家・詩人ハンス・ヨーストは、新アカデミーの院長としてナチス文学の総帥の位置につき、宣伝省著作局長ブルンクやヒットラー・ユーゲントの最高指導者シーラッハといった面々も皆〈ナチス詩人〉である、との認識を示している。

(75)茅野蕭々「独逸詩界の一瞥」『詩聖』一九二三年一月、二九―三四頁。

(76)阪本越郎「ナチスの詩人について」、前掲、三二頁。

(77)春山行夫「海外詩壇消息」『詩神』一九二七年五月、三六―三七頁など。

(78)阪本越郎「ナチスの詩人について」、前掲、三三頁。

(79)このような見方がある程度の拡がりを見せていたとなると、ナチス・ドイツ下の詩壇の傾向と、それに対する日本側の眼差しとを、日本の戦時体制下の詩への系譜に対照させて考える必要が出てくる。

(80)神保光太郎「國民詩の進擊」『文藝』一九四二年二月。

(81)岡本潤「時代の韻律――詩壇時評」『蠟人形』一九四二年三月、一五―一七頁。

(82)西條八十「戰勝のラジオの前で」『蠟人形』一九四二年一月、二頁。

(83)蔵原伸二郎「文化宣戰」『蠟人形』一九四二年一月、八頁。

(84)野口米次郎「出発前の數分間」『蠟人形』一九四二年一月、四―五頁。

(85)Yone Noguchi, *Selected Poems of Yone Noguchi, Selected by Himself*, Boston : Four Seas, London : Elkin Mathews, 1921, pp. xvi-xvii.

(86)Yone Noguchi, *Selected Poems of Yone Noguchi ; Selected by Himself, with the Japanese Version*, Tokyo : ARS Bookshop, 1922(邦訳は一二七―二三二頁). この詩集には、英文と邦訳の両方が掲載されている(自由詩(Free Verse)を自然詩と訳出していることが意図的であったのかどうかは定かでない)。

(87)野口米次郎「英詩選集序文」(一九二一年)『詩歌殿』一九四三年四月、二三〇頁。

(88)野口米次郎「英詩選集序文・註」(一九四三年)『詩歌殿』春陽堂、一九四三年四月、二三一頁。

第一二章　境界に生きる

(1)野口米次郎『人生読本　春夏秋冬』第一書房、一九三七年九月、四一―四二頁。

（2） Holace Traubel, "Yone Noguchi", *The Conservator*, July 1911, p. 92.

（3）「序（ホレス・トラウベル）」『二重国籍者の詩』玄文社、一九二一年一二月、一―六頁。

（4）野口米次郎「自序」『二重国籍者の詩』、前掲、一―二頁。

（5）野口米次郎「小曲集・1」『表象抒情詩集』第三巻、第一書房、一九二七年三月、一〇七頁。

（6）野口米次郎「小曲・第三十九」『二重国籍者の詩』、前掲、一二五頁。

（7）土方久功「読書月評――野口米次郎氏著『第三表象抒情詩』」『炬火』一九二九年七月、三九―四〇頁。

（8）橋爪健「野口米次郎論」『日本詩人』一九二四年一〇月、二二―二三頁。

（9）野口米次郎『藝術の東洋主義』第一書房、一九二七年六月、八頁。

（10） Edward Said, *Orientalism*, Routledge & Kegan Paul, 1978, Reprint : Penguin, 1991, p. 259. エドワード・サイード『オリエンタリズム（下）』今沢紀子訳、平凡社ライブラリー、一九九三年、一三八―一三九頁。

（11）野口米次郎『藝術の東洋主義』、前掲、八頁。

（12）同前、九頁

（13）同前、四四頁。

（14）同前、四五頁。

（15）同前。

（16）野口米次郎「大正から昭和へ移るに當つて」『改造』一九二七年二月、二八頁。

（17）同前、二九頁。

（18）同前、三〇頁。

（19）同前、三一頁。

（20）野口米次郎「東洋主義の高唱」『時事新報』一九三一年七月四日。

（21）同前。

（22）同前。

（23）野口米次郎「傍観者の暴力」『詩と音楽』一九二三年二月、四六―四七頁。

（24）野口米次郎「私の苦痛」『沈黙の血汐』新潮社、一九二二年五月、一二一―一二三頁。

（25）野口米次郎「詩の金堂」『十年』佐藤春夫編、改造社、一九二九年九月、五〇二―五〇三頁。引用は再録、『われ日本人なり』竹村書房、一九三八年五月、七九―八一頁から。

（26）A面が野口による「詩の金堂」(33654-A)、B面が萩原朔太郎の自作朗読の三篇（「沼沢地方」「乃木坂倶楽部」「火」）(33654-B) であった。これは一九三七年から三八年頃に録音されたと推定されているが、安智史氏が前橋文学館で確認した戦前に出回っていたSPレコードの原盤には、一九三五年録音との手書きメモがあったという（安智史『萩原朔太郎というメディア――ひき裂かれる近代／詩人』森話社、二〇〇八年、一三九頁）。このレコードは一九七七年六月に「こころの琹・朗読名作選」（コロムビア ZW-7051-2）として復刻版が作られ、二〇〇八年九月に「よみがえる自作朗読の世界Ⅰ・Ⅱ」としてCDが発売されている。

（27）野口米次郎『芭蕉禮讃』富書房、一九四七年九月、八―九頁。

（28）同前、九頁。

（29）野口米次郎「背嚢（遺稿）」『蠟人形』一九四七年九月、一―三頁。

（30）野口米次郎「われ日本人なり」『われ日本人なり』竹村書房、一九三八年五月、一七頁。

（31）同前。

（32） Yone Noguchi, "To the Cicada", *The Pilgrimage*, Kamakura : The Valley Press, 1909, pp. 42-43.

（33）野口米次郎「蝉」『林檎一つ落つ』玄文社、一九二二年四月、八四―八五頁、『表象抒情詩集』第一書房、一九二五年一二月、七六―七七頁。引用は後者から。

（34）野口米次郎「一日の午後」『二重国籍者の詩』、前掲、一五―一七頁。

（35）「同盟罷工」『表象抒情詩集』第二巻、第一書房、一九二六年、八七―八九頁。

（36）野口米次郎「蟬」『われ日本人なり』、前掲、三一四―三一五頁。

（37）西脇順三郎「野口米次郎著『われ日本人なり』」『東京朝日新聞』一九三八年七月一一日、朝刊四面。

（38）その後、野口とミラーの共著 *Japan of Sword and Love*（Tokyo : Kanao Bunyendo, 1905, pp. 4-5）に再録。

（39）Ibid., pp. 58-60.

（40）Ibid., p. 61.

（41）他方で、野口は南アフリカにおける英国の植民地政策に抗議する英詩を作っている（Yone Noguchi, *Japan of Sword and Love*, pp. 69-70）。

（42）Yone Noguchi, "Japan's Failure in Korea", *Taiyo*, 1 November 1910, pp. 11-14.

（43）新渡戸稲造が韓国の植民地化政策について進言したときにも、伊藤は韓国人による韓国統治を主張した（瀧井一博『伊藤博文――知の政治家』中央公論新社、二〇一〇年、三〇〇―三〇一頁）。

（44）海野福寿『韓国併合』岩波書店、一九九五年五月二二日。

（45）瀧井一博『伊藤博文』、前掲、三〇一―三〇三頁。

（46）韓国側からは、国権回復や独立改革を目指す反日義兵運動や愛国啓蒙運動、また日本側の支援を受けた〈一進会〉の反民族主義的な運動が起こり、伊藤の保護国経営を妨害した。

（47）姜東鎮氏は、併合直後の有力新聞社説と『太陽』を含む総合雑誌などの論説を分析し、当時の論調がすべて韓国併合を美化し正当化したものであったと論じている（姜東鎮『日本言論界と朝鮮――一九一〇―一九四五』法政大学出版局、一九八四年）。

（48）"Annexation of Korea and its Practical Effects", *The Taiyo*, 1 November 1910, pp. 1-3. 執筆者は特定できないが、『太陽』の論説担当者の一人であろう。

（49）Kiyoshi Kawakami, "Japanese Outrages in Korea", *The Taiyo*, 1 November 1910, pp. 3-11.

（50）《We know that Prince Ito's policy under the beautiful phrase of "proper leading and good development" was almost beyond criticism, if Korea were not in your mind》（Yone Noguchi, "Japan's Failure in Korea", *Taiyo*, 1 November 1910, p. 13）.

（51）《I think nobody ruins Korea but the Koreans themselves. And I have no hesitation to declare that such are not interesting people at all to welcome as our brothers. There is nothing dearer than failure; I am afraid that we are going to pay an extraordinarily high price for our failure of the Japanese protectorate in Korea》（Ibid., p. 13）.

（52）《we have now the still harder problem to settle it socially and financially》（Ibid., p. 14）.

（53）琴秉洞「解説（第三巻）統監政治期・下」、琴秉洞編『資料　雑誌にみる近代日本の朝鮮認識』第三巻、緑蔭書房、一九九九年、一〇―一四頁。

（54）《I will say as if I had no particle of responsibility as a Japanese: "Let us see the following performance, and criticize it"》（Yone Noguchi, "Japan's Failure in Korea" p. 14）.

（55）魯庵は日記に次のように書いている。《野口ヨネ君の The Hans against the Mancus という論文がある。恁ういふ論文を野口君が書かうと想像するものは無からう。明が菲政に繼ぐに内亂を以てし、北方強酋の為め乗じられて國が亡びて了つたが、康熙乾隆が文教を振興して盛んに漢土の文獻を奨勵したる結果、滿洲人は皆文學に醉ふて勁勇の資質を喪つて了つたと説くあたり、野口君中々の支那通である》（内田魯庵「氣まぐれ日記」（一九一一年七月三日）『太陽』第一八巻一一号、一九一二年八月、八五頁）。

（56）魯迅と親しい内山完造が経営した内山書店は、一九二〇―三〇年代の中国文化人らのサロン的な役割を果たしていた。内山も「詩の対話」に野口と魯迅の対話の印象を書いている（原註『魯迅全集』第一九巻、学習研究社、一九八六年、一四六頁）。

（57）日記二十四（一九三五年一〇月二一日）『魯迅全集』第一九巻、前掲、一四三―一四四頁。

（58）日記Ⅲ・原註『魯迅全集』第一九巻、前掲、一四六頁。

（59）日記十六（一九二七年一一月）『魯迅全集』第一八巻、学習研究社、一九八五年、一七四頁。
（60）日記十六（一九二七年一一月）・注記『魯迅全集』第一八巻、前掲、一七六頁。
（61）野口米次郎「愛蘭文学の回顧」『都新聞』一九二五年一月七日―一六日（八回連載）。『愛蘭情調』（第一書房、一九二六年、二七―四五頁）収録。なお、前述した《私は愛蘭と印度を分けて考へる事が出來ない。何れも英國の鐵槌的な支配を受けてその下で動きが取れない國だ》と書いたのが、まさにこの「愛蘭文学の回顧」の中であった。
（62）『魯迅全集』第九巻、学習研究社、一九八五年、二四三頁。
（63）同前、二四四頁。これは野口の《何處の國の新文学でも古代に於ける人民の文化とジニアスが近代の時代精神とどんな関係にあるかを知つて、其處から眞生命を培養せねばならない》（「愛蘭文学の回顧」『愛蘭情調』、前掲、三一頁）を受けた発言である。
（64）程麻「象徴主義文学批評の東洋における尺度」『東京女子大学比較文化研究所紀要』第五四号、一九九三年、一三七―一四九頁。
（65）魯迅「書簡Ⅲ（山本初枝宛・一九三三年四月一日）」『魯迅全集』第一六巻、学習研究社、一九八六年、五〇六―五〇七頁。
（66）これについては、釜屋修「魯迅・モラエス・白鳥・野口――日中文学交流（一九三五）点描」（『近代文学における中国と日本』汲古書院、一九八六年、四九九―五二七頁）で論じられている。
（67）野口米次郎「魯迅と語る」『朝日新聞』一九三五年一一月一二日。
（68）同前。
（69）「ある日本詩人の魯迅との会談記」（流星訳）『晨報』一九三五年一一月二三日。
（70）東京帝国大学法学部在学中の一九二三年頃からマルクス主義に近づいた林は、プロレタリア作家として出発したが、何度かの検挙投獄ののちに転向。一九三三年一〇月からは小林秀雄や川端康成らと雑誌『文学界』を創刊し、プロレタリア文学退潮後の文芸復興を目指して、文壇の主導的役割を意識していた。林は〈日本文化中央連盟〉創設に着手していた松本学（1886-1974）に働きかけて、一九三七年七月に〈新日本文化の会〉を結成しているが、そのメンバー四三名の中に野口米次郎の名が含まれている（高橋新太郎「総力戦体制下の文学者――社団法人「日本文学報国会」の位相」『日本文学報国会会員名簿・昭和一八年版』新評論、一九九二年）。
（71）林房雄「日本文学に於ける今日の問題――魯迅のことによせて」『文学界』一九三六年一月、九二頁。
（72）林は《今日では、ただに「支那最大の小説作家で全支那左翼作家聯盟の盟主」たるばかりでなく、ロマン・ロオランの紹介によつて、先づフランスに喧傳されて以後、その作品の譯書を佛・獨・露・英・米及び世界語に持つ世界の魯迅である》と述べていた（林房雄「日本文学に於ける今日の問題――魯迅のことによせて」、前掲、八七頁）。
（73）これに関しては、釜屋修の論考（「魯迅・モラエス・白鳥・野口――日中文学交流（一九三五）点描」、前掲、五一二頁）がある。
（74）魯迅「書簡Ⅲ（増田渉宛・一九三六年二月三日）」『魯迅全集』第一六巻、前掲、五八四―五八五頁。「長与様の文章」とは、長与善郎の「魯迅にあった夜」（『経済往来』一九三五年七月号）のこと。
（75）野口米次郎「支那の心理」『満洲日日新聞』一九三八年一月一日。
（76）"Recent Poetry", *The Current Literature*, September 1909, pp. 332-333. ここでは第一番にキプリングが紹介され、次にシンクレア（Upton Sinclair）、その次に野口が紹介されている。そのあとにはエドウィン・マーカムやゾナ・ゲールなど八名の詩人の紹介が続く。この記事の中で、野口の詩 "O Aki San" が挙げられている。
（77）野口はハーンがキプリングを崇拝していたと書いている（野口米次郎「ハアンの講演集」『読売新聞』一九一六年一〇月二九日、朝刊七面）。
（78）野口米次郎「日本を代表する国民詩人出でよ」『中央公論』一九〇六年一月。
（79）キプリングをいち早く日本文壇に紹介したのは上田敏で、キプリングが「七海」（"The Seven Seas", 1896）や「鎌倉の大仏」（"Buddha at

Kamakura"）の詩を作っていること、北海の密漁船や南支那の風景、蒸気機関についての詩を作っていることなどを伝えている。また上田は、欧米文壇におけるインドやサンスクリット熱を挙げて、世界各地の異なる諸思想の《混和》が文化の潮流となっている様子を論じている（「現代の英國詩歌」『帝国文学』一八九七年三月一〇日。『定本上田敏全集』第三巻、教育出版センター、一九八一年、一三〇、一三二―一三三、一四九頁）。

(80)「英文人の日本観」『藝術の東洋主義』第一書房、一九二七年、一〇二―一三八頁。

(81) 大澤吉博『ナショナリズムの明暗――漱石、キプリング、タゴール』東京大学出版会、一九八二年、四四―四五頁。大澤氏は、タゴールの理解は《キプリングのいおうとしたことからはほど遠いものであった》と論じている。

(82) 特にキプリングの後半生については、ジョージ・オーウェルが〈イギリス帝国主義の先覚者（prophet of British imperialism）〉と言ったことがしばしば引用される。日本でも、齋藤勇が《保守的な帝国主義者であって事務的な Kipling》（『齋藤勇著作集』第二巻、研究社、一九七七年、五一五頁）と否定的に述べるなど、欧米の評価が踏襲されてきた。

(83) 大澤吉博『ナショナニズムの明暗』、前掲、四五―四六頁。

(84) Horst Frenz ed., *Nobel Lectures : Literature 1901-1967*, Amsterdam : Elsevier, 1969, p. 59.

(85) 本書第五章第5節に前述したように、野口米次郎「日本を代表する国民詩人出でよ」（『中央公論』一九〇六年一月）での発言である。

(86)《Oh, East is East, and West is West, and never the twain shall meet,
Till earth and sky stand presently at God's great judgment seat;
But there is neither East nor West, Border, nor Breed, nor Birth,
When two strong men stand face to face, tho' they come from the ends of the earth!
It is better to make East and West live independently, at least at present; but let the true Americans and the true Japanese stand face to face on the same ground without asking each other where they come from, whether East or West. We Japanese even claim in America an equal treatment with other Western people...》(Yone Noguchi, "Naturalization of Japanese", *The Nation*, N.Y., 19 June 1913).

(87) 野口米次郎『詩の本質』第一書房、一九二六年五月、一〇三頁。

(88) 同前、一〇二頁。

(89) 同前、一〇七頁。

(90) 野口米次郎『伝統について』牧書房、一九四三年五月、二四九頁。

(91) 高坂正顕ほか『世界史的立場と日本』中央公論社、一九四三年三月、二三〇頁。

(92) 同前、二三一―二三二頁。

(93) 同前、三三七―三三八頁。

(94) 同前、三四〇頁。

(95) 野口米次郎『伝統について』、前掲、二五〇―二五一頁。

(96) 百田宗治「跋」『野口米次郎　人生讀本』第一書房、一九三七年、三五八―三五九頁。

(97) 河井酔茗「人物として」『詩人ヨネ・ノグチ研究』造形美術協会出版局、一九六三年、二一〇頁。

(98) 同前、二一〇頁。

(99) 翁久允「ヨネ・ノグチの思出」『詩人ヨネ・ノグチ研究』第二集、造形美術協会出版局、一九六六年、一八七―一八八頁。

(100) 同前、一八八頁。

第一三章　インドへ

(1) 野口米次郎「ガンジス河」『起てよ印度』小学館、一九四三年六月、一〇五頁。これは英詩 "The Ganges"（*The Ganges Calls Me*, Tokyo : Kyobunkwan, 1938, pp. 32-33）から日本語詩に作り替えられたもの（日英の詩では情趣が異なる）。

(2) 野口の訪印中の一九三五年一二月二日にアシュトシュ・カレッジで

歓迎会が催された際、ダッタがベンガル語訳した *From the Eastern Sea* から数篇が朗読され、野口も自らの詩歌を日英両言語で朗読した（野口米次郎『印度は語る』第一書房、一九三六年五月、二五二頁）。幅広い言語についての知識を持つダッタは、ヴェーダやサンスクリットなどの古典詩から、インド・アーリア語、ドラヴィダ語などの現代インド詩や、ブリッジズ、イェイツ、パウンド、ユーゴー、メーテルリンク、ボードレール、ヴェルレーヌ、ヴァレリー、ヴェルハーレンなどの象徴主義詩まで多数翻訳し、また、中国の道教や儒教に関する文献、日本の『古今集』、藤原定家や岡倉天心などの詩歌も翻訳していた (Sukumar Sen, *History of Bengali Literature*, New Delhi：Sahitya Academi, 1971 (revised edition), pp. 304-307)。

（3）ラマノンド・チョットパッダエ（1865-1943）が一九〇七年に創刊した英語の総合雑誌。近代インドの文化的関心の所在のみならず、タゴールの寄稿やタゴールを中心としたインドの国際的な文化交流の状況が把握できる資料で、国家間の政治状況の推移を読み取ることもできる。この雑誌は戦前の日本国内でも『インディアン・レビュー』(*Indian Review*) と共に定期購読されて調査研究の対象になっていた。野口の寄稿は、一九一六年に八回、一九三五年に一回なされているが、一九一三年一〇月のラフカディオ・ハーンと近松門左衛門についての記事も、野口の執筆である可能性が高い。

（4）一八四四年五月に創刊されたインド初の第一級の英語雑誌（第一期（一八四四—一九一二年）は年刊、第二期（一九一三—一九二〇年）は年二回、第三期（一九二一年以降）は月刊）で、第三期からカルカッタ大学によって運営されている。『モダン・レビュー』と共に、一九二〇年代から四〇年代のインド知識人の思想動向を検証できる重要文献である。筆者が確認している当雑誌への野口の寄稿記事には、"Japanese Art" (December 1935), "Japanese Poetry" (July 1936), "The Mask Play of Japan" (September 1936) がある（これらは野口がカルカッタ大学で講演した六本のうちの三本であると注記がある）。また、シェラード・ヴァインズの野口米次郎に関する論考 "The Literature of Yone Noguchi" (November 1935) も掲載された。

（5）管見では、この雑誌に "Three Poems (A Lone Pine tree / The Independence of Existence / The Flowers in My Palm)" (October 1923) や "Sharaku" (November 1935), "Hobby" (November 1936) の寄稿がある。

（6）マドラスで一九二五年まで刊行されていた純文学雑誌。〈シャマ (Shyama)〉は、ベンガル語でカーリー女神の別名で、カーリー女神の色や、黒や暗い色のことも指す。

（7）啓明会は一九一八年に牧野伸顕を中心に設立された財団法人で、研究・調査・著作の奨励や助成が事業の核となっていた。野口は印度講演旅行の直後に、啓明会で講演を行っている。

（8）インドではすでに風前の灯となっていた仏教を再興するという意欲が、ダルマパーラやオルコットらを中心に盛り上がっていた。オルコットはブラヴァツキーと共に神智学協会を設立し、一八八〇年五月に二人はスリランカを訪れて仏教に改宗した。まもなくオルコットの演説会が開催され、ダルマパーラは初めてオルコットに会う。オルコットとダルマパーラは、一八八五年に仏教神智学協会を作り、その後、オルコットは大乗仏教と小乗仏教を統合するという夢を持って訪日する。ダルマパーラは、一八八八年の初来日以降、一八九二年、一九〇二年に訪日している。

（9）一八九三年、日本経由でアメリカに渡ったスワミ・ヴィヴェカーナンダは、その際、インドの青年に向かって日本に留学し日本の経験から学ぶよう呼びかけており、少数であったが日本に留学するインド人があらわれていた。

（10）一九〇一年に、『東洋の理想』（一九〇三年）を執筆中の天心がインドを訪れ、シャンティニケトンでヴィヴェカーナンダとタゴールに会い、以後、タゴールの学園（ビッショ・バロティ）と日本との交流が始まった。また、日本の美術、芸術などがインドに紹介されて、日本の芸術家がインドを訪れ、交流が深まる。

（11）日露戦争での日本の勝利は、国際社会の秩序に激震をもたらす出来事であり、ロシア、清国、インド、フランス領インドシナなどにおける革命運動・民族運動を強く刺激した。列強各国はその民族革命運動に対する対応を迫られた。第二回日英同盟協約（一九〇五年八月に調印）は、第一回協約の防守同盟を攻守同盟へ強化し、日本の韓国支配と英国のインド防衛とを相互に承認・擁護することを定めた。

(12)〈アジアは一つ〉は『東洋の理想』（一九〇三年）の冒頭で示されたもの。また、天心の『日本の覚醒』（一九〇四年）はアメリカ人を念頭に日露戦争を擁護したものだった。

(13)第一章の注(9)を参照。『余は如何にして英語を學びしか』英学会編輯局編、有楽社、二九頁。

(14)『東京帝國大學學術大觀――総説・文学部』国際出版、一九四二年、三三九―三六四頁。

(15)ただし、西洋の学者や哲学者が熱中したインド哲学研究は、当時のオカルト・神秘思想の流行や、神智学協会などの宗教運動と無関係ではない。本書では、神智学協会については詳しく立ち入らないが、この結社は、二〇世紀の思想と歴史、また近代宗教の布教や民族運動・反帝国主義運動を考える際に、重要な鍵となる組織である。日本にも神智学は流れ込んでいるが、それは当時の欧米の哲学思想や科学の学術的な移入の一環だった。

(16)大隈重信、渋沢栄一、長岡護美らを中心にして発足した日印協会では、日本と中国の良好な関係のためにも、インドとパイプをつなぐことが重要とされていた（三角佐一郎ほか『回想の日印関係』東京外国語大学地球社会先端教育研究センター「史資料ハブ地域文化研究拠点」研究叢書、二〇〇八年、二一―二三頁）。

(17)英文号は第五号から第四一号（一九一一―二七年）の各号毎に出されている。この雑誌に関しては、松本脩作「南アジア・日本関係史に関わる公文書収集事業紹介「日印協會々報」――未発見号の所在判明について」（『史資料ハブ地域文化研究』第二号、二〇〇三年九月、一〇四―一一〇頁）がある。

(18)Yone Noguchi, "Kakiyemon", *Journal of the Indo-Japanese Association*, vol. 24, January, 1919, pp. 13-17.「渡印日記――カルカッタの巻」『日印協会会報』五九号、一九三六年五月、一〇八―一一三頁。「タゴール追悼の辞」『日印協会会報』第七七号、一九四一年一二月、三一―三四頁。野口は一九三八年以降、日印協会からの寄稿依頼に対して快い返事をしていなかったらしい（三角佐一郎ほか『回想の日印関係』、前掲、五八―五九頁）。

(19)タゴールは一九二九年六月七日に行われた日印協会での講演「東洋の文化と日本の使命」で、岡倉天心の理想を称賛し、ベンガル地方の精神の覚醒と近代芸術運動が天心の影響を受けていることを述べて、日本の韓国支配に失望と警告を表明した（"On Oriental Culture and Japanese Mission"『タゴール著作集』第八巻、高良とみ訳、第三文明社、一九八一年、四八九―五〇〇頁）。

(20)市井三郎氏は、西洋人思想家たちを退けてタゴールが受賞した背景には、『サーダナ』をはじめとするタゴールの《社会的・哲学的言論には、現代人をあきれさせるような非現実的なまでの理想主義》があり、《西欧文化の立場からしても、支持せざるをえな》かったためとしている（市井三郎「解説「全人類主義者」タゴール」『タゴール著作集』第八巻、前掲、五六一―五六二頁）。

(21)一九一二年から一三年にかけてタゴールは英米各地で講演を行っていた。蛯原徳夫氏の「解題」によると、ハーヴァード大学の連続講演をまとめたものとされている（蛯原徳夫「解題」『タゴール著作集』第八巻、前掲、五四〇頁）が、我妻和男氏の「タゴール総年譜」にはより詳しく記述されている。すなわち、一九一二年五月二四日、英国講演のためカルカッタを離れ、六月一六日にロンドンに到着。一〇月二八日にニューヨークに渡り、イリノイ州に滞在してユニテリアン主催のクラブで初めて英語講演（六本）を行う。一九一三年一月、シカゴ大学で「古代インドの理想」について演説し、続いてユニテリアン・ホールで「悪の問題」に関して演説。二月にニューヨークとボストン・ハーヴァード大学で講演したのち、四月一四日にロンドンに帰り、五月一九日にキャクストン・ホールで六つの講演を行った。これらの講演が『サーダナ』としてまとめられたのである（我妻和男「タゴール総年譜」『タゴール著作集』別巻、第三文明社、一九九三年、八〇六―八〇七頁)。

(22) 日本での『サーダナ』の翻訳には、一九一五年の『森林哲学 生の実現』(三浦関造訳、玄黄社)、一九三五年の『生の実現』(花田鉄太郎訳、日本書房)、一九六一年の「生の実現」(美田稔訳、『タゴール著作集』第四巻、アポロン社)がある。

(23) 野口は一九一六―一七年にシャンティニケトンの教育や思想、学校生活について解説しているが、特にその教育方法をモンテッソーリと比較する視点を示している(「タ氏の「平和學堂」」『読売新聞』一九一六年五月二八日、三〇日。"Shantiniketan", *Japan Times*, 25 November 1917)。インドでは宗主国のイギリス式の教育が導入されていたが、一九〇〇年代より、欧米の制度を規範にして作られた日本独自の教育制度に関する紹介が盛んに行われた。日本の教育の発展は、インドを起点にしてヨーロッパにも紹介されていく(上田学『日本の近代教育とインド』多賀出版、二〇〇一年)。特にタゴールは一九一六年の来日時に、日本女子大学校の創設者の成瀬仁蔵(1858-1919)と対面し、女子大の学生らと軽井沢で瞑想と講話の数日間を過ごして、大きな感銘を受けている。二〇世紀の国際的な思想理論を摂取しながら〈信念涵養〉の教育を目指していた成瀬とタゴールには、教育理念と方法に関して相互の共鳴関係・影響関係があったと見てよい。

(24) 来日時のタゴールは、日本側の熱狂に対して内気な面を見せていたようである。姉崎正治は、《何處までも詩人ですから内氣な所があります》と書き、《拍手されても、感情がみだされる氣がする》ようで《講演の後大勢の人人に握手されるのもいやでせう》と話していた(姉崎正治「タゴール翁の思想につきて」『六合雑誌』一九一六年七月、二二頁)。

(25) これについては一九一五年当時、シャンティニケトンの日本語教師をしていた佐野甚之助が書いている(佐野甚之助「タゴール先生と自分」『名士のタゴール観』城南社、一九一五年)。日本の短歌を意識したタゴールの詩は、日露戦争における日本の勝利を讃える内容であった(丹羽京子「タゴールと日本」『タゴール著作集』別巻、前掲、三四五頁)。

(26) 従来の研究では、タゴールは一九一六年にアメリカへ行く途中で初めて日本を訪れ、その帰りの翌一七年にも日本に立ち寄った。次に二四年には中国訪問に伴い来日し、二九年はカナダへ向かう往路と復路で日本に立ち寄っている、とされる。

(27) Yone Noguchi, "In Appreciation of the Departed Indian Poet", *Nippon*, vol. 28, December 1941, pp. 52-54.

(28) 当時の移動に要する時間や費用からすると考えにくいことは言うまでもない。またタゴールの経歴は、タゴールの日誌や書簡をもとに精査されているため、日本来訪といった大きな出来事が見落とされる可能性は少ない。だが、インド人革命家たちがアメリカ経由で次々と訪日していた状況を考えても、ノーベル賞受賞前のタゴールの動向について再検証する価値はあるだろう。現在、タゴールの詳しい年譜には、我妻和男氏による「タゴール総年譜」(『タゴール著作集』別巻、前掲、七五〇―八二六頁)がある。

(29) 野口米次郎、タゴール宛書簡(一九一五年二月五日)、ビッショ・バロティ大学ロビンドロ・ボボン蔵。

(30) アメリカに招待されたタゴールは、一九一六年五月三日にカルカッタを出航し、二九日に神戸港に到着、九月二日に日本を発つ(我妻和男「タゴール総年譜」『タゴール著作集』別巻、前掲、八〇三―八〇四頁)。

(31) 〈タゴール氏歓迎員〉には、副島義一、武田豊四郎、来馬、佐野甚之助、内ヶ崎作三郎、野口米次郎の名前が挙がっていた(『読売新聞』一九一六年六月五日)。

(32) 「入京翌日の静座黙想」『読売新聞』一九一六年六月七日。語り合った内容は、「タゴールと語る」『文章世界』一九一六年七月号で紹介されている。

(33) 野口米次郎『印度の詩人』第一書房、一九二六年八月、三五―三七頁。

(34)この講演が、一九一六―一七年に日本とアメリカで行った講演をまとめて刊行した『ナショナリズム』(*Nationalism*)の、第二章「日本におけるナショナリズム」にあたる。

(35)井上哲次郎は、タゴールは《科學を呪ふ様に聞ゆる》と批判し(「タゴール氏帝大の講演に対する感想」『新人』一九一六年七月、四七頁)、海老名弾正は、日本国内でタゴールが《亡國の聖人》と批判されていることを憂いた(「詩人タゴールの文明批評を讀む」『新人』一九一六年七月、二三頁)。

(36)この問題については、ステファン・センの研究が詳しい(Stephan Sen, "Chapter 3, Japanese Views of Tagore's Message", *Asian Ideas of East and West : Tagore and His Critics in Japan, China, and India*, Cambridge Mass. : Harvard University Press, 1970, pp. 82-111)。その他、大澤吉博氏の「タゴールのナショナリズム批判――第一回来日(一九一六年)をめぐって」(『比較文学』第二四号、一九八二年三月)や、丹羽京子氏の「タゴールと日本」(前掲、三四四―三六八頁)などがある。

(37)丹羽京子氏は、この一九一六年のタゴール批判には、タゴール文学の紹介者や作家・詩人たちが、タゴールの取り巻き連(日印協会の大隈重信首相や原富太郎らの財界人、仏教学者、岡倉天心の弟子筋である横山大観ら美術家たち)に反発したという構図があったと論じている。政財界人や仏教関係者がタゴールを取り囲んだため、タゴールに注目していた文壇人たちが蚊帳の外に置かれたことが、反発の一因であったというのである(丹羽京子「タゴールと日本」、前掲、三五〇―三五六頁)。

(38)タゴールの翻訳をめぐる論争が、タゴールを積極的に翻訳していた加藤朝鳥の周辺で起きている(土岐哀果「タゴール翻訳三種」『読売新聞』一九一五年六月一七日、加藤朝鳥「土岐哀果氏へ――詩の翻訳について」『読売新聞』一九一五年七月二〇日、土岐哀果「加藤君の抗議」『読売新聞』一九一五年七月二〇日)。また文芸雑誌も、この問題に慎重になっていた。たとえば、「印度より日本への使信」と題したタゴールの講演の翻訳について、様々な言い訳がなされたあと、《傳聞する所によれば遠からず某氏のオーソライズト・トランスレーションが現はるゝさうであるから讀者は其を参考にせられなば益あるべしと思ふ》と注記されている(『六合雑誌』一九一六年七月、二―二〇頁)。またタゴールが使用した"Message"という言葉のニュアンスについての問題が示されている(『六号雑誌』一九一六年七月、三九頁)。

(39)高楠順次郎「印度詞宗タゴール(下)」『読売新聞』一九一五年六月一五日、朝刊六面。

(40)仏教学を専門にする早稲田大学教授の武田豊四郎(1882-1957)は、タゴール以前からのインド宗教の系譜に着目して「タゴールは果して偉大なりや」と題した論考を書いている(『六号雑誌』一九一五年五月、一七―二〇頁)。

(41)東洋と西洋を架橋して、インドの社会・宗教・教育の改革を行い、民族運動の先駆け的な役割を果たした人物(竹内啓二『近代インド思想の源流――ラムモホン・ライの宗教・社会改革』新評論、一九九一年)。インドの英語教育の発展の促進力になったのが、このラムモホン・ライと英国人デイヴィット・ヘア(David Hare)で、彼らはマコーレーの進言と相まって政府の教育政策を英語教育に導く要因を作った(蒲原正浩『イギリスの対印度教育政策――印度・ビルマの教育・植民政策』大空社、一九九八年、二二―二三頁)。ライの著作は、自己と宇宙の原理としての〈神〉とを同一視する汎神論的な観念的一元論であるヴェーダンタ哲学と共にエマソンらに影響を与えた。

(42)高楠順次郎「印度詞宗タゴール(上)」『読売新聞』一九一五年六月一二日、朝刊六面。

(43)「会員名簿」『日印協会会報』第一号、一九〇九年八月、二九―三一頁。ララ・ラージパト・ラーイは、一九二六年の『日印協会会報』第三七号、三八号に寄稿している。

(44)姉崎正治「タゴール翁の思想につきて」『六合雑誌』一九一六年七月、二四―二五頁。

(45)同前、二六頁。

(46)井上哲次郎「タゴール氏の講演に就て」『六合雑誌』一九一六年七

月、二八頁。

(47) 岩野泡鳴「タゴル氏に直言す（上）」『読売新聞』一九一六年六月一六日、朝刊七面。

(48) 岩野泡鳴「タゴル氏に直言す（下）」『読売新聞』一九一六年六月一七日、朝刊七面。

(49) 野口米次郎「私の懺悔録」『三田文学』一九一五年七月、六四頁。

(50) たとえば批評家・中沢臨川は、ニーチェに続いてベルクソンとタゴールが思想界の流行であることを挙げて、《時代は停滞をゆるさない。棄てよ汝のタゴールを、そしてより新しき物に急げよ》と述べている（中沢臨川「ベルクソンとタゴール」『三田文学』一九一五年八月、六〇頁）。

(51) 野口米次郎「タゴアは畢竟陽明学のみ」『東京朝日新聞』一九一五年三月。

(52)《ギタンヂヤリでも又其他の英詩集に於ても彼が用ひた藝術上の形式則ち散文詩の脈はフヰヲナ・マックレヲッド則ちウヰリアム・シヤープが『アーモアの沈默』を公にして以來、種々なる人が試みた形式で有るから、英國に於ては馴染が少く無いから、容易に英國人の了解と稱讃を博し安い。英國に於けるタゴーアの流行は彼の英詩の形式が與る所大なりと私は思ふ》（野口米次郎「詩人としての夕氏先生の價値」『東京朝日新聞』一九一五年三月三〇日）。

(53) 野口米次郎「タゴアは畢竟陽明学のみ」、前掲。

(54) 加藤朝鳥は、タゴール論で面白いものは野口のものと、田中王堂のもの（『時事新報』掲載）しかない、と述べている（加藤朝鳥「タアゴル流行に対する不滿」『読売新聞』一九一五年五月一五日、朝刊六面）。

(55) 野口米次郎「タゴアは畢竟陽明学のみ」、前掲。

(56) 野口米次郎「タゴールの印象と感想」『六合雑誌』一九一六年七月、九六頁。

(57) "Chinese opposition to Tagore", *The Living Age*, 2 August 1924, p. 240.

(58) "Oriental Panorama", *The Living Age*, April 1939.

(59) 野口米次郎『詩の本質』第一書房、一九二六年五月、七三—七四頁。

(60) 同前、七四頁。

(61) 野口米次郎『印度の詩人』、前掲、二二二—二二三頁。

(62) 同前、二二四頁。

(63) 同前、二二四—二二五頁。

(64) 同前、二二五頁。

(65) 同前、二二六頁。

(66) 同前、二二六—二二七頁。

(67) 同前、三三二—三三三頁。

(68) 同前、三三三—三三四頁。

(69) このことは、シャンティニケトンに残る一九二三年のタゴール宛書簡から分かる。野口は《Dear Poet》とタゴールに宛てて、《James Cousuns sent me a copy of the Visva-Bharati Quartely which interested me. Here I enclose to you 3 poems hoping that you will give item some space of its magazine. But I will obliged to you, if you let me know when you couldn't use item》（タゴール宛書簡一九二三年六月四日）と書いている。ここで言及されている三篇の詩は、『ビッショ・バロティ・クォータリー』の一九二三年一〇月号に掲載された "A Lone Pinetree" (p. 208), "The Independence of Existence" (p. 209), "The Flowers in My Palm" (p. 210) である。

(70) 慶應義塾を去ったあとのカズンズがマドラス付近に住んで、神智学協会の《ベサント夫人の最も有力な協力者》となり、また《印度に於ける大教育家の一人としてマダナパール・カレヂを経営している》ことを野口が記している。また、カズンズが『新日本』と題する一冊の印象記を出版して、数頁を割いて野口のことを論じていると述べている（野口米次郎「印度と私——渡印に際して（中）」『時事新報』一九三五年九月一四日）。

(71) カズンズについては、ゴウリ・ヴィシュワナータンによる研究がある（Gauri Viswanathan, *Outside the Fold : Conversion, Modernity, and Belief*, Princeton N. J. : Princeton University Press, 1998.「近代との格闘——ジェイムス・カズンズと日本・インド・脱植民地の文化」三原芳秋訳、

『「近代の超克」と京都学派――近代性・帝国・普遍性』以文社、二〇一〇年、二三五―二六四頁)。なお、『アジアン・レビュー』は一九二〇―二一年に刊行されている。
(72) 野口米次郎『愛蘭情調』第一書房、一九二六年、二八頁。
(73) 野口米次郎『印度の詩人』、前掲、九八―一〇〇頁。
(74) ポール・リシャール『告日本國』大川周明訳、一九一七年、四頁。これは、フランス原語のほか、英訳(ミラ・リシャール)、和訳(大川周明)、漢訳(松平康国)が合わせて収録され、河島浪速の「序」を付して一九一七年(東京:出版者不明)に刊行されている。
(75) 野口米次郎「今日の印度詩人」『詩神』一九二九年九月、三頁。
(76) 同前。
(77) 一九三一年の満洲事変以降、中国政府は中国文化や思想を積極的に国際社会に向けて発信するようになっていた。一九三四年にはベルリンで〈中国現代美術展覧会〉、一九三五年にはロンドンで〈中国芸術国際展覧会(The International Exhibition of Chinese Art)〉が開催されるなど、政府主導の海外発信に力を入れていた。
(78) 柳澤健は、帝国大学在学時代には島崎藤村や三木露風に師事して詩人として活躍していたが(前述第五章)、卒業後は外務省に勤務した。一九三三年八月には外務省文化事業部第二科初代課長、一九三五年八月には文化事業部第三課長に任じられ、国際社会で孤立しつつあった日本の文化宣伝のために尽力していた。
(79) 「歐文日本書の賣れない嘆き」『中外商業新報』一九三四年一一月二日。
(80) フランス、イギリス、ベルギー、ドイツ、オランダ、ロンドンのペンクラブや日本人会で講演を行い、三月二七日にマルセイユに到着、五月七日にフランスを発った。高浜虚子も、渡欧前には日本の代表として使命を果たすことに乗り気ではなかったようである(和田博文ほか『言語都市・パリ――一八六二―一九四五』藤原書店、二〇〇二年、三二一―三二七頁)。
(81) 翁久允「ヨネ・ノグチの思出」『詩人ヨネ・ノグチ研究』第二集、造形美術協会出版局、一九六五年、一八六頁。
(82) 富山県出身の翁は、一九〇七年に一九歳で渡米し、シアトル、サンフランシスコなどのアメリカ西海岸の日系社会で移民文学の先陣を切る道を歩んだ。翁は一九一七年からはミラーの〈丘〉の近くに住んで、ミラーの山荘を訪問する日本人らを案内していた。野口とは、一九一九年から二〇年に野口がアメリカ講演旅行をした際に初めて顔を合わせ、以後親しく交流した。一九二四年に帰国したときには野口を訪ね、それ以後、日本の文壇人や著名人らとの交際が広まる。一九二八年に刊行した『コスモポリタンは語る』(聚英閣)の出版記念パーティーには野口、徳田秋声、小川未明、横光利一、西条八十、堺利彦ら二百数十名が集まったという。一九三一年に竹久夢二と共にハワイ経由で再渡米したのち、一九三二年五月には再帰国し一二月にインドに向かう。一九三六年には、愛郷心の高揚とコスモポリタン精神の追求のための雑誌『高志人』を発刊し、断続的ながら戦中戦後を含む三八年ものあいだ刊行を続けた。野口・タゴールの論争もこの雑誌に掲載され、論説されている(「翁久允年譜」『翁久允全集』第一〇巻、翁久允全集刊行会、一九七三年、四五七―四七二頁、「野口の初印象」『翁久允全集』第二巻、翁久允全集刊行会、一九七二年、四二六―四二八頁などを参照)。
(83) 翁は、地元の富山県の代議士高見之通の要請により、日印貿易商会の仕事のため一九三二年一二月二一日にインドに向けて神戸港を出発した。偶然にもカルカッタに滞在していたタゴールに領事館で面会し、二月にはタゴールの大学があるシャンティニケトンに招かれた(「翁久允年譜」、前掲、四六三頁)。翁久允のインドに関する執筆には『今日の印度』(改造社、一九三三年)や「デリーの横顔」(『新潮』一九三四年一月号)、『印度佛跡を観る』(大東出版社、一九三五年)がある。
(84) 翁久允「印度人の対日観」、前掲、四二八―四三〇頁。
(85) 翁久允「我彼の立場」(『高志人』一九三七年一二月号収録)『翁久允全集』第二巻、前掲、四三〇頁。
(86) 野口米次郎「印度と私――渡印に際して(下)」『時事新報』一九三

五年九月一五日。
(87) 同前。
(88) 目野由希「一九三〇年代におけるカリダス・ナーグと日本の文化交流」『AJジャーナル』第四巻、二〇〇九年三月。
(89) 野口米次郎「凡例」『印度は語る』、前掲、六頁。
(90) 野口米次郎「日本を去るに臨んで——光悦寺を訪る」『セルパン』一九三五年一〇月、四一頁。
(91) 同前、四〇頁。
(92) 同前、四〇—四四頁。
(93) 野口米次郎「序文」『印度は語る』、前掲、一頁。
(94) 野口米次郎『印度は語る』、前掲、八四—八五頁。
(95) 「共栄の十字路昭南港——花開かん独自の文化」『京城日報』一九四二年二月二二日。
(96) 野口米次郎『印度は語る』、前掲、八三頁。
(97) 同前。ナーグは、〈拡大インド（The Greater India）〉を主張し、アジアの連帯を訴えていた活動家で、第二次世界大戦中に公判なしで投獄された。*India and the Pacific World*（Greater India Society, 1941）などの著作がある。
(98) 前述のオーロビンド・ゴーシュも、ポンディシェリに移る前にはカルカッタで民族運動家として活躍して投獄されている。なお、大川周明は一九一〇年頃からゴーシュとの直接的な面識があった。
(99) 当時のインドでは、〈総長（Chancellor）〉はインド総督を指し、〈副総長（Vice-Chancellor）〉が実質的な大学の最高責任者であった。本書では〈学長〉と記述する。
(100) 息子のシャマプラシャドは父アシュトシュの影響を受けて熱心なナショナリストとなり、一九三〇年代後半には日本軍の対インド政策に近づいていった人物である（S. P. Sen, *Dictionary of National Biography*, vol. 3, Calcutta : South Asia Books, 1974, pp. 171-174）。
(101) 野口米次郎「印度と私——渡印に際して（下）」、前掲。
(102) S. P. Sen, *Dictionary of National Biography*, vol. 3, pp. 152-154.
(103) 野口米次郎「印度と私——渡印に際して（下）」、前掲。
(104) 第二回は一六日「日本の美術」、第三回は一九日「本阿弥光悦」、第四回は二三日「広重と日本風景」、第五回は二七日「日本の仮面劇」、第六回の最終講演は二八日「自然礼賛」であった。
(105) 前述したように、一九一〇年代から日本の知識人が日印協会や黒龍会などを介してこの団体の幹部と関係を持っていた。
(106) 野口米次郎『印度は語る』、前掲、八六頁。
(107) 臼田雅之「天心岡倉覚三とベンガルの人々」『国際交流の歴史と現在——現代文明論講義より』東海大学出版会、一九八八年、一一六頁。
(108) 野口米次郎『印度は語る』、前掲、二四七頁。
(109) 同前、八七頁。
(110) 同前、一〇〇—一〇三頁。
(111) 同前、一〇二—一〇三頁。
(112) S. P. Sen, *Dictionary of National Biography*, vol. 1, pp. 193-194.
(113) 野口米次郎『印度は語る』、前掲、一〇三頁。
(114) 同前、二五一—二五二頁。
(115) 野口がナーグと共にボルプールの駅を降りると、タゴールの子息が率いる歓迎委員会による歓迎と祝福を受けた。タゴールは一一年ぶりの再会に、《いつあなたが来るかと思つてどんなに待つたか知れない》と叫んで大歓迎した。ただし、野口のシャンティニケトン滞在はわずか一泊二日で、三〇日の夜にはカルカッタに戻り、翌日にはカルカッタ大学で催された全インド詩人の歓迎大会に出席した。
(116) ナンダラル・ボースは、ベンガル美術ルネサンスの芸術家オボニンドロナート・タゴール（1871-1951）に師事し、ジョラサンコにも出入りしていたため、クーマラスワミやシスター・ニヴェーディタ、岡倉天心らにも会っていた。一九二三年からは、シャンティニケトンの美術学部の主任教授となる。野口の『印度は語る』や『起てよ印度』の装丁などにはナンダラル・ボースの絵画やカットが多数使われている。
(117) ノーベル賞を受賞した経済学者アマルティア・センの祖父にあたる。タゴール大学の中世インド思想史の教授であった。中世インドの神秘主義者たちに関するセンの研究が、当時、ヒンディー文学研究の新しい扉を開いたとされている。この分野に関して、彼は一九二九年にカルカッタ大学で連続講義を行っている。多くの著作を書いているが、野口が渡印した頃には *Dadu* (1935) がタゴールの序文をつけて刊行されている。

(118) 野口米次郎『印度は語る』、前掲、六二頁。

(119) 同前、六六頁。

(120) Yone Noguchi, "A Mango Tree", *The Ganges Calls Me*, p. 40. 野口米次郎「マンゴウの木」『起てよ印度』、前掲、七一―七二頁。

(121) ポール・クローデルの『東方の所感』(*L'oiseau Noir Dans Le Soleil Levant*) が、翻訳・長谷川善雄、装幀・藤田嗣治で、立命館出版部から一九三六年四月に刊行されているが、この中に、タゴールの直筆でベンガル語の詩が一篇(一九三五年一一月三〇日付)寄せられている。野口米次郎が渡印時にこの便宜を図ってくれた旨が、訳者による「はしがき」に記されている。

(122)《ガンディーさんは意外と会っている人が少ないのですよ。会っても直接交渉するような話がなかったのと、戦前は彼の周辺に行っただけでスパイ扱いされて逮捕されてしまう。大川周明氏とか鹿子木員信氏とかみんなカルカッタへ上陸してまもなく逮捕されましたね。特に容疑はなくても。だからガンディーさんに近づくということになると、これはイギリスにとっては危険だということになります。日本の誰が近づくことができたかというと、仏教の藤井日達師と高岡氏です。とくべつの肩書きを持たないで会って交渉して成功したのです》(三角佐一郎ほか『回想の日印関係』、前掲、八四―八五頁)。

(123) この面会時の模様は、『インドは語る』のみならず、「ガンヂーズム」(『日本評論』一九三八年六月、九八頁)にも詳しく執筆された。

(124) 野口は、《その握り方の強かつたことで私は彼が正直な生一本の男だと直感した》と書き、もしほかにこういう握り方をする者がいるとすれば、国民会議派の闘士かベナレスのマーラヴィーアだろう、と記している(野口米次郎『印度は語る』、前掲、一七四頁)。

(125) 野口米次郎『印度は語る』、前掲、一七六頁。

(126) 同前、一七七頁。

(127) 同前、一七八頁。

(128) 同前、一〇〇頁。

(129) 野口米次郎「ガンヂーズム」『日本評論』一九三八年六月、九九頁。

(130) 同前、一〇七頁。

(131) 戦時下の日本では、帝国主義への抵抗を具体化したガンディーを賞讃する声の方がタゴールを賞讃する声よりも大きかった。たとえば、一九三〇年代後半から四〇年代における国内の新聞記事では、ガンディーに関する記事がタゴールに関するものよりも圧倒的に多くなっている。

(132) 野口米次郎『印度は語る』、前掲、二六三頁。

(133) 同前、一八〇頁。

(134) 野口は、「ハリエンダ・チャトパジャ」(『印度は語る』)、あるいは「ハリエンドラナート・チャトパジヤ」(「今日の印度詩人」『詩神』一九二九年九月一日)と表記している。

(135) このことは、『印度は語る』や「印度と私――渡印に際して(中)」(『時事新報』一九三五年九月一四日)に記されている。

(136) 野口米次郎「今日の印度詩人」『詩神』一九二九年九月一日、四頁。

(137) 三角佐一郎ほか『回想の日印関係』、前掲、九五―九八頁。

(138) 野口米次郎『印度は語る』、前掲、二七五頁。

(139) 同前、二七六―二七七頁。

(140) 同前、一一八―一一九頁。

(141) 同前、一一九頁。

(142) ピーター・ワシントン『神秘主義への扉――現代オカルティズムはどこから来たか』白幡節子・門田俊夫訳、中央公論新社、一九九九年、一五一頁。

(143) 野口米次郎『印度は語る』、前掲、一一八―一一九頁。

(144) 同前、一六九頁。

(145) 同前、二六九―二七〇頁。

(146) 同前、二七二頁。
(147) 同前、二七二―二七三頁。
(148) シャーストリー（野口はサストリーと表記）は、一九四〇年代の日印協会会報に数篇の記事を寄稿していた親日派であった。
(149) Mohan Khokar, "Dance in Transition：The Pioneers", *Marg：Trends and Transitions in Indian Art*, vol. 36, no. 2, 1983, pp. 41-76.
(150)《A mystery of the flesh denying ruin and death, / A mystery of spirits that across time and space wail on》(Yone Noguchi, "Indian Dancer", *The Ganges Calls Me*, pp. 13-14).
(151) 野口米次郎『印度は語る』、前掲、九七―九八頁。シャンカールは、結局来日を果たせなかったが、シャンカールの次に国際的な注目を集めた舞踊家ラム・ゴーパル（1912-2003）は、日印協会との接触があり、『日印協会会報』に寄稿している（ラム・ゴーパル「印度の寺院舞踊」『日印協会会報』第六四号、一九三八年四月、六八―七一頁）。
(152) チャウドゥラニ夫人の回想録「人生の落葉」（カルカッタの週刊誌『デーシュ』一九四四年一一月―四五年六月に連載）に、この横山大観と菱田春草の二幅の絵が夫人の居間に飾られていた、と記されている。チャウドラニは、《大観のカーリー女神の絵はありきたりのカーリー画像ではない。その構想のうちにあった新しさについて、私は『プロバシ』誌に説明しておいた》と書いている（臼田雅之「天心岡倉覚三とベンガルの人々」、前掲、一一七―一二二頁）。
(153) この映画はヒンディー語で『Dhoop Chhaon』、ベンガル語で『Bhagya Chakra』と題された。監督・脚本・撮影はナティン・ボース(Natin Bose)で、主役ディーパック(Deepak)をパハディ・サンヤル(Pahadi Sanyal)が演じた。野口はこの映画の演出手法や斬新性に感心している。この映画はインド映画で初めてプレイバック歌の技術が使われたものであり、監督本人によれば、それは世界初の技法であったという(Ashish Rajadhyaksha and Paul Willemen, *Encyclopaedia of Indian Cinema* (New revised edition), New York：Oxford University Press, 1994, p. 262)。
(154) 野口米次郎『印度は語る』、前掲、九〇頁。
(155) 当時の映画は、政治や政策と密接に結びついていた。野口も寄稿していた日本の雑誌『新亞細亞』では、一九三九年一二月に映画の特集が組まれている。またこの雑誌では、ロシアのインドへの攻勢、太平洋における日英米の経済権益に対する不安などが論じられている。野口の映画関係者の訪問に、どれほど政治的な意図が担わされていたかは分からないが、完全に芸術面のみの視察とばかりも言えなかったと思われる。
(156)《何をさし置いてももつともつと所謂本格的な乞食に接して見たい》と野口は書いている（野口米次郎『印度は語る』、前掲、六九頁）。
(157) 野口米次郎『印度は語る』、前掲、七一頁。
(158) 同前、一四五―一四六頁。
(159) 同前、二三〇頁。
(160) この点に関しては、荒木重雄氏が言及していた（「野口米次郎――インドとの出会い」『真日本文学』一九七七年五月、九一頁）。
(161) インドの大問題は、無知文盲の民衆にかかっており、《理知的上層階級は、今日の衣食に苦しむ民集を置き去りにしてその將來を考えず理想にのみ走》り、《英國人の念頭にもインドの民衆が存在しない》と書いている。この野口のインド旅行談は、ラジオ講演の中で紹介されている（『東京朝日新聞』一九三六年三月二日）。
(162) 野口米次郎『印度は語る』、前掲、二六一―二六二頁。
(163) また、インドの支配者層や富裕者層の生活圏で旅をしていた野口は、インドの物価の高さに目をみはり、《僅かの金で貧乏人まで所謂近代生活の恵みを受けて始めて國が文明國だといへる》と言い、この点においては《日本は世界に傑出した文明國なり》と書き加えている（同前、二六二頁）。
(164) 野口米次郎「序」『印度は語る』、前掲、四頁。
(165) 野口は親善大使として公的な使命に忙殺されたが、その中でも、インドの風土や自然から多大な詩情や抒情的、芸術的刺激をかきたてられた。《普通の耳では聞くことの出來ない玄妙な音樂的雰囲氣のなかに溶解し行く》と言い、《恍惚の法悦に浸つて影の迷宮に酔ふといった形である》、《印度の夜は私が幾年も失つて來た抒情氣分を取り戻して呉れた》と書いている（野口米次郎「跣足の印度」『文藝春秋』一九三六年七月、三二頁）。

(166) 帰国後の野口は、《詳細にものを研究し始めたならば、印度に幾年ゐても長しとしないであらう》と述べ、《今回の印度訪問だけでは食ひ足りない。私はもう一度印度を訪れてみたい……印度の聖火は揺ぎ、われを招くやうに感ずる、饗宴はいつでも用意されて私の來るのを待つであらう》と記している（野口米次郎『印度は語る』、前掲、四―五頁）。

(167) 前田鐵之助「*The Ganges Calls Me* に就いて」『詩人ヨネ・ノグチ研究』第二集、前掲、七二―八八頁。

(168) "By the Bay of Bengal", *The Ganges Calls Me*, pp. 78-79.

(169) 野口米次郎「ベンガル灣の聲」『起てよ印度』、前掲、四七―四九頁。

(170) 大江満雄「野口米次郎とタゴールとの精神的緊張」（『詩人ヨネ・ノグチ研究』、前掲、二四二―二五八頁）は、《タゴールの人類主義的な理想主義》と野口の《国家主義的な現実主義》を論じている。また丹羽京子「野口米次郎とロビンドロナト・タクル」（『アジア・アフリカ語学院』一九九五年一二月、五一―一八頁）は、野口が矛盾を抱えながらも《国粋主義的発言》を行ったとみなしている。Stephen Hey, *Asian Ideas of East and West* (pp. 320, 327) は、この論争の構造を中国との関連性を含めて考察しているが、具体的な検証ではない。その他、Rustom Bharucha, *Another Asia : Rabindranath Tagore and Okakura Tenshin* (New York : Oxford University Press, 2006, pp. 167-171) も、この論争について触れている。

(171) じつはタゴールは、野口との論争の前にガンディーやロマン・ロランとも論争していた。これらの論争が何を問題にしたのか、どこに対立が生じていたのかをつぶさに検討すれば、野口とタゴールの論争のコンテクストをいっそう明瞭に浮かび上がらせて、それぞれの言論の立場と内実をさらに明らかにできるだろう。

(172)「日支事變の本會の行動」『日印協会会報』第六四号、一九三八年四月、一二五頁。

(173) 野口のオリジナルの英語での書簡と、日本の新聞メディアで報道された論調には、明らかに差異がある。本来その日英両文献を精査し比較検証する必要があるが、ここではその点に注意を促すにとどめる。

(174) 野口の書簡は、ガンディーには七月二〇日、タゴールには七月二三日の日付で発送されている。

(175) 野口米次郎「三度タゴールに與ふ」『読売新聞』一九三八年一二月一三日。

(176) 同前。

(177) こうした言説が、当時しばしば見られた典型的な正戦論であることは言うまでもない。

(178) 野口米次郎「三度タゴールに與ふ」、前掲。

(179) 同前。

(180) 同前。

(181) 野口米次郎「三度びタゴールに與ふ」『文藝春秋』一九三八年一一月、二一八頁。

(182) 同前。

(183) 野口米次郎「印度の新聞界は沸騰す」『日本評論』一九三九年一月、二三七頁（『アムリタ・バサール・パトリカー』の記事については、『読売新聞』一九三八年一二月一三日、夕刊二面でも触れられている）。

(184) 野口米次郎「印度の新聞界は沸騰す」、前掲、二三九―二四〇頁。

(185) 同前、二四〇頁。

(186) インド社会学者でインドの文化大使（野口は〈サルカー〉とのみ記述）。一九〇五年にカルカッタ大学卒業後、一九二五年からカルカッタ大学経済学部で教鞭をとる（つまり英国留学をしていない知識人）。*The Positive Background of Hindu Sociology* (1914) や *The Beginning of Hindu Culture as World-power* (1916) などの著作があり、様々な文化協会を設立した人物である。サルカールはのちの一九四四年に『日印協会会報』に三度の寄稿をしている（ビー・ケー・サルカル「ヒン

ヴゥ政治制度と其の理論（一・二・三）」『日印協会会報』第八六・八七・八八号、一九四四年五月、九月、一一月）。

(187) 野口米次郎「印度の新聞界は沸騰す」、前掲、二四二―二四四頁。

(188) サルカールは《日本は直接の罪人として批判さるべきか。何故に支那はかくも憐れであるか。（中略）支那人は聡明で、活動的で堅忍である。それにも係らず彼等はかくも簡単に敗北して仕舞つた。われわれはタゴールによくこの點を考へて貰い、そして悲痛な心を慰めて貰いたい。（中略）非難すべきは欧羅巴諸國と米國であつて、日本でない。何の故に支那はかくも衰へたか。猶太人的白人の商賣人が支那衰亡の最大原因だ。高い希望の後見人はどこにも居ない》（同前、二四二―二四三頁）。

(189) 同前、二四二―二四四頁。

(190) センによれば、《實に日本は全世界に向つて、人種や皮膚の色が軍國的天才には邪魔者でないことを立派に立證した。日本が今企圖しつつある所は、支那と打つて一丸となり、大亞細亞を建設せんとするにあつて、その指導のもとに、支那人に新教育を施さんとするにある。然るに蔣介石の国民黨政府は、國の大掃除を日本に任かせないとしてゐる。支那は英國や佛蘭西や米國の植民地たることに甘んずるが、日本には一寸の地も日本に與へないと反對してゐる。若し英國が印度を教育し、伊太利亞がエチオピアを教育し、獨逸がチエコを教育することが正當視されるならば、何故に日本が文化の使命を隣人國に施して惡いといふ理由がいづこにも思出されないであらう。（中略）今日の世界に、眞理と無抵抗と人類愛とに粘着してゐる國は、印度を除いて他にない。世界の帝國主義國は印度を輕蔑して、われわれを時代後れの國としてゐる。タゴールやガンヂーの大聲疾呼も何の役に立たない。印度の精神的遺産は誇りであるが、帝國主義は之れを無力と呼んで、ただ奴隷國に相應しいとしている。（中略）この際日本だけを非難して、有罪なり斷ずることは出來ない》（同前、二四三―二四四頁）。

(191) 野口米次郎「シバの三面」『起てよ印度』、前掲、一〇一―一〇四頁。

(192) 野口米次郎「カリー女神」『起てよ印度』、前掲、八一―八四頁。

(193) 野口米次郎「印度の新聞界は沸騰す」、前掲、二四五頁。

(194) 野口の記述には《バスーという人》とあるが、『日印協会会報』第四二号（一九二七年一一月、六六―七〇頁）に「中世期のベンゴール文化」（"The Cultural-products of Bengal"）を寄稿しているラメス・バスー（Rames Basu）であろう（Basu はボシュと表記できる）。

(195) 野口米次郎「印度の新聞界は沸騰す」、前掲、二四五―二四六頁。

(196) 同前、二四六頁。

(197) 同前、二三四―二三五頁。

(198) 同前、二四六頁。

(199) 「論争に美しき終止符　インド詩聖が真心の贈物」『読売新聞』一九三九年四月一一日。

(200) 「印度研究発會合」『日印協会会報』第六八号、一九三九年七月、八四―八五頁。

(201) 同前、八五頁。

(202) 同前、八七頁。

(203) 同前、八八頁。

(204) 同前、八八―八九頁。

(205) 同前、八九頁。

(206) 中山忠直『アジアのめざめ　ボースとリカルテ』東西文明社、一九四二年、六〇―六一頁。

(207) 一〇月七日、ラシュビハリ・ボースはガンディーとタゴールに、ネルー一派の反日運動停止の努力を要望し、一〇月二一日にはタゴールに、日本の真意を理解してもらうため招聘したい旨を書き送っている（中山忠直『アジアのめざめ　ボースとリカルテ』、前掲、六四―六八頁）。

(208) 「機会と自由あらば日本訪問も考慮」『東京朝日新聞』一九三八年一一月一〇日。

(209) 野口米次郎「自序」『起てよ印度』小学館、一九四二年、二頁。

(210) 野口米次郎「亜細亜はひとつ」『起てよ印度』、前掲、二九八頁。

(211) 荒木重雄「インドとの出会い（上）」『新日本文学』第三五七号、一九七七年五月、九五頁。

(212) 鈴木貞美「解説」『藝文』（一九四三年八月号）復刻版、ゆまに書房、二〇〇八年。

(213) これは「カレント・トピックス」を企画した頼母木真六が述べた言葉（『調査報告』一九三二年七月号、一四―一五頁）であった（北山節郎『続・太平洋戦争メディア資料I』緑蔭書房、二〇〇五年、四四頁）。

(214) JOAKは、日本放送協会の〈海外放送〉を指すものであったが、外国からは〈ドメスティック・サービス〉〈インペリアル・サービス〉と捉えられて、日本放送協会の放送全体を意味していた（北山節郎『ラジオ・トウキョウI』田畑書店、一九八七年、一頁）。JOAKは、数あるメディアの中でも特に日本政府の対外政策の宣伝活動機関として重大な責任があったとみなされて、GHQの占領時に活動を停止させられることになった（内川芳美「占領下の放送制度改革」『日本占領の研究』東京大学出版会、一九八七年、三八八頁）。

(215) 一九三七年一月一日、〈欧州向〉〈ニューヨーク、南米向〉〈海峡植民地・ジャバ向〉〈北米西部、ハワイ向〉の海外放送と合わせて送信が始まる。四月一日以降は、ヨーロッパ向けに、フランス語とドイツ語が隔日、北米東部・南米向けにスペイン語が放送されるようになる。海外放送は一時間のヨーロッパ向け放送に、従来の英語のほか、ドイツ語とフランス語のアナウンスとニュースをプログラムに盛り込んで実施した。

(216) 一九四二年一月にマニラ陥落のニュースとともに、野口がJOAKから委嘱を受けて書いた詩「マニラ陥落」が全国に一斉放送されている。この「マニラ陥落」は、《陰謀の牙城潰る、マニラ落つ、／長き脅威の日終れり、鐘を打ち、永へに侮辱と壓迫を葬らしめよ》と始まり、《傲慢無礼を駆逐する時来れり》、《汝死せるマニラ、阿諛と恫喝に弄ばれたり》《米国の玩具》という言葉が並ぶ。最後は次のように結ばれている。

　彼等の目前に實在し、
　我等の手を握らんとす、
　ああ、解放を叫ぶ彼等の聲あり、
　独立を夢見て隣人の力を乞ふ。
　彼等は歴史の光榮にかへり古き智勇に甦る。
　我等は彼等の熱涙面に滂沱として滴るを見る、
　彼等感激を堪え、曉の太陽を拝せんとするを見る。

ようするに、米国の侮辱と圧迫から解放を求めていた人々に乞われて、隣人である日本帝国が彼らを救った、という内容の詩である。当時、フィリピンが〈大東亜共栄圏〉の建設に協力して独立すべきであるという認識や、大日本帝国がアメリカの残虐から〈隣人〉を救うといった認識が、国内外に向けて頻繁に繰り返し発信されており、野口の詩はそのイデオロギーを言語化したものとなっている。このようなプロパガンダのため、フィリピンの世論は二つに割れてしまい、ある村では殺し合いが起きたり、住民が激しくいがみ合ったりする事態になったともいう（北山節郎『ラジオ・トウキョウII』、前掲、七一―七三、八九―九一頁などを参照）。

(217) 同前、九〇―九一頁。

(218) 国内放送は二月一七日の夜、藤山一郎が軍国歌謡「英国東洋艦隊潰滅」を歌い、志賀直哉の「シンガポール陥落」、里見弴の「感謝」文を、浅沼博（アナウンサー）が朗読した。翌一八日は〈大東亜戦争戦捷第一次祝賀会〉の日とされ、ラジオは朝から晩まで〈慶祝〉の番組を放送した。ハイライトは音楽であり、音楽特集番組九本が午前八時から午後一一時まで約三時間にわたり、延べ五百余人によって放送された。作詞・室生犀星、作曲・山田耕筰、独唱・伊藤武雄、合唱・放唱、管絃楽・放響（日本放送交響楽団）、指揮・山田耕筰の「シンガポール陥落す」はこの日のための特別企画であったという（北山節郎『ラジオ・トウキョウII』、前掲、一〇七―一〇九頁）。

(219) 北山節郎『ラジオ・トウキョウII』、前掲、一三四―一四二頁。

(220) 急進的に独立解放を求めたインド人革命家たちは、一九一〇年代以降、次々とインド国外に渡っている。その目的は避難所を設けたり、革命を謳う文献を刊行したりすること、また武器を入手することであった。革命家たちはイギリスやフランスなどに点在したが、英独関係が悪化するとベルリンは特に重要な拠点になった。一九〇九年以降はビレンドロナート・チャットーパッダーエ（1880-1943）がベルリンを根拠地に選んでいた（スミット・サルカール『新しいインド近代史I——下からの歴史の試み』研文出版、一九九三年、一九七—一九八頁）。

(221) 臼井吉見『安曇野』第四巻、筑摩書房、一九七三年、四〇三頁。

(222) 同前、四〇四頁。

(223) スミット・サルカール『新しいインド近代史II——下からの歴史の試み』研文出版、一九九三年、五二〇—五二四頁などを参照。

(224) 「印度へ呼ぶ日本の友情（吉積情報局第二部長放送）」『放送研究』一九四二年四月号、一二頁。

(225) 「英米デマを粉砕する声の弾丸」『放送研究』一九四二年六月号、五〇—五一頁。

(226) 日本の新聞も東條政権も、ガンディーの対日公開書簡をまったく問題にせず、ラジオ東京でも取り上げられなかった（蝋山芳郎『マハトマ・ガンジー』岩波書店、一九五〇年）。ガンディーの対日公開書簡に対する反応としては、一一月二八日、「ガンディに与ふ」（英語、ヒンディー語、ウルドゥー語）と題した放送で、大川周明が《日本は大東亜戦争に於ける日本の勝利が、必ず印度独立の導火線たるべきを信じ、古へ釈尊より受けたる教に対する最上の返礼として、印度独立のために能くする限りの援助を提供せんとする以外、また他意あるのではない》と述べている（北山節郎『ラジオ・トウキョウII』、前掲、二〇一頁）。

(227) 野口米次郎『聖雄ガンジー』潮文閣、一九四三年七月、二六一頁。

(228) 北山節郎『ラジオ・トウキョウII』、前掲、二〇二—二〇三頁。

(229) 五月二三—二五日に脇山康之助が「インドの民族運動とDominion問題」、六月九、一〇、一五日に伊藤敬が「印度民衆に愬ふ」、「(一)米国狼に御注意あれ」、「(二)米国の民主主義は印度に適用されず」、「(三)米国の対印野望」を放送した。七月二六日から九月一〇日まで二六回放送された対印度講演原稿が『海外放送講演集』第三巻に収められている。日本のインド向け国際放送の目的は、日本の戦線の南下と英国クリップス使節団の介入によって緊張していたインド情勢下のインド国民に向かって、独立運動の気運を促し、日本の戦争目的を理解させて侵略者・帝国主義者の烙印を押させないようにするということであった。

(230) これは、『文藝』一九四二年三月号（二月一九日に検閲済み）に掲載された。その後、若干の削除と検閲を経て、『起てよ印度』（一九四二年六月、一一—二一頁）に「印度人に愬ふ第一公開状」と題して収録されている。ちなみに「印度人に愬ふ第二公開状」は、一九四二年四月の〈現地報告〉に発表したもの、と記されている。

(231) 野口米次郎『聖雄ガンジー』、前掲、二六〇—二六一頁。

(232) 同前、二六一頁。

(233) ラシュビハリ・ボース「インド向けの声明」『国民新聞』一九四二年二月一八日（シンガポール陥落後、東條首相はインドの民族独立の援助に関する声明（二月一七日）を発表し、ボースがこれを受けて山王ホテルで記者会見を行った）。

(234) 野口は、一九四二年三月二〇日に上野精養軒で開かれた〈ボース氏激励会〉（ラシュビハリ・ボース）の発起人の一人である。発起人には、林銑十郎（1876-1943）、阿部信行（1875-1953）、松井岩根（1878-1948）、広田弘毅（1878-1948）などの軍人・政治家たち、言論統制の責任者の緒方竹虎（1888-1956）、報国会会長の徳富蘇峰、岩波書店の岩波茂雄（1881-1946）のほか、頭山満（1855-1944）、葛生能久（1874-1958）、大川周明（1886-1957）、鹿子木員信（1884-1949）が名を連ねている（中島岳志『中村屋のボース』白水社、二〇〇六年、二八七頁）。また、チャンドラ・ボースが一九四四年一〇月に再来日した際に、野口を訪問したと言われている（Priyadarsi Mukherji, *Netaji Subhas Chandra Bose: Contemporary Anecdotes, Reminiscences and Wartime Reportage*, New Delhi: Har-anand Publications, 2009, p. 283）。野口の遺族によると、戦前、自宅には様々な外国人が訪れたが、特にインドの人がよく来訪してきたという（二〇〇九年四月三日、電話取材）。

（235）野口米次郎『聖雄ガンジー』、前掲、二六二頁。

（236）一九四三年五月二一日午後三時、大本営発表により、連合艦隊司令長官海軍大将の山本五十六の戦死が告げられた。夕方より追悼番組が始まり、六月五日の国葬まで連日関連報道が続いた。三〇日にアッツ島玉砕の報告がなされるが、これが太平洋戦争における最初の公式な〈玉砕〉発表であった（北山節郎『ラジオ・トウキョウII』、前掲、三三〇—三三一頁）。

（237）このとき野口は《ああ、次に來るものは何か》で始まる、バドリオ政権に批判的な詩篇を『朝日新聞』に発表している（野口米次郎「腐肉落つ——バドリオ降伏」『朝日新聞』一九四三年九月一〇日）。

（238）野口米次郎「印度獨立へ声援——天命達成に滾る熱血」『文学報國』一九四三年九月一〇日。

（239）中村篤九「目——印度を救へ」『文学報國』一九四三年九月一〇日。

（240）野口米次郎「序」『聖雄ガンジー』、前掲（頁数は無記載）。

（241）『大本営陸軍部』第七号（六四頁）の発表（北山節郎『ラジオ・トウキョウII』、前掲、三七四頁）。

（242）北山節郎『ラジオ・トウキョウII』、前掲、三七四頁。

（243）『放送研究』（一九四三年一二月号、五八—五九頁）の報告（北山節郎『ラジオ・トウキョウII』、前掲、三七八頁）。

（244）野口に単独の自己翻訳を許さなかったのには、何らかの意図があったのかもしれない。

（245）「デリー進軍の歌——野口氏の作詩、山田氏の作曲」『東京朝日新聞』一九四三年一一月九日。

（246）"Marching to Delhi", Kesar Singh Giani, *Indian Independence Movement in East Asia: The Most Authentic Account of the I.N.A. and the Azad Hind Government, Compiled from the Original Official Records*, Lahore: Singh Brothers, 1947, part 1, chapter 2, p. 94.

（247）野口米次郎『起てよ印度』、前掲、二八九—二九一頁。

（248）『放送研究』一九四三年一二月号、五八—五九頁。

第一四章　ラジオと刊行書籍に見る〈戦争詩〉

（1）野口米次郎「血を捧げるハイビスカス」『日本評論』一九四二年二月、二四〇頁。

（2）坪井秀人『声の祝祭——日本近代詩と戦争』（名古屋大学出版会、一九九七年）、櫻本富雄『歌と戦争——みんなが軍歌をうたっていた』（アテネ書房、二〇〇五年）、坪井秀人「〈抒情〉と戦争——戦争詩の主体における公と詩」（『動員・抵抗・翼賛（岩波講座三・アジア太平洋戦争）』岩波書店、二〇〇六年）など。

（3）坪井秀人『声の祝祭』、前掲、一六一頁。

（4）同前、二一六頁。

（5）同前、一六一頁。

（6）たとえば、『帝国文学』一九〇四年四月号には、坪井九馬三、上田万年、芳賀矢一、土井晩翠が、同年五月号には夏目漱石が「従軍行」などの戦争詩を書いている。

（7）二〇世紀初頭には、日本の短歌や俳句が自然ばかりをテーマにして戦争や勇士などを詠っていないことを理由に、正統な文学とは言えないと論じる傾向も強かった（拙論「野口米次郎の英国講演における日本詩歌論——俳句、芭蕉、象徴主義」『日本研究』第三二号、二〇〇六年三月、五一、五八、六三頁）。

（8）三好達治「國民詩について」『文藝春秋』一九四二年四月、一六四頁。

（9）同前、一六六頁。

（10）たとえば、「戦争と文学」というタイトルの寄稿には、河上徹太郎『文藝春秋』、室生犀星『改造』、本多顕彰『新潮』、西村伝七『若草』（以上、一九三七年一〇月）、山本恵一『詩と歌謡と』（一九三七年一二月）、今日出海『新潮』（一九三八年九月）、保田與重郎『日本文学』（一九三八年一一月）、小宮豊隆『日本評論』（一九四〇年四月）がある。そのほか、青野季吉「戦争と文学について」（『政界往来』一九三七年一〇月）や、阪本越郎「戦時の詩文学」（『小学校体育』一九三八年一月）、新居格「戦時文壇推進力」（『月刊文章』一九三八年一月）などがある。

（11）座談会には、日夏耿之介ほか「将来の日本的詩歌」（『中央公論』一九三八年四月）、徳田秋声ほか「時局と文学の使命」（『新潮』一九三八年一〇月）、古谷綱武ほか「時局下文学者の反省すべきこと」（『新潮』一九三八年一二月）、青野季吉ほか「時代と文学者の生きる道」（『新潮』一九四〇年九月）、上泉秀信ほか「時局下の文学と文学者」（『文芸情報』一九四〇年一〇月）、河上徹太郎ほか「文学と新体制」（『文学界』一九四〇年一一月）、丹羽文雄ほか「転換期における作家の覚悟」（『新潮』一九四〇年一二月）などがある。

（12）安藤一郎「戦争詩といふもの」『蠟人形』一九三八年三月、一七頁。

（13）同前、一九頁。

（14）岡本潤「今日の詩感」『蠟人形』一九三八年五月、二二―二四頁。

（15）金子光晴「詩の解説」『現代詩入門』青木書店、一九五四年（『金子光晴全集』第一〇巻、中央公論社、一九七六年、四九―五〇頁）。

（16）坪井秀人『声の祝祭』、前掲、一六三―一六四頁。

（17）坪井氏のように《反モダニズム》と言うと、伝統回帰の主張が〈モダニズム〉に反する潮流のように聞こえるので、ここでは敢えて伝統回帰運動とする。

（18）一九二四年一〇月一九日、小山内薫の呼びかけで築地小劇場で朗読会〈詩人の日〉（詩話会の後援）が開催され、佐藤惣之助、島崎藤村、与謝野寛、与謝野晶子、野口、川路柳虹、富田砕花、福田正夫、白鳥省吾、尾崎喜八、野口雨情、深尾須磨子、山田耕筰らが参加した。また一九三七年七月には、新宿大山で〈詩朗読コンクール〉が開催され、河井酔茗、野口、佐藤惣之助、福田正夫、白鳥省吾、吉田一穂らが参加した。言うまでもないが、一九二〇年代以降はこれ以外にも多数の朗読会が開かれた。

（19）一九二八年、ローマで著作権保護の国際会議が開かれて放送著作権が容認され、一九三一年以降、日本放送局でも著作権料の支払いが定められた。野口のような詩人にとっては放送用に作詞・訳詞をすれば、一〇分以内のものは三円、二〇分以内のものは八円、二〇分を超えるものは一七円の収入が見込まれた（「ラジオ匿名批判――放送拒絶と強制放送」『文藝春秋』一九三三年七月、八八―九五頁）。

（20）一九三六年一一月一六日発行より、一九四一年九月二〇日発行の第七八集までがある（もともと大阪中央放送局が歌謡曲を〈浄化〉しようとして始めたものである）。楽譜の頁数は七頁で、多くが二曲ずつ収録されているが、第三七集のように一曲のみ収録のものや、三曲収録の例もある。このシリーズには、最初の頃には、第三集「椰子の実」（作詞・島崎藤村）や第一六集「奥の細道」（作詞・齋藤四郎）のように、戦争や愛国を直接的な主題にしないものの方が多かったが、次第に第二六集「愛国の花」（作詞・福田正夫、作曲・古関裕而）や第三三集「万歳ヒットラー・ユーゲント」（作詞・北原白秋、作曲・高階哲夫）、第三五集「遂げよ聖戦」（作詞・柴野為亥知、作曲・長津義司）といった戦時を反映した曲目が増える。

（21）信時潔（1887-1965）は、戦時歌謡曲「海ゆかば」などで知られる作曲家。「海ゆかば」は日本放送協会の依頼により『万葉集』の大伴家持の長歌の一節に曲をつけたもので、一九三七年一〇月から〈国民唱歌〉として、一九四一年一二月以降は〈国民合唱〉として放送され、戦局が傾くと日本軍玉砕のニュースと共に放送された（竹山昭子『史料が語る太平洋戦争下の放送』世界思想社、二〇〇五年、一八二頁）。

（22）一九三九年の欧州大戦勃発と同時に、戦時下の国民生活の刷新強化をはかるための〈興亜奉公日〉が定められた。

（23）北山節郎『ラジオ・トウキョウI』田畑書店、一九八七年、三〇〇頁。

（24）「米英撃滅の歌」（コロムビア No：100902）、「コロムビアレコード流行歌年表」『CD昭和の流行歌・資料編』日本コロムビア、一九九八年。一九四三年に「米英撃滅の歌」（コロムビア No：100761）という同タイトルの別作品（作詞・矢野峰人、作曲・山田耕筰、歌・伊藤武雄）が存在する。

(25) 坪井秀人『声の祝祭』、前掲、一六一—一六二頁。
(26) 同前、七頁。
(27) たとえば、イタリアの未来派がオノマトペを愛好して騒音音楽を生み出したことや、一九二〇年代のロシア・フォルマリズムが詩の朗読や音声の表現形式に関心を示したことを考えてみても分かるように、モダニズムは〈音〉を重視するパフォーマティブな志向性と無縁ではない。
(28) 瀬尾育生『戦争詩論——一九一〇～一九四五』平凡社、二〇〇六年、一二四頁。
(29) 同前、七八—七九頁。
(30)『藝術殿』(一九四二年)、『詩歌殿』(一九四三年)、『文藝殿』(一九四三年)、『想思殿』(一九四三年)、『伝統について』(一九四三年)、『聖雄ガンジー』(一九四三年)、『起てよ印度』(一九四三年)、『宣戦布告』(一九四二年)、『八紘頌一百篇』(一九四四年)がある。
(31) 矢野貫一編『近代戦争文学事典』第四集、和泉書院、一九九五年、一三七頁。
(32) 野口米次郎「宣戦布告」『宣戦布告』道統社、一九四二年三月、七頁。
(33) 野口米次郎「一億の決死隊」抜粋『宣戦布告』、前掲、一〇頁。
(34) 野口米次郎「召集令」抜粋『宣戦布告』、前掲、四三—四五頁。
(35)「解説・召集令」『常磐樹』大政翼賛会文化部編、一九三七年、三〇頁。
(36)『常磐樹』は五万部のベストセラーで、野口のほか一二名の詩が一篇ずつ掲載され、高村光太郎、島崎藤村、北原白秋、萩原朔太郎、そして宮沢賢治の「雨ニモマケズ」などが収録されている。
(37)「解説・召集令」『常磐樹』、前掲、三〇頁。
(38) なお、この野口の「召集令」の前には、高村光太郎が《植民地支那にして置きたい連中の貪慾から／君をほんとの君に救ひ出すには、／君の頭をなぐるより外ないではないか。／われらの「道」を彼らの利權に置きかへようと、／世界中に張られた網の目の中で／今日も國民はいのちを捧げる》と詠んだ詩「事變二周年」が配置されている(高村光太郎「事變二周年」『戦争詩集』東京詩人クラブ編、昭森社、一九三九年、四四—四五頁)。
(39) 坪井秀人『声の祝祭』、前掲、二一六—二一七頁。
(40)『宣戦布告』(道統社、一九四二年三月)については、四月一五日、「倫敦炎上」が削除処分となった(『近代出版側面史』『日本近代文学大事典・索引篇』講談社、一九七八年、一八九頁)。
(41) 野口は「タゴール追悼の辭」(『日印協会会報』第七七巻、一九四一年、三一頁)に、《ブラウニングは歐羅巴のレネサンスを誘致した十五世紀の古典學者を拉し來り生死を超越し利得の邪念を否定して、學の一途に永劫の生命を握らんとするものの英雄的行為を稱へてゐますが、タゴールもこの詩中の言葉を借りていふと、「今日の現實は犬や猿に、自分は永劫を取る」の人であつたのであります》と書いている。
(42) 野口米次郎「畝火山の鶯」『宣戦布告』、前掲、一九〇—一九四頁。
(43) 同前、一九三—一九四頁。
(44) 野口米次郎「タゴール追悼の辭」『日印協会会報』、前掲。
(45) 野口米次郎「海」『宣戦布告』、前掲、一九八—一九九頁。
(46) 野口米次郎「青いお椀」『宣戦布告』、前掲、二〇四—二〇六頁。
(47) 野口米次郎『印度の詩人』第一書房、一九二六年、八二頁。
(48) 野口米次郎『印度は語る』第一書房、一九三六年、一九九—二〇三頁。
(49) 岡本潤「断想」『蠟人形』一九四一年七月、一二—一五頁。
(50) 同前、一二—一五頁。
(51) 岡本潤「渾沌のなかの素朴」『蠟人形』一九四一年一月、一〇頁。
(52) 岡本潤「断想」、前掲、一二—一五頁。
(53) 前述のように、この詩篇「壁」は雑誌『文化組織』(一九四〇年一一月号)に掲載され、『宣戦布告』(一九四二年)の最後に収録された。
(54) 壺井繁治「指の旅」『文藝』一九四二年七月、四二—四三頁。
(55) 戦後の金子光晴は、《岡本や壺井とともに、僕らは、当時の趨勢に対して抵抗の態勢をと》ったと述べている(金子光晴「詩の解説」『金子

光晴全集』第一〇巻、中央公論社、一九七六年、五〇頁)。

(56) 一二月八日の朝七時に、NHKラジオの臨時ニュースで米英との開戦が国民に知らされ、正午に「宣戦の詔書」が朗読された。それに続いて、東條英機首相の「大詔を拝し奉りて」と題する談話が発表された。

(57) 野口米次郎「跋にかへて」『宣戦布告』、前掲、二一九—二二〇頁。

(58) 同前、二二〇—二二一頁。

(59) ラジオ放送では、一九四二年一一月三日から五日まで東京で行われた〈大東亜文学者大会〉の開催に際して、一一月七日、八日、一六日と大会関連番組が編成されている。

(60) 〈日本文学報国会〉は、太平洋戦争開戦と同時に大政翼賛会文化部と文壇とが協議を重ねて、《挙国一致体制整備》の促進のために企画した文化組織である。徳富蘇峰を会長に、各部会に分かれていたが、野口は詩部会の名誉会員であり、外国文学部会の会員となっていた。ちなみに、詩部会の部会長は高村光太郎で、理事は川路柳虹と佐藤春夫、野口以外の名誉会員は、蒲原有明、河井酔茗、薄田泣菫、土井晩翠の四名であった(日本文学報国会編『社団法人日本文学報国会会員名簿 昭和十八年版』新評論、一九九二年)。一九四一年六月一五日の『読売新聞』には、一九四〇年暮れ頃から河井酔茗、北原白秋、野口、堀口大学、佐藤春夫、川路柳虹、西條八十、白鳥省吾、前田鐵之助らによって結成準備が進められており、参加申込者が佐藤惣之助、高村光太郎、百田宗二ら二百名以上に達した、との記事がある(『読売新聞』一九四一年六月一五日、朝刊七面)。

(61) 野口米次郎『伝統について』牧書房、一九四三年五月、二五三—二五四頁。

(62) 同前、二五四頁。

(63) 〈第一段階〉(一九四一年一二月—四二年五月＝ハワイ真珠湾攻撃による開戦、マレー沖海戦で英戦艦を撃沈、グアム島占領、フィリピン上陸。東はニューギニアから西はビルマ、南はジャワ島にいたる広大な地域を占領し、日本軍の一方的勝利の段階)、〈第二段階〉(一九四二年五月—四三年二月＝五月に珊瑚海海戦・ミッドウェー海戦で日本軍が惨敗。八月に米軍がガダルカナル島に上陸し、激しい攻防戦が始まる。連合国軍の反撃開始と日本軍の戦略的持久の段階)、〈第三段階〉(一九四三年二月—四四年一〇月＝二月に日本軍のガダルカナル島撤退。四月に連合艦隊司令長官山本五十六が撃墜される。その後、アッツ島、サイパン島など次々と玉砕の悲劇が展開される段階)、〈第四段階〉(一九四四年一〇月—四五年八月＝フィリピン沖レイテ海戦で日本の連合艦隊は壊滅状態になる。神風特別攻撃隊の出撃。日本軍の絶望的抗戦の段階)に分類して検討を加えている(竹山昭子『史料が語る太平洋戦争下の放送』、前掲、一六—一七頁)。

(64) 冒頭の詩は「神風萬里」、二番目は「祖国禮讃」(これは、『伝統について』の序詩の再録)である。三番目の「米英撃滅歌」は、《松竹大船撮影所のために作ったもの》と注記されている。この詩は山田耕筰の作曲で歌曲「米英撃滅の歌」になった(『戦時女性』一九四四年一〇月号に掲載)。その他、「故山本元帥挽歌」(一・二)や「軍神加藤讃仰」(一・二・三)などがある。

(65) 野口米次郎「マニラ陥落」『八紘頌一百篇』冨山房、一九四四年六月、九二—九四頁。この詩は『女性時代』(一九四二年一月号)や『放送』(一九四二年二月号、日本放送協会が発行する雑誌)にも収録されている。

(66) この「シンガポール陥落」の朗読放送について、坪井氏は、詩の言葉が《あたかもニュース解説のコメンテーターのごとく振る舞っ》ていたのであり、《ラジオというメディアの情報伝達の速度性にあわせて朗読詩の作者たち》も素早い対応が期待されていたと述べ、野口と高村の「シンガポール陥落」朗読は《その最初の顕著な例》だった、としている(坪井秀人『声の祝祭』、前掲、二四五頁)。

(67) 野口米次郎「死地に乗入る二千數百」、「Two Thousand in the Valley of Death」『八紘頌一百篇』、前掲、三五—四〇頁。

(68) このアッツ島を題材にして日英両言語で書かれた野口の詩は、藤田嗣治の描いた「アッツ島玉砕」(一九四三年)などと共に、戦時下の芸術表象という点から検証される必要もあろう。
(69) 野口米次郎「心境」『八紘頌一百篇』、前掲、一七二頁。
(70) 野口米次郎「諧律」『八紘頌一百篇』、前掲、一七五―一七七頁。
(71) 野口米次郎「破壊」『八紘頌一百篇』、前掲、一七八―一八一頁。
(72) 野口米次郎「花」『八紘頌一百篇』、前掲、二八七―二八九頁。
(73) 野口米次郎「笛の音」『八紘頌一百篇』、前掲、二九〇―二九二頁
(74) 野口米次郎「虹」『八紘頌一百篇』、前掲、二九三―二九四頁。
(75) 吉本隆明『高村光太郎』講談社文芸文庫、一九九一年、一四五―一四六頁（これは『吉本隆明全著作集』第八巻（一九七三年）を底本にしたもの。吉本の『高村光太郎』は、一九五八年一〇月に初版、一九六六年二月に決定版、一九七〇年八月に増補決定版が出ている）。
(76) 同前、一四九頁。

第一五章　父から子へ

(1) Yone Noguchi, "Like a Paper Lantern", *Seen and Unseen*, San Francisco : Gelett Burgess & Porter Garnet San Francisco Press, 1896, p. 19.
(2) 一九四五年四月一三日に空襲で野口邸（中野区桜山町）が焼けたと、近所に住んでいた春山行夫が記している（春山行夫「野口米次郎氏の印象」『現代日本文学全集』（月報）筑摩書房、一九五六年、一―三頁）。
(3) 安楽寺で作られた詩「佛院の冥想」（『詩研究』一九四四年九月、六―七頁）は、住職の落合寛茂に捧げられている。
(4) 野口米次郎「小舍賦」『蠟人形』一九四六年一二月、一―三頁。
(5) 野口は晩年、茨城の田舎で地に足をつけた生活に満足していたという。現地の人々は、野口がまったく知識人ぶらない雰囲気だったので驚いたと書いている。むろん野口は大正期よりアマチュアリズムを説いた詩人であり、祖先が農夫であることを誇りにしてもいたので、知識人ぶらないのは当然であろうが、それと同時に、戦時中、知識人が民衆より優位にある、文化的先頭にあるという態度は許されなかっただろう。
(6) 野口米次郎「悠久なる自然」『高志人』一九四七年七月、二三頁。
(7) 『読売新聞』一九四七年七月一五日、朝刊二面。
(8) 『喜多川歌麿』（富書房、一九四六年九月）は、前編と後編に分けて限定出版されており、〈ブックレット第八巻〉との明記はないが、富書房ブックレットの八番目として刊行されたと考えてよい。
(9) 野口は一九四七年七月一三日に逝去、この著作の刊行は八月三〇日付であった。
(10) 野口米次郎「序文」（一九四七年三月三〇日付）『上代の彫刻』富書房、一九四七年一〇月、頁付なし。
(11) 同前、一〇三頁。
(12) Yone Noguchi, "Lying on a Death Bed", *The Nippon Times*, 3 February 1946.
(13) 野口米次郎『八紘頌一百篇』冨山房、一九四四年六月、二一八頁。
(14) 野口米次郎『自叙伝断章』二葉書店、一九四七年八月、九八―九九頁。
(15) 同前、九九頁。
(16) 同前、一〇〇頁。
(17) Yone Noguchi, "Seas of Loneliness", *Seen and Unseen*, p. 32.
(18) 野口米次郎『自叙伝断章』、前掲、一〇三頁。
(19) *From the Eastern Sea* (1903) には、この詩を短縮したと思われる "Lines" が収録されているが、野口は *Seen and Unseen* に初出のものを気に入っていたと思われる。
(20) 野口米次郎『自叙伝断章』、前掲、一〇二頁。
(21) Yone Noguchi, *Seen and Unseen*, p. 19.
(22) 木田拓也「あかり――イサム・ノグチが作った光の彫刻」『あかり――イサム・ノグチが作った光の彫刻』東京国立近代美術館、二〇〇三年、八頁。
(23) なお、津島の有名な祭りに、天王川で行われる提灯祭り（尾張津島天王祭）があり、その祭りの夜景が歌川広重の『六十餘州名所圖會』に描かれていることが、野口の随筆の中に書かれている（「歓樂の夜

樂」『われ日本人なり』竹村書店、一九三八年五月、一八〇頁）。
（24）木田拓也「あかり――イサム・ノグチが作った光の彫刻」、前掲、八頁。
（25）表意文字〈明〉が、〈太陽（日）〉と〈月〉を組み合わせたものであることがイサムの中に意識されていた（イサム・ノグチ『ある彫刻家の世界』小倉忠夫訳、美術出版社、一九六九年、三九頁）。
（26）木田拓也「あかり――イサム・ノグチが作った光の彫刻」、前掲、一五頁。
（27）イサムはアメリカ生まれだが、アメリカの市民権は得ていなかった（ドウス昌代『イサム・ノグチ――宿命の越境者（上）』新潮社、二〇〇〇年、一五九頁）。
（28）この経緯はイサム・ノグチの自伝テープを元にしたドウス昌代氏の著作に詳しい（ドウス昌代『イサム・ノグチ（上）』、前掲、一六四―一六五頁）。
（29）イサムの創作活動の土台そのものに、スウェーデンボルグの思想が刻印されているとも言われる（大賀睦夫『スウェーデンボルグを読み解く』春風社、二〇〇七年、一一六―一二〇頁）。
（30）この著作は、まつ子夫人との間の長女一二三（当時六歳）に献げられている。
（31）《Really, his sleeping face looks like a miniature Buddha idol, as Leonie wrote me long ago. Any child appears wonderful to his father; so is Isamu to me》（Yone Noguchi, *The Story of Yone Noguchi: Told by Himself*, Chatto & Windus: London, 1914, p. 198）。
（32）ドウス昌代『イサム・ノグチ（上）』、前掲、一八五頁。
（33）《I have selected the Orient as the location for my productive activities for the reason that I feel a great attachment for it, I having spent half my life there. My father, Yone Noguchi, is Japanese and has long been known as an interpreter of the East to the West, through poetry. I wish to fulfill my heritage》（Isamu Noguchi, "Proposal to the Guggenheim Foundation", 1927）。イサム・ノグチ庭園美術館ＮＹのウェブサイトで公開されている）。イサムは奨学金の申請書において父の名を引き合いに出す必要を率直に表明していた（ドーレ・アシュトン『評伝イサム・ノグチ』笹谷純雄訳、白水社、三二―三三頁）。
（34）野口米次郎『詩の本質』第一書房、一九二六年、七―八頁。
（35）野口米次郎「殺人鬼」『われ日本人なり』竹村書房、一九三八年、一四二―一四三頁。
（36）イサムが父を慕って、ニューヨークからシベリア・天津経由で門司に到着したことが報道されている（『朝日新聞』一九三一年一月二六日、朝刊七面）。
（37）すでに有名人であり美貌の持ち主であったイサムは、強制収容所の中で周囲から浮いていたという。白人の血が混じり日本育ちである点も他の日系二世と異なり、支配当局者のスパイとも疑われて、収容所内で孤立してしまう。また、ドウス昌代氏の伝記にもあるように、アメリカ政府への忠誠を問う〈第二八問〉（いわゆる二世ノー・ノー組と一世を隔絶した問い）に、イサムが空白で返答したことも問題となった（ドウス昌代『イサム・ノグチ（上）』、前掲）。
（38）ドウス昌代氏は、イサムの言を引きながら、《〈ちょうど蝸牛がひょっと首をひっこめるように〉イサムは自分の国であるアメリカで、だがヨーロッパからのシュールレアリスト同様、「亡命者」となる》、《マクドゥガル・アレーで〈殻にこもったかたつむりのような生活〉を選んだ》と書いている（ドウス昌代『イサム・ノグチ（上）』、前掲、三四六、三五六頁）。
（39）一九三八年の時点でも、イサムのアメリカでの芸術家としての活躍について、《タゴールへ公開状を出して聖戦の意義を説いたヨネ・ノグチ氏ご令息》と、国内では紹介されている（「ヨネ・野口令息の快打」『読売新聞』一九三八年一二月一七日）。
（40）ドウス昌代『イサム・ノグチ（上）』、前掲、三六七頁。
（41）同前、三六二頁。
（42）《The tragic aftermath of two world wars is a moral crisis from which there is no succor for the spirit. (...) One may say that the critical area of creativity,

that of the individual and his ethos, has become so neglected as to jeopardize his very survival. (...) A re-integration of the arts toward some purposeful social end is indicated in order to enlarge the present arid outlook permitted by our limiting categories of "architects", "painters", "sculptors", and "land-scapists". (...) Cooperation is a lesson still to be learned by humanity-socially, artistically and internationally》(Isamu Noguchi, "A Proposed Study of the Environment of Leisure", 1949. イサム・ノグチ庭園美術館NYのウェブサイトで公開されている)。

(43) 大江満雄「米次郎とタゴールとの精神的緊張」『詩人ヨネ・ノグチ研究』造形美術協会出版局、一九六三年、二五八頁。この野口の面会拒否は、藤田嗣治が戦後にGHQに求められて面会した際に周辺の日本人らに混乱と誤解を招いた例などを考えれば、ある意味で賢明な対応であったかもしれない。

(44) 臨終の間際に、断絶していた息子イサムを最も気にかけているという点は、芭蕉が死の床で路通を気にかけていたことと重なる。

(45) 野口十三次氏がイサムに宛てたいくつかの書簡や、出版予定であった遺稿集は、カリフォルニア大学バークレー校バンクロフト図書館に所蔵されている。

(46) Yone Noguchi, *Japan and America*, N.Y.: Orientalia, Tokyo: Keio University Press, 1921, p. 3. この *Japan and America* は、米次郎が一九一九年から二〇年にかけてアメリカ各地で講演した講義録を中心にまとめられた著作である。

(47) この部分は、ドーレ・アシュトン『評伝イサム・ノグチ』(前掲、一二二頁)に日本語訳がある。

(48) 同前、一二三頁。

(49) 同前、一二四頁。

(50) 同前、二八二頁。

(51) イサムは一九二五年より、当時ニューヨークで活躍していた舞踊家・伊藤道郎の世話になり、幅広い芸術家ネットワークを得た。一九二七年にイサムがパリに行く際には、伊藤を介して当時パリで有名だった画家・藤田嗣治を頼りとし、彼の世話になっている。藤田は一九三一年から三三年にかけてブラジル・メキシコを経由して帰国するが、メキシコではフランス時代の友人ディエゴ・リベラ(1886-1957)を訪問する。のちにイサムもリベラを訪問し、その妻フリーダ・カーロ(1907-1954)と親しくなる。

(52) 一九二九年の世界恐慌でエコール・ドゥ・パリが終焉を迎え、藤田嗣治はメキシコ経由で日本に帰国した。藤田がメキシコで、民衆や同時代の社会を描いた壁画芸術に触れたことは、戦争記録画という大衆芸術に導いたと言える。藤田は戦後に強烈な批判を受けて日本を棄ててパリ市民になる。伊藤道郎については第六章でも述べたように、イェイツを挟んで野口との交友関係をもち、伊藤の日本帰国時には、野口が歓迎の講演会で援護射撃をしている。一九三一年四月一一日の伊藤の舞踊講演会では、野口は「神様は踊り給ふ」と題した講演を行っている(『東京朝日新聞』一九三一年四月一〇日、朝刊一一面)。

(53) 伊藤は一九二一年一一月に「芸術家による和平会議」案を当時のアメリカ大統領トマス・ハーディングに送るなど、芸術家の立場から政治活動を行っていた。伊藤は、澁澤秀雄との二者会談においては、日本の海外宣伝の不備を指摘し、ドイツの宣伝省のような機関を作るべきであるとか、日本の芸術は総合性を重視すべきであるとか、日本のナチス接近はアメリカの対日感情を悪化させる、といったことを語った(「米國の對日事情を語る」『文藝春秋』一九三九年一一月号、二四八—二六一頁)。また、米国の新聞などの情況を伝えながら、アジアのために戦って《ユナイテッドー・エーシア(亜細亜連邦)を作り上げる運命》が日本にはあり、そのための国際的な宣伝活動が足らない、と述べている。さらには日米が互いに国情を理解していないと言い、自らそれに務めようとしていた(「日米関係を私は斯くみる」『ダイヤモンド』一九四〇年一一月)。

(54) 伊藤道郎『アメリカ』羽田書店、一九四〇年、一二五—一二六頁。

(55) 帰国後も、「非道なる抑留より帰る」(『実業之日本』一九四三年一二月一五日)、海外在住歴の三人(伊藤道郎、鈴木重三、小林雄一)で行った座談会「戦う敵アメリカの實相」（『実業之日本』一九四四年一月一日）、また伊藤、島之内敏郎、坂西志保による「米鬼を解剖する座談会」（『週間毎日』一九四四年九月三日）と、時局に迎合した活動を行っており、伊藤のこのような戦争協力が、彼の芸術そのものの国際的な評価を壊滅させた。伊藤の弟子であったヘレン・コールドウェルは、伊藤の評伝の中で、《伊藤道郎の偉大なる世界的芸術家としての生涯が真珠湾攻撃で終わってしまったことを私は明言し、また確信もしている》と述べて、敗戦後の伊藤の日本演劇界での活躍を完全否定した（ヘレン・コールドウェル『伊藤道郎　人と芸術』早川書房、一九八五年）。

(56) 藤田富士男編『大東亜舞台芸術研究所』不二出版、一九九三年、一一九—一二〇頁。

(57) 同前、八—九頁。

(58) 小谷部全一郎『日本及日本国民之起源』（一九二一年）や、高須芳次郎『皇道と日本学の建設』（一九四一年）などに見られる。

(59) 高須芳次郎（梅渓）『皇道と日本学の建設』大阪屋号書店、一九四一年、一一六頁。

(60) Yone Noguchi, "In the Inland Sea", *The Pilgrimage*, Kamakura : The Valley Press, 1909, pp. 47-48.

(61) 野口米次郎『表象抒情詩集』第一書房、一九二五年一二月、七八—七九頁。

(62) たとえば、イェイツの研究者・尾島庄太郎は、野口の直接の言葉や著書によって英詩の研究を始めたのであり、オックスフォード留学の時には、野口の紹介状を持っていった。尾島は野口を《恩師の一人》と述べている（尾島庄太郎「ヨネ・ノグチ　かれの英詩とその日本的の境地」『詩人ヨネ・ノグチ研究』第二集、造形美術協会出版局、一九六五年、三七頁）。

(63) 小沢愛圀「人形劇史研究の回想」『三田評論』一九六五年二月。

(64) 松本泰「ヨネ・野口先生の思い出」『三田評論』一九六四年五月。

(65) 蔵原伸二郎「東洋の詩魂」（一九五六年）『蔵原伸二郎選集』大和書房、一九六八年。

(66) 同前、三五二—三五三頁。

(67) 同前、三五二頁。

(68) 同前、三五四頁。

(69) 同前、三五六頁。

(70) 同前、三五四頁。

(71) 同前、三六〇頁。

(72) 同前、三六二頁。

(73) 金子は、自ら《愛知県海東郡津島町日光というところ》が出生地であると述べている（金子光晴「私の生まれた土地」『詩と批評』一九六七年三月）。

(74) 金子光晴『絶望の精神史』光文社、一九六五年（『金子光晴全集』第一二巻、中央公論社、一九七五年、五八—五九頁）。

(75) 金子光晴「野口米次郎・人と作品」（一九六八年一〇月二〇日）『日本詩人全集』第一二巻、新潮社、一九六九年（『金子光晴全集』第一五巻、中央公論社、一九七七年、三八六—三八九頁）。

(76) 同前、三八七—三八八頁。

(77) 同前、三八八頁。

(78) 同前、三八六頁。

(79) 同前。

(80) 同前、三八九頁。

(81) 野口米次郎「後記」『詩歌殿』春陽堂、一九四三年四月、付録一—二頁。

終章

(1) 野口米次郎「洗濯」『われ日本人なり』竹村書房、一九三八年五月、三一七—三一八頁（この詩集の最後に収録された作品）。

(2) 野口米次郎『藝術の東洋主義』第一書房、一九二七年六月、八頁。

(3) 野口米次郎「印度の新聞界は沸騰す」『日本評論』一九三九年一月、二三四頁。

(4) 野口米次郎『伝統について』牧書房、一九四三年五月、二四九頁。

あとがき

野口米次郎を追いかけてインドに赴いたのは二〇〇七年一二月、娘が肺炎から快復した翌月だった。野口に関するいくつかの資料の存在を予測していたものの、本当にその現物があるか、現地事情をよく知らない場所でかつ短期決戦でそれにたどりつけるのか……確実なものは何もなかった。公共オンライン蔵書目録の発達していないインドの文献事情はまさしく霧の中で、しかしそれゆえに、調査に行く必要を感じていた。結果は、想定以上の文献や新資料を発掘でき、思いがけない空間や人々と出遭う幸運に恵まれたのである。

たとえば、シャンティニケトンでの調査中に毎晩通ったチャイ屋〈カルルドカン〉。簡素な藁ぶき屋根の土間は夕刻から夜にかけてのみ開き、薄暗い蠟燭のともし火のなか、老人たちが夕食後の時間を涼み、談話する。この〈カルルドカン〉に座して談話することは、現地の若い学生や女性には許されていないらしかった。私がそこに入れたのは、野口も述べる〈外国人の特権〉なのだ。土間に座って絵描きの老人とタゴールソングの一フレーズを歌っていたら、大きな眼をぎらぎらさせた男が向こうの暗闇の影から〈黒龍会〉の名前を口にした。驚いた。彼は、本書にも登場するムクル・ディの孫にあたり、ウキル兄弟の長男の息子にあたるサチャスリ・ウキル氏であった。

また、コルカタの国立図書館の別館の中に入ったときには、狭く暗い貴重書棚にぎっしりと押し込まれた雑誌や書籍が、強い力で私に語りかけてきた。分厚い一冊一冊が、鈍い光を放って「開いてくれ」と誘うのである。そこには野口や彼と関わった人々がいると直感した。図書館の一歩外では、過酷な生存競争のくりひろげられるコルカタ、急激に変化していくインドで、ひっそりと置き去りにされていく歴史の証人たちが一〇〇年近く時間を止めたまま佇んでいるのである。書籍の欲望なのか私自身の欲望だったのか……。制限時間のある私は、そのときは多くの呼び声に背を向けて空港へ向かわざるをえなかったことが忘れがたい。

野口が世界各地に向けて発信した記事や、世界各地の人々と交流した歴史的記録は、無尽蔵である。時がふるいにかけていく人間の歴史をすべて洗いざらい調べ上げることなどできるわけがないし、私の目的でもない。風化していく文献や歴史を片目で眺めながらも、片目では〈今〉を見据え、未来を考える。野口が語っていたのも、まさしくそれであったと思う。野口は、まぎれもなく帝国日本のプロパガンダの先鋒に立ち戦争協力を行った人物である。しかしそれゆえに、〈境界者〉として彼が抱えた夢と挫折と痛みが、今日を生きるわれわれを照らし出す光源にもなりうるのではないか。

本書は、総合研究大学院大学文化科学研究科国際日本文化専攻に提出した博士学位論文『野口米次郎――「二重国籍」詩人の生涯と作品世界』（二〇〇九年九月）にもとづくものである。日本学術振興会の平成二三年度科学研究費補助金（研究成果公開促進費）の助成を受けて刊行される。また、平成二一―二三年度科学研究費補助金（研究支援スタートアップ）「二〇世紀転換期における日本の芸術芸能の海外発信と受容――野口米次郎を軸として」の調査成果も一部反映している。

本書の各部分を構成する、元となった論文の初出は、以下の通りである。ただし、いずれも大幅な加除修正を行っており、原型をとどめていない。

第一章第2節　「明治二〇年代の英語教育の実態」『明治期「新式貸本屋」目録の研究』浅岡邦雄・鈴木貞美編、作品社、二〇一〇年、一六一―一八三頁。

第三章　「野口米次郎『日本少女の米國日記』の日米における評価」『日本女子大学大学院の会会誌』第二二号、二〇〇三年三月、一〇―二七頁。「野口米次郎『日本少女の米國日記』――奨励される女子の渡米と移民社会の現実」『日本研究』第二九集、二〇〇四年一二月、二二一―二四六頁。

第五章　「象徴主義移入期の芭蕉再評価――野口米次郎のもたらしたもの」『総研大ジャーナル』第二号、二〇〇六年三月、五三―九一頁。「芭蕉俳諧は究極の象徴主義？――野口米次郎が開けたパンドラの箱」『わび・さび・幽玄――「日本的なるもの」への道程』鈴木貞美・岩井茂樹編、水声社、二〇〇六年、一六五―二二七頁。

第七章　「野口米次郎の英国公演における日本詩歌論――芭蕉、俳句、象徴主義」『日本研究』第三二集、二〇〇六年三月、三九―八一頁。

第九章　「野口米次郎のラフカディオ・ハーン評価」『日本女子大学大学院の会会誌』第二七号、二〇〇八年三月、一―一五頁。「贔屓のひきたおしか――野口米次郎のラフカディオ・ハーン評価」『講座小泉八雲I　ハーンの人と周辺』平川祐弘・牧野陽子編、新曜社、二〇〇九年、五三八―五四九頁。

第一一章第3節　「野口米次郎の一九二〇年代後期の指向性――雑誌『国本』への寄稿を中心に」『総研大ジャーナル』第四号、二〇〇八年三月、一八七―二一九頁。

第一二章第3節「野口米次郎の「世界意識」とその行方――ラドヤード・キプリングを対照に」『日本女子大学大学院の会会誌』第二九号、二〇一一年三月、一―一九頁。

第一三章第5節「野口米次郎・タゴール論争――第二次世界大戦期の民族主義一側面」『近代東アジアにおける鍵概念――民族、国家、民族主義（広州／国際シンポジウム報告書）』、二〇一一年三月、六九―八三頁。"Yone Noguchi and India: Towards a Reappraisal of the International Conflict Between R. Tagore and Y. Noguchi", *Changing Perceptions of Japan in South Asia in the New Asian Era: The State of Japanese Studies in India and Other SAARC Countries*（デリー／国際シンポジウム報告書）, 2011, pp. 119-128.

第一四章「野口米次郎のラジオと刊行書籍に見る「戦争詩」――『宣戦布告』と『八紘頌一百篇』を中心に」『日本研究』第三八集、二〇〇八年一一月、一八七―二一九頁。

第一五章 "Yone Noguchi's Poetics as a Writer of 'Dual Nationality'", *Artistic Vagabondage and New Utopian Projects: Transnational Poetic Experiences in East-Asian Modernity (1905-1960)*, 稲賀繁美編、国際日本文化研究センター、二〇一一年、八九―一〇二頁。

現時点での研究成果をこのような形であらわすことができたのは、国際日本文化研究センター（日文研）の博覧強〈鬼〉の教授陣のおかげである。指導教官の鈴木貞美先生は、かつて『梶井基次郎の世界』（二〇〇一年）の中で、日本近現代文学史の《再編成の方向性》として、(1)「一国文学史」観から国際的視野の回復、(2)近代化主義から、近代を乗り越える価値創造の過程の解明、(3)流派の文学史から文芸の全体像の回復、の三点を挙げていたが、私の博士論文は、及ばずながら、野口を通してこの三つを追究しようとしたものであった。副指導教官の稲賀繁美先生からも様々な面で心配していただいたが、とりわけ日英両言語にまたがるテキストの比較分析の方法に関して徹底的な指導をたまわった。日文研では、マルクス・リュッターマン先生、瀧井一博先生ほか多数の教授たち、林志弦先生、ロマン・ローゼンバウム先生、徐載坤先生ほかの外国人研究員・共同研究員の先生方、そして伊藤奈保子先輩、東晴美先輩、金炳辰さん、梅定娥さんほか総研大の院生仲間から、ご教示と励ましを受けてきた。また、研究協力課の児嶋さなえさん、図書館情報課の高垣真子さん、編集部の白石恵理さんをはじめとした多くのスタッフたちにも文字通り助けられた。また、総合地球環境学研究所の大西正幸先生にも様々なご相談に乗っていただいている。

博士論文の審査において、日文研の牛村圭先生（主査）、鈴木・稲賀両先生のほか、外部から、長年の憧れの存在であった亀井俊介先生と坪井秀人先生に見ていただいたことは生涯の誉れである。そこでご指摘いただいた諸課題は、本書でも可能な限り取り組んでみたが、今後もさらに時間をかけて追究していきたい。

ふりかえってみると、この研究を行うきっかけとなったのは、一九九八年夏、日本女子大学大学院・日本文学科の演習授業のために雑誌『女学世界』を通観していたとき、多数の女子渡米奨励論にまじって野口のエッセイを見つけたことにある。ちょうど他学科の及川茂先生の浮世絵の授業にも出ていた時期で、野口が月岡芳年の解説者であることも面白く思った。野口の多岐にわたる執筆範囲は、私の様々な関心や旅行体験をすべて集約しうると思った。領域横断的な研究や海外生活に憧れていた私には、野口が私を望みどおり越境させてくれる〈男〉に見えたのである。研究対象の選択理由としては、あるいは〈男〉の選び方としては、不純な動機と言われるであろうし、「野口の詩に魅せられたのか?」ともよく質問されるが、その頃の私はそうではなかった。

当時の指導教官は近代演劇のみなもとごろう先生で、芥川から野口への研究テーマ変更を相談すると「芥川が日本文学史で現在の位置を得ているのは、研究者が論文を書くからでしょ」とおっしゃった。「傍流の中から大河がみえ、またその逆がある」とも。

The American Diary of A Japanese Girl を同時代の移民政策や渡米奨励論と比較しながら検証した修士論文を提出したあと、次にタゴールと野口を比較しようと考えた。そして国文学研究資料館の武井協三先生から紹介を受けてロンドン大学東洋アフリカ研究学院（ＳＯＡＳ）のアンドリュー・ガーストル先生に会いに行き、スティーブン・ドッド先生のもとで一年余りを過ごした。ロンドンでは、実際には野口に関してはほとんど何もできなかったが、しかし、英国における〈インド〉への視線や〈東洋〉との距離感と歴史観、インドの分離独立に伴う多数の作品、英語で執筆された優れた多数のインド人による英文学に〈遭遇〉した。そこでの課題は未だに消化できていないが、今思うと、英国で〈インド〉への視点を与えられたことと、学期ごとに大量に論文を書かされて辛酸をなめた経験は、博士論文執筆時に大いに役立った。いや、単に日本語で書けることが嬉しかった。

しかし、帰国後に憧れの総研大の院生となれたものの、入学後の夏には出産があり、当時は日文研の近くに住むことが叶わず、東京から京都に月に一回通う生活となった。まずどうやって自宅での研究体制を確立するのか、まして〈インド〉とどのように取り組むべきか、自分がそれを扱うのは不可能ではないかと思い悩んでいたとき、『インド通信』発行元の住所がごく近所であることに気が付いた。子どもを背負って訪ねてみると、そこはベンガル近代史の臼田雅之先生のご自宅で、以後ベンガル語をご指導いただくという稀有な幸運に恵まれることになったのである。毎週一回、先生の前に座り、人から人へと受け継がれてきた異国の言葉の息づかいを体感し、空間を超越する知的興奮を得たことが、日常生活に追われて混乱を極めていた私に、いったいどれほど大きな影響と癒しを与えてくれたか、言葉で言い表すことはできない。

また、平川祐弘先生のウェイリーや『源氏物語』に関する荻窪での連続講義に通い、ときには自らの語学力の無さに泣きながらも、文学作品を読み味わう快楽に浸った。平川先生からは、本書の堀による英訳部分についてもご指導をたまわり、また、本書の出版に関してもご相談に乗っていただいた。

本書を名古屋大学出版会から刊行することができたことは、この上ない光栄である。橘宗吾氏からは全章にわたって肝要なご教示をいただき、また「テキストをしっかり読め」と再三注意された。プロ意識と責任とをマンツーマンで学ばせていただいたことを有難く思う。煩雑な編集行程でお世話をかけた三原大地氏には、常に温かく親身に励ましていただいた。

最後に、「継続せよ」と言い続けて助力を惜しまない父・研と母・節誉に、そしてあらゆる面で理解し支えてくれる夫の永井義人と娘の玄に、感謝といつわりなき愛を伝えたい。家族の存在がなかったならば、私の研究のアクセルはまったく作動しなかった事実を記しておく。

二〇一二年一月一五日　京都・桂坂にて

堀まどか

《著者略歴》

堀《ほり》まどか

1974年生まれ

総合研究大学院大学文化科学研究科（国際日本研究専攻）単位取得満期退学，学術博士

現　在　国際日本文化研究センター機関研究員

著　書　『「Japan To-day」研究――戦時期「文藝春秋」の海外発信』（共著，作品社，2011）

Artistic Vagabondage and New Utopian Projects : Transnational Poetic Experiences in East-Asian Modernity (1905-1960)（共著，国際日本文化研究センター，2011）

『明治期「新式貸本屋」目録の研究』（共著，作品社，2010）

『講座小泉八雲Ⅰ　ハーンの人と周辺』（共著，新曜社，2009）

『わび・さび・幽玄――「日本的なるもの」への道程』（共著，水声社，2006）

「二重国籍」詩人　野口米次郎

2012年2月29日　初版第1刷発行

定価はカバーに
表示しています

著　者　堀　ま　ど　か

発行者　石　井　三　記

発行所　財団法人　名古屋大学出版会

〒464-0814　名古屋市千種区不老町1名古屋大学構内
電話(052)781-5027／FAX(052)781-0697

印刷・製本　㈱クイックス　　ISBN978-4-8158-0697-2

乱丁・落丁はお取替えいたします。

人名索引

ア 行

アーヴィング，ワシントン（Washington Irving, 1783-1859） 23, 25
アーノルド，エドウィン（Edwin Arnold, 1832-1904） 169, 204, 321, 367
アームズ，エセル・M（Ethel Marie Armes, 1876-1945） 90-2
アイヤル，A・クリシュナスワミ（Alladi Krishnaswami Iyer, 1883-1953） 372
アイヤル，C・P・ラーマスワミ（Chetpat Pattabhirama Ramaswami Iyer, 1876-1966） 237
青木正児（1887-1964） 439
青山杉作（1889-1956） 439
淺野晃（1901-1990） 5
アショーカ王（Asoka, 268BC?-232BC?） 385
アストン，ウィリアム・ジョージ（William George Aston, 1841-1911） 100, 135, 152-3, 163, 168, 172-4, 186-90, 193-4, 199, 201, 217
アップワード，アレン（Allen Upward, 1863-1926） 227
アディン，カマル（Kamal Ad-din, 1450-1535） 84
アドコック，ジョン（John Adcock, 1864-1930） 219, 247
アドゼン，ドーラ（Dora Adsden, 生没年不詳） 140
姉崎正治（1873-1949） 350-2
アバクロンビー，ラッセル（Lascelles Abercrombie, 1881-1938） 262
阿部次郎（1883-1959） 210
阿部知二（1903-1973） 290
安倍能成（1883-1966） 210
新井奥邃（1846-1922） 38-9
荒木田守武（1473-1549） 179, 192, 193
有賀長雄（1860-1921） 169-70
安西冬衛（1898-1965） 290
安重根（1879-1910） 330
アンダーヒル，エヴリン（Evelyn Underhill, 1875-1941） 221
安藤一郎（1907-1972） 301-2, 404-5
イーグルトン，テリー（Terry Eagleton, 1943-） 234
飯嶋正（1902-1996） 290
イェイツ，ウィリアム・バトラー（William Butler Yeats, 1865-1939） 10, 41, 76, 80, 84-5, 106, 114, 119, 130-3, 162-72, 175, 186, 190-1, 199, 202, 212-4, 216-8, 220-2, 224-5, 230, 233-6, 256, 278, 285, 299, 334, 337, 358, 368, 399, 443
生田葵山（1876-1945） 211
生田長江（1882-1936） 263-4
井汲清治（1892-1983） 263, 265
池内信嘉（1858-1934） 163
石川啄木（1886-1912） 95
石坂養平（1885-1969） 108
石橋忍月（1865-1926） 29
市河三喜（1886-1970） 249
市村家橘（10代目＝15代目市村羽左衛門, 1874-1945） 26
井手諦一郎（生没年不詳） 388
伊藤整（1905-1969） 290, 301
伊藤久男（1910-1983） 407
伊藤博文（1841-1909） 330-3
伊藤道郎（1893-1961） 170-1, 277, 406, 435, 439-40
井上円了（1858-1919） 352
井上哲次郎（1855-1944） 293, 352
猪熊弦一郎（1902-1993） 440
井原西鶴（1642-1693） 192
イプセン，ヘンリック（Henrik Ibsen, 1828-1906） 108, 144, 172, 213
今井時郎（1889-1972） 293
岩佐又兵衛（1578-1650） 137
岩崎良三（1908-1976） 9
岩田古保（生没年不詳） 115
岩田豊雄（獅子文六，1893-1969） 5
岩野泡鳴（1873-1920） 111, 113-20, 122-4, 175, 201, 255-6, 258, 353
巌本甲子（＝若松賤子，1864-1896） 136
斎部路通（1649-1738） 60-1
ヴァインズ，シェラード（Sherard Vines, 1890-1974） 33, 87-9, 157-8, 207-8, 282, 456
ヴァレリー，ポール（Ambroise-Paul-Toussaint-Jules Valéry, 1871-1945） 256, 442
ヴィヴェカーナンダ，スワミ（Swami Vivekananda, 1863-1902） 346, 350, 358

ウィリアムズ，ウィリアム・カーロス（William Carlos Williams, 1883-1963）　215
呉経熊（1899-1986）　336
ウェイテンカンプ，フランク（Frank Weitenkampf, 1866-1962）　135
ウェイリー，アーサー（Arthur Waley, 1889-1966）　158-62, 177, 225
上田秋成（1734-1809）　244
上田萬年（1867-1937）　192-3
上田敏雄（1900-1982）　290
上田敏（1874-1916）　96-7, 108-14, 116, 124-5, 185, 255-6
ヴェルギリウス，プブリウス（Publius Vergilius, 70BC-19BC）　265
ヴェルハーレン，エミール（Emile Verhaeren, 1855-1916）　108
ヴェルレーヌ，ポール・M（Paul Marie Verlaine, 1844-1896）　85, 87, 200-1, 256
温源寧（1904-1981）　336
ウォルシュ，クララ・A（Clara A Walsh, 生没年不詳）　204
ウォレス，ジェームス・ウィリアム（James William Wallace, 1853-1926）　258
ウキル兄弟（Ukil Brothers, Sarada, Brada, Ranada）　373
歌川広重（1797-1858）　138-40, 444
内ヶ崎作三郎（1876-1947）　243, 246
内田実（生没年不詳）　140
内田良平（1874-1937）　348
内田露庵（1868-1929）　263-4, 333
内山完造（1885-1959）　333
生方敏郎（1882-1969）　300
梅若実（2 代目，1878-1959）　170, 172
エイケン，C・S（C. S. Aiken, 生没年不詳）　46-8
HD（Hilda Doolittle, 1886-1961）　214
エーイー（AE, George William Russell, 1867-1935）　234-5, 358, 443
エドワード，オスマン（Osman Edward, 1864-1936）　197, 244
エプスタイン，ジャコブ（Jacob Epstein, 1880-1959）　218
エマソン，ラルフ・ワルド（Ralph Waldo Emerson, 1803-1882）　28, 30, 40, 169, 232, 439
エリオット，T・S（Thomas Stearns Eliot, 1888-1965）　9, 85, 233, 236
王維（699-759）　40
オウエン，ウィルフレッド（Wilfred Owen, 1893-1918）　302
大川周明（1886-1957）　351, 358, 401
大杉栄（1885-1923）　255
オースティン，アルフレッド（Alfred Austin, 1835-1913）　114
太田水穂（1976-1955）　130, 210
大谷正信（1876-1933）　245-6
大手拓二（1887-1934）　267
大伴家持（718-785）　6, 296
多忠雅（1924-1946）　439
オーピッツ，マルティン（Martin Opitz, 1597-1639）　117
オールディントン，リチャード（Richard Aldington, 1892-1962）　214, 261, 302
岡邦雄（1890-1971）　300
岡倉天心（1962-1913）　76, 138-9, 169, 191, 205-6, 297, 346, 349, 358, 380, 438, 451, 456
岡倉由三郎（1868-1936）　297
岡崎義惠（1892-1982）　13, 255-6
尾形乾山（1663-1743）　444
尾形光琳（1658-1716）　128, 140, 444
岡本潤（1901-1978）　266-7, 302-3, 305-6, 405, 416-7
小川未明（1882-1961）　248
翁久允（1888-1973）　344, 360, 428
尾崎喜八（1892-1974）　267, 275-6, 279-82, 398, 404
尾崎士郎（1898-1964）　5
小山内薫（1881-1928）　114, 137, 244, 246
小沢愛圀（1887-1978）　441
尾島庄太郎（1899-1980）　9, 11-2, 57, 82, 399
小田進吾（1896-1945）　407
小田切秀雄（1916-2000）　5
小野十三郎（1903-1996）　289-90, 416

カ 行

ガーネット，ポーター（Porter Garnett, 1871-1935）　44, 46, 51, 54
カーペンター，エドワード（Edward Carpenter, 1844-1929）　256
カーマン，ブリス（Bliss Carman, 1861-1928）　41-2, 63-4, 83, 86-7, 114, 217, 224
カーライル，トマス（Thomas Carlyle, 1795-1881）　23, 25, 28, 84-5, 200, 319, 418-9
カヴァルカンティ，グイド（Guido Cavalcanti, 1255-1300）　221
加賀千代女（1703-1775）　204
香川景樹（1768-1843）　148
賀川豊彦（1888-1960）　367
柿本人麻呂（660?-720?）　193
筧克彦（1872-1961）　294
梶井基次郎（1901-1932）　290

カズンズ，ジェームズ（James Cousins, 1873-1956） 235-7, 357-9, 373, 456
片山孤村（1879-1933） 108, 111
葛飾北斎（1760-1849） 79, 140, 265
勝峯晋風（1887-1954） 27
加藤朝鳥（1886-1938） 199, 354
加藤高明（1860-1926） 169
加藤弘之（1836-1916） 293
カトゥッルス，ガイウス・ウァレリウス（Gaius Valerius Catullus, 84BC?-54BC?） 220
カナン，ギルバート（Gilbert Cannan, 1884-1955） 141
金子光晴（1895-1975） 9, 138-9, 240, 303, 405, 417, 441, 443-5, 454
狩野友信（1843-1912） 169-70
カビール（Kabīr, 1398?-1518） 221
上司小剣（1874-1947） 300
カミングス，E・E（Edward Estlin Cummings, 1894-1962） 233
亀井勝一郎（1907-1966） 5
萱野二十一（郡虎彦，1890-1924） 171
カルコ，フランシス（Francis Carco, 1886-1958） 141
カロッサ，ハンス（Hans Carossa, 1878-1956） 304
河井酔茗（1874-1965） 113-4, 124-5, 256, 275, 343
川上音次郎（1864-1911） 72, 74, 137, 154
川上貞奴（1871-1946） 137, 154
河上徹太郎（1902-1980） 5
川路柳虹（1888-1959） 96-7, 125, 200, 203, 255-6, 258-61, 263-5, 270, 273, 279, 451
河竹黙阿弥（1816-1893） 27
ガンディー，マハトマ（Mohandas Karamchand Gandhi, 1869-1948） 358-60, 363, 365, 367-70, 378-9, 381, 385-8, 392, 394-8, 408, 415
蒲原有明（1875-1952） 96, 108, 111-5, 117-25, 129, 131, 150, 255-6, 291
神原泰（1898-1997） 290
キーツ，ジョン（John Keats, 1795-1821） 23, 38, 61, 133
菊池寛（1888-1948） 5
岸田吟香（1833-1905） 136
岸田國士（1890-1954） 406
喜多川歌麿（1753?-1806） 138, 140-1, 444
北川冬彦（1900-1990） 290
北園克衛（1902-1978） 290
北原白秋（1885-1942） 124-5, 128-30, 255-7, 276, 285, 451
北村透谷（1868-1894） 30
紀友則（845-907） 158
木下猛（生没年不詳） 333
ギブスン，ウィルフリッド（Wilfrid Wilson Gibson, 1878-1962） 302
キプリング，ジョセフ・ラドヤード（Joseph Rudyard Kipling, 1865-1936） 131, 262, 337-9, 446
木村日紀（1882-1965） 388-9
キャンベル，ジョセフ（Joseph Campbell, 1879-1944） 214
キュナード，エメラルド（Emerald Cunard, 1872-1948） 171
ギルモア，レオニー（Leonie Gilmour, 1873-1933） 3, 66, 90-2, 434, 436, 456
グイネー，ルイーズ・アイモジン（Louise Imogen Guiney, 1861-1920） 63-4, 114
クーシュー，ポール＝ルイ（Paul-Louis Couchoud, 1879-1959） 187
クーマラスワミ，アーナンダ（Ananda Coomaraswamy, 1877-1947） 236, 373
グールド，ジョージ・M（George Milbry Gould, 1848-1922） 242, 244-5, 247, 249-50
クールブリス，イナ（Ina Coolbrith, 1841-1928） 37
グールモン，レミ・ドゥ（Remy de Gourmont, 1858-1915） 85, 291
国木田独歩（1871-1908） 97
久保田米僊（1852-1906） 137
久保田万太郎（1889-1963） 439
久米民之助（1861-1931） 171
久米正雄（1891-1952） 5, 418
雲井龍雄（1844-1870） 21, 31
倉石武四郎（1897-1975） 439
蔵原伸二郎（1999-1965） 255, 306, 441-3
クラプシー，アデレイド（Adelaide Crapsey, 1878-1914） 10, 12, 228
クリップス，アーサー（Arthur Shearly Cripps, 1869-1952） 220
クリップス，スタッフォード（Sir Richard Stafford Cripps, 1889-1952） 394
厨川白村（1880-1923） 95-6
グレイ，トマス（Thomas Gray, 1716-1771） 25
グレイヴス，ロバート（Robert Graves, 1895-1985） 302
クレイン，スティーヴン（Stephen Crane, 1871-1900） 42-3, 62, 228
クローデル，ポール（Paul Claudel, 1868-1955） 177, 282, 366, 442, 444
クワッケンボス，ジョージ・ペイン（George

Payn Quackenbos, 1826–1881） 25
ケーベル，ラファエル（Raphael Koeber, 1848–1923） 251–2
ゲール，ゾナ（Zona Gale, 1874–1938） 90, 98, 100
ゲオルゲ，シュテファン・A（Stefan Anton George, 1868–1933） 304
ケナレイ，ミッチェル（Mitchell Kennerley, 1878–1950） 217
小泉一雄（1893–1965） 242
小泉セツ（1868–1931） 242, 244–6
小泉八雲 →ハーン，ラフカディオ
孔子（552BC–479BC） 334–5
河野省三（1882–1963） 293
幸徳秋水（1871–1911） 144
コーエン，マディソン（Madison Cawein, 1865–1914） 114
ゴーシュ，オーロビンド（Aurobindo Ghose, 1872–1950） 220, 358–9
ゴーシュ，カリモハン（Kalimohan Ghose, 1884–1940） 221
ゴーシュ，マンモハン（Manmohan Ghose, 1869–1924） 220
ゴーディエ＝ブジェスカ，アンリ（Henri Gaudier-Brzeska, 1891–1915） 167
ゴーリキー，マクシム（Maksim Gor'kiy, 1868–1936） 144
ゴールドスミス，オリヴァー（Oliver Goldsmith, 1728–1774） 23, 25
小金井喜美子（1870–1956） 136
ココシュカ，オスカー（Oskar Kokoschka, 1886–1980） 233
小島烏水（1873–1948） 140
ゴス，エドモンド（Edmund Gosse, 1849–1928） 151–2, 218, 221
児玉花外（1874–1943） 115, 117–8
兒玉謙次（1871–1954） 378
ゴッホ，ヴァン・ヴィンセント（Vincent van Gogh, 1853–1890） 233
古丁（1914–1964） 285
後鳥羽院（1180–1239） 6
近衛文麿（1891–1945） 300, 391
コバーン，アルヴィン・ラングダン（Alvin Langdon Coburn, 1882–1966） 151, 164, 218, 248
小林千古（1870–1911） 32–3
小林秀雄（1902–1983） 5
ゴル，イヴァン（Yvan Goll, 1891–1950） 304
ゴンチャロフ，ナタリア（Natalia Gontcharova, 1881–1962） 141
近藤東（1904–1988） 290, 301
近藤忠義（1901–1976） 6
コンラッド，ジョゼフ（Joseph Conrad, 1857–1924） 219

サ 行

サイード，エドワード（Edward Said, 1935–2003） 234, 318
西行（1118–1190） 6, 27, 30, 60, 128, 158, 210, 228, 256, 311
西條八十（1892–1970） 5, 142, 256–7, 288, 306–7, 407
斎藤勇（1887–1982） 9, 11
斎藤茂吉（1882–1953） 5
サイモン，ジョン・A（John Allsebrook Simon, 1873–1954） 377
阪本越郎（1906–1969） 304
桜井錠二（1858–1939） 168–9
桜井天壇（1879–1933） 111–2
サザーランド，ミリセント（Millicent Sutherland, 1867–1955） 114
佐々木指月（1882–1944） 271
佐佐木信綱（1872–1963） 203, 418
サスーン，ジーグフリード（Siegfried Sassoon, 1886–1967） 302
サトウ，アーネスト（Earnest Mason Satow, 1843–1929） 153
佐藤一英（1899–1957） 291
佐藤春夫（1892–1964） 5, 265
サルカール，ビノイ・クマール（Benoy Kumar Sarkar, 1887–1949） 384
沢村胡夷（1884–1930） 124–5
サンキー，アイラ・D（Ira David Sankey, 1840–1908） 89
山宮允（1890–1967） 12, 125, 167, 199, 202–3, 255, 260–1, 277
サンドバーグ，カール（Carl Sandburg, 1878–1967） 12, 224, 233, 277
三遊亭圓朝（1839–1900） 26
シェイクスピア，ウィリアム（William Shakespeare, 1564–1616） 23, 30, 117, 172
シェイクスピア，ドロシー（Dorothy Shakespear, 1886–1973） 170
シェリー，パーシー・ビッシュ（Percy Bysshe Shelley, 1792–1822） 60
シエル，ヨハネス（Johannes Scherr, 1817–1886） 192
志賀重昂（1863–1927） 22, 28–31, 94, 284
渋井清（1899–1992） 139
島崎藤村（1872–1943） 30, 120, 122, 211, 265,

359, 407
島津謙太郎（生没年不詳） 273
清水陣吉（1894-1994） 289
シモンズ，アーサー（Arthur Symons, 1865-1945） 65, 80, 84-5, 97, 110-1, 114, 119, 123, 125-6, 184-5, 214, 219-21, 224
シャーストリー，V・S・スリニヴァーサ（V. S. Srinivasa Sastri, 1869-1946） 372, 396
シャープ，ウィリアム（William Sharp, 1855-1905） 93
ジャイルズ，ハーバート・A（Herbert Allen Giles, 1845-1933） 83, 161
釈宗演（1859-1919） 57
釈大俊（1845-1878） 21-2, 26, 28, 31, 72
ジャック＝ダルクローズ，エミール（Émile Jaques-Dalcroze, 1865-1950） 170
シャンカール，ウダイ（Uday Shankar, 1900-1977） 372-3
シューマン，ゲルハルト（Gerhard Schumann, 1911-1995） 304
シュタイナー，ルドルフ（Rudolf Steiner, 1861-1925） 238
ジョイス，ジェームス（James Joyce, 1882-1941） 9, 106, 185, 215, 233
蒋介石（1887-1975） 335-6, 347, 379-82, 454
聖徳太子（574-622） 202
ショー，バーナード・ジョージ（George Bernard Shaw, 1856-1950） 108, 141-4, 212, 334, 451
白鳥省吾（1890-1973） 257-9
シン，プラン（Puran Singh, 1881-1931） 199
神保光太郎（1905-1990） 305
神武天皇（生没年不詳） 294, 413
親鸞（1173-1262） 202
スウィンバーン，アルジャーノン・C（Algernon Charles Swinburne, 1837-1909） 93, 218, 297
スウェーデンボルグ，エマヌエル（Emmanuel Swedenborg, 1688-1772） 38, 236, 439
菅原伝（1863-1937） 28, 31-2
杉山平助（1895-1946） 301
スコット，イーヴリン（Evelyn Scott, 1893-1963） 277
スコット，ダンカン・キャンベル（Duncan Campbell Scott, 1862-1947） 65
スコット，ディクソン（Dixson Scott, 生没年不詳） 197
スコット＝ジェームス，ロルフ・アーノルド（Rolfe Arnold Scott-James, 1878-1959） 247
鈴木松江（1704-1784） 29
鈴木信太郎（1895-1970） 256
鈴木大拙（1870-1966） 204
鈴木春信（1725?-1770） 233, 444
薄田泣菫（1877-1945） 114-5
スタッダード，チャールズ・ウォーレン（Charles Warren Stoddard, 1843-1909） 3, 38, 59, 90-1, 93, 97, 114
スティックレイ，ギュスターヴ（Gustav Stickley, 1858-1942） 42
ストープス，マリー・C（Marie C. Stopes, 1880-1958） 168-9, 176-7
ストーラー，エドワード（Edward Storer, 1880-1944） 214
スペンサー，ハーバート（Herbert Spencer, 1820-1903） 23, 25, 27
スマイルズ，サミュエル（Samuel Smiles, 1812-1904） 23
スメ，ジョゼフ・ドゥ（Joseph de Smet, 1843-1913） 245, 247
セジウィック，エラリー（Ellery Sedgwick, 1872-1960） 66
雪舟（1420-1506） 128, 138
セン，クシュティモーハン（Kshitimohan Sen, 1880-1960） 366
セン，ビショウイ・チャンドラ（Bishoi Chandra Sen, 生没年不詳） 384
千利休（1522-1591） 27, 30, 204, 206, 292, 439
宗祇（1421-1502） 6
相馬御風（1883-1950） 50, 113, 115-6, 122
副島八十六（1875-1950） 378, 388-90
ソロー，ヘンリー・デイヴィッド（Henry David Thoreau, 1817-1862） 35, 39-40, 75

タ 行

ターナー，ジョゼフ・マロード・ウィリアム（Joseph Mallord William Turner, 1775-1851） 89, 138, 230
大藤治郎（1895-1926） 268-9, 273, 275
高岡大輔（生没年不詳） 388-90
高楠順次郎（1866-1945） 347, 350-2
高崎正風（1836-1912） 148-9
高須芳次郎（1880-1948） 252
高橋誠一郎（1884-1982） 139
高橋義孝（1913-1995） 304
高浜虚子（1874-1959） 359, 418
高村光太郎（1883-1956） 5, 124, 259, 273, 394, 402, 404-5, 416, 424-5, 441
高安月郊（1869-1944） 114
宝井其角（1661-1707） 27

瀧和亭（1830-1901）　137
瀧口武士（1904-1982）　290
竹友藻風（1891-1954）　121, 257, 270
竹中郁（1904-1982）　290
タゴール，デベンドラナート（Debendranath Tagore, 1817-1905）　351
タゴール，ラビンドラナート（Rabindranath Tagore, 1861-1941）　1-2, 9-11, 17-8, 88, 167, 186, 200, 212, 220-2, 224, 226-7, 233-6, 239, 265, 271, 278, 280, 310, 337-8, 345, 348-60, 362, 364, 366, 368-9, 378-392, 396, 408, 414, 429, 436-7, 442-3, 445-6, 454-6
タタ，ラタンジー・ダダボイ（Ratanji Dadabhoy Tata, 1856-1926）　348
立花北枝（?-1718）　206-7
ダッタ，サティエンドラナート（Satyendranath Datta, 1882-1922）　345
ダッタ，マイケル・マドゥスダン（Micheal Madhusudan Datta, 1824-1873）　220
タッブ，ジョン・B（John Banister Tabb, 1845-1909）　41, 65, 114
田中智学（1861-1939）　358
田中鶴吉（1855-1925）　23
田辺花圃（＝三宅花圃，1868-1943）　136
田辺尚雄（1883-1984）　439
谷崎潤一郎（1886-1965）　394
ダヌタン，エレノラ・マリー（Eleanora Mary D'Anethan, 1860-1935）　114
ダルマパーラ，アナガリカ（Anagarika Dharmapala, 1864-1933）　346, 373
ダンカン，イサドラ（Isadora Duncan, 1878-1927）　37, 277
ダンテ，アリギエーリ（Dante Alighieri, 1265-1321）　30, 221, 265
チェーホフ，アントン・パーヴロヴィチ（Anton Pavlovich Chekhov, 1860-1904）　74
チェンバレン，バジル・ホール（Basil Hall Chamberlain, 1850-1935）　7-8, 100, 135, 150, 152-3, 156-7, 161, 168, 172-4, 187-9, 192-5, 199, 201, 206-9, 217, 236, 451
近松門左衛門（巣林，1653-1725）　155, 193
茅野蕭々（1883-1946）　257
チャーチル，ウィンストン（Winston Churchill, 1874-1965）　398
チャウドゥラニ，サララデビ（Saraladevi Chaudhurani, 1872-1954）　364
チャタジー，モヒニ・モハン（Mohini Mohoan Chatterji, 1851-1936）　88
チャットーパッダーエ，カマラデヴィ（Kamaladevi Chattopadhyay, 1903-1988）　369
チャットーパッダーエ，ハリンドラナート（Harindranath Chattopadhyay, 1898-1990）　369
チャンドラグプタ 1 世（Chandraguputa I, 3 世紀頃）　385
月岡芳年（1839-1892）　444
辻直四郎（1899-1979）　439
土田杏村（1891-1934）　248, 263-4, 270, 280
壺井繁治（1897-1975）　417
坪内逍遙（1859-1935）　23
ツルゲーネフ，イワン（Ivan Turgenev, 1818-1883）　144
ディ，ムクル（Mukul Dey, 1895-1989）　362, 373
ティーチェンス，ユーニス（Eunice Tietjens, 1884-1944）　198, 225
デイヴィス，F・ハドランド（Frederic Hadland Davis, 生没年不詳）　236
テイヤー，スコフィールド（Scofield Thayer, 1889-1982）　232
出口王仁三郎（1871-1948）　237
テニソン，アルフレッド（Alfred Tennyson, 1809-1892）　23, 46, 133, 209, 355
デニソン，フローラ・マクドナルド（Flora MacDonald Denison, 1867-1921）　258
デ・ラ・メア，ウォルター（Walter de la Mare, 1873-1956）　141
土井晩翠（1871-1952）　97, 113-4, 117
陶淵明（365-427）　166
道元（1200-1253）　202
戸川貞雄（1894-1974）　5
徳富蘇峰（1863-1957）　24, 300
ドブソン，オースティン（Austin Dobson, 1840-1921）　83
杜甫（712-770）　291
トマス，エディス・マチルダ（Edith Matilda Thomas, 1854-1925）　83, 94, 114, 119
富田砕花（1890-1084）　257
富本憲吉（1886-1963）　124
外山卯三郎（1903-1980）　3, 9, 11-2, 139, 211, 290-1, 298
外山正一（1848-1900）　117
トラウベル，アンネ・M（Anne Montgomerie Toraubel）　258
トラウベル，ホーレス（Horace Traubel, 1858-1919）　57, 86, 93, 121, 241-2, 256-8, 260, 270, 280, 315
ドリンクウォーター，ジョン（John Drinkwater, 1882-1937）　141
トルストイ，レフ・N（Lev Nikolajevich Tolstoj,

1828-1910)　144
トレヴェリアン，ロバート・C（Robert Calverley Trevelyan, 1872-1951）　219
ドレエム，トリスタン（Tristan Derème, 1889-1941）　141
トレンス，リッジリー（Ridgely Torrence, 生没年不詳）　84

ナ　行

ナーグ，カリダス（Kalidas Nag, 1892-1966）　360, 362-3, 365-6
ナイドゥ，サロジニ（Sarojini Naidu, 1879-1949）　170, 219-21, 237, 271, 345-6, 358, 368-9, 415, 436
永井威三郎（1887-1871）　95
永井荷風（1879-1959）　95, 120
永井久一郎（1852-1913）　24, 95
中川一政（1893-1991）　439
中河與一（1897-1994）　5
中島孤島（1878-1946）　112
中島湘烟（1863-1901）　136
中谷悟堂（生没年不詳）　265
長沼重隆（1890-1982）　120-1, 257-8, 263, 270
中野秀人（1898-1966）　274-5
中村敬宇（1832-1891）　23
中村篤九（1909-1947）　398
中村武羅夫（1886-1949）　5
長与善郎（1888-1961）　336
夏目漱石（1867-1916）　251, 298
波平暁男（1915-1983）　407
南江治郎（1902-1982）　12, 237, 263-5, 270
南條文雄（1849-1927）　347
南部利克（1872-1950）　25
新居格（1888-1951）　300
ニヴェディタ，シスター（Sister Nivedita＝Margaret Elizabeth Noble, 1867-1911）　358
ニコルズ，ロバート（Robert Nichols, 1893-1944）　8, 87, 155-6, 225, 263, 302
西田幾多郎（1870-1945）　252
西村真次（1879-1943）　295-6
西脇順三郎（1894-1982）　9-10, 290, 327
新渡戸稲造（1862-1933）　88, 94, 203
ニヨギ，M・バヴァニシャンカール（M. Bhavanishankar Niyogi, 1886-?）　370-1
沼波瓊音（1877-1927）　210
ネルー，ジャワハルラール（Jawaharlal Nehru, 1889-1964）　378, 391, 394, 396
野生司香雪（1885-1973）　370, 373
ノーエス，アルフレッド（Alfred Noyes, 1880-1958）　262
野上豊一郎（1883-1950）　439
ノグチ，イサム（野口勇，1904-1988）　3, 18, 52, 66, 91-2, 433-41, 447, 456-7
野口英世（1876-1928）　435
野口復堂（善四郎，1865-?）　57
ノックス，フィランダー（Philander Chase Knox, 1853-1921）　329
信時潔（1887-1965）　406-7
ノルダウ，マックス（Max Nordau, 1849-1923）　80, 112, 184

ハ　行

バージェス，ジレット（Gelett Burgess, 1866-1951）　42-4, 46, 51, 53-4
ハーディ，トマス（Thomas Hardy, 1840-1928）　80, 82, 114, 302, 348
パーティントン，ブランシュ（Blanche Partington, 1866-1951）　90
ハート，ブレット（Bret Harte, 1836-1902）　36
パーレー，ピーター（Peter Parley/Samuel Griswold Goodrich, 1793-1860）　24
ハーン，ラフカディオ（Lafcadio Hearn, 1850-1904）　1, 8, 17, 65, 120, 139, 152, 169, 181, 188-9, 215, 222, 225, 237, 241-253, 263, 310, 315, 321, 337, 346, 451
ハイド，ダグラス（Douglas Hyde, 1860-1949）　235-6
ハイネマン，ウィリアム（William Heinemann, 1863-1920）　170
ハイヤーム，オマル（Umar Khayyam, 1048-1131）　38, 44, 70, 84, 119, 226-7
バイロン，ジョージ・ゴードン（George Gordon Byron, 1788-1824）　35
ハウスマン，ローレンス（Laurence Housman, 1865-1959）　114, 119
バウマン，ハンス（Baumann Hans, 1914-1988）　304
パウンド，エズラ（Ezra Pound, 1885-1972）　9-10, 15, 17, 64, 85, 106, 130, 161-2, 164, 166-72, 176-7, 192, 212-6, 218, 222-4, 227, 230-1, 233, 236, 310
萩原朔太郎（1886-1942）　3-4, 129-30, 252, 255-7, 265-7, 274, 284-5, 291, 316, 442, 452
バザルジェット，レオン（Léon Bazalgette, 1873-1928）　258
橋爪健（1900-1964）　275, 317
バシュカートセフ，マリー（Marie Bashkirtseff, 1858-1884）　71
バスー，ラメス（Rames Basu, 生没年不詳）

385
長谷川三郎（1906–1957）　438
長谷川天渓（1876–1940）　50
長谷川如是閑（1875–1969）　265
長谷川巳之吉（1893–1973）　268–9, 292
幡谷正雄（1897–1933）　263
パットナム，フランク・アーサー（Frank Arthur Putnam, 1868–1949）　3, 92, 97, 114
ハッパー，J・S（J. S. Happer, 生没年不詳）　140
ハドソン，ジェイ・ウィリアム（Jay William Hudson, 1874–1958）　45–8
英一蝶（1652–1724）　138
ハバート，エルバート（Elbert Hubbart, 1856–1915）　41–2
パブロワ，アンナ（Anna Pavlova, 1881–1931）　372
林董（1850–1913）　100
林房雄（1903–1975）　5, 301, 335
原撫松（1866–1912）　89, 138
原田治郎（1878–1963）　439
ハリス，トマス・レイク（Thomas Lake Harris, 1823–1906）　38–9
ハリマン，エドワード・ヘンリー（Edward Henry Harriman, 1848–1909）　329
ハルトマン，サダキチ（Sadakichi Hartmann, 1869–1944）　42, 216–7
春山行夫（1902–1994）　290–1, 301
ビアズレー，オーブリー（Aubrey Vincent Beardsley, 1872–1898）　41, 48, 184
ピーボディ，ジョセフィン・P（Josephine Preston Peabody, 1874–1922）　64, 114
樋口一葉（1872–1896）　136
土方久功（1900–1977）　317
菱田春草（1874–1911）　373
菱山修三（1909–1967）　256
ビスランド，エリザベス（Elizabeth Bisland, 1861–1929）　243–4
ヒッチ，シャルル＝アンリ（Charles-Henry Hirsch, 1870–1948）　285
ヒットラー，アドルフ（Adolf Hitler, 1889–1945）　413
日夏耿之介（1890–1971）　142, 255–7, 267, 292
ビニョン，ローレンス（Laurence Binyon, 1869–1943）　79–80, 114, 170, 220, 236, 262
ピネオ，ティモシー・ストン（Timothy Stone Pinneo, 1804–1893）　23
火野葦平（1907–1960）　5
ヒューム，トマス・アーネスト（Thomas Earnest Hulme, 1883–1917）　213–4, 218
ヒュネカー，ジェームズ・ギブソン（James Gibbons Huneker, 1857–1921）　191
豹子頭（角田浩々，生没年不詳）　116–7
平木白星（1876–1915）　113–4
平田禿木（1873–1943）　30, 132–3, 170
平戸廉吉（1893–1922）　260
ビルラー，ガンシャム・ダス（Gansham Das Birla, 1894–1983）　365–6, 375
広瀬哲士（1883–1952）　263
ビンナー，ウィッター（Witter Bynner, 1881–1968）　224
ファー，フローレンス（Florence Farr, 1860–1917）　214
ファーガスン，サミュエル（Sir Samuel Ferguson, 1810–1886）　234
ファッギ，アルフェオ（Alfeo Faggi, 1885–1966）　229
フィッケ，アーサー（Arthur Davison Ficke, 1883–1945）　224
フィッツジェラルド，エドワード（Edward Fitzgerald, 1809–1883）　38, 70, 84, 226
フィリップ，スティーヴン（Stephen Philips, 1864–1915）　220, 262
フェノロサ，アーネスト（Ernest Francisco Fenollosa, 1853–1908）　162, 164, 166–7, 169–70, 175–6, 216, 438
フェノロサ，マリー・マクニール（Mary McNeil Fenollosa, 1865–1954）　114, 119, 140, 169–70, 216
フォルケルト，ヨハネス（Johannes Volkelt, 1848–1930）　256
福沢諭吉（1835–1901）　22, 24, 29
福士幸次郎（1889–1946）　200–1, 210–1, 257
福田正夫（1893–1952）　257, 265, 289
福地桜痴（1841–1906）　136
藤井日達（1885–1985）　365
藤岡作太郎（1870–1910）　99–100
藤懸静也（1881–1958）　139
フジタ，ジュン（Jun Fujita, 1888–1963）　225, 229
藤田嗣治（1886–1968）　419, 439–40, 444
藤田徳太郎（1901–1945）　5
藤間勘十郎（1900–1990）　439
藤原定家（1162–1241）　6, 205–6
二葉亭四迷（1864–1909）　23
ブラヴァツキー，エレナ・ペトロヴナ（Helena Petrovna Blavatskij, 1831–1891）　39, 237, 358
ブラウニング，ロバート（Robert Browning, 1812–1889）　209, 413

ブラッドリー，ウィル・H（Will H. Bradley, 1868–1962） 41
ブランクーシ，コンスタンティン（Constantin Brancusi, 1876–1957） 233, 435
フランクリン，ベンジャミン（Benjamin Franklin, 1706–1790） 23
ブランデス，ゲーオア・M（Georg Morris Cohen Brandes, 1842–1927） 219
ブリオン，マルセル（Marcel Brion, 1895–1984） 285
ブリッジズ，ロバート・S（Robert Seymour Bridges, 1844–1930） 80, 132–3, 182, 202, 262
フリント，フランク・スチュワート（Frank Stewart Flint, 1885–1960） 214–7, 261
ブルック，ルパート（Rupert Brooke, 1887–1915） 262
ブルワー＝リットン，ヴィクター・A・G（Victor A. G. Robert Bulwer-Lytton, 1876–1947） 377
ブレイク，ウィリアム（William Blake, 1757–1827） 36, 85, 108, 120, 190–1, 199, 202, 210, 219, 238, 439
フレッカー，ジェームズ・エルロイ（James Elroy Flecker, 1884–1915） 262
フレッチャー，ジョン・グールド（John Gould Fletcher, 1886–1950） 8–9, 12, 133, 214, 225, 261
フローレンツ，カール（Karl Florenz, 1865–1939） 135, 187, 192–3, 202, 215
フロスト，ロバート・リー（Robert Lee Frost, 1874–1963） 261
フローベール，ギュスターヴ（Gustave Flaubert, 1821–1880） 291
ヘイセンプラグ，フランク（Frank Hazenplug, 1873–1931） 41
ペイター，ウォルター・H（Walter Horatio Pater, 1839–1894） 85, 97, 182–5, 197, 202, 210
ヘーゲル，G・W・フリードリヒ（Georg Wilhelm Friedrich Hegel, 1770–1831） 298
ベーツ，ブランチ（Blanche Bates, 1873–1941） 93, 97
ベザント，アニー（Annie Besant, 1847–1933） 212, 235, 237–8, 358, 370
ヘズリット，ウィリアム（William Hazlitt, 1778–1830） 218
ヘッセ，ヘルマン（Hermann Hesse, 1877–1962） 238
ペリ，ノエル（Noël Péri, 1865–1922） 169, 172
ベルクソン，アンリ（Henri Bergson, 1859–1941） 218, 348
ベルナルト・デ・ヴェンタドルン（Bernart de Ventadorn, 1130?–1190?） 265
ベン，ゴットフリート（Gottfried Benn, 1886–1956） 304
ヘンダーソン，アリス・コービン（Alice Corbin Henderson, 1881–1949） 198, 225–6, 242
ヘンドリック，エルウッド（Ellwood Hendrick, 1861–1930） 250
ヘンリー8世（Henry VIII, 1491–1547） 116
ボアロー＝デプレオー，ニコラ（Nicolas Boileau-Despréaux, 1636–1711） 187
ホイッスラー，ジェームズ・アボット・マクニール（James Abbott McNeill Whistler, 1834–1903） 120, 138
ホイットマン，ウォルト（Walt Whitman, 1819–1892） 8, 12–3, 15, 30, 35–6, 39–40, 43, 46, 53–4, 58–9, 63, 86, 93, 95–6, 103, 120, 150, 190–1, 195, 208–10, 216, 223, 225, 232, 256–60, 270, 289, 310, 339, 443, 450
ポー，エドガー・アラン（Edgar Allan Poe, 1809–1849） 33, 40, 45–51, 58, 63–4, 85–6, 96, 103, 115, 127, 174, 251, 450–1
ボース，ジャゲディシュ・チャンドラ（Jagdish Chandra Bose, 1858–1937） 88, 364–5
ボース，スバース・チャンドラ（Subhas Chandra Bose, 1897–1945） 378, 394, 397–9, 401, 454
ボース，ナンダラル（Nandalal Bose, 1883–1966） 366, 373
ボース，ラシュビハリ（Rashbehari Bose, 1886–1944） 351, 391, 394, 397–8
ポーター，ブルース（Bruce Porter, 1865–1953） 43
ボードレール，シャルル（Charles Baudelaire, 1821–1867） 49, 110–1, 121, 238, 256, 285, 290, 352–3
ホフマン，E・T・A（Ernst Theodor Amadeus Hoffmann, 1776–1822） 251
星野天知（1862–1950） 30
穂積永機（1823–1904） 27–9
穂積八束（1860–1912） 293
ボトムリー，ゴードン（Gordon Bottomley, 1874–1948） 219
ホプキンズ，G・M（Gerard Manley Hopkins, 1844–1889） 182
ホメーロス（Homeros, 前8世紀） 403
堀辰雄（1904–1953） 289–90
堀口大学（1892–1981） 257

ホワード，ヘンリー（Henry Howard, 1517-1547） 116
本阿弥光悦（1558-1637） 141, 233

マ 行

マーカム，エドウィン（Edwin Markham, 1852-1940） 38-9, 66, 96, 180
マーラヴィーア，マダンモーハン（Malaviya, Madan Mohan, 1861-1946） 370
マイナー，アール・ロイ（Earl Roy Miner, 1927-2004） 8-9, 151
前田林外（1864-1946） 29, 113-7, 120
牧野義雄（1869-1956） 32-3, 79-80, 88-90, 158, 282
マクドナフ，トマス（Thomas MacDonagh, 1878-1916） 262
マクレイン，マリー（Mary MacLane, 1881-1929） 71
マクロード，フィオナ（Fiona MacLeod） →シャープ，ウィリアム
マコーレー，トマス・バビントン（Thomas Babington Macaulay, 1800-1859） 24
正岡子規（1867-1902） 27, 29, 98
正宗白鳥（1879-1962） 144
マスターズ，エドガー・リー（Edgar Lee Masters, 1869-1950） 224
増野三良（1889-1916） 200
松尾芭蕉（1644-1694） 6, 16, 27-30, 40, 48-54, 58-61, 64-5, 100, 103, 106, 108-12, 121, 125-6, 128, 130-1, 141, 153, 179, 181-2, 184, 186-93, 196-8, 202-4, 206-10, 221, 228, 256, 277, 281, 291, 309, 311, 325-6, 439, 451
マッカーサー，ダグラス（Douglas MacArthur, 1880-1964） 4, 437
松原至大（1893-1971） 271
松本恵子（1891-1976） 441
松本泰（1887-1939） 441
松本楓湖（1840-1923） 137
マティス，アンリ（Henri Matisse, 1869-1954） 233
マネ，エドゥアール（Édouard Manet, 1832-1883） 49
マラルメ，ステファヌ（Stéphane Mallarmé, 1842-1898） 49, 106, 108-10, 121-3, 181-2, 197, 200, 210, 214-6, 238, 256
マリネッティ，フィリッポ・トンマーゾ（Filippo Tommaso Marinetti, 1876-1944） 290
丸岡桂（1878-1919） 171
円山応挙（1733-1895） 138
丸山薫（1899-1974） 289
丸山定夫（1901-1945） 419
マレー，ジョン・ミドルトン（John Middleton Murry, 1889-1959） 141
マレー，チャールズ・ウィンダム（Charles Wyndham Murray, 1844-1928） 179, 197
マンスフィールド，キャサリン（Katherine Mansfield, 1888-1923） 141
マンフォード，エセル・ワッツ（Ethel Watts Mumford, 1878-1940） 84
三木清（1897-1945） 238
三木露風（1889-1964） 124-30, 255-7, 267
三島蕉窓（1856-1928） 137
ミジョン，ガストン（Gaston Migeon, 1864-1930） 172
水野年方（1866-1908） 137
三井甲之（1883-1953） 201-2
三富朽葉（1889-1917） 291
宮城道雄（1894-1956） 277, 371
三宅雪嶺（1860-1945） 29
宮沢賢治（1896-1933） 138
ミューラー，F・マックス（Friedrich Max Müller, 1823-1900） 347
三好達治（1900-1964） 289-90, 404
ミラー，ウォーキン（Joaquin Miller/Cincinnatus Hiner Miller, 1839-1913） 20, 31, 33, 35-8, 40-1, 44, 46, 48, 54, 58, 66, 74-6, 83, 89, 92-4, 96-7, 103, 114, 119-21, 150, 181, 233, 328-9, 431-2
ミルトン，ジョン（John Milton, 1608-1674） 59, 70, 133
ムーア，T・スタージ（Thomas Sturge Moore, 1870-1944） 79-80, 222
ムーディ，L・ドワイト（Dwight Lyman Moody, 1837-1899） 89
ムカジー，アシュトシュ（Asutosh Mookerjee, 1864-1924） 363
ムカジー，シャマプラシャド（Shyamaprasad Mookerjee, 1901-1953） 363
武者小路実篤（1885-1976） 5, 398, 439
ムッソリーニ，ベニート（Benito Mussolini, 1883-1945） 355, 397
紫式部（平安時代中期） 193
村野四郎（1901-1975） 290
室生犀星（1889-1962） 255, 257, 267, 285, 442
メイスフィールド，ジョン（John Masefield, 1878-1967） 85, 164, 212, 302
メイネル，アリス（Alice Meynell, 1847-1922） 114
メーテルリンク，モーリス（Maurice Meeterlinck, 1862-1949） 166, 172, 200, 212

メートル，M・E（M. E. Maitre, 出没年不詳） 140, 172
メレディス，ジョージ（George Meredith, 1828–1909） 80, 82, 297–8
モーパッサン，ギ・ド（Guy de Maupassant, 1850–1893） 144
モールトン，ルイス・C（Louise Chandler Moulton, 1835–1908） 49
モネ，クロード（Claude Monet, 1840–1926） 150
百田宗治（1893–1955） 257, 343
森有礼（1847–1889） 22, 39
森鷗外（1862–1922） 122, 142, 249
森槐南（1863–1911） 170
モリス，ウィリアム（William Morris, 1834–1896） 38, 41–2, 219
モリス，ルイス（Lewis Morris, 1833–1907） 98–9, 114
モンロー，ハリエット（Harriet Monroe, 1860–1936） 168, 213, 222–30, 239, 310
モンロー，ハロルド（Harold Monro, 1879–1932） 141, 213–4, 218

ヤ 行

保田與重郎（1910–1981） 5, 301
柳宗悦（1889–1961） 191, 202
柳澤健（1889–1953） 125, 256, 359
山口素堂（1642–1716） 111
山崎楽堂（1885–1944） 174–5
山崎紫紅（1875–1939） 113
山崎泰雄（1899–?） 259
山田耕筰（1886–1965） 276–8, 398–9, 407, 439
山田孝雄（1873–1958） 5
大和正夫（生没年不詳） 32
山村聡（1910–2000） 394
山本五十六（1884–1943） 397
山本鼎（1882–1946） 211
山本露葉（1879–1928） 113–4
ユーゴー，ヴィクトル＝マリー（Victor-Marie Hugo, 1802–1885） 334
横光利一（1898–1947） 5
横山大観（1868–1958） 350, 373
与謝蕪村（1716–1783） 27, 180
与謝野鉄幹（1873–1935） 115
吉江孤雁（喬松，1880–1940） 248
吉川英治（1892–1962） 5
吉野作造（1878–1933） 293
米澤菊治（生没年不詳） 388–9

ラ 行

ラーイ，ララ・ラージパト（Lala Lajpat Rai, 1865–1928） 351
ラーダークリシュナン，サルヴパッリー（Sarvepalli Radhakrishnan, 1888–1975） 369–70
ライ，ラムモホン（Ram Mohan Roy, 1774–1833） 351
ライト，フランク・ロイド（Frank Lloyd Wright, 1867–1959） 215
ラウレル，ホセ・P（José Paciano Laurel, 1891–1959） 398
ラスキン，ジョン（John Ruskin, 1819–1900） 41
ラッセル，バートランド（Bertrand Russell, 1872–1970） 233
ラ・ファージ，ジョン（John La Farge, 1835–1910） 162–3
ラング，アンドリュー（Andrew Lang, 1844–1912） 83
ランサム，アーサー（Arthur Ransome, 1884–1967） 80, 85–6, 127, 148–9, 195–7, 201, 228
ランサム，スタフォード（Stafford Ransome, 1860–1931） 145
ランドー，ウォルター・S（Walter Savage Landor, 1775–1864） 209
ランドバーグ，フローレンス（Florence Lundberg, 生没年不詳） 45
リース，リゼット・W（Lizette Woodworth Reese, 1856–1935） 179–80
リシャール，ポール（Paul Richard, 1874–?） 220, 357, 359
リシャール，ミラ（Mirra Richard, 1878–1973） 220
李白（701–762） 38
梁啓超（1873–1929） 354
リルケ，ライナー・マリア（Rainer Maria Rilke, 1875–1926） 304, 442
林語堂（1895–1976） 336
リンゼイ，ヴェーチェル（Vachel Lindsay, 1879–1931） 224
ルイス，ウィンダム（Wyndham Lewis, 1882–1957） 218
ル・ガリエンヌ，リチャード（Richard le Gallienne, 1866–1947） 41, 83
ルソー，アンリ（Henri Rousseau, 1844–1910） 141
ルドン，オディロン（Odilon Redon, 1840–1916） 233

ルノワール，ピエール＝オーギュスト（Pierre-Auguste Renoir, 1841–1919）　233
ルボン，ミシェル（Michel Revon, 1867–1947）　187
レディング公爵ルーファス・アイザックス（Rufus Isaacs, 1st Marquess of Reading, 1860–1935）　377
レニエ，アンリ・ドゥ（Henri de Régnier, 1864–1936）　291
ロイド，アーサー（Arthur Lloyd, 1852–1911）　215
老子（前 6 世紀）　183, 202
ローウェル，エイミー（Amy Lowell, 1874–1925）　8–9, 12, 177, 215, 218, 229, 231, 233, 261, 277
ローウェル，パーシヴァル（Percival Lowell, 1855–1916）　70, 218, 243
ローゼンシュタイン，ウィリアム（William Rothenstein, 1872–1945）　221
ロザノ，ラファエル（Rafael Lozano, 生没年不詳）　211
魯迅（1881–1936）　333–6
ロセッティ，ウィリアム・マイケル（William Michael Rossetti, 1829–1919）　36, 80, 82–4, 87, 112
ロセッティ，ダンテ・ゲイブリエル（Dante Gabriel Rossetti, 1828–1882）　36, 49, 75, 80, 93, 112, 123, 209, 297
ロティ，ピエール（Pierre Loti, 1850–1923）　69–70, 156
ロラン，ロマン（Romain Rolland, 1866–1944）　233, 255, 335, 358, 360, 382–3
ロレンス，D・H（D. H. Lawrence, 1885–1930）　215, 261
ロング，ジョン・ルーサー（John Luther Long, 1861–1927）　69
ロングフェロー，ヘンリー・ワーズワース（Henry Wadsworth Longfellow, 1807–1882）　70
ロングフォード，ジョセフ（Joseph Henry Longfold, 生没年不詳）　196–7

ワ　行

ワーグナー，ヴィルヘルム・リヒャルト（Wilhelm Richard Wagner, 1813–1883）　276
ワーズワース，ウィリアム（William Wordsworth, 1770–1850）　23, 95, 133, 208–10
ワイルド，オスカー（Oscar Wilde, 1854–1900）　85, 108, 135, 182, 185
若宮卯之助（1872–1938）　248, 263
若山牧水（1885–1928）　265–6
鷲頭尺魔（文三，1865–?）　32, 121
和田信賢（1912–1952）　394
和田垣謙三（1860–1919）　94
渡辺省亭（1851–1918）　137
和辻哲郎（1889–1960）　190, 201
ワデル，ヘレン（Helen Waddell, 1889–1965）　227
ワトキン，ヘンリー（Henry Watkin, 1824–1910）　244
ワトソン，ウィリアム（William Watson, 1858–1935）　38, 65
宏智禅師（宏智正覚，1091–1157）　40

図表一覧

図 0–1　野口米次郎（1904 年）（野口米次郎『詩歌殿』春陽堂，1943 年，口絵）………… 2
図 1–1　野口米次郎（1892 年頃）（外山卯三郎編『詩人ヨネ・ノグチ研究』第 2 集，造形美術協会出版局，1965 年，扉）………… 24
図 2–1　ミラーの山荘（カリフォルニア大学バークレー校バンクロフト図書館蔵）………… 37
図 2–2　野口米次郎（1899 年）（同上）………… 62
図 3–1　*The American Diary of a Japanese Girl* の表紙（*The American Diary of a Japanese Girl*, New York : Frederick A. Stokes, 1902）………… 66
図 4–1　*From the Eastern Sea* の表紙（Yone Noguchi, *From the Eastern Sea*, Tokyo : Fuzanbo, 1905）………… 80
図 4–2　*The Twilight*（第 1 号，1898 年 5 月，7 頁）………… 81
図 4–3　*From the Eastern Sea* の挿絵（Yone Noguchi, *From the Eastern Sea*）………… 82
図 4–4　『幻島ロマンス』（1929 年）（野口米次郎『幻島ロマンス』（世界大衆文学全集・第 32 巻）改造社，1929 年）………… 91
図 4–5　野口の絵葉書（カリフォルニア大学バークレー校バンクロフト図書館蔵）………… 91
図 5–1　『あやめ草』の口絵（如山堂書店，1906 年，口絵）………… 119
図 6–1　帰国当時の野口米次郎（日本橋の実兄・高木藤太郎の自宅にて）（外山卯三郎編『詩人ヨネ・ノグチ研究』第 2 集，口絵）………… 136
図 6–2　「馬泥棒」の公演風景（『グラフィック』1911 年 2 月 18 日，248 頁）………… 143
図 8–1　アメリカ講演のパンフレット（カリフォルニア大学バークレー校バンクロフト図書館蔵）………… 213
図 12–1　野口米次郎（1935 年春）（外山卯三郎編『詩人ヨネ・ノグチ研究』第 3 集，造形美術協会出版局，1975 年，扉）………… 333
図 12–2　野口米次郎（1943 年）（野口米次郎『詩歌殿』春陽堂，1943 年，口絵）………… 340
図 13–1　タゴールと野口（1913 年）（『Nippon』第 28 号，1941 年，53 頁）………… 349
図 13–2　インドにおける野口の訪問地 ………… 362
図 13–3　カルカッタに上陸した野口（野口米次郎『印度は語る』第一書房，1936 年，口絵 1）………… 362
図 13–4　ヒンドゥー・マハー・サバーの歓迎会場（ジャイナ教寺院）（同上，口絵 9）………… 364
図 13–5　タゴールと野口（1935 年）（同上，口絵 6）………… 366
図 13–6　ガンディーと野口（同上，口絵 29）………… 367
図 13–7　サロジニ・ナイドゥと野口（同上，口絵 33）………… 368
図 13–8　ウダイ・シャンカールと野口（同上，口絵 11）………… 373
図 13–9　女優モリナ（右端），映画監督オウサル（左端）と野口（同上，口絵 10）………… 374
図 13–10　シヴァ神の三面と野口（同上，口絵 24）………… 385
表 13–1　タゴールと野口の論争の経緯 ………… 380–1
図 14–1　ラジオ・テキスト『国民歌謡』第 37 集 ………… 407

図 14-2　『宣戦布告』（装幀・川端龍子）（野口米次郎『宣戦布告』道統社，1942 年，表紙）……… 409
図 14-3　『八紘頌一百篇』の口絵（藤田嗣治）（野口米次郎『八紘頌一百篇』，冨山房，1944 年，口絵）……… 420
図 14-4　NHK「海の詩と音楽」放送時（1943 年 5 月 25 日）（外山卯三郎編『詩人ヨネ・ノグチ研究』第 2 集，口絵）……… 424
図 15-1　『自叙伝断章』の表紙（野口米次郎『自叙伝断章』二葉書店，1947 年）……… 429